DIE NEUE BREHM-BÜCHEREI

667

Blattläuse

Aphidoidea

von
Dr. Thomas Thieme

Die Neue Brehm-Bücherei Bd. 667 · 2024

mit 195 Fotos, 105 Zeichnungen, 57 Schaubildern und 16 Tabellen

Titelbild: *Aphis sambuci*
Foto: T. Thieme

ISSN: 0138-1423
ISBN: 978-3-89432-890-0

Satz und Layout: ISM Satz- und Reprostudio GmbH
Druck und Bindung: Klick-Verlag Media und Consulting GmbH

Inhaltsverzeichnis

1 Einleitung

Die Blattläuse (Aphiden) sind eine wenig beachtete Insektengruppe. Liebhaberentomologinnen und -entomologen befassen sich wegen ihrer Kleinheit (Körperlänge erwachsener Tiere 0,5 bis max. 7 mm) und schwierigen Präparation (es müssen stets mikroskopische Dauerpräparate angefertigt werden) kaum mit ihnen. Der Laie nimmt sie höchstens wahr, wenn sie in größeren Stückzahlen seine Rosen oder andere Gartenpflanzen besiedeln; und je nach Temperament wird er sie dulden – oder er wird ihnen mit der »Insektizidspritze« zu Leibe rücken, ohne zu ahnen, dass manche Blattläuse durchaus auch für den Menschen nützlich sein können.

Die Determination einer Blattlaus kann Schwierigkeiten bereiten, denn sogar innerhalb ein- und derselben Art kommen i.d.R. mehrere verschiedene Morphen vor. Die Blattläuse zeigen die Erscheinung des Polymorphismus, d. h. das Auftreten verschiedener Morphen im Rahmen oft komplizierter Fortpflanzungszyklen, die sich morphologisch und/oder fortpflanzungsphysiologisch unterscheiden, was die Identifizierung der Art sehr erschwert und ein weiterer Grund dafür ist, dass sich nur wenige Entomologinnen und Entomologen ernsthafter mit den Blattläusen beschäftigen.

Hinzu kommt, dass sich im Rahmen eines akademischen Wettbewerbs etliche Aphidologinnen und Aphidologen einer Terminologie bedienen, die Biologinnen und Biologen anderer Disziplinen unverständlich ist, dem Laien oft nur abwegig erscheint. Um hier eine Abhilfe zu schaffen, haben Aphidologinnen und Aphidologen verschiedener Länder 1993 auf dem »4. Internationalen Aphiden-Symposium« in Česke Budějovice Vorschläge zur Vereinfachung der Terminologie erarbeitet, die bereits von Blackman & Eastop (1994) berücksichtigt wurden. Diese Vereinfachung soll dem Rechnung tragen, dass die Aphidologinnen und Aphidologen eine Minderheit darstellen und nicht erwarten dürfen, dass die große Mehrheit, also Nicht-Aphidologen, eine ihr fremde Terminologie erlernen soll.

Gegenwärtig sind etwa 5 000 Blattlausarten beschrieben. Im Vergleich zu 10 000 Heuschreckenarten und 60 000 Rüsselkäferarten gibt es relativ wenige Blattläuse. Ihre Diversität drückt sich jedoch sowohl im Polymorphismus als auch in der Artbildung aus. Die größte Anzahl von Blattlausarten kommt in den gemäßigten Zonen vor, wo jede vierte Pflanzenart befallen ist. Das Einzeltier ist klein und bei flüchtiger Betrachtung wenig attraktiv, die Individuenzahl dagegen sehr groß. Auf den Pflanzen einer Fläche von 0,4 ha können bis zu 2 Milliarden Läuse leben und weitere 260 Millionen können noch an den Wurzeln sitzen (Dixon 1976).

Es ist wahrscheinlich, dass sich die Aphidoidea vor 280 Millionen Jahren im Karbon aus demselben Stamm entwickelte, aus dem die heute ausgestorbenen Archescytinidae und Permaphidopsidae hervorgegangen sind, von denen man annimmt, dass sie von primitiven Gymnospermen wie den Cordaitales und Cycadophyta gelebt haben. Von den Archescytinidae abstammend, treten die Blattläuse im Carbon oder frühen Perm, vor etwa 280 Millionen Jahren auf (Heie 1967). Eine bedeutendere Evolution hat bei ihnen aber erst mit dem Erscheinen der Angiospermen, der Blütenpflanzen eingesetzt. Auch heute gehören noch die meisten Wirtspflanzen der Blattläuse zu den Angiospermen, obwohl manche Arten auch auf Gymnospermen vorkommen und einige wenige sogar Moose und Farne befallen.

Blattläuse, Adelgidae und Phylloxeridae sind sehr eng verwandt und gehören entweder zur Überfamilie Aphidoidea (Blackman & Eastop 1994) oder zu drei Überfamilien, den Adelgoidea, Phylloxeroidea und Aphidoidea, innerhalb der Ordnung Hemiptera (Favret 2022). Alle Vertreter der Aphidoidea haben eine weiche Körperdecke; ihre Flügel, falls vorhanden, sind immer häutig, und ihre Nahrung besteht in Pflanzensäften. Die Fortpflanzung mittels unbefruchteter Eier ist allen drei Gruppen gemeinsam, und da die Adelgidae und Phylloxeridae im späten Karbon oder frühen Perm auftraten, entwickelte sich die Parthenogenese möglicherweise vor der Trennung dieser drei Familien vor über 200 Millionen Jahren. Die sich daraus ergebende zyklische Parthenogenese, bei der sich Perioden der parthenogenetischen Reproduktion mit der sexuellen Reproduktion zu einem Holozyklus abwechseln, dürfte sich in einem saisonalen Klima entwickelt haben, das möglicherweise mit der Eiszeit im Unterperm in Verbindung steht (Dixon 1998). Die Viviparie, ein weiteres charakteristisches Merkmal der Blattläuse, muss sich jedoch später entwickelt haben, da die Archescytinidae und die modernen Adelgidae und Phylloxeridae ovipar sind (Heie 1967). Die Weibchen können geflügelt sein, wie die Erwachsenen der meisten Insekten, oder auch ungeflügelt. Die geflügelten Weibchen werden Alatae, die ungeflügelten Apterae genannt. Die charakteristische Form und Äderung ihrer Flügel sowie die Struktur ihres Rüssels und ihrer Beine hatten sich im Jura entwickelt (z. B. *Juraphis crassipes*), während die Cauda und Siphonen erst später, in der Kreidezeit, auftraten (Shaposhnikov 1977). Bei jeder Blattlausart kommen im Allgemeinen mehrere verschieden gestaltete, parthenogenetisch oder bisexuell sich fortpflanzende Morphen vor. Der Polymorphismus, die Entwicklung mehrerer verschieden gestalteter Morphen innerhalb einer Art, ist charakteristisch für die Aphididae. Urzeitliche Blattläuse waren wahrscheinlich polyphag und ernährten sich von Parenchym- und Phloemgeweben von Pflanzen. Dass die Aphidoidea und Phylloxeroidea ein Viertel der Größe der Archescyntinidae und Permaphidopsidae ausmachen, führt HEIE (1967) auf ihre parasitäre Lebensweise und ihre Nutzung von Luftströmungen zur Verbreitung zurück. Er sieht die Monophagie als eine neuere Entwicklung in der Evolution der Blattläuse. Die wichtigsten Diversifikationen bei Blattläusen und Blütenpflanzen (Angiospermen) scheinen in der frühen Kreidezeit gleichzeitig stattgefunden zu haben. Dies und die Tatsache, dass die meisten noch lebenden Blattläuse auf Angiospermen leben, lässt vermuten, dass die Diversifikation der Blattläuse eng mit der der Blütenpflanzen zusammenhängt.

Die relativ wenigen Blattlausarten unter den Insekten sind jedoch an sich schon faszinierend, denn wie so viele andere Aspekte der Blattlausökologie ist die Erklärung in der funktionellen Biologie der Gruppe zu finden. Blattläuse (Ordnung Hemiptera) sind kleine, sich meist vom Phloemsaft der besiedelten Pflanzen ernährende Parasiten von Pflanzen weltweit, und sie sind als Hauptschaderreger einer Vielzahl von Kulturen – Forst-, Gartenbau- und Landwirtschaftskulturen – bekannt, die nicht nur physische Schäden verursachen, sondern auch pflanzenpathogene Viren übertragen (VAN EMDEN & HARRINGTON 2007, 2017). Zu ihren Gunsten spricht, dass sie als Hauptnahrungsquelle für kleine Brutvögel wie Meisen, Grasmücken und Finken (BIBBY & GREEN 1983, COWIE & HINSLEY 1988, WILSON et al. 1999) und viele Prädatoren und Parasitoide wie Spinnen, Marienkäfer und hymenoptere Parasitoide dienen (BRODEUR et al. 2017, BÁLINT et al. 2018). Darüber hinaus haben sie sich auch als Versuchstiere in einer Vielzahl von grundlegenden Studien in Schlüsselbereichen der Biologie, insbesondere der Genetik und Molekularökologie, als äußerst wertvoll erwiesen (z. B. LOXDALE et al. 2011a, b, LOXDALE & BALOG 2018). Darüber hinaus reicht ihre Erforschung sehr weit zurück. Der Genfer Naturforscher und philosophische Schriftsteller Charles Bonnet aus dem 18. Jahrhundert war beispielsweise der erste, der nach dem Studium der Blattläuse im Jahr 1740 die parthenogenetische Reproduktion bei Tieren nachweisen konnte (BONNET, 1745).

Seither wurden Blattläuse umfassend untersucht in Bezug auf ihr Verhalten, vor allem das Flugverhalten auf der Wanderung, einschließlich des Lande- und Nahrungsverhaltens an Pflanzen; Physiologie, vor allem entwicklungsgeschichtlich in Verbindung mit Juvenilhormonen; Virusübertragung; Fortpflanzung und Fruchtbarkeit, vor allem – aber nicht ausschließlich – durch ungeschlechtliche Formen; Ökologie in Bezug auf Räuber-Beute-Beziehungen, einschließlich Farbpolymorphismen; Symbionten; Ernteschäden; Wirtspflanzenwahl und Pflanzenresistenz; Blattlauspolyphänie und epigenetische Programmierung; Chromosomen (Karyotyp und chromosomale Struktur und Funktion); Insektizidresistenz; molekulare Ökologie, die mit hochauflösenden molekularen Markern, zunächst Allozymen, später DNA-Markern verschiedener Art, untersuchte und nun genomische Ansätze umfasst, die eine groß angelegte Sequenzierung des Blattlausgenoms beinhalten (van Emden & Harrington 2007, 2017, Vilcinskas 2016).

2 Historischer Abriss

Die erste anatomische Studie über Blattläuse wurde von Leeuwenhoek (1696) durchgeführt. Er berichtete, dass (1) das Fortpflanzungssystem viele Embryonen in verschiedenen Entwicklungsstadien enthält; (2) die Häutung viermal erfolgt; (3) sie am hinteren dorsalen Ende des Abdomens zwei Siphonen haben, aus denen ein Tropfen klare Flüssigkeit austritt; und (4) Honigtau nicht vom Himmel fällt, sondern von Blattläusen über ihren Anus ausgeschieden wird.

Mehr als ein Jahrhundert später ergaben Dissektionen von *Aphis pomi* (Ramdohr 1811), *Lachnus roboris, A. fabae, Cinara maritimae, Macrosiphum rosae* (Dufour 1833) und *Myzus persicae* (Morren 1836), dass das Verdauungssystem aus einem sehr dünnen Oesophagus, einem röhrenförmigen oder erweiterten Magen, Darm und einem transparenten röhrenförmigen oder ballonförmigen Hinterdarm besteht. Ein Harnsystem (Malpighische Gefäße) fehlt und die Länge des Darms ist etwa dreimal so lang wie die des Körpers.

Das Verdauungssystem vieler Blattlausarten wurde später durch Präparation (Börner 1938, 1949a, 1952, Kunkel 1966, Dixon 1975a, Kunkel & Kloft 1977) und genauer durch Paraffin-Histologie untersucht (Buckton 1876, Witlaczil 1882, 1884, Mordvilko 1895a, Grove 1910, Davidson 1913a, 1914, Baker 1915, Weber 1928, Pelton 1838, Smith 1939, Roberti 1946, Schmidt 1959, Saxena & Chada 1971a, b, c, Ponsen 1972). Auch die Ultrastruktur des Verdauungssystems von *Myzus persicae* wurde untersucht (Forbes 1966).

Seit Erscheinen der klassischen »Monographie der Familie der Pflanzenläuse (Phytophthires)« von Kaltenbach (1843) und des umfassenden Werks »Die Pflanzenläuse Aphiden« von Koch (1854–1857) fehlte es lange Zeit an einer modernisierten Zusammenfassung des taxonomischen und biologischen Wissens über die Blattläuse Mitteleuropas. Im 19. Jahrhundert stammten die letzten auf Deutschland beschränkten Übersichten über die Blattläuse aus den Jahren 1874 (Kaltenbach) und 1883 (Karsch). Kaltenbachs und Kochs Monographien und die wenigen älteren Schriften über Blattläuse, die seit Geoffroy (1762), Linne (1746–1761), Degeer (1752–1778),

Scopoli (1763), Fabricius (1775, 1781, 1803), Schrank (1798–1804), Mosley (1841) und Boyer de Fonscolombe (1841) erschienen waren, wurden für England durch Walker (1848a, b, 1849, 1850) und Buckton, für Italien und Sardinien durch Passerini (1863), Ferrari (1872) und Macchiati, (1879a, b, 1880a, b, 1881a, b, 1882) – um nur die wichtigsten Aphidologen zu nennen –, um wichtige Beiträge ergänzt und erweitert. Daneben wurde auch in Nordamerika die Kenntnis der dortigen Blattläuse wesentlich vertieft. Ende der 1880er Jahre gelang es Blochmann (1887, 1888, 1889, 1900) und Dreyfus (1888) in Deutschland und Cholodkovsky (1888, 1889a, b, c, d, 1914) in Russland, die Formenmannigfaltigkeit der Chermiden (der heutigen Adelgidae) aus einem Gesetz heterözischer Generationszyklen zu begründen. Damit war der Grundstein gelegt für die im ersten Jahrzehnt des 20. Jahrhunderts durch den Russen Mordvilko (1899) vorgestellte Lehre von den Wirtswechselerscheinungen oder Migrationen der Aphiden.

Die Zahl der aphidologischen Veröffentlichungen nahm in der ersten Hälfte des 20. Jahrhunderts allmählich zu und bestand hauptsächlich aus faunistischen und taxonomischen Studien. Gleich zu Beginn des Jahrhunderts wurde die Aphidologie vor allem durch drei Aphidologen maßgeblich beeinflusst: Cholodkovsky, Mordvilko und Börner.

Cholodkovsky war der erste, der 1908 das Konzept der »biologischen« Arten vorschlug, d. h. Arten, die morphologisch fast identisch sind, aber eine unterschiedliche Biologie haben. So wies er beispielsweise darauf hin, dass *Sacchiphantes viridis* und *S. abietis* morphologisch nahezu identisch sind, sich aber in ihrem Lebenszyklus unterscheiden.

Fortschritte gab es bei der Erforschung der Überfamilie Phylloxeroidea. Cholodkovsky (1888–1889) und Börner (z. B. 1913, 1930) stellten den grundlegenden Lebenszyklus und die Taxonomie der Adelgidae auf. Grassi und seine Mitautoren veröffentlichten 1912 zwei Bände über die Reblaus und andere Phylloxeridae. Pergande (1900, 1904a, b) beschrieb viele amerikanische Phylloxeridae-Arten, und Morgan (1908, 1910) untersuchte ihre Chromosomen und die Geschlechtsbestimmung. Morgans Pionierarbeit regte zu weiteren intensiven Studien über die Chromosomen von Blattläusen an.

Eine wichtige Gesamtschau der europäischen Blattläuse hat vor dem 2. Weltkrieg Mordvilko (1929) im Rahmen seines »Food Plant Catalogue of U.S.S.R.« vorgestellt. Mordvilko (1894–1895a, b, c, 1896a, b, 1901, 1907–1909, 1929) publizierte über viele Aspekte der Aphidologie. Am bedeutendsten war wohl sein evolutionärer Ansatz bei Studien zur Morphologie, zum Lebenszyklus, zur Zoogeografie und zur Taxonomie von Blattläusen. Er stellte ökologisch fundierte Hypothesen über den Ursprung der

Lebenszyklen von Blattläusen auf, insbesondere über den Wirtswechsel. Der junge Mordvilko arbeitete an der Warschauer Universität, wo er viele Beobachtungen im Botanischen Garten und in der Natur machte, eine Tätigkeit, die von modernen Blattlausforscherinnen und -forschern nicht sehr geschätzt wird. Bei seiner Arbeit im Botanischen Garten in Warschau im Jahr 1896 beobachtete er die sommerliche Reproduktionsdiapause bei der Ahornblattlaus *Drepansiphum platanoidis* (Mordvilko, 1908). Er war der erste, der dieses Phänomen aufzeichnete. Danach arbeitete er am Zoologischen Museum (später Institut) in St. Petersburg-Leningrad.

Börner schätzte 1952 die Zahl der bekannten Blattlausarten auf 3 000, und nahm an, dass in den zu seiner Zeit noch kaum erforschten Südkontinenten, ozeanischen Inseln und alpinen Florengürteln der Erde noch viele neue Gattungen und Arten zu finden wären. Es war ein bedeutendes Unternehmen, als Baker seine »Generic classification of the hemipterous family Aphididae« (1920) verfasste, nachdem schon vorher del Guercio (1900–1917), Tullgren (1909), Mordvilko (1895c–1924) und van der Goot (1912–1915) Versuche unternommen hatten, System und Phylogenie der Blattläuse nach zum damaligen Zeitpunkt neuartigen Gesichtspunkten der Imaginalmorphologie um- und auszugestalten. Börner hat sich seit 1908 um die Ausarbeitung einer Chaetotaxie der Larven und Imagines bemüht. Die Grundlage gab das 1879 erschienene, reich bebilderte Reblauswerk des französischen Botanikers Cornu, in dem auch eine wertvolle, unter den Aphidologinnen und Aphidologen wenig bekannt gewordene Darstellung der Behaarung dieser gefährlichen Phylloxeride gegeben ist. Börner hat dann in der 1. Auflage von Sorauers Handbuch der Pflanzenkrankheiten (1913) einen ersten Versuch unternommen, die bei den eierlegenden Blattläusen gewonnenen Erkenntnisse auf andere, lebendgebärende Blattläuse zu übertragen. Erst gegen Ende der 1920er Jahre konnte Börner diese älteren Grundlagen weiter entwickeln und 1930 seine »Beiträge zu einem neuen System der Blattläuse« veröffentlichen, die von den Spezialistinnen und Spezialisten mit geteiltem Urteil aufgenommen wurden. Zum Ende seines Arbeitslebens konnte Börner das Auftreten einer neuen Generation von Aphidologinnen und Aphidologen registrieren, die keine Mühe scheuten, die Blattläuse in allen Phasen ihres Lebens zu erforschen und neben den imaginalen auch die larvalen Stadien weitestgehend für System und Phylogenie auszuwerten, um ein Bild der Evolution des ganzen Aphidenstammes zu gewinnen.

Die in Börners Zeit moderne Blattlausliteratur verwirrte zunächst durch die Fülle der Gestalten und Begriffe. Das war der Grund für viele Entomologinnen und Entomologen, welche beruflich mit der Erforschung der Biologie und Bekämpfung der Blattläuse befasst waren, sich auf ihre Spezialaufgabe zu beschränken und nicht Fragestellungen einer allgemeinen Aphidologie zu bearbeiten. Damals war ja schon die Beschaffung der Literatur ein Problem geworden. Aber Literatur und Blattlausnamen sind noch nicht das lebendige Tier. Bei Sichtung z. B. der Blattlauskataloge von WILSON-VICKERY (1918) und PATCH (1938) sind die Ergebnisse umfangreicher Literaturarbeit zu sehen, welche Spezialistinnen und Spezialisten befähigen sollten, selbstständig weiter zu forschen. Wer in diesen beiden Büchern Informationen über die Synonyme von Blattlausnahmen sucht, wird enttäuscht. Auch die Pflanzennamen wurden nicht auf Synonyme geprüft und manche Pflanze erscheint in beiden Werken in mehrfacher Benennung. In dieser Hinsicht informativer war DAVIDSONS Monographie »List of British Aphides« (1925), in welcher Art- und Gattungsnamen der Aphiden mit Anmerkungen versehen sind, die dem Wissen jener Zeit entsprachen; auch die Pflanzennamen wurden auf botanische Eindeutigkeit überprüft. In diesem Zusammenhang ist auch THEOBALDS dreibändige Monographie »The Plant Lice or Aphididae of Great Britain« (1926–1929) zu nennen, da in ihr viele wichtiger Tatsachen mit vielen Abbildungen vorgestellt werden.

Nur im Rahmen kleinerer Faunengebiete konnten Lücken geschlossen werden, welche die Aphidofauna Europas und insbesondere Mitteleuropas zu Beginn des 20. Jahrhunderts immer noch aufwiesen. Um einen eigenen Beitrag zu liefern, trug BÖRNER fast vier Jahrzehnte lang ein umfangreiches Material zusammen. Er plante die Ausarbeitung von Tabellen zur Bestimmung der Familien, Gattungen und Arten unter besonderer Berücksichtigung der Biologie. Die Tabellen waren gleichzeitig als Beitrag zum großen Faunenwerk »Die Tierwelt Mitteleuropas« vorgesehen. Im Zuge dieser Arbeit sollten auch die synonymischen Namen aufgearbeitet und eine neuzeitliche Nomenklatur geschaffen werden, welche mit den Nomenklaturregeln in Einklang stehen sollte.

Je weiter BÖRNER in die Blattlausfauna Mitteleuropas eindrang, umso häufiger begegnete er neuen Arten. Jeder neue Fund bedeutete eine Verzögerung in der Fertigstellung des geplanten Werkes. Der 2. Weltkrieg und die Nachkriegszeit bereiteten weitere Schwierigkeiten, die neuen Arten zu veröffentlichen, weshalb BÖRNER sich entschloss, sie durch Kurzdiagnosen festzulegen. Dabei war er bemüht, das Differential in kürzester Fassung zu geben und unter Hinweis auf verwandte bekannte Arten und Gattungen den nomenklatorischen Bestimmungen zu genügen. BÖRNER beklagte, dass ausländische Kollegen in diesen Kurzdiagnosen »Beschreibungen« erblickten und vermeinten, sie als »nomina nuda« kassieren zu können. Er warf diesen Kritikern vor, dass sie die Tragik der Zeitumstände übersehen.

BÖRNER leistete einen erheblichen Beitrag zur Biologie und Taxonomie der europäischen Blattlausfauna. Er beschrieb die Lebenszyklen vieler Blattlausarten. In seinem 1952 erschienenen Buch nannte er nicht nur den Autor (bzw. die sehr seltenen Autorinnen) einer Art, sondern auch denjenigen, der ihren Lebenszyklus zuerst studiert hatte. Er führte in die Taxonomie der Blattläuse mehr neue Merkmale ein als jeder andere Aphidologe.

War man vorher hauptsächlich bestrebt gewesen, die große Fülle der Blattlausformen in Arten und Gattungen aufzugliedern und hierfür ein System aufzubauen, war man jetzt bemüht, manches wieder zu vereinigen, was die Systematiker zur Differenzierung getrennt hatten. Viele als selbstständig geführte Artnamen mitteleuropäischer Blattläuse verschwanden in der Liste der Synonyme einiger weniger heterözischer Komplexarten. Leider vernachlässigte die Forschung in dem Bestreben zu generalisieren zunächst den weiteren Ausbau der speziellen Systematik der Blattläuse. Mit Ausweitung der Aufgaben der angewandten Entomologie wuchs ganz allgemein auch das Interesse an den Blattläusen, unter denen nicht wenige wichtige Schaderreger des Land-, Obst- und Forstbaus bekannt geworden waren. Hunderte neue Arten wurden außerhalb von Deutschland und Europa entdeckt und beschrieben. Die Informationen über die in Europa meist nur in geringen Umfang bekannten Blattlausarten wurden im ostasiatisch-australischen Raum erweitert. In der Mitte des 20. Jahrhunderts standen neben Europa, dem Mutterkontinent der Aphidologie, auch in Nordamerika, Ostasien und Indonesien bereits gut durchgearbeiteten Aphidofaunen zur Verfügung.

Nach Ende des zweiten Weltkriegs gewannen in der Erforschung der Blattläuse zunehmend angewandte Probleme große Aufmerksamkeit. Es wurden DDT und andere Organophosphat-Insektizide in großem Umfang eingesetzt, und in den 1950er Jahren stellte sich das Problem der Resistenz von Blattläusen gegen Insektizide. Außerdem wurden die Probleme der Resistenz von Pflanzen gegenüber Blattläusen und Blattläuse als Virusüberträger immer wichtiger. Die Notwendigkeit, diese Probleme zu lösen, führte in den 1950er und 1960er Jahren zu einem explosionsartigen Anstieg der Blattlausforschung. Nicht nur die Bedürfnisse der Land- und Forstwirtschaft verursachten dieses Wachstum, sondern auch der allgemeine Fortschritt in den Wissenschaften und die Erfindung neuer Methoden der biologischen Forschung förderten ein intensives Wachstum der aphidologischen Untersuchungen.

Der beträchtliche Einbruch des Wachstums der Publikationen in den 1970er Jahren hing u. a. mit dem Rückgang der Forschung zur chemischen Bekämpfung zusammen.

In der zweiten Hälfte des 20. Jahrhunderts veränderten sich die Schwerpunkte in den Veröffentlichungen: Zunahme der organismischen und populationsbezogenen Studien und Abnahme der faunistischen und taxonomischen Studien. Die angewandte Forschung nahm bis zum siebten Jahrzehnt zu und ging dann allmählich zurück.

Wichtige Probleme in der Aphidologie des 20. Jahrhunderts wurden in der organismischen Ebene gesehen, die nach Shaposhnikov & Stekolshchikov (1998) Morphologie, Anatomie, Physiologie, Biochemie, Endosymbionten, Zytogenetik, individuelle Entwicklung und Verhalten umfasst. Die Notwendigkeit, Blattläuse als Virusüberträger zu verstehen, regte Studien über die Mechanismen der Nahrungsaufnahme, die Biochemie des Speichels und andere Aspekte der Nahrungsaufnahme an. Zwei Erfindungen in den 1950er Jahren begünstigten diese Untersuchungen: (1) die Entwicklung künstlicher Diäten, mit denen Blattläuse durch Membranen gefüttert wurden, und (2) die Gewinnung von Phloemsaft durch Durchtrennen der Stechborsten der Blattläuse. Diese Erfindungen sind mit den Namen von Kennedy (1951, 1954), Mittler (1958) und Auclair (1965) verbunden. Bedeutende Beiträge zur Anatomie des Verdauungstrakts wurden von Ponsen (1990, 1991) und zur Ernährungsphysiologie und Biochemie von Klingauf (1971), Kloft (1977), Miles (1968), Mittler (1958), Schäller (1968), Srivastava & Auclair (1963), Vereshchagina (1980) und anderen geleistet. Ihre Ökologie wurde hauptsächlich von Dixon und seinen Studierenden in Norwich untersucht. Sie zeigten, dass die Nahrungsaufnahme von Faktoren wie der Qualität und Quantität der Nahrung, der Fähigkeit der Blattläuse, diese zu finden und zu verwerten, und der Temperatur abhängt. Andererseits bestimmten die Qualität der Nahrung und die Temperatur die Größe der Blattläuse, die Anzahl der Ovariolen und Embryonen, ihre Reproduktionsrate, die Wahrscheinlichkeit einer Sommerdiapause und die Struktur ihres Lebenszyklus.

Ein weiteres Problem war die Regulierung der Ontogenese des gesamten Lebenszyklus. Dazu wurden Studien auf der Ebene der Ontogenese und der Populationen durchgeführt. Der französische Entomologe Bonnemaison beschäftigte sich mit einer Vielzahl von Aspekten der Biologie und Bekämpfung einer Reihe von Blattläusen. Seine Arbeit ist sehr detailliert und eine großartige Quelle für Informationen. Er interessierte sich besonders für die Rolle des Photoperiodismus bei der saisonalen Entwicklung von Blattläusen und beschrieb als erster ein Phänomen, das er als »facteur fundatrice« bezeichnete (Bonnemaison 1951). Obwohl viele Blattläuse bereits im Frühjahr aus den Eiern schlüpfen und bei gleicher Nachtlänge wie im Herbst vorhanden sind, erscheinen die Geschlechtsorgane selten vor dem Herbst. Dies führte er auf das Wirken eines intrinsischen Zeitmechanismus zurück: »facteur fundatrice«. Der englischer Physiologe Lees, der sich zunächst mit der Diapause bei Milben beschäftigte, wechselte Ende der 1950er Jahre zur Erforschung der biologischen Uhr bei Blattläusen. Er benannte Bonnemaisons »facteur fundatrice« in »Intervalluhr« um, zeigte, dass sie die absolute Zeit misst, relativ temperaturstabil ist und dass sich die Rezeptoren und neurosekretorischen Kontrollzentren im Gehirn einer Blattlaus befinden (Lees 1960, 1964). Er zeigte auch, dass bei *Megoura viciae*, seinem bevorzugten Forschungstier, die Entwicklung der geflügelten Blattläuse durch taktile Reize ausgelöst wird, die mit dem Gedränge der Muttertiere zusammenhängen (Lees 1967). Die Physiologie der photoperiodischen Reaktion wurde auch von Johnson (1966), Hardie (1981), Hales (1976), Mittler (1958, 1979) und anderen erfolgreich studiert. Die Möglichkeit, dass der Schwellenwert der photoperiodischen Reaktion bis hin zu einer vollständigen Anholozyklie variiert, wurde von Shaposhnikov gezeigt. Der Unterschied in der photoperiodischen Reaktion von Unterarten aus verschiedenen Breiten- und Höhengrade wurde von Shaposhnikov (1987a) für *Dysaphis anthrisci*, von Smith & Mackay (1990) für *Acyrthosiphon pisum* und von Voegtlin & Halbert (1990) für *Rhopalosiphum cerasifoliae* untersucht. Chmyr & Kolesova (1988) beobachteten bei sympatrischen Formen (oder Unterarten) von *A. pisum*, die auf Erbsen und Luzerne leben, unterschiedliche photoperiodische Reaktionen.

In den 1970er Jahren begann der Verhaltensforscher Kennedy, der sich zuvor mit Heuschrecken und Moskitos beschäftigt hatte, Blattläuse als Modell für seine Verhaltensstudien zu verwenden. Er konstruierte einen Windkanal und untersuchte darin das Flugverhalten von Blattläusen. Er zeigte, dass Blattläuse, obwohl sie schwache Flieger sind, ihren Start in eine Luftmasse kontrollieren, die sie aufgrund ihrer Bewegungsgeschwindigkeit im Verhältnis zur Blattlaus wahrscheinlich über eine beträchtliche Strecke tragen wird. Ebenso kontrollieren sie das anschließende Absetzen aus der Luftmasse und das Landen auf einer Pflanze. Beim Abflug reagieren sie positiv auf die Lichtwellen, die vom freien Himmel kommen, und nach einer kurzen Flugzeit reagieren sie immer stärker auf die Lichtwellen, die von der Vegetation und dem Boden reflektiert werden. Wenn sie sich auf einer Pflanze niederlassen, reagieren sie zunächst eher auf Gelb als auf andere Farben, d. h., sie reagieren mehr auf die potenzielle Nährstoffqualität einer Pflanze als auf ihren taxonomischen Status (Kennedy & Booth 1963 a,b, Kennedy et al. 1961). Sobald sie sich auf einer Pflanze befinden, werden andere Anhaltspunkte genutzt, um festzustellen, ob es sich um eine geeignete Wirtspflanze handelt. Er befasste sich auch mit dem Wirtswahlverhalten der verschiedenen geflügelten Morphen, die bei wechselnden Blattläusen zwischen dem Primär- und dem Sekundärwirt hin- und herwandern (Kennedy & Booth 1951, 1954). Die Beziehungen von Blattläusen zu Pflanzen wurden auch von Müller in Rostock und vor allem von Dixon (1966, 1970a,b, 1998) und Kollegen in Norwich untersucht. Müller (1971, 1980) lieferte sehr gute Beispiele für die allmähliche sympatrische Speziation bei Blattläusen. Er vertrat die Auffassung, dass die Spezialisierung auf eine andere Wirtspflanze eine Voraussetzung für sympatrische Speziation bei Blattläusen ist. Interessante Schlussfolgerungen zu diesem Thema wurden auch von Eastop veröffentlicht. Müller folgte der Tradition von Börner und hielt eine große Anzahl von Blattläusen in einem Insektarium und verfolgte sie über ihren jahreszeitlichen Zyklus und über viele Jahre hinweg, indem er sie zwischen Pflanzenarten übertrug und sie hybridisierte. Dabei stellte sich heraus, dass mehrere Arten in Wirklichkeit Artenkomplexe sind. Die beiden Artenkomplexe, die er eingehend studierte, waren *Aphis fabae* und *Acyrthosiphon pisum* (Müller 1962, 1971b, 1980, 1982, 1985a, b). Hille Ris Lambers betrachtete Börner und Müller als »Artensplitter« und nahm ihre Arbeit nicht wohlwollend auf. Es ist möglich, dass dieser Konflikt eine Folge der negativen Erfahrungen von Hille Ris Lambers mit den deutschen Besatzern in den Niederlanden während des 2. Weltkriegs war. Wahrscheinlich hat diese Erfahrung seine Bewertung deutscher Wissenschaftler negativ beeinflusst, insbesondere in den Jahren unmittelbar nach dem Krieg. Später arbeitete er eng mit Eggers-Schumacher zusammen, was zu einer größeren Akzeptanz der Ergebnisse deutscher Aphidologen durch Hille Ris Lambers führte. Sein letzter Schüler, Guldemond (1991), führte sogar eine klassische Studie vom Typ Müller über *Cryptomyzus* durch. Alle diese Entomologen glaubten, dass ihre Studien letztlich zu einer wirksameren Bekämpfung von Blattläusen führen würden.

Auf der Ebene der Populationen sind die wichtigsten Probleme einerseits die Entwicklung von Resistenzen gegen Insektizide und andererseits die Fähigkeit, auf formell resistenten Pflanzen zu leben.

Die Entwicklung von Resistenzen gegen Insektizide bei Blattläusen wurde hauptsächlich an *Myzus persicae* untersucht. Blackman und andere (1978) haben gezeigt, dass die Resistenz von der Aktivität einer Carboxylesterase abhängt. Die Qualität der Esterase hängt von Amplifikationen des est-4-Locus ab, der mit Chromosomentranslokationen verbunden ist. Mithilfe immunoelektrophoretischer Methoden wurde dann bestätigt, dass ein ähnlicher Mechanismus bei *Phorodon humuli* existiert. Es wurden signifikante interklonale Unterschiede festgestellt. Takada (1979, 1981) untersuchte in Japan 1 500 Klone von *M. persicae* und stellte eine ebenso große Diversität auf der Ebene der Klone wie der Populationen fest. Umfangreiche Untersuchungen über die erhöhte Expression von Esterasen bei dieser Blattlausart konnten von Foster und Kollegen (Foster et al. 1996, 1997, 2000) in Rothamsted durchgeführt werden. Später wurden dann weitere Mechanismen der Resistenz gegen Insektizide erforscht (Dawson et al. 1983, Foster et al. 1998, 2003, Bass et al. 2014).

Die Entwicklung der Fähigkeit, auf einer Pflanze zu leben, die zuvor gegen die Blattlaus resistent war, wurde von Shaposhnikov (1987b) anhand eines Klons von *D. anthrisci majkopica* gezeigt. Unter intensiver natürlicher Selektion passten sich die Blattläuse zunächst an das Leben auf einer schwach resistenten Pflanze und dann auf einer verwandten völlig resistenten Pflanze an. So entstand im Laufe einer Saison eine Form, die ökologisch, reproduktiv und morphologisch von der ursprünglichen Art isoliert war. Obwohl es sich nach der klassischen Definition (Ursprung der reproduktiven Isolation) um eine neue Art handelte, ist diese neue Form nach Shaposhnikov & Stekolshchikov (1998) keine neue Art, da sie in der Natur keine eigene Nische und kein eigenes Verbreitungsgebiet hat.

Die Studie komplexer Lebenszyklen ist ein wichtiger Bestandteil der Aphidologie. Mordvilko schlug eine Hypothese zur Erklärung des Wirtswechsels vor. Er betrachtete zunächst (1901) den Wirtswechsel als ein Mittel, um die ungünstigen Lebensbedingungen auf holzigen Pflanzen im Sommer, die mit der Einstellung des Triebwachstums und der Reifung der Blätter verbunden sind, zu vermeiden und die günstigen Lebensbedingungen auf krautigen Pflanzen zu nutzen. Später (1928) vertrat er die Idee, dass die Spezialisierung der Fundatrizen die Übertragung der gesamten Generation auf einen neuen Wirt verhindere und dass der Wirtswechsel eine evolutionäre Sackgasse sei. Mit dieser Thematik haben sich Moran (1988, 1992) und Dixon (1998) ausgiebig beschäftigt. Die Fundatrizen, die in bestimmten geschlossenen Gallen leben, haben die Fähigkeit verloren, woanders zu leben. Sie können sich nur noch weiter spezialisieren oder aussterben. Solche Fundatrizen könnten sich in einer evolutionären Sackgasse befinden. Dabei muss berücksichtigt werden, dass es sich nur um eine Sackgasse für eine der Morphen handelt, nicht für die Art. Arten verlieren nicht die Fähigkeit einen Wirtswechsel-Lebenszyklus zu entwickeln. Weiterhin können wirtswechselnde Arten einen neuen Sekundärwirt erwerben und in zwei wirtswechselnde Arten divergieren. Daneben können Arten auch einen der Wirte verlieren und anholozyklisch werden. Arten mit hochspezialisierten Wirten können jedoch keinen vollständigen Lebenszyklus ausbilden, d. h. auf dem Sekundärwirt holozyklisch werden. Keine einzige Art der Adelgidae, Pemphigini und Hormaphidini, die in geschlossenen Gallen leben, ist auf ihrem Sekundärwirt holozyklisch. Die enge Spezialisierung der Fundatrizen auf eine holzige Pflanze verhindert also die Übertragung der gesamten Generation auf eine krautige Pflanze und fördert dadurch die Entstehung des Wirtswechsels. Gleichzeitig wurde von Mackenzie & Dixon (1990) und einigen anderen Autoren gezeigt, dass der Wirtswechsel auch bei Arten auftritt, die keine spezialisierte Fundatrizen haben, z. B. *Anoecia* und *Cavariella*.

Die frühe Hypothese von Mordvilko (1896a), die von Mackencie & Dixon »Hypothese des komplementären Wirtswachstums« genannt wurde, und seine spätere Hypothese, die von Moran (1988) »Hypothese der Fundatrix-Spezialisierung« genannt wurde, stehen also nicht im Widerspruch zueinander, sondern ergänzen sich gegenseitig.

Ein weiteres Thema aphidologischer Forschung sind die Beziehungen zwischen Blattlaus und Pflanze sowie zwischen Blattlaus und Ameise. Diese beiden Zusammenhänge hat Mordvilko (1901) in der Natur beobachtet. Viele interessante Beobachtungen und Experimente über Blattläuse und Ameisen wurden von Banks (1958, 1962), Kloft (1959), Zwölfer (1958), Pontin (1960), Way (1963), Sudd (1967) und anderen gemacht. Tizado und andere Autoren (1993) zeigten, dass sich Ameisenarten in unterschiedlichem Maße auf Blattlausgattungen spezialisieren.

Eine sehr interessante und neue Richtung der Aphidologie stellten die Untersuchungen von Aoki und seinen Kollegen über das Sozialleben einiger Hormaphididae und Pemphigidae dar.

Die faunistischen Studien nehmen allmählich zu und werden von vielen Aphidologen durchgeführt. Die wohl wichtigsten Beiträge zur Fauna Europas stammen von Börner, des Fernen Ostens von Takahashi (1921 ff., 1930, 1931, 1938, 1939), Afrikas von Eastop (1954a,b, 1955a,b, 1956, 1958, 1959, 1961) und Remaudière und Nordamerika von Gillette (1907a,b, 1908, 1911) und anderen. Einige Regionen sind jedoch nach wie vor weniger gut untersucht, zum Beispiel Sibirien, insbesondere die Bergregionen. Gute Beispiele sind Indien, Portugal und Spanien, wo in kurzer Zeit initiative Aphidologinnen und Aphidologen die Erforschung der Fauna stark ausgeweitet haben, was zu den Büchern von Ghosh und anderen und den drei Bänden der »Fauna Iberica« von Nieto Nafria, seiner Frau Mier Durante (1998) und Kollegen (2002, 2005) geführt hat.

Einige Aphidologinnen und Aphidologen haben die Weltfauna studiert: Sehr nützliche Übersichten haben Eastop & Hille Ris Lambers (1976), Remaudière & Remaudière (1997), Holman (2009) und Blackman & Eastop (2006) veröffentlicht. Einige Autoren haben globale Revisionen bestimmter Familien oder Gattungen vorgenommen, insbesondere Hille Ris Lambers (1931a,b, 1935, 1938, 1939, 1947a, b, 1949, 1950, 1953), aber auch Quednau (1973, 1979, 1990) und Heie (1982, 1986, 1992, 1994a,b, 1995).

Die historische Entwicklung der Taxonomie der heutigen Blattläuse zeigt zwei gegensätzliche Tendenzen: große Taxa aufzuspalten und kleine zu vereinen. Börner stellte in den 1950er Jahren einige nicht verwandte Taxa in die Thelaxidae, was zu intensiven Diskussionen führte. Dennoch wurde sein System von vielen Blattlausforschern lange Zeit verwendet. Die Thelaxidae wurden 1964 von Shaposhnikov und dann 1980 von Heie in mehrere Familien aufgeteilt. Beide neuen Systeme sind ähnlich, umfassen zwei Überfamilien und 12 Familien, die sich in ihrer Stellung im System unterscheiden. Die Stellung der Lachnidae ist nach wie vor am umstrittensten: Sie haben viele plesiomorphe Merkmale, und Vertreter dieser Familie gab es im frühen Tertiär nicht. Ein ähnliches System wurde von Szelegiewicz (1978) und Stroyan (1977) angenommen. Remaudiere & Stroyan fassten jedoch 1984 20 Unterfamilien zu einer Familie, den Aphididae, zusammen, womit 10 Familien verschwanden. Sicherlich sind alle Versuche, einen phylogenetischen Baum zu erstellen, verfrüht. In fast allen Fällen wurde nur eine Art von Merkmalen verwendet, hauptsächlich morphologische. Die Methoden der Molekularbiologie wurden erst in den letzten Jahren in der Aphidologie angewandt. Moran & Baumann (1994) sowie Moran et al. (1993, 1994) haben zusammen mit Mikrobiologinnen und Mikrobiologen Endosymbionten sowie mitochondriale und ribosomale RNA-Gene zur Untersuchung der Verwandtschaft zwischen Blattlaus-Taxa verwendet. Dies ist ein sehr interessanter Ansatz für die Phylogenese, der eine gute Perspektive bietet. Es kann jedoch angenommen werden, dass in Zukunft verschiedene Merkmale, von molekularen bis hin zu ökologischen, verwendet werden müssen, um einen gemeinsamen phylogenetischen Baum zu entwickeln.

Paläontologische Daten vermitteln ein Verständnis für die evolutionären Veränderungen, die in der Struktur einiger Organe stattgefunden haben. Ihre Bedeutung für die Entwicklung einer Phylogenie, die ausgestorbene und rezente Blattläuse umfasst, wird kontrovers diskutiert. Die Hauptbedeutung paläontologischer Daten besteht nach Shaposhnikov & Stekolshchikov (1998) darin, Hinweise zu liefern, dass es in der Vergangenheit ökologische Krisen gab. Die alte, mit den Gymnospermen assoziierte Blattlausfauna wurde in der mittleren Kreidezeit durch eine neue Fauna der Angiospermen ersetzt. Die zweite Krise fand in der Oberkreide an der Grenze zwischen Mesozoikum und Känozoikum statt, als die Dinosaurier ausstarben. Im Gegensatz zu diesen Auffassungen sehen Heie (1987) und andere die fossilen Blattläuse als Lieferanten wichtiger Informationen über die Phylogenie und die paläontologische Geschichte der Blattläuse. Die Funde fossiler Arten geben uns neue Einblicke in die Morphologie der Vorfahren aller Blattläuse und in die Phylogenie der Aphidomorpha.

Ein weiterer Schwerpunkt aphidologischer Forschung befasst sich mit den angewandten Problemen der Land- und Forstwirtschaft, insbesondere mit der Notwendigkeit, die Erträge vor schädlichen Blattlausarten zu schützen. Angewandte Untersuchungen tragen gleichzeitig zum Verständnis vieler rein wissenschaftlicher Probleme bei. Studien über die Variation der

Resistenz von Pflanzen gegenüber verschiedenen Biotypen von Blattläusen haben die klonale Variabilität und die komplizierte Struktur von Populationen gezeigt. Biochemische und molekularbiologische Studien über die Migration von Blattläusen trugen zur Erforschung der Populations- und Artendynamik bei. Untersuchungen von Biotypen mit unterschiedlichem Einfluss auf einige Kulturpflanzen zeigten die Notwendigkeit einer intraspezifischen Taxonomie.

Die Blattlausforscher sind Shaposhnikov zu Dank verpflichtet, der vorschlug, regelmäßige Treffen zu veranstalten. Diese fanden zunächst hinter dem damals so genannten »Eisernen Vorhang« statt, weil es für Blattlausforscherinnen und Blattlausforscher aus den Ostblockländern schwieriger war, in den Westen zu reisen, als umgekehrt. Als Henryk Szelegiewicz Direktor des Instituts für Zoologie in Polen wurde, verfügte er über die nötigen Einrichtungen und organisierte 1984 das erste Treffen in Jablonna in der Nähe von Warschau. Bei diesem Symposium wurden Kopien aller Vorträge vor dem Treffen an alle Teilnehmerinnen und Teilnehmer verschickt. So konnten alle ihre Kommentare im Voraus vorbereiten, was zu lebhaften Diskussionen führte, aber nur bei einer geringen Teilnehmerzahl möglich ist. 2022 fand das 11. Internationale Symposium über Blattläuse (ISA) wieder in dem Land statt, in dem alles begann: in Polen (Katowice).

Die meisten Aphidologinnen und Aphidologen haben sich mit schädlichen Blattläusen befasst oder beschäftigen sich damit. Der Grund dafür ist, dass Blattläuse als wichtige Schädlinge angesehen werden und die Vorstellung besteht, dass ein besseres Verständnis ihrer Biologie letztlich zu einer wirksameren Bekämpfung führen würde. Landwirtschaftliche Überschüsse und spezifischere und wirksamere Insektizide haben die von Blattläusen ausgehende Bedrohung der landwirtschaftlichen Produktion erheblich verringert. Darüber hinaus haben die enormen Forschungsanstrengungen, die durch den Schaderregerstatus der Blattläuse ausgelöst wurden, mit wenigen Ausnahmen nicht zu wirksameren Bekämpfungsmaßnahmen geführt. Infolgedessen sind die Mittel für die Blattlausforschung, die aus landwirtschaftlichen Quellen stammen, entweder nicht mehr vorhanden oder immer schwieriger zu bekommen. Das heißt, in den letzten 50 Jahren wurde ein großer Teil der Forschung durch den Schädlingsstatus der Blattläuse vorangetrieben, und der Rest wurde durch ihn stark begünstigt.

Es ist wahrscheinlich, dass Blattläuse nie mit Erstaunen, Bewunderung und großer Neugier wie Pandas oder Quastenflosser betrachtet werden. Daher ist nach Dixon (1998) davon auszugehen, dass die Zukunft der Aphidologie darin liegt, andere davon zu überzeugen, dass Blattläuse ideale Modelle für die Untersuchung eines oder mehrerer der derzeit in Mode befindlichen Aspekte der Biologie sind. Es ist wahrscheinlich, dass diese

Modeerscheinungen noch einige Zeit anhalten werden, so dass Blattlausforscherinnen und Blattlausforscher versuchen sollten, sie zu nutzen.

Diejenigen, die es vorziehen, an ganzen Tieren in natürlichen Situationen zu arbeiten, sollten in Betracht ziehen, einige Aspekte der Arterhaltung zu analysieren. Sowohl die Faktoren, die die Artenvielfalt bestimmen, als auch die Frage, warum die meisten Organismen selten sind, sind wichtige Themen, die sich an Blattläusen leichter untersuchen lassen als an vielen anderen Organismen. Seltenheit ist ein besonders schwieriges Thema. Warum ist zum Beispiel die Birkenblattlaus, *Monaphis antennata*, in ihrem gesamten Verbreitungsgebiet selten? Ihre Wirtspflanze ist sehr häufig und die Blattlaus scheint nicht auf eine bestimmte Birkenart oder einen bestimmten Ökotyp beschränkt zu sein. Daher könnten Blattläuse als Modellarten für Studien über Seltenheit dienen.

Diejenigen, die sich mehr für physiologische und laborgestützte Studien interessieren, könnten die Molekularbiologie in Betracht ziehen. Derzeit wissen wir viel über das Genom von Organismen, aber wir wissen nur wenig darüber, wie die Informationen im Genom im Entwicklungsprozess genützt werden. Ebenso kann die Molekularbiologie genutzt werden, um die Wirtspflanzenassoziationen verschiedener Blattlausgruppen zu untersuchen, insbesondere derjenigen, die sich anscheinend parallel zu bestimmten Pflanzengruppen spezifiziert haben.

3 Stammesgeschichte und Systematik

3.1 Blattläuse als Taxon der Sternorrhyncha – phylogenetische Beziehungen

Blattläuse (Aphidoidea) gehören zu den Schnabelkerfen (Hemiptera), einem artenreichen Zweig der hemimetabolen Insekten. Sie zeichnen sich durch den Bau ihrer stechend-saugenden Mundwerkzeuge aus. Als Schwestergruppe der Hemiptera sind sehr wahrscheinlich die Thysanoptera (Thripse) zu sehen, von denen sich viele ebenfalls von Pflanzensaft ernähren, aber deren Mundwerkzeuge anders aufgebaut sind. Im hemipteren Taxon Heteroptera wechselten mehrere Zweige sekundär zu räuberischem Verhalten.

Die derzeit beschriebenen rund 100 000 Hemiptera-Arten wurden traditionell in Heteroptera (typische Wanzen) und Homoptera unterteilt, wobei die letztere Gruppe in den meisten molekularen Analysen als Paraphylum aufgefasst wird (von Dohlen & Moran 1995, Sorensen et al. 1995, Ouvrard et al. 2000, Song et al. 2012, Cui et al. 2013). Die früher zu den Homoptera gezählten Insekten werden heute meist in die Gruppen Sternorrhyncha (Pflanzenläuse, einschließlich der Blattläuse), Cicadimorpha (Rundkopfzikaden), Fulgoromorpha (Spitzkopfzikaden) und Coleorrhyncha (Scheidenschnäbler) unterteilt. Der alte Name Auchenorrhyncha für die Kombination von Cicadimorpha und Fulgoromorpha wird nicht mehr unterstützt, da er eine paraphyletische Gruppe zu sein scheint, die durch gemeinsame plesiomorphe Merkmale vereint ist. Nichtsdestotrotz unterscheiden sich die molekularen Analysen in der genauen Platzierung dieser Taxa zueinander. Die Zuordnung der Coleorrhyncha als Schwestergruppen der Heteroptera hat eine hohe Wahrscheinlichkeit, wenn morphologische bzw. molekulare Merkmale rezenter Gruppen betrachtet werden (Ouvrard et al. 2000, Jason et al. 2012). Eine Berücksichtigung fossiler Formen ergibt jedoch ein komplexeres Bild, wonach sich beide Formen unabhängig voneinander aus denselben zikadenähnlichen Vorfahren entwickelt haben. Neuere Studien mit mitochondrialen Genomsequenzen haben das Gesamtbild verwirrt, indem sie Cicadomorpha, Fulgoromorpha und Sternorrhyncha mit den beiden letzteren als Schwestergruppen zusammengefasst haben (Song et al. 2012) oder eine Schwestergruppenbeziehung zwischen Cicadomorpha und Heteroptera befürworten (Cui et al. 2013). Im Gegensatz dazu hat eine phylogenomische Studie, die 1 500 orthologe Gene verwendet und alle Insektenordnungen abdeckt, Coleorrhyncha als Schwestergruppe zu diesen drei Taxa platziert (Misof et al. 2014).

Die Monophylie der Gruppe Sternorrhyncha, welche die Aphidoidea, Coccoidea, Aleyrodoidea und Psylloidea umfasst, wird von fast allen Studien favorisiert. Da sich fast alle Sternorrhyncha von Phloemsaft ernähren, können viele Taxa durch direkte Schädigung der Pflanzen oder Transmission von Pflanzenpathogenen wirtschaftliche Bedeutung erlangen. In der phylogenetischen Analyse molekularer Datensätze treten Aphidoidea und Coccoidea meist als Schwestergruppen auf (von Dohlen & Moran 1995, Xie et al. 2008, Misof et al. 2014). Das Verhältnis der Schwestergruppen Aphidoidea und Coccoidea zu den übrigen beiden Sternorrhyncha-Gruppen variiert zwischen den verschiedenen Analysen.

Die grundlegenden Trennungen von Aphidoidea treten zwischen den Adelgidae, Phylloxeridae und Aphididae auf, während die Beziehungen zwischen diesen drei Gruppen noch nicht endgültig geklärt sind. Die meisten Studien favorisierten eine Schwestergruppenbeziehung zwischen Adelgidae und Phylloxeridae (z. B. Heie & Wegierek 2009), aber alternativ können die Adelgidae auch die Schwestergruppe aller anderen Aphidoidea (Phylloxeridae und Aphididae) sein, die im Gegensatz zu den Adelgidae (Grimaldi & Engel 2005) den Ovipositor reduziert haben. Die Aphididae enthalten die mit Abstand größte Anzahl (>95 %) aller Arten (Remaudière & Remaudière 1997, Favret 2020). Diese Gruppe wird auch als echte Blattläuse bezeichnet und unterscheidet sich von ihren engsten Verwandten Adelgidae und Phylloxeridae durch das Vorhandensein von *Buchnera*-Endosymbionten, von Siphonen oder Siphonalporen, die für die chemische Kommunikation verwendet werden (z. B. Alarmpheromone), und durch die Einbeziehung von Viviparie in den Lebenszyklen (Zhang & Zhong 1983, Heie 1987).

Podsiadlowski (2016) bemängelt die Klassifizierung von lebenden und fossilen Blattläusen mithilfe einer kleinen Anzahl von morphologischen Merkmalen und Lebensformen durch Heie & Wegierek (2009). Die morphologischen Merkmale, die zur Abgrenzung der Taxa von Blattläusen verwendet werden, sollen in der Evolution eine große Plastizität haben.

Dagegen hätten molekulare phylogenetische Studien eine Stützung für mehrere Unterfamilien ergeben und oft interne Verwandtschaftsbeziehungen von Unterfamilien, Tribus und Gattungen aufgelöst. Es ist dabei aber zu bedenken, dass phylogenetische Bäume, die ausgestorbene Arten nicht enthalten, mit Vorsicht interpretiert werden müssen.

Heie & Wegierek schrieben 2009: »Das letzte Wort zur Lösung der phylogenetischen Rätsel ist noch nicht gesprochen. Wir müssen auf DNA-Analysen warten ...« Inzwischen sind viele Arbeiten veröffentlicht worden, die sich mit DNA-Analysen befassen, aber der erhoffte Durchbruch an Erkenntnissen ist nicht zu erkennen. So befassen sich zwei Studien mit der Phylogenie der gesamten Aphidoidea. Ortiz-Rivas & Martinez-Torres (2010) verwendeten molekulare Daten zahlreicher Arten und Novàkovà et al. (2013) verwendeten DNA des Symbionten *Buchnera*. Beide Arbeiten haben sehr unterschiedliche Ergebnisse geliefert. Gegenwärtig steht eine gut unterstützte Phylogenie der Aphididae immer noch nicht zur Verfügung. Ein Grund für diese unbefriedigende Situation könnte in der schnellen Radiation von Blattläusen liegen, die parallel zur Evolution der Angiospermen in der Kreide verlief (von Dohlen & Moran 2000).

Unter den von Ortiz-Rivas & Martinez-Torres (2010) verwendeten molekularen Daten, die aus Blattläusen gewonnen wurden, befanden sich vier Gene, zwei mitochondriale (COII, ATP6) und zwei Kerngene (elongation factor 1 alpha, long-wavelength opsin). Bei der Aufklärung der Phylogenie auf tieferer (= Unterfamilie) Ebene sind die mitochondrialen Gene der Blattläuse von begrenztem Wert (Novàkovà et al. 2013). Deshalb wird versucht, genomische Sequenzen von *Buchnera*-Endosymbionten zu verwenden, die vertikal auf die Nachkommen übertragen werden und sich daher mit ihren Wirten entwickeln. Ein umfassender Ansatz verwendet fünf Gene aus *Buchnera*-Stämmen von 70 Blattlausarten, die 15 von 23 Unterfamilien von Aphididae abdecken (Novàkovà et al. 2013). Dennoch haben diese beiden Ansätze keine gute Aufklärung an der Basis von Aphididae erreicht und widersprechen sich an einigen Stellen sogar. Es ist rätselhaft, warum zwei DNA-Studien zwei sehr unterschiedliche Ergebnisse geliefert haben. Heie (2015) vermutet, dass *Buchnera* oft mutiert oder zwischen Blattlausklonen übertragen werden kann, da einige zusammenhängende Gruppen im phylogenetischen Baum durch Novàkovà et al. (2013) weit voneinander getrennt wurden. Mutationen in den Blattläusen und in ihren Symbionten können in der Evolutionsgeschichte mehrmals von Mutationen in die entgegengesetzte Richtung gefolgt sein.

Neben dem Fehlen gut abgestützter Gruppen oberhalb der Unterfamilie bei der Analyse der *Buchnera*-Gene ist auch die Verwurzelung des Baumes problematisch. Adelgidae und Phylloxeridae haben keine *Buchnera*-Endosymbionten, daher müssen die ausgewählten Vertreter der Außengruppe die nächsten Verwandten anderer Bakterien sein. Die derzeit beste Wahl ist *Ishikawaella*, ein Symbiont echter Wanzen (Husnik et al. 2011), aber durch die Evolution der Sequenzen ist sie weit entfernt von *Buchnera*. Ein lang gestreckter Zweig zur Außengruppe stellt die Aussagekraft der basalen Aufspaltung der Innengruppe infrage. Die Außengruppe ist ein mitanalysiertes Taxon, das mit der untersuchten Gruppe nahe verwandt ist, aber außerhalb des Verwandtschaftskreises steht. Die mitanalysierte Sequenz der Außengruppe soll die Verwurzelung des Baumes ermöglichen. Allerdings versagt diese Methode, wenn die Sequenz der Außengruppe stark von den analysierten Sequenzen abweicht, z. B., weil sie zu entfernt verwandt ist.

Ein Baum, der die Ergebnisse der beiden o. g. molekularen Studien kombiniert, zeigt wenig Auflösung oberhalb der Unterfamilie. Sieben Unterfamilien waren in diesen molekularen Analysen überhaupt nicht vertreten. Eine Gruppe aus den Unterfamilien Phyllaphidinae, Calaphidinae und Saltusaphidinae fand gute Bestätigung durch einen der molekularen Datensätze (Novàkovà et al. 2013) und erschien hier als Schwestergruppe zu Aphidinae. Heie & Wegierek (2009) platzierten diese drei Unterfamilien innerhalb ihrer Drepanosiphidae-Gruppe. In der Studie von Ortiz-Rivas & Martinez-Torres (2010) fand keine der Beziehungen zwischen Unterfamilien eine gute statistische Absicherung. In einer Studie von Chen et al. (2017) wurde ein robustes phylogenetisches Gerüst für die Aphididae etabliert, welches auf mitochondrialen Genomsequenzen von 35 Blattlausarten basiert, von denen 22 neu gemeldet werden. Phylogenetische Schlussfolgerungen werden mithilfe von verschiedenen Datensätzen, alternativen Partitionierungsschemata und verschiedenen modellbasierten Methoden gezogen. Die Analysen ergeben gut abgesicherte Beziehungen für die Hauptlinien der Blattläuse, die die Eignung von Mitogenomdaten zur Lösung phylogenetischer Fragen bei Blattläusen zeigen. Im Widerspruch zu jüngeren Arbeiten von Heie & Wegierek (2009) stellen die Mindarinae nach Chen et al. (2017) die früheste sich abzweigende Linie innerhalb der Aphididae dar. Ihre Platzierung wurde auch durch einen Topologietest bestätigt. In anderen molekularphylogenetischen Studien wurden Mindarinae entweder nicht berücksichtigt (Ortiz-Rivas et al. 2004) oder erhielten unsichere oder instabile systematische Positionen (von Dohlen & Moran 2000, Ortiz-Rivas & Martinez-Torres 2010, Novàkovà et al. 2013). Die Unterfamilie Mindarinae ist eine kleine Reliktgruppe, die durch nur eine fossile Gattung *Mindarella* aus dem späten Oligozän (Heie 1989) und eine einzige existierende Gattung *Mindarus* repräsentiert wird. *Mindarus* umfasst neun Arten, die sich von Pinaceae (*Abies, Keteleeria* und *Picea*) ernähren (Blackman &

Eastop 1994) und acht fossile Arten, die vom Eozän bis zum Oligozän gefunden wurden (Heie 2008, Heie & Wegierek 2011, Favret 2020). Außerdem werden Mindarinae auch von einigen Taxonomen als eine der ältesten Blattlauslinien angesehen (Heie 1967, 1987, Hille Ris Lambers 1967, Heie & Pike 1992, Zhang & Qiao 1997, Quednau 2010).

Ortiz-Rivas et al. (2004) und Ortiz-Rivas & Martinez-Torres (2010) haben auf der Grundlage von ungewurzelten Analysen einer begrenzten Anzahl von Genen drei Hauptlinien innerhalb von Aphididae gefunden. Gewurzelte und topologisch eingeschränkte Analysen, die die drei monophyletischen Kladen beibehielten, stellten die Lachninae als die früheste Abzweigungsgruppe dar. Die Ergebnisse dieser phylogenetischen Methoden scheinen jedoch nicht überzeugend genug zu sein, und die Position von Lachninae wurde vor allem in Ortiz-Rivas et al. (2004) nicht sehr gestützt. In der Studie von Chen et al. (2017), die auf stark erweiterten Mitogenomdaten und breit untersuchten Taxa basiert, hat keine ihrer Analysen Lachninae oder Lachninae und Thelaxinae (diese beiden Unterfamilien wurden in allen Analysen zusammengenommen) als Schwester aller übrigen Blattläuse identifiziert. Im Gegensatz zu den Schlussfolgerungen von Ortiz-Rivas et al. (2004) und Ortiz-Rivas & Martinez-Torres (2010) waren sich andere Autoren über den modernen Ursprung von Lachninae einig (Mackauer 1965, Heie 1987, Wojciechowski 1992, Normark 2000). Während rezente Arten in großer Vielfalt auftreten (ca. 400 Arten), sind die fossilen Funde von Blattläusen dieses Taxons ausgesprochen selten und sehr jung (Miozän) (Heie & Wegierek 2011).

Eine monophyletische Gruppe, bestehend aus Calaphidinae (inkl. Saltusaphidina, die früher eine eigene Unterfamilie bildeten) und Phyllaphidinae, wird als die Schwestergruppe der artenreichsten Unterfamilie Aphidinae bestätigt. Eine solche Schwesterbeziehung wurde auch durch *Buchnera*-Gene mit hoher statistischer Absicherung gezeigt (Novàkovà et al. 2013) und bestätigt die Einstufung der Calaphidinae (inkl. Saltusaphidina) und Phyllaphidinae als Mitglieder einer Gruppe durch ältere Taxonomen (Börner & Heinze 1957, Quednau 1999, Qiao et al. 2005, Heie & Wegierek 2009). Die Phyllaphidinae wurden früher in Calaphidini (Calaphidinae) zusammengefasst und galten als eng verwandt mit den früheren Saltusaphidinae (jetzt Saltusaphidina (Calaphidinae)), weil sie das Fehlen von Triommatidien in den Augen der Ungeflügelten teilen (Quednau 2010). Darüber hinaus haben sowohl die Saltusaphidina als auch die Panaphidini (Calaphidinae) doppelte Filterkammern im Bereich des Mitteldarms (Ponsen 1990, Quednau 2010). Mehrere Merkmale werden von den Aphidinae und Arten aus diesen Unterfamilien geteilt: der Rüssel ist 4-gliedrig, Komplexaugen treten bei den Ungeflügelten und den Larven im ersten

Entwicklungsstadium auf, auf dem Körper sind normalerweise dorsale Fortsätze vorhanden und sie besitzen Filterkammern und akzessorische Drüsen.

In der Studie von Chen et al. (2017) wurden keine monophyletischen Eriosomatinae gefunden. Verglichen mit dem besten Stammbaum, konnte die eingeschränkte Topologie mit monophyletischen Eriosomatinae durch einen statistischen Test zwar nicht sicher zurückgewiesen werden, die Wahrscheinlichkeit dieser Hypothese war jedoch extrem gering. Darüber hinaus wurden in allen höherrangigen phylogenetischen Studien über Aphididae weder Blattlausdaten (von Dohlen & Moran 2000, Ortiz-Rivas et al. 2004, Ortiz-Rivas & Martinez-Torres 2010) noch *Buchnera*-Daten (Novàkovà et al. 2013) für die Eriosomatinae als monophyletische Klasse verwendet. Auch in der morphologisch-kladistischen Studie von Zhang & Chen (1999) und den molekularphylogenetischen Analysen von Eriosomatinae (Zhang & Qiao 2008, Li et al. 2014) wurde ihre Monophilie nicht bestätigt. Traditionell wurde die Unterfamilie Eriosomatinae als Monophylum anerkannt, das auf der Synapomorphie der Sexuales beruht, die ungeflügelt, zwergwüchsig und ohne Rüssel sind (Heie 1980, Zhang et al. 1999). Die Tatsache, dass es in allen phylogenetischen Studien nicht gelungen ist, die Monophilie wiederzufinden, deutet jedoch darauf hin, dass es sich bei den zwergenhaften und sich nicht ernährenden Geschlechtstieren nicht um Apomorphien handelt, die von einem gemeinsamen Vorfahren (Synapomorphien) geerbt wurden, sondern um eine konvergente Anpassung an die heterözischen Lebenszyklen.

Es bleibt zukünftigen phylogenomischen Ansätzen überlassen, durch Analyse von ganzen Genomen und Transkriptomen zu einer besseren Auflösung der basalen Teile des Stammbaums der Blattläuse beizutragen.

3.2 Paläontologische Befunde

Gegenwärtig sind etwa 5 000 Blattlausarten bekannt, sodass die Zahl der bisher aufgezeichneten Fossilien, d. h. weniger als 250, sehr gering erscheint. Die Fossilien deuten jedoch darauf hin, dass mehrere Zweige des Stammbaums blind endeten und nur die wenigen übrig blieben, die das Massenaussterben am Ende der Kreidezeit überlebten. Diese Zweige repräsentieren viele ausgestorbene Familien (Becker-Migdisova 1966, 1973, Richards 1966, Heie 1967, 1972, 1976, 1980, 1985, Konova 1976, 1977, Shcherbakov & Wegierek 1991, Wang 1993, Wegierek & Penalver 2002, Szwedo et al. 2015, Huang et al. 2014, Kania & Wegierek 2013).

Blattläuse, Adelgidae und Phylloxeridae sind sehr eng verwandt und gehören entweder zur Insekten-Superfamilie Aphidoidea (Blackman & Eastop

1994) oder zu zwei Superfamilien, den Phylloxeroidea und Aphidoidea, innerhalb der Ordnung Hemiptera, den pflanzensaugenden Insekten. Sie alle sind kleine Insekten, Flügel – falls vorhanden – sind membranartig. Obwohl die älteste fossile Blattlaus – ein fast vollständig erhaltener Körper von *Dracaphis angustata* (Abb. 3.1) – aus der Trias stammt (Hong et al. 2009), ist es wahrscheinlich, dass sich die Aphidoidea bereits vor mehr als 290 Millionen Jahren im Karbon aus demselben Stamm entwickelten, aus dem die heute ausgestorbenen Archescytinidae und Permaphidopsidae hervorgegangen sind, von denen man annimmt, dass sie von primitiven Gymnospermen wie den Cordaitales und Cycadophyta gelebt haben. Die Fortpflanzung mittels unbefruchteter Eier ist allen drei Gruppen gemeinsam, und da die Adelgidae und Phylloxeridae im späten Karbon oder frühen Perm auftraten, entwickelte sich die Parthenogenese möglicherweise vor der Trennung dieser drei Familien vor über 200 Millionen Jahren. Die sich daraus ergebende zyklische Parthenogenese, bei der sich Perioden der parthenogenetischen Reproduktion mit der sexuellen Reproduktion zu einem Holozyklus abwechseln, dürfte sich in einem saisonalen Klima entwickelt haben, das möglicherweise mit der Eiszeit im Unterperm in Verbindung steht. Die Viviparie, ein weiteres charakteristisches Merkmal der Blattläuse, muss sich jedoch später entwickelt haben, da die Archescytinidae und die modernen Adelgidae und Phylloxeridae ovipar sind (Heie 1967). Die charakteristische Form und Äderung ihrer Flügel sowie die Struktur ihres Rüssels und ihrer Beine hatten sich im Jura entwickelt (z. B. *Juraphis crassipes*, Abb. 3.2), während die Cauda und Siphonen erst später, in der Kreidezeit, auftraten (Shaposhnikov 1977).

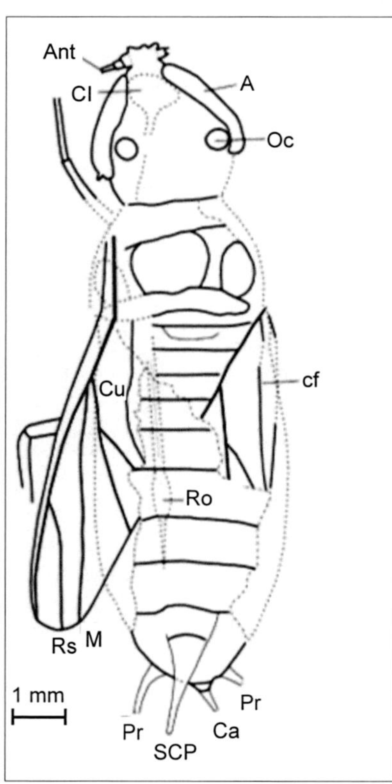

Abb. 3.1: *Dracaphis angustata*. A Auge, Ant Antenne, Cl Clypeus, Oc Ocellus, Ro Rostrum, Rs Radialsektor, M Media, Cu Cubitus, cf Clavalnaht, Pr Abdominalhöcker, SCP Supracaudalhöcker, Ca Cauda (nach Hong et al. 2009).

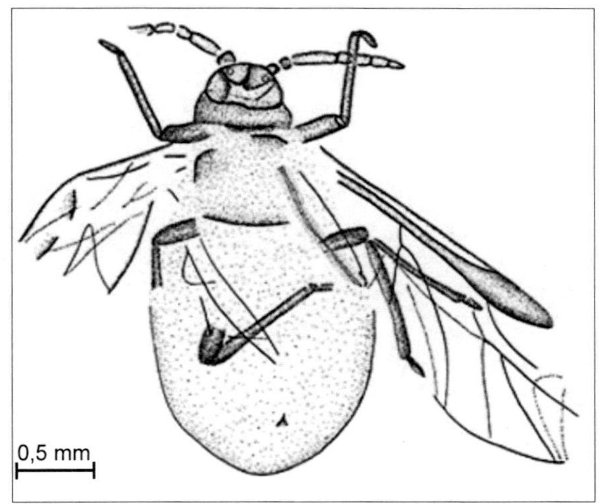

Abb. 3.2: *Juraphis crassipes* (nach Żyła et al. 2014).

Urzeitliche Blattläuse waren wahrscheinlich polyphag und ernährten sich von Parenchym- und Phloemgeweben von Pflanzen. Dass die Aphidoidea und Phylloxeroidea ein Viertel der Größe der Archescyntinidae und Permaphidopsidae ausmachen, führt Heie (1967) auf ihre parasitäre Lebensweise und ihre Nutzung von Luftströmungen zur Verbreitung zurück. Er sieht die Monophagie als eine neuere Entwicklung in der Evolution der Blattläuse. Da jedoch die meisten der überlebenden Arten hauptsächlich monophag sind, ließe sich argumentieren, dass sich die Monophagie – wie die Parthenogenese – schon früh in ihrer Geschichte entwickelt hat. Das einfache Larvenauge mit drei Linsen, das Triommatidium, ist ein Merkmal, das die Aphididen mit den Adelgidae und den Phylloxeridae gemeinsam haben, und das auch mit der Abnahme der Körpergröße in Verbindung gebracht wird, die mit der Entwicklung einer parasitären Lebensweise einhergeht.

Die wichtigsten Diversifikationen bei Blattläusen und Blütenpflanzen (Angiospermen) scheinen in der frühen Kreidezeit gleichzeitig stattgefunden zu haben (Abb. 3.3). Dies und die Tatsache, dass die meisten noch lebenden Blattläuse auf Angiospermen leben, weist darauf hin, dass die Diversifikation der Blattläuse eng mit der der Blütenpflanzen zusammenhängt. Darüber hinaus scheint die kreidezeitliche *Aphidocallis* zu den Aphidinae, der größten Unterfamilie der modernen Blattläuse, zu gehören. Im Vergleich zu Drepanosiphinae und Pemphigini gibt es jedoch nur sehr wenige fossile Aphidinae. Die Verbreitung der Aphididae wird im Miozän vermutet, als sich Pflanzengesellschaften, die von Kräutern, vor allem Gräsern, dominiert wurden, ausbreiteten (Heie 1994a, b). Die zweitgrößte Unterfamilie, die Drepanosiphinae, entwickelte sich viel früher in der Oberkreide und im frühen Tertiär. Es gibt keine paläontologischen Beweise, die für die frühe Entwicklung der drittgrößten Unterfamilie, der Lachninae, relevant wären. Da 80 % von ihnen auf Nadelbäumen leben, die evolutionär älter

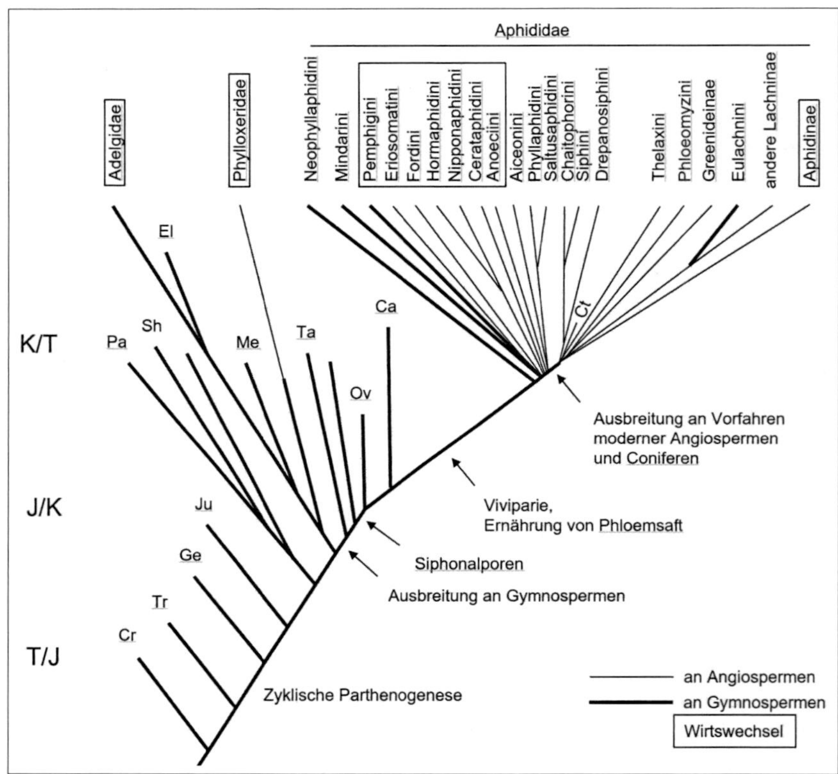

Abb. 3.3: Hypothetische Evolution der Blattläuse. Die Kategorie »auf Gymnospermen« umfasst Tribus, die als primitiv mit Gymnospermen assoziiert gelten. K/T Kreide/Tertiär-Grenze, J/K Jura/Kreide-Grenze, T/J Trias/Jura-Grenze; Ca=Canadaphididae, Cr=Creaphididae, Ct=Cretamyzidae, El=Elektraphididae, Ge=Genaphididae, Ju=Juraphididae, Me=Mesozoicaphididae, Ov=Oviparosiphinae, Pa=Palaeoaphididae, Sh=Shaposhnikoviidae, Ta=Tajmyraphididae, Tr=Triassoaphididae (nach Ameixa 2010, Heie & Wegierek 1998, Heie & Penalver 1999, Von Dohlen & Moran 2000).

als die Angiospermen sind, wurden die Lachninae im Allgemeinen als primitiv angesehen. Zwei Gattungen, *Aphis* bei den Aphidinae und *Cinara* bei den Lachninae, weisen jedoch jeweils eine große Anzahl von Arten auf, die schwer voneinander zu unterscheiden sind.

Heie (1980) und Wojciechowski (1992) betrachteten die Lachnidae (die Abstufung der von Heie verwendeten Familien auf Unterfamilie erfolgte erst durch Remaudière & Remaudière 1997) als eine der jüngsten Familien innerhalb der Aphidoidea. Viele scheinbar plesiomorphe Merkmale sind adaptativ, und auch einige andere Merkmale, die ursprünglich als plesiomorphe Merkmale angesehen wurden, sind in Wirklichkeit Apomorphien. Es gibt nur wenige fossile Lachniden und alle stammen aus dem mittleren oder oberen Miozän. Die meisten von ihnen sind Arten jüngerer Gattungen wie *Stomaphis, Cinara, Longistigma* und die ausgestorbenen Gattungen *Lachnarius* (Heie 2005) und *Precinara* (Zhang et al. 1994, Heie & Wegierek 2011). Alle wurden in miozänen Ablagerungen gefunden oder in Ablagerungen aus dem unteren Pliozän wie *Longistigma caryae*. Die Letztere ist eine noch lebende Art in Nordamerika, die auch in Island (Heie & Friedrich 1971) als Fossil gefunden wurde, wo ihre Wirtspflanzen längst verschwunden sind. Es wurde früher angenommen, dass Larven der triassischen oder permischen Vorfahren aller Blattläuse nur Triommatidien anstelle von Komplexaugen hatten (Hille Ris Lambers 1964, Heie 1967, Heie & Wegierek 2009), und dass die Entwicklung ungeflügelter adulter Weibchen, oft auch mit nur wenigen Ommatidien, viel später als Folge einer neotenischen Evolution erfolgte. Daher könnte das Vorhandensein sehr kleiner Augen oder ihr Fehlen bei Larven und ungeflügelten Adulten in *Trama* als eine Plesiomorphie verstanden werden. Es wäre aber auch möglich, dass dieses Merkmal nach Heie (2015) etwas mit der Anpassung an das Leben in der Dunkelheit an den Wurzeln zu tun habe und folglich ein apomorphes Merkmal sei, und dass die Larven (und auch die ungeflügelten Erwachsenen) des Vorfahren der Tramini daher Komplexaugen hatten und nicht nur Triommatidien, wie in den meisten anderen Blattlausfamilien. Dies bedeutet, dass die neotenische Evolution, die zur Bildung der ungeflügelten Morphen mit Triommatien als einzigen Augen (wie bei Larven) führt, die von Eriosomatinae, Anoeciinae und vielen anderen Unterfamilien bekannt ist, bei Lachninae und Aphidinae nicht stattgefunden hat. Die Evolution ist in diesen beiden Familien und auch in einigen Drepanosiphiden umgekehrt verlaufen. Die Larven sind den Erwachsenen ähnlicher geworden! Bis zum Ende des Tertiärs waren sowohl Aphidinae als auch Lachninae im Gegensatz zu den Drepanosiphinae und Eriosomatinae im Vergleich zu ihren heutigen Artenzahlen artenarm. Dies scheint darauf hinzudeuten, dass beide Unterfamilien noch recht jung sind.

Während im baltischen Bernstein aus dem unteren Tertiär einige Blattläuse gefunden wurden, sind fossile Lachniden jedoch erst in der Mitte des Tertiärs gefunden worden.

3.3 Systematik der Aphiden

Darstellungen der Familien, Unterfamilien und Tribus von Aphidoidea nach Podsiadlowski (2016). Die Klassifikation folgt der von Remaudière & Remaudière (1997) verwendeten, mit der von Nieto Nafrìa et al. (1998) vorgeschlagenen Revision der Familiennamen und berücksichtigt aktuelle Ergänzungen von Blackman & Eastop (2020) sowie von Favret (2020). Es wird nicht der Klassifikation von Heie & Wegierek (2009) gefolgt, die viele Unterfamilien auf die Familienebene hebt. Tabelle 1 vergleicht die Klassifikationen von Heie & Wegierek (2009) und Blackman & Eastop (2020). Während letztere Autoren 23 Unterfamilien in der Familie Aphididae auflisten, führt Favret (2020) noch Baltichaitophorinae als 24. Unterfamilie an. Die zu dieser Unterfamilie zählenden Taxa haben Blackman & Eastop (2020) mit Fragezeichen bei den Depanosiphinae eingeordnet. Weitere Ergänzungen nimmt Favret (2020) vor, indem er Saltusaphidini und Thripsaphidini in der Unterfamile Saltusaphidinae und die Stomaphidini und Tuberolachnini in der Unterfamilie Lachninae auflistet. Diese Tribus fehlen in der Klassifikation von Blackman & Eastop (2020).

Tab. 1: Klassifikation der Aphidoidea nach Heie & Wegierek (2009) und Blackman & Eastop (2020), ohne Berücksichtigung fossiler Taxa.

Heie & Wegierek (2009)	**Blackman & Eastop (2020)**
	APHIDOIDEA
ADELGOIDEA	**Adelgidae**
PHYLLOXEROIDEA	**Phylloxeridae**
APHIDOIDEA	**Aphididae**
Eriosomatidae	Eriosomatinae
Eriosomatinae	Eriosomatini
Pemphiginae + Prociphilinae	Pemphigini
Fordinae	Fordini
Hormaphididae	Hormaphidinae
Cerataphidinae	Cerataphidini
Hormaphidinae	Hormaphidini
Nipponaphidinae	Nipponaphidini
Phloeomyzidae	Phloeomyzinae
Thelaxidae	Thelaxinae
Anoeciidae	Anoeciinae
Aiceonidae	Aiceoninae
Tamaliidae	Tamaliinae

Heie & Wegierek (2009)	Blackman & Eastop (2020)
Drepanosiphidae	
Mindarinae	Mindarinae
Drepanosiphinae	Drepanosiphinae
Neophyllaphidinae	Neophyllaphidinae
Spicaphidinae	Spicaphidinae
Lizeriinae	Lizeriinae
Pterastheniinae	Pterastheniinae
Israelaphidinae	Israelaphidinae
Taiwanaphidinae	Taiwanaphidinae
Phyllaphidinae	Phyllaphidinae
Calaphidinae	Calaphidinae
Saltusaphidinae	Saltusaphidinae
Macropodaphidini	Macropodaphidinae
Chaitophorinae	Chaitophorinae
Chaitophorini	Chaitophorini
Siphini	Siphini
Greenideidae	Greenideinae
Greenideinae	Greenideini
Cervaphidinae	Cervaphidini
Schoutedeniinae	Schoutedeniini
Aphididae	Aphidinae
Aphidinae	Aphidini
Rhopalosiphini	Rhopalosiphina
Aphidini	Aphidina
Macrosiphinae	Macrosiphini (incl. Pterocommatinae)
Lachnidae	Lachninae
Lachninae (incl. Tramini)	Lachnini
Eulachninae	Eulachnini
	Tramini

Adelgidae, Tannenläuse oder Fichtengallenläuse

In dieser Familie gibt es zwei Gattungen, *Adelges* und *Pineus*, mit ca. 61 Gallen induzierenden Arten aus der Paläarktis. Der grundlegende Lebenszyklus der Adelgidae umfasst ein berüsseltes sexuelles Stadium, das Fichte als Primärwirt besiedelt und asexuelle Generationen, die auf einem Sekundärwirt leben, Kiefer (*Pinus*) in *Pineus*, Fichte (*Picea*), Tanne (*Abies*) oder andere Koniferen in *Adelges* (Havill & Foottit 2007). Der komplette Zyklus dauert zwei Jahre. Mehrere Arten aus beiden Gattungen wechselten unabhängig voneinander zu einem vollständigen asexuellen Lebensstil mit nur einer Art Wirtsbaum. In einigen dieser Fälle wurde der primäre Wirtsbaum die einzige Nahrungsquelle, in anderen der Sekundärwirt (Havill et al. 2007). Alle weiblichen Morphen der Adelgidae sind ovipar und besitzen einen dreiteiligen Ovipositor.

Phylloxeridae, Zwergläuse

In dieser Familie, deren Sexuelle unberüsselt sind, gibt es die Unterfamilie Phylloxerinae mit zwei Tribus (Acanthochermesini und Phylloxerini) sowie die Unterfamilie Phylloxerininae. Alle weiblichen Morphen sind ovipar. Zu den Acanthochermesini gehört nur die Gattung *Acanthochermes*, diese hat zwei paläarktische Arten an Eichen (*Quercus*, Fagaceae). Zu den Phylloxerini gehören fünf Gattungen. *Aphanostigma* hat zwei paläarktische Arten an *Pyrus* (Rosaceae). Die paläarktische *Foaiella* hat eine Art (*F. danesii*), die an den Wurzeln von *Quercus* (Fagaceae) lebt. Die ebenfalls monotypische *Olegia* (*O. ulmifoliae*) siedelt an *Ulmus* (Ulmaceae) in Japan und Ost-Sibirien. Von *Phylloxera* leben 53 paläarktische Arten auf Fagaceae und Juglandaceae. Daneben gibt es eine nordamerikanische Gattung mit nur einer Art, der Reblaus (*Daktulosphaira vitifoliae*). Sie wurde um 1850 aus den Oststaaten der USA mit bewurzelten Sorten von *Vitis labrusca* nach Europa eingeschleppt und ernährt sich von Wurzeln und Blättern der Weinrebe. Die Reblaus hatte einen großen Einfluss auf den Weinbau. Etwa 70–90 % aller europäischen Rebstöcke wurden bis zum Ende des 19. Jahrhunderts vernichtet, was die Winzer zur Umstellung auf resistente Sorten oder auf resistente Wurzelstöcke zwang. Trotz der großen Erfolge, die der von Börner (1909, 1910, 1921) entwickelte Pfropfrebenbau bei der Bekämpfung der Reblaus erzielte, gibt es immer noch keinen endgültigen Schutz vor der Reblaus.

Zu den Phylloxerininae gehört nur die Gattung *Phylloxerina*, die mit acht paläarktischen Arten an Salicaceae und einer an Cornaceae auftritt.

Aphididae

Die Blattläuse werden häufig nach Remaudière & Remaudière (1997) und den Revisionen von Nieto Nafria et al. (1998) in eine Familie Aphididae sensu lato eingegliedert, unterteilt in 24 Unterfamilien (Favre 2020). Heie & Wegierek (2009) schlugen dagegen unter Berücksichtigung der fossilen Taxa für die meisten dieser Unterfamilien den Familienstatus vor, mit Ausnahme einer Gruppe von 14 Unterfamilien, die in einer Familie »Drepanosiphidae« zusammengefasst sind (Mindarinae, Drepanosiphinae, Neophyllaphidinae, Spicaphidinae, Lizeriinae, Pterastheniidae, Israelaphidinae, Taiwanaphidinae, Phyllaphidinae, Calaphidinae, Saltusaphidinae, Macropodaphidinae, Chaitophorinae, Parachaitophorinae). Die Unterfamilien werden nachfolgend nicht nach phylogenetischen Gesichtspunkten geordnet, sondern alphabetisch.

1. Aiceoninae: Umfasst nur die Gattung *Aiceona* mit 18 Arten aus Ost- und Südostasien, die an Lauraceae (Lorbeergewächse) leben.

2. Anoeciinae: Haben zwei holarktische Gattungen: *Anoecia* mit etwa 29 Arten und *Krikoanoecia* mit einer Art. Einige Arten zeigen einen jährlichen Wirtswechsel zwischen *Cornus* (Cornaceae) und Graswurzeln, andere leben ihren gesamten Lebenszyklus unterirdisch an Graswurzeln (Poaceae oder Cyperaceae).

3. Aphidinae: Diese Gruppe kommt in der Holarktis, in Süd- und Südostasien vor und enthält die höchste Artenvielfalt aller Blattläuse: mehr als 2 700 Arten in etwa 277 Gattungen, also etwa 60 % der derzeit beschriebenen Blattlausarten. Es gibt eine große Vielfalt an Lebenszyklen. Phylogenetische Ergebnisse deuten darauf hin, dass ein komplexer Lebenszyklus ein basales Merkmal der Aphidinae ist und einfache Lebenszyklen ohne Wirtswechsel unabhängig voneinander in mehreren Linien der Aphidinae entstanden sind (von Dohlen et al. 2006). Die Aphidinae werden derzeit in zwei große Tribus unterteilt – Aphidini (33 Gattungen) und Macrosiphini (244 Gattungen) – und sollen mit der relativ kleinen Unterfamilie Pterocommatinae verwandt sein. In einer alternativen Klassifikation wurde Aphidini als primitiv zu Macrosiphini vorgeschlagen, wenn Pterocommatinae und Macrosiphini eine Gruppe bilden (von Dohlen et al. 2006). Gegenwärtig werden die Pterocommatini in die Macrosiphini eingeordnet (Favret 2020). Die Blattläuse der Aphidini sind relativ klein und morphologisch einfach (Blackman & Eastop 2006, Favret 2020, Remaudière & Remaudière 1997). Darüber hinaus werden Aphidini als ein möglicher Ursprung der Aphidinae angesehen, da dieser Tribus die einzige Gruppe ist, die auf der Südhalbkugel heimische Arten enthält (von Dohlen et al. 2006, von Dohlen & Teulon 2003). Die Aphidini werden in zwei monophyletische Subtribus unterteilt, Aphidina und Rhopalosiphina (Kim & Lee 2008). Der Subtribus Aphidina enthält die artenreichste Gattung, *Aphis*, deren rasche Diversifizierung ein Beispiel für die Evolutionsmuster noch vorhandener Blattläuse sein könnte (Kim et al. 2010). Die Monophylie der Macrosiphini wird durch molekulare phylogenetische Analysen infrage gestellt, die zu einer verschachtelten Position der Aphidini innerhalb der Macrosiphini führen (Novàkovà et al. 2013). Bemerkenswerte Gattungen von Macrosiphini sind *Acyrthosiphon* (ca. 90 Arten in der Holarktis) und *Myzus* (ca. 70 Arten), zu denen das erste Taxon gehört, für das umfangreiche Daten der Genomsequenzen verfügbar sind: *Acyrthosiphon pisum* (International

Aphid Genomics Consortium 2010). Das International Aphid Genomics Consortium (IAGC) wurde 2003 in Paris gegründet, um die Fortschritte bei der Entwicklung von Blattläusen als Modellsystem für die evolutionäre Genetik und Genomik zu koordinieren, unnötige Redundanzen abzubauen und die Wahrscheinlichkeit zu erhöhen, Mittel für ein Großprojekt zu erhalten. Die spätere Nutzung des *A.-pisum*-Genoms wurde durch seine Verfügbarkeit online auf AphidBase in einem benutzerfreundlichen Format erheblich erleichtert, das viele Aspekte der Blattlausbiologie und den Vergleich von *A. pisum* mit anderen Blattlausarten ermöglicht (z. B. Ollivier et al. 2010). Seit der Veröffentlichung des *A.-pisum*-Genoms werden Genomsequenzen für *Myzus persicae* (Daten für zwei sequenzierte Klone) auch auf AphidBase und vielen anderen Genomressourcen für andere gemeldete Blattlausarten bereitgestellt (z. B. Bai et al. 2010).

Die Aphidini wurden von Kim et al. (2011) einer genaueren phylogenetischen Analyse unterzogen. In dieser Studie wurde eine eindeutige Trennung zwischen Rhopalosiphina und Aphidina bestätigt. Unter den Rhopalosiphina (z. B. Gattungen *Rhopalosiphum*, *Schizaphis* und *Melanaphis*) haben viele Arten einen vollständigen Lebenszyklus an Gräsern (Poaceae, einige wenige auch Cyperaceae oder Thyphaceae), während andere einen Wirtswechsel zwischen Poaceae und Rosaceae aufweisen. Unter den Aphidina ist *Aphis* die artenreichste Gattung aller Blattläuse mit etwa 596 Arten, die vorwiegend an Sträuchern und Kräutern der nördlichen Hemisphäre vorkommen, aber auch in Südamerika, Neuseeland und Australien. Die Vermutung, dass der Ursprung der nördlichen Arten von den Vorfahren der südlichen Hemisphäre abstammt (von Dohlen & Teulon 2003), wird durch die phylogenetische Analyse von Kim et al. (2011) nicht bestätigt. Zahlreiche Arten haben mutualistische Beziehungen mit Ameisen.

4. Baltichaitophorinae mit einer Gattung und einer asiatischen Art, *Parachaitophorus spireae,* die an *Spiraea cantoniensis* (Rosacaeae) lebt.

5. Calaphidinae mit 63 Gattungen und etwa 352 holarktischen Arten, unterteilt in zwei Tribus: (a) Calaphidini umfasst 17 Gattungen mit etwa 75 Arten; diese leben hauptsächlich an Betulaceae (*Betula*, *Alnus*), mit wenigen Ausnahmen auf Magnoliaceae und Fagaceae. (b) Panaphidini vereint 46 Gattungen und etwa 277 Arten; als Wirtspflanzen werden sehr unterschiedliche Bäume genutzt, z. B. Fagaceae, Betulaceae, Ulmaceae, Tiliaceae, Juglandaceae. Einige Gattungen leben nicht von Bäumen, sondern an Bambussen (*Bambusa*, Poaceae) oder Fabaceae.

Zwei Arten mit unsicherer Verwandtschaft, die manchmal als Tribus Phyllaphidini der Unterfamilie Eriosomatinae zugeordnet wurden (Blackman & Eastop 2006), werden hier zu den Calaphidinae, Panaphidini gestellt. Eine ist die aus Nordamerika stammende *Appendiseta robiniae,* die sich von

Robinie ernährt, die andere ist *Apulicallis trojanae* aus Italien, die *Quercus* besiedelt.

6. Chaitophorinae: Zwölf Gattungen mit etwa 170 holarktischen Arten. Zwei Tribus: (a) Chaitophorini umfasst sieben Gattungen und etwa 140 Arten, die an Salicaceae und Aceraceae leben, bildet aber keine monophyletische Gruppe (Wieczorek et al. 2017). (b) Siphini enthält fünf Gattungen mit 25 Arten, die ihren gesamten Lebenszyklus an Graswurzeln verbringen (Poaceae und Cyperaceae). Eine phylogenetische Studie von Wieczorek et al. (2017) mit morphologischen und molekularen Daten zeigt, dass die Position der drei Gattungen *Lambersaphis* (eine Arten an *Populus* in Zentralasien), *Pseudoperocomma* (zwei Arten an *Populus* in Nordamerika) und *Yamatochaitophorus albus* (an *Acer* in Japan) in dieser Unterfamilie ungesichert ist.

7. Drepanosiphinae: Fünf Gattungen, 39 Arten aus der Holarktis, die hauptsächlich an Aceraceae vorkommen. *Drepanaphis* umfasst etwa 16 Arten aus der Nearktis, die an Aceraceae leben. *Drepanosiphoniella aceris*, eine paläarktische Art auf *Acer*. *Drepanosiphum* mit zehn holarktischen Arten auf *Acer*. *Shenahweum minutum* aus Nordamerika ernährt sich von *Acer saccharum*. Der Nachweis gemeinsamer Blattlausparasitoide (Mackauer 1965), die Morphologie vorhandener Taxa (Shaposhnikov 1985) und Fossilien (Heie 1967) weisen darauf hin, dass Drepanosiphinae und Chaitophorinae Schwestergruppen sind.

8. Eriosomatinae: Mit etwa 320 Arten in 56 Gattungen aus der Holarktis. Dies ist ein Taxon von Gallen induzierenden Blattläusen. Mundwerkzeuge und Darm sind im Vergleich zu anderen Blattläusen vereinfacht. In dieser Gruppe wurde erstmalig ein komplexes Sozialsystem mit einer Soldatenkaste beschrieben (Aoki 1977a); vergleichbare Eigenschaften finden sich auch bei den Hormaphidinae. Monophylie dieser Unterfamilie wird in keiner der bisher durchgeführten umfassenden Studien unterstützt, da die drei Tribus Eriosomatini, Pemphigini und Fordini in den meisten der veröffentlichten Stammbäumen getrennt voneinander vorkommen (Ortiz-Rivas & Martinez-Torres 2010, Novàkovà et al. 2013).

Mitglieder des Tribus Eriosomatini (14 Gattungen) kommen auf der Nordhalbkugel vor und induzieren Blattgallen auf Ulmaceae (*Ulmus* oder *Zelkova*) als Primärwirt. Die Sekundärwirte variieren je nach Art. Es gibt eine phylogenetische Studie, die auf morphologischen Merkmalen basiert (Sano & Akimoto 2011). Das Tribus Pemphigini vereint 21 Gattungen, die in der gesamten nördlichen Hemisphäre vorkommen. Eine Monophylie dieses Tribus ist nicht gut begründet (Zhang & Qiao 2008). Von den mehr als 70 Arten von *Pemphigus* induzieren 45 Gallen auf *Populus* (Saliaceae) als Primärwirt und verwenden verschiedene krautige Pflanzen als Sekundärwirte. Die Gattung *Prociphilus* mit 45 Arten ist insofern ungewöhnlich, als sie andere, mehr entwickelte Primärwirte (z. B. Rosaceae, Caprifoliaceae, Oleaceae) nutzt, aber von den meisten Arten Koniferenwurzeln als Sekundärwirte genutzt werden. Das Tribus Fordini besteht aus 20 Gattungen von Gallen induzierenden Blattläusen der nördlichen Hemisphäre, wobei die meisten Arten zwischen den Anacardiaceae (*Pistacia, Rhus*) als Primärwirten und Gräsern oder Moosen als Sekundärwirten wechseln. Eine detaillierte molekularphylogenetische Analyse dieser Tribus wurde von Zhang & Qiao (2007) vorgestellt.

9. Greenideinae: Umfasst 16 Gattungen mit 180 Arten. Drei Tribus werden unterschieden: (a) Greenideini umfasst sieben Gattungen mit 153 Arten, die hauptsächlich auf Fagaceae und einigen anderen Bäumen in Asien leben. (b) Schoutedeniini enthält drei Gattungen mit sieben Arten aus Afrika, die auf Euphorbiaceae und Phyllanthaceae leben. (c) Cervaphidini umfasst sechs Gattungen mit 20 Arten, die auf verschiedenen Bäumen und Sträuchern Asiens und Australiens leben. Eine phylogenetische Analyse dieser Unterfamilie ergab Paraphylie von Cervaphidini in Bezug auf Greenideini und Schoutedeniini, die als Schwestergruppen erscheinen (Liu et al. 2015).

10. Hormaphidinae: Besteht aus 46 Gattungen mit 176 Arten von Gallen induzierenden Blattläusen, diese Gallen können mehr als 1 000 Individuen beherbergen. Einige wenige Arten sind sogar eusozial, mit einer sterilen Kaste von Soldaten (Aoki & Kurosu 2010). Die meisten Arten kommen in Ost- und Südostasien vor. Die Gattungen *Hamamelistes* und *Hormaphis* zeigen beide eine disjunkte Verteilung in Nordamerika und Japan in Abhängigkeit von der Verteilung ihrer Wirtspflanzen (von Dohlen et al. 2002). Neuere Analysen von molekularen und morphologischen Datensätzen, die fast 80 % der Gattungen abdecken, geben Aufschluss über die phylogenetischen Beziehungen dieser Unterfamilie (Huang et al. 2012, Chen et al. 2014).

Durch diese Analysen wird die Monophylie der Hormaphidinae und Nipponaphidini mit 29 Gattungen unterstützt, aber die Cerataphidini und Hormaphidini werden nicht als monophyletisch erkannt. Von den Cerataphidini sind 10 von 13 Gattungen monophyletisch. Cerataphidini wird von Chen et al. (2014) neu abgegrenzt, um *Doraphis* und *Tsugaphis* auszuschließen, und Hormaphidini wird neu definiert, um *Doraphis* einzuschließen. *Protohormaphis* und *Tsugaphis* bildeten jeweils eigene Gruppen. Dennoch werden von Favret (2020) fünf Gattungen (*Doraphis, Hamamelistes, Hormaphis, Protohormaphis* und *Tsugaphis*) den Hormaphidini zugeordnet. Die Primärwirte der Cerataphidini sind *Styrax*-Arten (Styracaceae), während die Hormaphidini und Nipponaphidini *Hamamelis* bzw. *Distylium* (Hamamelidaceae) als Primärwirte nutzen. Die Bindung zu den Sekundärwirten ist in dieser Unterfamilie vielfältig – mit Cerataphidini auf Compositae, Gramineae, Loranthaceae, Palmaceae und Zingiberaceae; mit Hormaphidini auf *Betula* (Betulaceae) und *Picea* (Pinaceae) sowie mit Nipponaphidini auf Fagaceae, Lauraceae und Moraceae. Die Induktionen von Gallen haben sich innerhalb der drei Tribus der Hormaphidinae unabhängig voneinander entwickelt.

11. Israelaphidinae: Eine Gattung, *Israelaphis,* mit vier Arten, die im europäischen Mittelmeerraum leben und sich von Gräsern (Poaceae) ernähren.

12. Lachninae: Mit 17 holarktischen Gattungen und etwa 400 Arten. Die Lebenszyklen sind ohne Wirtswechsel. Fünf Tribus (Favret 2020, nach anderen Autoren drei bis sechs Tribus): (a) Eulachnini umfasst vier Gattungen (*Cinara, Essigella, Eulachnus, Pseudessigiella*), die an Pinaceae (hauptsächlich *Pinus*) und Cupressaceae in der Holarktis leben; die sehr artenreiche Gattung *Cinara* enthält etwa 246 relativ große Arten (bis zu 6 mm). (b) Lachnini mit vier Gattungen, holarktisch an Fagaceae, Rosaceae, Aceraceae, Salicaceae und holzigen Rosaceae; viele Arten sind mit Ameisen verbunden; *Longistigma*-Arten sind Generalisten mit einem sehr breiten Spektrum an Wirtsbäumen. (c) Stomaphidini mit einer Gattung, *Stomaphis,* die etwa 30 paläarktischen Arten umfasst, deren sehr große weibliche Blattläuse einen extrem langen Rüssel haben und Bäume an den Stämme oder Wurzeln besiedeln. (d) Tramini mit drei holarktischen Gattungen (*Eotrama, Protrama, Trama*), die ihren gesamten Lebenszyklus an den Wurzeln von Asteraceae verbringen. (e) Tuberolachnini umfasst fünf Gattungen mit meist asiatischen Arten: *Neonippolachnus* an Betulacceae, *Nippolachnus* und *Pyrolachnus* an Rosaceae, *Sinolachnus* an Elaeagnaceae und *Tuberolachnus* an Rosaceae und Salicaceae, *Tuberolachnus salignus* lebt kosmopolitisch, wo *Salix* wächst.

13. Lizeriinae: Besteht aus drei Gattungen und 42 Arten: *Ceriferella,* zwei Arten aus Australien, die an Styphelioideae (Australheidegewächse) leben; *Lizerius,* zwölf südamerikanische Arten, die an Lauraceae (Lorbeergewächse) und Combretaceae (Flügelsamengewächse) leben; *Paoliella,* eine hauptsächlich afrikanische Gattung (eine Art ist aus Indien bekannt) mit 28 Arten, die an Burseraceae (Balsambaumgewächse) und Combretaceae (Flügelsamengewächse) leben.

14. Macropodaphidinae: Die einzige Gattung, *Macropodaphis,* enthält sieben asiatischen Arten. Die Lebenszyklen sind unbekannt; Tiere dieser Gattung wurden hauptsächlich auf *Potentilla* (Rosaceae), *Artemisia* (Asteraceae) und *Carex* (Cyperaceae) gefunden.

15. Mindarinae: Eine Gattung, *Mindarus,* mit mindestens neun Arten aus der Holarktis, die Nadelbäume besiedeln (hauptsächlich *Picea* und *Abies*).

16. Neophyllaphidinae: Die einzige Gattung, *Neophyllaphis,* enthält 18 Arten von tropischen Bergen der südlichen Hemisphäre und nördlich bis nach China und Japan. Wirtspflanzen sind Podocarpaceae und Araucariaceae.

17. Phloeomyzinae: Mit nur einer Art, *Phloeomyzus passerinii,* die ohne Wirtswechsel an Pappeln (Salicaceae) lebt. Sie kommt in Eurasien vor, mit wenigen Nachweisen aus Nordafrika, den USA und Südamerika.

18. Phyllaphidinae: Mit vier Gattungen und 18 hauptsächlich holarktischen Arten (eine Art kommt auch in Indien vor), die an Fagaceae (*Fagus, Quercus*) leben, mit Ausnahme von zwei asiatischen *Machilaphis*-Arten, die an Lauraceae leben.

19. Pterastheniinae: Besteht aus zwei afrikanischen Gattungen (*Neoantalus, Pterasthenia*) mit fünf Arten, die an Bäumen und Sträuchern von Fabaceae leben.

20. Saltusaphidinae: Mit zwölf Gattungen und etwa 55 Arten, unterteilt in zwei Tribus: (a) Saltusaphidini umfasst sieben Gattungen mit 22 Arten. (b) Thripsaphidini umfasst fünf Gattungen mit 33 Arten. Die Arten verbringen ihren gesamten Lebenszyklus an krautigen Pflanzen und besiedeln hauptsächlich Seggen (*Carex*, Cyperaceae) in der Holarktis. Eine phylogenetische Analyse nach den morphologischen Merkmalen wurde von Zhang & Qiao (1998) vorgestellt.

21. Spicaphidinae: Besteht aus zwei Gattungen (*Neosensoriaphis, Neuquenaphis*) mit 16 Arten, die an *Nothofagus* (Nothofagaceae, Scheinbuchen) in Südamerika leben.

22. Taiwanaphidinae: Eine Gattung und 14 Arten: die Unterart *Sensoriaphis* mit fünf Arten an *Nothofagus* (Nothofagaceae) und *Melaleuca* (Myrtaceae) in Papua-Neuguinea, Australien und Neuseeland, die Unterart *Taiwanaphis* mit neun Arten, hauptsächlich an Myrtaceae in Asien.

23. Tamaliinae: Haben eine Gattung, *Tamalia,* zu der sechs Arten aus der Nearktis gehören. Die meisten dieser Gallen induzierenden Arten verbringen ihren gesamten Lebenszyklus auf *Arctostaphylos*-Arten (Bärentrauben, Ericaceae). In einer Studie analysieren Miller & Crespi (2003) die Phylogenie, die Nutzung von Wirtspflanzen und die Evolution der Inquilinen (Einmieter) oder Parasiten in *Tamalia,* da *T. inquilina* die Gallen einer anderen Art (*T. coweni*) besiedelt.

24. Thelaxinae: Umfasst vier Gattungen mit 18 Arten: *Glyphina,* holarktisch an *Alnus* und *Betula* in Europa und Nordamerika, *Kurisakia* aus Ostasien an Juglandaceae und Fagaceae, *Thelaxes* aus Europa und Nordamerika an *Quercus* (Fagaceae), *Neothelaxes* aus Indien an *Parthenocissus* (Vitaceae).

3.4 Polymorphismus

Der Polymorphismus ist ein unter Insekten weit verbreitetes Phänomen. Insbesondere der bei Blattläusen beobachtete klonale Polymorphismus ist sehr kompliziert (Richards 1961). Bei Blattläusen treten verschiedene Arten von Polymorphismen auf, sowohl bei Erwachsenen als auch bei Larven. Sie können in Bezug auf zwei biologische Merkmale im Blattlauszyklus betrachtet werden, erstens den Wechsel von sexuellen und partenogenetischen Generationen und zweitens den saisonalen Wechsel von Wirtspflanzen. Im Lebenszyklus eines Blattlausklons lassen sich mindestens zwei oder drei und – häufiger – fünf oder mehr verschiedene erwachsene weibliche Typen unterscheiden. Solche erwachsenen Phänotypen, die sich im Zusammenhang mit Heterogonie und Wirtswechsel unterscheiden, werden hier als »Morphen« verstanden, nach Müller (1961a) und Hille Ris Lambers (1966).

Der Begriff »Form« wird in der Literatur vielfältig verwendet. Es kann synonym mit »Morphe« verwendet werden oder es kann sich um Individuen handeln, die bestimmte morphologische, biologische und/oder physiologische Eigenschaften gemeinsam haben, einschließlich Biotyp, Rasse und Stamm. Biotypen von Blattläusen sind interklonale Variationen in Bezug auf biologische Eigenschaften. Mit anderen Worten: Alle Individuen des gleichen Genotyps bezüglich einer bestimmten biologischen Eigenschaft gehören zu einem Biotyp (Eastop 1973). Auch Rassen und Stämme betreffen die interklonale Variation. Nach der von Van Emden et al. (1969) vorgeschlagenen Definition für Blattläuse ist eine »Form« ein morphologisch erkennbarer Phänotyp als Folge einer intraspezifischen, aber nicht unbedingt intraklonalen Variation. Der Begriff wird hier jedoch anders verwendet, um eine Kategorie von Morphen mit bestimmten morphologischen, biologischen und/oder physiologischen Eigenschaften zu bezeichnen. Der hier verwendete Begriff »Form« bezieht sich also auf die intraklonale Variation.

Nachfolgend werden nur die Aphidoidea berücksichtigt, Phylloxeroidea und Adelgidae sind nicht enthalten.

3.4.1 Auftreten von Morphen

Verschiedene Formen des Lebenszyklus sind bei Blattläusen bekannt (Lampel 1968). Die am häufigsten beobachteten Zyklen werden als holozyklisch oder anholozyklisch aufgrund des Vorhandenseins oder Fehlens der sich sexuell fortpflanzenden Generation sowie als heterözisch oder monözisch aufgrund des Vorhandenseins oder Fehlens eines Wirtswechsels eingestuft.

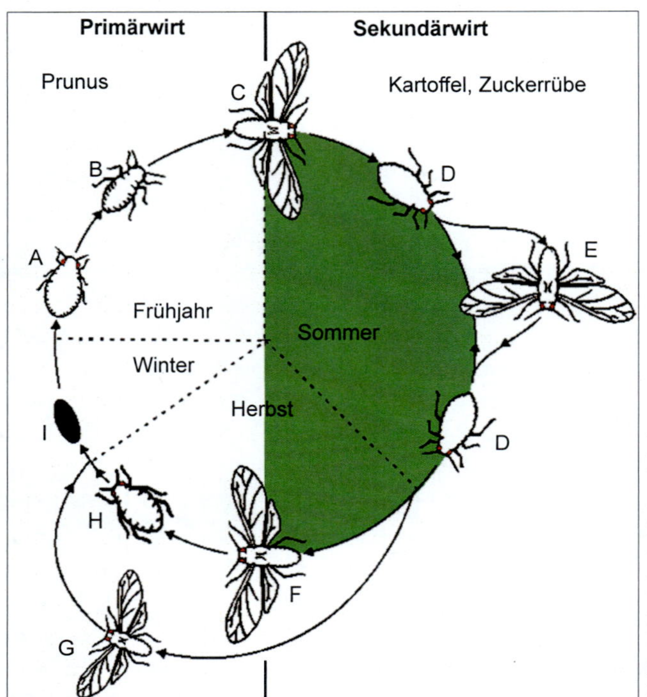

Abb. 3.4: *Myzus persicae;* Lebenszyklus mit Wirtswechsel. A Fundatrix, B Fundatrigenia, C gefl. Fundatrigenia (Migrans), D ungefl. vivip. ♀ (Alienicola), E gefl. vivip. ♀ (Alienicola), F Gynopara, G gefl. ♂, H Ovipara, I Ei.

Myzus persicae zum Beispiel zeigt einen heterözischen holozyklischen Lebenszyklus in Gebieten mit kalten Wintern, wobei *Prunus* (Rosaceae) als Primärwirt und verschiedene krautige Pflanzen als Sekundärwirt verwendet werden (Abb. 3.4). In gemäßigten Zonen ist die Art auf ihrem sekundären Wirt anholozyklisch (Blackman 1974). Aus der heterözischen Lebensweise (Hille Ris Lambers 1950) hat sich vermutlich durch Beschränkung auf die ursprünglich sekundären Wirtspflanzen eine sekundär holozyklische Lebensweise entwickelt. Holozyklische Linien von *Aulacorthum solani* repräsentieren diesen Lebenszyklus (Abb. 3.5). Ein weiteres Beispiel zeigen die Eriosomatinae, die einen von den Aphidinae verschiedenen Mechanismus zur Produktion von Geschlechtern aufweisen.

Die Terminologie der Morphen ist nicht einfach, zum einen, weil verschiedene Terminologiesysteme vorgeschlagen wurden (von Lampel 1968), und zum anderen, weil zwei oder mehr verschiedene Begriffe für ein und dasselbe Morphe verwendet werden können: z. B. »Gynopara« ist aus Sicht der reproduktiven Funktion ein »Immigrant« im Sinne von Wirtswechsel, und kann auch als »geflügeltes vivipares Weibchen« kategorisiert werden. Die hier verwendeten Begriffe entsprechen im Allgemeinen denen von Lees (1966) und Hille Ris Lambers (1966).

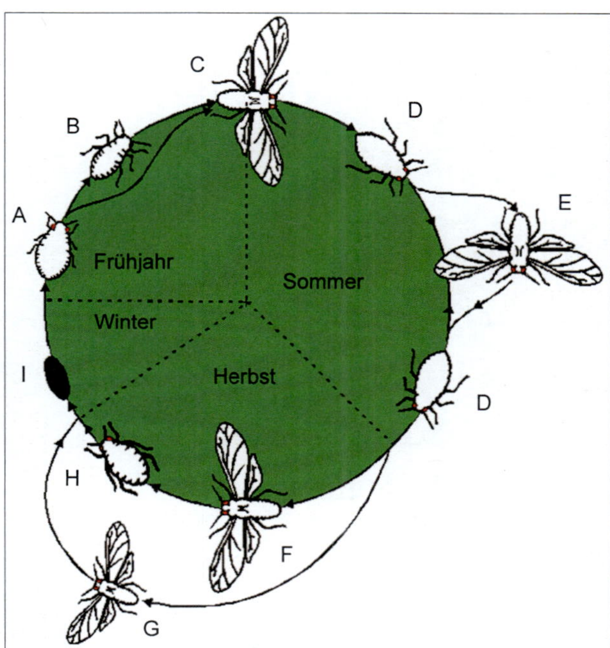

Abb. 3.5: *Aulacorthum solani;* Lebenszyklus ohne Wirtswechsel. A Fundatrix, B Fundatrigenia, C gefl. Fundatrigenia (Migrans), D ungefl. vivip. ♀ (Alienicola), E gefl. vivip. ♀ (Alienicola), F Gynopara, G gefl. ♂, H Ovipara, I Ei.

3.4.1.1 Fundatrizen

Die Fundatrix – oder Stammmutter – ist die erste parthenogenetische Generation, die aus der befruchteten Eizelle hervorgeht. Jede Fundatrix führt zu einer parthenogenetisch reproduzierenden Linie, einem Klon, der in der Entstehung von Geschlechtern endet. Die Fundatrix ist ungeflügelt, mit Ausnahmen in Drepanosiphinae und einigen anderen Blattläusen, bei denen die Fundatrizen oft geflügelt sind (Lampel 1968, Heie 1982). Im Vergleich zu den Ungeflügelten der folgenden Generationen kann die Fundatrix einige besondere morphologische Merkmale aufweisen (Lees 1961). Bei den Aphidinae ist der Körper ist oft rundlicher und der Kopf vergleichsweise kleiner mit weniger entwickelten Antennenhöckern und Augen (Abb. 3.6). Die Antennen sind im Vergleich zum Körper relativ kürzer, der Processus terminalis ist überproportional kurz, die Anzahl der Segmente kann reduziert werden, da das dritte und vierte Segment teilweise oder vollständig verschmolzen sind, und die sekundären Rhinarien, falls vorhanden, sind weniger. Die Beine sind kürzer. Die Siphonen sind kürzer und bei Arten mit gekeulten Siphonen ist die Schwellung weniger ausgeprägt. Der Cauda ist kürzer.

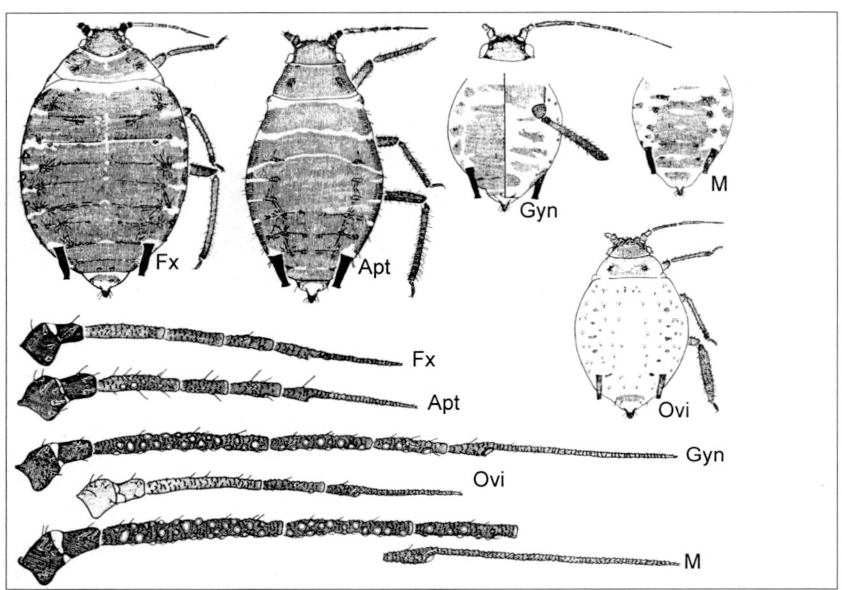

Abb. 3.6: *Ceruraphis eriophori.* Fx Fundatrix, Apt ungeflügeltes Weibchen vom Sekundärwirt, Gyn Gynopare, M Männchen, Ovi ovipares Weibchen (nach Müller 1973a).

Geflügelte Fundatrizen ähneln stark geflügelten viviparen Weibchen, unterscheiden sich aber durch Antennen mit einem kürzeren Processus terminalis und weniger Rhinarien.

Aus dieser Beschreibung geht hervor, dass die Gestalt der Fundatrix durch eine rückläufige Tendenz von sensomotorischen und anderen Strukturen gekennzeichnet ist. Als Ausnahmen von dieser Regel sind die stark entwickelten Fortsätze auf dem Körper der Fundatrizen von *Matsumuraja rubifoliae* und *Macromyzus woodwardiae* zu sehen (Miyazaki 1972).

Die Gestalt der Fundatrix ist bei den heterözischen Arten ausgeprägt, bei den sekundär monözischen Arten jedoch weniger auffällig (Hille Ris Lambers 1966). Ähnliche Merkmale wie bei der Fundatrix werden auch bei einigen Blattläusen beobachtet, die bei niedrigen Temperaturen leben (Hille Ris Lambers 1955a, Stroyan 1960, Lees 1961), bei denen, die auf halophilen Pflanzen leben (Hille Ris Lambers 1955b), bei der aestivierenden Generation von *Periphyllus* spp. (Essig und Abernathy 1952) und *Rhopalosiphoninus tiliae* (Miyazaki 1985) und bei den triploiden Individuen von *M. persicae* (Takada et al. 1978). Es ist ungeklärt, was für die Differenzierung der Gestalt der Fundatrix verantwortlich ist, und es ist auch nicht bekannt, ob die »Gestalt der Fundatrix« in den genannten Fällen aus einem gemeinsamen Mechanismus resultieren oder nur oberflächliche Ähnlichkeiten sind.

3.4.1.2 Vivipare Weibchen

Individuen der parthenogenetischen Generationen, die der Fundatrix folgen, entsprechen einer von zwei ganz unterschiedlichen Morphen, dem ungeflügelten und dem geflügelten lebendgebärenden Weibchen. Der Begriff Virginopara wird auch für das lebendgebärende Weibchen verwendet. Die Fundatrix, die sich durch lebendgebärende und parthenogenetische Eigenschaften auszeichnet, ist wegen ihrer biologischen und morphologischen Besonderheiten vom Begriff »vivipare Weibchen« meist ausgeschlossen. Bei anholozyklischen Arten wie *Myzus ascalonicus* und *Myzus dianthicola*, die nicht in der Lage sind, Geschlechtstiere zu produzieren (Hille Ris Lambers 1966, Blackman 1980a, b), und bei vielen anderen, die in den Tropen und Subtropen anholozyklisch sind, besteht der Lebenszyklus nur aus diesen beiden Morphen, wobei in den letzten Fällen gelegentlich Sexuales auftreten können (Blackman 1974).

Die Ungeflügelten müssen sich von den Geflügelten in der Evolutionsgeschichte der Blattläuse abgelöst haben (Johnson & Birks 1960). Durch die Reduktion von Flügeln wurden die skleotisierten Strukturen des Thorax der Ungeflügelten stark reduziert. Darüber hinaus können folgende Merkmale von Ungeflügelten als Unterschiede zu Geflügelten bezeichnet werden: Der Kopf ist weniger sklerotisiert, sodass die Segmentierung zwischen dem Kopf und dem Prothorax weniger auffällig wird, die beiden sind in bestimmten Taxa verschmolzen. Ocelli fehlen. Die zusammengesetzten Augen, die bei Geflügelten immer gut entwickelt sind, sind oft kleiner (mit weniger Facetten) oder fehlen bei bestimmten Taxa. Bei Aphidinae sind die Antennenhöcker oft auffälliger. Die Antennen sind oft kürzer und tragen weniger oder gar keine Rhinarien. Die Siphonen und Cauda sind oft länger, wenn sie vom länglichen Typ sind, außer bei Greenideinae, wo die Siphonen bei Geflügelten länger und schlanker sind als bei Ungeflügelten. Die Terga in einigen Taxa sind vollständig sklerotisiert (bei Geflügelten ist der Bauch nie vollständig sklerotisiert). Wenn Cuticular-Fortsätze auftreten, sind sie oft auffälliger.

Im monözischen holozyklischen Lebenszyklus (Abb. 3.5) sind die Geflügelten jeder Generation morphologisch ziemlich einheitlich, während die Ungeflügelten der 2. Generation (die unmittelbaren Nachkommen der Fundatrix) von den Geflügelten der 3. Generation durch kürzere Anhänge, weniger Rhinarien an der Antenne usw. abweichen. Die Ungeflügelten der 2. Generation stellen sozusagen einen morphologischen Übergang dar zwischen der Fundatrix und den Ungeflügelten der 3. Generation. Dieses Phänomen kann sich in mehreren aufeinander folgenden Generationen wiederholen und wird als progressiver Polymorphismus bezeichnet (Lees 1966).

Bei den heterözischen Arten (Abb. 3.4) wird die Sequenz der parthenogenetischen Generationen anhand der Wirtsbindung in zwei Phasen unterteilt, eine Phase auf dem Primär- und die andere auf dem Sekundärwirt. Vivipare Weibchen, die zu den jeweiligen Phasen gehören, werden als Fundatrigeniae und Alienicolae (oder Exules) bezeichnet. Sie unterscheiden sich in biologischen Eigenschaften wie Wirtsbindung und Lebensraumpräferenz und oft auch in morphologischen Merkmalen.

Progressiver Polymorphismus unter den Ungeflügelten der auf die Fundatrix folgenden Generationen wird auch bei heterözischen Arten beobachtet. Morphologische Unterschiede zwischen der ungeflügelten Fundatrigenie und der ungeflügelten Alienicola finden sich in der allgemeinen Form des Kopfes oder des ganzen Körpers, der Sklerotisierung und Pigmentierung von Terga, der relativen Länge und der Sensorik der Antennen, der Form und Anordnung der Saetae (Borsten) und der Wachsdrüsenplatten (falls vorhanden), sowie der Form und Länge von Spiphonen, Cauda und Rüssel. Die Unterschiede sind bei einigen Arten geringfügig, während sie bei anderen so auffällig sind, dass die Fundatrigenie und die Alienicola oft in verschiedenen Arten, Gattungen oder sogar in verschiedenen Familien beschrieben wurden. Extreme Beispiele sind Hormaphidinae-Gattungen wie *Nipponaphis*, *Schizoneuraphis* und *Reticulaphis*, bei denen die Fungatrigenien aphidiform mit weichen, plumpen Körpern sind, während die scheibenförmigen Alienicolae wie Puppen von Aleyrodina (Mottenschildläusen) oder bestimmte Arten von Schildläusen aussehen (Hille Ris Lambers & Takahashi 1959, Sorin 1958). Einige Arten dieser Gruppe wurden deshalb ursprünglich als Mottenschildläuse oder Schildläuse beschrieben.

Bestimmte Arten der Hormaphidinae produzieren verschiedene Typen von Ungeflügelten auf dem Sekundärwirt. *Hamamelistes spinosus* hat zum Beispiel drei Typen von Ungeflügelten auf *Betula* (Pergande 1901, Hille Ris Lambers 1966). Die ersten Ungeflügelten auf *Betula*, die durch Emigranten von *Hamamelis* produziert wurden, sind coccidiform. Sie sind zum Winterschlaf vorbestimmt, und im nächsten Frühjahr entsteht der zweite Typ von Ungeflügelten, die aphidiform sind und einen weichen, runden Körper haben, der dem der Fundatrix ähnelt. Diese Ungeflügelten wiederum gebären die Sexuparae und gleichzeitig die dritte Art von Ungeflügelten (»akzessorische Ungeflügelte« nach Pergande 1901). Die »akzessorischen Ungeflügelten« sind aphidiform, ähneln dem zweiten Typ der Ungeflügelten und produzieren coccidiforme Ungeflügelte, die auf *Betula* überwintern.

Die auf dem Primärwirt entstehenden geflügelten Fundatrigenien fliegen meist oder obligat zum Sekundärwirt und werden deshalb Emigranten genannt. Da diese Migration in der Regel im Frühjahr stattfindet, werden sie auch oft als Frühlingsmigranten bezeichnet. Die Blattläuse fliegen zum Primärwirt zurück: Sie sind Männchen und Gynoparae in Aphidinae und Sexuparae in Pemphiginae. Bei den Aphididen wird der Begriff »Immigrant« jedoch oft nur für die Gynoparen verwendet. Bei Aphidinae sind die morphologischen Unterschiede zwischen dem Emigranten und der Gynopare meist gering; ein Unterschied ist, dass sich in der Regel mehr Rhinarien auf den Antennen der Gynoparen befinden. Bei Pemphiginae sind die Unterschiede zwischen dem Emigranten und den Sexuparae oft beträchtlich (Abb. 3.7) und können im Grad der Sensorik der Antenne (Sexuparae haben oft weniger Rhinarien als Emigranten), der Form und Anordnung der Wachsdrüsenplatten, der Chaetotaxie und der Verteilung feiner dornförmiger Vorsprünge an den Fortsätzen, der Form und Segmentierung der Tarsen und dem Muster der Flügeläderung auftreten. Bei einigen Arten wurde auch gezeigt, dass sich Emigranten und Immigranten in ihren Verhaltensweisen und physiologischen Eigenschaften unterscheiden können (Kennedy & Booth 1954, Dixon 1971a).

Kaltenbachiella japonica in Pemphiginae zeigt einen verkürzten Lebenszyklus. Sie ist eine monözische, holozyklische Art auf *Ulmus*. In einer geschlossenen Beutelgalle auf einem Blatt setzt die Fundatrix Larven ab, die alle zu Sexuparae heranwachsen. Die meisten der Sexuparae bleiben auf der ursprünglichen Ulme und setzen dort Sexuales ab. Es ist interessant, dass die Sexupara dieser Art in morphologischer Hinsicht mit den Emigranten und nicht mit den Sexuparae der verwandten heterözischen Taxa vergleichbar sind (Akimoto 1985).

3.4.1.3 Gynoparae, Androparae und Sexuparae

In einem Holozyklus werden parthenogenetisch reproduzierende Generationen meist im Herbst durch die Produktion der Geschlechter (Männchen und Weibchen) beendet. Bei den heterözischen Arten der Aphidini werden Männchen und Weibchen von verschiedenen viviparen Weibchen produziert (Abb. 3.6). Unter bestimmten Umweltbedingungen (z. B. kurze Tageslänge und niedrige Temperaturen) produzieren vivipare Weibchen auf dem Sekundärwirt geflügelte Männchen und Gynoparae. Beide fliegen zum Primärwirt, wo die Gynoparae Larven absetzen, die sich zu oviparen Weibchen entwickeln. So werden zwei Generationen benötigt, um das Geschlechtsweibchen zu produzieren. Der Prozess der männlichen Produktion kann sich auch über zwei Generationen erstrecken (Hille Ris Lambers 1960).

Bei einigen Arten, z. B. *Metopolophium dirhodum*, kommen vivipare Weibchen vor, die ausschließlich Männchen produzieren (Hille Ris Lambers 1947a, 1960), diese Individuen werden Androparae genannt.

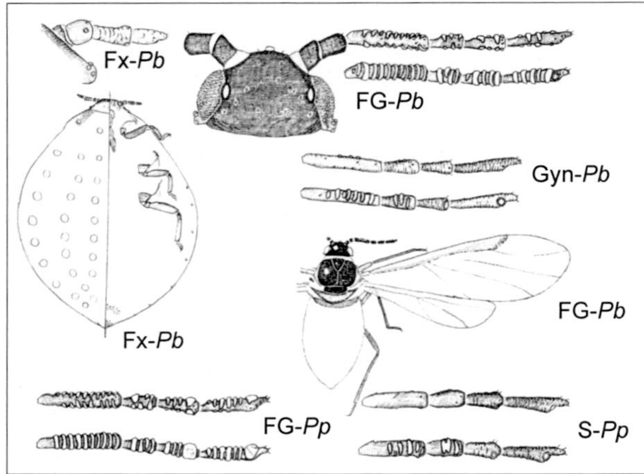

Abb. 3.7: *Pemphigus bursarius.* Fx *Pb* Fundatrix, FG *Pb* geflügelte Fundatrigenie, Gyn *Pb* Gynopare.

Pemphigus phenax. FG *Pp* geflügelte Fundatrigenie, S *Pp* Sexupara.

Von den Antennen zeigt das obere Bild die Dorsalseite, das untere die Ventralseite (nach Müller 1973a).

Bei den Pemphigini werden die Sexuales in einer anderen Weise produziert (Abb. 3.7): Männchen und Weibchen werden von ein und demselben geflügelten viviparen Weibchen abgesetzt, das als Sexupara bezeichnet wird. Die Sexuparae sind auf die Produktion von Sexuales spezialisiert und bringen niemals vivipare Weibchen zur Welt (Hille Ris Lambers 1960). Bei monözischen holozyklischen Arten der Aphidini kann ein einzelnes vivipares Weibchen sowohl männliche als auch sexuelle Weibchen produzieren und dasselbe Individuum kann auch Viviparae produzieren. Der Begriff »Sexupara« wird oft auch für diese Art von Eltern verwendet. Lees (1959) stellt jedoch diese Verwendung des Begriffs infrage, da die »Sexupara« von monözischen Aphidini weniger spezialisiert sind als die der Pemphigini.

3.4.1.4 Sexuales (Männchen und Geschlechtsweibchen)

Die Männchen der heterözischen Aphidini sind geflügelt (Abb. 3.8), da sie vom Sekundär- zum Primärwirt migrieren müssen. Männchen von monözischen Aphidini können geflügelt sein (Abb. 3.9), aber sie sind oft ungeflügelt, da sie nicht migrieren müssen. Sowohl geflügelte als auch ungeflügelte Männchen können bei einer Art auftreten, und ein intermediärer Zustand zwischen geflügeltem und geflügeltem Tier kommt ebenfalls vor. Männchen sind an der sklerotisierten Genitalstruktur leicht zu erkennen (Abb. 3.10, 3.11). Bei Aphidini unterscheiden sie sich von den viviparen Weibchen auch durch folgende Punkte: Der Körper, insbesondere das Abdomen, ist kleiner und schlanker, die Sklerotisierung des Abdomens ist oft umfangreicher oder von unterschiedlichem Muster. Die Antennen tragen mehr Rhinarien und auch das Verteilungsmuster der Rhinarien kann unterschiedlich sein (Abb. 3.6). Die Cauda ist oft kürzer.

Abb. 3.8: *Myzus persicae;* kopulierendes Paar.

Abb. 3.9: *Sitobion avenae;* geflügeltes Männchen.

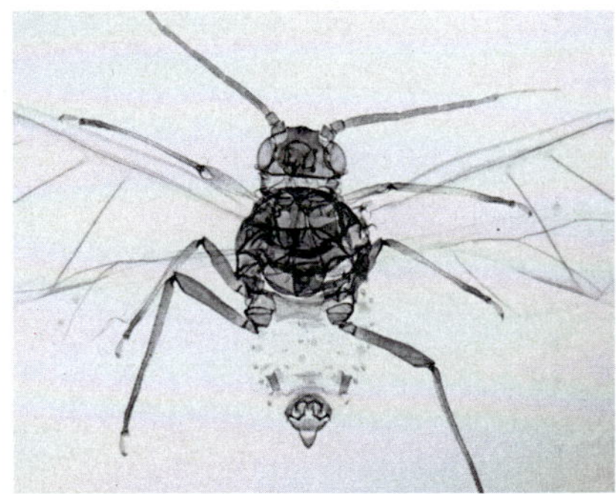

Abb. 3.10: *Aphis fabae;* geflügeltes Männchen.

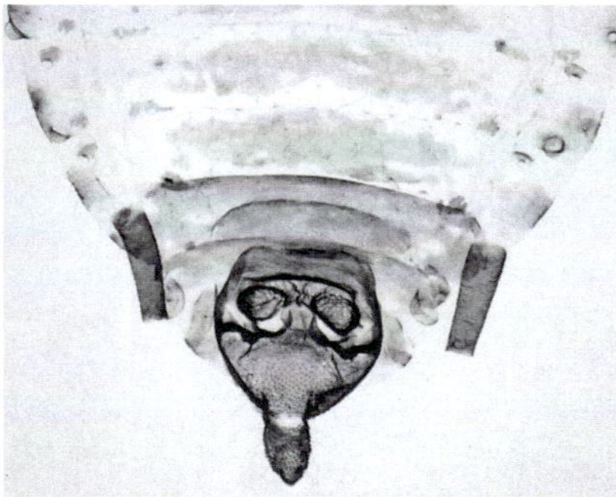

Abb. 3.11: *Aphis ciceri;* Hinterleibsende ungeflügeltes Männchen.

Abb. 3.12: *Sitobion avenae; ovipares Weibchen.*

Abb. 3.13: *Stomaphis bobretzkyi:* ovipares Weibchen und arostrates Zwergmännchen.

Das sexuelle (oder gamische) Weibchen wird oft das ovipare Weibchen genannt, da die Oviparie bei Aphididae auf das sexuelle Weibchen beschränkt ist, alle anderen weiblichen Morphen sind vivipar (lebendgebärend). Ovipare Weibchen sind meist ungeflügelt, mit Ausnahmen in Greenideinae (Takahashi 1918, 1962), *Neophyllaphis* in Drepanosiphinae (Takahashi 1920,

Carver 1971), *Aiceona* in Thelaxinae (Takahashi 1960) und einige andere (Lampel 1968). Bei Aphidinae unterscheidet sich das ovipare Weibchen morphologisch von dem ungeflügelten viviparen Weibchen durch eine leicht oder stark geschwollene hintere Tibia, die Drüsenplatten trägt (Abb. 3.12), obwohl auch vivipare Weibchen einiger Arten diese haben (z. B. *Melanaphis* spp., siehe Sorin 1970). Außerdem trägt die Genitalplatte des Sexualweibchens mehr Saetae, und ihre Antennen, Beine, Siphonen und Cauda sind oft kürzer als die des lebendgebärenden Weibchens.
Die Sexuales der Pemphigini zeichnet sich durch ihr zwergenhaftes Aussehen und das Fehlen funktioneller Mundwerkzeuge aus. Sie ernähren sich nicht während ihrer postembryonalen Entwicklung, verringern oft die Körpergröße beim Häuten und produzieren nur ein Ei. Außerhalb der Pemphigini ist eine vergleichbare Morphologie bei *Stomaphis* (Lachnini) bekannt, die zwergenhafte, arostrate Männchen haben (Sorin 1965, Abb. 3.13).

3.4.1.5 Überwinterungsformen

Blattläuse überwintern am häufigsten im Eierstadium, wie bereits Weed (1896) dokumentierte. Die Überwinterung von lebendgebärenden Weibchen ist jedoch auch bei den anholozyklischen Arten und in den Parazyklen der holozyklischen Arten weit verbreitet. Einige Arten sind dafür bekannt, den Winter zu überleben, ohne spezielle Formen für den Winterschlaf zu produzieren; und sie können sich weiterhin fortpflanzen, wenn auch mit einer viel geringeren Rate, besonders wenn der Winter nicht zu hart ist. Die britischen Populationen von *Elatobium abietinum*, die auf *Picea* im Gegensatz zu den holozyklischen mitteleuropäischen Populationen anholozyklisch sind, zeigen diese Art von Leben im Winter. Sie überleben kurzfristig niedrige Temperaturen, solange die Temperatur über dem Niveau der Eisbildung in der Körperflüssigkeit liegt, die die Hauptursache für die Wintersterblichkeit ist, und zeigen keine signifikanten Unterschiede im Unterkühlungspunkt zwischen den Entwicklungsstadien (ausgenommen neugeborene Larven vor der Nahrungsaufnahme) (Powell 1974, Powell & Parry 1976).

Einige Arten produzieren jedoch Individuen, die auf die Überwinterung spezialisiert sind. Die Lebensweise von *Colophina arma* ist ein Beispiel. Diese Art ist heterözisch und wechselt zwischen *Zelkova* als Primärwirt und *Clematis* als Sekundärwirt. Im Herbst, nachdem die Sexuparae zur Vollendung der heterözischen Entwicklung auf die *Zelkova* migriert sind, stellen die Alienicolae auf *Clematis* die Geburt von »normalen« Larven ein und produzieren stattdessen »Zwerg«-Larven (Aoki 1977a). Diese verlassen die Stiele des Wirtes, auf denen sich ihre mütterliche Kolonie entwickelt hat, kriechen zu den verholzten Stämmen hinunter, begeben sich in Rindenspalten und überwintern dort, ohne sich bis zum nächsten Frühjahr zu häuten, und bilden so einen Parazyklus auf *Clematis*. Die Zwerglarve unterscheidet sich von der normalen 1. Larve durch ihren kleineren Körper, den relativ kurzen Rüssel und die teilweise sklerotisierte Terga (Aoki 1980). Bei solchen morphologischen und biologischen Besonderheiten erscheint es sinnvoll, die Zwerglarve als eine auf die Überwinterung spezialisierte Form zu betrachten, obwohl ihre physiologischen Eigenschaften noch zu untersuchen sind.

Eine Überwinterungsform kann in anderen Entwicklungsstadien auftreten. *Pseudacaudella rubida* überwintert im 2. Larvenstadium, *Muscaphis cuspidati* im 4. Larvenstadium und *Ovatomyzus chamaedrys* im Erwachsenenstadium (Müller 1969, 1971, 1973). *P. rubida* lebt anholozyklisch auf Moosen, und während der Wintermonate wird beobachtet, dass ihre Populationen nur aus Larven des 2. Stadiums bestehen. Diese Larven haben ein eigenartiges Aussehen mit auffälligen wachsartigen Ausscheidungen. Ihre abdominalen Terga sind stark sklerotisiert und pigmentiert. *M. cuspidati* ist auf Moosen auch anholozyklisch. Die Überwinterungsform dieser Art hat die abdominalen Terga stark sklerotisiert und pigmentiert wie bei *P. rubida*, aber der Körper ist frei von ausgeprägten wachsartigen Ausscheidungen. *O. chamaedrys*, die auf *Clinopodium* und einigen anderen Pflanzen anholozyklisch ist, produziert im Herbst neben den normalen weißlichen auch gelbbraune, ungeflügelte Erwachsene. Außer der Färbung wurden keine weiteren morphologischen Unterschiede zwischen den beiden Formen festgestellt. Es scheint jedoch, dass nur die farbigen Erwachsenen überwintern können und sich erst im nächsten Frühjahr vermehren.

Aus den genannten Beispielen lässt sich ableiten, dass die Überwinterungsform einer Art zu einem bestimmten Entwicklungsstadium gehört, obwohl das Stadium zwischen den Arten variabel ist, und dass sie sich morphologisch mehr oder weniger von der Normalform unterscheidet. Die erste Schlussfolgerung entspricht der Information, dass die meisten Insekten in einem bestimmten Stadium überwintern, das mehr kälteresistent ist als das vorhergehende (Danilevski 1961, Salt 1961). Morphologisch unterscheiden sich diese Formen jedoch nicht immer wesentlich von der normalen Form. Der Lebenszyklus von *Colophina clematis* zum Beispiel ähnelt im Wesentlichen dem von *C. arma*, mit einem Parazyklus auf *Clematis*, der im Winter vom 1. Larvenstadium durchgeführt wird (Aoki 1980). Im Gegensatz zur Überwinterungsform von *C. arma* sind die Überwinterungslarven von *C. clematis* jedoch morphologisch den normalen Larven der vorangegangenen Generationen sehr ähnlich. Es ist jedoch davon auszugehen, dass die Winterlarven dieser Art eine für den

Winterschlaf physiologisch spezialisierte Form darstellen, da sie alle bis zum nächsten Frühjahr im 1. Larvenstadium verbleiben.

Eine Veränderung der Körperfarbe – weil der Körperinhalt dunkler wird oder wegen stärkerer Pigmentierung der Haut – ist häufig in Überwinterungsformen zu beobachten. Ein Dunklerwerden der Cuticula von Kopf, Antennen, Beinen und Cauda wird auch bei überwinternden Populationen von Arten beobachtet, die keine klar definierten Überwinterungsformen haben. Bei dunklen Tieren kann der Körper kleiner sein, die Antennen können kürzer sein mit einem relativ kurzen Processus terminalis, und auch die Beine, Siphonen und Cauda können kürzer sein als bei Individuen, die sich unter milderen Bedingungen entwickeln. Ähnliche morphologische Tendenzen lassen sich generell bei verschiedenen borealen Taxa erkennen, wenn man sie mit ihren nahen Verwandten vergleicht, die in gemäßigteren Regionen verbreitet sind (Stroyan 1960). Trotz dieser morphologischen Besonderheiten, die den »borealen Gestalten« der borealen Taxa ähneln, ist es nicht sinnvoll, die oben genannten Winterpopulationen als Überwinterungsformen zu unterscheiden, da sie sich aus Individuen in verschiedenen Entwicklungsstadien zusammensetzen und ihre physiologischen Aktivitäten und morphologischen Besonderheiten je nach Umweltbedingungen variieren können.

Blattläuse mit einem Lebenszyklus von zwei Jahren müssen zweimal überwintern, um den Zyklus abzuschließen. Ein interessantes Beispiel ist *Hamamelistes spinosus* der Hormaphidinae, die den ersten Winter im Eistadium auf *Hamamelis* (dem Primärwirt) und den zweiten Winter als coccidiforme Larven auf *Betula* (dem Sekundärwirt) verbringt (Pergande 1901). Die coccidiformen Larven gehören zur 3. Generation der Fundatrix und unterscheiden sich morphologisch deutlich von den Larven anderer Generationen. Dies bedeutet jedoch nicht, dass sich die coccidiformen Larven speziell zur Überwindung strenger Winter entwickelt haben – wie bei *Hormaphis hamamelidis* und einigen anderen Arten, die jährliche Lebenszyklen haben, die Coccidiformen im Sommer produzieren.

Die Informationen über die physiologischen Eigenschaften von überwinternden Blattläusen sind noch begrenzt. Die biologische Bedeutung des Begriffs »Überwinterungsform« bleibt daher eher zweideutig. Es ist erwähnenswert, dass es zwischen den durch *E. abietinum* und *C. arma/clematis* dargestellten Situationen verschiedene Zwischenstufen gibt. Anholozyklische Populationen von *Eriosoma lanigerum* überwintern in verschiedenen Entwicklungsstadien, sind aber zunächst kältetoleranter und werden im Laufe der Entwicklung weniger tolerant (Börner & Heinze 1957). *Thecabius affins* kann auch in jedem Entwicklungsstadium überwintern, aber überwiegend im zweiten. Neugeborene Larven der Art verharren in einer

Ruhephase, wenn sie bei niedrigen Temperaturen aufgezogen werden, unabhängig von der Fotoperiode, und bleiben meist in diesem Entwicklungsstadium. Die ruhenden Larven unterscheiden sich von den Sommerlarven durch ihre dunkelgrüne Farbe, die spärliche Wachsausschüttung und die Ansammlung großer Lipidreserven (Sutherland 1968). Von *Muscaphis escherichi* überwintern Larven, die sich meist im 4. Stadium befinden, aber auch 3. und jüngere Larven sind in Überwinterungspopulationen enthalten. Morphologisch lassen sich Überwinterungslarven nicht von Sommerlarven unterscheiden (Müller 1971a).

3.4.1.6 Übersommerungsformen (Aestivales)

Der Vorteil des Wirtswechsels bei Blattläusen liegt zum Teil in der effizienteren Nutzung der Nährstoffressourcen (Kennedy & Booth 1951, 1954, Dixon 1971b). Heterözische Blattläuse verlassen die holzigen Primärwirte, um die meist krautigen Sekundärwirte zu besiedeln, da die Blätter reif werden und sich ihr Nährwert im Sommer verschlechtert. Im Sommer können einige monözische baumbewohnende Blattläuse die Fortpflanzung verlangsamen oder sogar einstellen, und einige Arten produzieren ruhende Individuen, die auf eine Aestivation spezialisiert sind.

Bekannte Beispiele der aestivierenden Form finden sich in *Periphyllus*, die auf *Acer* und verwandten Pflanzen monözisch sind (Hille Ris Lambers 1947b, Essig & Aberbathy 1952). In dieser Gattung werden aestivierende Larven bestimmter Typen (bekannt als »Dimorphen«, Abb. 3.14) in der 3. und folgenden Generation (nach der Fundatrix) produziert. Sie unterscheiden sich von den normalen Larven durch einen abgeflachten Körper, stark sklerotisierte Terga, die mit einer dicken Wachsschicht überzogen sind, und Saetae, die entweder blattartig an den Rändern des Körpers (wie bei *californiensis, testudinacea*) oder sehr lang und kräftig (*aceris*) sind. Diese Larven bleiben im 1. Larvenstadium und beginnen erst dann zu wachsen, wenn die Wirtsblätter im Herbst seneszent werden. Faktoren, die die

Abb. 3.14: *Periphyllus californiensis;* Aestivalis-Larve an *Acer* spec.

Produktion der aestivierenden Form induzieren, müssen noch untersucht werden, aber zumindest bei einigen Arten wie *Periphyllus testudinaceus* und *Periphyllus acericola* ist der Nährstoffgehalt der Wirtspflanzen ein regulierender Faktor, da bei stark wachsenden Trieben die Produktion der aestivierenden Form verschoben oder unterdrückt wird (Hille Ris Lambers 1947b).

Rhopalosiphoninus tiliae stellt ein interessantes Beispiel für eine Aestivation dar, die in Bezug auf den Nährstoffgehalt schwer zu erklären scheint (Miyazaki 1985). Diese Art ist heterözisch, mit *Tilia* als Primärwirt und *Adenocaulon* (Compositae) als Sekundärwirt. Die Emigration erfolgt im Frühsommer, wie es bei wirtswechselnden Arten üblich ist. Auf *Adenocaulon* setzen die geflügelten Fundatrigenien Larven ab, die im 1. Larvenstadium auf den Blättern und Trieben des Wirtes aestivieren. Im Herbst entwickeln sich diese Larven zu zwergartigen Ungeflügelten und bilden Kolonien an den blühenden Trieben. Die aestivierende Larve ist durch ihre sklerotisierte und pigmentierte Terga gekennzeichnet, die eine gewisse Ähnlichkeit mit der überwinternden Larve von *P. rubida* aufweist. Es ist offenkundig, dass die Produktion der aestivierenden Form vor der Migration auf *Adenocaulon* festgelegt wird, da die Emigranten auf *Tilia* bereits Embryonen mit sklerotisierten Terga enthalten. Es gibt zwei offene Fragen: Welche Faktoren bestimmen die Produktion der aestivierenden Formen, und welchen Vorteil hat eine Aestivation auf dem Sekundärwirt?

Es ist bekannt, dass die Sommerdiapause bei Insekten in einem bestimmten Entwicklungsstadium, wie im Falle der Winterdiapause (Masaki 1980), induziert wird. Zwei der oben genannten Fälle stimmen mit dieser Regel überein. Es gibt viele andere Fälle von Blattläusen im Sommer, die nicht eindeutig als aestivierende Formen bezeichnet werden können.

Bei vielen Arten von Aphidinae werden im Sommer häufig kleine Ungeflügelte beobachtet. So produziert *Aphis ruborum* »Sommer-Zwergformen«, die sich farblich von ihren Müttern unterscheiden und Antennen mit fünf (statt sechs) Segmenten haben (Hille Ris Lambers 1966). Eine kleine und gelbe »aestivierende Form« wurde in *Schizaphis graminum* (Daniels 1960) und in *Aphis gossypii* (Kring 1959) gefunden. Takahashi (1966) beschreibt auch eine »Zwergform im Sommer« von *A. gossypii*, die fünfgliedrige Antennen, kurze Siphonen und keine marginalen Sklerite am Bauch hat. Takahashi (1964) beschreibt eine »Zwergform« von *Sitobion ibarae*, bei der die Abdominal-Terga dunkel pigmentiert sind. Mitunter ist die Tennung der Effekte einer höheren Sommertemperatur und schlechterer Futterqualität schwer möglich. Dies wird bespielhaft von Müller (1977) gezeigt, der im Sommer bei gleicher Temperatur Wirtspflanzen mit unterschiedlicher Nahrungsqualität anbot und auf Pflanzen mit geringerer Nahrungsquali-

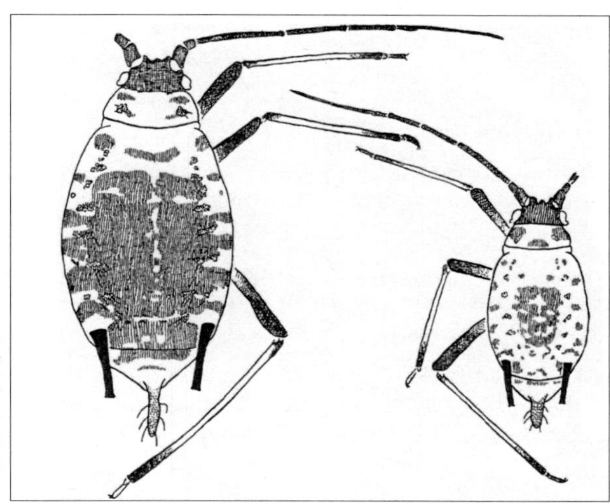

Abb. 3.15: *Sitobion avenae;* vivipares Weibchen auf den Rispen von Hafer (links) und auf den Blättern von *Poa annua* ohne Blütenstand (rechts) (nach Müller 1977).

tät ein kleineres Ividuum von *Sitobion avenae* erhielt, bei dem das Abdomen weniger stark pigmentiert war als bei normalen Individuen auf besserer Wirtspflanze (Abb. 3.15).

Diese Beispiele zeigen, dass die Zwerge eine mehr oder weniger besondere Färbung haben; und viele unterscheiden sich auch in anderen morphologischen Merkmalen von den Ungeflügelten im Frühling, obwohl solche Unterschiede nicht klar definiert sind und intermediäre Zustände auftreten.

Kleine Ungeflügelte werden nicht nur unter schlechten Ernährungsbedingungen (z. B. auf gereiften oder welkenden Wirten oder auf Wirten, die in ungeeigneter Nährlösungen gehalten werden, oder in überbesiedelten Kolonien), sondern auch bei hohen Temperaturen produziert (Kenten 1955, Murdie 1969a, Wool 1977). Obwohl beide Faktoren zur Produktion ähnlicher Individuen führen können, kann die Wirkung von Hitze länger anhalten als die von Überbesiedelung. Die zwergwüchsigen Ungeflügelten sind in ihrer Fruchtbarkeit und Größe des Nachwuchses den normal großen Ungeflügelten in der Regel unterlegen. Sie zeigen auch eine geringere Toleranz gegenüber Hunger, kurzzeitigem Kontakt zu höheren Temperaturen und dem Einsatz von Insektiziden (Murdie 1969b).

Bei einigen Arten wie *Rhopalosiphum maidis, Aphis nerii* und *Aphis* (*Toxoptera*) *aurantii* sind die Sommerpopulationen dagegen toleranter gegenüber hohen Temperaturen als die Frühjahrs- und Winterpopulationen (Bodenheimer & Swirski 1957). Einige Arten widerstehen Hitze in bestimmten Entwicklungsstadien besser als in anderen Stadien: Z. B. sind einige sich von Gräsern ernährende Blattläuse als Larven des 3. und 4. Entwicklungsstadiums am hitzetolerantesten; und ungeflügelte Erwachsene sind unempfindlicher als Larven des 1. bzw. 2. Entwicklungsstadiums sowie geflügelte Erwachsene (Broadbent & Hollings 1951).

3.4.1.7 Soldaten

Kuriose Larvendimorphismen – mit pseudoskorpionartigen Larven oder andere Larvenformen in bestimmten Gruppen von Blattläusen – sowie unangenehme Juckreize, die bei einigen gallenbildenden Blattläusen durch »Beißer« hervorgerufen werden, sind seit Langem bekannt (Aoki 1977a, b, 1982a, Aoki & Miyazaki 1978). Später konnte gezeigt werden, dass ein solcher Dimorphismus mit einem aggressiven Verhalten der Blattläuse gegenüber Prädatoren verbunden ist, mit der Funktion, ihre Kolonien gegen Eindringlinge zu verteidigen. Blattläuse mit aggressivem Verhalten sind in Tabelle 2 aufgeführt. Sie kommen in zwei Unterfamilien vor, Hormaphidinae und Eriosomatinae. Aggressives Verhalten beschränkt sich auf Larven des 1. und 2. Entwicklungsstadiums, außer bei *Eriosoma moriokense*, bei der das 2. und 3. Entwicklungsstadium aggressiv sind (Akimoto 1983). Das Larvenstadium, zu dem die aggressiven Individuen gehören, ist entweder monomorph (alle Larven gelten als gleich aggressiv) oder dimorph (einschließlich einer »normalen« und einer aggressiven Form). Bei der dimorphen wird die aggressive Form als »Soldat« bezeichnet, die folgendermaßen charakterisiert ist (Aoki 1982a, b): (1) Sie greift räuberische Eindringlinge an, sich dabei oft selbst aufopfernd, (2) sie ist steril, beschränkt auf ein bestimmtes Larvenstadium, das sich nicht mehr häuten kann, (3) sie ist morphologisch von der »normalen« Form unterscheidbar. Die morphologischen Merkmale lassen sich folgendermaßen zusammenfassen: der Körper hat deutlich sklerotisierte Terga, Wachsplatten sind oft stark reduziert oder fehlen, bei vielen Arten sind die Vorderbeine und in einigen Fällen auch die Mittelbeine verdickt, was der Larve ein pseudoskorpionartiges Aussehen verleiht, der Rüssel ist viel kürzer als in der normalen Form, wenn diese einen sehr langen Rüssel hat (z. B. *Colophina*), bei den Arten, die ein Paar Stirnhörner haben, sind die Hörner stärker entwickelt. Soldaten und normale Larven werden von derselben Blattlaus produziert.

Die Soldaten können in Bezug auf ihre Waffen in zwei Typen eingeteilt werden: Der eine verwendet Stirnhörner (ein Paar spitzer Fortsätze in der vorderen Cuticula) und der andere benutzt Stechborsten. Gehörnte Soldaten kommen in der Unterfamilie Hormaphidinae vor (Abb. 3.16–3.22). In diesem Taxon haben nur die Exules (Alienicolae) Hörner, die Fundatrigenien sind frei von ihnen, weshalb gehörnte Soldaten nur auf den Sekundärwirten gefunden werden. Ihre Vorderbeine sind vergrößert und stark sklerotisiert, die Femora und Tibiae tragen an der ventralen Oberfläche oft zahlreichere und steifere Saetae als in der normalen Form. Die vorderen Femora sind

Tab. 2: Blattläuse mit aggressivem Verhalten (nach Miyazaki 1987)

Taxon	Soldaten		Nicht-Soldaten		Wirtspflanze
	Offensive Larve	Waffen	Offensive Larve	Waffen	
Hormaphidinae					
Cerataphidini					
Ceratoglyphina styracicola	2	STB			*Styrax* (PW)
Tuberaphis styraci	2	STB			*Styrax* (PW)
Ceratovacuna japonica	1	VB, Hörner			Bambus (SW)
C. lanigera			1	Hörner	*Miscanthus* (SW)
Pseudoregma alexanderi	1	VB, Hörner			*Dendrocalamus* (SW)
P. bambucicola	1	VB, Hörner			*Bambusa* (SW)
P. koshunensis	2*	VB, STB			*Styrax* (PW)
	1	VB, Hörner			*Bambusa* (SW)
P. panicola	1	VB, Hörner			*Oplismenus* (SW)
Eriosomatinae					
Eriosomatini					
Colophina arma					
Fundatrigenie			1?, 2	STB	*Zelkova* (PW)
Exules	1	VB, MB, STB			*Clematis* (SW)
C. clematis					
Fundatrigenie			1?, 2	STB	*Zelkova* (PW)
Exules	1	VB, MB, STB			*Clematis* (SW)
C. monstrifica	1	VB, MB, STB			*Clematis* (SW)
Eriosoma moriokense			2, 3	STB	*Ulmus* (PW)
Hemipodaphis persimilis			1	STB	*Zelkova* (PW)
Pemphigini					
Pemphigus dorocola			1	HB, STB	*Populus* (PW)

1, 2, 3 erstes, zweites, drittes Larvenstadium; VB, MB, HB Vorder-, Mittel-, Hinterbeine; STB Stechborsten; PW Primärwirt, SW Sekundärwirt; *Aoki (1982a) berichtete den Fund der Soldaten von *Pseudoregma shitosanensis* auf dem PW, dieses Taxon ist synonym mit *P. koshunensis* (Favret 2020).

oft fast doppelt oder sogar dreimal so kräftig wie die der normalen Formen, die Tibiae sind deutlich konkav dorso-basal, und die Tarsi sind dick und haben kräftige Krallen. Die Soldaten klammern sich mit ihren verdickten Vorderbeinen an Eindringlinge und durchbohren sie mit den nach oben gebogenen Hörnern durch eine Aufwärtsbewegung des Kopfes. Die Vorderbeine der Soldaten sind so stark, dass kleine Eindringlinge in den umklammernden Beinen zusammengedrückt werden können. Soweit bekannt, gehören Soldaten des »beißenden« Typs, die Stechborsten als Waffen benutzen, zu den Eriosomatinae, oder sie sind Fundatrigenien der Hormaphidinae. Die »Beißer« von *Colophina* (Eriosomatini) haben vergrößerte Beine ähnlich denen der gehörnten Soldaten, aber sowohl Vorder- als auch Mittelbeine sind vergrößert. Sie umklammern einen Eindringling fest mit diesen beiden Beinpaaren und halten ihre Körper parallel zum Eindringling. Diese Position ist für das Stechen mit den Stechborsten geeignet. Bei den gehörnten Soldaten ist die Stärkung der Vorderbeine am wichtigsten, wenn sie ihre Hörner gegen Eindringlinge einsetzen, aber bei den »Beißern« kann die Stärkung der Hinterbeine ausreichen, wie im Falle der nicht-soldatischen »Beißer« von *Pemphigus dorocola*. Das Integument des Körpers von Eindringlingen kann durch die Krallen der Hinterbeine von *P. dorocola* verletzt und deren Hinterbeine durch den Riss eingeführt werden. Dies zeigt, dass die vergrößerten Beine selbst eine Waffe sein können.

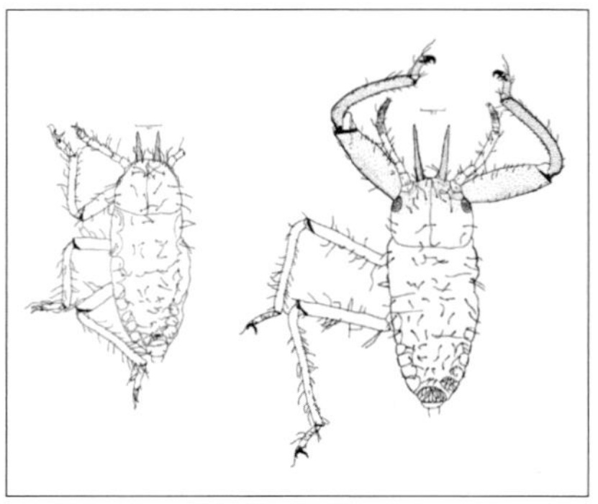

Abb. 3.16: *Ceratovacuna floccifera;* normale Larvel (links), Soldaten-Larvel (rechts) (nach Noordam 1991).

Die aggressiven Larven des monomorphen Typs werden in der Tabelle 2 als »Nicht-Soldaten« kategorisiert, im Gegensatz zur entgegengesetzten Kategorie der Soldaten. Sie sind in gewisser Weise »normale« Larven. Ihre Aggressivität ist jedoch im Wesentlichen auf ein oder zwei bestimmte Entwicklungsstadien begrenzt. Sie haben auch oft ein eigenartiges Aussehen, das sich von dem der nachfolgenden Entwicklungsstadien unterscheidet, und zeigen Ähnlichkeit mit Soldaten. Bei den *Colophina*-Arten sind die Vorder- und Mittelbeine der »Beißer« weniger stark vergrößert als bei Soldaten, bei *Hemipodaphis persimilis* haben sie sklerotisierte Terga und alle Beinpaare sind vergleichsweise größer, bei *P. dorocola* haben sie vergrößerte Hinterbeine.

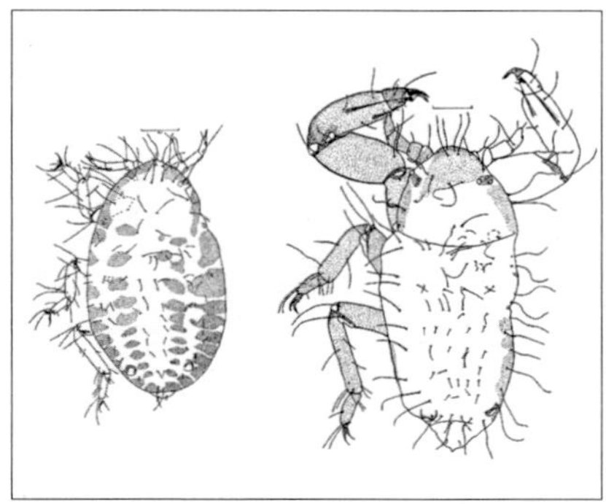

Abb. 3.17: *Distylaphis foliorum;* normale Larvel (links), Soldaten-Larvel (rechts) (nach NOORDAM 1991).

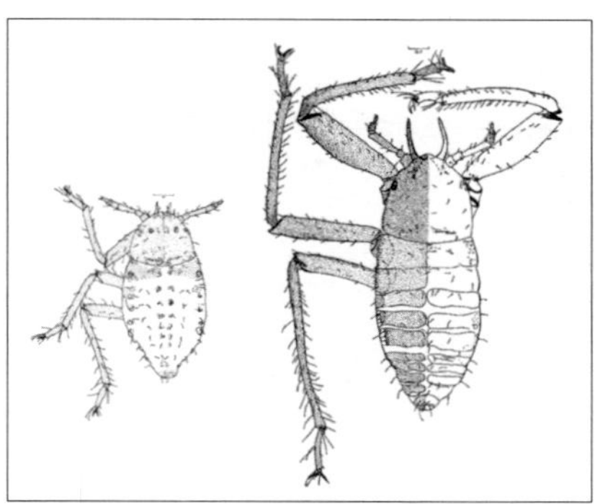

Abb. 3.18: *Pseudoregma bambucicola;* normale Larvel (links), Soldaten-Larvel (rechts) (nach NOORDAM 1991).

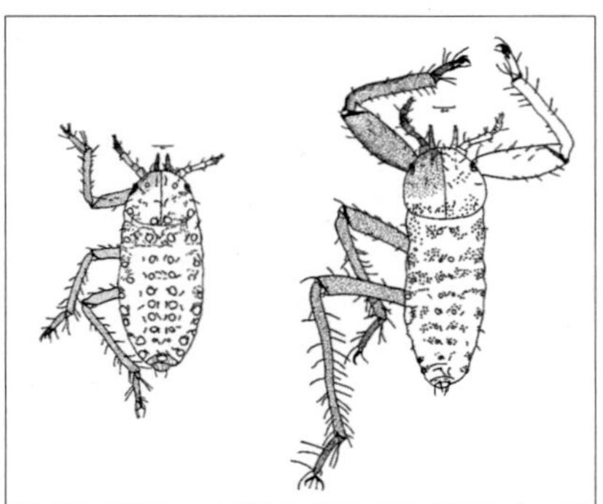

Abb. 3.19: *Pseudoregma montana;* normale Larvel (links), Soldaten-Larvel (rechts) (nach NOORDAM 1991).

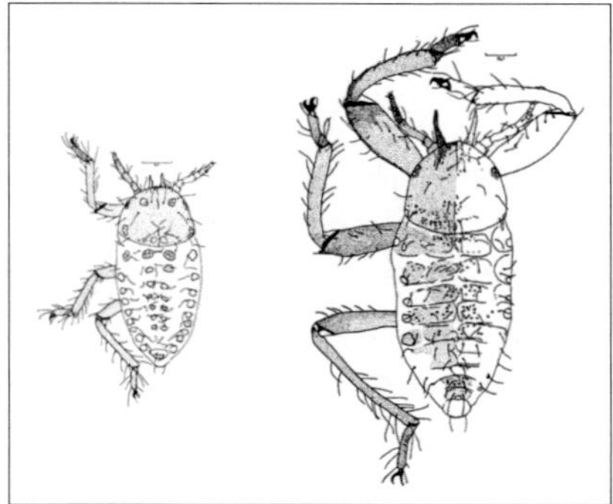

Abb. 3.20: *Pseudoregma panicola;* normale Larvel (links), Soldaten-Larvel (rechts) (nach NOORDAM 1991).

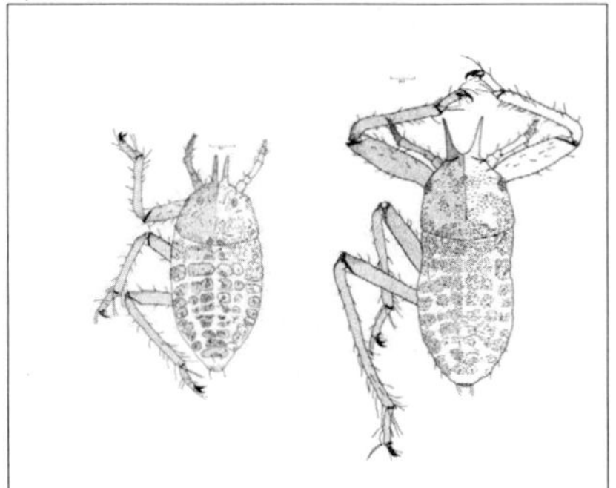

Abb. 3.21: *Pseudoregma pendleburyi;* normale Larvel (links), Soldaten-Larvel (rechts) (nach NOORDAM 1991).

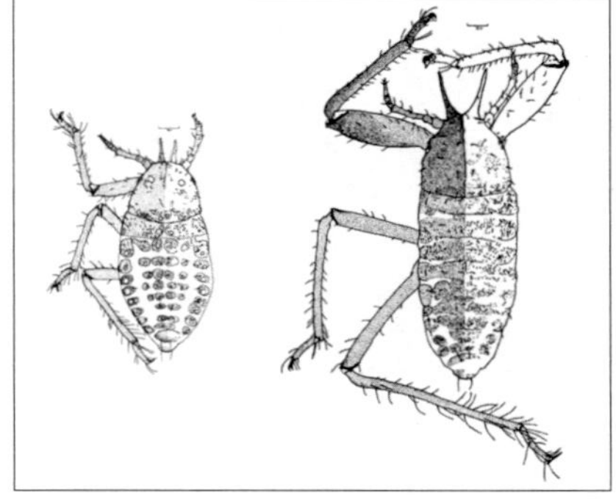

Abb. 3.22: *Pseudoregma sundanica;* normale Larvel (links), Soldaten-Larvel (rechts) (nach NOORDAM 1991).

Etwa ein Dutzend Arten wurden als aggressiv eingestuft. Wahrscheinlich tritt dieses Verhalten auch bei anderen verwandten Arten auf, da morphologische Äquivalente von Soldaten bei vielen anderen Arten bekannt sind (Hille Ris Lambers 1966, Aoki 1982a).

3.4.1.8 Gallen-Migranten

Soldaten stellen einen Aspekt des Altruismus bei Blattläusen dar. Sie tragen zum Erfolg ihrer mütterlichen Kolonie bei, indem sie sich im Kampf gegen Prädatoren und andere Eindringlinge opfern. Eine weitere Art von altruistischem Verhalten bei Blattläusen ist die altruistische Ausbreitung. Anstatt direkt der mütterlichen Kolonie vor Ort zu dienen, zerstreuen sich Altruisten dieser Art und konkurrieren mit Nicht-Verwandten um die Ressourcennutzung an anderen Orten und helfen so indirekt ihrem eigenen Klon, die Ressourcen besser zu nutzen.

Bei einigen Arten von Eriosomatinae wurde beobachtet, dass bei Fundatrigenien der 2. Generation (Aoki 1979, Setzer 1980) eine Migration zwischen den Gallen stattfindet. Von *Pachypappa marsupialis lambersi* ist ein mit diesem Verhalten verbundener Larvendimorphismus bekannt.

Die Fundatrix dieser Unterart bildet im Frühjahr eine offene Galle auf *Populus maximowiczii* und setzt zwei Typen von Larven des ersten Entwicklungsstadiums ab. Larven vom »normalen« Typ bleiben bei ihrer Mutter in der Galle. Larven des anderen, des »wandernden« Typs entfernen sich von der mütterlichen Galle und besiedeln andere Gallen ihrer Art, unabhängig davon, ob diese leer sind oder sich entwickeln. Migrationslarven unterscheiden sich von normalen Larven morphologisch folgendermaßen: Die in der Normalform gut entwickelten Wachsdrüsenplatten werden durch Sklerite ersetzt, und der Rüssel ist sehr lang und reicht über das Hinterende des Körpers hinaus. Sowohl normale als auch wandernde Larven wachsen zu Emigranten des gleichen Typs heran.

Setzer (1980) vermutet, dass die unvorhersehbare Umwelt ein Faktor ist, der die Induktion der Inter-Gallenmigration begünstigt. Aoki (1982b) diskutiert die Entwicklung altruistischer Formen bei Blattläusen aus der Sicht der Verwandtenselektion.

3.4.2 Farbe

Die Färbung von Blattläusen kann durch die Farbe des Körpers, den Inhalt, die Pigmentierung in der Cuticula oder durch wachsartige Ausscheidungen bedingt sein (Müller 1961b). Die innere Färbung ist auf Pigmente in inneren Organen, Geweben, Hämolymphe und Myzetomen usw. zurückzuführen und variiert von Art zu Art, sie kann entweder cremig, gelb, grün, rötlich oder fast schwarz sein. Die Färbung kann über den ganzen Körper gleichmäßig sein oder zu Flecken oder Streifen lokalisiert werden. Chemische Studien haben die Anwesenheit von charakteristischen Farbstoffen, Aphine, in der Blattlaus-Hämolymphe gezeigt (Duewell et al. 1948, Cromartie 1959, Bowie et al. 1966). In lebenden Exemplaren sind diese Hämolymphpigmente als Protaphin und Aphininin, eine farblose fluoreszierende Komponente, vorhanden, und die Variation der relativen Mengen dieser Farbstoffe führt zu unterschiedlichen Farbformen solcher farb-polymorphen Arten wie *Aphis sambuci* und *A. farinosa*. Die innere Färbung geht bei toten Exemplaren verloren.

Die Körperhülle, insbesondere das Tergum, ist oft dunkelbraun oder schwarz pigmentiert in Mustern von Flecken, Bändern oder Platten. Eine solche Pigmentierung ist fast immer mit einer Verödung der pigmentierten Teile der Cuticula verbunden. Die cuticulare Pigmentierung bleibt in eingebetteten oder präparierten Exemplaren erhalten.

Die wachsartigen Absonderungen können, wie bei vielen *Cinara*-Arten, ein bestimmtes Muster am Körper bilden. Die Wachsbedeckung kann aber auch den Farbeindruck wesentlich beeinflussen. Arten, die wie die Blutlaus sehr viel Wachs produzieren, verschwinden vollständig unter der weißen Wachswolle. Wenn der Körper nur mit Wachspuder oder mit einer dünnen Bereifung versehen ist, dann scheint die Grundfärbung hindurch, der Gesamteindruck der Färbung kann jedoch erheblich verändert werden. Solche Verhältnisse findet man bei *Macrosiphoniella, Brachycolus, Brevicoryne, Dysaphis* und einigen anderen Gattungen sowie bei manchen *Aphis*-Arten. Unterschiede in der Farbwirkung können auch davon anhängen, ob der Rücken glänzend oder matt ist. Das wird deutlich, wenn die ungeflügelten viviparen Weibchen von *Aphis craccivora* und von *Aphis fabae* miteinander verglichen werden. Die Ungeflügelten sind bei der ersten Art schwarz glänzend, bei der anderen matt schwarz und wirken dadurch manchmal dunkelgrau. Trotz dieses auffallenden Merkmals sind beide Arten oft miteinander verwechselt worden (Falk 1958). Die Betrachtung der Färbung lebendender Tiere kann demnach wichtig sein, wenn die Artzugehörigkeit mit einfachen Mitteln festgestellt werden soll.

Die Grundfärbung der ungeflügelten viviparen Weibchen ist bei nicht pigmentierten und bei unbewachsten Arten allein für den Farbeindruck des Körpers bestimmend. Sie entsteht durch Farbstoffe, die in Alkohol und Tetrachlorkohlenstoff löslich sind.

Diese subepidermalen Farbstoffe können entweder über das ganze Tier gleichmäßig verteilt oder in einzelnen Körperregionen verschieden sein.

Eine größere Zahl Arten besitzt durch besondere Färbung hervortretende Siphonalflecke (Tabelle 3). Es handelt sich dabei offenbar um Bezirke drüsigen Charakters, in denen eine flüssige Substanz abgesondert wird, welche die Tiere bei Erregung als Alarmpheromone aus den Siphonen ausstoßen.

Die Farbform wird durch die Farbe selbst definiert, nicht durch eine biologische Funktion. Farbvariationen innerhalb einer Art sind entweder interklonal oder intraklonal. Die interklonale Variation ist entweder sympatrisch oder allopatrisch, die intraklonale Variation intermorph oder intramorph. Die interklonale Variation wird oft durch den Begriff »Farbform« ausgedrückt (Miyazaki 1987).

3.4.2.1 Intramorphe Farbvariation

Im Gegensatz zur interklonalen Farbvariation, deren Expression genetisch fixiert ist, wird die intramorphe Variation in der Regel durch Umweltfaktoren induziert und ist reversibel, wenn die Bedingungen in ihren vorherigen Zustand zurückkehren. Der Farbwechsel kann einige Generationen in Anspruch nehmen, ist aber in manchen Fällen nicht mehr Polymorphismus im allgemeinen Sinne.

Bei *Acyrthosiphon pisum* wird von einer »irreversiblen« Farbänderung berichtet (Fröhlich 1962). Die grüne und die rote Rasse dieser Blattlaus wurden bei 30–35 °C gelbgrün. Als die Aufzucht bei 15–20 °C und dann bei 25–30 °C fortgesetzt wurde, bekam die grüne Rasse ihre ursprüngliche grüne Farbe zurück, aber die rote Rasse blieb in den folgenden Generationen gelblich-grün.

Farbabweichungen, die unter bestimmten thermischen Bedingungen entstehen, treten häufig auf. Einige Fälle von Farbvariationen in den Sommer- und Winterpopulationen wurden bereits beschrieben. Bei *A. gossypii*, die in sehr unterschiedlicher Färbung auftreten kann, werden im Sommer oft helle und im Winter dunkle Exemplare beobachtet. Dies deutet darauf hin, dass die Farbe der Art durch die Temperatur beeinflusst werden kann. In einem Experiment mit einer Rasse von *Veronica* wurden dunkelgrüne oder dunkelbraune Nachkommen bei 12 °C, hellgrüne mit verschiedenen Brauntönen bei 20 °C und gelbe bei 25 °C erhalten. Ähnliche Ergebnisse wurden durch die Verwendung von Rassen von *Chrysanthemum* (Inaizumi 1980) erzielt.

Die Senf besiedelnde *Lipaphis erysimi* nimmt bei 25 °C eine hellere Färbung an (Sokolov 1937). Ähnliche Beobachtungen wurden bei *Myzus persicae* gemacht. Hier entstanden in den Zuchten einer rein grünen Rasse bei längerer Einwirkung von Temperaturen um 25 °C und höher zum Teil gelblichgrüne Tiere (Müller 1958). Bei *Aphis fabae* bewirkte nach Reichmuth &

Tab. 3: Farbangaben für Blattläuse mit Siphonalflecken (nach Müller 1961b).

Blattlausart	Grundfärbung des Körpers	Siphonalflecke
Macrosiphoniella (R.) janckei	bräunlichrot	grün
Aulacorthum solani s. str.	hellgrün bis gelblichgrün	dunkler grün
Aulacorthum aegopodii, ovip. ♀♀	gelblich	grünlichgelb
Rhopalosiphoninus staphyleae tulipaellus	olivengrün	orangebraun
Rhopalosiphoninus staphyleae, anholozyklisch	grün	olivenfarbig, undeutlich
Spatulophorus incanae	hellgrün	gelblichgrün
Rhopalomyzus lonicerae, Fundatrix	hell gelblich bis grün	bräunlichgelb
Hyadaphis foeniculi, Fundatrix	hell graugrün	dunkelgrün
Hyadaphis foeniculi, Fundatrigenie	graugrün	rötlichbraun oder olivenbraun
Rhopalosiphum nymphaeae, Fundatrix	dunkel olivengrün bis olivenbraun	rötlichbraun
Rhopalosiphum padi, Fundatrigenie	dunkel olivengrün	bräunlichrot
Schizaphis (Euschizaphis) palustris	olivengrün oder olivenbraun	braun
Brachycaudus (Brachycaudus) spiraeae	grün	gelblich
Dysaphis chaerophylli, von *Chaerophyllum temulum*	olivengrau	bräunlich
Dysaphis lauberti von *Heracleum sphondylium*	blass gelblichgrau und grünfleckig	hellbraun
Dysaphis radicola	bläulichgrau	ockerfarbig
Dysaphis plantaginea, Fundatrigenie	olivengrün oder rötlichbraun bis graubraun	rotbraun
Ceruraphis eriophori, Fundatrix	blass olivenfarbig	rotbraun
Ceruraphis eriophori, ovip. ♀♀	schmutzig weiß bis hellgelblichgrün	rostrot
Ceruraphis eriophori, ♂♂	olivenbraun	rostrot
Pterocomma rufipes	olivengrün	braun

Klink (1961a) neben hoher Zuchttemperatur auch schwache Beleuchtung eine Aufhellung der Tiere.

Drepanosiphum platanoidis zeigt Variationen sowohl in der cuticularen Pigmentierung als auch in der Farbe des Körperinhalts (Dixon 1972). Die cuticulare Pigmentierung erscheint als dorsale Bänder und marginale Flecken auf dem Abdomen. Die Pigmentierung entwickelt sich im Frühjahr und Herbst, ist aber stark reduziert und verschwindet oft im Sommer (Abb. 3.23). Auf der anderen Seite sind die Körperinhalte meist grün, aber im Sommer erscheinen rote Individuen. Es wurde experimentell gezeigt, dass die Produktion dieser Formen von der Temperatur beeinflusst wird: die dunkelpigmentierte Form wird bei niedrigeren Temperaturen gebildet, die rote Form bei höheren Temperaturen (Dixon 1972).

Bei *Aphis fabae* nimmt die Menge der Farbstoffe mit zunehmender Lichtintensität auf etwa 50 000 lx zu (Reichmuth & Klink 1961b).

Die Grundfärbung der an zahlreichen Gräsern – einschließlich der Getreidearten – sehr häufig anzutreffenden Blattlaus *Sitobion avenae* ist nach Hille Ris Lambers (1939) »yellowish green or dirty reddish«. Während die von Müller (1961b) in Mitteldeutschland gesammelten Proben ausschließlich grüne Tiere enthielten, beobachtete er dagegen in Norddeutschland überwiegend rote bis rötlichbraune Tiere und schloss farbliche Rassendifferenzierung nicht aus. Da Müller (1961b) grüne Tiere mit rotfleckiger Grundfärbung fand, wollte er deshalb die Möglichkeit einer umweltbedingten Veränderung nicht ausschließen. Die Farbe von *S. avenae* soll von den Lichtverhältnissen abhängig sein (Miyazaki 1985). Die rotbraune Form produziert größere Anteile an grünen und intermediären Nachkommen unter Beleuchtung in kürzeren Zeiträumen und geringerer Intensität (Makkula & Rautapää 1967). Farbmorphen von *S. avenae* (grün und braun) unterscheiden sich in ihrer Leistung, wenn sie unter verschiedenen Umweltbedingungen aufgezogen werden (Hille Ris Lambers 1939, Miyazaki 1987, Newton & Dixon 1988). Eigene Zuchtversuche zeigten, dass die Ausprägung der rotbraunen Färbung und ihre Häufigkeit in der Population durch die Intensität der UV-Strahlung determiniert werden. Rot-braune Morphen von *S. avenae* sind in der Lage, durch erhöhte Produktion von Cartinoiden längere Exposition gegen UV-A- und UV-B-Strahlung zu überstehen. Die Fitness (Entwicklungsgeschwindigkeit, Gewicht, Reproduktion) der grünen Farbmorphe übertrifft im Allgemeinen bei geringer UV-Strahlung die der rotbraunen Farbmorphe in einem breiten Temperaturbereich (10 °C bis 30 °C). Unter dem Einfluss einer hohen UV-Strahlungsintensität zeigt die grüne Farbmorphe eine geringere Fruchtbarkeit als rote bis rotbraune Tiere, Letztere sind somit bei starker Sonneneinstrahlung überlegen (Thieme 1997a, Hu et al. 2013a-c). Dies wird in Deutschland die Ursache für die Dominanz rotbrauner Tiere im Hochsommer sein. In Südeuropa dominieren derartig gefärbte Blattläuse über einen wesentlich längeren Zeitraum (X. Pons, persönl. Mitteilung).

Die in zwei Klonen der beiden Farbformen von *S. avenae* beobachteten intramorphen Farbvariationen sind das Ergebnis qualitativer und quantitativer Unterschiede in ihren Carotinpigmenten. Der braune Klon enthielt

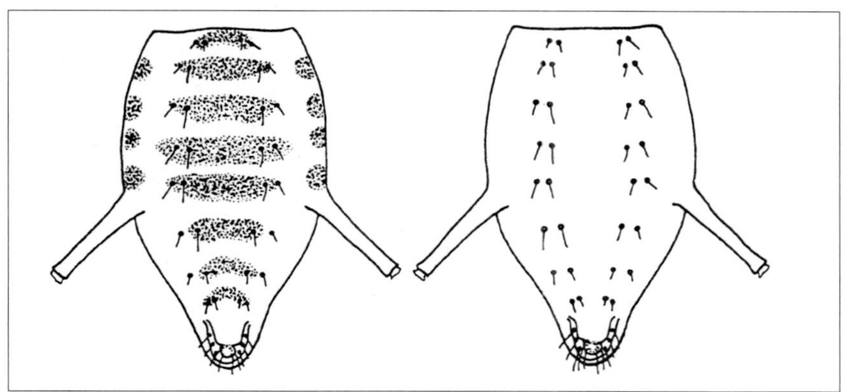

Abb. 3.23: Pigmentierung auf dem Abdomen von *Drepanosiphum platanoidis*, die sich im Frühjahr (links) oder im Sommer (rechts) entwickelten (nach DIXON & THIEME 2007).

vier Carotine, γ-Carotin (9 %), Lycopin (47 %), Torulen (8 %) und 3,4-Didehydrolycopen (35 %). Dabei enthielt der braune Klon etwa dreimal so viel Carotinoidmaterial wie der grüne Klon. Der grüne Klon enthielt ein Hauptpigment (94 % der gesamten Carotinoide), das als α-Carotin identifiziert wurde (JENKINS et al. 1999).

Blattläuse sind unter den Insekten insofern ungewöhnlich, als sie im Allgemeinen eher echte Carotine als eine Mischung von Xanthophyllen enthalten, obwohl *M. dirhodum* eine Ausnahme zu sein scheint (JENKINS 1991). Von den Carotinoidpigmenten, die in dem braunen Klon von *S. avenae* identifiziert wurden, wurde α-Carotin bereits in *Aphis sambuci, Chaitophorus populeti* (CZECZUGA 1976) und *M. liriodendri* (ANDREWES et al. 1971), Torulen und 3,4-Didehydrolycopen in *M. liriodendri* (ANDREWES et al. 1971) gefunden, während Lycopen in *A. sambuci* (CZECZUGA 1976) und *M. liriodendri* (ANDREWES et al. 1971) vorkommen kann. Von den im grünen *S.-avenae*-Klon identifizierten Pigmenten, wurde α-Carotin in *Brachycaudus* (*Prunaphis*) *cardui* (CZECZUGA 1976) gefunden. Obwohl die besondere Gruppe von Carotinen, die in der braunen Form von *S. avenae* vorkommt, typische Pilzmetaboliten sind (z. B. AN 1996, FRENGOVA et al. 1997), kann es nicht ausgeschlossen werden, dass sie von Bakterien synthetisiert werden (ARMSTRONG & HEARST 1996, MISAWA & SHIMADA 1998).

Es ist bekannt, dass Farbveränderungen bei einigen Arten durch Überbesiedelung und schlechte Ernährungsbedingungen hervorgerufen werden. Beispielsweise wurde eine rote Form von *A. pisum* graugrün, wenn die Blattläuse einige Generationen lang unter Bedingungen einer hohen Besiedelungsdichte gehalten wurden (MÜLLER 1961b). *M. persicae* zeigt bei schwachen Pflanzen unter beengten Verhältnissen einen vorübergehenden

Farbumschlag: Gelbe Blattläuse werden weißlich gelb, grüne blassgelb und rote grünlich. Die verfärbten Individuen stellen die ursprüngliche Färbung wieder her, wenn die Ernährungsbedingungen verbessert werden (Ueda & Takada 1977).

Es gibt einige Fälle von intramorpher Farbvariation, bei denen die Ausprägung als genetisch programmiert gilt. Bei *D. platanoidis*, die eine saisonale Farbvariation aufweist, sind die direkten Nachkommen von Fundatrizen immer grün, auch wenn sie bei hohen Temperaturen aufgezogen werden. Die ersten roten Individuen erscheinen in der 3. Generation. Dies deutet darauf hin, dass ein Intervallzeitgeber bei der Bildung der roten Form wirksam ist (Dixon 1972). Wall (1933) stellte das Auftreten eines Zyklus von Farbformen in den parthenogenetischen Generationen von *A. gossypii* fest. Geflügelte, die immer in der Färbung intermediär sind, produzieren relativ viele helle Ungeflügelte, die wiederum meist dunkel- und intermediär gefärbte Ungeflügelte produzieren, die wiederum dunkle Ungeflügelte und eine große Anzahl von Geflügelten produzieren. Der Mechanismus, der diesen Zyklus verursacht, ist nicht geklärt.

3.4.2.2 Intermorphe Farbvariation

Innerhalb eines Klons von Blattläusen können bestimmte Morphen anders gefärbt sein als andere. Bei *Metopeurum fuscoviride* sind alle weiblichen Morphen dunkelbraun gefärbt, während die Männchen typisch grün sind. Diese Farbvariation wird durch die Annahme eines farbkontrollierenden Gens auf dem X-Chromosom erklärt (Stroyan 1961b). Grüne Männchen kommen auch in verschiedenen Arten von *Uroleucon* vor, deren vivipare Weibchen rotbraun sind. Gelbe Männchen sind ebenfalls verbreitet, z. B. bei *M. persicae*. Bei bestimmten Arten von *Macrosiphum, Sitobion* und *Acyrthosiphon* produzieren grüne Vivipare rötliche Männchen und/oder Geschlechtsweibchen. Bei allen roten Rassen von *A. pisum* sind die Fundatrizen immer grün (Müller 1961b).

Die Fundatrigeniae und Alienicolae sind bei einigen Arten unterschiedlich gefärbt. Bei *Myzus siegesbeckiae* ist die ungeflügelte Fundatrigenie auf *Prunus* matt braun mit einem grünlichen Farbton im Körperinhalt und hat oft eine cuticulare Pigmentierung, sodass das ganze Insekt oft schwärzlich erscheint, während die passende Alienicola auf *Isodon* cremeweiß oder hellgelb ohne cuticulare Pigmentierung ist. Dieser Farbunterschied gilt als genetisch programmiert, weil die kultikuläre Pigmentierung der Ersteren nie in der Letzteren zu sehen ist und weil sich die beiden Morphen auch in morphologischen Merkmalen stark voneinander unterscheiden.

3.4.2.3 Interklonale Farbvariation

Der Farbdimorphismus bei *M. fuscoviride* zwischen den weiblichen Morphen und dem Männchen ist oben beschrieben. An einigen Stellen in England wurde jedoch festgestellt, dass die Blattlaus in allen Morphen ausschließlich grün ist (Stroyan 1949). Der Farbdimorphismus in normalen Populationen wird als unter der Kontrolle eines Gens auf dem X-Chromosom betrachtet, und die grüne Farbe der weiblichen Morphen in begrenzten Lokalitäten kann durch eine einzige Mutation an diesem Ort erklärt werden. Wird ein Klon einer bestimmten Färbung, einschließlich eines solchen Mutantenklons, in unbewohnte Gebiete eingeführt, entstehen lokalisierte Populationen einer bestimmten Farbform, wie im Falle von geographisch definierten Biotypen (Eastop 1973). Weitere Beispiele für die geografische Farbvariation dokumentiert Müller (1961b).

Macrosiphum gei. Die aus dem Jahre 1855 datierende Erstbeschreibung von Koch nennt *Geum urbanum* als Wirtspflanze und als Farbangabe grün. Koch's Sammelgebiet war Süddeutschland. Auch die Läuse, die in Mitteldeutschland an *Geum urbanum* und an *Anthriscus silvestris* gefunden wurden, waren grün. Eine dieser Populationen, die von *Anthriscus silvestris* gesammelt und auf dieser Pflanzenart weitergezüchtet wurde, behielt unverändert ihre grüne Färbung. In Norddeutschland dagegen ist *Anthriscus silvestris* häufig von roten Läusen der gleichen Art besiedelt. Dass diese Art grün oder rot gefärbt ist, wurde bereits von Hille Ris Lambers (1939) und aus Dänemark von Heie (1961) erwähnt. Heie berichtete allerdings, dass in Dänemark grüne *M.-gei*-Mütter rote Nachkommen hervorbringen können.

Liosomaphis berberidis. Diese Blattlaus ist an Berberitzen weit verbreitet und kann in großen Besiedelungsdichten auftreten. In Norddeutschland konnten nur gelbe oder gelblichgrüne Färbung festgestellt werden. Funde aus Mitteldeutschland und aus Berlin enthielten jedoch neben gelblichen und/oder gelblichgrünen auch rote Tiere. Da die geographischen ebenso wie die Farbunterschiede sehr schroff waren, ist die Existenz von Farbrassen sehr wahrscheinlich.

Das Vorkommen von grünen und roten Formen in einer sympatrischen Population ist bei vielen Arten bekannt, z. B. *M. persicae, A. pisum, Metopolophidum festucae* und verschiedenen Arten von *Macrosiphum*. Die klonale Aufzucht dieser Arten zeigt oft, dass eine grüne Mutter einen grünen Klon, eine rote Mutter einen roten Klon ergibt. Kreuzungsexperimente zwischen grün-gelben Klonen und roten Klonen von *M. persicae* haben gezeigt, dass die Farbe genetisch durch ein Allel-Paar mit roter Dominanz kontrolliert wird (Takada 1981). Genetische Kontrolle der Farbe wurde auch in *A. pisum* gezeigt, wo Rot dominant zu Grün ist (Müller 1962), und in *Aphis fabae cirsiiacanthoides*, bei der Schwarz und Braun dominant zu Gelb sind

(Müller 1979). Für *Macrosiphum euphorbiae* wurden mehrere Faktoren genannt, die den roten und grünen Farbdimorphismus steuern (Shull 1952). In vielen Fällen wurde nachgewiesen, dass sich die Farbformen einer Art in verschiedenen biologischen Funktionen wie Fruchtbarkeit, hohe oder niedrige Temperaturtoleranzen, Wirtspräferenz, Auswahl der Futterstellen, Aktivität und andere Verhaltenseigenschaften voneinander unterscheiden. Die biologische oder ökologische Bedeutung der Farbe selbst ist jedoch wenig bekannt. Es wurde beobachtet, dass dunkelbraune Kolonien von *Uroleucon* auffallend selten von Vögeln angegriffen werden, die auf der Suche nach Nahrung sind, eine aposematische Wirkung der Farbe wurde in diesem Fall vermutet (Stroyan 1949). Bei *D. platanoidis* können Individuen mit pigmentierten Bändern auf dem Abdomen mehr Sonnenstrahlung absorbieren als diejenigen ohne solche Bänder, weshalb angenommen wird, dass die pigmentierte Form bei kühlem Wetter einen Vorteil hat (Dixon 1972). Markkula & Rautapää (1967) betrachteten auch die Rolle der Farbe von *M. persicae* im Zusammenhang mit der Absorption der Sonnenstrahlung.

Wenn die einzelnen Farbqualitäten einer morphologisch einheitlich erscheinenden, aber in verschiedenen Grundfärbungen vorkommenden Art nicht auf allen Wirtspflanzen angetroffen werden, dann ist das Vorhandensein von Biotypen oder Unterarten mit verschiedener Färbung wahrscheinlich. Derartige Verhältnisse findet man bei der Blattlaus *Acyrthosiphon pisum*. Sie ist auf *Trifolium pratense, Medicago sativa, Ononis, Vicia faba* und *Lathyrus odoratus* rot oder grün gefärbt, wobei ein und dieselbe Pflanze sehr häufig sowohl grüne wie rote Individuen trägt. An Erbse leben dagegen nur grüne Tiere, weshalb diese Art in der Pflanzenschutzliteratur unter dem Namen »Grüne Erbsenblattlaus« geführt wird. Bei Untersuchungen vieler Erbsenbestände wurden nur grüne, niemals rote *A. pisum* gefunden. Auch der Besenginster (*Sarothamnus scoparius*) ist in der Natur nur von grünen *A. pisum* besiedelt. Interessant ist dabei, dass die Läuse an Erbse gegenüber den grünen Läusen an anderen Leguminosen mehr gelblichgrün gefärbt sind. Weiterhin gibt es gelbe *A.-pisum*-Läuse. Diese Farb- und Wirtspflanzenunterschiede wurden bereits von Hille Ris Lambers (1947, 1955) berichtet.

3.5 Morphologie der Blattläuse

Seit dem 19. Jahrhundert wurden zahlreiche Studien über die Anatomie und Morphologie von Blattläusen veröffentlicht, welche die Grundlagen für die Systematik dieser Insektengruppe lieferten. Während einige Autoren mehr generelle Beschreibungen vorstellten (z. B. Buckton 1875,

Witlaczil 1882), lieferten andere detailliertere Studien über die Morphologie einzelner Blattlausarten (z. B. Mordvilko 1895, Grove 1909a, b, 1910, Davidson 1913a, b, Solimon 1927, Marchal 1928, Weber 1928). Detaillierte Analysen der Morphologie und Biologie der Hemipteren, wie sie u. a. von Comstock (1918), Weber (1930) und Pesson (1951) publiziert wurden, waren ebenfalls wichtig für unser Wissen über die Morphologie der Blattläuse. Daneben gibt es zahlreiche Studien über den Bau und die Funktion einzelner Organe, z. B. Augen (Watase 1961a, b, 1962, Kring 1977), Antennen (Jones 1944), bestimmter Sinnesorgane (Baker 1917, Krzywiec-Rajska 1969), Mundwerkzeuge (Davidson 1914, Hottes 1954, Sorin 1966), Beine (Davis 1908, Rietschel 1952, Bissel 1969), Flügeläderung (Patch 1909, Börner 1910a, Szelegiewicz 1971), Siphonen (Hottes 1928, Lindsey 1969, Wynn & Boudreaux 1972), und die Cauda in Verbindung mit der Exkretion von Kot (Broadbent 1951a, Kunkel 1972).

Die Entwicklung der Elektronenmikroskope und der Raster-Elektronenmikroskope (REM) ermöglichte die Analyse von Feinstrukturen, z. B. die Strukturen der Mundwerkzeuge und besonders der Stechborsten (Forbes 1969, 1977, Parrish 1967, Saxena & Chada 1971a), die Strukturen der Rhinarien auf den Antennen (Slifer et al. 1964, Bromley et al. 1979, 1980), die Cuticula in Verbindung mit der Wachs-Exkretion (Pope 1983, Ammar et al. 2013), den Feinbau der Drüsen auf den Tibien der oviparen Weibchen (Harrington 1985) und die männlichen Kopulationsorgane (Wieczorek et al. 2011, 2012). Mehr generelle Analysen der Strukturen bestimmter Arten veröffentlichten Kanturski et al. (2015, 2017).

Für die nachfolgende Darstellung werden die morphologischen Begriffe verwendet, die für Aphidoidea gegenwärtig in der taxonomischen Literatur genutzt werden (Heie 1980, 1982, 1987, Stroyan 1977, 1984, Miyazaki 1971, 1987, Müller 1973a, Richards 1971, 1972).

3.5.1 Körper

3.5.1.1 Generelle Strukturen

Die Größe der Blattläuse ist artspezifisch und reicht von 0,7 bis 7 mm. Innerhalb einer Art variiert die Größe der Tiere in Abhängigkeit von der Futterqualität, Temperatur, Besiedlungsdichte und Größe bei der Geburt. Körpergröße ist eine Konsequenz des relativen Effekts der Futterqualität und Temperatur auf das Wachstum und die Entwicklungsrate. Blattlausarten, die tief im Pflanzengewebe liegende Siebröhren nutzen, sind allgemein größer als Arten, welche die leicht erreichbaren Siebröhren in Blättern ausbeuten.

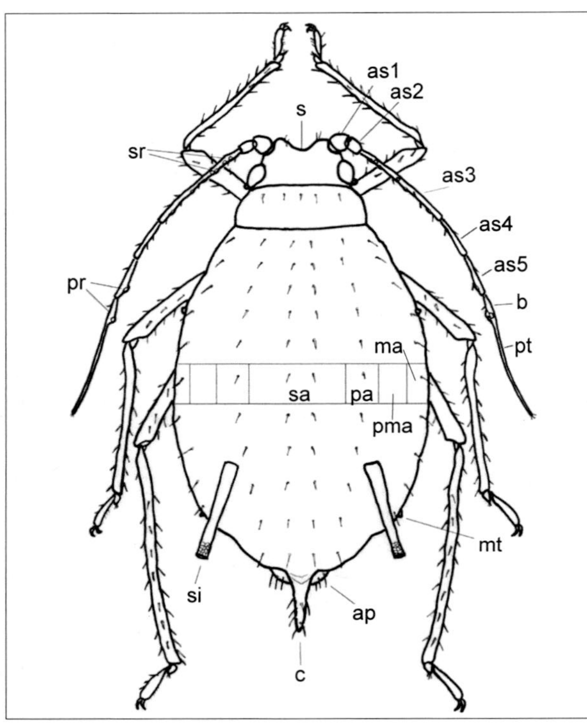

Abb. 3.24: Generelle Morphologie der Blattläuse. Primäre Rhinarien (pr) (olfaktorische Organe) sind bei Larven und Erwachsenen zu finden, sekundäre Rhinarien (sr) nur bei Erwachsenen. ap Analplatte, as1-5 Antennensegment 1-5, b Basis des letzten as, c Cauda, ma Marginalbereich, mt Marginaltuberkel, pa Pleuralbereich, pma Pleuromarginalbereich, pt Processus terminalis des letzten as, s Stirn, sa Spinalbereich, si Sipho (nach DIXON & THIEME 2007).

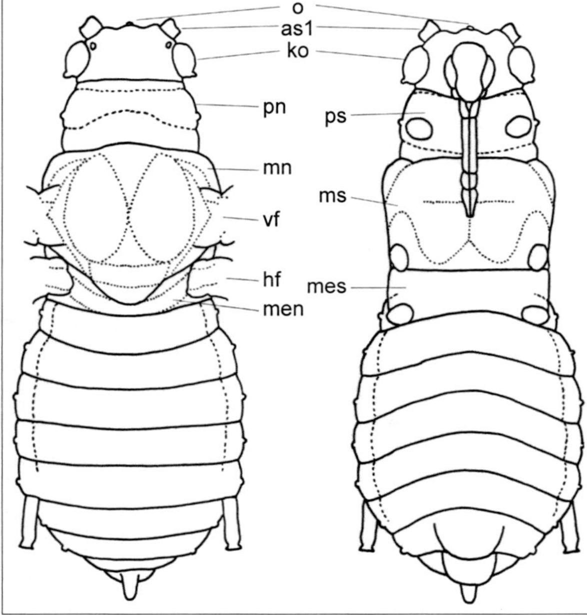

Abb. 3.25: Generelle Morphologie geflügelter adulter Blattläuse. as1 Antennensegment 1, hf Hinterflügel, ko Komplexauge, men Metanotum, mes Metasternum, mn Mesonotum, ms Mesosternum, o Ocellus, pn Pronotum, ps Prosternum, vf Vorderflügel (nach DIXON & THIEME 2007).

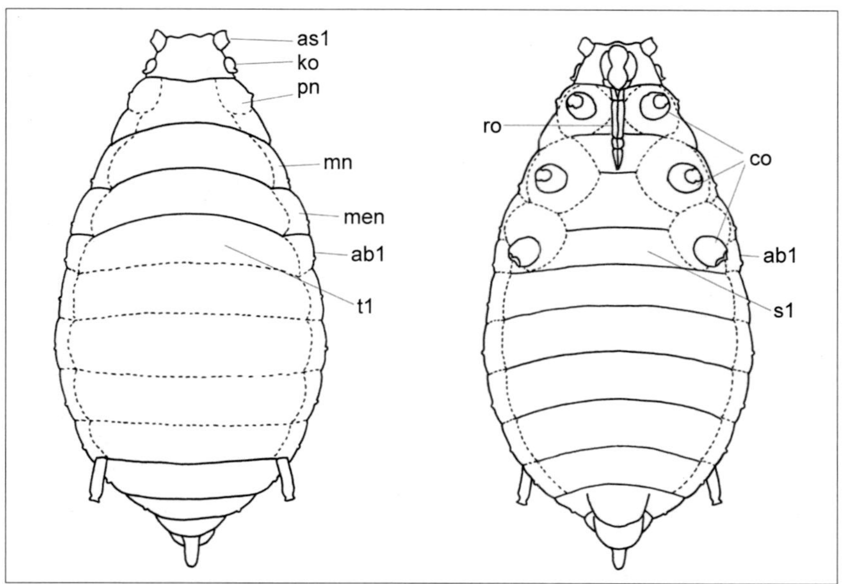

Abb. 3.26: Generelle Morphologie ungeflügelter adulter Blattläuse. as1 Antennensegment 1, ab1 Abdominalsegment 1, co Coxae, ko Komplexauge, men Metanotum, mn Mesonotum, pn Pronotum, ro Rostrum, s1 Sternit 1, t1 Tergit 1 (nach DIXON & THIEME 2007).

Abb. 3.27: Aleurodiforme; Ungeflügelte von *Hormaphis* (nach FOOTTIT & RICHARDS 1993).

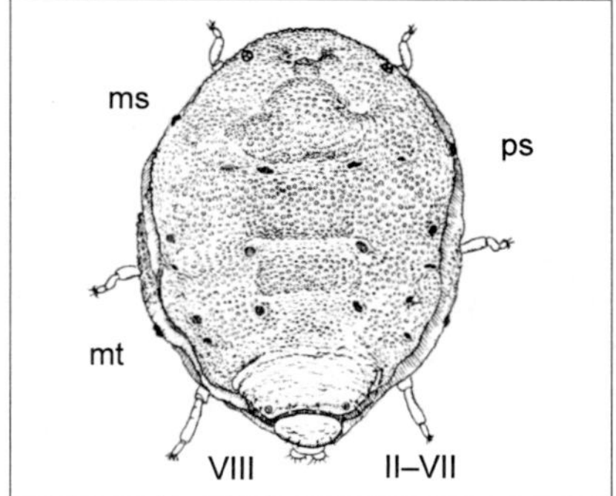

Abb. 3.28: *Nipponaphis distychii* (Hormaphidinae); das Prosoma wird durch die Fusion aus Kopf, Thorax und dem Abdominalsegment 1 gebildet. ps Prosoma, ms Stigma auf dem Mesothorax, mt Stigma auf dem Metathorax, die Zahlen entsprechen den Abdominalsegmenten (nach MIYAZAKI 1987)

Nach der äußeren Gestalt werden zwei Hauptformen unterschieden: Geflügelte (Alatae) und Ungeflügelte (Apterae), die auch in anderen Merkmalen differieren. Im Vergleich zu den meisten anderen Insekten treten bei adulten Blattläusen verschiedene Phänotypen auf, die sogenannten Morphen, deren Anzahl genetisch festgelegt ist. Jede Art kann also durch mehrere Morphen repräsentiert werden, die als erwachsene Individuen geflügelt oder ungeflügelt, vivipar oder ovipar sein können. Für die Determination der Blattläuse viel benutzt sind Saetae, Sklerite, Wachsdrüsen und Tuberkel. Zur Beschreibung ihrer Anordnung kann der Blattlauskörper longitudinal in drei Bereiche unterteilt werden: spinal, pleural und marginal (Abb. 3.24). Gelegentlich wird zwischen dem Pleural- und dem Marginalbereich noch ein Pleuromarginalbereich abgeteilt. Während die Geflügelten noch eine klare Dreiteilung in Kopf, Thorax und Abdomen erkennen lassen (Abb. 3.25), zeigen Ungeflügelte nur noch wenige Anzeichen einer Tagmatabildung. Der Kopf ist hier unbeweglich mit dem Thorax verbunden und das Abdomen in seiner ganzen Breite mit dem Thorax verwachsen (Abb. 3.26).

Die Körperform ist artspezifisch und variabel. Ungeflügelte Tiere der Phylloxeridae haben einen birnenförmigen Körper und sind im vorderen Körperabschnitt am breitesten. Bei den Aphididae ist sonst meist der Hinterleib am breitesten. Die Körperform kann rundlich sein (z. B. *Pemphigini* an Wurzeln), oval (die meisten *Aphidini*), spindelförmig (viele *Macrosiphini*) oder langgestreckt (z. B. *Atheroides*). Einige ungeflügelte Blattläuse, wie z. B. *Platyaphis* (Calaphidinae) sind sehr flach. Ungeflügelte Alienicolae aus unterschiedlichen Gattungen der Hormaphidinae sind scheibenförmig und erinnern an Puparien der Weißen Fliegen oder an bestimmte Schildläuse (Abb. 3.27). In der diskoidalen Form der Hormaphidinae können der Kopf und alle Thorakalsegment verschmelzen, der cephalothorakale Teil bildet ein sogenanntes Prosoma (Abb. 3.28). Bei diesen Blattläusen bildet das Abdomen nur noch einen kleineren Teil des Körpers und kann auch mit dem Prosoma verschmolzen sein, sodass nur das 8. Segment frei bleibt. Geflügelte sind weniger variabel in ihrem Habitus als die Ungeflügelten, dies ist auch zutreffend für Arten, deren Ungeflügelte eine hohe Variabilität des Habitus haben.

3.5.1.2 Stigmen

Aphiden haben generell neun Paare von Atemöffnungen (Stigma, Trema), zwei auf dem Thorax und je ein Paar auf den ersten sieben Abdominalsegmenten (Abb. 3.26). Diese Atemöffnungen liegen je eine jederseits am stigmentragenden Segment. Bei den Macrosiphini liegt das Stigma auf dem ersten Abdominalsegment dicht an dem des zweiten Segments, bei Gree-

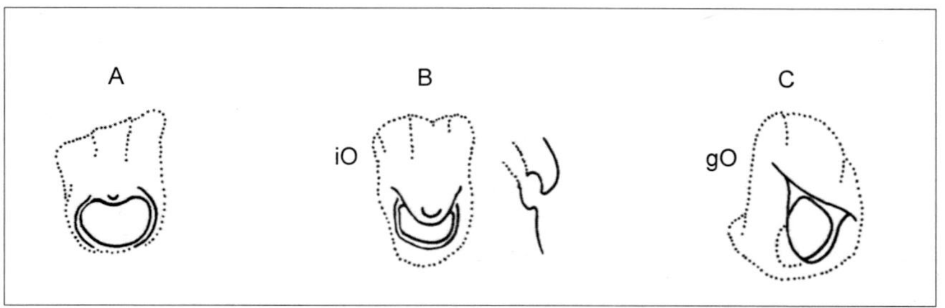

Abb. 3.29: Stigmenöffnungen; A nierenförmig, B mit vorderem unbeweglichen Operculum (iO), C mit beweglichem Operculum (gO) (nach Foottit & Richards 1993).

nideinae liegen die Stigmen auf dem sechsten und siebten Abdominalsegment dicht beieinander. Die Stigmen können rund oder nierenförmig sein und liegen auf oder am Rand eines meist kleinen Sklerits (Peritrema) (Abb. 3.29). Die Sklerite der thorakalen Stigmen sind sehr häufig größer als die der abdominalen Stigmen, die meist von gleicher Größe sind (Miyazaki 1987). In einigen Fällen können sie mehr oder weniger durch einen vorderen Deckel (Operculum) überdacht sein (z. B. als Anpassung an submerse Lebensweise).

3.5.1.3 Saetae

Die Saetae des Hinterleibs, Kopfes, Thorax und der Körperanhänge (Antennen, Rüssel, Beine, Siphonen) sind mit kleinen membranösen Papillen gelenkig mit der Cuticula verbunden. In der Länge der Saetae gibt es zwischen den einzelnen Blattlausgruppen, Gattungen und sogar Arten erhebliche Unterschiede. Das gilt auch für die Form der Saetae, die stachelförmig, lang und fein, an der Spitze knopfförmig erweitert (geknöpft) oder abgestutzt sein können, und für ihre Anordnung (Chaetotaxie) (Abb. 3.30). Bei den Eriosomatinae und Thelaxinae können die Saetae auf dem Kopf in fünf oder sechs Paaren angeordnet sein, ein oder zwei Paare nahe dem vorderen Rand, zwei mittlere Paare und zwei hintere Paare. Drepanosiphinae haben meist die dorsalen Kopfsaetae in drei vordere Paare longitudinal und zwei hintere Paare transversal angeordnet (Abb. 3.31 A). In einigen Gattungen ist die Anordnung verändert oder die Anzahl der Saetaepaare auf vier reduziert. Diese vier-paarige Chaetotaxie wird auch bei den Macrosiphini gefunden (Abb. 3.31 B). Bei den Aphidini geht die Reduktion der dorsalen Kopfsaetae noch weiter, auf ein vorderes Paar und zwei hintere Paare (Abb. 3.31 C). Auf dem Pronotum der Ungeflügelten können zusätzlich zu den spinalen Saetae drei Saetaepaare auf dem pleuromarginalen Bereich auftreten. Dieser Typ der Chaetotaxie ist häufig bei Eriosomatinae,

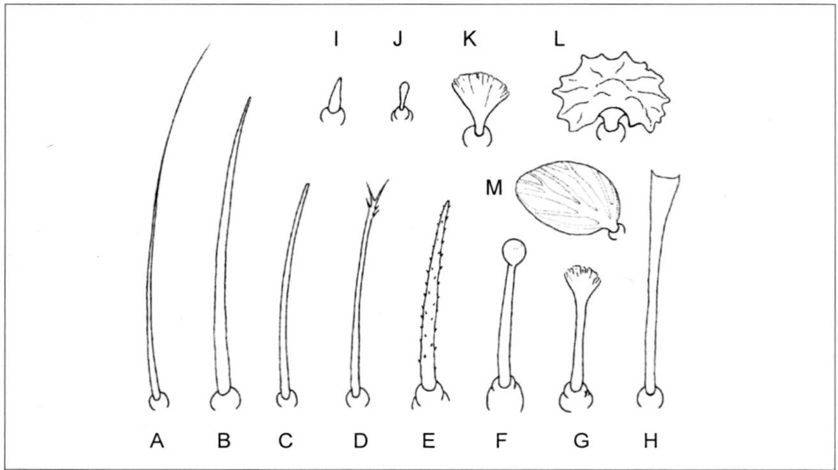

Abb. 3.30: Saetae. A fadenförmig (*Cinara piniformosana*), B dick und hohl (*Schizoneuraphis gallarum*), C stumpf (*Macrosiphum mordvilkoi*), D mehrgliedrig (*Greenidea nipponica*), E spindelförmige (*Dasysaphis rhusae*), F geknöpft (*Chaetosiphon* (*Pentatrichopus*) *fragaefolii*), G apikal fächerförmig (*Pleotrichophorus glandulosus*), H spatelförmig (*Chaitophorus* sp.). I zapfenförmig (Hintertibia von *Aphis* (*Toxoptera*) *aurantii*), J kurz und keulenförmig (*Myzus japonensis*), K fächerförmig (*Pentalonia nigronervosa*), L pilzförmig (*Subsaltusaphis* sp.), M blattförmig (aestivierende Larve von *Periphyllus californiensis*) (nach Miyazaki 1987).

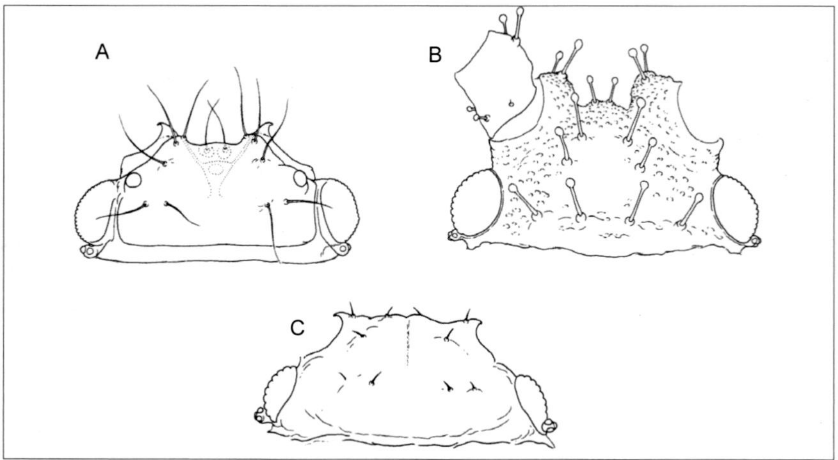

Abb. 3.31: Chaetotaxie des Kopfes: A *Betacallis alnicolens*, B *Chaetosiphon* (*Pentatrichopus*) *fragaefolii*, C *Aphis spiraecola* (nach Miyazaki 1987).

Hormaphidinae und Thelaxinae (Abb. 3.32 A). Bei den Aphidinae befinden sich lediglich zwei Saetaepaare auf dem pleuromarginalen Bereich (Abb. 3.32 B, C).

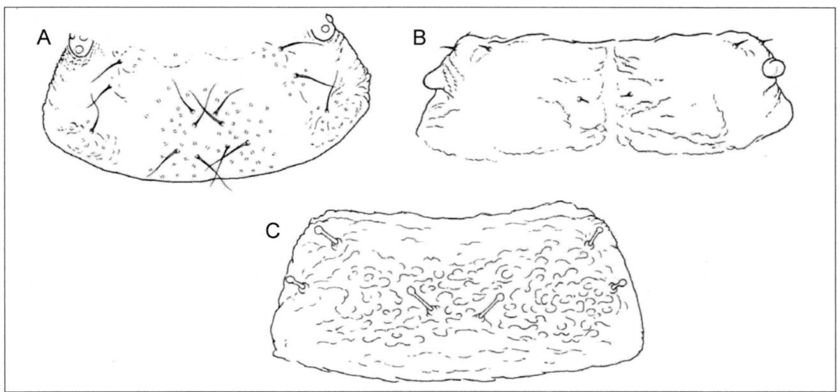

Abb. 3.32: Chaetotaxie des Pronotums: A *Kurisakia onigurumii* (Thelaxinae), B *Aphis spiraecola* (Aphidinae), C *Chaetosiphon* (*Pentatrichopus*) *fragaefolii* (Aphidinae) (nach Miyazaki 1987).

Auf dem Abdomen sind die dorsalen Saetae häufig in querlaufenden Reihen auf jedem Segment angeordnet. Sie können auch auf sechs longitudinalen Reihen angeordnet sein, spinal, pleural und marginale Reihen auf jeder Seite des Abdomens. Während in einigen Taxa die pleuralen Saetae fehlen können, werden in anderen submarginale Saetae zwischen den pleuralen und marginalen gefunden. Auf den Segmenten hinter den Siphonen fehlen die pleuralen Saetae oder sie sind verkümmert (Miyazaki 1987).

3.5.1.4 Wachsartige Exsudate und Wachsdrüsenplatten

Wachsdrüsen sind bei Blattläusen weit verbreitet. In manchen Blattlausgruppen, bei den Mindarinae, Eriosomatinae und einige Drapanosiphinae, treten am Hinterleib charakteristisch angeordnete Wachsdrüsenplatten (WDP) auf, die aber auch am Kopf und Thorax auftreten können (Abb. 3.33). Die Form der WDP und ihrer Einzelzellen (Abb. 3.34) wurde für die Differenzierung der Eriosomatini genutzt (Sano & Akimoto 2011). Diese Auoren analysierten hierfür

(1) die Größe der Zellen in einer WDP (einheitlich (WDPs bestehen aus Zellen mit fast gleicher Größe) (Abb. 3.34 A) oder nicht einheitlich (WDP bestehen aus Zellen unterschiedlicher Größe) (Abb. 3.34 B–E));

(2) das Vorhandensein zentraler Felder einer WDP (fehlend oder undeutlich (Abb. 3.34 A, B) oder vorhanden und deutlich (Abb. 3.34 C–E));

(3) Anzahl und Form der zentralen Felder eines WDP (mehrere, kreisförmig (Abb. 3.34 C), einzeln, kreisförmig (Abb. 3.34 D) oder einzeln, länglich, manchmal in mehrere kleine fragmentiert (Abb. 3.34 E));

(4) das Vorhandensein von Saetae an einer WDP (fehlend oder vorhanden).

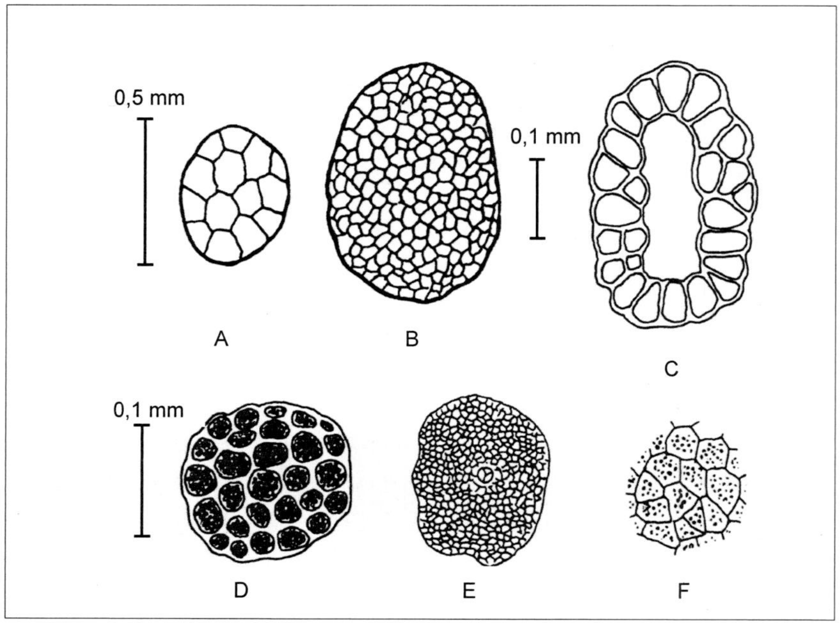

Abb. 3.33: Wachsdrüsen. A *Pemphigus populi*, Fundatrix, spinale WDP auf dem Abdominalsegment II, B *Pemphigus populinigrae*, Fundatrix, pleurale WDP auf dem Metathorax, C *Tetraneura ulmi*, ungeflügeltes vivipares Weibchen, marginale WDP auf dem Abdominalsegment VII, D *Mindarus obliquus*, Nymphe, E ovipares Weichen, ventrale WDP, F vergrößerter Ausschnitt von E (nach Heie 1980).

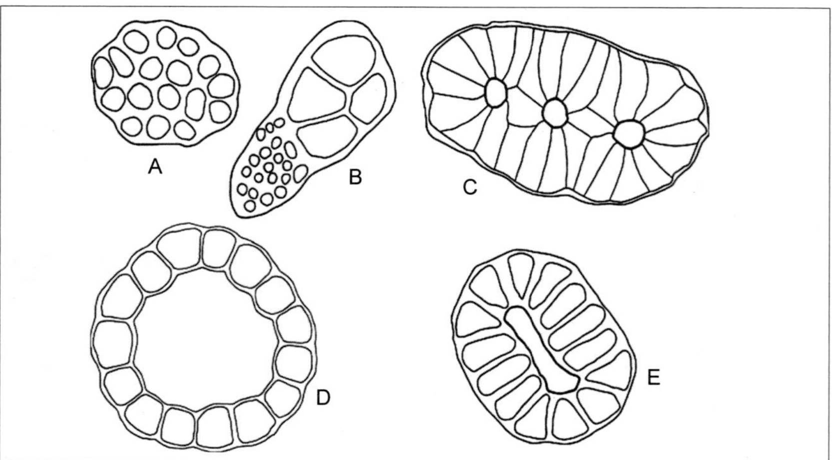

Abb. 3.34: Wachsdrüsenplatten auf dem Abdominalsegment IV in seitlicher Position. A *Gharesia polunini*, B *Tetraneura nigriabdominalis*, C *Aphidounguis mali*, D *Eriosoma grossulariae*, E *Paracolopha morrisoni* (nach Sano & Akimoto 2011).

In einigen Fällen kann die Wachsproduktion so stark sein, dass die Blattlaus nicht mehr sichtbar ist, z. B. Exsules von *Pemphigus populinigrae*, Exsules von *Thecabius lysimachiae* und Fundatrix von *Prociphilus (Stagona) xylostei*. In einem eher primitiven Zustand sind die Wachsdrüsenfelder in sechs längslaufenden Reihen (spinale, pleurale und marginale Reihen) angeordnet. In einem weiter entwickelten Zustand können die Wachsdrüsenfelder reduziert oder unterteilt werden. Die Wachsdrüsenfelder der Ungeflügelten sind meist stärker entwickelt als die der geflügelten Blattläuse.

Bei Aphidinae und Lachninae treten einzellige Wachsdrüsen auf. Diese nicht sichtbaren abgegrenzten Hypodermiszellen sind über den ganzen Körper verteilt oder befinden sich auf bestimmten Körperteilen. Durch ihre Wachsproduktion verlieren die Blattläuse einige Zeit nach der Häutung zum Erwachsenenstadium ihren Glanz und erscheinen grau oder weißlich bepudert. Für Gallen bewohnende Blattläuse ist die Wachsproduktion essenziell, denn in diesem engen Raum können die Blattläuse ihren Kot nicht wegschleudern. Durch Wachsumhüllung der Kottropfen verlieren diese ihre Klebrigkeit. Bei Öffnung einer besiedelten Galle können auf ihrer Innenseite wachsumhüllte, grau gefärbten Kottropfen durch leichte Bewegung rollend bewegt werden, ohne zu verkleben.

3.5.1.5 Tuberkel und Fortsätze

Warzenförmige, runde, konische oder fingerförmige Tuberkel können an verschiedenen Stellen auf dem Kopf, Thorax und Abdomen gefunden werden. Sie treten in der Regel einzeln auf jedem Segment auf und sind auf dem Körper in marginalen Reihen angeordnet, manchmal auch in spinalen und pleuralen Reihen. Während die Marginaltuberkel auf dem Abdomen auf die ersten sieben Segmente und auf dem Thorax häufig auf das erste Segment (Prothorax) begrenzt sind, können die Spinaltuberkel vom Kopf bis zum achten Abdominalsegment auftreten. Die Anzahl und Position dieser Tuberkel kann für die Determination von Blattläusen genutzt werden. Bei den Aphidini befinden sich die Marginaltuberkel meist auf dem ersten und siebten Abdominalsegment, nahe einer gedachten, die Stigmen verbindenden Linie. Der Marginaltuberkel auf dem siebten Segment liegt bei den Rhopalosiphina etwas dorsal und bei den Aphidina etwas ventral dieser Linie (Abb. 3.35). Fortsätze von unterschiedlicher Form können während des Wachstums der Cuticula an der Basis dorsaler Saetae gebildet werden. Ihre Form variiert von leichter Schwellung bis zu einem langgestreckten Fortsatz. Trägt der Fortsatz eine einzelne Borste, sitzt diese meist an seiner Spitze, gelegentlich im mittleren oder unteren Bereich. Stark entwickelte Fortsätze können auch am ersten Antennenglied auftreten, z. B. *Phorodon humuli* (Aphidinae) (Abb. 3.36), *Crypturaphis grassii*

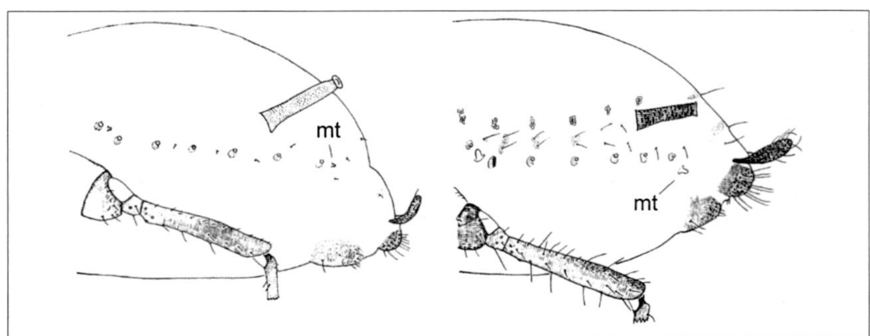

Abb. 3.35: Abdomen der ungeflügelten viviparen Weibchen vom Sekundärwirt: *Rhopalosiphum padi* (links), *Aphis fabae* (rechts); mt Marginaltuberkel (nach MÜLLER 1973a).

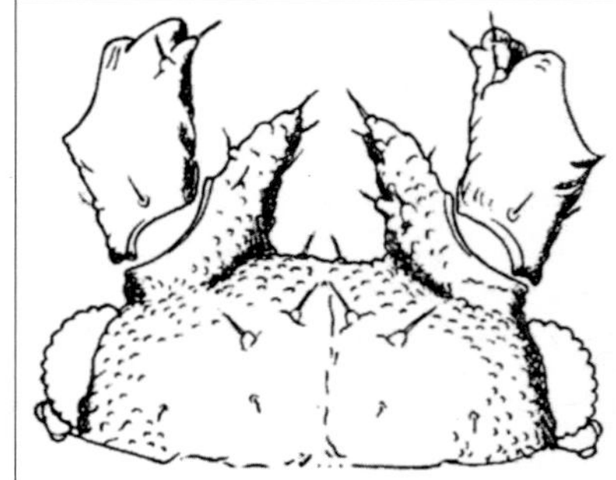

Abb. 3.36: *Phorodon humuli* (nach FOOTTIT & RICHARDS 1993).

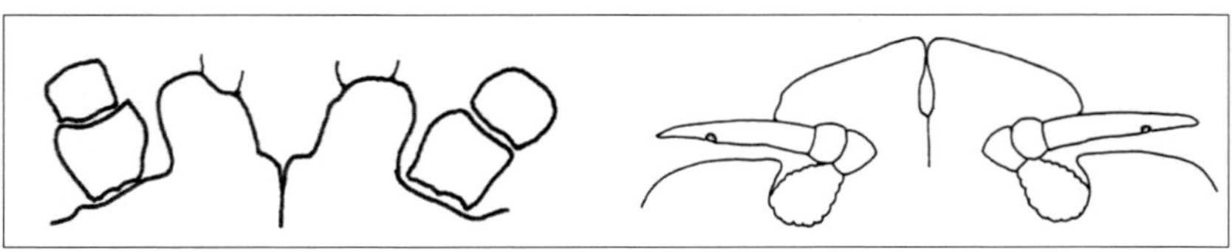

Abb. 3.37: *Crypturaphis grassii* Kopf mit Stirnprofil eines geflügelten (links) und eines ungeflügelten (rechts) viviparen Weibchens (nach DIXON & THIEME 2007).

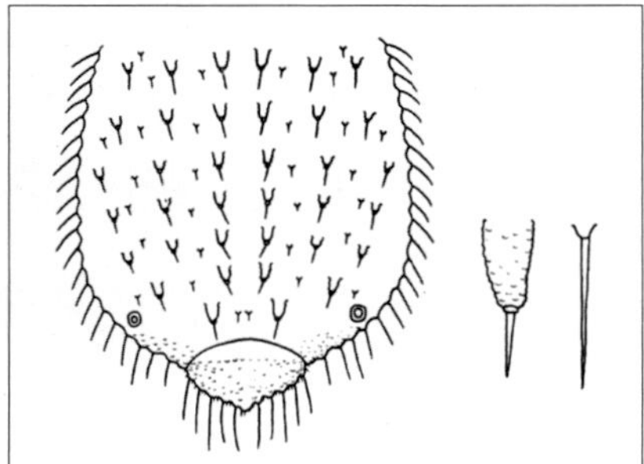

Abb. 3.38: *Dasyaphis mirabilis* (links dorsales Abdomen, Mitte dorsaler Tuberkel mit Borste, rechts marginale Borste) (nach GEXIA et al. 2002).

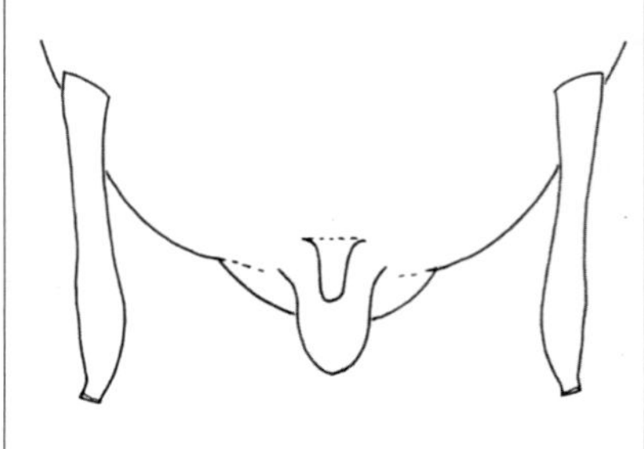

Abb. 3.39: *Cavariella*, Abdominalsegment 8 mit Supracaudalfortsatz (nach DIXON & THIEME 2007).

(Calaphidinae) (Abb. 3.37) oder dorsal in bis zu acht longitudinalen Reihen auf dem Abdomen z. B. *Dasyaphis mirabilis* (Calaphidinae) (Abb. 3.38) und *Macromyzus* (Aphidinae). Unpaarige spinale Tuberkel können auch auf den letzten Abdominalsegmenten auftreten, z. B. auf dem achten Segment bei *Cavariella* (Aphidinae), dort auch als Supracaudalfortsatz oder -höcker bezeichnet (Abb. 3.39).

3.5.2 Kopf

3.5.2.1 Generelle Strukturen

Der Kopf der Blattläuse ist in der Mitte durch eine Naht geteilt. Diese kann als Spalt sichtbar sein, sie kann verkümmern und erscheint als Mittellinie auf dem Kopf oder sie ist gänzlich ohne Spur verschwunden (Abb. 3.40). Bei den Lachnini ist sie gut entwickelt und erscheint als verdickte Linie dorsal vom hinteren Kopfende bis zum Clypeus. Am Kopf liefern die Antennen, die Augen und der Rüssel, das Rostrum, wichtige Erkennungsmerkmale. Der Kopf ist an einer scharfen Kante, als Stirn bezeichnet, abwärts gebogen. Hierdurch befindet sich die Basis des Rüssels auf dem hinteren Teil der Unterseite des Kopfes (Abb. 3.41).

Der Frontalrand des Kopfes, das Stirnprofil, ist oft leicht konkav. Die Ausprägung der Antennenhöcker, des Medianhöckers und einiger Fortsätze

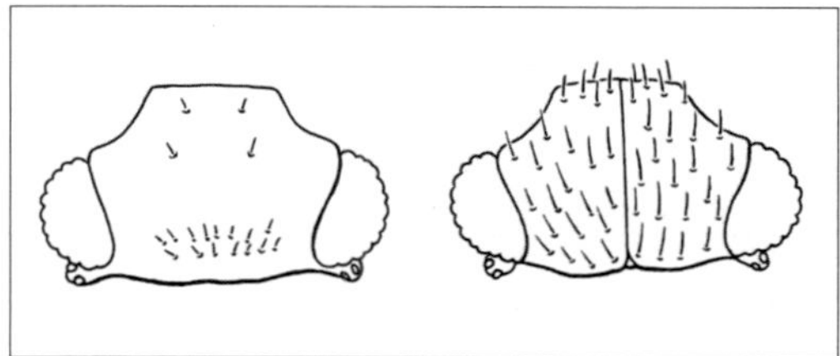

Abb. 3.40: Kopf ohne (links) bzw. mit (rechts) Naht (nach FOOTTIT & RICHARDS 1993).

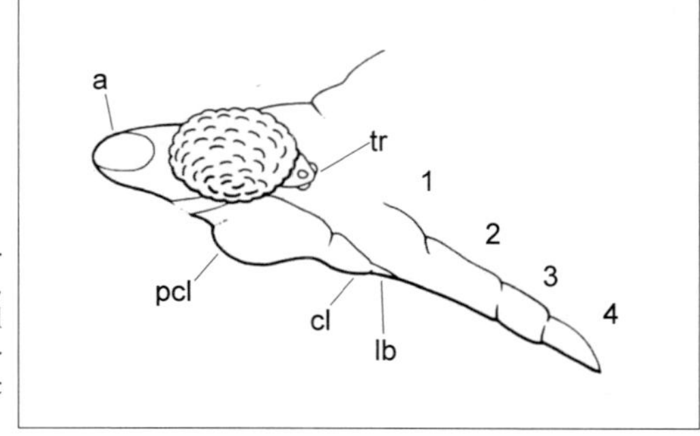

Abb. 3.41: Seitenansicht des Kopfes, a Antennenhöcker, cl Clypeus, tr Triommatidium, lb Labrum, pcl Postclypeus, 1, 2, 3, 4 Segmente des Rüssels (nach FOOTTIT & RICHARDS 1993).

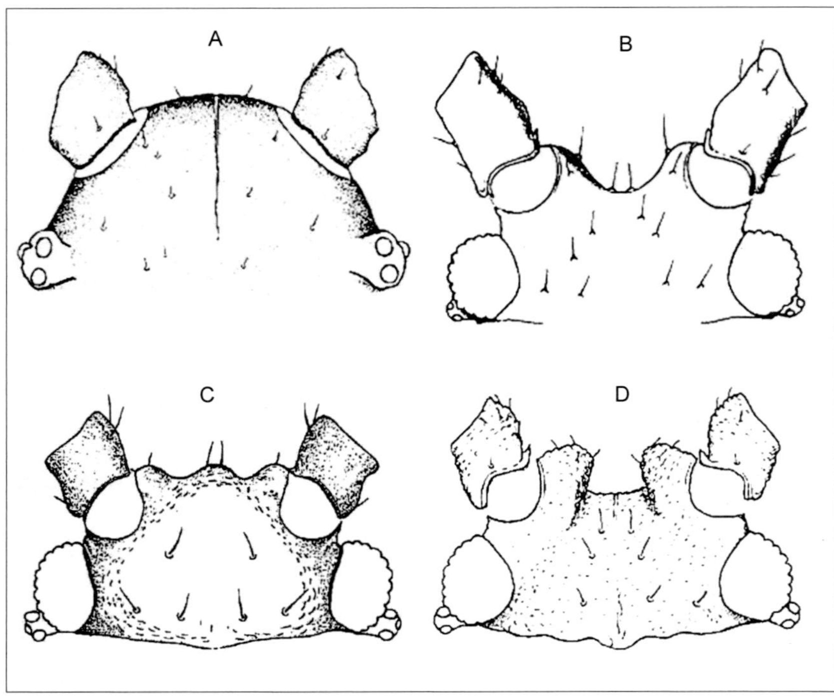

Abb. 3.42: Stirnprofile, A konkav, Antennenhöcker und Mittelhöcker nicht entwickelt (*Pemphigus bursarius*), B divergierend, Antennenhöcker gut entwickelt (*Monaphis antennata*), C w-förmig, Antennenhöcker und Mittelhöcker gut entwickelt (*Rhopalosiphum padi*), D konvergierend, Antennenhöcker gut entwickelt (*Myzus cerasi*) (nach Dixon & Thieme 2007).

verleiht dem Kopf charakteristische Erscheinungsformen. Solche Modifikationen sind bei den Aphidinae und Drepanosiphinae besonders gut entwickelt. Bei den Aphidinae sind sie bei den Ungeflügelten oft stärker ausgeprägt als bei den Geflügelten. Die die Basis der Antennengelenke bildenden Antennenhöcker, können unterschiedlich entwickelt sein. Ihre Innenseiten können divergierend oder parallel zueinander verlaufen, oder sie können sich nach innen wölben (Abb. 3.42). Die zwischen den Antennenhöckern gebildete Einbuchtung, der Sinus frontalis, kann entweder U-, V-, W- oder umgekehrt omegaförmig sein kann. Deutlich zu erkennen sind diese Formen allerdings nur bei senkrechter Betrachtung des Kopfes.

Der Aufbau des Rüssels entspricht dem Grundplan der Hemiptera. Das primär viergliedrige Labium kann aber auch bis zum völligen Fehlen reduziert sein. In der Ruhestellung wird der Rüssel nach hinten geklappt und liegt dann längs der Unterseite des Thorax, bei manchen Taxa (Lachninae und Adelgidae) ist er länger als der Körper. Labium- und Stechborstenlänge sind meist nicht identisch. Auch kurzrüsslige Arten besitzen manchmal sehr lange Stechborsten, bei einigen Adelgidae durchziehen sie als mehrfach gebogene Schleife den ganzen Körper.

3.5.2.2 Augen, Triommatidien und Ocellen

Um geeignete Nahrungspflanzen aufzufinden, integrieren herbivore Insekten Informationen aus mehreren Sinnesmodalitäten. Dabei wird im Allgemeinen angenommen, dass das Sehen weniger spezifische Informationen liefert als Geruchs- und Geschmackssinn, unter anderem wegen der relativ geringen Sehschärfe von Insektenaugen. Augen sind bei allen Blattläusen vorhanden. Blinde, augenlose Tiere gibt es nicht, obwohl viele Arten bis auf die Geflügelten vollkommen unterirdisch oder im Innern fest verschlossener Gallen leben.

Bei Blattläusen sind drei Arten visueller Strukturen bekannt (Abb. 3.43). Alle Larven besitzen ein Paar primärer Komplexaugen (Oculartuberkel oder Triommatidien), jedes besteht in der Regel aus drei Ommatidien, die sich auf Stielen oder Tuberkeln befinden. Die Ommatidien sind weiter voneinander entfernt als die der sekundären Komplexaugen und haben jeweils eine gut geordnete Struktur mit Sehzellen und Pigmentzellen, die denen der sekundären Augen ähnlich, aber einfacher als diese sind (King 1977).

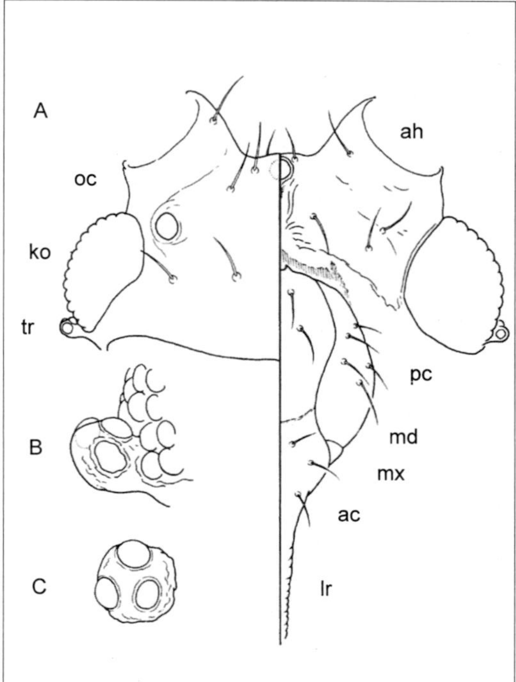

Abb. 3.43: A Kopf einer geflügelten *Uroleucon gobonis*, (links dorsal, rechts ventral), B Triommatidium von A, C Triommatidium von *Eriosoma lanigerum*, bei der das sekundäre Komplexauge fehlt. ac Anteclypeus, ah Antennenhöcker, ko Komplexauge, lr Labrum, md Lamina mandibularis (Jugum), mx Lamina maxillaris (Lorum), oc Ocellus, pc Postclypeus (nach Miyazaki 1987).

Das sekundäre Komplexauge ist bei Erwachsenen am weitesten entwickelt, aber die Zahl der Ommatidien ist je nach Art sehr unterschiedlich: 120 *Aphis fabae* (Mazokhin-Porshnyakov & Kazyakina 1979) und 263 in *Lachnus tropicalis* (Watase 1962a). Die Augen der Geflügelten haben etwas mehr Ommatidien als die der Ungeflügelten und der Durchmesser einer jeden ist bei den Geflügelten größer. Bei neugeborenen Larven einiger Blattläuse können die sekundären Augen fehlen (Heie 1980), aber bei allen Arten nehmen sie mit der Entwicklung zu. Bei *L. tropicalis* erhöht sich in jedem Augen die Anzahl von 58 Ommatidien im ersten Larvenstadium auf 250 bei ungeflügelten und 263 bei geflügelten Erwachsenen (Watase 1962a).

Ocellen kommen nur bei Geflügelten und intermediären Männchen vor. Eine befindet sich weiter vorn zwischen den Antennen und eine über jedem sekundären Komplexauge (Abb. 3.43). Jede hat eine unpigmentierte Cornea und eine einfache Struktur. Wie bei anderen Insektenocellen sind sie wahrscheinlich in der Lage, Veränderungen der Lichtintensität zu erkennen.

Die Funktionen der drei Arten von visuellen Strukturen sind unklar. Die primären Komplexaugen sind nur in der Lage, grobe Bilder zu bilden, aber Kring (1977) vermutet, dass sie einen anderen Teil des Spektrums messen können als die sekundären Komplexaugen, Mazokhin-Porshnyakov & Kazayakina (1979) glauben, dass sie für die Orientierung im Flug verantwortlich sein könnten, aber das erklärt nicht ihre Anwesenheit und Funktion bei Ungeflügelten und juvenilen Stadien. Die sekundären Komplexaugen sind wahrscheinlich in der Lage, Bewegungen zu erkennen und reagieren empfindlich auf bestimmte Teile des Spektrums. Ihre Bedeutung für Ungeflügelte und Larven ist unklar, aber bei Geflügelten sind wahrscheinlich sowohl die besser entwickelten sekundären Komplexaugen als auch die Ocellen für die Orientierung im Flug und die Lokalisierung des Landeplatzes verantwortlich. Viele geflügelte Blattläuse werden vom gelben Licht stark angezogen (Kring 1967), obwohl der gesamte Spektralbereich von orange-gelb-grün eine gewisse Attraktivität besitzt. Es wird vermutet, dass junge und seneszierende Blätter von Pflanzen stärker gelb reflektieren als reife Blätter und somit Blattläusen einen Hinweis auf den physiologischen Zustand der Wirtspflanze geben könnten (Kennedy & Stroyan 1959).

Um zu untersuchen, ob bei herbivoren Insekten die Sehschärfe mit der Körpergröße zunimmt, führten Döring & Spaethe (2009) morphologische Messungen an Augen der geflügelten Weibchen von 20 Blattlausarten durch, u. a. Augenhöhe, Ommatidiendurchmesser, Winkel zwischen Ommatidien und Anzahl der Ommatidien je Auge. Die Thorax-Länge wurde als Indikator für die Gesamtkörpergröße herangezogen. Die Insekten

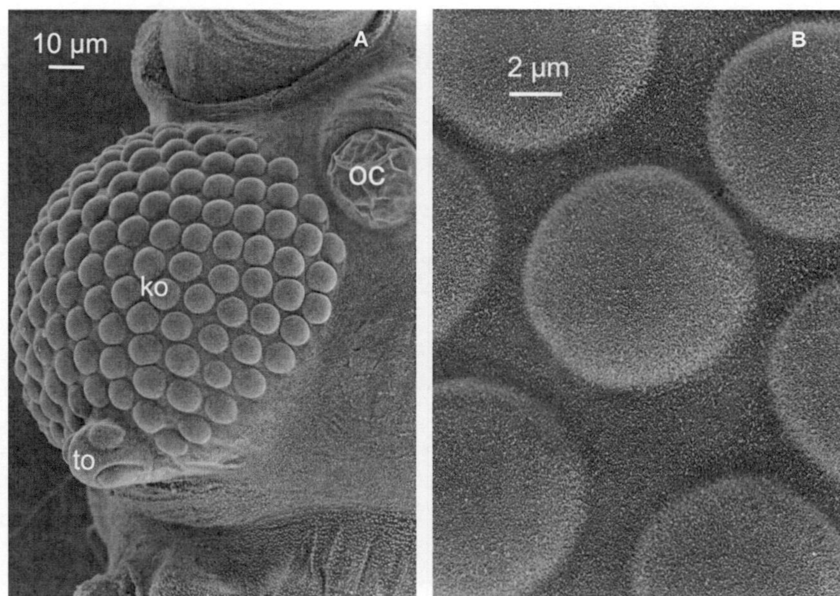

Abb. 3.44: Lichtsinnesorgane einer geflügelten *Aphis frangulae*, A primäres Komplexauge (Oculartuberkel oder Triommatidium to), sekundäres Komplexauge (ko) und Ocellus (oc), B vergrößerter Ausschnitt des ko mit Wachskristall-Beschichtung (Scans: D. Voigt).

stammten aus Freilandsammlungen in Großbritannien und Deutschland oder aus Laborzuchten. Die Augenlänge (Median 157 µm) und der Ommatidien-Durchmesser (Median 10,1 µm) korrelierte positiv mit der Thorax-Länge, nicht aber die morphologisch bestimmte Sehschärfe (Median 7,9 °) und die Anzahl der Ommatidien (Median 214). Dies deutet an, dass größere Blattlausarten nicht in verbesserte Sehschärfe investieren. Die morphologischen Messungen zeigen, dass Blattläuse mit ihrer relativ geringen Anzahl an Ommatidien und großen Divergenzwinkeln eine vergleichsweise geringe räumliche Auflösung haben.

Rasterelektronische Aufnahmen zeigen, dass bei allen untersuchten Blattlausarten die Ommatidien der sekundären Komplexaugen mit einer Schicht von Wachskristallen überzogen sind (Abb. 3.44). Es ist zurzeit unbekannt, aus welchen Wachsdrüsen diese Wachskristalle stammen und welchen Einfluss diese Beschichtung auf die visuelle Leistungsfähigkeit ausübt.

3.5.2.3 Antennen

Die bei allen Arten beweglichen Antennen sitzen entweder direkt oder auf besonderen Fortsätzen der Stirn. Diese Stirnhöcker sind ein viel benutztes Unterscheidungsmerkmal, vor allem bei den auf Kulturpflanzen lebenden virusübertragenden Blattläusen. Die Antennen bestehen höchstens aus sechs Gliedern. Ihre Zahl ist familien- oder unterfamilienweise verschieden und beträgt mindestens 3. Sie ändert sich während der Larvenentwicklung, da die Larven in der Regel weniger Antennenglieder als die Erwachsenen besitzen. In der großen Unterfamilie der Aphidinae z. B., welche die meisten Arten in sich einschließt, haben die Larven des 1. Stadiums 4- bis 5-gliedrige Antennen. In der Larvalentwicklung werden weitere Glieder abgetrennt, bis schließlich maximal 6 Antennenglieder vorhanden sind. Lediglich bei Kümmerformen, wie sie im heißen Sommer auftreten können, sind bei den Erwachsenen einiger weniger Arten der Aphidinae nur 5 vorhanden. Auch bei den ungeflügelten Fundatrizen vieler Arten ist die Anzahl der Antennenglieder kleiner als bei den Tieren der späteren Generationen. Die zwei ersten Antennenglieder, Scapus und Pedicellus, sind fast immer sehr kurz, die übrigen mehr oder weniger in die Länge gezogen (Abb. 3.45). Das letzte und vorletzte Antennenglied tragen immer je eine primäre Riechplatte (primäres Rhinarium). Durch das primäre Rhinarium wird das letzte Antennenglied in zwei Teile getrennt, in eine Basis und einen meist schlankeren Processus terminalis (Flagellum, Geißel) (Abb. 3.46). Das primäre Rhinarium auf dem letzten Antennenglied hat seitlich oft akzessorischen Rhinarien. Der Processus terminalis kann kurz oder lang bis sehr lang, oft haarförmig sein und spielt in der Systematik eine bedeutende Rolle. Die primären Rhinarien sind meist rund, können aber in einigen Fällen, wie bei den Geflügelten der Hormaphidinae und Pemphigini auch von irregulärer Form sein, seitlich verlängert oder linear. Das primäre Rhinarium ist meist von einem Kranz umgeben, der sehr oft deutlich erkennbare Zilien trägt (Abb. 3.47 und 3.48). An den Antennengliedern 3–6 der Erwachsenen kommen bei vielen Arten noch weitere Riechplatten (sekundäre Rhinarien) vor. Am häufigsten treten diese am 3. Glied auf. Sie sind rundlich, oval oder linienförmig in der Querrichtung des Antennengliedes, dessen gesamten Umfang sie im letzteren Falle umfassen können (Abb. 3.49). Die Rhinarien sind chemische Sinnesorgane, die beim Auffinden der Wirtspflanzen und auch der Geschlechtspartner eine Rolle spielen. In der Regel sind die sekundären Rhinarien zahlreicher bei den Geflügelten und können bei Ungeflügelten sogar fehlen. Im Vergleich der geflügelten Morphen sind die sekundäre Rhinarien zahlreicher bei den im Herbst zum Primärwirt zurückfliegenden Immigranten als bei den im Frühjahr zu den Sekundärwirten fliegenden Emigranten und bei den Männchen

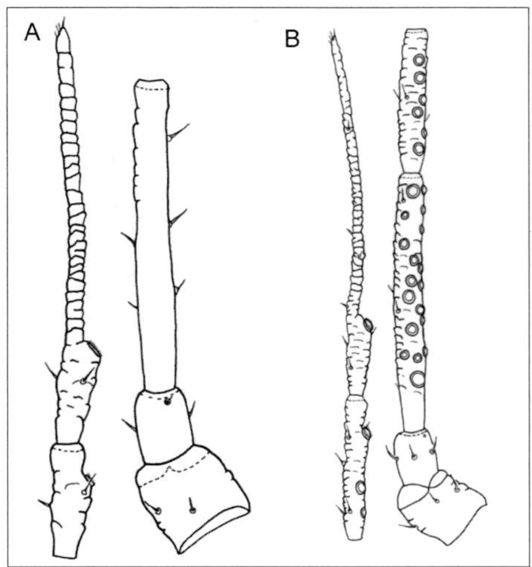

Abb. 3.45: Generelle Morphologie der Antennen adulter Blattläuse. A ungeflügeltes Weibchen (Fundatrix von *Rhopalosiphum oxyacanthae*), B geflügeltes Weibchen (Fundatrigenie von *R. oxyacanthae*) (nach DIXON & THIEME 2007).

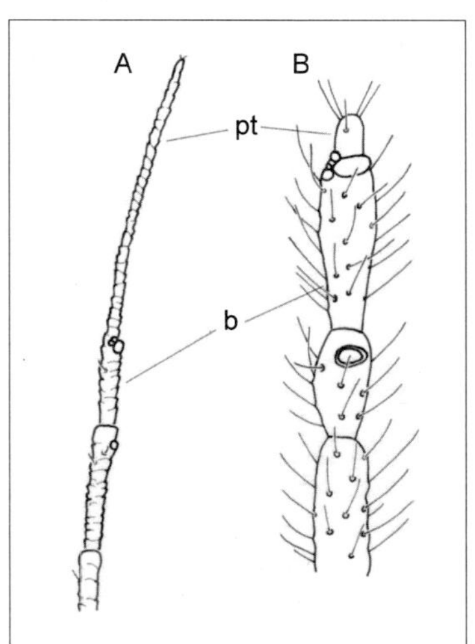

Abb. 3.46: Antennensegmente 4–6. A Processus terminalis länger (*Aphis fabae*), B Processus terminalis kürzer als die Basis des letzten Antennensegments (*Patchiella reaumuri*) (nach FOOTTIT & RICHARDS 1993).

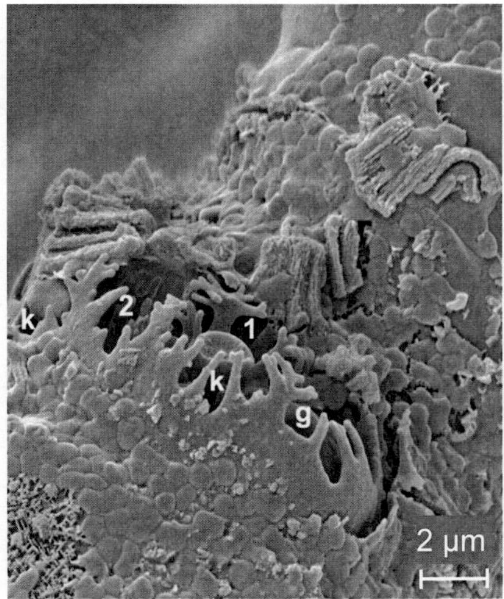

Abb. 3.47: Primäres Rhinarium am 4. Antennenglied einer Larve von *Aphis frangulae beccabungae*, große placoide Sensille (g), kleine placoide Sensille (k), eingesenkte coeloconische Sensille Typ I (1), eingesenkte coeloconische Sensille Typ II (2) (Scan: D. VOIGT).

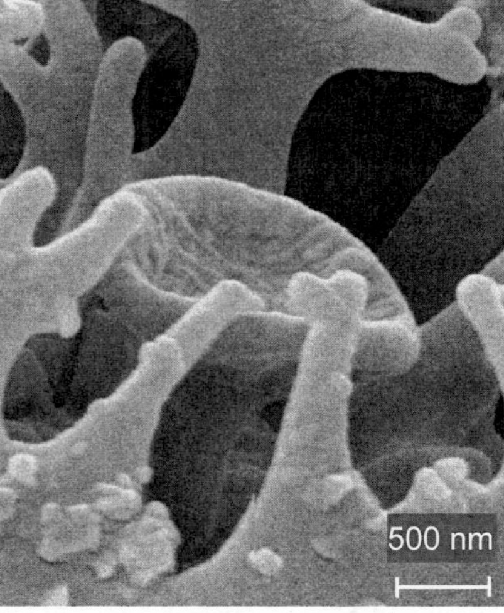

Abb. 3.48: Feinstruktur der kleinen placoiden Sensille des primären Rhinariums am 4. Antennenglied einer Larve von *Aphis frangulae beccabungae* (Scan: D. VOIGT).

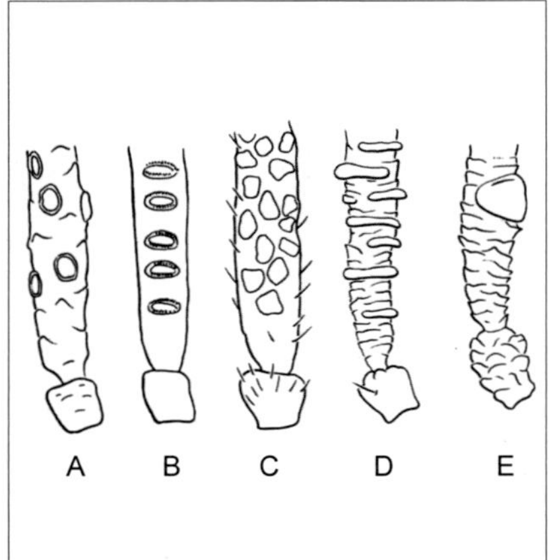

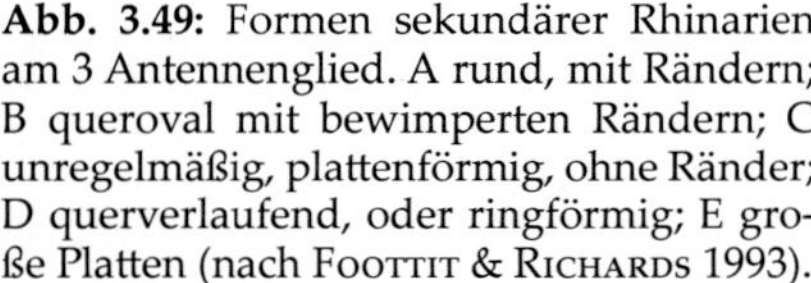
Abb. 3.49: Formen sekundärer Rhinarien am 3 Antennenglied. A rund, mit Rändern; B queroval mit bewimperten Rändern; C unregelmäßig, plattenförmig, ohne Ränder; D querverlaufend, oder ringförmig; E große Platten (nach Foottit & Richards 1993).

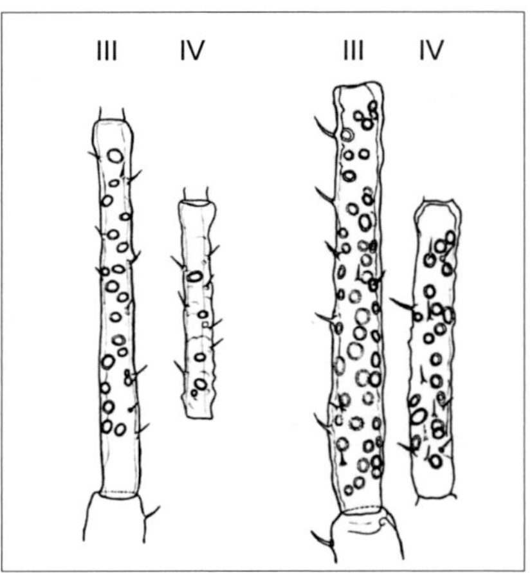

Abb. 3.50: Sekundäre Rhinarien auf den Antennengliedern 3 und 4 von *Hyalopteris pruni*. Geflügelte Fundatrigenie im Frühjahr (links) und geflügeltes Männchen im Herbst (rechts) (nach Diill 1973).

zahlreicher als bei den Weibchen (Abb. 3.50). Innerhalb einer Art kann die Anzahl der sekundären Rhinarien variieren. Sie können von unterschiedlicher Form sein: rund, oval, breit oder bandförmig oder ringförmig. Der die sekundären Rhinarien umgebenden cuticulare Zilienkranz ist oft sehr klein oder nur schwach entwickelt, aber sehr auffällig in einigen Arten der Drepanosiphinae und Eriosomatinae. Einige Geflügelte der Eriosomatinae tragen breite bandförmige Rhinarien (z. B. *Schlechtendalia*) oder eine einzelne große Platte auf jedem Antennenglied (z. B. *Kaburagia*), oder eine Platte, die durch netzartige Trennung in Facetten unterteilt ist (z. B. *Formosaphis*).

Zur Wahrnehmung von Umweltreizen befindet sich auf dem 3. Antennenglied basal eine kleine glockenförmige Sensille, auf dem 2. Antennenglied dorso-apikal eine kleine runde Sensille und ventro-apikal eine kleine Sensille, von unterschiedlicher Form (coeloconic: Sinneskegel überragt das Integument nicht; basiconic: Sinneskegel überragt das Integument; ampullaceous: Sinneskegel in einer flaschenförmigen Vertiefung). Die letztgenannte Sensille wurde von Krzywiec (1968) entdeckt und von ihm als Rhinariella beschrieben. Dieser Bezeichnung folgten dann andere Aphidologen (Shambaugh 1978, Miyazaki 1987), nach Kanturski et al. (2017) sollte dieses Sinnesorgan jedoch zukünftig Rhinariolum genannt werden (Abb. 3.96 und 3.97).

3.5.2.4 Clypeus

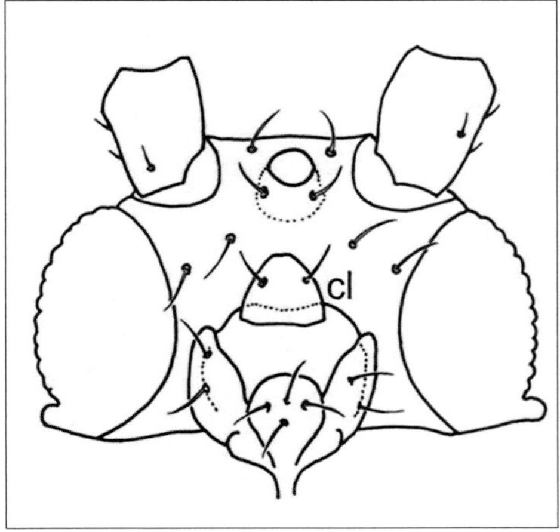

Abb. 3.51: Kopf von *Takecallis* (cl Clypeus).

Der Clypeus befindet sich in der Mitte des Kopfunterteils, zwischen den gewölbten Mandibularplatten (Laminae mandibularis). Er ist durch eine schwache Einschnürung (oder eine Delle im Profil) in zwei Teile – den Ante- und Postclypeus – geteilt. Der Postclypeus ist leicht gewölbt, aber bei einigen Gattungen, wie z. B. *Brachyunguis* (Aphidinae), ist sein vorderer Teil stark ausgeprägt, und bei *Takecallis* (Calaphidinae) trägt er eine auffällige Schwellung (Abb. 3.51). Der Anteclypeus endet apikal im Labrum, einem schmalen Lappen, der den basalen Teil des Rostrums bedeckt, um das Stechborstenbündel in der Rostralfurche zu halten.

3.5.2.5 Mundwerkzeuge

Der Rüssel besteht aus der Rüsselscheide und den Stechborsten. Die viergliedrige Rüsselscheide (Rostrum, Proboscis) ist an ihrer Basis durch die dreieckige Oberlippe abgedeckt und bildet in den übrigen Abschnitten durch die sich berührenden Seitenränder eine Rinne, in der sich die Stechborsten befinden. Das Segment I des Rostrums ist normalerweise relativ weich. Sein distales Ende umschließt das basale Ende von Segment II, das lang und starr ist. Segment III ist kurz. Segment IV (das apikale Segment des Rostrums) ist mehr oder weniger dreieckig, spitz oder stumpf und trägt drei Paare von apikalen Saetae (Abb. 3.52 A a) und gewöhnlich ein Paar kurzer basaler Saetae (Abb. 3.52 A b). Dazwischen befinden sich bei Erwachsenen akzessorische Saetae (Abb. 3.52 A c). Die Anzahl dieser Saetae ist taxonomisch wichtig. Das apikale Segment des Rostrums kann in zwei Teile unterteilt sein, wobei das letzte kürzer, schmaler und oft viel dunkler als das vorletzte ist (Abb. 3.52 B).

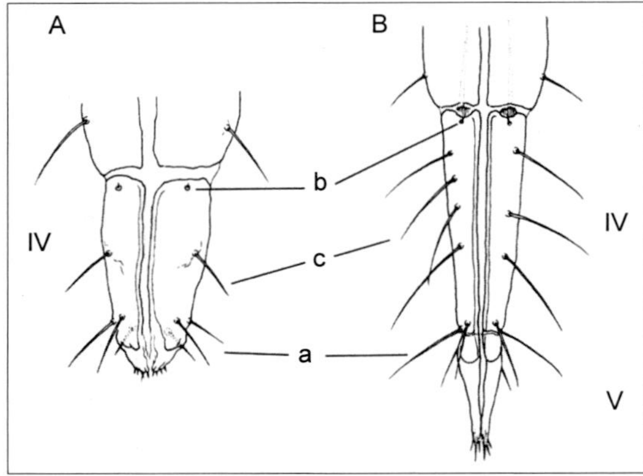

Abb. 3.52: Apikalsegment des Rostrums, A IV nicht unterteilt, B unterteilt in zwei Teile, dann bezeichnet als Segment IV und V, a apikale Borsten, b basale Borsten, c akzessorische Borsten (nach MIYAZAKI 1987).

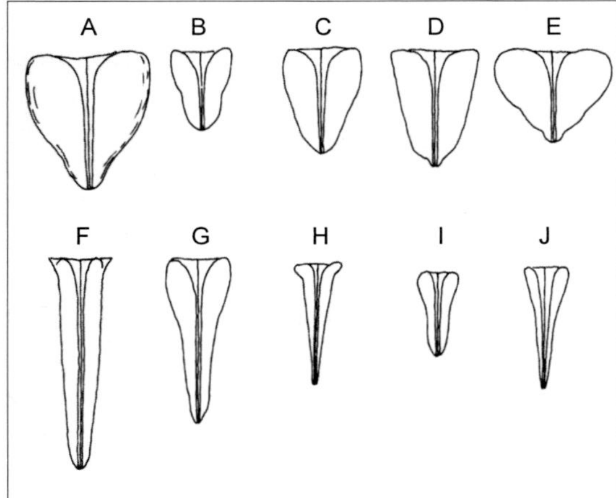

Abb. 3.53: Formen des Apikalsegments des Rostrums verschiedener Blattläuse. A *Sitobion avenae*, B *Hyalopteroides humilis*, C *Metopolophium dirhodum*, D *Rhopalosiphum padi*, E *Sipha glyceriae*, F *Uroleucon achilleae*, G *Macrosiphoniella tanacetaria*, H *Pleotrichophorus glandulosus*, I *Coloradoa achilleae*, J *Cryptosiphum artemisiae* (nach HEIE 1980).

Die Form des apikalen Segments des Rostrums von Blattläusen, die mit bestimmten Pflanzentaxa assoziiert sind, ist typisch für diese Arten, auch wenn sie zu verschiedenen systematischen Gruppen gehören. Die Form kann auf konvergente Evolution zurückgeführt werden, aber der Vorteil der Anpassung ist nicht geklärt. Blattläuse auf Gräsern haben ein relativ kurzes, breites und stumpfes apikales Segment des Rostrums, unabhängig davon, zu welcher Unterfamilie sie gehören (Abb. 3.53), und Blattläuse, die auf oberirdischen Pflanzenteilen leben, die zur Anthemis-Gruppe innerhalb der Compositae gehören (einschließlich *Artemisia*, *Achillea*, *Tanacetum* u. a.), haben ein schlankes, fast stilettförmiges, apikales Segment des Rostrums mit leicht konkaven Rändern (Abb. 3.53).

Die Blattläuse haben wie alle Schnabelkerfe in ihrem Rüssel vier Stechborsten, zwei innere dicht aneinanderliegende (Maxillen) und zwei diesen aufliegende äußere (Mandibeln) (Abb. 3.54). Letztere besitzen auf der Außen-

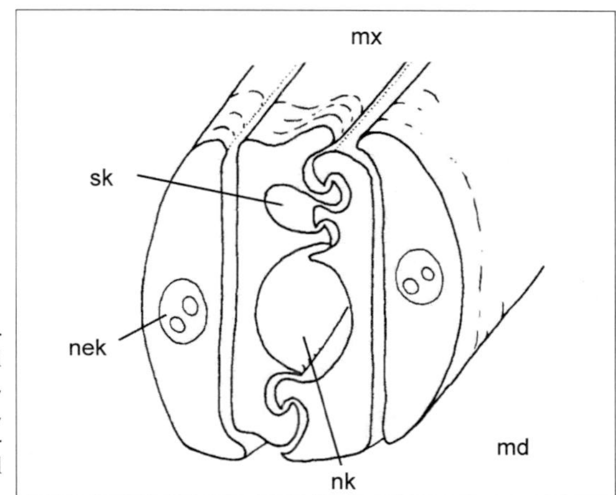

Abb. 3.54: Stechborstenbündel im Querschnitt. md mandibulare Stechborste, mx maxillare Stechborste, nk Nahrungskanal, sk Speichelkanal, nek Nervenkanal (nach MIYAZAKI 1987).

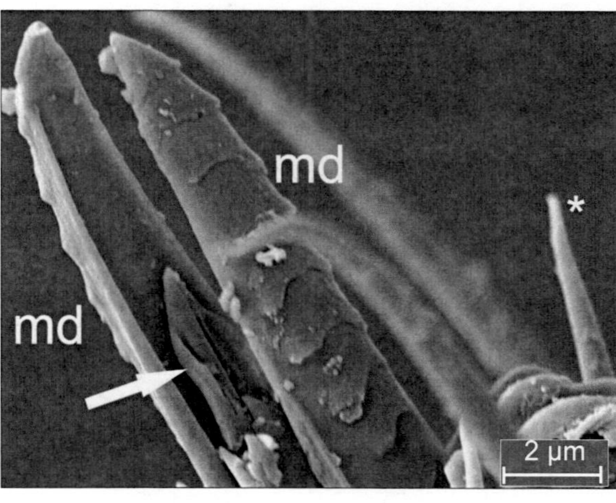

Abb. 3.55: Aus dem Rüsselsegment IV ausgetretene Stechborsten von *Sitobion avenae*. basiconisches Sensillum vom Typ III (*), Mandibeln, mit einer Widerhaken ähnelnden Struktur auf den Außenseiten (md), Maxille, mit zwei Rinnen auf der Innenseite (Pfeil) (Scan: D.VOIGT).

seite eine Struktur, die an eine Reihe von Widerhaken erinnert und wahrscheinlich das schnelle Herausgleiten der Stechborsten aus dem Stichkanal erschwert (Abb. 3.55). Vor dem Einstich berührt die Blattlaus die Pflanzenoberfläche mit der Spitze der Rüsselscheide, an der sich Saetae befinden, die die Feststellung einer geeigneten Saugstelle ermöglichen. Dann werden zunächst die beiden äußeren Borsten eingestoßen und im Anschluss daran die beiden inneren vorgetrieben. Der Speichelfluss beginnt im Augenblick des Einstiches der inneren Stechborsten, und so kommt es, dass der Stichkanal mit einem dünnen Häutchen erhärteten Speichelsekrets ausgekleidet ist. Für die Nahrungsaufnahme werden nur die Stechborsten in das pflanzliche Gewebe eingeführt. Die Rüsselscheide, die vollkommen außerhalb des besogenen Pflanzenteiles bleibt, wird beim Einstich in der

Längsrichtung etwas verkürzt, da das erste Glied weichhäutig ist, sodass das Stechborstenbündel aus der Rüsselscheide heraustritt. Von den Stechborsten sind die äußeren reine Stechorgane und ermöglichen das Eindringen der zwei inneren Borsten. Diese haben an ihren fest aneinander liegenden Innenseiten zwei parallele Rinnen, die zusammengelegt zwei feine Röhren bilden, von denen die untere enger ist und als Speichelrohr (Ø 0,0002–0,0003 mm) dient, während die andere als Nahrungsrohr (Ø 0,001 mm) den Pflanzensaft in den Vorderdarm eindringen lässt. Der Stichkanal endet entweder im Parenchym oder in den Siebröhren des angestochenen Pflanzengewebes. In der Ruhe wird der Rüssel an der Unterseite der Brust getragen, er reicht im Allgemeinen nur bis zu den Hüften des 2. oder 3. Beinpaares. Nur bei den Baumläusen (*Lachninae*) kann der Rüssel sehr lang sein und die Hinterleibsspitze erreichen oder überragen. Das ist offenbar eine Anpassung an die Lebensweise dieser Läuse, die in den meisten Arten an Zweigen, Ästen, Stämmen oder Wurzeln von Bäumen und Sträuchern siedeln und deshalb mit ihren Mundwerkzeugen tief in die Wirtspflanzen eindringen müssen.

3.5.3 Thorax

3.5.3.1 Generelle Strukturen

Die Brustregion, der Thorax, besteht wie bei allen anderen Insekten aus drei Teilen (Pro-, Meso- und Metathorax). Die einzelnen Abschnitte sind bei den Ungeflügelten weichhäutig und kaum voneinander abgesetzt. An der Brust liegen jederseits zwei Atemlöcher (Stigmen), das eine zwischen Pro- und Mesothorax, das andere zwischen Meso- und Metathorax.

Bei Geflügelten ist der Prothorax ziemlich schwach entwickelt und bildet eine Art »Hals«. Das Pronotum ist durch eine Querfurche in einen vorderen und einen hinteren Teil unterteilt. Auf dem Prothorax kommen bei vielen Blattläusen Marginalhöcker vor. Das Prosternum ist oft reduziert und besteht aus kleinen Skleriten, die von einer häutigen Cuticula umgeben sind.

Das Mesotergum ist gewölbt und besteht aus Notum und Postnotum. Das Notum besteht aus einem dreieckigen Praescutum, einem großen gewölbten Scutum und einem kleinen, meist gewölbten Scutellum. Das Scutum ist durch eine Längsfurche in die Mesothorax-Lappen unterteilt, deren Ränder einen Teil der Flügelgelenke bilden.

In Ruhestellung werden die Flügel entweder in einer dachartigen Position gehalten, fast senkrecht stehend, mit dem vorderen Rand nach unten gedreht, oder sie liegen in flacher Position, den Hinterleib bedeckend, mit den

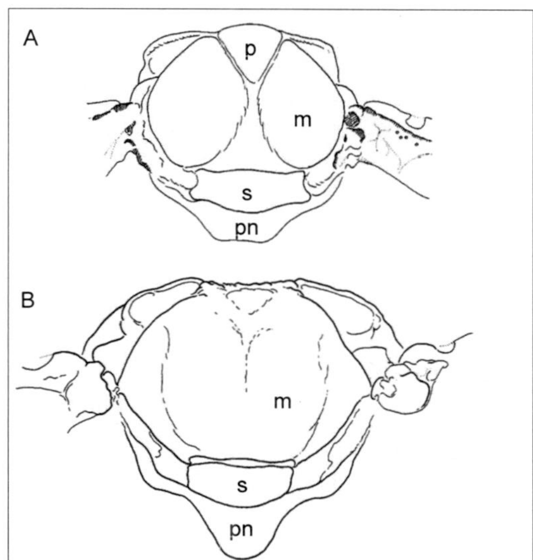

Abb. 3.56: Mesonotum geflügelter Blattläuse. A Arten mit dachartiger Position der Flügel in Ruhestellung, B - Arten mit flacher Position der Flügel in Ruhestellung, m Mesothorax-Lappen (Scutum), p Praescutum, pn Postnotum, s Scutellum (nach Miyazaki 1987).

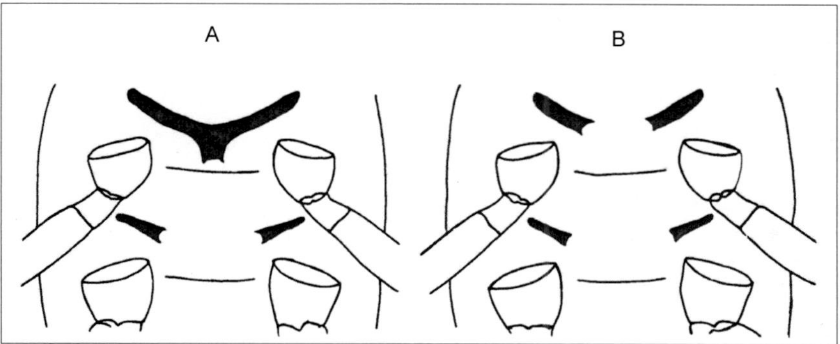

Abb. 3.57: Hinterer Teil des Thorax und vorderer Teil des Abdomens in ventraler Ansicht, mit Darstellung der meso- und metathorakalen Furca im Inneren des Körpers (bei präparierten Exemplaren sichtbar, hier durch schwarze Farbe hervorgehoben). A: Arten mit vereinigten Basen der mesothorakalen Äste, B: Arten mit getrennten Ästen (nach Heie 1980).

vorderen Rändern nach außen gedreht (lateral). Die letztere Stellung findet man bei den Hormaphidinae, Thelaxinae und einigen Gattungen innerhalb anderer Unterfamilien. Häufiger sind Blattläuse mit in Ruhestellung dachförmig angelegten Flügeln. Sie haben gut entwickelte Mesothorax-Lappen und ein längliches Praescutum (Abb. 3.56 A). Blattläuse mit in Ruhestellung flachen Flügeln haben schwach entwickelte Mesothorax-Lappen und ein kürzeres Praescutum (Abb. 3.56 B). In diesem Fall ist die Längsfurche kaum sichtbar.

Das Postnotum ist klein, oft teilweise vom Scutellum bedeckt.

Der Metathorax ist aufgrund der geringen Größe der Hinterflügel und, weil die Bewegungen der Hinterflügel im Flug durch die Bewegungen der Vorderflügel bestimmt werden, reduziert. Das Metatergum ist relativ klein und schmal und nicht in Notum und Postnotum gegliedert.

Die thorakalen Segmente der Ungeflügelten sind fast einheitlich und ähnlich wie die abdominalen Segmente. Von den Sterniten ziehen sich sklerotische Gabelungen (Furca) in den Körper, die als Stütze für die Beinmuskulatur dienen. Sie sind bei den durch die Präparation hyalinisierten Blattläusen sichtbar. Ihre Form ist für die Taxonomie einiger Gruppen von Bedeutung. Die Verzweigungen der Furca können ungeteilt oder an der Basis getrennt sein (Abb. 3.57). Anhänge der Brustregion sind die Beine und die Flügel.

3.5.3.2 Beine

Die Beine sind verhältnismäßig lang und schlank. Sie haben die beim Insektenbein übliche Gliederung in Hüfte (Coxa), Schenkelring (Trochanter), Schenkel (Femur), Schiene (Tibia) und Fuß (Tarsus) (Abb. 3.58). Von den Beingliedern wird vor allem der Fuß, in seiner Form und Beborstung, zur Bestimmung in der Blattlaussystematik häufig benutzt. Die Blattläuse haben zweigliedrige, selten eingliedrige Füße (Abb. 3.59). Das erste – basale – Tarsenglied ist kurz, in der Seitenansicht dreieckig oder unregelmäßig viereckig, hinten schräg abgestutzt. Es trägt gegen den Hinterrand seiner Sohle Sinnesstifte und Saetae, deren Zahl bei den einzelnen Gattungen verschieden ist. In Anbetracht des bei den Blattläusen hohen Grades der Ähnlichkeit müssen häufig derartige Merkmale des Feinbaus bei der Bestimmung herangezogen werden. Das zweite Glied endet mit zwei beweglichen, gekrümmten Krallen (Klauen), die an ihrer Basis je eine Borste tragen. Diese Empodialsaetae, die direkt basal an den Klauen entspringen, sind entweder einfach, bei den Chaitophorinae und Calaphidinae bandförmig verbreitert, stab- oder spatelförmig (Abb. 3.59).

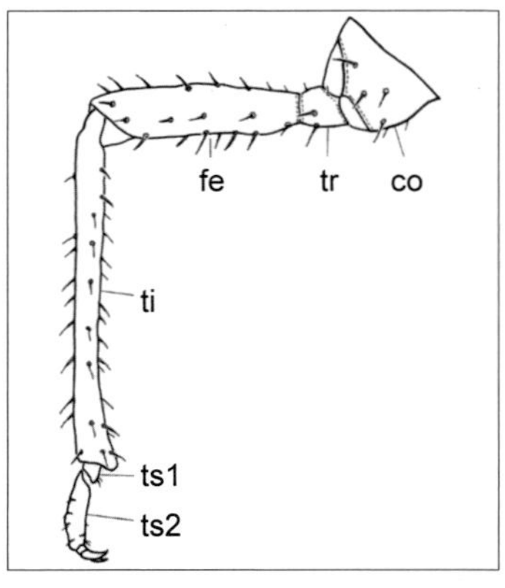

Abb. 3.58: Generelle Morphologie des Beins einer adulten Blattlaus. co Coxa, fe Femur, ti Tibia, tr Trochanter, ts1 1. Tarsalsegment, ts2 2. Tarsalsegment (nach Dixon & Thieme 2007).

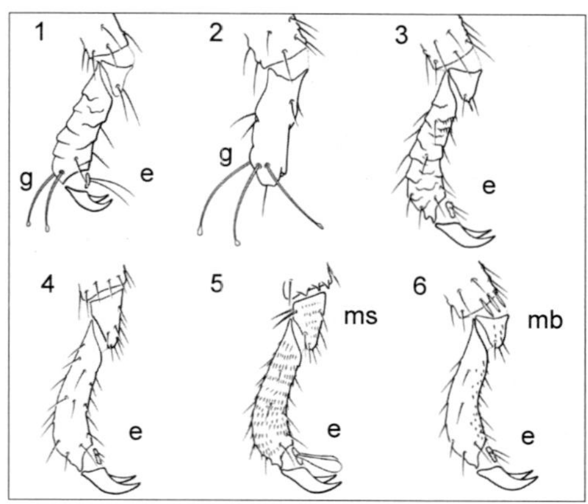

Abb. 3.59: Ende der Tibia und Tarsen. 1 & 2 mit praeapikalen geknöpften Borsten (g), 2 Tarsus auf ein Segment reduziert und ohne Krallen, 1, 3 & 6 erstes Segment dreieckig, 4 & 5 erstes Segment trapezförmig, 5 erstes Segment mit dorsalen Borsten, 3 Apikalsegment geschuppt, 4 Apikalsegment glatt, 5 Apikalsegment mit kreisförmigen Reihen von Stacheln, 6 Apikalsegment ventral stachelig, 1, 3, 4 & 6 Empodialborsten (e) spitz, 5 Empodialborsten spatelförmig, 5 mit mehrzinkiger Stachelreihe (ms), 6 mit mehrzinkiger Borstenreihe (mb) (nach Foottit & Richards 1993).

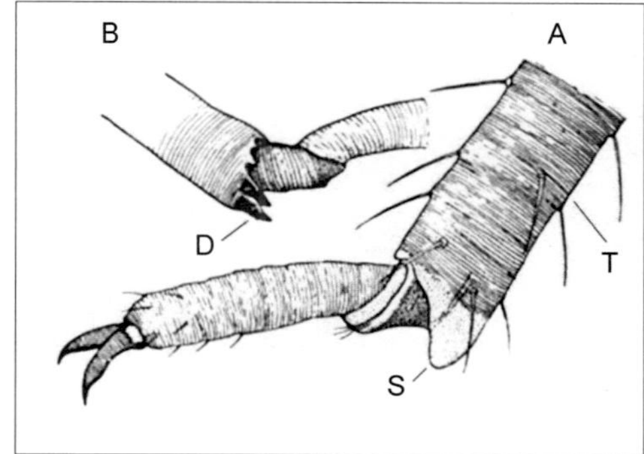

Abb. 3.60: A Ende der Tibia und Tarsen des Mittelbeines einer Larve von *Aphis fabae*, B Tibiotarsalgelenk des Vorderbeins von *Drepanosiphum platanoidis*, S Sohlenbläschen, T Tibia, D Dornen (nach Weber 1930).

Im Gegensatz dazu kann bei einigen Formen der Eriosomatinae eine der Klauen verkümmert sein oder fehlen, und bei einigen Taxa der Aphidinae (z. B. *Shinjia*) und Hormaphidinae (z. B. bei einigen ungeflügelten Adulten mit sessiler Lebensweise) sind beide Klauen rudimentär oder fehlen ganz.

Das Schreiten auf glattem Boden ist dadurch erleichtert, dass der Fuß außer den Krallen, die natürlich nur dann von Nutzen sind, wenn die Unterlage rau ist, verschiedenartige Haftvorrichtungen trägt. Außer den Empodialsaetae des Praetarsus gehören hierzu die Sohlenbläschen. Die Tibiae haben oft apikal eine membranöse Schwellung, das Sohlenbläschen (Abb. 3.60 A). Das Sohlenbläschen ist bei den Aphidinae entwickelt und kommt auch bei einigen Taxa innerhalb anderer Unterfamilien vor. Blattläuse mit dieser Struktur sind in der Lage, auf einer glatten Oberfläche zu laufen, ohne auszurutschen (Mordvilko 1934, Dixon 1998). Einige Blattläuse, vor allem solche ohne Sohlenbläschen, haben apikal an ihren Tibien starke Saetae (Abb. 3.60 B).

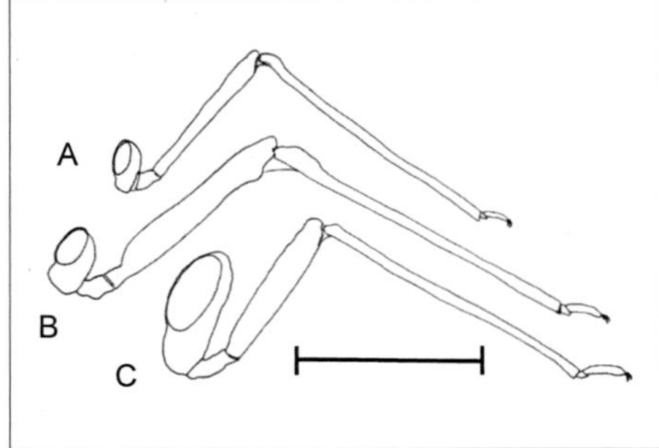

Abb. 3.61: Vorderbeine. A *Sitobion*, nicht springend, B *Drepanosiphum*, springt durch Strecken der Tibia mit Hilfe starker Muskeln im Femur, C *Takecallis*, springt durch Strecken des Femur mithilfe starker Muskeln in der Coxa (Maßstab: 1,0 mm für A & B, 0,5 mm für C) (nach HEIE 1980).

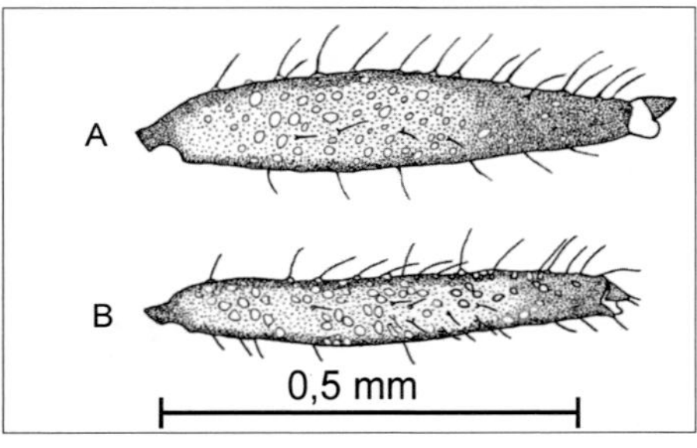

Abb. 3.62: Pseudosensorien auf der hinteren Tibia eines oviparen Weibchens. A *Aphis fabae*, B *A. armata* (nach THIEME 1989).

Die Beine einiger Arten der Drepanosiphinae sind zum Springen modifiziert. Es gibt zwei solche Beintypen. Der eine ist durch die vergrößerten Coxen und der andere durch die vergrößerten Femora gekennzeichnet. Die vergrößerten Coxen ermöglichen den Eintritt von starken Muskeln, die an der Sehne (oder Apodem) ansetzen, die aus dem Trochanter entspringt. Solche Coxen findet man z. B. bei den Vorderbeinen von *Takecallis* (Abb. 3.61).

Beine, die zum Greifen modifiziert sind, finden sich bei den Gattungen der Hormaphidinae und Eriosomatinae. Die »Soldaten«-Larven von *Pseudoregma* (Hormaphidinae) haben z. B. vergrößerte vordere Femora.

Die hinteren Tibiae der eierlegenden Weibchen sind oft deutlich geschwollen und tragen viele Drüsen die Pheromone freisetzen (sog. Pseudosensorien), diese erscheinen als blasse Flecken ohne deutliche Ränder (Abb. 3.62). Ähnliche Flecken können auf den hinteren Tibiae einiger lebendgebärender Blattläuse auftreten.

Stridulatorische Mechanismen sind bei einigen Blattläusen bekannt. Die Mechanismen sind von zwei Typen. Ein Typ wird bei bestimmten Gattungen der Greenideinae (z. B. *Mollitrichosiphum*) beobachtet. In diesem Fall trägt die Blattlaus an der hinteren Tibia eine Reihe von Querleisten, die sich an den winzigen Dentikeln reiben, die auf dem lateroventralen Teil des Abdomens verteilt sind. Der andere Mechanismus, der bei *Toxoptera* (Aphi-

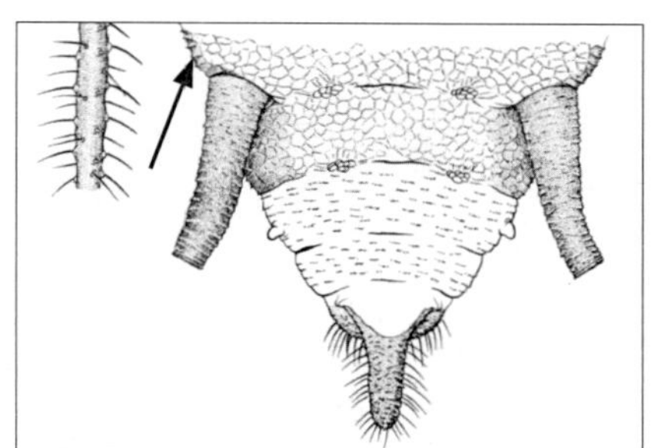

Abb. 3.63: Ungeflügelte *Aphis* (*Toxoptera*) *aurantii*, mittlerer Teil der hinteren Tibia mit zapfenförmigen Borsten (links), hintere Abdominalsegmente mit sklerotischen Leisten (Pfeil) (nach Foottit & Richardson 1993).

dinae) beobachtet werden kann, besteht aus zapfenartigen Saetae, die in einer Reihe auf der hinteren Oberfläche der hinteren Tibia angeordnet sind (Abb. 3.63), und den sklerotischen Leisten auf dem Hinterleib, die von den zapfenartigen Saetae gerieben werden, wenn die Blattlaus den Hinterleib auf und ab bewegt (Eastop 1952).

Zapfenartigen Saetae an den hinteren Tibiae wurden bei einigen wenigen Arten der Gattungen *Macrosiphoniella*, *Macrosiphum* und *Uroleucon* gefunden. Zahlreiche kurze zapfenartigen Saetae von etwa gleicher Länge und Form entlang fast der gesamten Länge der hinteren Tibiae sind nur bei *Macrosiphoniella* (*Chosoniella*) *spinipes*, *M.* (*Chosoniella*) *myohyangsani*, *Sitobion gravelii*, *Uroleucon caspicum*, *U. cirsicola* und *U. monticola* vorhanden. Bei anderen Arten sind die zapfenartigen Saetae, falls vorhanden, weniger zahlreich (8–25), oft von ungleicher Größe und meist auf die basalen und mittleren Teile der Tibiae beschränkt. Es gibt in dieser Hinsicht sogar Unterschiede zwischen Exemplaren in Proben derselben Art, wie *Uroleucon* (*Uromelan*) *minor*, *U.* (*Uromelan*) *riparium*, *U.* (*Uromelan*) *jaceae* und verwandte Arten.

Das Vorkommen der zapfenartigen Saetae korrespondiert nicht mit der taxonomischen Stellung der jeweiligen Art (Holman 1994). Die Arten von *Uroleucon* mit den zahlreichsten und typischsten zapfenartigen Saetae gehören zur Untergattung *Uroleucon* s. str., die sich durch reduzierte Pigmentierung und andere apomorphe Merkmale auszeichnet.

Wahrscheinlich sind die zapfenartigen Saetae der hinteren Tibia bei Macrosiphini eine rudimentäre Struktur, die nur bei wenigen Arten einiger Gattungen vorkommt. Es stellt sich die Frage nach ihrer Funktion.

Den Hinterbeinen von Blattläusen werden neben der Fortbewegung und der Anheftung an Pflanzen mehrere spezifische Funktionen zugeschrieben. Die Kommunikation mit Ameisen oder das Ausbreiten von Wachs ist bei den untersuchten Arten nicht relevant. Eine Unterstützung beim Abwerfen der Exuvie oder bei der Geburt der Larven ist unwahrscheinlich, da andere Blattläuse mit langen Saetae sich ohne spezialisierte Strukturen an

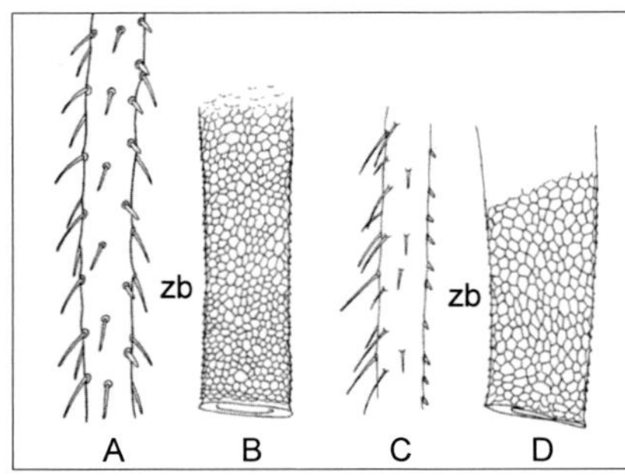

Abb. 3.64: A Mittelteil der hinteren Tibia, B Ende des Siphos von *Uroleucon cirsicola*, C Mittelteil der hinteren Tibia, D Ende des Siphos von *Macrosiphoniella* (*Chosoniella*) *spinipes*. zb zapfenförmige Borstenreihe (nach Holman 1994).

den hinteren Tibiae erfolgreich häuten und fortpflanzen. Gleiches gilt für das Treten als Verteidigungsreaktion. Dass die Hinterbeine dazu benutzt werden, die Honigtautropfen vom Anus abzustoßen, wurde für viele Blattlausarten berichtet (Kunkel 1972), aber diese Arten haben eine bürstenartige Gruppe von langen Saetae auf den hinteren Tibiae.

Wenn die zapfenartigen Saetae der Macrosiphini Teil eines geräuscherzeugenden Mechanismus wie bei *Toxoptera* sind, dann sollte zumindest bei einigen Arten eine komplementäre Struktur, von Holman (1994) als Strigil bezeichnet, am distalen Teil des Abdomens vorhanden sein. In Anbetracht der posteroventralen Lage der zapfenartigen Saetae sollte das Strigil im Vergleich zu seiner lateroventralen Lage bei *Toxoptera* nach lateral verschoben sein.

Bei den Macrosiphini mit zapfenartigen Saetae an den hinteren Tibiae fehlt jede Spur einer spezialisierten Struktur am Abdomen, die bei anderen Mitgliedern des Tribus nicht vorhanden ist. Es gibt nur wenige Strukturen, die eine stachelige oder raue Oberfläche haben. Es ist unwahrscheinlich, dass die Analplatte und die Cauda als Strigil fungieren, da sie ventral liegen und/oder dicht mit Saetae versehen sind (das Strigil von *A.* (*T.*) *aurantii* ist ohne Saetae). Einige Gründe sprechen dafür, dass das Strigil die Netzgürtelstruktur an den Enden der Siphonen ist:

a) Es kann leicht die gesamte posteroventrale Oberfläche der hinteren Tibiae berühren, wenn die Siphonen nach oben und nach außen gerichtet sind.

b) Die Arten mit zahlreichen, kurzen zapfenartigen Saetae besitzen auf den Siphonen eine gut differenzierte Netzgürtelstruktur, die aus zahlreichen kleinen Zellen besteht (Abb. 3.64).

c) Bei intakten und ungestörten Blattläusen sind die Siphonen zumindest teilweise hohl, nicht mit Wachszellen ausgefüllt und könnten als Resonanzsystem funktionieren.

Einige Gründe scheinen jedoch der o. g. Vermutung zu widersprechen. Die subapikale Netzgürtelstruktur auf den Siphonen hat sich wahrscheinlich unabhängig in mehreren höheren Blattlaus-Taxa entwickelt. Es handelt sich um eine Imaginalstruktur, die nach der letzten Häutung auftritt, sodass der Schall erzeugende Apparat nur bei den adulten Tieren funktionsfähig wäre. Der wichtigste Einwand gegen die o. g. Schlussfolgerung ist das Fehlen jeglicher Beobachtungen dafür, dass Arten mit gut entwickelten zapfenartigen Saetae auf den hinteren Tarsen diese zur Schallerzeugung nutzen.

3.5.3.3 Flügel

Die Geflügelten sind neben dem Besitz von zwei Paar Flügeln durch einen mehr gegliederten Körper, häufig auch durch stärkere Pigmentierung ausgezeichnet. Bei ihnen ist der Kopf immer stark chitinisiert und durch eine eingeschnürte weiche Gelenkhaut von dem gleichfalls stark chitinisierten Thorax beweglich abgesetzt, während er bei den Ungeflügelten mit der Brust in seiner ganzen Breite unbeweglich verbunden ist. Kopf und Thorax sind bei den Geflügelten der meisten Arten dunkel pigmentiert. Am stärksten entwickelt ist der Mesothorax, denn er enthält eine umfangreiche Flugmuskulatur. Die Vergrößerung der Brustregion ist schon bei den Larven sehr auffallend. Während das letzte (vierte) Larvenstadium in der Ungeflügeltenserie weitgehend der Form des erwachsenen flügellosen Tieres gleicht, besitzt das gleiche Larvenstadium, aus dem nach der Häutung eine flügeltragende Blattlaus hervorgehen wird, außer gut sichtbaren schuppenförmigen Flügelanlagen einen breiten und meist auch stärker gewölbten Thorax.

Die Flügel stellen dorsolaterale Ausstülpungen (Cuticula-Epidermis-Duplikaturen) der Tergite des Meso- und Metathorax der flugfähigen Insekten dar. Zwischen dem Thorax und dem Flügel ist ein besonderes, mehrfach gegliedertes Skelettstück eingeschaltet, das im Nymphenstadium vielfach als Marginalplatte erscheint. Die kleineren Teilstücke werden nach Snodgrass (1909) als Axillarien oder Articulationssclerite bezeichnet. Diese sind Ursprungsort für die zahlreichen Flügellängsadern, die als Versteifungsleisten die eigentliche Flügelfläche überziehen. Die Längsadern stellen primär Stützlamellen dar, in denen Tracheen, Nerven und Blutlakunen verlaufen. Nur die Queradern sind massiv.

Die Flügel sind häutig durchsichtig und haben nur bei wenigen Arten eine dunkle Zeichnung. Wenn Flügel vorhanden sind, beträgt ihre Zahl immer vier, die Hinterflügel sind durchweg kleiner und kürzer als die Vorderflügel. Durch Übertragung der Zweiästigkeit der Media von *Schizoneura* auf *Hamamelistes* kann das hypothetische Flügelschema einer archaischen Blattlaus gewonnen werden (Börner 1910a). Dieser Blattlaustypus unterscheidet sich von den nahe verwandten Psylliden durch die Reduktion des

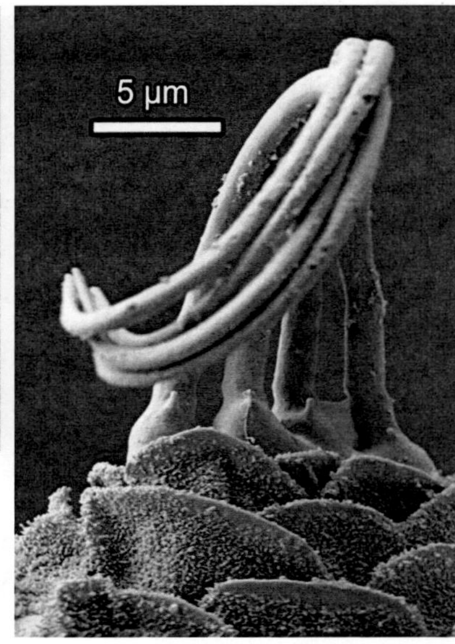

Abb. 3.65, 3.66: Hinterflügel von *Myzus persicae*, (A) Teil des Clavalapparates mit vier Hamuli (Pfeil), (B) Struktur der Hamuli auf dem Hinterflügel (Scans D. Voigt).

Clavus. Am Vorderrand der Vorderflügel fällt eine stärker chitinisierte, braun oder schwarz pigmentierte Partie auf, das sog. Pterostigma. An diesem entspringt eine kurze, bogig verlaufende Ader (Sector radii, Radialramus), die zur Flügelspitze zieht und bei den Adelgidae und Phylloxeridae fehlt. Die nächste Ader, die Media, ist bei den Adelgidae und Phylloxeridae einfach, bei den Aphididae mit einem oder zwei Seitenästen versehen. Zum Hinterrand des Vorderflügels laufen noch zwei weitere Adern, die beiden Cubitaladern. Im Vorderflügel besitzen die Blattläuse eine typische Clavusfalte, die jedoch aderlos ist. Bei größeren Blattläusen ist ganz deutlich zu sehen, wie der Hinterrand des Vorderflügels vom Vorderteil des Flügels durch eine Furche abgesetzt ist. Der Vorderflügel ist größer als der Hinterflügel, beide sind oft durch Bindevorrichtungen gekoppelt.

Die Hauptlängsader des Blattlaus-Hinterflügels entspricht derjenigen des Psylliden-Hinterflügels, ist also ein Radialramus. In manchen Fällen kann eine dem Radius entsprechende Kante beobachtet werden, welche von der Mitte des Radialramus etwa bis zum Ende der Costa zieht, an der die bekannten 2–6 Haltehäkchen (Hamuli) stehen, mit denen sich während des Fluges der Hinterflügel an der Clavusfalte des Vorderflügels einhakt (Abb. 3.65 und 3.66). Hierdurch bewegen die Flugmuskeln des Mesothorax nicht nur die Vorder-, sondern auch die Hinterflügel. Da das Flügelgeäder bei den Blattläusen einfach und einheitlich ist, wird es im Gegensatz zu demjenigen anderer Insektengruppen, etwa der Hautflügler und Fliegen, weniger bei der Systematik benutzt (Abb. 3.67).

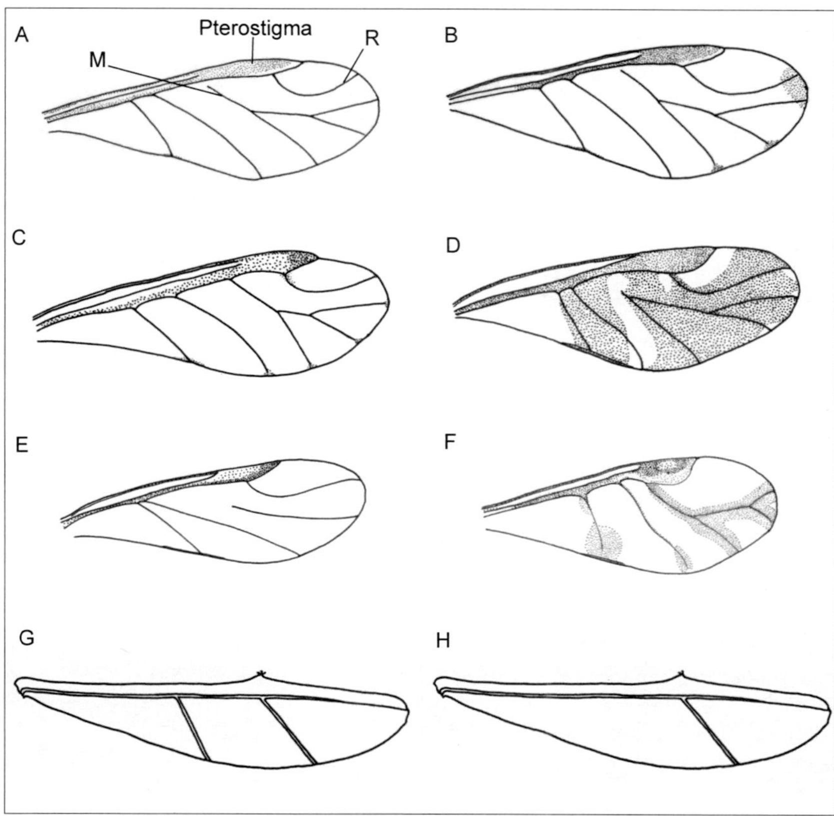

Abb. 3.67: Äderung und Pigmentierung der Flügel. (A-F Vorderflügel; G, H Hinterflügel, A mit Radialsektor (R) und zweigabeliger Media (M) (*Drepanosiphum acerinum*); B mit Radialsektor (R) und zweigabeliger Media (*Drepanosiphum aceris*); C mit Radialsektor (R) und zweigabeliger Media (*Drepanosiphum dixoni*); D mit Radialsektor (R) und zweigabeliger Media (*Lachnus roboris*); E mit Radialsektor (R) und ungegabelter Media (*Thecabius affinis*); F ohne Radialsektor (R) und mit zweigabeliger Media (*Tinocallis platani*). G mit zwei Queradern, die getrennt von der Längsader entspringen (*Kaltenbachiella pallida*); H mit einer Querader (*Colopha compressa*) (nach Dixon & Thieme 2007).

3.5.4 Abdomen

3.5.4.1 Generelle Strukturen

Der Hinterleib, das Abdomen, ist zum Bestimmten der Blattläuse von ganz besonderer Wichtigkeit. An ihm sind 9 Segmente erkennbar. Die Segmente 1–7 haben je ein Paar Atemlöcher (Stigmen), die seitlich auf der Oberseite des Rückens liegen und oft schon mit der Lupe als etwas eingesenkte Punkte zu sehen sind. Bei Adelgidae und Phylloxeridae sind weniger Stigmen

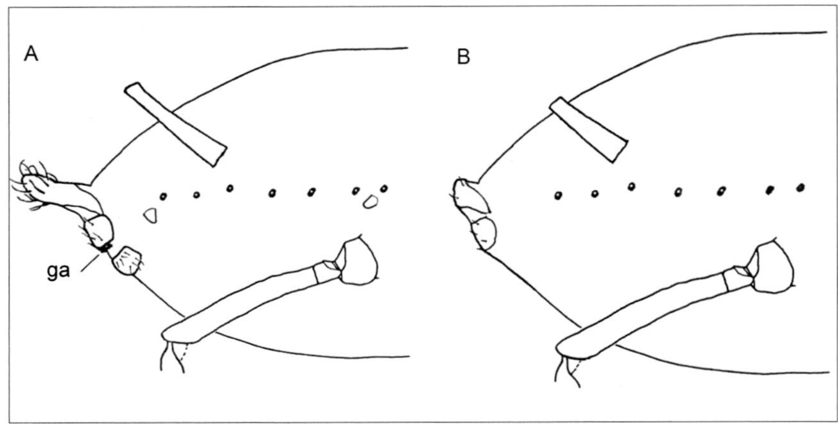

Abb. 3.68: Hinterleibsende eines erwachsenen Weibchens (A) und einer Larve (B) der Gattung *Aphis*. Die kleinen Lappen an der Vorderseite der Analplatte, rudimentäre Gonapophysen ga genannt, und die Genitalplatte kommen nur bei erwachsenen Weibchen vor.

vorhanden. An den Seiten oder gegen das Hinterende des Abdomens finden wir bei vielen Gattungen der Aphididae ausgestülpte Höckerchen (Tuberculi), deren Zahl und Anordnung in der Systematik Berücksichtigung findet. Besonders bedeutungsvoll für die Erkennung der Blattlausfamilien und -unterfamilien ist die Hinterleibsspitze der erwachsenen Tiere (Abb. 3.68). Das letzte Segment besteht aus einer oberen und einer unteren Afterklappe. Während die Letztere als sog. Analplatte bei Erwachsenen und Larven mehr oder weniger gleich gestaltet ist und keine Besonderheiten bietet – lediglich bei einigen Gatttungen und Generationsformen verschieden tief zweilappig eingeschnitten sein kann –, hat die obere Afterklappe der Erwachsenen eine oft gattungsweise verschiedene, charakteristische Länge und Form. Im letzten Larvenstadium ist sie immer noch kurz, bei den Altläusen zungen-, kegel-, halbkreis-, knopfförmig oder von anderer Gestalt und wird dann als Schwänzchen oder Cauda bezeichnet. Auf der Unterseite des vorletzten Segments befindet sich bei den Erwachsenen eine stärker chitinisierte Platte, die den Namen Genitalplatte hat, da sie vor der weiblichen Geschlechtsöffnung liegt.

3.5.4.2 Sklerite

Das Abdomen geflügelter Weibchen ist bei vielen Arten stärker sklerotisiert und pigmentiert als bei ungeflügelten Weibchen (und bei Männchen stärker als bei Weibchen), bei anderen ist das Gegenteil der Fall. Die abdominalen Terga sind entweder membranös oder gleichmäßig oder auch nur

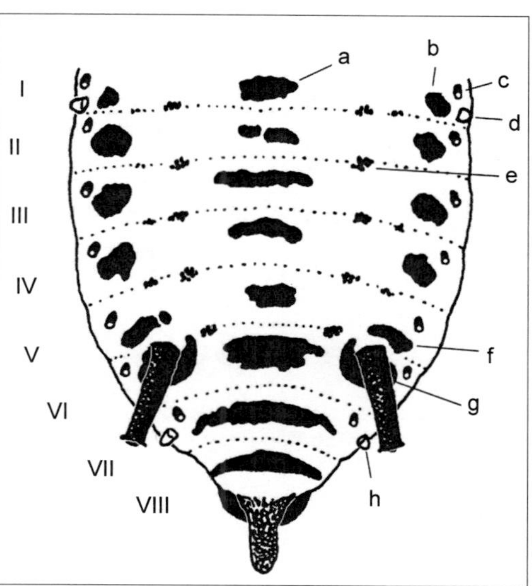

Abb. 3.69: Dorsale Pigmentierung des Abdomens eines geflügelten Weibchens von *Aphis fabae*. I–VIII Abdominalsegmente I–VIII, a Spinalsklerit, b Marginalsklerit, c Stigmapore am hinteren Rand eines Stigmalsklerits, d Marginaltuberkel am Abd. segment I, e Intersegmentaler Pleuralmuskelsklerit, f Antesiphonaler Sklerit, g Postsiphonaler Sklerit (hinter der Basis des Siphos), h Marginaltuberkel am Abd. segment VII (nach Heie 1980).

lokal sklerotisiert. Die sklerotisierten Bereiche sind entweder blass oder pigmentiert. Die lokale Sklerotisierung kann in Form von Querbändern, einem großen zentralen Fleck, kleineren Flecken, die spino-pleural angeordnet sind, oder runden Randflecken vorliegen. Sie kann in segmentale, marginale, pleurale und spinale Sklerite eingeteilt werden. Von den Marginalskleriten werden die kurz vor und kurz hinter den Siphonen als ante- bzw. postsiphonale Sklerite bezeichnet (Abb. 3.69). Sehr kleine Sklerite an den Basen der dorsalen Saetae werden als Skleroite bezeichnet. Auf den Intersegmentalflächen befinden sich einige dicke Platten, von denen jede oft mehrere Areolen enthält. Sie werden als intersegmentale Areolationen oder Muskelplatten bezeichnet. Sie sind hell oder dunkel, kahl oder von Skleriten umschlossen, die bei einigen Taxa stark entwickelt sein können. So werden bei den Geflügelten der Greenideinae solche Sklerite aus Querbändern gebildet, die teilweise miteinander verwachsen sind. Das abdominale Sternum ist meist häutig, allenfalls mit einigen Sklerite versehen. Ein vollständig sklerotisiertes Sternum ist bei den ungeflügelten Greenideinae zu finden.

3.5.4.3 Genital- und Analplatten

Am hinteren Ende des Abdominalsternums befinden sich zwei sklerotisierte Platten, die Analplatte, die das 10. Abdominalsternit darstellt, und die Genitalplatte (oder Subgenitalplatte), die dem 8. Abdominalsternit entspricht (Abb. 3.68 A). Die Analplatte ist ein vorgewölbtes Sklerit unmittel-

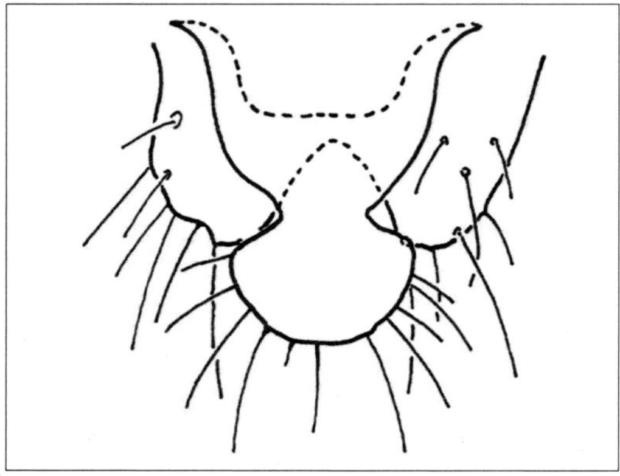

Abb. 3.70: Cauda und zweilappige Analplatte eines ungeflügelten Weibchens von *Pterocallis* spp. (nach DIXON & THIEME 2007).

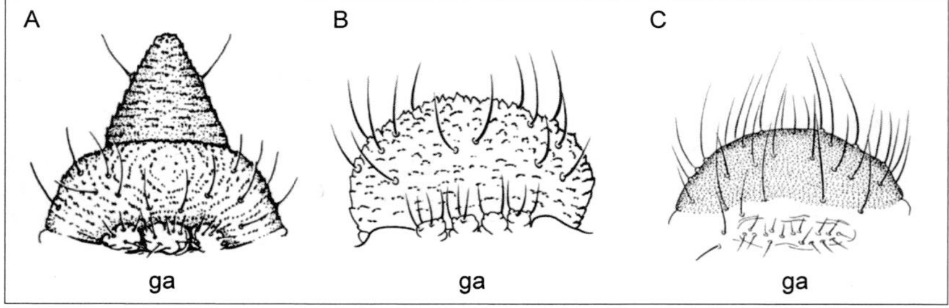

Abb. 3.71: Analplatte und rudimentäre Gonapophysen (ga) geflügelter Weibchen. A *Brevicoryne,* 3 ga; B *Aspidaphis,* 4 ga; C *Anoecia,* ga fusioniert, ein transversales Borstenband bildend (nach FOOTTIT & RICHARDSON 1993).

bar vor der Cauda. Bei Drepanosiphinae und Hormaphidinae ist die Platte aufgrund einer Einbuchtung in der Mitte des Hinterrandes zweilappig (Abb. 3.70). Die Genitalplatte ist in der Regel ein ovaler Sklerit mit leicht konvexem Hinterrand. Bei einigen Arten ist die Platte nach hinten in einen dreieckigen Lappen übergegangen.

Der Anus öffnet sich zwischen der Analplatte und der Cauda. Um den Anus herum kann sich eine wachsausscheidende Retikulation (Netzgürtelstruktur) befinden. Der Genitalporus öffnet sich zwischen den rudimentären Gonapophysen und der Genitalplatte. Die Gonapophysen sind ein bis vier abstehende Vorsprünge oder Papillen, die auch fusioniert sein können, sie liegen entlang des Hinterrandes der Genitalplatte (Abb. 3.71) und kommen bei allen lebendgebärenden Formen vor.

3.5.4.4 Siphonen

Meist am Hinterrand des Abdominalsegments V befinden sich seitlich zwei Siphonen (Siphunculi, Rückenröhrchen, Saftröhrchen). Es handelt sich dabei um Organe, die der Verteidigung dienen, denn die Blattläuse lassen bei Beunruhigung aus jedem Siphonenende einen meist gelblichen Tropfen einer rasch zäh werdenden Flüssigkeit austreten. Die Ausscheidungsprodukte der Siphonen enthalten keinen Zucker und werden beim Betrillern durch die Ameisen niemals ausgestoßen. Diese Sekrete haben die Aufgabe, irgendwelchen Angreifern, z. B. räuberischen Insekten, die Mundteile zu verschmieren, sodass diese veranlasst werden, sich zu reinigen und dabei der Blattlaus genügend Zeit lassen, die Stechborsten aus dem Pflanzengewebe herauszuziehen und sich zu entfernen. Gleichzeitig werden durch das Siphonensekret Alarmpheromone freigesetzt, welche die Angehörigen der »bedrohten« Kolonie zur Flucht veranlassen.

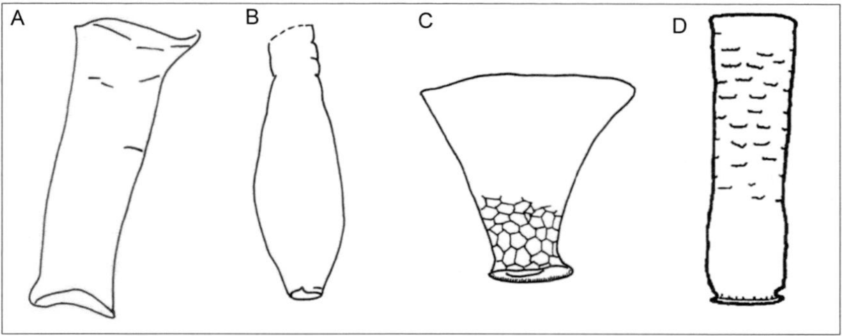

Abb. 3.72: Formen von Siphonen. A zylindrisch (*Pterocomma populeum*), B geschwollen (*Pterocomma salicis*), C kegelförmig mit retikulierter Zone (polygonale Netzgürtelstruktur) unter dem Flansch (*Periphyllus testudinaceus*), D leicht geschwollen mit Einschnürung unter dem Flansch (*Rhopalosiphum padi*) (nach Dixon & Thieme 2007)

Die Siphonen haben an ihrem Ende eine elastische Verschlussklappe, die – von einem Längsmuskel gehalten – bei Erregung geöffnet wird und dann den Siphoneninhalt austreten lässt. Dieser besteht aus zahlreichen, in eine Flüssigkeit eingebetteten Zellen, die nach dem Austritt platzen und dabei denjenigen Stoff freimachen, der das Verhärten des Sekretes und damit das Abschrecken des Angreifers bewirkt. Die Siphonen fehlen bei Adelgidae, Phylloxeridae und bei manchen Pemphigiden. Ihre Gestalt und Länge zeigt bei den einzelnen Arten große Unterschiede. Sehr kurz, nur knopf- und porenförmig sind sie bei den Lachnini, Thelaxini und, wenn überhaupt vorhanden, bei den Pemphigini. Andere Siphonenformen sind kurz oder lang bis sehr lang zylindrisch, gegen das Ende konisch verjüngt, keulenförmig, manchmal mit etwas seitlich verlagerter Öffnung (Abb. 3.72).

Die Siphonen der Vorfahren aller Familien innerhalb von Aphidoidea waren nur Poren wie in den ausgestorbenen Familien Oviparosiphidae und Canadaphididae und wie in den noch existierenden Eriosomatinae, Hormaphidinae, Anoeciinae, Phloeomyzinae und einigen anderen Unterfamilien sowie in einigen Mitgliedern der Unterfamilien Drepanosiphinae und Greenideinae. Verlängerte Siphonen entwickelten sich nur bei einigen anderen Mitgliedern von Drepanosiphinae und Greenideinae, bei den meisten Aphidinae und in der kreidezeitlichen Familie Paraverrucosidae (Poinar & Brown 2005). Siphonen und Siphonalporen dienen zur Verteidigung gegen Feinde, die Klone bedrohen, bei denen alle Mitglieder durch diploide Parthenogenese genetisch einheitlich sind. Sie werden nur dann kleiner oder gehen verloren, wenn andere Verteidigungsmittel vorhanden sind, wie z. B. Leben in geschlossenen Gallen, das Leben unter der Erde oder Schutz durch Ameisen.

3.5.4.5 Cauda

Bei den Aphididae ist die Cauda kurz, entweder halbmondförmig, halbkreisförmig, breit dreieckig oder kurz zungenförmig. Eine solche kurze Cauda ist in allen Unterfamilien der Aphididae verbreitet, mit Ausnahme der Hormaphidinae und Drepanosiphinae, bei denen die Cauda in der Regel geknöpft ist (kugelförmig mit einer kurzen, abgeschwächten Basis) (Abb. 3.73). Bei Blattläusen mit einer länglichen Cauda kann der Honigtautropfen am Anus von der Cauda weggeschleudert werden. Andererseits wird eine solche längliche Cauda nie bei gallenbewohnenden Blattläusen gesehen, bei denen die Honigtautropfen mit Wachs überzogen werden, anstatt weggeschleudert zu werden.

Blattläuse, die von Ameisen besucht werden, haben in der Regel eine kurze oder schwach entwickelte Cauda. Die Hauptfunktion der Cauda besteht darin, das Herablaufen der flüssigen, klebrigen Exkremente über den Körper zu verhindern. Die Blattlaus hebt ihren Hinterleib an und biegt ihre Cauda nach oben, wenn ein Exkrement aus dem Anus austritt (Abb. 3.74). Die übliche Position von Blattläusen, die sich von Stängeln und anderen Teilen der Wirtspflanze ernähren, ist mit dem Kopf nach unten, sodass die Cauda das Herunterrollen des Tropfens entlang des Rückens verhindert, bevor er durch Kontraktion der Rektalmuskeln oder durch den Kick eines Hinterbeins weggeschleudert wird (Abb. 3.75). Bei Blattläusen, die von Ameisen betreut werden, wird das Tröpfchen von den Ameisen entfernt. Saetae an der Cauda und an der Analplatte von myrmecophilen Blattläusen können einen Stauraum bilden, der als trophobiotisches Organ (Zwölfer 1957) bezeichnet wird und dazu dient, einen Honigtautropfen festzuhalten, bevor er von Ameisen abgeleckt wird.

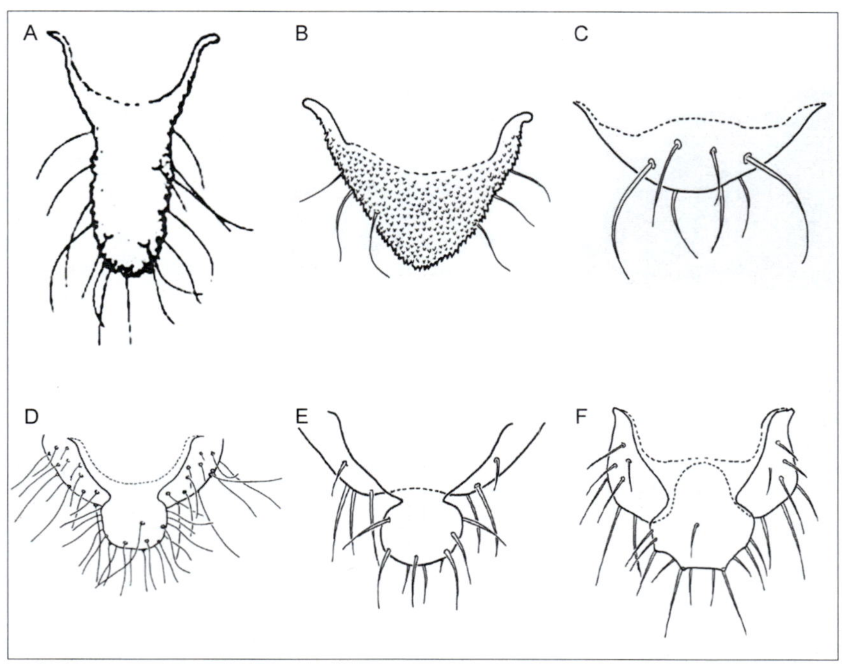

Abb. 3.73: Formen von Cauda und Analplatte von oben gesehen). A Cauda zungenförmig (*Aphis* spp.), B Cauda dreieckig (*Dysaphis sorbi*), C Cauda breit gerundet (*Periphyllus testudinaceus*), D Cauda geknöpft und Analplatte gerundet (*Clethrobius comes*) E Cauda geknöpft und Analplatte gekerbt (*Phyllaphis fagi*) F Cauda geknöpft und Analplatte zweilappig (*Tinocallis platani*) (nach Dixon & Thieme 2007).

Abb. 3.74: Vivipares Weibchen von *Rhopalosiphum maidis* schleudert mit der Cauda den Honigtautropfen weg (Foto: U. Wyss).

Abb. 3.75: Nymphe von *Sitobion avenae* schleudert mit der hinteren Tibia den Honigtautropfen weg (Foto: U. Wyss).

Bei Blattläusen mit starker Wachsproduktion (z. B. die meisten Arten der Pemphigini) sind der Körper und oft auch die Exkrementstropfen von hydrophoben Wachsfäden oder -pulver bedeckt und eine gut entwickelte Cauda ist daher nicht notwendig, um die klebrige Substanz zu entfernen.

3.5.4.6 Externe Geschlechtsorgane

Bei den Geschlechtsweibchen erscheint die Genitalöffnung oder Vulva als unauffälliger Schlitz direkt hinter der Genitalplatte, die normalerweise viel stärker mit Saetae versehen ist als bei den lebendgebärenden Weibchen. Einen gut entwickelten Ovipositor gibt es bei den Adelgidae und einen rudimentären Ovipositor bei den Phylloxeridae (Abb. 3.76). Bei den Aphididae finden wir keinen Ovipositor, nur die rudimentären Gonapophysen, welche das Abdominalsegment IX repräsentieren. Sie erscheinen gewöhnlich als 1–4 niedrige Schwellungen, die einige Saetaen tragen, welche als Gonochaetae bezeichnet werden.

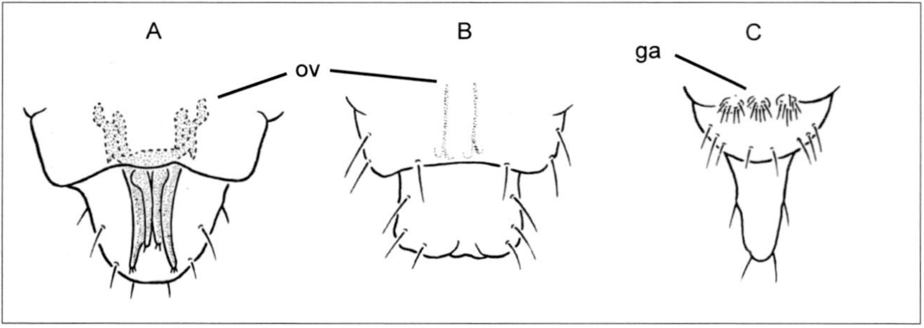

Abb. 3.76: Hinterleibsenden von weiblichen Blattläusen. A Adelgidae, B Phylloxeridae, C Aphididae, ov Ovipositor, go rudimentäre Gonapophysen (nach Foottit & Richardson 1993).

Die männlichen Genitalien sind so auffällig, dass die Sklerotisierung der Klammern (engl. Claspers) und des Aedeagus unter der Lupe oder sogar mit dem unbewaffneten Auge zu erkennen ist. In der Mitte des 9. Sternits befindet sich der Penis, oder Aedeagus, dessen apikaler Teil häutig ist und im Ruhezustand in den sklerotisierten Basalteil eingezogen wird. Die auf beiden Seiten des Penis befindlichen, abgesetzten Klammern sind gewöhnlich seitwärts abklappbar und dienen zur Umfassung der weiblichen Hinterleibsspitze (Abb. 3.77). Die männlichen Genitalien wurden lange in der Taxonomie der Blattläuse nicht verwendet, auch weil Männchen relativ selten und für etliche Taxa nicht beschrieben sind. Um diese Lücken aufzufüllen untersuchen K. Wieczorek und ihre Mitabeiterinnen und Mitarbeiter

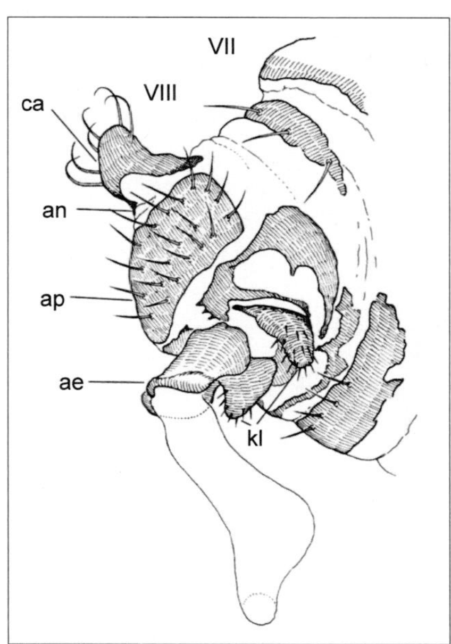

Abb. 3.77: Hinterleibsende eines Männchens. ae Aedeagus, an Anus, , ap Analplatte, ca Cauda, kl Klammern, VII–VIII Abdominalsegment VII–VIII (nach Miyazaki 1987).

besonders intensiv das männliche Reproduktionssystem von Blattläusen (Wieczorek 2010, Wieczorek et al. 2019, Wieczorek & Chłond 2019, Wieczorek et al. 2020, Trela et al. 2020).

3.6 Nervensystem

Unsere Kenntnisse der Blattlaus-Neurobiologie beschränken sich fast ausschließlich auf ihre morphologischen Aspekte, was zweifellos die geringe Größe des Insekts widerspiegelt. Informationen liefern Studien über etwa zwölf Blattlausarten von Grove (1909, 1910), Davidson (1913a), Baker (1915), Pflugfelder (1936), Roberti (1946), Cazal (1948), Johnson (1962, 1963), von Gabriel (1965), Takaoka (1969), Saxena & Chada (1971d), Ponsen (1972, 1977a, b), Steel (1977) und Hardie (1987).

Es scheint zwar allgemein anerkannt zu sein, dass das zentrale Nervensystem der Blattläuse eine hoch entwickelte und stark verdichtete Struktur ist, aber es gibt Diskrepanzen zwischen den Autoren, die auf Unterschiede zwischen den Arten zurückzuführen sind. Es wäre auch überraschend, wenn sich die unterschiedlichen sensorischen motorischen Anforderungen von geflügelten und ungeflügelten Morphen nicht in der Struktur des Nervensystems widerspiegeln würden.

3.6.1 Generelle Strukturen

Das Nervensystem der Blattläuse besteht aus vier strukturellen und funktionellen Hauptteilen: (a) dem Gehirn oder Supraoesophagalganglion, das den größten Teil der Kopfkapsel einnimmt, (b) dem Suboesophagalganglion, das über Bindeglieder mit dem Gehirn verbunden ist, (c) dem thorakalen Teil des ventralen Nervenstrangs, (d) den Ganglien und Nerven, die zusammen das stomatogastrische System bilden (Abb. 3.78).

3.6.2 Gehirn

Wie bei anderen Insekten, ist das Blattlausgehirn weitgehend in drei Regionen teilbar:

Das Protocerebrum, der vordere, größte Teil des Gehirns, wird durch die Fusion von zwei Ganglien gebildet und erstreckt sich seitlich als die optischen Lappen. Wie bei anderen Ganglien des Nervensystems gibt es eine äußere Bindegewebshülle, die Neurallamelle, unter der sich eine Neurogliazellschicht, das Perineurium, befindet. Die Zellkörper der Neuronen liegen unmittelbar unterhalb des Perineuriums und umgeben die zentrale Neuropilarregion, die durch axonale und dendritische Fortsätze gebildet wird. Innerhalb des neurophile, Zentralkörpers, Corpus pendunculatum. Der dorso-mediane Teil des Protocerebrums, der Intercerebralteil, enthält wichtige neurosekretorische Neuronen (aus ihm entspringen die Ocellennerven). Die Tentorium-Elevator-Muskulatur verläuft dorsal vom Querbalken aus und in der Nähe der Dorsallappen im hinteren Bereich des Protocerebrum. Verlängerungen aus diesen Lappen innervieren die Corpora cardiaca. Aus den optischen Lappen entstehen die Sehnerven, die sensorische Axone aus den Augen tragen (Abb. 3.78).

Innen sind drei verschiedene synaptische Regionen im Neuropil (Nervengeflecht), die Medullas interna und externa und die Lamina ganglionaris zu erkennen. Die Struktur des Protocerebrums ist so modifiziert, dass die Unterschiede zwischen den Morphen angepasst werden.

Das Deutocerebrum entsteht durch Verschmelzung des Ganglienpaares des Antennensegments, wobei die Verschmelzung nicht durch oberflächliche Furchen gekennzeichnet ist. Das Deutocerebrum bildet den Antennennerv, der sowohl sensorische als auch motorische Nervenaxone enthält, eine strukturelle Unterteilung des Deutocerebrums in motorische und sensorische Bereiche scheint jedoch nicht zu erfolgen. Die beiden Lappen sind durch innere axonale Teile sowie dorsoventrale Teile mit dem Protocerebrum verbunden.

Das Tritocerebrum bildet den hintersten Teil des Gehirns und besteht aus zwei konischen Lappen, die im Gegensatz zum Protocerebrum und Deu-

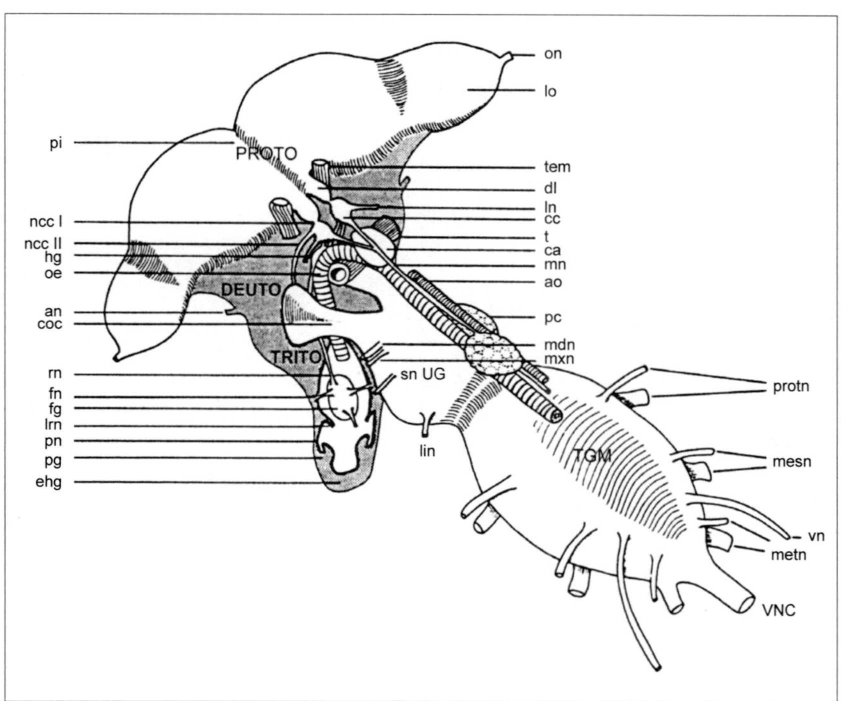

Abb. 3.78: Generalisiertes Nervensystem der Blattläuse. an, Antennennerv; ao, Aorta; ca, Corpus allatum; cc, Corpus cardiacum; coc, Circumoesophagalkonnektive; DEUTO, Deuterocerebrum; dl, Dorsallappen; ehg, Epi- und Hypopharyngalorgane; fg, Frontalganglion; fn, Frontalnerv; hg, Hypocerebralganglion; lin, Labialnerv; ln, Lateralnerv; lo, optischer Lappen; lrn, Labralnerv; mdn, Mandibularnerv; mesn, mesothorakale Nerven; metn, metathorakale Nerven; mn, Mediannerv; mxn, Maxillarnerv; ncc I, Nervus corporis cardiacum I; ncc II, Nervus corporis cardiacum II; oe, Oesophagus; on, Sehnerv; pg, Pharyngalganglion; pc, Pericardialzellen; pi, Intercerebralteil; pn, Pharyngalnerv; protn, Prothorakalnerven; PROTO Protocerebrum; rn, rücklaufender Nerv; sn, Nerv zu den Speicheldrüsen; t, Tentorium; tem, Tentorium-Elevator-Muskel; TGM, thorakale Ganglienmasse; TRITO, Tritocerebrum; UG, Unterschlundganglion; vn, Visceralnerv; VNC, Ventralnervenstrang (nach von Gabriel 1965, Hardie 1987a).

tocerebrum nicht fusioniert, sondern dorsal durch eine transversale Kommissur verbunden sind, neuropilare Teile sind auch mit anderen Hirnregionen verbunden. Die kurzen frontalen Nerven, die sich mit dem frontalen Ganglion verbinden, stammen aus den zentralen, inneren Bereichen der Tritocerebrallappen. Mehr ventral treten die Labralnerven auf, die die Muskulatur der Saugpumpe versorgen. Die distalen, sich verjüngenden Enden der Tritocerebrallappen bilden die Pharyngalnerven, von denen feine Nerven verschiedene Muskeln durchdringen, während der Hauptzweig in die Pharyngalganglien eindringt. Diese Ganglien sind zweilappig und werden ventral vereinigt, bevor sie sich als epipharyngale und hypopharyngale Geschmackssinnesorgane ausdehnen. Letztgenannte Strukturen haben eine chemosensorische Funktion.

3.6.3 Suboesophagalganglion

Ein Paar kurzer, kräftiger circumoesophagaler Kommissuren entsteht in den hinteren Regionen des Gehirns und verbindet sich mit dem Suboesophagalganglion (Unterschlundganglion). Diese Bindeglieder verlaufen dann nach hinten, zu beiden Seiten des Oesophagus, bevor dieser sich an der Tentoriumsbrücke scharf krümmt. Das Suboesophagalganglion, ebenfalls aus der Ganglienfusion hervorgegangen, liegt unter dem Oesophagus im hinteren Bereich der Kopfkapsel. Vom vorderen Teil gehen die Nerven in die Mandibeln, Maxillen und Speicheldrüsen über, wobei die genaue Anatomie je nach Art zu variieren scheint. Ein Paar der Labialnerven entsteht aus einer posteroventralen Position und am hinteren Ende befinden sich Verbindungen zur thorakalen Ganglienmasse.

3.6.4 Thorakale Ganglienmasse und ventrale Nervenbündel

Die thorakale Ganglienmasse wird im Embryo durch die Verschmelzung von Ganglienpaaren aus jedem der drei Thoraxsegmente zusammen mit dem einzelnen abdominalen Ganglion gebildet. Der zusammengesetzte Aufbau dieser Struktur spiegelt sich im Neuropil (Nervenfilz) wider. Die Anzahl und Position der Nerven aus der Ganglienmasse scheint je nach Art und/oder Morphe zu variieren. Nach Ansicht einiger Autoren gibt es nur drei Paare von Thoraxnerven, die dann zu den Muskeln und Sinnesorganen verzweigen. Bei einigen Blattläusen sind sechs Nervenpaare vorhanden (Abb. 3.78), das kleinere Paar kann die Muskeln der thorakalen Atemlöcher innervieren, während das größere, ventrale Paar zu den Beinen führt. Diese Anordnungen scheinen eher mit den Arten als mit den Morphen korreliert zu sein, aber geflügelte und ungeflügelte Formen unterscheiden sich in der genauen Austrittsposition der Nerven, und bei Geflügelten wird für die Innervationen der Flugmuskeln gesorgt.

Die thorakale Ganglienmasse endet im vorderen Mesothorax, wo der einzelne ventrale Nervenstrang aus den neuropilen Überresten der abdominalen Ganglien entsteht (Abb. 3.78). Der Strang verläuft rückwärts durch den Hinterleib, wo er bei einigen Blattläusen in einem hinteren Bauchganglion endet, bei anderen Blattläusen fehlt dieses abdominale Ganglion, bei einigen Arten tritt auch ein einzelnes Paar von vermeintlichen visceralen Nerven aus dem hinteren Teil der thorakalen Ganglienmasse hervor (Abb. 3.78).

3.6.5 Stomatogastrisches System

Das konische oder ellipsoide Frontalganglion liegt zwischen den Lappen der Tritocerebralganglien, wo zwei kurze frontale Nerven das zentrale und stomatogastrische Nervensystem verbinden (Abb. 3.78). Von diesem Ganglion aus innervieren kleinere Nerven die Pharynxdilatoren, während dorso-posterior der rezidivierende (wiederkehrende) Nerv zum verlängerten Hypocerebralganglion verläuft, das auf dem Oesophagus hinter dem Deutocerebrum liegt. Ein Paar der feinen Nerven geht vom Hypocerebralganglion zu den paarigen Corpora cardiaca. Diese neuroendodokrinen Organe befinden sich hinter dem Gehirn und stehen in engem Kontakt mit der Vorderwand der Aorta. Sie haben zwei Nervenverbindungen zum Gehirn: (a) Die nervi corporis cardiaci I (NCC I) entstehen aus den dorsalen Lappen des Protocerebrums. (b) Die NCC II verlassen das Protocerebrum ventraler, nahe den Circumoesophagalkonnektiven, und treten in die ventrale Oberfläche der Corpora cardiaca ein.

Zwei Nervenpaare führen posterior von den Corpora cardiaca zu den Mittel- und Seitennerven. Erstere laufen auf die dorsale Oberfläche des Corpus allatum, wo sie verschmelzen und die Innervationen dieses Organs bilden können. Nach der Fusion setzt sich der einzelne Mittelnerv posterior entlang der ventralen Oberfläche der Aorta fort, wo er in engem Kontakt mit den Pericardzellen steht. Dieser Nerv scheint in der Nähe von Rectum und Oviduct zu enden. Die größeren Seitennerven verlaufen in enger Verbindung mit den Tracheen zum Prothorax, wo sie verschiedene Muskeln zu innervieren scheinen. Sie setzen sich nach hinten fort und verzweigen sich, wobei einige Zweige die Muskeln im Metathorax und im Abdomen versorgen und sich zum Teil wieder mit anderen Zweigen der Seitennerven vereinen, andere verbinden sich mit dem Mittelnerv.

3.7 Sensillen

3.7.1 Physiologische Arbeiten

Über neurophysiologische Arbeiten an Blattläusen gibt es einige Berichte, die sich hauptsächlich auf sensorische und neuroendokrine Funktionen beschränken. Die ersten Untersuchungen an verschiedenen Blattlausarten durch eine Reihe von Autoren haben Unterschiede in der Verteilung der neurosekretorischen Zellkörper im Nervensystem ergeben. Pionierarbeit leistete Johnson (1962, 1963) bei der Untersuchung der Neurosekretion von Blattläusen, als er verschiedene Stadien und Morphen von mehreren Blattlausarten untersuchte. Er beobachtete, dass das neurosekretorische

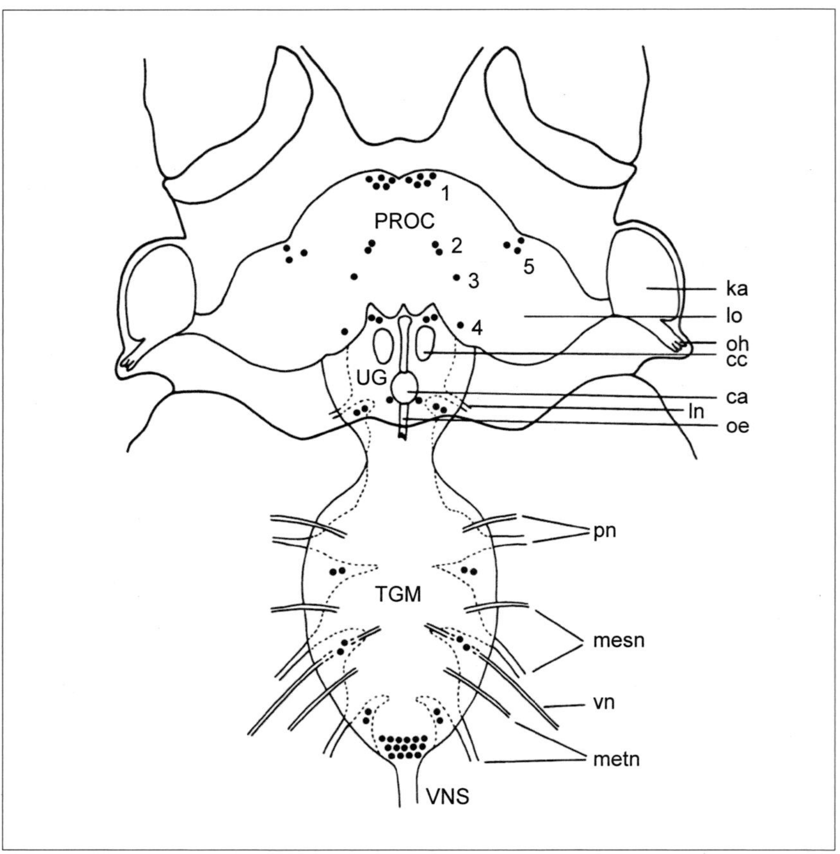

Abb. 3.79: Verteilung der neurosekretorischen Zellkörper im zentralen Nervensystem einer erwachsenen ungeflügelten lebendgebärenden *Megoura viciae*. 1–5 Protocerebrale neurosekretorischen Zellen (NSZ) Gruppen 1–5; ca, Corpus allatum; cc, Corpus cardiacum; ka, Komplexauge; ln, Labialnerv; lo, optischer Lappen; mesn, mesothorakale Nerven, metn, metathorakale Nerven; oh, Ocellenhöcker; oe, Oesophagus, pn, prothorakale Nerven; PROC, Protocerebrum; TGM, thorakale Ganglien; UG, Unterschlundganglion; vn, Visceralnerv; VNS, ventraler Nervenstrang (nach Steel 1977, Hardie 1987b).

System im Allgemeinen in allen Morphen und Arten einheitlich war. Die zwei im Protocerebum gefundenen Gruppen von Zellkörpern wurden als Zellgruppen I und II bezeichnet (Abb. 3.79). Als von Gabriel (1965) diese Untersuchungen an zwei Blattlausarten erweiterte, konnte er eine dritte Gruppe identifizieren. Jahre später schloss Steel (1977) eine detaillierte Studie an ungeflügelten lebendgebärenden *Megoura viciae* ab und fand protocerebrale neurosekretorische Zellen der Gruppen I–III und zwei weitere Gruppen, die als Gruppen IV und V bezeichnet wurden (Abb. 3.79).

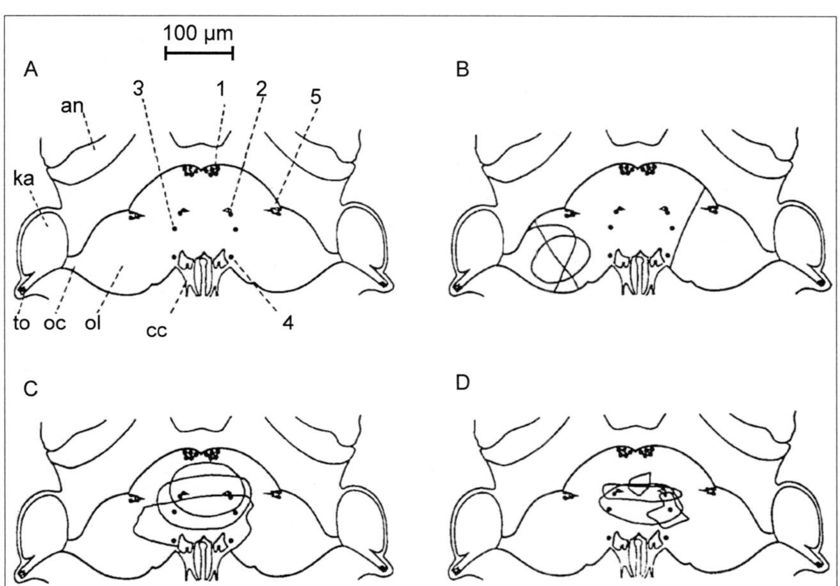

Abb. 3.80: Lage der verschiedenen Hirnläsionen, die mit einer Ausnahme (B) keinen Einfluss auf die photoperiodische Umschaltung haben. (A) Intaktes Gehirn von dorsal, mit Angabe der Positionen der neurosekretorischen Zellen (NSZ) Gruppen 1–5; cc, Corpus cardiacum; ka, Komplexauge; snk, distales Sehnervenkreuz (Chiasma); lo, optischer Lappen; te, Triommatidium. (B) Läsionen des Sehnervenkopfes. Die große Läsion, die den gesamten rechten Sehnervenlappen und den Rand des Protocerebrums betrifft, verzögert die Umschaltung. (C) Große oberflächliche Läsionen mit Beteiligung der NSZ-Gruppen 2, 3 und 4. (D) Kleine oberflächliche Läsionen mit selektiver Schädigung der NSZ-Gruppen 2 oder 3 (nach Steel & Lees 1977).

Elektrophysiologische Untersuchungen wurden an den Sinnesorganen der Antennen durchgeführt (Bromley & Anderson 1982, Wohlers & Tjallingii 1983) sowie an den Maxillar- und Mandibularstechborsten (Anderson & Bradley 1963) und den Labialsensillen (Tjallingii 1978a). Mithilfe von Mikrokauterisationstechniken konnten die Funktionen zerebraler neurosekretorischer Zellen untersucht werden (Steel & Lees 1977, Steel 1978). Durch selektive Schädigung des Gehirns mit einer Mikrokauterie wurde von Steel & Lees (1977) die Lage des fotoperiodischen Mechanismus untersucht, der die Produktion der sexuellen und parthenogenetischen Morphen durch ungeflügelte Eltern steuert (Abb. 3.80). Die drei Rezeptoren des Triommatidiums (Pflugfelder 1936) sind durch einen separaten Trakt von Axonen mit den Sehnervenlappen verbunden. Diese wurden bei sehr großen Läsionen zerstört. Die Bahnen des Triommatidiums und des Komplexauges vereinigen sich am distalen Sehnervenkreuz (Chiasma opticum). Die bilaterale Zerstörung dieses Chiasmas, durch Kauterisierung oder durch Durchtrennen des Chiasmas, wurde als Technik zur Erzeugung von sehbehinderten Läusen durchgeführt. Nach Steel & Lee (1977) führte die Kauterisation des Chiasmas nur zu einer geringen Sterblichkeit, selbst wenn so schwere Läsionen wie in Abb. 3.80 B erzeugt wurden. Diese Eingriffe waren völlig unwirksam bei der Verhinderung der normalen fotoperiodischen Reaktion. Durch Läsionen, welche die neurosekretorischen Gruppe 1-Zellen (NSZ G1) im Protocerebrum zerstörten, konnte die Reaktion auf veränderte Tageslängen verhindert werden. Erhebliche Schädigungen an anderen NSZ Gruppen, an den Komplexaugen und optischen Lappen blieben ohne Wirkung. Hieraus wurde geschlussfolgert, dass die NSZ G1 die Effektoren sind, die eine Lebendgebärende fördende Substanz ausscheiden, bei deren Fehlen nur Ovipare produziert werden.

Für die Langtagsreaktion werden auch die Bereiche benötigt, die etwas lateral zur NSZ G1 liegen, was darauf hindeutet, dass dies der wahrscheinliche Ort der neuronalen fotoperiodischen Uhr ist, die die Freisetzung von neurosekretorischem Material (NSM) aus den NSZ G1 regulieren.

Die nervliche Steuerung des Absetzens von Larven durch erwachsene Lebendgebärende wurde indirekt untersucht. Das Absetzen von Larven wird normalerweise gehemmt, es sei denn, die Blattläuse ernähren sich von der Wirtspflanze. Diese Hemmung wird ausgelöst, wenn die Stechborsten amputiert oder chemisch behandelt werden (Bradley 1960, 1962, Lees 1984), wenn das Insekt enthauptet wird (Johnson & Birks 1960, Lees 1984) oder nach Amputation der Tibiotarsi (Lees 1984).

Das sensorische System der Blattläuse ist im Vergleich zu anderen Insekten ähnlicher Körpergröße unkompliziert. Die Blattläuse verfügen über eine begrenzte Anzahl unterschiedlicher sensorischer Strukturen zur Erfüllung der Anforderungen für Insekten: Sehen, Flugsteuerung, Propriozeption (Wahrnehmung von Körperbewegung und -lage im Raum oder der Lage einzelner Körperteile zueinander), Tastsinn und Geruchswahrnehmung. Zu diesen Strukturen gehören die Rezeptoren, die einen wichtigen Teil einer einzigartigen Biologie bilden, welche die Migration, den Wirtswechsel und die Verhaltenskontrolle durch die Pheromone beinhaltet.

Einen Überblick über das Wissen über Blattlaus-Sinnesorgane lieferten bereits Anderson & Bromley (1987). Sie gingen bei der Auswahl der Referenzen selektiv vor und haben, wenn möglich, morphologische und histologische Untersuchungen mithilfe der Elektronenmikroskopie durchgeführt.

Blattläuse besitzen verschiedene Arten von Sensillen an ihrem Körper (Dunn 1978, Bromley et al. 1979, 1980, Wieczorek et al. 2019). Thorax und Abdomen (einschließlich Cauda) einer erwachsenen Blattlaus sind spärlich mit trichoiden Sensillen bedeckt, oft in einem festgelegten Muster. Bei Juvenilen sind diese cuticularen Hilfsorgane weniger zahlreich. Die Form der Sensillen variiert stark zwischen den verschiedenen Arten, von einfach mit spitzen, stumpfen, gegabelten oder geschwollenen Spitzen bis hin zu breiten, abgeflachten, schuppenartigen Strukturen (Abb. 3.81, 3.82 und 3.83). Sie ähneln wahrscheinlich den trichoiden Sensillen des Typ 1 der Antennen, d. h. einfachen Mechanorezeptoren.

Lange trichoide Sensillen von Typ I bedecken sowohl bei den geflügelten als auch bei den ungeflügelten Männchen von *A. pisum* den gesamten Genitalbereich. Dabei sind die längsten Sensillen am dichtesten auf den Parameren verteilt. Im Gegensatz dazu ist die Oberfläche des basalen Teils des Phallus glatt und von zahlreichen abgerundeten Vertiefungen mit winzigen Strukturen bedeckt, die zapfenartigen Sensillen ähneln. Vergleichbare Ergebnisse wurden auch bei anderen Blattlausarten erzielt. Allerdings unterscheiden sich Anzahl und Form der stiftförmigen Sensillen bei den bisher untersuchten Arten deutlich (Wieczorek et al. 2011, 2012).

Einen Vergleich der Terminologie der verschiedenen Sensillentypen in Bezug auf ihre Funktion und die Terminologie der morphologischen Merkmale, die traditionell in der Taxonomie der Blattläuse verwendet werden, ist der Tabelle 4 zu entnehmen.

Tab. 4: Vergleich der Terminologie verschiedener Sensillen und ihre Funktion in Bezug auf die in der Blattlaustaxonomie verwendete Terminologie morphologischer Merkmale (nach Kanturski et al. 2020) As, Antennensegment.

Körperteil	Terminologie der Sensille	Terminologie morphologischer Merkmale	Vermutete Funktion
Dorsum	trichoide Sensillen Typ I	Borsten	Mechanorezeptoren
As I	trichoide Sensille Typ I	Antennenborste	Mechanorezeptor, vermutlich auch Chemorezeptor
As II	trichoide Sensille Typ I	Antennenborste	Chemorezeptor
	coeloconische Sensille	Rhinariolum	Hygrorezeptor
	campaniforme Sensille	–	Propriorezeptor
As III	trichoide Sensille Typ I	Antennenborste	Mechanorezeptor
	kleine vielporige placoide Sensillen	Sek. Rhinarien	Chemorezeptoren (olfaktorische Funktion)
As IV	trichoide Sensille Typ I	Antennenborste	Mechanorezeptor
	kleine vielporige placoide Sensillen *	Sek. Rhinarien*	Chemorezeptoren (olfaktorische Funktion)
As V	trichoide Sensille Typ I	Antennenborste	Mechanorezeptor

Körperteil	Terminologie der Sensille	Terminologie morphologischer Merkmale	Vermutete Funktion
	kleine multiporöse placoide Sensillen*	Sek. Rhinarien*	Chemorezeptoren (olfaktorische Funktion)
	große vielporige placoide Sensille	Prim. Rhinarium	Chemorezeptor (olfaktorische Funktion)
As VI Basis	trichoide Sensille Typ I	Antennenborsten	Mechanorezeptor
	große vielporige placoide Sensille	Prim. Rhinarium	Chemorezeptor (olfaktorische Funktion)
	kleine vielporige placoide Sensillen	Akzessorische Rhinarien	Chemorezeptoren (olfaktorische Funktion)
	eingesenkte coeloconische Sensille Typ I		Hygrorezeptor, vermutlich auch Thermorezeptor
	eingesenkte coeloconische Sensille Typ II		Hygrorezeptor, vermutlich auch Thermorezeptor
As VI Processus terminalis	trichoide Sensille Typ II	Borste auf dem Processus terminalis	Mechanorezeptor, zusätzlich Chemorezeptor
		Borste am Ende des Processus terminalis (Apikalborste)	
Rüsselsegmente I–III	trichoide Sensille Typ I	Rüsselborste	Mechanorezeptor mit gustatorischer Funktion
Rüsselsegmente IV +V	basiconische Sensille Typ II	–	
	trichoide Sensille Typ I	akzessorische Borste am letzten Rüsselsegment	
	trichoide Sensille Typ I	primäre Borste am letzten Rüsselsegment	
	basiconische Sensille Typ III	–	
Trochanter, Femur, Tibia, Tarsen	trichoide Sensille Typ I	Trochanter-, Femur-, Tibia-, Tarsen-Borste	Mechanorezeptor mit gustatorischer Funktion.
	campaniforme Sensille	–	Propriorezeptor
Cauda	trichoide Sensille Typ I	Cauda-Borsten	Mechanorezeptor
Parameren**	trichoide Sensillen Typ I	Parameren-Borsten	Mechanorezeptor
Basaler Teil des Phallus	zapfenförmige Sensille		Mechanorezeptor

* Geflügelte Morphe, ** Männchen

3.7.2 Sensillen an Beinen und Flügeln

Bei Blattläusen sind diese Sensillen höchstwahrscheinlich Mechanorezeptoren, ultrastrukturelle Untersuchungen haben jedoch gezeigt, dass eine der trichoiden Sensillen (ventrale Saetae) des ersten Tarsensegments typisch für einen Kontaktchemorezeptor ist (Van Emden & Harrington 2017). Die Anzahl, Form und Verteilung der trichoiden Sensillen an den Beinen sind von großem diagnostischen Wert und Bedeutung in der Taxonomie der Blattläuse (Blackman 2010).

Nach De Biasio et al. (2015) und Kanturski et al. (2020) weisen die Beine des Ackerbohne besiedelnden Biotyps von *Acyrthosiphon pisum* zahlreiche trichoide Sensillen mit gut entwickelten Sockeln auf. Die trichoiden Sensillen sind eher kurz, röhrenförmig, dick und steif mit mehr oder weniger verdickten Enden, bei ungeflügelten Morphen kürzer als bei geflügelten Morphen (Kanturski et al. 2020). Die Oberfläche der trichoide Sensillen ist meist glatt ohne Skulptur, aber in vielen Fällen ist das verdickte Ende faltig. Während die Sockel der dorsalen Körpersensillen von oben abgerundet und von der Seitenansicht trapezförmig erscheinen, sind sie an den Beinen vielfältiger, vor allem in der Länge und der Form der Spitzen. Die Sensillen auf den Femora sind eher kurz – bis 30 µm lang – mit leicht capitaten Spitzen (manchmal einfach stumpf mit leicht gerundetem Apex). Ihre Oberfläche ist ebenfalls glatt, aber oft treten faltige Spitzen auf. Die Sensillen der Tibiae sind hingegen sehr lang, dick und starr, mit capitaten oder stumpfen Spitzen (meist an der Dorsalseite der Tibiae und vom proximalen Teil bis zur Mitte ihrer Länge) oder stark verdickt und starr mit spitzen oder dolchartigen Enden (meist ventraler und distaler Teil der Tibiae). Die Sockel der Beinsensillen der sind von oben abgerundet und von der lateralen Ansicht trapezförmig. Nach Kanturski et al. (2020) gibt es keine Unterschiede in der Länge und Form der Sensillen zwischen parthenogenetischen und sexuellen Morphen. Neben den trichoiden Sensillen tragen die Innenseite der Trochantera und die proximalen Teile der Femora der Beine der von Kanturski et al. (2020) untersuchten Morphen von *A. pisum* 3–4 campaniforme Sensillen. Sie sind ungleichmäßig verteilt, meist abgerundet und mit kleiner, manchmal schlecht sichtbarer Pore in der Mitte der Sensillenplatte (Abb. 3.84). Die campaniformen Sensillen an den Beinen anderer Blattlauarten sind vergleichbar aufgebaut (Abb. 3.85 und 3.86).

Die Körpersaetae und die meisten an den Beinen werden wahrscheinlich für taktile Reaktionen bei Blattläusen und zwischen Blattläusen und anderen Insekten verwendet, z. B. für das Treten der Hinterbeine bei Berührung einer einzelnen Beinsaeta. Die kurzen Sensillen an Tibiae und Tarsen mögen bei der Wirtsauswahl eine Rolle spielen, aber ihre relative Bedeutung ist unbekannt. Die Flügelsensillen haben zweifellos eine entscheidende

Rolle bei der Kontrolle des Fluges der Blattläuse (wie bei anderen Insekten auch), es sind jedoch wahrscheinlich auch zusätzliche innere Sinnesstrukturen beteiligt.

Die Flügel aller Insekten besitzen mechanorezeptive Sensillen zur Überwachung der Flügelbewegungen – und Blattläuse sind da keine Ausnahme. Watase (1962b) hat ihre Verbreitung und Struktur bei etlichen Arten untersucht. Nach Untersuchungen im Rasterelektronenmikroskop sind sie hauptsächlich campaniforme Sensillen (Hardie 1987a), es können aber auch trichoide Sensillen beobachtet werden.

3.7.3 Sensillen an Mundwerkzeugen

Blattläuse, wie auch andere Hemipteren, zeichnen sich durch hochspezialisierte stechend-saugende Mundwerkzeuge aus. Lange wurde angenommen, dass die kurzen Saetae oder Zapfen am Ende der Labia als Chemorezeptoren dienen (Abb. 3.87). Wensler (1977) und Tjallingii (1978a) vermuten, dass sie einfache Mechanorezeptoren sind, mit deren Hilfe die Blattläuse die bevorzugten Futterstellen an der Wirtspflanze finden. Chemosensorische Strukturen existieren, befinden sich aber im Nahrungskanal und bestehen z. B. bei *Brevicoryne brassicae* und *Tuberolachnus salignus* aus acht gustatorischen Papillen (Wensler & Filshie 1969). Dies sind vermutlich die ultimativen Indikatoren für die Eignung einer Wirtspflanze.

Eine weitere Struktur ist ein einzelnes Scolopidium (stiftführendes Sensilium), das als interner Mechanorezeptor von campaniformen, in der Tiefe versenkten und von der Körperwand losgelösten Sensillen abgeleitet ist oder als eigene Bildung der Sinneszellen aufgefasst wird. Es überwacht wahrscheinlich die Bewegungen der Mundwerkzeuge beim Absenken in die und aus der Position der Nahrungsaufnahme (Wensler 1974, Tjallingii 1978b). Die auf dem Anteclypeus über dem Labrum sitzenden trichoiden Sensillen könnten eine Funktion zur Überwachung der Kontraktion des Labrums besitzen (Abb. 3.88 und 3.89).

Das letzte Rüsselsegment von *A. pisum* trägt nach Kanturski et al. (2020) trichoide Sensillen vom Typ I und Typ II sowie basale Sensillen vom Typ II und Typ III. Die trichoiden Sensillen des Typs II sind kürzer als die trichoiden Sensillen des Typs I, liegen in der Mitte des letzten Rostralsegments sowohl auf der dorsalen als auch auf der ventralen Seite und sind röhrenförmig mit abgerundeten Spitzen. Die trichoiden Sensillen vom Typ I sind deutlich länger und befinden sich im distalen Teil des letzten Rostralsegments als drei Paare sogenannter primärer Saetae. Sie sind auch durch schmalere und spitze Enden gekennzeichnet (Abb. 3.87) Die Sockel beider Typen von trichoiden Sensillen sind von oben rund oder oval und flach

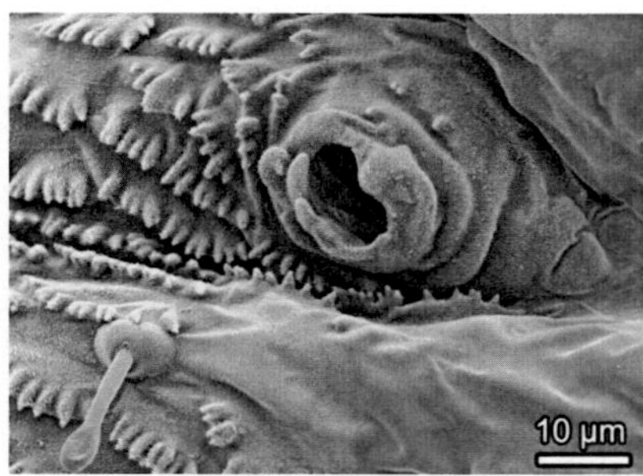

Abb. 3.81: Trichoide Sensille (kurz mit verbreiteter Spitze) neben dem Stigma am 1. Abdominalsegment eines ungeflügelten, lebendgebärenden Weibchens von *Aulacorthum solani* (Scan: D. VOIGT).

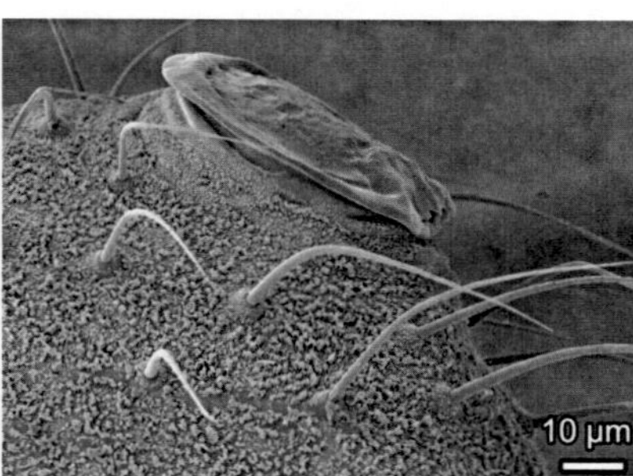

Abb. 3.82: Trichoide Sensillen (länger mit spitzen Enden) neben dem Sipho einer geflügelten Gynopara von *Anoecia corni* (Scan: D. VOIGT).

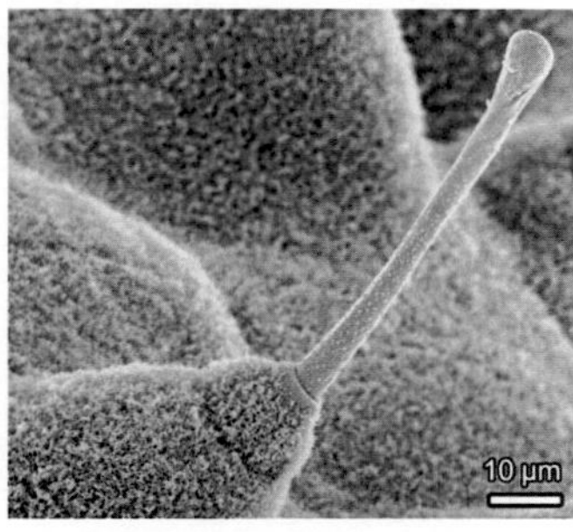

Abb. 3.83: Trichoide Sensille (kurz mit genöpfter Spitze) auf dem Abdomen eines geflügelten, lebendgebährenden Weibchens von *Therioaphis trifolii* (Scan: D. VOIGT).

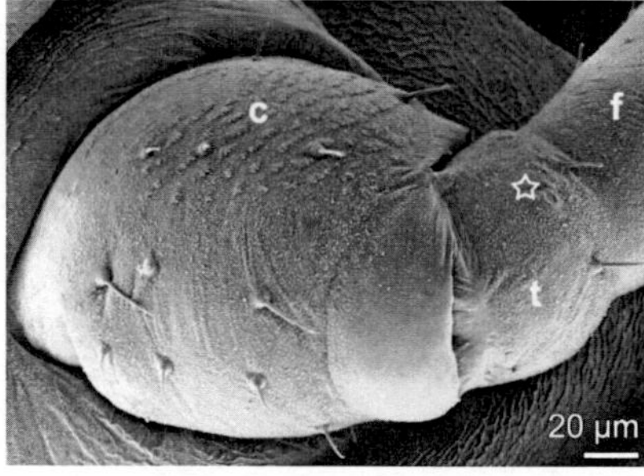

Abb. 3.84: Campaniforme Sensille (Stern) am Trochanter eines ungeflügelten, lebendgebährenden Weibchens von *Acyrthosiphon pisum*. c Coxa, t Trochanter, f Femur (Scan: D. VOIGT).

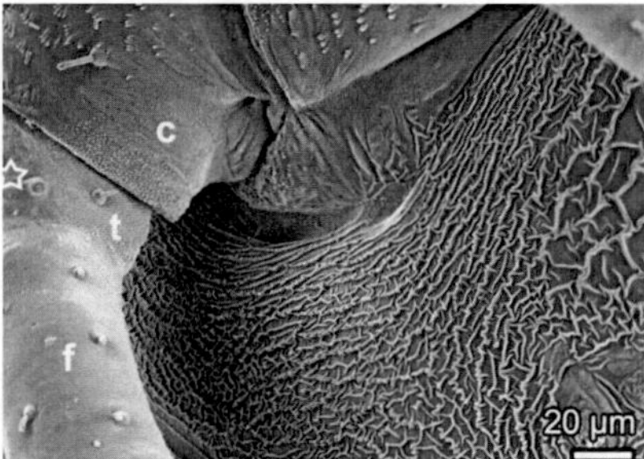

Abb. 3.85: Campaniforme Sensille (Stern) und kurze, stumpf endende trichoide Sensille am Trochanter eines ungeflügelten, lebendgebährenden Weibchens von *Aulacorthum circumflexum*. c Coxa, t Trochanter, f Femur (Scan: D. VOIGT).

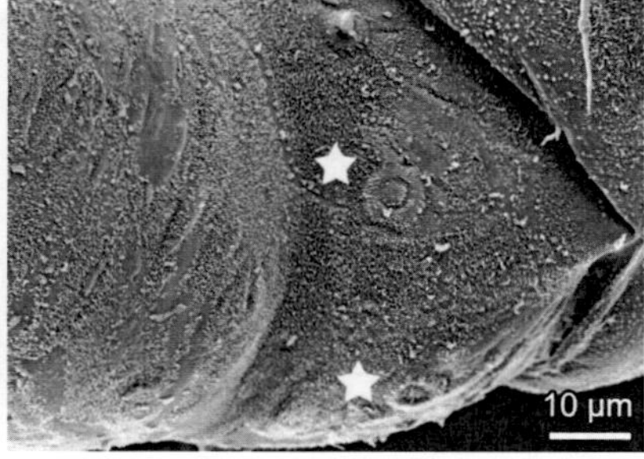

Abb. 3.86: Campaniforme Sensillen (Stern) am Trochanter eines ungeflügelten, lebendgebährenden Weibchens von *Macrosiphum euphorbiae* (Scan: D. VOIGT).

trapezförmig. Die trichoiden Sensillen sind meist glatt, in einigen Fällen können aber die Oberflächen der trichoiden Sensillen vom Typ I Unregelmäßigkeiten besitzen. Die basiconischen Sensillen vom Typ II befinden sich am proximalen Teil des letzten rostralen Segments, immer zwei an der Zahl, kürzer bei ungeflügelten Morphen und länger bei geflügelten Morphen. Die basiconischen Sensillen vom Typ III sind am Ende des letzten Rostralsegments (Abb. 3.90) als sehr kurze, spitz zulaufende Zapfen sichtbar, die ohne Sockel in kleinen Vertiefungen liegen. In allen Morphen von *A. pisum* (Kanturski et al. 2020) sind sie meist in acht Paaren vorhanden und besitzen eine sichtbare Häutungspore in ihrem basalen Teil. Derartige Häutungsporen sind im basalen Teil fast aller trichoiden Sensillen des Typs I auf dem rostralen Segment IV sichtbar.

3.7.4 Sensillen an Antennen

Die Art und Verteilung der Sinnesorgane variiert je nach Entwicklungsstadium, einige sind nur bei Erwachsenen vorhanden. Obwohl die Antennengröße und die Form der sensorischen Strukturen je nach Art sehr unterschiedlich sind, soll es nach den Untersuchungen von Anderson & Bromley (1987) zwischen den Arten keine Variation der Sensillen-Funktion geben. Rasterelektronenmikroskopische Untersuchungen der Sensillen an Blattlausantennen wurden von Dunn (1978), Shambaugh et al. (1978), Wang & Huber (1976), Sun et al. (2012) und Kanturski et al. (2017, 2020), Transmissions-Elektronenmikroskopstudien von Slifer et al. (1964) und Wang & Huber (1976) und kombinierte Studien von Bromley et al. (1979, 1980) und Depa et al. (2015) veröffentlicht. Die Antenneninnervation wird von Bromley (1982) beschrieben.

Abb. 3.91 zeigt die verschiedenen sensorischen Strukturen an den Antennen (Anderson & Bromley 1987).

Nach Bromley et al. (1980) fehlen dem 1. Antennensegment sensorische Strukturen, abgesehen von einigen wenigen einzeln innervierten trichoiden Sensillen vom Typ I (Abb. 3.91 A und 3.92). Dieses Antennensegment beherbergt die Antennenmuskeln, die ihre distalen Insertionen in der Basis des 2. Antennensegments haben.

Die Hauptstruktur des 2. Antennensegments ist das nur bei Erwachsenen vorhandene Johnstonsche Organ, das etwa 40 Scolopidien (insgesamt 120 Neuronen) umfasst, deren Spitzen in das Gelenk zum 3. Antennensegment eingebettet sind (Abb. 3.91 D). Dies manifestiert sich äußerlich als ein Ring von radialen Stützen an der Basis des 3. Antennensegments (Abb. 3.93, 3.94 und 3.95). Das Johnstonsche Organ ist bei Geflügelten etwas besser entwickelt als bei Ungeflügelten, was widerspiegeln mag, dass die Antennen als

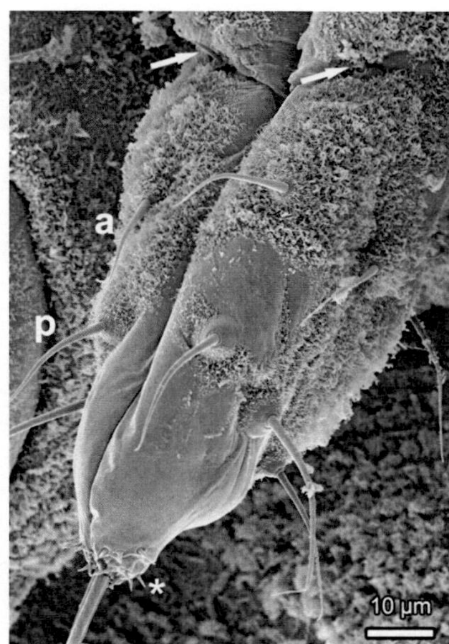

Abb. 3.87: Ventralseite der rostralen Segmente III und IV des ungeflügelten, lebendgebärenden Weibchens von *Therioaphis trifolii* mit basiconischen Sensillen vom Typ III (*), mit basiconischen Sensillen Typ II (Pfeile), langen trichoiden Sensillen vom Typ I als primäre Borsten (p) und trichoiden Sensillen als akzessorische Borsten (a) (Scan: D. Voigt).

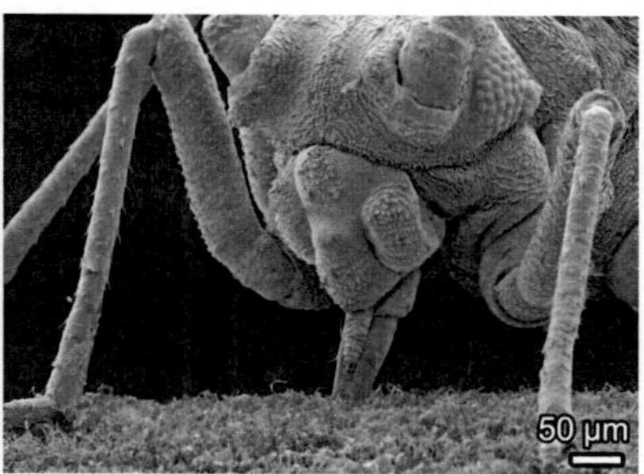

Abb. 3.88: Larve von *Pentalonia nigronervosa* mit kontrahiertem Rostrum auf *Musa* × *paradisiaca* (Scan: D. Voigt).

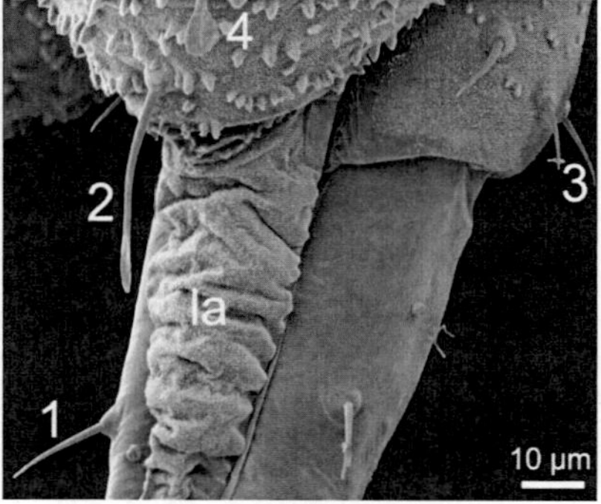

Abb. 3.89: Kontrahiertes Rostrum einer Larve von *Pentalonia nigronervosa*. la kontrahiertes Labrum, 1 trichoide Sensillen am rostralen Segmente IV, 2 trichoide Sensille mit löffelartiger Spitze auf dem Anteclypeus, 3 trichoide Sensillen am rostralen Segmente III, 4 kurze blattförmige Sensille auf dem Anteclypeus (Scan: D. Voigt).

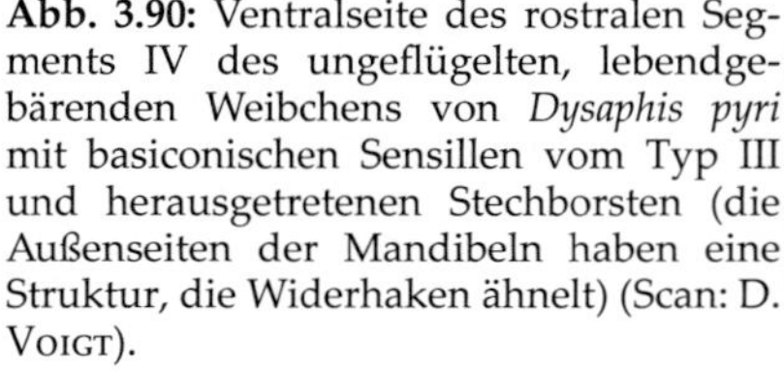

Abb. 3.90: Ventralseite des rostralen Segments IV des ungeflügelten, lebendgebärenden Weibchens von *Dysaphis pyri* mit basiconischen Sensillen vom Typ III und herausgetretenen Stechborsten (die Außenseiten der Mandibeln haben eine Struktur, die Widerhaken ähnelt) (Scan: D. Voigt).

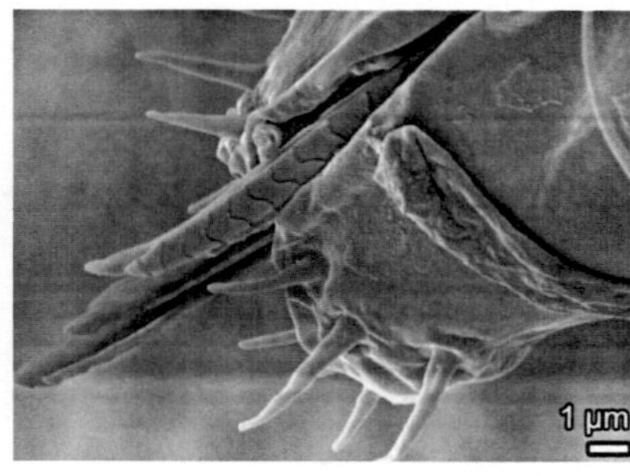

balancierende Organe im Flug zu wirken scheinen und das Johnstonsche Organ wahrscheinlich der Vermittler dieser Rolle ist (JOHNSON 1956). Zwei Bündel von 2–3 Scolopidien liegen im Lumen des 2. Antennensegments (Abb. 3.91 E) und sind distal am 3. Antennensegment (Abb. 3.91 F) befestigt. Sie sind in allen Entwicklungsstadien vorhanden, ihre Position deutet darauf hin, dass sie eine Biegung des Gelenkes von 2. und 3. Antennenglied in der vertikalen Ebene erkennen. Die auch bei Larven vorhandene campaniforme Sensille auf dem Antennensegment 2 (Abb. 3.91 B) kann Bewegungen der Antennen überwachen, wenn sie aus ihrer Ruheposition (nach hinten gerichtet) in ihre Suchposition vor dem Kopf geschwenkt werden. Auf dem Antennensegment 2 befindet sich auf der Ventralseite auch eine einzelne (selten zwei) coeloconische Sensille (auch Rhinariolum genannt) (Abb. 3.91 C): ein von drei Neuronen innervierter Zapfen in einer Vertiefung (Abb. 3.96 und 3.97). Diese oft nur als Öffnung sichtbare Sensille kann bereits im ersten Larvenstadium vorhanden sein. Strukturelle Analysen zeigen, dass es sich um Hygro-/Thermorezeptoren handelt.

Entlang des Flagellums (Antennengeißel) befinden sich bis zur Basis des distalen Segments trichoide Sensillen vom Typ I (A) (Abb. 3.98). Das distale Ende der Antenne trägt (je nach Art) 4–6 kurze Sensillen (L) (Abb. 3.99 und 3.103), von denen einige auch mehr basal am Processus terminalis vorkommen können. Die Sensillen vom Typ II unterscheiden sich von Typ I dadurch, dass sie jeweils von fünf Neuronen innerviert werden, von denen eines mechanorezeptiv ist, aber mindestens ein weiteres bis zur Saetaspitze verläuft. Durch Färbung konten SLIFER et al. (1964) das Vorhandensein einer terminalen Pore zeigen, BROMLEY et al. (1979) stellten sie in Rasterelektronenmikroskopaufnahmen dar. Diese Sensillen haben eine Doppelfunktion: Gustation und Mechanorezeption. Blattläuse können mit ihren Antennen die Pflanzenoberfläche sanft berühren und erhalten von den chemosensorischen Sensillen zweifellos Informationen über die Eignung ihres Wirts.

Im letzten Antennengelenk (Abb. 3.91 I) liegen zwei Gelenkmechanorezeptoren (campaniform-ähnliche Sensillen), die auch äußerlich sichtbar sind (BROMLEY et al. 1980). Ein einzelnes Scolopidium befindet sich im Lumen des letzten Segments (Abb. 3.91 J), wo es an der Antennentrachee befestigt als Manometer dienen kann.

Die beiden primären Rhinarien liegen auf den beiden letzten Antennensegmenten. Bei allen Larvenstadien sind ihr Aufbau und Struktur gleich. Das Rhinarium (Abb. 3.91 H, 3.100, 3.101, 3.102, 3.103 und 3.104) auf dem vorletzten Antennenglied ist eine einzelne plattenförmige Sensille mit der Struktur eines typischen Geruchsrezeptors, d. h. winzige Poren in der dünnen Kuppel der Cuticula und eine vergleichsweise große Anzahl (10–14)

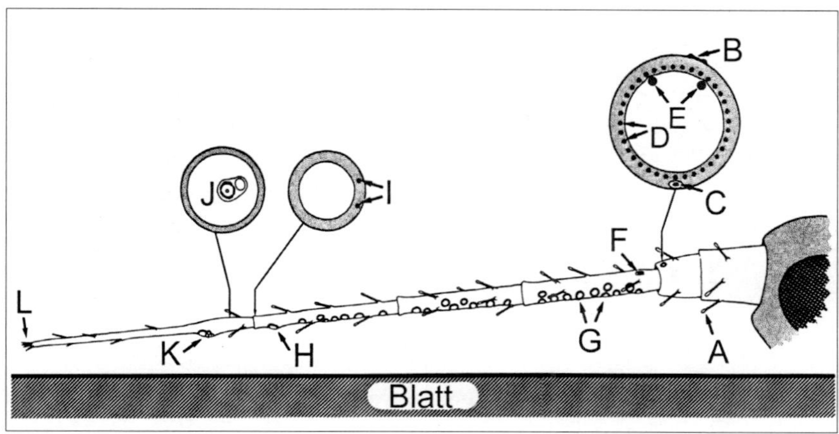

Abb. 3.91: Sensorischen Strukturen an der Antenne einer geflügelten Blattlaus. Erklärung der Strukturen im Text (nach ANDERSON & BROMLEY 1987).

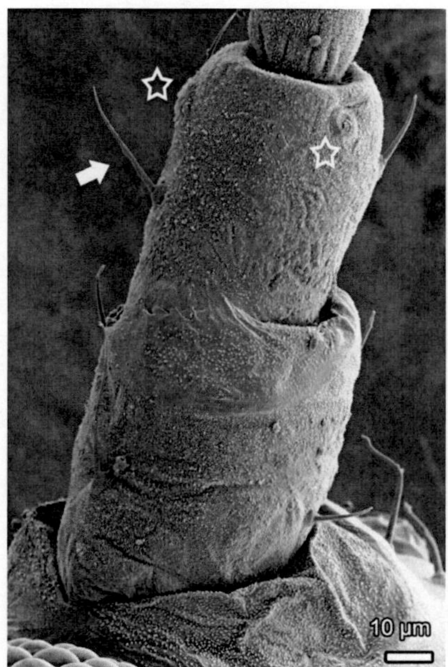

Abb. 3.92: Struktur der trichoiden (Pfeil) und campaniformen Sensillen vom Typ I (Stern) am zweiten Antennenglied des ungeflügelten, lebendgebärenden Weibchens von *Aphis solanella* (Scan: D. VOIGT).

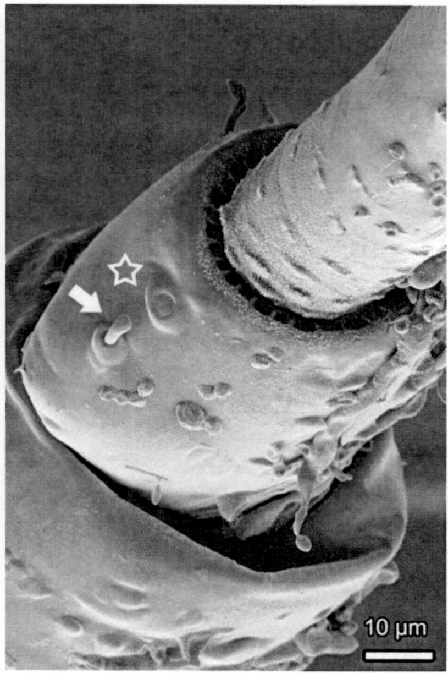

Abb. 3.93: Struktur der trichoiden (Pfeil) und campaniformen Sensillen vom Typ I (Stern) am zweiten Antennenglied des ungeflügelten, lebendgebärenden Weibchens von *Aulacorthum circumflexum* (Scan: D. VOIGT).

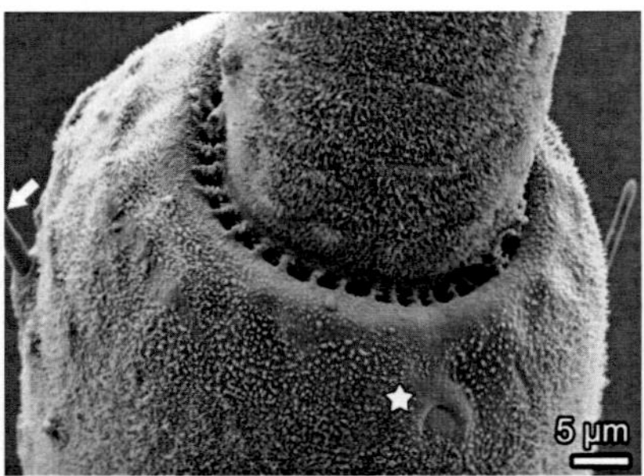

Abb. 3.94: Sensillen auf dem Antennensegment II des ungeflügelten, lebendgebärenden Weibchens von *Sitobion avenae*: trichoide Sensille vom Typ I (Pfeil) und campaniforme Sensille (Stern) sowie dem Ring von radialen Stützen an der Basis des Antennensegments III der die Scolopidien des Johnstonsche Organs manifestiert (Scan: D. VOIGT).

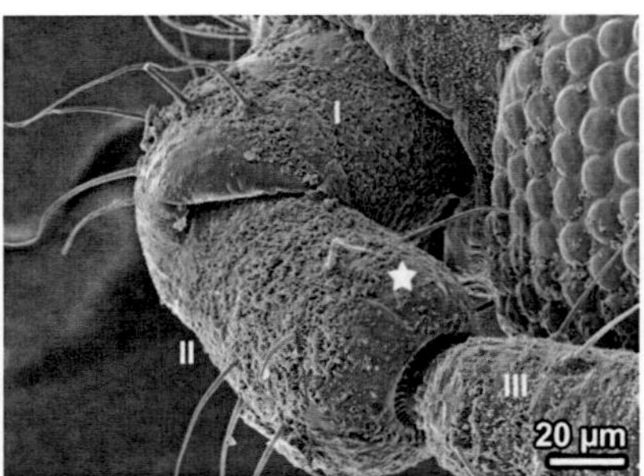

Abb. 3.95: Sensillen auf dem Antennensegmenten I-III der geflügelten Gynopara von *Anoecia corni*: trichoide Sensille vom Typ I und campaniforme Sensille (Stern) sowie dem Ring von radialen Stützen an der Basis des Antennensegments III (Scan: D. VOIGT).

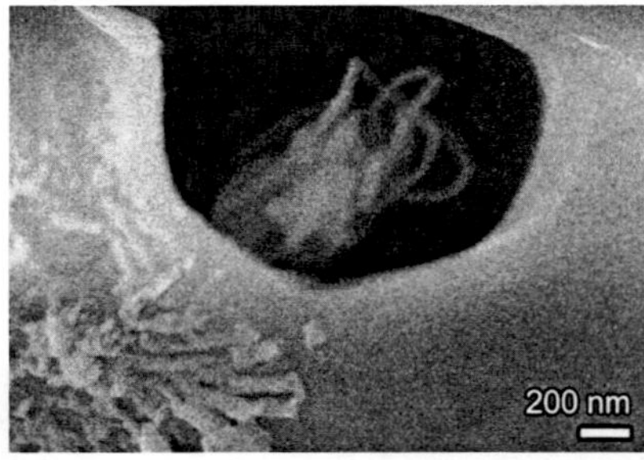

Abb. 3.96: Feinstruktur des Rhinariolums, die die abgerundete Öffnung zeigt (Scan: D. VOIGT).

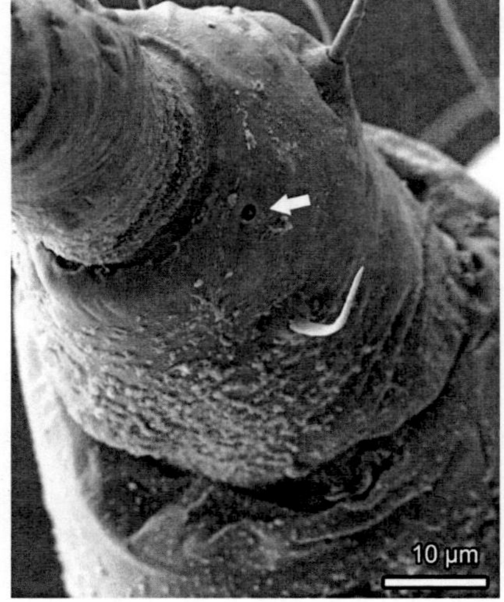

Abb. 3.97: Ventralseite des Antennensegments II eines ungeflügelten, lebendgebärenden Weibchens von *Lipaphis* spec. mit einem Rhinariolum (Pfeil) und trichoiden Sensillen (Scan: D. VOIGT).

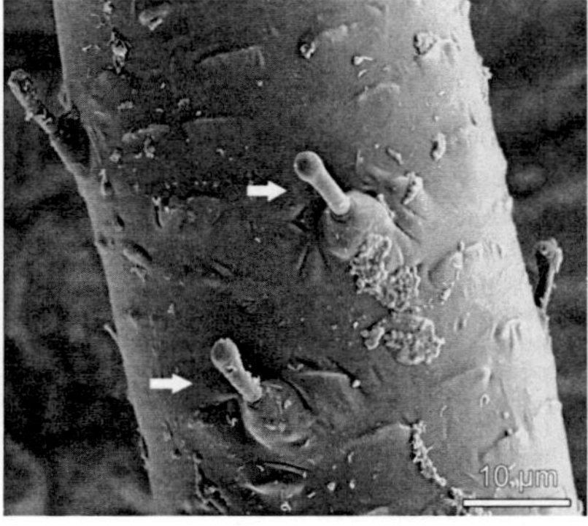

Abb. 3.98: Antennensegment III des ungeflügelten, lebendgebärenden Weibchens von *Acyrthosiphon pisum* mit trichoiden Sensillen vom Typ I (Pfeil) (Scan: D. VOIGT).

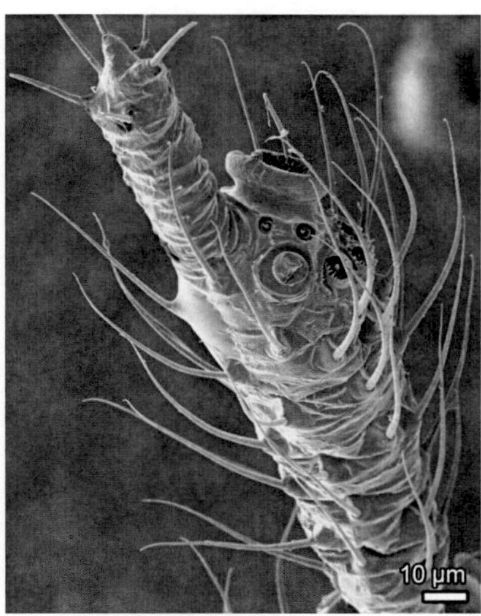

Abb. 3.99: Antennensegment VI der geflügelten Gynopara von *Anoecia corni*: lange trichoide Sensillen vom Typ I, kürzere trichoide Sensillen vom Typ II auf dem apikalen Teil des Processus terminalis und ein primäres Rhinarium. (Scan: D. VOIGT)

Abb. 3.100: 4-gliedrige Antenne einer Larve von *Aphis frangulae beccabungae* mit primären Rhinarien (Pfeil) (Scan: D. VOIGT).

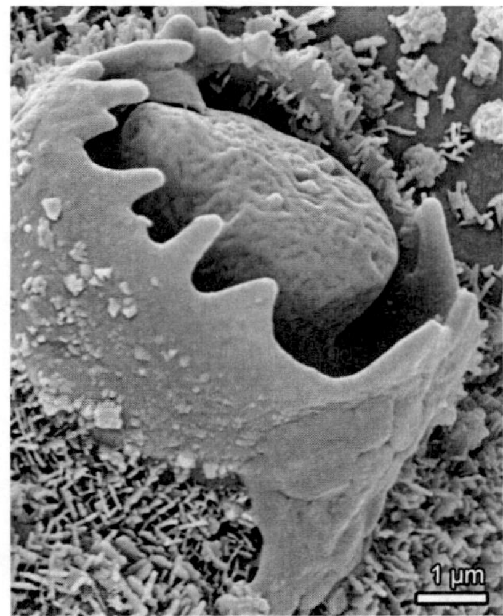

Abb. 3.101: Struktur des primären Rhinariums (große placoide multiporige Sensille) auf dem Antennensegment III einer Larve von *Aphis frangulae beccabungae* (Scan: D. VOIGT).

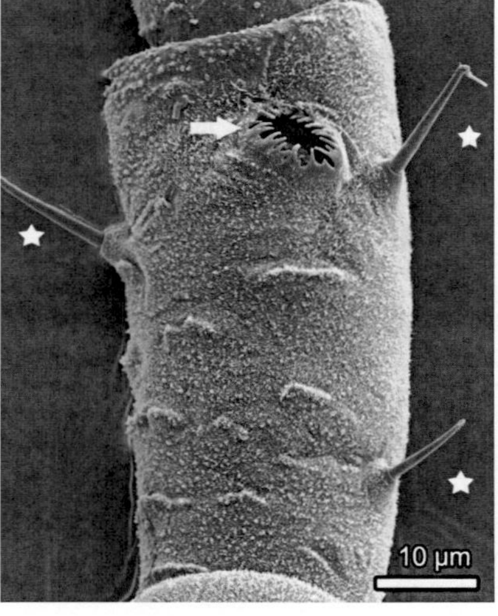

Abb. 3.102: Sensillen auf dem Antennensegment IV einer Larve von *Aphis fabae fabae:* trichoide Sensillen vom Typ I (Stern), primäres Rhinarium (große placoide multiporige Sensille) mit bewimpertem Cuticula-Rand (Pfeil) (Scan: D. VOIGT).

von Neuronen (Bromley et al. 1980). Das Rhinarium auf dem letzten Antennenglied (K) besteht aus einer großen und zwei kleinen olfaktorischen, plattenförmigen Sensillen (bei einigen Arten nur eine sehr große, wahrscheinlich durch Fusion entstandene, plattenförmige Sensille) und drei coeloconischen Zapfen, die denen auf dem 2. Antennenglied ähnlich sind und deren innere Struktur den Hygro-/Thermorezeptoren entspricht (Abb. 3.106 und 3.107).

Sekundäre Rhinarien: Nur erwachsene Blattläuse haben sekundäre Rhinarien (Abb. 3.91 G), von denen ungeflügelte Weibchen weitaus weniger besitzen als geflügelte Männchen und Weibchen und ungeflügelte Männchen. Bei einigen Arten können sie vollständig fehlen. In ihrer Struktur ähneln sekundäre Rhinarien der großen plattenförmigen Sensille des primären Rhinariums und sollen eine olfaktorische Funktion besitzen (Abb. 3.108, 3.109, 3.110, 3.111, 3.112).

Die Anzahl, Form und Verteilung der trichoiden Sensillen sowie der placoiden Sensillen sind von großem diagnostischen Wert und Bedeutung für die Taxonomie der Blattläuse (Yang et al. 2009, Kanturski et al. 2015, 2018, 2020, Barjadze et al. 2018).

Bei *A. pisum* wurden Unterschiede in der Verteilung der Sensillen bei geflügelten und ungeflügelten Morphen gefunden, letztere besitzen zahlreiche vielporige placoide Sensillen, die über die gesamte Länge der Antennensegmente III, IV und V verteilt sind. Bei den ungeflügelten Morphen sind sowohl die ungeschlechtlichen als auch die geschlechtlichen Weibchen durch das Vorhandensein einiger placoider Sensillen auf dem Antennensegment III gekennzeichnet, während die ungeflügelten Männchen den gleichen Typ von Sensillen auf den gesamten Längen der Antennensegmente III und V aufweisen. Im Allgemeinen tritt die größte Anzahl dieses Sensillentyps bei den geflügelten Männchen auf, während das Sensillum mit dem größten Durchmesser bei den geflügelten Weibchen vorkommt. Bei den Männchen sind auf den Antennensegmenten III–V placoide Sensillen (sekundäre Rhinarien) verteilt, mit deren Hilfe monoterpenoide Sexualpheromone erkannt werden, die die oviparen Weibchen aus den zahlreichen kleinen, abgerundeten (oder manchmal achteckigen) Duftplaques (Pseudosensorien) auf der hinteren Tibia ausscheiden (Birkett & Pickett 2003).

An den Antennen von *A. pisum* wurden neben dem campaniformen Sensillum auf dem zweiten Antennensegment, zahlreiche kleine multiporige placoide Sensillen auf den Antennensegmenten III–V (sekundäre Rhinarien), ein großes einzelnes multiporiges placoides Sensillum auf den Antennensegmenten V und VI (primäre Rhinarien), Letzteres umgeben von zwei kleinen multiporigen placoiden Sensillen, sowie vier coeloconische Sensil-

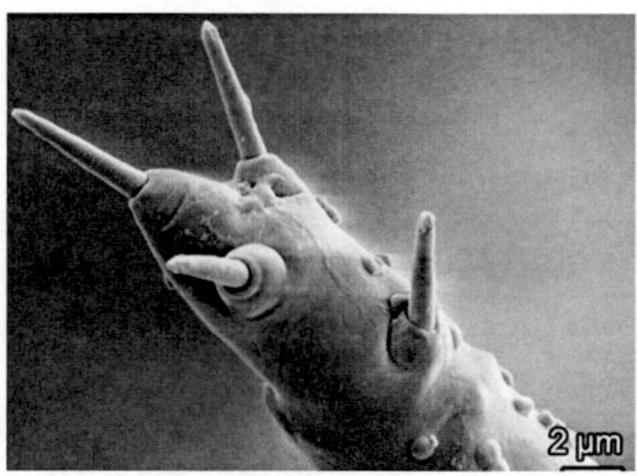

Abb. 3.103: Trichoide Sensillen vom Typ II auf dem apikalen Teil des Processus terminalis eines ungeflügelten, lebendgebärenden Weibchens von *Aphis frangulae beccabungae* (Scan: D. Voigt).

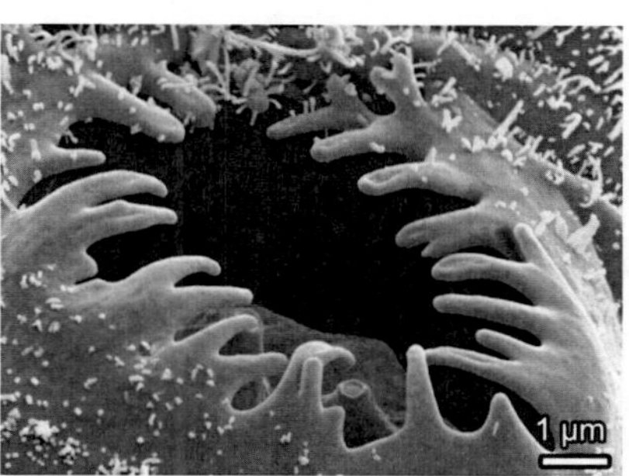

Abb. 3.104: Feinstruktur der bewimperten Cuticula-Randvorsprünge der placoiden multiporigen Sensille (Scan: D. Voigt).

Abb. 3.105: Feinstruktur der Sensillenoberfläche (Scan: D. Voigt).

Abb. 3.106: Letztes Segment der 5-gliedrigen Antenne einer Larve von *Aphis fabae fabae* mit trichoider Sensille und einem primären Rhinarium (Scan: D. Voigt).

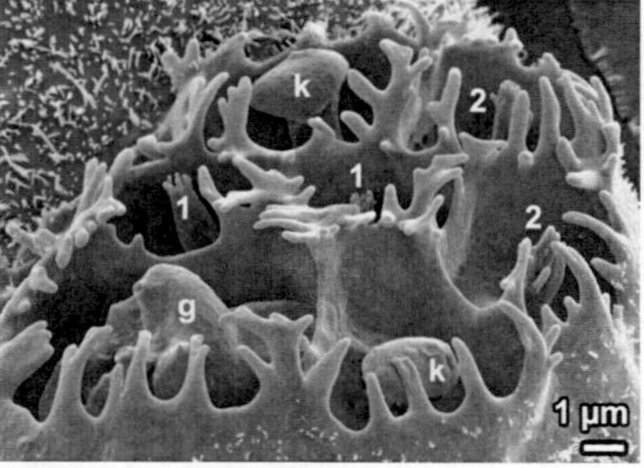

Abb. 3.107: Sensillen des primären Rhinariums im apikalen Teil der Basis des Antennensegments V einer Larve von *Aphis fabae fabae*: großes multiporiges placoides Sensillum (g), zwei kleine multiporöse placoide Sensillen (k) und eingesenkte coeloconische Sensillen vom Typ I (1) und vom Typ II (2) (Scan: D. Voigt).

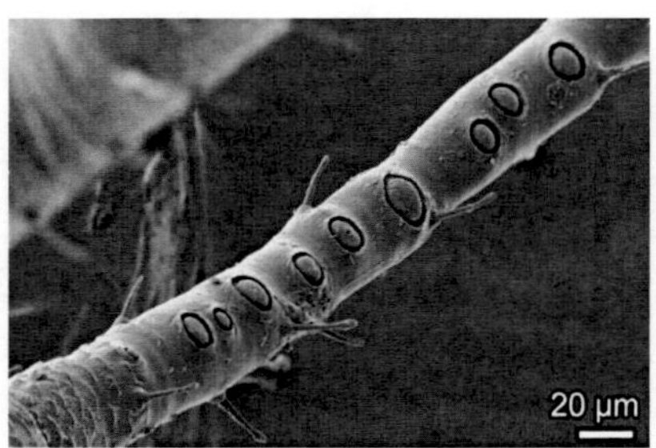

Abb. 3.108: Teil des Antennensegments III des geflügelten lebendgebärenden Weibchens von *Macrosiphum euphorbiae*: kurze am Ende verdickte oder stumpfe trichoide Sensillen vom Typ I, kleine placoide multiporige Sensille variabler Größe (sekundäre Rhinarien) (Scan: D. VOIGT).

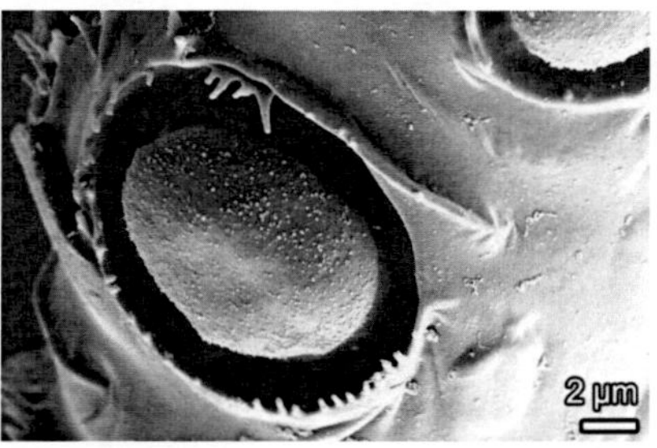

Abb. 3.109: Teil des Antennensegments III des geflügelten lebendgebärenden Weibchens von *Rhopalosiphum padi*: kleine placoide multiporige Sensillen variabler Größe mit unregelmäßig bewimperten Cuticula-Randvorsprüngen (sekundäre Rhinarien) (Scan: D. VOIGT).

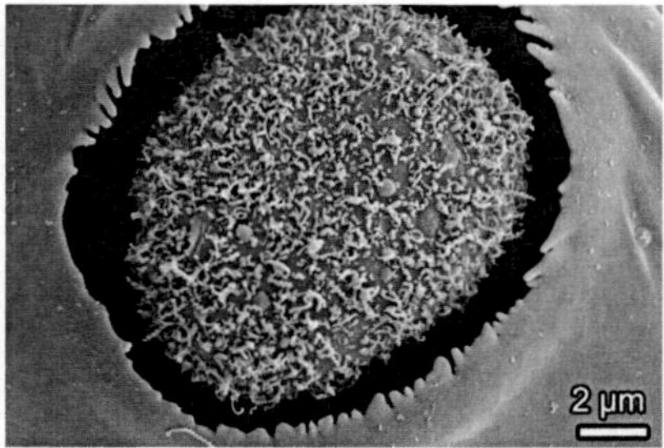

Abb. 3.110: Kleine placoide multiporige Sensille mit unregelmäßig bewimperten Cuticula-Randvorsprüngen (sekundäres Rhinarium) eines geflügelten lebendgebärenden Weibchens von *Sitobion miscanthi* (Scan: D. VOIGT).

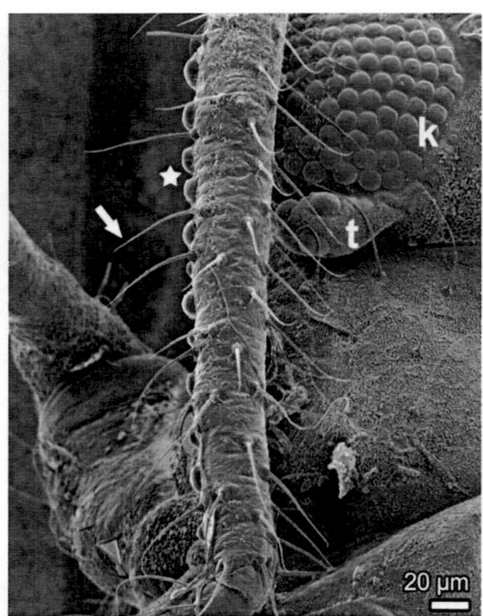

Abb. 3.111: Antennensegment III der geflügelten Gynopara von *Anoecia corni*: kleine hervorstehende placoide Sensillen variabler Größe (sekundäre Rhinarien) (Stern) und lange trichoide Sensillen Typ I (Pfeil); k Komplexauge, t Triommatidium (Scan: D. VOIGT).

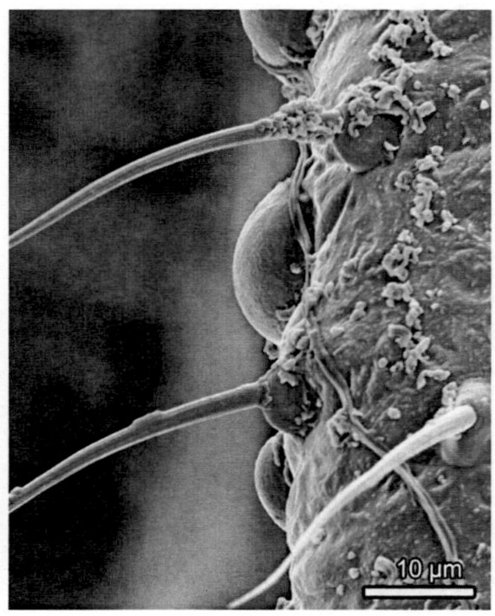

Abb. 3.112: Struktur der kleinen hervorstehenden placoiden Sensillen variabler Größe (sekundäre Rhinarien) und der langen trichoiden Sensillen Typ I von *Anoecia corni* (Scan: D. VOIGT).

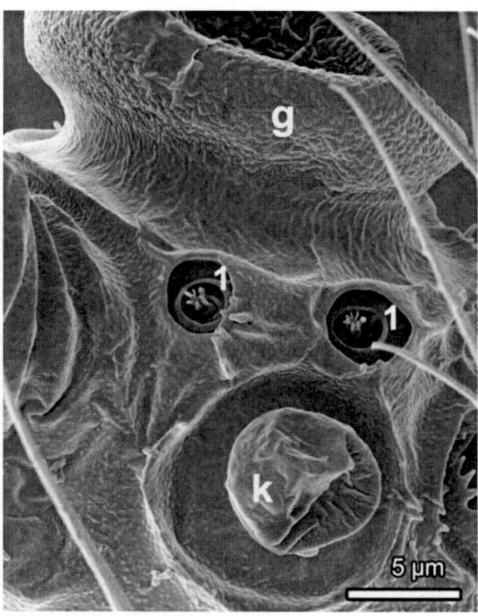

Abb. 3.113: Primäres Rhinarium auf dem Antennensegment VI der geflügelten Gynopara von *Anoecia corni*: große hervorstehende multiporige placoide Sensille (g), kleine multiporige placoide Sensille (k) und sichtbare eingesenkte coeloconische Sensillen (1) (Scan: D. VOIGT).

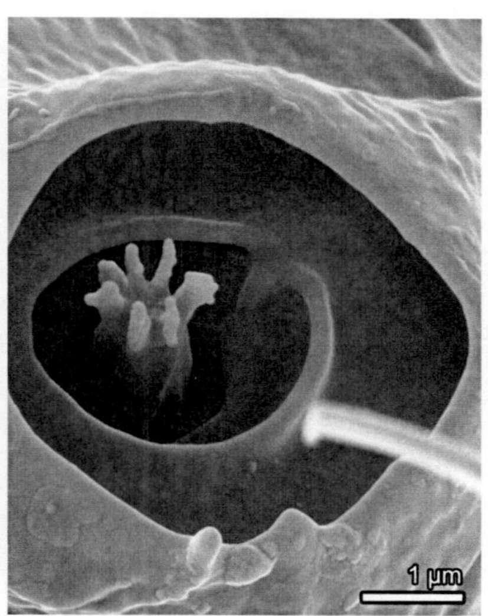

Abb. 3.114: Primäres Rhinarium auf dem Antennensegment VI der geflügelten Gynopara von *Anoecia corni*: Feinstruktur des eingesenkten coeloconischen Sensillums vom Typ I (Scan: D. VOIGT).

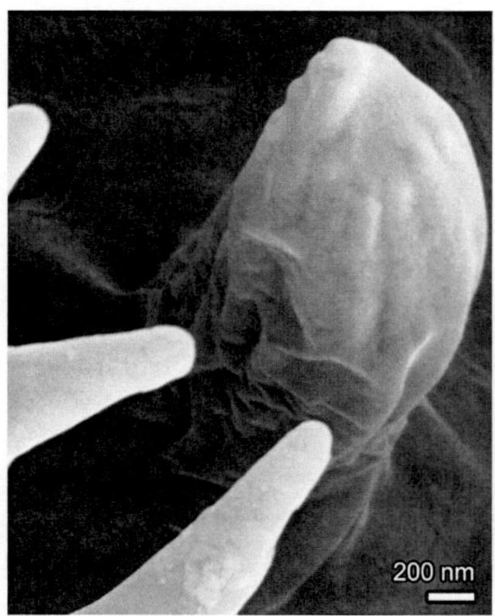

Abb. 3.115: Primäres Rhinarium auf dem Antennensegment VI der geflügelten Gynopara von *Anoecia corni*: Feinstruktur des eingesenkten coeloconischen Sensillums vom Typ II (Scan: D. VOIGT).

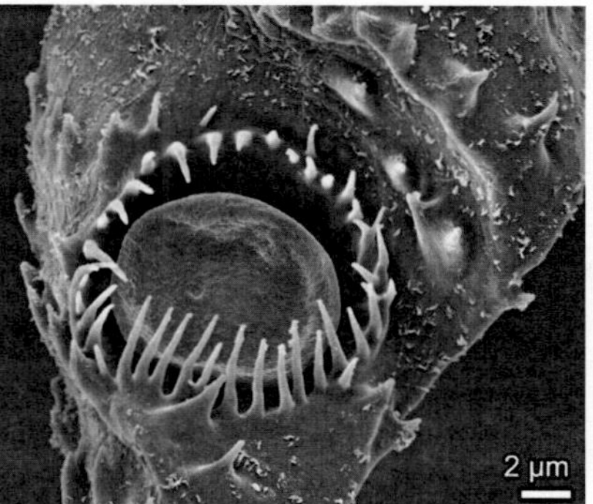

Abb. 3.116: Struktur des primären Rhinariums (große placoide multiporige Sensille mit unregelmäßigen Cuticularkamm) auf dem Antennensegment V eines ungeflügelten lebendgebärenden Weibchens von *Therioaphis trifolii* (Scan: D. VOIGT).

len vom Typ I und II. Auch bei anderen bisher untersuchten Blattlausarten scheint diese Sensillenanordnung auf den Antennensegmenten V und VI konstant zu sein (Bromley et al. 1979, 1980, Ban et al. 2015, De Biasio et al. 2015, Kanturski et al. 2017, Bruno et al. 2018), so auch bei *Anoecia corni* (Abb. 3.113, 3.114 und 3.115).

Primäre und sekundäre Rhinarien, die von placoiden Sensillen gebildet werden, fungieren als Chemorezeptoren. In allen Morphen sind sie für die Identifizierung von flüchtigen Pflanzenstoffen und die Erkennung der spezifischen Wirtspflanze verantwortlich, während das große placoide Sensillum des Antennensegments VI für das Alarmpheromon empfindlich ist (Zhang et al. 2017). Bei geflügelten Morphen, die mit einer viel größeren Anzahl von sekundären Rhinarien ausgestattet sind, ist es jedoch die Anpassung an den Standort der Wirtspflanze während der Ausbreitung (lebendgebärende Weibchen) oder die Erkennung von Sexualpheromonen (geflügelte und ungeflügelte Männchen). Die coeloconischen Sensillen des primären Rhinariums sind spezialisierte Thermo- und Hygrorezeptoren, während das campaniforme Sensillum die Information über die Position der Antennen liefert. Generell wurden campaniforme Sensillen an verschiedenen Körperteilen (zweites Antennenglied, Trochanter, Femur, zweites Segment des hinteren Tarsus und Flügel) bisher bei wenigen Blattlausarten beschrieben und untersucht, z. B. bei *Mindarus* und *A. pisum* (Montagno & Favret 2016) oder *Pseudessigella* (Kanturski et al. 2017). Sie werden als propriozeptive Organe angesehen, die Kräfte in elektrische Entladungen umwandeln, indem sie Dehnungen oder Verformungen der Cuticula detektieren (Pringle 1937, Bromley et al. 1980). Trichoide Sensillen des Typs I sind putative Mechanorezeptoren und die spezialisierten Sensillen des Typs II sind vermutlich Chemorezeptoren mit einer gustatorischen Rolle (Bromley et al. 1979, 1980, Sun et al. 2013a). Bei Insekten im Allgemeinen und bei Blattläusen im Besonderen sind neben den Antennen auch andere Körperstrukturen mit der Chemorezeption verbunden (Bruno et al. 2018).

Wenn am Antennensegment III der oviparen Weibchen placoide Sensillen vorhanden sind, sind sie oft zahlreicher als bei anderen untersuchten Morphen. Diese mehrporigen placoiden Sensillen sind bei den oviparen Weibchen eher klein oder sehr klein und scheinen residual zu sein. Bei den Oviparen wurden zwei Arten dieser Sensillen gefunden: groß und variabel in Größe und Form, tief in der Cuticula-Höhle liegend mit einem unregelmäßigen Ring, mit zahlreichen sehr kleinen Poren an der Oberfläche und sehr klein, kugelförmig, mit einem abgerundeten aber dicken Ring mit glatter Oberfläche. Das Antennensegment III (sowie die Segmente IV und V) des geflügelten Männchens trägt zahlreiche kleine vielporige Sensillen, die auf der gesamten Länge der Segmente und fast immer in zwei oder drei mehr oder weniger regelmäßigen Reihen angeordnet sind. Die kleinen vielporigen Sensillen sind unterschiedlich groß und geformt, meist rund oder oval und werden von einem erhabenen sklerotischen Ring umgeben, fast ohne oder mit sehr kurzen Fortsätzen. Die Sensillen der ungeflügelten Männchen sind in ihren Merkmalen die gleichen wie bei den geflügelten, aber die placoiden Sensillen wurden nur auf dem Antennensegment III und dem Antennensegment V beobachtet, während das vierte Segment nur durch trichoide Sensillen gekennzeichnet war. Die kleinen placoiden Sensillen haben die gleiche Form und einen sehr ähnlichen Durchmesser wie bei den geflügelten Männchen (Kanturski et al. 2020).

Die feine Struktur aller placoiden Sensillen deutet auf eine olfaktorische Funktion hin, was durch Verhaltensanalysen (teilweise mit Entfernung von Teilen der Antennen) mit Pheromonen und Pflanzengerüchen unterstützt wird. Die primären Rhinarien scheinen die Hauptrezeptoren der Alarmpheromone zu sein (Nault et al. 1973), während die sekundären Rhinarien die Hauptrezeptoren des Sexualhormons bei Männern sind, die als ungeflügelte oder geflügelte mehr sekundäre Rhinarien besitzen als geflügelte Weibchen (Petterson 1971, Marsh 1975). Die zahlreichen sekundären Rhinarien von geflügelten Weibchen, die vermutlich nicht für die Pheromonerkennung verwendet werden, müssen eine alternative Funktion haben, möglicherweise für die Wirtswahl. Eine positive Attraktion von Blattläusen durch Pflanzengerüche wurde in Laborversuchen (Alikhan 1960, Petterson 1970, 1973, Pospisil 1976) und in Feldversuchen (Petterson 1979, Chapman et al. 1981) nachgewiesen. Die Arbeit von Chapman et al. (1981) mit *Cavariella aegopodii* und Köder-Wasserfallen ist der erste experimentelle Beweis dafür, dass sich geflügelte weibliche Blattläuse im Flug an Gerüchen orientieren können.

Von den vier eingesenkten coeloconischen Sensillen im Bereich des Antennensegments VI sind zwei vom Typ II, gekennzeichnet durch 8–11 lange, eng aneinander liegende Fortsätze, und zwei vom Typ I mit 10–12 sehr kurzen Fortsätzen, die eine abgerundete Rosette bilden. Bei geflügelten Morphen sind alle Sensillen auf den Antennensegmenten V und VI durch ähnliche morphologische Merkmale und Lage auf den Segmenten gekennzeichnet. Bei geflügelten, lebendgebärenden Weibchen und geflügelten Männchen findet sich ein kleiner Unterschied in der gegenseitigen Lage der Sensillen auf dem Antennensegment VI. Ihre Morphologie ist die gleiche wie bei ungeflügelten Morphen, sie unterscheiden sich nicht zwischen der parthenogenetischen und der sexuellen Generation (Kanturski et al. 2020).

Eine besondere Form von Blattlaus-Sensillen melden Song et al. (2020), die mittels Raster- und Transmissionselektronenmikroskopie die Oberfläche der Antennen von *T. trifolii* untersucht haben und neben trichoiden, coeloconischen und placoiden auch noch stellate Sensillen fanden. Zusätzlich zur der Analyse der Morphologie der antennalen Sensillen haben sie auch die Verteilung und Expression der Odorant-binding Proteins (OBPs – lösliche Proteine, die Chemorezeption bei Insekten vermitteln) OBP6, OBP7 und OBP8 in stellaten und placoiden Sensillen mittels Immunolabeling an Ultradünnschnitten aufgeklärt.

Ähnlich wie bei anderen Blattlausarten (Bromley et al. 1980) wurden auch in der Studie von Song et al. (2020) zwei Typen von trichoiden Sensillen beschrieben, die an der Mechanosensorik und/oder an der Kontaktchemorezeption beteiligt sein könnten (Bromley et al. 1980, Sun et al. 2013a, Ban et al. 2015). Die trichoiden Sensillen vom Typ II sind an der Antennenspitze lokalisiert und lassen auf eine gustatorische Funktion dieser Sensillen schließen (De Biasio et al. 2015). Entsprechend der endständigen Fortsätze wurden die coeloconischen Sensillen in zwei Typen eingeteilt. Die coeloconische Sensillen von *T. trifolii* ähnelten denen von *Myzus persicae* (Ban et al. 2015) oder *Acyrthosiphon pisum* (Kanturski et al. 2020). Über coeloconische Sensillen wurde berichtet, dass sie bei Lepidoptera und auch bei Diptera an thermo-/hygrorezeptiven Funktionen beteiligt sind (Sutcliffe 1994).

Die placoiden Sensillen von *T. trifolii* sind flache ovale Platten in einer Vertiefung. Sie bilden sowohl die primären als auch die sekundären Rhinarien, aber nur Erstere sind von einem Cuticularkamm umgeben (Abb. 3.116), während die der sekundären Rhinarien nur von einigen kleinen Mikrotrichien am proximalen Rand der Vertiefung umgeben sind.

Bei den primären Rhinarien auf den beiden letzten Antennensegmenten ist jeweils ein einzelnes großes placoides Sensillum vorhanden, die sich in ihrer Form ähneln. Auf der Oberfläche dieser Sensillen befinden sich viele Poren, die die äußere Cuticula perforieren. Die Dendriten der bipolaren Neuronen innerhalb des placoiden Sensillums sind in drei Gruppen gruppiert, von denen zwei drei bipolare Neuronen enthalten, während die dritte Gruppe nur zwei bipolare Neuronen aufweist (Song et al. 2020). Die bipolaren Neuronen sind von einer dendritischen Scheide umgeben. Der Dendrit ist durch eine kurze ziliare Region in innere und äußere Segmente unterteilt, und jede Gruppe von Neuronen ist von einer Trichogenzelle umgeben (Song et al. 2020). Sowohl das einzelne placoide Sensillum am Antennensegment V als auch die sekundären Rhinarien entlang des dritten Antennensegments ähneln in ihren internen Strukturen denen des placoiden Sensillums am Antennensegment VI. Das Vorhandensein von mehreren Poren auf der Oberfläche der äußeren Cuticula der placoiden Sensillen

(Bromley et al. 1979) deutet darauf hin, dass sie typische olfaktorische Chemorezeptoren sind (Steinbrecht 1984). Die Zahl der sekundären Rhinarien (placoide Sensillen) auf der Antenne ist bei geflügelten und ungeflügelten *T. trifolii* sehr ähnlich, während sekundäre Rhinarien bei ungeflügelten Morphen anderer Blattläuse wie *M. persicae* und *A. pisum* fehlen (Shambaugh et al. 1978, Sun et al. 2013a, Ban et al. 2015, De Biasio et al. 2015).

3.7.5 Stellate Sensillen

Auf dem Antennensegment VI besitzt *T. trifolii* zwei stellate Sensillen als Teil der primären Rhinarien. Diese Sensillen haben in der Regel sechs bis acht Äste und sind von einem fransenartigen Cuticularkamm umgeben (Abb. 3.117). Ähnlich wie bei den placoiden Sensillen befinden sich auf der Oberfläche der Zweige viele Poren, die die äußere Cuticula durchdringen. Die Durchmesser der Poren betragen etwa 30 nm (Song et al. 2020). Die Dendriten der drei bipolaren Neuronen innerhalb dieser Sensillen sind zu einer Gruppe zusammengefasst. Die Dendriten sind von einer Dendritenscheide eingebettet, die an den distalen Enden der Dendriten nicht zu finden sind (Song et al. 2020).

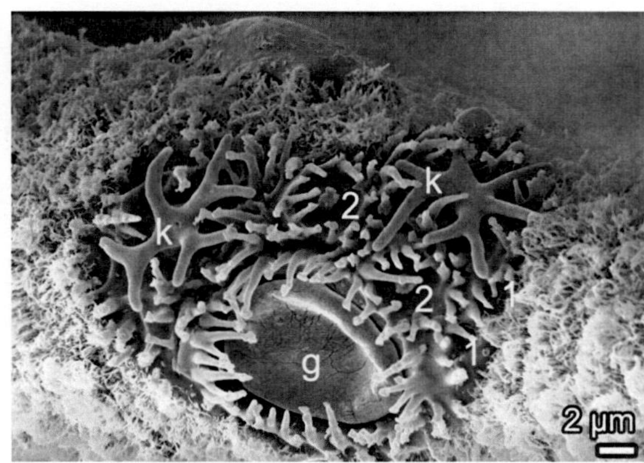

Abb. 3.117: Primäres Rhinarium auf dem Antennensegment VI eines ungeflügelten lebendgebärenden Weibchens von *Therioaphis trifolii*: große multiporige placoide Sensille (g), multiporige stellate Sensillen (k) und eingesenkte coeloconische Sensillen vom Typ I (1) und Typ II (2) (Scan: D. Voigt).

Wenn die Dendriten in den intercuticularen Raum zwischen der inneren und äußeren Cuticula eintreten, werden sie in dendritische Äste aufgeteilt und wenden sich dem distalen Ende des Sensillums zu, wobei sie den gesamten Raum einnehmen. Der Raum unter der Pore ist mit der Sensillum-Lymphe gefüllt, in der sich die dendritischen Äste befinden. Der Dendrit ist außerdem durch eine kurze ziliare Region in innere und äußere Segmente unterteilt, die von der Trichogenzelle umgeben sind (Song et al. 2020). Stellate Sensillen wurden bisher nur bei Blattlausarten in der Unterfamilie Drepanosiphinae identifiziert (Shambaugh et al. 1978). Im Vergleich zu anderen Blattläusen weisen diese Blattläuse zwei stellate Sensillen auf, das Fehlen von zwei kleinen placoide Sensillen deutet darauf hin, dass die stellaten Sensillen Ersatz für die kleinen placoiden Sensillen sind. Die Ultrastruktur dieser beiden Sensillentypen unterstützt, dass sie in ihrer Funktion vergleichbar sind. Beide sind mit drei bipolaren Neuronen ausgestattet (Ban et al. 2015) und haben viele Poren auf der Oberfläche (Shambaugh et al. 1978, Ban et al. 2015), was auf ihre chemosensorische Funktion schließen lässt (Sun et al. 2013a).

3.7.6 Immunolabeling von Duftstoff bindendenden Proteinen (odorant binding proteins OBPs)

Um die zelluläre Lokalisation von OBP6, OBP7 und OBP8 in den Antennen von *T. trifolii* zu untersuchen, führten Song et al. (2020) immunzytochemische Experimente durch. Die an Ultradünnschnitten der stellaten Sensillen und der placoiden Sensillen durchgeführte immunzytochemische Lokalisation von OBP's zeigte, dass die placoiden und stellaten Sensillen durch OBP-Antiseren markiert sind, aber nicht die trichoiden und coeloconische Sensillen.

Die stellaten Sensillen des 6. Segments wurden ebenfalls mit den Antiseren gegen OBP6, OBP7 und OBP8 markiert, hauptsächlich in den Verzweigungen und der Sensillenlymphe, die die Dendriten umgibt.

Immunzytochemische Experimente wurden häufig verwendet, um die Lage von OBPs in Insekten zu untersuchen (Steinbrecht et al. 1995, Laue 2000, Zhang et al. 2001, 2018, Zhu et al. 2016). Die meisten Studien zeigten, dass OBPs in der Regel in Sensillen gefunden wurde, die viele Poren auf ihrer Oberfläche haben (Steinbrecht et al. 1995, Laue 2000, Zhang et al. 2001, Sun et al. 2013a, Zhu et al. 2016). In der Studie von Song et al. (2020) wurden drei OBPs ausgewählt, um das Expressionsmuster auf den antennalen Sensillen zu untersuchen. Die Ergebnisse zeigten eine hohe Expression von OBP6, OBP7 und OBP8 in den antennalen placoiden und stellaten Sensillen von adulten Tieren, was eine chemosensorische Rolle für diese Proteine bei der Detektion von Alarmpheromonen, pflanzlichen Duftstoffen oder Sexualpheromonen unterstützt (Bromley et al. 1979, Sun et al. 2013a, De Biasio et al. 2015).

Das Alarmpheromon (E)-β-Farnesen wurde in allen untersuchten Arten der Unterfamilien Aphidinae und Chaitophorinae gefunden, während Germacren A nur in der Gattung *Therioaphis* der Unterfamilie Calaphidinae nachgewiesen werden konnte (Bowers et al. 1972, 1977, Nault & Bowers 1974). Die Untersuchungen von Song et al. (2020) deuten darauf hin, dass stellate Sensillen an der Wahrnehmung des Alarmpheromons Germacren A beteiligt sein könnten. Eine frühe Studie legt nahe, dass OBP7 zusammen mit OBP3 sowohl bei *M. persicae* als auch bei *A. pisum* an der Wahrnehmung von (E)-β-Farnesen beteiligt sind (Sun et al. 2012, Zhang et al. 2017b). Placoide und stellate Sensillen werden durch Antikörper gegen OBP6 stark und durch solche gegen OBP7 und OBP8 signifikant markiert, weshalb Song et al. (2020) vermuten, dass OBP6, OBP7 und OBP8 das Alarmpheromon Germacren A wahrnehmen können. Es wurde berichtet, dass OBP3 eine hohe Bindungsaffinität zu (E)-β-Farnesen hat, das die einzige Komponente des Alarmpheromons von *M. persicae* und *A. pisum* ist (Qiao et al. 2009, Sun et al. 2012). Ob OBP3 an der Wahrnehmung von Germacren A beteiligt ist, konnte noch nicht geklärt werden.

3.8 Verdauungsorgane und Exkretion

Blattläuse können wichtige Vektoren von Pflanzenviren sein und einige Arten stellen bedeutende Schaderreger bei verschiedenen Kulturen dar. Deshalb wurde der Untersuchung ihrer Anatomie große Aufmerksamkeit geschenkt. Die Histologie und Struktur ihres Verdauungssystems wurde in ihrer Klassifizierung und für die Bestimmung der Phylogenie der Aphidoidea verwendet (z. B. Ponsen 1987).

3.8.1 Stechborsten

Der Nahrungskanal innerhalb der Maxillarstechborsten repräsentiert den vorderen Teil des Verdauungstraktes. Die dünnen und langgestreckten Stechborsten ermöglichen es Blattläusen, in pflanzliche Gewebekompartimente einzudringen (Powell et al. 2006). Ähnlich wie bei anderen Hemipteren, besteht ein Stechborstenbündel aus einem Paar äußerer Mandibular- und innerer Maxillarstechborsten (Forbes 1977). Die maxillaren Stechborsten sind durch ineinander greifende Falze fest miteinander verbunden. Hierdurch werden durch die sich gegenüberliegenden Rinnen zwei Röhren gebildet, von denen der Ventral- bzw. Speichelkanal mit der Speichelpumpe verbunden ist und der Dorsal- bzw. Nahrungskanal mit dem Pharynxkanal. Die Speichelpumpe, eine Diaphragmakolbenpumpe (Weber 1928), liegt im Innern des Hypopharynx und pumpt das Sekret der Speicheldrüsen aus deren Ausführgang in den Speichelkanal des maxillaren Stechborstenkanals. Diese Pumpe ist median, dicht hinter der Basis der feinen Endspitze des Hypopharynx befestigt; ein solider Chitinzapfen dient als Basis des ganzen Pumpapparats. Auf dieser Basis erhebt sich eine feste, etwas abgeflachte Chitinkapsel (Cupula). Sie geht an ihrem Gipfel in eine Platte aus Chitin über, von der aus nach unten in die Cupula hinein ein im Ruhezustand den Hohlraum der Cupula fast völlig ausfüllender Zapfen, das Pistill, ragt. Nach oben gehen von der Platte zwei flache Chitinsehnen oder Apodeme aus, an denen die stärksten der die Pumpe betätigenden Muskeln ansetzen. Vom Hohlraum der Cupula gehen zwei Kanäle, die Pumpengänge, nach vorn unten und münden im chitinisierten Speichelgang, der sich in die Spitze des Hypopharynx fortsetzt und auf deren Ende austritt.

Die Mandibularstechborsten sind eng mit den Maxillarstechborsten verbunden (Morren 1836, Buckton 1876, Witaczil 1882, Davidson 1913a, Weber 1928, Van Hoof 1957). Beide Paare von Stechborsten sind am Prozess der Gewebepenetration beteiligt. Die Mandibeln sind wichtig für die physikalische Durchdringung von Pflanzenzellwänden, aber es sind die Maxillen, die eine Hauptrolle bei der Wirtspflanzenauswahl spielen (Powell et al. 2006). Aufgrund der Mikrostruktur der Stechborsten können einzelne Pflanzenzellen durchdrungen werden, einschließlich der Injektion von Speichel und der Aufnahme von Pflanzensäften (Martin et al. 1997, Powell 2005, Prado & Tjallingii 1994). Das Eindringen mit Stechborsten ermöglicht es Blattläusen, den Symplast zu durchstechen und intrazelluläre Kompartimente zu nutzen, ohne sie zu verletzen. Dieses für phloemnutzende Insekten lebenswichtige Verhalten ermöglicht es ihnen, Viren in Pflanzenzellen zu inokulieren. Diese Interaktionen mit dem Symplast könnten entscheidende Faktoren für die Wirtsauswahl bei Blattläusen sein (Powell et al. 2005).

In einer Ultrastrukturstudie der Mundwerkzeuge von Blattläusen berichteten Uzest et al. (2010) über das Vorhandensein einer ausgeprägten anatomischen Struktur an den Spitzen der Stechborsten von Blattläusen, die »Acrostyle« genannt wird. Es handelt sich um einen erweiterten Teil der Cuticula, der im Nahrungskanal aller beobachteten Blattlausarten sichtbar ist.

Von den Stechborsten führt der Verdauungstrakt über den Parynxkanal in die Pharynxpumpe, verläuft nach oben durch den Kopf und geht über das Tentorium, bevor er in den Vorderdarm mündet (Abb. 3.118).

In jeder Mandibularstechborste befindet sich ein winziger Kanal mit zwei Dendriten (Parrish 1967, Saxena & Chada 1971a, Wensler 1974, Forbes 1977), die aus dem tritocerebralen Längstrakt stammen (Ponsen 1972). Bei *Daktulosphaira vitifoliae* (Rilling 1960), *M. persicae* (Forbes 1977, Ponsen 1972) und sieben weiteren Blattlausarten (Sorin 1966), dreht sich das Stechborstenbündel über seine Länge um 180°. Zur Nahrungsaufnahme werden die distalen Segmente des Labiums innerhalb des Basalsegments zusammengeschoben und die Stechborsten freigelegt (Weber 1928, Balch 1952, Bradley 1952). Bei Arten mit einem sehr langen Rüssel (z. B. *Stoma-*

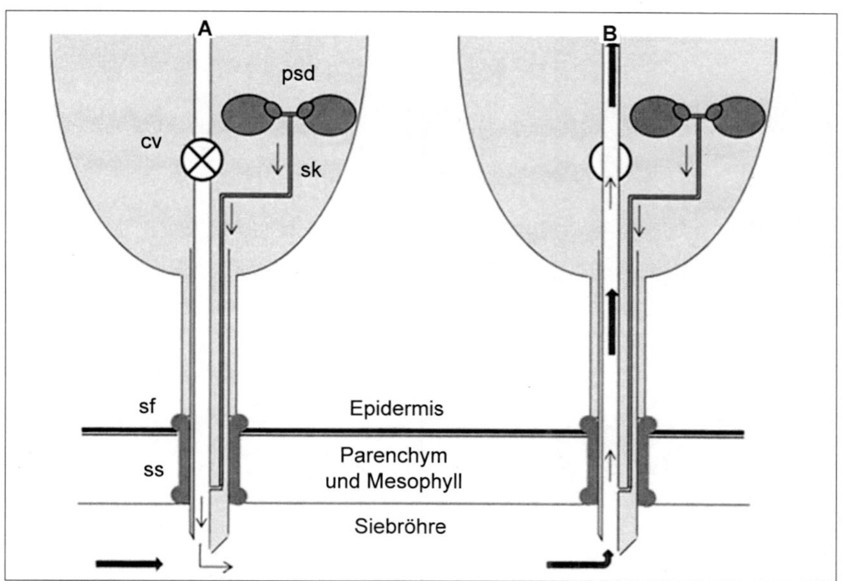

Abb: 3.118: Schematische Darstellung der Bewegung von Speichel und Siebröhrensaft während der Salivation in den Siebelementen und der passiven Aufnahme von Phloem. (A) Der Speichelfluss beginnt in den paarigen Speicheldrüsen (psd, jede besteht aus einer Haupt- und einer Nebendrüse), geht über den Speichelkanal (sk) und wird distal aus einer Öffnung im Stechborstenbündel in die Siebelemente ausgeschieden. Während des Einstichs in das Siebelement erhärtet der Speichel, bildet um die Stechborsten einen Speichelflansch (sf) und eine Speichelscheide (ss). Während des Einstichs und der kurzen intrazellulären Einstiche sowie beim anfänglichen Eindringen in das Siebelement bleibt das Cibarialventil (cv) im Kopf geschlossen und der Speichel tritt an der Spitze des Stechborstenbündels aus. (B) Passive Phloemaufnahme erfolgt bei Öffnung des Cibarialventils wodurch der Überdruck im Siebelement den Siebröhrensaft zusammen mit dem abgesonderten Speichel in den Nahrungskanal presst. Kleine Pfeile – Richtung des Speichelflusses, große Pfeile – Richtung des Siebrohrsaftflusses (nach Will et al. 2013).

phis spp.) wird dieser in den Körper eingezogen und ist dorsal als dunkler Strich sichtbar. Die Gattung *Stomaphis* (Lachninae) liefert ein Beispiel für extrem lange Mundwerkzeuge bei Blattläusen, bei denen das Labium die Körperlänge deutlich übersteigt (Abb. 3.119). Ein sehr langes Labium und lange Stechborsten sind Anpassungen an das Durchstoßen des besonders dicken Rindengewebes von Bäumen, da sich diese Blattläuse an Baumstämmen ernähren (Sorin 1966, Depa 2011, Depa & Mróz 2012, Depa et al. 2013). Die letztgenannten Autorinnen und Autoren haben beobachtet, dass sich das Labium von *Stomaphis* während der Nahrungsaufnahme äußerlich verkürzt, sodass nur die distalen Segmente sichtbar sind, während zwei sehr lange proximale Segmente in den Körper eingeführt werden (Abb. 3.120). Dies scheint eine sehr spezifische Anpassung zu sein.

Abb. 3.119: Ungeflügeltes lebendgebärendes Weibchen von *Stomaphis bobretzkyi* mit dem in das Abdomen eingezogene Labium.

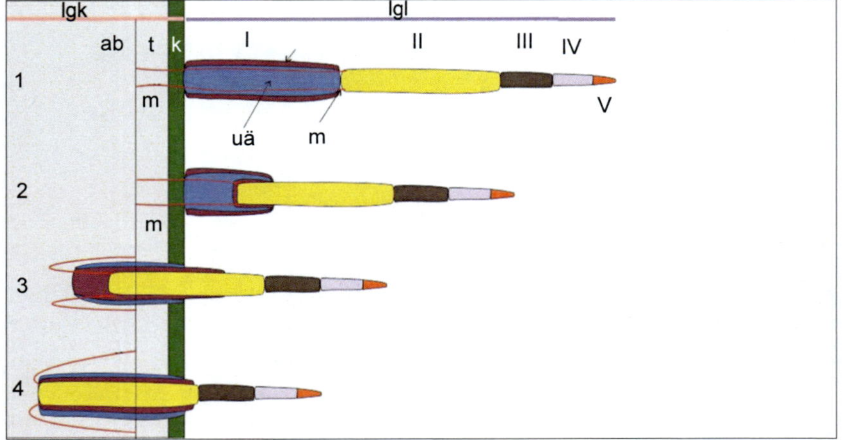

Abb. 3.120: Modell des Zurückziehens der ersten beiden Labialsegmente in den Hinterleib während der Nahrungsaufnahme bei *Stomaphis*. 1 Alle Labialsegmente (I–V) ragen nach außen aus dem Kopf heraus. 2 Umkehrung des distalen Bereichs des ersten Labialsegments und Zurückschieben des proximalen Teils des zweiten Labialsegments. 3 Die gesamte Oberfläche des ersten Labialsegments wurde umgekehrt und im Inneren befindet sich das zweite Labialsegment, beide sind im Körper lokalisiert (Thorax und teilweise im Abdomen). 4 Vollständige Umkehrung des ersten Labialsegments und Einziehen des zweiten Labialsegments, beide Segmente befinden sich im Abdomen. ab Abdomen, ä äußere Oberfläche, k Kopf, uä umgekehrte äußere Oberfläche, lgk gesamte Körperlänge, lgl Länge des Labiums, m Protraktormuskeln, t Thorax, I–V Anzahl der Labialsegmente (nach Brozek et al. 2015).

Jede Stechborste wird von einem aus zwei Epithelzellenschichten bestehenden Organ im hinteren Teil des Kopfes gebildet und mit Muskeln an der Tentoriumbrücke, dem Maxillarsklerit und dem Pharyngealboden befestigt (Metschnikow 1866, Witlaczil 1882, Flögel 1905, Baker 1915, Knowlton 1925, Weber 1928, Roberti 1946, Breider 1952).

3.8.2 Pharynx

Der Pharynx besteht aus Pharyngalkanal, Ventil und Pumpe. Der Pharyngalkanal ist eine Verlängerung des durch den Epipharynx und den Rand des Hypopharynx gebildeten Nahrungskanals. Er übt keine Saugwirkung aus. Der Epipharynx ist durch eine dicke sklerotisierte Platte gekennzeichnet, die eine Reihe von Sensillenporen aufweist, welche mit der Nahrung im Pharyngalkanal in Kontakt stehen (Davidson 1914, Ponsen 1972). An den Seiten des Epipharynx befindet sich je eine sternförmige Einmündung, die einen Bogen von der dritten Pore zum Ventil bildet. Eine schmale Rinne in der Mitte des Bodens des Pharyngalkanals verläuft aus dem Nahrungskanal und endet in der becherförmigen Rinne, die sich mit der des Ventils verbindet.

Der Pharyngalkanal ist von der Pharyngalpumpe durch ein Ventil getrennt, dessen dorsale und ventrale Wände jeweils zwei kuppelförmige Vorsprünge aufweisen: die Pharynx-Vorsprünge von Krassilstschik (1893) bzw. Mundknöpfe von Weber (1928). Die Öffnung des Ventils wird von zwei Muskelpaaren kontrolliert, von denen jedes Paar an einer Sehne befestigt ist, die von der dorsalen Wand des Ventils ausgeht. Das Ventil wird durch Kontraktion eines Muskels geschlossen, der sich auf jeder Seite des Ventils befindet. Hierdurch kommen die gegenüberliegenden Pharynx-Vorsprünge und das Ventil zusammen (Ponsen 1972).

Die Pharyngalpumpe oder Saugpumpe, von Weber (1928) auch als Mundpumpe bezeichnet, befindet sich hinter dem Ventil im mittleren Bereich des Kopfes und führt durch die Oesophaguskonektive, um den Vorderdarm mit der Tentoriumbrücke zu verbinden. Sie dient dazu, die flüssige Nahrung durch den Nahrungskanal in den Vorderdarm zu pumpen. Die Bewegung der flexiblen Rückenwand der Pumpe wird von 29 Muskelpaaren gesteuert (Ponsen 1987).

3.8.3 Vorderdarm

Der Vorderdarm (Oesophagus), der die hintere Fortsetzung des Pharynx bildet, ist ein gleichmäßig dünner Schlauch, der vom Tentorium, zwischen den beiden Speicheldrüsen, dorsal zum Nervensystem und ventral zu den Mycetomen verläuft (Abb. 3.121). In der Regel tritt der Vorderdarm vorne in den Magen oder Filterdarm ein und endet im Oesophagusventil (Abb. 3.122). Bei anderen Blattlausarten (z. B. *Subsaltusaphis ornata* und *Eulachnus brevipilosus*) tritt er seitlich in den Magen oder Filterdarm ein (Mordvilko 1895, Knowlton 1925, Leonardt 1940, Michel 1942, Bramstedt 1948, Ponsen 1979, 1981). Der Vorderdarm wird von einer Hülle

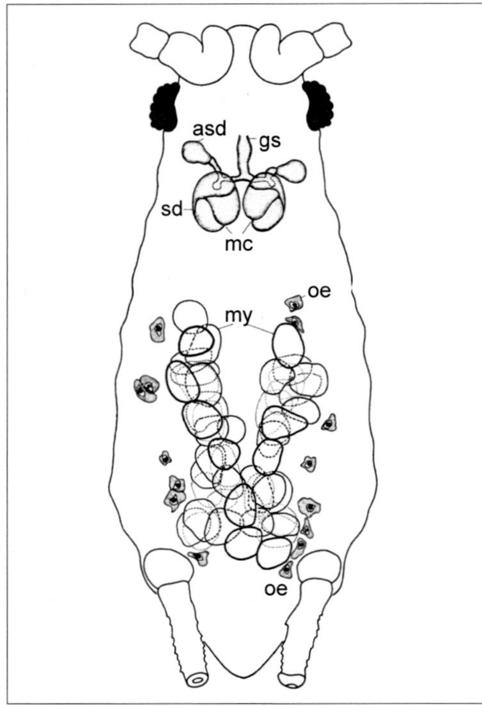

Abb. 3.121: Larve von *Myzus persicae* mit den Positionen der Speicheldrüsen, Mycetome (my) und Oenocyten (oe). Die Mycetome bestehen aus Mycetocyten, welche Bakterien als Symbionten beherbergen. asd akzessorische Speicheldrüse, gs gemeinsamer Speicheldrüsengang, mc Myoepitheloidzelle (ein Pumporgan, das Hämolymphe in das Lumen der Speicheldrüsengänge einleitet, um die granulierten Sekretionsprodukte, die von der Hauptspeicheldrüse ausgeschieden werden, aufzulösen), sd Hauptspeicheldrüse (nach Ponsen 1987).

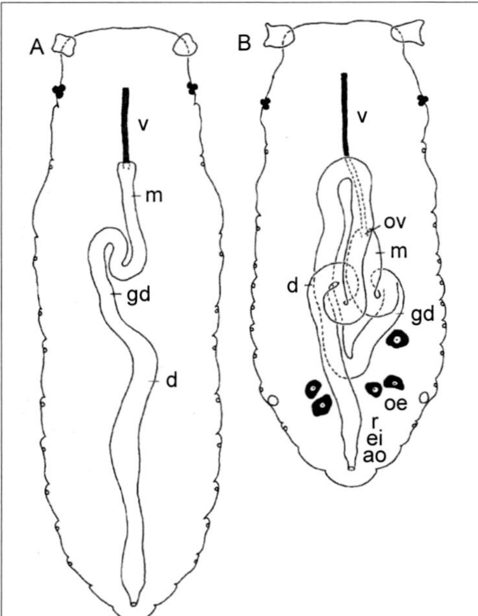

Abb. 3.122: Verdauungssystem und Position der Oenocyten (oe) eines Männchens von *Mindarus abietinus* (A) und der Larve eines ungeflügelten Weibchens von *Mindarus obliquus* (B). ao Analöffnung, d absteigender Darm, ei epidermale Invagination, gd gekerbter Darm, m Magen, oe Oenocyten, ov Oesophagusventil, r Rectum, v Vorderdarm (nach Ponsen 2006).

(Tunica propria) umschlossen. In Dissektionen, insbesondere von Blattlausarten mit sehr langem Vorderdarm, wie bei den Drepanosiphinae (*Drepanosiphum aceris* und *Subsaltusaphis ornata*), zeigt sie wellenförmige Bewegungen.

Das Oesophagusventil ist eine Einstülpung des Vorderdarms in den Magen (Dufour 1833, Witlaczil 1882) oder Filterdarm. Das Ventil besteht aus zwei Zellschichten, die durch einen mit Fasermaterial gefüllten Raum getrennt sind (Forbes 1964, 1977). Die chitinöse cuticulare Intima, die den Vorderdarm und das Oesophagusventil auskleidet, wird in jedem Entwicklungsstadium gehäutet, geht zurück in den Magen und bleibt dort bestehen für den Rest des Lebens der Blattlaus (Moericke & Mittler 1966). Obwohl es nicht mit Muskelfasern versorgt wird, hat das Ventil vermutlich die Aufgabe, ein Zurücktreten des Mageninhalts in den Oesophagus zu verhindern und somit ein ständiges Nachfließen des Nahrungssaftes auch dann zu erlauben, wenn der Magen schon unter Druck steht (Weber 1928, Roberti 1946, Forbes 1964).

Bei den Arten *Eucallipterus tiliae, D. vitifoliae* und *Phylloxera coccinea* fehlt ein Oesophagusventil (Witlaczil 1884, Krassilstschik 1893, Dreyfus 1894). Während der Übergang zwischen Vorderdarm und Magen bei *Subsaltusaphis ornata* aus einem Ring säulenförmiger Zellen besteht (Ponsen 1979), handelt es sich bei *Phloemyzus passerinii* um ein einfaches Röhrenventil (Ponsen 1982a).

3.8.4 Mitteldarm

Der Mitteldarm ist der längste Teil des Verdauungstraktes und besteht aus einem röhrenförmigen oder erweiterten Magen (dem offenbar einzigen sezernierenden Teil des Blattlausdarms) und einem Darm. Der Mitteldarm ist von einer Tunica popria umhüllt, die derjenigen des Vorderdarms ähnelt. Bei den Adelgidae und Drepanosiphinae liegt der Darm in einer direkten Linie mit dem röhrenförmigen Magen, während bei den Chaitophorinae, *Greenidea, Israelaphis* und Thelaxinae der Darm vom röhrenförmigen Magen zur Ventralseite der Blattlaus verläuft. Im ersten Fall befindet sich der Magen in der Ventralregion der Blattlaus, bei Letzteren in der Dorsalregion. Bei anderen Blattlausarten ist der Übergang vom Magen zum Darm durch eine scharfe Schleife gekennzeichnet, obwohl es einige Arten gibt, bei denen der Darm aus dem erweiterten Magen nach hinten verläuft (Ponsen 1982b). Der röhrenförmige Magen von *Drepanosiphum acerinum, D. aceris* und *Paoliella terminalia* hat eine Schleifenstruktur, und der von *Eulachnus* ist gewunden.

Der Darm ist eine röhrenförmige Fortsetzung des Magens und besteht aus zwei verschiedenen Regionen. Die erste Region erstreckt sich vom Magen bis zur voluminösen Schleife, die im Abdomen endet, von dort geht sie allmählich in eine breitere zweite Region des Darms über. Bei Blattläusen mit primitivem Verdauungssystem (Adelgidae, einige Chaitophorinae, *Greenidea, Israelaphis* und Thelaxinae) verläuft die zweite Region des Darms direkt in Richtung der Thorakalschleife, während sie bei anderen Blattlausarten eine Folge von Schleifen und Windungen bildet und im Enddarm endet. Die Abdominalschleife ist mit der Cauda durch »Membranen« verbunden, vergleichbar mit denen des Rektums.

3.8.5 Enddarm

Nach der Thorakalschleife geht der zweite Bereich des Darms in den Enddarm über, der direkt caudal verläuft und im Rektum mündet. Der Übergang vom Mitteldarm zum Enddarm ist nicht klar definiert, da ein Pylorusventil und Malpighische Gefäße fehlen. Bei *Prociphilus* (*Paraprociphilus*) *tesselatus* und im *A.-frangulae*-Komplex ist die Verbindung von Mitteldarm und Enddarm durch eine leichte Verengung gekennzeichnet, die nicht geschlossen werden kann, da ein Muskelband fehlt. Daher ist es kein echtes Ventil (Pelton 1938, Roberti 1946).

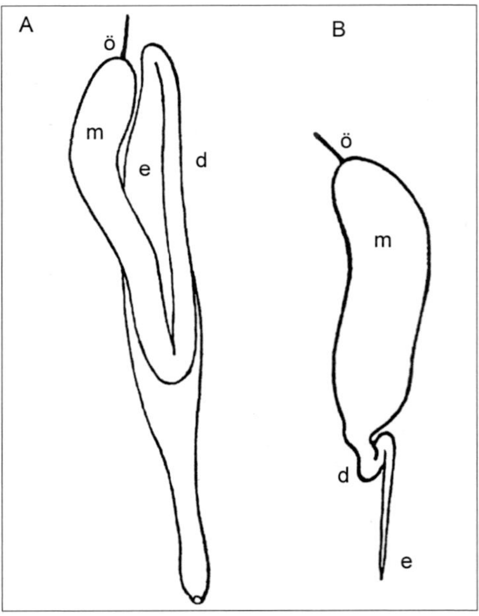

Abb. 3.123: Verdauungstrakt von Adelges (A) und Phylloxera (B) d Darm, e Enddarm, m Magen, ö Oesophagus (nach Börner 1938).

Das Rektum besteht aus zwei verschiedenen Regionen. Der vordere Bereich ist mit quader- oder säulenförmigen Zellen ausgekleidet. Der hintere Bereich ist eine Einbuchtung der Epidermis und besteht aus Zellen, die von einer ausgeprägten Intima ähnlich derjenigen im Vorderdarm bedeckt sind.

Im Allgemeinen liegt die Analöffnung ventral zur Cauda, außer bei den Adelgidae, wo sie dorsal zur Cauda verläuft (Balch 1952). Bei den Phylloxeridae fehlt eine Analöffnung (Abb. 3.123) (Dreyfus 1894, Kunkel 1966).

3.8.6 Filtersystem

Innerhalb der Aphididea hat das Verdauungssystem einiger Blattlausarten eine Filterkammer. Diese Struktur wurde für Drepanosiphinae (WITLACZIL 1884, BÖRNER 1949a, b, 1952), Lachninae (MORDVILKO 1895, KNOWLTON 1925, LEONHARDT 1940, MICHEL 1942, BRAMSTEDT 1948, KUNKEL & KLOFT 1977, KLIMASZEWSKI & WOJCIECHOWSKI 1979) und die Blattlausgattungen *Acaudinum, Capitophorus* und *Cryptomyzus* (BÖRNER 1938) beschrieben.

Das Verdauungssystem einiger Drepanosiphinae hat zwei Filtersysteme. Im ersten wird der Magen durch den hinteren Teil des ektodermalen Enddarms oder der Filterkammer eingekapselt und bildet ein konzentrisches Filtersystem, in dem der Enddarm als geschlossenes Rohr beginnt. Das zweite besteht aus dem vorderen Bereich des aufsteigenden Darms, der parallel verläuft und mit dem hinteren Bereich des absteigenden Darms oder des endodermalen Enddarms verschmolzen ist. Bei anderen Blattlausarten gibt es ein konzentrisches Filtersystem, bei dem der röhrenförmige vordere Bereich des Mitteldarms durch den vorderen Bereich des ektodermalen Enddarms oder der Filterkammer umhüllt ist. Der röhrenförmige Bereich des Filterdarms kommt in verschiedenen Ausprägungen vor, gekrümmt in *Trama troglodytes* (MORDVILKO 1895), *Cinara piceae* (LEONHARDT 1940) und *L. roboris* (MICHEL 1942), gerade und etwas erweitert in *Longistigma caryae* (KNOWLTON 1925) und *Schizolachnus* sp. (BRAMSTEDT 1948), gewickelt in *C. ribis*, oder A-förmig in *Eulachnus* (PONSEN 1977b, 1981). Bei *Eulachnus* besteht der endodermale Bereich der Filterkammer aus einer Einstülpung, die caudal innerhalb des Enddarms verläuft und blind endet. Diese Einstülpung oder Blindsack ist bei *Cinara, Schizolachnus* (LEONHARDT 1940) und *L. roboris* (MICHEL 1942) sehr kurz (Abb. 3.124). Generell scheint es, dass alle Blattlausgattungen mit einem Filtersystem einen ektodermalen Enddarm besitzen. Es gibt jedoch auch Gattungen, die einen ektodermalen Enddarm haben, aber kein Filtersystem.

Über das Fehlen des Magens bei der Blattlaus *Geoica setulosa*, einem Vertreter der Unterfamilie Eriosomatinae berichtete PONSEN (1991, 2006) (Abb. 3.125). Diese Beobachtung erscheint bemerkenswert, da in eng verwandten Gattungen der Darm voll entwickelt ist und in dieser Gattung mutualistische Beziehungen mit Ameisen bestehen.

Eine Studie von MRÓZ et al. (2016) zeigte, dass der Verdauungskanal von *G. utricularia* den typischen Aufbau für die Eriosomatinae aufweist (Abb. 3.126), und die derzeitige Beschreibung dieses Systems bei *G. setulosa* unvollständig ist (PONSEN 1991, 2006). Der Verdauungskanal von *G. utricularia* ist dem von *Forda formicaria*, einem weiteren Vertreter der Erisomatinae, recht ähnlich. Das Vorhandensein von verdoppelten Kernen in einigen Zellen der Speicheldrüsen ist nicht überraschend, da dies nachweislich auch in anderen Blattlausunterfamilien vorkommt (PONSEN 2015). Die bestehenden Unterschiede betreffen vor allem die Längen bestimmter Segmente des Verdauungskanals. Aufgrund des Fehlens einer Filterkammer könnte die Anhaftung der Schleifen des gekräuselten Darms an der ventralen Magenwand eine Rolle bei der Osmoregulation spielen, wie dies für die Erbsenblattlaus angenommen wurde (RHODES et al. 1997).

Ein weiterer signifikanter Unterschied zu anderen Eriosomatinae-Arten ist die Form und Position der Rectalblase. Bei *G. utricualria* ist sie dorsal positioniert, wobei einige wenige Zellen in der Blase eingekapselt sind, ähnlich wie bei den eng verwandten *Smynthurodes betae* (PONSEN 1991). Bei *F. formicaria* und *F. marginata* (PONSEN 2006) besteht die Rectalblase aus einem polygonalen Zellring, der den Enddarm in der Nähe des Rektums umgibt. Rectalblasen wurde nur bei Weibchen von *Forda* spp. nachgewiesen, aber nicht bei den Männchen dieser Gattung. Die Rolle der Rectalblase ist nicht ausreichend bekannt. Sie ist wahrscheinlich homolog mit den Malphigischen Gefäßen (PONSEN 1991), die im Laufe der Evolution

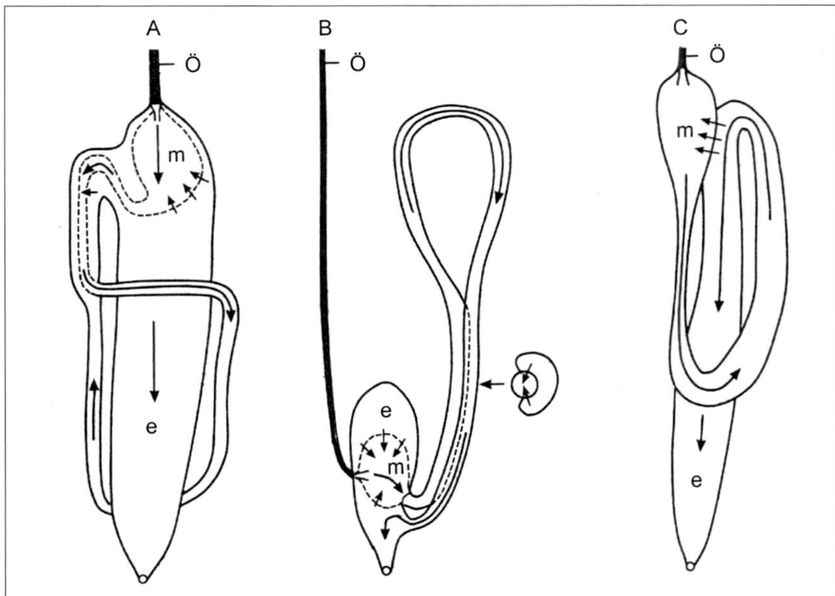

Abb. 3.124: Dorsalansicht des Verdauungskanals von (A) *Lachnus roboris*, (B) *Subsaltusaphis ornata* und (C) *Acyrthosiphon pisum*. In (A) und (B) sind der Magen (m) und ein Teil des Vorderdarms ganz oder teilweise vom Enddarm (e) umschlossen und bilden eine "Filterkammer". In (C) ist ein Teil des Enddarms eng mit einer Seite des Magens verbunden (ö, Oesophagus; der Pfeil zeigt den Fluss durch das System an) (nach PONSEN 1979, 1990, 1991).

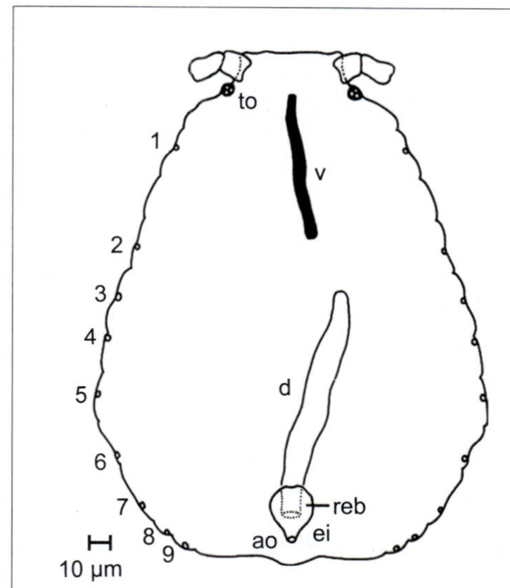

Abb. 3.125: Schema des Verdauungskanals von *Geoica setulosa* nach PONSEN (1991); ao Analöffnung, d absteigender Darm, ei epidermale Invagination, reb Rectalblase, to Triommatidium, v Vorderdarm (nach MRÓZ et al. 2016).

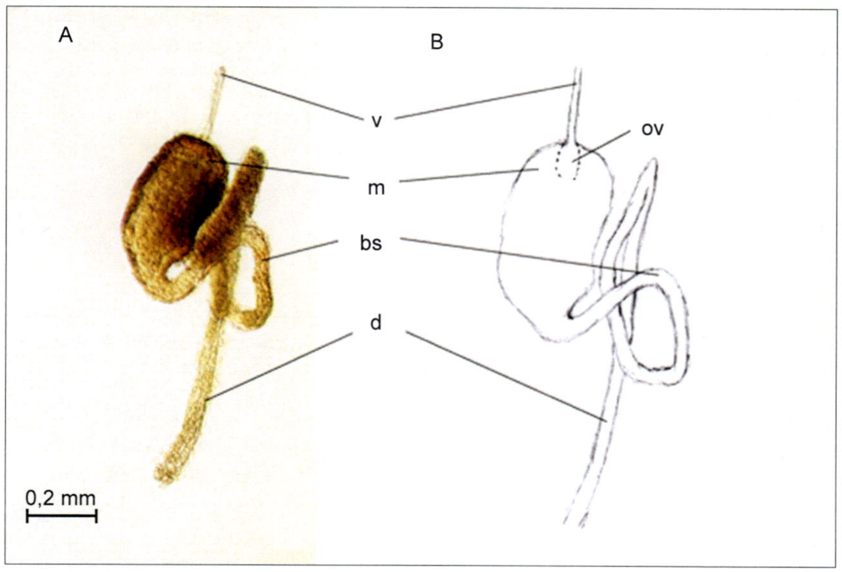

Abb. 3.126: Verdauungskanal von *G. utricularia*: A dem Körper entnommen; B schematische Rekonstruktion; bs Bauchschlinge, d absteigender Darm, m Magen, ov Oesophagusventil, v Vorderdarm (nach MRÓZ et al. 2016).

der Blattläuse verschwunden sind. Möglicherweise ist sie an der Regulierung der Honigtauzusammensetzung beteiligt (Dixon 1998), die Kohlenhydrate, insbesondere Disaccharide (Raffinose und Melecitose) enthält. Diese werden im Darm der Blattläuse synthetisiert und könnten bei der mutualistischen Beziehung zwischen Blattläusen und Ameisen eine Rolle spielen. Am attraktivsten für Ameisen ist vor allem der an Melecitose reiche Honigtau (Fisher & Shingleton 2001). Blattläuse, die Honigtau mit 30–70 % Melecitose produzieren (z. B. *Metopeurum fuscoviride*), werden häufiger von Ameisen besucht als solche, die keine Melecitose im Honigtau haben (z. B. *Macrosiphum euphorbiae* oder *Macrosiphoniella tanacetaria*) (Völkl et al. 1999, Fischer & Shingleton 2001). Ähnliches gilt für die Gattung *Chaitophorus*, wo *C. populeti*, deren Honigtau reich an Melecitose ist, häufiger von Ameisen besucht wird als *C. tremulae*, deren Honigtau weniger Melecitose enthält. Unter Berücksichtigung der hohen Myrmecophilie sowohl von *Forda* spp. als auch von *Geoica* spp., dienen gut entwickelte Rectalblasen der Regulierung der Zusammensetzung des Honigtaus. Es muss festgestellt werden, dass der Verdauungstrakt von ungeflügelten lebendgebärenden Weibchen der anholozyklischen Population von *G. utricualria* aus allen für die Blattlaus-Unterfamilie Eriosomatinae typischen anatomischen Organen besteht und eine durchgehende Röhre darstellt. Es ist unwahrscheinlich, dass *G. setulosa* einen anders gebauten Verdauungstrakt haben soll, da die vorhandenen Daten zu Vorder- und Enddarm vollständig mit denen der Untersuchungen von Mróz et al. (2016) über *G. utricularia* übereinstimmen.

3.8.7 Mesodermale Ableitungen

Bei *M. persicae* bildet das mesodermale Gewebe eine durchgehende Schicht in der Körperhöhle vor der Körperwand. Nach Ponsen (1987) lassen sich drei Arten von Zellen unterscheiden, von denen die Fettzellen am zahlreichsten sind. Diese zeichnen sich durch eine starke Vakuolisierung des Zytoplasmas aus. Die Vakuolen sind mit einer gelben, ölartigen Substanz gefüllt. Der zweite Zelltyp ist gleichmäßig unter den Fettzellen verteilt. Sie unterscheiden sich von Letzteren durch ihr homogenes basophiles Zytoplasma (Ponsen 1987). Diese Zellen werden als basophile mesodermale Zellen bezeichnet. Sowohl Fettzellen als auch basophile Zellen entwickeln sich aus embryonalen mesodermalen Zellen, die in Embryonen vor den zukünftigen Siphonen zu finden sind. Der dritte Zelltyp sind Bindegewebszellen. Sie sind kleiner als die anderen Ableitungen des mesodermalen Gewebes und enthalten homogenes basophiles Zytoplasma. Jede Zelle enthält einen proportional großen, kugelförmigen oder elliptischen Kern und einen kleinen Kern. Die sich verzweigenden Fortsätze dieser Zellen bilden ein kompliziertes Netz von empfindlichen Membranen, die sich über das gesamte Hämocoel erstrecken und mit den verschiedenen inneren Organen verbunden sind.

3.8.8 Speichel

Speichel spielt eine wichtige Rolle bei der Interaktion zwischen vielen Insektenarten und ihren pflanzlichen Wirten. Bevor die Blattläuse mit dem Einstich in die Epidermis beginnen, scheiden sie einen kleinen Tropfen Gelspeichel aus, der auf der Epidermisoberfläche an der Verbindungsstelle zweier Zellen einen Speichelflansch bildet.

Während der Bewegung der Stechborsten durch den Apoplast sondert die Blattlaus gelartigen Speichel ab, der sich verhärtet und die Stechborsten wie eine Hülle umgibt. Die Speichelhülle wurde bereits von Büsgen (1891) beobachtet, der ihren Proteingehalt nachwies. Die Scheide wird durch aufeinanderfolgende Absonderungen von Gelspeichel und Bewegung der Stechborsten gebildet.

Die von Will et al. (2012) beobachtete ausgeprägte röhrenförmige Struktur innerhalb der Speichelscheide deutet darauf hin, dass das gesamte Speichelmaterial nach dem Durchstechen mit den Stechborsten aushärtet.

Ein Protein (»sheath protein« (SHP)) mit einem hohen Gehalt an Cystein wurde erstmals im Speichel der Erbsenblattlaus *A. pisum* (Carolan et al. 2009) und später in *Sitobion avenae* und *Metopolophium dirhodum* (Rao et al. 2013) identifiziert.

Durch Silencing der Expression von SHP in der Blattlausart *A. pisum* konnten Will & Vilcinskas (2015) die Scheidenbildung hemmen, was zeigt, dass SHP ein wichtiges Strukturprotein der Speichelscheide ist.

Will & van Bel (2006) vermuten, dass die Speichelscheide die Induktion von Abwehrreaktionen in den Siebelementen verhindert, indem sie die Einstichstelle der Stechborsten in der Plasmamembran der Siebelemente versiegelt. Eine intakte Speichelscheide ist für eine anhaltende Nahrungsaufnahme (>10 Minuten) aus den Siebelementen notwendig und kann die Induktion von pflanzlichen Abwehrreaktionen verhindern. Wenn die Aushärtung der Scheide unterbunden wird, kommt es zu einer Zunahme wässriger Speichelausscheidungen ohne anschließende Nahrungsaufnahme (Will & Vilcinskas 2015).

Nach dem Zurückziehen der Stechborsten aus der Pflanze verbleibt die mit Gelspeichelmaterial gefüllt Speichelscheide in der Pflanze (Tjallingii & Hogen Esch 1993).

Eine Funktion der Cellulase und Pektinaseaktivität im Speichel wird in der Induktion von Schadsymptomen an von Blattläusen befallenen Pflanzen gesehen (Miles 1987, 1990).

Es wird vermutet, dass der Unterschied zwischen den Speichelenzymen (Katalase und Peroxidase) der Blattlausarten *D. noxia* und *R. padi* für die Art der Schadenssymptombildung an anfälligen Wirtspflanzen von Bedeutung ist (Ni et al. 2000).

Durch die Stechborsten werden auf dem Weg zu den Siebelementen regelmäßig Zellen angestochen, was durch einen schnellen und kurzen »Potenzialabfall« von 5–15 Sekunden in den EPG-Kurven angezeigt wird (Tjallingii 1985). Die Potenzialabfälle können detailliert analysiert werden und sind in drei Unterwellenformen unterteilt: II–1, II–2 und II–3. Martin et al. (1997) korrelierten die Unterwellenform II–1 mit der Speichelsekretion, indem sie die Übertragung von nicht persistenten phytopathogenen Viren untersuchten, deren Übertragung notwendigerweise mit Speichelfluss verbunden ist.

Wahrscheinlich wird artspezifisch nach Anstich einer einzelnen Pflanzenzelle durch Bestandteile des Speichels der Metabolismus der Pflanze modifiziert (Induktion der Bildung von Nekrosen und Gallen) und der Calvin-Zyklus in der Fotosynthese geblockt, wie es für *R. padi* gezeigt werden konnte (Thieme, unveröffentlicht)

Siebelemente sind hochspezialisierte Zellen, die eine Reihe spezieller Eigenschaften besitzen. Unmittelbar nachdem eine Blattlaus mit ihren Stechborsten ein Siebelement durchstochen hat, sondert sie etwas Speichel ab, bevor sie eine geringe Menge Zellsaft aufnimmt und anschließend für mehrere Minuten wässrigen Speichel in das Lumen des Siebelements absondert (Prado & Tjallingii 1994). In dieser Zeit blockiert die Vorkammerklappe den Nahrungskanal und die Aufnahme von Saft.

Der sich aus einer Reihe verschiedener Proteine zusammensetzende wässrige Speichel scheint sich in seiner jeweiligen Zusammensetzung zwischen verschiedenen Blattlausarten zu unterscheiden (Madhusudhan & Miles 1998, Will et al. 2007, 2009, Carolan et al. 2009).

Es wird angenommen, dass spezifische proteinhaltige Mechanismen sowie die Ablagerung von Kallose den Verschluss von Siebröhren bewirken und diese als Reaktion auf eine Verwundung abdichten (z. B. Knoblauch & van Bel 1998). Zu den auslösenden Faktoren dieser Verschlussmechanismen gehören Kalziumeinstrom (Knoblauch et al. 2001), Turgorverlust (Ehlers et al. 2000) und Veränderungen des Redox Potenzials (Leineweber et al. 2000).

Blattläuse und andere sich von Phloemsaft ernährende Insekten sind mit Siebelement-Verschlussmechanismen konfrontiert (Knoblauch et al. 2001,

Tjallingii 2006, Will & van Bel 2006). Es ist anzunehmen, dass beim Einstich der Stechborsten in die Plasmamembran des Siebelements Verschlussmechanismen ausgelöst werden. Dies würde die Aufnahme von Saft aus den Siebelementen direkt beeinträchtigen, indem der Turgordruck in den Siebelementen verringert wird (Gould et al. 2004). Wahrscheinlich nehmen die Blattläuse die Verstopfung von Siebelementen durch eine Abnahme des Turgordrucks im Sieblumen wahr (Will et al. 2008).

Die Fabaceae sind eine Pflanzenfamilie mit einem einzigartigen Verschlussmechanismus. Sie besitzen in jedem Siebelement ein als Forisom bezeichnetes spindelartiges Protein (Knoblauch & van Bel 1998). Während die stark an ihre Wirtspflanzen aus der Familie der Fabaceae angepasste *A. pisum* keinen Siebelementverschluss auslöst (Walker & Medina-Ortega 2012), verursachen stärker polyphage Blattläuse wie *M. persicae* und *M. euphorbiae* den Verschluss von Siebelementen in *V. faba* und beeinträchtigen so deren Nutzung (Medina-Ortega & Walker 2015).

Die Entgiftung von Phenolen durch die Sekretion von Polyphenoloxidase und Peroxidase wurde für *S. avenae* berichtet (Madhusudhan & Miles 1998).

Als weitere entgiftende Enzyme wurden im Speichel von *M. persicae* und *A. pisum* Glukose-Dehydrogenase und Glukose-Oxidase identifiziert (Harmel et al. 2008, Carolan et al. 2011). Sie beeinträchtigen potenziell die durch Jasmonsäure (JA) regulierten Abwehrreaktionen, die bei Befall von *Arabidopsis* durch *Brevicoryne brassicae* (Kusnierczyk et al. 2011) und an *V. faba* durch *A. pisum* (Takemoto et al. 2013) ausgelöst werden. Außerdem scheinen Blattläuse in der Lage zu sein, Gene im Salicylsäure (SA)-Stoffwechselweg zu modulieren (Zhu-Salzman et al. 2004).

Wahrscheinlich wirken Speichelproteasen proteinvermittelten Abwehrreaktionen der Wirtspflanze von Insekten entgegen (Francischetti et al. 2003, Carolan et al. 2009). Durch den Abbau von Siebröhrensaftproteinen, die an der Verteidigung, Signalübertragung und/oder dem Verschluss beteiligt sind (Kehr 2006), kann die Pflanzenabwehr unterdrückt werden (Carolan et al. 2009).

Neben der Funktion bei der Unterdrückung der Pflanzenabwehr sind Speichelproteasen wahrscheinlich auch für den Abbau von Siebröhrenproteinen verantwortlich. Hierdurch erhalten die Blattläuse Zugang zu einer Aminosäurequelle (Carolan et al. 2009), zur Ergänzung der begrenzten Menge an essenziellen Aminosäuren im Siebröhrensaft (Gündüz & Douglas 2009).

Einen ersten Nachweis, dass Speichelproteine mit Kalzium als wichtigem Botenstoff und Auslöser einiger Siebelement-Verschlussmechanismen und weiterer pflanzlicher Abwehrreaktionen interagieren, erbrachten WILL et al. (2007) durch Verwendung von isolierten Forisomen aus *V. faba*. Der Speichel von Blattläusen verändert die Forisomenform durch Reduzierung des Volumens. In Gegenwart von proteolytisch verdauten Speichelproteinen unterbleibt die Forisomumwandlung, was eine aktive Rolle der Speichelproteine bei der Sequestrierung von Kalzium zur Verschlussverhinderung vermuten lässt.

Als Effektoren werden Proteine und/oder kleine Moleküle definiert, die die Struktur und Funktion von Wirtszellen verändern (HOGENHOUT et al. 2009). Bei Blattläusen wurden mehrere Effektoren identifiziert. Als der erste identifizierte Effektor im Speichel von Blattläusen kann C002 angesehen werden (MUTTI et al. 2006, 2008), dessen Produktion in den Hauptspeicheldrüsen von *A. pisum* stattfindet. Die Unterdrückung der C002-Transkripte durch RNA-Interferenz in *A. pisum* führte zu einer verkürzten Lebensspanne und wirkt sich negativ auf die Fähigkeit einer Blattlaus aus, Siebelemente während des Probens zu erreichen (MUTTI et al. 2006). Untersuchungen von PITINO & HOGENHOUT (2013) deutet darauf hin, dass die Funktion der Speicheleffektoren für die Blattläuse artspezifisch ist.

PIntO1 und PIntO2, Orthologe von C002, sind weitere Effektoren, die sich positiv auf die Reproduktion und damit auf die Besiedlung durch Blattläuse auswirken. Die genannten Effektoren können die Nahrungsaufnahme erleichtern, indem sie in pflanzliche Signalkaskaden eingreifen, was zu einer Unterdrückung der pflanzlichen Abwehrreaktionen führt (PITINO & HOGENHOUT 2013). Eine vergleichende Zusammenfassung der Blattlaus-Effektoren und ihres Vorkommens in den Blattlausarten *A. pisum*, *M. persicae* und *M. euphorbiae* findet sich bei CHAUDHARY et al. (2015).

Bei der Suche nach Proteinen endosymbiontischen Ursprungs im Speichel von *M. euphorbiae* identifizierten CHAUDHARY et al. (2014) elf Proteine. Vier davon wurden nur im Gelspeichel der untersuchten Blattlausart nachgewiesen. Unter den *Buchnera*-Proteinen befand sich das Chaperonin GroEL, welches Abwehrreaktionen in den Pflanzen auslöst, die durch einen oxidativen Ausbruch und die Expression von Markergenen für die mustergesteuerte Immunität (PTI) angezeigt wurden (CHAUDHARY et al. 2014). Dieses Protein fungiert als mikrobenassoziiertes molekulares Muster (MAMP). Induzierte PTI zielt auf den *Buchnera*-Endosymbionten und führte zu einer Resistenz gegen Blattläuse, die sich in einer verringerten Fruchtbarkeit zeigt (CHAUDHARY et al. 2014).

Nach dem Einstich in ein Siebelement treibt der hohe Turgordruck im Lumen des Siebelements den Saft durch den Nahrungskanal der Stechborsten in den Verdauungstrakt der Blattlaus. Diese passive Nahrungsaufnahme wird durch das Cibarialventil reguliert (Abb. 3.118). Während der Nahrungsaufnahme wird in regelmäßigen Abständen wässriger Speichel abgesondert, der sich mit dem Siebelement-Saft im Nahrungskanal vermischt und mit dem Nahrungsstrom in den Verdauungstrakt gelangt (Tjallingii 2006). Die darin enthaltenen Speichelproteine könnten möglicherweise die Zusammenballung von Verschlussproteinen im Nahrungskanal oder im Magen hemmen.

3.8.9 Kot

Pflanzen transportieren in ihrem Siebröhrensaft hauptsächlich diverse Zucker und nur im geringen Maße Stickstoffverbindungen. Deshalb müssen die Blattläuse bei der Nahrungsaufnahme große Mengen des Siebröhrensaftes aufnehmen und die überschüssigen Zucker und Wassermengen schnellstens durch den After wieder ausscheiden. Dieser auch als Honigtau bezeichnete Kot stellt eine wichtige Nahrungsgrundlage für andere Organismen dar, für die Blattläuse ist er jedoch eine Gefahr. Sie müssen durch geeignete Methoden dafür Sorge tragen, dass sie sich und die Mitglieder ihrer Kolonie nicht mit einer klebrigen Schicht überziehen, dadurch bewegungsunfähig werden oder die Atmung erschwert wird. Durch eine Anzahl morphologischer und verhaltensphysiologischer Einrichtungen gelingt es den Blattläusen, diese Gefahr zu umgehen (Kunkel 1969, 1972).

Der Honigtau wird im Rectum gesammelt und in größeren Portionen abgegeben. Dabei wird das Körperhinterende häufig hoch über den Körper der Koloniegefährten gehalten. Ursprünglich spritzte wohl die Rectalmuscularis die Flüssigkeit mit großer Kraft hinaus, wobei der Honigtau in kleinere Einzeltropfen zerfiel. Heute finden wir diesen Weg nur noch bei vielen Schildläusen (Coccina), den erwachsenen Männchen der Blattflöhe (Psyllina) und den Weißen Fliegen (Aleurodina). Die restlichen Blattfloh-Morphen und Blattläuse wie Pemphigini und Mindarinae, fangen die austretenden Tropfen mit Wachsfäden auf, die parallel nach hinten um den Anus sezerniert werden. Ab und zu fallen diese Gebilde (bei den Blattflöhen »Honigtau-Sack« genannt) ab.

Die meisten Blattläuse entfernen einen abgegebenen Tropfen entweder durch Abspritzen oder durch Abschleudern (siehe Abb. 3.74 und 3.75). In beiden Fällen wird das Körperende hochgehoben, der Körper muss gegenüber den im Pflanzengewebe befestigten Mundwerkzeugen abgeknickt werden. Der zur Körpergröße recht voluminöse Honigtautropfen muss balanciert werden: Er könnte abrollen und wird von spezialisierten, zum Anus hin gekrümmten (perianalen) Saetae gestützt. Die Cauda wird wenigstens bei den erwachsenen Röhrenblattläusen hochgeklappt und schützt so den Rücken. Beim Abspritzen wird nach einer Hypothese von KUNKEL (1972) der in bestimmter und gesicherter Position gehaltene Tropfen von einem kleineren Resttropfen, der zuerst zurückgehalten, dann mit größter Kraftanwendung der Rectalmuscularis herausgespritzt wurde, mitgerissen.

Bei den Jugendstadien der Lachnini (vereinzelt!), Thelaxini, Chaitophorini, Phyllaphidinae, Drepanosiphinae und Aphidinae wird der hinten vor dem Anus balancierte Honigtautropfen mit der Tibia eines Hinterbeins gehalten und seitlich fortgeschleudert. Dafür ist an dem Schienen-Ende ein besonderer Korb aus langen Saetae gebildet worden. Ein Merkmal der Aphidinae ist noch eine besondere Wachsbereifung am Boden dieses Korbes, die noch stärker eine Verschmierung mit klebrigem Honigtau verhindert (KUNKEL 1972). Eine engere Beziehung zu Ameisen (Trophobiose) verändert das Honigtau-Abgabeverhalten bei Blattläusen drastisch (KUNKEL 1973).

Der von den Hemipteren ausgeschiedene Honigtau ist das Ergebnis der Nahrungsaufnahme vom Phloemsaft der Pflanzen, der einen sehr hohen Zuckergehalt (hauptsächlich Saccharose) aufweist, was einen hohen osmotischen Druck erzeugt (AMMAR et al. 2013). Obwohl Honigtau in erster Linie ein Abfallprodukt ist, das es Phloemnutzern ermöglicht, den überschüssigen Zucker in ihrer Nahrung zu entsorgen (WILKINSON et al. 1997), dient er vielen Tieren als Nahrungsquelle.

Pflanzen bieten Blattläusen eine unausgewogene Nahrung mit hohem Saccharosegehalt, aber geringen Mengen an Aminosäuren im Phloemsaft. Die Zuckerzusammensetzung des Honigtaus spiegelt im Allgemeinen die Zusammensetzung des Phloemsaftes wider, aber verschiedene andere Mono-, Di- und Oligosaccharide werden von der Blattlaus synthetisiert. Die Aminosäurezusammensetzung des Honigtaus entspricht ebenfalls dem Gehalt an Phloemsaft; Asparagin und Glutamin wurden als Hauptaminosäuren im Honigtau vieler Blattlausarten und auch in Phloemsäften nachgewiesen (SASAKI et al. 1990, LEROY et al. 2011).

Aufgrund des Nachweises von Variationen zwischen Genotypen der Seidenpflanze *Asclepias syriaca* in der Pro-Kopf-Betreuung von Blattläusen durch Ameisen (und auch in der Zusammensetzung des Honigtaus) vermuteten MOONEY & AGARWAL (2008), dass solche Variationen auf genetisch bedingte Unterschiede in der Phloemzusammensetzung der Pflanzen zurückzuführen sind. Pflanzenbedingte Unterschiede in der Zusammensetzung des Honigtaus von Blattläusen der Art *Aphis nerii* und ihre Auswirkungen auf die Blattläuse betreuenden Ameisen-Kolonien wurden auch von PRINGLE et al. (2014) beobachtet.

Jahreszeitliche Schwankungen in der Qualität des Wirtspflanzensaftes, die sich in den Veränderungen des Zuckergehalts des Honigtaus von Blattläusen widerspiegeln, konnten Wool et al. (2006) nachweisen. Wenn erhöhte Kohlenstoffdioxid-Gehalte in der Atmosphäre die Menge an Aminosäuren im Baumwoll-Phloem-Saft verringerten, nahm zur Deckung ihres Nährstoffbedarfs die sich von Baumwolle ernährende *Aphis gossypii* mehr Phloemsaft auf und produzierte mehr Honigtau, ohne den Gehalt an Aminosäuren im Honigtau zu verändern (Sun et al. 2009a).

In Versuchen von Whitaker et al. (2014) unterschied sich das Zuckerprofil im Honigtau von *Aphis glycines* signifikant zwischen zwei besiedelten Soja-Sorten, einer mit Rhizobien assoziierten und einer Sorte, die keine stickstofffixierenden Bakterien beherbergt. Es wurden allerdings keine Unterschiede im Gesamtgehalt an Aminosäuren im Honigtau festgestellt.

Weitere Faktoren, die die chemische Zusammensetzung des Honigtaus beeinflussen, sind die Art der Blattlaus, das Entwicklungsstadium und das Alter der Blattläuse, die Geschwindigkeit und Dauer des Blattlausbefalls der Pflanzen, die Anwesenheit von Ameisen (Mutualismus), das Vorhandensein von bakteriellen intrazellulären Symbionten in den Blattläusen, die Parasitierung der Blattläuse und das Vorhandensein von sekundären Pflanzenmetaboliten (Leroy et al. 2011a).

3.8.9.1 Chemische Zusammensetzung des Honigtaus und Honigtauausscheidung

Eine gängige Erklärung für die Ausscheidung von Honigtau ist, dass die Blattläuse große Mengen an zuckerhaltigem Phloemsaft aufnehmen müssen, um die für ihr Wachstum und ihre Fortpflanzung notwendigen Aminosäuren zu extrahieren und der überschüssige Zucker ausgeschieden wird (Wool et al. 2006). Honigtau von Blattläusen enthält in der Regel zwei oder drei Zucker in großen Mengen und bis zu 20 in geringeren Konzentrationen, 10 essenzielle Aminosäuren und bis zu 15 nicht-essenzielle Aminosäuren in viel geringeren Konzentrationen (Dhami et al. 2011). Kohlenhydrate können bis zu 88 % der Honigtautrockenmasse ausmachen (Lamb 1959) und umfassen in der Regel das Fotosyntheseprodukt Saccharose, seine Monosaccharidkomponenten Fructose und Glucose sowie eine variable Anzahl von Oligosacchariden. Insekten, die sich von Phloem ernähren, verringern im Allgemeinen den Saccharosegehalt des aufgenommenen Phloemsaftes durch Polymerisationsprozesse, bei denen Oligosaccharide entstehen, und regulieren so den osmotischen Druck im Darm. Der α-Glucosidase-Hemmer Acarbose hemmte die Sucraseaktivität in Darmhomogenaten sowie die Mengen an Monosacchariden und Oligosacchariden im Honigtau lebender Blattläuse. Fruktose als ein Endprodukt der Sucraseaktivität wird absorbiert und zur Deckung des Energiebedarfs der Blattläuse verwendet (Ashford et al. 2000), was zur Verringerung der Osmolalität im Darm beiträgt. Ein Großteil der von der Saccharose abgespaltenen Glukose wurde durch die Transglukosidase-Aktivität in Oligosaccharide eingebaut (Woodring et al. 2007). Somit ist die Transglucosidase-Aktivität auch für die Osmolalität des Darms von wesentlicher Bedeutung (Douglas 2006). Zur Wiederherstellung und Aufrechterhaltung der Osmoregulation und des Wasserhaushalts können Blattläuse aber auch in regelmäßigen Abständen aus dem Xylem der Wirtspflanze trinken (Will & Van Bel 2006) der eine geringe Osmolarität aufweist (Pompon et al. 2010).

Bei mehreren Pflanzenarten wurde die Variation im Zucker- und Aminosäuregehalt der Phloemsaftzusammensetzung über einen Zeitraum von 24 Stunden dokumentiert (Hayashi & Chino 1986, Winter et al. 1992, Caputo & Barneix 1999, Gattolin et al. 2008, Taylor et al. 2012). Insbesondere wurden während der Nacht niedrigere Konzentrationen von Saccharose beobachtet. Angesichts der tageszeitlichen Variation in der Zusammensetzung des Phloemsaftes ist anzunehmen, dass die nächtliche Nahrungsaufnahme zur Regulation des osmotischen Potenzials von Blattläusen beiträgt. Bereits Cull & van Emden (1977) vermuteten, dass Blattläuse den hohen osmotischen Stress, den sie während der Nahrungsaufnahme am Tage erleiden, dadurch kompensieren, dass sie nachts mehr verdünnten Pflanzensaft aufnehmen. Durch den Einsatz der EPG-Technik konnten Nalam et al. (2021) zeigen, dass die Nahrungsaufnahme der Blattläuse nicht durch die Tageszeit beeinflusst wird. Im Gegensatz dazu war der Hydratationsstatus der Blattläuse am Ende des Tages im Vergleich zu Blattläusen, die am Ende der Nacht gesammelt wurden, reduziert. Nalam et al. (2021) vermuten, dass die fortgesetzte nächtliche Nahrungsaufnahme es den Blattläusen ermöglichte, das stärker verdünnte Phloem zu nutzen, um im Vergleich zur Nahrungsaufnahme am Tag höhere Hydratationswerte zu erreichen. Darüber hinaus zeigte die Genexpressionsanalyse, dass der Zuckerabbau und der Wassertransport in den Darm der Blattläuse nachts reduziert war, was als Beweis dafür angesehen wird, dass Phloemsaft nachts verdünnt ist. Die Daten von Nalam et al. (2021) deuten darauf hin, dass die nächtliche Nahrungsaufnahme in Verbindung mit Veränderungen in der Hydratation und in den osmoregulatorischen Genen es den Blattläusen ermöglicht, sich zu rehydrieren und eine Osmoregulation zu erreichen (Abb. 3.127).

Das Trisaccharid Melezitose ist eines der Transglucosidase-Produkte, die im Darm vieler Blattlausarten vorkommen. Melezitose wurde intensiv untersucht, da dieser Zucker in den Wirtspflanzen nicht vorhanden ist, sondern von den Blattläusen synthetisiert und mit dem Honigtau ausgeschie-

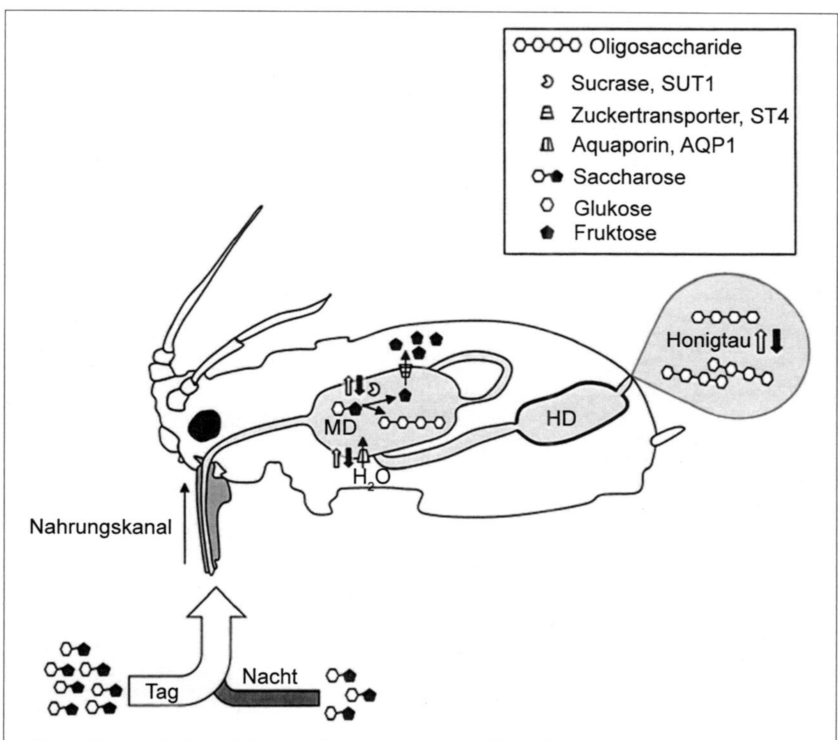

Abb. 3.127: Konzeptuelles Modell der verschiedenen Mechanismen der Osmoregulation bei Blattläusen.

Blattläuse verfügen über mehrere Mechanismen, um dem hohen osmotischen Druck zu begegnen, der durch den Zucker im Pflanzensaft erzeugt wird. Anatomisch gesehen ermöglicht die Anordnung von Mitteldarm (MD) und Enddarm (HD) einen schnellen Wassertransfer zwischen den proximalen und distalen Regionen. Dieser Wassertransfer und der Ausgleich des osmotischen Drucks zwischen der Hämolymphe und dem Darm wird durch das Gen Aquaporin 1 (AQP1) erleichtert. Im Darmlumen spaltet eine Sucrase-Transglucosidase, die durch das Gen Sucrase 1 (SUC1) kodiert wird, Saccharose zu Glukose und Fruktose. SUC1 verbindet Glukosemonosaccharide zu Oligosacchariden, die als Honigtau ausgeschieden werden. Die Fruktose im Darmlumen wird durch das Gen Sugar Transporter 4 (ST4) schnell in die Hämolymphe transportiert. Außerdem nehmen Blattläuse Xylemsaft auf, der im Vergleich zum Phloemsaft eine verdünnte Zusammensetzung aufweist, um ihren Wasserhaushalt auszugleichen. Die leeren und gefüllten Pfeile zeigen die relative Menge des produzierten Honigtaus bzw. das Niveau der Genexpression an, die während des Tages (leerer Pfeil) und der Nacht (gefüllter Pfeil) beobachtet wurde (nach Nalam et al. 2021).

den wird. Die Honigtauproduktion von *A. f. fabae* ist je nach Wirtspflanze sehr unterschiedlich. Blattläuse, die sich von zwei einjährigen Pflanzen, *Vicia faba* und *Chenopodium album*, ernähren, produzieren weniger als die Hälfte der Honigtaumenge pro Blattlaus und Stunde als bei Haltung auf der mehrjährigen Wirtspflanze *Tanacetum vulgare*. In allen Honigtau-Proben dominierte Melezitose. Auf dem Primärwirt *Euonymus europaeus* produzierten lebendgebärende *A. f. fabae* ebenfalls große Mengen an Honigtau, aber mit reduzierten Gehalt an Melezitose (Fischer et al. 2005).

Die Aminosäuren im Honigtau von Blattläusen werden nicht nur durch die Nahrung beeinflusst, sondern auch durch die Wirkung von Endosymbionten (*Buchnera aphidicola*), die in Mycetozyten oder Bakteriozyten lokalisiert sind (Buchner 1965, Douglas 1989, Sasaki et al. 1990, Munson et al. 1991a). Endosymbionten scheinen keinen Einfluss auf die Zuckerzusammensetzung von Honigtau zu haben (Katayama et al. 2013).

Neben Zuckern und Aminosäuren enthält der Honigtau von Blattläusen eine Vielzahl von Proteinen. Eine proteomische Untersuchung von Honigtau der Erbsenblattlaus *A. pisum* ergab eine unerwartete Diversität von mehr als 140 Proteinen mit einer Gesamtkonzentration von nahezu 5 µg/µL (Sabri et al. 2013). Die Diversität der Proteine im Honigtau von Blattläusen stammt aus verschiedenen Quellen (d. h., aus der Wirtsblattlaus und ihrer Mikrobiota, einschließlich endosymbiotischer Bakterien und der Darmflora).

3.8.9.2 Honigtau als Nahrungsquelle für natürliche Gegenspieler

Um ihren Kohlenhydratbedarf zu decken, können Prädatoren und Parasitoide eine breite Palette von Pflanzensubstraten nutzen, darunter Nektar, Pflanzensaft-Exsudate, aber auch den Honigtau von Arthropoden, die sich von Phloem ernähren (Wäckers et al. 2008). Im Vergleich zu anderen Zuckerquellen ist Honigtau oft eine minderwertige Quelle. Honigtau ist zähflüssig und damit schwer zugänglich, und seine besondere chemische Zusammensetzung schränkt seine ernährungsphysiologische Eignung ein (Wäckers 2005).

Die Eignung einer bestimmten Nahrungsquelle hängt nicht nur von den Eigenschaften der Nahrungsquelle ab, sondern auch davon, wie gut die Verbraucher darauf eingestellt sind, die Nahrung zu verwerten. Wäckers et al. (2008) konnten jedoch nicht feststellen, dass aphidophage Parasitoide und Prädatoren Honigtau eher als andere Kohlenhydratquellen wie Nektar nutzen als Prädatoren und Parasitoide von Nicht-Honigtauproduzenten.

Bei den wichtigen Blattlausparasitoiden der Aphidiidae ist eine Nahrungsaufnahme am Wirt nicht üblich, und die erwachsenen Tiere ernähren sich hauptsächlich von Honigtau ihrer Blattlauswirte (Starý 1970). Untersuchungen der Auswirkungen der Honigtau-Zusammensetzung auf die Langlebigkeit des Aphidiidien-Parasitoiden *Aphidius ervi* ergaben, dass im Vergleich zu Weibchen von *A. ervi*, die nur Zugang zu Wasser hatten, der zusätzliche Zugang zu Honigtau die durchschnittliche Lebensdauer des Parasitoiden um einen Faktor 4,4–6,3 erhöhte, je nach Blattlaus und Pflanzenart (Hogervorst et al. 2007). Die Unterschiede in der Lebenserwartung der Parasitoiden konnten bis zu einem gewissen Grad durch die Kohlenhydratzusammensetzung des Honigtaus erklärt werden. Auch die räuberische Gallmücke *Aphidoletes aphidimyza* nutzt den Honigtau von Blattläusen als Energiequelle. Sowohl die Weibchen als auch die Männchen erreichten die höchste Lebenserwartung mit Saccharose und künstlichem Honigtau von *Aphis gossypii*, während die Lebenserwartung am kürzesten war, wenn sie nur mit Wasser versorgt wurden (Watanabe et al. 2014).

Die Larven der räuberischen *Chrysoperla carnea* erbeuten zur Deckung ihres Wachstums- und Entwicklungsbedarfs Insekten, ernähren sich aber von Honigtau (Hogervorst et al. 2008). Diese Nicht-Beute-Nahrung ist nicht nur in Zeiten des Beutemangels wichtig, sondern ist auch dann Bestandteil der Ernährung, wenn geeignete Beutetiere verfügbar sind.

Honigtau hat eine zweite Funktion für Parasitoide und Prädatoren, da er als Kairomon zur Lokalisierung von Wirten und Beutetieren verwendet wird. Weibchen der blattlausfressenden Gallmücke *A. aphidimyza* zeigten eine Geruchsreaktion auf Honigtau von *Myzus persicae* (Choi et al. 2004).

3.8.9.3 Honigtau-Kairomon-Funktion

Chemische Hinweise im Honigtau, die das Auffinden von Blattläusen durch natürliche Feinde vermitteln, wurden erstmals von Hagen et al. (1971) nachgewiesen, die zeigten, dass die Ablagerung von Honigtau der Blattläuse *Coccinella septempunctata* anlockten. Untersuchungen haben gezeigt, dass mit Saccharose behandelte Parzellen für Marienkäfer deutlich attraktiver waren als unbehandelte Parzellen (Evans & Gunther 2005). Die Verwendung von Blattlaus-Honigtau als Wirtsfindungskairomon scheint auch bei Blattlausparasitoiden üblich zu sein. Mehrere Studien haben gezeigt, dass Blattläuse Honigtau als Kairomon für die Wirtssuche verwenden (Rehman & Powell 2010).

Die Lokalisierung eines Wirts auf der Nahrungspflanze wird durch Semiochemikalien gesteuert, die meist von den Blattläusen stammen, insbesondere das Alarmpheromon EBF, Honigtau oder der Geruch der Blattlaus selbst. Obwohl Honigtau als wichtiges Kairomon für die Standortbestimmung gilt (Pettersson et al. 2008), haben Studien mit verschiedenen

Parasitoiden und Prädatoren gezeigt, dass er oft als Arrestant wirkt, d. h., er verlängert die Zeit, in der natürliche Feinde auf Pflanzen nach Blattläusen suchen (Blande et al. 2008). Oft muss der natürliche Feind physisch mit dem Honigtau in Kontakt kommen. Honigtau von Blattläusen kann auch als Anreiz zur Eiablage für Parasitoide dienen. Leroy et al. (2014) wiesen nach, dass Honigtau, der von der Erbsenblattlaus *A. pisum* ausgeschieden wird, als Arrestant und Kontaktkairomon für junge Larven und erwachsene Tiere einer häufigen räuberischen Schwebfliege, *Episyrphus balteatus*, wirkt. Die Larven des ersten und zweiten Larvenstadiums verstärkten ihren Nahrungserwerb in mit Honigtau behandelten Gebieten. Auch die Larven des Marienkäfers *C. septempunctata* nutzen Honigtau als Kontaktkaimon auf der Suche nach Blattläusen *A. pisum* und *Aphis craccivora* (Ide et al. 2007). Außerdem können die Larven von *C. septempunctata* den Honigtau der beiden Blattlausarten unterscheiden und reagieren stärker auf Honigtau von *A. craccivora* als auf Honigtau von *A. pisum*. Buitenhuis et al. (2004) wiesen nach, dass sogar Hyperparasitoide den Honigtau von Blattläusen als Infochemikalie nutzen können, um ihre Wirte zu lokalisieren, was ein auffälliger Hinweis der zweiten trophischen Ebene ist.

Merivee et al. (2012) untersuchten die stimulierende Wirkung verschiedener Blattlaus-Honigtauzucker und Zuckeralkohole auf Chemorezeptorneuronen der antennalen Sensillen beim Laufkäfer *Anchonemus dorsalis*. Sie zeigten: Maltose war der am meisten stimulierende Zucker für *A. dorsalis*, einer der vorherrschenden Zucker im Honigtau einer Reihe von Blattläusen.

Honigtauablagerungen auf Pflanzenblättern bieten ein hervorragendes Substrat für Pilzepiphyten, die als Nahrungsquelle für erwachsene Marienkäfer dienen können. Somit kann Honigtau nicht nur als Zeichen für die Anwesenheit von Blattläusen für Prädatoren, sondern auch als Hinweis auf andere potenzielle Nahrungsquellen angesehen werden. Leroy et al. (2011a) isolierten im Honigtau von *A. pisum* das Bakterium *Staphylococcus sciuri*, welches als Kairomon wirkt, natürliche Feinde der Blattlaus anlockt und ihre Effizienz steigert.

Abgesehen von seiner Rolle bei der Osmoregulation und beim Anlocken von Ameisen könnte Melezitose im Honigtau auch zur Abwehr von Prädatoren und Parasitoiden beitragen. So hat sich beispielsweise gezeigt, dass die Absonderung von Oligosacchariden durch Blattläuse mit ihrem Honigtau die geschmackliche Wahrnehmung von Mono- und Disacchariden bei Parasitoiden behindert (Wäckers 2000), sodass sie weniger wahrscheinlich Honigtau verwerten und daher weniger Blattläuse parasitieren (Vantaux et al. 2011).

3.8.9.4 Einfluss von Blattläusen und Honigtau auf die Wirtspflanze

Tritrophische Interaktionen zwischen der Blattlaus *Uroleucon erigeronense*, ihrer Wirtspflanze *Baccharis dracunculifolia* (Asteraceae) und anderen Insekten-Herbivoren untersuchten Neves et al. (2011). An den Spitzen der Wirtspflanze bildet *U. erigeronense* dichte Kolonien, und der von diesen Blattläusen produzierte Honigtau lockt verschiedene Ameisenarten an. Es zeigte sich, dass die Abundanz von Herbivoren an Trieben mit Blattläusen geringer war als an Trieben ohne Blattläuse, und sogar noch geringer an Trieben mit Blattläusen und Ameisen. Blattläuse allein verringerten nicht nur die Abundanz von anderen Herbivoren, sondern wirkten sich auch negativ auf das Wachstum der Wirtspflanzen aus.

Die Nahrungsaufnahme von *Myzus persicae* auf *Arabidopsis thaliana* führte zu einer dichteabhängigen und systemischen Akkumulation von Trehalose im Phloemsaft der Pflanze (Hodge et al. 2013). Diese Trehalose wurde von den Blattläusen über den Phloemsaft aufgenommen und mit dem Honigtau der Blattläuse ausgeschieden. Es ist jedoch noch nicht klar, welche Funktion diese Trehaloseakkumulation in *Arabidopsis* hat.

Pflanzen reagieren auf Insektenfraß, indem sie die Produktion der verteidigungsrelevanten Jasmonsäure (JA) erhöhen (Howe & Jander 2008). Die Fähigkeit von *A. pisum*, die Anhäufung von schadensinduzierter JA in *Vicia faba* zu unterdrücken, untersuchten Schwartzberg & Tumlinson (2014). Sie zeigten, dass sowohl die Nahrungsaufnahme von Blattläusen als auch die exogene Verabreichung von Blattlaus-Honigtau eine Anhäufung des Abwehrhormons Salicylsäure (SA) im Pflanzengewebe bewirkte und die Anhäufung von JA als Reaktion auf Blattschäden unterdrückte. Blattlaus-Honigtau kann also die induzierte Pflanzenabwehr unterdrücken und die Erkennung durch Herbivoren beeinflussen (Jaouannet et al. 2014). Bakterielle Proteine können im Honigtau dazu beitragen, die Aktivierung von Abwehrreaktionen zu verhindern.

Die Blattlaus *Uroleucon ambrosiae* nimmt SA aus dem Phloem auf, wenn sie sich von vegetativen oder blühenden Pflanzen der Kurztagspflanze *Xanthium strumarium* ernährt (Cleland & Ajami 1974). SA wird in den Honigtau übertragen. Analog dazu konnten auch andere Pflanzenhormone wie Cytokinine, Gibbereline, Indolessigsäure und Abscisinsäure aus dem Honigtau von Blattläusen isoliert werden (Cleland 1974). Einige soziale Blattläuse aus der Unterfamilie Hormaphidinae bilden vollständig geschlossene Gallen, in denen sie beträchtliche Mengen an Honigtau produzieren. Die biologische Lösung für dieses Abfallproblem bei der der Honigtau über das Gefäßsystem der Pflanze entfernt wird entdeckten Kutsukake et al. (2012). Die innere Oberfläche der Galle ist auf die Aufnahme von Wasser und Honigtau spezialisiert.

3.8.9.5 Einfluss von Honigtau auf die Bodenorganismen

Blattlauspopulationen auf Bäumen können erhebliche Mengen an Honigtau ausscheiden, selbst wenn sie von Ameisen betreut werden. Der Honigtau kann auf die Blattoberfläche der unteren Baumkronen auftreffen und als Energiequelle für die Mikroflora der Blätter (Bakterien, Hefen, Fadenpilze) zur Verfügung stehen (Stadler & Müller 1996, Stadler et al. 2001), oder er kann direkt oder als Regenabwaschung von den Blättern auf den Boden unter dem Baum fallen. Die Auswirkungen des Blattlaushonigtaus auf die Bodenorganismen in einem Wald- und einem Graslandboden untersuchte Dighton (1978). Im Waldboden führte der abfallende Honigtau zu einem Anstieg der Pilzpopulation um 30 % und zu einer bis zu dreifachen Erhöhung der Bakterienzahl. Im Grünlandboden war die Bodenatmung in einer mit Honigtau behandelten Parzelle um 75 % höher als in einer unbehandelten.

Nach Honigtauzugabe beobachteten Seeger & Filser (2008) einen Anstieg der mikrobiellen Biomasse an zwei Ruderalstandorten, die sich durch den Gehalt an organischer Substanz im Boden und die Vegetationsdecke unterschieden. Die Honigtau-Behandlung bewirkte artspezifische Änderungen in der Aktivitätsdichte epigäischer Collembolen. Durch den Konsum von Ameisen verringerte sich die die Bodenoberfläche erreichende Honigtaumenge um 50 %. Die Aktivitätsdichte des dominanten *Hemisotoma thermophila* stand in einem negativen Verhältnis zu den Ameisen.

3.8.9.6 Honigtau zur Bekämpfung von Schaderregern

Die Populationsdynamik von Schaderregern in Agrarökosystemen ist häufig durch den Nahrungserwerb natürlicher Feinde mit der anderer phytophager Arten verbunden (Evans & England 1996). Diese indirekten Wechselwirkungen bieten sowohl Chancen als auch Herausforderungen für die biologische Schädlingsbekämpfung. Honigtau, der von *A. pisum* in Luzernefeldern produziert wird, kann eine wichtige Nahrungsquelle für die adulte Wespe *Bathyplectes curculionis* sein und daher die Parasitierung des Wespenwirts, des Luzerne-Rüsselkäfers *Hypera postica,* fördern. Eine erhöhte Parasitoidendichte wird nicht nur als Reaktion auf eine erhöhte Dichte von Erbsenblattläusen und deren Honigtauproduktion beobachtet, sondern auch nach der Ausbringung einer Zuckerspritze zum richtigen Zeitpunkt (Jacob & Evans 1998). Die Anwesenheit von Blattläusen kann auch die Ansammlung von Marienkäfern fördern, die Rüsselkäferlarven in Luzerne fressen.

Bei den sich vom Phloemsaft der Wirtspflanze ernähren Honigtauproduzenten werden verschiedene Verbindungen während der Passage durch den Verdauungstrakt nicht abgebaut. Dies gilt insbesondere für Proteine, da phloemnutzenden Insekten eine geringe proteolytische Aktivität in ihrem Darm besitzen (Rahbé et al. 1995). Ein ähnlich unveränderter Übergang von in gentechnisch veränderten Pflanzen exprimierten insektiziden Proteinen in den Honigtau, wäre nach Hogervorst et al. (2009) zu erwarten. Diese Autoren zeigten, dass das Lektin von *Galanthus nivalis* (Agglutinin) im Honigtau die honigtauverzehrenden Parasitoiden nicht nur direkt durch die Wirkung der insektiziden Verbindung, sondern auch indirekt durch eine veränderte Honigtauzusammensetzung negativ beeinflusst. Da Honigtau für eine Vielzahl von Nichtzielorganismen ein wichtiger Expositionspfad für transgene Produkte sein kann, sollte dies bei Studien zur Risikobewertung berücksichtigt werden (Hoffmann 2016).

3.9 Innere Geschlechtsorgane

Die Struktur des männlichen Fortpflanzungssystems von Blattläusen wurde bei etwa 90 Arten aus verschiedenen Unterfamilien untersucht (Klimaszewski et al. 1973, Głowacka et al. 1974a, b, Szelegiewicz & Wojciechowski 1985, Wojciechowski 1977, Blackman 1987b, Polaszek 1987a, b, Gautam 1994, Wieczorek & Wojciechowski 2004, 2005, Wieczorek 2006, 2008a, b, Nowińska et al. 2017). Derzeit ist nur von wenigen Blattlausarten ihre Ultrastruktur bekannt (Wieczorek & Świątek 2008, 2009, Vitale et al. 2009, 2011, Wieczorek et al. 2019). Während Organisation, Entwicklung und Funktion der Gonaden der oviparen Generation relativ gut bekannt sind (Büning 1985, Leather et al. 1988, Pyka-Fościak & Szklarzewicz 2008, Michalik 2010, Michalik et al. 2013, Kot 2012), wurde eine umfassende Untersuchung des gesamten Fortpflanzungssystems (Morphologie und Ultrastruktur) bisher nur bei *Euceraphis betulae* (Vitale & Viscuso 2015) und *Acyrthosiphon pisum* (Wieczorek et al. 2019) durchgeführt.

3.9.1 Männliches Reproduktionssystem

Anzahl, Größe und Form der Follikel im Hoden variieren von Art zu Art (Szelegiewicz & Wojciechowski 1985). Bei den Aphidinae und Drepanosiphinae gibt es oft 2–4 Follikel pro Hoden, bei *Lachnus* sind es sogar bis zu sieben. Die reifen Hoden sind in der Mittellinie oft eng miteinander verbunden, und die oberen Teile der Vasa deferentia (Samenleiter) können verschmolzen (*Iziphya bufo, Macrosiphoniella millefolii, Eulachnus agilis*) oder getrennt (*Symydobius oblongus, Drepanosiphum platanoidis*) sein (Glowacka et al. 1974a, b). Bei den erwachsenen Männchen von *Mindarus, Glyphina* und *Anoecia* sowie bei den Pemphigidae sind die Hoden in der Mittellinie zu einem einzigen großen Follikel verschmolzen, obwohl die Vas deferentia über den größten Teil ihrer Länge getrennt bleiben (Polaszek 1986). Die Samenleiter münden in den Ejakulationsgang (Abb. 3.128 A, B). Paarige, sackartige akzessorische Drüsen sind bei Aphidinae und Drepanosiphinae vorhanden, fehlen aber offenbar bei Lachninae, wo ihre Funktion möglicherweise von Drüsenzellen in der Wand des Samenleiters übernommen wird (Glowacka et al. 1974b). Bei Blattläusen sind keine Strukturen bekannt, die als Vesiculae seminales (Samenblasen) erkennbar sind. Bei reifen Männchen nehmen die Spermienbündel den größten Teil des Hodenlumens ein, und es ist möglich, dass Teile der oft geschwollenen Vas deferentia auch eine Lagerfunktion für Spermien haben.

Bei *A. pisum* sind die männliche Fortpflanzungsorgane, ähnlich wie die meisten bisher untersuchten Vertreter der Macrosiphini (Polaszek 1987a, Wieczorek 2006), durch verschmolzene Hoden mit jeweils drei Follikeln gekennzeichnet. Die Vas deferentia verlaufen unabhängig voneinander, die akzessorischen Drüsen sind asymmetrisch und der Ejakulationsgang ist kurz (Abb. 3.128 A, B). Die ultrastrukturelle Organisation ist einfach. Insbesondere bildet eine Schicht quaderförmiger oder flacher Epithelzellen, die auf einer dünnen Basallamina stehen und von einer im Allgemeinen schlecht entwickelten Muskulatur umgeben sind, die Wände der Hodenfollikel, der Vas deferentia, der akzessorischen Drüsen und des Ejakulationsgangs (Abb. 3.128 A, B), wie bei anderen untersuchten Blattlausarten (Wieczorek & Świątek 2008, 2009, Vitale et al. 2009, 2011). Da das männliche Fortpflanzungssystem von Blattläusen durch das Fehlen einer Samenblase gekennzeichnet ist, weisen die Epithelzellen der Wände der Vasa deferentia und der akzessorischen Drüsen durch ein zu großen Teilen mit Ribosomen bedecktes endoplasmatisches Retikulum (RER) eine sekretorische Aktivität auf, wie zum Beispiel die Zellen der Vasa deferentia bei *Euceraphis betulae* (Vitale et al. 2011) und die Epithelien der Vasa deferentia und der akzessorischen Drüsen bei *Phyllaphis fagi* (Wieczorek & Świątek 2008). Wieczorek et al. (2019) konnten bei *A. pisum* die sekretorischen Vakuolen jedoch nicht beobachten, wahrscheinlich befanden sich die Epithelien der männlichen Fortpflanzungsorgane in den für die ultrastrukturelle Analyse ausgewählten Exemplaren nach der Periode ihrer maximalen synthetischen Aktivität.

In den Epithelzellen der Vasa deferentia von *A. pisum* kommen symbiontische Bakterien vor. Obwohl Wieczorek et al. (2019) die Symbionten nur in den Epithelzellen fanden und ihre Anwesenheit im Lumen der Fortpflanzungsorgane nicht bemerkten, entsprachen ihre ultrastrukturellen Beobachtungen den experimentellen Ergebnissen von Moran & Dunbar (2006).

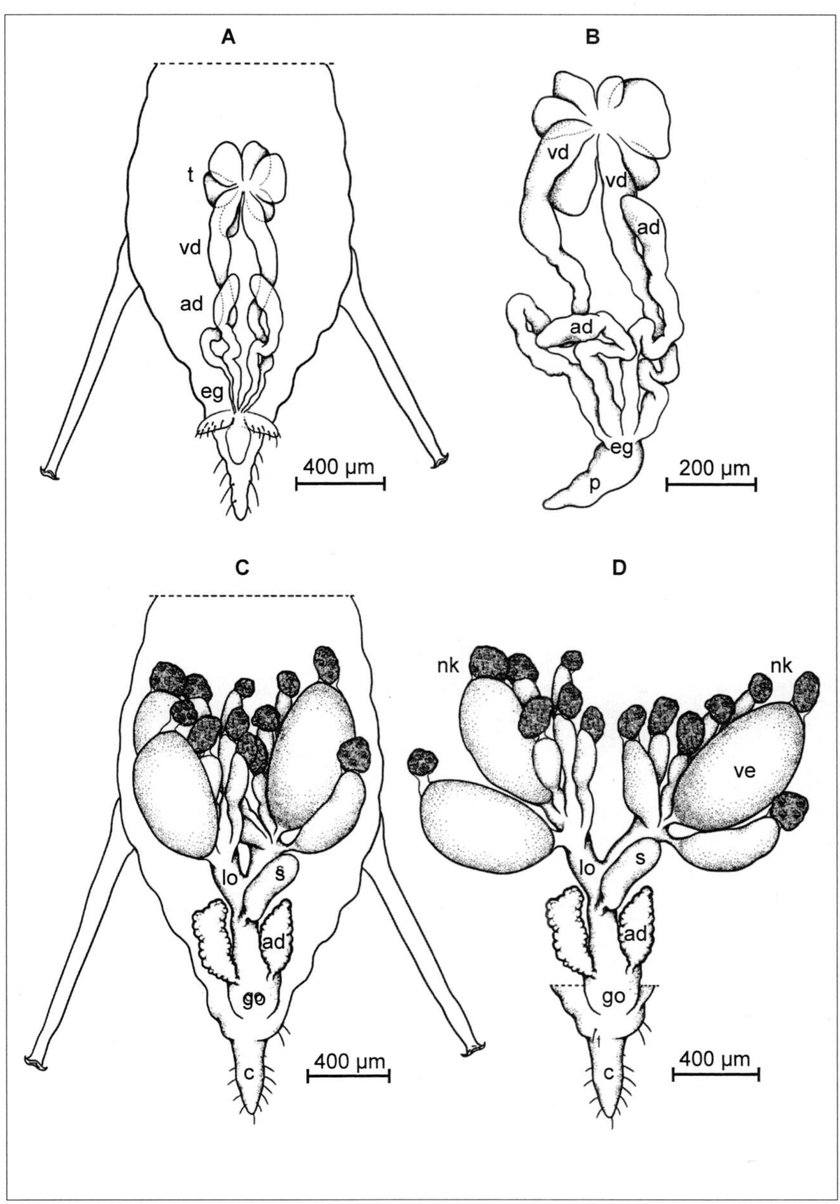

Abb. 3.128: Schema der Genitalstrukturen der Männchen (A) und (B) und der oviparen Weibchen (C) sowie (D) von *Acyrthosiphon pisum*: ad akzessorische Drüsen, c Cauda, go gemeinsamer Eileiter, eg Samengang (Ductus ejaculatorius), lo lateraler Eileiter, ov Ovariolen, p Penis, s Samenkapsel (Spermatheca, Receptaculum seminis) t Hoden (Testes), nk Nährkammer, vd Samenleiter (Vasa deferentia), ve vitellogene Oozyte (nach WIECZOREK et al. 2019).

Diese Autoren wiesen experimentell die väterliche Vererbung symbiotischer Bakterien in *A. pisum* nach und zeigten mithilfe der FISH-Methode, dass *Regiella insecticola* (einer der drei für *A. pisum* spezifischen Symbionten) in den Hoden und insbesondere in den akzessorischen Drüsen zu finden war. Der Mechanismus der Symbiontenübertragung von den Männchen auf die Weibchen ist bislang unbekannt.

Ungeklärt ist die Zusammensetzung des Sekrets, das von den Vas deferentia und insbesondere den akzessorischen Drüsen der Blattläuse produziert wird. Histochemische Analysen zeigten, dass das Sekret Proteine und Polysaccharide enthält (Wieczorek & Świątek 2008, 2009, Wieczorek et al. 2019). Bei anderen Insekten produzieren die männlichen akzessorischen Drüsen Komponenten, die die Reifung der Spermien und deren Ernährung fördern und die das Verhalten nach der Kopulation, die Physiologie des Weibchens und die Fruchtbarkeit stark beeinflussen (Happ 1984, Baldini et al. 2012, Meuti & Short 2019). Ein indirekter Hinweis darauf, dass diese Sekretion auch das Verhalten oviparer Blattlausweibchen beeinflussen kann, ist das Phänomen des Partnerschutzes oder der Markierung ovíparer Weibchen durch Männchen, welches bei Arten der Eriosomatinae und Lachninae auftritt. Bemerkenswert ist, dass nur bei Vertretern dieser Unterfamilien – bzw. bei *Pemphigus spyrothecae* (Dixon 1998) und den Gattungen *Cinara* und *Lachnus* (Dagg & Scheurer 1998) – ein vollständiges Fehlen akzessorischer Drüsen bei den Männchen beobachtet wird (Polaszek 1987a). Bei den meisten Blattlausarten, darunter auch bei *A. pisum*, bevorzugen die mit akzessorischen Drüsen ausgestatteten Männchen ein völlig anderes Verhalten, nämlich viele, eher kurze Kopulationen, ohne jeglichen Partnerschutz. Das Alter der Männchen beeinflusst die Anzahl der akzessorischen Drüsenzellen und die Menge der produzierten Proteine (Santhosh & Krishna 2013). Da es je nach Alter des Männchens eine Korrelation zwischen der Größe der Hodenfollikel (kleiner bei älteren Männchen) und der akzessorischen Drüsen (größer bei älteren Männchen) gibt, vermuten Wieczorek et al. (2019), dass sich auch das Niveau der Sekretion bei alternden Männchen verändert.

Im Gegensatz zu den Epithelien der Hodenfollikel, der Vas deferentia und der akzessorischen Drüsen ist das Epithel des Ejakulationskanals von *A. pisum* von Cuticula bedeckt, weshalb Wieczorek et al. (2019) vermuten, dass dieser Teil des Fortpflanzungstraktes ektodermalen Ursprungs ist, wie es für Insekten typisch ist (Chapman 2004). Der Ejakulationskanal ist außerdem von einer Muskelschicht umgeben, die für den Spermienausstoß verantwortlich ist.

Spermatogenese findet vermutlich meist in jüngeren Entwicklungsstadien statt, während der Larvenstadien (Polaszek 1987a) oder sogar im Embryo (Blackman 1978). Bei *Glyphina betulae* und *Anoecia corni* (Wieczorek & Świątek 2009) sowie *A. pisum* (Wieczorek et al. 2019) wurden nur voll entwickelte Spermatozoen in den Hoden gefunden, während bei *Phyllaphis fagi* und bei fünf von Vitale et al. (2011) untersuchten Blattlausarten die Hoden sich entwickelnde Spermatiden enthielten, d. h. Keimzellen in den Endstadien der Spermatogenese.

3.9.2 Lebendgebärende

Bei einer langen Fotoperiode wird das embryonale Weibchen von *Megoura viciae* zu einer Lebendgebärenden. Sobald das Germarium vollständig ausgebildet ist, beginnt eine Oogonialzelle in der Nähe der Basis des Germariums zu wachsen, indem sie das Volumen ihres Zytoplasmas vergrößert. Während sie wächst, wird sie von Follikelzellen umschlossen, die an der Basis des Germariums eine intensive mitotische Aktivität entfalten und den ersten Ovarialfollikel bilden. Ein Nährstrang verbindet die wachsende Eizelle über das Lumen des Germariums mit den weiter vorne liegenden Zellen des Germariums. Eine Reifeteilung findet statt, wenn die Eizelle ungefähr die Größe des Germariums erreicht hat, aus dem sie hervorgegangen ist.

Etwa zu diesem Zeitpunkt tritt bei einer Gruppe von Oogonien an der Basis des Germariums eine zytologische Veränderung auf, die sie als voraussichtliche Eizellen erkennen lässt. Dann beginnt eine zweite Eizelle an der Basis des Germariums zu wachsen, und es bildet sich ein neuer Follikel.

In der Entwicklung des Germariums gibt es eine anterio-posteriore Progression auf jeder Seite, sodass die vordersten Germarien als erste ihre Eizellen reifen lassen (Orlando & Mari 1968). Zum Zeitpunkt der Geburt hat eine ungeflügelte lebendgebärende *M. viciae* drei Eizellen in ihren vorderen, am weitesten fortgeschrittenen Ovariolen ausgebildet, während sich die ersten beiden bereits in aufeinander folgenden Stadien der frühen Embryonalentwicklung befinden. Die aufeinanderfolgenden Eisprünge und die Entwicklung der Embryonen setzen sich während des gesamten Larvenlebens fort, sodass bei der letzten Häutung jede Ovariole eine Reihe von Embryonen enthält, von denen die am weitesten fortgeschrittenen zur eigenständigen Existenz bereit sind.

3.9.3 Trophozyten

Bei den lebendgebärenden Weibchen gibt es Widersprüche darüber, inwieweit die Oogonien im vorderen Teil des Germariums für ihre Rolle als Trophozyten irreversibel differenziert werden. Couchman & King (1979) beobachteten in ihren elektronenmikroskopischen Studien an *Brevicoryne brassicae* mehr Vakuolen, Golgi-Komplexe und Mitochondrien in den Trophozyten als in den sich entwickelnden Oozyten. Nach der zytologischen Differenzierung einer Gruppe mutmaßlicher Oozyten an der Basis des Germariums können sich die verbleibenden Oogonien unter bestimmten Umständen endomitotisch teilen, um zumindest tetraploid zu werden, was vermutlich ihre trophozytische Fähigkeit steigert. Orlando (1965) beobachtete bei *Aphis fabae* oft zwei Arten von Keimzellen, eine mit diploiden und eine mit tetraploiden Trophozyten. Endomitotische Teilungen treten auch in den Keimzellen von Embryonen von *M. viciae* auf, die einer kurzen Fotoperiode ausgesetzt sind, die zu kurz ist, um sie als Oviparae zu etablieren (Orlando 1972).

Während Büning (1985) annimmt, dass bei den von ihm bearbeiteten Arten, in den Trophozyten der lebendgebärenden Weibchen Endomitose auftritt, konnte Blackman (1978) jedoch in den Trophozyten von *Myzus persicae, A. fabae* und *Acyrthosiphon pisum,* die bei 18 °C in einer langen Fotoperiode aufgezogen wurden, keine Hinweise auf Endomitose finden. Wie von Uichanco (1924) vorgeschlagen, könnten diploide Trophozyten das Potenzial behalten, sich am Ende der normalen Reproduktionssequenz zu Eizellen zu entwickeln.

Zur Erklärung der Differenzierung der Keimzellen in Trophozyten und Oozyten stellte Büning (1985) ein Modell der Bildung von Keimzellenclustern bei Blattläusen vor. Obwohl das voll ausgebildete Germarium immer aus 32 Zellen zu bestehen scheint, kann das Verhältnis von Oozyten zu Trophozyten innerhalb und zwischen den Arten variieren. Bei *D. platanoidis* haben sowohl Lebendgebärende als auch Oviparae in der Regel ein Germarium mit 16 Oozyten und 16 Trophozyten.

3.9.4 Follikelzellen und Ovariolen-Scheide bei lebendgebärenden Blattläusen

Couchman & King (1980) untersuchten diese Strukturen bei lebendgebärenden *B. brassicae* unter dem Elektronenmikroskop. Im Gegensatz zu früheren Berichten behaupteten sie, dass die wachsende Eizelle nur für kurze Zeit nach dem Eisprung von Follikelzellen umgeben ist, wobei die Embryonen ab dem Blastula-Stadium eng mit der Ovariolen-Scheide verbunden sind, die nur eine Zellschicht aufweist und keine Tunica propria (mesodermale, bindegewebige, äußere Hülle) vorhanden ist. Im oberen Teil der Ovariolen-Scheide, um das Germarium und die Ovariole herum, wo die Nährstoffzufuhr von den Trophozyten zu den Embryonen über den trophischen Strang unterbrochen wird, beginnt die Ovariolen-Scheide mit der trophischen Aktivität. Die Verdickung der Hülle ist mit einer Vielzahl von Mitochondrien, Ribosomen, endoplasmatischem Retikulum und Golgi-Komplex verbunden. Lakunen und septale Funktionen in der Hülle können den Zugang von Hämolymphbestandteilen zum Embryo erleichtern. Die Serosa (Embryonalhülle) scheint eine ähnliche Funktion zu haben. Blackman (1974) zeigte an *M. persicae*, dass nach der Injektion in das mütterliche Hämocoel markiertes Thymidin innerhalb von 30 Minuten in das Interphasenchromatin von Embryonen eingebaut wurde.

3.9.5 Ovipara

Bei *M. viciae* finden sich die ersten als Ovipara ausdifferenzierenden Embryonen bei Müttern, die von Geburt an 9 Tage lang bei einer kurzen Fotoperiode aufgezogen wurden. Bei diesen Embryonen treten acht Zellen im basalen Teil jedes Germariums in die Meiose ein. Die Differenzierung findet zuerst in den vordersten Keimzellen statt. Im Gegensatz zur raschen Abfolge der Ovulationen bei zur Lebendgeburt bestimmten Embryonen, findet in den künftigen Oviparen kein Wachstum der Oozyten statt, ein Ei (oder in den vordersten Ovariolen zwei Eier) wird aus dem Germarium freigesetzt und wächst durch Anhäufung großer Mengen von Dotter, während es in der ersten meiotischen Prophase verbleibt (Blackman 1974).

Das Fortpflanzungssystem der reifen Ovipara hat paarige akzessorische Drüsen in Form breiter Lappen, die seitlich in die Vagina münden, und ein Receptaculum seminis, das sich dorasal öffnet (Abb. 3.8_1C, D). Diese Strukturen fehlen bei lebendgebärenden Weibchen völlig.

Ovipare Weibchen von *A. pisum* haben paarige Ovarien, von denen jedes aus sieben Ovariolen besteht. In jeder Ovariole entwickelt sich in der Regel jeweils nur eine Eizelle, zwischen benachbarten Ovariolen findet jedoch keine synchrone Eizellentwicklung statt (Wieczorek et al. (2019). Während Bickel et al. (2013) ebenfalls sieben Ovariolen bei oviparen Weibchen fanden, berichteten Miura et al. (2003) über sechs bis sieben Ovariolen pro Ovarium bei lebendgebärenden Morphen. Jede Ovariole besteht aus einem unauffälligen terminalen Lappen, einem kugelförmigen Tropharium (Nährkammer), einem kurzen Vitellarium, in dem sich gewöhnlich eine Eizelle entwickelt, und einem Pedicel, das die Ovariole mit dem seitlichen Ovidukt verbindet. Dieses Schema der Organisation des Ovariums ist typisch für ovipare weibliche Blattläuse. Michalik et al. (2013) berichteten jedoch, das bei oviparen Weibchen die Anzahl der Ovariolen pro Ovarium zwischen einer und sechs variieren kann, während in einem einzigen Ovarium gleichzeitig ein bis drei Eizellen heranwachsen können. In den

Nährkammern fanden Wieczorek et al. (2019) 24 Nährzellen, die polyploid zu sein scheinen. Blackman (1978) stellte fest, dass in lebendgebärenden Weibchen der Erbsenblattlaus 32 Keimzellen vorhanden sind, und dass, wenn die gleiche Anzahl von Keimzellen in oviparen Weibchen vorhanden ist, dies bedeutet, dass acht Keimzellen das Potenzial haben, eine Eizelle zu werden. Miura et al. (2003) berichteten über eine ähnliche Anzahl von Nährzellen (21 und 22) in den Nährkammern der lebendgebärenden Weibchen von *A. pisum*, was darauf hindeutet, dass die Anzahl der Keimzellen in den Nährkammern und das Verhältnis der Nährzellen, der mutmaßlichen Eizellen, in beiden Morphen ähnlich ist. Wie bei anderen oviparen Weibchen von Blattläusen (Büning 1985, Pyka-Fościak & Szklarzewicz 2008, Michalik et al. 2013) durchlaufen die Oozyten von *A. pisum* eine vollständige Oogenese. Zunächst sammeln sie Zellorganellen und Makromoleküle (in der Prävitellogenese), dann Nährstoffe in Form eines eiweißhaltigen Dotters (in der Vitellogenese), und schließlich werden sie während der Choriogenese von einer Eihülle umhüllt, die aus einer Vitellinhülle und einem Chorion besteht. Das gleiche Schema der Oogenese ist von anderen Insekten bekannt, die sich sexuell fortpflanzen (Büning 1994).

Am hinteren Pol der vitellogenen Oozyten wurde eine kugelförmige Ansammlung (»Symbiontenkugel«) beobachtet, die in der Regel aus zwei morphologisch unterschiedlichen symbiotischen Bakterien bestand. Es ist bekannt, dass Symbionten von Blattläusen transovarial von einer Generation zur nächsten übertragen werden können (Buchner 1965, Baumann 2005). Bei Blattläusen wandern die symbiontischen Bakterien durch die Räume zwischen den Follikelzellen, die den hinteren Pol der vitellogenen Eizelle bedecken, und dringen danach sofort in das Ooplasma ein und bilden eine charakteristische »Symbiontenkugel« (Szklarzewicz & Michalik 2017).

3.9.6 Weibliches ovipares Fortpflanzungssystem – Genitaltrakte

Der Bau der weiblichen Genitalien von *A. pisum* ist vergleichbar mit dem der meisten Insekten: Jede Ovariole ist über die Pedicel-Region mit dem seitlichen Ovidukt verbunden, die beiden seitlichen Ovidukte münden in den gemeinsamen Ovidukt, der sich durch die Gonopore in die äußere Umgebung öffnet (Chapman 2004). Die paarigen akzessorischen Drüsen und die unpaarige Spermatheca münden in den gemeinsamen Eileiter. Alle diese Strukturen (seitlicher und gemeinsamer Ovidukt, akzessorische Drüsen und Spermatheca) bestehen aus Epidermiszellen, die auf einer dünnen Basallamina stehen, und sind im Allgemeinen mit einer schwach entwickelten Muskulatur verbunden. Die Epithelzellen, die die Wände dieser Gänge bilden, produzieren ein Sekret, das ihr Lumen ausfüllt und den Transport der Eizelle über die Gänge (Sekret in den Eileitern), die Speicherung der Spermien (Spermatheca) und die Haftung der Eizelle am Substrat (akzessorische Drüsen) ermöglicht (Blackman 1987b, Vitale & Viscuso 2015). Speziell die akzessorischen Drüsen scheiden kurz vor der Eiablage eine Schutzschicht und klebrige Substanzen auf die Oberfläche des Eies aus (Schmidtberg & Vilcinskas 2016). Die chemische Zusammensetzung des Sekrets, das die weiblichen Geschlechtsorgane der Blattläuse auskleidet, ist unbekannt. Histochemische Analysen ergaben, dass das dichte Sekret, welches die Spermatheca und die akzessorischen Drüsen auskleidet, Proteine enthält und PAS-positiv ist (Wieczorek et al. 2019).

Die Produktion dieses Sekrets wird bei *A. pisum* von Epithelzellen durchgeführt, beginnt vielleicht sogar schon im Larvenstadium und ist ähnlich wie bei den Männchen negativ mit dem Alter der oviparen Weibchen korreliert. Die einzige Ausnahme bilden die akzessorischen Drüsen. In ihnen bilden die Epithelzellen ein säulenförmiges Epithel, das reich an Mitochondrien und Retikulum ist. Darüber hinaus sind die Spitzen dieser Zellen mit einem System unregelmäßiger Vakuolen ausgefüllt (Wieczorek et al. 2019). Im Gegensatz dazu wurden bei *E. betulae* zahlreiche Vakuolen mit dichter oder durchscheinender Sekretion in den Epithelien der seitlichen und gemeinsamen Eileiter und der Spermatheca bei erwachsenen oviparen Weibchen gefunden (Vitale & Viscuso 2015). Bei beiden Blattlausarten bedeckt eine dünne Cuticula die Epithelzellen des gemeinsamen Ovidukts, der akzessorischen Drüsen und der Spermatheca. Die Cuticula der akzessorischen Drüsen ist bei beiden Arten nicht durchgehend und weist zahlreiche Unterbrechungen auf (Vitale & Viscuso 2015, Wieczorek et al. 2019).

3.9.7 Trophozyten

Die im Germarium eines oviparen Weibchens verbliebenen Oogonien, die sich nicht zu Oozyten ausdifferenziert haben, werden durch Endomitose hochpolyploid (Büning 1985), sodass sie während des postembryonalen Lebens die Funktion von Trophozyten (Nährzellen) übernehmen können, die die sich entwickelnde Oozyte schnell mit Nährstoffdotter versorgen. In seinem Modell der Bildung von Keimzellenclustern bei Blattläusen stellt Büning (1985) vor, dass obwohl das voll ausgebildete Germarium immer aus 32 Zellen zu bestehen scheint, das Verhältnis von Oozyten zu Trophozyten innerhalb und zwischen den Arten variieren kann.

3.9.8 »Ambiphasische« Weibchen (die eine Mischung aus Eiern und Embryonen enthalten)

In der Natur kommen gelegentlich Weibchen in verschiedenen Zwischenstadien zwischen lebendgebärenden und oviparen Morphen vor. Individuen, deren Ovarien sowohl parthenogentische als auch sexuelle Ovariolen enthalten, wurden von Pagliai (1965) als »ambiphasisch« bezeichnet. Solche Blattläuse sind in der Natur selten, können aber im Labor regelmäßig auftreten, wenn die Fotoperiode zu einem kritischen Zeitpunkt im Prozess der Geschlechtsfestlegung geändert wird. Crema (1973) stellte fest, dass bei ambiphasischen Weibchen von *A. pisum,* die im Zuge eines Wechsels von Viviparie zu Oviparie entstanden, die parthenogenetischen Ovariolen vorne lagen, während bei denjenigen, die aus einem Wechsel von Oviparie zu Viviparie resultierten, die parthenogenetischen Ovariolen am weitesten hinten lagen. Dies ist vermutlich auf die asynchrone Entwicklung der Ovariolen in jedem Ovarium zurückzuführen, wobei die vordersten Ovariolen als erste in ihrer Entwicklung festgelegt werden. Die akzessorischen Drüsen haben sich bei ambiphasischen Weibchen manchmal asymmetrisch entwickelt.

3.9.9 Anzahl der Ovariolen

Die Unterschiede in der Anzahl der Ovariolen innerhalb und zwischen den Arten und ihre Bedeutung sind Gegenstand mehrerer Studien gewesen. Für mehrere Arten verschiedener Unterfamilien der Aphididae wurde eine programmierte Abfolge von Unterschieden zwischen den Generationen nachgewiesen (Wellings et al. 1980, Polaszek 1986, Tashev & Markova 1982). Die Anzahl der Ovarien korreliert mit der Fruchtbarkeit (Leather & Wellings 1981), und bei den meisten Arten hat die Fundatrix mehr Ovariolen als spätere Generationen. Die größere Fruchtbarkeit der Fundatrix kann aber auch dadurch erreicht werden, dass sich wie bei *Tetraneura ulmi* nicht mehr Ovariolen entwickeln, dafür in jeder Ovariole mehr Embryonen (Tashev & Markova 1982). Bei vielen Arten haben die Oviparae die gleiche Anzahl von Ovariolen wie die vorangegangenen parthenogenetischen Generationen. Dies wäre zu erwarten, wenn die Festlegung der Kategorie der Fortpflanzung erst nach der Bildung der Germarien erfolgt. Bei den meisten Blattläusen haben die Oviparae jedoch eine reduzierte Fruchtbarkeit, was darauf hindeutet, dass einige Ovariolen kein Ei vollständig entwickeln. Die zwerghaften Oviparae der Pemphigini haben nur eine funktionsfähige Ovariole, und bei den Oviparae der Anoeciinae ist die Zahl der Ovariole ebenfalls stark reduziert (Blackman 1987b).

4 Lebenszyklen und Fortpflanzung

4.1 Lebenszyklen

Ob eine Blattlausart als Direktschädling oder als Virusüberträger auftritt oder sogar beide Formen der Schadwirkung vereint, wird in erster Linie durch ihre Wirtspflanzen bestimmt. Die wirtschaftliche Bedeutung einer jeden Blattlausart ist jedoch auch abhängig von ihrem jahreszeitlichen Massenwechsel. Dieser und die Besiedelung der Wirtspflanzen stehen in engster Verbindung mit dem von Art zu Art sehr unterschiedlichen Ablauf des Generationszyklus. Selbst morphologisch sehr ähnliche Arten und auch Unterarten können im Wirtsspektrum und im Jahreszyklus beträchtliche Unterschiede aufweisen. Aus den Freilandbeobachtungen wurden zwei Haupttypen des Lebenszyklus von Blattläusen abgeleitet, die darauf basieren, wie das Insekt Wirtspflanzen verwendet: Wirtswechsel (heterözisch) und Nicht-Wirtswechsel (monözisch oder autözisch). Das die Blattläuse wesentlich kompliziertere Lebenszyklen besitzen, die mit saisonalen Veränderungen und der vorübergehenden Verfügbarkeit von geeignetem Wirtspflanzenmaterial verbunden sind, zeigen die umfangreiche Zuchtversuchen, die in Rostock MÜLLER und seine Mitarbeiterinnen und Mitarbeiter im Labor und im Freilandinsektarium durchführten. Letzteres ermöglichte die Versuche unter nahezu natürlichen Bedingungen durchzuführen.

4.1.1 Generationszyklen ohne Wirtswechsel

Der typische Jahreszyklus innerhalb der Aphidina ist die Heterogonie: Eine zweigeschlechtliche Generation steht im Wechsel mit einer, in der Regel jedoch mehreren parthenogenetischen Generationen. Dabei ist die zweigeschlechtliche die letzte der innerhalb eines Jahres zur Entwicklung gelangenden Generationen. Die befruchtungsbedürftigen ♀♀ werden

Sexual-♀♀, Geschlechts-♀♀, bei den Aphiden mit viviparen (lebendgebärenden) parthenogenetischen Morphen außerdem ovipare ♀♀ genannt.

Die von den befruchteten ♀♀ abgelegten Eier sind meist das Überwinterungsstadium. Aus ihnen schlüpft im Frühjahr die Stammmutter oder Fundatrix. Diese erzeugen parthenogenetisch sich über den Sommer parthenogenetisch fortpflanzende Nachkommen (Virgines, Lebendgebärende). Der Generationszyklus besteht also im typischen Falle aus folgenden Morphen: Fundatrix, Lebendgebärende und Sexuales (A in Abb. 4.1). Die Fundatrix ist von den Lebendgebärenden häufig erheblich morphologisch, oft sogar biologisch verschieden; so ist z. B. bei manchen Arten allein die Fundatrix zur Gallenbildung befähigt. Die Körper der Fundatrizen sind rundlicher als die der anderen parthenogenetischen Morphen und können um ein Vielfaches größer sein. Ein Großteil dieser Morphologie ist wiederum mit dem Erreichen einer hohen Fortpflanzungsrate verbunden, die in extremen Beispielen 20-mal größer sein kann als die der später auftretenden parthenogenetischen Generationen (Hille Ris Lambers 1966). Die von den Fundatrizen abgesetzten Fundatrigenien haben ebenfalls eine hohe Reproduktionsrate und eine ähnliche Morphologie. Diese beiden Morphen führen zur Produktion einer großen Anzahl von Frühlingsmigranten. Von diesen Frühjahrsmigranten wurde geschätzt, dass es nur 0,2–1 % gelingt, einen Wirt zu finden (Taylor 1977, Ward et al. 1998). Die hohe Reproduktion auf dem Primärwirt (durch die Fundatrix und Fundatrigenien) und später im Lebenszyklus auf den Sekundärwirten (durch andere parthenogenetische Weibchen) kompensiert die potenziell großen Verluste auf der Suche nach neuen Wirten (Kundu & Dixon, 1995).

Die Lebendgebärenden können teils geflügelt, teils ungeflügelt sein, wobei das mengenmäßige und zeitliche Auftreten von Geflügelten sich von Art

---

Abb. 4.1: Generationszyklen von Blattläusen ohne (A) und mit (B) Wirtswechsel (WW) und mit Sonderfällen von Anholozyklie. Ab einfache Anholozyklie; B1 erste fundatrigene Generation vollständig aus gefl. Emigranten bestehend; B2a ungefl. Fundatrigenien vorhanden; B2b ebenso, aber mit fakultativem WW, bei dem auf dem Primärwirt (PW) Sekundärkolonien durch Emigranten und außer Gynoparen auch ♂♂ entstehen; B2c fakultativer WW, bei dem die sommerliche Besiedelung auf dem PW ausschließlich aus Nachkommen von Ungeflügelten besteht und nur Gynoparen, aber keine ♂♂ hervorbringt, anholozyklische Dauervermehrung auf dem SW; B3 und B4 Aufspaltung einer ehemals wirtswechselnden (ww) Art in 2 Taxa ohne WW; B3b Anholozyklie am ehemaligen PW, B4b Anholozyklie am ehemaligen SW; C1 Holozyklus Normalfall, Parazyklus selten oder von geringer Bedeutung bei Arten ohne WW; C2 Anholozyklie Normalfall, Holozyklus Ausnahme bei Arten ohne WW; C3a Anholozyklie mit vereinzeltem Auftreten von sowohl ♂♂ wie oviparen ♀♀; C3b Androzyklie, von nicht ww Ausgangsform abzuleiten; C3c Anholozyklie, bei der von Sexuales nur ovipare ♀♀ entstehen; C3d Androzyklie, von ww Ausgangsform abzuleiten; C4 Anholozyklie mit besonderer Überwinterungsmorphe oder Überwinterungslarve H (nach Müller 1966a, Müller & Möller 1973).

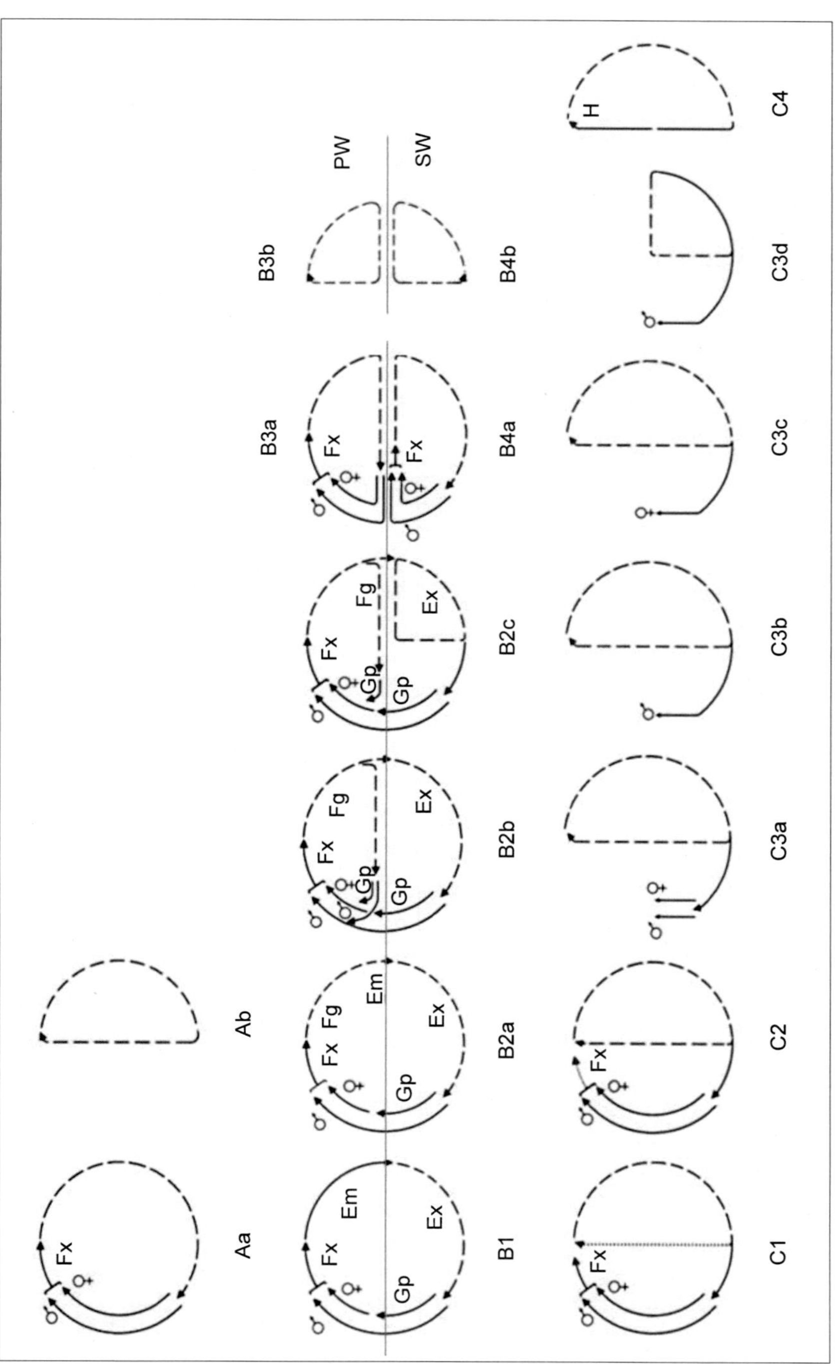
Aa
Ab
B1
B2a
B2b
B2c
B3a
B3b
B4a
B4b
PW
SW
C1
C2
C3a
C3b
C3c
C3d
C4
Fx
Fg
Em
Ex
Gp
H

zu Art unterscheiden kann. Bei vielen Arten werden die meisten Geflügelten vom späten Frühjahr bis in den Frühsommer gebildet, wofür offenbar ein endogener Rhythmus die Ursache ist, in dessen Ablauf der Abstand von der Fundatrix-Generation den Umfang der Geflügelten-Produktion bestimmt. In manchen Fällen können auch Umwelteinflüsse wirken. So kann durch dichte Besiedelung, d. h. durch den »Gruppeneffekt« (Bonnemaison 1951) oder Überbesiedelung (Crowding), oder durch Veränderung in der Wirtspflanze insbesondere nach Abschluss des Triebwachstums die Ausbildung von geflügelten Blattläusen gefördert werden. Bei vielen nichtwirtswechselnden Blattläusen sind die ♂♂ ungeflügelt.

Die Generation, aus der die Sexuales hervorgehen, ist entweder (1) vollständig ungeflügelt oder (2) teils ungefügelt und teils geflügelt oder (3) vollständig geflügelt. Den Fall 2 zeigt *Brevicoryne brassicae*. Die Fälle 1 und 3 treten innerhalb des Formenkreises *Acyrthosiphon pisum* auf. Während bei grünen, roten und gelben Biotypen, die ihren gesamten Zyklus auf Klee, Luzerne und/oder *Lotus uliginosus* durchlaufen, die oviparen ♀♀ aus ungeflügelten Läusen entstehen, sind die Mütter der Sexual-♀♀ und die ♂♂ von grünen Formen, die als »Grüne Erbsenlaus« häufig auf Erbse auftreten, geflügelt. Die Bildung von Geflügelten bei diesen grünen Erbsenläusen ist im Herbst offenbar eine Anpassung an den bevorzugten Sommerwirt, die einjährige Erbse. Zur Fortsetzung der Generationsfolge besiedeln die herbstlichen Geflügelten ausdauernde Leguminosen, um dort die Larven abzusetzen, welche Geschlechts-♀♀ ergeben. Winterwirte der *A. pisum* sind in Mitteleuropa perennierende *Vicia*-Arten (Müller 1962) sowie *Trifolium pratense*. In Wahlversuchen bevorzugten die Gynoparen von *A. pisum* stets *V. cracca* und *V. hirsuta* (Thieme unveröffentlicht). Dies ist ein Beispiel eines Wirtswechsels.

4.1.2 Generationszyklen mit Wirtswechsel

Voraussetzung für Wirtswechsel ist das Auftreten von herbstlichen Geflügelten, die zu einem oder mehreren Primärwirten (Winterwirten), in der Regel Holzgewächsen, überwandern und dort als Gynoparen die oviparen ♀♀ oder als Sexuparae Blattläuse beider Geschlechter absetzen. Der Wirtswechsel ist mehrfach nebeneinander entstanden, so vollziehen bei den Eriosomatinae, Thelaxinae, Adelgidae und Phylloxeridae Sexuparae die herbstliche Migration, die ♂♂ entstehen ebenso wie die Geschlechts-♀♀ auf dem Primärwirt, während bei den wirtswechselnden Arten der Aphidinae, zu denen fast alle an landwirtschaftlichen und gärtnerischen Kulturpflanzen auftretenden schädlichen Blattläuse gehören, die Rückwanderung zu den Primärwirten von Gynoparen (Mütter der oviparen ♀♀) und von geflügelten ♂♂ ausgeführt wird. Im letzten Fall entstehen also die ♂♂ auf den Sekundärwirten (Sommerwirtspflanzen).

Die häufigste Form des Wirtswechsels ist in Abb. 4.1 als B2a dargestellt. Sie ist ein Merkmal von *Phorodon humuli, Dysaphis* (*Pomaphis*) *plantaginea, Brachycaudus* (*Prunaphis*) *cardui, Aphis nasturtii, Melanaphis pyraria* und weiteren Arten. Auf die Fundatrix folgen auf dem Primärwirt zwei oder mehrere Generationen (Fundatrigenien). Geflügelte können bereits in der ersten fundatrigenen Generation auftreten. Die Geflügeltenentstehung und damit die Zahl der auf dem Primärwirt zustande kommenden Generationen kann variieren.

In anderen Fällen sind sämtliche Blattläuse der ersten fundatrigenen Generation geflügelt (Abb. 4.1 B1). Hier ist somit die erste zugleich die einzige fundatrigene Generation. Diesen Typ der Frühjahresentwicklung haben *Ceruraphis eriophori,* die im Frühjahr durch starke Blattkräuselung am Schneeball auffällt und zu *Carex* und *Eriophorum* migriert, oder auch die *Dysaphis*-Arten, deren Fundatrizen die Bildung roter Rollgallen an Apfel- und *Crataegus*-Blättern induzieren.

Mit der Häutung des letzten Larvenstadiums zur geflügelten Fundatrigenia erfolgt bei wirtwechselnden Aphiden eine grundlegende Veränderung des Verhaltens gegenüber der bisherigen Wirtspflanze und eine physiologische Umstimmung. Die adulten geflügelten Fundatrigenien akzeptieren nämlich diejenige Pflanzenart, auf der sie ihre Larvenentwicklung durchgemacht hatten, meist nicht mehr als Nahrungsquelle. Sie wandern als Emigranten (Hille Ris Lambers 1966) zu den Sekundärwirten ab.

Die auf den Sekundärwirten lebenden Generationen (Exsules oder Alienicolae) enthalten zunächst ungeflügelte Tiere, aber bei zahlreichen Arten treten in der Sommermitte, daneben auch Geflügelte in verschieden großem Mengenanteil auf. Diese Geflügelten spielen bei *Aphis nasturtii* und einigen anderen wirtswechselnden Arten eine große Rolle für die Virusverbreitung. Es gibt einige Arten, in deren Sommerkolonien selbst bei dichtester Besiedelung keine Geflügelten gebildet werden. Solche Arten, bei denen die Morphe der Geflügelten völlig fehlt, sind nach Beobachtungen von Müller (1966), *Phorodon humuli, Myzus cerasi, Rhopalomyzus* (*Judenkoa*) *lonicerae, R. poae* und *Melanaphis pyraria.*

Innerhalb einer jeden Blattlausart können zwischen den einzelnen Morphen zum Teil recht erhebliche morphologische Unterschiede bestehen. Die Fundatrizen besitzen im Vergleich zu den übrigen Morphen meist kürzere Antennen mit einer geringeren Gliederzahl, kürzere Siphonen und in manchen Gattungen außerdem ein flacheres Stirnprofil. Die Geschlechts-♀♀

haben oft deutlich oder stark verdickte Hinterschienen. Weitere Unterschiede zwischen den Morphen betreffen die Rückenpigmentierung, die Wachsbedeckung und die Grundfärbung. Morphologische Unterschiede der Fundatrizen und der Geschlechts-♀♀ gegenüber den Lebendgebärenden sind bei wirtswechselnden Aphiden im Allgemeinen stärker ausgebildet als bei den nicht-wirtswechselnden.

4.1.3 Entstehung des Wirtswechsels

Die evolutionären Ursprünge der Wirtswechsel waren Gegenstand vieler Diskussionen (Moran 1992, Dixon 1998). Es gibt zwei gegensätzliche Haupthypothesen, die Anpassungs- (oder Komplementär-) und die Fehlanpassungs- (oder Fundatrix-Beschränkungs-) Hypothesen. Die Anpassungshypothese geht davon aus, dass die signifikanten Verluste während der Migration (Taylor 1977, Ward et al. 1998) durch die erhöhte Fitness im Sommer aufgewogen werden, verglichen mit derjenigen, wenn die Blattlaus auf dem Primärwirt geblieben wäre (Kundu & Dixon 1995). Die Fehlanpassungshypothese geht nach Dixon (1998) davon aus, dass die Fundatrix so stark an den primären Wirt angepasst ist, dass die Blattlaus zum Primärwirt zurückkehren muss (der normalerweise, aber nicht immer, phylogenetisch älter ist als der Sekundärwirt), da die Fundatrix nicht auf dem Sekundärwirt überleben kann. Während diese Debatte in Bezug auf den Schaderregerstatus akademisch ist, ist die zentrale Idee beider Hypothesen, dass die Bevölkerungswachstumsrate an krautigen Pflanzen im Sommer deutlich höher ist, als sie es wäre, wenn die Blattlaus auf dem Primärwirt bleiben würde (Kundu & Dixon 1995).

Im Allgemeinen nutzen heterözische Arten in den Sommermonaten mehr Pflanzenarten als in ihrer sexuellen Phase. Die Betrachtung des sekundären Wirtspflanzenspektrums heterözischer Arten im Zusammenhang mit der Nahrungsvielfalt verwandter monözischer Arten zeigt, dass wirtswechselnde Arten im Allgemeinen viel polyphager sind als andere Arten. Es ist die Frage zu stellen, warum monözische Arten Spezialisten und heterözische Arten Generalisten sind?

Einige Anhaltspunkte liefern Futuyma & Moreno (1988). Sie skizzieren eine Reihe von Faktoren, die insbesondere bei der Bestimmung der Spezialisierung einer Art wichtig sein können: (1) Umweltkonstanz – je vorhersehbarer die Umwelt ist, desto leichter kann sie aufgeteilt werden, und (2) Paarungsrendezvous – die Partnersuche ist für jede sexuelle Spezies von größter Bedeutung, und die Konzentration aller Individuen auf eine einzige Ressource ist eine Möglichkeit, dies zu erreichen. Ward (1987a,

1991) betont die Bedeutung des Paarungsrendezvous in der Evolution des Lebenszyklus von Blattläusen. Heterözische Arten, die zu einer einzigen Primärwirtsart zurückkehren, haben eindeutig kein Problem, ihre Partner zu finden, sodass sie sich während des Sommers über ein breites Spektrum von Wirtspflanzen verbreiten können und so das Risiko einer Zwangsassoziation mit einer einzigen krautigen Art vermeiden.

Die Dauerhaftigkeit von Lebensräumen ist seit Langem als eine wichtige selektive Kraft in der Evolution der Lebensgeschichte von Insekten anerkannt (Southwood 1977). Krautige Pflanzen, insbesondere die Einjährigen, unterliegen selbst über kurze Zeiträume dramatischen Veränderungen der Dichte, während holzige Pflanzen weitaus stabilere Populationsstrukturen aufweisen. Durch die Spezialisierung auf eine konstante Ressource (den holzigen Primärwirt) und die Verbreitung über eine Reihe von zufällig variierenden krautigen Arten hat folglich die heterözische Art das Beste aus beiden Welten. Wie Ward (1987a) feststellt, kann sich nur bei heterözischen Arten »der Wirtsbereich frei ausdehnen und alle ernährungsphysiologisch, phänologisch und architektonisch geeigneten Wirte umfassen«.

Wenn der Wirtswechsel eine Übergangsphase beim Übergang von einem Primärwirt zu einem ernährungsphysiologisch günstigeren Sekundärwirt ist, dann würde man erwarten, dass die Primärwirte einer bestimmten Gruppe von Blattläusen eng miteinander verwandt sind. Oder wenn die Heterözie der ganzjährigen Ernährung an krautigen Pflanzen überlegen ist, dann sollten Arten auf krautigen Wirten manchmal verholzte Wirte für Frühlings- und Herbstgenerationen übernehmen (Moran 1988).

Komplexität der Wirtspflanzenbeziehungen von *Aphis fabae* wurde von Müller (1982, 1985b) und Thieme (1987a,b) weitgehend aufgezeigt. Was früher als stark polyphag angesehen wurde, wird heute als ein Artenkomplex angesehen, in dem jede »Unterart« einen Teil des Wirtsspektrums der ursprünglichen *Aphis fabae* ausnutzt. Die Wirtsbeziehungen des *Aphis fabae* Komplexes sind in Abb. 4.2 dargestellt. Die sympatrische Koexistenz von sekundär monözischer *Aphis armata*, wirtswechselnder *Aphis f. fabae*, *Aphis solanella*, *Aphis f. cirsiiacanthoidis* und *Aphis f. mordvilkoi* sowie monözischen Arten auf den Primärwirten *Aphis f. evonymi*, *Aphis f. philadelphi* und *Aphis viburni* spricht stark für eine »ausgleichende« Selektion und dagegen, dass krautige Pflanzen generell günstiger sind. Es kann auch nicht argumentiert werden, dass die Herbstmigranten starr an *Euonymus europaeus* gebunden sind, der zu den Rosidae (Celastraceae) gehört, da *Aphis f. fabae*, *Aphis f. cirsiiacanthoidis* und *Aphis f. mordvilkoi* noch zwei andere Primärwirte, *Viburnum opulus* (Asteridae, Caprifoliaceae) und *Philadelphus coronarius* (Rosidae, Hydrangeaceae), besiedeln (Müller 1982, Thieme 1988). Die Fundatrizen dieser Blattlaus bewegen sich nicht nur zwischen Pflanzenfamilien innerhalb einer Unterklasse, sondern auch wie *Prociphilus* zwischen Unterklassen.

Darüber hinaus gehören die primären Wirte der wirtswechselnden *Aphis*-Arten, zumindest in Westeuropa (Stroyan 1984), mehreren Pflanzenfamilien an: Caprifoliaceae, Celastraceae, Cornaceae, Grossulariaceae, Hydrangeaceae und Rhamnaceae. In ähnlicher Weise gehören die Primärwirte der Geschwisterarten *Aphis gossypi* und *Aphis glycines* zu den Rutaceae bzw. Rhamnaceae (Zhang & Zhong 1990). Das bedeutet, dass *Aphis* auch sehr erfolgreich Primärwirte aus einem breiten Spektrum von Familien aus zwei Unterklassen von Pflanzen zu erfassen scheint. Interessanterweise ist auch bei Arten wie *Aphis solanella*, die zwischen *Euonymus* (Rosidae) und *Solanum* (Asteridae) wechselt, fraglich, ob der Primär- oder der Sekundärwirt phylogenetisch älter ist; und in Fällen wie *Aphis sambuci* gehört der Primärwirt (*Sambucus*, Asteridae) zu einem phylogenetisch jüngeren Taxon als die Sekundärwirte (*Rumex, Dianthus, Silene*).

Ein starkes Argument für die optimale Natur saisonaler Verschiebungen in der Wirtsnutzung ist, dass sie nicht ausschließlich zwischen holzigen und krautigen Pflanzen auftritt. So wechselt *Acyrthosiphon pisum* zwischen mehrjährigen Wicken und der einjährigen *Pisum sativum* (Mordvilko 1928, Müller & Steiner 1985) und *Uroleucon* (*Lambersius*) *gravicorne* und *Uroleucon olivei* zwischen mehrjährigen *Solidago* und *Aster* und einjährigem *Erigeron* (Moran 1983, 1987). In allen Fällen findet das Sexualleben an der mehrjährigen Pflanze statt, was eine hohe Wahrscheinlichkeit für eine Kontinuität in der Zeit bietet. Die einjährige Pflanze ist für die Vermehrung im Sommer günstiger. Dies deutet darauf hin, dass Blattläuse den komplementären Charakter des Pflanzenwachstums überall dort ausnutzen können, wo er auftritt, auch zwischen krautigen Pflanzen.

Aus den vorgestellten Beispielen wird deutlich, dass in vielen Taxa die Fundatrix den evolutionären Wechsel von einer Wirtspflanze zur anderen, nicht verwandten Pflanze vollzogen hat. In den meisten Fällen, wenn auch nicht in allen, ist der neue Primärwirt eine verholzte Pflanze. Wenn verholzte Pflanzen tatsächlich eine schlechte Futterquelle sind, dann sollte dem Abbruch der Beziehung mit dem ersten verholzten Primärwirt nicht der Aufbau einer neuen Beziehung mit einer verholzten Pflanze folgen.

Darüber hinaus zeigen die Wirtsbeziehungen von *Prociphilus* und vielen Aphididae, dass Mordvilkos (1928) Ansicht, dass verholzte oder primäre Wirte als erste befallen wurden, nicht immer wahr ist. Da die Begriffe »primär« und »sekundär« heute weit verbreitet sind, sollte primär« nichts anderes implizieren, als der Wirt zu sein, auf dem die Eier abgelegt werden und der Lebenszyklus beginnt und endet (Dixon 1998).

Der Wirtswechsel ist in manchen Fällen durch Einengung, in anderen Fällen dagegen durch sekundäre Ausweitung des Wirtspflanzenkreises entstanden. Aber immer konnte er nur bei solchen Aphiden entwickelt werden, bei denen die Mütter der oviparen ♀♀ geflügelt sind.

4.1.4 Formen des fakultativen Wirtswechsels

Jeder nach dem Schema B1 (Abb. 4.1) verlaufende Wirtswechsel ist streng obligatorisch. Nach dem Abflug der einzigen fundatrigenen Generation kann die betreffende Art während der Sommermonate nicht mehr auf dem Primärwirt angetroffen werden. Im Falle B2a entstehen mehrere fundatrigenen Generationen, welche alle von ungeflügelten Tieren gebildet werden. Die Anzahl dieser ungeflügelten Generationen wird vergrößert, wenn die Tiere auf in vollem Triebwachstum befindlichen Zweigen gehalten werden. Manche Arten, z. B. *Rhopalosiphum padi, Dysaphis plantaginea, D. sorbi* und *Phorodon humuli,* sind in Sommern mit reichlichen Niederschlägen und verminderter Sonnenscheindauer noch im August an den Primärwirten anzutreffen, insbesondere im Küstengebiet der Ostsee (Müller 1961a). Bei einigen Arten ist es sogar eine regelmäßige Erscheinung, dass die Besiedelung am Primärwirt den Sommer über andauert und sogar bis in den Herbst fortgesetzt werden kann.

Diese Erscheinung, dass migrierende Blattläuse im Sommer an den Primärwirten verbleiben und sich dort vermehren, wird allgemein als fakultativer Wirtswechsel bezeichnet. Untersuchungen der Blattlausentwicklung am Primärwirt zeigen, dass es verschiedene Formen des fakultativen Wirtswechsels gibt.

Die einfachste und ursprünglichste Form des Wirtswechsels ist die des Schemas B2b (Abb. 4.1), sie kommt bei *Aphis frangulae* vor. Diese Blattläuse leben im Sommer auf Kartoffel und zahlreichen anderen Pflanzen, können aber auch während der gesamten Vegetationsperiode auf ihrem Primärwirt, *Frangula alnus,* angetroffen werden. Im Herbst entstehen aus den auf *F. alnus* zurückgebliebenen Kolonien geflügelte Gynopare, ovipare ♀♀ und geflügelte ♂♂, wodurch der gesamte Zyklus auch ohne Nutzung von Sekundärwirten vollendet werden kann.

Deutlicher zeigt diese Verhältnisse *Aphis spiraephaga.* Diese dunkelbraune, etwas bepuderte Blattlaus, ist oft während des ganzen Sommers an *Spiraea vanhouttei* und anderen Spiräen zu finden. Auf den Spiräen werden im Herbst geflügelte Gynoparen sowie ovipare ♀♀ und geflügelte ♂♂ gebildet. Blattläuse dieser Art, die im Sommer von *Erica gracilis* und von *Helipterum roseum* entnommen und auf diesen Pflanzen weitergezüchtet wurden, vermehrten sich aber nur schwach. Erst nach Überführung auf *Spiraea vanhouttei* entstanden starke Kolonien. *A. spiraephaga* befindet sich anscheinend »noch auf der Suche nach Sekundärwirten« (Müller 1966a).

Die meisten Fälle von fakultativem Wirtswechsel verlaufen nach dem Schema B2c (obere Hälfte) in Abb. 4.1. Hier kommt es auf dem Primärwirt nur zur Ausbildung von Gynoparen. Die für den Fortbestand der Art unerlässlichen ♂♂ entwickeln sich ausschließlich auf den Sekundärwirten. Diese Verhältnisse zeigen *Myzus persicae, Hyalopterus pruni, Dysaphis pyri, Macrosiphum rosae* und *Myzus cerasi.*

Die fundatrigenen Geflügelten zeigen im Allgemeinen das Verhalten, nach der Häutung zum erwachsenen Tier den Primärwirt nicht mehr als Nahrungsquelle anzunehmen. Sie verhungern, wenn sie zwangsweise im Insektenkäfig auf diejenige Pflanzenart beschränkt werden, auf der sie ihre Juvenilentwicklung durchlaufen hatten. Wenn Blattläuse mit einem solchen Geflügelten-Verhalten fakultativen Wirtswechsel aufweisen, wie z. B. *Hyalopterus pruni, Rhopalosiphum padi, Dysaphis plantaginea* und *Myzus cerasi,* dann sind die im Sommer auf den Primärwirten anzutreffenden Läuse sämtlich die Nachkommen von Ungeflügelten (Typ I). Im Gegensatz dazu können einige Blattlausarten mit fakultativem Wirtswechsel auf dem Primärwirt Sekundärbefall hervorrufen, z. B. *Cavariella aegopodii* (Dunn 1965) und *Macrosiphum rosae,* indem ihre fundatrigenen Geflügelten freiwillig die Primärwirte anfliegen und an diesen Larven absetzen, welche ungeflügelte Virgines ergeben (Typ II). Interessant ist die Beobachtung, dass innerhalb des Formenkreises von *Aphis frangulae* der fakultative Wirtswechsel von manchen Rassen nach Typ I, von anderen dagegen nach Typ II ausgeführt wird (Thomas 1965).

Bei einigen wirtswechselnden Aphiden, z. B. bei *Myzus persicae* und bei *Hyperomyzus* sp., können die fundatrigenen Geflügelten im Experiment auf dem Primärwirt gekäfigt werden und setzen auf diesem auch Junglarven ab. Diese Larven entwickeln sich aber ausschließlich oder fast vollständig zu Geflügelten, sodass diese Arten unter natürlichen Bedingungen nicht zum fakultativen Wirtswechsel befähigt sind.

4.1.5 Sekundär abgeänderte Generationswechselformen

Innerhalb einiger wirtswechselnder Arten existieren Unterarten, die ihren gesamten Zyklus auf den Sekundärwirten der Nominatform durchführen. So überwintert *Myzus cerasi veronicae* im Eistadium an *Veronica* und *Galium,* den Sekundärwirten von *Myzus cerasi cerasi.* In entsprechender Weise gruppieren sich um wirtswechselnde Arten, die wie im Falle der ssp. *vero-*

nicae offenbar durch ökologische Absonderung aus der wirtswechselnden Ausgangsart hervorgegangen sind. Beispiele sind einige nicht-wirtswechselnde Arten, die mit *Myzus persicae* eng verwandt sind. Eine dieser Arten, *Myzus myosotidis*, konnte unter Laborbedingungen mit *M. persicae* gekreuzt werden (Müller 1960a). Auch die ssp. *veronicae* ließ sich mit der wirtswechselnden Stammform, *M. cerasi cerasi*, kreuzen (Müller 1966a). In der Natur kommen derartige Bastarde nur selten zustande, da die Gynoparen die Sekundärwirte verlassen und somit die Vermischung beider Formen bzw. Arten durch Verhaltensisolation verhindert wird.

Zwei Formen von *Brachycaudus* (*Appelia*) *prunicola* vollenden ihren gesamten Jahreszyklus an Schlehe bzw. Pfirsich, wo sie auffallende Blattkräuselungen erzeugen. Eine dritte Form ist auf *Tragopogon* beschränkt. Wahrscheinlich sind diese Formen (B3a und B4a in Abb. 4.1) durch ökologische Isolation aus einer ursprünglich wirtswechselnden Art hervorgegangen, die vielleicht heute noch existiert.

Schließlich gibt es Blattläuse mit permanent parthenogenetischer (= anholozyklischer) Lebensweise. Diese sind entweder von nicht-wirtswechselnden (Ab in Abb. 4.1) oder von wirtswechselnden (B3b und B4 in Abb. 4.1) Arten abgeleitet. In südlichen Gebieten kann das Erscheinen von Sexuales ganz oder teilweise unterdrückt werden. So kommt es, dass *Hyalopterus pruni* im Mittelmeergebiet zu allen Jahreszeiten an ihren Sekundärwirten, *Phragmites* und *Arundo*, anzutreffen ist (B2c, untere Hälfte in Abb. 4.1). Wenn die parthenogenetische Fortpflanzung durch die herrschenden Umweltbedingungen über längere Zeiträume beibehalten wird, kann schließlich die Potenz zur Ausbildung von Sexuales verlorengehen und die Abspaltung von anholozyklischen Rassen oder Arten erfolgen. Solche Abspaltungen konnten auch dann eintreten, wenn der Primärwirt ganz oder teilweise, z. B. als Folge der Eiszeit, aus dem Verbreitungsgebiet einer wirtswechselnden Art verschwand (Mordvilko 1935).

Mehrere wirtswechselnde Arten besitzen anholozyklische Rassen an den Sekundärwirten, z. B. *M. persicae* und *Cavariella aegopodii*, und sind dann häufig im Winter im Gewächshaus zu finden. Eine anholozyklische Art, die sich von einem wirtswechselnden Vorfahren ableiten lässt (B3b in Abb. 4.1), ist u. a. *Dysaphis tulipae*, die an Zwiebeln von Tulpen und anderen monocotylen Pflanzen lebt. Anholozyklie am ursprünglichen Primärwirt ist selten. Man findet sie (B4b in Abb. 4.1) bei der an Wurzeln und Wurzelschossen von Pflaume und Schlehe lebenden Blattlaus *Brachycaudus* (*Scrophulaphis*) *persicae*.

Detaillierte Beobachtungen von holozyklischen und anholozyklischen Aphiden stellten Müller & Möller (1973) vor. Diese Autoren untersuchten, ob im Spätherbst unter normalen Bedingungen des Freilandes neben

Sexuales noch vivipare Tiere erscheinen und ob auf diese lebensfähige Parazyklen folgen. Ein Parazyklus ist ein nichtselbstständiger Zyklus aus Lebendgebärenden, der immer mit einem holozyklischen Haupt- oder Grundzyklus gekoppelt ist (LAMPEL 1968).

4.1.6 Holozyklus Normalfall, Parazyklus selten oder von geringerer Bedeutung

Als Beispiele für Blattläuse ohne Wirtswechsel betrachteten MÜLLER & MÖLLER (1973) *Macrosiphum stellariae, Hyperomyzus lampsanae* und *Aulacorthum aegopodii.* ♂♂ traten im Freilandinsektarium bei *M. stellariae* und *H. lampsanae* nicht auf und bei *A. aegopodii* nur in geringer Anzahl. Die wenigen Lebendgebärenden überlebten Frosttage mit einer Tiefsttemperatur von –7,3 °C in Erdbodennähe, aber nicht mehr –18,4 °C (*M. stellariae*) bzw. –21,3 °C (*H. lampsanae*). Anfang Januar gab es in der Zuchtpopulation von *A. aegopodii* außer sehr zahlreichen ungeflügelten Lebendgebärenden nur noch mehrere ovipare ♀♀.

Der Parazyklus nach dem Schema C1 (Abb. 4.1) kann bei den untersuchten Arten in Norddeutschland nur unter besonders günstigen Bedingungen zustande kommen. Er wird bei *A. aegopodii* sehr erschwert oder vollkommen unterbunden, weil unter natürlichen Bedingungen während des Winters kaum befallsfähige Wirtspflanzen zur Verfügung stehen.

Als Blattlaus mit Wirtswechsel untersuchten MÜLLER & MÖLLER (1973) *Ovatus crataegarius.* Diese Art ist ein Beispiel für den Parazyklus am Sekundärwirt einer wirtswechselnden Blattlaus (B2c in Abb. 4.1). Zwei Populationen, von *Crataegus oxyacantha* bzw. von *Mentha piperita* entnommen, bildeten bei Zuchthaltung auf *Mentha aquatica* und *M. piperita* im Herbst zahlreiche Gynoparen und ♂♂, es blieben jedoch auf den Zuchtpflanzen einige ungeflügelte Lebendgebärende zurück, die sich im schwach geheizten Gewächshaus stark vermehrten. Dieser Parazyklus fand gleichzeitig unter natürlichen Bedingungen im Freien statt. Die Voraussetzungen zum vollständigen Durchlaufen des Parazyklus sind für *O. crataegarius* offenbar günstig, weil häufig nicht die gesamte Population zu Herbstmorphen wird und weil die winterlichen Lebendgebärenden an den um diese Jahreszeit allein vorhandenen Ausläufer-Triebspitzen von *Mentha* spp. leben und dort wahrscheinlich vor starken Frösten einen gewissen Schutz finden. Die im Januar gefundenen Aphiden z. B. befanden sich an Ausläuferspitzen von *Mentha piperita,* die höchstens die Erdoberfläche erreichten.

4.1.7 Anholozyklie Normalfall, Holozyklus Ausnahme

Diese durch das Schema C2 (Abb. 4.1) charakterisierte Generationsfolge wurde von MÜLLER & MÖLLER (1973) für *Macrosiphum euphorbiae* beschrieben. Diese Art ist infolge ihrer permanent parthenogenetischen Generationsfolge und Polyphagie während der kalten Jahreszeit eine typische Gewächshausblattlaus, bildet aber in mäßigem Umfang auch Sexuales. MÖLLER (1970) erhielt bei dieser Blattlaus in Zuchtversuchen den Holozyklus. Über erfolgreiche parthenogenetische Freilandüberwinterung von *M. euphorbiae* auf *Senecio vulgaris* während eines relativ milden Winters berichteten MÜLLER & MÖLLER (1968). In einem wesentlich kälteren Winter überwinterten 3 von 5 Populationen erfolgreich im Freilandinsektarium Tiefsttemperaturen von –23,1 °C (MÖLLER 1972).

4.1.8 Anholozyklische Blattläuse

Das Schema C3a (Abb. 4.1) zeigt die zyklischen Verhältnisse bei *Chaetosiphon* (*Pentatrichopus*) *fragaefolii*. In den Populationen dieser Blattlaus entstehen wenige ♂♂ und ovipare ♀♀, ohne dass die parthenogenetische Vermehrungsintensität der Aphiden eingeschränkt wird. Da der Holozyklus aber nicht zustande kommt, ist die Art im maritimen Westeuropa zum Dauervorkommen befähigt, während dieser Erdbeervirusüberträger im Osten, wo die kalten Winter die parthenogenetische Freilandüberwinterung offenbar ausschließen, praktisch fehlt (MÜLLER 1959). Ein in Nordamerika festgestellter Biotyp von *Schizaphis graminum*, von der man bisher nur die viviparen Morphen kannte, entwickelte ♂♂ und ovipare ♀♀, ohne dass der Holozyklus nachgewiesen werden konnte (MAYO & STARKS 1972). Für diesen Fall trifft ebenfalls das Schema C3a zu.

Die Schemata C3b und C3d (Abb. 4.1) geben parthenogenetische Generationsfolgen wieder, in denen außer Virgines nur ♂♂, aber niemals ovipare ♀♀ auftreten. Solche Generationsfolgen werden bei anholozyklischen Formen von *Myzus persicae* gefunden. Derartige *M.-persicae*-Rassen treten in Mitteleuropa ziemlich häufig auf. Für diese Generationsfolge hat BLACKMAN (1972) den Namen »Androzyklie« eingeführt.

Androzyklie, die sich auf eine nicht-wirtswechselnde Ausgangsform zurückführen lässt (C3b in Abb. 4.1), existiert z. B. bei *Rhopalosiphum maidis*. Die Maisblattlaus tritt in Deutschland auf, scheint jedoch hier nicht zu überwintern. Eine aus Ungarn stammende Population von Mais lieferte wenige ♂♂. Auch aus Afrika wird das Vorkommen von *R.-maidis*-♂♂ berichtet (EASTOP 1954).

Androzyklie, die sich von Wirtswechsel ableiten lässt, existiert außer bei den oben erwähnten *M.-persicae*-Rassen auch bei *Cavariella aegopodii*. Diese Blattlaus vollführt Wirtswechsel mit *Salix* spp. Sie kommt aber auch während des Winters in Wohnungen und Gewächshäusern, oft mit erheblicher Schadwirkung, an Petersilie vor. In solchen Populationen, die auf Petersilie in Zucht genommen worden waren, entstanden geflügelte ♂♂. Bisher existiert noch kein Nachweis dafür, dass die androzyklische Form von *C. aegopodii* in Norddeutschland im Freien überwintern kann. Verschiedene Wasser- und Sumpfpflanzen sind in Gewächshäusern der Botanischen Gärten häufig während des Winters von *Rhopalosiphum nymphaeae* befallen. In einer solchen Population wurde im November an *Echinodorus radicans* in einem Gewächshaus des Botanischen Gartens in Rostock ein geflügeltes ♂ gefunden (Müller & Möller 1973). Wahrscheinlich handelt es sich bei diesem winterlichen Gewächshausvorkommen um eine androzyklische Rasse von *R. nymphaeae*.

Auftreten von oviparen ♀♀ in anholozyklischen Formen bei völligem Fehlen von ♂♂ ist eine weitere nachgewiesene Generationsfolge. Diese wird durch das Schema C3c (Abb. 4.1) dargestellt und wurde in einer mehr als 10 Jahre in Zucht gehaltenen Linie von *Aphis frangulae gossypii* gefunden (Müller 1971a). Vergleichbares zeigte eine Linie von *Lipaphis erysimi*. Diese im Januar in einem Gewächshaus an *Capsella bursa-pastoris* angetroffenen Blattläuse vermehrten sich während der nachfolgenden Zeit sehr gut am Hirtentäschelkraut und beendeten im Spätherbst die parthenogenetische Generationsfolge im Freilandinsektarium mit dem Auftreten von oviparen ♀♀.

Anholozyklie bei vollständigem Fehlen von Sexuales gibt es im Formenkreis *Myzus persicae* und bei zahlreichen anderen Blattläusen. Die einzelnen Typen in Bezug auf eine anzunehmende holozyklische Ausgangsform zeigen die Schemata Ab, B3b und B4b (Abb. 4.1).

Wenn anholozyklische Aphiden die oberen Tele ihrer Wirtspflanze besiedeln und im Winter den Kälteeinwirkungen des Freilandes unterliegen, können sie in Norddeutschland den Winter im Freien überdauern, wenn die Temperaturen nicht zu tief und nicht zu lange unter ein schädliches Niveau absinken und wenn bei Beginn des Winters eine genügend starke Population vorhanden ist. Letzteres sichert, dass unter schädlichen Witterungseinflüssen insbesondere des Spätwinters sinkende Individuenzahlen nicht zum vollständigen Absterben führen. Die Bedeutung der Populationsdichte ist von Steudel (1952a) für die anholozyklische Freilandüberwinterung von *Myzus persicae* im Rheinland erkannt worden.

Manche anholozyklische oder einen Parazyklus entwickelnde Blattläuse besiedeln Ausläufer, zwischen Moosen befindliche Pflanzenteile oder am

Boden versteckte Triebe. Solche Blattläuse haben günstige Chancen für die parthenogenetische Freilandüberwinterung. Zu ihnen gehört die Art *Ovatus crataegarius*. Die im Winter sehr häufig in Gewächshäusern zu findende *Myzus ascalonicus* überwintert zwischen Moos und anderer Vegetation auch im Freien. Das zeigen u. a. Untersuchungen von Vegetationsproben mit einem Berlese-Apparat (Müller & Möller 1968). Die anholozyklische *Jacksonia papillata* lebt versteckt an feuchten, schattigen Stellen zwischen Moosen. Sie wurde von Müller & Möller (1973) oft und zu allen Jahreszeiten einschließlich des Winters in allen Entwicklungsstadien bei der Untersuchung von kurzrasigen mooshaltigen Vegetationsproben mittels eines Berlese-Apparates erfasst. Interessant ist die Tatsache, dass mehrere anholozyklische Blattläuse verschiedener Gattungszugehörigkeit eine besondere Überwinterungsmorphe besitzen oder einen larvalen Dimorphismus zur Überwinterung entwickelt haben (Müller 1971a). Diese Form der anholozyklischen Überwinterung ist im Schema C4 (Abb. 4.1) dargestellt. Sie ist bis jetzt bei *Ovatomyzus chamaedrys, Pseudacaudella rubida* und *Muscaphis cuspidati* bekannt.

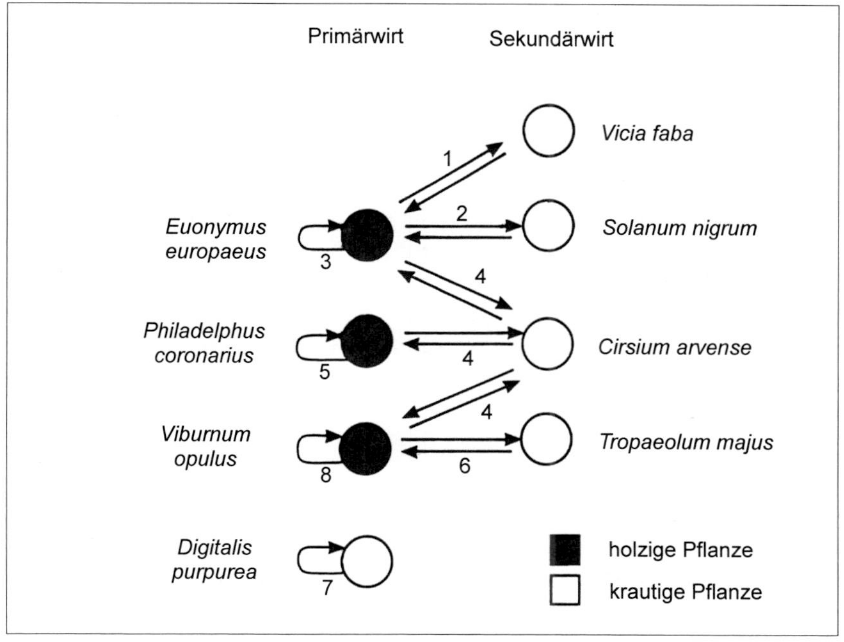

Abb. 4.2: Wirtspflanzenbeziehungen in der Artengruppe von *Aphis fabae*. (1) *A. fabae fabae*, (2) *A. solanella*, (3) *A. fabae evonymi*, (4) *A. fabae cirsiiacanthoidis*, (5) *A. fabae philadelphi*, (6) *A. fabae mordvilkoi*, (7) *A. armata*, (8) *A. viburni* (nach Müller 1982, Stroyan 1984, Heie 1986, Thieme 1988).

4.2 Fortpflanzung

Einige Insekten wechseln in der Regel ihren Fortpflanzungsmodus zwischen sexueller und asexueller Fortpflanzung, um mit den saisonalen Veränderungen der Temperatur, der Tageslänge und der Verfügbarkeit von Wirten umzugehen (Matsuka & Mittler 1979, Margaritopoulos & Tsitsipis 2002, Poupoulidou et al. 2006, Razmjou et al. 2010, Peng et al. 2017). Reproduktiver Polymorphismus, der es einem Genotyp ermöglicht, sexuelle und asexuelle Morphen zu produzieren, ist ein Extremfall phänotypischer Plastizität und wird häufig bei Blattläusen beobachtet. Blattläuse verfügen über die Fähigkeit, sich auf alternativen Wegen sexuell und ungeschlechtlich fortzupflanzen, und bei vielen Blattlausarten ist die apomiktische Parthenogenese (klonale oder ungeschlechtliche Fortpflanzung) die wichtigste oder einzige Fortpflanzungsart (Ogawa & Miura 2014). Die zyklische Parthenogenese, bei der sich Perioden der parthenogenetischen Reproduktion mit der sexuellen Reproduktion zu einem Holozyklus abwechseln, dürfte sich in einem saisonalen Klima entwickelt haben, das möglicherweise mit der Eiszeit im Unterperm in Verbindung steht. Die Viviparie, ein weiteres charakteristisches Merkmal der Blattläuse, muss sich jedoch später entwickelt haben, da die Archescytinidae und die modernen Adelgidae und Phylloxeridae ovipar sind (Heie 1967). Die zyklische Parthenogenese wurde von einem gemeinsamen sexuellen Vorfahren erworben (vor etwa 250 Millionen Jahren) und überwiegt bei Blattläusen, während nur ein kleiner Teil der Blattläuse die sexuelle Phase verliert und zu strikten obligaten Parthenogenen wird (Moran 1992, Hales et al. 1997). Es gibt zwei weitere interessante Phänomene bei der Fortpflanzung von Blattläusen: (1) Einige obligate Parthenogene behalten die Fähigkeit zur männlichen Produktion, und (2) die übrigen haben offensichtlich eine Strategie entwickelt, die zwischen sexuellen und asexuellen Linien liegt, und die variable Investition des Geschlechts kann bei derselben Art oder sogar in derselben Population beobachtet werden (Rispe & Pierre 1998, Simon et al. 2002).

4.2.1 Umweltreize für den Wechsel der Fortpflanzungsart

Bei den meisten untersuchten Blattlausarten scheint die lange Nacht ein wichtiges Umweltkriterium für den Wechsel der Fortpflanzungsart zu sein. Die Regulierung der sexuellen Fortpflanzung durch die Nachtlänge wurde erstmals von Marcovitch (1923, 1924) bei Blattläusen bestätigt, was der erste Bericht über die fotoperiodische Induktion bei Tieren ist. Er zeigte, dass die Exposition von *Aphis forbesi* bei kurzer Tageslänge die

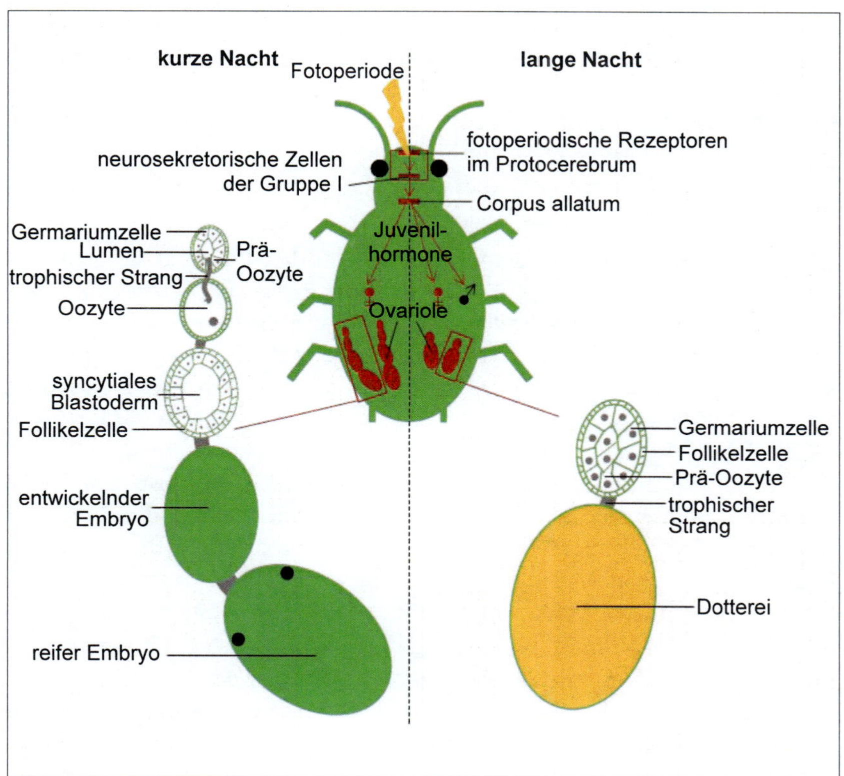

Abb. 4.3: Fotoperiodische Bestimmung des Fortpflanzungsmodus bei Blattläusen. Nach der Stimulation durch die Fotoperiode (kurze oder lange Nacht) aktivieren die fotoperiodischen Rezeptoren die neurosekretorischen Zellen der Gruppe I im Protocerebrum, die ihrerseits Neurohormone produzieren. Die Neurohormone wirken auf den Corpus allatum und führen zu einer Veränderung des Titers des Juvenilhormons (JH), welches das Schicksal der Eizellen im Germarium bestimmt. Bei Kurznacht (linke Seite) ist der JH-Titer hoch genug, um die ungeschlechtliche Vermehrung der Blattläuse auszulösen. In der Langnacht (rechte Seite) ist der JH-Titer niedriger, was die sexuelle Vermehrung in den Blattläusen zur Folge hat (nach Yan et al. 2020).

Bildung von Sexualmorphen fördert. Seitdem wurde die Regulierung der Fortpflanzungsarten durch fotoperiodische Veränderungen bei *Phorodon humuli* (Campbell & Tregidga 2005), Acyrthosiphon pisum (Lamb & Pointing 1972), *Myzus persicae* (Matsuka & Mittler 1979, Margaritopoulos & Tsitsipis 2002) und *Megoura viciae* (Hardie 1990) nachgewiesen (Abb. 4.3). Die sexuelle Fortpflanzung wird durch Skotophasen von mehr als 9–10 Stunden Dauer ausgelöst, und dieser Schwellenwert entspricht den frühherbstlichen Bedingungen. An den fotoperiodischen Reaktionen der Blattläuse ist eindeutig eine Uhr beteiligt, die die Länge der Skotophase und nicht die Länge der Fotophase misst, und es gibt möglicherweise einen Gegenmechanismus, der die Informationen der Uhr integriert, um den Polymorphismus auszulösen (Lees 1973, Saunders 1981). Die am besten untersuchten zirkadianen Uhrengene weisen unterschiedliche Expressionsniveaus zwischen der Skotophase und der Fotophase auf (Yan et al. 2013), aber die Rolle der zirkadianen Uhrengene bei der Reaktion auf den saisonalen Fotoperiodismus ist noch unklar.

Obwohl die fotoperiodischen Veränderungen den Fortpflanzungsmodus bei Blattläusen steuern, kann die Temperatur diese fotoperiodische Reaktion modulieren. Bei einigen Blattlausarten kann die hohe Temperatur die lange Nacht außer Kraft setzen. Zum Beispiel ist die kritische Fotoperiode für die Sexualproduktion von *A. pisum* bei höheren Temperaturen kürzer (von 13 Stunden bei 15 °C auf 12,5 Stunden bei 20 °C) (Lamb & Pointing 1972). Die Produktion von Sexualmorphen ist bei den meisten klonalen Linien von *M. persicae* bei 12 °C höher als bei 17 °C (Poupoulidou et al. 2006). Bei vielen Blattläusen mit koexistierender sexueller und asexueller Fortpflanzung ist die obligate Parthenogenese in niedrigeren Breitengraden häufiger, was bei *Sitobion avenae* (Dedryver et al. 2001), *Rhopalosiphum padi* (Delmotte et al. 2002), *A. pisum* (Kanbe & Akimoto 2009) und *M. persicae* (Blackman 1974) bestätigt wurde; und dieses Muster scheint in erster Linie durch die kombinierten Auswirkungen von Fotoperiode und Temperatur bestimmt zu sein. Jüngere Forschungen haben jedoch gezeigt, dass alle getesteten obligat parthenogenetischen Linien von *M. persicae* die funktionalen heat shock protein (hsp)90-Gene verloren haben, und der hsp90-Inhibitor führte dazu, dass einige zyklische parthenogenetische Linien ihre Fähigkeit zur Erzeugung von Sexualmorphen verloren, was die große Bedeutung funktionaler hsp90-Gene bei der zyklischen Parthenogenese zeigt (Mandrioli et al. 2018).

Bei einigen Blattlausarten kann auch die Verfügbarkeit des Wirtes die sexuelle Fortpflanzung beeinflussen. Die *A.-pisum*-Linien investieren mehr in die sexuelle Fortpflanzung auf einjährigen Pflanzen als auf mehrjährigen Wirten (Frantz et al. 2006). Die wirtswechselnden Blattläuse sind in der Regel hochspezialisiert auf den Primärwirt (in der Regel mehrjährige Wirte), auf dem die Kopulation stattfindet und die frostbeständigen Eier abgelegt werden. Die zyklische Parthenogenese findet also nur statt, wenn der spezielle Wirt verfügbar ist, während die obligate Parthenogenese derselben Art frei von dieser Einschränkung ist (Sandrock et al. 2011). Die Sexualmorphen von *Dysaphis devecta* werden bei Einstellung des Triebwachstums der Wirtspflanze produziert (Forrest 1970), was zeigt, dass die physiologischen Veränderungen der Wirte auch die sexuelle Fortpflanzung beeinflussen.

4.2.2 Wahrnehmung von photoperiodischen Veränderungen in der Kopfregion

Das Sehvermögen spielt zahlreiche Schlüsselrollen bei der Ausführung von Verhaltensweisen von Insekten. Die Opsine in Komplexaugen sind für die Erkennung und Umwandlung von Licht verantwortlich, und ihre Expression wird durch die zirkadiane Uhr reguliert (Liu et al. 2018). Dennoch sind die Opsine in Komplexaugen nicht das Hauptzentrum für die Fotorezeptoren, und die Blattläuse sind in der Lage, die Nachtlänge in der Kopfregion zu messen. Der Sitz der fotoperiodischen Rezeptoren für die Umschaltung der Fortpflanzungsmodi bei *Megoura viciae* wurde identifiziert, indem man die Blattläuse zusätzlichen Perioden lokaler Beleuchtung aussetzte. Dabei zeigte sich, dass die Lichtempfindlichkeit auf die Kopfregion beschränkt ist, insbesondere auf den Rücken der Köpfe und nicht auf die Komplexaugen oder die optischen Lappen (Lees 1964). Alle Lichtwellenlängen zwischen 370 und 800 nm können durch die Cuticula zum Gehirn übertragen werden (Hardie et al. 1981). Das Protocerebrum unter der Cuticula ist sehr lichtempfindlich, und die Fotorezeptoren zur Wahrnehmung der jahreszeitlichen Veränderungen sind daher extraoptisch.

Die Identifizierung des Fotorezeptorzentrums, das die jahreszeitlichen Veränderungen im Gehirn wahrnimmt, hat eine große Bedeutung. Läsionen, die die neurosekretorischen Zellen (NSC) der Gruppe I im Protocerebrum zerstören, setzen bei *M. viciae* die Produktion ungeschlechtlicher Morphen unter Langtagsbedingungen außer Kraft, während die weitreichende Schädigung der anderen NSC-Gruppen (Komplexaugen und Sehnerven) keine derartige Wirkung hat (Steel & Lees 1977). Die NSC sind nicht der fotoperiodische Photorezeptor (Gao et al. 1999). Die Fotorezeptoren für die fotoperiodische Reaktion und die an der Neurosekretion beteiligten NSC, sind zwei verschiedene aufeinanderfolgende Akteure der fotoperiodischen Signaltransduktion (Tagu et al. 2005).

4.2.3 Endokrine Regulierung des Fortpflanzungsmodus

Juvenile Hormone (JHs) regulieren nachweislich verschiedene Polymorphismen bei Insekten, wie z. B. den Flügelpolymorphismus und den Männchenpolymorphismus (Zera & Denno 1997, Emlen & Nijhout 1999). Interessanterweise wird das Volumen des Corpus allatum durch die Nachtlänge reguliert, steht aber nicht in direktem Zusammenhang mit dem JH-Titer (Hardie 1987a). JHs sind Kandidatenmoleküle für die Weiterleitung des photoperiodischen Signals vom Gehirn an die Ovariole. Obwohl es bei

Insekten mehrere Typen von JHs gibt, wurde nur ein Typ (JHIII) in geringer Menge bei Blattläusen nachgewiesen (Hardie et al. 1985). Erbsenblattläuse, die unter Langnachtbedingungen aufgezogen werden, weisen einen niedrigeren JHIII-Titer auf als solche, die unter Kurznachtbedingungen leben, und das Expressionsniveau des Gens JH-Esterase 1, von dem bekannt ist, dass es JH abbaut, ist bei Blattläusen, die unter Langnachtbedingungen aufgezogen werden, höher (Ishikawa et al. 2012). Dies deutet darauf hin, dass die Hochregulierung des JH-Abbauweges zur Produktion sexueller Morphen führen kann. Die topikale Applikation von JHs oder ihren Analoga unter Langnachtbedingungen führt zur Bildung von parthenogenetischen Weibchen anstelle von Sexualmorphen bei *M. persicae* (Mittler et al. 1979), *A. fabae* und *A. pisum* (Mittler et al. 1976, Corbitt & Hardie 1985, Hardie & Lees 1985).

Neben JH beeinflusst auch Melatonin den Fortpflanzungsmodus bei Blattläusen. Die mit Melatonin gefütterte *A. pisum* produziert unter Langtagbedingungen mit 16 h Licht Männchen und lebendgebärende/ovipare intermediäre Weibchen, was nur unter Kurztagsbedingungen oder um die kritische Nachtlänge herum erfolgt (Gao & Hardie 1997).

Als Mechanismus der Signalübertragung von fotoperiodischen Veränderungen auf die sekretorischen Organe zur endokrinen Regulierung ist vorstellbar, dass (1) die fotoperiodischen Veränderungen vom Protocerebrum wahrgenommen werden, um die NSC zu aktivieren; (2) die NSC die Neurohormone produzieren, die auf das Corpus allatum wirken, um JHs zu produzieren und abzusondern; (3) JHs entlang von Axonen transportiert werden, die mit den abdominalen Strukturen und vielleicht sogar mit den Ovariole verbunden sind.

4.2.4 Gametogenese und Embryogenese in sexuellen und asexuellen Morphen

Das Umweltsignal wird wahrgenommen und an das endgültige Zielorgan (Ovarium) weitergeleitet, um die sexuellen oder asexuellen Morphen zu erzeugen. Jede weibliche Blattlaus besitzt zwei funktionale Ovarien, deren allgemeine Organisation und Embryonalentwicklung bei sexuellen und asexuellen Blattläusen ähnlich ist. Jedes Ovarium enthält mehrere telotrophe meroistische Ovariolen, die jeweils aus einem Germarium und einer Reihe von Follikelkammern bestehen. In jedem voll ausgebildeten Germarium befinden sich 32 Oogonialzellen, die von der Keimzelle geteilt werden und von denen sich die Hälfte zu Ammenzellen (oder Trophozyten) und die andere Hälfte zu Oozyten entwickelt (Büning 1985). Die

Prä-Oozyten werden aus dem Germarium in Richtung der ersten Follikelkammer ausgestoßen, um zu Oozyten zu werden, und die Oogonialzellen im hinteren Teil des Germariums verdichten ihre Chromosomen und werden zu Prä-Oozyten (Chang et al. 2006, 2007). Die Prä-Oozyten werden auf diese Weise nacheinander in die Follikelkammern entlassen, und jede Follikelkammer enthält die Eizelle oder den Embryo in verschiedenen Entwicklungsstadien.

Bei der sexuellen Fortpflanzung von Blattläusen führt die Meiose zur Freisetzung einer haploiden Oozyte und dreier degenerierter Polkörper (Tagu et al. 2005). Die Eizellen in den Follikelkammern treten in eine Wachstumsphase ein, in der sich Dotter in ihrem Zytoplasma ansammelt, und werden dann befruchtet, wenn sie neben den Spermatheken in den Eileiter gelangen. Wenn der Embryo die Anatrepsis abgeschlossen hat und vollständig segmentiert ist, geht er in die Diapause (Le Trionnaire et al. 2008). Bei parthenogenetischen Blattläusen entwickelt sich der Embryo in der Ovariole aus einer diploiden Eizelle nach einer einzigen Reifeteilung (der Mitose) (Tague et al. 2005). Die erste mitotische Teilung der Eizelle erfolgt unmittelbar nach der parthenogenetischen Embryogenese. Die Anzahl der Embryonen pro asexuellem Weibchen ist viel höher als bei sexuellen Weibchen (Miura et al. 2003). Bei den parthenogenetischen Weibchen beginnt die Entwicklung der Eier ohne vorherige Befruchtung, gleich nach dem Übertritt aus dem Keimlager in die Ovariolen. Deshalb enthalten diese bei neu geborenen Larven bereits junge Keime. Demnach beherbergt ein parthenogenetisches Weibchen in seinem Ovar Embryonen, in denen sich ebenfalls schon Embryonen, die zukünftigen »Enkelinnen«, entwickeln. Solch ein Ineinanderschachteln von Generationen, auch als teleskopische Generationsfolge bezeichnet (Dixon 1998), ist nur bei Parthenogenese in Verbindung mit Lebendgeburt möglich, die beide unter den Blattläusen weit verbreitet sind.

Offensichtlich entscheidet sich das Schicksal der Oozyten in Richtung sexuelle oder asexuelle Differenzierung schon sehr früh, vielleicht schon im Oozyten- oder Prä-Oozytenstadium. Die parthenogenetischen Embryonen exprimieren eine große Anzahl gewebespezifischer Gene, und einige stark exprimierte Gene weisen keine Ähnlichkeit mit anderen Sequenzen in der GenBank auf (Sabater-Muñoz et al. 2006), was auf einen für die parthenogenetische Embryogenese bei Blattläusen spezifischen Differenzierungsprozess hinweist. Srinivasan et al. (2014) beobachteten ähnliche Expressionsmuster aller Meiosegene zwischen asexuellen und sexuellen Ovarien von *A. pisum*, mit der einzigen Ausnahme von Spo11. Die asexuellen Blattläuse akkumulieren ungespleißte Transkripte von Spo11, während die sexuellen Blattläuse hauptsächlich gespleißte Transkripte akkumulieren.

4.2.5 Vorteile der sexuellen Fortpflanzung

Obwohl die zyklische Parthenogenese einen Reproduktionsnachteil gegenüber der ungeschlechtlichen Fortpflanzung haben könnte, scheint das Überwiegen der zyklischen Parthenogenese gegenüber der obligaten Parthenogenese bei Blattläusen deutlicher zu sein als bei den meisten anderen Organismen (Bulmer 1982, Rispe & Pierre 1998). Ein Vorteil der Aufrechterhaltung des Geschlechts könnte darin liegen, dass nur die zyklischen parthenogenetischen Blattläuse die Eier produzieren, die gegen das kalte Klima resistent sind. Die geschlechtlichen Eier sind aber nicht nur kälteresistent, sondern können auch an die Trockenheit angepasst sein. Da die asexuellen Blattläuse keine Eier produzieren, sind sie sensibel gegenüber dem kalten Klima. Ausnahmen stellen einige Arten der Fordinae dar, die nicht überwinternde sexuelle Eier produzieren, und die ovipare Parthenogenese bei den Adelgidae und Phylloxeridae (Simon et al. 2002). Die sexuellen Linien können in kaltem Klima vorherrschen, während sie in den Tropen und Subtropen wahrscheinlich durch ungeschlechtliche Linien ersetzt werden, die eine überlegene Fortpflanzungsleistung besitzen (Rispe et al. 1998, Dedryver et al. 2001). Die Fähigkeit zur Bildung von Geschlechtstieren muss aber nicht vollständig verloren gegangen sein. So konnte eine scheinbar anholozyklische Linien von *Aphis craccivora* aus dem Sudan nach Überführung in mitteleuropäische Bedingungen immer noch Geschlechtstiere produzieren (Müller 1977b).

Ein weiterer Vorteil der Aufrechterhaltung der Sexualität könnte in der Genombereinigung und der hohen Diversität gesehen werden. Bei *R. padi* beispielsweise besitzen die zyklisch parthenogenetischen Linien eine andere mitochondriale DNA als die meisten asexuellen Klone (Simon et al. 1996). Eine große genetische Diversität findet sich in der Regel in zyklisch parthenogenetischen Linien (Sunnucks et al. 1997a), während die obligat asexuellen Linien weniger Genotypen aufweisen (Fenton et al. 1998, Wilson et al. 1999, Haack et al. 2000). Eine erhebliche Beschleunigung der Akkumulation schädlicher Mutationen wird auch bei der asexuellen *Tuberolachnus salignus* beobachtet (Normark & Moran 2000). Durch die Erzeugung genotypischer Diversität können sexuelle Blattläuse den intraspezifischen Wettbewerb verringern und den Blattläusen helfen, Parasiten zu entkommen.

Von den Lebendgebärenden werden die Larven beim Absetzen mit dem Hinterende voran geboren. Dixon (1976) vermutet, dass sie so von der Mutter abgesetzt schneller bei Annäherung eines Feindes reagieren können. Larven sind schon bei der Geburt voll aktiv und ähneln den Adulten. Larven, die sich zu Geflügelten entwickeln werden, tragen Flügelanlagen. Jede der vier Häutungen ist mit einer Größenzunahme und einer allmäh-

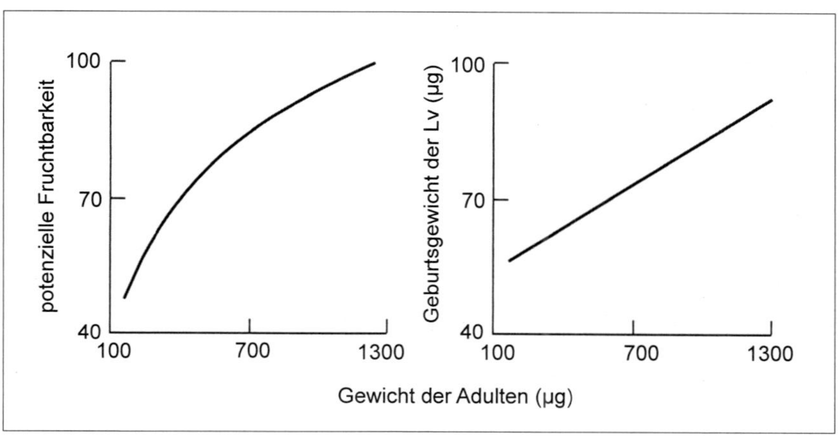

Abb. 4.4: Potenzielle Fruchtbarkeit und Geburtsgewicht der Nachkommen in Beziehung zum Erwachsenengewicht bei *Aphis fabae* (nach Dixon 1998).

lichen Wandlung zur adulten Form verbunden. Während im angelsächsischen Sprachraum alle sich zu Geflügelten entwickelnden Larven als Nymphen bezeichnet werden, wird in der deutschsprachigen Literatur häufig zwischen den einzelnen Entwicklungsstadien unterschieden: erstes Larvenstadium (Lv 1), zweites Larvenstadium (Lv 2), Pro-Nymphe, Nymphe. Diese Differenzierung täuscht allerdings eine Genauigkeit vor, die häufig nicht korrekt ist. Der Grund hierfür ist in dem oft vermuteten Zusammenhang zwischen der Größe der Larven und dem Entwicklungsstadium zu sehen. Die Größe der Larven (und der Adulten) ist aber abhängig von der Futterqualität, Temperatur, der Besiedelungsdichte auf der Wirtspflanze und der Größe der Mutter. Es ist möglich, durch Wahl entsprechender Haltungsbedingungen, sehr kleine Nymphen oder wesentlich größere Lv 1 zu produzieren. Niemals tritt ein dramatischer Formwechsel vom letzten Larvenstadium zur Imago auf. Das ungeflügelte Weibchen gleicht einer Larve des letzten Entwicklungsstadiums mehr als das geflügelte. Es ist aber in der Lage, günstige Bedingungen recht gut zu nutzen. Bei Auftreten widriger Verhältnisse entwickeln sich geflügelte Weibchen, die abfliegen, um nach einem geeigneteren Ort zu suchen. Dort bringen die Überlebenden parthenogenetisch wieder Nachkommen hervor, und da diese Nachkommen in der von der Geflügelten gewählten Umgebung gedeihen, nimmt die Individuenzahl der Kolonie wieder rapide zu.

Bei vielen Arten setzen die größten Individuen die meisten und größten Nachkommen ab (Abb. 4.4), die fitter sind als kleine Nachkommen, weil sie mit größerer Wahrscheinlichkeit ungünstige Bedingungen überleben

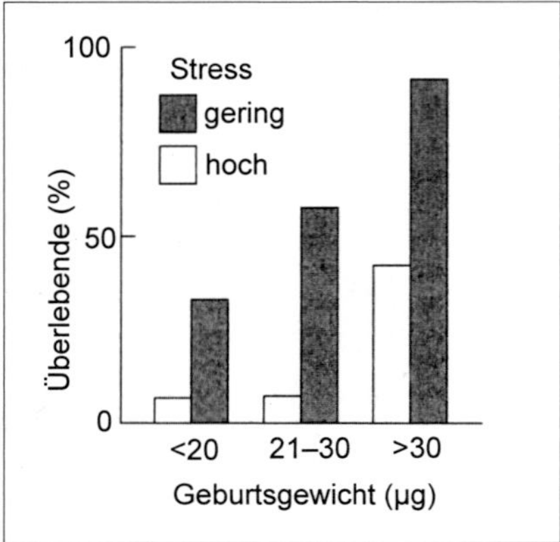

Abb. 4.5: Anteil der Überlebenden (%) in Beziehung zum Geburtsgewicht von *Aphis fabae* bei Aufzucht auf Wirtspflanzen schlechter und guter Qualität (nach DIXON 1998).

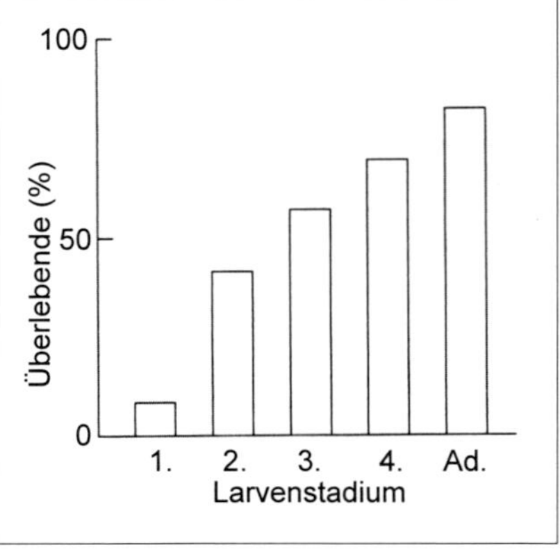

Abb. 4.6: Prozentualer Anteil der verschiedenen Larvenstadien von *Microlophium evansi*, die Begegnungen mit dem vierten Larvenstadium des Marienkäfers *Adalia decempunctata* überleben (nach DIXON 1998).

(Abb. 4.5) und dem Fang durch Prädatoren (Abb. 4.6) oder der Parasitierung durch hymenoptere Parasitoiden (MACKAUER 1973) entgehen. Deshalb haben große Individuen innerhalb einer Art im Allgemeinen ein größeres Reproduktionspotenzial als kleine Individuen.

Obwohl große Arten große Nachkommen produzieren, besteht zwischen diesen Parametern kein sehr enger Zusammenhang. Es besteht jedoch ein enger Zusammenhang zwischen dem Logarithmus des Geburtsgewichts einer Art und dem Logarithmus des Gewichts der Mutter geteilt durch die Anzahl der Ovariolen in ihren Gonaden (Abb. 4.7). Dies deutet darauf hin, dass auf interspezifischer Ebene das Geburtsgewicht ein konstanter Anteil des Erwachsenengewichts ist, wenn die Anzahl der Ovarien konstant gehalten wird, und dass eine Art mit wenigen Ovarien relativ größere Nachkommen zur Welt bringt als eine ähnlich große Art mit vielen Ovarien. Arten mit einer hohen Anzahl von Ovariolen haben eine hohe anfängliche Fortpflanzungsrate und umgekehrt (Abb. 4.8). Allerdings haben Arten mit einer hohen Anzahl von Ovarien eine höhere anfängliche Fortpflanzungsrate, proportional niedrigere Geburtsgewichte und deutlich längere Entwicklungszeiten als Arten mit wenigen Ovarien (Abb. 4.9). Wird davon ausgegangen, dass die Mindestgeburtsgröße bei jeder Spezies begrenzt ist und die optimale Erwachsenengröße das 15-Fache der Geburtsgröße beträgt, ist es überraschend, dass Blattläuse nicht alle die gleiche Anzahl von Ovarien haben. Die Tatsache, dass die Anzahl der Ovarien bei den ver-

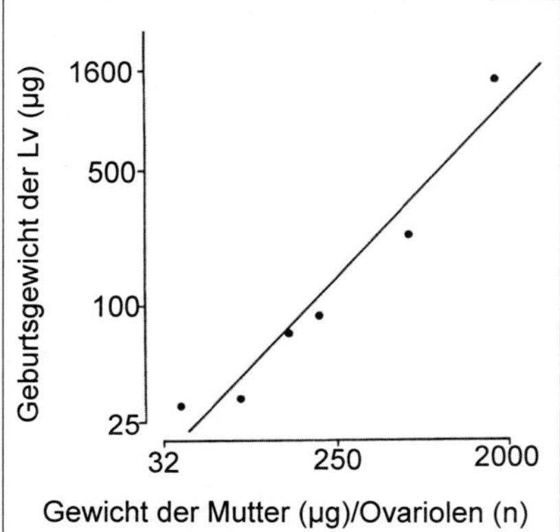

Abb. 4.7: Das Geburtsgewicht in Relation zum Verhältnis von Muttergewicht zu Ovariole-Anzahl für sechs Blattlausarten mit einem breiten Gewichtsspektrum, darunter die größte britische Art *Stomaphis quercus* (nach DIXON 1987, 1998).

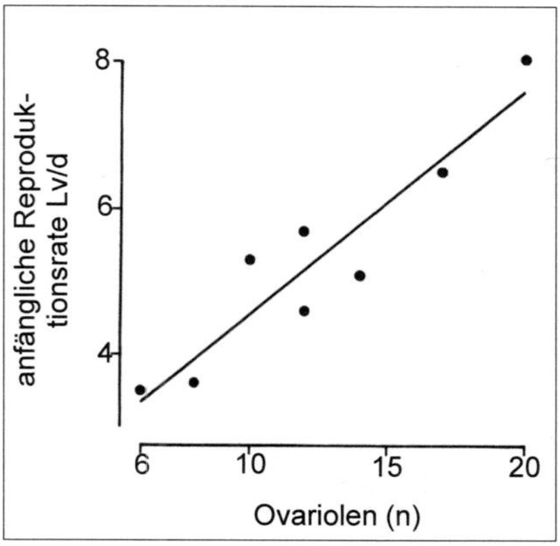

Abb. 4.8: Die anfängliche Reproduktionsrate bei 20 °C im Verhältnis zur Anzahl der Ovariolen bei acht Blattlausarten (nach DIXON 1987, 1998).

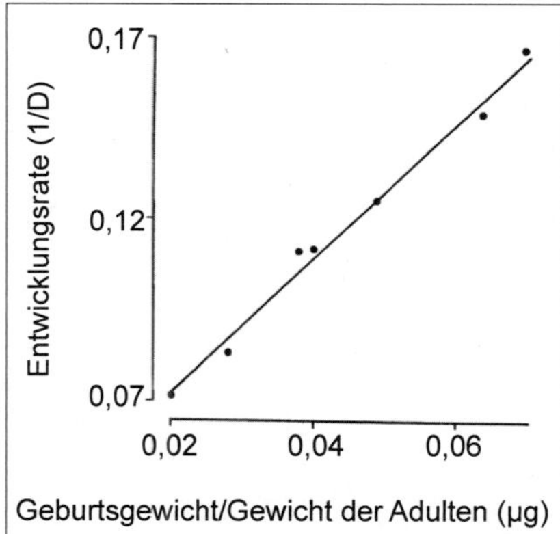

Abb. 4.9: Die Entwicklungsrate (1/D) bei 20 °C im Verhältnis zur relativen Geburtsgröße für sieben Blattlausarten (nach DIXON 1987, 1998).

schiedenen Arten unterschiedlich ist, könnte darauf hindeuten, dass bei einigen Arten der Vorteil einer kürzeren Entwicklungszeit die geringere Fortpflanzungsrate kompensiert.

Die intrinsische Zuwachsrate (r_m) einer Art hängt von ihrer Entwicklungsrate und der altersspezifischen Fruchtbarkeit und den Überlebensraten ab. Im Allgemeinen ist die Entwicklungsrate wichtiger als die Fruchtbarkeit und die Fortpflanzungsrate im frühen Erwachsenenalter wichtiger als die Gesamtzahl der geborenen Larven bei der Bestimmung der r_m. Die von

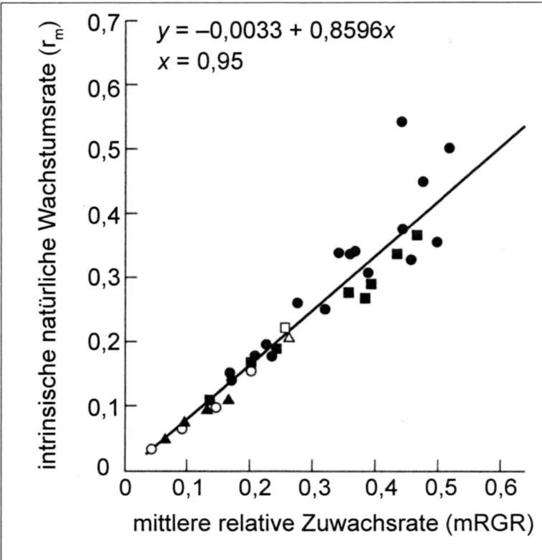

Abb. 4.10: Intrinsische natürliche Wachstumsrate (r_m) im Verhältnis zur relativen Zuwachsrate für sechs Blattlausarten, die unter verschiedenen Bedingungen aufgezogen wurden. Offene Kreise, *Drepanosiphum acerinum;* gefüllte Dreiecke, *Drepanosiphum platanoidis;* offene Quadrate, *Eucallipterus tiliae;* gefüllte Kreise, *Rhopalosiphum padi;* gefüllte Quadrate, *Sitobion avenae;* offene Dreiecke, *Tuberolachnus salignus* (nach BARLOW & DIXON 1980, LEATHER & DIXON 1984, LLEWELLYN et al. 1974, WATSON 1983, WELLINGS 1981, DIXON 1998).

FENCHEL (1974) beschriebene umgekehrte Beziehung zwischen r_m und Körpergröße für heterotherme Tiere aus einer Reihe von taxonomischen Gruppen gilt nicht für Blattläuse. Veränderungen in der Futterqualität können ebenfalls r_m beeinflussen.

Bei Erreichen der Geschlechtsreife machen die Embryonen einer Blattlaus einen großen Teil ihres Gewichts aus. In ihren größeren Embryonen entwickeln sich Embryonen, d. h., Wachstum und Fortpflanzung finden gleichzeitig statt, wobei die im frühen Erwachsenenalter heranwachsenden Embryonen den Eisprung haben und den größten Teil ihres embryonalen Wachstums während der Entwicklung ihrer Eltern vollziehen (DIXON 1985a). Daher ist eine Blattlaus, die eine hohe Wachstumsrate erreicht hat, unabhängig von ihrer Größe im Erwachsenenalter wahrscheinlich in der Lage, eine hohe Fortpflanzungsrate und eine hohe Zuwachsrate (r_m) beizubehalten. LEATHER & DIXON (1984) konnten dies für *Rhopalosiphum padi* zeigen, die auf einer Reihe von Wirten mit unterschiedlichen Ernährungsqualitäten und bei verschiedenen Temperaturen aufgezogen wurden. Es gilt auch für die sechs Arten, für die es Messungen der mittleren relativen Wachstumsrate und des r_m gibt (Abb. 4.10).

Während die sich durch Teilung fortpflanzenden Einzeller in der Lage sind, ein r_m/RGR-Verhältnis nahe 1 zu erreichen, haben mehrzellige Organismen einen Körper, der aus einem Soma, dem assimilatorischen und sterblichen Teil, und Gonaden, dem reproduktiven und potenziell unsterblichen Teil, besteht. Investitionen in Soma führen zu einem r_m/RGR-Verhältnis von weniger als 1. Für Blattläuse wird unter Berücksichtigung der Assimilation, des Gonadenwachstums und der Größe des Somas bei der Geburt angenommen, dass das r_m/RGR-Verhältnis im Bereich von 0,9 liegen wird (Abb. 4.10, KINDLMANN et al. 1992). Das heißt, die Kosten, die den Blattläusen durch ein Soma entstehen, sind eine Verringerung ihres potenziellen r_m/RGR-Verhältnisses um etwa 0,1.

Blattläuse weisen sowohl innerhalb als auch zwischen den Arten eine hohe Variabilität an Größen auf. Innerhalb der Arten beeinflussen sowohl die Futterqualität als auch die Temperatur die Größe. Für eine bestimmte Temperatur und Futterqualität gibt es jedoch nur eine Größe, bei der ein maximaler r_m-Wert vorliegt, d. h., die phänotypische Plastizität der Größe ist adaptiv. Wird akzeptiert, dass es eine Beschränkung der Mindestgröße bei der Geburt gibt, wobei Arten, die sich von tief gelegenen Phloemelementen ernähren, bei der Geburt groß sind und umgekehrt, dann ist das optimale Gewicht der adulten Tiere für die Maximierung des r_m etwa das 15-Fache des Geburtsgewichts.

Obwohl innerhalb der Arten kleine Individuen keine kleinen Duplikate der großen sind, sind sich die verschiedenen Arten, abgesehen von der relativen Größe ihrer Rüssel, strukturell sehr ähnlich. Bei Annahme, dass Blattläuse geometrisch ähnlich sind, sollten die Ressourcen, die geflügelte Formen in einen Flügelapparat investieren, im Verhältnis 7/6 ihres Körpergewichts skalieren. Dies hat zur Folge, dass die geflügelte Form einer Art kleiner als die ungeflügelte Form sein sollte, und das besonders bei den großen Arten.

Blattläuse, die eine hohe Zuwachsrate (RGR) erreichen, behalten eine hohe Reproduktionsrate. Die Investition in Soma, die notwendig ist, um die hohen Wachstums- und Reproduktionsraten zu unterstützen, reduziert das maximal mögliche r_m/RGR-Verhältnis um etwa 10 % (DIXON 1998).

4.3 Festlegung der Geschlechtsmorphen

Sowohl weibliche als auch männliche Geschlechtstiere werden parthenogenetisch als Reaktion auf äußere und/oder innere Reize produziert. Die Geschlechtsweibchen haben wie die parthenogenetischen Weibchen zwei X-Chromosomen. Um sich zum Männchen zu entwickeln, müssen die Eizellen jedoch im Laufe ihrer einzigen Reifeteilung die Hälfte des Geschlechtschromatins der weiblichen Eltern abgeben.

Die X-Chromosomen durchlaufen nach ORLANDO (1974) eine »Mini-Meiose«, in der sie sich zunächst vereinigen und dann trennen; die Chromatiden, die auf dem Äquator der Spindel verbleiben, trennen sich mit den

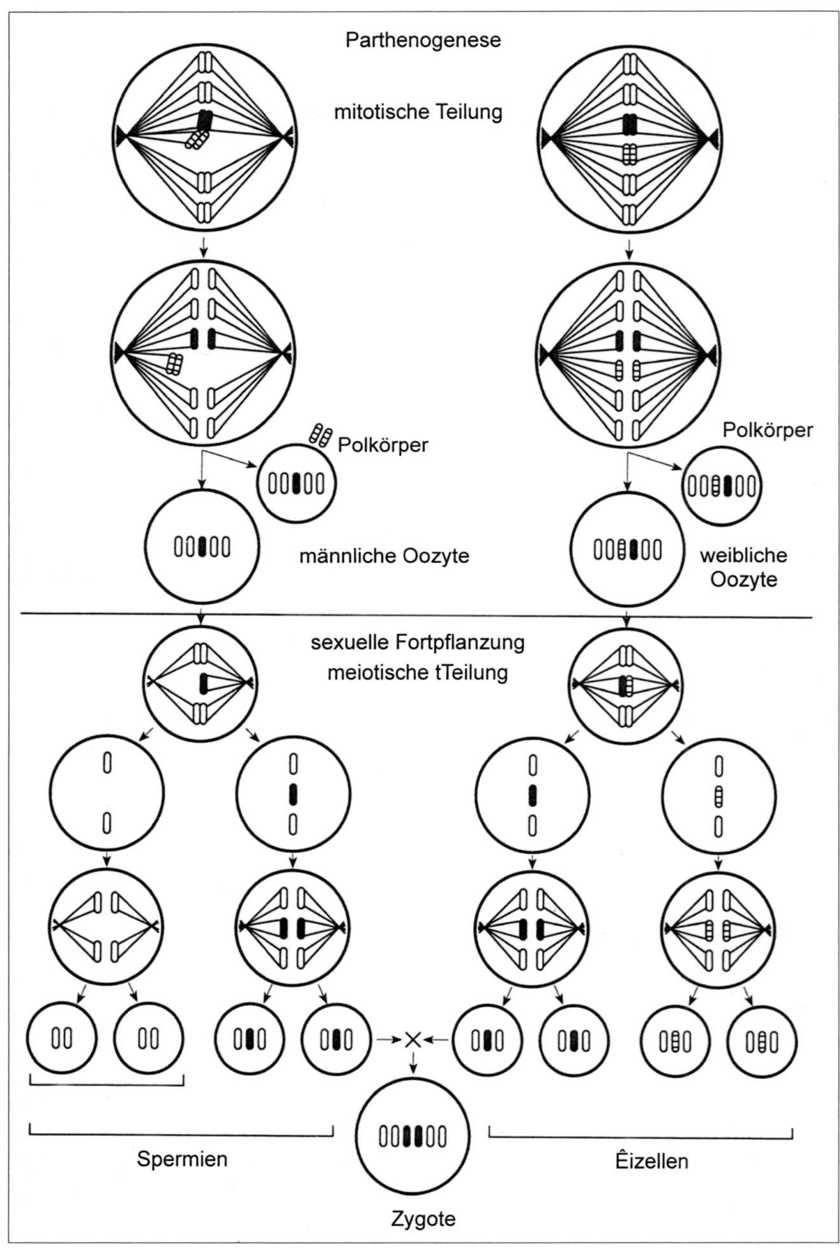

Abb. 4.11: Verhalten der Chromosomen während der mitotischen Teilung, die zur Entwicklung von männlichen (XO) und weiblichen (XX) Eizellen führt, sowie die meiotischen Teilungen bei männlichen und weiblichen Blattläusen, die zur Entwicklung von Spermien und Eizellen führen (nach BLACKMAN 1980b).

Autosomen (Abb. 4.11) und bilden ein XO-Männchen. Männchen sind potenziell in der Lage, zwei Arten von Spermien zu produzieren, aber während der Meiose degenerieren diejenigen ohne X-Chromosom (Abb. 4.11). Da alle lebensfähigen Spermien ein X-Chromosom tragen, entstehen aus befruchteten Eizellen immer Weibchen. Da die meisten Blattlausarten während eines großen Teils des Jahres als rein weibliche Populationen existieren, ist bei ihnen das bei einigen anderen Insekten zu beobachtende XX/XY-System nicht möglich (Dixon 1998).

4.3.1 Gründe für sexuelle Fortpflanzung

Da anholozyklische Klone von Blattläusen relativ schnell Resistenzen gegen Insektizide entwickeln und zuvor resistente Sorten von Nutzpflanzen besiedeln konnten und vor allem eine höhere Zuwachsrate als holozyklische Stämme aufweisen, ist es überraschend, dass nur etwa 3 % der Blattlausarten, völlig parthenogenetisch sind (Blackman 1980b). Hat das Geschlecht eine adaptive Bedeutung für Blattläuse?

Die Überwinterung der Blattläuse in einem kälteresistenten Ruhezustand, dem befruchteten Ei, ist eine Anpassung an gemäßigte Bedingungen. Dies gilt nur für die Eiablage in gemäßigten Klimazonen, nicht für das Geschlecht. Eine Fortpflanzung, bei der die Weibchen ohne Befruchtung Eier produzieren, kommt bei den eng verwandten Adelgidae und Phylloxeridae und mehreren anderen Tiergruppen vor. Deshalb stellt Dixon (1998) neben der Frage, warum sich die meisten Blattläuse sexuell fortpflanzen, auch die Frage, warum die Blattläuse Parthenogenese mit Lebendgeburt und sexuelle Fortpflanzung mit Eiablage kombiniert haben.

Die höhere Zuwachsrate einer anholozyklischen Mutante könnte rasch zur konkurrierenden Eliminierung der holozyklischen Stämme führen, aber das ist nicht der Fall. Somit ist zu fragen, wie das Geschlecht durch Selektion kurzfristig erhalten werden kann? Der von einer Blattlausart bewohnte Lebensraum ist nicht einheitlich, sondern besteht aus einem räumlich-zeitlichen Mosaik vieler verschiedener Teilflächen, mit unterschiedlicher Ausstattung von Organismen und Ressourcen. Da der genaue Standort eines Individuums oft seine Fitness bestimmt, ist ein möglicher kurzfristiger Vorteil des Geschlechts, dass es Geschwister mit einer Reihe von Genotypen hervorbringt. Es ist wahrscheinlicher, dass eine Reihe von Genotypen den für einen bestimmten Standort am besten geeigneten Genotyp umfasst als der einzelne Genotyp eines asexuellen Geschwistertieres. Dies ist die Grundlage des von Williams (1975) vorgeschlagenen »Lotteriemodells«. Während die genetisch ähnlichen Individuen einer asexuellen Geschwistergemeinschaft die gleichen ökologischen Anforderungen haben und in starker Konkurrenz zueinander stehen, reduziert ein sich sexuell fortpflanzendes Elternteil diese Konkurrenz durch Erzeugung genetisch unähnlicher Nachkommen. Genetisch unterschiedliche Geschwister könnten somit mehr »Ellbogenraum« haben, da sie potenziell in der Lage sind, verschiedene Standortarten auszunutzen (Young 1981).

Sowohl der »Lotterie«- als auch das »Ellbogenraum«-Modell gehen von einer Heterogenität der Umwelt aus und unterstellen, dass das Geschlecht in einheitlichen Lebensräumen benachteiligt wäre. Dafür spricht die Tendenz vieler Blattläuse, sich auch in gemäßigten Klimazonen nicht geschlechtsspezifisch zu vermehren. Kulturpflanzenumgebungen sind einheitlicher als natürliche Lebensräume, in denen Wirtspflanzen, natürliche Feinde und Konkurrenten Variabilität erzeugen. Der vielleicht wichtigste Faktor ist die geringere Variabilität der Wirtspflanze, wenn einige wenige genetisch einheitliche Kulturpflanzen-Sorten über große Flächen gepflanzt werden. Dadurch ist der Lebensraum vieler schädlicher Arten einheitlicher und berechenbarer geworden, und eine ständige Anpassung des Genotyps ist weniger vorteilhaft.

Dass die genetische Variation zwischen Wirtspflanzen wichtig für die Beibehaltung des Geschlechts bei Blattläusen ist, wird von Blakley (1982) bezweifelte. Doch selbst wenn nachgewiesen wäre, dass die genetische Heterogenität zwischen Pflanzen kein Hauptfaktor für die Beibehaltung des Geschlechts ist, gibt es andere Umweltfaktoren, die die Habitatheterogenität für Blattläuse erzeugen. Die in parthenogenetischen Stämmen beobachtete Anhäufung schädlicher oder nicht funktioneller Allele hat H. J. Müller (1964) mit einem Ratschenmechanismus verglichen. Individuen mit vielen mutierten Allelen werden dagegen selektiert, aber es gibt keine Möglichkeit zur Reduktion der Gesamtbelastung durch schädliche Gene. Die genetische Rekombination, die bei der sexuellen Fortpflanzung auftritt, kann jedoch die rezessiven schädlichen Mutanten der Selektion in der homozygoten Form preisgeben. Obwohl ein parthenogenetischer Klon kurzfristig auf Umweltveränderungen reagieren kann, sind seine langfristigen evolutionären Aussichten nicht sehr gut, da er keine Möglichkeit hat, rezessive schädliche Mutationen wirksam der Selektion auszusetzen. Die seit fast einer Million Jahren währende Koexistenz asexueller und sexueller Klone von *Rhopalosiphum padi* (Simon et al. 1996) lässt vermuten, dass die Zeitskala wahrscheinlich sehr lang ist.

Dass viele Blattläuse jahreszeitlich bedingte, generationsspezifische Fortpflanzungsstrategien aufweisen, ist ein weiterer Faktor, der für die Geschlechtserhaltung bei Blattläusen verantwortlich sein könnte. Wenn dies wirksam sein soll, müssen Blattläuse jedes Jahr ihre innere(n) Uhr(en) neu justieren. Dieses Ereignis könnte durch das Durchlaufen eines Eistadiums und/oder des Geschlechts ausgelöst werden. Sich ausschließlich parthenogenetisch vermehrende Arten neigen dazu, in Situationen zu leben, in denen die für Wildpflanzen charakteristische Saisonalität stark reduziert ist oder fehlt.

4.3.2 Zeitpunkt des Geschlechts

Die geschlechtliche Fortpflanzung schließt die Pädogenese aus – eine Blattlaus, die sich paaren muss, kann die Reifung ihrer Embryonen nicht beginnen, bevor sie geboren ist. Das bedeutet, dass ein sich geschlechtlich fortpflanzendes Weibchen entweder Eier legen oder die Geburt verzögern muss, bis seine Nachkommen heranreifen können. Im Herbst wird in den gemäßigten Zonen die weitere Vermehrung durch Nahrungsknappheit und niedrige Temperaturen eingeschränkt, und die meisten Blattläuse treten zu diesem Zeitpunkt in ein Ruhestadium ein. Die Produktion überwinternder Eier ist eine ausgezeichnete Gelegenheit zur geschlechtlichen Fortpflanzung, da sich ein Ei zum Überleben nicht in einem fortgeschrittenen Reifestadium befinden muss. Die Blattläuse haben von dieser Möglichkeit Gebrauch gemacht: Bei allen holozyklischen Arten ist die sexuelle Generation die letzte in der Saison – diejenige, die die resistenten Eier produziert (Ward et al. 1984).

4.3.3 Geschlechterverhältnisse

Bei fehlender Inzucht oder Konkurrenz zwischen Nachkommen eines Geschlechts um einen Partner ist das optimale Verhältnis zwischen männlichen und weiblichen Nachkommen 1 (Fisher 1930). Dies gilt auch dann, wenn Blattläuse als Zwitter betrachtet werden und die Ei- und Samenzellenproduktion im Wesentlichen durch die gleichen Ressourcen begrenzt ist (Maynard-Smith 1978). Die relativ wenigen Untersuchungen über die Geschlechtsverhältnisse von Blattläusen deuten auf ein Übergewicht der sexuellen Weibchen gegenüber den Männchen hin.

Der Wirtswechsel bei Blattläusen kann als monomorph oder dimorph klassifiziert werden, je nachdem, ob die Remigranten, die im Herbst zum Primärwirt zurückkehren, aus einem oder zwei verschiedenen Morphen bestehen. Die Anoeciinae, Hormaphidini und Pemphigini sind monomorph. Der herbstliche Flug zum Primärwirt wird von einer einzigen Morphe, der Sexupara, durchgeführt. Da die Sexuparae sowohl Männchen als auch zu begattende Weibchen beide Geschlechter sehr schnell gebären und sie dazu neigen zusammenzubleiben, ist ein hoher Grad an Inzucht wahrscheinlich. Bei örtlicher Begattungskonkurrenz werden die Eltern selektiert, um bei den Söhnen zu sparen, woraus sich ein weiblich geprägtes Geschlechterverhältnis ergibt (Hamilton 1967).

Alternativ könnte die durchschnittliche Größe der Gruppen von Sexuparae von der Blattlaushäufigkeit abhängen. In Jahren mit einem hohen Blattlausvorkommen kann die Größe der Gruppen sehr groß sein (Pergande 1912, Marchal 1928). Bei Blattläusen nimmt die durchschnittliche Größe der erwachsenen Tiere mit zunehmender Populationsdichte ab (Way & Banks 1967). Bei den Pemphigidae hängt die Anzahl der Germarienpaare, die sich entwickeln oder ovulieren, von der Größe der Blattlaus ab, und jedes Germarium ovuliert nur ein Ei. Das Geschlecht jeder Eizelle wird möglicherweise durch den zum Zeitpunkt des Eisprungs in der Mutter zirkulierenden Titers des Juvenilhormons bestimmt (Hales & Mittler 1983, Blackman & Hales 1986) – und die Titerveränderungen nach dem Eisprung des ersten oder zweier Germarienpaare. Der genaue Zeitpunkt dieser Veränderung bestimmt die Fitness und unterliegt somit der natürlichen Selektion. Infolgedessen produzieren nach Lampel (1969) das erste oder die ersten ein oder zwei Germarienpaare Männchen und alle nachfolgenden Germarien Weibchen. Die bei hoher Blattlausdichte produzierten kleinen Blattläuse erzeugen einen hohen Anteil an Männchen, und die bei niedriger Blattlausdichte produzierten großen Blattläuse erzeugen einen relativ größeren Anteil an Weibchen. Dieses Modell (Kindlmann & Dixon 1989) sagt in ähnlicher Weise eine konstante absolute Investition in Söhne voraus. Bei den Sexuparae wird jedoch nicht die Größe oder die Gesamtinvestition der Sexupara-Gruppen bewertet. Das Geschlechterverhältnis wird einfach durch den Einfluss der Bevölkerungsdichte auf die Größe gesteuert. Bei hohen Blattlausdichten ist die Größe der Sexupara-Gruppen wahrscheinlich sehr groß. Unter diesen Umständen sind Auskreuzungen wahrscheinlicher und das primäre Geschlechterverhältnis nähert sich der Gleichheit. In den meisten Jahren sind die Blattläuse jedoch weniger häufig, die Sexupara-Gruppen klein und das Geschlechterverhältnis weiblich verzerrt. Es ist unbekannt, warum die Sexuparae einiger Arten jeweils zwei Männchen und die anderer Arten vier Männchen absetzen.

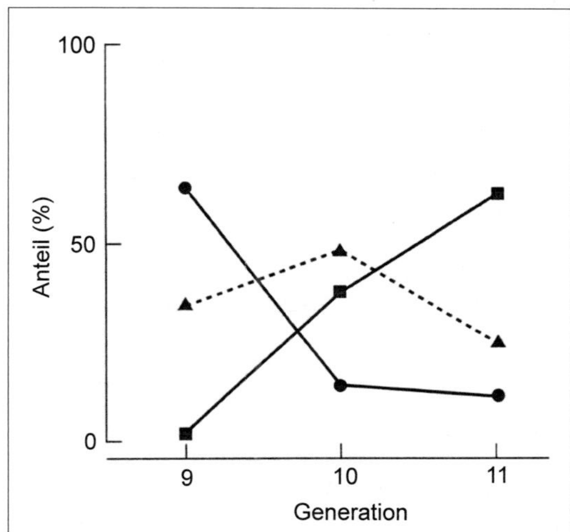

Abb. 4.12: Anteil (%) der Nachkommen von *Dysaphis plantaginea,* die sich in den Generationen 9–11 zu Ungeflügelten (Kreise), Gynoparae (Dreiecke) und Männchen (Quadrate) entwickeln, wenn sie unter herbstlichen Fotoperioden aufgezogen werden (nach BONNEMAISON 1951).

Bei wirtswechselnden Arten, die dimorph sind, und bei monözischen Arten besteht eine größere Sicherheit der Auskreuzung. Bei den wirtswechselnden Arten kehren die Männchen und Weibchen getrennt zum Primärwirt zurück. Bei den monözischen Arten hingegen hängt der Grad der Inzucht wahrscheinlich in hohem Maße von der Größe und der Lebensdauer der Wirtspflanze ab. Große Pflanzen können von mehr Klonen als kleine Pflanzen besiedelt werden. Doch selbst bei den wirtswechselnden Arten, bei denen die Auskreuzung sicher ist, sind die Geschlechterverhältnisse sehr stark weiblich geprägt (DIXON 1998).

Die meisten Klone von Blattläusen sind Hermaphroditen. Die Geschlechtszuordnung durch dimorphe wirtswechselnden Arten lässt sich jedoch am besten als sequenzieller Hermaphroditismus beschreiben: Gynoparae werden vor den Männchen produziert (Abb. 4.12, DIXON & GLEN 1971). Die Ressourcen werden zuerst an zukünftige Eizellen und dann an zukünftige Spermien gebunden, die Individuen in einem Klon durchlaufen somit eine

Geschlechtsumwandlung von weiblich zu männlich. Um die Entwicklung der Geschlechtsverteilung in dieser Gruppe von Blattläusen verstehen wollen, sind folgende Fragen zu stellen (Ward & Wellings 1994):

1. Welches Geschlecht sollte das erste sein?
2. Wann sollten die Klone ihr Geschlecht wechseln?
3. Sollten alle Klone gleichzeitig das Geschlecht wechseln?

Bei vielen Arten wird der Wechsel von der Parthenogenese zur Investition in das Geschlecht durch abnehmende Tageslänge und Temperatur ausgelöst. Es gibt eine Verzögerung von einer Generation vom Zeitpunkt der Auslösung bis zur Kopulation, wenn der Klon Männchen produziert, und eine Verzögerung von zwei Generationen zwischen dem Zeitpunkt der Auslösung und der Eiablage, wenn er Gynoparae produziert. Bei *Rhopalosiphum padi* bedeuten die Details des Auslösers, dass gerade genug Zeit für Gynoparae und Oviparae bleibt, um vor dem Blattfall zu reifen, Eier abzulegen (Ward et al. 1984).

Ein von Ward & Wellings (1994) entwickeltes Modell prognostiziert, dass die Kombination aus der ökologischen Frist und dem Unterschied zwischen den Verzögerungen bei der Reproduktion durch männliche und weibliche Funktionen bedeutet, dass Gynoparae vor den Männchen produziert werden sollten. Wenn der Endtermin näher rückt, kommt eine Zeit, nach der die Gynoparae wertlos sind, aber die Männchen noch Zeit haben, zu reifen, zu migrieren und sich zu paaren. Umgekehrt müssen Männchen, die zu Beginn der sexuellen Phase geboren werden, warten, bis sowohl die Gynoparae als auch die oviparen Weibchen reif sind, bevor sie sich paaren können, sodass sie wahrscheinlich eine hohe Mortalität erleiden. Das heißt, die Fitness der beiden Geschlechter ändert sich mit der Zeit, und dies ist ausschlaggebend dafür, wann Klone ihr Geschlecht wechseln sollten. Die evolutionär stabile Strategie besteht darin, dass alle Klone ihr Geschlecht zur gleichen Zeit wechseln, wenn die Paarungszeit der Weibchen, mehr als 10 % der Zeit zwischen dem Auslösen des Geschlechts und dem Endtermin für die Eiablage beträgt. Wenn es keine Verzögerung gibt, prognostiziert das Modell, dass die Hälfte der Klone in Männchen und der Rest in Gynoparae investieren sollten. Es sagt die von Fisher (1930) vorgeschlagene Gleichheit der Investitionen in Männchen und Weibchen voraus.

Die kumulierten Investitionen in die Geschlechter hängen von der Abnahme der Abundanz/Mortalität der Virginoparae auf dem Sekundärwirt und der Länge der Verzögerung ab. Je länger die Weibchen bis zur Geschlechtsreife brauchen, desto länger müssen die frühgeborenen Männchen auf die Paarung warten. Je schneller die Ausgangspopulation auf dem Sekundärwirt abnimmt, desto weniger Lebendgebärende überleben, um Männchen zu produzieren. Dies sollte dazu führen, dass Klone ihr Geschlecht früher wechseln, aber der Effekt dieses Wechsels wird durch den Rückgang der Zahl der Lebendgebärenden aufgewogen. Die Prognose lautet, dass sie weniger in Männchen als in Gynoparae investieren sollten (Dixon 1998).

Belege für einen Wechsel von der weiblichen zur männlichen Produktion gegen Ende der Saison bei wirtswechselnden Blattläusen liefern Studien über *Dysaphis plantaginea* (Bonnemaison 1951) und *Hyalopterus pruni* (Smith 1936). Sie zeigen deutlich, dass gegen Ende der Saison der Anteil Männchen deutlich zunimmt und der Anteil der Gynoparae abnimmt (Abb. 4.12).

Weil bei *Rhopalosiphum padi* die Männchen und Gynoparae bei der Geburt gleichgewichtig sind, ist es wahrscheinlich, dass das Verhältnis der Geschlechtsverteilung das Verhältnis der Investitionen in die Geschlechter widerspiegelt. Die Saugfallenfänge der vom Sekundär- zum Primärwirt migrierenden Blattläuse deuten darauf hin, dass die Investitionen in diesem Gebiet in praktisch allen Jahren stark weiblich geprägt sind. In Schweden (Wiktelius 1987) machten die Männchen 7,9 % (5,8–37,7) der Remigranten aus und in Schottland 14,9 % (4,8–82,4).

Monözische Arten wie *Drepanosiphum platanoidis* beenden ebenfalls eine Saison, indem sie Männchen und zu begattende Weibchen produzieren. Diese müssen sich vor dem Blattfall paaren und Eier legen, dürfen aber nicht zu früh im Jahr produziert werden, da die Geschlechtsumwandlung die schnelle Vermehrung der parthenogenetischen Formen beendet. Es gibt also eine kurze Paarungszeit und eine ökologische Frist für eine erfolgreiche sexuelle Produktion. Anders als bei *R. padi* scheint die Verzögerung für die beiden Geschlechter gleich zu sein. Wie im obigen Fall ist jedoch auch im Falle der Männchen und Weibchen die Fitness zeitabhängig. In einer Population ist die Geschlechtsverteilung zunächst männlich, dann weiblich, und in einem Endstadium werden gar keine Männchen produziert. Somit sollte *D. platanoidis* protandrisch sein und die meisten ihrer Männchen eher früher als später oder zur gleichen Zeit im Verhältnis zu den sich paarenden Weibchen produzieren. Die gesamte Aufteilung sollte weiblich geprägt sein. Die Felddaten stimmen sehr gut mit dieser Vorhersage des Modells von Ward & Wellings (1994) überein (Dixon 1998).

4.3.4 Partnerbewachung

Bei *Pemphigus spyrothecae* wurde beobachtet, dass Männchen andere Männchen von den Weibchen verdrängen und in Gegenwart eines zweiten Männchens dreimal länger kopulieren (Foster & Benton 1992), d. h., die Männchen dieser Blattlaus sind scheinbar partnerbewachend.

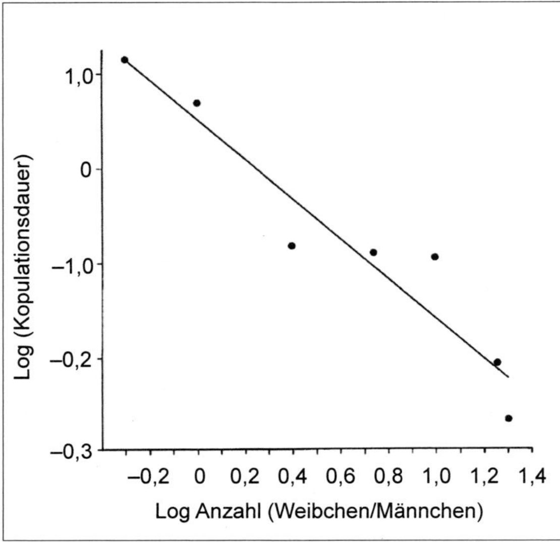

Abb. 4.13: Die Beziehung zwischen der für die Kopulation aufgewendeten Zeit und der Anzahl der Weibchen im Verhältnis zu den Männchen bei sieben Blattlausarten (nach Dixon 1987).

Da das zahlenmäßige Geschlechterverhältnis zwischen den Arten stark variiert, ist zu erwarten, dass die Männchen bei den Arten, bei denen sie deutlich weiblich geprägt sind, die meiste Zeit mit der Suche nach Weibchen und wenig Zeit mit der Kopulation verbringen sollten und umgekehrt. Die wenigen Ergebnisse, die es zu den Kopulationszeiten und den numerischen Geschlechtsverhältnissen gibt, deuten auf eine starke inverse Beziehung zwischen der Kopulationszeit und der Anzahl der Weibchen pro Männchen hin. Bei Arten wie *Eriosoma ulmi,* bei denen die Männchen 2 : 1 zahlreicher sind als die Weibchen, verbringen die Männchen 14 Stunden mit der Kopulation/Paarungswache, während bei *Chromaphis juglandicola,* bei der auf jedes Männchen etwa 18 Weibchen kommen, die Männchen nur 30 Sekunden lang mit jedem Weibchen kopulieren (Abb. 4.13), d. h., die empirischen Daten unterstützen die Vorhersage, dass die »Paarungswache« bei den Arten am ausgeprägtesten sein sollte, bei denen die Männchen zahlreicher sind als die Weibchen, und bei den Arten fehlen, bei denen die Weibchen deutlich zahlreicher sind als die Männchen.

4.3.5 Gründe für Eiablage

Nicht alle Blattläuse überwintern auch in den gemäßigten Zonen als Eier: Einige überwintern lebendgebärend oder als spezielle Morphe (Hiemalis), die den Winter ohne Nahrungsaufnahme überleben können. Sowohl Eier als auch überwinternde Blattläuse in den gemäßigten Breiten enthalten ein Frostschutzmittel, das sie vor niedrigen Temperaturen schützen kann (Sömme 1969, Parry 1979a, b, 1985). Allerdings sind Blattläuse gegen niedrige Temperaturen nicht so resistent wie Eier, und die Eier arktischer Arten weisen eine höhere Kältefestigkeit auf als die der gemäßigten Arten (Strathdee et al. 1995a).

In Südostasien und den Mittelmeergebieten, in denen keine niedrigen Wintertemperaturen herrschen, überwintern die endemischen Blattläuse (Greenideinae, Hormaphidinae und Fordini) dennoch meist als Eier. Im Mittelmeerraum überwintern die Fordini abwechselnd im Ei-Stadium und als junge parthenogenetische Weibchen. Wenn also die gesamte Population auf diese Weise synchronisiert ist, scheint ein Eistadium nicht überlebenswichtig zu sein. Wenn jedoch das pflanzliche Laub eine Zeit lang weitgehend fehlt oder von sehr schlechter Qualität und/oder die physische Umgebung rau ist, droht den Blattläusen die Gefahr der Austrocknung, besonders wenn sie auf den oberirdischen Pflanzenteilen leben. Unter diesen Umständen sollte ein Ei vorteilhaft sein. Interessant ist, dass die speziellen Überwinterungsmorphen, die von einigen wenigen Arten produziert werden, im Boden überwintern, wo die Feuchtigkeit wahrscheinlich hoch ist.

So entsteht durch den Zeitpunkt des Geschlechtsstadiums im Lebenszyklus, vor dem Beginn der widrigen Bedingungen, eine neue Reihe von Genotypen, aus denen der Stärkste ausgewählt wird, wenn die Bedingungen wieder günstig werden. Es stellt sich die Frage, wie die ungünstigen Bedingungen am besten überstanden werden. An oberirdischen Pflanzenteilen kann die Austrocknung der wichtigste Faktor sein – und ein Ei das beste Mittel, um sie zu bekämpfen. In gemäßigten Regionen gibt es den zusätzlichen Vorteil, dass Eier gegenüber sehr niedrigen Temperaturen widerstandsfähiger sind als andere Stadien.

Blattläuse weisen eine zyklische Parthenogenese auf. Obwohl es während der Entwicklung parthenogenetischer Eier keine signifikante Menge an genetischer Rekombination gibt, erhöht die beträchtliche Größe vieler Blattlauspopulationen in Kombination mit parthenogenetischer Reproduktion die Wahrscheinlichkeit, dass eine Mutation auftritt und sich etabliert. Dies erklärt einen Teil der Anpassungsfähigkeit von Blattlausklonen. Darüber hinaus erzeugt die geschlechtliche Fortpflanzung, die in der Regel einmal im Jahr – kurz vor der Produktion der Eier – stattfindet, eine genetische Vielfalt, die die Überlebenschancen der Art in einer heterogenen und sich verändernden Umwelt weiter verbessert. Darüber hinaus dient das Geschlecht möglicherweise dazu, die inneren Uhren, die den Ausdruck der jahreszeitlich bedingten generationsspezifischen Strategien steuern, neu einzustellen (Dixon 1998).

4.3.6 Sexualpheromone

Insekten reagieren empfindlich auf chemische Aspekte ihrer Umgebung, insbesondere im Hinblick auf den Wirts- und Paarungsort. Blattläuse können einzelne oder wenige eng verwandte Wirtspflanzenarten aus einem breiten Spektrum von Nicht-Wirtspflanzen auswählen (Hajek 1986, Hille Ris Lambers 1979). Die Nutzung flüchtiger chemischer Signale über weite Entfernungen bei Interaktionen zwischen Blattläusen und Pflanzen sowie zwischen Blattläusen wurde früher als unwahrscheinlich angesehen (Kennedy et al. 1959, Nault & Montgomery 1977). Dennoch zeigen neuere Arbeiten, dass der Geruchssinn in der chemischen Ökologie von Blattläusen eine größere Rolle spielt als bisher angenommen.

Die Untersuchung der chemischen Ökologie von Blattläusen, die flüchtige Semiochemikalien – insbesondere Pheromone – enthalten, wurde durch die Entwicklung elektrophysiologischer Aufzeichnungen an den Antennen von Blattläusen unter Verwendung des Elektroantennographen (EAG) und der Einzelzellaufzeichnung (SCR) erheblich verbessert. Die SCR-Methode, die direkt mit der hochauflösenden Kapillarsäulen-Gaschromatographie (GC-SCR) gekoppelt ist, bietet ein leistungsfähiges Instrument zur Lokalisierung der aktiven Komponenten in verhaltensaktiven Proben (Wadhams 1990).

Die Pheromone von Blattläusen stellten Nault & Montgomery (1977) vor. Seitdem wurden erhebliche Fortschritte beim Verständnis der Natur und der Rolle der Sexualpheromone erzielt. Mithilfe der SCR wurde die Reaktion der Antennenrezeptoren auf flüchtige Pflanzenstoffe (Bromley & Anderson 1982, Dawson et al. 1987) sowie auf Alarm- und Sexualpheromone (Dawson et al. 1987a, b, 1990) nachgewiesen.

Von Eisenbach & Mittler (1980), Marsh (1975) und Pettersson (1971) wurde die Vermutung geäußert, dass die sekundären Rhinarien der Männchen für die Erkennung von Sexualpheromonen verantwortlich sind, was durch Einzelzellaufzeichnungen (SCR) bestätigt werden konnte (Dawson et al. 1990).

In den frühen 1970er-Jahren wies Pettersson (1970, 1971) nach, dass ovipare Weibchen der Gattung *Schizaphis* Männchen mithilfe eines flüchtigen Sexualpheromons anlocken, welches aus den hinteren Tibien freigesetzt wird. Marsh (1972, 1975) zeigte, dass Sexualpheromone auch von *M. viciae* und *A. pisum* produziert werden, und spätere Studien haben ihre Existenz bei mehreren anderen Blattlausarten nachgewiesen (Eisenbach & Mittler 1980, Pettersson 1973, Steffan 1990). Das Sexualpheromon wird von Drüsenzellen produziert und freigesetzt, die unter porösen Plaques auf den Tibien des letzten Beinpaares liegen. Bei *M. viciae* wurde mithilfe von Lö-

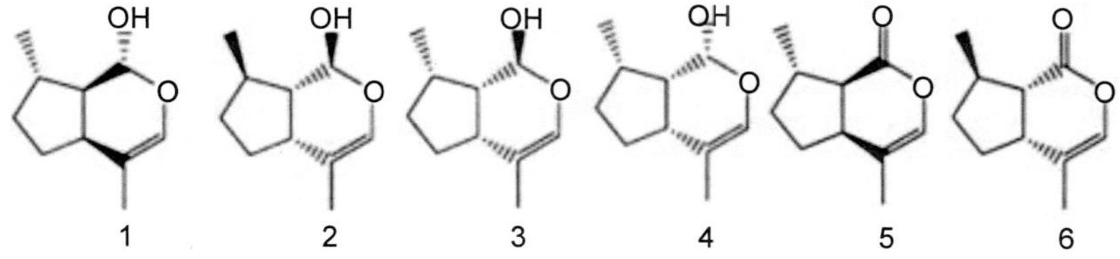

Abb. 4.14: Chemische Strukturen der Sexualpheromone (nach Stewart-Jones et al. 2007).
1 (1R,4aS,7S,7aR)-Nepetalactol
2 (1S,4aR,7R,7aS)-Nepetalactol
3 (1S,4aR,7S,7aS)-Nepetalactol
4 (1R,4aR,7S,7aS)-Nepetalactol
5 (4aS,7S,7aR)-Nepetalacton,
6 (4aR,7R,7aS)-Nepetalacton

sungsmittelextrakten der Tibien, Gaschromatographie (GC)-SCR-Analysen der sekundären Rhinarien der Männchen, gefolgt von GC mit Massenspektrometrie-Kopplung und synthetischen Studien nachgewiesen, dass das Sexualpheromon dieser Blattlaus aus einer synergistischen Mischung von Iridoid-Komponenten (Monoterpenoide) besteht. (1R,4aS,7S,7aR)-Nepetalactol (1) und (4aS,7S,7aR)-Nepetalacton (5) wurden erstmals als Bestandteile des Sexualpheromons von *M. viciae* bestimmt (Abb. 4.14) (Dawson et al. 1987, Dawson et al. 1989). Seitdem wurden Nepetalactol (1 oder 2) und Nepetalacton (5 oder 6) entweder einzeln oder als Gemisch in den Sexualpheromonen zahlreicher anderer Blattlausarten gefunden (Tabelle 5). Die bei den Analysen eingesetzten Methoden konnten meist nicht aussagen, welche Enantiomere vorhanden waren oder ob es sich um ein Gemisch von Enantiomeren handelte, also 1 oder 2 und 5 oder 6. Bei *Phorodon humuli* besteht das Sexualpheromon aus zwei verschiedenen Nepetalactol-Diastereoisomeren (3 und 4) (Campbell et al. 1990). Es hat sich gezeigt, dass die oviparen Weibchen bei der Entnahme von Luftproben die beiden Iridoid-Pheromonkomponenten in einem relativ artspezifischen Verhältnis freisetzen (Tabelle 5).

Flüchtige Stoffe, die aus der Luft über ovipare *M. viciae* durch Mitreißen auf einem porösen Polymer gesammelt wurden, enthielten deutlich höhere Anteile an Nepetalacton als in den Beinextrakten gefunden wurden. Außerdem wurde aus diesen Extrakten nur eine geringe Menge Nepetalacton (1–2 ng/Blattlaus) gewonnen (Dawson et al. 1987a), während die von den rufenden oviparen Weibchen produzierte Menge 200 ng/Tag überstieg (Hardie et al. 1990). Bei einigen Arten, z. B. *Myzus persicae* und S. *graminum,* wurden nur mit der Methode des Lufteintrags nachweisbare Pheromonmengen gefunden.

Tab. 5: Verhältnis von Nepetalactol (1 oder 2) zu Nepetalacton (5 oder 6) [oder *Nepetalactol-Diastereoisomere (3 und 4)] in den Sexualpheromonen oviparer Weibchen (modifiziert nach Stewart-Jones et al. 2007).

Art	Anteil (1 oder 2) : (5 oder 6)	Quelle
Schizaphis graminum	8 : 1	Dawson et al. 1988
Aphis fabae	1 : 29	Dawson et al. 1990
Acyrthosiphon pisum	1 : 1	Dawson et al. 1990
Myzus persicae	1,5 : 1	Dawson et al. 1990
Megoura viciae (Tag 2–6)	1 : 5	Hardie et al. 1990, Dawson et al. 1990
(Tag 7–8)	1 : 12	
Phorodon humuli	1* : 0	Campbell et al. 1990
Sitobion fragariae	0 : 1	Hardie et al. 1992
Sitobion avenae	0 : 1	Lilley et al. 1995
Cryptomyzus spp.	30 : 1	Guldemond et al. 1993
Rhopalosiphum padi	1 : 0	Hardie et al. 1994c
Brevicoryne brassicae	0 : 1	Gabry et al. 1997
Tuberocephalus momonis	1 : 4	Boo et al. 2000
Aphis spiraecola	1 : 2[a]	Jeon et al. 2003
	1 : 6 – 1 : 8[b]	Jeon et al. 2003
Macrosiphum euphorbiae	4 : 1 – 2 : 1	Goldansaz et al. 2004
Toxoptera aurantii	1 : 4,3–4,9	Han et al. 2014
Dysaphis plantaginea	3,7 : 1 – 3,3 : 1	Stewart-Jones et al. 2007

[a] Ovipare im Feld gesammelt, [b] Ovipare im Labor gehalten

Dieses Ergebnis deutet darauf hin, dass Nepetalactol in bestimmten Zeiten kontinuierlich produziert wird, wahrscheinlich aus einem Glykosidvorläufer, und dass ein Teil des Nepetalactols nacheinander zu Nepetalacton oxidiert wird. Laborstudien, bei denen männliche Verhaltensreaktionen zur Überwachung der Pheromonfreisetzung durch die Oviparae verwendet wurden, zeigten, dass die Freisetzung auf einen bestimmten Teil der Fotophase beschränkt ist (Eisenbach & Mittler 1987a, Marsh 1972, 1975,

PETTERSSON 1971). Dies wurde bei S. *graminum* eingeschränkt, bei der nur Spuren des Lactols in entnommenen Luftproben gefunden wurden, wenn die Weibchen nicht riefen (DAWSON et al. 1990). Ein täglicher Zyklus bei der Freisetzung von Sexualpheromonen wurde für mehrere Blattlausarten berichtet (PETTERSON 1971, MARSH 1972, EISENBACH & MITTLER 1980). Die Pheromonfreisetzung bei *M. viciae* scheint auch altersabhängig zu sein, sowohl die männliche Reaktion als auch die Pheromonfreisetzung erreichen am sechsten Tag des Erwachsenenalters ein Maximum (HARDIE et al. 1990, MARSH 1972, 1975). Darüber hinaus ändert sich das Verhältnis der beiden Verbindungen am sechsten Tag deutlich (Tabelle 5), die Funktion dieser Änderung ist jedoch unbekannt.

Elektrophysiologische Ableitungen aus den sekundären Rhinarien von Männchen aller untersuchten Arten haben das Vorhandensein spezieller Riechzellen gezeigt, die getrennt auf Nepetalactol und Nepetalacton reagieren (DAWSON et al. 1990). Dies würde die Blattlaus befähigen, zwischen verschiedenen Verhältnissen der beiden Pheromonkomponenten zu unterscheiden. Obwohl die Rolle dieser Rezeptoren bei *P. humuli* unklar ist, soll diese Blattlaus über andere Zellen verfügen, die auf das Sexualpheromon aus zwei verschiedenen Nepetalactol-Diastereoisomeren in den sekundären Rhinarien reagieren. Die Ubiquität von Nepetalactol und Nepetalacton in den Sexualpheromonen vieler Blattläuse könnte die Kombinationen der Monoterpenoide begrenzen und zu einem interspezifischen Paarungsverhalten führen. Laborstudien haben gezeigt, dass die olfaktorische Anziehung männlicher Blattläuse durch rufende ovipare Weibchen nicht unbedingt artspezifisch war (MARSH 1975, PETTERSSON 1971). Männliche *S. graminum* konnten jedoch zwischen verschiedenen Biotypen derselben Art unterscheiden (EISENBACH & MITTLER 1987b). Die Anlockung der Männchen von *S. graminum* und *M. viciae* durch Oviparae verschiedener Arten wurde ebenfalls mit dem Olfaktometer untersucht. In vielen Fällen korrelierte das Ausmaß der Reaktion direkt mit den bekannten Verhältnissen von Nepetalactol und Nepetalacton, und die interspezifischen Interaktionen nahmen ab, je weniger die Pheromonmischung dem Verhältnis zu den Artgenossen entsprach (DAWSON et al. 1990). Ähnliche Ergebnisse wurden bei Paarungsversuchen mit synthetischen Pheromonen mit *A. fabae, M. viciae* und *A. pisum* erzielt (HARDIE et al. 1990).

Es wird angenommen, dass die Sexualpheromone von Blattläusen nur über eine kurze Reichweite wirken, und diese Annahme führte zusammen mit den beobachteten interspezifischen Interaktionen zu der Vermutung, dass die Männchen, um ein hohes Maß an Artenspezifität zu gewährleisten, zunächst den Hauptwirt lokalisieren und dann lokal nach artgleichen, rufenden Weibchen suchen müssten (GULDEMOND 1990a, b, STEFFAN 1987).

In einer umfassenden Laborstudie über Gynoparae und die Männchen von *Rhopalosiphum padi* konnte PETTERSSON (1970) eine Anlockung durch den Primärwirt *Prunus padus,* aber nicht durch die Nichtwirte *Prunus cerasus* und *Rubus idaei* nachweisen.

Feldversuche haben jedoch gezeigt, dass Männchen selektiv von mit Pheromonen geköderten Fallen angezogen werden können. So lockten Wasserfallen mit synthetischem Lactol nur männliche *P. humuli* (CAMPBELL et al. 1990). Darüber hinaus war eine Mischung aus dem Rindenextrakt und einem synthetischen Sexualpheromon deutlich attraktiver als das Pheromon allein (CAMPBELL et al. 1990). Bei *A. fabae* reagierten die Gynoparen nicht auf die flüchtigen Stoffe des Primärwirts *Euonymus europaeus,* selbst nach 72-stündiger Hungersnot (NOTTINGHAM et al. 1991).

In ähnlicher Weise war Nepetalacton ein wirksamer Lockstoff für die männlichen *Sitobion fragariae* (PICKETT et al. 1992). Diese Ergebnisse deuten darauf hin, dass die frühen Laborstudien die Situation im Freiland nicht genau widerspiegeln und dass Sexualpheromone an der weiträumigen Partnersuche beteiligt sein könnten. Diese Feldstudien schließen jedoch nicht aus, dass die flüchtigen Stoffe der Wirtspflanzen bei der Unterscheidung der Arten während der Partnerwahl eine Rolle spielen. In der Tat haben CAMPBELL et al. (1990) gezeigt, dass ein Extrakt aus der Rinde des Hauptwirts *Prunus cerasifera* sowohl im Labor als auch im Freiland ein hervorragender Synergist für das Sexualpheromon aus zwei verschiedenen Nepetalactol-Diastereoisomeren war.

Synthetische Mischungen von Nepetalactol und Nepetalacton in dem Verhältnis, das im Sexualpheromon von *Cryptomyzus galeopsidis* vorkommt, sind für Männchen nicht attraktiv, während der Geruch von conspezifischen Weibchen sehr anziehend ist. Dies führte zu der Vermutung, dass die Sexualpheromone von *Cryptomyzus* spp. aus mehr als zwei Komponenten bestehen (GULDENMOND et al. 1993). Ein Sexualpheromon, das aus mehr als zwei Komponenten besteht, könnte bei Blattläusen durchaus üblich sein, denn HARDIE et al. (1990) haben auch gezeigt, dass synthetische Sexualpheromone bei zwei anderen Blattlausarten für Männchen relativ unattraktiv sind.

DAWSON et al. (1987a) vermuten, dass Sexualpheromone von Blattläusen auch als Kairomone zum Anlocken von Räubern und Parasitoiden dienen könnten. In einem Experiment zur Beobachtung der Reaktion von männlichen Blattläusen wurden weibliche Parasitoide der Gattung *Praon* in den mit synthetische Sexualpheromone versehenen Wasserfallen gefangen, was darauf hindeutet, dass sie diese Verbindungen bei der Wirtssuche nutzen (HARDIE et al. 1991).

van Emden et al. (1969) vermuten, dass sich Sexualpheromone als ein stärkerer Lockstoff für Blattläuse erweisen könnten als die Wirtspflanze. Diese Idee wurde vor allem durch die Fänge von Männchen in Wasserfallen, die mit Sexualpheromonen geködert wurden, unterstützt (Campbell et al. 1990, Hardie 1991, Pickett et al. 1992, 1994). Die Fänge waren besonders hoch, wenn sowohl ein Sexualpheromon als auch ein Pflanzenextrakt als »Köder« verwendet wurden (Campbell et al. 1990, Hardie et al. 1994a). Mindestens eine Art (*Sitobion fragariae*) scheint jedoch nur Nepetalacton zu produzieren und hauptsächlich auf Nepetalacton zu reagieren. Da dies ein Bestandteil des Sexualpheromons von anderen Blattlausarten ist, vermutet Hardie (1991), dass das Sexualpheromon in diesem Fall nicht sehr spezifisch sei. In ähnlicher Weise vermutet Steffan (1983, 1987, 1990) dass das Sexualpheromon nicht sehr artspezifisch ist, meist nur über eine relativ kurze Distanz von 2–10 cm wahrgenommen wird und dass bei wirtswechselnden Blattläusen der Primärwirt als Rendezvouswirt für die sexuelle Fortpflanzung fungiert. Laboruntersuchungen an Männchen unter Verwendung von Elektroantennogrammen und Olfaktometern haben auch gezeigt, dass sie zwar auf den Geruch von Weibchen reagieren, aber im Gegensatz zu Feldstudien nicht auf den Geruch ihrer Wirtspflanze allein oder in Kombination mit dem Sexualpheromon. Allerdings besiedeln die Männchen in Käfigen die »richtige« Wirtspflanze auch dann, wenn ovipare Weibchen fehlen (Guldemond 1990c, Pickett et al. 1992, Guldemond et al. 1993). Darüber hinaus ist es bei den wirtswechselnden Blattlausarten, bei denen die zurückkehrenden Migranten monomorph sind, der Migrant, der den Primärwirt ausfindig macht, auf dem die Geschlechtstiere dann geboren werden und sich anschließend paaren.

Die Laborstudien deuten darauf hin, dass die Paarungserkennung offenbar durch das vom Weibchen produzierte Sexualpheromon ausgelöst wird. Es ist jedoch trotz gegenteiliger Behauptungen unsicher, welche Rolle dieses Pheromon, wenn überhaupt, bei der Paarungslokalisierung, insbesondere bei der Fernlokalisierung, spielt (Pickett et al. 1992). Bei den wirtswechselnden Blattläusen sind die Gynoparen die ersten, die im Herbst auf dem Primärwirt eintreffen. Diese Remigranten müssen auf Merkmale der Wirtspflanze reagieren. Die Männchen kommen später an und könnten das vom Weibchen produzierte Sexualpheromon zur Fernorientierung nutzen. Wenn sie dies tun, kann die Rendezvous-Wirtshypothese die Wirtsspezifität bei Blattläusen nicht erklären.

Bei den vielen wirtswechselnden sympatrischen Geschwisterarten, die sich denselben Primärwirt teilen, kann es zu einer störenden Selektion für die Nutzung von Sekundärwirten kommen. Diese Arten unterscheiden sich sowohl in der Zusammensetzung ihrer Sexualpheromone als auch in

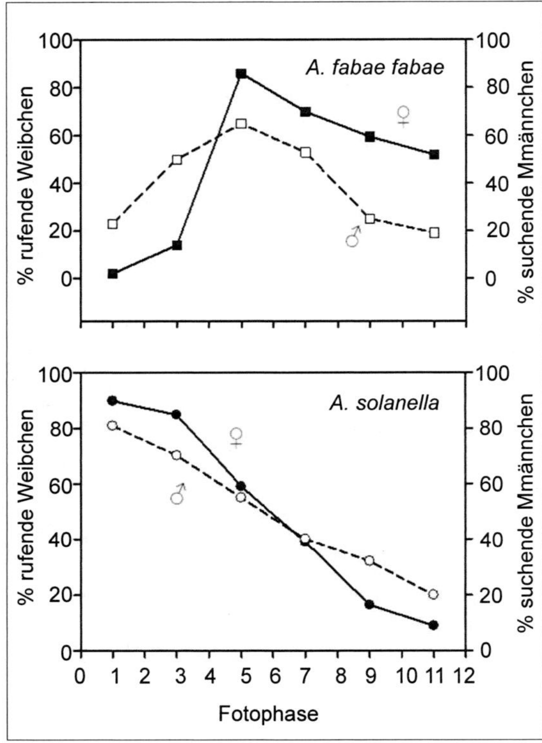

Abb. 4.15: Prozentsatz der während des Tages »rufenden« oviparen Weibchen und »suchenden« Männchen von *Aphis fabae fabae* und *Aphis solanella* (nach Thieme & Dixon 1995).

der Zeit der Freisetzung des Pheromons (Pettersson 1971, Guldemond & Dixon 1994, Thieme & Dixon 1996). Zum Beispiel unterscheiden sich die Schwesterarten *Cryptomyzus galeopsidis* und *C. maudamanti*, die sich *Ribes rubrum* als Primärwirt teilen und zwischen denen ein Genfluss möglich ist, obwohl die F2-Leistung schlecht ist (Guldemond 1990c), in ihren tageszeitlichen Mustern der Pheromonfreisetzung und der männlichen Aktivität.

Thieme & Dixon (1996) untersuchten nahe Verwandte im *Aphis-fabae*-Komplex, die unterschiedliche Sekundärwirte nutzen, sich aber im Herbst auf derselben Wirtspflanze, *Euonymus europaeus*, sexuell fortpflanzen (Thieme & Jennerjahn 1988). Sowohl bei *A. f. fabae* als auch bei *A. solanella* stieg der Prozentsatz der erwachsenen, oviparen Weibchen, die täglich Sexualpheromone abgaben (»riefen«), mit dem Alter bis zum achten Tag. Im Laufe eines Tages riefen die sich paarenden Weibchen von *A. solanella* am frühen Morgen am aktivsten und zeigten dann eine allmähliche Abnahme der Rufaktivität. Im Gegensatz dazu riefen nur wenige *A. fabae* früh am Tag und waren um die Mittagszeit am aktivsten. Danach nahm die Häufigkeit

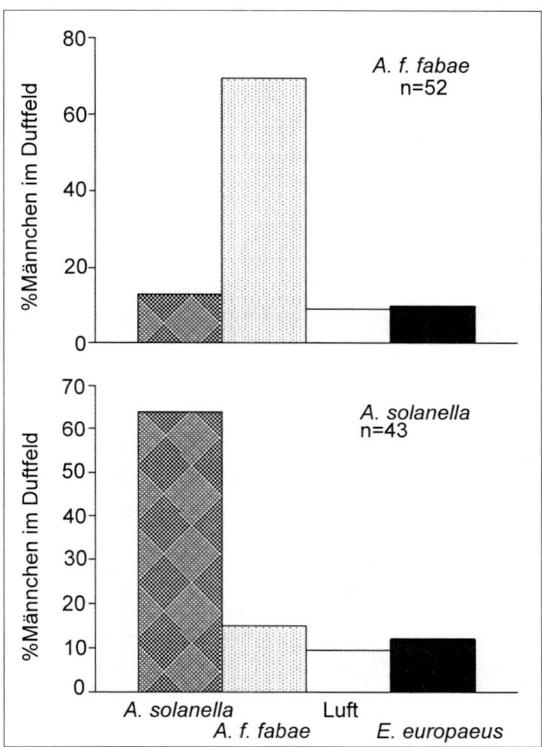

Abb. 4.16: Prozentsatz der Männchen von *Aphis f. fabae* und *A. solanella,* die auf den Geruch von oviparen Weibchen der eigenen und der anderen Art, auf die Kontrolle und auf den Geruch der Wirtspflanze reagierten (nach Thieme & Dixon 1995).

der Rufe leicht ab, und 50 % riefen noch am Abend (Abb. 4.15). Bei beiden Taxa verlief die Aktivität der Männchen in Abwesenheit der sich paarenden Weibchen parallel zur Rufaktivität der jeweiligen Weibchen. In Olfaktometer-Versuchen zeigten die Männchen eine deutliche Präferenz für das conspezifische Sexualpheromon und reagierten nicht auf den Geruch von *Euonymus europaeus* (Abb. 4.16). Wie bei den anderen Blattlausarten gibt es also auch bei *A. f. fabae* und *A. solanella* spezifische Partnererkennungssysteme, die die Häufigkeit der Hybridisierung verringern helfen.

Guldemond & Dixon (1994) waren die ersten, die auf die Bedeutung der Sexualpheromone für die Partnererkennung und reproduktive Isolation bei Blattläusen aufmerksam machten. Die Ergebnisse der Untersuchungen von Thieme & Dixon (1996) zeigen ebenfalls, dass sich die Geschlechter von zwei nahe verwandten Blattlausarten in Bezug auf den Zeitpunkt der Freisetzung von Sexualpheromonen und die Suchaktivität der Männchen unterscheiden. Die verwendeten Blattläuse haben eine ähnliche Morphologie und Farbe und sind anhand dieser Merkmale äußerst schwer zu identifizieren (Thieme & Jennerjahn 1988). Balzverhalten wurde nicht beobachtet. Deshalb ist es unwahrscheinlich, dass Farbe und Morphologie für die Partnererkennung bei Blattläusen von allgemeiner Bedeutung sind, zumal Müller (1982) keine größeren Schwierigkeiten hatte, schwarze *A. f. fabae* mit braunen *A. f evonymi* zu kreuzen, als schwarze Unterarten von *A. fabae* miteinander zu kreuzen; außerdem wurden Hybriden zwischen diesen und anderen Unterarten im Feld gefunden (Thieme 1987a). Darüber hinaus gibt es auch bei einer anderen Art, *Acyrthosiphon pisum*, grüne, rote und gelbe Formen, die sich gerne miteinander paaren (Müller 1971b, Müller & Steiner 1985, Knäbe 1994). Die Männchen von *A. f. fabae* und *A. solanella* scheinen vom Geruch von *E. europaeus* nicht angezogen zu werden. Diese geringe Empfindlichkeit gegenüber Pflanzengerüchen ist überraschend, da die Männchen auf einer anderen Wirtspflanze geboren werden und den Hauptwirt erst finden müssen, bevor sie sich paaren können. Die Wahl der Wirtspflanze durch die Männchen der Wirtsrassen von *C. galeopsidis* bestimmt, mit welchen Weibchen sie sich paaren werden (Guldemond et al. 1994a). Möglicherweise reagieren die Männchen beim Fliegen und Gehen auf unterschiedliche Geruchsreize. Nach der Landung auf einem geeigneten Wirt gehen die Männchen möglicherweise dazu über, ausschließlich nach dem Geruch der oviparen Weibchen zu suchen. Feldbeobachtungen bei *A. fabae* deuten darauf hin, dass die Männchen hauptsächlich nach den Gynoparen, aber vor der Geschlechtsreife der oviparen Weibchen auf *E. europaeus* ankommen.

Diese Ergebnisse deuten darauf hin, dass nahe verwandte Blattlausarten spezifische Paarungserkennungssysteme im Sinne von Paterson (1985) entwickelt haben. Sie hybridisieren jedoch sowohl im Labor als auch in der Natur. Die Tatsache, dass diese Hybriden weniger fit sind (Thieme 1988), sollte zu einer weiteren Selektion gegen die Hybridisierung führen, d. h. zu einer Verdrängung der Fortpflanzungsmerkmale. Da es jedoch Beweise dafür gibt, dass *A. solanella* innerhalb des Verbreitungsgebiets des *A.-fabae*-Komplexes hauptsächlich im Süden und *A. f. fabae* hauptsächlich in der Mitte des Verbreitungsgebiets vorkommt (Abb. 7.31, Thieme & Dixon 2004), ist es unwahrscheinlich, dass sie sich sympatrisch auseinander entwickelt haben.

Bei den vorgestellten Untersuchungen an Blattläusen waren die Rückschlüsse auf die Freisetzung von Sexualpheromonen während des Tages jedoch indirekt und wurden aus Beobachtungen des »Rufverhaltens« der Weibchen und/oder der Reaktionen der Männchen gezogen (z. B. Marsh 1972, Eisenbach & Mittler 1980, 1987, Guldemond & Dixon 1994, Thieme & Dixon 1996). Das »Rufen« der oviparen Weibchen lässt sich im Feld und im Labor einfach beobachten. Während einer bestimmten täglichen Phase heben sie die Tibien ihrer Hinterbeine hoch über den Hinterleib und führen manchmal winkende oder zitternde Bewegungen aus. Diese bereits für eine Reihe von Blattlausarten beschriebene »Rufstellung«, wurde von Steffan (1990) auf ihre Bedeutung und Wirksamkeit bei *Dysaphis plantaginea* und bei *Sitobion avenae* überprüft. Das eigentümliche Anheben der Hinterbeine soll es den oviparen Weibchen ermöglicht, Brisen zur effizienteren Ausbreitung von Pheromondämpfen über größere Flächen zu nutzen und so suchende Männchen aus größerer Entfernung anzulocken. Dieser »präkopulatorische Mechanismus« sollte sich aus dem evolutionären Vorteil entwickelt haben, dass diejenigen oviparen Weibchen innerhalb einer Population, die in der Lage sind, ihre Pheromone weiter zu verbreiten, bessere Chancen haben, früher und häufiger von conspezifischen Männchen entdeckt zu werden, um so eine mehrfache Kopulation und höhere Reproduktion zu gewährleisten. Es ist allerdings fraglich, ob das Anheben des letzten Beinpaares um 3 mm tatsächlich mit der vermuteten Funktion zu tun hat. Es ist nicht auszuschließen, dass es sich vielmehr um eine schmerzreduzierende Körperhaltung handelt, mit der die oviparen Weibchen dem durch das Reifen der Eier verursachten Druck im Hinterleib entgegenwirken.

Einen direkten Ansatz für die Bestimmung der Freisetzung von Sexualpheromonen während des Tages versuchten Jeon et al. (2003). Die direkten Messungen von Sexualpheromonen erfolgten kontinuierlich und quantitativ, waren aber auf einen einzigen Tag beschränkt, und die Auflösung lag bei 2 Stunden. Um den Zeitpunkt der Sexualpheromon-Freisetzung über einen längeren Zeitraum zu untersuchen, konstruierten Stewart-Jones et al. (2007) eine Vorrichtung zur sequenziellen Probenahme, der stündlich freigesetzten Pheromone von 95 gleichaltrigen oviparen Weibchen über 20 aufeinanderfolgende Tage. Die Freisetzungsmuster der beiden Sexualpheromone zeigen, dass ovipare Weibchen von *Dysaphis plantaginea* während der Fotophase hohe Mengen der Komponenten freisetzen und während der Skotophase niedrige Mengen (Abb. 4.17). Die Freisetzung der beiden Komponenten stieg während der ersten 3 Stunden der Fotophase an und blieb danach bis zum Einsetzen der Skotophase auf einem hohen Niveau. Das Verhältnis von freigesetztem (1R,4aS,7S,7aR)-Nepetalactol zu (4aS,7S,7aR)-Nepetalacton änderte sich zwischen dem 2. und 14. Tag des Erwachsenenstadiums nicht signifikant, aber ab dem 15. Tag deutlich.

Aus der Studie von Stewart-Jones et al. (2007) geht nicht hervor, ob die Pheromonproduktion wirklich zirkadian gesteuert wird, d. h., ob sie von einer endogenen Uhr oder nur von äußeren Reizen gesteuert wird. Andere, die Verhaltensmessungen durchgeführt haben, sind zu dem Schluss gekommen, dass die Pheromonabgabe durch einen endogenen zirkadianen

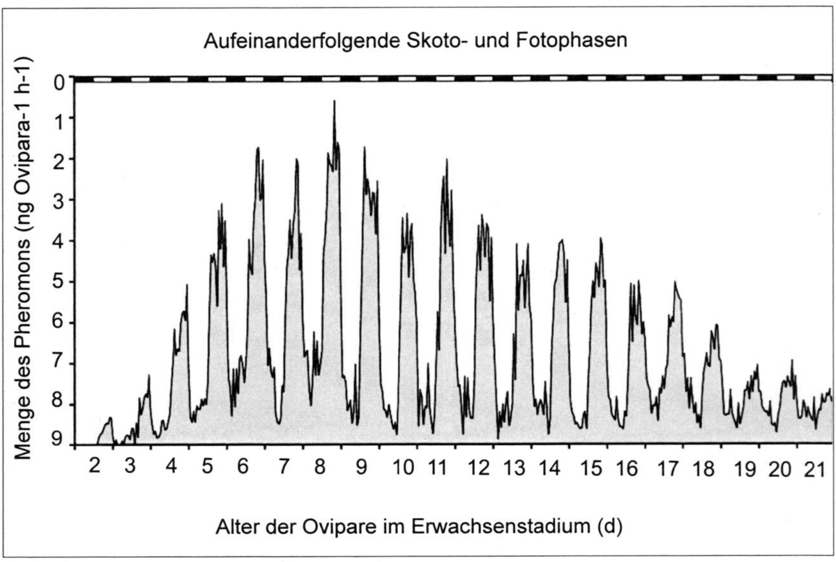

Abb. 4.17: Mittlere Pheromonmenge der Summe aus (4aS,7S,7aR)-Nepetalacton und (1R,4aS,7S,7aR)-Nepetalactol, die von oviparen Weibchen über 20 aufeinanderfolgende Skoto- und Fotophasen freigesetzt wurde. Die Probenentnahme startete mit Beginn der Skotophase am zweiten Tag des Erwachsenenstadiums und erfolgte stündlich (nach Stewart-Jones et al. 2007).

Rhythmus gesteuert wird (Marsh 1972, Eisenbach & Mittler 1980). Durch die Analyse von Pheromonen, die im Kopfraum von drei unterschiedlich alten Blattläusen bei konstanter Dunkelheit gesammelt wurden, kamen Jeon et al. (2003) ebenfalls zu dem Schluss, dass die Pheromonfreisetzung einer zirkadianen Kontrolle unterliegt.

Das Rufverhalten korreliert nur schlecht mit der Menge des freigesetzten Pheromons in den verschiedenen Altersstufen; umgekehrt bedeutet das Fehlen von Rufen aufgrund der Morphologie der Blattlaus nicht unbedingt, dass kein Pheromon freigesetzt wird. Stewart-Jones et al. (2007) raten daher zur Vorsicht, aus der Extrapolation des Rufverhaltens Rückschlüsse auf die Pheromonfreisetzung zu ziehen. Das Fehlen einer zeitlich eng begrenzten und ausgeprägten Periode mit hoher Sexualpheromonfreisetzung während der Fotophase deutet darauf hin, dass es alternative Mechanismen oder Faktoren für die Artenerkennung und -isolierung gibt. Vorgeschlagen wurden zahlreiche Faktoren, darunter die Verwendung verschiedener Mischungen von Diastereoisomeren oder Enantiomeren von Nepetalactol und Nepetalacton (Campbell et al. 1990, Hardie et al. 1997), das Vorhandensein nicht identifizierter zusätzlicher Bestandteile (GULDEMOND et al. 1993, LILLEY & HARDIE 1996), Wechselwirkungen mit flüchtigen Bestandteilen der Wirtspflanzen (PETTERSON et al. 1970a, CAMPBELL et al. 1990, HARDIE et al. 1994b, LÖSEL et al. 1996), Unterschiede in der Farbe der Eizellen und artspezifische Bewegungen (STEFFAN 1990), Inkompatibilität der Genitalien, räumliche und saisonale Trennung der Populationen (HARDIE et al. 1990) sowie tageszeitliche Trennung der Pheromonfreisetzung (GULDEMOND & DIXON 1994, THIEME & DIXON 1996).

4.3.7 Kopulation

Die Ökologie der sexuellen Generation ist, abgesehen von einigen wenigen Forschungsbereichen, wie dem über die Sexualpheromone der Weibchen (z. B. PICKETT et al. 1992), weniger gründlich untersucht als die der parthenogenetischen Morphen. Umfangreiche Untersuchungen zum Sexualverhalten der Blattläuse führte DAGG (2002) durch.

Nach EBERHARD (1998) sind die scheinbar seltsamen Verhaltensweisen, die oft mit der Balz verbunden sind, Signale für die Weibchen, die sich im Rahmen der kryptischen Weibchenwahl für eine zuverlässige Signalgebung entwickelt haben. Ein Blattlausweibchen könnte beispielsweise die Information, dass es sich bei dem Insekt auf ihrem Rücken um ein artspezifisches Männchen und nicht um ein fremdes Männchen, eine Ameise oder einen Parasitoiden handelt aus der Balz vor der Kopulation erhalten – und aus der Balz nach der Kopulation, dass die Paarung beendet ist. Dies schließt jedoch nicht aus, dass spätere Männchen auch Informationen aus Spuren früherer Paarungen sammeln.

Wie *Myzus persicae* (DOHERTY & HALES 2002) und viele andere Blattlausarten zeigt *U. cirsii* kein auffälliges Balzverhalten, *Schizaphis borealis* oder *Cinara cuneomaculata* hingegen schon (PETTERSSON 1968, DAGG & SCHEURER 1998). Es wäre zwar interessant zu wissen, warum einige Blattlausarten ein auffälliges Balzverhalten zeigen und andere nicht, aber Parameter wie die Kopulationsdauer können indirekte Hinweise auf Fragen wie die Spermienökonomie liefern. Andere Verhaltensparameter wie die Suchzeit dürften in dieser Hinsicht ebenfalls von Interesse sein (z. B. KOZLOWSKI 1991).

DAGG (2000, 2002, 2003) analysierte das Kopulationsverhalten bei *Uroleucon cirsii*, die er in Gruppen aufteilte (Gruppe 1: 1 Männchen, mehrere Weibchen; Gruppe 2: 1 Weibchen, mehrere Männchen; Gruppe 3: einzelne Paare, die mehrfach kopulieren durften). Die erzielten Ergebnisse deuten darauf hin, dass sich die Spermienproduktion, -speicherung und -verwendung in diesen Gruppen unterscheidet. Die Verringerung der Dauer der Kopulation einzelner Männchen (Gruppe 1) deutet auf eine Begrenzung der Spermienmenge hin, die einem Männchen zur Verfügung steht (Wedell et al. 2002) oder auf einen »Coolidge-Effekt« (Wedell et al. 2002). Dabei handelt es sich um einen wachsenden Überdruss, der sich darstellt als allmählicher Rückgang der Investitionen eines Männchens in ein Weibchen bei aufeinanderfolgenden Paarungen in Verbindung mit einem erneuten sexuellen Interesse an einem neuen Weibchen, das die Spermienwirtschaft fördert. Die Verkürzung der Dauer der Kopulation einzelner Weibchen (Gruppe 2) wäre zu erwarten, wenn die Männchen nicht in der Lage wären, die gespeicherten Spermien zu verdrängen. Eine verkürzte Kopulationsdauer könnte daher eine einfache Folge einer Begrenzung der Fähigkeit des Weibchens sein, Sperma zu speichern.

Bei bisher unbegatteten Weibchen, die älter als drei Wochen waren, beobachtete Dagg (2002) gelegentlich ein merkwürdiges Paarungsverhalten. Wo normalerweise eine mehrminütige, bewegungslose Kopulation begann, rissen die Männchen ihre Genitalplatten nur Sekunden nach der Verschmelzung wiederholt von denen des Weibchens ab. Nach mehreren erfolglosen Versuchen gaben die Männchen diese Weibchen auf. Die Inspektion dieser Weibchen zeigte, dass die Genitalöffnung durch verdickten und klebrigen Honigtau verschlossen war. Die Eier unbefruchteter Weibchen könnten den Hinterleib auf eine unangemessene Größe anschwellen lassen, wenn Luft an den Honigtau im Hinterleib gelangen und ihn trocknen kann.

Während bei vielen Tieren die Spermien selbst für sich sorgen, kann die soziale Evolution unter bestimmten Umständen zu einer Zusammenarbeit der Spermien führen (Trivers 1985). Wenn eng verwandte Spermien eines Männchens mit denen anderer Männchen konkurrieren müssen, sollte die Zusammenarbeit zwischen verwandten Spermien von Vorteil sein. Die Spermatogenese ist für die Wahrscheinlichkeit der Spermienkooperation bei Blattläusen von Bedeutung. Weil die Spermazellen eines Männchens alle ein identisches X-Chromosom haben, gibt es bei Blattläusen eine genetische Grundlage für eine Verwandtenselektion in Richtung Spermienkooperation.

Dagg (2002) erforschte die Art der Spermienübertragung und -speicherung bei Blattläusen durch Dissektion befruchteter Weibchen zu verschiedenen Zeitpunkten nach der Kopulation (vgl. Buck 1953). Er stellte fest, dass die Spermien in flexiblen Bündeln vorliegen, wobei die Spermienköpfe zusammenkleben und die Geißeln sich synchron bewegen. Die Spermienbündel werden im Receptaculum seminis kugelförmig, sind aber länglich, wenn sie durch den Genitaltrakt gepresst werden. Bei einem Weibchen, das zwanzig Minute kopulierte und zehn Minuten später getötet wurde, war das Spermienbündel noch nicht in das Receptaculum seminis eingedrungen. Bei einem anderen Weibchen, das etwas länger als fünf Minuten kopulierte und nach etwa einer Stunde getötet wurde, drang das Spermienbündel nur als längliches und nicht als kugelförmiges Bündel in das Receptaculum ein.

Es ist zu vermuten, dass die Dauer der Spermienlagerung bei jüngeren Weibchen, die noch keine reifen Eier für die Eiablage haben, länger dauert. Die Spermien erhöhen ihre Chance, eine Eizelle zu befruchten, wenn sie zusammenarbeiten, im Vergleich zur Chance einzelner Spermien. Da die Spermien von Blattläusen in zusammenarbeitenden Bündeln auftreten, scheinen sowohl eine sofortige Vermischung als auch eine kontinuierliche Verlagerung der Spermien eher unwahrscheinlich zu sein. Die vereinfachten Annahmen, unbegrenzte Anzahl von Spermien in den Männchen, sofortige Vermischung und Spermienverschiebung, scheinen auf Blattläuse nicht zuzutreffen. Besonders beim letzten Männchen sind andere Situationen möglich (Simmons & Siva-Jothy 1998). Es ist z. B. wahrscheinlich, dass das letzte Spermienbündel, das in das Spermienlager eindringt, näher am Ausgang und damit an den Eiern bleibt.

Es wird angenommen, dass die durchschnittliche Zeit, die ein Männchen mit einem Weibchen (Parker & Stuart 1976) verbringt, mit der durchschnittlichen Zeit, die für die Suche nach Flecken oder Weibchen benötigt wird, zunimmt. Ein Faktor, der die Suchzeit erhöht, ist die Konkurrenz um Partnerinnen durch andere Männchen.

Das Paarungsverhalten von *Schizolachnus obscurus* kann in der Praxis leicht beobachtet werden. Die sexuelle Generation dieser Blattlausart zeichnet sich durch ein stark weiblich geprägtes Geschlechterverhältnis aus, mit ungeflügelten sexuellen Weibchen und geflügelten Männchen. Die oviparen Weibchen von *S. obscurus* legen ihre Eier immer wie Perlen auf einer Schnur auf der flachen (inneren) Oberfläche der Nadel ihrer Wirtspflanze ab. Der begrenzte Platz für die Eier auf einer Nadel könnte ein Ausbreitungsanreiz für die eierlegenden Weibchen sein. Vor der Eiablage neigen die Weibchen jedoch dazu, in Kolonien zu leben. Deshalb sollte eine männliche Blattlaus, die ein Weibchen gefunden hat, eine gute Chance haben, innerhalb kurzer Zeit ein weiteres zu finden, und das bei einem geringeren Risiko der Konkurrenz durch andere Männchen.

Während die durchschnittliche Suche nach Weibchen in Kolonien mit zwei Männchen länger dauerte als in Kolonien mit einem Männchen, war die Kopulationsdauer etwa gleich lang. Die durchschnittliche Post-Kopulation dauerte in Kolonien mit zwei Männchen allerdings doppelt so lang wie in

Kolonien mit einem Männchen. Dies lag an einer höheren Frequenz verlängerter Post-Kopulation-Assoziationen und einer niedrigeren Frequenz einfachen »Herabsteigens«. Anscheinend bewachen Männchen von *S. obscurus* Weibchen eher, wenn Konkurrenten anwesend sind.

Bei Blattläusen ist das Geschlechterverhältnis recht variabel und reicht von einem stark weiblich geprägten bis hin zu einem ausgeglichenen Geschlechterverhältnis; es wurden auch einige Fälle von einem männlich geprägten Geschlechterverhältnis berichtet (z. B. GALLI 1998). DIXON (1998) schlug vor, dass die Kopulationtionsdauer bei Blattläusen als Mittel zur Bewachung dienen könnte, und zeigte, dass Kopulationsdauer und Geschlechterverhältnis korreliert sind. Bei einigen Blattlausarten bewachen jedoch auch die Männchen ihre Partnerinnen nach der Kopulation. Dies ist bei *Euceraphis betulae* der Fall. Nach der Kopulation beugt das Weibchen sein Abdomen nach unten und berührt mit dem Ende den Boden, während das Männchen auf dem Boden bleibt. Bei *Uroleucon cichorii* hingegen verlassen die Männchen die Weibchen nach der Paarung einfach. Das Paarungsverhalten dieser Arten unterscheidet sich also qualitativ.

E. betulae ist eine vergleichsweise schlanke und wendige Blattlausart, die auf den Blättern und jungen Zweigen von *Betula pendula* lebt. Die sexuellen Weibchen haben keine Flügel. Die Tendenz zur Koloniebildung ist bei dieser Art vergleichsweise schwach ausgeprägt. Die Individuen eines Blattes halten eher Abstand als dass sie sich mit engem Körperkontakt zusammenschließen. Die vergleichsweise plumpe *U. cichorii* lebt auf *Crepis tectorum* und neigt dazu, Kolonien zu bilden.

Das Geschlechterverhältnis war bei der paarungsbereiten *E. betulae* weniger weiblich als bei der nicht paarungsbereiten *U. cichorii*. Alle parthenogenetischen Morphen von *E. betulae* sind geflügelt und flugfähig, und die Dispersionstendenz ist bei dieser Art vergleichsweise hoch. *U. cichorii* hingegen neigt dazu, sich zusammenzuschließen, und die parthenogenetischen Morphen sind unter günstigen Bedingungen flügellos. Die Vermischung von Individuen, die von verschiedenen Klonen stammen, war bei den geflügelten *E. betulae* besser, und folglich sollte das Ausmaß des lokalen Paarungswettbewerbs bei beiden Arten unterschiedlich sein. Die Männchen von *E. betulae* konkurrieren wahrscheinlich weniger um die Weibchen als die von *U. cichorii*. Diese Schlussfolgerung aus den allgemeinen Lebensgewohnheiten stimmt mit der Feststellung von HAMILTON (1967) überein, dass das Geschlechterverhältnis bei *U. cichorii* eher weiblich ist, da der lokale Partnerwettbewerb das Geschlechterverhältnis zugunsten der Weibchen verschieben sollte. Ein weiblich geprägtes Geschlechterverhältnis wiederum hebt den Druck zur Bewachung der Partner auf und begünstigt gleichzeitig eine höhere Polygamie der Männchen.

Die Tatsache, dass männliche *E. betulae* ihre Weibchen nach der Kopula bewachen, männliche *U. cichorii* jedoch nicht, lässt vermuten, dass das Paarungsverhalten sich ändern kann, wenn sich das Geschlechterverhältnis von einem kleinen zu einem großen Anteil an Männchen ändert. Wenn dies zutrifft, sollten Blattlausarten mit mehr als 13 Weibchen pro Männchen kein Paarungsverhalten nach der Kopula zeigen, während die Männchen von Arten mit weniger als 3 Weibchen pro Männchen länger als für die Befruchtung erforderlich bewachen oder kopulieren sollten oder beides (DAGG 2002).

Das Verhalten vor oder nach der Kopulation ist nicht notwendigerweise nur eine Bewachung des Partners. Bei der Untersuchung und Entdeckung des »rufenden« weiblichen Sexualpheromons bei Blattläusen leistete PETTERSSON (1968) Pionierarbeit. Er beschrieb aber auch ein »Balzverhalten« von *Schizaphis dubia* und *S. borealis*: »Kurz vor der Kopulation wurde etwas beobachtet, das auf eine männliche Balz hindeuten könnte, und zwar immer nach demselben Muster. Das Männchen untersuchte die Rückenseite des Weibchens mit seinen Antennen und seinem Rostrum. Die Antennen wurden dann nach unten gebogen und dicht an den Antennen des Weibchens entlang gestreckt. Diese ›Balz‹ dauerte in der Regel einige Minuten, und danach wurde eine normale Kopulation durchgeführt.« (PETTERSSON 1968).

Ältere Beschreibungen des Paarungsverhaltens von Blattläusen lieferten BONNET (1779) über *Stomaphis quercus* und DE GEER (1755) über *Brachycaudus (Brachycaudus) helichrysi*. DAGG & SCHEURER (1998) haben eine eigentümliche Balz bei *Cinara cuneomaculata* beschrieben. Das Männchen sitzt mit seinem Kopf über dem Thorax des Weibchens, bevor es kopuliert. Die Kopulation ist in dieser Position nicht möglich, da die Weibchen viel größere Abdomina haben als die Männchen, und das Männchen muss sich rückwärts in Kopulationsposition begeben. Das Männchen von *C. cuneomaculata* streicht während der Kopulation mit den hinteren Tibiae über die Bauchseite des Weibchens. Danach streicht es mit seinem Penis in einer Zick-Zack-Bewegung über die Rückenseite des Weibchens, während es sich auf dem Weibchen vorwärts bewegt. Die großen Flügel des Männchens »verstärken« diese Zick-Zack-Bewegung seines Hinterleibs. Es ist nicht unwahrscheinlich, dass es sich dabei um ein Signal des Männchens handelt, wenn das Weibchen eine kryptische Wahl trifft (bei der der weibliche Körper nach mehreren Paarungen nur die qualitativ hochwertigsten Spermien des vielversprechendsten männlichen Partners zur Befruchtung der Eizellen auswählt), aber es ist auch möglich, dass es Spuren auf dem Weibchen hinterlässt, die von nachfolgenden Männchen wahrgenommen werden können. Die geschlechtlichen Weibchen von *C. cuneomaculata* haben einen so genannten »präanalen Wachsring«, der sich von der Basis der Siphonen bis zum Ende des Körpers auf der Rückenseite erstreckt und das Ventrum bedeckt, aber bei parthenogenetischen und juvenilen geschlechtlichen Weibchen fehlt. Seine weiße Farbe steht in starkem Kontrast zum Rest des dunkelbraunen Körpers. Bei eierlegenden Weibchen sieht dieser Wachsring allerdings ziemlich abgenutzt aus. Es ist möglich, dass das Streicheln der Beine und des Penis der männlichen *C. cuneomaculata* diesen Wachsring verwischt und Spuren der Paarung auf dem Weibchen hinterlässt. Da *C. cuneomaculata* in fakultativer Gemeinschaft mit Ameisen lebt, ergibt sich die Frage, ob Ameisen den Wachsring anders verwischen als Männchen und ob Männchen den Unterschied wahrnehmen können.

Männchen der Lachninae, zu denen auch die Gattung *Cinara* gehört, können ihren Penis nicht in den Hinterleib zurückziehen, während die Männchen anderer Blattlaus-Taxa ihren Penis unmittelbar nach der Kopulation in den Hinterleib zurückziehen und oft keine auffällige Balz nach der Kopula zeigen (z. B. *U. cirsii*). Im Gegensatz zu den Lachninae haben die Aphidinae am Ende ihrer Tibiae umstülpbare, Klebstoffflüssigkeit enthaltende Membranen. Mit diesen können sie kopfüber auf einer glatten Glasoberfläche laufen (Dixon et al. 1990). Die Adhäsion erfolgt durch die Spannung zwischen der Glasoberfläche und den schwammartigen Ausstülpungen (Dixon et al. 1990). Außerdem sind wachsartige Überzüge bei Blattläusen weit verbreitet. Es ist daher nicht unwahrscheinlich, dass auch die Männchen anderer Arten Spuren ihrer Begattung auf den Weibchen hinterlassen.

Blattläuse sind aufgrund ihres stark variierenden Geschlechterverhältnisses, ihrer phänotypischen Plastizität und ihrer verschiedenen Lebenszyklen besonders gut geeignet, um diese Auswirkungen des asymmetrischen Wettbewerbs zu untersuchen. Die phänotypische Plastizität sorgt für eine Varianz des mütterlichen Zustands (z. B. Größe oder Fruchtbarkeit) selbst bei Tieren desselben Klons. Die verschiedenen Lebenszyklen führen zu unterschiedlichen Formen der geschlechtsspezifischen Ausbreitung und damit zu einem geschlechtsspezifischen Wettbewerb unter den Verwandten.

In den Untersuchungen der zu den Pemphigini gehörenden *Prociphilus oriens* fand Yamaguchi (1985), dass geringe Populationsdichte und die Bildung der meisten Kolonien durch einzelne Sexuparae, zu einem hohen Grad an Verwandtschaftskonkurrenz unter den Männchen führt. Deshalb sollten Sexuparae so viele Söhne produzieren, dass sie alle Weibchen befruchten können, die in ihrem Befruchtungsgebiet vorkommen (Yamaguchi 1985). May & Seger (1985) haben die Annahme kritisiert, dass die Mütter der sexuellen Generation das Geschlechterverhältnis ihrer Nachkommen bestimmen, weil durch die teleskopische Generationsfolge die Entwicklung der sexuellen Individuen bereits beginnt, wenn ihre Mütter noch Embryonen sind. Aus diesem Grund schlugen KINDLMANN & DIXON (1989) einen anderen Mechanismus der Geschlechtszuweisung vor, der auf die großmütterliche Generation wirkt. FOSTER & BENTON (1992) haben auch bei *Pemphigus spyrothecae,* die einen identischen Lebenszyklus hat, ein stark weiblich geprägtes Geschlechterverhältnis festgestellt.

Bei hohen Populationsdichten wird der Wettbewerb zwischen den Männchen jedoch weniger intensiv sein, da viele geschlechtsreife Weibchen in Gruppen Kolonien auf dem Winterwirt gründen werden. Bei Arten mit dimorphem Wirtswechsel wandern Männchen und geschlechtliche Weibchen unabhängig voneinander zum Primärwirt: die Männchen als geflügelte Erwachsene, die geschlechtlichen Weibchen als Embryonen im Inneren der Gynoparae. Durch die Vermischung der geflügelten Männchen während des Wirtswechsels soll ein lokaler Paarungswettbewerb zwischen eng verwandten Männchen verhindert werden. Das Fehlen einer Ressourcenkonkurrenz zwischen geschlechtlichen Weibchen kann nicht als selbstverständlich angesehen werden, da geschlechtliche Geschwister gemeinsam »reisen« und ungeflügelt sind.

Die Ergebnisse von DAGG (2002) für *U. cirsii* stimmen mit den Vorhersagen für den Verwandtschaftswettbewerb zwischen Männchen überein (YAMAGUCHI 1985). Der Wettbewerb zwischen eng verwandten Männchen könnte auf zwei Faktoren zurückzuführen sein: Die Männchen könnten sich innerhalb der Kolonien, aus denen sie kommen, paaren und um die Weibchen konkurrieren, bevor sie zu einem Langstreckenflug aufbrechen (partieller lokaler Paarungswettbewerb), oder sie könnten selbst nach dem Flug einem gewissen Wettbewerb durch klonal verwandte Männchen ausgesetzt sein (klonaler Paarungswettbewerb) oder beides. Die Hypothese der partiellen lokalen Partnerschaftskonkurrenz scheint aufgrund der hohen Sterblichkeit während des Fluges plausibel zu sein. Ein klonaler Paarungswettbewerb wäre wahrscheinlich, wenn die Klone groß oder die Ausbreitung ineffektiv sind.

Während bei *U. cirsii* die Konkurrenz unter verwandten Männchen überwiegt, stehen bei *Rhopalosiphum padi* verwandte Weibchen in stärkerer Konkurrenz zueinander (DAGG 2002, 2004). Dies ist auch plausibel, weil der Lebenszyklus von *R. padi* die Konkurrenz zwischen verwandten Männchen durch deren Migration verhindert, aber nicht die Konkurrenz zwischen verwandten Weibchen um Ressourcen.

4.3.8 Eiablage

Die Größe der Eier variiert von etwa 0,5 mm bis zu über 2 mm Länge (bei einigen Lachnini). Bei den meisten Blattläusen sind die Eier zwischen 0,5 und 0,8 mm lang. Die Körperlänge der zwergwüchsigen oviparen Weibchen der Pemphigini beträgt im Allgemeinen weniger als 1 mm, aber das einzelne Ei, das sie legen, ist etwas größer als 0,5 mm. Die Blattlauseier sind etwa doppelt so lang wie breit und ihre Form ist oval (elliptisch bis länglich-eiförmig, oft mit einer leichten nierenförmigen Tendenz). Bei *Sensoriaphis* (Gattung *Taiwanaphis*) und *Neophyllaphis* sind die Eier sehr stark abgeflacht (Carver & Hales 1974). Während die Eier vieler Greenideinae ebenfalls eingedrückt und abgeflacht erscheinen (Takahshi 1962), sind die von *Schoutedenia* (Greenideinae, Cervaphidini) länglich, fast bananenförmig (Hales & Carver 1976).

Die Eier sind unmittelbar nach der Ablage gelb oder grün und färben sich nach einigen Tagen schwarz, wenn sie befruchtet sind, glänzend schwarz bei den meisten Gattungen, aber stumpf bei z. B. *Mindarus,* deren Eier wachsgepudert sind. Die Schwärzung dauert je nach Temperatur 2–4 Tage oder länger: Bei 0 °C benötigen die Eier von *A. fabae* 20–30 Tage, um schwarz zu werden (Behrendt 1963). Unbefruchtete oder nicht lebensfähige Eier werden nicht schwarz.

Bei der Ablage wird das Ei von einem Sekret aus Drüsen im weiblichen Genitalgang bedeckt. Dieses Sekret härtet nach kurzer Zeit aus und klebt das Ei an der Pflanzenoberfläche fest. Die Eier bestimmter Blattläuse, z. B. *Cinara pilicornis, Mindarus abietinus* und *Eucallipterus tiliae,* erscheinen aufgrund eines Überzugs aus kurzen Wachsfäden mattschwarz oder grün, und bei den meisten Pemphigini umgeben Wachsfäden das Ei und erstrecken sich auf das Substrat. Die oviparen Weibchen von *Sensoriaphis* und *Neophyllaphis* durchlaufen eine langwierige und aufwendige Verhaltenssequenz, bei der das Substrat vorbereitet wird, die Eiablage erfolgt und das Ei anschließend mit Wachsflocken bestäubt wird (Carver & Hales 1974). Bei den Fordini stirbt das ovipare Weibchen, ohne ihr einziges Ei abgelegt zu haben, es bleibt von der Cuticula der toten Mutter umhüllt.

Bei den meisten deutschen Arten werden die Eier im September, Oktober und November und abgelegt. Eine Besonderheit stellt *Brachysiphum thalictri* dar: Die Geschlechtstiere werden bei dieser Art schon im Sommer gebildet und die Eiablage erfolgt im Juli. Einige der oviparen Weibchen verhindern, im Herbst mit dem Laub auf den Boden zu fallen, indem sie sich auf die Äste oder den Stamm begeben. Die Geschlechtstiere der Pemphigini sind zwergwüchsig, besitzen kein Rostrum und werden gewöhnlich auf Stämmen geboren. Während ihrer ersten Larvenstadien wachsen sie nicht.

Das ovipare Weibchen legt nur ein Ei, das fast so lang ist wie es selbst, und stirbt bald darauf. Die meisten anderen Blattläuse legen mehr als ein Ei, bei den Aphidinae 4–8 je ovipares Weibchen, bei den Thelaxinae 2.

Die Eier schlüpfen im Frühjahr. Eine warme Periode in der Mitte des Winters führt nicht zum Schlüpfen der jungen Fundatrix, da sich das Ei in Diapause befindet. Bei einigen deutschen Blattläusen dauert die Diapause bis Februar. In Deutschland schlüpfen die Eier normalerweise im April, in Jahren mit hohen Temperaturen bereits Mitte März, in kalten Jahren erst Anfang Mai.

5 Nahrung und Beziehung zu Wirtspflanzen

5.1 Nahrungsverhalten und Nahrungsqualität

Die meisten Blattlausarten ernähren sich vom Phloemsaft der Pflanzen, den sie durch Anzapfen der Phloemelemente mit ihren Stechborsten gewinnen. Phloemelemente sind lebende Zellen und befinden sich in einer gewissen Tiefe innerhalb einer Pflanze. Der Gehalt dieser Elemente (Phloemsaft) ist reich an Zuckern und relativ arm an Aminosäuren, insbesondere an solchen, die für das Wachstum essenziell sind.

5.1.1 Nahrungsverhalten

Die Antennen der Blattläuse tragen viele Sensillen (Abb. 3.95, 3.98, 3.99 und 3.106), unter denen es einige gibt, deren Struktur und elektrophysikalische Reaktionen darauf hindeuten, dass sie bei der Chemorezeption oder der Geschmacksempfindung und der Wahrnehmung der Blattoberfläche eingesetzt werden (Shambaugh et al. 1978, Bromley et al. 1979, 1980, Bromley & Anderson, 1982). Im Labor reagieren Blattläuse auf Pflanzengerüche sowohl beim Fliegen (Nottingham & Hardie, 1993) als auch beim Laufen (Pettersson, 1971, Visser & Taanman, 1987, Nottingham et al. 1991a, Visser & Piron, 1995). Mit Einzelzell-Aufnahmetechniken konnte die Reaktion einzelner sensorischer Neuronen auf Gerüche beurteilt werden (Bromley & Anderson, 1982), und Elektroantennogramme des Antennennervs lieferten ein Maß für die gesamte Antennenreaktion (Boeckh et al. 1965). Es wird nicht bezweifelt, dass die olfaktorische Antennensensibilität empfänglich ist sowohl für positive Signale, die mit flüchtigen Wirtspflanzen assoziiert werden, als auch für negative Signale, die mit der Geruchsmischung von Nichtwirtspflanzen assoziiert werden; aber ihre Rolle bei der Lokalisierung von Pflanzen aus der Distanz ist nicht geklärt.

Nach dem Erreichen der als potenzieller Wirt akzeptierten Pflanze tasten die Blattläuse die Oberfläche mit der Spitze ihres Rüssels ab. Die Tastrezeptoren an der Spitze des Rüssels (Abb. 3.87) reagieren auf Kontakt und Oberflächentextur und ermöglichen es den Blattläusen, die Konturen der Adern, ihrer bevorzugten Nahrungsquelle, zu erkennen (Tjallingii 1978a). Dann beproben sie die Pflanze mit ihren Mandibular- und Maxillar-Stechborsten (Abb. 3.54). Da diese zusammengelegt eine hohle nadelförmige Struktur bilden, können die Blattläuse beim Eindringen in das Pflanzengewebe eine durchgehende Stechborstenhülle ausscheiden. Das Mantelmaterial umhüllt die Stechborsten und besteht vermutlich hauptsächlich aus Lipoprotein (siehe 3.8.8 Speichel). Einmal gebildet, ist die Hülle relativ undurchlässig (Miles 1987) und verleiht den sehr flexiblen Stechborsten Steifheit. Durch die Einschränkung der Biegung außer an der Spitze der Stechborsten (Pollard 1973) wird es den Blattläusen ermöglicht, die Richtung des Probestichs zu kontrollieren. Die Stechborstenscheide endet meist im Phloem, was darauf hinweist, dass sich die Blattläuse vom Inhalt der Phloemelemente ernähren (Pollard 1973).

Frühe lichtmikroskopischen Untersuchungen belegten, dass die Stechborsten sowohl einen intra- als auch einen interzellulären Weg zum Phloem zurücklegten (Pollard 1973). Ein bedeutender technischer Fortschritt, der von McLean & Kinsey (1964) entwickelt und von Tjallingii (1978b, 1986) perfektioniert wurde, ist die elektrische Penetrationsgrafik-Technik (EPG). Sie hat das Verständnis des Nahrungsverhaltens der Blattläuse stark erweitert. EPGs erhält man, indem man eine Blattlaus zum Bestandteil eines elektrischen Schaltkreises macht. Hierfür wird ein sehr dünner, flexibler Golddraht aus einem Verstärker mithilfe von leitfähigem Silber auf den Rücken einer Blattlaus geklebt. Eine zweite Elektrode wird in der Nähe der Wurzeln der Pflanze oder des abgeschnittenen Blattes, von dem sich die Blattlaus ernährt, in die Erde/Nährlösung gesteckt. Während des Eindringens der Blattlaus-Stechborsten in die Pflanze (Beprobung) werden die Widerstandsänderungen in Form von Potenzialänderungen aufgezeichnet (Abb. 5.1). Dabei werden mehrere unterschiedliche Wellenformen registriert, die der Position der Stechborstenspitzen in der Pflanze entsprechen (Tjallingii & Hogen Esch 1993).

Es hat sich gezeigt, dass der Weg der Stechborsten interzellulär ist und entweder durch die Mittellamelle zwischen den Zellen, durch das sekundäre Wandmaterial, durch interzelluläre Lufträume oder zwischen Plasmalemma und Zellwand, d. h. intramural/extrazellulär, verläuft. Potenzialabfälle (Abb. 5.1) weisen auf intrazelluläre Punktionen hin. Die Mehrzahl der an die Stechborstenbahn angrenzenden Zellen ist zwar punktiert, aber unbeschädigt. Die meisten Punktionen finden sich in den Zellen des Gefäß-

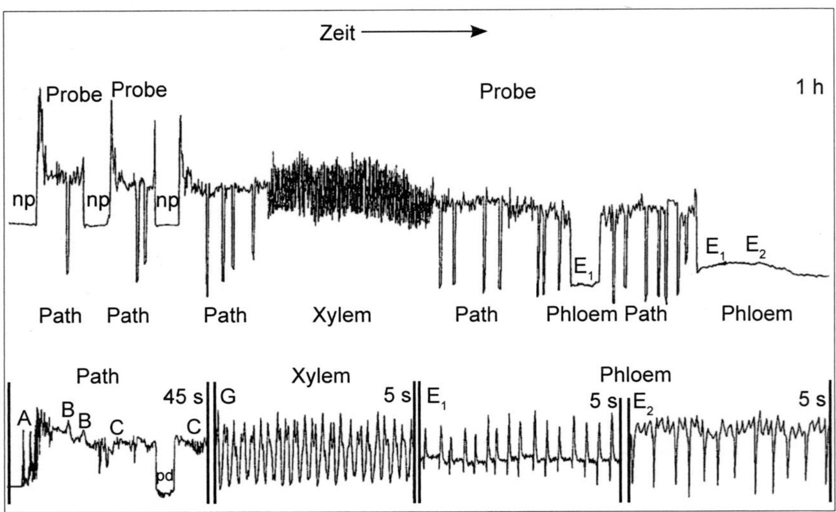

Abb. 5.1: Diagramm der elektrischen Penetration (EPG). Die obere Kurve zeigt den typischen anfänglichen Wechsel zwischen Proben und Nicht-Proben (np), die Potenzialabfälle (pd), die auf interzelluläre Einstiche hindeuten, das G-Muster, das mit dem Eindringen in das Xylem-Gewebe verbunden ist, und die E1- und E2-Muster, die mit dem Eindringen in das Phloem und der Nahrungsaufnahme verbunden sind. Die unteren Kurven zeigen detailliertere Muster, die mit den Phasen des Eindringens in den Pfad (»pathway«), das Xylem und das Phloem verbunden sind (nach Tjallingii & Hogen Esch 1993).

bündels, was zeigt, wie Phloemelemente durch eine Art Probenentnahme lokalisiert werden können.

Das Eindringen in die Phloemelemente ist durch zwei Wellenmuster E1 und E2 und eine Veränderung der Beschaffenheit des Speichels gekennzeichnet. Das Muster E1 entspricht einem Speichelfluss ohne Nahrungsaufnahme und das Muster E2 einer Nahrungsaufnahme (Prado & Tjallingii 1994). Nach der Punktion der Phloemelemente zeigen diese eine schnelle Wundreaktion, bei der das P-Protein als Reaktion auf die Veränderung des Redoxzustands der Zelle geliert (Alosi et al. 1988). Es ist zu fragen, ob Blattläuse diese Reaktion und die langsame Blockierung der Phloemelemente durch die Ablagerung von Kallose auf den Siebplatten verhindern oder verlangsamen können.

Wahrscheinlich reduziert der in das Phloemelement (E1) gepumpte wässrige Speichel die P-Protein-Gelbildung und die Kalloseablagerung innerhalb des Phloemelements. Es ist weiterhin wahrscheinlich, dass durch das große Volumen des einströmenden Saftes der Speichel zurück in den Nahrungskanal befördert wird, wo seine Funktion darin bestehen könnte, die Gelie-

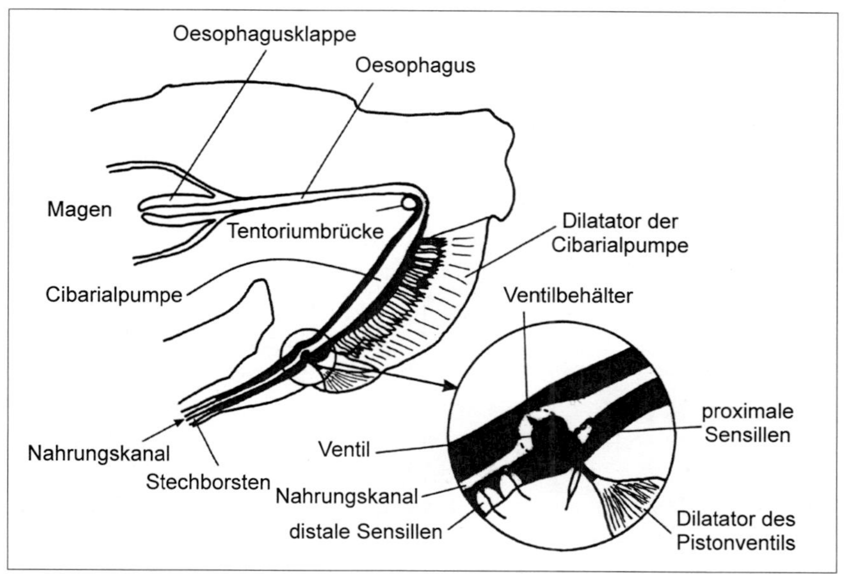

Abb. 5.2: Längsschnitts durch die Cibarialpumpe im Kopf einer Blattlaus (nach McLean & Kinsey 1984).

rung der P-Proteine im Inneren des Nahrungskanals zu verhindern und sekundäre Pflanzenstoffe zu entgiften.

Da der Phloemsaft unter einem Druck von 15–30 Atmosphären steht, kann der Saft durch den extrem feinen Nahrungskanal der Stechborsten in den Verdauungskanal der Blattlaus gedrückt werden. Diesen Fluss steuert ein durch Dilatatoren geöffnetes Pumpventil im Rachenraum der Blattlaus (Abb. 5.2). Wenn der Substratdruck negativ ist oder Umgebungsdruck herrscht, können die Blattläuse Flüssigkeit in ihren Verdauungskanal pumpen. Die Dilatatoren der Cibarialpumpe kontrahieren, vergrößern den Durchmesser des Pumplumens und verringern den Druck innerhalb der Pumpe. Hierdurch kommt es zum Verschluss des Oesophagusventils und zum Kollaps der dünnwandigen Speiseröhre, wodurch eine Regurgitation aus dem Mitteldarm verhindert wird. Durch das Öffnen des Pumpventils kann Flüssigkeit in das System gelangen. Das Schließen des Pumpventils und die anschließende Entspannung der Dilatatoren des Cibariums drückt die Flüssigkeit durch die Speiseröhre in den Magen. Die Flüssigkeit kann auch durch die Stechborsten zurückgedrängt werden, wenn das Pumpventil nicht geschlossen ist. Auf diese Weise können die Blattläuse, wie bei der Ernährung mit synthetischer Nahrung, den Saft aktiv aufsaugen. Die Zusammensetzung des Saftes wird von der Blattlaus mithilfe der gustatorischen Epipharynxsensillen im Pharynx untersucht (Abb. 5.2). Saft, der die Chemosensillen nicht oder negativ stimuliert, löst die Entspannung der Cibarialpumpen aus, nicht aber das Schließen des Pumpventils. Hierdurch wird der Saft durch die Stechborsten ausgeschieden (McLean & Kinsey 1984).

5.1.2 Nahrungsqualität

Der nährstoffreiche Phloemsaft stellt eine reichhaltige Quelle für Kohlenstoff und Stickstoff dar, die relativ frei von Giftstoffen und nahrungshemmenden Stoffen ist (Turgeon & Wolf 2009). Um Phloemsaft als Nahrungsquelle nutzen zu können, müssen Blattläuse jedoch das hohe osmotische Potenzial überwinden, das vor allem durch hohe Saccharosekonzentrationen verursacht wird. Obwohl es wenig oder gar keine Notwendigkeit gibt, diese Nahrung zu verdauen, da sie bereits in löslicher Form vorliegt (vgl. Srivastava & Auclair 1963, Rahbe et al. 1995), bereitet die Art der Nahrung Probleme. Die niedrige Konzentration an Aminosäuren scheint die Wachstumsrate, die sie erreichen können, ebenfalls stark einzuschränken. Die Aufnahme von Phloemsaft bewirkt einen hohen osmotischen Gradienten zwischen Darminhalt und Hämolymphe, was zur Verlagerung von Wasser aus den Körperflüssigkeiten in den Darm führt (Douglas 2006, Dinant et al. 2010). Eine Reihe von physiologischen Mechanismen und Verhaltensweisen ermöglichen es Blattläusen, den hohen osmotischen Stress zu tolerieren und den zuckerreichen Phloemsaft als Nahrungsquelle zu nutzen.

5.1.3 Osmoregulation

Dafür wird zuerst die aufgenommene Saccharose hydrolysiert, Fruktose assimiliert, und Glukosemoleküle werden durch eine Darmsucrase zu Oligosacchariden polymerisiert (Cristofoletti et al. 2003, Price et al. 2007). Daneben trägt der Wasserzyklus von den distalen zu den proximalen Regionen des Darms zur Osmoregulation bei, wobei der hohe Durchfluss von Wasser durch membranassoziierte Aquaporine vermittelt wird (Shakesby et al. 2009). Weiterhin führt die Verdünnung des Darminhalts durch den Wasserzyklus zur Produktion und Ausscheidung großer Mengen mit der Hämolymphe iso-osmotischen Honigtaus (Wilkinson et al. 1997). Schließlich nehmen Blattläuse zur Regulieren des osmotischen Potenzials häufig Xylemsaft auf, der eine geringe Osmolarität aufweist (Pompon et al. 2010, 2011).

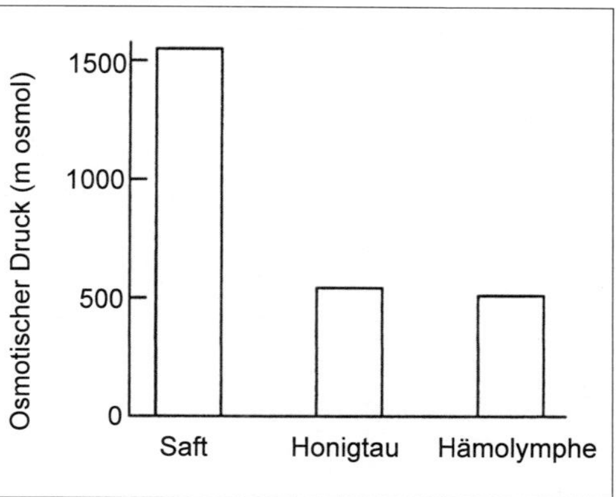

Abb. 5.3: Osmotischer Druck von Pflanzensäften im Vergleich zu dem von Honigtau und Hämolymphe von *Myzus persicae* (nach Downing 1978).

Blattläuse können die osmotische Konzentration der aufgenommenen Flüssigkeit erheblich reduzieren, da Honigtau in seiner osmotischen Konzentration der Hämolymphe ähnlich ist (Downing 1978, Abb. 5.3). Das Vorhandensein einer oder mehrerer sogenannter Filterkammern im Verdauungskanal einiger, aber nicht aller Blattläuse deutet darauf hin, dass ein Hauptproblem der Blattläuse die Notwendigkeit der Nahrungskonzentration ist (Abb. 3.124). Obwohl dies unter Berücksichtigung der Aminostickstoffkomponente wünschenswert erscheinen mag, würde jede Konzentration der Zucker das osmotische Problem verstärken. Durch die Umwandlung von Mono- und Disacchariden in Trisaccharide wie Melezitose (Michel 1942, Bacon & Dickinson 1957) und Oligosaccharide reduzieren Blattläuse die Anzahl der Moleküle in Lösung und damit die osmotische Konzentration ihrer Nahrung. Wenn die osmotische Konzentration in der Nähe der ihrer Hämolymphe liegt, findet, wenn überhaupt, nur eine geringe Polymerisation der Einfachzucker zu Oligosacchariden und umgekehrt statt. Es kommt zu einem dramatischen Wechsel des relativen Anteils von Oligosacchariden zu Einfachzuckern im Honigtau, wenn die osmotische Konzentration der eingehenden Nahrung die der Hämolymphe übersteigt (Fisher et al. 1984, Walters & Mullin 1988, Rhodes et al. 1996).

Eine andere Möglichkeit, das Austrocknen zu vermeiden, wäre die Verwendung der Filterkammer zum Verdünnen statt zum Konzentrieren der eingehenden Nahrung (Rhodes et al. 1996). Bei der Passage durch den Verdauungskanal werden die einfachen Zucker in komplexe Zucker umgewandelt, sodass die Flüssigkeit im Hinterdarm wahrscheinlich einen niedrigeren osmotischen Druck als im Vorderdarm hat. Daher könnte die Filterkammer dazu dienen, die Nahrung zu verdünnen, anstatt sie zu konzentrieren, da sie normalerweise durch den den Magen umschliessenden Hinterdarm gebildet wird (Abb. 3.124 A, B). Bei Arten, die über keine Filterkammer verfügen, liegt der hintere Teil des Darms längsseits des Magens und ist eng an einer Seite des Magens befestigt (Abb. 3.124 C). Dies würde es den Blattläusen auch ermöglichen, die einströmende Flüssigkeit zu verdünnen, indem sie Wasser aus dem hinteren Teil des Darms und nicht aus der Hämolymphe ziehen. Das Vorhandensein eines geräumigen Magens in einem Organismus wie den Blattläusen, die sich kontinuierlich ernähren, ist überraschend, aber seine Funktion kann auch darin bestehen, die einströmende Nahrung zu verdünnen, anstatt sie zu speichern.

Die tageszeitliche Variation der Pflanzennährstoffzusammensetzung hat einen starken Einfluss auf die Nahrungsaufnahme und Leistung herbivorer Insekten. Bei mehreren Pflanzenarten wurde die Variation im Zucker- und Aminosäuregehalt der Phloemsaftzusammensetzung über einen Zeitraum von 24 Stunden dokumentiert (Hayashi & Chino 1986, Winter et al. 1992, Caputo & Barneix 1999, Gattolin et al. 2008, Taylor et al. 2012). Insbesondere wurden während der Nacht niedrigere Konzentrationen von Saccharose beobachtet.

Unterschiedliche Phloemsaftzusammensetzungen (im Tageszyklus und in den verschiedenen Jahreszeiten) beeinflussen stark die Leistung und das Verhalten der Blattläuse (Douglas 1993, Karley et al. 2002, Cao et al. 2018). Beispielsweise hatten Blattläuse eine höhere Überlebensrate, eine verkürzte Entwicklungszeit und eine größere Fruchtbarkeit auf Kartoffelpflanzen vor der Knollenbildung im Vergleich zu knollenbildenden Kartoffelpflanzen, was mit Veränderungen in der Phloem-Aminosäurezusammensetzung und mit der Zunahme des gesamten Blatt-C:N-Verhältnisses korreliert war (Karley et al. 2002). Tatsächlich wurde bei mehreren Blattlausarten eine reduzierte Leistung an weiter entwickelten Pflanzen festgestellt, die im Vergleich zu jüngeren Pflanzen ernährungsphysiologisch unterlegen sind (van Emden & Bashford 1971, Williams 1995, Kazemi & van Emden 1992). Die meisten Belege für die Auswirkungen der tageszeitlichen Variation auf das Nahrungsverhalten und die Leistung der Blattläuse stammen aus Aufzeichnungen über die Honigtauproduktion. Die Honigtauproduktion wurde als Anhaltspunkt für das Nahrungsverhalten der Blattläuse verwendet, und es wurde festgestellt, dass die Honigtauablagerung am Tag höher war als in der Nacht, was auf eine geringere nächtliche Nahrungsaufnahme der Blattläuse schließen lässt (Maxwell & Palinter 1959, Cull & van Emden 1977, Gomez et al. 2006, Taylor et al. 2012).

Angesichts der tageszeitlichen Variation in der Zusammensetzung des Phloemsaftes ist anzunehmen, dass die nächtliche Nahrungsaufnahme zur Regulation des osmotischen Potenzials von Blattläusen beiträgt. Bereits Cull & van Emden (1977) vermuteten, dass Blattläuse den hohen osmotischen Stress, den sie während der Nahrungsaufnahme am Tage erleiden, dadurch kompensieren, dass sie nachts mehr verdünnten Pflanzensaft aufnehmen.

Die EPG-Aufzeichnungen der Nahrungsaufnahme adulter *R. padi* am Tag und in der Nacht zeigten die gleichen Ernährungsmuster an der Wirtspflanze (Nalam et al. 2021). Es wurde kein Einfluss der Tageszeit auf Parameter beobachtet, die einen Hinweis auf die Gesundheit der Blattläuse geben: Zeit bis zur ersten Probe, Gesamtzahl der Proben und die Anzahl der Potenzialabfälle. Diese Daten liefern starke Hinweise darauf, dass Blattläuse unabhängig von der Tageszeit in der Lage sind, sich von der Wirtspflanze zu ernähren. Indem sie die Rate der Honigtauproduktion als Indikator für die Nahrungsaufnahme der Blattläuse verwenden, zeigen Taylor et al. (2012), dass *Myzus persicae* und *Macrosiphum euphorbiae* ein ähnliches Verhalten zeigen, wenn sie sich von Kartoffeln ernähren. Ni & Quisenberry (1997) verwendeten die EPG-Technik, um zu zeigen, dass sich *Diuraphis noxia* auch nachts von Weizen ernährten. Die Fähigkeit, sich während der Nacht zu ernähren, ist nicht nur auf Blattläuse beschränkt, sondern wird auch bei anderen sich von Phloem ernährenden Insekten beobachtet (Suzuki & Hori 2014, Serikawa 2011). Diese Ergebnisse deuten auf das universelle Vorkommen nächtlicher Nahrungsaufnahme bei diversen sich vom Phloem ernährenden Insekten hin. Es ist jedoch möglicherweise nicht bei allen Blattlausarten und allen Verhaltensweisen der Fall (Arakaki 1989, Losey & Denno 1998).

Die Daten von Nalam et al. (2021) zeigten keine tageszeitlichen Muster für die Gesamtzeit, die in der Siebelement-Phase (SEP) verbracht wurde, es wurde jedoch ein signifikanter Unterschied zwischen Tag- und Nacht-Ernährung durch *R. padi* in Bezug auf die Speichelabgabe in das Phloem (E1) und Aufnahme von Phloemsaft (E2) festgestellt. Die Blattläuse speichelten (E1) während der Nacht etwa zweimal länger. In dieser Speichelphase scheiden die Blattläuse in die Siebelemente wässrigen Speichel aus. Es wird angenommen, dass der während der Nacht beobachtete erhöhte Speichelfluss der Blattläuse dazu dient, die Eignung des Phloems für eine persistente Nahrungsaufnahme zu erhöhen. Eine ähnliche Reaktion wurde bei der Nahrungsaufnahme von *D. noxia* beobachtet, die mit der EPG-Technik auf fünf verschiedenen Weizengenotypen untersucht wurde. Die Blattläuse verbrachten während der Nacht signifikant längere Zeit in der SEP (Ni & Quisenberry 1997).

Nalam et al. (2021) stellten die Hypothese auf, dass die nächtliche Nahrungsaufnahme durch Blattläuse einen geringeren Zuckergehalt im Phloemsaft ausnutzt, um den osmotischen Stress während der Nahrungsaufnahme am Tag auszugleichen. Sie konnten beobachten, dass *R. padi* am Ende der Nahrungsaufnahme in der Nacht signifikant stärker hydriert sind im Vergleich zu Blattläusen, die am Ende des Tages untersucht wurden. Weiterhin ist der Anteil der Blattläuse, die sich während der Nacht am Xylem ernähren, deutlich geringer, was darauf hindeutet, dass die Nahrungsaufnahme am Xylem während der Nacht für die Osmoregulation nicht wesentlich ist. Hinzu kommt, das Blattläuse, die sich während der Nacht ernähren, längere Zeit in der Speichel-Phase verbrachten, was darauf hindeutet, dass Blattläuse Effektoren absondern, die entweder die Pflanzenabwehr unterdrücken oder den Zuckertransport im Phloem induzieren. Die erhöhte nächtliche Speichelabgabe kann auch zu einer höheren Phloemakzeptanz beitragen, wie die längere Verweildauer bei der anhaltenden Nahrungsaufnahme während der Nacht zeigt.

5.1.4 Endosymbiose mit Mikroorganismen

Die meisten Insekten, die sich ernährungsbedingt unausgewogen ernähren, besitzen symbiotische Mikroorganismen (Trager 1970). Bei den meisten Blattläusen sind die Symbionten auf spezielle Zellgruppen, die Bakteriozyten, beschränkt, die bei der Geburt am zahlreichsten sind. Während des Wachstums und etwa nach der Hälfte der Fortpflanzungszeit nimmt die Anzahl der Bakteriozyten allmählich ab und ihr Volumen nimmt zu, was darauf hindeutet, dass sie und ihre zunehmende Symbiontenpopulation für die embryonale Entwicklung wesentlich sind. Gegen Ende der Fortpflanzungsperiode einer Blattlaus nimmt die Zahl der Bakteriozyten deutlich ab, und wenn eine Blattlaus die Fortpflanzung einstellt, ist praktisch keine mehr vorhanden (Abb. 5.4, Douglas & Dixon 1987). Tóth (1940) vermutete, dass Blattläuse ihre Symbionten nutzen, um ihre schlechte Ernährung zu ergänzen. Das langsame Wachstum und die teilweise oder vollständige Sterilität der experimentell erzeugten aposymbiotischen (d. h. symbiontenfreien) Individuen weist darauf hin, dass die Symbionten wichtig sind (Houk & Griffiths 1980). Bei den meisten Blattläusen werden die Symbionten transovarial auf die Embryonen übertragen (Buchner 1965). Schon früh in der Entwicklung eines Embryos drängt eine Gruppe von Zellen, die zum späteren Bakteriom werden, in das Blastoderm und es bildet sich eine konische Struktur auf dem Bakteriom-Rudiment. Die Symbionten gelangen von einer benachbarten mütterlichen Bakteriozyte über einen Kanal in der konischen Struktur in das Bakteriom des Embryos. Es ist wahrscheinlich, dass diese Symbiose sowohl Kosten als auch Nutzen für die Blattläuse hat, da sie die Größe der Population ihrer Endosymbionten zu kontrollieren scheinen. Die hochfruchtbaren Individuen der ersten Generation von *Pemphigus* haben eine große Symbiontenpopulation, während die weniger fruchtbaren Individuen der späteren Generationen sehr kleine Populationen beherbergen.

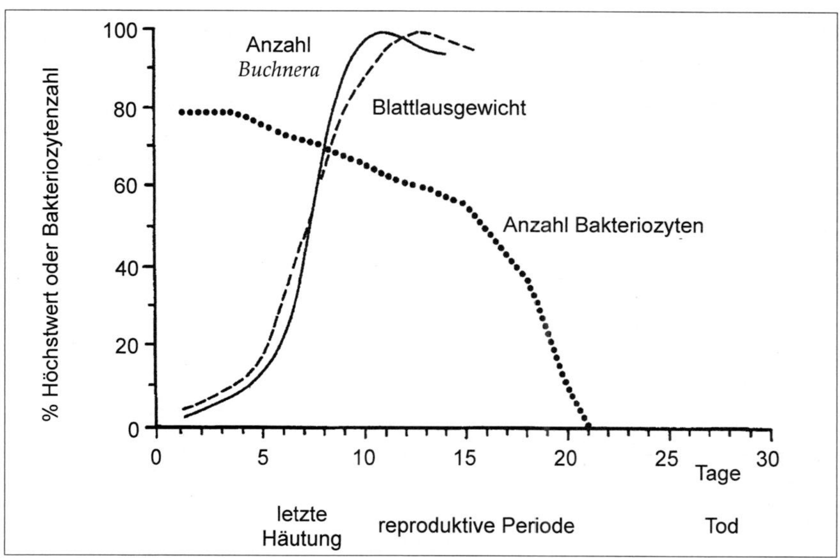

Abb. 5.4: Anzahl der Symbionten und Blattlausgröße (in Prozent des Maximums) sowie die Anzahl der Bakteriozyten im Verhältnis zum Blattlausalter (nach Douglas & Dixon 1987).

Die Interaktionen zwischen Symbionten und ihren Wirtsblattläusen erfordern ein Gleichgewicht, das die Fitness beider Partner gewährleistet (Laughton et al. 2014). Jedoch muss der Wirt die Kontrolle über die Symbiontenpopulationen aufrechterhalten, aber die Kontrolle der Symbionten ist wenig erforscht (Skaljac 2016). Wahrscheinlich kontrollieren Blattläuse ihre Symbionten mitilfe der phagozytischen Aktivität ihrer Hämozyten (Schmitz et al. 2012, Laughton et al. 2014). Dabei muss eine Blattlaus möglicherweise zwischen der Kontrolle ihrer Symbionten und den Investitionen in Entwicklung, Überleben und Reproduktion abwägen, wenn sie mit begrenzten Ressourcen konfrontiert ist (Laughton et al. 2014).

Die Anzahl der Symbionten scheint durch das Gleichgewicht zwischen Teilung und Degeneration bestimmt zu sein. In den frühen Generationen von Blattläusen werden die Symbionten häufig bei der Teilung und selten bei der Degeneration beobachtet, während das Gegenteil bei den Individuen der späten Generation der Fall ist. Die Degeneration der Symbionten wird mit dem Eindringen von Blattlaus-Önozyten in das Bakteriom in Verbindung gebracht (Tóth 1933, 1937). Der primäre Symbiont der meisten Blattläuse ist ein Bakterium, *Buchnera aphidicola* (Munson et al. 1991b), das zu einer Unterabteilung der Proteobakterien gehört, zu der *Escherichia coli* und viele andere Darmbakterien (Unterman et al. 1989, Munson et al. 1991a) gehören, darunter auch die der heutigen Blattläuse (Harada & Ishikawa 1993). Es ist daher wahrscheinlich, dass der Vorfahre von *Buchnera aphidicola* eine Darmmikrobe war. Molekulare Daten und fossile Hinweise deuten darauf hin, dass dieser Symbiont vor etwa 160–280 Millionen Jahren erworben wurde (Moran et al. 1993, Moran & Baumann 1994). Neben dem primären Symbionten beherbergen einige Blattläuse auch andere prokaryotische interzelluläre Symbionten – sekundäre Symbionten. Es ist wahrscheinlich, dass sie viele Male unabhängig voneinander erworben wurden, da sie nicht auf eine bestimmte Gruppe von Blattläusen beschränkt sind.

5.1.5 Die Rolle der sekundären Symbionten

Die Aufnahme sekundärer bakterieller Symbionten kann die Reproduktion und Lebensdauer der Blattläuse verringern (Chen et al. 2000). Während die Effekte einer Infektion mit *Serratia* und *Rickettsia* bei *Acyrthosiphon pisum* vom elterlichen Klon und der Wirtspflanze abhingen, erlitt die Luzerne

Tab. 6: Bakterielle Symbionten von Blattläusen und ihre Wirkung auf den Wirt (nach Skaljac 2016).

	Bakterielle Symbionten	Blattlaus (Gattung und/oder Art) mit dem Symbionten
Primär	*Buchnera aphidicola*	alle
	Serratia symbiotica Stämme SCc, SCt-VLC (co-obligatorisch mit *B. aphidicola*)	*Cinara cedri, Cinara tujafilina*
Sekundär	*Hamiltonelladefensa*	*Acyrthosiphon pisum, Aphis craccivora, Aphis fabae, Periphyllus bulgaricus, Essigella californica,Eulachnus brevipilosus, Hormaphis cornu, Hyperomyzus lactucae, Hysteroneura setariae, Geopemphigus* sp., *Melaphis rhois, Schlechtendalia chinensis, Melanocallis caryaefoliae, Monellia caryella, Uroleucon, Macrosiphum, Pemphigus, Nippolachnus, Sitobion avenae, Sitobion fragariae*
	Serratia symbiotica	*Acyrthosiphon pisum, Acyrthosiphon lactucae, Aphiscraccivora, Aphis fabae, Periphyllus bulgaricus, Chaitophorus populifolii, Essigella californica, Hormaphis cornu, Macrosiphoniella helichrysi, Hysteroneura setariae, Geopemphigus* sp., *Melaphis rhois, Schlechtendalia chinensis, Smynthurodes betae, Melanocallis caryaefoliae, Monellia caryella, Panaphis juglandis, Tuberolachnus salignus, Trama troglodytes, Macrosiphum, Lachnus, Stomaphis, Uroleucon, Pemphigus, Periphyllus, Pterochloroides, Cinara*

besiedelnde *Acyrthosiphon kondoi* einen Fitnessverlust (Chen et al. 2000). Nachdem immer mehr Symbionten identifiziert wurden, belegten weitere Studien negative Auswirkungen von Symbionten auf Blattläuse. Da diese abhängig von der Blattlausart, dem Genotyp und der Wirtspflanze waren, können die Auswirkungen auf Blattläuse nicht einfach durch das Vorhandensein oder Fehlen eines bestimmten Symbionten vorhergesagt werden. Während bestimmte Klone von *Aphis fabae*, die *Hamiltonella*-Symbionten beherbergten, unter reduzierter Reproduktion und Lebensdauer litten (Vorburger & Gouskov 2011), verursachte *Regiella* bei hohen Temperaturen Kosten für *A. pisum* (Russell & Moran 2006). Kosten können für die Blattlaus durch den Wettbewerb um Ressourcen zwischen dem primären Nahrungssymbionten *Buchnera* und dem sekundären Symbionten entstehen. So beobachteten Weldon et al. (2013) bei zunehmender Abundanz von *Hamiltonella* eine abnehmende Fitness von *A. pisum*. Den gleichen Effekt zeigten Koga et al. (2003) bei Unterdrückung von *Buchnera* in Erbsenblattläusen, die mit *Serratia* infiziert waren. Jahreszeitliche Schwankungen in der Pflanzenqualität (Awmack & Leather 2002), die zu einer Verringerung

Einfluss auf den Wirt	Referenzen
• Versorgung mit Nährstoffen	Shigenobu et al. 2000, Douglas 2003, Oliver et al. 2010
	Lamelas et al. 2011, Augustinos et al. 2011, Manzano-Marin & Latorre 2014
• Schutz vor Parasitoiden und Prädatoren • Toleranz gegenüber Hitzestress • Verwertung der Wirtspflanze • Produktion von Alarmpheromonen • Versorgung mit Nährstoffen	Russell et al. 2003, Russell & Moran 2006, Burke et al. 2009, Degnan et al. 2009, Oliver et al. 2010, 2012, 2014, Costopoulos et al. 2014
• Schutz vor Parasitoiden und Prädatoren • Toleranz gegenüber Hitzestress • Verwertung der Wirtspflanze • Versorgung mit Nährstoffen	Russell et al. 2003, Burke et al. 2009, Oliver et al. 2010, 2014, Brady et al. 2014, Costopoulos et al. 2014, Foray et al. 2014

	Bakterielle Symbionten	Blattlaus (Gattung und/oder Art) positiv für Symbionten
Sekundär	*Regiella insecticola*	*Acyrthosiphon pisum, Acyrthosiphon lactucae, Aphis craccivora, Aphis citricola, Aphis nerii, Colopha kansugei, Myzus persicae, Chaitophorus populeti, Essigella californica, Drepanosiphum oregonense, Hormaphis cornu, Brachycaudus (Prunaphis) cardui, Hysteroneura setariae, Melaphis rhois, Schlechtendalia chinensis, Melanocallis caryaefoliae, Monellia caryella, Macrosiphum, Uroleucon, Pemphigus*
	Arsenophonus sp.	*Aphis craccivora, Aphis gossypii, Aphis glycines, Aphis idaei, Aphis ruborum, Aphis spiraecola, Melanaphis donacis, Stomaphis*
	Sodalis sp.	*Eulachnus tuberculostemmatus, Eulachnus rileyi, Nippolachnus piri*
	Rickettsia sp.	*Acyrthosiphon pisum, Amphorophora rubi, Aphis gossypii, Sitobion miscanthi*
	Wolbachia sp.	*Acyrthosiphon pisum, Cinara cedri, Aphis gossypii, Aphis nerii, Aphis fabae, Pentalonia caladii, Sitobion miscanthi, Tuberolachnus salignus, Maculolachnus submacula, Cavariella* sp., *Metopolophium dirhodum, Aphis (Toxoptera) citricidus, Sipha maydis, Baizongia pistaciae, Neophyllaphis podocarpi*
	Spiroplasma sp.	*Acyrthosiphon pisum*
	Candidatus Rickettsiella viridis	*Acyrthosiphon pisum*
	Pea aphid X-type	*Acyrthosiphon pisum*

der Nahrungsressourcen führen, könnten die negativen Auswirkungen der Aufnahme von Symbionten noch verstärken. Trotz der potenziellen Kosten müssen die Symbionten für ihre Blattlauswirte einen starken Schutz bieten. So kann *Serratia* die Rolle des primären Ernährungssymbionten übernehmen und damit im Laufe der Zeit funktionell *Buchnera* ersetzen, die bei *Cinara cedri* ein degradiertes Genom aufweist (Pérez-Brocal et al. 2006, Lamelas et al. 2011). *Serratia* könnte auch bei *A. pisum* eine Ernährungsfunktion haben (Koga et al. 2003). Während die Abundanz von *Buchnera* mit dem Alter der Blattlaus abnimmt (Abb. 5.4), wird die Abundanz von

Einfluss auf den Wirt	Referenzen
• Schutz vor pilzlichen Pathogenen und Parasitoiden • Verwertung der Wirtspflanze	Russell et al. 2003, Tsuchida et al. 2005, Vorburger et al. 2010, Lukasik et al. 2013b
• weitgehend unbekannt • Schutz vor Parasitoiden (?) • Verwertung der Wirtspflanze	Moran et al. 2005, Burke et al. 2009, Jousselin et al. 2013, Wulff et al. 2013, Brady et al. 2014
• unbekannt	Burke et al. 2009
• Schutz vor pilzlichen Pathogenen	Haynes et al. 2003, Oliver et al. 2010, Lukasik et al. 2013c
• weitgehend unbekannt • Ergänzung von Nährstoffen (?) • Beeinflussung der Fortpflanzung (?)	Oliver et al. 2010, Augustinos et al. 2011, Brady et al. 2014
• Schutz vor pilzlichen Pathogenen • Beeinflussung der Fortpflanzung	Oliver et al. 2010, Simon et al. 2011, Lukasik et al. 2013a
• Schutz vor pilzlichen Pathogenen und Parasitoiden • Beeinflussung der Körperfärbung	Tsuchida et al. 2010, 2014, Lukasik et al. 2013b, c, Martinez et al. 2014
• Schutz vor Parasitoiden bei schwankenden Temperaturen und Nutzung der Wirtspflanze bei Co-Infektion mit *H. defensa* • Geringerer Schutz vor Prädation	Guay et al. 2009, Oliver et al. 2014, Polin et al. 2014

Serratia nicht reduziert, sodass diese Redundanz in gewissem Maße dem Blattlauswirt zugutekommen könnte, indem sie die Lebensdauer erhöht. *Serratia* unterstützt auch ihren Wirt während eines Hitzeschocks bei Temperaturen über 25 °C (Montllor et al. 2002, Russell & Moran 2006) und soll bei der Verteidigung von Insekten beteiligt sein (Oliver et al. 2014). Besonders *Hamiltonella* wird mit der Verleihung von Resistenz gegen Parasitoide in Verbindung gebracht und schützt *A. pisum* vor *Aphidius ervi* (Oliver et al. 2003, Ferrari et al. 2004, Li et al. 2002, Nyabuga et al. 2010) und *A. fabae* vor *Lysiphlebus fabarum* (Vorburger et al. 2009, 2013).

Hamiltonella wirkt jedoch nicht gegen alle Parasitoiden oder bei allen Blattlausarten (Asplen et al. 2014, Lukasik et al. 2013a). Eine Rolle bei der Parasitoidenabwehr wird *Regiella* (Vorburger et al. 2010) und *Serratia* (Oliver et al. 2003) zugeordnet. Für die anderen Symbionten wurde in *A. pisum* ein Schutz gegen pilzliche Pathogene durch *Regiella, Rickettsia, Rickettsiella* und *Spiroplasma* nachgewiesen (Ferrari et al. 2004, Scarborough et al. 2005, Lukasik et al. 2013c). Eine Studie über *Serratia* und *Hamiltonella* zeigte, dass ihr Vorhandensein in *A. pisum* die Mortalität von Marienkäferlarven erhöhte, aber größere Erwachsene hervorbrachte (Costopoulos et al. 2014).

Die Assoziationen zwischen Blattläusen und den Symbionten *Hamiltonella, Regiella* und *Serratia* wurden nicht mit der Phylogenie der Blattläuse in Verbindung gebracht, sondern eher mit den Wirtspflanzen-Gattungen (Henry et al. 2015). Die Häufigkeit der Infektion mit *Serratia* war bei Blattlausarten, die sich von Nahrungspflanzen derselben Gattung ernähren, höher als bei Blattläusen, die auf andere Wirtspflanzen ausweichen, was nahelegt, dass dieser Symbiont bei spezialisierten Blattläusen eine mögliche Ernährungsrolle besitzt. Einige Studien zeigten, dass das Vorkommen bestimmter bakterieller Symbionten bei Blattläusen von der besiedelten Wirtspflanzenart beeinflusst werden kann (Simon et al. 2003, Brady & White 2013, Russell et al. 2013, Henry et al. 2015). *A. pisum* tritt in verschiedenen genetisch differenzierten Wirtsrassen auf, die mit unterschiedlichen Pflanzenarten assoziiert sind. Es wird angenommen, dass die Infektion mit sekundären Symbionten eine Rolle bei der Wirtspflanzenspezialisierung spielt, da unterschiedliche Symbiontengemeinschaften bei verschiedenen Wirtsrassen gefunden wurden (Tsuchida et al. 2004, McLean et al. 2011, Russell et al. 2013, Oliver et al. 2014). Insbesondere *A. pisum* mit *Hamiltonella,* sind eher auf *Lotus, Ononis* und *Medicago* anzutreffen, und solche mit *Regiella* auf *Trifolium* (Ferrari et al. 2012, Russell et al. 2013). Somit scheinen verschiedene Symbionten unterschiedliche Auswirkungen auf die artspezifische Nutzung von Wirtspflanzen durch Blattläuse zu haben.

Genetische Variationen innerhalb eines Symbionten können seine Interaktion mit der Blattlaus beeinträchtigen, da nur einige Isolate einen Vorteil bieten (Oliver et al. 2005, Vorburger et al. 2010). So verleiht nur ein *Regiella*-Stamm eine Resistenz gegen Parasitoide, während andere Stämme dies nicht taten (Vorburger et al. 2010). *Hamiltonella*-Stämme verleihen *A. pisum* ebenfalls unterschiedliche Schutzniveaus gegen Parasitoide (von 19 % bis 100 %) (Oliver et al. 2005). Die Blattlauswirte selbst variieren zudem in ihren eigenen Parasitoiden-Abwehrmechanismen, d. h., ohne defensive Symbionten gab es zwischen *A.-pisum*-Klonen immer noch signifikante Unterschiede in den Mortalitätsraten (von Burg et al. 2008, Martinez et al. 2014). Somit ist für die Blattlaus nicht nur die Artenzusammensetzung der Symbionten wichtig, sondern auch der spezifische Symbiontenstamm. Trotz der scheinbar starken Fitnessvorteile sind Symbionten in Blattlauspopulationen im Allgemeinen nicht fixiert (CHEN & PURCELL, 1997, SANDSTRÖM et al. 2001, TSUCHIDA et al. 2002).

Die sekundären Symbionten, die üblicherweise bei Blattläusen untersucht werden, sind *H. defensa, R. insecticola, S. symbiotica, Rickettsia, Spiroplasma* und *X-type* (z. B. CHEN et al. 1996, TSUCHIDA et al. 2002, CHANDLER et al. 2008, FERRARI et al. 2012, HENRY et al. 2015, SMITH et al. 2015). Von 1996 bis 2015 wurden 45 Arbeiten über Blattlaussymbionten veröffentlicht (ZYTYNSKA & WEISSER 2016), darin hatte *Serratia* den höchsten Anteil der untersuchten Blattlausarten infiziert, gefolgt von *Wolbachia, Hamiltonella, Regiella, Rickettsia, X-, Spiroplasma* und *Arsenophonus*. 89 Blattlausarten aus der Unterfamilie der Aphidinae sind am häufigsten untersucht worden, insbesondere 66 Arten des Tribus Macrosiphini (ZYTYNSKA & WEISSER 2016). Die Anzahl der Blattläuse, die auf Symbionten untersucht wurden, variiert stark zwischen den verschiedenen Regionen der Welt. Zwei Blattlausarten, *A. craccivora* (BRADY et al. 2014) und *A. pisum* (HENRY et al. 2013), wurden in allen Weltregionen untersucht. Von den anderen bisher getesteten Blattlausarten wurden die meisten in Europa und Nordamerika gesammelt, was wahrscheinlich auf die aktiveren Forschungsgruppen und deren Ressourcen zurückzuführen ist (ZYTYNSKA & Weisser 2016).

Es ist zu erwarten, dass Klimaveränderungen breit wirkende Einflüsse auf die Aphiden durch die Effekte auf die mit ihnen assoziierten Endosymbionten haben können.

In den Untersuchungen an *Sitobion avenae* aus verschiedenen Regionen Chinas und den drei häufigen sekundären Endosymbionten *Regiella inecticola, Hamiltonella defensa* und *Serratia symbiotica* erbrachten LUO et al. (2016) den Nachweis, dass fakultative Endosymbionten-Infektionen unter künstlichen Laborbedingungen reduziert werden können. Ein Stamm von *S. avenae* wurde für längere Zeit im Labor gehalten und die DNA dieser Blattläuse nach dem 1., 3., 5., 7., 9., 11., 12., 13. und 14. Monat analysiert. Sie zeigten, dass *S. symbiotica* und *R. insecticola* in allen sechs Blattlauspopulationen auftraten, während *H. defense* an drei Standorten nachgewiesen wurde. Während der Haltung im Labor haben sich die Infektionsfrequenzen von *Serratia symbiotica* in den 14 Studienmonaten nicht verändert, aber die Infektionsfrequenzen von *Regiella inescticola* sind nach dem 9. und von *Hamiltonella defensa* nach dem 11. Monat deutlich zurückgegangen.

5.1.6 Mehrfachinfektionen durch Symbionten

Blattläuse können mehrere Symbionten beherbergen, aber die Häufigkeit und die Selektionsmechanismen, die die Symbiontengemeinschaft bestimmen, bedürfen weiterer Forschung. In natürlichen Populationen wird meist das Vorhandensein eines Symbionten und die Infektionsrate der Population mit einem bestimmten Symbionten erfasst, nicht aber die Häufigkeit von Mehrfachinfektionen. Wenn diese bewertet werden, dann vorwiegend in Untersuchungen über *A. pisum* (Leonardo & Muiru 2003, Oliver et al. 2006, Nyabuga et al. 2010, Ferrari et al. 2012, Henry et al. 2013, Russell et al. 2013, Smith et al. 2015). Felduntersuchungen zeigen, dass Blattläuse im Durchschnitt eine bis zwei Symbiontenarten beherbergen (Ferrari et al. 2012, Russell et al. 2013, Smith et al. 2015). Bei *A. pisum* variierte die Häufigkeit von Infektionen durch mehrere Symbionten zeitlich, wobei auf eine Spitze der Infektionsraten ein Rückgang der Symbiontenhäufigkeit folgte (Smith et al. 2015). Bei *A. fabae* fanden Chandler et al. (2008) keine Mischinfektionen, Henry et al. (2015) beobachteten, dass diese Blattläuse selten mehr als einen Symbionten besitzen und Zytynska et al. (2015) stellten fest, dass diese Blattlaus bis zu vier Symbionten beherbergen kann. Mehrfachinfektionen für die drei getesteten Symbionten (*Hamiltonella, Regiella* und *Serratia*) sollen meist bei Blattlausarten aus der Gattung *Macrosiphum* auftreten (Henry et al. 2015).

Mehrfachinfektion mit Symbionten hat in Laborstudien von Oliver et al. (2006) den Verteidigungsschutz erhöht und die Fruchtbarkeit von Blattläusen negativ beeinflusst. Das Ergebnis wird von der Art und dem Genotyp der Blattlaus beeinflusst (Lukasik et al. 2013b).

Mehrfachinfektionen könnten auch nicht-additive Wirkungen auf den Wirt haben, sodass Wechselwirkungen zwischen den verschiedenen Symbionten ihre individuellen Wirkungen entweder synergistisch oder antagonistisch weiter verändern können (Montllor et al. 2002, Tsuchida et al. 2002, Leonardo & Muiru 2003, Brady & White 2013, Russell et al. 2013).

Die Übertragung von Symbionten wird häufig nur auf vertikalem Wege, d. h. von der Mutter auf die Nachkommen, betrachtet, aber es ist bekannt, dass die Übertragungsraten im Labor nicht unbedingt 100 % erreichen (Chen & Purcell 1997, Tsuchida et al. 2006, Dykstra et al. 2014). Die horizontale Übertragung kann jedoch auch dazu führen, dass Symbionten von anderen Blattlausarten übertragen werden, und obwohl bekannt ist, dass dies auf dem Feld geschieht, ist die Übertragungshäufigkeit unbekannt (Darby & Douglas 2003, Russell et al. 2003, Gehrer & Vorburger 2012, Henry et al. 2013). Zu den möglichen Mechanismen gehört die Übertragung durch Parasitoide (Gehrer & Vorburger 2012). Moran & Dunbar

(2006) schließen nicht aus, dass während der Paarung, Symbionten vom Männchen auf das Weibchen übertragen werden. Umfangreiche Kreuzungsversuche von Knäbe (1999) und Müller (1982, 1985a, b) mit Wirtsrassen verschiedener Blattlausarten haben allerdings wiederholt gezeigt, dass die Hybriden die Wirtspflanze der Mutter besiedeln. Demnach spielen die Symbionten nicht die Rolle bei der Wirtspflanzennutzung oder es gab keine paternale Übertragung der Symbionten

Eine Gruppe der Cerataphidini hat keine interzellulären Symbionten, sondern beherbergt hefeähnliche Zellen in ihrem Hämocoel- und Fettkörper. Diese Symbionten scheinen zu den Ascomycota-Pyrenomyceten zu gehören, einer Gruppe, zu der auch die parasitären Pilze der Insekten gehören. Es ist daher wahrscheinlich, dass sich diese Symbionten aus den Pilzparasiten der Blattläuse entwickelt haben. Diese Verwandtschaft und das Vorhandensein sekundärer Symbionten bei einigen Blattlausarten deuten darauf hin, dass die primäre symbiotische Beziehung durch verschiedene Mikroorganismen beeinträchtigt wurde. Gelegentlich ist es einem Invasoren gelungen, mit dem ursprünglichen Symbionten zu koexistieren oder ihn zu verdrängen (Fukatsu 1994).

Wie alle Organismen sind bakterielle Endosymbionten beherbergende Blattläuse, Mitglieder eines Arten-Interaktionsnetzes. Während Blattlausdärme ein relativ begrenztes Mikrobiom enthalten (Grigorescu et al. 2018, Grenier et al. 1994), übertragen Blattläuse wie *M. persicae* zahlreiche verschiedene Pflanzenviren (Blackman & Eastop 2000, Hogenhout et al. 2008). Das Arten-Interaktionsnetzwerk einer Blattlaus umfasst also ihre obligaten und fakultativen Symbionten, ihre Wirtspflanze, ihr Darmmikrobiom, das Mikrobiom ihrer Wirtspflanze und die von ihr übertragenen Viren (Abb. 5.5 A). Thompson et al. (2019) haben Daten der RNAs von *Myzus persicae* untersucht, um die Quelle der Reads (als Read wird eine zum DNA-Fragment komplementäre Basensequenz bezeichnet) zu bestimmen, die nicht den Genomen von Blattläusen oder *Buchnera* zugeordnet werden konnten. Dabei wurde ein auffälliger Unterschied zwischen Darm- und Bakteriom-Gewebeproben (siehe Abb. 5.5 A für die Anordnung der Gewebe im Blattlaus-Wirt) in Bezug auf den Anteil aller Reads festgestellt, die den Genomen von *M. persicae* und *Buchnera* zugeordnet wurden. Deshalb kartierten Thompson et al. (2019) diese Reads gegen drei Genombibliotheken. Die erste enthielt das Genom der Wirtspflanze *Brassica oleracea* (Parkin et al. 2014), da die Blattlauslinien auf *B.-oleracea*-Setzlingen gezüchtet wurden. Die zweite enthielt Genome von nützlichen und pathogenen Bakterien, von denen bekannt ist, dass sie mit Blattläusen assoziiert sind (Grigorescu et al. 2018, Gauthier et al. 2015), während die dritte Bibliothek Genome von Pflanzenviren enthielt, die von Blattläusen übertragen

Abb. 5.5: Bakteriom und Darmgewebe der Blattlaus wurden mit Genomen von Blattlaus, *Buchnera* und Wirtspflanze sowie mit einer Bakterien- und Virusbibliothek verglichen. (A) *Myzus persicae* bei der Nahrungsaufnahme an *Brassica oleracea*, wobei die Stechborsten der Blattlaus die Cuticula (Cu), die Epidermis (Ep) und das Mesophyll (Me) durchdringen, um das Siebelement (Se) zu erreichen und Phloemsaft aufzunehmen. Der Darm der Blattlaus ist von einem Mikrobiom besiedelt, welches fakultative Symbionten, darmassoziierte Bakterien, bakterielle Pathogene, pflanzen-assoziierte Bakterien und Viren umfasst. Das Bakteriom der Blattlaus besteht aus Bakteriozytenzellen, die *Buchnera* beherbergen, und aus Zellen der Scheide des Stichkanals, die mit fakultativen Symbionten infiziert sein können. (B) Benutzerdefinierte Bibliotheken: (1) Wirtspflanze, (2) Bakterien und (3) Virus (nach Thompson et al. 2019).

werden (Valenzuela & Hoffmann 2015, Ng & Perry 2004) (Abb. 5.5 B). Das Ziel war es, die Quelle der kleinen Reads zu bestimmen, die nicht den *M.-persicae-* oder *Buchnera*-Genomen zugeordnet werden konnten.

Die Analyse ergab, dass das Muster weitgehend durch Reads erklärt wurde, die der Wirtspflanze *Brassica oleracea* und einem fakultativen Symbionten, *Regiella,* zugeordnet werden konnten. Zur Aufklärung der Funktion kleiner Pflanzen-RNAs im Darm von Blattläusen haben Thompson et al. (2019) 213 einzigartige miRNAs aus *B. oleracea* annotiert, von denen 32 im Darm von *M. persicae* vorhanden waren. Die pflanzlichen Zielmoleküle dieser 32 pflanzlichen miRNAs betreffen vor allem Gene, die mit der Transkription in Verbindung stehen, während die Verteilung der Zielmoleküle im Genom der Blattläuse der funktionellen Verteilung aller Gene im Genom der Blattläuse entspricht (Thompson et al. 2019).

5.1.7 Verbesserung der Nahrungsqualität

Die Untersuchung der Rolle von Symbionten bei der Ernährung von Blattläusen wurde durch die Entwicklung chemisch definierter synthetischer Diäten und den Einsatz des Antibiotikums Chlortetracyclin und des Hitzeschocks zur Erzeugung symbiontenfreier (aposymbiotischer) Blattläuse erleichtert. Die vergleichende Leistung von aposymbiotischen und symbiotischen Blattläusen bei synthetischer Ernährung und der Einbau radioaktiver Komponenten in die Nahrung in Blattläusenproteine wurden verwendet, um die Rolle der Symbionten zu bestimmen.

Es wird angenommen, dass *Buchnera aphidicola* die Nahrung der Blattläuse durch die Synthese von Vitaminen, Sterolen und bestimmten Aminosäuren ergänzt (Douglas 1988a, b). Insbesondere in *Myzus persicae* bauen die Symbionten anorganisches Sulfat in die Schwefelaminosäuren Methionin und Cystein ein (Douglas 1988b) und synthetisieren Tryptophan in *Acyrthosiphon pisum* (Douglas & Prosser 1992), *Schizaphis graminum* (Munson &

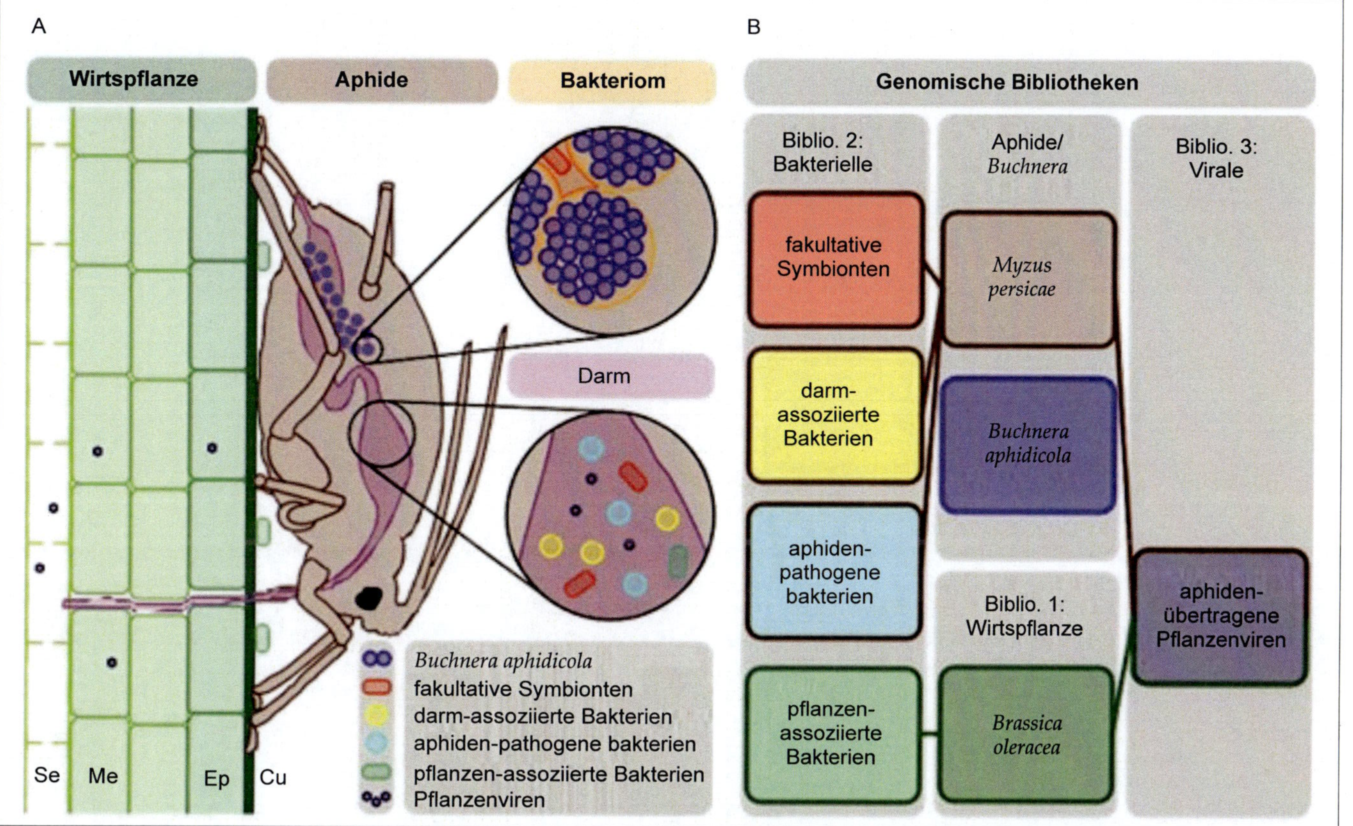
A
Wirtspflanze
Aphide
Bakteriom
Darm
Se
Me
Ep
Cu
Buchnera aphidicola
fakultative Symbionten
darm-assoziierte Bakterien
aphiden-pathogene bakterien
pflanzen-assoziierte Bakterien
Pflanzenviren
B
Genomische Bibliotheken
Biblio. 2: Bakterielle
fakultative Symbionten
darm-assoziierte Bakterien
aphiden-pathogene bakterien
pflanzen-assoziierte Bakterien
Aphide/ Buchnera
Myzus persicae
Buchnera aphidicola
Biblio. 1: Wirtspflanze
Brassica oleracea
Biblio. 3: Virale
aphiden-übertragene Pflanzenviren

Baumann 1993, Lai et al. 1994, 1995). Das Gen (trpEG), welches für die Tryptophan-Biosynthese in *Schizaphis graminum* verantwortlich ist, ist im Symbionten als vier Tandem-Wiederholungen auf einem zirkulären Plasmid vorhanden. Diese Genamplifikation wird als Anpassung an eine endosymbiotische Assoziation angesehen, bei der der Symbiont Tryptophan für seinen sich schnell entwickelnden Wirt überproduziert (Lai et al. 1994). Bei der sich langsamer entwickelnden *Schlechtendalia chinensis* tritt das trpEG des Symbionten als eine einzige Kopie auf dem Bakterienchromosom auf (Lai et al. 1995). Die Zusammensetzung der freien Aminosäuren von *Acyrthosiphon pisum* bleibt bemerkenswert ausgewogen und stabil, unabhängig davon, wovon sich symbiotische Blattläuse ernähren, was bei aposymbiotischen Blattläusen nicht der Fall ist. In aposymbiotischen Blattläusen sind die nicht essenziellen Aminosäuren wie Asparagin, Asparaginsäure, Glutamin und Prolin in höheren Konzentrationen und essenzielle Aminosäuren wie Isoleucin, Leucin, Phenylalanin und Threonin in niedrigeren Konzentrationen vorhanden. Dies steht im Einklang mit der Hypothese, dass die Symbionten durch die Synthese essenzieller Aminosäuren zur Ernährung der Blattläuse beitragen (Liadouze et al. 1995).

Zusätzlich zur Aufwertung des Stickstoffs in der Nahrung produzieren die Symbionten auch ein Protein mit einem Molekulargewicht von 63 kDa. Diese Substanz wurde ursprünglich als Symbionin bezeichnet (Ishikawa 1984), doch spätere immunologische und histologische Studien haben ergeben, dass es mit Chaperonin 60 (cpn 60) identisch ist, und es wurde inzwischen bei etwa 60 Blattlausarten nachgewiesen. Diese Substanz kontrolliert die Faltung und den Zusammenbau von Polypeptiden, und obwohl sie von den Symbionten produziert wird, steht ihre Produktion unter der Kontrolle des Blattlausgenoms (Abb. 5.6). Ursprünglich wurde angenommen, dass sich Symbionin in den Symbionten der Blattlausembryonen anreichert und in deren post-embryonaler Entwicklung verwendet wird (Ishikawa 1984). Inzwischen ist jedoch bekannt, dass Symbionin hauptsächlich in den Symbionten vorkommt, was darauf hindeutet, dass es nicht vom Wirt verwendet wird, sondern für das Funktionieren der Symbionten wichtig ist (Fukatsu & Ishikawa 1992b).

Es wird angenommen, dass das in der Blattlaushämolymphe vorhandene Material von degenerierenden Symbionten stammt, die von den Bakteriozyten exprimiert werden (Ponsen 1972, Verbeek & van den Heuvel 1994).

Zusätzlich zu cpn 60 produzieren die Symbionten auch ein kleineres Protein Chaperonin 10 (cpn 10). Die Produktion dieses Chaperonins unter der Kontrolle des Wirtsgenoms ist charakteristisch für Organellen, wie Mitochondrien und Chloroplasten, die sich ebenfalls aus endosymbiotischen Bakterien entwickelt haben (Margulis 1970, 1981). Cpn 10 wird jedoch

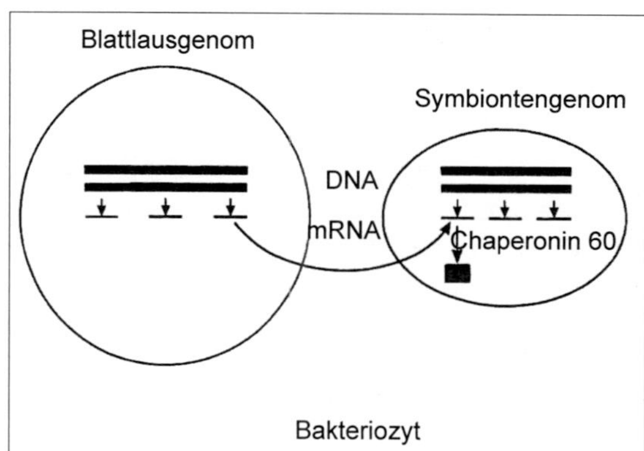

Abb. 5.6: Symbionin (oder Chaperonin 60) wird vom Symbiontengenom unter Einfluss des Blattlausgenoms gebildet (nach Ishikawa 1984 und Dixon 1998).

nicht von Organellen produziert. Es wird vermutet, dass die sekundären Symbionten phylogenetisch jünger sind als die primären Symbionten, weil sie proportional mehr cpn 10 produzieren und eine Variabilität in Form und Häufigkeit sowie in den molekularen Eigenschaften ihrer 16S rRNA aufweisen (Untermann et al. 1989, Fukatsu & Ishikawa 1993). Der Rückgang in der Produktion von cpn 10 von sekundären über primäre Symbionten zu Organellen deutet darauf hin, dass die Prokaryonten-Vorfahren der Symbionten/Organellen alle einem ähnlichen Selektionsdruck ausgesetzt waren und dass die primären Symbionten organellenähnlicher sind als die sekundären Symbionten (Tabelle 7). Die meisten Gene, die den grundlegenden Biosynthesewegen in freilebenden Bakterien zugrunde liegen, sind bei *Buchneria* jedoch noch vorhanden (Moran & Baumann 1994).

Tab. 7: Produktion von Chaperonin 60 (Symbionin) und Chaperonin 10 von Bakterien, Symbionten und Organellen in Bezug auf die Zeit, in der sie intrazellulär in Eukaryonten lebten (nach Fukatsu & Ishikawa 1993)

Zeit	**Chaperonin**	
	60	10
Freilebende Bakterien	+++	+++
Sekundäre Symbionten	+++	+++
Primäre Symbionten	+++	+
Organellen	+++	–

5.1.8 Wiederverwertung von Stickstoff

Blattläuse sind unter den Insekten ungewöhnlich, da sie keine Malpighischen Tubuli besitzen, die stickstoffhaltige Abfälle eliminieren und das ionische Gleichgewicht aufrechterhalten. Der von Blattläusen ausgeschiedene stickstoffhaltige Abfall besteht aus sehr geringen Mengen Ammoniak und Aminosäuren (Lamb 1959, Hussain et al. 1974, Whitehead et al. 1992, Sasaki & Ishikawa 1993, Sasaki et al. 1993). Da die Aminosäurenzusammensetzung des Honigtaus (Ausscheidungen) von Blattläusen und Pflanzensaft ähnlich ist, wurde angenommen, dass die meisten Aminosäuren nicht von Blattläusen stammen, sondern Bestandteile der Nahrung sind. Der Honigtau von aposymbiotischen Blattläusen enthält jedoch mehr Asparagin und Glutamin als der Honigtau von symbiotischen Blattläusen, die sich von derselben Nahrung ernähren. Dies hat zu der Vermutung geführt, dass das im Stickstoffmetabolismus erzeugte Ammoniak mit Glutaminsäure – katalysiert durch Glutaminsynthase – zu Glutamin reagiert, das zum Teil in Asparagin umgewandelt wird. Diese beiden Amide werden von den Symbionten in verschiedene stickstoffhaltige Substanzen umgewandelt und vom Wirt wieder verwertet. Obwohl der Großteil des Abfallstickstoffs auf diese Weise wiederverwertet wird, wird ein Teil in Form von Arginin ausgeschieden (Abb. 5.7, Sasaki & Ishikawa 1993, Sasaki et al. 1993).

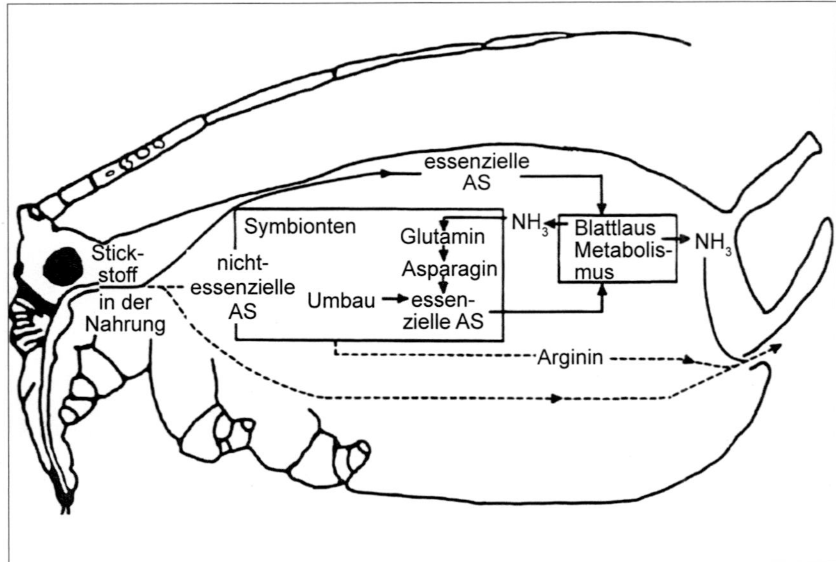

Abb. 5.7: Rolle der Symbionten bei Umbau und Wiederverwertung des Stickstoffs aus der Blattlausnahrung (nach Dixon 1998).

5.1.9 Stickstoffwirtschaft

Da es physiologische Hinweise darauf gibt, dass die Symbionten der Blattläuse den Stickstoff in ihrer Nahrung sowohl recyceln als auch aufwerten, sollten symbiotische Blattläuse aposymbiotische Blattläuse übertreffen, insbesondere bei unausgewogener Ernährung und bei niedriger Aminosäurekonzentration. Ein gutes Maß für die Leistung in diesem Zusammenhang ist die Effizienz der Umwandlung (efficiency of conversion EC) von Nahrung in Blattlausbiomasse. In dem einzigen Fall, in dem die EC gemessen wurde, waren symbiotische Blattläuse effizienter (1,3- bis 1,7-fach) als aposymbiotische Blattläuse, insbesondere bei Diäten, die sehr wenig Aminostickstoff enthielten (Prosser et al. 1992).

Aposymbiotische Blattläuse produzieren relativ wenig oder gar keine Nachkommen auf Pflanzen und künstlichen Diäten (Mittler 1971, Sasaki et al. 1991, Douglas 1992), selbst auf solchen, die eine ausgewogene Aminosäurenzusammensetzung aufweisen (Sasaki et al. 1991). Interessanterweise ist die Nachkommenproduktion sowohl bei symbiotischen als auch bei aposymbiotischen Blattläusen, die mit Diäten aufgezogen werden, eine einfache Funktion des Gewichts, das sie erreichen, wobei die größeren fruchtbarer sind als die kleineren Individuen. Die Nahrungsrate der Blattläuse auf Diäten ist wesentlich geringer als auf Pflanzen, insbesondere die der aposymbiotischen Blattläuse. Obwohl die Entwicklungszeit auf Diäten länger ist (1,5-fach), reicht dies nicht aus, um die verminderte Nahrungsrate auszugleichen (0,25-fach), und als Folge davon sind die Blattläuse bei der Reife wesentlich kleiner. Diäten sind daher ein schlechter Ersatz für Pflanzen. Dies hat Sasaki et al. (1991) dazu veranlasst, darauf hinzuweisen, dass es notwendig ist, eine Ernährung speziell für aposymbiotische Blattläuse zu entwickeln. Da jedoch die Leistungsfähigkeit beider Blattlaustypen so schlecht ist, könnte eine geeignetere Ernährung erforderlich sein, deren Akzeptanz bei den Blattläusen nicht mehr die Interpretation der Ergebnisse beeinträchtigt.

Die schlechte Reproduktionsleistung der aposymbiotischen Blattläuse, insbesondere bei ausgewogener Ernährung, hat zu der Annahme geführt, dass die Synthese essenzieller Aminosäuren nicht die alleinige Funktion der Symbionten ist. Es gibt experimentelle Beweise dafür, dass sie andere Lipide als Sterine und Triglyceride liefern (siehe Campbell & Nes 1983, Rahbe et al. 1993, 1994), die für die Embryogenese essenziell sind, aber in Diäten fehlen und im Phloemsaft knapp sind (Douglas 1989, 1992). Es wurde auch vermutet, dass die Symbionten an der Entgiftung von Insektiziden und sekundären Pflanzeninhaltsstoffen (Amiressami 1980, Amiressami & Petzold 1976, 1977, Ball & Bailey 1978, Jenkins 1991) sowie an der Produktion von Blattlauspigmenten beteiligt sind. Versuche zur Bestätigung, dass Symbionten an diesen Funktionen beteiligt sind, blieben jedoch erfolglos. Da Blattläuse auf virusinfizierten Pflanzen im Allgemeinen bessere Leistungen erbringen, ist es interessant, dass das Symbionin in der Hämolymphe der Blattläuse ein Schlüsselprotein bei der Verhinderung der Proteolyse zirkulierender Viren und bei der Aufrechterhaltung der Infektiosität der Blattläuse zu sein scheint (van den Heuvel et al. 1994), d. h., die Symbionten könnten für die Entwicklung einer mutualistischen Beziehung zwischen Blattläusen und Pflanzenviren wichtig gewesen sein.

5.1.10 Vorkommen bei Männchen und Soldatenmorphen

Interessanterweise fehlen den Männchen und Soldaten einiger Blattlausarten Symbionten (Tóth 1933, Fukatsu & Ishikawa 1992a). Da die Symbionten nur durch die weibliche Linie übertragen werden (Buchner 1965), ist die Vermutung naheliegend, dass die Symbionten selektiv die Embryonen befallen, die zu fortpflanzungsfähigen Weibchen werden, und diejenigen meiden, die dazu bestimmt sind, Männchen oder sterile Soldaten zu werden – die Symbiontenauswahlhypothese. Alternativ kontrolliert die Wirtsblattlaus die Infektion durch Symbionten – die Wirtsauswahlhypothese (Fukatsu & Ishikawa 1992a).

Die wenigen Beweise, die es gibt, sprechen eher für die Wirtsauswahlhypothese. Während des Blastodermstadiums der Embryogenese bei Blattläusen zeigte sich zunächst eine gut definierte Gruppe von Zellen, das mutmaßliche Bakteriom. Kurz vor der Gastrulation werden die Zellen des Bakterioms des Embryos von Symbionten aus dem Bakteriom der Mutter befallen (Tóth 1937). Bei den Arten, die sich nicht ernährende (arostrate) Männchen haben, wie *Pemphigus* und *Stomaphis*, entwickeln die männlichen Embryonen kein mutmaßliches Bakteriom. Das bedeutet, dass der Embryo zu kontrollieren scheint, ob er von Symbionten besiedelt wird – er kann sich nicht infizieren, ohne zuerst die Zellen zu entwickeln, die die Symbionten erhalten sollen. Das Vorhandensein von Symbionten bei Männchen und Soldaten, die sich ernähren und wachsen (Uichanco 1924, Ponsen 1991, Ito 1994), neigt ebenfalls dazu, die Hypothese der Wirtsselektion zu unterstützen.

5.2 Wirtspflanzenbeziehungen

Ein Tier, das olfaktorische Reize aufnimmt, verringert die Schwelle zur Bewegung und trägt auch zu einem räumlichen Siedlungsmuster bei (Pettersson et al. 1995, Quiroz et al. 1997). Blattlaus-Individuen, die auf einer Pflanze laufen, empfangen und reagieren sowohl auf Reize von der Pflanze und von anderen Blattläusen, die sich bereits auf der Pflanze niedergelassen haben, als auch auf Pflanzenreaktionen, die durch ihre Nahrungsaufnahme ausgelöst werden. Diese Pflanzenreaktionen können entweder mehr oder weniger günstig für das Blattlausindividuum sein, das sich einer Blattlausgruppe nähert, oder für das Individuum, das sich bereits auf der Pflanze niedergelassen hat. Es gibt experimentelle Hinweise darauf, dass die Ernährung durch eine mäßige Koloniedichte von *B. brassicae* Veränderungen in der Nahrungsqualität des Blattes verursacht, die die Ansiedlung und Entwicklung von Artgenossen begünstigen (Way & Carmen 1970). Es kann die Hypothese aufgestellt werden, dass es eine optimale Größe der sich ernährenden Blattlausgruppe gibt, die eine verbesserte Nahrungsqualität einleitet, die durch Pflanzenreaktionen auf den durch die Gruppe verursachten Stress gefördert wird (Way 1973).

Zwei Blattlausarten, die dieselbe Wirtspflanze verwenden, schaffen potenziell eine Konkurrenz zwischen Wirtspflanze-induzierter Konkurrenz um Pflanzenressourcen, wenn die durch die Nahrungsaufnahme hervorgerufenen Veränderungen Blattlausarten-spezifisch sind. Experimente mit der Getreidelaus *Sitobion avenae* und der Haferlaus *R. padi* sprechen eher für das Konzept einer solchen interspezifischen Konkurrenz (Gianoli 2000). Bei der Fütterung mit jungen Weizenpflanzen, die von den anderen Blattlausarten befallen waren, gab es einen wechselseitigen negativen Effekt auf die Leistung und die Akzeptanz der Wirtspflanze durch beide Arten. Ungeflügelte von *S. avenae* bevorzugten nicht die saubere Luft, sondern Luft, die den Geruch der sich ernährenden ungeflügelten *R. padi* enthielt (Johanson et al. 1997). In anderen Olfaktometer-Experimenten mieden geflügelte Individuen von *Lipaphis pseudobrassicae* und *Brevicoryne brassicae* Individuen anderer Arten, die sich auf einer Pflanze angesiedelt hatten (Pettersson & Stephenson 1991). Experimentell ist es schwierig, zwischen den von Blattläusen und von Pflanzen freigesetzten/erzeugten Semiochemikalien zu unterscheiden, die an der Suche nach dem optimalen Nahrungsplatz auf einer zuvor von Blattläusen befallenen Pflanze beteiligt sind. Es ist immer noch nicht bekannt, warum es einigen Blattlausarten (wie *B. brassicae*) gleichgültig ist, mit welchen Arten sie ihren Futterplatz teilen, während andere (wie *L. pseudobrassicac*) diskriminierender sind. Es kann die Hypothese aufgestellt werden, dass dies mit der Sensibilität gegenüber spezifischen Nahrungsanforderungen zusammenhängt.

5.2.1 Wirtswechsel

Die evolutionären Ursprünge der Wirtswechsel waren Gegenstand vieler Diskussionen (Moran 1992, Dixon 1998). Es gibt zwei gegensätzliche Haupthypothesen, die Anpassungs- (oder Komplementär-) und die

Fehlanpassungs- (oder Fundatrix-Beschränkungs-) Hypothesen. Die Anpassungshypothese geht davon aus, dass die signifikanten Verluste während der Migration (TAYLOR 1977, WARD et al. 1998) durch die erhöhte Fitness im Sommer aufgewogen werden, verglichen mit derjenigen, wenn die Blattlaus auf dem Primärwirt geblieben wäre (KUNDU & DIXON 1995). Die Fehlanpassungshypothese geht nach DIXON (1998) davon aus, dass die Fundatrix so stark an den primären Wirt angepasst ist, dass die Blattlaus zum Primärwirt zurückkehren muss (der normalerweise, aber nicht immer, phylogenetisch älter ist als der Sekundärwirt), da die Fundatrix nicht auf dem Sekundärwirt überleben kann. Während diese Debatte in Bezug auf den Schaderregerstatus akademisch ist, ist die zentrale Idee beider Hypothesen, dass die Bevölkerungswachstumsrate an krautigen Pflanzen im Sommer deutlich höher ist, als sie es wäre, wenn die Blattlaus auf dem Primärwirt bleiben würde (KUNDU & DIXON 1995).

Im Allgemeinen nutzen heterözische Arten in den Sommermonaten mehr Pflanzenarten als in ihrer sexuellen Phase. Die Betrachtung des sekundären Wirtspflanzenspektrums heterözischer Arten im Zusammenhang mit der Nahrungsvielfalt verwandter monözischer Arten zeigt, dass wirtswechselnde Arten im Allgemeinen viel polyphager sind als andere Arten. Es ist die Frage zu stellen, warum monözische Arten Spezialisten und heterözische Arten Generalisten sind?

Einige Anhaltspunkte liefern FUTUYMA & MORENO (1988). Sie skizzieren eine Reihe von Faktoren, die insbesondere bei der Bestimmung der Spezialisierung einer Art wichtig sein können: (1) Umweltkonstanz – je vorhersehbarer die Umwelt ist, desto leichter kann sie aufgeteilt werden: (2) Paarungsrendezvous – die Partnersuche ist für jede sexuelle Spezies von größter Bedeutung, und die Konzentration aller Individuen auf eine einzige Ressource ist eine Möglichkeit, dies zu erreichen. WARD (1987a, 1991a) betont die Bedeutung des Paarungsrendezvous in der Evolution des Lebenszyklus von Blattläusen. Heterözische Arten, die zu einer einzigen Primärwirtsart zurückkehren, haben eindeutig kein Problem, ihre Partner zu finden, sodass sie sich während des Sommers über ein breites Spektrum von Wirtspflanzen verbreiten können und so das Risiko einer Zwangsassoziation mit einer einzigen krautigen Art vermeiden.

Die Dauerhaftigkeit von Lebensräumen ist seit langem als eine wichtige selektive Kraft in der Evolution der Lebensgeschichte von Insekten anerkannt (SOUTHWOOD 1977). Krautige Pflanzen, insbesondere die Einjährigen, unterliegen selbst über kurze Zeiträume dramatischen Veränderungen der Dichte, während holzige Pflanzen weitaus stabilere Populationsstrukturen aufweisen. Durch die Spezialisierung auf eine konstante Ressource (den holzigen Primärwirt) und die Verbreitung über eine Reihe von zufällig variierenden krautigen Arten hat folglich die heterözische Art das Beste aus beiden Welten. Wie WARD (1987a) feststellt, kann sich nur bei heterözischen Arten »der Wirtsbereich frei ausdehnen und alle ernährungsphysiologisch, phänologisch und architektonisch geeigneten Wirte umfassen«.

Wenn der Wirtswechsel eine Übergangsphase beim Übergang von einem Primärwirt zu einem ernährungsphysiologisch günstigeren Sekundärwirt ist, dann würde man erwarten, dass die Primärwirte einer bestimmten Gruppe von Blattläusen eng miteinander verwandt sind. Oder wenn die Heterözie der ganzjährigen Ernährung an krautigen Pflanzen überlegen ist, dann sollten Arten auf krautigen Wirten manchmal verholzte Wirte für Frühlings- und Herbstgenerationen übernehmen (MORAN 1988).

Komplexität der Wirtspflanzenbeziehungen von *Aphis fabae* wurde von MÜLLER (1982, 1985b) und THIEME (1987a, b) weitgehend aufgezeigt. Was früher als stark polyphag angesehen wurde, wird heute als ein Artenkomplex angesehen, in dem jede »Unterart« einen Teil des Wirtsspektrums der ursprünglichen *Aphis fabae* ausnutzt. Die Wirtsbeziehungen des *Aphis fabae* Komplexes sind in Abb. 4.2 dargestellt. Die sympatrische Koexistenz von sekundär monözischer *Aphis armata*, wirtswechselnder *Aphis f. fabae*, *Aphis solanella*, *Aphis f. cirsiiacanthoidis* und *Aphis f. mordvilkoi* sowie monözischen Arten auf den Primärwirten *Aphis f. evonymi*, *Aphis f. philadelphi* und *Aphis viburni* spricht stark für eine »ausgleichende« Selektion und dagegen, dass krautige Pflanzen generell günstiger sind. Es kann auch nicht argumentiert werden, dass die Herbstmigranten starr an *Euonymus europaeus* gebunden sind, der zu den Rosidae (Celastraceae) gehört, da *Aphis f. fabae*, *Aphis f. cirsiiacanthoidis* und *Aphis f. mordvilkoi* noch zwei andere Primärwirte, *Viburnum opulus* (Asteridae, Caprifoliaceae) und *Philadelphus coronarius* (Rosidae, Hydrangeaceae), besiedeln (MÜLLER 1982, THIEME 1988). Die Fundatrizen dieser Blattlaus bewegen sich nicht nur zwischen Pflanzenfamilien innerhalb einer Unterklasse, sondern auch wie *Prociphilus* zwischen Unterklassen.

Darüber hinaus gehören die Primärwirte der wirtswechselnden *Aphis*-Arten, zumindest in Westeuropa (STROYAN 1984), mehreren Pflanzenfamilien an, Caprifoliaceae, Celastraceae, Cornaceae, Grossulariaceae, Hydrangeaceae und Rhamnaceae. In ähnlicher Weise gehören die Primärwirte der Geschwisterarten *Aphis gossypii* und *Aphis glycines* zu den Rutaceae bzw. Rhamnaceae (ZHANG & ZHONG 1990). Das bedeutet, dass *Aphis* auch sehr erfolgreich Primärwirte aus einem breiten Spektrum von Familien aus zwei Unterklassen von Pflanzen zu erfassen scheint. Interessanterweise ist auch bei Arten wie *Aphis solanella*, die zwischen *Euonymus* (Rosidae) und *Solanum* (Asteridae) wechselt, fraglich, ob der Primär- oder der Sekundärwirt phylogenetisch älter ist, und in Fällen wie *Aphis sambuci* gehört der

Primärwirt (*Sambucus*, Asteridae) zu einem phylogenetisch jüngeren Taxon als die Sekundärwirte (*Rumex, Dianthus, Silene*).

Ein starkes Argument für die optimale Natur saisonaler Verschiebungen in der Wirtsnutzung ist, dass sie nicht ausschließlich zwischen holzigen und krautigen Pflanzen auftritt. So wechselt *Acyrthosiphon pisum* zwischen mehrjährigen Wicken und der einjährigen *Pisum sativum* (Mordvilko 1928, Müller & Steiner 1985) und *Uroleucon* (*Lambersius*) *gravicorne* und *Uroleucon olivei* zwischen mehrjährigen *Solidago* und *Aster* und einjährigem *Erigeron* (Moran 1983, 1987). In allen Fällen findet das Sexualleben an der mehrjährigen Pflanze statt, was eine hohe Wahrscheinlichkeit für eine Kontinuität in der Zeit bietet. Die einjährige Pflanze ist für die Vermehrung im Sommer günstiger. Dies deutet darauf hin, dass Blattläuse den komplementären Charakter des Pflanzenwachstums überall dort ausnutzen können, wo er auftritt, auch zwischen krautigen Pflanzen.

Aus den vorgestellten Beispielen wird deutlich, dass in vielen Taxa die Fundatrix den evolutionären Wechsel von einer Wirtspflanze zur anderen, nicht verwandten Pflanze vollzogen hat. In den meisten Fällen, wenn auch nicht in allen, ist der neue Primärwirt eine verholzte Pflanze. Wenn verholzte Pflanzen tatsächlich eine schlechte Futterquelle sind, dann sollte dem Abbruch der Beziehung mit dem ersten verholzten Primärwirt nicht der Aufbau einer neuen Beziehung mit einer verholzten Pflanze folgen.

Darüber hinaus zeigen die Wirtsbeziehungen von *Prociphilus* und vielen Aphididae, dass Mordvilkos (1928) Ansicht, wonach verholzte oder primäre Wirte als erste befallen wurden, nicht immer wahr ist. Da die Begriffe »primär« und »sekundär« heute weit verbreitet sind, sollte »primär« nichts anderes implizieren, als der Wirt zu sein, auf dem die Eier abgelegt werden und der Lebenszyklus beginnt und endet (Dixon 1998).

Der Wirtswechsel ist in manchen Fällen durch Einengung, in anderen Fällen dagegen durch sekundäre Ausweitung des Wirtspflanzenkreises entstanden. Aber immer konnte er nur bei solchen Aphiden entwickelt werden, bei denen die Mütter der oviparen ♀♀ geflügelt sind.

5.2.2 Wirtspflanzen und ihre Blattläuse

Zur Fauna der Blattläuse (Aphidinea) werden gegenwärtig etwa 5 000 Arten gezählt, die sich auf 510 derzeit anerkannte Gattungen verteilen (Favret 2022). Etwa die Hälfte dieser Arten ernährt sich ganz oder teilweise von Bäumen. Alle großen Blattlausgruppen sind überwiegend oder sogar vollständig mit Bäumen assoziiert. Wahrscheinlich ist der Anteil der baumbesiedelnden Blattlausarten noch höher. Bei den Bäumen, die als

Wirte bevorzugt werden, handelt es sich in der Regel um die älteren evolutionären Gruppen wie Coniferae, Lauraceae, Fagaceae, Betulaceae, Hamamelidaceae, Ulmaceae und Juglandaceae. Wahrscheinlich haben sich die Hauptgruppen der Blattläuse vor dem Auftreten von krautigen Pflanzen differenziert. Nur drei Gruppen auf oder oberhalb der Tribus-Ebene leben ausschließlich auf Kräutern. So besiedeln die Saltusaphidinae die Cyperaceae und Juncaceae, die Siphini (Unterfamilie Chaitophorinae) besiedeln Gramineae/Poaceae, und die Tramini (Unterfamilie Lachninae) besiedeln hauptsächlich die Wurzeln von Compositae/Asteraceae.

Pflanzen aus etwa 300 Familien werden von Blattlausarten besiedelt, darunter viele Familien von hauptsächlich krautigen Blütenpflanzen, was wohl auf die massive Expansion der größten Unterfamilie Aphidinae in jüngeren Epochen zurückzuführen ist (Blackman & Eastop 1994). Innerhalb dieser Unterfamilie bleiben viele Mitglieder der beider Tribus Aphidini und Macrosiphini mit holzigen Wirtspflanzen verbunden, meist mit Mitgliedern der Familie der Rosaceae, die dann aber im Sommer zu einer Vielzahl von krautigen Pflanzen migrieren, darunter auch Farne, Moose und Angiospermen. Einige der größten Gattungen der Macrosiphini leben ausschließlich auf krautigen Pflanzen.

Blattläuse sind überwiegend in den nördlichen gemäßigten Zonen beheimatet, in den Tropen gibt es bemerkenswert wenige Arten. Blackman & Eastop (1994) halten es für wahrscheinlich, dass die Diversifizierung der Blattläuse in den Tropen aufgrund eines besonderen, primitiven Merkmals der Blattlausbiologie, der zyklischen Parthenogenese, nicht gelungen ist. Sie halten hingegen die Vermutung von Dixon et al. (1987), dass die große Diversität der tropischen Waldfauna die kurzlebigen und wirtsspezifischen Blattläuse hemmt, für unwahrscheinlich. Eine genaue Betrachtung der Argumente lässt aber den Schluss zu, dass die beiden Annahmen sich eigentlich ergänzen und keinen Widerspruch darstellen. Die zyklische Parthenogenese ist eine sehr erfolgreiche Methode, um die kurzlebigen Wachstumsschübe der Pflanzen der gemäßigten Zonen auszunutzen, weshalb Blattläuse eine sehr erfolgreiche Insektengruppe in den gemäßigten Klimazonen sind. Sie nutzen die saisonalen Anhaltspunkte, um den Wechsel zwischen der parthenogenetischen und der sexuellen Phase ihres Lebenszyklus zu steuern. Solche Lebenszyklen lassen sich jedoch schwer an tropische Bedingungen anpassen. Wenn Blattläuse aus den gemäßigten Zonen in die Tropen vordringen, haben sie große Probleme, aus der Vielzahl auf kleinster Fläche siedelnder Pflanzenarten die eine zu finden, auf die sie sich spezialisiert haben. Hinzu kommt, dass die Blattläuse vielfach einfach die sexuelle Phase des Lebenszyklus verlieren und damit auch das Potenzial zur Weiterentwicklung und Diversifizierung, die von der Rekombination der Gene abhängt. Die Tropen könnten auf diese Weise auch eine Barriere für die Besiedlung der südlichen gemäßigten Zonen durch Blattläuse gebildet haben, die ebenfalls eine sehr kleine einheimische Blattlausfauna haben BLACKMAN & EASTOP (2020).

Das Vorkommen von *Neophyllaphis* auf *Podocarpus, Araucaria* und verwandten Nadelbäumen auf den südlichen Kontinenten zeugt vom Alter der Beziehungen zwischen Blattläusen und Bäumen, aber es ist nur sehr wenig über solche evolutionär alten Verbindungen bekannt (BLACKMAN & EASTOP 2020). Die meisten ökologischen und experimentellen Studien über die Wechselwirkungen zwischen Blattläusen und Bäumen betrafen eingeführte Arten. In Großbritannien sind die wirtschaftlichen Schäden an Fichten durch sporadische Ausbrüche von *Elatobium abietinum* seit 1846 dokumentiert. Besonders schwerwiegend sind die Schäden an der aus Nordamerika eingeführten Sitkafichte, *Picea sitchensis,* wo ein starker Befall zu einem vollständigen Nadelverlust führt. Nachweislich verringert ein Blattlausbefall den Holzzuwachs, z. B. bei *Acer pseudoplatanus* (DIXON 1971c) und hat schädliche Auswirkungen auf das Wurzelwachstum, z. B. bei *Tilia* (DIXON 1971d). Allerdings ist keiner dieser Bäume in Großbritannien heimisch. Es gibt keine einheimische britische *Picea*; *A. pseudoplatanus* ist eine Einführung aus Mitteleuropa. Es wird auch angenommen, dass die gewöhnliche britische Linde eine Kreuzung zwischen einer einheimischen und einer eingeführten Art ist.

Der massive Anbau fremder Baumarten kann den sie besiedelnden Blattlausarten beste Entwicklungsmöglichkeiten eröffnen, besonders dann, wenn die exotischen Bäume unter Stress leiden und/oder die eingeschleppten Blattläuse nicht in das Beuteschema einheimischer Gegenspieler passen. So wurden in diesem Jahrhundert viele europäische, orientalische und amerikanische *Pinus*-Arten in verschiedenen Teilen Afrikas eingeführt und wuchsen viele Jahre lang blattlausfrei. In jüngster Zeit sind drei Blattläuse, *Eulachnus rileyi* aus Europa, *Cinara cronartii* aus Nordamerika und *Pineus boerneri* unklarer Herkunft, an Kiefern in Afrika aufgetreten und haben weitaus größere Schäden verursacht als in Europa oder Amerika (BLACKMAN & EASTOP 1994).

Die meisten der von Blattläusen an Bäumen angerichteten Schäden scheinen direkt auf die Nahrungsaufnahme zurückzuführen zu sein, entweder durch die Nahrungsaufnahme oder die Verwundung von Gewebe, zumindest in einigen Fällen durch die toxische Wirkung des Speichels. Nur selten werden Blattläuse als Überträger von Viren beobachtet, die Bäume befallen (BIDDLE & TINSLEY 1967). Es ist zu vermuten, dass es in Anbetracht der astronomischen Anzahl von Blattläusen in der Luft und der Lebensdauer von Bäumen bei Bäumen eine starke Selektion auf Resistenz gegen von

Blattläusen übertragene Viren gibt. Es wäre sicher wissenswert, wie sich diese Resistenz entwickelt hat und ob sie auf kurzlebigere Kulturpflanzen übertragen werden kann.

Wie ein langlebiger einzelner Baum überleben kann, wenn die ihn besiedelnden Blattläuse zahlreiche Generationen Zeit haben, um Methoden zur Überwindung seiner Abwehrkräfte zu entwickeln, untersuchte WHITHAM (1983) an Pappeln. Durch pflanzeninterne Variation zwischen verschiedenen Zweigen kann ein einzelner Baum eine ähnliche Bandbreite an Resistenzen gegen den Befall durch *Pemphigus betae* aufweisen wie die Bäume einer Population.

5.2.3 Einfluss der Wirtspflanzen auf die Populationsdynamik der Blattläuse

Eine Wirtspflanze steht nicht kontinuierlich zur Verfügung und durch die Pflanzenentwicklung, in deren Verlauf sowohl morphologische als auch physiologische Veränderungen stattfinden, sind nicht alle ihrer Teile für Blattläuse nutzbar. Dies ist besonders bedeutsam, wenn die für die Entwicklung der Blattläuse nutzbare Zeit im Jahresverlauf begrenzt ist, wie bei den wirtswechselnden Arten. Die Wahrscheinlichkeit, dass eine ovipare Larve ihre Entwicklung abschließt und das Erwachsenenstadium erreicht, ist abhängig vom Blattfall des Primärwirtes im Herbst. Ob z. B. die Unterarten von *Aphis fabae* an *Viburnum opulus* überwintern oder nicht wird durch den Blattfall dieser Pflanze im Herbst bestimmt.

In der Literatur wird darüber diskutiert, ob *Aphis fabae* als Primärwirt *Viburnum opulus* nutzt oder nicht. Einige Autoren beschreiben diese Art als gute Wirtspflanze, andere argumentieren, sie wäre nicht geeignet und nur *Euonymus europaeus* wäre der Primärwirt dieser Blattlaus (BLACKMAN & EASTOP 2004).

Wenn frisch abgesetzte ovipare Larven von *Aphis fabae fabae*, *A. f. cirsiiacanthoidis* und *A. f. mordvilkoi* auf den Internodien von *Viburnum opulus* (getestet wurden grüne, rote und braune Internodien) und *Euonymus europaeus* gekäfigt werden, erreichen sie nur auf *Euonymus europaeus* das Erwachsenenstadium (FOCKE & THIEME (1989) (Tabelle 8).

Aphis fabae ernährt sich wie die meisten Blattläuse vom Phloemsaft (KLOFT & KUNKEL, 1969). Deshalb wurde von FOCKE & THIEME (1989) in verschiedenen Internodien die Tiefe (oder Dicke) des Gewebes analysiert, welches die Blattläuse mit ihren Stechborsten durchdringen müssen, um das Phloem zu erreichen (Tabelle 9). Die Entfernung von der Oberfläche bis zum Phloem im Gewebe kann nicht die Ursache für die unterschiedliche Wirtseignung sein, ist sie doch nicht kleiner bei *E. europaeus* als bei *V. opulus*.

Tab. 8: Prozentualer Anteil der das Erwachsenenstadium erreichenden oviparen Larven von *Aphis fabae fabae,* nach Haltung auf unterschiedlichen Teilen von *Euonymus europaeus* und *Viburnum opulus* (Werte in Klammern: Anzahl getesteter Aphiden) (nach Focke & Thieme 1989).

Siedlungsbereich		***Euonymus europaeus***	***Viburnum opulus***
Blatt	Unterseite	100 (35)	100 (35)
	Oberseite	100 (35)	100 (35)
Internodium	grün (Int. 1)	100 (52)	2,9 (35)
	rot		0 (35)
	braun		0 (35)

Tab. 9: Tiefe des Phloems in Internodien unterschiedlichen Alters (nach Focke & Thieme 1989).

Inter-nodium	***Euonymus europaeus***		***Viburnum opulus***	
	µm	**(min–max)**	**µm**	**(min–max)**
1	180,2	(153–212)	340,0	(255–410)
2	238,0	(212–255)	341,0	(340–490)
3	255,0	(238–298)	456,5	(350–510)
4	308,5	(272–382)	529,5	(460–578)

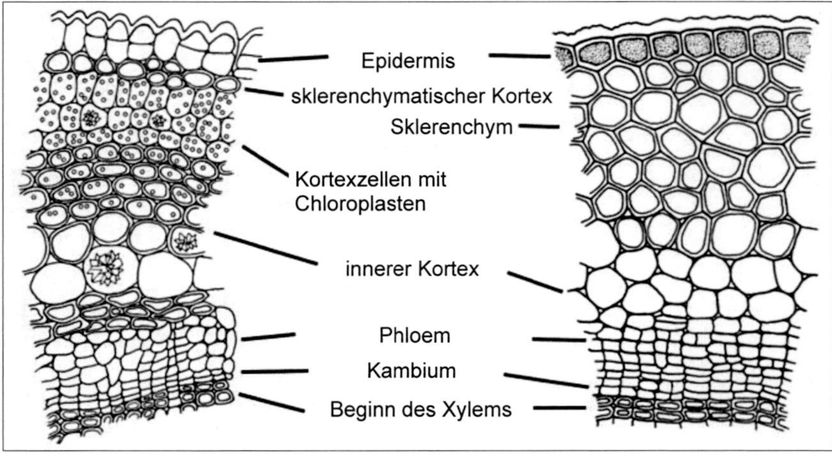

Abb. 5.8: Querschnitt durch Zweige von *Euonymus europaeus* (links) und *Viburnum opulus* (rechts) (nach Focke & Thieme 1989).

Deutliche Unterschiede lassen sich in der Dicke des Sklerenchyms finden (Abb. 5.8). Im Gegensatz zu *E. europaeus* ist dieses Gewebe bei *V. opulus* massiv entwickelt, wodurch es den oviparen Larven stark erschwert wird, sich nach dem Blattfall auf dieser Pflanze zu ernähren. *V. opulus* ist somit eine gute Primärwirtspflanze in Gegenden und Jahren, in denen *A. fabae* seine Gynoparae so früh produziert, dass die oviparen Larven das Erwachsenenstadium vor Blattfall erreichen. Weil *A. fabae* mehr als eine Pflanzenart als Primärwirt nutzt und am *E. europaeus* sich sowohl an Blättern als auch jungen Trieben ernähren kann, wird dieser Blattlaus an diesem Wirt eine längere Zeit für die Entwicklung der Geschlechtsweibchen zur Verfügung haben als eine Art, die nur die Blätter von einer Primärwirtsart nutzen kann.

Bei anderen wirtswechselnden Blattläuse, die nur eine Pflanzenart als Primärwirt haben, gibt es eine starke Selektion auf Gynoparae, ihre Nachkommen so früh vor dem Blattfall abzusetzen, dass sie ausreichend Zeit zur Entwicklung bis zum Erwachsenenstadium und zur Eiablage haben. Hieraus resultiert bei *Rhopalosiphum padi* die Produktion von Gynoparae, die sich in Flugaktivität, Nahrungsverhalten und Reproduktionsstrategie deutlich von wirtswechselnden Arten mit mehreren Primärwirten unterscheiden.

Jeweils im Herbst 1991–1994 konnten mit Gelbschalen Blattläuse an vier Standorten, zwei auf Wiesen und zwei am Rande von Getreidefeldern, in der Umgebung von Rostock gefangen werden. An jedem Standort wurde eine Falle auf dem von Vegetation befreiten Boden und eine weitere in 1,3 m Höhe über dem Boden aufgestellt. Ein Vergleich der Fänge geflügelter Morphen von *R. padi* zeigt, dass sich im Herbst die Flugaktivität dieser Blattlaus ändert. In den in einer Höhe von 1,3 m platzierten Fallen werden mehr Tiere gefangen als in der Bodenfalle. Die Fänge setzen sich aus geflügelten Exules, Gynoparen und Männchen zusammen. Während die Männchen leicht anhand ihres Kopulationsorgans identifiziert werden können, ist es schwieriger, zwischen den beiden weiblichen Morphen zu unterscheiden. Im Herbst ist die Differenzierung der geflügelten Morphen auch deshalb wichtig, weil Gynoparae von *R. padi* nach dem Erreichen des Erwachsenenstadiums keine Gräser mehr besiedeln und somit auch keine Vektoren für BYDV sind, was besonders für Pflanzenschützer und Epidemiologen von Interesse ist. Die Funktionen von Gynoparae bestehen darin, den primären Wirt, *P. padus*, zu finden und ovipare Weibchen zu produzieren, um so eine genetische Rekombination durch sexuelle Reproduktion zu ermöglichen. Im Gegensatz dazu suchen geflügelte Exules nach weiteren sekundären Wirten, auf denen sie Lebendgebärende produzieren und so diesen Klon erhalten.

Zur Differenzierung zwischen den geflügelten Morphen dieser Art werden in der Literatur verschiedene Methoden vorgestellt, die in ihrer Anwendung aber limitiert sind. Die Identifizierung anhand der mikroskopischen Untersuchung (Hardie & Tatchell 1989) ist zeitaufwändig. Die Analyse morphometrischer Merkmale (Simon et al. 1991, Taylor et al. 1994) kann nur mit auf Objektträgern präparierten Blattläusen durchgeführt werden und ist daher ebenfalls zeitaufwändig. Der von Tatchell & Parker (1990) entwickelte Wirtswahltest ist nur möglich, wenn lebende Blattläuse zur Verfügung stehen. Die Feststellung von Lowles (1995), dass sich die Embryonen der geflügelten Exules und Gynoparae farblich unterscheiden, kann nur verwendet werden, wenn lebende oder kürzlich getötete Blattläuse zur Verfügung stehen.

Eine Methode zur schnellen Unterscheidung stellten Thieme & Dixon (2009) vor. Ihre Analyse der Ovariolen bei den verschiedenen Morphen dieser Blattlaus ergab, dass es Unterschiede in der Anzahl der Embryonen und vor allem deren Entwicklungsstadien gibt (Tabelle 10). Diese Unterschiede sind nach einer Ovariolendissektion (hierfür ist lediglich mit feinen Pinzetten die Bauchhaut zu entfernen) leicht zu erkennen und können zur Unterscheidung der beiden weiblichen Morphen genutzt werden, selbst bei in Ethanol konservierten und mehrere Jahre gelagerten Exemplaren. Im Gegensatz zu den geflügelten Exules enthalten Gynoparae hauptsächlich weit entwickelte Embryonen und gebären ihre Nachkommen sofort nach der Landung auf *P. padus*, ihrem einzigen Primärwirt (Abb. 5.9).

Mit dieser Methodik konnten die meisten der mit den in 1,3 m Höhe positionierten Gelbschalen gefangenen Blattläuse als Gynoparae identifiziert werden (Abb. 5.10). Diese Versuche bestätigen britische Feldbeobachtungen, bei der die Dichte bei Gynoparae und Männchen in 12,2 m Höhe zehnmal höher war als in Bodennähe, während die Dichte der geflügelten Exules in beiden Höhen ähnlich war (Tatchell et al. 1988).

Worauf sind die Unterschiede in der Anzahl/Entwicklung der Embryonen zurückzuführen? Es ist bekannt, dass die Gynoparae von Semiochemikalien angezogen werden, die die Blätter von *P. padus* produzieren (Petterson 1970, 1994), und es wird vermutet, dass sie auf ein Aggregationspheromon reagieren, das zu einer stärker aggregierten Verteilung führt, die für die Männchen attraktiver ist (Pickett & Glinwood 2007). Das Flugverhalten von Gynoparae soll ihre Chance erhöht, den größeren primären Wirt *P. padus* (3–15 m) zu finden (Clapham 1952), im Gegensatz zu Gramineae (<1 m) (Tatchell et al. 1988). Hinzu kommt, dass die höheren und längeren Flüge von Gynoparae ihre Ausbreitung erhöhen würden, um eine mögliche genetische Rekombination zu maximieren. Diese Erklärung ist jedoch mit Vorsicht zu genießen, da spätere Untersuchungsergebnisse

Tab. 10: Merkmale zur Differenzierung zwischen geflügelten Morphen von *Rhopalosiphum padi* (nach Dixon & Thieme 2009).

Morphe	Ovariolen	Embryonen$_{total}$	Embryonen$_{pig. Augen}$	Index E_t/E_{pa}
Gefl. Fundatrigenie (Emigranten)	12–20	40–112	8–16	5,00–7,00
Gefl. Exules	8–12	38–46	3–10	4,60–12,67
Gynopare	8–10	16–32	8–26	1,23–2,00

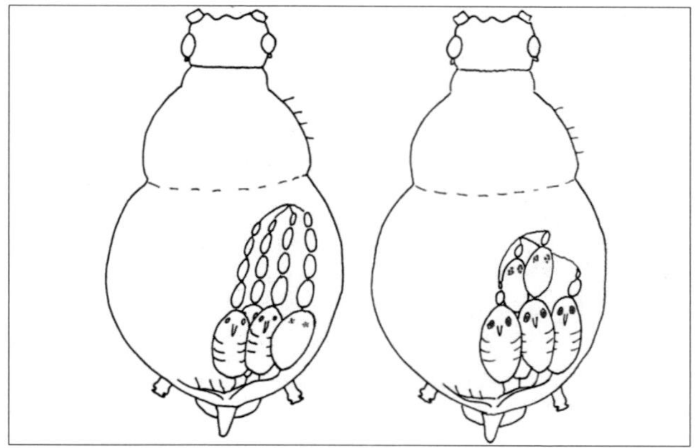

Abb. 5.9: Unterschiede in der Anzahl und der Entwicklung von Embryonen in den Ovariolen geflügelter Morphen von *Rhopalosiphum padi.* Die Ovariolen der geflügelten Exules (links) und der Gynopare (rechts) sind nur zum Teil dargestellt (nach Dixon & Thieme 2009).

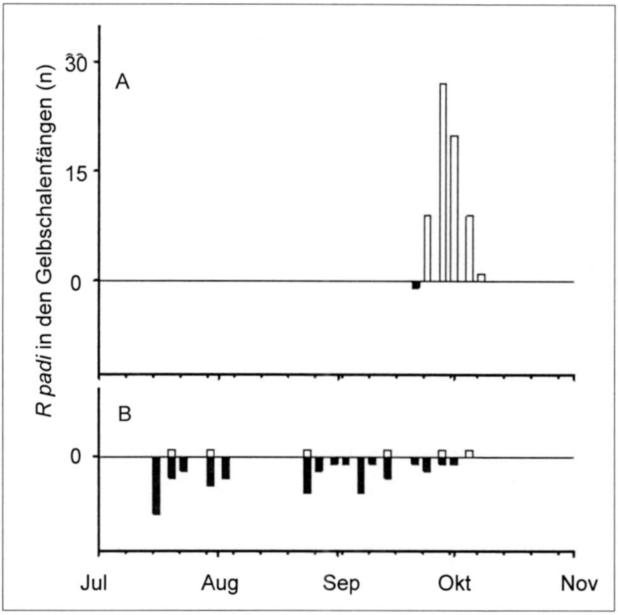

Abb. 5.10: Fänge der Gynoparae (A) und geflügelte Exules (B) von *Rhopalosiphum padi* in Gelbschalen, die am Boden (schwarze Säule) und in 1,3 m Höhe (weiße Säule) aufgestellt waren (nach Dixon & Thieme 2009).

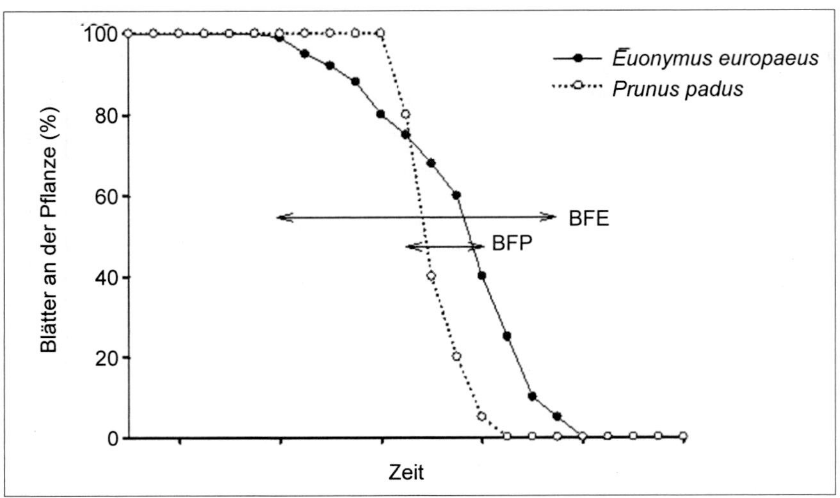

Abb. 5.11: Verfügbarkeit von Nahrung für Blattläuse im Herbst. Dauer des Blattfalls über einen Zeitraum von 5 Jahren bei *Euonymus europaeus* (BFE) und *Prunus padus* (BFP) (nach Dixon & Thieme 2009).

diese Hypothese nicht stützen (Taylor et al. 1994). Die größere Anzahl von Rhinarien auf den Antennengliedern III+V bei Gynoparae würde die Suche nach dem Primärwirt erleichtern, da olfaktorische Hinweise (Expression von Prunasin durch *P. padus*) besonders wichtig sind (Pettersson 1970). Daher können ein stärkerer Flug und eine größere Fähigkeit, die bevorzugte Wirtspflanze zu erkennen, zu kleinen morphologischen Unterschieden geführt haben, die zwischen Gynoparae und Exules in natürlichen Populationen von *R. padi* im Spätsommer und Herbst in einem einzigen Jahr festgestellt werden können. Diese Unterschiede sind aber zu gering, um allein für die zuverlässige Identifikation der beiden Morphen verwendet zu werden (Taylor et al. 1994).

Die Zeit, die *P. padus* benötigt, um seine Blätter im Herbst abzuwerfen, beträgt nur ein Drittel der Zeit, die bei *E. europaeus* gemessen wurde (Abb. 5.11). Während sich die oviparen Larven von *A. fabae* erfolgreich an jungen Zweigen von *E. europaeus* ernähren und entwickeln können, starben die oviparen Larven von *R. padi* immer nach zwei Tagen, wenn sie in Clipkäfigen auf jungen Zweigen von *P. padus* isoliert wurden und keinen Zugang zu Blättern hatten. Aufgrund der kurzen Zeitspanne, in der den oviparen Larven auf *P. padus* Nahrung zur Verfügung steht, und in Ermangelung einer alternativen Primärwirtspflanze stehen die Gynoparae von *R. padi* unter einem starken Selektionsdruck, einen Primärwirt zu finden und ihre Larven schnell abzulegen. Weil sich die Gynoparae von *R. padi* nicht von *P. padus* ernähren, scheint es wenig Vorteile zu bringen, in ein langes Erwachsenenleben zu investieren, da die zuletzt produzierten Nachkommen wahrscheinlich nicht reif werden (Walters et al. 1984). Wenn der Laubfall jedoch über einen längeren, aber variablen Zeitraum erfolgt, scheint es die bessere Strategie zu sein, schnell einige Nachkommen zu produzieren und weitere Nachkommen reifen zu lassen (Kundu & Dixon, 1994).

5.2.4 Laubbäume

Die auf Laubbäumen beobachteten Blattlausarten lassen sich in ihrer Biologie in zwei Gruppen differenzieren. Solche, die nur einen Teil ihrer Entwicklung auf Bäumen realisieren (= wirtswechselnde oder heterözische Arten) und solche, die in allen Entwicklungsstadien auf Bäumen bleiben (= nicht-wirtswechselnde oder monözische Arten).

Heterözische Arten sind auf Bäumen nur bekämpfenswert, wenn sie aufgrund äußerst günstiger Witterungsbedingungen sehr starke Kolonien aufbauen können. Außerdem muss die befallene Wirtspflanze auch noch zu den empfindlich reagierenden Arten (z. B. im Genus *Prunus*) gehören. Monözische Arten neigen in der Regel nur selten zur Massenentwicklung. Hier ist es durchaus hilfreich, eventuell vorkommenden Ameisen den »Zutritt« zu den Bäumen zu verwehren. Von Ameisen betreute Blattläuse werden relativ gut vor natürlichen Gegenspielern wie Räuber und Raubparasiten geschützt. Auch führt das »Melken« der Blattläuse zu einer intensiveren Nahrungsaufnahme und somit zu einer erhöhten Fruchtbarkeit. Günstige Ergebnisse lassen sich bei kleineren Bäumen erzielen, wenn die Pflanzen mit einem starken Wasserstrahl abgespritzt werden kann. Dadurch ist es möglich, einen großen Teil der Blattläuse von der Pflanze zu spülen und gleichzeitig die Entwicklungsbedingungen für entomophage (insektenbefallende) Pilze zu verbessern. Diese Gruppe von Gegenspielern verursacht bei günstigen Witterungsbedingungen (hohe Temperatur und hohe Luftfeuchte) eine wesentlich bedeutendere Sterblichkeitsrate bei den Blattläusen als etwa Marienkäfer, Florfliegen oder Schlupfwespen. Glücklicherweise können die meisten Laubbäume einen Blattlausbefall sehr gut tolerieren. In der Coevolution zwischen Pflanzen und Tieren hat die Langlebigkeit der Bäume die Möglichkeit geschaffen, diese Gewächse mit einer wirkungsvollen quantitativen Abwehr (Bildung verdauungshemmender Substanzen) auszustatten. Probleme sind mit Blattläusen an Bäumen immer dann zu erwarten, wenn das befallene Gehölz bereits unter Stress leidet, wie z. B. Wassermangel oder hohe Schadstoffbelastung.

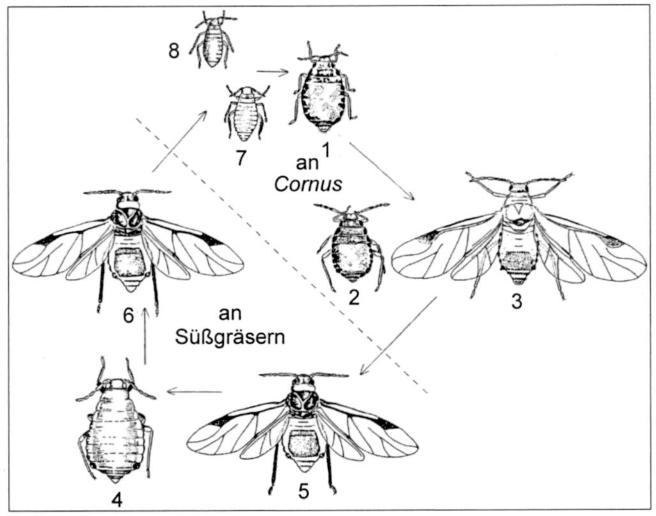

Abb. 5.12: Lebenszyklus *Anoecia corni*
1 Fundatrix
2 ungefl. Fundatrigenie
3 gefl. Fundatrigenie
4 ungefl. Vivipare
5 gefl. Vivipare
6 Sexupara
7 ovip. Weibchen
8 Männchen
(nach LAMPEL 1968).

Die in Abb. 5.12 dargestellte Entwicklung der häufig auftretenden *Anoecia corni* lässt erkennen, dass innerhalb eines Jahres verschiedene Morphen auftreten, die nur durch Erfüllung ganz spezifischer Funktionen zur Erhaltung der Art beitragen. Auf *Cornus sanguinea* treten im Herbst nur die kleinen, häufig von Ameisen betreuten Geschlechtstiere (ovipare Weibchen und ungeflügelte Männchen) auf. Aus den abgelegten Eiern schlüpfen im Frühjahr Fundatrizen, deren Nachkommen ungeflügelte oder geflügelte Fundatrigenien sind. Erst die geflügelten Fundatrigenien verlassen den als Primärwirt zu bezeichnenden Hartriegel und fliegen zu verschiedenen Gräsern wie *Dactylus glomerata*, *Holcus* spp., *Agrostis* spp. und andere. Die auf diesen Sekundärwirten abgelegten Larven wandern in den Erdboden ab und entwickeln sich an unterirdischen Pflanzenteilen, wo neben den ungeflügelten Erwachsenen sehr bald auch Geflügelte gebildet werden. Ab Ende August treten dann die Sexuparae auf. Diese Morphe hat die Funktion, den Hartriegel zu finden, um auf ihm die Geschlechtstiere abzulegen (Abb. 5.13, 5.14 und 5.15).

Die Vielfalt der unterschiedlich aussehenden Morphen ist aber auch bei den monözischen Blattlausarten zu beobachten. Es fehlen diesen Arten lediglich die geflügelten Tiere, die vom Primärwirt ab- bzw. zurückwandern. Somit sind Blattläuse trotz der – im Vergleich zu Käfern oder Schmetterlingen – geringen Artenzahl, sehr reich an Lebensformen. Es können deshalb bei der Vorstellung von Blattläusen an Laubbäumen nicht die einzelnen Arten, sondern nur häufig auftretende Gattungen berücksichtigt werden.

Abb. 5.13: *Anoecia corni,* geflügelte Sexuparae mit Larven an *Cornus sanguinea* (Foto: K. SCHRAMEYER).

Abb. 5.14: *Anoecia corni,* geflügelte Sexuparae mit Larven an *Cornus sanguinea* (Foto: K. SCHRAMEYER).

Abb. 5.15: *Anoecia corni,* larvale Sexuales an *Cornus sanguinea* (Foto: K. SCHRAMEYER).

Abb. 5.16: *Periphyllus lyropictus,* ungeflügelte Weibchen mit Larven an Ahorn-Frucht (Foto: K. SCHRAMEYER).

Abb. 5.17: *Periphyllus lyropictus,* ungeflügeltes Weibchen an *Acer* spec (Foto: K. SCHRAMEYER).

Abb. 5.18: *Periphyllus californiensis,* an *Acer palmatum* (Foto: K. SCHRAMEYER).

Acer

Periphyllus spp. (Borstenläuse): Diese artenreiche Gattung ist in Deutschland mit Arten vertreten, die fast ausschließlich nur *Acer* (selten *Aesculus*) besiedeln. Die mittelgroßen bis großen, langborstigen Blattläuse bilden Kolonien, die oft von Ameisen betreut werden und deshalb wenig störanfällig sind (Abb. 5.16, 5.17, 5.18, 5.19 und 5.20). Die Bindung an den Wirt ist so eng, dass sich in Abhängigkeit vom physiologischen Zustand der Pflanze ein saisonaler Polymorphismus herausgebildet hat. Wenn im Sommer der Aminosäurengehalt im Phloemsaft ein Minimum erreicht, überleben verschiedene Arten als sehr kleine »Sommerlarven« (Abb. 5.21 und 5.22). Diese spezialisierte Larve kann vor der 1. Häutung nahezu bewegungslos mehrere Monate fast völlig ohne Nahrungsaufnahme auskommen. Die »Sommerlarve" einiger Arten trägt an den Körperseiten blattförmige Borsten und kann sich einzeln sitzend auf der Blattunter- bzw. Blattoberseite aufhalten (Abb. 5.23 und 5.24). In anderen Arten ist der Körper der »Sommerlarve« mit langen Borsten versehen; diese Larven sitzen in Gruppen zusammengedrängt auf der Unterseite der Blätter. Da wegen der stark reduzierten Nahrungsaufnahme auch kein Kot produziert wird, unterbleibt in dieser Zeit die Ameisenbetreuung. Im Herbst entwickeln sich die »Sommerlarven« weiter und bilden ungeflügelte Sexuparae.

Drepanosiphum spp. (Ahornzierläuse): Weitverbreitete Gattung mit mittelgroßen bis großen Blattläusen. Die in Deutschland vorkommenden Arten haben lange Antennen und siedeln ohne Ameisenbetreuung an den Blattunterseite von *Acer*. Sie treten sehr zahlreich auf, bilden aber keine dichten Kolonien. Im Sommer sind alle parthenogenetischen Weibchen geflügelt (Abb. 5.25 und 5.26) und sitzen nur so weit voneinander entfernt, dass sie mit den Antennen Kontakt zur Nachbarin haben. Auf diese Weise werden

Abb. 5.19: *Periphyllus californiensis*, ungeflügeltes Weibchen an *Acer palmatum* (Foto: K. Schrameyer).

Abb. 5.20 *Periphyllus californiensis*, geflügeltes Weibchen an *Acer palmatum* (Foto: K. Schrameyer).

Abb. 5.21: *Periphyllus acericola,* Latenzlarven an der Blattunterseite von *Acer* spec. (Foto: K. Schrameyer).

Abb. 5.22: *Periphyllus acericola,* Larven mit Ameisenbetreuung an *Acer* spec.

Abb. 5.23: *Periphyllus californiensis,* Aestivalis-Larve an *Acer* spec.

Abb. 5.24: *Periphyllus californiensis,* Aestivalis-Larve an an Blattunterseite von *Acer palmatum* (Foto: K. Schrameyer).

Abb. 5.25: *Drepanosiphum platanoidis,* Nymphe an *Acer pseudoplatanus* (Foto: K. Schrameyer).

Abb. 5.26: *Drepanosiphum platanoidis,* geflügeltes Weibchen an *Acer pseudoplatanus* (Foto: K. Schrameyer).

die Tiere einer Kolonie sehr schnell über den Angriff eines Räubers oder ähnliche Störungen informiert und können durch Flucht entkommen. Bei Einsetzen von starken Winden sammeln sich die Tiere an der Basis des Blattes und sind somit vor dem Zusammenschlagen der Blätter geschützt. Bei Nachlassen des Windes nehmen die Tiere erneut ihre ursprünglichen Positionen ein. Die im Herbst gebildeten Geschlechtstiere wandern zu den Zweigen und Ästen ihrer Wirtspflanze ab und legen die Eier in Borkenrisse und hinter Knospen ab.

Aesculus wird in Deutschland nicht durch spezialisierte Blattläuse besiedelt. Die wenigen angetroffenen Arten sind sonst an *Acer* gebunden (*Periphyllus* spp.) oder sind extrem polyphag und können an sehr vielen anderen Pflanzen gefunden werden (*Aphis* spp.).

Alnus

Alnus verfügt über eine umfangreiche Blattlausfauna. Einige Arten sind nur an *Alnus* zu finden, andere können auch die *Alnus* nahe verwandten *Betula* spp. besiedeln.

Glyphina spp. (Maskenläuse): Die Gattung umfasst weltweit nur wenige Arten, von denen nur eine auf *Alnus* vorkommt. Diese dunkelgrünen bis schwarzen Tiere haben einen hellen Streifen auf dem Rücken, besiedeln Triebenden und werden von Ameisen betreut. In ihrem Aussehen unterscheidet sich diese Art nicht von der die Birke besiedelnden Art.

Pterocallis spp. (Erlenzierläuse): Von der nicht sehr umfangreichen Gattung treten wenige Arten in Deutschland auf. Diese sind klein, blass, haben kurze Antennen (die den Körper nicht überragen) und treten nur an *Alnus* auf, wo sie vornehmlich Blätter besiedeln. Ameisenbetreuung ist nur für eine Art bekannt.

Clethrobius spp. (Rindenzierläuse): Sehr artenarme Gattung mit zwei Arten in Deutschland. Die auf *Alnus* vorkommenden Tiere sind groß, beborstet, braun gefärbt und besiedeln Zweige und Äste. Eine Ameisenbetreuung erfolgt, ist aber nicht sehr eng entwickelt. In ihrem Aussehen unterscheidet sich diese Art nicht von der die *Betula* besiedelt.

Betula

Glyphina spp. (Maskenläuse): siehe bei *Alnus*

Symydobius spp. (Rindenzierläuse): Von den wenigen Arten dieser Gattung kommt nur eine mittelgroße, dunkelbraune Art in Deutschland vor. Diese besiedelt *Betula* an Zweigen und Ästen mit junger Rinde. Die Tiere wer-

Abb. 5.27: *Euceraphis betulae,* geflügeltes Weibchen an *Betula* spec.

Abb. 5.28: *Euceraphis betulae,* geflügeltes Weibchen am Zweig von *Betula* spec. (Foto: K. SCHRAMEYER).

den von Ameisen betreut und lassen sich bei Störung nicht fallen, sondern können wegen ihrer starken Krallen rasch weglaufen.

Euceraphis spp. (Große Birkenzierläuse): Von den sieben bekannten Arten der Gattung treten zwei in Deutschland auf, die beide nur an *Betula* vorkommen. Die erwachsenen Tiere sind groß, hellgrün gefärbt und bis auf die Geschlechtsweibchen immer geflügelt (Abb. 5.27, 5.28 und 5.29). Die Blattläuse haben keine Ameisenbetreuung, sind sehr häufig, bilden aber keine Kolonien.

Abb. 5.29: *Euceraphis punctipennis,* geflügeltes Weibchen an *Betula* spec. (Foto: K. SCHRAMEYER).

Calaphis spp. (Langfühlerige Birkenzierläuse): Von den 18 Arten dieser Gattung treten zwei in Deutschland auf, die beide nur an *Betula* vorkommen. Die zierlich gebauten Tiere haben sehr lange, dünne Beine und sind blass grün oder gelblich gefärbt. Ihre Antennen sind deutlich länger als der Körper. Beide Arten bevorzugen die Unterseite junger Blätter.

Callipterinella spp. (Birkenzierläuse): Alle drei Arten dieser Gattung besiedeln nur *Betula* und kommen auch in Deutschland vor. Im Sommer treten sowohl Geflügelte als auch Ungeflügelte auf (Abb. 5.30 und 5.31). Letztere haben auf dem Kopf und dem Hinterleib dunkle Flecken. Die kleinen bis mittelgroßen Tiere werden immer durch Ameisen betreut.

Clethrobius spp. (Rindenzierläuse): siehe bei *Alnus*

Betulaphis spp. (Helle Kleine Birkenzierläuse): Von den acht bekannten Arten der Gattung treten zwei in Deutschland auf, die beide nur an *Betula* vorkommen. Die kleinen, nur blass gefärbten Tiere besitzen kurze Antennen und sind mit ihrem flachen Körperbau befähigt, sich eng an die Blätter zu schmiegen. Ameisenbetreuung wird nur selten beobachtet.

Carpinus

Myzocallis spp. (Eichenzierläuse): Die meisten Arten dieser Gattung besiedeln *Quercus*. Von den drei auch in Deutschland auftretenden Arten besiedelt eine einzige *Carpinus* und kann auch auf *Quercus* gefunden werden. Die kleinen bis mittelgroßen Tiere haben eine zierliche Gestalt und besitzen eine blasse Körperfärbung. Die Antennen sind nicht länger als der Körper. Im Sommer treten nur geflügelte Erwachsene auf, die nicht durch Ameisen betreut werden.

Cornus

Anoecia spp.: Diese Gattung umfasst etwa 20 Arten, deren verwandtschaftliche Beziehungen nur unzureichend bekannt sind. *Cornus* wird als Primärwirt für die Überwinterung genutzt, danach wandern die Blattläuse zu Gräsern ab. Die kleinen bis mittelgroßen Tiere haben eine dunkle Körperfärbung, die Geflügelten sind durch ein schwarzes Flügelmal gekennzeichnet. Ameisen betreuen regelmäßig die Kolonien.

Die Vertreter der folgenden drei artenreichen Gattungen nutzen in Deutschland *Cornus* nur als Sekundärwirt und verursachen keinen Schaden auf dem Hartriegel.

Aphis spp.: Die mittelgroßen Tiere sind meist dunkel gefärbt und durch zylindrische Siphonen und sigmoidales Stirnprofil gekennzeichnet (Abb. 5.32).

Myzus spp.: Die mittelgroßen Tiere sind auf dem Hinterleib der Ungeflügelten ohne Pigmentierung und die Geflügelten meist durch dunkle Flecken gekennzeichnet (Abb. 5.33 und 5.34). Ihre Siphonen sind meist verdickt und das Stirnprofil konvergierend (Stirnhöcker sind nach vorn und leicht nach innen vorspringend).

Macrosiphum spp.: Die mittelgroßen bis großen Tiere haben lange Beine und Antennen, der Hinterleib ist nur schwach pigmentiert (Abb. 5.35). Die Siphonen sind lang und meist dunkel gefärbt, das Stirnprofil divergierend (Innenseiten der gut entwickelten Stirnhöcker nach außen verlaufend).

Abb. 5.30: *Callipterinella tuberculate,* ungeflügeltes Weibchen mit Larven an *Betula pendula* (Foto: K. SCHRAMEYER).

Abb. 5.31: *Callipterinella tuberculata,* ovipares Weibchen bei der Eiablage an *Betula* spec. (Foto: K. SCHRAMEYER).

Abb. 5.32: *Aphis spiraecola,* geflügeltes Weibchen (Foto: K. SCHRAMEYER).

Abb. 5.33: *Myzus (Nectarosiphon) persicae,* ungeflügeltes Weibchen mit Larve.

Abb. 5.34: *Myzus (Nectarosiphon) persicae,* geflügeltes Weibchen.

Abb. 5.35: *Macrosiphum euphorbiae,* ungeflügeltes Weibchen an *Senecio* spec.

Quercus

Lachnus spp. (Rindenläuse): Die Gattung umfasst etwa 14 beschriebene Arten, von denen drei in Deutschland vorkommen. Zwei Arten haben eine enge Bindung an *Qercus* und können aber auch an *Fagus* bzw. gelegentlich an *Castanea* vorkommen. Die Tiere sind mittelgroß bis groß und dunkelbraun gefärbt (Abb. 5.36, 5.37 und 5.38). Beide Arten lassen sich durch den Besitz einer glänzenden bzw. matten Körperoberfläche unterscheiden. Sie werden beide durch Ameisen betreut, aber mit unterschiedlicher Intensität.

Myzocallis spp. (Eichenzierläuse): siehe bei *Carpinus*

Phylloxera spp. (Zwergläuse): Diese artenreiche Gattung, deren verwandtschaftliche Beziehung nicht ausreichend bearbeitet ist, tritt hauptsächlich in Nordamerika auf. In Deutschland kommen zwei Arten an *Qercus* vor, die bereits im Frühjahr Kräuselungen und Verfärbungen der Blätter verursachen. Die sehr kleinen Tiere besiedeln Blattunterseiten, wo die bereits im Sommer gebildeten Weibchen Eier produzieren. Diese werden kreisförmig um die gelb bis orange gefärbten Tiere abgelegt (Abb. 5.39 und 5.40).

Stomaphis spp. (Borkenläuse): Von dieser Gattung kommen weltweit etwa 25 Arten vor, aber nur eine besiedelt in Deutschland *Qercus*. Die ovalen Tiere dieser Art sind braun gefärbt und gehören zu den größten bekannten Blattläusen. Der Rüssel ist wesentlich länger als die maximal 8 mm großen Weibchen. Es besteht eine sehr enge Bindung zu Ameisen (Abb. 5.41).

Thelaxes spp. (Maskenläuse): Die Gattung umfasst nur vier auf Eiche spezialisierte Arten, von denen eine in Deutschland vorkommt. Die Tiere sind klein, haben eine flache, ovale Gestalt und besitzen auf dem rötlichbraunen Körper einen hellen Längsstreifen. Sie sitzen meist dichtgedrängt an jungen Trieben und Blattstielen (Abb. 5.42, 5.43 und 5.44).

Abb. 5.36: *Lachnus roboris*, ovipares Weibchen bei der Eiablage an *Quercus* spec. (Foto: K. Schrameyer).

Abb. 5.37: *Lachnus roboris*, ungeflügeltes Weibchen an *Castanea sativa* (Foto: K. Schrameyer).

Abb. 5.38: *Lachnus roboris*, geflügeltes Weibchen an *Castanea sativa* (Foto: K. Schrameyer).

Abb. 5.39: *Phylloxera coccinea*, Schadsymptome durch Befall der Blätter von *Quercus* spec. (Foto: K. Schrameyer).

Abb. 5.40: *Phylloxera coccinea*, eierlegende vivipare Weibchen an Blattunterseite von *Quercus* spec. (Foto: K. Schrameyer).

Abb. 5.41: *Stomaphis quercus*, von Ameisen betreute Larven in Rindenspalten von *Quercus* spec. (Foto: U. Heimbach).

Abb. 5.42: *Thelaxes dryophila*, ungeflügeltes Weibchen an *Quercus* spec. (Foto: K. Schrameyer).

Abb. 5.43: *Thelaxes dryophila*, ungeflügeltes Weibchen an *Quercus* spec. (Foto: K. Schrameyer).

Abb. 5.44: *Thelaxes dryophila,* Kolonie am Zweig von *Quercus* spec. (Foto: K. Schrameyer).

Abb. 5.45: *Tuberculatus querceus,* geflügeltes Weibchen an *Quercus* spec. (Blattunterseite) (Foto: K. Schrameyer).

Abb. 5.46: *Tuberculatus (Tuberculoides) annulatus,* geflügeltes Weibchen an Blattunterseite von *Quercus* spec. (Foto: K. Schrameyer).

Abb. 5.47: *Tuberculatus (Tuberculoides) annulatus,* geflügeltes Weibchen mit Larven an *Quercus* spec. (Blattunterseite) (Foto: U. Heimbach).

Tuberculatus spp. (Eichenzierläuse): Gattung mit etwa 50 eichenbesiedelnden Arten, von denen vier in Deutschland vorkommen. Die kleinen bis mittelgroßen Tiere sind als Erwachsene im Sommer stets geflügelt und besitzen alle neben den Seitenhöckern mindestens ein Paar Höcker auf dem Hinterleibsrücken (Abb. 5.45, 5.46, 5.47 und 5.48).

Am Beispiel von *Quercus* lässt sich gut der enge Zusammenhang zwischen der Größe der Blattläuse und dem Ort der Besiedelung demonstrieren. Mit zunehmendem Alter der Pflanzenteile wird der Abstand zwischen Oberfläche und Siebröhren immer größer. Somit können sich Blattlausarten mit kurzen Mundwerkzeugen sehr gut an jungen Blättern ernähren. Sie haben aber keine Möglichkeit, die im Stammbereich sehr tief liegenden Siebröhren zu erreichen. Um diesen Lebensraum am Baum besiedeln zu können, müssen die Tiere mit langen Mundwerkzeugen und der

Abb. 5.48: *Tuberculatus querceus,* geflügeltes Weibchen an *Quercus* spec. (Blattunterseite) (Foto: K. Schramеyer).

Abb. 5.50: *Appendiseta robiniae,* geflügeltes Weibchen an Robinie (Foto: K. Schrameyer).

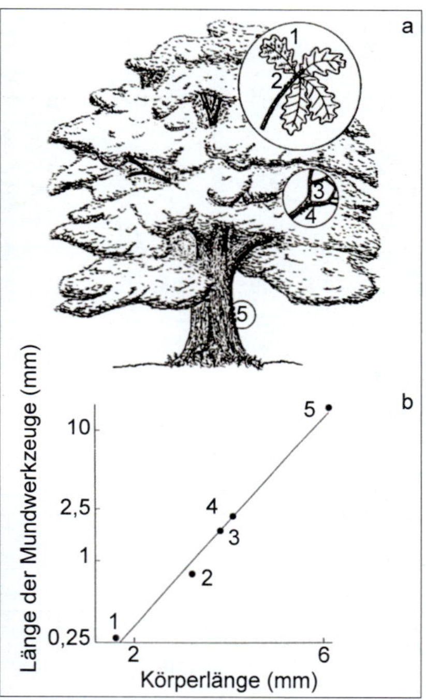

Abb. 5.49: Nahrungsort von fünf *Quercus* besiedelnden Blattlausarten (a) und die Beziehung zwischen der Stechborstenlänge und der Körperlänge auf einer logarithmischen Skala aufgetragen (b) (1) *Tuberculatus annulatus,* (2) *Thelaxes dryophila,* (3) *Lachnus roboris,* (4) *Lachnus iliciphilus,* (5) *Stomaphis quercus* (nach Dixon & Thieme 2007).

entsprechenden Körpergröße ausgestattet sein (Abb. 5.49). Der Nahrungsbedarf der großen Blattlausarten ist so hoch, dass er durch die kleinen Siebröhren der jungen Pflanzenteile (z. B. Blätter) nicht gedeckt werden kann.

Robinia

Appendiseta robiniae: Diese Art ist die einzige ihrer Gattung und war ursprünglich nur in Nordamerika verbreitet. Sie wurde inzwischen in Europa eingeschleppt und tritt regelmäßig im Süden Deutschlands auf, wo sie mitunter zur Massenvermehrung neigt. Im Sommer sind die kleinen, hell gelbgrünen Tiere als Erwachsene stets geflügelt Abb. 5.50). Die Art wird nicht durch Ameisen betreut.

Die Vertreter der folgenden drei artenreichen Gattungen nutzen in Deutschland *Robinia* nur als Sekundärwirt:

Aphis spp. siehe bei *Cornus*

Myzus spp. siehe bei *Cornus*

Acyrthosiphon spp.: Die mittelgroßen bis großen Tiere haben lange Beine und Antennen, der Hinterleib ist nur schwach pigmentiert. Die Siphonen sind lang und nicht gefärbt, das Stirnprofil divergierend (Innenseiten der gut entwickelten Stirnhöcker nach außen verlaufend).

Salix

Stomaphis spp. (Borkenläuse): vergleiche *Quercus*. Die *Salix* besiedelnde Art ist fast farblos und wird intensiv von Ameisen betreut, welche die am Stamm in Borkenrissen sitzenden Blattläuse mit Erdpartikeln und Pflanzenteilen in Galerien überbauen (Abb. 5.51, 5.52 und 5.53).

Aphis spp. (Röhrenblattläuse): Die weitverbreitete und artenreiche Gattung umfasst auch eine Art, die monözisch *Salix* besiedelt. Die kleinen bis mittelgroßen Tiere haben eine grüne Färbung und werden von Ameisen besucht. Im Juli werden Geschlechtstiere gebildet und Eier abgelegt.

Cavariella spp.: Eine weit verbreitete Gattung mit 32 Arten, von denen die meisten einen Wirtswechsel zwischen *Salix* und Umbelliferen durchführen. Fünf Arten kommen in Deutschland vor. Die hellgrünen, grünen oder rötlich gefärbten Tiere besitzen als typisches Merkmal auf dem Hinterleibsrücken einen Höcker vor dem Schwänzchen (Abb. 5.54 und 5.55). Mitunter wandern einige Tiere der hetrözischen Arten nicht vom Primärwirt *Salix* ab und sind deshalb auch im Sommer an Weidenblättern zu beobachten. Eine Ameisenbetreuung findet nicht statt.

Pterocomma spp.: Die Gattung umfasst 30 Arten, die alle monözisch an *Salix* oder *Populus* vorkommen. In Deutschland werden Weiden von fünf Arten besiedelt. Die Tiere sind groß und dicht beborstet, die Körperfarbe ist braun, grau oder schwarzgrün. Durch die dazu kontrastierende Färbung der Siphonen und die oft segmental angeordneten Wachspuderflecken sind diese Blattläuse auffällig bunt (Abb. 5.56 und 5.57). Die Tiere besiedeln in dichten Kolonien die Rinde von Zweigen und werden von Ameisen betreut.

Plocamaphis spp.: Artenarme Gattung, die mit zwei Arten in Deutschland vertreten ist. Die Tiere sind groß, weniger beborstet als *Pterocomma,* haben kurze Antennen und leben monözisch an *Salix*. Die gelblich, grünlich oder braunen Blattläuse werden nicht durch Ameisen betreut.

Abb. 5.51: *Stomaphis bobretzkyi*, geflügeltes Weibchen von *Salix alba*.

Abb. 5.52: *Stomaphis bobretzkyi*, rüsselloses Männchen und ungeflügeltes Weibchen von *Salix alba*.

Abb. 5.53: *Stomaphis bobretzkyi*, rüsselloses Männchen von *Salix alba*.

Abb. 5.54: *Cavariella aegopodii*, Ei an *Salix* spec. (Foto: K. Schrameyer).

Abb. 5.55: *Cavariella aegopodii*, ungeflügeltes Weibchen an *Petroselinum crispum*.

Abb. 5.56: *Pterocomma pilosum*, ungeflügeltes Weibchen mit Larven am Stängel von *Salix* spec. (Foto: K. Schrameyer).

Abb. 5.57: *Pterocomma salicis,* ungeflügelte Weibchen am Zweig von *Salix* spec. (Foto: K. SCHRAMEYER).

Abb. 5.58: *Chaitophorus salicti,* ungeflügeltes Weibchen an *Salix capraea.*

Abb. 5.59: *Chaitophorus leucomelas,* Kolonie an *Populus nigra* (Blattunterseite) (Foto: K. SCHRAMEYER).

Abb. 5.60: *Chaitophorus populialbae,* ungeflügeltes Weibchen mit Larve an *Populus tremula* (Blattunterseite) (Foto: K. SCHRAMEYER).

Abb. 5.61: *Phylloxerina capreae,* ungeflügeltes Weibchen an *Salix caprea* (Foto: K. SCHRAMEYER).

Abb. 5.62: *Tuberolachnus salignus,* Kolonie am jüngeren Zweig von *Salix* spec. (Foto: K. SCHRAMEYER).

Abb. 5.63: *Tuberolachnus salignus,* geflügeltes Weibchen am Zweig von *Salix* spec. (Foto: K. SCHRAMEYER).

Abb. 5.64: *Tuberolachnus salignus,* ungeflügeltes Weibchen mit Larven am Zweig von *Salix* spec. (Foto: K. SCHRAMEYER).

Chaitophorus spp. (Borstenläuse): Umfangreiche Gattung mit mehr als 88 Arten, die eng an *Salix* oder *Populus* gebunden sind. In Deutschland wird *Salix* an den Blättern von sieben Arten besiedelt. Der ovale Körper dieser kleinen Blattläuse ist auffällig mit langen Borsten bedeckt. Bei einigen Arten kommt Ameisenbetreuung vor (Abb. 5.58, 5.59 und 5.60).

Phylloxerina spp. (Zwergläuse): Artenarme Gattung die eng an *Salix* oder *Populus* gebunden ist. Die sehr kleinen, immer ungeflügelten Tiere können gelblich, rötlich, grün oder weinrot gefärbt sein (Abb. 5.61). Der Körper, der an der Rinde oder in Rindenrissen sitzenden Blattläuse wird von einem dichten weißen Wachsflaum überzogen.

Tuberolachnus salignus (Große Weidenrindenlaus): Diese Blattlaus ist die einzige Vertreterin der nur zwei Arten umfassenden und an *Salix* gebundenen Gattung in Deutschland. Die braun gefärbten Tiere sind dicht beborstet und besitzen auf dem Rücken einen großen schwarzen kegelförmigen Höcker (Abb. 5.62, 5.63 und 5.64). Im späten Sommer können sie große Kolonien an Zweigen und Stämmen bilden, wo sie mitunter durch Ameisen betreut werden. Diese Art bildet keine Geschlechtstiere, die Überwinterung erfolgt deshalb anholozyklisch.

5.2.5 Ziersträucher

In den Gärten oder Parkanlagen angepflanzte Ziersträucher werden auf vielfältige Weise von Blattläusen genutzt. Den wirtswechselnden Blattläusen dienen Sträucher als Primärwirte zur Überwinterung. Beispiele liefert *Aphis fabae* an *Euonymus europaeus, Viburnum opulus* und *Philadelphus coronarius.* Anderen Arten siedeln das ganze Jahr hindurch auf *Hedera helix* und an *Ilex aquifolium.*

Aphis sambuci nutzt *Sambucus* spp. als Primärwirt, an dem sie in mehreren fundatrigenen Generationen vorkommt und oft mit schwerstem Befall auftritt. Ihre Geflügelten verlassen in der Hauptmasse im Frühsommer den Primärwirt und fliegen zu *Rumex*-Arten und verschiedenen Gattungen der Caryophyllaceae (*Dianthus, Silene, Melandrium, Moehringia* u. a.), wo die grünen Sommerläuse am Wurzelhals und an unterirdischen Teilen zu finden sind. Die im Herbst zurückfliegenden Blattläuse setzen an den Blattunterseiten von *Sambucus* weißliche Larven ab, aus denen sich hellbraune ovipare Weibchen entwickeln. *Aphis sambuci* bietet ein Beispiel dafür, wie die einzelnen Generationsformen einer Blattlaus in der Färbung voneinander verschieden sein können. Ihr deutscher Name bezieht sich somit nur auf die Fundatrix und die von ihr produzierten Nachkommen. Der Generationszyklus über das Eistadium ist bei dieser Blattlaus nur wenig fixiert. Ihre Herbstgeflügelten setzen auf den Blättern von *Sambucus* sowohl Larven von oviparen Weibchen als auch von Lebendgebärenden ab. Nach Jacob (1949) sind die Frühjahrsgeflügelten nicht auf die Sekundärwirtspflanzen angewiesen, da sie sich auch auf *Sambucus* fortpflanzen. In Regionen mit milden Wintern wurde nachgewiesen, dass Überwinterung ohne Eistadium an den Wurzeln der Sekundärwirte, sogar an den Wurzeln des Primärwirts vorkommt und dass *Aphis sambuci* im Frühjahr häufig keine Nachkommen der aus dem Ei geschlüpften Fundatrix, sondern Nachkommen der im Wurzelbereich überwinterten Blattläuse sind.

An *Laburnum vulgare* lebt eine andere schwarz erscheinende Blattlaus, *Aphis cytisorum.* Sie besiedelt ohne Wirtswechsel hauptsächlich Triebe und Stängel und verursacht ein schwaches Einrollen der Blätter (Abb. 5.65).

Eine weitere dunkelbraun oder schwarz glänzende Blattlaus ist *Aphis craccivora.* Diese Art befällt hauptsächlich Leguminosen, aber auch Pflanzen anderer Familien. Sie ist häufig auf *Robinia, Colutea* und an *Caragana* zu beobachten. Im Herbst kommt es aber auf diesen Pflanzen nicht zur Ausbildung von Geschlechtstieren. In Deutschland kann sie den Winter im Eistadium auf *Trifolium* spp., *Vicia faba* und *Capsella bursa-pastoris* überstehen (Abb. 5.66 und 5.67).

In Gärten und Parkanlagen sind holzige Leguminosen wie *Caragana* und *Colutea* sehr häufig durch große Kolonien von *Acyrthosiphon caraganae* besiedelt. Die größere, nicht wirtswechselnde grüne Blattlaus besiedelt Triebspitzen, Blätter und junge Früchte. Im Gegensatz zu den bisher genannten Blattläusen der Ziersträucher wird sie nicht von Ameisen besucht.

An *Berberis* spp. und *Mahonia* spp. braucht man nicht lange zu suchen, um *Liosomaphis berberidis* zu entdecken. Diese Blattlaus lebt ohne Wirtswechsel und ohne Ameisenbesuch in dichten Kolonien an Triebspitzen und – ver-

Abb. 5.65: *Aphis cytisorum*, Kolonie an *Sarothamnus scoparius.*

Abb. 5.66: *Aphis craccivora*, ungeflügelte Weibchen an *Vicia* spec.

Abb. 5.67: *Aphis craccivora*, Kolonie an *Trifolium pratense.*

Abb. 5.68: *Liosomaphis berberidis*, Fundatrix mit Larven an *Berberis* spec. (Foto: K. Schrameyer).

Abb. 5.69: *Liosomaphis berberidis*, ungeflügeltes Weibchen (grün) an *Berberis vulgaris* (Foto: K. Schrameyer).

Abb. 5.70: *Liosomaphis berberidis*, ungeflügelte Weibchen (grün und rot) an *Berberis vulgaris* (Foto: K. Schrameyer).

einzelter – an Blattunterseiten. Sie tritt in einer gelben und einer roten Form auf, beide Formen können in derselben Kolonie vorhanden sein (Abb. 5.68, 5.69 und 5.70). Für verschiedene Blattlausarten wurde nachgewiesen, dass mit dem Merkmal Farbe auch andere Eigenschaften gekoppelt sind. So können sich rot gefärbte *Acyrthosiphon pisum* bei höheren Temperaturen schneller und besser entwickeln als ihre grünen bzw. gelben Artgenossen. Bei der auch Ziergräser besiedelnden *Sitobion avenae* verfügen braune Tiere über einen besseren Schutz vor starker UV-Strahlung und können deshalb in Sommermonaten mit starker Sonnenstrahlung auf den Ähren ihrer Wirtspflanzen prächtige Kolonien bilden, wozu ihre grünen und pinkfarbenen Artgenossen nicht befähigt sind. Welche Funktion die unterschiedliche Färbung der Tiere von *L. berberidis* hat, ist bislang unbekannt.

Ziersträucher aus der Gattung *Ribes* sind beinahe regelmäßig von Blattläusen befallen. Die Blätter von *Ribes alpinum* sind, vor allem an den Triebspitzen, durch rote, nach oben gewölbte Beulen verunstaltet. An der Unterseite dieser Blasen sitzen die orangefarbigen Nachkommen der Fundatrix von *Cryptomyzus korschelti* (Abb. 5.71 und 5.72). Der Wirtswechsel dieser Art ist der gleiche wie bei der nahe verwandten Blattlaus *C. ribis,* die ein ähnliches Befallsbild an *Ribes rubrum* hervorruft. Eine weitere Blattlaus ist *Aphis schneideri,* sie verursacht an *Ribes sanguineum, R. aureum* und *R. alpinum* die gleichen mit Triebstauchungen verbundenen Blattnester wie an *R. rubrum* und *R. nigrum* (Abb. 5.73).

Spiraea salicifolia, die in Parkanlagen und Vorgärten für niedrige Hecken benutzt wird, hat häufig Triebe mit eng gerollten und gekräuselten Blättern. Der Erzeuger ist *Brachycaudus* (*Brachycaudus*) *spiraeae.* Während des Sommers erfährt diese Blattlaus einen starken Zusammenbruch der Kolonien und erweckt den Eindruck, als könnte sie einen Wirtswechsel mit einem bisher unbekannten Nebenwirt durchführen, weil die Tiere nicht mehr an den Befallssymptome zeigenden Zweigen angetroffen werden.

An den Triebspitzen und den noch grünen Zweigen von *Spiraea vanhouttei* und *S. arguta* siedelt *Aphis spiraephaga,* eine dunkelbraune, mit Wachspuder bedeckte Blattlaus (Abb. 5.74). Die Art ist häufig und weit über Mitteleuropa verbreitet. Obwohl die Generationsfolge wie bei einer wirtswechselnden Blattlaus ist, werden keine anderen Pflanzen besiedelt. Unter günstigen Bedingungen können von dieser Blattlaus derartig umfangreiche Kolonien gebildet werden, dass von einem Schadauftreten gesprochen werden muss.

Prunus padus ist Primärwirt der sehr häufigen *Rhopalosiphum padi.* Durch die Nahrungsaufnahme der Fundatrizen werden die jungen Blätter nach unten gerollt. Ihre Nachkommen suchen die Unterseiten neuer, triebspitzenwärts gelegener Blätter auf und verursachen dort Rollungen, die mit

Abb. 5.71: *Cryptomyzus korschelti,* Kolonie an *Ribes alpinum* (Foto: K. SCHRAMEYER).

Abb. 5.72: *Cryptomyzus korschelti,* an Johannisbeere (Foto: K. SCHRAMEYER).

Abb. 5.73: *Aphis (Bursaphis) schneideri,* Kolonie an *Ribes nigrum.*

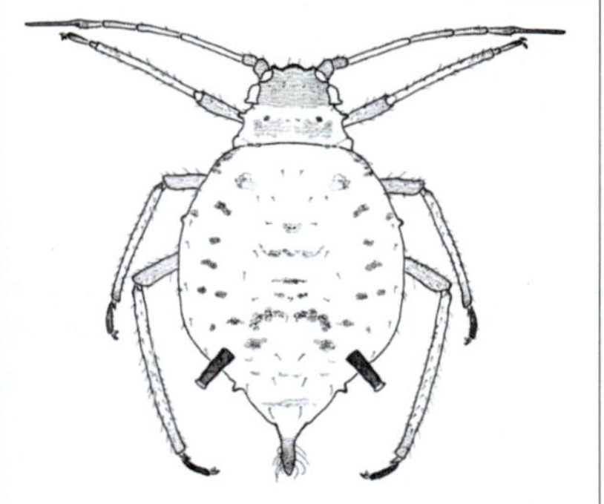

Abb. 5.74: *Aphis spiraephaga*

Abb. 5.75: *Rhopalosiphum padi,* Fundatrix an *Prunus padus.*

Abb. 5.76: *Rhopalosiphum padi,* ungeflügeltes Weibchen an *Canna indica* (Foto: K. SCHRAMEYER).

netzförmig angeordneter Weiß- oder Gelbfärbung verbunden sind. Bei starkem Auftreten werden daneben die grünen Stängel an den Triebspitzen besiedelt. Während die Fundatrix hellgrün und unbewachst ist, haben ihre Nachkommen eine dunkelgrüne, fast schwarze Grundfärbung, die unter einer grauen Wachsbepuderung hindurchscheint (Abb. 5.75 und 5.76). In Abhängigkeit vom Gehalt der gelösten Stickstoffverbindungen im Phloemsaft sind die Läuse der zweiten, manchmal auch der ersten Generation nach der aus dem Ei geschlüpften Fundatrix geflügelt und migrieren zu Gräsern, an denen ihre Nachkommen vor allem an Blättern leben. Die Ungeflügelten sind olivbraun; man findet aber viel häufiger Geflügelte, die bei dieser Art in besonders großem Mengenanteil während des ganzen Sommers entstehen. Im Herbst sitzen die Mütter der oviparen Weibchen, die Männchen und die als Larve weißlichen, später gelblichgrauen oviparen Weibchen in großer Zahl an den Blattunterseiten der Traubenkirsche.

Crataegus monogyna und *C. oxyacantha* tragen an den unteren, stammnahen Blättern auffallende, leuchtend rote, seltener gelbe Rollgallen, die oft den größten Teil eines befallenen Blattes deformieren. Darin leben von verschiedenen *Dysaphis*-Arten die dunkelgrünen, bepuderten, aus dem Ei geschlüpften Fundatrizen und ihre Nachkommen (Abb. 5.77 und 5.78). Meist sind alle Blattläuse der ersten Generation nach den Fundatritzen geflügelt. Die einzelnen Arten unterscheiden sich durch ihre Sekundärwirtspflanzen: *Apium graveolens, Petroselinum crispum, Pastinaca, Daucus carota, Levisticum officinale* und andere Apiaceae oder *Ranunculus*-Arten. Die sich ungeschlechtlich vermehrenden Blattläuse leben an diesen Pflanzen am Stängel- und Rosettengrund, wo sie von Ameisen besucht werden. Im Herbst entstehen an den *Crataegus*-Blättern durch die Nahrungsaufnahme der in kleineren Gruppen blattunterseits sitzenden Remigranten und oviparen Weibchen runde, braune oder gelbliche Flecke.

Wegen der typischen Schadbilder seien noch einige Blattläuse von *Lonicera* genannt, die von Ameisen besucht werden. Durch die blattoberseits lebenden Frühjahrsformen von *Hyadaphis foeniculi* werden die Blätter von *Lonicera xylosteum* nach oben gefaltet und gelb verfärbt. Die grünen Blattläuse haben Wirtswechsel mit Apiaceae. Ein ähnliches Befallsbild an *Lonicera periclymenum* und *L. caprifolium* rührt von der nahe verwandten Art *H. passerinii* her. Weil Nachkommen der aus dem Ei geschlüpften Fundatrizen auch während des Sommers an der *Lonicera* angetroffen werden und dann frei an den Triebspitzen leben, ist der Wirtswechsel wahrscheinlich fakultativ. Ein auffälliges Schadbild an *Lonicera-tatarica*-Ziersträuchern verursacht *H. tataricae.* Etwa 15–20 cm lange herabhängende hexenbesenartige Gallen mit außerordentlich zahlreichen, sehr kleinen Blättchen, die bleich verfärbt und nach oben umgeschlagen sind, verraten den Befall durch die aus Ost-

Abb. 5.77: *Dysaphis (Dysaphis) apiifolia petroselini,* Fundatrix mit Nymphen an *Crataegus laevigata* (Foto: K. Schrameyer).

Abb. 5.78: *Dysaphis (Dysaphis) apiifolia petroselini,* geflügelte Fundatrigenie an *Crataegus laevigata* (Foto: K. Schrameyer).

europa eingewanderte Blattlaus. Die Art macht keinen Wirtswechsel und bleibt ganzjährig auf *L. tatarica.*

Blätter, die an *Lonicera tatarica* und *L. xylosteum* im Frühjahr unter Gelbfärbung und Rotfleckung abwärts gefaltet oder gerollt sind, enthalten die gelben Fundatrizen und Nachkommen von *Rhopalomyzus lonicerae.* Die Blattläuse der 1. Generation nach den Fundatrizen sind sämtlich geflügelt und wandern zu *Phalaris arundinacea* und *canariensis.* Bei dem Letzteren handelt es sich um das sehr häufig in Gärten angepflanzte grün-weiß gebänderte Gras, an dem die sich die durch Parthenogenese vermehrenden Blattläuse an Blättern und Rispen schädlich auftreten können.

Lonicera xylosteum und seltener *L. tatarica* sind Primärwirte der zu den Pemphigiden gehörenden *Prociphilus xylostei.* Die reichlich Wachswolle ausscheidenden Frühjahresformen kräuseln zunächst die Blätter und sitzen später dicht gedrängt an den dünnen Zweigen, die sie mit ihrem weißen Wachsprodukt vollkommen bedecken. Aufenthaltsorte der Blattläuse sind im Sommer zarte Wurzeln von *Picea;* die Mütter der Geschlechtstiere sammeln sich im Herbst an den unteren Strauchpartien in Borkenritzen.

Rhamnus cathartica ist der Primärwirt von *Aphis nasturtii.* Die grünen Nachkommen der Fundatrizen verursachen an diesem Strauch leichtes Blattrollen; nach der Abwanderung leben die nun gelben Blattläuse polyphag auf zahlreichen Pflanzenarten, auch auf *Solanum tuberosum* (Abb. 5.79, 5.80 und 5.81).

Hellgrüne Läuse, die im Frühjahr an den Triebspitzen von *Hippophae* und *Elaeagnus* gefunden werden, sind die Frühjahrsformen verschiedener *Capitophorus*-Arten, die Wirtswechsel mit *Persicaria*-Arten, *Cirsium arvense* und *Tussilago farfara* durchführen (Abb. 5.82 und 5.83).

Abb. 5.79: *Aphis nasturtii,* fundatrigene Kolonie an *Rhamnus carthartica.*

Abb. 5.80: *Aphis nasturtii,* Kolonie an *Nicandra physalodes* (Foto: K. SCHRAMEYER).

Blattrollen an *Viburnum lantana* beherbergen im Frühjahr die von Ameisen besuchten Fundatrizen mit Nachkommen von *Ceruraphis eriophori,* die Wirtswechsel mit Poaceae hat (Abb. 5.84).

An *Ligustrum vulgare* und andere *Ligustrum* spp. sind die Blätter nicht selten zu engen, gelblich gefärbten Längsrollen verunstaltet. In diesen findet man im Frühjahr kleine gelbe Läuse mit keuligen Siphonen, die der Art *Myzus ligustri* angehören und keinen Wirtswechsel haben (Abb. 5.85).

Kultivierte und wildwachsende Rosen sind Primärwirte von mehreren Blattlausarten. Die wichtigsten sind *Rhodobium porosum, Myzaphis rosarum, Chaetosiphon* (*Pentatrichopus*) *tetrarhodum, Macrosiphum rosae, Longicaudus trirhodus* und *Metopolophium dirhodum.*

In Deutschland nur an Rosaceae zu finden ist *Rhodobium porosum* (Abb. 5.86 und 5.87). Wie bei vielen anderen Tierarten ist der deutsche Name irreführend. Gelbe Rassen wurden bisher nur in Nordamerika und dort nur auf Erdbeere beobachtet. In Mitteleuropa ist diese Blattlaus nur mit grüner oder roter Färbung auf Rosen gefunden worden. Erst vor wenigen Jahren gelang auch in Deutschland der Nachweis einer Überwinterung im Eistadium. Damit wird ein stärkeres Auftreten dieser Art im Freiland und die Ausdehnung ihres Verbreitungsgebietes in Bereiche mit kaltem Winter wahrscheinlich.

Ganzjährig hauptsächlich nur auf Rosen, ist die im Ei überwinternde *Myzaphis rosarum* zu finden. Diese gelblich bis hellgrüne Blattlaus besiedelt Blattober- und Unterseiten (Abb. 5.88 und 5.89). Im Sommer werden vergleichsweise kleine Tiere produziert, die keinen gravierenden Schaden verursachen und deshalb leicht übersehen werden.

Abb. 5.81: *Aphis nasturtii*, ungeflügeltes Weibchen mit Larven an *Solanum tuberosum*.

Abb. 5.82: *Capitophorus elaeagni*, ungeflügeltes Weibchen an *Hippophae rhamnoides* (Blattunterseite) (Foto: K. SCHRAMEYER).

Abb. 5.83: *Capitophorus elaeagni*, geflügeltes Weibchen mit Larve an *Hippophae rhamnoides* (Foto: K. SCHRAMEYER).

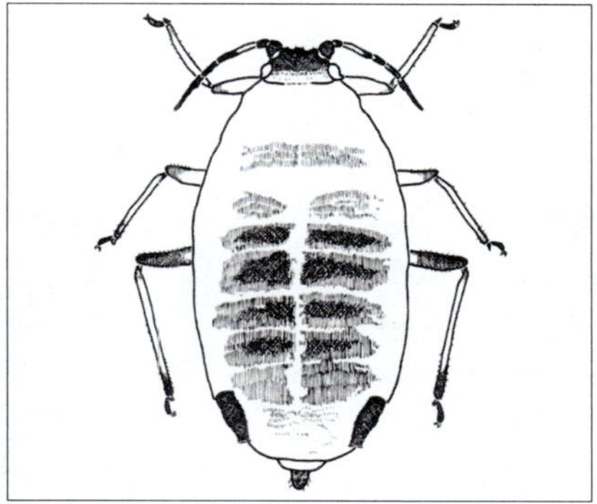

Abb. 5.84: *Ceruraphis eriophori*

Abb. 5.85: *Myzus (Nectarosiphon) ligustri*, ungeflügeltes Weibchen an *Ligustrum vulgare* (Foto: K. SCHRAMEYER).

Abb. 5.86: *Rhodobium porosum*, ungeflügeltes Weibchen an *Rosa* spec. (Foto: K. Schrameyer).

Abb. 5.87: *Rhodobium porosum*, ungeflügeltes Weibchen an *Rosa* spec.

Abb. 5.88: *Myzaphis rosarum*, Kolonie an *Rosa* spec. (Foto: K. Schrameyer).

Weitverbreitet, aber nur in kleinen Kolonien, tritt *Chaetosiphon* (*Pentatrichopus*) *tetrarhodum* an den Unterseiten von Rosenblättern und gelegentlich auch an Triebspitzen auf. Die blass hellgrünen, manchmal rötlich gefärbten Tiere sind von geringer Größe und verursachen keine Schadwirkung auf den Wirtspflanzen (Abb. 5.90 und 5.91).

Auf den Blattunterseiten und an den Blütenknospen ist häufig die hellgrüne *Longicaudus trirhodus* zu finden, wo sie im Allgemeinen keine Schadwirkung verursacht. Im Mai oder Anfang Juni verlässt die mittelgroße Art die Rosen und besiedelt bis Oktober *Aquilegia* spp. und gelegentlich *Thalictrum* spp. Auf den Sekundärwirtspflanzen besitzen die Blattläuse eine gelbe Körperfarbe.

An Rosen sehr häufig anzutreffen ist *Macrosiphum rosae*, eine Art mit meist grüner oder roter, selten gelber Körperfarbe (Abb. 5.92, 5.93 und 5.94). Die Blattlaus benachteiligt bei Massenvermehrung die Rosenblüte und schädigt auch die Neutriebe. Unter günstigen Bedingungen kann die Art den ganzen Sommer über auf der Rose verbleiben. In der Regel wandern ihre Geflügelten im Juli ab und besiedeln Dipsacoideae oder Valerianoideae, gelegentlich sind sie auch auf *Pyrus*, *Malus* oder *Fragaria* × *ananassa* zu finden.

Von den die Rosen besiedelnden Blattläusen sei noch *Metopolophium dirhodum* genannt. Diese blass grüne Art nutzt Rosen lediglich zur Überwinterung und lebt im Frühjahr an den saftigen Triebspitzen und jungen Blättern. Im Juni beginnen die Geflügelten ihre Abwanderung zu verschiedenen Gräserarten, auf denen die Blattlaus bis zur Rückwanderung im Oktober verbleibt (Abb. 5.95).

Abb. 5.89: *Myzaphis rosarum,* ungeflügeltes Weibchen an *Rosa* spec. (Foto: K. Schrameyer).

Abb. 5.90: *Chaetosiphon (Pentatrichopus) tetrarhodum,* ungeflügeltes Weibchen an *Rosa rugosa* (Foto: K. Schrameyer).

Abb. 5.91: *Chaetosiphon (Pentatrichopus) tetrarhodum,* Larve an *Rosa rugosa* (Foto: K. Schrameyer).

Abb. 5.92: *Macrosiphum rosae,* ungeflügeltes (grün gefärbtes) Weibchen an *Rosa* spec.

Abb. 5.93: *Macrosiphum rosae,* ungeflügeltes (rot gefärbtes) Weibchen an *Rosa* spec. (Foto: K. Schrameyer).

Abb. 5.94: *Macrosiphum rosae,* ungeflügeltes (gelb gefärbtes) Weibchen an *Rosa* spec.

Abb. 5.95: *Metopolophium dirhodum,* Larven an *Hordeum* spec.

Abb. 5.96: *Maculolachnus submacula,* ungeflügeltes Weibchen an *Rosa* spec. (Foto: K. Schrameyer)

Auf bodennahen Stängeln oder (im Sommer) auf Oberflächenwurzeln von wilden und kultivierten Rosen und immer von Ameisen betreut siedelt *Maculolachnus submacula* (Abb. 5.96). Die mittelgroßen (2,7–3,8 mm) Ungeflügelten sind gelblich braun bis dunkel kastanienbraun. Im Sommer wurde sie auch auf Wurzeln von *Geranium* und *Potentilla anserina* gefunden

5.2.6 Krautige Zierpflanzen

Stauden des Freilandes leiden im Allgemeinen nicht sehr unter Blattlausbefall. Bis auf einige seltenere Blattlausarten, die auf bestimmte Wirtspflanzen spezialisiert sind, finden wir in den Blumengärten nur wenige Läuse. *Aphis fabae* lebt häufig in dichten Kolonien an Trieben und Blütenstielen von Dahlien und Fingerhut (*Digitalis*). *Echinops sphaerocephalus* ist mitunter sehr stark von *Brachycaudus* (*Prunaphis*) *cardui*, die von Ameisen besucht wird, besiedelt. An den Wurzeln von Asteraceae, vor allem *Doronicum caucasicum*, kann man *Trama*-Arten finden.

Abb. 5.97: *Trama troglodytes,* Kolonie am unterirdischen Abschnittt einer *Asteraceae* (Foto: R. Blackman).

Diese großen Läuse besitzen als charakteristische Merkmale kleine Augen und lange Hinterfüße (Abb. 5.97). Sie leben unterirdisch, verlassen den Boden nur nach langen und starken Regenfällen, um dann an bodennahen Pflanzenteilen zu sitzen. *Trama*-Arten bilden keine Geschlechtsmorphen. Da die unterirdische Lebensweise in der Evolution nicht zur Ausbildung von Schutzmechanismen vor der UV-Strahlung geführt hat, sind diese Arten unpigmentiert und erscheinen weiß. Hinweise auf die unterirdischen Siedlungsplätze der Aphiden werden von den betreuenden Ameisen gegeben. An oberirdischen Teilen von *Doronicum* sind andere Blattläuse zu finden. Die braun gefärbte und glänzende *Uroleucon doronici* besiedelt verschiedene Arten dieser Gattung im Blütenbereich und an den Stängeln.

Starke Besiedelungen krautiger Zierpflanzen sind im Gewächshaus sehr häufig. Günstige Temperaturen und ein reichhaltiges Angebot verschiedener Pflanzenarten sichern eingedrungenen Blattläusen prachtvolle Entwicklungsbedingungen. Gärtnerinnen und Gärtner müssen deshalb einen ständigen Kampf gegen diese »Gäste« führen. Die Blattläuse im Gewächshaus sind entweder einheimische Arten, die auch im Freiland vorkommen, oder es sind eingeschleppte Arten. Eine rein ungeschlechtliche Fortpflanzung deutet auf Herkunft aus wärmeren Gebieten hin und ermöglicht den Tieren nur während des Sommers ein Überleben im Freiland. Bis zum Winteranfang werden gelegentlich *Aphis fabae* und *Aphis nasturtii* in Gewächshäusern gefunden, ohne dort zur Dauerbesiedelung zu kommen.

Mit einer Ausnahme gehören alle Gewächshausblattläuse zu den Aphidinae.

Die wichtigsten Blattlausarten, die regelmäßig im Winter in den Gewächshäusern zu finden sind, lassen sich unter Nutzung von Merkmalen ihres Körperbaus und der Farbe unterscheiden.

Gruppe 1 besitzt Antennen, die deutlich länger als der Körper sind. Diese Läuse können schwarz oder grün bis grünlich gelb gefärbt sein.

Schwarz gefärbt ist die nur an Farnen vorkommende *Idiopterus nephrelepidis*. Diese Laus zählt mit einer Länge von 1,2–1,6 mm zu den sehr kleinen Arten. Ihre bis auf ein dunkles basales Viertel farblosen Siphonen sind länger als die Cauda und etwas nach unten gebogen. Die Flügel haben breite, braun geränderte Adern und erscheinen deshalb dunkel gebändert. Die Art kann nicht im Eistadium überwintern (anholozyklisch) und tritt nur selten im Freien auf.

Weitere vier Arten dieser Gruppe sind grün bis grünlichgelb gefärbte Blattläuse, die meist größer als 1,5 mm sind. Sie haben gerade gestreckte Siphonen welche mindestens doppelt so lang wie die Cauda sind.

Wenn die erwachsenen Ungeflügelten auf dem Hinterleibsrücken einen großen dunkelbraunen Mittelfleck in der Form eines unregelmäßigen, nach vorn geöffneten Hufeisens besitzt, handelt es sich um *Neomyzus circumflexus*. Diese Art hat eine hellgelbe bis grünlichgelbe Grundfärbung. Geflügelte treten nur selten auf und sind mit dunkelbraunem Kopf und Brustsegmenten und der dunkelbraunen Querbänderung auf dem Hinterleib sehr leicht zu erkennen (Abb. 5.98). Die 1,5–2,4 mm langen Tiere sind an vielen Pflanzen zu finden (polyphag). Sie verursachen oft an *Cyclamen* Schaden, andere häufig besiedelte Wirtspflanzen sind *Zantedeschia aethiopica, Calceolaria, Cineraria, Fuchsia* oder *Asparagus sprengeri. N. circumflexus* produziert keine Sexuales und kann nur im Gewächshaus überwintern (anholozyklisch).

Bei den drei folgenden Arten dieser Gruppe haben die erwachsenen Ungeflügelten im Gegensatz zu *N. circumflexus* keine Rückenzeichnung.

Die Siphonen der *Aulacorthum solani* sind an der Spitze dunkelbraun (Abb. 5.99, 5.100 und 5.101). Auf dem hellgrünen Hinterleib ist an der Basis der Siphonen je 1 grüner Fleck durchscheinend. Der Körper der Ungeflügelten ist birnenförmig mit größter Breite in Höhe der Siphonen. Geflügelte haben einen hell- bis dunkelbraune Kopf und Thorax und meist Querstreifung auf dem Hinterleib. Die Art ist polyphag an zahlreichen Pflanzen, darunter *Cineraria, Calceolaria, Hydrangea.* An Fuchsien verursacht ihre Nahrungsaufnahme Rollungen der Blätter. Während die anholozyklisch lebende Form nur in Gewächshäusern auftreten kann, sind im Freien neben den oviparen Weibchen geflügelte und ungeflügelte Männchen zu beobachten.

Zwei weitere Arten haben zylindrische Siphonen, die vollkommen hell oder nur schwach bräunlich sind. Der Blattlausspezialist kann sie aufgrund zahlreicher Unterschiede im Körperbau differenzieren. Eine Differenzierung ermöglicht auch ein Vergleich der Erwachsenen mit den Larven in den Kolonien. Treten neben den glänzend grünen Erwachsenen – mit sehr feinem Wachspuder bedeckte – matt grünen Larven auf, so handelt es sich um *Macrosiphum euphorbiae* (Abb. 5.102 und 5.103). Der deutsche Name (Grünstreifige Kartoffellaus) wurde von dem charakteristischen, den Hinterleibsrücken durchscheinenden dunkelgrünen Mittelstreifen abgeleitet. Diese mittelgroße Art lebt polyphag an zahlreichen Pflanzen, u. a. *Cineraria, Chrysanthemum*. Die Überwinterung erfolgt fast ausschließlich anholozyklisch.

Grün glänzend sind sowohl die Erwachsenen als auch die Larven von *Acyrthosiphon malvae* (Abb. 5.104 und 5.106). Ihre Geflügelten haben einen bräunlichen Kopf und Brustsegmente. Sie befällt verschiedene Pelargonien mit Ausnahme von *Pelargonium zonale*. Die Überwinterung der mittelgroßen Art erfolgt fast ausschließlich anholozyklisch. Von *Acyrthosiphon mal-*

Abb. 5.98: *Neomyzus circumflexus*, Kolonie an *Vicia faba*.

Abb. 5.99: *Aulacorthum solani*, Kolonie an *Fuchsia regia* (Foto: K. SCHRAMEYER).

Abb. 5.100: *Aulacorthum solani*, geflügeltes Weibchen an *Liquidambar styraciflua* (Foto: K. SCHRAMEYER).

Abb. 5.101: *Aulacorthum solani*, Sexuales an *Vicia faba*.

Abb. 5.102: *Macrosiphum euphorbiae*, Kolonie mit grünen Tieren an *Solanum tuberosum*.

Abb. 5.103: *Macrosiphum euphorbiae*, Kolonie mit roten Tieren an *Solanum tuberosum*.

vae existieren nahe verwandte Unterarten und verschiedene Wirtsrassen. Diese sind im Gewächshaus meist grün gefärbt und besiedeln die gleichen *Pelargonium*-Arten. Im Freiland werden auch andere Wirtspflanzen, wie z. B. Erdbeere, *Malva* spp. und *Geranium* spp. besiedelt. An *Geranium* spp. konnten auch rot gefärbte Tiere gefunden werden.

Gruppe 2: Die Antennen sind etwa so lang wie der Körper oder nur wenig länger oder kürzer.

Hierzu zählt die nur an *Chrysanthemum indicum* lebende dunkelbraun glänzende *Macrosiphoniella sanborni,* deren Siphonen sich zur Spitze hin gleichmäßig verjüngen. Diese kleinen bis mittelgroßen Blattläuse können nicht im Eistadium überwintern.

Bei zwei anderen Arten sind zumindest die erwachsenen Ungeflügelten grün bis gelblich gefärbt und haben keulenförmig geschwollene Siphonen. Deutlich ist bei diesen Arten zu sehen, dass die antennentragenden Höcker Fortsätze haben, die ein charakteristisches Stirnprofil bilden. Sind die Antennen etwas kürzer als der Körper, handelt es sich um *Myzus persicae.* Diese Art ist grün bis gelblichgrün, gelegentlich rot gefärbt, und nur die Geflügelten haben auf dem Hinterleibsrücken einen großen, am Rand ausgebuchteten, nicht völlig geschlossenen Mittelfleck (Abb. 5.105). *M. persicae* zählt zu den extrem polyphagen Blattläusen und ist an vielen Pflanzen, häufig an Solanaceae, Brassicaceae, *Asparagus sprengeri* und *Tulipa* zu beobachten. *M. persicae* kann auf *Prunus persica* und verschiedenen *Prunus*-Arten im Eistadium überwintern. Sehr häufig ist auch eine anholozyklische Überwinterung im Gewächshaus zu beobachten. Eine besondere Gefahr besteht in der Fähigkeit dieser Blattlausart, mehr als 110 Viruserkrankungen zu übertragen. Sie ist damit einer der gefährlichsten Vektoren weltweit.

Sind die Antennen mindestens so lang wie der Körper, handelt es sich um *Myzus ascalonicus.* Ihr Rücken ist deutlich stärker gewölbt als bei der vorigen Art. Die kleinen Blattläuse sind bleich bräunlichgrün gefärbt, erwachsene Ungeflügelte haben oft unregelmäßige grüne Flecken auf dem Hinterleibsrücken. Die Zeichnung der Geflügelten ist wie bei *M. persicae.* Zwiebelläuse sind polyphag und an vielen Pflanzen, häufig an *Allium, Asparagus, Calceolaria, Chrysanthemum, Cerastium, Fragaria, Solanum* und *Viola* zu finden. Die Art ist nicht befähigt, im Freiland zu überwintern.

Gruppe 3: Die Antennen sind deutlich kürzer als der Körper.

Hierzu gehören zwei Blattläuse, deren Cauda sehr kurz ist.

Einen großen schwarzen Mittelfleck auf dem Hinterleib besitzt *Brachycaudus* (*Prunaphis*) *cardui.* In den Kolonien bilden die immer unpigmentierten Larven mit ihrer grünen Grundfärbung einen deutlichen Kontrast zu den schwarz erscheinenden Erwachsenen. Auffällig sind ebenfalls die schwarz-

Abb. 5.104: *Acyrthosiphon malvae,* Kolonie an *Geranium.*

Abb. 5.105: *Myzus (Nectarosiphon) persicae,* Kolonie an *Capsicum annuum.*

Abb. 5.106: *Acyrthosiphon (Acyrthosiphon) malvae,* fundatrigene Kolonie an *Geranium pusillum.*

Abb. 5.107: *Brachycaudus (Prunaphis) cardui,* Kolonie an *Cirsium arvense.*

Abb. 5.108: *Brachycaudus (Prunaphis) cardui,* ungeflügeltes Weibchen an *Prunus* spec. (Foto: K. Schrameyer).

braunen Siphonen, die sich zur Spitze hin gleichmäßig verjüngen. Die mittelgroße Art ist häufig an *Cineraria* und *Chrysanthemum* zu finden. Im Freiland kann sie im Eistadium an *Prunus domestica* und *P. spinosa* überwintern (Abb. 5.107 und 5.108).

Ebenfalls an *Cineraria* und *Chrysanthemum* ist *Brachycaudus* (*Brachycaudus*) *helichrysi* anzutreffen. Diese Art ist nicht nur kleiner als die vorige, sie ist auch farblich gut zu unterscheiden. Auf dem Rücken haben die hellgelblichen bis gelblichgrünen erwachsenen Ungeflügelten keine schwarze Rückenzeichnung (Abb. 5.109 und 5.110). Ihre Siphonen sind hellbraun und sehr kurz. Auch diese Art kann außerhalb des Gewächshauses Art im Eistadium an *Prunus domestica* und *P. spinosa* überwintern.

Drei weitere Arten, die im Winter in Gewächshäusern angetroffen werden, haben eine länglich erscheinende Cauda.

Hierzu zählt zunächst die polyphage *Aphis frangulae gossypii* (von vielen Autoren auch als eigene Art, *A. gossypii*, gesehen). In den Kolonien sind neben dunkelgrünen auch zitronengelbe Tiere erkennbar (Abb.5.111 und 5.112). Die braunschwarzen Siphonen heben sich dadurch deutlich vom Körper ab. Die kleinen Tiere sind extrem polyphag und befallen u. a. Fuchsien und Begonien. Lange Zeit wurde davon ausgegangen, dass diese Blattlaus in Europa nicht befähigt sei, im Freiland zu überwintern. Gezielte Suchen haben aber eine holozyklische Überwinterung an *Catalpa bignonioides* und *Hibiscus* nachgewiesen (Abb. 5.113 und 5.114). Zwei Arten, die in Gewächshäusern angetroffen werden, haben Siphonen, die hell und schlank zylindrisch sind.

Coloradoa rufomaculata, deren erwachsene Ungeflügelte grün und Antennen von halber Körperlänge sind. Die Siphonen sind manchmal leicht keulig geschwollen. Nur auf *Chrysanthemum indicum*. Anholozyklisch. 1,2–1,6 mm.

Myzus ornatus, die erwachsenen Ungeflügelte sind gelblich, mit segmental angeordneten braunen Punkten auf dem Rücken, die Larven weißlich bis grünlich weiß (Abb. 5.115). Die Siphonen sind etwas nach innen gebogen. Zeichnung der Geflügelten wie bei *Myzus persicae*. Die Art ist polyphag an zahlreichen Pflanzen, vor allem an Apiaceae und Lamiaceae, auch an *Cineraria, Asparagus sprengeri, Fuchsia* u. a. Anholozyklisch. 1–2 mm.

Abb. 5. 109: *Brachycaudus (Brachycaudus) helichrysi*, Fundatrizen an *Prunus domestica* (Foto: K. Schrameyer).

Abb. 5.110: *Brachycaudus (Brachycaudus) helichrysi,* ungeflügeltes Weibchen mit Larven an Kamille (Foto: K. SCHRAMEYER).

Abb. 5.111: *Aphis frangulae gossypii,* Nymphe an Gurke (Foto: K. SCHRAMEYER).

Abb. 5.112: *Aphis frangulae gossypii,* Kolonie an *Gossypium arboreum.*

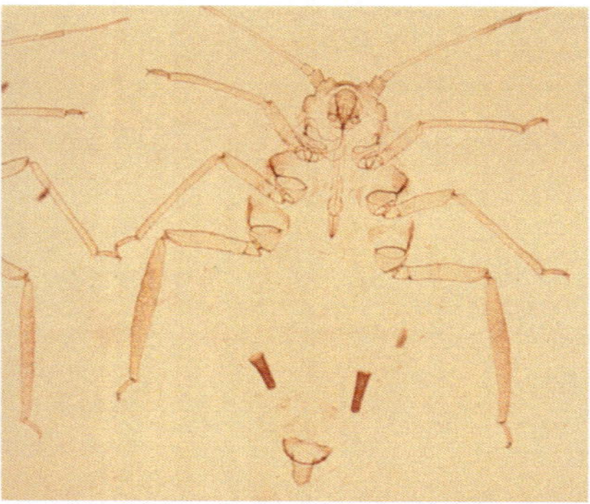

Abb. 5.113: *Aphis frangulae gossypii,* ovipares Weibchen.

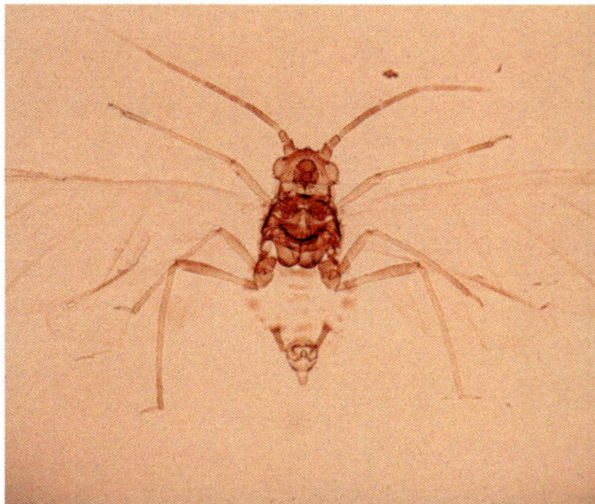

Abb. 5.114: *Aphis frangulae gossypii,* geflügeltes Männchen.

Abb. 5.115: *Myzus ornatus,* ungeflügeltes Weibchen an *Eucalyptus* spec.

Tab. 11: Gruppierung der in Gewächshäusern vorkommenden Blattlausarten nach Überwinterung, Zyklus und Herkunft mit Angabe der Wirtspflanzen (PW Primärwirt, SW Sekundärwirt) (modifiziert nach Thieme & Müller 2000, Blackman & Eastop 2022, Favret 2022).

Gruppe 1: Überwinterung anholozyklisch im Gewächshaus. Wenige Arten (2, 7) auch mit anholozyklischer Freilandüberwinterung an geschützten Stellen.

1. *Aphis frangulae gossypii*	*Ageratum, Amaranthus, Antirrhinum, Asparagus, Begonia, Caladium, Calocasia, Capsella, Capsicum, Chrysanthemum, Cineraria, Clerodendron, Cordyline, Cucurbita, Cuphea, Cyclamen, Datura, Galinsoga, Heliotropium, Lantana, Musa, Passiflora, Petunia, Solanum, Stellaria, Zinnia*
2. *Aulacorthum circumflexum*	50 - Arten, darunter *Adiantum, Asparagus, Aster, Calceolaria, Chlorophytum, Chrysanthemum, Cineraria, Cyclamen, Cyrtomium, Dahlia, Datura, Freesia, Fuchsia, Gloxinia, Heliotropium, Hydrangea, Pelargonium, Rosa, Sanvitalia, Schizanthus, Sedum, Senecio, Solanum, Solidago, Streptocarpus, Zantedeschia*
3. *Cerataphis orchidearum*	Orchideen
4. *Coloradoa rufomaculata*	*Chrysanthemum indicum, Dahlia, Solanum*
5. *Idiopterus nephrelepidis*	Farne: *Acrostictum, Adiantum, Asplenium, Cyrtomium, Elaphoglossum, Nephrolepis, Polypodium*
6. *Sitobion luteum*	Orchideen
7. *Myzus ornatus*	*Aegopodium, Aethusa, Anethum, Asparagus, Brunella, Capsella, Chrysanthemum, Cineraria, Clinopodium, Coleus, Datura, Ficus, Fuchsia, Gloxinia, Impatiens, Lamium, Lapsana, Myrtus, Oxalis, Pelargonium, Petroselinum, Plantago, Sanvitalia, Sedum, Solanum, Streptocarpus, Taraxacum, Veronica*
8. *Pentalonia nigronervosa*	*Alocasia, Alpinia, Arum, Caladium, Dieffenbachia, Hedychium, Heliconia, Musa,* u. a.
9. *Macrosiphoniella sanborni*	*Chrysanthemum indicum*

Gruppe 2: Überwinterung im Freiland holozyklisch, im Gewächshaus anholozyklisch. Einige Arten (1, 2, 3, 5) können milde Winter im Freiland an geschützten Stellen, z. B. an Unkräutern in Gewächshausnähe, anholozyklisch überdauern (Müller 1961c, 1988).

1. *Macrosiphum euphorbiae*	zahlreiche Wirte, darunter *Abutilon, Sonchus*
2. *Macrosiphum rosae*	PW: *Rosa* SW: Dipsacaceae, Valerianaceae
3. *Myzus persicae*	PW: *Prunus persica* u. a. *Prunus* spp. SW: >400 Arten, darunter *Asparagus, Begonia, Solidago, Dianthus, Chrysanthemum, Pelargonium*
4. *Myzus ascalonicus*	*Allium, Asparagus, Calceolaria, Chrysanthemum, Cerastium, Fragaria, Solanum, Viola*

Gruppe 2 (Fortsetzung):

5. *Aulacorthum solani*	*Asparagus, Cineraria, Chrysanthemum, Hibiscus, Pelargonium, Solanum, Cyclamen, Freesia, Urtica, Tulipa*
6. *Acyrtosiphon malvae*	*Pelargonium*
7. *Brachycaudus* (*Prunaphis*) *cardui*	PW: *Prunus domestica, P. spinosa* SW: *Chrysanthemum, Cineraria*
8. *Brachycaudus* (*Brachycaudus*) *helichrysi*	PW: *Prunus domestica, P. spinosa* SW: *Chrysanthemum, Cineraria*
9. *Cavariella aegopodii*	Apiaceae (*Petroselinum crispum*)

Gruppe 3: Überwinterung im Freiland holozyklisch; im Sommer Migration in Gewächshäuser, an Kulturen und Unkräutern.

1. *Aphis fabae*	PW: *Euonymus, Philadelphus, Viburnum* SW: *Asparagus, Dahlia, Papaver, Vicia* u. a.
2. *Macrosiphoniella oblonga*	*Artemisia vulgaris, Chrysanthemum indicum*
3. *Myzus certus*	*Capsella bursa-pastoris, Cerastium, Dianthus caryophyllus, Stellaria, Viola*

Einige Blattlausarten sind oligophag und demzufolge schon meist durch ihre Wirtsspezifität zu identifizieren, wie z. B. *Idiopterus nephrelepidis* an Farnen sowie *Cerataphis orchidearum* und *Sitobion luteum* an Orchideen. Dagegen muss bei den meisten Arten eine Bestimmung vorgenommen werden. Die ungeflügelten Imagines lassen sich mithilfe der »Exkursionsfauna 2: Aphidina« (Thieme & Müller 2000) bestimmen.

5.2.7 Moose und Leben unter Wasser

Der Stech- und Saugakt bei der Nahrungsaufnahme der Blattläuse steht in enger Verbindung zum Bau der Parenchym- und Leitgewebe der Sprosspflanzen. Die Benutzung von Moosen als Wirtspflanzen ist ein Sonderfall und offenbar ein sekundär aufgetretenes Merkmal. Untersuchungen darüber, wie die Moos-Aphiden Saft aus den Moospflanzen aufnehmen, liegen anscheinend bisher noch nicht vor. Der Übergang auf Moose als Wirtspflanzen hat nach den augenblicklichen Kenntnissen nur innerhalb der *Myzus-Macrosiphum*-Gruppe stattgefunden. Auffällig ist, dass die Moos-Aphiden eigene Gattungen bilden, die bis auf *Muscaphis* und *Myzodium* monotypisch sind. Von *Myzodium* abgesehen, sind alle diese Gattungen durch morphologische Kennzeichen gut charakterisiert und dadurch voneinander sowie von dem Gros der Gattungen isoliert, die ausschließlich Bewohner der Sprosspflanzen enthalten. Damit begründete Müller (1973) die Annahme, dass der Übergang auf Moose während der Mikroevolution der Aphiden an mehreren Stellen stattgefunden hat und damit auf Konvergenz beruhen muss.

Wertvolle Informationen über die Biologie der Moos-Aphiden und ihre Umweltansprüche stellte Müller (1973b, c) nach Auswertung einer umfangreichen Sammeltätigkeit vor. Aus rund 50 % der Proben, die in einem Berlese-Apparat der Hitzebehandlung unterzogen wurden, konnten Aphiden extrahiert werden, von denen bekannt ist, dass sie an Moosen leben, einschließlich *Jacksonia papillata*. Möglicherweise saugt die letztere Art zum mindesten gelegentlich an Moosen, denn nicht weniger als 7 Proben, aus denen *J. papillata* extrahiert wurde, enthielten außer Moosen keine weitere Pflanzen.

Die Zuchthaltung von Moos-Aphiden beschrieb Müller (1973b, c) als kompliziert. Es war ihm zwar ohne besondere Schwierigkeiten möglich, größere Larven und Nymphen bis nach der Imaginalhäutung auf geeigneten Moospflanzen zu halten, aber seine Versuche zur Dauerzuchthaltung blieben erfolglos. So wurden z. B. die Larven von *Decorosiphon corynothrix* auf einen vorsichtig mit einer Schicht Erdboden ausgestochenen Moosrasen von *Atrichum undulata* überführt und, in einer Glasschale eingeschlossen, im Freiland-Insektarium den Licht- und Feuchtigkeitsbedingungen ähnlich der natürlichen Umgebung ausgesetzt. Es erfolgte aber keine Weiterentwicklung und schon nach mehreren Tagen war die Moosplatte läusefrei.

Die Beobachtungen ließen aber dennoch erkennen, dass es sich bei den Moos-Aphiden um besondere Spezialisten handelt, die nur dann in größeren Mengen zu finden sind, wenn sie im richtigen Habitat gesucht werden. Sämtliche von Müller (1973b, c) untersuchten Moos-Aphiden einschließlich *Jacksonia papillata* vermehrten sich anholozyklisch. Ein ovipares Weibchen, das Heinze (1960) als *Neodecorosiphum muscicolens* beschrieb und für einen Moossauger hielt, ist in Wirklichkeit die an basalen Teilen von Gräsern lebende *Cryptaphis poae*, welche auch in mehreren von Müller eingetragenen, mit Gräsern vermischten Moosproben aufgetreten ist. Gegenwärtig sind Sexual-Morphen nur aus der Gattung *Muscaphis* bekannt (Heie 1992).

Interessant ist die Feststellung, dass die beiden Moos-Aphiden, *Muscaphis cuspidati* (die Müller noch als *Aspidaphium cuspidata* registrierte) und *Pseudacaudella rubida*, in Verbindung mit der anholozyklischen Lebensweise besondere Überwinterungsstadien besitzen. Dabei handelt es sich um eine für die Aphidinae ungewöhnliche Überwinterungsweise, wie sie in dieser Familie bei *Ovatomyzus chamaedrys* bekannt ist. Die Moosblattlaus *Muscaphis escherichi* befindet sich nach Beurteilung der Zusammensetzung der winterlichen Funde inmitten eines evolutiven Prozesses, an dessen Ende anscheinend ebenfalls die Bildung eines Überwinterungsstadiums steht.

Decorosiphon corynothrix trat nahezu ausschließlich in solchen Proben auf, die aus *Polytrichum formosum* oder *Atrichum undulata* bestanden. Die Mehrzahl der Funde war von feuchten Stellen entnommen worden, die insbesondere in denjenigen Fällen, in denen es sich bei der Wirtspflanze um *Atrichum undulata* handelte, außerdem schattig waren.

Myzodium modestum wurde aus Proben von *Polytrichum formosum, P. commune* oder *P. juniperum* extrahiert. Die besiedelten Moose wuchsen meistens an sonnigen Standorten. Die Umweltbedingungen der meisten Fund-Habitate, in denen *P. formosum* vorkam, und diejenigen aller Fundstellen mit *P. juniperinum* hatten einen ausgesprochen trockenen Charakter. Diese ökologische Verschiedenheit gegenüber *D. corynothrix* äußerte sich darin, dass die beiden Blattlausarten, obwohl sie gemeinsame Wirte besiedeln, in der Regel nicht zusammen in der gleichen Probe anzutreffen waren.

Muscaphis musci (von Müller noch als *M. stammeri* registriert) fand sich nur in vier Proben, in denen die Moose *Plagiomnium undulatum, Acrocladium cuspidatum* bzw. *Atrichum undulata* enthalten waren. Bereits 1973 erkannte Müller nach dem Vergleich der Typen von *M. stammeri* und *M. musci*, dass sich beide Aphiden hochgradig ähnlich sind und deshalb weitere Untersuchungen an einem umfangreicheren Material erforderlich sein werden, um den taxonomischen Status von *M. stammeri* in bezug auf *M. musci* zu klären. Gegenwärtig besteht allgemein Einverständnis, dass *M. stammeri* ein junior synonym von *M. musci* ist (Eastop & Hille Ris Lambers 1976, Smith & Parron 1978, Heie 1992, Remaudière & Remaudière 1997. Blackman 2010).

Muscaphis cuspidati konnte nur in einigen wenigen Proben festgestellt werden. Bei allen diesen Funden wurde *Acrocladium cuspidatum* als Wirt identifiziert. Aber die Aphiden waren nur in solchen Habitaten anwesend, in denen die basalen Teile der zwischen *Juncus effusus* wachsenden Moospflanzen von Wasser umspült waren. Die Stelle, an der Müller *Muscaphis cuspidati* fand, ist ein Niederungsgebiet mit hohem Grundwasserstand. Im zeitigen Frühjahr steht dort das Wasser besonders hoch, sodass die engeren Fundplätze überschwemmt sind und die anholozyklisch überwinternden Aphiden deshalb längere Zeit völlig untergetaucht leben müssen. Nach Überführung der Aphiden auf Triebe von *Acrocladium cuspidatum*, die mit ihrer basalen Hälfte in Wasser standen, wanderten sie nach kurzer Zeit immer unter die Wasseroberfläche (Müller 1977c). Ihr Verhalten lässt erkennen, dass die Tiere dieser Art den Sauerstoffbedarf als Plastronatmer decken (Messner & Adis 1994). Mithilfe hydrophober perlförmiger Einzelpapillen oder vielgestaltiger Gruppenpapillen atmen sie über eine extrem dünne Luftschicht, das Plastron – an Kopf, Prothorax, in der dorsalen Medianplatte und auf der Ventrolateralseite des Körpers gelegen (Messner & Adis 2000). Im Gegensatz zu den physikalischen Kiemen anderer Insekten wird das Plastron über Diffusion kontinuierlich unter Wasser erneuert. Voraussetzung ist die Unbenetzbarkeit zumindest einiger Teile der Körperoberfläche der submers lebenden Arthropoden. Als unbenetzbar gelten Cuticulastellen, die gegenüber Wasser einen Kontaktwinkel von über 90° besitzen (Crisp 1963, Pal 1950).

Das Volumen des Luftvorrates dieser Tiere ist dabei so klein bemessen, dass sie sich ohne Auftrieb und ohne großen Energieaufwand im Wasser fortbewegen können (Messner 1985, 1988). Einige Blattläuse können aus dem plastrontragenden Analfeld eine Luftblase drücken, die längere Zeit zwischen den Siphonen und der Abdominalspitze gehalten wird. Möglicherweise liegt hier eine Form der Ventilationsatmung vor (Messner 1985).

Eine gewisse Zeit können sich auch andere Blattläuse submers aufhalten, welche nicht an Moosen siedeln. Die im Küstenbereich vorkommenden Aphidenarten *Staticobium limonii* an Strandflieder (Messner 1985) und *Pemphigus trehernei* an der Meerstrandaster (Foster & Treherne 1976) haben zwar einen Trichombesatz, der neben Antennen und Extremitäten auch den ganzen Körper bedeckt, aber nur einen zeitlich begrenzten Schutz vor Überflutung bietet. Bei Freilandversuchen starben 50 % der Tiere nach 35–40 h Tauchzeit und ebenso viele Tiere nach 210–230 h Tauchzeit in sauerstoffgesättigtem Wasser im Labor (Foster & Treherne 1976). Beide Aphiden-Arten wandern nicht freiwillig unter die Wasseroberfläche, was echte Plastronatmer in der Regel tun.

Muscaphis escherichi zeigte keine begrenzte Wirtspflanzenbreite. Aber offenbar scheint *Rhytidiadelphus squarrosus* das im Allgemeinen bevorzugte Moos zu sein, denn bei 42 % der Funde trat *R. squarrosus* allein oder im Gemisch mit anderen Moosarten auf.

Pseudacaudella rubida bevorzugt *Pleurozium schreberi* als Wirt, aber *Scleropodium purum* wurde als ein ebenfalls geeigneter Wirt erkannt. Außerdem lieferten mehrere Proben, welche aus *Hylocomium splendens* oder *Acrocladium cuspidatum* bestanden, Exemplare von *P. rubida*. Seltsamerweise konnte *P. rubida* sowohl von Moosen, die wie z. B. *Acrocladium cuspidatum* an extrem feuchten Standorten wuchsen, als auch von solchen Moosen gesammelt werden, die von trockenen Plätzen oder während Trockenperioden stammten. Es ist sehr unklar, auf welche Weise *P. rubida* die Nahrung während einer solchen Periode aufnimmt, in denen z. B. *Pleurozium schreberi* eingetrocknet und kaum für Saftaufnahme geeignet ist.

Die anholozyklische Überwinterung der Moos-Aphiden erfordert besondere Anpassungen. *Pseudacaudella rubida* besitzt ein spezielles Überwinterungsstadium, welches dem 2. Larvenstadium entspricht, aber von den Sommerlarven durch dunkle Pigmentierung des Dorsums und durch starke Wachsausscheidungen unterschieden ist. Im Oktober wurde auch von *Muscaphis cuspidati* ein Überwinterungsstadium gefunden (Müller 1973b). Es handelte sich dabei um eine dunkel pigmentierte Larve des 4. Stadiums die einen sklerotischen Rücken besaß. Von einer weiteren Art, *Muscaphis escherichi*, wurde ein ähnliches Überwinterungsstadium erfasst. Dies wurde daraus gefolgert, dass während des Winters nur Larven erbeutet werden konnten, von denen sich 65 % im 4. Stadium befanden. Im Gegensatz dazu besaßen alle während des Sommers gesammelten übrigen Larven des 1., 2. und 3. Stadiums, den für Aphidenlarven typischen unpigmentierten, weichhäutigen Rücken.

5.2.8 Artbildung (Speziation)

Neben einer allopatrischen Speziation, bei der die Populationen einer Art geografisch isoliert und auf demselben Wirtspflanzentaxon leben, kann die Speziation bei Blattläusen auch dadurch ausgelöst werden, dass Individuen auf ein bisher ungenutztes neues Wirtspflanzentaxon wechseln. Wenn dies im Bereich der vorhandenen Population stattfindet, kann es zu einer sympatrischen Speziation kommen (Bush 1975, Brooks & McLennan 1991). Das gemeinsame sympatrische Vorkommen von morphologisch ähnlichen Unterarten, Rassen und Biotypen von Blattläusen, die sich in der Verwendung der Wirtspflanzen unterscheiden, hat zu der Annahme geführt, dass bei Blattläusen eine sympatrische Speziation möglich ist (Müller 1971b, 1985, Guldemond 1990a, b, Ward 1991b, Guldemond & Mackenzie 1994, Mackenzie & Guldemond 1994). Tatsächlich ist diese Art von Informationen oft der stärkste Beweis, den es für eine Artbildung durch Wirtswechsel gibt (Brooks & McLennan 1991).

Nach Dixon (1998) gibt es zwei Möglichkeiten, in denen eine Speziation bei Blattläusen durch Wirtswechsel auftreten kann. Eine ist darin zu sehen, dass der Zyklus der sexuellen Fortpflanzung auf eine andere Wirtspflanze verlagert wird: wenn von einer heterözischen Art ein neuer Primärwirt besiedelt wird oder bei einer monözischen Art eine Wirtsverlagerung stattfindet. Wirtsrassen, bei denen ein Wechsel zu einem neuen Primärwirt stattgefunden hat, sind *Cryptomyzus galeopsidis* (Abb. 5.116 (b)) (Guldemond 1990a, b, 1991) und *Myzus cerasi* (Dahl 1968, Gruppe 1988). Beispiele für eine Wirtsverlagerung sind die monözischen Wirtsrassen von *Acyrthosiphon pisum* (Abb. 5.116 (a)) (Müller 1971b, 1980), *Acyrthosiphon malvae* (Müller 1983), *Aulacorthum solani* (Müller 1976) sowie *Uroleucon jaceae* und *Uroleucon cichorii* (Mosbacher 1963). Die zweite Möglichkeit einer sympatrischen

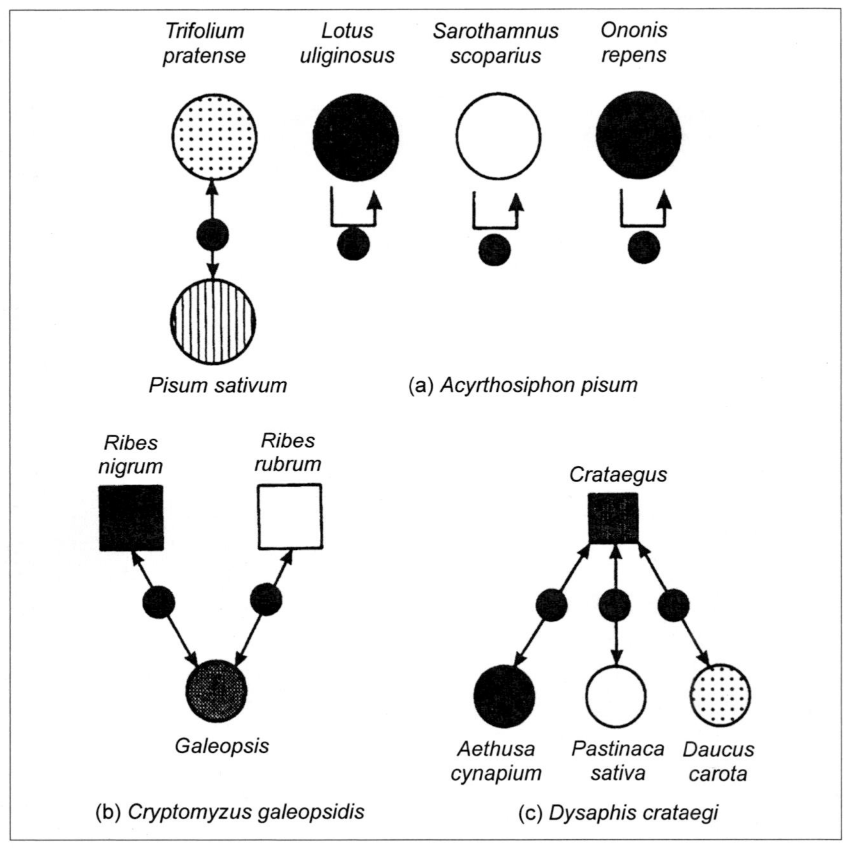

Abb. 5.116: Wirtsrassenkomplex von (a) *Acyrthosiphon pisum* (ein Taxon wechselt zwischen *Trifolium pratense* und *Pisum sativum,* aber andere vollenden ihren Lebenszyklus auf bestimmten Wirtspflanzen). (b) Wirtsrassen der wirtswechselnden *Cryptomyzus galeopsidis,* bei denen ein neuer Primärwirt besiedelt wurde. (c) Wirtsrassen von *Dysaphis crataegi,* bei denen neue Sekundärwirte besiedelt wurden (nach GULDEMOND & MACKENZIE 1994).

Speziation beinhaltet eine Verschiebung zu einem neuen Sekundärwirt unter Beibehaltung des Primärwirts, auf dem sich sowohl die ursprüngliche als auch die neuen Population sexuell fortpflanzt. Die Möglichkeit eines Genflusses zwischen den beiden Populationen ist in diesem Fall viel größer. Beispiele finden sich bei *Dysaphis crataegi* (Abb. 5.116 (c)) (STROYAN 1958), *Aphis fabae* (Abb. 5.117) (MÜLLER 1982) und *Aphis frangulae* (THOMAS 1968).

Zwei Varianten werden bei diesen Prozessen unterschieden: ein abrupter Wechsel zu einer neuen Wirtspflanze oder ein eher gradueller Selektions-

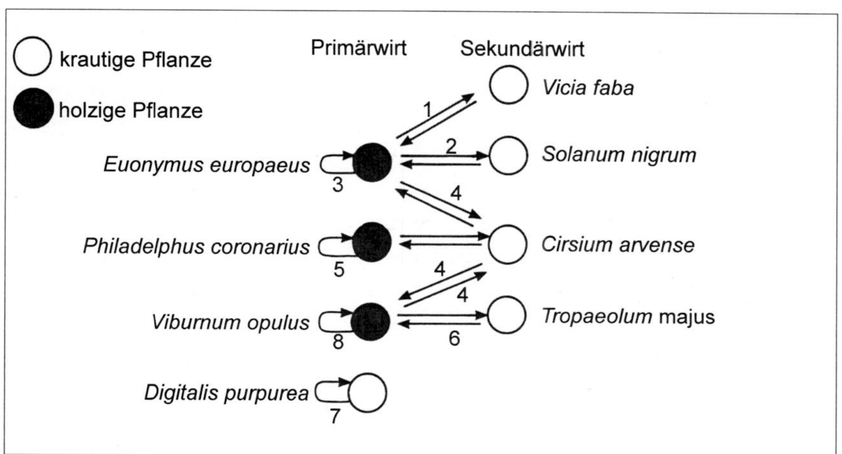

Abb. 5.117: Wirtspflanzenbeziehungen in der Artengruppe von *Aphis fabae*. (1) *A. fabae fabae*, (2) *A. solanella*, (3) *A. fabae evonymi*, (4) *A. fabae cirsiiacanthoidis*, (5) *A. fabae philadelphi*, (6) *A. fabae mordvilkoi*, (7) *A. armata*, (8) *A. viburni* (nach MÜLLER 1982, STROYAN 1984, HEIE 1986, THIEME 1988).

prozess. Der plötzliche Wechsel der Wirtspflanze kann erfolgen durch eine Mutation bei der Wirtserkennung und/oder der Reproduktionsleistung, wodurch die ursprüngliche Wirtspflanze weniger geeignet wird. Der graduelle Selektionsprozess führt zur Anpassung an einen neuen Wirt, wobei die Anpassung an eine Wirtspflanze und das Vorhandensein von Kompromissen die treibenden Kräfte für die Divergenz sind. Beide Prozesse können auch gleichzeitig wirken. Wird der Primärwirt beibehalten (Abb. 5.116 (c)), verläuft der Prozess jedoch eher graduell (GULDEMOND & MACKENZIE 1994).

Blattläuse verfügen über mehrere Eigenschaften, die sie zu guten Kandidaten für eine sympatrische Speziation machen.

- Sie zeigen einen sehr hohen Grad an Wirtsspezifität, wobei 99 % aller Arten auf eine oder einige wenige eng verwandte Pflanzenarten beschränkt sind (EASTOP 1972), was mit einer genetisch bedingten, hoch entwickelten Wirtspflanzenpräferenz und Reproduktionsleistung einhergeht (GULDEMOND 1990a,b, VIA 1991, MACKENZIE 1996).

  Jeder Klon besteht in der Regel aus vielen Individuen, von denen jedes eine sehr große Zuwachsrate aufweist. Es ist deshalb vorteilhaft, einen besseren Wirt zu suchen. Wenn z. B. auf einem schlechteren Wirt nur ein Zehntel der Fruchtbarkeit des bevorzugten Wirts realisiert wird, muss der schlechtere Wirt zur Kompensation mehr als zehnmal so häufig sein. Trotz der großen Verluste bei der Suche nach Wirtspflanzen repräsentiert ein Spezialist die optimale Strategie für Blattläuse (Kindlmann & Dixon 1994, Mackenzie & Guldemond 1994, Dixon 1994).

- Aufgrund der zyklischen Parthenogenese kann eine mutierte Blattlaus, die eine neue Wirtspflanze besiedelt hat, schnell eine Population genetisch identischer Weibchen hervorbringen. Werden später in der Saison genetisch identische Männchen produziert, führt dies bei monözischen Arten wahrscheinlich zu einer Inzucht. Auf dem neuen Wirt haben wahrscheinlich die für die Mutante homozygoten Nachkommen eine höhere Fitness. Es ist zu vermuten, dass der Effekt der Drift durch die geringe Größe der neu entstandenen Population zunimmt, was zu einer stärkeren Fixierung der gut entwickelten Genotypen führt.
- Der physiologische Zustand eines Weibchens ist für die Wirtsakzeptanz wichtig. Bei Blattläusen akzeptieren zum Beispiel große *Myzus persicae*, die auf einer qualitativ hochwertigen Pflanze aufgezogen wurden, einen minderwertigen Wirt weniger bereitwillig als ein kleineres Individuum, was zur Aufrechterhaltung eines wirtsbasierten Polymorphismus beitragen könnte. Bedeutsam ist, dass Blattläuse induzierte Leistungsveränderungen zeigen, die neuen Phänotypen einen Wettbewerbsvorteil verschaffen. Die Haltung von *Acyrthosiphon pisum* und *Myzus persicae* auf Nicht-Wirten über mehrere Generationen hinweg hat dazu geführt, dass es diesen Blattläusen schließlich auf dem Nicht-Wirt besser ging (Markkula & Roukka 1970, Lowe 1973). Sowohl *Myzus persicae* als auch *Aphis fabae*, die auf minderwertigen Wirten/Diäten aufgezogen wurden, steigerten ihre Fruchtbarkeit über drei Generationen (Mackenzie 1992).

  Wenn diese Konditionierung zur Etablierung phänotypischer Rassen führt, indem sie die Wirtspräferenz ändert und auch nicht-konditionierte Phänotypen einem Wettbewerbsnachteil aussetzt, dann können sich genetisch differenzierte Rassen etablieren. Die Konditionierung kann eine »kritische Komponente« der frühen Stadien einer Wirtsrassenbildung sein (Dixon 1998).
- Etwa 10 % der Arten zeigen einen saisonalen Transfer zwischen Wirtspflanzen. Hille Ris Lambers (1950) vermutet, dass der Verlust dieser Lebensweise eine wichtige Art der Speziation war. Bei *Cryptomyzus galeopsidis* wird die Neigung zum Wirtswechsel durch ein einziges Gen (Komplex) bestimmt. Sollte dies auch für andere Blattläuse zutreffen, wäre durch Segregation während der Inzucht der Übergang zu einer monözischen Form auf einem neuen Sekundärwirt erleichtert und könnte zu einer sofortigen Speziation führen (Guldemond 1990a, b).
- Ovipare Weibchen werden auf der Wirtspflanze geboren und sind in der Regel ungeflügelt, weshalb die Paarung sehr wahrscheinlich auf der Wirtspflanze stattfindet.

- Viele Blattlausarten haben ungeflügelte Männchen. Wenn bei Arten mit geeigneten Männchen eine Wirtsverlagerung stattfindet, ist die Möglichkeit eines Genflusses durch Migration der Männchen stark eingeschränkt.

Ein umstrittenes Szenario der sympatrische Speziation ist darin zu sehen, dass die neue Population eine Wirtspflanze besiedelt, die sie nicht sofort vom Genfluss der elterlichen Population isoliert. Hierfür sind zwei Schritte erforderlich: (1) es muss ein Ressourcennutzungspolymorphismus etabliert werden, bei dem die beiden Populationen auf verschiedenen Wirtspflanzen und Individuen mit geringer Fitness auf den falschen Wirten gedeihen, und (2) die Selektion gegen Zwischenformen muss zu einer nicht-zufälligen (assortativen) Paarung führen, um die Kosten der Hybridisierung zu vermeiden.

In ihrem für sympatrische Speziation entwickelten Modell weisen Mackenzie & Guldemond (1994) darauf hin, dass bei Eindringen eines seltenen Genotyps in eine leere Nische und Vorliegen einer heterozygoten Dysfunktion die Etablierung eines Polymorphismus von der Zuwachsrate abhängen kann, die dieser Organismus erreicht. Blattläuse haben durch das Vermeidung sowohl der Rekombination als auch der Kosten für die Produktion von Männchen und durch das teleskopische Zusammenschieben von Generationen die Vermehrung drastisch verstärkt und können daher möglicherweise den Polymorphismus unter Bedingungen aufrechterhalten, unter denen es obligat sexuellen Arten nicht mehr möglich ist.

Eine primäre Voraussetzung für die Etablierung eines ressourcenbasierten Polymorphismus ist das Auftreten einer hybriden Dysfunktion. Wenn die Hybriden zwischen den beiden Formen nicht selektiv benachteiligt sind, wird eine der Elternformen überwiegen. Blattläuse scheinen tatsächlich genetisch bedingten Ausgleich bei der Fitness zu zeigen. Die Existenz intraspezifischer Ausgleiche und das bei Blattläusen weit verbreitete Auftreten von wirtsbezogener hybrider Dysfunktion lassen erkennen, dass die Selektion gegen Zwischenformen, gegeben ist.

Der Evolutionsmechanismus der reproduktiven Isolation wurde von Dobzhansky (1940, 1951) vorgeschlagen. Die Produktion von minderwertigen Hybriden wird durch Gene für die Paarung innerhalb der sich abspaltenden Spezies reduziert. Die assortativen Paarungsgene verbreiten sich »bis die Möglichkeit des Genaustausches ... stark eingeschränkt oder gestoppt ist« (Dobzhansky 1951). Obwohl ihre Bedeutung immer noch diskutiert wird, bleibt die reproduktive Isolation ein potenziell wichtiger evolutionärer Prozess (Butlin 1995). Die Fähigkeit der Rekombination, bei der Hybridisierung zwischen zwei Populationen Gene zu mischen, die die

Dysfunktion und die Paarungswahl beeinflussen, ist wahrscheinlich die stärkste Einschränkung des Isolationsprozesses bei Blattläusen, die sich eine Primärwirtspflanze teilen.

Ein alternatives, den »Genaustausch« beinhaltendes Modell haben STAM (1983) und BUTLIN (1990) vorgeschlagen. Frühe sich paarende Individuen in einer Population, die spät Sexuales produziert, paaren sich eher mit Mitgliedern einer Population, die früh Geschlechtsorgane produziert – und umgekehrt. So häufen sich Gene für »Frühzeitigkeit« in der frühen Population und für Verspätung in der späten Population an. Dies unterscheidet sich von einer Isolation dadurch, dass keine Selektion zur Differenzierung stattfindet. Wenn die Hybridfunktionsstörung stark ausgeprägt ist, gibt es keinen Grund, warum Genaustausch und Isolation nicht gleichzeitig auftreten sollten.

Eine Folge der Isolation und/oder des Gentransfers könnte die bei Blattläusen festgestellte allochronische Isolierung sein. Die Geschlechtstiere von *Acyrthosiphon pisum destructor* werden im November und später produziert als die von *Acyrthosiphon pisum* s str., die auf demselben Primärwirt vorkommen (MÜLLER 1980).

Gelegenheiten zur Isolation bestehen bei den vielen wirtswechselnden sympatrischen Geschwisterarten, die sich denselben Primärwirt teilen, d. h., die Paarung findet auf derselben Pflanzenart statt. Diese Arten unterscheiden sich sowohl in der Zusammensetzung ihrer Sexualpheromone als auch in der Zeit der Freisetzung des Pheromons (PETTERSSON 1971, GULDEMOND & DIXON 1994, THIEME & DIXON 1996). Zum Beispiel unterscheiden sich die Schwesterarten *Aphis f. fabae* und *Aphis solanella,* die sich denselben Primärwirt, *Euonymus europaeus,* teilen, in ihren tageszeitlichen Mustern der Pheromonfreisetzung und der männlichen Aktivität (Abb. 4.15). Es ist wahrscheinlich, dass die von diesen Schwesterarten gezeigten Unterschiede in der Paarungserkennung das Ergebnis einer Isolation sind.

Artbildungen der Blattläuse können sich durch sympatrische Speziation vollzogen haben, weil sie: (1) Kompromisse bei der Wirtsnutzung und beträchtliche Funktionsstörungen aufweisen; (2) sehr hohe Zuwachsraten haben, was zu einem starken Selektionsdruck führen kann; (3) sie leere Nischen ausnutzen und dadurch Habitat-basierte Polymorphismen erreichen; (4) sich phänotypisch an Wirtspflanzen »anzupassen« vermögen und durch Weitergabe dieser Anpassungen zur Bildung von Wirtsrassen prädisponiert werden; und (5) die Beschränkungen der Isolation überwinden oder sie durch Genaustausch umgehen können (MACKENZIE & GULDEMOND 1994).

6 Populationsdynamik

Blattläuse können sehr zahlreich werden, was auf landwirtschaftlichen Kulturpflanzenflächen spürbar ist. Ein Hektar Ackerbohnen kann 4 Milliarden geflügelte *Aphis fabae* produzieren (WAY & BANKS 1967) und *Metopolophium dirhodum* kann Populationsdichten von 1 Milliarde pro Hektar Weizen erreichen. Obwohl die Blattläuse klein sind, entsprechen diese Zahlen in ihrer Masse einem Elefanten.

Die Populationen wurden entweder an einigen wenigen Pflanzen in einem relativ kleinen Gebiet oder, was einzigartig ist, in der Luft über Europa untersucht. Die oft detaillierten Untersuchungen von Blattläusen an Pflanzen decken nur einen winzigen Bruchteil der Population und des Verbreitungsgebiets dieser hochmobilen Insekten ab. Durch die Kombination der Ergebnisse der beiden Ansätze ist es jedoch möglich, vom Verständnis dessen, was die Anzahl der Blattläuse auf einigen wenigen Pflanzen bestimmt, auf das Verständnis der Populationsdynamik der Art über ein großes Gebiet zu schließen und so ihre räumliche Dynamik zu betrachten (DIXON 1979).

Hunderte von Blattlausarten wurden in den letzten 10–50 Jahren in drei verschiedenen Regionen der nördlichen Hemisphäre systematisch mithilfe von Saugfallen beobachtet, die Insekten in der Luftsäule mit einer konstanten Rate einfangen. Die längste Zeitreihe stammt von der Rothamsted Insect Survey in Großbritannien, wo Blattläuse seit den 1960er Jahren streng überwacht werden. Zwischen 1965 und 2018 dokumentierte dieses Netz 261 Blattlausarten an 14 Standorten. Ein zweites Netz, das den nordwestlichen US-Bundesstaat Idaho abdeckt, war von 1985 bis 2001 in Betrieb und dokumentierte in dieser Zeit 88 Blattlausarten an 25 Standorten. Ein drittes Netz im Zentrum der USA hat seit 2005 durchgehend 93 Arten an 53 Standorten dokumentiert (CROSSLEY et al. 2021). In einer in Aschersleben, Deutschland, von 1985 bis 1990 kontinuierlich betriebenen Saugfalle konnten die Fänge insgesamt 71 Arten bzw. Artengruppen zugeordnet werden. Die in dieser Saugfalle gewonnenen Fangdaten vermitteln, geographisch gesehen, zwischen dem umfangreichen Datenmaterial des sich von Großbritannien über Frankreich bis nach Italien erstreckenden EURAPHID-Saugfallennetzes und den mit der Saugfalle in Polen gewonnenen Werten (Karl 1992).

Die Saugfallen wurden mit dem Ziel aufgestellt, die Häufigkeit von schädlichen Blattlausarten zu überwachen und zu prognostizieren (Taylor 1973). Die Fallen werden in landwirtschaftlichen Gebieten aufgestellt und weit über dem Boden positioniert, sodass der Fang hinsichtlich der Arten und der Häufigkeit der Blattläuse in dem Gebiet repräsentativer sein sollte. Die jetzt zur Verfügung stehenden sehr umfangreichen Datensätze haben sich nicht nur für die Überwachung von Blattläusen als nützlich erwiesen, sondern wurden auch von Ökologinnen und Ökologen verwendet, die sich für Populationsregulierung und lebensgeschichtliche Muster interessieren.

Doch neben zahlreichen Vorteilen sind bei der Nutzung von Saugfallen auch einige Vorbehalte zu berücksichtigen. Mittels Saugfallenfängen soll das Vorkommen von neuen Arten erfasst werden können, aber die meisten Neufunde wurden z. B. in Deutschland mit anderen Methoden nachgewiesen. So erfolgte der Erstnachweis von *D. noxia* für Deutschland erstmals 1997 in vertikal aufgestellten Netzen, der erste Nachweis dieser Blattlausart in Saugfallenfängen erfolgte später (Thieme et al. 2001). Leider kam aus den Saugfallenfängen 2019 kein Hinweis auf das massive Auftreten von *D. noxia* in Sachsen und Brandenburg bzw. das Auftreten von *Schizaphis graminum* in Sachsen. Auch auf das Auftreten für Deutschland neuer Arten (z. B. *Myzus hemerocallis, Schizaphis piricola*) gibt es in den Saugfallenfängen der letzten Jahre keinen Hinweis. Hinzu kommt, dass der Nachweis einer bestimmten Art in der Saugfalle noch kein Beweis für ihr Vorkommen auf Pflanzen ist. Das sollte mit anderen Methoden bestätigt werden.

Gegenwärtig sind in Deutschland zwei Saugfallen in Betrieb (Groß-Lüsewitz und Quedlinburg). Um das Potenzial der umfangreichen Analyse der Fänge zu nutzen, sollen weitere Fallen eingesetzt werden. Es könnte sinnvoll erscheint, ein dauerhaftes und systematisches Monitoring, wie es in Großbritannien seit ca. 50 Jahren im Rahmen des Rothamsted Insect Survey stattfindet, zu etablieren. Jedoch hat der hohe Aufwand an qualifizierten Arbeitskräften für die Determination der gefangenen Blattläuse mit verursacht, dass das Saugfallennetz in Großbritannien reduziert wurde. Es wäre natürlich denkbar, das fehlende Personal zukünftig durch Einsatz der KI zu kompensieren. Dafür wären aber z. T. völlig neue Merkmale für die Determination zu identifizieren. So wäre z. B. die phytopathologisch bedeutsame *Myzus persicae* nicht mehr mit den bisher genutzten Merkmalen von der weniger bedeutsamen *M. certus* zu trennen. Das Stirnprofil lässt sich nur eindeutig zuordnen, wenn der Kopf aus senkrechter Richtung betrachtet wird (das Tier muss also bei der Bestimmung in die richtige

Position gebracht werden, was einer Kamera »nicht leicht fallen würde«). Ein weiteres diagnostisches Merkmal ist der Besitz oder das Fehlen von pigmentierten Querstreifen auf der Bauchseite. Es müssen also zuerst die dorsal gelegenen Merkmale begutachtet werden und dann die ventralen. Hierfür ist das Tier bei der Bestimmung um die Körperachse zu drehen, was einer Kamera ebenfalls »nicht leicht fallen würde«.

Hinzu kommt, dass die Nutzung des Potenzials der umfangreichen Analyse der Fänge nicht erreicht werden kann, wenn sich die Identifizierung nur auf einige wenige Taxa konzentriert und die Proben nicht konserviert und langfristig gelagert werden.

Fraglich ist auch, ob aus einem flächendeckenden Monitoring mit Saugfallen Hinweise über das Auftreten und die Verbreitung von Insektizidresistenzen für wirtschaftlich relevante Blattlausarten gewonnen werden könnten. Nur durch die Kombination eines Monitorings im Feld mit den Analysen der Saugfallenfänge konnten Foster et al. (2002) für *M. persicae* das Auftreten und die Verbreitung von Genotypen mit verschiedenen Resistenzmechanismen gegen Insektizide in Süd-Ost-England zeigen. Bei *Sitobion avenae* wurde zuerst von A. Dewar (persönl. Mitteilung) die reduzierte Wirkung von Pyrethroiden im Feld beobachtet. Die Analysen überlebender Tiere 2011 in Rothamsted zeigten das Auftreten einer heterozygoten kdr-Mutation. Danach erfolgte eine Suche nach dem Auftreten dieser Insektizidresistenz in den älteren konservierten Proben aus Saugfallenfängen.

Zu beachten ist auch, dass durch die Analysen von Proben aus dem Saugfallennetzwerk ein gezielterer und möglicherweise reduzierter Einsatz chemischer Insektizide und somit Kostenreduzierung unwahrscheinlich ist. Die in der einzelnen Saugfalle gefangenen Blattläuse stammen nicht aus den umgebenden Feldern, sie befinden sich vielmehr im Migrationsflug und sind von weiter entfernten Flächen gestartet. Somit ist der Bezug zu einer bestimmten Ackerfläche und der Entscheidung über eine Bekämpfungswürdigkeit der dort auftretenden Blattläuse nicht gegeben. Dies wurde in Deutschland durch einen Vergleich der Saugfallenfänge mit D-Vac-Proben aus den in der Nähe befindlichen Feldern gezeigt (Meyer zu Brickwedde 1995).

Hinzu kommt, dass die Saugfallen direkt die Flugaktivität von Blattläusen messen und nur indirekt die Häufigkeit von Blattläusen, die sich von Pflanzen ernähren, an denen tatsächlich ökologische Verbindungen bestehen (Bell et al. 2015). Dann repräsentieren diese Datensätze keine Arten, die keine geflügelten Formen bilden oder die unterhalb der Höhe der Saugfallen fliegen und sie unterschätzen die Abundanz von Blattläusen, wenn die Bedingungen für den Flug nicht günstig sind (Leather 2015, Loxdale

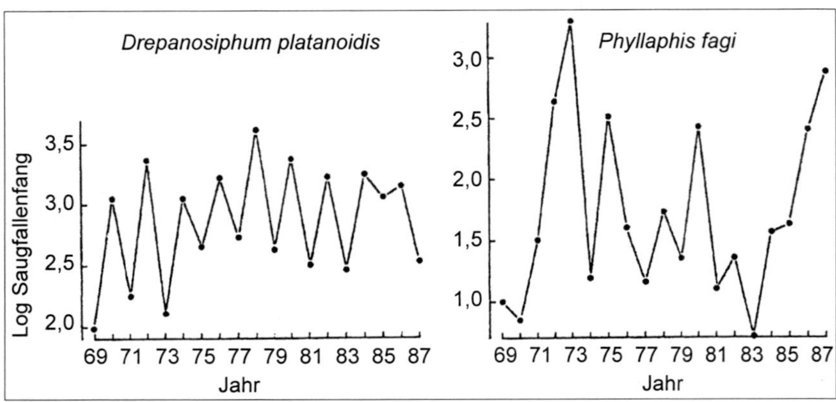

Abb. 6.1: Anzahl von *Drepanosiphum platanoidis* und *Phyllaphis fagi* in den Saugfallenfängen in Dundee, Schottland (1969–1987) (nach Dixon 1998).

2018). Weiterhin können die an jedem Probenahmeort gesammelten Blattläuse sowohl lokale als auch über große Entfernungen wandernde Blattläuse umfassen (Schmidt et al. 2012, Sheppard et al. 2016), was die Verknüpfung von Saugfallendaten mit lokalen Umweltvariablen erschwert. Außerdem können Analysen der Saugfallen-Fänge die Variation der Merkmale von Blattläusen auf Populationsebene nicht berücksichtigen.

In Großbritannien wurden die langfristigen Datensätze der Saugfallenfänge mit dem Ziel analysiert, deterministisches dynamisches Verhalten in der Natur zu identifizieren. Anstoß zu diesen Analysen gab die Schlussfolgerung aus den Analysen der Lebenstabellen, dass dichteabhängige Abundanzregulation bei Insekten selten vorkommt (z. B. Dempster 1983, Stiling 1987, 1988). Ein wichtiger Schritt zur Lösung dieses Widerspruchs zwischen theoretischer Erwartung und empirischen Ergebnissen war die Studie von Turchin (1990), die darstellen konnte, dass der Nachweis der Dichteabhängigkeit in Abundanzdaten von der Art der beteiligten dichteabhängigen Prozesse und der verwendeten Analysemethodik abhängig ist. Turchin (1990) zeigte, dass im Allgemeinen eine direkte (nicht verzögerte) Dichteabhängigkeit in Daten über Populationen, die durch zeitverzögerte Effekte und komplexes dynamisches Verhalten gekennzeichnet sind, nicht festgestellt werden kann.

Aufgrund ihrer sehr hohen Fortpflanzungsraten und der sich überlappenden Generationen kommen Blattläuse oft sehr häufig vor. Die Überschneidungen der Generationen und die ausgeprägten saisonalen Schwankungen in der Häufigkeit haben sich bei der Analyse der Populationsdynamik von Blattläusen als große Hindernisse erwiesen (Dixon 1990). Zur Umgehung dieser Hindernisse griffen einige Autoren auf jährliche Saugfallenfänge zu-

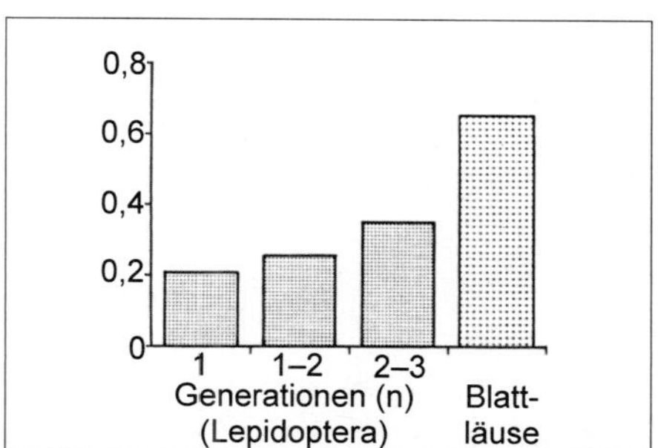

Abb. 6.2: Anteil der Populationszeitreihen mit Dichteabhängigkeit in Bezug auf den Voltinismus bei Blattläusen und anderen Insekten (nach DIXON 1998).

rück. Die von TURCHIN & TAYLOR (1992) durchgeführte Analyse der jährlichen Abundanzdaten umfasst die beiden Blattlausarten *Drepanosiphum platanoidis* und *Phyllaphis fagi* (Abb. 6.1). Erstere besitzt einen 2-Jahres-Zyklus und letztere eine chaotische Dynamik. Allerdings zeigte die von PERRY et al. (1993) später durchgeführte Analyse eines längeren Datensatzes, dass *P. fagi* eher eine stabile als eine chaotische endogene Dynamik aufweist.

Eine Analyse der jährlichen Fallenfangdaten von 557 Schmetterlings- und Blattlausarten ergab, dass eine Form der dichteabhängigen Regulierung für diese Insekten typisch ist, wobei Blattläuse eine höhere Inzidenz der Dichteabhängigkeit haben als die Schmetterlinge (WOIWOD & HANSKI 1992). Während zwei Drittel der Blattläuse eine direkte Dichteabhängigkeit zeigten, waren es weniger als ein Viertel der anderen Insekten. Ein auffallender Unterschied zwischen diesen beiden Insektengruppen ist ihre potenzielle Populationszuwachsrate, die bei Blattläusen viel höher ist als bei den Schmetterlingen, die den größten Teil der Gruppe der Nicht-Blattläuse ausmachen. Ein indirekter Beweis dafür ist nach DIXON (1998) die Beziehung zwischen der Häufigkeit der direkten Dichteabhängigkeit und der Anzahl der Generationen pro Jahr bei den Schmetterlingen. Ein signifikant höherer Anteil der Arten, die mehr als zwei Generationen pro Jahr haben, zeigte eine Dichteabhängigkeit im Vergleich zu den mono- oder bivoltinen Arten, und Blattläuse erreichen sogar noch mehr Generationen und zeigten eine noch stärkeres Auftreten von Dichteabhängigkeit (Abb. 6.2). Darüber hinaus zeigt ein höherer Prozentsatz der Zählungen von monözischen baumbewohnenden Blattläusen (81 %) eine Abhängigkeit von der Dichte als jene, die auf krautige Wirtspflanzen oder Wirtswechsel beschränkt sind (64 %).

Dies wird wahrscheinlich dadurch verursacht, dass die prozentuale Bedeckung vieler Bäume tendenziell größer ist als die von krautigen Pflanzen und subdominanten Bäumen. Die proportionale Bedeckung der Wirtspflanze könnte bei der Bestimmung der realisierten Zuwachsrate und des

Vorkommens dieser Blattläuse wichtig sein. Somit kann vermutet werden, dass die in der Luft gezeigte Dynamik der Blattlauspopulationen eine Folge ihrer sehr hohen potenziellen Zuwachsrate ist, die das schnelle Erreichen sehr hoher Abundanzen ermöglicht.

Die Verwendung jährlicher Gesamtwerte der Blattlausabundanz in den Saugfallenfängen bestärkt in den vorgelegten Studien die Vorstellung, dass die Regulierung zwischen den Jahren stattfindet. Dies wiederum widerspricht den Erkenntnissen aus den Studien über Blattläuse an Pflanzen, weshalb es wichtig wäre, die Art der Saugfallendaten genauer zu untersuchen. Es ist fraglich, ob die Analyse der jährlichen Daten mehr aussagt, als dass die Populationen über viele Jahre existieren und die Bestandszahlen in irgendeiner Weise reguliert sind (Royama 1977), damit liefern diese Analysen keine Informationen über die Regulationsmechanismen.

Die Dynamik von Blattlauspopulationen mit ihren sich überlappenden Generationen und instabilen Altersstrukturen lässt sich nicht einfach mit expliziten Formeln wie in analytischen Modellen untersuchen. Die meisten Analysen der Populationsdynamik von Blattläusen an Pflanzen beinhalten detaillierte, oft große Simulationsmodelle, die aus einer bestimmten Routine von Rechenoperationen bestehen. Obwohl nur wenige Blattlauspopulationen lange genug für eine Zeitreihenanalyse untersucht wurden, beginnen Populationsstudien von Blattläusen sowohl auf krautigen als auch auf verholzten Wirtspflanzen Muster in den Veränderungen der Abundanz von Jahr zu Jahr zu zeigen. Diese ermöglichen ein gewisses Verständnis der zugrunde liegenden Prozesse. Aus dem praktischen Grund der Raumkontinuität beziehen sich die längsten Reihen von Populationsdaten auf baumbewohnende Blattläuse.

Bei *Eucallipterus tiliae* und *Drepanosiphum platanoidis* besteht eine umgekehrte Beziehung zwischen Frühlings- und Herbstzahlen und eine positive Beziehung zwischen Herbst- und Frühlingszahlen (Abb. 6.3). Obwohl zwischen dem Eischlupf im Frühjahr und der Eiablage im Herbst mehrere parthenogenetische Generationen auftreten, gibt das Verhältnis der Blattlausdichten in diesen beiden Stadien ein Maß für die gesamte Zuwachsrate der Population. Bei der Analyse der Veränderungen der beiden Blattlausarten ist es daher sinnvoll, zunächst die Beziehung zwischen den nach dem Eischlupf im Frühjahr und den im Herbst vor der Eiablage vorhandenen Blattläusen zu bestimmen.

Die von Dixon (1998) vorgestellte Gleichung, welche die Beziehungen zwischen der Anzahl der Fundatrizen im Frühjahr und der Anzahl der Oviparae im Herbst desselben Jahres sowie der Anzahl der Oviparae im Herbst und der Anzahl der Fundatrizen im folgenden Jahr ausdrückt, bezieht sich auf die überlebenden Blattläuse. Auf einer logarithmischen Skala wächst

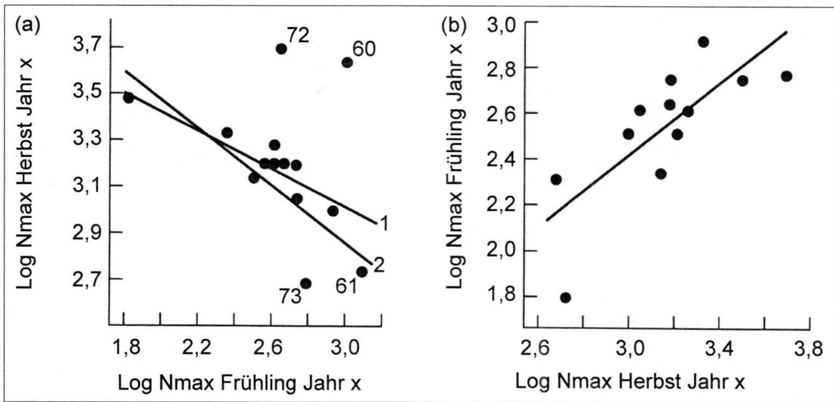

Abb. 6.3: Maximalzahl von *Drepanosiphum platanoidis* im Herbst relativ zur Maximalzahl im Frühjahr (a) und Maximalzahl im Frühjahr relativ zur Maximalzahl im vorhergehenden Herbst (b) für die Jahre 1960 bis 1973 (nach DIXON 1998).

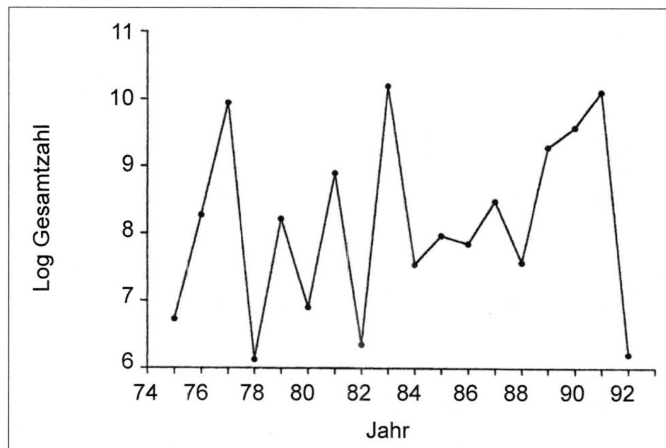

Abb. 6.4: Abundanz von *Myzocallis boerneri* auf einem Baum von 1975 bis 1992 (nach DIXON 1998).

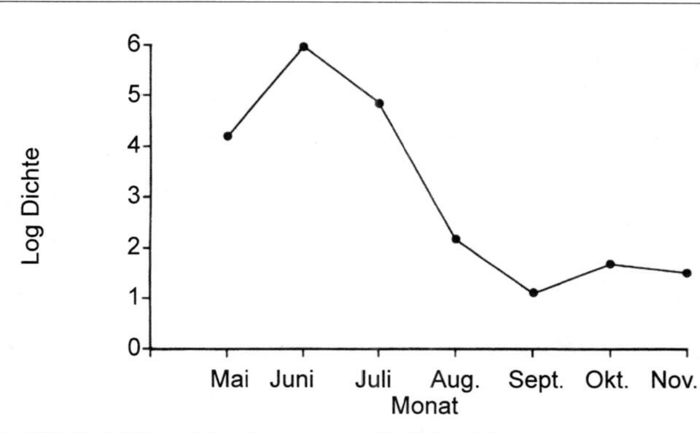

Abb. 6.5: Mittlere jahreszeitliche Veränderungen der Anzahl von *Myzocallis boerneri* auf einem Baum von Mai bis November im Zeitraum 1975–1992 (nach DIXON 1998).

eine Population von ihrem vorherigen Wert durch die Addition des Logarithmus der Reproduktionsrate (R), die im Falle der Blattläuse die Rate ist, die von den Klonen während einer Saison erreicht wird. Daher ist die erwartete Beziehung, z. B. zwischen der Anzahl der Oviparae (O) im Herbst und den Fundatrizen (F) im Frühjahr:

$$\log O = \log F + \log R$$

Die auf die Anzahl der Fundatrizen bezogene Mortalität kann durch eine negative Potenz der Anzahl der Fundatrizen F^{-X} dargestellt werden, woraus sich folgende Beziehung ergibt:

$$\log O = \log F + \log R - x \log F$$

Der Wert x stellt den Grad der Dichteabhängigkeit dar.

Da sowohl bei *E. tiliae* auch bei *D. platanoidis* der Wert von x ungefähr 1,5 beträgt, ist anzunehmen, dass es einen überkompensierten dichteabhängigen Faktor gibt, der innerhalb von Jahren wirkt. Zwischen Herbst und dem folgenden Frühjahr ist der Wert von x kleiner als 1, was darauf hinweist, dass die Mortalität in diesem Zeitraum umgekehrt dichteabhängig ist (Dixon 1970b, 1971, 1979).

Eine Analyse der über einen Zeitraum von 18 Jahren erhobenen Daten der Blattlaus *Myzocallis boerneri* (Abb. 6.4), zeigt ebenfalls, dass die Dichteregulierung hauptsächlich durch Prozesse erfolgt, die innerhalb von Jahren ablaufen. Jedes Jahr folgt die Abundanz jener Blattläuse, die wahrscheinlich keine spezifische natürliche Feinde haben, dem gleichen regelmäßigen jahreszeitlichen Muster von Dichteänderungen (Abb. 6.5). In den meisten Jahren nimmt die Dichte bis Mitte Juni exponentiell zu, gefolgt von einem steilen Rückgang bis Mitte September, wonach die Populationen in ihrer Häufigkeit leicht zunehmen. Die Populationsdichte schwankt um diesen saisonalen Mittelwert oder »Gleichgewichtswert«. Im Freiland sind die Populationen häufigen Störungen unterworfen. Bei sehr günstigen Wachstumsbedingungen wie im Frühjahr kann die Dichte über den lokalen Mittelwert für diese Jahreszeit hinausgehen. Alternativ können Wetter und natürliche Gegenspieler die Dichte unter das lokale saisonale Gleichgewicht drücken. In diesen Situationen wirken dichteabhängige Prozesse und bringen die Dichte wieder ins saisonale Gleichgewicht. Somit gibt es keine Hinweise auf zeitverzögerte Effekte der Dichte in den Daten, die um den saisonalen Trend der Dichte bereinigt sind (Sequeira & Dixon 1997). Wie bei *E. tiliae* und *D. platanoidis* gibt es auch bei *M. boerneri* einige Hinweise auf den sogenannten Schaukeleffekt, d. h. eine negative Korrelation zwischen der Anzahl der Blattläuse der ersten Generation und der Anzahl der im Herbst produzierten Geschlechtstiere (Dixon et al. 1996). Sie ist jedoch statistisch nur schwach ausgeprägt, möglicherweise aufgrund von zufälligen Unterschieden im Fortpflanzungserfolg und in der Überlebenswahrscheinlichkeit zwischen Individuen im Sommer, wenn die Dichte gering ist.

In natürlichen Populationen, in denen die Dichte durch Umwelteinflüsse beeinflusst werden kann, impliziert die Persistenz über lange Zeiträume eine Form der Regulierung (Royama 1977, 1981). Theoretisch ist die Dichteabhängigkeit die einzige Form der Regulierung, die stabile langfristige Muster von Dichteschwankungen erklären kann (Nicholson 1954, Varley et al. 1973, Berryman 1991, Royama 1992). Dichteabhängige Beziehungen in den Erhebungsdaten der Blattlauspopulation sind an sich kein Beweis für eine Regulierung an sich. Für den letztendlichen Nachweis einer Regulation sind Experimente erforderlich.

Deshalb wurden die bei *E. tiliae, D. platanoidis* und *M. boerneri* wirkenden Regulationsmechanismen durch die Untersuchung von Laborpopulationen durch Feldexperimente und Simulationsmodelle bestimmt. Die jahreszeitlichen Veränderungen in der Abundanz dieser drei Arten wurden über 9, 15 bzw. 18 Jahre verfolgt.

Selbst wenn keine natürlichen Feinde vorhanden sind, erleiden die Laborpopulationen von *E. tiliae* im Juni oder Juli einen plötzlichen Rückgang der Bestände, wenn die Zahlen zu Beginn der Saison hoch sind (Dixon 1971d). Daraus ergibt sich ein umgekehrtes Verhältnis zwischen Anfangs- und Endbestand innerhalb eines Jahres, ähnlich wie im Freiland. Obwohl eine Überkompensation in gekäfigten Populationen auftritt, ist diese weniger ausgeprägt als im Freiland, was höchstwahrscheinlich hauptsächlich auf geringere Migrationsverluste in den Käfigpopulationen zurückzuführen ist, d. h., die Geflügelten können das System nicht verlassen.

Ein Simulationsmodell deutet darauf hin, dass das Wetter als Störfaktor und als Hauptdeterminante der Höchstzahlen und der Anzahl der Fundatrizen in einem beliebigen Jahr wichtig ist. Die Wachstumsgrenze in einem beliebigen Jahr scheint nicht der verfügbare Platz oder das Absterben des Wirtes durch Übernutzung zu sein, sondern vielmehr eine intraspezifische Konkurrenz um Nahrung und ein durch Blattläuse verursachter Qualitätsverlust. Bei hohen Populationsdichten führt die intensive Konkurrenz zur Entwicklung relativ kleiner Erwachsener, von denen proportional mehr migrieren, was von den Dichten während der Larven-Entwicklung abhängt. Die zurückbleibenden Blattläuse haben sehr niedrige Reproduktionsraten (Barlow & Dixon 1980).

Diese Interpretation beruht auf der Existenz eines kumulativen dichteabhängigen Effekts. Das Gewicht der einzelnen Blattläuse, die sich entweder im Freiland oder im Labor entwickeln, steht in engerem Zusammen-

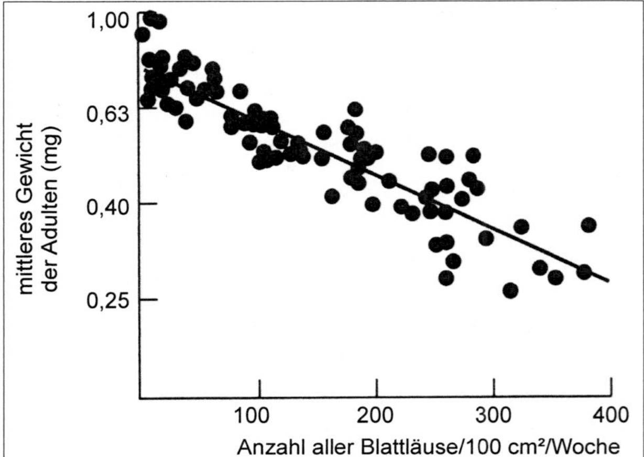

Abb. 6.6: Mittleres Gewicht erwachsener *Eucallipterus tiliae* im Freiland relativ zur mittleren kumulativen Populationsdichte auf den Blättern (nach DIXON 1998).

hang mit der kumulativen Dichte der Blattläuse, die sich bis zu diesem Zeitpunkt von den Blättern ernährt haben (Abb. 6.6), als die Dichte, die eine Blattlaus während ihrer Entwicklung erlebte. Zudem nehmen im Freiland die Mortalität der adulten Tiere und die Häufigkeit des Fluges nach längerem starken Befall der Bäume deutlich zu, was einer kumulativen Dichte von etwa 250 Blattlaus-Wochen/100 cm^2 Blattfläche entspricht. Dies könnte zurückzuführen sein auf die Übertragung der Effekte einer hohen Dichte (Gedränge, Crowding) von einer Generation zur nächsten, möglicherweise durch das Geburtsgewicht oder durch Veränderungen in der Qualität der Wirtspflanze als Reaktion auf den Blattlausbefall, oder beides. In Experimenten konnte gezeigt werden, dass die durch Blattläuse verursachten Veränderungen der Wirtspflanze sich auf die Entwicklungsdauer auswirken, aber nicht die Mortalität der Blattläuse oder deren Flugaktivität beeinflussen. Somit scheinen die intraspezifische Konkurrenz und der nachteilige Einfluss der Blattläuse auf die Wirtspflanzenqualität die Anzahl von *E. tiliae* zu regulieren.

Die Analyse von Freiland-Daten ergab, dass die Dauer der Aestivation der zweiten Generation von der Dichte abhängig ist und dass die Vermehrung im Herbst von der kumulativen Wirkung der Dichten im Frühjahr und Sommer abhängt. Laboruntersuchungen zeigten keinen Pflanzeneffekt bei der schlechten Leistung der erwachsenen Tiere im Herbst nach dem Frühjahr, wenn die Blattläuse reichlich vorhanden sind (WELLINGS & DIXON 1987). Der Effekt scheint eine Folge des Kampfes um Ressourcen zu sein, der über die Körpergröße vermittelt wird. Das Reproduktionspotenzial skaliert relativ zum Gewicht der Erwachsenen w, als wb. Der Exponent b des Erwachsenengewichts für *D. platanoidis* beträgt ungefähr 1,5 für die Biomasse und 1,3 für die Anzahl der pro Zeiteinheit produzierten Nach-

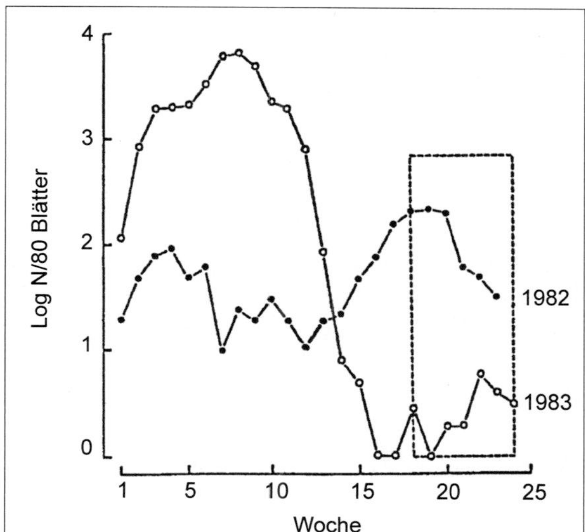

Abb. 6.7: Populationsentwicklung von *Myzocallis boerneri* in den Jahren 1982 und 1983. Der gestrichelte Bereich markiert den Zeitraum der Sexualproduktion, in dem 1982 achtmal mehr ovipare Weibchen produziert wurden als 1983 (nach Dixon 1998).

kommen, d. h., eine Verdoppelung des Erwachsenengewichts von 1 auf 2 mg führt zu einer 2,8-fachen Zunahme der Biomasse und einer 2,5-fachen Zunahme der Anzahl der pro Zeiteinheit produzierten Nachkommen (Dixon et al. 1993). Alle diese Prozesse mit Ausnahme des Effekts auf das Adultgewicht sind dichteabhängig und können daher nicht einzeln, sondern möglicherweise in Kombination für das im Freiland beobachtete Populationsverhalten verantwortlich sein.

Allerdings kann das Wetter, insbesondere der Wind, einen dramatischen Einfluss auf die Populationsdynamik von Blattläusen haben (Dixon 1979). Wind führt dazu, dass die Blätter zusammenstoßen, wodurch die Blattläuse von *D. platanoidis* abgelöst werden und der Population verloren gehen (Dixon & McKay 1970). Dadurch kann der für die Blattläuse zur Verfügung stehende Raum auf einen kleinen Bruchteil der gesamten Blattfläche beschränkt sein, insbesondere in Zeiten starker Winde. Die Blätter können in der Tat als Mittel dienen, um das Wetter in ein Blattlaussterben umzuwandeln. In außergewöhnlich ruhigen Herbstmonaten können die Blattläuse den größten Teil ihrer potenziellen Zuwachsrate erreichen. In den üblicheren windigen Herbsten erreicht *D. platanoidis* nur einen Bruchteil ihrer potenziellen Zuwachsrate, wodurch die erreichte Abundanz folgende Zuwachsrate widerspiegelt: niedrig in Jahren, in denen die Blattlaus im Frühjahr und Sommer reichlich vorhanden ist, und umgekehrt (Chambers et al. 1985).

Große Populationen von *M. boerneri* werden im Frühjahr wahrscheinlich von niedrigen Populationen im Herbst gefolgt und umgekehrt (Abb. 6.7).

Prädatoren spielen zweifellos eine Rolle bei der Bestimmung des Ausmaßes des dramatischen zahlenmäßigen Absturzes, der im Frühsommer in jenen Jahren auftritt, in denen die Blattläuse im Frühjahr sehr zahlreich sind. Sie sind jedoch nicht für die mangelnde Erholung der Population im Herbst verantwortlich. Beispielsweise folgen die Herbstpopulationen von *M. boerneri* in den Jahren 1982 und 1983 (Abb. 6.7) ab Woche 13 deutlich sehr unterschiedlichen Trends, obwohl beide ab Woche 19 ähnlich leicht von Prädatoren befallen wurden. Da eine ähnliche Reaktion in der Populationsdynamik von Käfigpopulationen innerhalb eines Jahres zu beobachten ist, werden natürliche Feinde keine wichtige Rolle bei der Bestimmung der Reaktion spielen.

Bei *M. boerneri* steht die schlechte Leistung im Herbst jener Jahre, in denen die Blattlaus im Frühjahr reichlich vorhanden ist, in Zusammenhang mit der geringen Größe der Blattlaus. Wie bei den anderen Arten ist die geringe Größe vor allem eine Folge der Konkurrenz um Ressourcen, und selbst ohne Konkurrenz dauert es mehrere Generationen, bis *M. boerneri* die Größe von Blattläusen erreicht hat, die kein Gedränge erlebt haben (Sequeira & Dixon 1996).

Ein individualbasiertes Simulationsmodell des Systems von *M. boerneri* (Kindlmann & Dixon 1996, Dixon et al. 1996) zeigt, dass die Regulierung innerhalb von Jahren erfolgt, und prognostiziert die Möglichkeit eines Schaukeleffekts unter bestimmten Bedingungen. Dieses Modell berücksichtigt den Effekt der intraspezifischen Konkurrenz zwischen Blattläusen um Ressourcen und den kumulativen Effekt, den dieser Ressourcenverbrauch auf die Pflanzenqualität für die Blattlaus hat. Wegen der engen Übereinstimmung zwischen den Modellvorhersagen und den Freilanddaten kann vermutet werden, dass die Blattlausabundanz hauptsächlich durch die Konkurrenz um Ressourcen reguliert wird. Konkurrenz wirkt sich auf die Körpergröße, die Fortpflanzung und die Migrationsneigung der Erwachsenen aus. Das Modell zeigt deutlich, dass der sommerliche Rückgang der Dichte durch die Verbreitung der Erwachsenen angetrieben wird. Somit lässt sich die Populationsdynamik durch die Selektion erklären, die auf der Ebene der einzelnen Blattlaus wirkt.

Einige Bäume sind regelmäßig von Jahr zu Jahr stark und andere leicht von Blattläusen befallen. Dabei ist sowohl bei *D. platanoidis* als auch bei *M. boerneri* die Populationsdynamik innerhalb eines Jahres bei den am stärksten und am leichtesten befallenen Bäumen ähnlich. Bei der Bestimmung des Unterschieds in der Häufigkeit von Blattläusen zwischen den Bäumen spielen die Baumphänologie – insbesondere sowohl der Zeitpunkt der Blattseneszenz im Verhältnis zum Wechsel von asexueller zu sexueller Fortpflanzung im Herbst – als auch der Zeitpunkt des Knospenaufbruchs im Verhältnis zum Eischlupf eine Rolle. Darüber hinaus ist zu vermuten, dass isolierte Bäume weniger Blattläuse haben, weil sie durch die Verbreitung viel höhere Verluste erleiden als Bäume, die in Gruppen wachsen.

Die Gleichgewichtspopulationsdichte einer Art wird als Ergebnis der Wechselwirkung zwischen ihrer Zuwachsrate und der Stärke des auf sie einwirkenden dichteabhängigen Faktors angesehen. Natürliche Feinde scheinen bei der Regulierung der Abundanz von Blattläusen an Laubbäumen keine große Rolle zu spielen. Darüber hinaus gibt es keine Hinweise darauf, dass die Wirksamkeit der natürlichen Feinde der verschiedenen Blattlausarten unterschiedlich ist, daher scheinen die Unterschiede zwischen den Blattlausarten in r_m oder insbesondere in der realisierten Zuwachsrate R die wahrscheinlichste Ursache für Unterschiede in der Abundanz zwischen den Arten. Die theoretischen Grundlagen dafür werden von Dixon & Kindlmann (1990) dargelegt.

Dixon et al. (1987) argumentieren, dass der den Realisierungsgrad von r_m beeinflussende Faktor die Wahrscheinlichkeit ist, eine Wirtspflanze zu finden, vorausgesetzt, die Blattläuse verbreiten sich regelmäßig. Somit muss die realisierte Zuwachsrate R die bei der Ausbreitung auftretenden Verluste einschließen. Es ist anzunehmen, dass unter sonst gleichen Bedingungen der relative Bedeckungsgrad der Wirtspflanze durch seine Auswirkung auf den realisierten r_m die Häufigkeit einer Blattlaus deutlich beeinflussen kann.

Die einheimischen Laubbaumblattläuse Großbritanniens gehören alle zur selben Unterfamilie, den Drepanosiphinae. Sie sind entweder sehr wirtsspezifisch oder leben auf höchstens zwei Arten einer bestimmten Baumgattung. Die positive Beziehung zwischen den qualitativen Schätzungen der rangbezogenen relativen Abundanzen dieser Blattläuse und ihrer Wirtsbäume bekräftigt die Idee, dass die Pflanzenabundanz ein wichtiger Faktor ist, der die Abundanz der Blattläuse bestimmt (Dixon 1998).

Für die Bewertung der räumlichen Dynamik von Blattläusen gibt es unterschiedliche Ansätze. Die Migration zwischen den Arealen sei selten zufällig und eine nicht-zufällige Streuung wird auch aus evolutionären Gründen vermutet (Taylor et al. 1978, 1983). Dieser Interpretation widersprach Hanski (1980, 1982) mit der Begründung, dass es unvernünftig sei, von Blattläusen zu erwarten, dass sie sich zwischen Populationsstandorten bewegen, um die individuelle Fitness zu maximieren, insbesondere in einem so großen Gebiet wie Großbritannien.

Arten wie *Aphis sambuci* haben ein instabiles räumliches Verbreitungsmuster in der Luft und besetzen offenbar einen dramatisch variierenden Anteil der potenziellen Verbreitung in einem Jahr. Sowohl der Primärwirt, *Sambucus*, als auch die Sekundärwirte dieser holozyklischen Art sind in ganz Großbritannien verbreitet. Im Gegensatz dazu ist ganz Großbritannien fast einheitlich von Arten wie *Rhopalosiphum oxyacanthae* und *Cryptomyzus galeopsidis* besetzt, aber *Anoecia corni* ist lediglich auf Teile von England und Wales beschränkt, wo ihr Primärwirt *Cornus sanguinea* natürlich vorkommt, sowie auf den Südwesten Schottlands, wo *C. sanguinea* als Gartengehölz angebaut wird. Es ist inzwischen erwiesen, dass die räumliche Variabilität der Populationshäufigkeit und die durchschnittliche Populationsdichte einer Art sowohl räumlich als auch zeitlich zusammenhängen. Da Saugfallenfänge jedoch Blattläuse aus allen Lebensräumen in einiger Entfernung von der Falle enthalten, können sie eine zu grobe Probenahmemethode darstellen, um die Auffassung von HANSKI zu testen.

Eine weitere theoretische Betrachtung dieses Problems hat gezeigt, dass die Beziehung zwischen Variabilität und durchschnittlicher Abundanz eine Folge zufälliger demographischer Ereignisse in der Dynamik des Populationswachstums und -rückgangs sein könnte, bei denen die Migration ein Zufallsprozess ist. Die Form dieser Beziehungen wird durch das relative Ausmaß der Geburten-, Sterbe-, Ein- und Auswanderungsraten bestimmt, die die Dynamik der Populationsveränderung bestimmen, sowie durch den Grad der räumlichen und zeitlichen Heterogenität. Wenn dichteabhängige Faktoren von limitierter Bedeutung sind, wie es für Arten, die r-Strategen sind, angenommen wird, reichen die zufälligen Variationen der Geburten- und Sterberaten allein aus, um die Beziehung zwischen Varianz und mittlerer Häufigkeit zu erklären. Bei K-selektierten Arten, bei denen stark dichteabhängige Faktoren vermutet werden, sorgt ein hoher Grad an ökologischer Heterogenität zusätzlich dafür, dass solche Beziehungen annähernd linear bleiben. Daher scheint es nicht notwendig zu sein, komplexe Verhaltensmechanismen zur Erklärung der beobachteten Muster anzuführen (ANDERSON et al. 1982). TAYLOR et al. (1983) argumentieren jedoch, dass die Simulationen von ANDERSON et al. weniger gut zu den Ergebnissen im Feld passen als Simulationen, die auf dem verhaltensorientierten Modell basieren.

Unterstützung für die Idee, dass die lückenhafte Verteilung der Blattläuse die Heterogenität der Umwelt widerspiegelt, kommt von einer Untersuchung der Mechanismen, die die aggregierte Verteilung von *D. platanoidis* zwischen den Blättern steuern (Abb. 6.8). Regelmäßig stellen Blattläuse die Nahrungsaufnahme ein, bewegen sich fort und besiedeln nach dem Zufallsprinzip ein anderes Blatt. Die Verweildauer einer Blattlaus auf einem Blatt hängt von der Temperatur, der Sonnenexposition, der Häufigkeit, mit der ihre Unterseite von anderen Blättern abgestrichen wird (Abb. 6.9), ihrem Nährstoffgehalt und dem Vorhandensein anderer Blattläuse ab (DIXON 1970a, DIXON & MCKAY 1970, DIXON & MERCER 1983). So führen kinetische

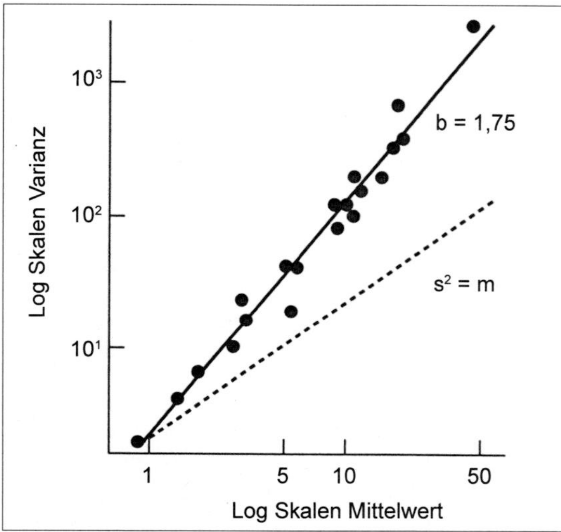

Abb. 6.8: Logarithmus der Varianz der Verteilung von *Drepanosiphum platanoidis* zwischen den Blättern in Relation zum Logarithmus der mittleren Anzahl pro Blatt für jede im Laufe eines Jahres in wöchentlichen Abständen genommene Probe (nach Dixon 1998).

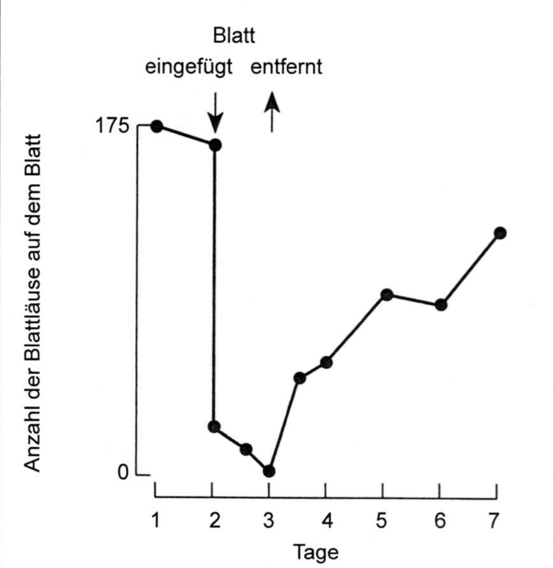

Abb. 6.9: Anzahl der Blattläuse auf einem Blatt, wenn ein weiteres Blatt direkt darunter angebracht wird (nach Dixon 1998).

Bewegungen als Reaktion auf die unterschiedliche Qualität der Umwelt dazu, dass sich diese Blattlaus vor allem auf den relativ wenigen Blättern, die eine günstige Kombination aus Mikroklima, Befallsgrad und Ernährungszustand aufweisen, aggregiert und vermehrt. Ein ruhiger Herbst führt zu einer dramatischen Zunahme des Vorkommens von *D. platanoidis*, was sich in Saugfallenfängen widerspiegelt (Dixon 1979). Darüber hinaus korreliert die Zahl von *D. platanoidis* auf Bäumen im Gebiet von Glasgow und der in Saugfallen gefangenen Läuse in ganz Großbritannien miteinander, was darauf hindeutet, dass gute und schlechte Jahre für diese Blattlaus in ganz Großbritannien gleich sind. Allerdings ist diese Korrelation umso schwächer, je weiter die Fallen auseinander liegen, was nach Dixon (1998) möglicherweise regionale Unterschiede im Wetter von Jahr zu Jahr widerspiegelt. So ist es wie bei der Verteilung von *D. platanoidis* zwischen den Blättern eines Baumes möglich, dass das sich dramatisch verändernde räumliche und zeitliche Mosaik der Populationsdichten in der Luft hauptsächlich nur ein ähnliches sich veränderndes Mosaik der Lebensraumqualität am Boden widerspiegelt. Ob dies tatsächlich zutreffend ist, können nur empirische Studien klären.

Die Analysen von langjährigen Saugfallenfängen aus GB weisen darauf hin, dass die Blattlauspopulationen in der Luft reguliert sind. Intensive Untersuchungen an baumbewohnenden Blattläusen deuten darauf hin, dass es vor allem die innerartliche Konkurrenz um Ressourcen ist, die durch ihren direkten Einfluss auf das Auftreten von Migration, Körpergröße und Fortpflanzung die Blattlausabundanz steuert. Obwohl natürliche Feinde die Vermehrungsrate von Blattläusen verringern, wird ihre Wirksamkeit bei der Regulierung der Blattlauspopulation im Falle von Parasitoiden durch deren natürliche Feinde und im Falle von Parasitoiden und insbesondere blattlaus-spezifischen Räubern durch die Notwendigkeit einer optimierten Nahrungssuche zur Maximierung ihrer Fitness eingeschränkt. Dass einige Bäume regelmäßig stark von Blattläusen befallen werden und andere derselben Art nur leicht befallen sind, ist weitgehend auf Unterschiede in der Baumphänologie und den Grad der Isolation von anderen Bäumen derselben Art zurückzuführen. Der Unterschied in der durchschnittlichen Abundanz der verschiedenen baumbewohnenden Blattlausarten lässt sich weitgehend auf die Abundanz der Wirtsbäume zurückführen.

6.1 Migration

Blattläuse erscheinen oft sesshaft. Meist verbringen auch geflügelte Blattläuse, eine beträchtliche Zeit ihres Lebens flugunfähig. Die Flügelmuskulatur der geflügelten Morphen der meisten wirtswechselnden Arten beginnt wenige Tage nach der Häutung der adulten Tiere mit der Autolyse (Haine 1955, Dixon 1988, Dixon et al. 1993), wodurch die Flugmöglichkeit auf ein enges Zeitfenster kurz nach der Häutung zum adulten Stadium beschränkt ist (Liquido & Irwin 1986, Kobayashi & Ishikawa 1993, Levin & Irwin 1995, Zhang et al. 2008). Darüber hinaus ist der Flugbeginn meist auf die Tageslichtzeit beschränkt (Taylor 1958, Johnson 1969, Dixon 1988, Isard & Irwin

1993, Isard & Gage 2001) und auf Momente, in denen die atmosphärischen Bedingungen den Abflug begünstigen (Jensen & Wallin 1965, Walters & Dixon 1984, Isard & Gage 2001).

Obwohl die Migration von Blattläusen (Loxdale et al. 1993) gelegentlich als minimal und unbedeutend wahrgenommen wird, hat sie erheblich ökologische Konsequenzen und ignoriert die tiefgreifenden wirtschaftlichen Auswirkungen auf bewirtschaftete ökologische Systeme.

Das berühmteste und am häufigsten zitierte Beispiel einer Langstrecken-Migration ist das Auffinden von Blattläusen auf treibenden Eisschollen im Nordpolarmeer im Jahr 1827 (Parry 1829) und auf den Schneefeldern von Spitzbergen im Nordpolarmeer im Jahr 1924 (Elton 1925). Bei diesen Funden handelte es sich um Blattläuse der Gattung *Cinara,* zu der relativ große Tieren gehören, welche meist an Koniferen (besonders *Abies* spp.) siedeln (Eastop 1972b). Allerdings gibt es auf Spitzbergen keine Koniferen und deren nächste Vorkommen befinden sich im nördlichen Skandinavien und Russland, etwa 800–1 000 km entfernt. Die während der möglichen Migration der Blattläuse nach Spitzbergen herrschenden Winde kamen aus Nord Europa (Johnson 1969). Nach Elton (1925) ist aber nicht auszuschließen, dass die Blattläuse möglicherweise auf in der See treibenden lebenden Koniferen in die Nähe der Insel kamen und nicht durch Langstreckenbewegung.

Dagegen sind Blattläuse, die mit feinen Netzen auf Schiffen in der Nordsee von Hardy und Mitarbeitern und von Gressitt, Yoshimoto und anderen im Pazifik, Atlantik, im Indischen und Antarktischen Ozean gefangen wurden (Bowde & Johnson 1976), mit größter Wahrscheinlichkeit echte Migranten. Von den insgesamt in dieser Untersuchung gefangenen 6 968 Insekten waren 2 982 oder 43 % Hemiptera und davon gehörten 56 % zu den Blattläusen. In der Nordsee wurden die Tiere 160 km vom nächsten Land gefangen. 60 % der gefangenen Insekten waren Blattläuse (Hardy & Cheng 1986). Die am häufigsten gefangenen Arten, *S. avenae, R. padi* und *M. persicae,* kamen wahrscheinlich aus der Richtung der britischen Inseln (Hardy & Cheng 1986).

Eine Blattlaus bewegt sich von ihrem Ursprungsort (Quelle) zu einem anderen Ort (Senke) entweder durch »unbeabsichtigte« oder »beabsichtigte« Verschiebung (Fereres et al. 2017). Die unbeabsichtigte Verschiebung ist ein unwillkürlicher Akt und lässt der Blattlaus nur wenige Möglichkeiten für ihre Wanderung. Dadurch wird die Blattlaus ungewollt in Richtung einer Senke transportiert. Die unbeabsichtigte Verschiebung durch aufsteigende Luftströme kann die Blattlaus etwas ramponiert zurücklassen, aber wenn sie überlebt, ist sie oft in der Lage, sich zu vermehren und Pflanzenkrankheiten zu übertragen (Zúñiga 1985, Bailey et al. 1995, Fereres &

Moreno 2009). Eine versehentlich verschobene Blattlaus kann während des Verschiebevorgangs absichtlich eingreifen, indem sie sich aufrichtet, läuft oder fliegt, wodurch sich der Verschiebungsmechanismus von versehentlich zu absichtlich verschiebt. Die absichtliche Verschiebung ist ein freiwilliger Akt, der durch intrinsische Kräfte oder extrinsische Störungen ausgelöst wird. Intrinsische Kräfte, die zur Bewegung der Blattlaus führen, sind vorprogrammiert, d. h., sie werden durch die Genetik des Organismus gesteuert (Liu et al. 2008). Extrinsische Störungen, die zur Bewegung von Blattläusen führen, werden durch Reaktionen auf wahrgenommene Stimuli in der Umgebung gesteuert. Bewegung kann aus einer Kombination von extrinsischen und intrinsischen Kräften resultieren. Die absichtliche Verschiebung manifestiert sich entweder in dem intrinsisch induzierten Phänomen, das als Migration bekannt ist (Loxdale & Lushai 1999), oder in der »appetitiven Ausbreitung« (Wenks 1981, Loxdale & Lushai 1999), einem extrinsisch oder intrinsisch induzierten Ausbreitungsmechanismus, der eine Suchreaktion auf bestimmte Ressourcen (z. B. Nahrung, Paarung, Eier) hervorruft oder eine Fluchtreaktion (z. B. vor natürlichen Feinden, chemischen Veränderungen alternder Wirte, Überbevölkerung) auslöst (Loxdale & Lushai 1999).

Wenn eine Blattlaus verschoben wird oder sich aktiv bewegt, wird sie von einer Quelle zu einer Senke verlagert, und zwar nicht nur im dreidimensionalen Raum, sondern auch in einem zeitlichen Kontext. Die horizontale und zeitliche Skala lässt sich am besten anhand der relativen Größenordnung der Bewegung von Blattläusen auf benachbarte Pflanzenteile, ganze Pflanzen, Felder, Landschaften, Ökoregionen, Kontinente und transkontinentale Landmassen veranschaulichen (Fereres et al. 2017). Das Ausmaß der Bewegung, das eine Blattlaus zu erreichen vermag, hängt in erheblichem Maße von der Höhe (vertikale Verschiebung) ab, die ein Individuum während des Bewegungsvorgangs erreicht. Obwohl eine Blattlaus von ihrer Wirtspflanze weggeblasen und in die Atmosphäre getragen werden kann, bewegt sie sich selten horizontal über den Maßstab benachbarter Pflanzen hinaus. Individuen, die aus dramatisch unterschiedlichen Höhen herabsteigen, würden in der Tat sehr wahrscheinlich unterschiedliche Bewegungsskalen erreichen. Allerdings wären die Unterschiede wahrscheinlich nicht groß, es sei denn, die Geflügelten nehmen aktiv am Flug teil, wo die Unterschiede in den Bewegungsskalen dramatisch sein können, abhängig von der Neigung der Blattlaus, der Höhe, die die Individuen erreichen, und den atmosphärischen Bewegungssystemen, die zu diesem Zeitpunkt aktiv sind.

Die Migration von Blattläusen basiert auf angeborenem Verhalten und führt zu gerichteten, ungestörten Bewegungen (Kennedy 1985, Dingle

1996, Irwin 1999), die oft in dramatischen durch atmosphärische Bewegungssysteme unterstützten Verschiebungen gipfeln (Irwin & Thresh 1988, Gage et al. 1999, Irwin 1999, Irwin et al. 2000, Isard & Gage 2001). Die Konzepte der »Fern«-Bewegung und der »Migration« von Blattläusen sind in der Literatur miteinander verwoben und werden fälschlicherweise oft als synonym angesehen (vgl. Johnson 1969 und Robert 1987 für Gründe, warum dies keine Synonyme sind). Durch eine Reihe von Laborstudien, in denen ermittelt wurde, wann die Flugbahn einer Blattlaus durch das Vorhandensein von Ressourcenobjekten (z. B. Licht derselben Wellenlänge wie eine potenzielle Nahrungsquelle) verändert werden kann, hat Hardie (1993) die beiden Begriffe experimentell analysiert und den verhaltensmäßigen Unterschied zwischen ihnen nachgewiesen. »Fern«-Bewegung bezieht sich auf eine Blattlaus, die sich weit fortbewegt hat (von einigen bis zu Tausenden von Kilometern). Diese Bewegung kann auf zwei Arten erfolgen: Eine Blattlaus kann bei der appetitativen Ausbreitung aktiv nach einer Ressource suchen und auf atmosphärische Bedingungen (z. B. Thermik) stoßen, die sie nach oben treiben, wo sie dann über große Entfernungen einer horizontalen Verlagerung durch atmosphärische Bewegungssysteme ausgesetzt ist (d. h. unbeabsichtigte Verschiebung). Der andere, häufigere Weg ist die »Migration«, bei der eine Blattlaus aktiv in Richtung einer ultravioletten Lichtquelle fliegt. Nach Müller (1988) ist in der »Migrationsphase« eine phototaktisch positive Reaktion mit einer geotaktisch negativen Reaktion gekoppelt. Sie ignoriert alle Hinweise, die mit Ressourcen verbunden sind, und steigt hoch in die Atmosphäre auf, wo sie dann durch die vorherrschenden atmosphärischen Bewegungssysteme in die Lage versetzt wird, sich über große Entfernungen zu bewegen. Die Migration ist also nur eine, wenn auch die häufigste Art, wie sich eine Blattlaus über große Entfernungen bewegen kann. Manchmal fällt der Migrationsdrang mit ungünstigen atmosphärischen Bedingungen zusammen, die einen Abflugwinkel begünstigen, der einen erfolgreichen Aufstieg in die Atmosphäre ermöglicht. Dies kann zu eher kurzdauernden Ausbreitungsereignissen führen, wodurch nicht alle Migrationsereignisse in einer Langstreckenausbreitung enden (Isard & Irwin 1996, Isard & Gage 2001).

Der Wanderungsprozess ist komplex. Wenn sich eine Nymphe häutet und zu einer erwachsenen Geflügelten wird, kann sie bereits physiologisch auf die Migration vorbereitet sein. Eine solche Blattlaus wird bei geeigneten Umweltbedingungen aktiv in die Atmosphäre aufsteigen, wo sie weiterfliegt, während die Luftströmungen sie horizontal verschieben. Der Prozess ist beendet, wenn die Blattlaus aktiv beginnt, abzusteigen und zu landen. Der Migrationsprozess kann also durch vier Phasen beschrieben werden: (1) Ereignisse, die zum Abflug führen, (2) Abflug und Aufstieg,

(3) horizontale Translokation, und (4) Ereignisse, die zu einem Verhaltenswechsel führen, der in Abstieg und Landung gipfelt. Das Landeverhalten, das sich in Abstiegs- und Landeereignissen manifestiert, tritt auf, sobald der Migrationsprozess abgeschaltet wurde und in eine »appetitive Verbreitung« übergeht.

Zu den Ereignissen, die zum Abflug führen, gehören mehrere Faktoren. Einige bestimmen, welche Blattläuse in der Lage sind, zu fliegen und wann ihnen dies möglich ist. Migranten brauchen länger, um sich zu entwickeln, haben eine verzögerte Reproduktionsentwicklung, kleinere Gonaden und wegen der Flugkosten eine geringere Fruchtbarkeit (Dixon & Wratten 1971, Dixon & Kindlmann 1999, Müller et al. 2001). Zur Energieversorgung während des Fluges nutzen sie zunächst Glykogen als Energiequelle, später dann die im Fettkörper gespeicherten Lipide (Cockbain 1961, Liquido & Irwin 1986, Dixon et al. 1993). Da migrierende Blattläuse eine geringe Überlebenswahrscheinlichkeit haben (d. h., nur wenige Migranten finden und kolonisieren neue Wirte), scheint die Migrationsstrategie auf der Vorstellung zu beruhen, dass genügend auf günstigere Umgebungen treffen werden, um zu kolonisieren, sich zu vermehren und Verluste auszugleichen. Ohne ausreichende physiologische Vorbereitung werden Blattläuse nicht freiwillig starten (Dixon 1977).

Unter den Umweltfaktoren werden das phänologische Stadium und die Qualität der Wirtspflanzen während der Entwicklung der Blattlaus als primär angesehen. Aber nicht alle Arten scheinen auf die gleichen Reize zu reagieren (Müller et al. 2001). Insbesondere *Myzus persicae* zeigte sich im Allgemeinen unbeeinflusst von der Qualität der Wirtspflanze, und viele der Experimente, die sich mit diesem Thema beschäftigen, verwendeten *M. persicae* als Modell. Zu den getesteten Schaderregern, die auf sich verschlechternde Wirtspflanzenbedingungen reagierten, gehörten *Aphis craccivora, Brevicoryne brassicae, Macrosiphum euphorbiae, R. padi* und *S. avenae.* Darüber hinaus variierten Flügelgröße und Flugmuskel von *Tuberculatus quercicola* in Abhängigkeit vom Geschlecht und der Ernährungsqualität ihrer Wirtspflanze *Quercus dentata* (Yao 2012a, b). Offensichtlich ist es wichtig zu wissen, welche Blattlausarten auf sich verschlechternde Wirtsbedingungen in gezielten Anbausystemen reagieren.

Starkes Populationswachstum führt zu starkem Gedränge, das die Produktion geflügelter Blattläuse induziert und die Wahrscheinlichkeit erhöht, dass Geflügelte absichtlich von ihren Wirtspflanzen abwandern oder verdrängt werden (Robert 1987). Obwohl das Gedränge scheinbar fast immer die Produktion von Flügeln auslöst, können die Arten unterschiedlich auf den Zeitpunkt des Gedränges reagieren: Einige Arten sind nur durch pränatales Gedränge, andere durch postnatales Gedränge in den ersten beiden Larvenstadien betroffen und einige durch Gedränge in beiden Stadien (Müller et al. 2001). Eine solche Beeinflussung kann auch die Geflügelte für den Flugstart vorbereiten (Walters & Dixon 1984, Dixon 1988).

Geflügelte, die sich in einem Migrationsmodus befinden, sind physiologisch auf einen Flug in Richtung einer ultravioletten Lichtquelle vorbereitet. Sie haben ein relativ enges Zeitfenster, in dem sie aktiv abheben und im Migrationsflug aufsteigen können. Dieses Fenster öffnet sich innerhalb von 12 h nach der Häutung zum Erwachsenenstadium, beginnt sich etwa 2 Tage später zu verschlechtern und schließt sich effektiv 4 Tage nach der letzten Häutung (Liquido & Irwin 1986, Kobayashi & Ishikawa 1993, Levin & Irwin 1995, Zhang et al. 2008). Da der Winkel der Flugbahnen von Blattläusen physiologisch durch das Alter der Blattläuse beim Start reguliert wird, können – kombiniert mit dem Windprofil zum Zeitpunkt des Starts – Vorhersagen über den Erfolg von Geflügelten unterschiedlichen Alters und ihrer Flugbahnen gemacht werden, die den Aufstieg in die planetarische Grenzschicht (auch Reibungsschicht, Grenzschicht, atmosphärische Grenzschicht, Planetary Boundary Layer (PBL)) ermöglichen. Diese Schicht variiert in ihrer Tiefe mit der Tageszeit. Wenn eine Blattlaus nach oben fliegt und diese Schicht erreicht, kann sie mit den horizontalen Luftströmungen über weite Strecken verfrachtet werden. Viele landwirtschaftlich wichtige Blattläuse befinden sich während ihrer Jungfernflüge in einem Migrationsmodus, zumindest für einen kurzen Zeitraum (Hardie 1993). Die Zeit, die eine Blattlaus im zielgerichteten, ungehinderten, aufwärts gerichteten Flug verbringt, ist ein Maß dafür, wie hoch sie in die Atmosphäre aufsteigen kann. Die Aufstiegsgeschwindigkeiten von Blattläusen im Migrationsmodus sind anfänglich schnell (Kennedy & Booth 1963, Halgren 1970) und werden später bei nachfolgenden Flügen geringer, weshalb ein freiwilliger Langstreckentransport wahrscheinlich nur während des Jungfernflugs einer Blattlaus möglich ist (Isard & Irwin 1996). Hinzu kommt, dass die Blattlaus in nachfolgenden Flügen dazu neigt, früher von einem aufwärts gerichteten, UV-gesteuerten Migrationsflugmodus in einen wirtssuchenden, appetitiven Modus zu wechseln.

Geflügelte im Frühjahr und Sommer haben im Gegensatz zu den Gynoparae keine oder nur eine kurze Migrationsphase in ihrem Jungfernflug und eine geringere Höhe des Aufstiegs als bei den Gynoparae (David & Hardie 1988, Nottingham & Hardie 1989, Nottingham et al. 1991). Diese Komponenten des Fluges können nicht im Feld untersucht werden, aber der Nachweis, dass Gynoparae von *R. padi* dazu neigen, höher als die anderen Alatae zu fliegen, ist ein Hinweis auf die Existenz von Verhaltensunterschieden im Freiland (Tatchell et al. 1988, Thieme & Dixon 2009).

Ob eine Blattlaus abhebt und in die planetarische Grenzschicht aufsteigt, wird direkt durch die Beschaffenheit der Atmosphäre beeinflusst. Vor dem Hintergrund eines typischen warmen Frühlings- bis Herbsttages bietet das Zusammenspiel von Trägheitskräften (die die Bewegung von kleinen, zusammenhängenden Luftvolumina in einer horizontalen Ebene aufrecht halten) und Auftriebskräften (welche es den Luftvolumina ermöglichen, sich in einer vertikalen Ebene nach oben oder unten zu bewegen) während eines Tageszyklus Zeitfenster für den Aufstieg von Blattläusen und bestimmt, wie hoch sie in die Atmosphäre aufsteigen werden. Während die Blattläuse bei starkem Wind nicht freiwillig abheben, können für den Langstreckenflug vorbereitete Blattläuse – unter neutralen Bedingungen und bei geringen Windgeschwindigkeiten – aufsteigen und die planetarische Grenzschicht erreichen. Ihre Flugbahn beim Verlassen der Oberflächengrenzschicht zur planetarische Grenzschicht ist wahrscheinlich flacher als bei instabilen atmosphärischen Bedingungen, da der Auftrieb ihren Aufstieg weder unterstützt (instabile Bedingungen) noch behindert (stabile Bedingungen) (Isard & Gage 2001).

Zwischen den physiologischen und atmosphärischen Einflüssen gibt es Wechselwirkungen. Blattläuse verzögern Jungfern- und Folgeflüge bei hohen Windgeschwindigkeiten und bevorzugen in der Regel Winde, die näher an ihrer eigenen Fluggeschwindigkeit von weniger als 1 m/s liegen (Haine 1955, Robert 1987, Kennedy 1990, Bottenberg & Irwin 1991). Ungünstige Windverhältnisse können den Abflug verzögern, jedoch nicht verhindern (Walters & Dixon 1984, Robert 1987). Mischkulturen können Barrieren bilden, die die Windgeschwindigkeiten in der kürzeren Kultur reduzieren (Castro et al. 1991), sodass Blattläuse leichter abfliegen können als aus gleich hohen Laubdächern (Bottenberg & Irwin 1991). Sowohl obere als auch untere Temperaturschwellen hemmen den Abflug von Blattläusen, wobei diese Temperaturen je nach Art und Jahreszeit variieren (Wiktelius 1981). Mit Ausnahme von *S. graminum*, die ihren Flug bei Temperaturen von 41–42 °C beginnen kann (Berry 1969, Dry & Taylor 1970, Halgren 1970), variiert die untere Schwelle für die meisten Arten zwischen 13 und 16 °C (Johnson & Taylor 1957, Jensen & Wallin 1965, Dry & Taylor 1970, Walters & Dixon 1984, Zhang et al. 2008), während die obere Schwelle im Allgemeinen bei 31 °C liegt. Die Lichtintensität wirkt sich ebenfalls auf die Wahrscheinlichkeit des Abflugs von Blattläusen aus, wobei nur wenige Arten bei Abwesenheit von Licht oder bei Mondlicht den Flug beginnen. Eine offensichtliche Obergrenze wurde nicht bestimmt (Berry 1969).

Blattläuse wurden mit an Ballons hängenden Saugfallen in Höhen bis zu 1 220 m gefangen, 99 % dieser zwischen 300 und 1 220 m gefangenen Blattläuse waren lebendig und zur Reproduktion befähigt (Taylor 1960,

1965). Theoretisch wäre also eine einzelne vom Wind über größere Distanzen verfrachtete Blattlaus zur Gründung einer neuen Kolonie befähigt. Die Unterschiede der bei der horizontalen Verschiebung erreichten horizontale Verlagerung hängen direkt mit der Schichtung der unteren Atmosphäre zusammen. Geflügelte, die unter instabilen atmosphärischen Bedingungen starten, werden mit größerer Wahrscheinlichkeit über längere Strecken transportiert, als wenn sie den Flug unter stabilen atmosphärischen Bedingungen beginnen (ISARD et al. 1994, ISARD & GAGE 2001). Sobald die planetarische Grenzschicht erreicht ist, wird der horizontale Transport eines Organismus weitgehend von der Schichtung der Windschichten bestimmt. Meteorologische Bedingungen, die den Langstreckentransport innerhalb der planetarische Grenzschicht begünstigen, treten saisonal auf (SCOTT & ACHTEMEIER 1987, ISARD & GAGE 2001), sodass sich in Verbindung mit bestimmten meteorologischen Ereignissen während bestimmter Zeiträume des Jahres (in der Regel Frühling, Sommer und Herbst) Migrationsmöglichkeiten ergeben.

Ein bemerkenswertes Ereignis für die Migration der Blattläuse ist der Low-Level-Jet (ein auch Strahlstrom oder Grenzschichtstrahlstrom genannter Windzug in der unteren Troposphäre), der häufig in den mittleren Breiten auftritt. Diese horizontalen Luftströmungen bilden sich nach der Abenddämmerung, wenn die Erdoberfläche sich abzukühlen beginnt. Die planetarische Grenzschicht beginnt sich zu stabilisieren und wird horizontal komprimiert, wobei Luftströmungen mit unterschiedlichen Geschwindigkeiten und Temperaturen in ihr geschichtet werden. Aufgrund fehlender Turbulenzen von unten halten diese starken, horizontal gerichteten, relativ warmen Luftschichten die Blattläuse nach Sonnenuntergang gefangen und können sie vor der Morgendämmerung über große Entfernungen transportieren. Wenn die aufgehende Sonne die Erde aufzuheizen beginnt und die Durchmischung die Integrität des Low-Level-Jets beeinträchtigt, können die in diesen Schichten gefangenen Blattläuse mit dem Abstieg beginnen (ISARD & GAGE 2001).

Erfolgreiche Migrationsflüge, begünstigt durch Luftströmungen, in die sie eingebettet sind, ermöglichen es den Blattläusen, eine geradlinigere Richtung, eine schnellere Grundgeschwindigkeit und folglich eine größere zurückgelegte Strecke zu erreichen, als dies allein aus eigener Kraft möglich wäre (KENNEDY 1985).

REYNOLDS & REYNOLDS (2009) testeten Modelle des Flugverhaltens von Blattläusen, um die Dichten und zurückgelegten Distanzen von migrierenden Blattläusen in atmosphärischen Grenzschichten vorherzusagen. Das Modell sagt voraus, dass die Dichte von Blattläusen mit der Höhe abnimmt und dass sich die windbedingte Migration von Blattläusen deutlich von der Ausbreitung von Samen und flügellosen Arthropoden in der Luft unterscheidet. Deshalb schlagen sie vor, dass der häufig für den Flug von Blattläusen verwendete Begriff »passiv« als irreführend aufgegeben werden sollte, da atmosphärische Turbulenzen die Eigenbewegungen der Blattläuse eher verstärken als »dämpfen«. Sobald sie aufhören zu fliegen, werden die meisten Blattläuse voraussichtlich mit einer Geschwindigkeit aus der Atmosphäre fallen, die ihrer Fallgeschwindigkeit in ruhender Luft nahe kommt.

Migration kann ein häufiges, wenn auch saisonales Phänomen sein, das zuweilen die Luft mit unzähligen Milliarden von Blattläusen füllt, die über weite Strecken transportiert werden (Grossheim 1914, Dewar et al. 1980, Irwin & Hendrie 1985).

Irgendwann während ihrer Reise schaltet das Verhalten der Blattlaus aus unbekannten Gründen um und sie wird von anderen Reizen als ultraviolettem Licht angezogen. Es ist nicht unwahrscheinlich, dass dieses Umschalten abhängig ist vom Energieverbrauch (Fettgehalt) der fliegenden Blattlaus. Sobald dies erfolgt, beendet die Blattlaus ihre Migrationsphase und geht in einen appetitiven Modus über. Der Zeitpunkt ihres erfolgreichen Abstiegs und der Landung kann auch von den meteorologischen Bedingungen abhängen.

6.2 Natürliche Gegenspieler

Blattläuse kommen in den meisten terrestrischen Habitaten vor. Sie werden häufig von Aphidophaga (Prädatoren, Parasitoiden und Krankheitserregern) angegriffen. Prädatoren töten ihre Beute, indem sie sich von ihr ernähren. In einigen Familien von Blattlausprädatoren (z. B. Marienkäfer) sind sowohl die Larven als auch die Adulten räuberisch, während in anderen Familien (z. B. Schwebfliegen, Florfliegen, Mücken) nur die Larven räuberisch sind. Unter den Insektenparasitoiden entwickeln sich alle Arten der Braconiden-Unterfamilie Aphidiinae und einige Gattungen der Familie Aphelinidae als Endoparasitoide, wobei im Allgemeinen eine Larve die Entwicklung in jeder Blattlaus abschließt. Am Ende der Larvenentwicklung wird die Blattlaus getötet und der Parasitoid verpuppt sich in oder unter der gehärteten Cuticula seines Wirts (der »Mumie«). Erwachsene Wespen sind freilebend. Einige Pilzarten sind entomopathogen und infizieren Blattläuse direkt über die Cuticula, wodurch der Wirt schließlich getötet wird.

Blattläusekolonien sind durch rasche Zu- und Abnahme der Abundanz gekennzeichnet (Dixon 1998), die zeitlich nicht synchronisiert sind, da sich die Blattläuse von verschiedenen Wirtspflanzen mit unterschiedlichen

Phänologien ernähren (Galecka 1966, 1977). In einem großen räumlichen Maßstab existieren zu jedem Zeitpunkt Blattlauspopulationen als Areale von Beutetieren, verbunden mit Arealen von guter Wirtspflanzenqualität (Kareiva 1990). Das heißt, die Prädatoren der Blattläuse nutzen Beuteflächen, deren Qualität sowohl räumlich als auch zeitlich stark schwankt, und haben daher geeignete Strategien zur effektiven Nutzung dieser Ressource entwickelt.

Es besteht kein Zweifel daran, dass die natürlichen Feinde die Zuwachsrate der Blattläuse – mitunter dramatisch – verringern können, und es wird behauptet, dass der Einsatz von hymenopteren Parasitoiden und Marienkäfern bei der biologischen Bekämpfung von Blattläusen erfolgreich war. Tatsächlich war der erste und herausragende Erfolg bei der biologischen Bekämpfung die Verwendung eines Marienkäfers (*Rodolia cardinalis*) zur Bekämpfung der Australischen Wollschildlaus, *Icerya purchasi*. Dies führte zu der allgemeinen Erwartung, dass die Abundanz der Organismen durch ihre natürlichen Feinde reguliert wird. In der Tat kann das Spektrum der natürlichen Feinde von Insekten, die mit bestimmten baumbewohnenden Blattläusen in Verbindung gebracht werden, erstaunlich groß sein. Trotz des frühen Erfolgs mit *Rodolia* haben sich Marienkäfer jedoch nicht als wirksame biologische Bekämpfungsmittel gegen Blattläuse im Freiland erwiesen (Hodek 1973). Der Grund dafür liegt in der Dynamik der Blattlaus-Marienkäfer-Interaktion und ihren Folgen für die Fitness der Marienkäfer (Kindlmann & Dixon 1993). Diese Prädatoren nutzen Blattläusekolonien aus, die lückenhaft verteilt und im Verhältnis zur Dauer ihrer Larvenentwicklung kurzlebig sind. Die Larven riskieren zu verhungern, wenn die Häufigkeit der Blattläuse in dem von ihnen befallenen Areal auf ein niedriges Niveau sinkt, bevor sie ihre Entwicklung vollenden können.

Es ist wahrscheinlich, dass aphidophage Prädatoren im Allgemeinen die gleiche Arealdynamik zeigen. Die eleganten Studien von Kan (Kan & Sasakawa 1986, Kan 1988) weisen darauf hin, dass einige Syrphiden es vermeiden, ihre Eier in Arealen abzulegen, die von den Blattläusen gerade verlassen werden. Andere wiederum vermeiden es, Eier in Areale zu legen, die bereits Syrphidenlarven enthalten (Hemptinne et al. 1993). Bei Florfliegen – wie auch bei Marienkäfern – zögern die adulten Tiere, in Gebieten Eier abzulegen, die mit auf das Vorhandensein von Larven hinweisenden chemischen Signalen kontaminiert sind (Ruzicka 1994).

Hymenoptere Parasitoide können in einer Blattlaus heranreifen und scheinen daher potenziell eher in der Lage zu sein, die Blattlaushäufigkeit zu regulieren. Ihre Wirksamkeit wird jedoch durch ihre im Vergleich zu ihren Wirten längere Entwicklungszeit und durch die Wirkung ihrer Hyperparasitoide und Prädatoren verringert, die in vielen Fällen weniger spezifisch sind als die Primärparasiten (Hamilton 1973, 1974, Holler et al. 1993, Mackauer & Völkl 1993). Darüber hinaus ist es aufgrund des Risikos von Hyperparasitismus wahrscheinlich, dass Primärparasiten in einem Areal mit bereits parasitierten Blattläusen die Eiablage einstellen. Ein hohes Maß an Primärparasitismus macht das Areal für Hyperparasiten attraktiv. Wenn ein Primärparasit in Arealen von Blattläusen, in denen die Häufigkeit von Parasitismus hoch ist, weiter ovipositiert, kann er seine potenzielle Fitness verringern (Ayal & Green 1993).

Es gibt zunehmend gute experimentelle Beweise, dass aphidophage Prädatoren schon früh in der Entwicklung eines Areals einige Eier legen sollten, was erklären würde, warum sie bei der Regulierung der Blattlauspopulation keine Rolle spielen. In ähnlicher Weise könnte die Unwirksamkeit der primären hymenopteren Parasitoide die Wirksamkeit ihrer Hyperparasitoide sein und der Selektionsdruck, den sie erzeugt, begünstigt jene primären Parasitoide, die die Eiablage in Arealen von Blattläusen vermeiden, in denen das Auftreten von Parasitismus das Areal für Hyperparasitoide attraktiv macht.

6.2.1 Prädatoren

Der erwachsene Blattlausprädator ist geflügelt, kann sich leicht zwischen den Flächen bewegen und so geeignete Beuteflächen finden. Seine juvenilen Stadien sind auf ein Areal beschränkt, und wenn dieses nur wenige Beutetiere enthält, verhungern die Larven und fressen sich gegenseitig auf. Die Sterblichkeit der juvenilen Stadien aufgrund von Hunger, Kannibalismus oder Intragild-Prädation ist mit 98–99 % (Osawa 1993, Hironori & Katsuhiro 1997) enorm und hauptsächlich eine Folge der geringen Anzahl an Beutetieren, die jederzeit während der Entwicklung der Larven auftreten können. Somit ist der Eier- und Larvenkannibalismus adaptiv, da durch den Verzehr von Artgenossen die Larven von Prädatoren ihre Überlebenswahrscheinlichkeit erhöhen (Agarwala & Dixon 1992, 1993).

Aus evolutionärer Sicht streben sowohl Prädatoren als auch Beutetiere danach, ihr eigenes Reproduktionspotenzial oder – strenggenommen – ihre genetische Fitness zu maximieren. Doch während Beutetiere in Abwesenheit von Prädatoren durchaus gut existieren können, benötigen Prädatoren Beutetiere. Daher liegt es im Interesse des Prädators, sich für den Erhalt der Beute einzusetzen. Die optimale Strategie des Prädators besteht dann darin, dem Druck entgegenzuwirken, seine eigene Fortpflanzung und sein Überleben zu maximieren, in der Regel durch den Einsatz effizienter Jagdtaktiken, und dennoch genügend Beute für seine Nachkommen zu erhalten (Berryman & Kindlmann 2008).

Marienkäfer (Coleoptera: Coccinellidae)

Die Käfer aus der Familie Coccinellidae umfassen Phytophage, Mykophage und Entomophage (Giorgi et al. 2009, Hodek & Evans 2012). Die meisten Marienkäfer (Coleoptera: Coccinellidae) sind Prädatoren, die sich von Blattläusen, Cocciden, Milben und einer Vielzahl anderer Arthropodentaxa ernähren (Abb. 6.10, 6.11 und 6.12) (Giorgi et al.2009, Weber & Lundgren 2009) und wegen ihrer land- und forstwirtschaftlichen Bedeutung von hohem Interesse sind. Coccinelliden werden intensiv untersucht, weil die meisten von ihnen auffällig gefärbt, leicht zu identifizieren und in einem Labor zu halten sind – und die meisten sind reichlich vorhanden. Die Lebenszeit-Fluktuation von aphidophagen Marienkäfern variiert stark mit der Temperatur und der Art der Beute, sogar innerhalb einer Art (z. B. Papanikolaou et al. 2013), dies führt zu sehr unterschiedlichen Schätzungen der Lebenszeit-Fluktuation. Die meisten aphidophagen Arten legen ihre Eier in Clustern ab (Majerus 1994, Nedved & Honek 2012). Außerdem können weniger Eier der Prädation zum Opfer fallen, weil die chemischen Abwehrkräfte, die sie in Gruppen besitzen, für natürliche Feinde besser erkennbar sind (Agarwala & Dixon 1993).

Abb. 6.10: *Exochomus quadripustulatus* beim Angriff auf Blattläuse (Foto: K. Schrameyer).

Aphidophage Marienkäfer entwickeln sich im Vergleich zu coccidophagen Arten schnell, da Blattläuse die flüchtigere Beute darstellen (Dixon et al. 1997, 2011, Borges et

Abb. 6.11: *Harmonia axyridis* schwarz (Foto: K. Schrameyer).

Abb. 6.12: *Hippodamia variegata* beim Verzehr von *Aphis sambuci* (Foto: K. Schrameyer).

Abb. 6.13: Kannibalismus bei *Harmonia axyridis* (Foto: K. Schrameyer).

Abb. 6.14: Einheimische Buckelfliege (*Phalacrotophora fasciata*) bei der Eiablage in eingeschleppten Marienkäfer (*Harmonia axyridis*) (Foto: K. Schrameyer).

al. 2011). Die Entwicklungszeiten für aphidophage Marienkäfer liegen typischerweise in der Größenordnung von mehreren Wochen (Dixon et al. 1997). Beide Geschlechter entwickeln sich ähnlich schnell, obwohl erwachsene Männchen kleiner sind als Weibchen (Dixon 2000). Die Entwicklungszeiten innerhalb der Spezies werden stark von der Temperatur und der Art der erbeuteten Blattlaus beeinflusst (Hodek & Evans 2012, Nedved & Honek 2012). Die Entwicklungszeiten können sogar von der Wirtspflanze der Blattlaus beeinflusst werden. Die Anzahl der Generationen pro Jahr ist in hohen Breitengraden auf eine beschränkt, nimmt aber mit abnehmender Breite in Richtung der Tropen zu. Marienkäfer in gemäßigten Regionen gehen typischerweise im Winter in die Diapause, während Marienkäfer in Gebieten mit heißen oder trockenen Jahreszeiten zu diesen Zeiten in die Aestivation gehen können (Brodeur et al. 2017).

Populationen juveniler Marienkäfer weisen ein hohes Maß an Kannibalismus auf, insbesondere wenn das Angebot an Blattläusen knapp ist (Abb. 6.13) (Mills 1982, Schellhorn & Andow 1999), und können auch Opfer von intragilder Prädation und blattläusebetreuenden Ameisen werden. Marienkäfer werden auch von einer Vielzahl spezialisierter Parasiten befallen, darunter Dipteren- und Hymenopterenparasitoide, Milben, Pilze und Bakterien, die sehr hohe Prävalenzen erreichen können (Abb. 6.14) (Ceryngier et al. 2012). Erwähnenswert ist die Gruppe der sogenannten »männchenabtötenden« bakteriellen Endosymbionten, die zytoplasmatisch über die weibliche Linie übertragen werden. Sie töten männliche Eier vor dem Schlüpfen ab (Majerus & Hurst 1997).

Zur Futtersuche nach Blattläusen nutzen adulte Marienkäfer wahrscheinlich visuelle Reize, wie Form und Farbe, und olfaktorische Reize, entweder von der Blattlaus oder der Pflanze (Bahlai et al. 2008). Möglicherweise spielt Erfahrung eine Rolle bei der effektiven Nutzung dieser Signale (Wang et al. 2015).

Der Honigtau von Blattläusen ist ein arretierender Stimulus (Carter & Dixon 1984), der sicherstellt, dass Marienkäfer in Bereichen bleiben, die von Beutetieren bewohnt werden. Die Pflanzenarchitektur beeinflusst die Effizienz der Marienkäfererbeutung, wenn sie das Erkennen oder Fangen von Blattläusen erschwert (Kareiva 1990, Clark & Messina 1998). Pflanzen mit wachsartigen Oberflächen können schwer zu begehen sein, während Blatthaare oder Trichome die Bewegung erschweren (Shah 1982).

Einige Studien deuten darauf hin, dass die visuelle oder olfaktorische Wahrnehmung durch Erwachsene oder Larven nur über kurze Distanzen von etwa einem Zentimeter erfolgt (Nakamuta 1984a, Hemptinne et al. 2000a). Die Körperflüssigkeit von Blattläusen stimuliert die Nahrungsaufnahme der Adulten (Nakamuta 1984b). Nach der Begegnung mit Blattläusen schalten Adulte und Larven auf intensives Suchverhalten um, wobei sie die unmittelbare Umgebung langsamer und mit häufigen Wendungen absuchen (Banks 1957, Hodek & Evans 2012).

Wegen der immensen Ei- und Larvensterblichkeit wirkt die Selektion langlebiger Prädatoren, die sich von kurzlebiger Beute ernähren, hauptsächlich auf optimale Eipositionsstrategien – solche, die die maximale Überlebenswahrscheinlichkeit der Nachkommenschaft sicherstellen – und nicht auf die Maximierung der vom Marienkäfer pro Zeiteinheit gefressenen Nahrung, wie es in den meisten Theorien zur optimalen Nahrungssuche angenommen wird (Stephens & Krebs 1986). Die optimale Ovipositionsstrategie des Adulten wird daher hauptsächlich durch die Erwartung zukünftiger Engpässe in der Abundanz der Beutetiere bestimmt, da diese das Überleben der Nachkommenschaft beeinflussen, und nicht durch die gegenwärtige Menge an Beute im Areal, da der adulte Marienkäfer nicht durch die Menge der Nahrung im Areal begrenzt ist, weil er bei Bedarf eine andere Kolonie finden kann. Marienkäfer sind ein gutes Beispiel für die Hypothese des Erhalts der Beute, da sich ihre Entwicklungszeit oft über mehrere Generationen von Blattläusen erstreckt, in denen die Anzahl der Blattläuse stark schwankt. Die Eiablage in Gegenwart von artverwandten Larven wird bei diesen Prädatoren stark selektiert, da dies dazu führt, dass diese Eier von älteren artspezifischen Larven gefressen werden. Darüber hinaus ist die Eiablage spät in der Entwicklung eines temporären Beuteareals fehlangepasst, da den Larven nicht genügend Zeit bleibt, ihre Entwicklung abzuschließen. Daher sind die von Marienkäfern gelegten Eier, die erst spät in der Entwicklung eines Beutegebietes sind, im Nachteil, da sie mit hoher Wahrscheinlichkeit von Prädatorenlarven gefressen werden, die aus den ersten gelegten Eiern schlüpfen.

Empirische Daten deuten auch darauf hin, dass verschiedene Arten von Marienkäfern Mechanismen entwickelt haben, die es ihnen ermöglichen, bevorzugt in Beutetier-Arealen Eier abzulegen, die sich in einem frühen Entwicklungsstadium befinden, und diejenigen zu meiden, die bereits von Marienkäferlarven angegriffen werden (Hemptinne et al. 1992, 1993, 2001). Weibchen dieser Arten reagieren stark auf die Larvenspuren ihrer eigenen Art oder anderer Prädatoren von Blattläusen, indem sie die Eiablage sofort einstellen und von der Blattläusekolonie wegfliegen.

Diese Reaktion reduziert die Anzahl der pro Areal gelegten Eier und in Kombination mit dem dichteabhängigen Kannibalismus ihre Wirksamkeit bei der Regulierung der Anzahl der Blattläuse stark. Somit führt ihre optimale Eipositionsstrategie, die die Fitness des Individuums maximiert, zur Erhaltung ihrer Beute (oder zu einem geringen Einfluss auf ihre Anzahl).

Labor- und Felduntersuchungen haben gezeigt, dass es eine niedrigere kritische Dichte von Blattläusen für die Eiablage gibt (Dixon 1959, Honek 1978) und dass diese durch die für das Überleben der Larven im ersten Stadium erforderliche Mindestdichte der Blattläuse bestimmt wird (Dixon 1959). Felddaten weisen auch darauf hin, dass die Eiablage (Eier-Fenster) im Allgemeinen vor dem theoretisch vorhergesagten Höhepunkt der Blattlaushäufigkeit erfolgt (Hemptinne et al. 1992). Das bedeutet, dass diese Prädatoren in der Lage zu sein scheinen, das Alter eines Areals zu beurteilen. Angesichts der Tatsache, dass die Blattlaushäufigkeit durch ihre Wirkung auf das frühe Überleben der Larven die untere Schwelle (d_1) für die Eiablage und die Öffnung des Eifensters bestimmt (Abb. 6.15 A): Warum hören sie dann auf zu legen, obwohl die Blattlauszahlen immer noch zunehmen (Abb. 6.15 B)?

Experimente deuten darauf hin, dass das Schließen des Eier-Fensters ebenfalls mit dem Überleben assoziiert ist, aber in diesem Fall ist der Mechanismus der Eier-Kannibalismus. Wenn adulte Tiere über einen längeren Zeitraum in einem Areal Eier ablegen, ist das Überleben der zuletzt gelegten Eier wahrscheinlich sehr gering, da ein hohes Risiko besteht, dass sie von den Larven gefressen werden, die aus den zuerst gelegten Eiern hervorgegangen sind. Marienkäfer scheinen durch chemische Signale, die mit den Larven der Artgenossen assoziiert sind, an der Eiablage gehindert zu werden (Doumbia et al. 1997), d. h., Marienkäfer reagieren bei der Nahrungssuche auf Signale, die ihre Fitness beeinträchtigen. Fraßreste, Exuvien und Honigtau (Dixon 1959, Carter & Dixon 1982, Evans & Dixon 1986) weisen auf die Abundanz von Blattläusen hin, andere chemische Hinweise auf das Vorhandensein eigener Larven. Die relative Stärke dieser Signale bestimmt möglicherweise beide Schwellenwerte für die Eiablage, das Eier-Fenster. Diese Schwellenwerte werden wahrscheinlich auch durch die Kos-

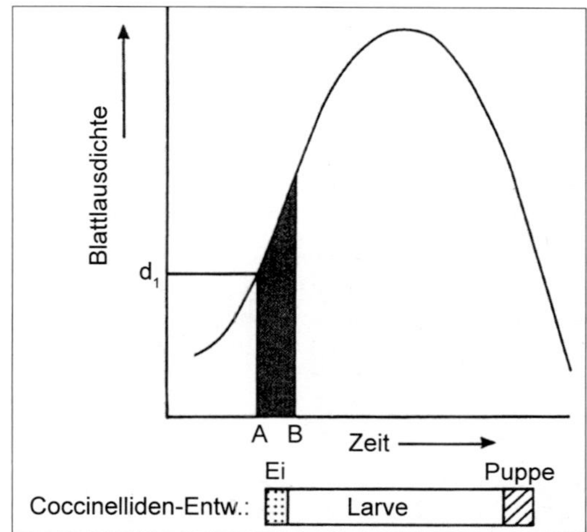

Abb. 6.15: Fortpflanzungsstrategie von Marienkäfern: Zeitliche Veränderungen in der Abundanz von Blattläusen in einem Areal und die relative Entwicklungszeit eines Marienkäfers. A und B markieren den Zeitpunkt des Öffnens und Schließens des »Eier-Fensters« (nach Dixon 1998).

ten beeinflusst, die beim Wechsel zwischen den Arealen entstehen, d. h., die Erwachsenen reagieren auf Signale, die ihre Fitness hauptsächlich im Hinblick auf das Überleben der frühen Stadien ihrer Nachkommen bestimmen. Ein zusätzlicher Vorteil der Limitierung der in einem Areal gelegten Eier besteht darin, dass das Überleben der Larven im späteren Stadium und ihre Qualität (Größe) stark verbessert werden. Der Mechanismus, der die Gesamtinteraktion bestimmt, ist jedoch hauptsächlich das Risiko eines Ei- und frühen Larvenkannibalismus.

Wenn Marienkäfer reichlich vorhanden und geeignete Beutefelder selten sind, können jedoch während des »Eier-Fensters« trotzdem viele Eier in ein Feld gelegt werden. Unter solchen Umständen reduziert ein starker dichteabhängiger Kannibalismus (Mills 1982) die Abundanz der Marienkäfer im Verhältnis zu ihrer Beute stark. Daher haben diese Prädatoren wenig Einfluss auf die Populationsdynamik von Blattläusen (Dixon 1992, Kindlmann & Dixon 1993, 1999, Dixon et al. 1995). Sie können jedoch dennoch kurzfristige Auswirkungen auf lokale Blattlauspopulationen haben, die für die Landwirte wertvoll sind. Die Ergebnisse einer internationalen Studie über die Populationen von *M. persicae* auf Kartoffeln, die von 16 Wissenschaftlerinnen und Wissenschaftlern über einen Zeitraum von 2 Jahren in 10 Ländern durchgeführt wurde (Mackauer & Way 1976), deuten darauf hin, dass die Blattlauspopulation unabhängig von der Anwesenheit von Prädatoren zunahm, und Letztere wirkten sich nur in Zeiten, in denen die potenzielle Zuwachsrate der Blattläuse gering war, auf die Abnahme aus.

Es scheint, dass die Mindestdichte an Blattläusen, die für den Beginn der Marienkäferreproduktion notwendig ist, durch die relative Größe der beteiligten Blattlaus- und Marienkäferarten bestimmt wird (Sloggett 2008a). Eine Reihe von Studien mit unterschiedlich großen Blattlausarten zeigen das größenabhängige Muster der zeitlichen Variabilität bei der Marienkäferreproduktion (Sloggett 2008a).

Wenn Marienkäferlarven bereits auf einer Pflanze vorhanden sind, sind nachfolgende Gelege durch innerartliche Prädation und Kannibalismus gefährdet (Hemptinne et al. 1992, Dixon 2000). Die Weibchen vermeiden die Eiablage, wenn artgleiche und manchmal auch artfremde Marienkäferlarven vorhanden sind (Hemptinne & Dixon 1991, Seagraves 2009).

Dies wird durch chemische Signale von Larven auf der Pflanzenoberfläche vermittelt, diese Signale verringern die Neigung des Weibchens zur Eiablage und erhöhen seine Aktivität, wodurch es zum Verlassen der Pflanze angeregt wird (Růžicka 1997, Doumbia et al. 1998, Laubertie et al. 2006). Sentis et al. (2015) zeigten weiter, dass die Temperatur die Emission dieser chemischen Hinweise von Larven beeinflusst, was wiederum das Eiablageverhalten von artgleichen Weibchen verändert. Solche temperaturvermittelten Effekte auf die chemische Kommunikation würden wahrscheinlich die Populationsprozesse bei Coccinelliden beeinflussen.

Aphidophage Marienkäferarten unterscheiden sich deutlich in ihrer Beutespezifität für Blattläuse. Einige Marienkäfer ernähren sich nur von sehr wenigen Blattlausarten. Im Gegensatz dazu sind einige Marienkäfer, wie *A. bipunctata* und *C. septempunctata*, Generalisten, die sich von zahlreichen verschiedenen Blattlausarten ernähren (Majerus 1994). Zwischen Ernährung und Habitat bestehen komplexe Beziehungen: Während Nahrungsspezialisten auf eine oder wenige Pflanzenarten beschränkt sein können, fressen einige Habitatspezialisten, wie die myrmecophile *Coccinella magnifica*, viele verschiedene Blattlausarten (Sloggett 2008b).

Der Einfluss von aphidophagen Marienkäfern auf Blattlauspopulationen bleibt umstritten. Es wurde argumentiert, dass Marienkäfer sich nicht lange genug in einem Feld fortpflanzen, um eine adäquate Blattlausbekämpfung zu gewährleisten.

Dies liegt daran, dass ihre Generationszeit im Verhältnis zu ihrer Beute lang ist und dass Blattläuse sehr ungleichmäßig verteilt sind (Hemptinne & Dixon 1997, Kindlmann & Dixon 2001). Darüber hinaus können Kannibalismus und Intragilde-Prädation die Bekämpfung von Blattläusen weiter einschränken. Nichtsdestotrotz sind viele Praktikerinnen und Praktiker immer noch der Meinung, dass Marienkäfer eine wichtige Rolle bei der Kontrolle von Blattlauspopulationen spielen (Obrycki et al. 2009), obwohl ihre »Popularität« in den letzten Jahren abgenommen hat (Michaud 2012). Die meisten aphidophagen Marienkäfer, die als wichtig für die biologische Kontrolle angesehen werden, sind Generalisten; ihre Tendenz, zwischen Beutearten und Habitaten zu wechseln, kann jedoch ihren Nutzen einschränken (Sloggett et al. 2008) und zu unbeabsichtigten Nicht-Ziel-Effekten führen (Evans et al. 2011). Insbesondere die Einführung von exotischen Marienkäfern in neuen geografischen Regionen zur Bekämpfung von Blattläusen kann zu einem Rückgang der einheimischen Arten führen, und zwar durch Konkurrenz und/oder Intragilde-Prädation (Evans et al. 2011).

Syrphidae (Schwebfliegen)

Schwebfliegen sind eine der größten Dipterenfamilien. Die Larven von etwa einem Drittel der Schwebfliegenarten in der Unterfamilie Syrphinae sind Prädatoren von Sternorrhyncha, meist Blattläusen. Erwachsene Schwebfliegen sind tagaktive Blütenbesucher und ernähren sich von Pollen und Nektar (Rotheray 1989).

Die meisten Arten sind in gemäßigten Regionen univoltin, während in den Tropen Multivoltinismus üblich ist. In Nordeuropa sind mehrere Arten teilweise migratorisch: Einige Individuen bleiben in ihren Sommerhabitaten und überwintern im Larven-, Puppen- oder Adultstadium, während der Rest der Population über weite Strecken nach Südeuropa wandert (Raymond et al. 2013).

Die Eiablage bei Schwebfliegen wird durch olfaktorische und visuelle Signale ausgelöst. Die Weibchen von *Eupeodes corollae* und *E. balteatus* reagieren positiv auf Reize von Honigtau und wahrscheinlich auch von Siphonensekreten der Blattläuse. Diese Reize können sowohl als Fernkairomone als auch als Reize für die Eiablage nach dem Auffinden der Beute wirken (Budenberg & Powell 1992, Bargen et al. 1998, Sutherland et al. 2001). Zusätzlich reagieren die Weibchen von *E. corollae* auf strukturelle Merkmale von Pflanzen (Chambers 1988). Die Eier werden oft einzeln abgelegt, entweder in der Nähe oder innerhalb von Blattlauskolonien, obwohl einige Arten ihre Eier in Gruppen weit entfernt von der Kolonie oder sogar auf unbefallenen Pflanzen ablegen (Chambers 1988). Im letzteren Fall können junge Larven überleben, indem sie Eier von Artgenossen kannibalisieren.

Die Größe der Blattlauskolonie hat einen wichtigen Einfluss auf die Wahl des Eiablageplatzes. Da die Larven nur eine begrenzte Ausbreitungsfähigkeit haben, ist die Entscheidung des Weibchens über den Ort der Eiablage entscheidend für das Überleben ihrer Nachkommen. Schwebfliegenweibchen passen ihre Eizahl in Abhängigkeit von der Blattlausdichte an, ein Verhalten, das als adaptiv gilt, da es sowohl das Überleben der Larven sichert als auch den Suchaufwand des Weibchens optimiert. Es gibt Berichte, dass die Weibchen vieler Schwebfliegenarten kleinere Blattlauskolonien oder Blattlauskolonien mit einem hohen Anteil an jungen Larven für die Eiablage bevorzugen (z. B. Hemptinne et al. 1993). Diese Weibchen meiden möglicherweise hohe Blattlausdichten, weil große Kolonien eher einer verstärkten Emigration von Blattläusen ausgesetzt sind als einem kontinuierlichen Wachstum der Kolonie, wobei Letzteres für das Überleben des Schwebfliegennachwuchses unerlässlich ist (Kan 1988). Schwebfliegenweibchen legen auch weniger Eier in Blattlauskolonien, in denen bereits Larven von Artgenossen vorhanden sind (Hemptinne et al. 1993).

Abb. 6.16: Angriff einer Syrphidenlarve auf *Nasonovia ribisnigri* (Foto: K. Schrameyer).

Feld- und Laborbeobachtungen deuten darauf hin, dass Schwebfliegenlarven ein breites Spektrum an Beutetypen angreifen (Abb. 6.16) (Chambers 1988, Gilbert & Owen 1990), aber es gibt auch wirklich spezialisierte (Laska 1978). Bei polyphagen Arten können unterschiedliche Beutetiere in der Nahrung die Entwicklungszeit und das Puppengewicht beeinflussen, was wiederum die adulte Fekundität beeinflussen kann (Sadeghi & Gilbert 2000).

Die Beweise für die Bedeutung von olfaktorischen und gustatorischen Hinweisen für das Nahrungssuchverhalten der Larven sind uneinheitlich. Chambers (1988) nahm an, dass Schwebfliegenlarven Blattläuse nur durch taktile Reize erkennen und keine gezielten Reize zur Beuteortung nutzen. Im Gegensatz dazu fanden Bargen et al. (1998), dass das erste Larvenstadium von *E. balteatus* eine gerichtete Suche über kurze Distanzen zeigt und auf flüchtige Geruchssignale von Blattläusen reagiert.

Schwebfliegen können wichtige Antagonisten von Blattläusen sein, insbesondere in Getreide (Hagen et al. 1999). Eine auffällige Reduktion der Blattlauspopulationen wurde beobachtet, wenn hohe Niveaus von Schwebfliegen-Oviposition und Larvenschlupf früh in der Saison auftraten, bevor sich das Wachstum der Blattlauspopulationen beschleunigte (Tenhumberg & Poehling 1995). Neben klimatischen Faktoren wird ihre Wirksamkeit durch langsame Einwanderungsraten von Adulten in Felder und in einfache Landschaften begrenzt (Haenke et al. 2009, Chaplin-

Kramer & Kremen 2012). Da adulte Tiere Blütenbesucher sind, kann ihre Futtersuchaktivität in Getreidefeldern erhöht werden, wenn Feldränder ein kontinuierliches Angebot an Blüten bieten, die leicht zugänglichen Pollen haben (Ruppert & Molthan 1991). Da Getreidefelder in der Regel durch einen Mangel an Nahrung für Blütenbesucher gekennzeichnet sind, können alternative landwirtschaftliche Praktiken, die Wildblumen begünstigen (z. B. Flächenstilllegung, herbizidfreie Pufferzonen, Schutzstreifen), adulte Schwebfliegen anziehen.

Neuroptera (Netzflügler)

Neuroptera sind polyphage Prädatoren, die sich hauptsächlich von weichfleischigen Insekten ernähren. Arten der Chrysopidae und Hemerobiidae erbeuten häufig Blattläuse (Abb. 6.17 und 6.18), und bei einigen Arten der Coniopterygidae wurde ebenfalls ein Erbeuten von Blattläusen festgestellt.

Die Eier vieler Chrysopidenarten haben dünne hyaline Stiele (Eistiele Abb. 6.19). Der Stiel schützt die Eier und die frisch geschlüpften Larven vor Kannibalismus und Intragilde-Prädation (Růžicka 1997).

Die Fruchtbarkeit von Chrysopidenarten schwankt zwischen 150 und 600 Eiern/Weibchen und scheint bei Hemerobiiden am höchsten zu sein (600–1 500 Eier) (Canard et al. 1984, New 1988). Chrysopiden- und

Abb. 6.17: Imago der Florfliege *Chrysoperla carnea* (Foto: K. Schrameyer).

Abb. 6.18: Taghaften-Larve (*Micromus angulatus*) beim Angriff auf *Macrosiphum rosae* (Foto: K. Schrameyer).

Abb. 6.19: Ei der Florfliege *Chrysoperla carnea* (Foto: K. Schrameyer).

Hemerobiidenlarven sind sehr aktive Prädatoren, ebenso wie die meisten adulten Tiere. Einige erwachsene Chrysopiden, wie z. B. *C. carnea*, ernähren sich von Nektar, Hefen, Pollen und Honigtau, wobei Letzterer sie in Blattlauskolonien anlocken kann. Die Gefräßigkeit der Larven hängt von der Größe der Beute und der Temperatur ab (Michaud 2001)

Chrysopidenlarven sind generalistische Prädatoren, die sich von Beutetierarten aus verschiedenen Insektenordnungen ernähren, darunter Blattläuse, Psylliden, Wollläuse, Heuschrecken und Weiße Fliegen. Viele Chrysopidenarten werden durch Signale angezogen, die mit der Anwesenheit von Blattläusen verbunden sind, so z. B. auf flüchtige Abbauprodukte der Aminosäure Tryptophan, die ein häufiger Bestandteil des Honigtaus von Blattläusen ist (van Emden & Hagen 1976), auf das Sexualpheromon der Blattläuse und auf (E)-β-Farnesen, das Alarmpheromon der Blattläuse (Zhu et al. 1999).

Larven verschiedener *Chrysopa*-Arten markieren das Substrat mit einem ovipositionshemmenden Pheromon, das sowohl die intra- als auch die interspezifische Ovipositionsaktivität signifikant reduziert (Růžicka 1996).

Das Nahrungsverhalten der Larven kann durch die Blattdichte und die Pflanzenarchitektur stark beeinflusst werden, da diese die Erreichbarkeit der Beute beeinflussen. Clark & Messina (1998) fanden heraus, dass *C. carnea* bei der Suche nach *Diuraphis noxia* auf *Oryzopsis hymenoides* (das durch schmale, lineare Blätter gekennzeichnet ist) effektiver war als auf *Agropyron desertorum* mit seinen flachen, breiten Blättern.

Die Rolle von Neuroptera bei der Reduzierung von Blattlauspopulationen hängt stark von den lokalen Bedingungen ab. Chrysopiden haben das Potenzial, die Zahl der Blattläuse deutlich zu reduzieren (New 1988), werden aber selber von Gegenspielern angegriffen (Abb. 6.20). Es gibt nur wenige Studien, die sich mit ihrer Wirksamkeit auf Blattlauspopulationen beschäftigen. Der Einsatz von Florfliegen in der biologischen Schädlingsbekämpfung erfolgte durch Vermehrung und Konservierung, denn sie sind offen für Manipulationen, was sie in geschlossenen Umgebungen wie Gewächshäusern besonders erfolgreich macht.

Abb. 6.20: Erzwespe (*Tetrastichus principiae*) bei der Eiablage in die Florfliege *Chrysoperla carnea* (Foto: K. Schrameyer).

Cecidomyiidae (Gallmücken)

Innerhalb der Dipteren-Familie der Cecidomyiidae gibt es mehrere räuberische Arten in den Gattungen *Aphidoletes* und *Monobremia*, deren Larven sich ausschließlich von Blattläusen ernähren, während die erwachsenen Tiere Nektar oder Honigtau fressen (Harris 1973, Nijveldt 1988). *Aphidoletes aphidimyza* wird häufig in biologischen Bekämpfungsprogrammen eingesetzt (van Schelt & Mulder 2000). Die Fruchtbarkeit hängt sowohl von der Ernährung der Larven und der Erwachsenen als auch von der geographischen Herkunft ab (Havelka & Zemek 1999). Die Larven schlüpfen nach 2–4 Tagen und beginnen fast sofort mit dem Fressen von Blattläusen (Abb. 6.21). Die Entwicklungszeit variiert je nach Temperatur und Ernährungszustand (Havelka & Zemek 1999). In Mitteleuropa gibt es 2–3 Generationen pro Jahr (Harris 1973). *Aphidoletes aphidimyza* überwintert im Puppenstadium im Boden.

Abb. 6.21: Angriff einer Larve von *Aphidoletes aphidimyza* gegen *Aphis fabae* (Foto: K. Schrameyer).

Die Weibchen legen ihre Eier einzeln oder in kleinen Gruppen auf Blättern ab, meist innerhalb oder in der Nähe von Blattlauskolonien. Die Weibchen können zwischen Pflanzenarten oder -sorten und insbesondere zwischen befallenen und unbefallenen Pflanzen unterscheiden (Mansour 1975, 1976). Růžicka & Havelka (1998) fanden, dass *A.-aphidimyza*-Larven ein artspezifisches, die Eiablage verhinderndes Pheromon absondern, das die Eiablage in bereits befallenen Kolonien signifikant reduziert.

Die Larven von *A. aphidimyza* ernähren sich von einer Vielzahl von Blattlausarten, hauptsächlich an krautigen Pflanzen oder Laubbäumen (Harris 1973, Nijveldt 1988). Die Larven können mehr Blattläuse töten, als sie für ihre Entwicklung benötigen (Nijveldt 1988), was zu ihrem Erfolg in biologischen Bekämpfungsprogrammen, insbesondere in Gewächshäusern verstärkt.

Andere arthropode Prädatoren

Innerhalb der Familie der Heteropteren Anthocoridae (Hemiptera: Heteroptera) sind Arten der Gattungen Anthocoris und Orius häufige generalistische Prädatoren. Andere Wanzen wie Nabidae und Miridae (Heteroptera: Nabidae und Miridae) sind ebenfalls Prädatoren für Blattläuse. Diese profitieren von einer abwechslungsreichen Landschaft (Müller & Godfray 1999) und können einen gewissen Einfluss auf Getreideblattlauspopulationen haben. Raubwanzen werden als »echte« Top-Prädatoren betrachtet, die die biologische Kontrolle durch Intragilde-Prädation stören können.

Polyphage Prädatoren

Blattläuse werden von einer Vielzahl polyphager Prädatoren wie Laufkäfern (Coleoptera: Carabidae), Wolfsspinnen (Araneae: Lycosidae) und in geringerem Maße auch von Kurzflügelkäfern (Coleoptera: Staphylinidae) angegriffen, deren Effizienz aber wahrscheinlich sehr gering ist. Innerhalb der Vegetationsschicht verursachen netzbildende Linyphiidenspinnen ebenfalls Mortalitäten unter Blattläusen, (z. B. Sunderland et al. 1986, Wyss et al. 1995, Samu et al. 1996).

Die Bewertungen der Effizienz natürlicher Feinde zur Unterdrückung ihrer Beute werden in der Literatur kontrovers diskutiert. Ausschließungstechniken wie Käfige sind das am häufigsten verwendete Mittel, um die Effizienz natürlicher Feinde zur Unterdrückung ihrer Beute zu bewerten (Luck et al. 1988). Die Wachstumsraten und Spitzendichten von Blattlauspopulationen innerhalb von Käfigen, die natürliche Feinde ausschließen, sind in der Regel größer als die in nicht eingesperrten Populationen (z. B. Chambers et al. 1983, Elliott und Kieckhefer 2000; Michels et al. 2001; Basky 2003; Cardinale et al. 2003; Schmidt et al. 2003). Käfige verändern jedoch die Mikroumgebung (Hand & Keaster 1967), insbesondere die Temperatur, von der man annimmt, dass sie wichtig ist, um das Ergebnis von Prädator-Beute-Interaktionen zu bestimmen (Frazer & Gilbert 1976; Frazer et al. 1981). Dies allein macht schon die Ergebnisse von Käfigexperimenten fraglich.

Versuche, die Veränderung der Mikroumgebung durch die Verwendung von Käfigen mit einer großen Maschenweite (8 mm) zu vermeiden (Schmidt et al. 2003), reduzieren die Räuberdichte innerhalb der Käfige nicht und sind daher für die Messung des Einflusses von Prädatoren auf Blattlauspopulationen völlig nutzlos, da sich in den Käfigen die gleiche Anzahl Räuber befindet wie in offenen Parzellen (Kindlmann & Dixon 2010).

Noch wichtiger ist, dass Käfige das Auswandern von Blattläusen verhindern, was ihre übliche Reaktion auf hohe Dichten ist (Dixon 1998, 2005).

Gardiner et al. (2009) zeigen, dass nach 14 Tagen Käfighaltung durchschnittlich 20,7±1,4 Geflügelte pro Pflanze in Ausschlusskäfigen, aber nur 1,8±0,1 Geflügelte pro Pflanze in offenen Parzellen vorkommen. Interessanterweise gab es – wenn anstelle von Käfigen nur 60 cm hohe, bis zu 30 cm tief vergrabene Polyethylen-Umrandungen verwendet wurden (Holland et al. 1996), die die Mikroumgebung der manipulierten Parzellen nicht beeinträchtigen, den Blattläusen die Auswanderung ermöglichen, aber Bodenraubtiere ausschließen – keinen Unterschied in der Anzahl der Getreideläuse in Kontrollparzellen und in Parzellen, in denen die Anzahl der Bodenraubtiere reduziert wurde.

Es ist es daher überraschend, dass trotz des Nachweises, dass Käfigausschlussexperimente nicht zur Beurteilung der Wirksamkeit der Prädatoren bei der Reduzierung des Blattlausbestandswachstums verwendet werden können, sie immer noch zu diesem Zweck eingesetzt werden und solche fehlerhaften Ergebnisse als Beweis für ihre Wirksamkeit präsentiert werden. Andere, objektive Methoden zur Beurteilung der Wirksamkeit natürlicher Feinde bei der Verringerung der Häufigkeit ihrer Beute, wie die Entfernung der Prädatoren (Kindlmann et al. 2005) oder direkte Beobachtungen wie die in Costamagna & Landis (2007), sind selten – höchstwahrscheinlich, weil sie viel zeitaufwendiger sind (Kindlmann & Dixon 2010).

Vögel als Blattlausprädatoren

Blattläuse stellen eine wichtige Nahrungsquelle für viele Vogelarten dar, vor allem, weil sie für junge Vögel eine Quelle leicht verdaulicher Hochenergienahrung sind. Aber ihre Bedeutung variiert stark zwischen den Vogelfamilien, wobei kleinere Vogelarten am meisten von Blattläusen als Nahrung abhängig sind.

In Europa und Asien zählen unter anderem die Laubsänger (Phylloscopidae) zu den größten Konsumenten von Blattläusen. Ein Beispiel ist der Zilpzalp, der die Unterseite von Blättern nach Insekten, hauptsächlich Blattläusen, durchsucht. Die echten Grasmücken (Sylviidae) wie die Mönchsgrasmücke (*Sylvia atricapilla*) und Weißbartgrasmücke (*Sylvia cantillans*) ernähren sich abwechselnd von Blattläusen und Früchten. Die Rohrsängerartigen (*Acrocephalidae*), zu denen auch die Schilfrohrsänger und Teichrohrsänger gehören, sind die größten Konsumenten von Blattläusen auf Schilf.

Sperlinge (Passeridae) sind eine weitere Gruppe von Blattlausprädatoren, zumindest in der Nestlingphase. In Europa gehört dazu z. B. der Haussperling, der in der Nestlingphase kleine Insekten erhält. Verschiedene Meisen (Paridae) können eine recht große Anzahl von Blattläusen aufnehmen, insbesondere die Blaumeise und die Tannenmeise.

Ob Vögel zur Kontrolle der Populationen schädlicher Blattläuse in den landwirtschaftlichen Betrieben und Gärten beitragen, ist nicht vollständig geklärt. Obwohl nur wenige insektenfressende Vogelarten völlig nützlich oder völlig schädlich für die Landwirtschaft sind, soll die Gesamtbilanz überwältigend positiv sein (Kirk et al. 1996). Einige Versuchsergebnisse deuten darauf hin, dass durch die Prädation von Vögeln Insektenpopulationen reduziert werden können, zumindest bei mittleren bis niedrigen Befallsraten. Es ist noch zu untersuchen, ob diese Prädation in die integrierte Schädlingsbekämpfung einbezogen werden kann. Es ist auch zu berücksichtigen, dass es im Gegensatz zu den umfangreichen Untersuchungen zur Bekämpfung von Blattläusen mit Insekten (z. B. Coccinelliden, hymenopterer Parasitoiden und Dipterenlarven) weitaus weniger quantitative Studien über Prädatoren unter den Wirbeltieren gibt. Das liegt teilweise auch an Problemen bei der Beobachtung der scheuen Vögel. Viele der Blattläuse fressenden Vogelarten sind schwer zu identifizieren, ihre Bestimmung erfolgt meist über ihren Gesang. Hinzu kommt, dass es häufig eine Spezialisierung auf Tiergruppen gibt, wobei der Ornithologe weniger Informationen über Blattläuse besitzt und der an Blattläusen Interessierte sich weniger Zeit für die Vögel nimmt. Die Aufforderung zur Intensivierung der Zusammenarbeit zwischen Ornithologen und Aphidologen hat sehr deutlich Glutz von Blotzheim (2019) ausgesprochen.

Sehr gut untersucht ist die Ökologie des Schilfrohrsängers (*Acrocephalus schoenobaenus*) und des verwandten Teichrohrsängers (*Acrocephalus scirpaceus*). Schilfrohrsänger brüten am Rande von Feuchtgebieten. Sie sind hauptsächlich insektenfressend und ernähren sich vor allem von der mehligen Pflaumenlaus (*Hyalopterus pruni*), wenn diese auf ihrem Sekundärwirt (Schilfrohr) reichlich vorhanden ist. Sie ernähren sich aber auch von anderen Insekten (Libellen, Heuschrecken, Florfliegen, Motten, Käfern und Fliegen) und Beeren. Schilfrohrsänger sind Wandertiere, die in Europa und dem gemäßigten Westasien brüten und im südlich der Sahara gelegenen Afrika überwintern. Vor und während der Migration suchen sie möglicherweise Standorte mit einer großen Anzahl von schnell zu fangenden Insekten, sodass sie vor dem Aufbruch schnell an Gewicht zunehmen können.

Bibby et al. (1976) untersuchten das Fressverhalten von Schilfrohrsängern in Großbritannien vor der Migration. Die verfügbare Nahrung an den von den Vögeln frequentierten Orten bestand fast ausschließlich aus *H. pruni*, die häufig in großer Anzahl an den Pflanzen auftraten. Die Blattläuse traten am häufigsten vor der Blüte im Schilfröhricht auf. Zwischen dem Zeitpunkt der Migration von Schilfrohrsängern und dem Zeitpunkt der maximalen Häufigkeit von Blattläusen besteht ein Zusammenhang (Bibby et al. 1976). Diese Autoren stellten auch eine enge Beziehung zwischen den Jahren fest, in Jahren mit hohen Blattlausabundanzen blieben Schilfrohrsänger länger und zeigten einen schnelleren Gewichtszuwachs. Eine ausreichende und konzentrierte Nahrungsversorgung ist für Vögel wichtig, um vor der Migration Fett einzulagern (Bibby et al. 1976).

Um den Einfluss der Verteilung der Beuteorganismen auf die Migration zu ermitteln, verglichen Bibby & Green (1981) die Migrationsmuster der zwischen Großbritannien und Afrika wandernden Schilf- und Teichrohrsänger. Die meisten Teichrohrsänger fraßen sich in Südengland oder Nordfrankreich Fett an und überflogen Spanien, während Schilfrohrsänger in Portugal pausierten, um erneut Energievorräte aufzubauen. Während das Auftreten, die Verweildauer und die Gewichtszunahme von Teichrohrsängern von der Abundanz der Blattlaus *H. pruni* abhängig waren, zeigten Schilfrohrsänger keine vergleichbaren Einschränkungen in der Ernährung. Sie reagierten nicht auf die Häufigkeit von Blattläusen und konnten im September oder Oktober in Portugal jederzeit eine vergleichbare Gewichtszunahme erzielen. Die Bedeutung von Blattläusen für Teichrohrsänger im Spätsommer/Herbst bestätigte auch die Studie von Koskimies & Saurola (1985) über Wanderstrategien von Teichrohrsängern in Finnland.

In einer weiteren Studie analysierten Bibby & Green (1983) die Ernährung und das Ausmaß der prämigratorischen Mast von sieben Sängerarten im Herbst in drei westfranzösischen Sümpfen. Obwohl sich die Ernährungsgewohnheiten überschnitten, gab es Unterschiede zwischen der Größe und der Art der Beute sowie der Höhe der Nahrungsplätze und der verwendeten Jagdmethoden. Teichrohrsänger und Rohrschwirl nahmen nur dann zu, wenn die Nahrung in Form von Blattläusen oder Eintagsfliegen überreichlich war. Einige Rohrsänger, darunter auch Drosselrohrsänger (*A. arundinaceus*), konnten ohne diese reichhaltigen kleinen Beutetiere an Gewicht zulegen, da sie durch ihre aktivere und vielseitigere Ernährungsweise an Gewicht gewinnen konnten. Einige Arten werden nur dann fett, wenn es ein überreichliches Angebot an sich langsam bewegenden oder inaktiven Beutetieren gibt, die eine einzige Arthropodenart sein können, während andere eher variabel sind (Bibby & Green 1983).

Die Verteilung flügger und selbstständig gewordener Teichrohrsänger (*A. scirpaceus*) und Schilfrohrsänger (*A. schoenobaenus*) auf unterschiedliche Habitate ist vom Nahrungsreichtum abhängig (Chernetsov 1998). Die Ernährungsstrategien von Schilf- und Teichrohrsängern während des Heimzuges, des postnuptialen Dispersals und des Wegzuges untersuchten Chernetsov & Manukyan (1999, 2000).

Die Auswirkungen der Vogelprädation auf die Schilflauspopulation ist nur wenig untersucht. Mook & Wiegers (1999) stellten fest, dass *H. pruni* zumindest in der Migrationsperiode ein wichtiger Bestandteil der Ernährung von Teichrohrsängern ist, und vermuten, dass die Stagnation des Wachstums der Blattlauspopulation im Juni durch Prädation während der Brutzeit der Vögel verursacht worden sein könnte. Dies basierte auf der Annahme, dass die Teichrohrsänger und in geringerem Maße auch die Schilfrohrsänger bis Ende Juli brüten und hohe Mengen an Blattläusen an ihre Jungen verfüttern. Wahrscheinlich fällt das plötzliche Wachstum der Blattlauspopulation im Juli mit dem Ende der Brutzeit und einer Lockerung des Prädationsdrucks durch Vögel zusammen. Es wird aber auch argumentiert, dass Vogelprädation keine Auswirkungen auf die Blattlauspopulation haben, da schwere Ausbrüche von *H. pruni* und Schilfschäden innerhalb der natürlichen Monokulturen von *Phragmites australis* trotz der Aktivitäten vieler Prädatorenarten und zweier Arten von Primärparasitoiden weiterhin auftreten (Tscharntke 1989).

Im Gegensatz zu den meisten Vogelarten gibt es viele Studien über das Fressverhalten und die Ökologie von Schilfrohrsängern. Es wird davon ausgegangen, dass Blattläuse oft ein wichtiger Bestandteil ihrer Ernährung sind. Wie wichtig diese Beutetiere sind, ist jedoch umstritten.

Wichtige Hinweise auf die Bedeutung von Blattläusen für Teichrohrsänger liefert Glutz von Blotzheim (2004, 2010, 2019). Über 25 Jahre lang führte er eine sehr umfangreiche Studie über Vogelarten durch, die sich im Frühjahr und Herbst von *Rhopalosiphum padi* an *Prunus padus* ernähren. Insgesamt registrierte er 36 Vogelarten, die die Blattläuse nutzten, darunter auch Teichrohrsänger. Im Jahr 2003 blieb ein Teichrohrsänger mindestens 23 Tage im Garten, um sich von dieser Blattlaus zu ernähren. In diesem Herbst wurde geschätzt, dass nur ein einziger Teichrohrsänger mindestens 99 540 vermutete Beutefänge (Picks) gemacht hatte.

In Wales untersuchte Evans (1989) die Ernährungsökologie von Teichrohrsängern. Sowohl Erwachsene als auch Jungtiere, die Mitte Juli noch an diesem Standort ansässig waren, verließen das Gebiet um Mitte August, wobei die Vögel in dieser Zeit die Körpermasse verringerten. Der Massenrückgang war mit einem Rückgang des Auftretens der aktiven, durch Wasserfallen erfassten wirbellosen Tiere an diesem Standort verbunden. Ende August bestand die Population fast ausschließlich aus jungen Vögeln, verstärkt durch einen ständigen Zustrom von Vögeln aus der Umgebung. Von Mitte August bis Ende September (danach wurden keine Teichrohrsänger gefangen) nahmen viele der Vögel während ihres Aufenthalts an Masse zu. Da während dieser Zeit der Anteil der aktiven wirbellosen Tiere relativ niedrig ist, wird angenommen, dass die Vögel zum Aufbau ihrer Fettpolster mehr Zeit für die Nahrungssuche verwenden oder effizienter suchen. Die Beuteanalyse aus dem Kot ergab, dass sich die Teichrohrsänger (im Gegensatz zu den Schilfrohrsängern) bei dieser Gelegenheit nicht von *H. pruni* ernährten, sondern hauptsächlich von Diptera, Hymenoptera und Coleoptera sowie Pflanzensamen.

In der Tschechischen Republik untersuchten Grim & Honza (1996) die Zusammensetzung und Variation der Nahrung, die an zwei Nistplätzen in Schilfgürteln zu Nestlingen gebracht wurde. Bei 94 Futterproben mittels Halsringmethode wurden 708 Beutetiere erfasst, von denen Diptera (66,5 %), Hemiptera (12,7 %) und Aranea (7,2 %) die vorherrschenden Beutetierarten waren.

Mittels erzwungenen Regurgitationen bei gefangenen Teichrohrsängern untersuchte Idrissi et al. (2004) deren Ernährung an zwei Zwischenstationen in Marokko während des Wegzuges. Die unterschiedlichen Ergebnisse zwischen den Standorten widerspiegeln das lokale Nahrungsangebot und erklären teilweise die unterschiedlichen Migrationsstrategien. An einem Standort wurde das Beutespektrum von Wespen (Hymenoptera) und Käfern (Coleoptera) dominiert und am anderen Standort von Ameisen. Dies deutet darauf hin, dass der Beutereichtum im Allgemeinen gering ist, mit Ausnahme von kurzlebigen, lückenhaft verteilten Nahrungsquellen wie Schwärmen von fliegenden Ameisen, die von Teichrohrsängern, wann immer verfügbar, ausgiebig genutzt werden.

Eine sehr starke Vermehrung der Blattlauspopulation löst oft eine ähnlich starke Zunahme der Anzahl von Prädatoren aus – darunter auch Teich- und Schilfrohrsänger. In der Tschechischen Republik untersuchte Grim (2006) das Futter, das in Teichrohrsängernestern an junge Teichrohrsänger und Kuckucke (*Cuculus canorus*) geliefert wurde, und fand eine ungewöhnlich hohe Vielfalt an Schwebfliegen mit 27 Arten, darunter mehrere sehr seltene Arten. Sie entsprachen zahlenmäßig 3,7 % der Beute, mit *Episyrphus balteatus* als häufigster Art. Unter den gefangenen Syrphiden dominierten Erwachsene, Larven und Puppen waren selten. Dabei ist zu berücksichtigen, dass bei alleiniger Betrachtung von Zahlen anstelle von Gewicht die Bedeutung von Syrphiden in der Ernährung von Teichrohrsängern unterschätzt wird, da Syrphiden zu den größten Beutetieren der Rohrsänger gehören. Grim (2006) stellte auch fest, dass von den Teichrohrsängern bei der Nahrungssuche weder wespen- noch bienenähnliche Syrphiden gemieden wurden.

Teich- und Schilfrohrsänger bevorzugen Beute mit einer stark aggregierten Verteilung, insbesondere vor ihrem Wegzug. *H. pruni* auf dem Sekundärwirt – Schilfrohr – spielt hier eine wichtige Rolle, aber auch die Insektenprädatoren, die sich von Blattläusen ernähren, und alle anderen Insektenarten, die sich in großer Zahl ansammeln, wie z. B. fliegende Ameisen und Eintagsfliegen. Weder der Teich- noch der Schilfrohrsänger können als spezifische Blattlausprädatoren angesehen werden, aber Blattläuse machen oft einen wichtigen Teil ihrer Sommernahrung aus. Es ist unbekannt, welchen Einfluss die kombinierte Prädation der beiden Rohrsängerarten auf die *H. pruni*- (und deren Prädator-) Populationen hat. Eine regulatorische Wirkung auf die Sommerpopulation ist angesichts der hohen Reproduktionsleistung der Blattläuse unwahrscheinlich, aber die Prädation der in geringeren Stückzahlen gebildeten Männchen und Gynoparae im September/Oktober, vor deren Rückwanderung zur Pflaume, könnte sich auf zukünftige Populationen auswirken.

Als Generalisten fressen Meisen (Paridae) eine Vielzahl von Insekten und anderen wirbellosen Tieren, aber auch Samen und Früchte. Die insektenfressenden Arten haben feinere Schnäbel. Die Blaumeise (*Cyanistes caeruleus*) ernährt sich hauptsächlich von Wirbellosen, wechselt aber im Winter zu Sämereien, Knospen und anderem Pflanzenmaterial. Blattläuse werden in großer Zahl auch an Nestlinge verfüttert, das ist mit ein Grund, weshalb angenommen werden darf, dass die Blaumeise einen namhaften Beitrag zur biologischen Bekämpfung leistet.

Rosenläuse sind eines der größten Probleme, mit denen Gärtnerinnen und Gärtner zu kämpfen haben. In Deutschland können Rosen von mindestens 15 verschiedenen Blattlausarten besiedelt werden, von denen *Macrosiphum rosae* die häufigste und schädlichste Art ist. Blaumeisen können sehr effiziente Prädatoren der Rosenläuse sein. Über die Blattlausprädation durch Blaumeisen (aber auch anderen Vogelarten) berichtet Bob Dransfield in seiner Online-Galerie (siehe https://influentialpoints.com/sitemap.htm). Die zahlreiche Beobachtungen werden illustriert durch ausgezeichnete Farbfotografien und vielen ergänzenden Informationen, z. B. über die Prädation von Blattläusen in Bäumen, an Disteln oder in Doldenblüten.

Um die Bedeutung der Prädation von Vögeln zu bewerten, wurden ein Besenginsterstrauch mit *Acyrthosiphon pisum* gekäfigt und deren Entwicklung mit der auf ungekäfigten Sträuchern verglichen. Über einen Zeitraum von 3 Wochen gingen die Zahlen sowohl der gekäfigten als auch der ungekäfigten Blattläuse auf den Büschen zurück, aber die Reduzierung bei den ungekäfigten Büschen war viel größer. Smith (1966) nimmt an, dass Vögel die wichtigsten Prädatoren waren, weil sie eine große Anzahl von Blattläusen konsumierten und die größten, reproduktiv aktiven Blattläuse wählten. Diese Studie ist eine von sehr wenigen, die versuchen, die Blattlausprädation durch Vögel zu quantifizieren. Sie berücksichtigt aber nicht den Einfluss der Käfighaltung auf das Mikroklima, welches wiederum die Entwicklung der gekäfigten Blattläuse beeinflusst. Auch bleibt unberücksichtigt, dass bei zunehmender Dichte die Blattläuse verstärkt Geflügelte bilden, welche die gekäfigte Wirtspflanze aber nicht verlassen können.

Eine kritische Betrachtung des Einsatzes dieser sogenannten »Ausschließungstechnik« liefern Kindlmann & Dixon (2010).

Kohlmeisen konsumieren nicht nur freilebende sondern häufig auch galleninduzierende Blattläuse. Burstein & Wool (1992) berichteten, dass *P. major* diese Blattläuse als Nahrungsquelle nutzt. Nach dem Öffnen der Galle mit ihrem stämmigen Schnabel fressen die Kohlmeisen die Blattläuse entweder selbst oder verfüttern sie an ihre Nestlinge. Die Kohlmeisen ernährten sich zunächst von der galleninduzierenden *Paracletus cimiciformis*. Unter einem Baum sammelten Burstein & Wool (1992) insgesamt 182 Blätter mit *Paracletus*-Gallen, von denen 79 % duch Meisen ausgebeutet worden sind. Im Herbst begannen die Vögel, die nunmehr häufigere galleninduzierende *Forda formicaria* zu attackieren. Von insgesamt 244 Blättern mit *Forda*-Gallen, wurden 57 % von den Meisen konsumiert. Eine *F.-formicaria*-Galle kann bis zu 150 Blattläuse enthalten und stellt somit für die Vögel eine reiche Quelle von Beutetieren dar.

Faktoren, die die Blattlausprädation beeinflussen

Viele Blattläuse werden von Ameisen betreut, die einen gewissen Schutz vor Prädatoren – insbesondere kleinen Wirbellosen – bieten. In einem Feldexperiment mit künstlichen Bäumen konnte Haemig (1996) zeigen, dass *P. major* einen Baum ohne Waldameisen (*Formica aquilonia*) häufiger und für längere Zeit absucht als einen Baum mit Ameisen. Mit diesen Ergebnissen konnte erstmalig gezeigt werden, dass die störende Konkurrenz von Waldameisen die Wahl des Mikrolebensraums eines Vogels für die Nahrungssuche beeinflussen und die Zeit, die er dort verbringt, verändern kann. Die Störungen der Vögel erfolgten durch schmerzhafte Bisse von Waldameisen. Hinzu kommt, dass Waldameisen auch Ameisensäure sprühen können, die sowohl schmerzhaft als auch vorübergehend lähmend sein kann (Haemig 1996).

Laubsänger (Phylloscopidae) sind kleine Vögel mit feinen spitzen Schnäbeln, die ihre insektenfressende Ernährung widerspiegeln. Besonders der Zilpzalp (*Phylloscopus collybita*) ernährt sich von Insekten wie Mücken und anderen Fliegen, Blattläusen, Raupen und Motten, die sie bei der Nahrungssuche in Baumkronen und zwischen Sträuchern finden. Er ist ein generalistischer Blattlausprädator, aber bei hoher Blattlausabundanz werden Zilpzalpe wichtige Blattlausprädatoren, die die Unterseite der Blätter nach diesen Insekten absuchen.

Seit 1977 führt Glutz von Blotzheim (2004, 2010, 2019) in der Schweiz (Sempach 1977–1993, Schwyz 1994–2018) sehr umfangreiche Untersuchungen über Vogelarten durch, die im Frühjahr und im Herbst *Rhopalosiphum padi* an *Prunus padus* fressen. *R. padi* ist eine wirtswechselnde Art, die auf *P. padus* ihren Holozyklus abschließt. Ihre Sekundärwirte sind Getreide und Gräser. Sehr viele dieser Blattläuse können sich im Frühjahr bis Frühsommer vor dem Wechsel zu den Sekundärwirten auf *P. padus* ansammeln – und wieder im Herbst, wenn diese Blattläuse zu ihrem Primärwirt zurückkehren. Die Intensität der Nahrungsaufnahme der Vögel folgt der Entwicklung von *R. padi* auf dem Primärwirt. Von den 40 Vogelarten, die in diesen Langzeituntersuchungen Blattläuse nutzten, waren Paridae und Sylviidae die häufigsten und effizientesten Blattlauskonsumenten, dennoch schwankt die prozentuale Aktivität der einzelnen Arten von Jahr zu Jahr stark. Bei den Finken nimmt der Grünfink *Carduelis chloris* nur im Frühjahr *R. padi* auf, und auch dies in von Jahr zu Jahr unterschiedlichen Mengen. Mönchsgrasmücke und Blaumeise waren im Frühjahr bei gutem Blattlausangebot die dominierenden Konsumenten gefolgt vom Grünfink, der in Jahren mit geringer Abundanz von *R. padi* als Konsument völlig ausblieb. Weitere wichtige Blattlausverzehrer sind Zilpzalp, Fitis und – jahrweise sehr unterschiedlich – die Kohlmeise. In Schwyz zeigt das Häufigkeitsgefüge 2011–2018 gegenüber 1994–2010 einige Veränderungen. So hat der Buchfink mit 23,3 % der insgesamt nachgewiesenen 5 714 Individuen vor der Mönchsgrasmücke (17,2 %) deutlich die Spitze übernommen. Es folgten mit 16,9 % der Zilpzalp, dann Kohlmeise (14,4 %), Blaumeise (12,0 %) und Haussperling (2,5 %). Bei den übrigen Arten mit Frequenzen von 1,8 % oder weniger können die Verschiebungen zufällig sein. In der zweiten Augusthälfte begannen die Vögel, sich auf einem sehr niedrigen Niveau von diesen Blattläusen zu ernähren, intensivierten ihre Nahrungsaufnahme Mitte September und erreichten für Zilpzalp vom 3.–17. Oktober ihren Höhepunkt. Die Nahrungsaufnahme ging rapide zurück, sobald die Nachttemperatur Ende Oktober oder Anfang November unter 2 °C fiel. Glutz von Blotzheim (2019) berechnete für den Herbst 2003 den Minimalverzehr aller beobachteten Vögel in nur 2 Monaten an nur zwei *P.-padus*-Sträuchern (mit insgesamt 15 Stämmen) mit 1,5–3 Millionen Blattläusen, was 373–747 g entspricht. Ein Teichrohrsänger verzehrte in etwa 23 Tagen schätzungsweise 99 540 Blattläuse. Mehrere Mönchsgrasmücken verzehrten im selben Herbst mindestens 50 240 und die Zilpzalpe 1 005 360 *R. padi* (Abb. 6.22, Glutz von Blotzheim 2019). Der Blattlausverzehr ist mit geringem Aufwand verbunden, energetisch ergiebig, eine wichtige Ergänzung zur vegetarischen Kost und offenbar eine äußerst lohnende Möglichkeit zur Deckung des täglichen Energiebedarfs.

Einen anderen Einfluss der Vögel auf Blattläuse lässt eine Studie von Grass et al. (2017) erkennen, in der am Rande eines von Blattläusen besiedelten Getreidefeldes Nistkästen für Feldsperlinge aufgestellt wurden. Durch die

Abb. 6.22 a–d: Bewegungsmomente von Fitissen. Die agile Vogelart ist ein effizienter Prädator von *Rhopalosiphum padi* (Fotos: U. N. Glutz von Blotzheim 2019).

darin installierten Videokameras war es möglich, die von den Sperlingen eingetragenen Beutetiere zu registrieren: vornehmlich Larven von Syrphiden und Coccinelliden, wichtigen Blattlausprädatoren. Weitere Untersuchungen sind erforderlich, um die trophischen Interaktionen von Vögeln und Blattläusen umfassend beschreiben zu können.

6.2.2 Blattlaus-Parasitoide

Blattläuse werden häufig von Hymenopteren-Parasitoiden befallen. Mit etwa 50 beschriebenen Gattungen und über 600 Arten ist die Unterfamilie Aphidiinae (Hymenoptera: Braconidae) die größte (Abb. 6.23) (Mackauer & Starý 1967). Unter den Aphelinidae (Hymenoptera) nutzen alle Arten der Gattung *Aphelinus* und verwandter Gattungen (Starý 1988) sowie mehrere Arten von *Encarsia* (Evans et al. 1995) Blattläuse als Wirte (Abb. 6.24 und 6.25). Darüber hinaus parasitieren Arten der Braconidae (Abb. 6.26) und verschiedene Arten von Gallmücken (Diptera: Cecidomyiidae) Blattläuse (Muratori et al. 2009).

Abb. 6.23: Imago der Schlupfwespe *Aphidius colemani* (Aphidiidae) auf der Suche nach *Myzus persicae* (Foto: K. SCHRAMEYER).

Abb. 6.24: Imago der Blutlauszehrwespe *Aphelinus mali* (Aphelinidae) bei Eiablage (Foto: K. SCHRAMEYER).

Abb. 6.25: Mumien von *Eriosoma lanigerum* nach dem Schlupf des Parasitoiden *Aphelinus mali* (Foto: K. SCHRAMEYER).

Abb. 6.26: Von *Diaeretiella rapae* mumifizierte Kolonie von *Brevicoryne brassicae* (Foto: K. SCHRAMEYER).

Abb. 6.27: Hyperparasitoid (*Pachyneuron aphidis*) bei der Eiablage gegen den Primärparasitoid (*Aphidius ervi*) in eine Mumie von *Macrosiphum euphorbiae* (Foto: K. SCHRAMEYER).

Alle Arten der Unterfamilie Aphidiinae sind solitäre Endoparasitoide (Starý 1970, 1988). Ihre Wirksamkeit wird jedoch oft reduziert durch (1) ihre längere Entwicklungszeit im Verhältnis zu ihrem Wirt, (2) die Wirkung von Hyperparasitoiden (Abb. 6.27), die in vielen Fällen weniger spezifisch sind als die Primärparasitoide, und (3) ihre Anfälligkeit für Angriffe von Prädatoren (Dixon & Russel 1972, Hamilton 1973, 1974, Holler et al. 1993, Mackauer & Völkl 1993). Wegen des Risikos von Hyperparasitismus ist es zudem wahrscheinlich, dass Primärparasitoide in einem Areal, in dem bereits viele Blattläuse parasitiert werden, die Eiablage einstellen, da ein hohes Maß an Primärparasitismus das Areal für Hyperparasitoide attraktiv macht. Wenn diese natürlichen Feinde weiterhin in Arealen von Blattläusen Eier legen, die bereits von Artgenossen befallen sind, könnten diese natürlichen Feinde ihre potenzielle Fitness verringern (Ayal & Green 1993, Kindlmann & Dixon 1993).

Die Weibchen legen normalerweise ein einzelnes Ei in einer Blattlaus ab, obwohl Gelege mit mehr als einem Ei oder Superparasitismus auftreten können (Mackauer 1990). Überzählige Larven werden im frühen ersten Instadium durch Konkurrenz oder in späteren Stadien durch physiologische Hemmung eliminiert.

Aphelinus und verwandte Arten

Diese Parasitoide sind ebenfalls solitär. Im Gegensatz zu den Aphidiinen-Parasitoiden müssen sich die Aphelinus-Weibchen zur Eireifung von der Hämolymphe der Wirte ernähren (Abb. 6.28), wobei sie oft minderwertige Wirtsstadien zur Nahrungsaufnahme und hochwertige Wirte zur Eiablage nutzen (Bai & Mackauer 1990, Wu & Heimpel 2007). Die Weibchen betreiben selten Superparasitierung (Bai & Mackauer 1990). Wenn nur wenige Wirte zur Verfügung stehen, werden die relativ großen und nährstoffreichen Eier resorbiert, wodurch sich die Lebensdauer des Weibchens verlängert (Mackauer 1982).

Obwohl alle Parasitoide eine Mortalität der Wirte verursachen (Abb. 6.29), wird die Auswirkung auf die Wirtspopulation durch die Fortpflanzungsstrategie des Parasitoiden bestimmt.

Eine zuverlässige Quelle sind von Blattläusen abgegebene Duftstoffe. Siphonale Sekrete (Grasswitz & Paine 1992, Battaglia et al. 1993), Alarmpheromone (Micha & Wyss 1996) und Sexualpheromone (Hardie et al. 1994a, Glinwood et al. 1999) sind allesamt attraktiv für Aphidiine Parasitoide. Herbivor-induzierte pflanzliche Duftstoffe werden ebenfalls zur Fernorientierung genutzt (Du et al. 1998, Mölck et al. 1999). Diese Signale sind besonders wichtig für Generalisten, die polyphage Blattläuse parasitieren.

Abb. 6.28: »Hostfeeding« von *Aphelinus thomsoni* an *Takecallis arundicolens* (Foto: K. Schrameyer).

Abb. 6.29: Verlassene Mumie von *Aphis spiraecola* an *Malus domestica* (Foto: K. Schrameyer).

Potenzielle Wirte können innerhalb der Gehdistanz oder im Kurzstreckenflug gefunden werden, aber außerhalb des Bereichs erfolgt eine visuelle Wirtserkennung durch den Parasitoiden (Völkl 1994). Blattlausparasitoide suchen oft systematisch (Li et al. 1992) und nutzen gustatorische und olfaktorische Hinweise zur schnellen Wirtsfindung. Blattlaus-Honigtau ist ein wichtiges Kontaktkairomon sowohl für Parasitoide (Bouchard & Cloutier 1984) als auch für Hyperparasitoide (Grasswitz 1998, Buitenhuis et al. 2004). Blattlausalarm-Pheromone und Sekrete aus den Siphonen beeinflussen ebenfalls die Suche (Grasswitz & Paine 1992, Battaglia et al. 1993). Einige Aphidienarten nutzen das Vorhandensein von honigtausammelnden Ameisen als indirekten Hinweis auf potenzielle Wirte (Völkl 2000).

Für die Erkennung im Nahbereich verwenden Blattlausparasitoide visuelle und gustatorische Informationen, die auf die Entfernung beschränkt sind, um geeignete Wirte zu lokalisieren und zu identifizieren. Visuelle Hinweise, einschließlich Farbe, Form, Größe und Bewegung der Blattlaus, können aus kurzer Entfernung ohne physischen Kontakt erfasst werden (Michaud & Mackauer 1995, Chau & Mackauer 2000). Chemosensorische Signale (d. h. gustatorische Signale), die sich in der Cuticula der Blattlaus befinden, induzieren verschiedene Verhaltensreaktionen bei Schlupfwespen (Mackauer et al. 1996).

Nachdem das Weibchen einen potenziellen Wirt erfolgreich lokalisiert hat, nutzt es seine Antennen und den Ovipositor, um festzustellen, ob der Wirt geeignet ist. Obwohl die Weibchen der meisten Schlupfwespenarten ein breites Spektrum an Wirtsgrößen, einschließlich Blattlausembryonen, ausnutzen (Mackauer & Kambhampati 1988), haben sie eine Präferenz für bestimmte Larvenstadien und Morphen (Chau & Mackauer 2001)

Da normalerweise nur ein Nachkomme pro Wirt überlebt, lehnen die Weibchen im Allgemeinen bereits parasitierte Blattläuse ab, wenn unparasitierte verfügbar sind (Mackauer 1990). Parasitierte Blattläuse werden mit einem Kontaktpheromon markiert (Chow & Mackauer 1986, Hofsvang 1988). Die Unterscheidung zwischen selbstparasitierten, artverwandt-parasitierten und heterospezifisch-parasitierten Blattläusen (Völkl & Mackauer 1990) deutet darauf hin, dass die Markierungspheromone unter den Parasitoidenarten und möglicherweise auch unter den artverwandten Weibchen variieren.

Der Grad der Ausbeutung einer Blattlauskolonie wird durch die Entfernung zwischen den Kolonien (Tentelier et al. 2006), das Vorhandensein von Konkurrenten (Le Lann et al. 2011), die Größe und Qualität der Kolonie (Barrette et al. 2010) und die Areal-Erfahrung der Parasitoiden-Weibchen (Lanteigne et al. 2015) beeinflusst.

Nur wenige Studien haben das Futtersuchverhalten und die Partnersuche von Männchen untersucht. Weibchen von Schlupfwespen setzen ein Sexualpheromon frei, um Männchen anzulocken (McNeil & Brodeur 1995, Nazzi et al. 1996). Im Gegensatz zu den Weibchen, die sich nur einmal paaren, können die Männchen im Laufe ihres Lebens mehrmals kopulieren (Singh & Pandey 1997). Das weitgehende Fehlen jungfräulicher Weibchen (die nur Söhne produzieren können) in Feldpopulationen von Schlupfwespen deutet darauf hin, dass die Partnerfindung sehr effektiv ist (Mackauer & Völkl 2002, Nyabuga et al. 2012).

Ungünstige Wetterbedingungen wie Wind und Regen reduzieren die Aktivität bei der Nahrungssuche, vor allem, indem sie die Weibchen daran hindern, sich auf der Suche nach Wirten zu verteilen (Fink & Völkl 1995, Weisser et al. 1997). Obwohl die mittlere Verweildauer einer Schlupfwespe pro Areal bei ungünstigen Witterungsbedingungen länger ist als bei optimalen Bedingungen, sinkt die Gesamtzahl der Eiablagen, was erklären könnte, warum viele Parasitoide trotz ihrer hohen potenziellen Fruchtbarkeit einen geringen Reproduktionserfolg im Feld haben (Weisser et al. 1997). Darüber hinaus können Parasitoide ihr Nahrungsverhalten als Reaktion auf das wahrgenommene Mortalitätsrisiko für Erwachsene ändern (Rosenheim 1998). Intragilde-Prädation, Ameisen und Hyperparasitismus (Sullivan & Völkl 1999, Brodeur 2000) können ebenfalls das Potenzial der Parasitoide zur Unterdrückung von Blattlauspopulationen einschränken. So fanden Brodeur & McNeil (1992) bei Mumien, die *Aphidius nigripes* beherbergen, in Kartoffelfeldern einen Hyperparasitismus von über 65 %.

Es können drei allgemeine Muster der Ressourcennutzung unterschieden werden: Wirtsressourcen werden weit unterhalb der tatsächlichen Eierladung des Weibchens ausgebeutet, der Grad der Ressourcennutzung variiert mit der Eierladung des Weibchens, und der Grad der Ressourcennutzung variiert mit dem Wirtstyp. Diese Muster überschneiden sich bis zu einem gewissen Grad.

6.2.3 Blattlaus-Pathogene

Pilze sind die wichtigsten mikrobiellen natürlichen Feinde von Blattläusen. Die meisten Pilze, die Blattläuse befallen, gehören zu den Entomophthoromycota oder den Ascomycota, obwohl die Arten, die am häufigsten zur Regulierung von Blattlauspopulationen beitragen, aus den Entomophthoromycota stammen (Pell et al. 2001). Es sind mindestens 29 Arten der Entomophthoromycota bekannt, die Blattläuse infizieren (Keller 2006). Unter diesen kommt *Pandora neoaphidis*, ein Blattlaus-Spezialist, der über 70 Arten infiziert, am häufigsten vor.

Arten der Entomophthoromycota sind in der Regel obligate Pathogene, während Blattlaus-pathogene Ascomycetenarten fakultativ sein können.

Konidien (Sporen) sind für die Infektion während der Saison verantwortlich, wenn die Blattläuse am aktivsten sind. Nach dem Tod einer infizierten Blattlaus treten die Pilze aus dem Inneren des Kadavers aus, insbesondere durch die intersegmentalen Membranen (Butt et al. 1990). Von jedem Blattlauskadaver werden dann viele tausend Konidien außerhalb des Körpers produziert, wobei die Anzahl von der Biomasse der Blattlaus abhängt (Steinkraus et al. 1993).

Konidien haften an der Wirtscuticula und können schnell keimen, die Penetration durch die Cuticula erfolgt sowohl auf enzymatischem als auch auf mechanischem Wege (Askary et al. 1999). Befindet sich eine Blattlaus zum Zeitpunkt der Durchdringung der Cuticula in der Häutung, kann eine Infektion verhindert werden, da der eindringende Pilz mit der Exuvie abgestoßen wird (Kim & Roberts 2012). Sobald der Pilz die Cuticula durchdrungen hat, wächst er entweder als wandlose Protoplasten (einige entomophthoroide Arten), Hyphenkörper oder als Blastosporen innerhalb der Blattlaus. Infizierte Blattläuse produzieren vor dem Tod weniger Nachkommen als nicht infizierte (z. B. Fournier & Brodeur 2000, Baverstock et al. 2006).

Einige Pilzarten beeinflussen das Verhalten ihrer Wirte vor dem Tod, oft um die Wahrscheinlichkeit einer Übertragung zu erhöhen (Roy et al. 2006). Blattläuse der Art *Acyrthosiphon pisum* reagierten vor dem Tod weniger auf Alarmpheromone, wenn sie mit *P. neoaphidis* infiziert waren, diese Verhaltensänderung begünstigt den Pilz, da die Beibehaltung eines engen Abstandes der Blattläuse zueinander die Übertragung verbessern würde.

Die Infektion von *A. pisum* mit *P. neoaphidis* oder *Beauveria bassiana* führt auch zu einem höheren Anteil an Nachkommen, die sich zu Geflügelten entwickeln (Hatano et al. 2012). Das Wirtsspektrum von entomophthoroiden Arten ist im Allgemeinen enger, während es bei Ascomyceten-Arten breiter sein soll. Molekulare Analysen von häufig vorkommenden entomopathogenen Ascomyceten haben jedoch gezeigt, dass das, was früher als eine Art angesehen wurde, in Wirklichkeit mehrere Arten sein könnten (z. B. Rehner & Buckley 2005, Bischoff et al. 2009). Seither ist die Wirtsspezifität etlicher Arten nicht vollständig geklärt.

Obwohl der grundlegende Lebenszyklus von Pilzen relativ einfach ist, ist die Epidemiologie von Pilzen innerhalb von Populationen komplex und wird durch die Wirtspopulation (Dichte, Anfälligkeit, Verteilung), die Pilzpopulation (Dichte, Virulenz, Verteilung) und die Umwelt (Temperatur und Feuchtigkeit) reguliert, die alle durch Übertragung miteinander verbunden sind (Steinkraus 2006). Sowohl Blattlaus- als auch Pilzpopulationen sind in der Umwelt diskontinuierlich, sodass die Evolution der Mechanismen, die die Übertragung innerhalb und zwischen den Wirtspopulationen fördern, für das Überleben des Pilzes entscheidend ist.

Pilze können nicht keimen, infizieren oder sporulieren, wenn die relative Luftfeuchtigkeit in der Umgebung unter 90–93 % fällt, sodass Feuchtigkeit der wichtigste limitierende Faktor ist (Millstein et al. 1983, Hemmati et al. 2001). Sowohl *Pandora neoaphidis* als auch *Z. radicans* haben eine interne Uhr entwickelt, die durch die Zeit der Morgendämmerung eingestellt wird und den Zeitpunkt des Wirtstodes so reguliert, dass er am Ende der Fotophase eintritt, wodurch sichergestellt wird, dass Sporulation und Infektion während der Nacht stattfinden (Milner et al. 1984).

Die Temperatur beeinflusst die Anzahl der Konidien, die von einem Blattlauskadaver produziert werden, und die Geschwindigkeit, mit der Sporulation und Infektion (Zeit bis zum Tod) stattfinden; diese wiederum beeinflussen die Geschwindigkeit der Epizootie-Etablierung.

Aktiv abgegebene Konidien entkommen der Grenzschicht und gelangen in die Luftströmung, was eine lokale und weiträumige Ausbreitung ermöglicht (Steinkraus 2006).

Dies ist ein wichtiger Mechanismus für die Ausbreitung zwischen ungleichmäßig verteilten Wirten und ist sehr effektiv, wenn eine große Anzahl von Blattläusen vorhanden ist. Er ist jedoch vollständig von der Windrichtung abhängig und viele Konidien können daher verloren gehen.

Die Ausbreitung von Pilzen innerhalb infizierter und wandernder Geflügelter ist gezielter. Darüber hinaus flogen in Experimenten mit *P. neoaphidis* infizierte Blattläuse weiter als nicht infizierte Blattläuse und gründeten nach ihrer Landung Kolonien, die anschließend infiziert wurden, was das Potenzial der Ausbreitung von Geflügelten zur Etablierung einer Infektion an einem neuen Standort zeigt (Chen & Feng 2006).

Eine weitere gezielte Form der Ausbreitung ist die Übertragung durch natürliche Feinde, insbesondere Prädatoren, die bei der Nahrungssuche mit Konidien kontaminiert werden und dann das Inokulum zu neuen Blattlauspopulationen tragen, z. B. durch die Marienkäfer *C. septempunctata* und *Harmonia axyridis* (Pell et al. 1997, Wells et al. 2011).

Sobald ein Inokulum in eine Blattlauspopulation gelangt ist, wird die Übertragungsrate durch die Kontaktrate mit neuen Wirten moduliert. Dies kann sowohl von der Wirts- und Inokulumdichte und -verteilung als auch von der Wirtsmobilität beeinflusst werden. Als Reaktion auf natürliche Feinde von Insekten bewegen sich Blattläuse mehr, um zu entkommen, und dies erhöht die Wahrscheinlichkeit, dass sie mit dem Inokulum in Kontakt kommen, die Nahrungssuche sowohl durch Prädatoren als auch durch Parasitoide erhöht die Übertragung von *P. neoaphidis* in überlebenden Populationen mehrerer Blattlausarten (Roy et al. 1998, Baverstock et al. 2009).

Ameisen mit einer mutualistischen Beziehung zu Blattläusen entfernen jedoch schnell *P.-neoaphidis*-infizierte Kadaver und auch lebende infizierte Blattläuse, bevor es zur Sporulation kommt, was die Übertragung deutlich reduzieren könnte (Nielsen et al. 2010).

Die Wirtsspektren der entomophthoroiden Pilze sind relativ begrenzt. Innerhalb eines Taxons von Insektenwirten wie z. B. Blattläusen kann es für das Überleben des Pilzes entscheidend sein, dass er eine Reihe verschiedener Arten infizieren kann (Manfrino et al. 2013). Studien, in denen die Anfälligkeit von sieben Schädlingsblattlausarten gegenüber verschiedenen Isolaten von *P. neoaphidis* verglichen wurde, deuten darauf hin, dass einige Blattlausarten, insbesondere *Rhopalosiphum padi*, resistent sind (Shah et al. 2004), obwohl in anderen Studien eine Infektion von *R. padi* auf dem Feld und manchmal auf hohem Niveau festgestellt wurde (z. B. Basky & Hopper 2000).

Die Blattlausart, die im Allgemeinen als am empfindlichsten gegenüber einem breiten Spektrum von *P.-neoaphidis*-Isolaten gilt, ist *A. pisum* (Shah et al. 2004), obwohl auch zwischen Geflügelten und Ungeflügelten eine große Variabilität der Anfälligkeit nachgewiesen wurde (Lizen et al. 1985). Insbesondere wird bei einigen Rassen von *A. pisum*, die auf bestimmte Leguminosen-Wirtspflanzen spezialisiert sind, eine größere Resistenz gegenüber *P. neoaphidis* beobachtet, die mit dem Vorhandensein von mutualistischen Endosymbionten verbunden ist (Ferrari et al. 2004).

Intragilde-Prädation und Konkurrenz

Natürliche Feinde von Blattläusen existieren in natürlichen und bewirtschafteten Ökosystemen als eine Gemeinschaft, die typischerweise taxonomisch und funktionell unterschiedliche Gruppen umfasst: Prädatoren, Parasitoide und Pathogene. Diese Gemeinschaften können komplex sein, und die Arten können durch Prädation und Konkurrenz miteinander interagieren. Eine Form der Omnivorie ist die Intragilde-Prädation (IGP), bei der eine Art von natürlichen Feinden eine andere Art angreift, mit der sie ebenfalls um eine gemeinsame Beute oder Wirtsart konkurriert. Zum Beispiel können sich vielfältige Beziehungen zwischen einem Prädator, einem Parasitoiden und einem Pilz entwickeln, die alle dieselbe Blattlausart ausbeuten. Rosenheim et al. (1995) kamen zu dem Schluss, dass Intragilde-Interaktionen in Gemeinschaften von biologischen Schädlingsbekämpfern weit verbreitet sind und dass sie wahrscheinlich die Wirksamkeit der biologischen Bekämpfung beeinflussen.

Prädatoren von Blattläusen sind häufig an IGP-Interaktionen beteiligt, wenn sie innerhalb einer Kolonie um dieselbe Blattlausbeute konkurrieren (Lucas, 2005, Hautier et al. 2008). Feldbelege für eine hohe Prävalenz von IGP unter natürlichen Gegespielerarten lieferten Gagnon et al. (2011a, b), die molekulare Analysen von Darminhalten verwendeten, um die Art und Häufigkeit von IGP unter vier Arten von Coccinelliden-Prädatoren zu untersuchen. Hindayana et al. (2001) fanden heraus, dass die Larven der Schwebfliegenart *E. balteatus* anfällig für Prädation durch Larven der Florfliege *C. carnea* und des Marienkäfers *C. septempunctata* waren, während die Puppen von *E. balteatus* nur von Florfliegenlarven gefressen wurden. Lucas et al. (1998) vermuten, dass bei Interaktionen zwischen Mitgliedern der gleichen Gilde, spezialisierte Arten eher zur Beute werden als Generalisten. Im Gegensatz dazu war die Konkurrenz zwischen den Larven der Raubmücke *A. aphidimyza* und anderen Prädatoren von Blattläusen immer asymmetrisch, da die Larven der Gallmücke im Allgemeinen als Beute dienten. Diese Art ist aufgrund ihrer hochspezifischen Nahrungsansprüche nicht daran angepasst, andere Beutetiere als Blattläuse zu töten (Lucas et al. 1998).

Die Art, die Intensität und das Ergebnis der Intragilde-Prädation unter den aphidophagen Prädatoren werden z. B. von den klimatischen Bedingungen (Sentis et al. 2014), der Identität und der Altersstruktur der Intragilde-Prädatoren (Lucas et al. 1997, Lucas 2005), der Verteilung und Dichte der Blattlausbeute (Lucas & Rosenheim 2011, Sentis et al. 2013, 2014, Gagnon & Brodeur 2014) und der Architektur der Wirtspflanze (Lucas & Brodeur 1999) beeinflusst.

Blattlausparasitoide erleiden auch Mortalität durch Intragilde-Prädation (Brodeur & Rosenheim 2000). Brodeur & McNeil (1992) zeigten, dass die Prädation von *A.-nigripes*-Mumien auf Kartoffeln 15 % der gesamten Parasitoidenmortalität ausmachte. IGP nimmt im Laufe der Saison tendenziell zu, wenn die Blattlausdichte zunimmt und mehr Prädatoren von Blattlausaggregationen angezogen werden (Heimpel et al. 2010). Einige Arten von Blattlausparasitoiden haben Mechanismen entwickelt, um IGP zu reduzieren. Zum Beispiel mieden die Weibchen von *A. ervi* Blätter, die von den Larven und Adulten von *C. septempunctata* in den vorangegangenen 24 Stunden besucht wurden, aber nicht, wenn der Abstand größer war (Nakashima et al. 2004). Auch pilzliche Erreger mit einem breiten Wirtsspektrum können an Intragilde-Interaktionen beteiligt sein. Dies gilt insbesondere für einige mitosporische Pilze, die als Mykoinsektizide zum Einsatz gegen Blattläuse entwickelt wurden.

Interaktionen zwischen Parasitoiden und Pathogenen sind im Allgemeinen asymmetrisch zugunsten des Pathogens. Der Erreger tötet den Wirt immer schneller, als der Parasitoid seine Entwicklung abschließen kann, obwohl das Endergebnis solcher kompetitiven Interaktionen vom relativen Zeitpunkt des Parasitismus und der Infektion abhängt (Kim et al. 2005). Einige Parasitoide meiden infizierte Wirte (Brobyn et al. 1988). Die Kombination von Parasitoiden und pilzlichen Krankheitserregern kann einen additiven Effekt in Bezug auf die Blattlausbekämpfung haben (Hagen & van den Bosch 1968), das heißt, dass Parasitoide nicht negativ von entomopathogenen Pilzen beeinflusst werden.

Welchen Einfluss haben mutualistischen Interaktionen mit Ameisen auf Prädation und Parasitismus? Müller & Godfray (1999) sowie Fischer et al. (2001) zeigten eine generelle Abnahme der Prädatorendichte in von Ameisen betreuten Kolonien, die wiederum länger bestanden. Die Anwesenheit von Ameisen reduziert auch das Risiko von Parasitismus. Völkl (1997) berichtete, dass in Mitteleuropa 14 von 40 Parasitoidenarten, die von Ameisen betreute Blattläuse angreifen, bei Annäherung an eine Blattlauskolonie in der Regel von honigtausammelnden Ameisenarbeitern aggressiv behandelt werden. Daher war die Ressourcennutzung durch diese Parasitoidenarten weitgehend auf unbewachte Blattlauskolonien beschränkt.

Blattläuse werden von einer Vielzahl natürlicher Feinde befallen, von denen viele sehr fruchtbar sind und zumindest theoretisch in der Lage sein sollten, Blattlauspopulationen unter wirtschaftliche Schwellenwerte zu reduzieren. Allerdings erreichen die Aphidophaga im Feld oft nicht ihr erwartetes Potenzial. Viele Prädatoren sind nicht sehr effektiv beim Auffinden von Blattlausbeute, und spezifische Habitatanforderungen (wie das Vorhandensein eines Pollen- oder Nektarangebots als Nahrung für die erwachsenen Tiere) reduzieren zusätzlich ihre Aktivität in der Nähe von Blattlauskolonien. Obwohl Parasitoide offenbar sehr erfolgreiche Futtersucher in ihrem Habitat sind, können artspezifische Strategien zur Eiablage dazu führen, dass sie abwandern, bevor alle verfügbaren Wirte in einer Kolonie ausgeschöpft sind. In ähnlicher Weise haben Blattlaus-pathogene Pilze effektive Übertragungs- und Ausbreitungsmechanismen, können aber durch ihren Bedarf an hoher Luftfeuchtigkeit eingeschränkt sein. Intragilde-Prädation kann zusätzlich den Einfluss von natürlichen Gegenspielern der Blattläuse verringern.

6.3 Verteidigung

Große Aggregate wie Blattlauskolonien sind für natürliche Gegenspieler attraktiv. Dieser Nachteil des Lebens in Gruppen wird durch die Vorteile des Gruppenlebens, z. B. die kollektive Verteidigung, ausgeglichen (Alexander 1974, Mooring & Hart 1992). Dies gilt, solange die Kosten für die Abwehrreaktionen im Vergleich zu den erzielten Vorteilen gering sind (Pamilo 1984, Cangialosi 1990). Kollektive Verteidigung ist ein charakteristisches Merkmal eusozialer Insekten (Lindauer 1952). Neuere Studien zeigten, dass dieses soziale Merkmal nicht auf eusoziale Insekten beschränkt ist, sondern auch bei gruppenlebenden Insekten vorkommt (Potting et al. 1999, Stamp 1982).

In welchem Maße die Wirksamkeit der Feinde von den gegen sie gerichteten Reaktionen der Beutetiere eingeschränkt wird, ist eine wichtige Fragestellung. Die Untersuchungen von Klingauf (1967) lieferten erste Informationen über Auftreten und Bedeutung von Feindreaktionen bei Aphiden gegenüber ihren wichtigsten Verfolgern. Er differenzierte die aktiven äußeren Feindreaktionen der Blattläuse in Abwehrreaktionen (Bewegungen des Körpers bzw. der Extremitäten) und Meidereaktionen (Flucht, Sichfallenlassen). Zu den Abwehrreaktionen zählte Klingauf (1967) auch die Abgabe von Siphonensekret. Da dieses nach seiner Auffassung gegenüber den untersuchten Feinden von untergeordneter Bedeutung sei, wurde es von ihm nicht näher berücksichtigt. In Versuchen mit *Acyrthosiphon pisum* stellte Dahl (1971) dann fest, dass dieses Sekret auch die Funktion eines Botenstoffs hat. Da hierdurch Angehörige der Blattlauskolonie über Störungen (z. B. Angriff durch einen Räuber) informiert bzw. alarmiert werden, wird es nun als Alarmpheromon bezeichnet.

Nach Klingauf (1967) können Abwehr- und Meidereaktionen auch durch künstliche Reizung hervorgerufen werden. Abwehrreaktionen sollen dabei durch schwächere, Flucht und Sich-fallen-Lassen durch zunehmend stärkere Reize ausgelöst werden. Weiterhin sei die Reaktionshäufigkeit in einer Blattlauspopulation mit der Reizstärke positiv korreliert und Art sowie Häufigkeit der Reaktionen teilweise abhängig von der gereizten Körperstelle.

In Versuchen mit verschiedenen Gegenspielern konnte KLINGAUF (1967) das Auftreten und den Erfolg der Reaktionen von Blattläusen qualitativ und quantitativ bestimmen:

Räuberische Coccinelliden-, Chrysopiden- und Syrphidenlarven lösen starke Reaktionen aus, unterdrücken sie aber teilweise, besonders Abwehrreaktionen, durch schnelles Ergreifen der Beute. Reizung durch den Angreifer beeinflusst Häufigkeit und Art der Reaktionen und Reaktionsbeginn. Die Angreifer unterscheiden sich in ihrem Vermögen, die Feindreaktionen zu unterdrücken.

Die Bereitschaft der Blattläuse zu Feindreaktionen ist artspezifisch, steigt außerdem mit dem Alter zunächst an und nimmt bei älteren Tieren wieder ab. Relativ große sowie vorn und seitlich bedrohte Blattläuse haben zusätzliche Vorteile.

Die Erfolgsquote der Angreifer werden nicht nur durch die Reaktionen unmittelbar bedrohter Aphiden, sondern auch durch die ihrer Kolonienachbarn z. T. erheblich gemindert. Die Häufigkeit von Meidereaktionen bei Nachbarblattläusen ist abhängig von der Art und den Altersklassen.

Räuberische Itonididenlarven lösen nur in geringem Umfang Reaktionen aus, welche zudem meist schwach sind und durch Abtöten der Beute mit einem Toxin teilweise überwunden werden.

Der Parasitoid *Diaeretiella rapae* löst Abwehr-, weniger Meidereaktionen aus, die durch sehr schnellen Anstich nur teilweise umgangen werden. Die gemeinsam durchgeführten Abwehrreaktionen in einer Blattlauskolonie steigern das Erregungsniveau der Blattläuse und führen so zu weiterer Minderung der Parasitierungsraten.

Koloniegründung der Blattläuse kann als vorsorglicher Schutz gesehen werden, sein Erfolg ist abhängig von den spezifischen Eigenschaften der Gegenspieler sowie der Art seiner Wahrnehmung.

In späteren Untersuchungen beschäftigten sich KLINGAUF & SENGONCA (1970) intensiver mit der Koloniebildung von Blattläusen unter Feindeinwirkung. Danach sind *Aulacorthum circumflexum, Myzus persicae* und *Aphis fabae* in Zuchten an vollsynthetischem Medium nicht zufällig verteilt, sondern siedeln, wie an Pflanzen, in typischen Kolonien. Da alle Saugorte an künstlicher Diät nahezu gleichwertig sind, beruht die Koloniebildung im Wesentlichen auf sozialer Attraktion. Die erhöhte Aggregation der Blattläuse bei Angriffen der Schlupfwespe *Diaeretiella rapae* zeigte sich in verstärkter Bildung größerer Kolonien und in einer Verringerung des Individualabstandes zwischen den Tieren einer Kolonie. Offenbar mindert dieses Verhalten die Wirksamkeit der Blattlausfeinde, indem vorwiegend nur die äußeren Tiere einer Kolonie den Angriffen der Parasitoiden ausgesetzt sind und ferner die Angehörigen einer Kolonie durch gegenseitige Stimulation verstärkt aktive Gegenmaßnahmen ausführen, die häufig eine Parasitierung vereiteln können. Blattlausarten mit vergleichsweise höherer Eintrittsschwelle für Feindreaktionen, wie *Brevicoryne brassicae* und *Aphis fabae,* gleichen nach KLINGAUF & SENGONCA (1970) diesen Nachteil durch verstärkte Aggregation teilweise aus.

Die Abwehr natürlicher Gegenspieler umfasst bei den Blattläusen ein breites Spektrum passiver Mechanismen wie Aposematismus in Kombination mit der Aufnahme oder Sequestrierung von Toxinen aus Wirtspflanzen (ROTHSCHILD et al. 1970, WINK & WITTE 1991), mechanische und physiologische Mechanismen (WILBERT 1967, GROSS 1993), Vermeidungsreaktionen wie Weglaufen oder Fallenlassen von Wirtspflanzen (DIXON 1958, KLINGAUF 1967, MCCONNELL & KRING 1990) und aktives Verhalten in Form von Zucken oder Drehen, ein Verhalten, das oft von kräftigen Tritten mit den Hinterbeinen begleitet wird (z. B. WILBERT 1967, KLINGAUF 1967, STARY 1970).

Unspezifische Abwehrreaktionen von Blattläusen wie Bauchzucken und Treten mit den hinteren Beinen sind bei Chaitophoridae, Pterocommatidae, Lachnidae, Callaphidae, Drepanosiphonidae und Aphidiidae üblich (KUNKEL 1972). Dieses nicht tödliche Abwehrverhalten und die Belästigung auf niedrigerer Ebene, einschließlich des Schüttelns der Beine gegen Parasitoide und Prädatoren, könnten eine wichtige Rolle bei der Verteidigung spielen (STERN & FOSTER 1996).

Bei einigen Blattlausarten erwies sich das Treten als wirksam, um Parasitoide zu vertreiben. Die Wirksamkeit der solitären Verhaltensabwehr hängt jedoch vom Gegenspieler und vom Larvenstadium der verteidigenden Blattlaus ab (GERLING et al. 1990, WEISSER 1995). Eine häufig anzutreffende Schutzstrategie von Blattläusen gegen verschiedene natürliche Gegenspieler ist ihre mutualistische Beziehung zu Ameisen (EL ZIADY & KENNEDY 1956). Eine weitere Verteidigungsstrategie eusozialer Blattläuse besteht aus einer Soldatenkaste mit Mitgliedern, die bereit sind, ihr Leben für die Verteidigung der Kolonie zu riskieren (z. B. AOKI 1978, AOKI et al. 2002, STERN & FOSTER 1996, GILBERT 2005). Dort basiert die kollektive Verteidigung auf kooperierenden Soldaten und hat sich als wirksam erwiesen, um Angreifer abzuwehren oder sogar zu töten (FOSTER 1990, FOSTER & RHODEN 1998). Bei *Pseudogrema sundanica* verteidigen sowohl Ameisen als auch Soldaten die Kolonien gegen natürliche Gegenspieler (SCHÜTZE & MASCHWITZ 1991, SHINGLETON & FOSTER 2000). Bei in Gruppen lebenden Blattläusen, die keine Soldatenkaste und keine mutualistische Beziehung zu Ameisen haben, ist die aktive Verteidigung gegen natürliche Gegenspieler auf Kolonieebene lange Zeit nicht Gegenstand der Forschung gewesen. Erst Hartbauer (2010) untersuchte an Individuen der sich von Oleander ernährenden *Aphis nerii* und *Uroleucon hypochoeridis*, einer Blattlausart, die sich von *Hypochoeris radicata* ernährt, die Reaktion bei Kontakten mit dem solitären oligophagen Blattlausparasitoiden *Aphidius colemani* (Braconidae) und verschiedenen Larvenstadien von aphidophagen Syrphiden, Chrysopiden, Hemerobiiden und Coccinelliden. Er beobachtete Verhaltensreaktion auf visuelle Reize in Form von Drehungen oder Zuckungen, die oft von koordinierten Tritten mit den Hinterbeinen begleitet werden. Dieses Verhalten erschien unter den Mitgliedern einer Kolonie hochgradig synchronisiert. Die wiederholte visuelle Stimulation führte zu einer starken Gewöhnung. Beobachtungen natürlicher Blattlauskolonien ergaben, dass eine kollektive Zuck- und Trittreaktion (collective twitching and kicking response CTKR) häufig bei den Eiablageversuchen des Parasitoiden und bei Angriffen von blattlausfressenden Larven hervorgerufen wird. CTKR unterbrach effektiv die Eiablageversuche dieser parasitären Wespe und vertrieb diesen Parasitoiden sogar aus den Kolonien, nachdem er aufeinanderfolgende CTKRs hervorgerufen hatte. Sich einzeln ernährende *A.-nerii*-Individuen waren nicht in der Lage, den Parasitoiden erfolgreich zu vertreiben. Darüber hinaus wurde CTKR auch durch sanfte Substratvibrationen ausgelöst. Durch Einsatz einer Laservibrometrie des Substrats konnte Hartbauer (2010) in den Kolonien zuckende Vibrationen, hervorrufen. Wahrscheinlich spielen visuelle Signale in Kombination mit zuckenden Substratvibrationen eine wichtige Rolle bei der Synchronisierung der Verteidigung zwischen den Mitgliedern einer Kolonie. Bei beiden Blattlausarten erfolgte die kollektive Verteidigung bei Begegnungen mit verschiedenen natürlichen Gegenspielern in stereotyper Weise und ähnelte den durch visuelle Stimulation hervorgerufenen CTKR (Abb. 6.30). Dieses kooperative Verteidigungsverhalten ist ein Beispiel für eine Sozialität.

Diese Sozialität beruht auf kooperierenden Individuen, die sich nach der Hamilton'schen Theorie der Verwandtenselektion mit größerer Wahrscheinlichkeit entwickeln, wenn die kooperierenden Individuen eine hohe Verwandtschaft aufweisen und der Nutzen der Kooperation höher ist als die mit der Kooperation verbundenen Kosten (Hamilton 1964). Wiederholte kräftige Zuckungen können energetisch anspruchsvoll sein, die mit Fluchtreaktionen verbundenen Kosten sind jedoch viel höher (Stary 1970, McAllister & Roitberg 1987).

Nach Hartbauer (2010) deuten vier Indizien auf CTKR als Mittel der kollektiven Verteidigung hin: (1) CTKR wurde regelmäßig im Zusammenhang

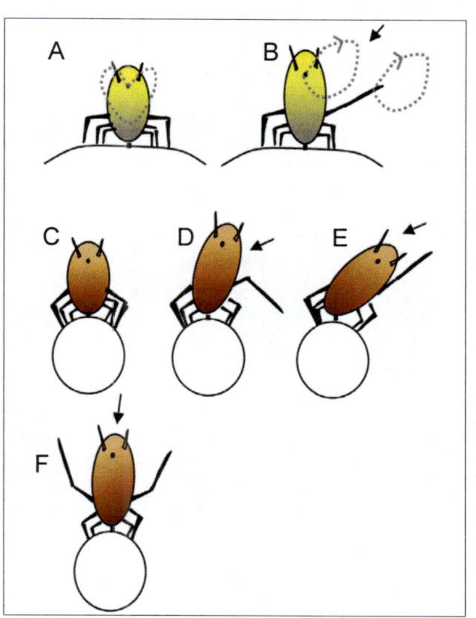

Abb. 6.30: Solitäre Abwehrreaktionen bei *A. nerii* und *U. hypochoeridis. A.-nerii*-Individuen (A, B) drehen sich so, dass die Spitze des Hinterleibs eine fast kreisförmige Bahn beschreibt (gestrichelte Linien in A). B Ein visueller Reiz, der von der rechten Seite gegeben wird (Pfeil in B), führt zu einer kreisförmigen Bewegung der Hinterleibsspitze und einer ähnlichen kreisförmigen Bewegung des rechten Hinterbeins. C Ruhestellung von *U. hypochoeridis*. D und E Aufeinanderfolgende Schritte der zuckenden *U.-hypochoeridis*-Individuen, wenn der Stimulus (Pfeil) auf der rechten Seite präsentiert wird. F Tritte von *U. hypochoeridis*, wenn sich ein Objekt von hinten nähert (nach Hartbauer 2010, doi:10.1371/journal.pone.0010417.g001).

mit Begegnungen mit natürlichen Gegenspielern beobachtet. (2) Die Reaktion erfolgt schnell (innerhalb von 100–200 ms). (3) CTKR wurde durch visuelle Reize, Substratvibrationen und nach taktiler Stimulation von Koloniemitgliedern ausgelöst. (4) Die Gewöhnung an die CTKR verhindert, dass die Individuen als Reaktion auf wieder auftauchende Objekte, die keine Bedrohung darstellen, Energie verschwenden. Die bei wiederholten Reizen beobachtete Verringerung der Reaktion ist wahrscheinlich nicht auf Ermüdung zurückzuführen, da eine Änderung des Reizwinkels die CTKR bei einer bereits habituierten Kolonie vollständig wiederherstellt.

Ein kollektives Verteidigungsverhalten kann in aktiver als auch passiver Formen auftreten. Passive Formen der kollektiven Verteidigung beinhalten Verdünnungseffekte, bei denen die mathematische Wahrscheinlichkeit, dass ein einzelnes Individuum zufällig von einem Prädator herausgegriffen wird, mit der Gruppengröße abnimmt (Mooring & Hart 1992). Darüber hinaus kann die in *A.-nerii*-Kolonien zu beobachtende Gruppenbildung durch Erzeugung größerer feindfreier Flächen die Wahrscheinlichkeit von Begegnungen mit Prädatoren verringern (Cocroft 2002). Inaktive Koloniemitglieder, die in *A.-nerii*-Kolonien mit hoher Dichte zu finden sind, könnten Beispiel für eine passive Form der kollektiven Verteidigung sein.

Die Koloniedichte steht mit der Erzeugung von CTKR in Verbindung; in Kolonien mit geringer Dichte erfolgte die beobachtete CTKR auf recht stereotype Weise, was zu ähnlichen Abwehrreaktionen bei Begegnungen mit verschiedenen natürlichen Gegenspielern sowie bei visuellen und mechanischen Reizen führte. Dies spiegelt sich auch in der Dauer der CTKR und

Tab. 12: Abwehrverhalten (CTKR) von *Aphis nerii* und *Uroleucon hypochoeridis* gegen Angriffe von *Aphidius colemani* und aphidophage Larven und visuelle Stimulation (nach Hartbauer 2010)

		Angriffe		visuelle Stimulation
		A. colemani	aphidoph. Larven	
A. nerii	Maximum simultanen Zuckens (%)	83,4 ± 13,7	78,4 ± 11,7	85,1 ± 16,6
	Dauer des kollektiven Zuckens (ms)	800 ± 194	630 ± 165	782 ± 169
U. hypochoeridis	Maximum simultanen Zuckens (%)	64,3 ± 2,8	52,9 ± 2,7	59,1 ± 11,7
	Dauer des kollektiven Zuckens (ms)	2 240 ± 682	2 140 ± 358	2 325 ± 812

dem Anteil des Maximums der gleichzeitig zuckenden Koloniemitglieder wider. Die Verteidigung bei beiden Blattlausarten ist unterschiedlich organisiert. Während sich *A. nerii* der chemischen Verteidigung bedient, indem sie giftige Cardenolid-Steroide aus ihrer Wirtspflanze Oleander aufnimmt und sequestriert (Rothschild et al. 1970), wurde bei *U. hypochoeridis* chemischen Abwehr nie beobachtet, vielmehr dominiert die kollektive Verhaltensabwehr. Bei den untersuchten Blattlausarten sind Pheromone wahrscheinlich nicht an der kollektiven Verteidigung beteiligt.

Nicht nur die Verteidigungsstrategie unterscheidet sich zwischen den beiden Blattlausarten, sondern auch das kollektive Verteidigungsverhalten in Form von CTKR zeigt einige signifikante Unterschiede zwischen den Arten (Tabelle 12). Bei CTKRs, die von Mitgliedern von *A.-nerii*-Kolonien erzeugt wurden, wurde ein höheres Maß an synchronisierten Zuckungen im Vergleich zu *U.-hypochoeridis*-Kolonien festgestellt. Bei beiden Arten korreliert die Anzahl der zuckenden Individuen, die auf einen visuellen Reiz reagieren, positiv mit der Koloniegröße, aber nur bei *U. hypochoeridis* ist die Koloniegröße positiv mit der Dauer der CTKR korreliert. Die untersuchten Blattläuse sind in der Lage, zuckende Substratvibrationen von Mitgliedern ihrer eigenen Kolonie und sehr wahrscheinlich auch von Nachbarkolonien (auf demselben Wirt) zu erkennen. Bei beiden Blattlausarten wurde CTKR auch zuverlässig durch weiche Substratvibrationen und Laservibrometrie hervorgerufen, was ein starker Hinweis darauf ist, dass die bei den Zuckungen erzeugten Vibrationen eine wichtige Rolle bei der Koordinierung der kollektiven Verteidigung zwischen den Mitgliedern einer Kolonie spielen könnten (Hartbauer 2010). Wahrscheinlich werden zur Erzeugung der unterschwelligen Schwingungen Resonanzeigenschaften der Wirtspflanze ausgenutzt (Cocroft & Rodriguez 2005). Da Blattläuse nur dann an der

CTKR teilnehmen, wenn sie Nahrung aufnehmen, könnten die Stechborsten eine Rolle bei der Übertragung von Körperbewegungen in Substratvibrationen spielen.

Altruismus und Gallen

Soziale Blattläuse bieten eine gute Möglichkeit, die Rolle der Ökologie bei der Evolution des Altruismus zu untersuchen. Dies liegt vor allem daran, dass die andere wesentliche Komponente der Verwandtenselektions-Erklärungen des Altruismus – die Verwandtschaft – einfach und im Prinzip leicht zu messen ist. Die Ökologie bestimmt, inwieweit Koloniemitglieder ein reiner Klon sind und ob soziales Verhalten selektiv vorteilhaft ist. Die sozialen Blattläuse unterscheiden sich von anderen Klonorganismen: Sie bestehen aus Klonen, deren Mitglieder hochmobil und unabhängig voneinander sind; es liegen weitaus zuverlässigere Informationen über ihre Phylogenie, ihre Ökologie und ihre genetische Struktur vor.

Die meisten Blattläuse bilden offene Kolonien auf ihren spezifischen Wirtspflanzen, während nicht mehr als 10 % der Blattläuse auffällige Gallen auf ihren Wirtspflanzen induzieren, deren Morphologie sehr charakteristisch und vielfältig ist (Woll 2005). Da die gallengründenden Fundatrizen artspezifisch die Bildung einer einzigartig geformten Galle induzieren, kann die Blattlaus in der Regel allein aufgrund der Gallmorphologie identifiziert werden. Dies bedeutet, dass die morphologischen Eigenschaften der Gallen hauptsächlich durch aus Blattläusen stammenden genetischen Komponenten und nicht durch aus Pflanzen stammende bestimmt werden, und deshalb werden solche morphologischen Eigenschaften der Gallen oft als »erweiterte Phänotypen« der sie induzierenden Insekten angesehen (Stern 1995, Inbar et al. 2004).

Die meisten der gallbildenden Blattläuse sind auf die beiden Unterfamilien Eriosomatinae und Hormaphidinae in der Familie Aphididae beschränkt (Woll 2005). Ihre Lebensgeschichte ist kompliziert, da sie sowohl sexuelle als auch parthenogenetische Generationen haben und ihre Wirtspflanzen saisonal wechseln (Woll 2005, Aoki & Kurosu 2010). Die im Frühjahr aus einem befruchteten Ei entstehende Fundatrix induziert eine Galle auf dem Primärwirt und produziert parthenogenetisch Nachkommen in der Galle, in der die Blattlauskolonie mehrere Generationen durchläuft. Typischerweise erscheinen geflügelte Erwachsene im Frühsommer und wandern zu einer anderen Pflanze, dem Sekundärwirt, wo sie auch parthenogenetisch mehrere Generationen verbringen. Dann erscheinen geflügelte Erwachsene eines anderen Typs, Sexuparae, die zur Primärwirtspflanze zurückkehren, um sexuelle Weibchen und Männchen zu produzieren. Diese paaren sich und legen befruchtete Überwinterungseier, aus denen im nächsten

Frühjahr Fundatrixlarven schlüpfen. Einige Hormaphidini-Arten haben mehrjährige Lebenszyklen, in denen sie Gallen entwickeln, die über ein Jahr halten und dadurch große Koloniegrößen erreichen (Kurosu & Aoki 2009, Aoki & Kurosu 2010). Zusätzlich zu diesen Morphen sind viele, wenn nicht sogar alle galleninduzierenden Blattläuse als sozial bekannt, mit altruistischen Morphen die als »Soldaten« bezeichnet werden. Diese sind typischerweise Larven des ersten oder zweiten Stadiums und auf die Verteidigung von Kolonien spezialisiert (Stern & Foster 1996, Abbot & Chapman 2017). Soldaten einiger Arten führen auch Pflegearbeiten durch, einschließlich der Reinigung und Reparatur von Gallen (Aoki 1980, Aoki & Kurosu 1989, Pike & Foster 2004, Kutsukake et al. 2009, 2019, Lawson et al. 2014). Weil alle sozialen Arten irgendwann in ihrem Lebenszyklus die Bildung von Gallen induzieren, wird die Gallenbildung als einer der wichtigen ökologischen Faktoren angesehen, die die soziale Evolution bei Blattläusen gefördert haben (Aoki 1987, Foster & Northcott 1994, Stern & Foster 1996, Pike & Foster 2008).

Hamilton (1964) wies früh auf das Paradoxon der Seltenheit des Altruismus in Blattläusen hin. In diesen Organismen wird jedes Hilfsverhalten, das mehr Nutzen bringt als es kostet, selektiert. Bei Blattläusen hat sich das Sozialverhalten bei vielen Gelegenheiten selbstständig entwickelt: möglicherweise bis zu 17-mal (Pike & Foster 2008).

Das am weitesten verbreitete Merkmal der Blattlaussozialität ist die Anwesenheit von Soldaten, die den Klon gegen Prädatoren verteidigen. Diese Soldaten sind fast immer frühe Entwicklungsstadien, aber es gibt auch ein Beispiel für eine erwachsene Blattlaus mit einem abwehrorientierten Verhalten (Inbar 1998). Studien haben gezeigt, dass Blattläuse unerwartet komplexe Kastensysteme haben können, die mit denen der sozialen Hymenoptera konkurrieren. Verteidigungsverhalten in der Gattung *Pemphigus* sind weit verbreitet und könnten flexibel an die Ökologie einer bestimmten Art angepasst werden kann (Rhoden & Foster 2002). An zwei Zwillingsarten von *Pseudoregma*, die dimorphe Erstlarven von Soldaten bzw. Nicht-Soldaten erzeugen, zeigten Shingleton & Foster (2001), dass die Arbeitsteilung bei diesen Larven sehr flexibel sein kann, wobei Nicht-Soldaten häufig in Verteidigungsrollen rekrutiert werden.

Es gibt im Wesentlichen zwei Richtungen, in denen Blattlaus-Soldaten angepasst sein können: Sterilität und morphologische Spezialisierung. In einem Extrem sind es hochspezialisierte, obligat sterile Erstlarven, die sich nie zum nächsten Larvenstadium entwickeln (Aoki & Miyazaki 1978). Im anderen Extrem sind es die Soldaten, zum Beispiel die frühen Larven-Gallgenerationen von *Pemphigus bursarius*, die nicht morphologisch spezialisiert sind und alle das Potenzial haben, sich zu geflügelten Individuen zu entwickeln, die aus der Galle fliegen. Stern & Foster (1997) haben vorgeschlagen, dass alle defensiven Blattlausmorphen als »Soldaten« klassifiziert werden sollten und der Begriff nicht nur auf die obligatorisch sterilen Morphen beschränken wird.

Von den beschriebenen Blattlausarten sind etwa 60 als sozial bekannt. Diese sozialen Arten kommen in sechs Tribus vor: den Pemphigini, Eriosomatini und Fordini der Pemphiginae und den Hormaphidini, Certataphidini und Nipponaphidini der Hormaphidinae. Der Grad und in vielen Fällen die Präsenz der Sozialität variieren innerhalb jedes der Soldaten produzierenden Tribus, sodass sich die Soldaten mehrmals entwickelt haben und verloren gegangen sind. Stern & Foster (1996) vermuten 6–9 Ursprünge, aber es gibt Belege dafür, dass sich die soldatische Eigenschaft mindestens 17-mal entwickelt hat (Pike & Foster 2008). Diese Zahlen stellen die Anzahl der unabhängigen Ursprünge der Sozialität in den Schatten, die in anderen Taxa wie den Wespen, Bienen und Termiten zu finden sind.

Kolonieverteidigung

Die die mit der Verteidigung verbunden verhaltensbezogenen, morphologischen und physiologischen Anpassungen sind ein guter Beweis für eine fortgeschrittene soziale Spezialisierung (Stern & Foster 1996, 1997). Über die Waffen, die Blattlaussoldaten gegen ihre Prädatoren einsetzen, wurde bereits berichtet (vgl. Kap. 3.4.1.7).

Gallenreinigung

Für Tiere, insbesondere solche, die in einem »Nest« leben, ist die Abfallentsorgung ein wesentlicher Faktor, um ein langfristiges Überleben zu sichern. Blattlausgallen können Hunderte bis Tausende von Insekten enthalten und sind oft mehrere Monate oder bei einigen Arten sogar über ein Jahr lang aktiv. Blattläuse nehmen kontinuierlich Phloem-Saft aus der Pflanze auf und scheiden viel zuckerreichen Honigtau aus. Der angesammelte Honigtau in der Galle wäre für die Ansiedlung von Blattläusen aufgrund von Kontamination oder Ertrinken tödlich. Kutsukake et al. (2019) beschreiben die biologischen Lösungen für die Abfallprobleme bei Blattläusen, welche die Morphologie und Physiologie der Pflanzen zu ihrem eigenen Vorteil manipulieren, um ihr soziales Leben gesund und sicher zu erhalten.

Offenen Gallen

Die Gallenmorphologie kann in zwei Arten unterteilt werden: offene und geschlossene Gallen. Die offenen Gallen besitzen Öffnungen an ihrer Unterseite, sodass Blattläuse in der Lage sind, Kolonieabfälle durch die Öffnungen zu entsorgen. Frühere Studien berichteten, dass Soldatenlarven in den offenen Gallen ein Reinigungsverhalten ausüben, indem sie Honigtaukugeln, abgeworfene Haut und Kadaver aus den Öffnungen schieben oder rollen (Aoki 1980, Aoki & Kurosu 1989, Benton & Foster 1992, Uematsu et al. 2018). Die Reinigung kann sich in Abwesenheit einer defensiven Rolle entwickeln (Kurosu & Aoki 1991). Obwohl ein solches Reinigungsverhalten kostspielig ist, besteht ein entscheidender Vorteil der Reinigung darin, dass den potenziell verheerenden mikrobiellen und pilzlichen Krankheitserregern der Honigtau, auf dem sie gedeihen, entzogen wird und das volle Volumen der Galle von den Blattläusen genutzt werden kann. So führte auch eine Hemmung der Abfallentsorgung zu einer hohen Sterblichkeit der Blattläuse im Inneren. Blattläuse produzieren große Mengen an Wachspulver, das den ausgeschiedenen Honigtau zu nicht klebrigen »Honigtaukugeln« umhüllt (Pike et al. 2002, Kutsukake et al. 2012, Uematsu et al. 2018). Diese wachsbeschichteten Honigtaukugeln haften nicht an der Galleninnenwand, sodass die Blattläuse sie leicht schieben können, ohne nass oder verunreinigt zu werden.

Geschlossenen Gallen

Für Blattläuse, die geschlossene Gallen, also ohne Öffnungen induzieren, ist eine Entsorgung unmöglich. Wie sie dennoch überleben können, stellten Kutsukake et al. (2012) in Untersuchungen über *Nipponaphis monzeni* vor, die als soziale Blattlaus an *Distylium racemosum* vollständig geschlossene Gallen induziert. *N. monzeni* induziert die Bildung einer extrem langlebigen Galle, die bis zur Reife etwa 2,5 Jahre benötigt und eine große Anzahl von Blattläusen enthält (über 2 000 Tieren in reifen Gallen) (Kurosu & Aoki 2009). Trotz der großen Kolonien wurden keine in den Gallen angesammelten Honigtautropfen gefunden, sondern nur Wachspulver und abgelegte Exuvien (Kutsukake et al. 2012). Da es unwahrscheinlich ist, dass die Blattläuse weniger Honigtau ausscheiden, stellten Kutsukake et al. (2012) die Hypothese auf, dass der Honigtau möglicherweise aus dem Innenraum der geschlossenen Gallen entfernt werden kann. Durch Injektion einer Lebensmittelfarbstofflösung in die natürlichen Gallen von *N. monzeni* auf dem Feld konnte gezeigt werden, dass die Lösung vom Pflanzengewebe aufgenommen und über das Gefäßsystem entfernt wurde.

Bemerkenswert ist, dass der von *N. monzeni* ausgeschiedene Honigtau einen niedrigen Zuckergehalt (weniger als 0,5 % Glukose) enthielt, was vermuten lässt, dass die Blattläuse ihre Physiologie kontrollieren können, um zuckerarmen Honigtau herzustellen, der leichter von der Galleninnenfläche aufgenommen werden kann. Da *N. monzeni* mithilfe ihrer dorsalen

Wachsplatten viel Wachspulver produzieren, könnte auch angenommen werden, dass die Blattläuse viel Zucker für die massive Produktion des ausgeschiedenen Wachses verbrauchen, wodurch der niedrige Zuckergehalt im Honigtau von *N. monzeni* zu erklären wäre.

Für die Wasseraufnahme durch die Pflanze wurden zunächst zwei Mechanismen vermutet: der passive Wassertransport, der durch das Wasserpotenzial des Pflanzengewebes angetrieben wird, und der aktive Wassertransport durch Wasserkanäle wie Aquaporine. Wahrscheinlich ist der passive Wassertransportmechanismus, der durch osmotisches druckbedingtes Wasserpotenzial angetrieben wird, an der Wasseraufnahme der geschlossenen Gallen beteiligt.

Entwicklung der wasserabweisende/absorbierenden Eigenschaften in Blattlausgallen

Bisher wurde die Wasserabsorptionseigenschaft von geschlossenen Gallen nicht nur bei *N. monzeni*, sondern auch bei anderen Blattlausarten beobachtet. In der Unterfamilie Hormaphidinae wurden die wasserabsorbierenden geschlossenen Gallen in den Tribus Nipponaphidini und Cerataphidini wahrscheinlich zweimal unabhängig voneinander entwickelt. In den Nipponaphidini, Cerataphidini und Eriosomatini bilden Arten wasserabsorbierende geschlossene Gallen (Kutsukake et al. 2012). Die wasserabsorbierende Eigenschaft in den geschlossenen Gallen hat sich in der Evolutionsgeschichte der gallinduzierenden Blattläuse mindestens 3-mal entwickelt.

Manipulation der Struktur und Hydrophobizität der Galleninnenoberfläche durch Blattläuse

Die beiden Blattlausarten *Ceratovacuna japonica*, welche die Bildung wasserabweisender, offener Gallen induziert, und *Ceratovacuna nekoashi*, die die Bildung wasserabsorbierender, geschlossene Gallen induziert, besiedeln den gleichen Baum, *Styrax japonicus*. *C. japonica* bildet offene Gallen, in denen Soldatenlarven aktiv Abfälle beseitigen, während *C. nekoashi* geschlossene Gallen bildet, in denen die Soldaten nicht reinigen (Kurosu & Aoki 1988, Kurosu et al. 1990). Kutsukake et al. (2012) berichten, dass in den Gallen von *C. nekoashi* keine Honigtaukugeln gefunden wurden. Im Gegensatz dazu war die Innenfläche der Gallen von *C. japonica* hydrophob, auf ihr wurde das eingeleitete Wasser abgewiesen und eine Kugel gebildet. Analysen ergaben, dass die Innenfläche der Gallen von *C. nekoashi* mit einer retikulären und schwammigen pflanzlichen Cuticula bedeckt war, während die Innenfläche der Gallen von *C. japonica* mit einer dicken und dichten

Cuticula bedeckt war. Es wird vermutet, dass die Wachsstruktur der Cuticula die Hydrophobie und die wasserabsorbierenden/abstoßenden Eigenschaften der Galleninnenfläche verursacht, diese wird jedoch nicht von der Wirtspflanze, sondern von den Blattläusen bestimmt.

Trichomentwicklung, hohe Wasserabweisung in einigen offenen Gallen

In den Gallen von *Colophina clematis* wurde ein anderes Phänomen der insekteninduzierten Pflanzenoberflächenstruktur entdeckt: Diese Blattlaus induziert taschenförmige offene Gallen auf Blättern von *Zelkova serrata*, deren Innenfläche mit dichten Trichomen und auch mit hydrophoben Wachspartikeln der Blattläuse bedeckt war (Uematsu et al. 2018). Durch das Zusammenwirken der Trichome und des von Blattläusen produzierten hydrophoben Wachses wurde die Hydrophobie der Galleninnenfläche deutlich erhöht. Solche Mikrostrukturen können auf der Oberfläche von Lotusblättern und anderen pflanzlichen und tierischen Oberflächen beobachtet werden und sind als als »Lotus-Effekt« bekannt (Barthlott & Neinhuis 1997).

Das Überleben außerhalb einer Kolonie ist äußerst problematisch, deshalb ist die altruistische Migration von Soldaten, die in eine fremde Kolonie eindringen, ein hochriskantes Verhalten. Dennoch ist es auch ein Verhalten, das sich im Hinblick auf den reproduktiven Erfolg auszahlen kann. Fremde Individuen kommen zweifellos in offensichtlich geschlossenen Kolonien vor (Johnson et al. 2002). Wahrscheinlich ist diese Migration weit verbreitet ist (Aoki 1982a, b).

Gallenreparatur

Da die Galle eine ressourcenreiche Festung darstellt, die die Kolonie vor Prädatoren schützt, wird die sofortige Reparatur einer Öffnung in den Mauern der Festung unter starker Selektion stehen. Bei *P. spyrothecae* induzieren die Blattläuse diese Reparatur, indem sie die Wirtspflanze dazu anregen, ein komplementäres Nachwachsen in der Galle zu erzeugen, um den geschädigten Bereich zu füllen (Pike & Foster 2004, Abb. 6.31), bei *Nipponaphis monzeni* versiegeln die Soldaten schnell die Löcher in ihrer Galle, indem sie ihre Körper sprengen, um eine viskose Flüssigkeit freizusetzen, in der sie sich tödlich verfangen (Kurosu et al. 2003).

Von *Astegopteryx spinocephala* wird eine weniger extreme, aber ebenso effektive Methode zum Füllen von Gallenöffnungen eingesetzt: Soldaten bilden eine Gruppe und stecken ihre spezialisierten Dornköpfe in das Loch, um es vollständig zu blockieren (Kurosu et al. 2006a, b, Abb. 6.32).

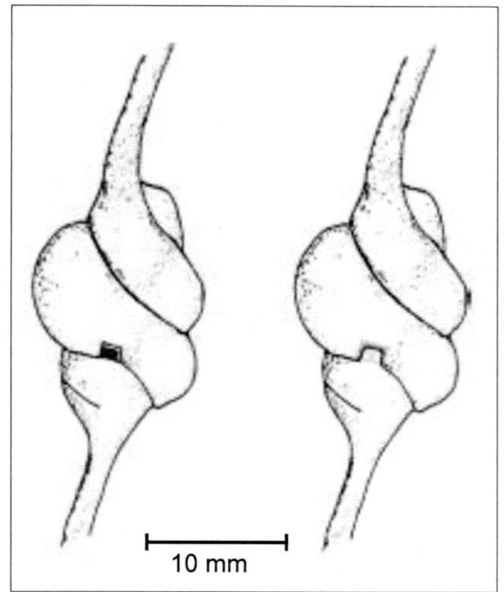

Abb. 6.31: Verschließen einer Öffnung in der Galle durch Anregung des Gallenwachstums (nach Pike & Foster 2004).

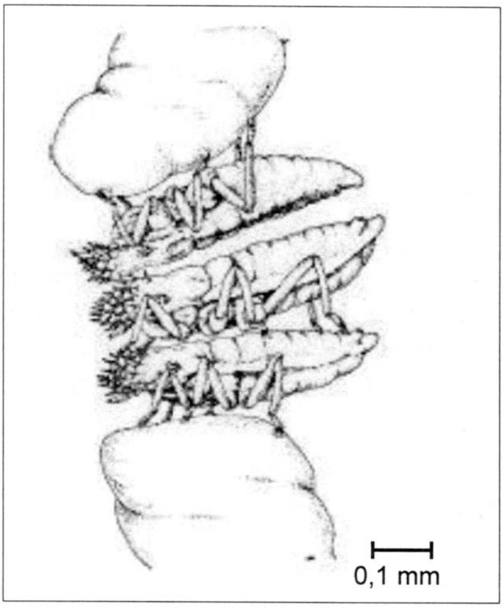

0,1 mm

Abb. 6.32: Blockade der Öffnung in einer Galle durch Soldaten (nach Kurosu et al. 2006b).

Faktoren bei der Festlegung von Soldaten

Als unmittelbaren Ursachen für diese Unterschiede der Investitionen in Verteidigung werden vermutet: Prädation (Shibao 1998), Populationsgröße (Shibao 1999), saisonale Veränderungen (Sunose et al. 1982), Zustand der Wirtspflanze (Sakata et al. 1991) und Größe der inneren Oberfläche der Galle (Stern et al. 1994).

Shibao et al. (2002) führten eine künstliche Ernährung für *T. styraci* ein und zogen diese Art in kontinuierlicher Laborkultur auf. Sie konnten zeigen, dass die erhöhte Dichte von Blattläusen in der Galle (im Unterschied zur hohen Bevölkerungszahl) der wichtigste Faktor im Nahbereich ist, der einen Anstieg der Soldatenzahl verursacht (Shibao et al. 2004a). In Feldkolonien mit hoher Bevölkerungsdichte wurde festgestellt, dass eine hohe Blattlausdichte einen pränatalen Einfluss auf Embryonen hat, die sich noch in den Ovarien ihrer Mütter befinden, was zu einer erhöhten Soldatenproduktion führte. Es zeigte sich, dass die postnatale Exposition (während des ersten Larvenstadiums) gegenüber einer hohen Blattlausdichte ebenfalls ausreicht, um Soldaten zu induzieren. Die Kombination von prä- und postnataler Exposition hatte einen synergistischen Effekt, was dazu führte, dass die Soldatenproduktion in nur einer der beiden Perioden etwa 4-mal so hoch war wie die von hoher Dichte (Shibao et al. 2003). Shibao et al. (2004b) konnten auch nachweisen, dass die Soldatenzahl bei einem geringen Anteil von Soldaten höher reguliert wurde, während sie bei einem bereits hohen

Anteil von Soldaten (d. h. bei etwa 50 %) herunterreguliert wurde. Das Kastenverhältnis ist somit ein weiterer unmittelbarer Faktor, der die Investitionen in die Verteidigung beeinflussen kann.

Einer der Schlüsselfaktoren für die Sozialität der Blattläuse ist der Gallenhabitus. Während nicht alle galleninduzierenden Blattläuse sozial sind, bilden alle der etwa 60 Blattlausarten, die als sozial bekannt sind, irgendwann in ihrem Lebenszyklus (Foster & Northcott 1994) Gallen auf einer Wirtspflanze. Daraus folgt, dass das Gallenleben der Sozialität über ihre allgemeineren selektiven Vorteile hinaus entscheidende selektive Prädispositionen vermitteln muss (Price et al. 1987, Foster & Northcott 1994). Um die Entwicklung der Sozialität durch Auswahl für die Gruppenzusammenarbeit bei der Nutzung und dem Schutz eines seltenen und wertvollen Lebensraums zu beschreiben, verwenden Queller & Strassman (1998) den Begriff »Festungsverteidigung«.

Neben einer Umgebung, die es wert ist, verteidigt zu werden, dient die Galle auch als leicht zu verteidigende Festung, da sie für den überwiegenden Teil ihrer Fläche eine Barriere gegen Prädation darstellt. Wenn nur die Eingänge eine Überwachung und Verteidigung erfordern, können der Verhaltensaufwand und die für eine effektive soziale Verteidigung erforderlich erhöhte morphologische Spezialisierung auf ein Niveau reduziert werden, das günstig ist. Die spezialisierte Platzierung von Morphen innerhalb der Galle wurde bei *P. spyrothecae* nachgewiesen.

Eine niedrige Geburtenrate der Kolonie wird die Produktion von Soldaten begünstigen. Die biologische Begründung hierfür ist, dass die Verteidigung für Populationen am wichtigsten ist, die am wenigsten in der Lage sind, Individuen zu ersetzen, die durch Prädation verloren gegangen sind (Akimoto 1996, Stern & Foster 1996).

Eine Reihe von Untersuchungen hat die Grundlage für die Tendenz ermittelt, dass größere Kolonien einen größeren Anteil an Soldaten haben (Itô et al. 1995, Shibao 1998, Schütze & Maschwitz 1991, Shingleton & Foster 2001). Die Blattlausdichte ist die wichtigste koloniebestimmte unmittelbare Grundlage für die Soldatenproduktion. Hohe Dichte und nicht große Koloniegröße ist der Auslöser für die Produktion von mehr Soldaten in *T. styraci* und (in Anbetracht des Fehlens offensichtlicher Mechanismen für eine Blattlaus, um die Populationsgröße direkt abzuschätzen) auch ein wahrscheinlicher Auslöser für viele andere Arten (Shibao et al. 2004a).

Die Verlängerung der Bildung verteidigender Larven wurde in natürlichen Populationen sowohl bei monomorphen als auch bei dimorphen Blattläusen nachgewiesen (Akimoto 1992, Pike et al. 2004). Dieses Phänomen, auch Larven-Verlängerung genannt, tritt vermutlich am ehesten in Kolonien mit langer Lebensdauer auf (Akimoto 1996) und manchmal (meist in den Endstadien der Kolonie), wenn die Geburtenrate am niedrigsten ist.

Ameisenbetreuung

Die erste Demonstration, bei der soziale Blattläuse ihre Verteidigungsinvestitionen als Reaktion auf die Umweltveränderungen anpassen, betraf den Fall der Ameisenbetreuung (Shingleton & Foster 2000). Diese Autoren zeigten, dass bei der obligatorisch betreuten Art *Pseudoregma sundanica* der Anteil der Soldaten in Kolonien zunahm, denen die Ameisen genommen wurden. Es ist bekannt, dass Ameisen die von ihnen betreuten Kolonien aktiv von Prädatoren befreien (Schütze & Maschwitz 1991), und deshalb dürfte die Ameisenbetreuung in gewissem Maße als Ersatz für Verteidigungsinvestitionen dienen (vgl. Kap. 6.3.2).

6.3.1 Alarmpheromone

Blattläuse können aus den Siphonen repellente Tröpfchen freisetzen, um in der Nähe befindliche Artgenossen zu warnen. Diese Sekrete enthalten Alarmpheromone (Dixon 1958, Dahl 1971, Kislow & Edwards 1972, Nault et al. 1973, Goff & Nault 1974), die eine wesentliche Rolle im Verhalten von Blattläusen spielen und zur Erforschung möglicher Strategien zur Kontrolle von Blattlauspopulationen eingesetzt wurden (Li et al. 2017). Zwei primäre Alarmpheromone, (E)-β-Farnesen und Germacren A, wurden bisher in Blattläusen identifiziert. (E)-β-Farnesen konnte in allen untersuchten Arten der Aphidinae und Chaitophorinae gefunden werden, wohingegen Germacren A nur in der Gattung *Therioaphis* der Drepanosiphinae auftrat (Bowers et al. 1972, 1977, Nault & Bowers 1974, Nishino et al. 1977). Frühe Studien zeigten, dass Blattläuse der Gattung *Therioaphis*, wie *T. trifolii*, nicht auf (E)-β-Farnesen reagieren (Nishino et al. 1977). Die Untersuchungen von Song et al. (2020) deuten darauf hin, dass stellate Sensillen an der Wahrnehmung des Alarmpheromons Germacren A beteiligt sein könnten.

Neben der Alarmierung bedrohter Blattläuse könnten Alarmpheromone auch eine Wirkung auf die natürlichen Gegenspieler der Blattläuse haben. Dieser Fragestellung sind Joachim & Weisser (2015) in umangreichen Versuchsserien nachgegangen.

Natürliche Feinde nutzen verschiedene Anhaltspunkte zur Erkennung von Blattläusen als Beute oder Wirt. Sie können Blattläuse auf der Pflanze visuell anhand der Farbe und Form der Blattläuse erkennen (Nakamuta 1984a, b, Kan & Sasakawa 1986), aber auch chemische Signale wie Honigtau (z. B. Budenberg 1990) und Sexualpheromone (Hardie et al. 1991) werden von natürlichen Feinden zur Erkennung von Blattläusen verwendet. Ein Signal, das bei der Wirts-/Beutefindung eine wichtige Rolle spielen soll, ist das Blattlausalarm-Pheromon (E)-β-Farnesen (EBF).

Alarmsignale sind von einer Vielzahl von Taxa bekannt, darunter Insekten (Blum 1969, Verheggen et al. 2010). Sie können dem signalisierenden Individuum direkt zugutekommen, wenn das Anti-Prädationsverhalten alarmierter Artgenossen und Heterospezies die Wahrscheinlichkeit einer erfolgreichen Prädation verringert (z. B. Charnov & Krebs 1975) oder wenn zusätzliche Prädatoren das Prädationsgeschehen stören (Perrone 1980). Alarmsignale, die dem Emittenden selbst keinen Nutzen bringen, sollten sich nur dann entwickeln, wenn die umgebenden Artgenossen eng mit dem Signalgeber verwandt sind (Hamilton 1964). Ein Beispiel hierfür ist das Alarmsignal-Verhalten von Blattläusen. Meistens sendet die von einem natürlichen Feind angegriffene Blattlaus ein Alarmpheromon aus, um nahe verwandte Artgenossen zu warnen, aber die angegriffene Blattlaus selbst schafft es nur sehr selten, zu entkommen und zu überleben. Es wird oft angenommen, dass die Alarmsignale auch negative Auswirkungen für den Signalgeber und die umliegenden Artgenossen haben können, indem sie zusätzliche Feinde anlocken.

Zur Beurteilung, ob das Alarmpheromon von Blattläusen von natürlichen Feinden als Hinweis für die Beute-/Wirtsuche verwendet wird, haben Vosteen et al. (2016) die verfügbare Literatur ausgewertet. Sie fanden 31 Veröffentlichungen, welche die Fähigkeit von EBF, Blattlaussiphonalsekret und angegriffene Blattläuse analysierten, natürliche Blattlausfeinde anzulocken. Studien, in denen EBF-Dosierungen untersucht wurden, die den von Blattläusen abgegebenen Dosierungen entsprechen, sind selten und konnten keine Anziehung nachweisen. Vosteen et al. (2016) vermuten, dass von Blattläusen stammendes EBF für die meisten natürlichen Feinde kein geeignetes Kairomon ist und die natürlichen Feinde pflanzliches EBF als Synomon verwenden könnten, um von Blattläusen befallene Pflanzen anhand eines veränderten Bouquets flüchtiger Pflanzenstoffe zu identifizieren (Vet & Dicke 1992, Hatano et al. 2008b).

Blattläuse reagieren auf Angriffe natürlicher Feinde, indem sie aus ihren Siphonen Tröpfchen absondern (Nault et al. 1973). Diese Tröpfchen bestehen hauptsächlich aus Triglyceriden (Strong 1967), die den Angriff behindern können und der Blattlaus die Möglichkeit zur Flucht geben (Edwards 1966, Dixon 1975b). Darüber hinaus enthalten die meisten Siphonentröpfchen ein Alarmpheromon, das in der Nähe befindliche Artgenossen alarmiert (z. B. Kislow & Edwards 1972, Thieme & Dixon 2015). Obwohl die angegriffene Blattlaus beim Angriff der Prädatoren oft stirbt, wird angenommen, dass die Alarmsignale für die angegriffene Blattlauskolonie vorteilhaft sind, da sie das Leben der Koloniemitglieder retten (McAllister & Roitberg 1987).

Das Alarmpheromon mehrerer Blattlausarten ist EBF entweder allein oder in Kombination mit anderen Komponenten (Bowers et al. 1972, Pickett et al. 1992, Francis et al. 2005a).

Die Blattlausarten unterscheiden sich in der Menge des ausgeschiedenen EBF: *Sitobion avenae* beispielsweise gibt mit durchschnittlich 0,7 ng pro Siphonentröpfchen nur geringe EBF-Mengen ab (Micha & Wyss 1996). Innerhalb einer Blattlauskolonie werden nur einzelne oder wenige Blattläuse einer Kolonie gleichzeitig angegriffen, und das Signal wird nicht durch die Emission von benachbarten Blattläusen verstärkt (Hatano et al. 2008a).

Die Gesamtmengen an EBF, die von angegriffenen Blattläusen emittiert werden, sind immer geringer als 50 ng.

Bislang gibt es nur eine Studie, in der die Emission der EBF-Quelle quantifiziert und die Dispenser entsprechend beladen wurden, um eine definierte EBF-Menge zu erhalten (Joachim & Weisser 2015).

Die meisten Autorinnen und Autoren haben in Studien mit gestörten oder zerquetschten Blattläusen und Siphonensekretion die tatsächliche Freisetzung nicht quantifiziert (z. B. Grasswitz & Paine 1992, Hemptinne et al. 2000). Die EBF-Emission erfolgt artspezifisch (Francis et al. 2005a), ist abhängig vom Reproduktionsstadium der Blattlaus (Mondor et al. 2000) sowie von der Art der natürlichen Feinde, die die Blattlaus angreifen (Joachim et al. 2013).

Experimente, in denen EBF-Dosierungen verwendet wurden, die den natürlichen Mengen nahe kommen, sind selten und liefern kaum Belege dafür, dass von Blattläusen emittiertes EBF als Kairomon wirkt. Joachim & Weisser (2015) zeigten in einem Feldexperiment, dass verschiedene Gruppen natürlicher Feinde durch EBF-Mengen nahe der natürlichen Emissionsrate (etwa 100 ng h^{-1}) weder angelockt noch arrestiert werden.

Parasitoide (Hymenoptera: Aphidiidae)

Unter Laborbedingungen zeigten die generalistischen Parasitoiden *Aphidius colemani* und *Lysiphlebus testaceipes* keine Reaktion auf natürliche EBF-Dosierungen (2,4–240 ng) oder auf 1 µg oder mehr (Micha & Wyss 1996, Ameixa & Kindlmann 2012). Dies lässt annehmen, dass beide Arten nicht auf EBF reagieren. Dagegen wurden die Generalisten *Aphidius ervi* und *Praon volucre* sowie die Spezialisten *Aphidius uzbekistanicus* und *Diaeretiella rapae* in verschidenen Experimenten von hohen EBF-Dosierungen angelockt (Micha & Wyss 1996, Du et al. 1998, Heuskin et al. 2011).

Die Reaktion auf hohe Dosierungen an EBF ist demnach artspezifisch und unabhängig vom Grad der Wirtsspezialisierung (Joachim & Weisser 2015). Einige Parasitoidenarten reagieren auf hohe Mengen von EBF, aber eine Eiablage erfolgt hauptsächlich nach physischem Kontakt mit dem Siphonensekret. Es gibt nur wenige Belege dafür, dass flüchtiges EBF tatsächlich Parasitoide zu Blattlauskolonien lockt.

Reaktion natürlicher Feinde auf andere Alarm-Pheromonverbindungen von Blattläusen

Im Allgemeinen handelt es sich bei den Verbindungen, die Teil der Alarmpheromonmischung sind, auch um weit verbreitete flüchtige Pflanzenduftstoffe, sodass es nicht verwunderlich ist, wenn einige von ihnen von Blattlausprädatoren wahrgenommen werden können und in großen Mengen attraktiv sind (Vosteen et al. 2016). Es ist jedoch noch zu untersuchen, ob sie in geringen Mengen als Kairomone für natürliche Feinde der Blattläuse wirken.

6.3.2 Beziehungen zu Ameisen

Die trophobiotische Beziehung zwischen Blattläusen und Ameisen wird allgemein als Mutualismus bezeichnet. Mutualismen werden traditionell als stabile wechselseitige Interaktionen angesehen, bei denen nützliche Leistungen zwischen den beteiligten Arten ausgetauscht werden (Yao 2014). Obwohl bereits vor längerer Zeit dokumentiert (Way 1963) ist in den mutualistischen Interaktionen zwischen Blattläusen und Ameisen noch unklar, ob einige Beziehungen wirklich mutualistisch sind oder eine Zwischenstufe zwischen Mutualismus und Ausbeutung darstellen (Novgorodova 2004). Fortschritte beim Verständnis der physiologischen Anpassungen, des ökologischen Kontexts und der auf beide Partner einwirkenden evolutionären Zwänge lieferten Stadler & Dixon (2005) und Yao (2014). In Mitteleuropa ist nur etwa ein Drittel der Blattlausarten obligat myrmecophil (Stadler & Dixon 2005). Eine mutualistische Beziehung wird erwartet, wenn Blattläuse und Ameisen höhere Populationswachstumsraten und eine größere Koloniegröße erreichen. Blattläuse sollten ihren Honigtau so verändern können, dass er für Ameisen attraktiver wird, und Ameisen sollten ihr Verhalten beim Nahrungserwerb so verändern, dass sie diese energiereiche Ressource effektiv ernten können (Stadler & Dixon 2005). Die chemische Zusammensetzung des Honigtaus scheint eine wichtige Rolle beim Mutualismus zwischen Blattläusen und Ameisen zu spielen.

Jha et al. (2012) untersuchten die spezifischen Mechanismen des Blattlaus-Ameisen-Mutualismus und erbrachten den Nachweis, dass der Mutualismus durch die direkte Steigerung der Wachstumsraten und der Fruchtbarkeit der Blattläuse angetrieben wird – im Gegensatz zu dem häufig angenommenen indirekten Mechanismus über die Reduzierung der Parasiten und Prädatoren der Blattläuse. Ameisen können die von ihnen betreuten Blattläuse vor obligaten Pilzpathogenen schützen (Nielsen et al. 2010). Ameisen der Art *Formica podzolica* schützen Kolonien von *Aphis asclepiadis* vor tödlichen Pilzinfektionen, die durch den obligaten entomopathogenen Pilz *Pandora neoaphidis* verursacht werden. Die Körper der durch Pilze abgetöteten Blattläuse wurden schnell aus von Ameisen betreuten Kolonien entfernt. Die Ameisenarbeiterinnen waren auch in der Lage, infektiöse Konidien auf der Cuticula lebender Blattläuse zu erkennen, und reagierten darauf, indem sie diese Blattläuse entweder entfernten oder putzten. Dies deutet darauf hin, dass Ameisen Reinigungs- und Quarantänedienste leisten können, was den Mutualismus zwischen Blattläusen und Ameisen verstärken würde.

Zu den potenziellen Kosten der Ameisenbetreuung von Blattläusen gehören die physiologischen Kosten der Ameisenbetreuung durch die Honigtauproduktion, die Prädation von Blattläusen durch Ameisen, die Konkurrenz zwischen Blattlausarten um mutualistische Ameisen, die Vermittlung von Wirtspflanzen bei Blattlaus-Ameisen-Interaktionen und der Parasitismus durch Wespen (Yao 2014). Bei den verschiedenen Formen des Blattlaus-Ameisen-Mutualismus werden die Kosten jedoch durch räumliche und zeitliche Faktoren beeinflusst. So zeigten Tegelaar et al. (2012), dass die Kosten für die Betreuung von Ameisen in der Beziehung zwischen *Aphis fabae* und *Lasius niger* über 13 Generationen hinweg variieren.

Ameisen, die sich um Blattläuse kümmern, sammeln nicht nur den Honigtau und schützen die Blattläuse vor natürlichen Feinden, sondern machen oft auch Beute aus den von ihnen betreuten Blattläusen (Endo & Itino 2013). Ein echter Mutualismus zwischen myrmecophilen Blattläusen und Ameisen beruht vor allem auf dem reichhaltigen Nahrungsangebot, das der Honigtau darstellt, und auf dem Schutz, den die Ameisen vor natürlichen Feinden der Blattläuse bieten. Kundschafter von Ameisen, die sich um Blattläuse kümmern, verwenden entweder Honigtau-Komponenten oder Blattlaus-Pheromone, um Blattläuse aufzuspüren. Um die Rolle des Honigtaus als Vermittler in den Interaktionen zwischen Blattläusen und Ameisen zu verstehen, wurde die chemische Zusammensetzung des Honigtaus von Blattläusen untersucht (Hoffmann 2016). Detrain et al. (2010) bestätigten die Präferenz von *L. niger* für Melezitose. Im Hinblick auf eine Rekrutierungsspur von Ameisen-Kundschaftern wird Melezitose von den Kundschaftern als Hinweis auf eine lang anhaltende, produktive Kohlenhydratressource verwendet, die eine kollektive Ausbeutung wert ist.

Fischer & Shingleton (2001) konnten zeigen, dass die Zusammensetzung des Honigtauzuckers, insbesondere der Melezitosegehalt, von der Wirtspflanze und der Ameise abhängt. Der Honigtau von zwei myrmecophilen Blattläusen, *Chaitophorus populialbae* und *C. populeti*, enthielt hohe Anteile an Melezitose. Im Gegensatz dazu enthielt der Honigtau dieser Arten geringe Anteile an Melezitose, wenn sie in Abwesenheit von Ameisen aufgezogen wurden. Somit kann die Ameisenhaltung selbst die Zusammensetzung des Honigtaus beeinflussen. Außerdem variiert der Gehalt an Melezitose im Honigtau nicht nur zwischen verschiedenen Arten auf derselben Wirtspflanze, sondern auch zwischen verschiedenen Wirtspflanzen für dieselbe Art.

Dass Melezitose im Honigtau ein bedeutendes Signalmolekül für Interaktionen zwischen Blattläusen und Ameisen ist bestätigen Woodring et al. (2004). Sie identifizierten insgesamt 18 Aminosäuren im Honigtau von mehreren sich von *Tanacetum vulgare* ernährenden Blattlausarten, wobei die nicht-essenziellen Aminosäuren Asparagin, Glutamin, Glutaminsäure und Serin dominierten. Der Honigtau der von Ameisen betreuten Arten war im Allgemeinen reicher an Aminosäuren als der Honigtau von nicht myrmecophilen Blattläusen.

Woodring et al. (2007) verglichen die Oligosaccharid-Syntheserate der myrmecophilen *Metopeurum fuscoviride* und der nicht-myrmecophilen *Macrosiphoniella tanacetaria*, die sich beide von *T. vulgare* ernähren. Die Zuckerzusammensetzung des Honigtaus von *M. fuscoviride* an *T. vulgare* deutet auf eine schnelle Verdauung von Saccharose in Glucose und Fructose und die gleichzeitige Synthese beträchtlicher Mengen an Melezitose und etwas Trehalose hin. Die Zuckerzusammensetzung des Honigtaus von *M. tanacetaria* zeigte dagegen nur Spuren von Trehalose und Melezitose, aber bis zu 20 % Erlose in mit Pflanzen gefütterten Blattläusen.

Untersuchungen der Zusammensetzung des Honigtaus von *A. fabae* zeigten große interklonale Unterschiede in der Melezitose-Sekretion (Vantaux et al. 2011, 2012). In allen Fällen war die relative Melezitosekonzentration jedoch signifikant positiv mit der Gesamtzuckerkonzentration und signifikant negativ mit den relativen Konzentrationen von Glucose, Fructose, Trehalose und Erlose korreliert. Mit größerer Wahrscheinlichkeit bevorzugen Ameisen Honigtau von den Klonen mit hoher Melezitose-Sekretion.

Myrmecophile Blattläuse konkurrieren um die mutualistischen Leistungen der Ameisen. In diesem Wettbewerb reagieren die Ameisen intensiver auf die profitableren Honigtau-Ressourcen (Woodring et al. 2004). Solche Unterschiede in der Belohnung für den Nahrungserwerb der Ameisen können entweder größere Mengen an Honigtau (Bristow 1991, Völkl et al. 1999) oder das Vorhandensein von bevorzugten Aminosäuren oder Zuckern im Honigtau sein (Cherix 1987, Cushman 1991, Völkl et al. 1999, Fischer et al. 2002, 2005, Detrain et al. 2010, Vantaux et al. 2011).

Die Analyse der Rolle von Aminosäuren und Zuckern im Honigtau bei der Etablierung einer Hierarchie der Ameisenbesuche bei acht Arten von Blattläusen, die sich von *T. vulgare* ernähren, zeigte, dass der Honigtau von fünf myrmecophilen Blattlausarten im Vergleich zu dem von nicht-myrmecophilen Blattläusen reich an Gesamtaminosäuren war (Woodring et al. 2004). Die Blattlausarten mit der höchsten Gesamtaminosäurekonzentration im Honigtau wiesen auch die höchste Zuckerkonzentration auf. Die in dieser Studie am intensivsten von Ameisen betreute Art wies den höchsten Gehalt an Melezitose auf. Die Reichhaltigkeit des Honigtaus und das Vorhandensein von Melezitose waren die entscheidenden Faktoren, die das Ausmaß der von Ameisen betreuten Blattläuse an *T. vulgare* bestimmten. Waren zwei potenziell von Ameisen betreute Blattlausarten in gemischten Kolonien auf demselben Trieb von Rainfarn vorhanden, nahm die Anzahl der bevorzugten Art zu, während die weniger bevorzugte Art aufgrund der Prädation durch die Ameisen abnahm (Fischer et al. 2001).

Bei der obligatorisch von Ameisen betreuten *Metopeurum fuscoviride* änderten sich Honigtauerzeugung und Honigtauqualität mit dem Alter der Blattlaus (Fischer et al. 2002). Larven im ersten und zweiten Larvenstadium produzierten nur halb so viel Honigtau wie ältere Larven und erwachsene Tiere, aber es gab keine Unterschiede zwischen den Altersklassen in der Gesamtzuckerkonzentration des Honigtaus; Melezitose war der dominierende Zucker in allen Klassen. Die Aminosäurekonzentration hingegen nahm mit dem Alter der Blattlaus zu. Die Anzahl der betreuten Ameisen korrelierte mit der Menge des produzierten Honigtaus und war in Kolonien jüngerer Larvenstadien deutlich geringer als in Kolonien älterer Altersklassen.

Bei mehreren Ameisenarten wurde nachgewiesen, dass sie keine solche Melezitose-Präferenz aufweisen (Cornelius et al. 1996, Blüthgen & Fiedler 2004), insbesondere, wenn sie sich nicht ausschließlich von Honigtau, sondern von Pflanzennektar ernähren.

Bei der fakultativ myrmecophilen Blattlausart *A. fabae* ist der Gehalt an Honigtauzucker relativ gering. Fischer et al. (2005) untersuchten eine potenzielle Korrelation zwischen Honigtauproduktion, Honigtauzuckerzusammensetzung und Ameisenbesuch bei *A. fabae*, die sich von verschiedenen Wirtspflanzen ernährt. Die Honigtauproduktion von *A. f. cirsiiacan-*

thoides auf *Cirsium arvense* war in dieser Studie die höchste, besaß auch einen deutlich höheren Gesamtzuckergehalt und wies den höchste Anteil an Melezitose auf. Bei dieser Unterart war auch die Intensität der Betreuung durch *Lasius niger* am höchsten. Diese Unterschiede haben einen großen Einfluss auf die Stärke der mutualistischen Interaktionen mit *L. niger*, aber auch auf die Fitness der Blattläuse (Vantaux et al. 2015). Klone mit hoher Melezitose-Sekretion produzierten in Gegenwart von Ameisen weniger Geflügelte und weniger Ungeflügelte und haben daher möglicherweise eine geringere Ausbreitungsfähigkeit.

Obwohl allgemein davon ausgegangen wird, dass Ameisen, die Blattläuse betreuen, im Gegenzug für Honigtau ihre Blattläuse vor Angriffen von Prädatoren und Parasitoiden schützen, hat es sich gezeigt, dass diese ansonsten mutualistische Beziehung die Ausbreitung der myrmecophilen Blattläuse negativ beeinflusst (Fereres et al. 2017). Das Betreuen von Ameisen kann Alarmpheromone unterdrücken und somit die Produktion von Geflügelten bei *A. fabae* reduzieren (Tegelaar & Leimar 2014). Yao (2012a) zeigte, dass *Tuberculatus quercicola* extrem niedrige Ausbreitungsraten aufwies, wenn sie von Ameisen betreut wurde, aber viel stärkere Flugmuskeln entwickelte, wenn Ameisen ausgeschlossen waren. Die von Ameisen betreute *Metopeurum fuscoviride* produzierte vorwiegend zu Beginn der Saison geflügelte Nachkommen, während die nicht betreute *Macrosiphoniella tanacetaria* während der gesamten Saison geflügelte Individuen produzierte (Mehrparvar et al. 2013). Tokunaga & Suzuki (2008) zeigten, dass die Bewegung bei der nicht myrmecophilen *A. pisum* größer war als bei der myrmecophilen *A. craccivora*. Sie schlossen daraus, dass die Unterschiede in der Betreuung der Ameisen die morphologischen und verhaltensmäßigen Merkmale beeinflussten, die zu Unterschieden in den Ausbreitungsraten der Blattläuse führten. Kindlmann et al. (2007) entdeckten in Saugfallendaten, dass myrmecophile Arten ihre Langstreckenausbreitungsaktivität signifikant später in der Saison begannen als nicht myrmecophile Arten.

Über eine noch nie beobachtete Interaktion zwischen Blattläusen und Ameisen berichten Salazar et al. (2015) Sie zeigen, dass zwei Morphen, die von der Blattlaus *Paracletus cimiciformis* während ihrer Wurzelbewohnungsphase klonal produziert werden, Beziehungen mit Ameisen auf entgegengesetzten Seiten des Kontinuums von Mutualismus und Antagonismus eingehen. Während eine dieser Morphen eine mutualistische Beziehung zur Ameise *Tetramorium semilaeve* unterhält, werden die Blattläuse der anderen Morphe von den Ameisen in ihre Brutkammer gebracht und dort wie echte Ameisenlarven gepflegt. Sobald die mimischen Blattläuse in der Brutkammer sind, beginnen sie an der Hämolymphe von Ameisenlarven zu saugen. Dies ist möglich, weil die mimische Morphe die cuticularen

Chemikalien ihrer getäuschten Wirte biosynthetisiert und das angeborene cuticulare Kohlenwasserstoffprofil dem Profil von Ameisenlarven ähnlich ist. Salazar et al. (2015) beschreiben hiermit einen Fall von plastischer aggressiver Mimikry.

Nicht alle Blattläuse werden von Ameisen betreut, auch besuchen nicht alle Ameisen Blattläuse, und myrmecophile Blattlausarten unterscheiden sich in ihrer Abhängigkeit von Ameisen. Oberirdisch lebende myrmecophile Blattlausarten scheinen an die Anwesenheit von Ameisen angepasst zu sein, da sie oft auffällig gefärbt und gesellig sind und einer sich nähernden Ameise, einem Prädator oder Parasiten nicht ausweichen (Dixon 1958). Myrmecophile Arten haben in der Regel nur schwach entwickelte strukturelle Anpassungen zur Verteidigung gegen natürliche Feinde (Way 1963). Wenn es vorteilhaft ist, von Ameisen betreut zu werden, dann ist es überraschend, dass nur etwa ein Viertel aller Blattläuse von Ameisen betreut werden. Um dies zu erklären, schlug Bristow (1991) die Hypothese der permissiven Wirtspflanze vor. Dieser Hypothese liegt die Annahme zugrunde, dass die Entfernung entlaubender (blattfressender) Insekten durch Ameisen den von den Blattläusen verursachten Energie- und Nährstoffabfluss mehr als ausgleicht. Es wird angenommen, dass die größere Attraktivität von Blattläusen, die sich von permissiven Pflanzen ernähren, darin liegt, dass sie eine höhere Qualität an Honigtau produzieren als solche, die sich von nicht-permissiven Pflanzen ernähren. Die Tatsache, dass nur 37 % der Blattlausarten auf permissiven Pflanzen von Ameisen betreut werden, deutet jedoch darauf hin, dass andere Faktoren eine Rolle spielen.

Die Dynamik der Kolonien myrmecophiler Blattlausarten hängt stark von der Verfügbarkeit von Ameisen ab (Bradley & Hinks 1968). Unbetreute kleine Kolonien nehmen mit größerer Wahrscheinlichkeit ab als betreute Kolonien. In großen Kolonien ist der Effekt jedoch umgekehrt, d. h., von Ameisen betreute Kolonien gehen eher zurück als unbeaufsichtigte – die Anwesenheit der Ameisen hat eine stabilisierende Wirkung auf die Blattlausabundanz (Addicott 1979). Die relative Zahl der die Kolonien von *Aphis varians* betreuenden Ameisen nimmt ab, wenn die Zahl der Blattläuse zunimmt. Da gleichzeitig die Ameisenhaltung die Zahl der Prädatoren nicht verringert hat, wurde vermutet, dass in diesem Fall die Ursache für den dichteabhängigen Mutualismus wahrscheinlich ein Rückgang des direkten Einflusses der Ameisen auf die Blattläuse ist (Breton & Addicott 1992). Dies erklärt jedoch nicht, warum es verhältnismäßig weniger Ameisen gibt, die sich um große statt um kleine Blattlauskolonien kümmern. Da die Betreuung durch Ameisen jedoch zu einer raschen Zunahme der Größe der Blattläusekolonien sowie zu einem möglichen Anstieg der Nahrungsaufnahme der einzelnen Blattläuse führen kann, könnte der kombinierte

Effekt eine schnellere Verschlechterung der Qualität der Wirtspflanze für die Blattläuse und der Qualität des von den Blattläusen produzierten Honigtaus sein. Wahrscheinlich ist dies auch für den Rückgang der größeren Kolonien sowie der relativen Zahl der die diese Kolonien betreuenden Ameisen verantwortlich. Bei obligat myrmecophilen Blattläusen ist es möglich, dass die Ameisen die Blattläuse in einer Dichte halten, die unter derjenigen liegt, die für ihre Wirtspflanzen schädlich ist. Möglicherweise halten sie sogar die Gesamtzahl der Blattläuse auf einem Niveau, das den Nahrungsbedarf des Ameisenvolkes deckt (Way 1963). Möglich wäre auch, dass die Ameisen eine begrenzte und beschränkende Ressource für bestimmte Blattläuse sind (Cushman & Addicott 1989). Ein möglicher Mechanismus besteht darin, dass eine Zunahme der Blattlausabundanz – im Vergleich zu jener der sie betreuenden Ameisen – dazu führt, dass die Anzahl der von den Ameisen als Nahrung aufgenommenen Blattläuse zunimmt (Sakata 1994). Dies könnte darauf zurückzuführen sein, dass die Blattläuse, wenn sie sehr zahlreich vorhanden sind, Honigtau liefern, der den Bedarf der Ameisen übersteigt, und dass sie sich dem Raub der Blattläuse zuwenden, um das Gleichgewicht zwischen Zucker und Protein in der Nahrung des Ameisenvolkes aufrechtzuerhalten (Pontin 1978, Sakata 1994).

6.3.3 Konkurrenz

Konkurrenz wird als eine Interaktion gesehen, in der sich Organismen (indirekt) wechselseitig beeinträchtigen, weil sie dieselbe begrenzte/limitierende Ressource nutzen. Zwei Arten können nur miteinander koexistieren, wenn die Konkurrenzwirkung auf Individuen der eigenen Art (intraspezifisch) stärker ist als diejenige auf Individuen einer anderen Art (interspezifisch). Ist die Konkurrenz asymmetrisch, sodass Individuen der einen Art stärker auf Individuen der anderen Art einwirken als auf Artgenossen, würde der schwächere Konkurrent unweigerlich verdrängt. Die fundamentale Nische der zweiten Art wird vollständig von derjenigen der ersten Art überlappt. Der schwache Konkurrent (die zweite Art) hat in Gegenwart des starken Konkurrenten (der ersten Art) keine realisierte Nische mehr und stirbt daher aus. Dies bedeutet Konkurrenzausschluss. In der ökologischen Feldforschung ist das Fehlen einer realisierten Nische und damit vollständiger Konkurrenzausschluss kaum nachzuweisen.

Nicht alle Teile einer Pflanze sind gleich geeignete Nahrungsquellen für Blattläuse. Die Tendenz, sich häufiger zu bewegen, wenn sie sich von einer schlechten als von einer guten Nahrungsquelle ernähren, sowie ihre geotaktischen und fototaktischen Reaktionen führen dazu, dass Blattläuse

Pflanzenteile besiedeln, auf denen sie die höchsten Zuwachs- und Entwicklungsraten erzielen können (KENNEDY et al. 1950, IBBOTSON & KENNEDY 1950). So befällt z. B. *Aphis spiraecola* zum Saisonbeginn bevorzugt die am schnellsten wachsenden Triebe von *Spiraea*, aber dann führt die dichteabhängige Ausbreitung dazu, dass die Triebe pro Längeneinheit alle gleich stark befallen werden (OSAWA 1992). Somit hängt die Verteilung der Blattläuse auf einer Pflanze sowohl von der räumlichen Variation in der Qualität des Pflanzensaftes als auch von der Intensität der Konkurrenz um diese Ressource ab.

Generell scheint es sehr viele Fälle zu geben, in denen zwei Arten koexistieren, obwohl eine von ihnen (vermeintlich oder tatsächlich) konkurrenzüberlegen ist. Der Grund hierfür könnte darin gesehen werden, dass beide Arten die Ressource nach Pflanzenteilen aufzuteilen scheinen, was mit Unterschieden in ihrer Morphologie (Stechborstenlänge/Körpergröße), Physiologie (Toleranz gegenüber sekundären Pflanzenchemikalien) und ihrem Verhalten (Schlupfzeiten) zusammenhängt (HAJEK & DAHLSTEN 1986, AKIMOTO 1988, VÖLKL 1989, INBAR & WOOL 1995, JACKSON & DIXON 1996). Natürliche Feinde, insbesondere Prädatoren, und die räumliche Verteilung der Ressource (ob es sich um Solitärpflanzen oder Pflanzengruppen handelt), scheinen darüber zu entscheiden, ob die Blattlausarten segregiert sind (EDSON 1985). Die kurzen Überlebenszeiten der Blattlauskolonien können auch verhindern, dass die Blattlausdichte auf ein Niveau ansteigt, bei dem interspezifische Konkurrenz wahrscheinlich wichtig wird (ANTOLIN & ADDICOTT 1988).

Intraspezifische Konkurrenz

Viele Blattlausarten können in dichten Kolonien an einer bevorzugten Stelle ihrer Wirtspflanze gefunden werden. Derartige Aggregationen sind das Ergebnis der Besiedelung einer speziellen Stelle oder Position an der Wirtspflanze sowie einer positiven oder negativen Geotaxis und oft auch eines spezifischen Aggregationsverhaltens. Die Massierung von sehr vielen Individuen an einer Stelle führt zu der Frage über das Auftreten von intraspezifischer Konkurrenz. Die Wachstumsgrenze in einem beliebigen Jahr scheinen nicht der verfügbare Platz oder das Absterben des Wirtes durch Übernutzung zu sein, sondern vielmehr eine intraspezifische Konkurrenz um Nahrung und ein durch Blattläuse verursachter Qualitätsverlust: Bei hohen Populationsdichten führt die intensive Konkurrenz zur Entwicklung relativ kleiner Erwachsener, von denen proportional mehr migrieren, was von den Dichten während der Entwicklung der Larven abhängt, und die zurückbleibenden haben sehr niedrige Reproduktionsraten (BARLOW & DIXON 1980).

In Experimenten haben durch baumbesiedelnde Blattläuse verursachte Veränderungen der Wirtspflanze gezeigt, dass sie sich auf die Zeit auswirken, die die Blattläuse benötigen, um das Erwachsenenstadium zu erreichen, aber nicht die Mortalität der Blattläuse oder deren Flugaktivität beeinflussen. Somit scheinen die intraspezifische Konkurrenz und der nachteilige Einfluss der Blattläuse auf die Qualität der Wirtspflanze die Anzahl der Blattläuse zu regulieren.

Modelle der Diversifizierung von Ressourcen decken zwei Bereiche intra- und interspezifischer Interaktionen ab, die für eine Betrachtung von Heterözie, Konkurrenz und »feind-freiem Raum« relevant sind (STRONG et al. 1984, FUTUYMA & MORENO 1988). In dem Maße, wie die intraspezifische Konkurrenz intensiver wird, nimmt auch das relative Risiko der Migration ab. Es hat sich gezeigt, dass Blattlauspopulationen auf Bäumen im Sommer besonders empfindlich auf Dichteschwankungen reagieren (DIXON 1966). Daher kann die Abwanderung zu einem alternativen Sekundärwirt durch eine solche Konkurrenz gefördert werden.

Auch wenn sich die Nahrungsplätze an einer Pflanze nicht überlappen, ernähren sich die Blattläuse dennoch von einer gemeinsamen Ressource – dem Phloemsaft. Die intraspezifische Konkurrenz um diese Ressource kann intensiv sein und zu längeren Entwicklungszeiten, kleineren Blattläusen oder einem Wechsel zur Entwicklung einer anderen, für die Ausbreitung besser geeigneten Morphe führen.

Eine direkte intraspezifische Konkurrenz, in der Aggression und Kämpfe auftreten, ist für einige Pemphigini bekannt. MÜLLER & STEINER (1991) beschreiben die Beobachtung, dass im April Tausende Fundatrixlarven der Art *Pemphigus spyrothecae* unter einer Reihe von Pappeln (*Populus nigra pyramidalis*) lagen, die stark mit Gallen von *P. spyrothecae* versehen waren. Zunächst wurde vermutet, dass diese Larven durch starken Wind von den Blättern heruntergeblasen wurden. Aber Beobachtungen von AOKI & MAKINO (1982) lieferten eine andere Erklärung. Nach diesen Autoren besiedelt das 1. Larvenstadium der Fundatrix von *Epipemphigus niisimae* vor der Bildung der Galle die Mittelader des Blattes von *Populus maximowiczii*. Sobald eine weitere Larve dort eintrifft, beginnt zwischen beiden Larven ein direkter Kampf, der oft so lange dauert, bis eine Larve überwältigt ist und stirbt.

Das erste Larvenstadium der Fundatrix von *Pemphigus betae* liefert ein Beispiel für intraspezifische Konkurrenz, die ein Territorialverhalten bewirkt. Diese Blattlaus führt in Nordamerika einen Wirtswechsel mit *Populus angustifolius* durch. Kurz nach dem Aufbrechen der Blattknospen von *P. angustifolius* wandern mehr als 80 % der frisch geschlüpften Fundatrixlarven innerhalb von 3 Tagen zu den jungen Blättern, von denen aber weniger als 2 % groß genug sind, eine optimale Besiedelung zu ermöglichen (WHITHAM

1978). Der Ansiedelungsort ist aber begrenzt auf die Mittelrippe an der Blattbasis der Oberseite. Wenn zwei oder mehr Larven dasselbe Blatt besiedeln, dann siedeln sie linear entlang der Mittelrippe. In den meisten Fällen gewinnt die größte Fundatrix die bevorzugte basale Position durch Verteidigung eines linearen Territoriums von etwa 3 mm am Spreitengrund. Das Ergebnis dieser Wechselbeziehung zwischen konkurrierenden ersten Larvenstadien der Fundatrizen wird durch Treten und Drängeln erreicht (Whitham 1979). Eine besondere Form von intraspezifischer Aggression zeigte *Astegopteryx bambusae* (Hormaphidinae, Cerataphidini) auf ihren Sekundärwirtspflanzen (Aoki & Kurosu 1985). Eine umherlaufende Ungeflügelte wird zur Angreiferin und bedrängt ein stationäres Individuum, welches seine Stechborsten in das Pflanzengewebe eingestochen hat. Die Angreiferin stößt die stationäre Blattlaus mit den Spitzen ihrer am Kopf befindlichen Hörner und umklammert sie mit ihren Vorderbeinen. Die angegriffene Blattlaus macht dann durch Heben des Abdomens einen »Kopfstand«. Die Angreiferin beendet nun das Stoßen und verlässt früher oder später den Schauplatz des Geschehens, aber in mehr als 25 % der Fälle übernimmt sie den Standort und vertreibt die ehemals stationäre Blattlaus.

Interspezifische Konkurrenz

Blattlausarten können sich zu verschiedenen Zeiten des Jahres von verschiedenen Teilen einer Pflanze ernähren. Die räumliche Trennung der Arten kann es ermöglichen, dass sie zur gleichen Zeit auf derselben Pflanze vorkommen, verhindert jedoch nicht, dass Blattlausarten und andere sich von Phloem ernährende Insekten miteinander konkurrieren. In Abwesenheit einer Art ist es wahrscheinlich, dass ihre Nische von einer anderen Blattlausart besetzt wird, sofern ihre Morphologie, Physiologie oder ihr Verhalten sie nicht einschränkt. *Aphis fabae*, die sich von Bohnen ernährt, wechselt ihren Nahrungsplatz vom Stängel zu den Blättern und von der oberen zur unteren Blattoberfläche, wenn *Acyrthosiphon pisum* vorhanden ist (Salyk & Sullivan 1982).

Tamaki & Allen (1969) beobachteten, dass bei Auftreten in gemischten Kolonien an *Chrysanthemum morifolium* das Wachstum von *Macrosiphoniella sanborni* durch *Aphis frangulae gossypii* reduziert wird. Diese Hemmung führte aber nicht zum völligen Verschwinden von *M. sanborni*, sondern zu einem relativ stabilen Gleichgewichtszustand. Im Gegensatz dazu kann *Myzus persicae* vollständig durch *M. sanborni* und *A. f. gossypii* unterdrückt werden. Tamaki & Allen (1969) sehen in beiden Phänomenen Beispiele für interspezifische Konkurrenz.

Wenn sich beide von derselben Pflanze ernähren, beeinträchtigt *Macrosiphum valerianae* das Gewicht von *Aphis varians* und diese wiederum das

Überleben und die Vermehrung von *Macrosiphum valerianae* (ADDICOTT 1978a, ANTOLIN & ADDICOTT 1988). In Gegenwart von *Drepanosiphum platanoidis* entwickelt die ebenfalls auf *Acer pseudoplatanus* vorkommende *Periphyllus testudinaceus* proportional mehr Geflügelte (SHEARER 1976a).

STROYAN (1977) vermutet, dass der Honigtauregen von *Chromaphis juglandicola*, die sich von den Unterseiten der Walnussblätter ernährt, die Besiedlung der Blattoberseite durch *Calaphis juglandis* verhindert. Da *Calaphis juglandis* jedoch die Endblätter bevorzugt und die sie betreuenden Ameisen wahrscheinlich die Anzahl der *Chromaphis juglandicola* in der unmittelbaren Umgebung reduzieren werden, ist eine Koexistenz der beiden Arten wahrscheinlich.

Aus seinen Untersuchungen über interspezifische Konkurrenz bei phytophagen Insekten schlussfolgerte JERMY (1985), dass eine reguläre interspezifische Konkurrenz sehr selten auftritt – und das auch zwischen Arten mit identischen Ansprüchen an die Ressource. Dies wurde durch MÜLLER & STEINER (1991) bestätigt. Nach ihren Angaben sind die Blütendolden von *Pastinaca sativa* häufig stark gemeinsam durch *Cavariella theobaldi* und *Aphis fabae* besiedelt. Sie berichten auch über gemeinsame Besiedelung von *Arctium lappa* durch *Brachycaudus* (*Prunaphis*) *cardui* und *Aphis fabae mordvilkoi*. In Wahlversuchen mit ungeflügelten *Acyrthosiphon pisum* konnte HOLTFRETER (1980) keine Unterschiede zwischen den Varianten *Vicia-faba*-Blätter mit Besiedelung durch *Megoura viciae* und blattlausfreie Blätter nachweisen. Wahrscheinlich ist die interspezifische Konkurrenz von den beteiligten Arten abhängig. So können sowohl *Acyrthosiphon pisum* und *Aphis fabae* auf *Vicia fabae* siedeln. In Laborexperimenten mit diesen Blattlausarten wurde bei niedrigem Blattlausbefall die Pflanzenqualität für die Blattlaus verbessert, bei hohem Blattlausbefall jedoch nachteilig beeinflusst. Die Wirkung ist spezifisch für jede Blattlausart, und ein früherer Befall durch eine Art macht die Pflanze für die anderen Arten weniger geeignet. Beide Blattlausarten induzieren unterschiedliche Veränderungen in der Aminosäurezusammensetzung der Wirtspflanze, um ein artspezifisches Optimum zu erreichen (THIEME & NOZON 1998). Die Konkurrenzfähigkeit dieser Blattläuse wird durch ihre Ankunftszeit auf der Bohne beeinflusst.

Andere Verhältnisse liegen bei *Rhopalosiphum padi* und *Sitobion avenae* an Getreide vor. Wann immer die Haferblattlaus auf der Wirtspflanze eintrifft – vor oder nach *S. avenae*: Sie beeinflusst die Wirtspflanze derartig stark, dass *S. avenae* das Mikrohabitat verlässt und im Ährenbereich der Pflanze (wo sie erhöhter UV-Strahlung ausgesetzt ist) oder an jüngeren Pflanzen siedelt (ohne die Möglichkeit einer Abwanderung in den Spitzenbereich zu haben) und letztlich stirbt (wie in Laborzuchten zu beobachten ist).

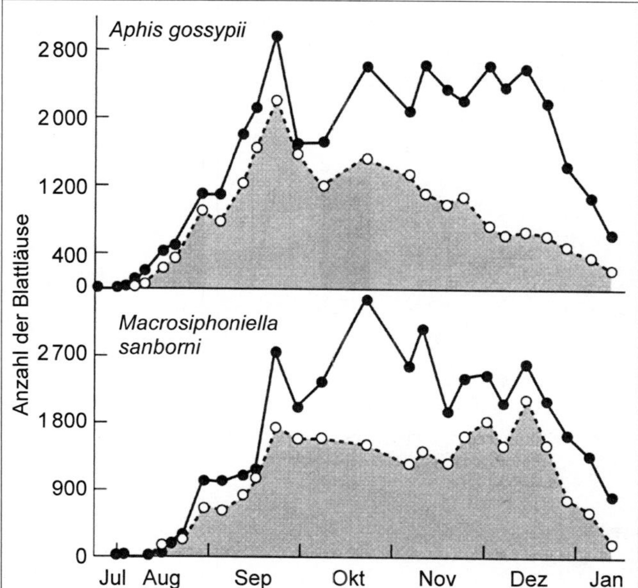

Abb. 6.33: Anzahl von *Aphis gossypii* und *Macrosiphoniella sanborni* auf Chrysanthemen in Populationen mit einer Art (ausgefüllte Kreise) und Mischpopulationen (offene Kreise) (nach TAMAKI & ALLEN 1969).

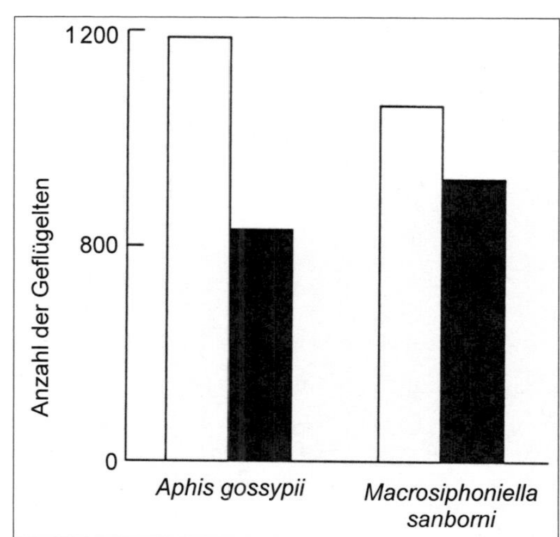

Abb. 6.34: Anzahl der Geflügelten, die von *Aphis gossypii* und *Macrosiphoniella sanborni* in Populationen mit nur einer Art (offene Balken) und mit gemischten Arten (schwarze Balken) auf Chrysanthemen produziert wurden (nach TAMAKI & ALLEN 1969).

Aphis gossypii und *Macrosiphoniella sanborni* kommen beide auf Chrysanthemen in Gewächshäusern vor. Sie ernähren sich von verschiedenen Teilen der Pflanze: *Macrosiphoniella sanborni* vom wachsenden Stängel und *Aphis gossypii* von den jungen Blättern. Diese Lebensraumtrennung ist jedoch weniger ausgeprägt, wenn eine große Blattlauszahl dazu führt, dass die Pflanze aufhört zu wachsen und kein Zuwachs vorhanden ist. Das Vorhandensein einer Art hemmt das Wachstum und die Populationsdichte, die von den anderen Arten erreicht werden (Abb. 6.33). In einer gemischten Population produziert *Aphis gossypii* nur 55 % und *Macrosiphoniella sanborni* 78 % der Anzahl der Geflügel, die sie jeweils produzieren, wenn sie nicht miteinander konkurrieren (Abb. 6.34) (Vehrs et al. 1992).

Es wird berichtet, dass *Aphis spiraecola*, die ein breites Wirtsspektrum hat, *Aphis pomi*, die auf Rosacea-Wirte beschränkt ist, von ihrem dominanten Schädlingsstatus auf dem Apfel in Israel (Zehavi & Rosen 1987) und im östlichen Nordamerika (Pfeiffer et al. 1989) verdrängt hat. Dies wird durch eine Feldzählung von Apfelplantagen in Kombination mit einer Simulationsstudie von Brown et al. (1995) unterstützt, wonach es wahrscheinlich ist, dass *A. spiraecola* die *A. pomi* vom Apfel verdrängt hat. Die beiden Arten beeinflussen sich gegenseitig nicht in ihrer Verteilung auf dem Apfel, aber *A. spiraecola* ist fruchtbarere und dominiert auf dem Apfel vor allem bei höheren Temperaturen. *A. pomi* hat bei hohen Dichten eine verminderte Neigung, vom Apfel abzuwandern, weshalb diese Blattlaus trotz ihrer Reproduktionsnachteile bei sehr niedrigen Populationsdichten auf dem Apfel persistent ist.

Gegenseitige Förderung

Blattläuse beeinträchtigen sich nicht immer gegenseitig. So induziert *Periphyllus acericola* im Herbst eine schnelle lokale Seneszenz der Blätter von *Acer pseudoplatanus*, von denen sie sich ernähren, und Individuen von *Drepanosiphum platanoidis*, die sich neben ihnen ernähren, sind größer als diejenigen, die sich von benachbarten Blättern ohne *Periphyllus acericola* ernähren.

Drepanosiphum platanoidis, in Clip-Käfigen auf der Blattoberseite gehalten, waren nach 14 Tagen schwerer, wenn auf der Unterseite übersommernde Larven von *Periphyllus acericola* siedelten (Shearer 1976a, b).

Die Nahrungsaufnahme von Blattläusen induziert biochemische Veränderungen im Pflanzengewebe. Wenn *Aphis fabae* in großen Kolonien an *Vicia faba* siedelt, dann reichern sich Aminosäuren an der Nahrungsstelle an. Diese Zunahme an Aminosäuren wird hauptsächlich durch lokal induzierte Proteolysen von Blattproteinen und teilweise durch Umlagerungen aus anderen Pflanzenorganen verursacht (Poehling 1985). In Experimenten mit *S. avenae* akkumulierten sich in den Ähren besiedelter Winterweizenpflanzen 36 % des Gesamtstickstoffs, aber lediglich 23 % in den Ähren unbesiedelter Pflanzen (Jahn et al. 1985). Dieser höhere Stickstoffgehalt bedeutet verbesserte Nahrungsbedingungen, weshalb die an den Ähren siedelnden *S. avenae* nach Müller & Steiner (1991) größer werden und stärker pigmentiert sein sollen als Blattläuse, die im Experiment gezwungen werden, an den Blättern zu siedeln (Abb. 3.15). Die intensivere Pigmentierung der an den Ähren siedelnden *S. avenae* kann aber auch als Anpassung an die stärkere Exposition gegen Sonnenlicht (speziell UV) gesehen werden (THIEME & HEIMBACH 1998, HU et al. 2013a). Dies wird besonders deutlich, wenn neben der Pigmentierung auch der Anteil rotbraun gefärbter *S. avenae* im Jahresverlauf betrachtet werden. So nimmt im Feld mit steigender Intensität der UV-Strahlung der Anteil rotbraun gefärbter *S. avenae* zu (THIEME 1997a, HU et al. 2013b).

Aminosäuren und löslicher Stickstoff treten in hohen Konzentrationen in Gallen auf (DIXON 1983). Ihr hoher Nährstoffgehalt ermöglicht die Besiedelung dieser Wirte durch Blattläuse, die entweder gar nicht oder nur selten diese Pflanzen befallen. MÜLLER & STEINER (1991) berichten z. B. über Nachweise großer Kolonien von *S. avenae* an *Holcus lanatus* auf Gallen von *Holcaphis holci*, dichte Kolonien von *Brachycaudus* (*Prunaphis*) *cardui* auf Gallen von *Schizoneura lanuginosa* an *Ulmus campestris*, oder von *Aphis fabae* an Apfelsämlingen mit Gallen von *Dysaphis devecta*.

In Hinblick auf das Massenauftreten einer oder mehrere Blattlausarten zusammen an ein und derselben Pflanze können gegenseitige Wechselwirkungen erwartet werden. Verstärktes Auftreten von Geflügelten bei Überbesiedelung erscheint als Folge oder als Mittel zur Vermeidung von intraspezifischer Konkurrenz. Intraspezifische Konkurrenz in Verbindung mit direktem Angriff ist nur bei manchen Pemphigini und Hormaphidinae bekannt. Nicht selten besiedeln zwei Blattlausarten eine Pflanze gemeinsam, ohne dass Anzeichen für interspezifische Konkurrenz erkennbar sind. Erhöhter Stickstoffgehalt in der Pflanze entweder als Direktwirkung der Nahrungsaufnahme oder auf dem Wege über Gallbildung fördert Ansiedelung und Wachstum sogar einer anderen Blattlausart.

6.4 Einfluss des Klimawandels

Als der französische Mathematiker FOURIER (1824) behauptete, dass die Temperatur der Erde langsam ansteigt, wurde dies nicht ohne Weiteres akzeptiert. Einige Jahre später bestätigten ARRHENIUS (1896) und CALLENDAR (1938) diese Hypothese und fügten hinzu, dass die Temperatur des Planeten durch die Aktivitäten des Menschen ansteigt, insbesondere durch die Produktion von Kohlenstoffdioxid (CO_2). Es stellt sich die Frage, wie sich die globale Erwärmung auf den Planeten und die Lebensformen auswirken, insbesondere wie sie wahrscheinlich Blattläuse beeinflussen wird.

Veränderungen des Weltklimas haben das Potenzial, die Beziehungen zwischen Pflanzen und Insekten stark zu verändern, wobei die möglichen

Einflussbereiche von Mustern der Biodiversität bis hin zur landwirtschaftlichen Produktivität reichen (Körner 2000, Theurillat & Guisan 2001, Körner 2003). In solchen Szenarien werden Insektenherbivoren, die jährlich 10–15 % der globalen Nettoprimärproduktivität verzehren (Crawley 1983), sowohl direkt als auch indirekt betroffen sein. Sich vom Phloem ernährende Insekten sind die einzigen Arten, die eine positive Reaktion auf Pflanzen zeigen, die unter erhöhten CO_2-Bedingungen wachsen, obwohl die Reaktion artspezifisch ist (Newman et al. 1999, Whittaker 1999, Holopainen 2002, Williams et al. 2003), wobei sogar dieselbe Art auf verschiedenen Wirtspflanzen unterschiedlich reagiert (Awmack et al. 1997).

Der Klimawandel kann die von Ökosystemen erbrachten Leistungen gefährden, wie z. B. die Bestäubung von Nutzpflanzen oder die Schaderregerbekämpfung durch Prädatoren. Diese Veränderungen betreffen nicht nur die Interaktionen zwischen Insekten und Pflanzen, sondern auch natürliche und landwirtschaftliche Ökosysteme (Körner 2000, Theurillat & Guisan 2001).

Es gibt Hinweise, dass aktuelle Veränderungen, insbesondere die erhöhten Konzentrationen von O_3 und CO_2 (IPCC 2001), die Leistungsfähigkeit (z. B. Wachstum und Fruchtbarkeit) und Populationsdynamik von Blattläusen beeinflussen können (Holopainen 2002, Percy et al. 2002, Awmack et al. 2004). Blattläuse sind ein gutes Modell für die Untersuchung der Auswirkungen von Umweltveränderungen, da sie kurze Lebenszyklen mit mehreren Generationen pro Jahr und eine hohe Fruchtbarkeit haben (Dixon 1998). Die Lebensgeschichten von Blattläusen sind gut untersucht, aber die Bandbreite der Faktoren, die ihre Leistung beeinflussen können, ist so groß, dass sich die Schlussfolgerungen aus diesen Studien oft widersprechen (Ameixa 2010). Bottom-up-Ansätze zur Bestimmung der Leistung von Blattläusen anhand einer Pflanze oder sogar eines einzelnen abgetrennten Blattes deuten zum Beispiel darauf hin, dass erhöhte Konzentrationen von atmosphärischem CO_2 direkte Auswirkungen auf Blattläuse und ihre Wirtspflanze haben könnten. Die Ergebnisse dieser Studien werden auf Ökosysteme extrapoliert. Es ist aber fraglich, ob dies der richtige Weg ist, um Phänomene zu untersuchen, die von globaler Natur sind.

Es ist schwierig, aus den bislang publizierten Ergebnissen allgemeine Schlüsse darüber zu ziehen, wie Blattläuse auf künftige klimatische Veränderungen reagieren werden. Das liegt daran, dass in diesen Studien meist nur die Wirkung von einem oder zwei der mit der globalen Erwärmung verbundenen Parameter ermittelt wurde und die Reaktionen der Pflanzen, Blattläuse und natürlichen Feinde von der »Parameterwahl« abhängen (Ameixa 2010). In der Geschichte der Erde gab es jedoch mehrere größere klimatische Veränderungen, seit sich Blattläuse entwickelt haben. Ein Blick darauf, was in der Vergangenheit passiert ist, könnte Aufschluss darüber geben, was in Zukunft wahrscheinlich passieren wird.

In der Vergangenheit gab es Perioden klimatischer Instabilität, in denen es zu dramatischen und schnellen Klimaveränderungen kam. Untersuchungen des Verhältnisses der beiden Sauerstoffmoleküle mit unterschiedlichem Molekulargewicht (O_{16}- und O_{18}-Isotope) in Eisbohrkernen haben gezeigt, dass die Eisbildung vor dem stabilen Holozän recht variabel war. Dies galt insbesondere während des Quartärs, einschließlich des Pleistozäns und Holozäns. Während des Pleistozäns waren die Hauptgebiete der Vergletscherung Nordamerika, Grönland, Eurasien und die Antarktis. Im Holozän waren die Klimaveränderungen in ihrer Amplitude geringer als im Pleistozän (Easterbrook 1999). Das Holozän ist die interglaziale Periode, in der sich die modernen Pflanzen- und Tierverteilungen stabilisierten (Eddy & Oeschger 1993).

Die Verbreitungsmuster von Tieren und Pflanzen waren im Laufe der Zeit dramatischen Veränderungen unterworfen. Das Klima während der letzten Eiszeit und die Verbreitung fast aller Pflanzen- und Tierarten war anders als heute (Frenzel et al. 1992, Huntley & Birks 1983, Hewitt 1996, Taberlet et al. 1998, Comes & Kadereit 1999). Paläontologische Nachweise zeigen, dass die Insekten auf Klimaveränderungen mit einer Veränderung ihrer geographischen Verbreitungsgebiete reagierten (Coope 1995), was Veränderungen in der Verbreitung ihrer Wirtspflanzen widerspiegelt. Diese Veränderungen sind jedoch eingeschränkt, da das Aufspüren geeigneter thermischer Klimate oft mit Änderungen des Breitengrades und damit verbundenen Änderungen der Fotoperiode einhergeht, was die Etablierung von Arten einschränken könnte. Arten, die aussterben, sind wahrscheinlich diejenigen, die nicht in der Lage sind, sich an die Veränderungen anzupassen, die mit der veränderten Verbreitung in den Breitengraden einhergehen, aber auch Arten, die nur eine begrenzte Mobilität haben, wie ungeflügelte Formen. Bei Blattläusen gibt es keine Beweise für eine wind- oder wasserunterstützte Ausbreitung ungeflügelter Formen, obwohl an der Vegetation befestigte Eier über kurze Entfernungen ausgebreitet werden können (Fahnestock et al. 2000).

Keine einzelne Art ist in der Lage, den gesamten Bereich von tropischen bis arktischen Temperaturen oder Wüsten- bis Feuchtigkeitsbedingungen zu tolerieren (Schowalter 2000). Aber aufgrund ihrer geringen Größe, kurzen Lebensspanne und hohen Reproduktionsrate können Insekten die Zeitspanne zwischen Umweltveränderungen und der Anpassung der Population an die neuen Bedingungen minimieren (Ameixa 2010).

Es gibt einige Hinweise darauf, dass sich Blattläuse an Klimaveränderungen anpassen können. Funde fossiler Exemplare sind oft noch vorhanden, was darauf hindeutet, dass extreme Klimaereignisse in der Vergangenheit nicht immer zu großen evolutionären Veränderungen oder zum Aussterben führten. Blattläuse tauchen als Fossilien vor der Periode der größten Klimainstabilität und sogar vor dem Rückgang der Gymnospermen und dem Auftreten der Angiospermen in der Kreidezeit auf. HEIE (1987, 1996) vermutet, dass das Vorhandensein mehrerer spezialisierter Gruppen im kanadischen Bernstein der oberen Kreidezeit, aber nicht in jüngeren Fossilien, ein Beweis für ein Aussterbeereignis nahe der Kreide-Tertiär-Grenze ist. Dieses großflächige Aussterben könnte mit dem Aussterben der Gymnospermen zusammenhängen, wahrscheinlich angetrieben durch die Diversifizierung der Angiospermen in der mittleren bis späten Kreidezeit (Abb. 3.3, HEIE 1987, SHAPOSHNIKOV 1987b, HEIE & PIKE 1992, 1996). Blattläuse waren bereits in der Vergangenheit mit dem Rückgang der Abundanz und dem Aussterben ihrer Wirtspflanzen sowie mit Perioden abrupter Klimaveränderungen konfrontiert. Die Frage ist jedoch, wie Blattläuse mit den aktuell vorhergesagten Klimaveränderungen umgehen werden. Der Verlust von Lebensraum ist die wichtigste Ursache für das Aussterben von Arten (WILCOVE et al. 1998). Die Fragmentierung des verbleibenden Lebensraums tritt oft während des Lebensraumverlusts auf, und dies wurde mit einer verminderten Artenvielfalt in einer Vielzahl von taxonomischen Gruppen in Verbindung gebracht (CROOKS 2002, DRINNAN 2005). Die kombinierten Effekte von Lebensraumzerstörung und Klimawandel können eines der potenziell schwerwiegendsten Probleme des globalen Wandels darstellen. Im Fall von Blattläusen wird dies für Arten problematisch sein, die keine landwirtschaftlichen Schädlinge sind, da die natürlichen Landschaften verstreuter und schwieriger zu finden sein werden. Für Kulturpflanzenschädlinge wären diese Probleme viel geringer. Einige der empirischen Arbeiten, die eine Zunahme der Populationen oder eine Steigerung der Fitness zeigten, wurden mit Blattläusen durchgeführt, die Schädlinge von Nutzpflanzen sind (z. B. AWMACK & HARRINGTON 2000, DÍAZ et al. 1998, HIMANEN et al. 2008, HOOVER & NEWMAN 2004, HUGHES & BAZZAZ 2001, PERCY et al. 2002, SALT et al. 1996, SMITH 1996).

Effekte des prognostizierten Klimawandels lassen sich bereits an früheren Dürresommern darstellen. Bei den wirtswechselnden Blattläusen müssen im Herbst die Gynoparen und die Männchen von den zumeist krautigen Sekundärwirtspflanzen zu den Primärwirten zurückfliegen (MÜLLER 1955). Temperaturen unter 12 °C, Regen und Wind unterbinden aber den Flug vollständig, und dieser Flug wird in den meisten Jahren durch die Witterungsverhältnisse dermaßen eingeschränkt, dass nur ein sehr geringer Teil der Gynoparen und insbesondere der erst im Oktober fliegenden Männchen zum Winterwirt gelangt (MÜLLER 1954, 1955, 1961c). Der Herbst 1958 hatte warmes Wetter gebracht. Die Summe der Niederschläge lag unter, die Temperaturen (mit einem mittleren Temperaturmaximum von 13,2 °C im Oktober) und die Gesamtsonnenscheindauer lagen dagegen über den langfristigen Mittelwerten (Bauer. 1958). Obstbäume und andere als Winterwirt infrage kommende Gehölze wurden von den Blattläusen in großen Stückzahlen angeflogen und mit Eiern belegt. Aber auch Arten ohne Wirtswechsel überdauerten in extremen Zahlen den Winter im Eistadium. Somit war zu Beginn der Vegetationsperiode 1959 ein starker Ausgangsbefall vorhanden. Ein zeitiger Frühlingbeginn und das warme Wetter ergaben in Verbindung mit dem erheblichen Initialbefall schon im Mai an vielen Pflanzen stärkste Besiedelung durch Blattläuse. *Myzus persicae* wurde überall an *Prunus serotina* und *Lycium halmifolium* mit übernormalem Primärbefall gefunden, und große Kolonien der *Rhopalosiphum oxyacanthae* hatten die Apfelbäume durch Blattrollungen stark verunstaltet.

Diese Massenentwicklung wurde von der sommerlichen Hitze im Juli bei nicht wenigen Arten beendet. Einige der häufigsten Blattlausarten wie die *Aphis fabae* und *M. persicae* zeigen in ihrem jahreszeitlichen Massenwechsel auch in normalen Jahren eine deutliche Depression im Sommer. Diese war im Sommer 1959 besonders extrem und äußerte sich Mitte Juli im Zusammenbruch selbst stärkster Blattlauspopulationen im Feld. Dies entsprach den Laborergebnissen, wonach Temperaturen von wenig über 28 °C bereits schädigend auf *M. persicae* wirken, wobei reduzierte Luftfeuchte die Empfindlichkeit der Blattläuse gegen hohe Wärme noch erhöht (Broadbent 1951b).

Sommerliche Depression der Blattläuse ist nicht nur eine Direktwirkung höherer Temperaturen, sie wird zusätzlich durch Veränderungen in der Eignung der Futterpflanzen hervorgerufen. Wachsende Pflanzenteile, wie sie im Frühjahr die Vegetation bestimmen, bieten den Blattläusen wesentlich bessere Ernährungsgrundlage als Pflanzen, die im trocken-heißen Sommer ihr Wachstum abgeschlossen haben. Als deutlichen Beweis für die vermittelnde Rolle der Wirtspflanzen führt Müller (1960b) den Vergleich der Blattlausbeobachtungen der Jahre 1958 und 1959 an. Im kühlen und feuchten Sommer 1958 konnte er wirtswechselnde Blattläuse wie *Rhopalosiphum padi, Dysaphis plantaginea, D. sorbi, Myzus cerasi* und *Phorodon humuli* noch im August auf ihren Primärwirten beobachten, während die gleichen Arten im Jahre 1959 als Folge des trocken-warmen Wetters schon im Juni die Abwanderung beendeten. Offenbar bleiben die Blätter der Pflanzen bei kühler und feuchter Witterung längere Zeit in einem günstigen Zustand für die Besiedelung durch Blattläuse.

Der Dürresommer 1959 hatte eine so erhebliche Depression der Populationen mancher Blattlausarten bewirkt, dass bei einigen wirtswechselnden

Blattläusen trotz günstigsten Herbstwetters nur äußerst schwache Rückwanderung zum Winterwirt zustande kam. So konnte im Gebiet von Rostock *A. fabae*, eine der häufigsten Blattlausarten, an ihrem Winterwirt *Euonymus europaeus* nur ganz vereinzelt festgestellt werden. *M. persicae* wurde an den Winterwirten zunächst ebenfalls sehr selten angetroffen, trat aber nach Mitte Oktober häufiger auf, wahrscheinlich hatten sich die Blattlauspopulationen an den Sekundärwirtspflanzen etwas erholt. Blattlausarten, die während der heißen Jahreszeit an geschützten Stellen oder unterirdisch leben, überstanden den Dürresommer gut. So erschien z. B. *R. oxyacanthae*, die im Sommer an den Wurzeln von Gräsern lebt und dort gegen Hitze und Trockenheit weitestgehend geschützt ist, im Herbst 1959 in Massen an den Apfelbäumen und anderen Pomoideen, wo sie sich im Frühjahr 1960 durch heftiges Primärauftreten bemerkbar machte. *A. fabae* fehlte dagegen im Frühjahr 1960 an vielen Stellen des Gebietes von Rostock fast völlig. Die zahlreichen Spezialisten unter den Aphiden, wie die Bewohnen von Gallen, Wurzeln, Moospolstern, Ameisennestern oder Wasserpflanzen, sind durch Dürresommer entweder gar nicht oder in anderer Weise betroffen worden.

Der prognostizierte Anstieg der globalen Temperaturen wird sich wahrscheinlich positiv auf die Entwicklungs- und Reproduktionsraten von poikilothermen Organismen wie Blattläusen auswirken. In der Arktis wurden Feldkäfige eingesetzt, um die Umgebungstemperatur für Blattläuse zu erhöhen (Strathdee et al. 1995b). Die erhöhten Temperaturen führten zu höheren Abundanzspitzen von *Acyrthosiphon svalbardicum* und *Acyrthosiphon brevicorne*, die sich von *Dryas actopetala* ernähren. Diese Studien ignorieren jedoch alle anderen Faktoren, die nachweislich die Blattlausabundanz beeinflussen. Wenn die Temperatur der einzige bestimmende Faktor ist, dann ist es rätselhaft, warum die Häufigkeit von *Acyrthosiphon brevicorne* außerhalb der Käfige an dem Ort in Schwedisch-Lappland am höchsten war, an dem die niedrigste Durchschnittstemperatur herrschte (Dixon 1998).

Bei den anholozyklisch überwinternden Arten können die Wintertemperaturen das Überleben sehr stark beeinträchtigen und dazu führen, dass die Populationen von Jahr zu Jahr dramatisch in ihrer Abundanz schwanken. Bei *Elatobium abietinum* hat sich gezeigt, dass ein Anstieg der Wintertemperaturen an Standorten in Großbritannien, an denen die Temperatur derzeit die Populationsgröße nicht begrenzt, keine Auswirkungen hat. Die durchschnittliche Populationsdichte an diesen Standorten wird durch die Dichteabhängigkeit reguliert. An Standorten, an denen die durch die Wintertemperaturen verursachte Sterblichkeit zumindest gelegentlich stark ausgeprägt ist, kann die mittlere Populationsgröße jedoch noch zunehmen.

Die Zunahme wird wahrscheinlich gering sein, da viele Standorte begannen, ein Dichteplateau in Bezug auf den Temperatureinfluss zu erreichen.

Das Ausbleiben kalter Winter könnte die heftigen Schwankungen der Dichte zwischen den Jahren an diesen Standorten beseitigen, da wärmere Standorte im Allgemeinen stabilere Populationen zu haben scheinen. Darüber hinaus haben die Populationen an wärmeren Standorten entgegen den Erwartungen eine relativ niedrige mittlere Populationsdichte (Thacker 1995). Daher ist es unwahrscheinlich, dass die globale Erwärmung zu einer stark erhöhten Populationsdichte von *Elatobium* in Großbritannien führen wird.

Es wird als unwahrscheinlich angesehen, dass die globale Erwärmung zu einer allgemeinen Zunahme des Blattlausvorkommens führen wird, jedoch könnte sie zu einer Veränderung der Verteilung der Arten und zum Vorkommen bedeutender Blattlausschädlinge in Ländern führen, in denen sie bisher nicht erfasst wurden (Dixon 1998).

6.4.1 Temperatur in Prognosemodellen

In den späten 1960er und frühen 1970er Jahren führte die Besorgnis über die prophylaktische Anwendung von Pestiziden zu der Empfehlung, dass die Regierungen in Europa in ihren jeweiligen Ländern Schaderregerprognosesysteme einrichten sollten (Taylor 1973). Mehrere Jahrzehnte später ist das prophylaktische Spritzen von Pestiziden immer noch weit verbreitet und es gibt enttäuschend wenige Prognosesysteme. Tatsächlich wird die langfristige Erfassung von Daten, die für die Entwicklung genauer Prognosesysteme erforderlich sind, nicht gefördert, und viele der Saugfallen des Europäischen Saugfallennetzes sind nicht mehr in Betrieb. Es ist zwar möglich, genaue Prognosesysteme zu entwickeln, aber fraglich, ob dies derzeit politisch und wirtschaftlich gewünscht wird. Hinzu kommt die stetige Abnahme der Personen, die in den zuständigen Einrichtungen für die Identifikation der Insekten und besonders der schädlichen Arten verantwortlich sind. Wenn die Kosten von Pestiziden jedoch nicht nur die Produktionskosten widerspiegeln würden, sondern auch den Schaden, den sie der Umwelt und der menschlichen Gesundheit zufügen, würde sich die Einstellung ändern. Nachfolgend sind Beispiele für die Reaktion der Blattläuse auf die Temperatur und deren Nutzung in Prognosesystemen.

Elatobium abietinum (Sitkafichtenlaus)

Ausbrüche von *E. abietinum* werden mit milden Wintern in Verbindung gebracht (Bejer-Petersen 1962, Carter 1972, Powell & Parry 1976). Wenn die Temperaturen auf –7 °C oder darunter fallen, bildet sich in den Nadeln des Wirtes Eis, das in den anhaftenden Blattläusen Eiskristalle bildet und sie abtötet (Powell 1974). Die Wachshülle dieser Blattlaus, die als Anti-Benetzungsschicht dient, kann jedoch Eiskristalle abwehren und dadurch, dass sie verhindert, dass diese mit dem Körper der Blattlaus in Kontakt kommen, das tödliche Einfrieren durch Impfung verzögern (Bevan & Carter 1980). Obwohl die Sterblichkeit infolge des Erfrierens katastrophal ist, nimmt die Anzahl der Blattläuse auch stetig ab, sobald die wöchentliche Durchschnittstemperatur unter 4 °C fällt (Abb. 6.35 (a)). Bei anderen Blattlausarten ist diese Sterblichkeit vor dem Einfrieren und die verringerte Langlebigkeit und Fruchtbarkeit der Überlebenden (Knight et al. 1986, Bale et al. 1988) mit Schäden an den Symbionten der Blattlaus verbunden (Parrish & Bale 1991). So gibt es im Frühjahr nach milden Wintern oft eine große Anzahl von überwinterten Blattläusen, die auf Fichten überlebt haben. Kurz vor dem Knospenaufbruch vermehren sich die Blattläuse rasch und können bei großer Anzahl ein Ausbruchniveau erreichen (Abb. 6.35 (b)) und Entlaubung verursachen, wie es 2021 in Norddeutschland zu beobachten war.

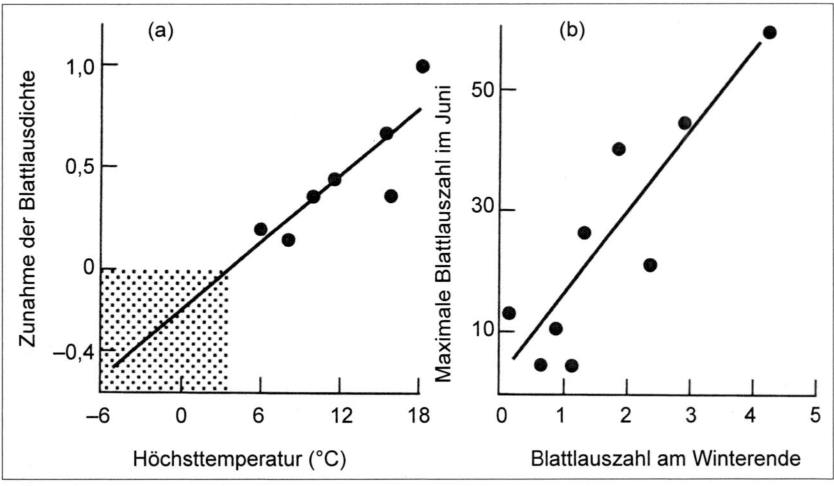

Abb. 6.35: Abundanz bestimmende Faktoren für *Elatobium abietinum*. (a) Zunahme der Dichte pro Woche, gemessen als Logarithmus der Zahl der Blattläuse pro Gramm Trockengewicht der Nadeln, relativ zu Tmax in der jeweiligen Woche. (b) Maximale Anzahl der Blattläuse pro 100 Nadeln im Juni relativ zur Anzahl der Blattläuse pro 100 Nadeln am Ende des Winters. Gepunktet, negative Zuwachsraten (nach Powell & Parry 1976).

Sitobion avenae

Die Anzahl der im Frühsommer fliegenden *S. avenae* korreliert auch mit der Heftigkeit des vorangegangenen Winters (Abb. 6.36). Es ist wahrscheinlich, dass die Blattlaus gut überlebt und möglicherweise sogar in milden Wintern an Häufigkeit zunimmt (Abb. 6.37). Eine weitere Zunahme der Zahlen im Frühjahr führt zu zahlreichen Geflügelten, von denen viele Getreidekulturen besiedeln. Das Winterwetter beeinflusst auch das Wachstum von Winterweizen, der wichtigsten Getreidekultur, sodass die Anzahl der zu Beginn des Sommers vor der Reifung des Weizens verbleibenden und für Blattläuse ungeeigneten Tagesgrade von Jahr zu Jahr variiert. Daher ist die Abundanz der Blattläuse im Sommer nicht, wie bisher angenommen, hauptsächlich auf die Anzahl der erfolgreich überwinternden Blattläuse zurückzuführen (Carter et al. 1982, Dewar & Carter 1984), sondern auf

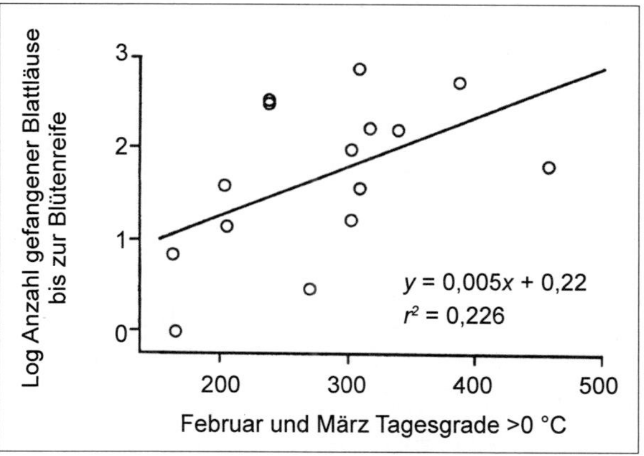

Abb. 6.36: Anzahl geflügelter *Sitobion avenae*, die in der Broom's-Barn-Saugfalle vor dem Ende der Weizenblüte von 1976 bis 1983 gefangen wurden, relativ zur Anzahl der Tagesgrade über 0 °C im Zeitraum Februar bis März des vorangegangenen Winters.

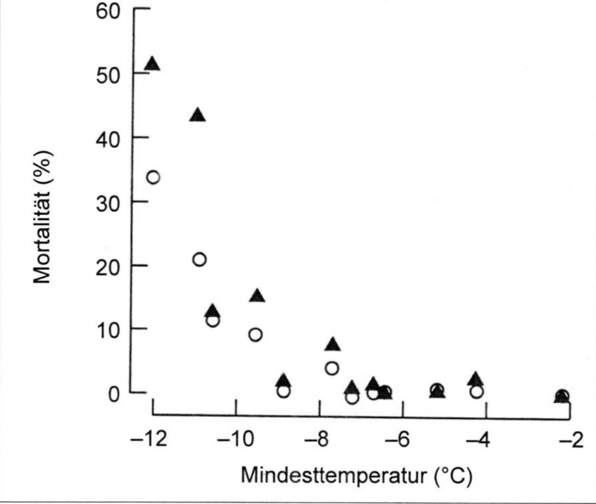

Abb. 6.37: Mortalität (in %) über 4 Tage von *Metopolophium dirhodum* (ausgefüllte Dreiecke) und *Sitobion avenae* (offene Kreise) relativ zur herrschenden Tmin (nach Williams 1980).

die verbleibende Zeit bis zur Reife des Weizens. In der britischen Grafschaft Norfolk ist es wahrscheinlicher, dass Blattläuse auf Weizen eher nach strengen als nach milden Wintern ein Ausbruchniveau erreichen. Diese negative Beziehung zu den Winter-Tagesgraden wird durch die Einbeziehung der kumulierten Wintertemperaturen (Tagesgrade über 1 °C) von Oktober bis März der vier vorangegangenen Jahre (Maudsley 1993) stark verbessert (27–62 % der berücksichtigten Variation), d. h., strenge Winter verzögern die Entwicklung von Weizen und erhöhen die Wahrscheinlichkeit eines Blattlausausbruchs, aber nur dann, wenn mehrere vorangegangene Winter mild waren, was wahrscheinlich dazu führt, dass ein großer Teil der Blattläuse anholozyklisch überwintert.

Anhand dieser langfristigen Prognose lassen sich Jahre mit hohem Risiko identifizieren, die durch kurzfristige Prognosen bestätigt werden müssen. Systeme, die Feldschätzungen der Anzahl der im Frühsommer auf Weizen vorkommenden Blattläuse zusammen mit ihrer maximalen potenziellen Zuwachsrate verwenden, neigen dazu, die Höchstwerte zu überschätzen, da die Blattläuse selten maximale Zuwachsraten erreichen. Die Genauigkeit kann erhöht werden, indem man nicht eine, sondern mehrere Felderhebungen durchführt und diese verwendet, um eine Schätzung der realisierten Zuwachsrate zu erhalten (Entwistle & Dixon 1987).

Myzus persicae und das Rübenvergilbungsvirus (BYV)

M. persicae ist ein wichtiger Überträger von BYV und in England hauptsächlich anholozyklisch. Das Vorkommen des BYV in Zuckerrüben steht in engem Zusammenhang mit (1) der Anzahl der Tage in den ersten 3 Monaten des Jahres, an denen die Temperatur unter 0 °C fällt, (2) der mittleren Wochentemperatur im April und (3) der Anzahl der im Mai und Juni fliegenden *M. persicae* (Abb. 6.38).

Die Temperatur im Spätwinter bestimmt, wie viele Blattläuse überleben, und die Temperatur im April bestimmt die Zuwachsrate der Überlebenden. Wenn die Blattläuse im Frühjahr sehr zahlreich sind, ist der Zuckerrübenanbau gefährdet (Watson et al. 1975). Diese Prognose wurde revidiert und von Harrington et al. (1989) erweitert. Die zur Vorhersage der Häufigkeit des BYV in den östlichen Grafschaften von Großbritannien verwendete Gleichung enthält (1) ein Maß für die Virusinfektion im Vorjahr, (2) ein Maß für die Schwere des vorangegangenen Winters (Anzahl der Bodenfrostfälle im Januar und Februar) und (3) den Zeitpunkt des Beginns der Frühjahrswanderung von *M. persicae*. Die am 1. März veröffentlichte Frühprognose basiert auf folgender Gleichung

$$V_E = 0{,}2V_p - 67{,}9F + 110{,}7$$

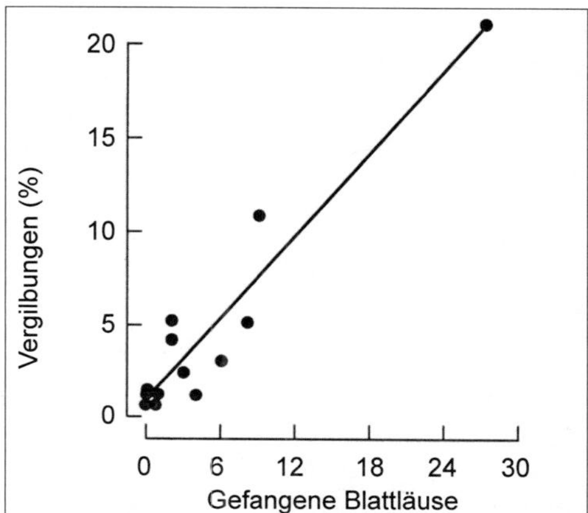

Abb. 6.38: Anteil (in %) der Zuckerrübenpflanzen mit Vergilbung relativ zur Anzahl *Myzus persicae,* die im Mai und Juni in Klebefallen gefangen wurden (nach HEATHCOTE 1974).

wobei V_E die für die östliche Region vorhergesagte prozentuale Virushäufigkeit ist, V_P die prozentuale Virushäufigkeit im Vorjahr und $F = \log(n+1)$, wobei n die Anzahl der Bodenfrostfälle im Januar und Februar ist.

Diese Beziehung macht 63 % der Varianz der Virushäufigkeit von Jahr zu Jahr aus. Eine spätere Prognose basiert auf:

$$V_E = 0{,}37V_P - 25{,}7F + 0{,}0092A^2 + 303$$

wobei A das julianische Datum des ersten Saugfallenfangs von *M. persicae* ist und 87 % der Varianz ausmacht. Da diese Prognose kaum vor der Aussaat der meisten Zuckerrüben gemacht wird, ist die Möglichkeit ausgeschlossen, die Saatgutbehandlung mit Insektiziden von Jahr zu Jahr zu variieren, d. h., Winter- und Frühjahrstemperaturen beeinflussen durch ihre Wirkung auf die Häufigkeit und den Zeitpunkt des Frühjahrsflugs von *M. persicae* das jährliche Auftreten von BYV in Zuckerrüben stark.

Aphis fabae

Diese Blattlaus kann in Saubohnenkulturen schwere Verluste von bis zu 46 % verursachen (WAY & HEATHCOTE 1966). Ursprünglich wurde in Großbritannien die Zahl der auf dem Primärwirt *Euonymus europaeus* überwinternden Eier zur Prognose des späteren Befalls der Bohnen verwendet (WAY & BANKS 1968). Die Zuverlässigkeit dieser Prognose wurde durch die Berücksichtigung der Saugfallenfänge von *A. fabae,* die im letzten Herbst auf *E. europaeus* und im Frühjahr vom Primärwirt auf die Bohnen migrierten, sowie der Höchstzahl von Blattläusen auf *E. europaeus* im Frühjahr erheblich verbessert (WAY et al. 1981). Je kürzer das Intervall zwischen der Populationsgrößenschätzung und dem Zeitpunkt des Pflanzenbefalls ist, desto genauer ist die Prognose. So macht die Korrelation mit der Zahl der im Frühherbst zum *E. europaeus* migrierenden *A. fabae* 28 % der Varianz aus, während die Zahl der im Frühjahr migrierenden *A. fabae* 64 % der Varianz ausmacht. Durch Berücksichtigung der Verteilung und des lokalen Vorkommens von *E. europaeus* kann die Genauigkeit der Prognose weiter erhöht werden (Way & Cammell 1982). Eine frühere deutsche Studie von Behrendt (1966a, b, 1969) deutete ebenfalls darauf hin, dass Eizählungen für Vorhersagen nützlich sind. Je größer die Zahl der im Frühjahr schlüpfenden Blattläuse ist, umso größer ist im Sommer die Zahl der die Bohnenfelder verlassenden *A. fabae*.

Der Pflanzenschutzdienst von Mecklenburg-Vorpommern mit Sitz in Rostock sammelte und identifizierte viele Jahre lang die in Gelbschalen gefangenen Blattläuse. Daneben wurden auch Felderhebungen der Eierdichte durchgeführt. Aus dieser Zeitreihe (Abb. 6.39) geht überraschenderweise hervor, dass die Anzahl von *A. fabae*, die aus Bohnenkulturen migrierten, über einen Zeitraum von 3–4 Jahren zyklisch ist. Bemerkenswert ist, dass die Eierdichten nicht mit den Blattlauszahlen im vorangegangenen Sommer korreliert sind und auch nicht zur Vorhersage der Populationsgröße im folgenden Sommer verwendet werden können, wie dies Way et al. (1981) in Großbritannien und Behrendt (1966, 1969, 1971) für eine andere Region Deutschlands konnten. Die erste Regressionsanalyse dieses Datensatzes (1978–1990) deutete darauf hin, dass das Muster von den Temperaturen im Mai bestimmt wird, was sich möglicherweise auf die Populationswachstumsraten auswirkt. In der Folge änderte sich diese Einschätzung nach Hinzufügung von Daten für weitere zwei Jahre (1991 und 1992), wobei die Dichten der Blattlaus in den vorangegangenen Jahren (d. h. das zyklische Verhalten) zu den Mai-Temperaturen als wichtige Faktoren hinzukamen. Schließlich ersetzten die Niederschläge im März die anderen Faktoren, als die Daten von 1993 berücksichtigt wurden (Thacker et al. 1997). Diese sich ständig ändernde Einbeziehung verschiedener Variablen unterstreicht die Notwendigkeit langer Datenreihen, wenn effiziente Prognosesysteme entwickelt werden sollen; Jahre außerhalb der bisherigen Erfahrung des Prognosesystems können seine ansonsten genauen Vorhersagen untergraben.

Die Zyklen der *A.-fabae*-Abundanz im Raum Rostock sind offenbar wetterbedingt. Im Gegensatz zur Annahme von Haukioja (1991) ist davon auszugehen, dass Dichtezyklen durch das Wetter verursacht werden können. Wenn die Abundanz genau prognostiziert werden soll, ist sicherzustellen, dass die wahren treibenden Faktoren definiert sind, dafür sind viele Daten erforderlich, d. h., scheinbar einfache Systeme können alles andere als das sein (Thacker et al. 1997).

Interessant ist ein Vergleich der für Rostock ermittelten Daten mit den Fängen von Blattläusen an anderen Orten, dort scheinen vergleichbare Populationsentwicklungen vorzuliegen (Abb. 6.40, 6.41).

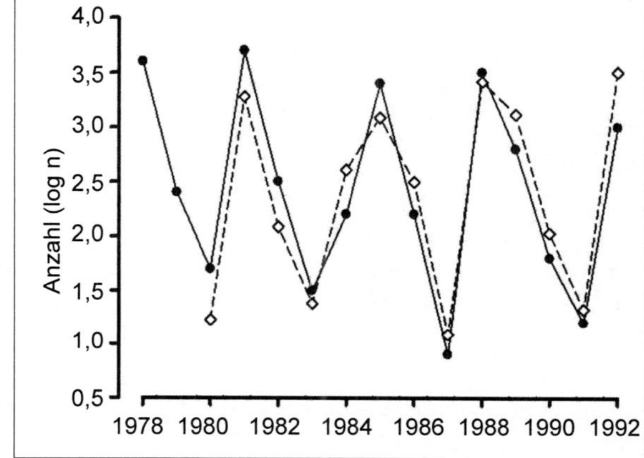

Abb. 6.39: Die Populationsdynamik von *A. fabae* in Rostock (1978–1993), zeigt einen offensichtlichen Zyklus mit einer Periode von 3–4 Jahren (gestrichelte Linie Modell THACKER et al. 1997).

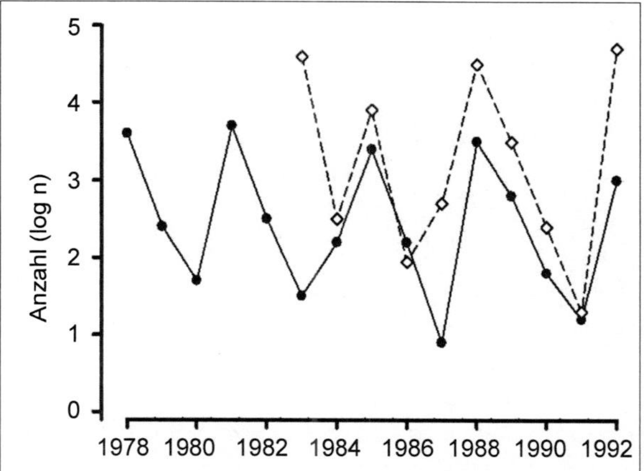

Abb. 6.40: Vergleich der Populationsdynamik von *A. fabae* in Rostock mit der von *Sitobion avenae* aus Göttingen (Datenquelle: Prof. POEHLING).

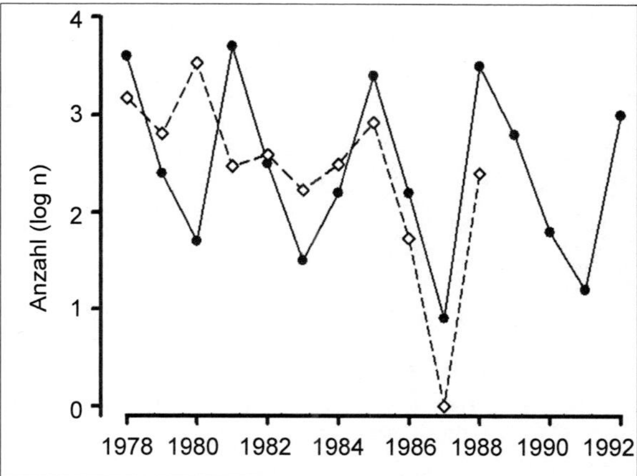

Abb. 6.41: Vergleich der Populationsdynamik von *A. fabae* in Rostock mit der von *A. fabae* in Colmar (Frankreich) (Datenquelle: M. HULLE, INRA).

6.4.2 Ultraviolettstrahlung (UV-Strahlung)

In ihrer natürlichen Umgebung sind Pflanzen verschiedensten und vor allem wechselnden Umwelteinflüssen ausgesetzt, auf die sie schnell und angemessen reagieren müssen. Das Insektenverhalten der nächsten trophischen Ebene wird direkt durch abiotische Umweltfaktoren, wie zum Beispiel Sonnenstrahlung, sowie durch daraus resultierende Veränderungen in Pflanzen gesteuert. Das Sonnenlicht liefert die Energie, die Pflanzen für alle Stoffwechselprozesse benötigen. Ultraviolett-B-Strahlung (UV-B, 280–315 nm) ist die energiereichste Fraktion des Sonnenlichts, die hauptsächlich von der Ozonschicht absorbiert wird (Paul & Gwynn-Jones 2003, McKenzie et al. 2007). Die Intensität der UV-B-Strahlung, die die Erdoberfläche erreicht, hängt von einer Vielzahl von Umweltfaktoren ab. Pflanzen haben verschiedene Mechanismen zum Schutz vor UV-Strahlung und zur Reparatur entwickelt. Deshalb ist die UV-B-Strahlung auch ein Umweltsignal, das die Entwicklung, die Morphologie und die chemische Zusammensetzung der Pflanzen beeinflusst (Jenkins & Brown 2007).

Die Intensität der Herbivorie wird im Allgemeinen mit UV-induzierten Veränderungen der pflanzlichen Gewebeeigenschaften in Verbindung gebracht. Insekten sind jedoch auch in der Lage, direkt auf unterschiedliche UV-Bedingungen zu reagieren (Mazza et al. 1999, Mazza et al. 2002).

Für die Analyse dieser Veränderungen wurden verschiedene Methoden eingesetzt. Mithilfe einer Stylectomy konnte Kuhlmann (2009) pflanzlichen Phloemsaft von unterschiedlich UV-B exponierten Brokkolipflanzen sammeln und deren Aminosäuregehalt durch GC-MS bestimmen. Dáder et al. (2014) analysierten die biologische Leistung von Blattläusen auf Paprika und Auberginen, die zuvor UV-A-Strahlung ausgesetzt waren, und Hu et al. (2013b,c) untersuchten das Nahrungsverhalten von Blattläusen auf verstärkt UV-B-bestrahlten Getreidepflanzen mit der EPG-Technik.

Die veröffentlichten Ergebnisse zeigen, dass UV-Strahlung die Wechselwirkungen zwischen Pflanzen und ihren natürlichen Konsumenten beeinflussen kann. Kuhlmann & Müller (2009) fanden heraus, dass natürlich vorkommende Blattläuse hohe UV-Bedingungen gegenüber niedrigen UV-Bedingungen bevorzugen. Eine Präferenz von Blattläusen für Bedingungen mit hoher UV-Strahlung wurde auch von Antignus et al. (1996), Costa & Robb (1999), Costa et al. (2002), Chyzik et al. (2003) und Díaz et al. (2006) festgestellt.

Aufgrund sich überschneidender Genexpressionsmuster, die durch UV-B und Insektenschäden induziert werden, wird vermutet, dass UV-B-Strahlung Pflanzen vor herbivoren Insekten schützen kann (Stratmann 2003). Es zeigte sich, dass UV-B-bestrahlte Pflanzen im Vergleich zu nicht UV-B-bestrahlten Pflanzen in geringerem Maße durch herbivore Insekten geschädigt wurden (Ballaré et al. 1996, Rousseaux et al. 1998, 2004, Zavala et al. 2001, Caputo et al. 2006). Die Vermehrung von *Brevicoryne brassicae* auf *Brassica oleracea* unter hohen UV-B-Bedingungen war im Vergleich zu niedrigen UV-B-Bedingungen reduziert, während für die Reproduktion von *Myzus persicae* keine Unterschiede zwischen den UV-B-Behandlungen gefunden werden konnten (Kuhlmann & Müller 2009), was auf artspezifische Reaktionen auf UV-B-Strahlung hinweist (McCloud & Berenbaum 1999). Wurden unterschiedlich UV-B vorbehandelte Brokkolipflanzen im Feld homogenen Strahlungsbedingungen ausgesetzt, konnte kein eindeutiges Wahlverhalten von Blattläusen festgestellt werden (Kuhlmann & Müller 2011).

Es wurde vermutet, dass die durch UV-Strahlung verursachten Veränderungen in der Pflanzenchemie die herbivoren Insekten insbesondere durch phenolische Verbindungen beeinflusst (Bergvinson et al. 1994, Grant-Petersson & Renwick, 1996, Zavala et al. 2001, Rousseaux et al. 2004, Caputo et al. 2006), deren Konzentrationen bei höherer UV-Bestrahlung fast immer ansteigen (Caldwell et al. 2007, Jenkins & Brown 2007). Phenolverbindungen wird eine abschreckende Wirkung auf die Nahrungsaufnahme zugeschrieben (Lattanzio et al. 2000, Treutte, 2005).

Es ist aber wahrscheinlich, dass die Hauptfunktion von Flavonoiden der UV-Schutz ist und die Abschreckung von Insekten ein Nebeneffekt sein könnte (Close & McArthur 2002, Kuhlmann & Müller 2011).

Nach Walling (2000) lässt sich der Nährwert eines Pflanzengewebes gut durch das Kohlenstoff/Stickstoff-(C/N-)Verhältnis beschreiben. Bei mehreren Wirtspflanzenarten konnten keine UV-Effekte auf das C/N-Verhältnis festgestellt werden (Hatcher & Paul 1994, Salt et al. 1998, Lindroth et al. 2000, Zavala et al. 2001, Reifenrath & Müller 2007, 2009, Kuhlmann & Müller 2009). Deshalb erscheint dieser Parameter nicht geeignet zu sein, um die durch UV-Strahlung beeinflussten Veränderungen in den Beziehungen zwischen Pflanzen und Insekten zu beschreiben.

Die Proteinverdauung ist für das Überleben der Insekten unerlässlich. Pflanzen haben spezifische Proteine (Proteinase-Inhibitoren) entwickelt, die proteolytische Enzyme fest binden und so die Verdauung von Nahrungsproteinen durch herbivore Insekten hemmen (Kehr 2006). Die erhöhte Widerstandsfähigkeit von UV-bestrahlten Pflanzen gegen die Nahrungsaufnahme durch Insekten könnte unter anderem auf die erhöhte Konzentration von Proteinase-Inhibitoren zurückzuführen sein, sich aber artspezifisch unterscheiden. Während in *Nicotiana longiflora* ein auf Insekten reagierendes Proteinase-Inhibitor-Gen herunterreguliert wird, induzieren in *Nicotiana attenuate* UV-Behandlungen die Expression von Proteinase-Inhibitor-Genen (Izaguirre et al. 2003). In Brokkoli führten verschiedene

UV-Expositionsbedingungen nicht zu Veränderungen der Proteinase-Inhibitor-Konzentrationen (Kuhlmann & Müller 2009). Darüber hinaus können sich insektenabwehrspezifische Sekundärmetabolite wie Verbindungen des Glucosinolat-Myrosinase-Systems durch UV-Exposition verändern. Brokkolipflanzen ohne Herbivorenkontakt zeigten jedoch keine Unterschiede in der Glucosinolatakkumulation als Reaktion auf eine UV-B-Behandlung (Kuhlmann & Müller 2011).

Glucosinolate sind konstitutive Abwehrstoffwechselprodukte, aber ihre Konzentrationen können durch die Nahrungsaufnahme von Insekten beeinflusst werden (Textor & Gershenzon 2009). Die Strategie der Nahrungsaufnahme eines herbivoren Angreifers bestimmt die Wahrnehmungs- und Abwehrreaktionen der Pflanzen (Hopkins et al. 1998, Walling 2000, Thompson & Goggin 2006, Goggin 2007, Textor & Gershenzon 2009). Sobald die Pflanze den Insektenangriff wahrgenommen hat, wird die metabolische Umprogrammierung der Wirtspflanze durch die immunitätsbezogenen Schlüsselphytohormone Salicylsäure, Jasmonsäure und Ethylen reguliert (Thompson & Goggin 2006). Die Wechselwirkung zwischen den Signalwegen ermöglicht es, Abwehrreaktionen spezifisch zu regulieren (Taylor et al. 2004). Der Jasmonat-Signalweg spielt dabei eine wichtige Rolle bei der Induktion von Indolyl-Glucosinolaten im Spross (Agerbirk et al. 2009). Die künstliche Anwendung von Salicylsäure auf Sprossen induzierte keine oder weitaus geringere Zunahmen von Indolyl-Glucosinolaten, zum Beispiel *Arabidopsis thaliana* (van Dam et al. 2009). Die Expression von Genen in *Arabidopsis thaliana* wurde nach einem Angriff durch sich von Blättern und Zellinhalt ernährenden Insekten durch den Jasmonsäure-Signalweg reguliert, während Blattläuse Salicylsäure-regulierte Gene induzierten (Abe et al. 2008, Hopkins et al. 2009). Durch Jasmonsäure induzierte Abwehrmechanismen sind in der Lage, den Befall durch Blattläuse wirksamer zu reduzieren, als durch Salicylsäure vermittelte Abwehrmechanismen (Thompson & Goggin 2006). Die künstliche Erhöhung der Glucosinolate in *Arabidopsis* durch Mutationen machte diese Pflanze weniger attraktiv für *M. persicae* (Levy et al. 2005).

Wahrscheinlich können Blattläuse die Abwehrreaktionen von Pflanzen manipulieren, indem sie Salicylsäure-Abwehrmechanismen induzieren und die potenziell wirksamere Jasmonsäure-Signalisierung unterdrücken (Thompson & Goggin 2006, Kempema et al. 2007, Zarate et al. 2007). Somit ist es möglich, dass Blattläuse die pflanzlichen Abwehrmechanismen zu ihrem eigenen Vorteil umgehen. Möglicherweise brauchen die Pflanzen das Überschreiten einer bestimmten Befallsschwelle, um auf einen Blattlausbefall mit ausgeprägten Veränderungen in der Pflanzenchemie zu reagieren.

Unter Freilandbedingungen sind die Pflanzen mit einer Vielzahl von Herbivoren konfrontiert, die unterschiedliche Strategien zur Nahrungsaufnahme verfolgen. Deshalb müssen sie über ein ausgeklügeltes Wahrnehmungs- und Abwehrsystem verfügen. Brokkolipflanzen, die für einen Zeitraum von 72 Stunden im Feld frei für Insekten nutzbar waren, wurden stark von Blattläusen befallen und wiesen dreifach erhöhte Glucosinolatkonzentrationen auf. Wahrscheinlich induzierte die hohe Abundanz herbivorer Insekten einen starken Anstieg dieser Metaboliten (Kuhlmann & Müller 2010).

Das Nahrungsspektrum von Insekten ist vielfältig. Aber sie müssen sich vor den Verteidigungsmechanismen der Pflanzen schützen und nährstoffmäßig unausgewogene Nahrungsquellen nutzen. Toxische Sekundärmetaboliten können ausgeschieden, entgiftet und sequestriert werden. Die Nahrungsstrategie und der Grad der Spezialisierung beeinflussen den Erwerb und die Verarbeitung von Futterpflanzen (Dadd 1973, Douglas 2009). So kann beispielsweise *M. persicae* ein breiteres Spektrum an Pflanzenarten nutzen als die auf Brassicaceae spezialisierte *B. brassicae*. Durch ihr spezielles Nahrungsverhalten kommen Blattläuse nur mit Pflanzeninhaltsstoffen in Berührung, die durch den Phloemsaft übertragen werden. Allerdings kommen auch sie mit verschiedenen Pflanzenbestandteilen wie Zuckern, organischen Säuren, Phytohormonen, Proteinen und abwehrbezogenen Metaboliten wie Proteinase-Inhibitoren und Glucosinolaten in Berührung (Chen et al. 2001, Kehr 2006). Obwohl der Phloemsaft eine stickstoffarme Nahrung ist, können Blattläuse diese Einschränkung dennoch durch eine Allianz mit Mikroorganismen überwinden, die sie mit essenziellen Aminosäuren versorgen (Douglas 2006, 2009).

Die erste Grenzfläche zwischen Pflanzen und ihrer Umwelt ist die Cuticula, die mit einer Wachsschicht überzogen ist, die Pflanzen vor abiotischen und biotischen Schäden schützt (Müller & Riederer 2005). Die cuticulare Wachsschicht bietet UV-Schutz durch absorbierende und nicht absorbierende optische Eigenschaften (Long et al. 2003, Pfündel et al. 2006) und kann Widerstand gegen Herbivoren vermitteln (Müller 2008). Die inneren Abwehrbarrieren der Pflanzen bestehen aus Verbindungen wie Flavonoiden zum Schutz vor UV-Strahlung und Herbivoren (Harborne & Williams 2000, Close & McArthur 2002, Treutter 2005) sowie aus taxonspezifischen Metaboliten wie Glucosinolaten in Brassicaceae. Letztere wirken nicht als UV-Schutz, sondern schrecken generalistische herbivore Insekten und Krankheitserreger ab, während Spezialisten durch diese Verbindungen stimuliert werden (Hopkins et al. 2009).

Bei dem Befall der Pflanzen kommen die Blattläuse zunächst mit der Blattoberseite und deshalb mit der Wachszusammensetzung der Wirtspflanze in Kontakt (Powell et al. 1999, Müller & Riederer 2005, Powell et al. 2006). Die spezialisierte *B. brassicae* besiedelt nur wachshaltige Kohlpflanzen (Thompson 1963). Kuhlmann & Müller (2010) stellten fest, dass unter hoher UV-B-Bestrahlung angebauter Brokkoli eine geringere Wachsbedeckung und somit eine geringere Leistung der *B. brassicae* aufwies. Zur Identifizierung einer geeigneten Wirtspflanze führen Blattläuse ein kurzes interzelluläres Proben durch (Powell et al. 2006). Ansiedlung, Nahrungsaufnahme und Reproduktion der Blattläuse findet auf der Blattunterseite nur statt, wenn die entsprechenden Signale vorhanden sind (Thompson 1963, Powell et al. 2006). Das Wachstum und die Vermehrung von Blattläusen hängen hauptsächlich von der Gesamtmenge und Qualität der aus dem Phloem stammenden Aminosäuren als Stickstoffquelle ab (Douglas 2006). So verwendet *B. brassicae* beispielsweise Glucosinolate als Stimulanzien für die Nahrungsaufnahme (Wensler 1962, Moon 1967) und ist in der Lage, Glucosinolate der Wirtspflanze zu sequestrieren (Rossiter et al. 2003). Bei durch Gegenspieler verursachten Gewebeschäden hydrolysieren blattlausspezifische Myrosinasen die sequestrierten Glucosinolate (Bridges et al. 2002). Die Abbauprodukte dieses Glucosinolat-Myrosinase-Systems schützen die Blattläuse vor natürlichen Gegenspielern (Francis et al. 2000, Kazana et al. 2007). *B. brassicae* ist somit auf Abwehrstoffe der Brassicaceae angewiesen, wobei spezifische Glucosinolate von besonderer Bedeutung sein könnten. Im Gegensatz zu *B. brassicae* scheidet *M. persicae* aufgenommene Glucosinolate aus (Müller 2009), nutzt sie aber als Stimulanzien für die Nahrungsaufnahme (Klingauf et al. 1972). Somit sind sowohl die Reaktionen der Pflanzen auf Blattlausbefall als auch die Reaktionen der Blattläuse auf die Pflanzen in hohem Maße von der Artenzusammensetzung beider Akteure abhängig.

Nach dem Eindringen der Stechborsten in das Phloem überwinden Blattläuse die durch Pflanzenverletzungen induzierte Proteinverstopfung und Kalloseversiegelung der Siebplatten durch ihren wässrigen Speichel (Will & van Bel 2006, Will et al. 2007). Außerdem können Zellwandveränderungen die mechanische Barriere für das Eindringen der Stechborsten erhöhen (Goggin 2007). Somit könnten neben chemischen Veränderungen auch durch UV-B-Strahlung induzierte morphologische Veränderungen der Pflanzen für eine geringere Leistung von *B. brassicae* an Brokkoli verantwortlich sein (Kuhlmann & Müller 2009).

Es wird angenommen, dass UV-B-Strahlung herbivore Insekten über Veränderungen der Wirtspflanze beeinflusst. Deshalb besiedelten Kuhlmann & Müller (2009) drei Wochen alte Pflanzen mit *B. brassicae* oder *M. persicae*. Die unter hohen UV-B-Intensitäten angebauten Pflanzen waren kleiner, wiesen höhere Flavonoidkonzentrationen auf und eine geringe-

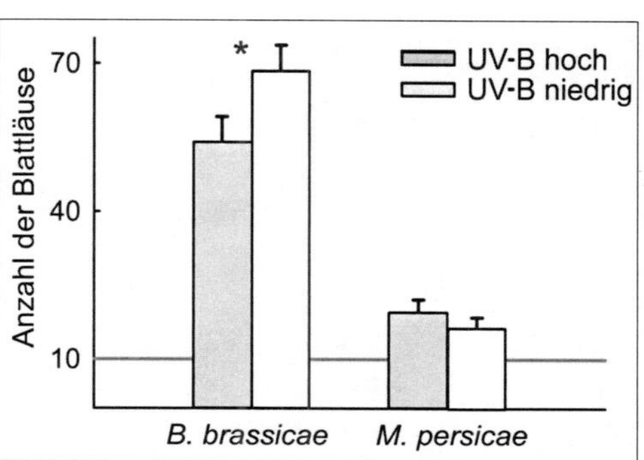

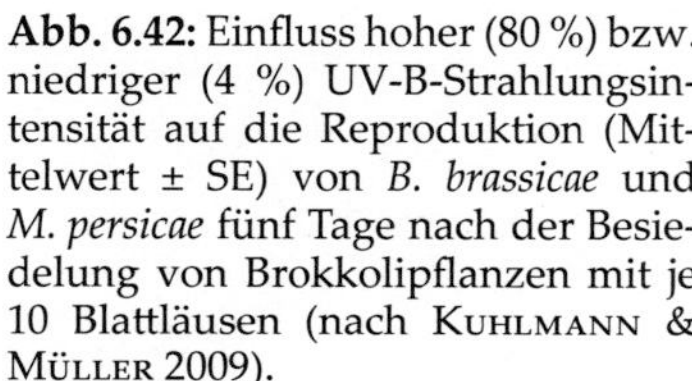
Abb. 6.42: Einfluss hoher (80 %) bzw. niedriger (4 %) UV-B-Strahlungsintensität auf die Reproduktion (Mittelwert ± SE) von *B. brassicae* und *M. persicae* fünf Tage nach der Besiedelung von Brokkolipflanzen mit je 10 Blattläusen (nach Kuhlmann & Müller 2009).

re Cuticularwachsbedeckung, während die Aminosäurekonzentrationen des Phloemsaftes durch unterschiedliche UV-B-Intensitäten nur wenig beeinflusst wurden. *B. brassicae* vermehrten sich besser auf Pflanzen, die unter geringer UV-B-Strahlung gewachsen waren, als auf Pflanzen, die unter hoher UV-B-Strahlung gewachsen waren, während *M. persicae* sich auf beiden Pflanzengruppen nur wenig vermehrten und somit die unterschiedliche Empfindlichkeit der Arten zeigt. Der starke Befall von *B. brassicae* auf Pflanzen mit niedriger UV-B-Exposition führte zu einem Rückgang der Indolylglucosinolat-Konzentrationen, weshalb anzunehmen ist, dass Blattläuse die Pflanzenchemie beeinflussen. Die induzierte Veränderung der Glucosinolate ist wahrscheinlich von einer bestimmten Befallsschwelle abhängig (nach Kuhlmann & Müller 2009).

Durch die Art der Nahrungsaufnahme sind Blattläuse wahrscheinlich eher intakten Glucosinolaten als Hydrolyseprodukten ausgesetzt (Kim et al. 2008). Glucosinolate können die Fruchtbarkeit von *M. persicae* bis zu einem gewissen Grad verringern (Kim & Jander 2007), stimulieren aber die Nahrungsaufnahme der spezialisierten *B. brassicae* (Yusuf & Collins 1998). Blattläuse beeinflussen ihre Wirtspflanzen durch die Injektion von Speichel und den Entzug von Assimilaten (Goggin 2007) und können eine Induktion oder Reduktion der Glucosinolatkonzentration bewirken (Kim & Jander 2007).

UV-B-induzierte Veränderungen in der Pflanzenkonstitution beeinflussen das Populationswachstum von *B. brassicae*, während sich *M. persicae* im Allgemeinen auf Pflanzen beider Wachstumsbedingungen schlechter entwickelt (Abb. 6.42). Wahrscheinlich hemmt die Indolylglucosinolat-Konzentrationen von Brokkoli die Vermehrung des Generalisten *M. persicae*.

Dáder et al. (2014) haben die Exposition von Paprika und Auberginen gegenüber zusätzlicher UV-A-Strahlung im Gewächshaus und die Auswirkungen auf das Wachstum der Blattlauspopulationen untersucht. Die Ergebnisse lassen erkennen, dass UV-A die Pflanzenchemie moduliert und eine Förderung der Blattläuse bewirkt. Dabei zeigen die mit UV-A bestrahlten Paprikapflanzen einen höheren Gehalt an Sekundärmetaboliten, blattlöslichen Kohlenhydraten, freien Aminosäuren und Gesamtprotein. Solche Veränderungen in der Gewebechemie könnten indirekt die Leistung der Blattläuse gefördert haben. Bei Auberginen sanken die Gehalte an Chlorophyll a und b sowie an Carotinoiden bei zusätzlicher UV-A-Bestrahlung, aber die UV-A-Exposition hatte keinen Einfluss auf die sekundären Stoffwechselprodukte der Blätter.

Durch die Analyse des Nahrungsverhaltens von *Sitobion avenae* mit der EPG-Technik wiesen Hu et al. (2013c) die Beeinflussung von Blattläusen durch UV-B-induzierte Veränderungen in den Pflanzen nach. Verstärkt UV-B-bestrahlte Pflanzen wirkten sich im Vergleich zu Kontrollpflanzen negativ auf das Nahrungsverhalten *von S. avenae* aus.

Auf den verstärkt UV-B-bestrahlten Gerstenpflanzen waren die Anzahl und Summen der Nicht-Beprobungsphasen und die Zeit bis zum Beginn der ersten Beprobung für *S. avenae* im Vergleich zu den Kontrollpflanzen signifikant erhöht. Da diese Aktivitäten vor der Beprobung auftreten, sind Abwehrfaktoren in der oberflächlichen Gewebeschicht von verstärkt UV-B-bestrahlten Pflanzen wahrscheinlich. Dies entspricht den Angaben von Steinmüller & Tevini (1985), die durch verstärkte UV-B-Bestrahlung eine 28 %ige Zunahme der Blattwachsschichten in verschiedenen Kulturpflanzenarten fanden. Neben der Dicke wurde auch die chemische Zusammensetzung der Wachse durch UV-B-Bestrahlung beeinflusst (Tevini & Steinmüller 1987, Barnes et al. 1996). Die durch UV-B induzierten Veränderungen der physikalischen Eigenschaften oder der Chemie der Pflanzenoberfläche könnten die Sensibilität der Wirtspflanze gegenüber Blattläusen reduzieren.

Verstärkte UV-B-Bestrahlung der Pflanzen bewirkte nach dem Beginn der Beprobung eine Verlängerung der Pathway-Phasen und ein späteres Erreichen des Phloems durch *S. avenae*. Dies deutet darauf hin, dass auch die Epidermis- oder Mesophyllschichten der Pflanzen eine Rolle bei der Zunahme der Abwehr von stärker UV-B-bestrahlten Pflanzen gegen *S. avenae* spielen könnten. Pflanzen passen sich im Allgemeinen an Veränderungen der UV-B-Strahlung an, indem sie die Bildung von Schutzstoffen aktivieren. Zu diesen gehören von Phenylalanin abgeleitete phenolische Verbindungen (Flavonoide und andere Phenylpropanoid-Derivate wie Sinapatester), die sich in großen Mengen in den Vakuolen der Epidermiszellen ansammeln und die UV-B-Strahlung wirksam abschwächen (Caldwell et al. 2003, Jenkins & Brown 2007), aber auch zu einer verminderten Akzeptanz der Wirtspflanzen durch die Blattläuse führen können.

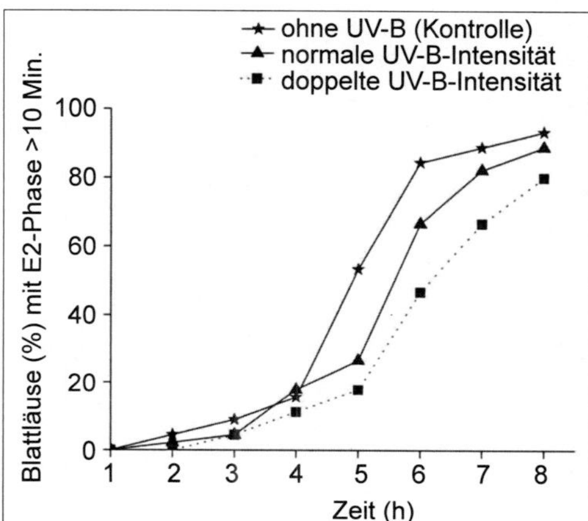

Abb. 6.43: Anteil (%) von *S. avenae*, die die Phase der anhaltenden Phloemsaftaufnahme (E2 > 10 min) auf Kontrollpflanzen, Pflanzen mit normaler UV-B-Strahlung und Pflanzen mit verstärkter UV-B-Exposition erreichen; Versuchsdauer 8 h (nach Hu et al. 2013c).

Eine besondere Rolle scheinen Phloem-Faktoren zu spielen, welche die Akzeptanz von Siebelementen vermindern, was sich in einer geringeren Anzahl von Phloem-Phasen, einer kürzeren E2-Phase (passive Aufnahme von Phloemsaft) und einer geringeren Anzahl von Blattläusen widerspiegelt, die die andauernde E2-Phase (E2 >10 min) erreichen (Abb. 6.43). Andere Studien zeigten, dass UV-B-Strahlung die Eigenschaften der Phloemschicht von Blättern verändern kann, z. B. den Gesamt-N-Gehalt der Blätter, die verfügbaren Kohlenhydrate, die Fasern (Lindroth et al. 2000) und die freien Aminosäuren (Salt et al. 1998). Die Veränderungen in der Nährstoffzusammensetzung der UV-B-bestrahlten Pflanzen können die Akzeptanz der Wirtspflanze für Blattläuse vermindern.

Die UV-B-Bestrahlung der Pflanzen moduliert nicht nur das Nahrungsverhalten sondern wirkt sich negativ auf die Entwicklung und Vermehrung von *S. avenae* aus (Hu et al. 2013c). Es ist möglich, dass *S.-avenae*-Populationen unter nachhaltig erhöhter UV-B-Belastung in Zukunft eine Schwächung erleiden.

6.4.3 CO_2

In der uns umgebenden Atmosphäre hat die Konzentration an Kohlenstoffdioxid (nCO_2) 400 ppm überschritten und Schätzungen für die Zukunft gehen von einem Anstieg auf 550 ppm innerhalb weniger Jahrzehnte aus (IPCC 2014). Die Zunahme des CO_2 spielt eine wichtige Rolle für das Pflanzenwachstum, die Physiologie und den Stoffwechsel, da es das direkte Substrat für die Photosynthese ist (Ziska 2008). Zu den beobachteten Effekten auf Pflanzen gehören u. a. ein erhöhtes Pflanzenwachstum und erhöhte Biomasse, die Größe des Kronendaches, die Verringerung des stomatären Leitwerts und der Transpiration, eine verbesserte Wassernutzungseffizienz und höhere photosynthetische Wirkungsgrade (Woorward et al. 1991, Ainsworth & Rogers 2007). Gleichzeitig verändert das steigende CO_2 die chemische Zusammensetzung des Pflanzengewebes durch die Anreicherung von nicht-strukturellen Kohlenhydraten wie löslichen Zuckern und Stärke (Ainsworth 2008, Oehme et al. 2013, Ryan et al. 2014a). Erhöhter CO_2-Gehalt wirkt sich auch auf den Stickstoffkreislauf aus, was zu einer Abnahme des Proteingehalts und einem höheren C:N-Verhältnis führt (Ainsworth & Long 2005, Oehme et al. 2013, Ryan et al. 2014a). Die Verminderung der stomatalen Leitfähigkeit kann aufgrund der geringeren Wasseraufnahme aus dem Boden zu einer Abnahme von Mikronährstoffen wie Calcium, Magnesium oder Phosphor führen (Taub & Wang 2008).

Indirekt werden die Leistung und das Nahrungsverhalten von herbivoren Insekten stark von der Nahrungsqualität und Resistenz der Pflanzen beeinflusst, die durch den Anstieg von CO_2 (Hughes & Bazzaz 2001, Himanen et al. 2008, Sun et al. 2009b, Stiling et al. 2013) verändert werden können. Veränderungen in der Pflanzenchemie und -physiologie beeinflussen auch natürliche Gegenspieler (Gao et al. 2008, Bezemer et al. 1998, Stacey & Fellowes 2002, Sun et al. 2011, Hentley et al. 2014) sowie die Häufigkeit von Pflanzenviren (Malmstrom & Field 1997, Luck et al. 2011). Im Gegensatz zum Pflanzenwachstum gibt es keine allgemeine Übereinstimmung über die Auswirkungen von erhöhtem CO_2 (eCO_2) auf die Wechselwirkungen zwischen Blattlaus und Pflanze (Coviella & Trumble 1999, Hughes & Bazzaz 2001, Newman et al. 2003). Die Abundanz der Blattläuse war unter eCO_2 bei *Aphis gossypii, Sitobion avenae* oder *Acyrthosiphon pisum* auf *Medicago truncatula* (Chen et al. 2004, Chen et al. 2005, Guo et al. 2014, Xie et al. 2014) höher. Die Zunahme von CO_2 förderte auch die Zuwachsraten und das Gewicht von *Rhopalosiphum padi* auf Weizen (Sun et al. 2009b, Oehme et al. 2011, Oehme et al. 2013). Dagegen wurde eine negative Reaktion bei *A. pisum* auf *Vicia faba* und bei *R. padi* auf *Festuca arundinacea* gefunden (Hughes & Bazzaz 2001, Ryan et al. 2014b). *Brevicoryne brassicae* reduzierte die Besiedlung von *Brassica oleracea* nach längerer Exposition gegenüber eCO_2 (Klaiber et al. 2013). Weitere Auswirkungen auf die Parameter der Lebensgeschichte waren ein erhöhter Anteil von geflügelten *Rhopalosiphum maidis* (Xie et al. 2014). Schließlich zeigten mehrere Blattlausarten eine neutrale Reaktion, wie *Macrosiphum euphorbiae* und *Aulacorthum solani* (Hughes & Bazzaz 2001, Flynn et al. 2006, Johnson et al. 2014). Darüber hinaus scheinen die Reaktionen wirts- und sogar genotypspezifisch zu sein, z. B. *A. pisum* auf *Medicago sativa* und *Vicia faba* (Hughes & Bazzaz 2001, Johnson et al. 2014, Awmack & Harrington 2000, Ryalls et al. 2013).

Untersuchungen über *Myzus persicae* deuten darauf hin, dass eCO_2 für ihre Nachkommen, Wachstumsraten und das Erwachsenengewicht auf Brassicaceae (Oehme et al. 2013, Stacey & Fellowes 2002, Oehme et al. 2011) nachteilig ist, obwohl bei *Solanum dulcamara* und *Arabidopsis thaliana* gegenteilige Ergebnisse gefunden wurden (Hughes & Bazzaz 2001, Sun et al. 2013b).

Das Nahrungsverhalten von Insektenschädlingen kann mit der EPG-Technik (Electrical Penetration Graph) analysiert werden (Tjallingii 1988, Sun et al. 2015). Aber nur wenige Studien haben das Nahrungsverhalten von Blattläusen unter steigendem CO_2 berücksichtigt. Für *A. pisum* auf *M. truncatula* fanden Guo et al. (2013) und Guo et al. (2014) eine verminderte Speichelabsonderung in die Siebelemente, eine erhöhte Aufnahme von Phloemsaft und eine kürzere Non-Pathway-Phase.

Über die Folgen der Zunahme von CO_2 auf die Übertragung von Viren gibt es nur begrenzte Informationen. Es konnte nachgewiesen werden, dass hohe CO_2-Konzentrationen eine Resistenz gegen eine Infektion mit dem Tabakmosaikvirus (TMV) in Tomatenpflanzen (Zhang et al. 2015), dem Kartoffelvirus Y (PVY) (Matros et al. 2006) und dem Gurkenmosaikvirus (CMV) in Tabak hervorrufen (Fu et al. 2010). Andererseits gibt es die Vermutung, dass das Auftreten des Gerstengelbverzwergungsvirus (BYDV) unter erhöhtem CO_2-Anteil zunehmen wird (Trebicki et al. 2015). Dies hätte zur Folge, dass ein größeres Reservoir an infiziertem Material gebildet werden könnte, wodurch das Risiko einer Virusübertragung durch Insektenvektoren steigt (Malmstrom & Field 1997). Durch den Anstieg von CO_2 kann aber auch die Symptomatik von Pflanzenviren beeinflusst werden, wodurch sich frühere oder ausgeprägtere phänotypische Unterschiede zwischen gesunden und infizierten Pflanzen verstärken und infizierte Wirte für Vektoren attraktiver werden (Jones & Barbetti 2012, Trebicki et al. 2015).

Dáder et al. (2016) untersuchten die Parameter der Lebensgeschichte und des Nahrungsverhaltens von *M. persicae* an Paprikapflanzen unter natürlichen (nCO_2, 400 ppm) oder erhöhter CO_2-Konzentration (eCO_2, 650 ppm) sowie die direkten Auswirkungen auf das Pflanzenwachstum und die Chemie des Blattes sowie die Übertragung des nicht persistenten CMV durch *M. persicae*.

Die Pflanzenparameter wurden durch eCO_2 deutlich verändert, was sich negativ auf die Lebensgeschichte von Blattläusen auswirkte (Abb. 6.44). Ihre präreproduktive Periode war um 11 % verlängert und die Fruchtbarkeit um 37 % reduziert. Paprika fixierte deutlich weniger Stickstoff, was die schlechte Blattlausleistung erklärt. Die Pflanzen waren größer und hat-

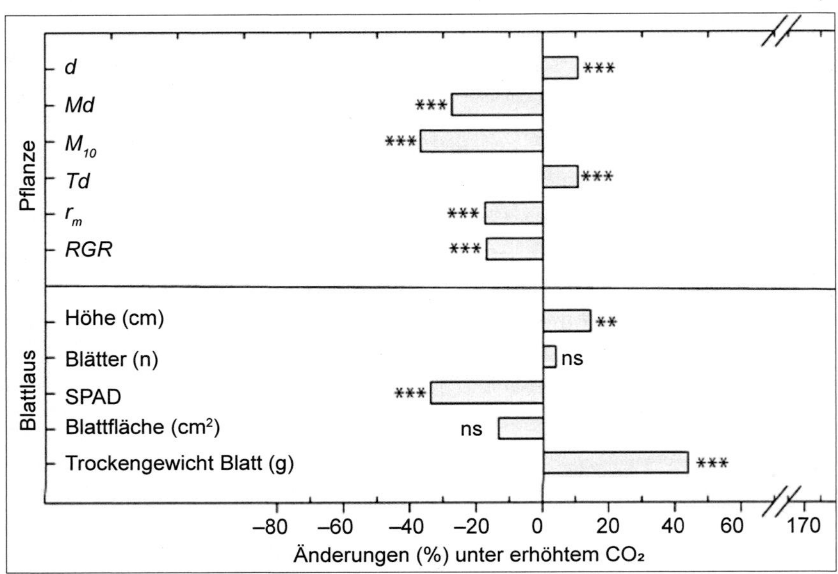

Abb. 6.44: Prozentuale Veränderung von Parametern der Lebensgeschichte von *Myzus persicae* und des Pflanzenwachstums unter eCO_2. *d*: Zeit (Tage) von der Geburt bis zum Beginn der Reproduktion, *Md*: Anzahl Lv je Blattlaus in der Zeit *d*, M_{10}: mittlere Anzahl von Lv je Blattlaus im Zeitraum von 10 *d*, *Td*: mittlere Generationszeit; r_m: intrinsisches Populationswachstum, *RGR*: mittlere relative Zuwachsrate (nach Dáder et al. 2016).

ten eine höhere Biomasse und Kronentemperatur. Es gab eine verminderte Ausscheidung von Blattlausspeichel in die Siebelemente, aber keine Unterschiede in der Aufnahme von Phloemsaft, was darauf hindeutet, dass die verminderte Fitness auf eine schlechtere Gewebequalität und ein ungünstiges C:N-Gleichgewicht zurückzuführen sein könnte, und dass eCO_2 kein Faktor war, der die Ernährung behinderte. Der Chlorophyllgehalt der Blätter war unter eCO_2 signifikant niedriger, was mit einem niedrigeren Stickstoffgehalt übereinstimmt (Ainsworth & Long 2005, Oehme et al. 2013, Ryan et al. 2014a). Es wurde berichtet, dass das C:N-Verhältnis der Blätter durch den Anstieg des CO_2 stärker beeinflusst werden kann als das der Pflanze als Ganzes (Lawler et al. 1997).

Der Kohlenstoffgehalt war bei beiden Behandlungen ähnlich, im Gegensatz zu anderen Pflanzenarten unter eCO_2, bei denen der Kohlenstoffgehalt stieg (Ainsworth 2008, Oehme et al. 2013, Ryan et al. 2014a). Die Zunahme der Länge und des oberirdischen Trockengewichts von Paprika stimmen mit früheren Studien überein, die ein verstärktes Wachstum unter eCO_2 bei verschiedenen Pflanzenarten berichten (Ziska 2008, Sun et al. 2009a, b, Klaiber et al. 2013, Oehme et al. 2011, Johnson et al. 2014, Awmack & Har-

RINGTON 2000). Mithilfe von Infrarotbildern wurde ein Temperaturanstieg von 1,2 °C im Pflanzendach von Paprika unter eCO_2 gemessen. Baumwolle und Weizen weisen ebenfalls einen Anstieg von 0,6–1,1 °C auf, und das Schließen von Blattstomata scheint der Hauptgrund für diese Reaktion zu sein (KIMBALL et al. 2002). Erhöhte Temperatur des Pflanzendachs kann das Mikroklima für die Blattlaus weiter verändern und eine höhere Temperatur erhöht nachweislich den Virustiter im Weizen (NANCARROW et al. 2014).

Insgesamt wurde die Fitness von *M. persicae* auf Paprikapflanzen reduziert, die unter eCO_2 angebaut wurden, was mit früheren Ergebnissen für diese Blattlaus auf Brassicaceae-Arten (HIMANEN et al. 2008, OEHME et al. 2013, STACEY & FELLOWES 2002, OEHME et al. 2011) und andere Blattlausarten wie *A. pisum* auf *Vicia faba* oder *B. brassicae* auf *Brassica oleracea* (HUGHES & BAZZAZ 2001, KLAIBER et al. 2013, RYAN et al. 2014a) übereinstimmt. Nicht nur die Zeit von der Geburt bis zum Erwachsenenalter war länger, sondern sie produzierten auch weniger Nachkommen, was zu geringeren Wachstumsraten führte. Dies unterstreicht die Spezifität der Reaktionen auf Wirten, da eCO_2 in der Vergangenheit die Häufigkeit von *M. persicae* auf krautigen Wirtspflanzenarten erhöht hat (HUGHES & BAZZAZ 2001, SUN et al. 2013b). Auch die Reaktion auf eCO_2 ist bei den Insektengilden unterschiedlich. Während der Rückgang des Blattstickstoffgehalts von Wirtspflanzen unter eCO_2 die Entwicklung von kauenden Insekten verlängert, was sie durch den Verzehr von mehr Laub ausgleichen (SUN et al. 2011, FAJER et al. 1989), hat eCO_2 artspezifische Auswirkungen auf Blattläuse (SUN et al. 2011).

Die Transmission des Gurkenmosaikvirus (CMV) durch *M. persicae* untersuchten DÁDER et al. (2016), indem sie Quell- und Rezeptorpflanzen vor (indirekter Effekt) oder nach Inokulation der virusbeladenen Blattläuse (direkter Effekt) einer natürlichen (427 ppm) oder erhöhten (612 ppm) CO_2-Konzentration aussetzten. Eine zweifache Abnahme der Transmission fand statt, wenn Rezeptorpflanzen vor der Blattlausinokulation eCO_2 ausgesetzt wurden, verglichen mit nCO_2. Erhöhte CO_2-Konzentration reduzierte das Risiko der Virusübertragung, wenn die Empfängerpflanzen zuvor unter eCO_2 angebaut worden waren, aber nicht, wenn CO_2 direkt nach der Einführung des Vektors eingesetzt wurde. Dieser Unterschied ist wahrscheinlich mit einer frühen Exposition gegenüber erhöhtem CO_2 verbunden. CMV wird bei kurzen Proben in der Wirtsepidermis nicht-zirkulativ übertragen (NG & FALK 2006). Da vergleichbare Anzahlen von Zellpunktionen durch die Stechborsten (pd) in beiden Varianten beobachtet werden konnten, aber eine kürzere Dauer unter eCO_2, ist der Rückgang der CMV-Transmission wahrscheinlich auf pflanzliche Resistenzmechanismen zurückzuführen, und nicht auf ein verändertes Nahrungsverhalten während der Virusinokulation.

Unter natürlichen CO_2-Bedingungen hat sich gezeigt, dass Pflanzenpathogene Veränderungen in der Nährstoffqualität auslösen oder die Attraktivität der Pflanzen steigern und damit die Wahrscheinlichkeit der Verbreitung von Viren durch Vektoren erhöhen (Ingwell et al. 2012). Eine verminderte CMV-Transmission unter eCO_2 kann mit einer geringeren Attraktivität virusinfizierten Pflanzen gegenüber Blattläusen verbunden sein, was zu weniger virulenten Blattläusen führen würde, wodurch sich die Ausbreitung von CMV unter zukünftigen Klimabedingungen verringert (Dáder et al. 2016).

Die EPG-Aufnahmen von Dáder et al. (2016) zeigten eine verminderte Ausscheidung von Blattlausspeichel in die Siebelemente und eine kürzere Non-Probing-Phase bei steigendem CO_2, ähnlich wie bei *A. pisum* (Guo et al. 2013, Guo et al. 2014). Da jedoch keine Unterschiede in der Dauer und Anzahl der Phasen der Phloemsaftaufnahme festgestellt wurden, ist zu vermuten, dass eCO_2 die Saftzufuhr für *M. persicae* verhindert. Wahrscheinlich ist die beobachtete Fitnessreduktion der Blattläuse vor allem auf eine schlechtere Gewebequalität zurückzuführen. Die Blattläuse haben die Nahrungsaufnahme nicht verringert oder erhöht, sondern nur weniger nahrhaften Saft aufgenommen. Sie wuchsen bei gleicher Aufnahme von Saft unter eCO_2 langsamer, weil sie eine Nahrung mit ungünstigerem N-Gehalt erhielten.

7 Ökonomie

Die Bekämpfung von Schädlingen und besonders der Blattläuse findet mehr und mehr Aufmerksamkeit und wird immer häufiger das Ziel kritischer Betrachtung. Es sollte allerdings nicht übersehen werden, dass schon der Begriff »Schädling« ideologisch geprägt ist und vermieden werden sollte. Er deutet an, dass hier eine Methode gegen etwas Schlechtes eingesetzt wird. Dabei gibt es zahlreiche Fälle, in denen ein als Nützling eingesetzter Prädator, z. B. *Harmonia axyridis*, Schäden verursachen kann. Ein Waldtrachthonig produzierender Imker wird gewisse, Koniferen besiedelnde Blattläuse, als nützlich ansehen, wohingegen ein Himbeeren produzierender Gartenbauer in den an seinen Früchten fressenden Bienen wohl eher das Gegenteil sehen dürfte. Ob ein Insekt schädlich oder nützlich ist, kann nur im Zusammenhang mit ökonomischen Interessen beurteilt werden. Ein geplanter Einsatz von Bekämpfungsmethoden erfordert deshalb genaue Kenntnisse über die Biologie der Schaderreger und ihrer Gegenspieler. In welchem Maße die Wirksamkeit der Feinde von den gegen sie gerichteten Reaktionen der Beutetiere eingeschränkt wird, ist dabei auch eine wichtige Fragestellung.

7.1 Nützlinge und Schaderreger

Von den weltweit erfassten 5 000 Arten von Aphididae (Remaudière & Remaudière 1997, Favret 2014), wurden etwa 450 Arten an Kulturpflanzen nachgewiesen (Blackman & Eastop 2000), aber nur etwa 100 haben das landwirtschaftliche Umfeld so erfolgreich genutzt, dass sie von großer wirtschaftlicher Bedeutung sind. Die landwirtschaftlich bedeutsamen Arten gehören überwiegend zur Unterfamilie Aphidinae, weil dies die größte Unterfamilie ist, aber auch, weil sie einen sehr hohen Anteil der Blattläuse enthält, die sich von krautigen Pflanzen ernähren (Blackman & Eastop 2006). Einige recht große Unterfamilien der Blattläuse, z. B. die Calaphidinae und Lachninae, sind fast ausschließlich mit holzigen Pflanzen assoziiert, ebenso wie die meisten der kleineren Unterfamilien.

Arten werden zu Schaderregern, wenn sie sich gut an die vom Menschen veränderte Umwelt anpassen und diese ausnutzen können. Viele von ihnen gehörten zu Gruppen, die sich wahrscheinlich schon vor dem Eingriff des Menschen schnell spezifizierten konnten. Die Besiedlung neuer geografischer Regionen und/oder neuer Lebensräume waren starke Faktoren, die zu weiterer Divergenz und Veränderung führten.

In Abhängigkeit von den ökonomischen Interessen des Betrachters können unter den Blattläusen nützliche und Schaden verursachende Arten identifiziert werden. Zu den nützlichen Arten sind zweifellos alle Blattläuse zu zählen, die trotz ihrer die Wirtspflanze schädigenden Nahrungsaufnahme einen Kot ausscheiden, der für den Imker eine wichtige Grundlage für die Gewinnung des Waldhonigs darstellt.

Zu Beginn der Besiedelung einer Wirtspflanze können die von der Blattlaus in das System des Wirtes eingeschleusten Enzyme dessen Stoffwechsel mobilisieren und kurzfristig einen Wachstumsschub induzieren. Dieser im Labor zu beobachtende Effekt geht aber durch die auf dem Wirt durchgeführte Reproduktion der Blattlaus schnell verloren. In Abhängigkeit von ihrer Lebensweise verursacht die Blattlaus dann einen direkten Schaden, weil sie (1) die Vitalität der Kulturpflanzen, von denen sie sich ernährt, durch ihre Nahrungsaufnahme vermindert und (2) durch ihren Speichel den Stoffwechsel der Pflanzen beeinflusst, was zu Gallen oder Verfärbungen führen kann. Bei Übertragung von Viren kann die Blattlaus auch noch zusätzlich einen indirekten Schaden verursachen. Dieser hat häufig wirtschaftlich wesentlich bedeutsamere Auswirkungen.

7.1.1 Nützlinge

Schon im 18. Jahrhundert erkannte REAUMUR, dass Honigtau ein Produkt der Defäkation von Blatt- und Schildläusen ist, was von BÜSGEN (1891) bestätigt wurde.

Aus wirtschaftlichen Überlegungen eines Imkers heraus genießen besondere Aufmerksamkeit diejenigen Arten, die bienenwirtschaftlich für die sogenannte Waldtracht von Bedeutung sind. Positiv ist aber auch zu bewerten, dass auch diverse Hymenopteren, Coleopteren, Dipteren und andere Insekten vom Blattlaushonigtau profitieren. Dabei wird der Honigtau entweder von Pflanzenteilen aufgenommen, wohin er durch Abschleudern oder Abspritzen (KUNKEL 1972, 1973) gelangt, oder direkt vom Anus der Blattläuse, wie z. B. Ameisen und Fliegen. Teilweise wird die Ausscheidung des Honigtaus erst durch ein Betrillern der Blattläuse induziert. Während für die meisten Honigtaukonsumenten nur oberirdisch frei oder allenfalls in offenen Gallen lebende Honigtauspender infrage kommen, beuten Ameisen auch unterirdisch lebende oder von ihnen selbst mit Erdwällen umgebene Blattlauskolonien aus. Die sogenannten formicobionten Blattlausarten sind direkt auf das Abnehmen des Kotes durch die Ameisen angewiesen (Tramini, *Stomaphis*, *Symydobius*) und würden ohne Ameisen im eigenen Kot festkleben (Lampel 1977). Andere Arten sind zwar beim Fehlen von Ameisen noch zum Abschleudern oder Abspritzen befähigt, doch reduzieren sie diese Tätigkeit, wenn ihre Kolonien lebhaft von Ameisen betreut werden. Blattläuse in geschlossenen Gallen (viele Pemphigini und Adelgidae am Primärwirt) kommen als Honigtaulieferanten für andere Insekten nicht infrage.

Während Waldhonigtau vorwiegend von Lachnini, besonders den nadelholzbewohnenden Cinarinae, geliefert wird, verschiebt sich das Bild in Parks und v. a. in Gärten zugunsten anderer Blattlausgruppen, außerdem wird es wesentlich mannigfaltiger, da in künstlichen Arboreta und in Gärten (besonders botanischen) mit der Zahl der Pflanzenarten auch die Zahl der Blattlausarten gegenüber einem Wald oder Forst wesentlich ansteigt. So zählte Eastop (1962–1963, 1965) in den Kew Gardens (London) 146 Blattlausarten und Lampel (1974, 1975) im wesentlich kleineren Botanischen Garten Freiburg/Schweiz (1,5 ha) sogar 157 Blattlausarten. Allerdings sind von diesen Arten nur wenige – in Freiburg ca. 35 – bienenwirtschaftlich von Bedeutung, und das auch nur bei Massenvermehrung, wenn das Honigtauangebot die Reizschwelle der sammelnden Bienen überschreitet. Am ehesten dürfte Honigtau von Bienen in reinen Arboreta von Hecken, Alleebäumen und aus Gärten mit viel Zier- und/oder Obstgehölzen angenommen werden; in Gärten, die nur krautige Pflanzen enthalten, ist Honigtau dem Blütennektar unterlegen. Hier wird der Blattlaushonigtau vorwiegend von Ameisen genutzt (Lampel 1977).

Nach den Untersuchungen von Eckloff (1972) gibt es eine starke gegenseitige Beeinflussung zwischen Wirtspflanze und Honigtau produzierender Blattläuse. Obwohl Stickstoff für viele Blattläuse einen limitierenden Faktor darstellt, ist eine reichliche Versorgung von *Picea* mit Stickstoff oder Calcium keine notwendige Voraussetzung für die Entwicklung starker Populationen der wichtigen Honigtauerzeugerin *Cinara piceicola*. Dies soll vermutlich auch für andere forstliche Rindenläuse zutreffen. Bei knapp ausreichender Mineralsalzversorgung von *Picea* wirkt hingegen eine gute Wassersättigung des Bodens fördernd auf die Massenentwicklung von Lachninae, wohingegen eine relativ geringe Lichtversorgung der Fichte sich nicht nachteilig auf die Populationsentfaltung der Lachnine auswirkt.

Die Wahl des Ortes der Nahrungsaufnahme von *C. piceicola* wird durch die Vitalität des besiedelten Baumes beeinflusst, schwächere Pflanzen werden an mehrjährigem Holz und *Picea* mit starkem Zuwachs werden an den Maitrieben befallen. Dabei hat die Temperatur einen wesentlichen Einfluss auf die Kotabgabe der Lachninae. Bei 25 °C werden etwa doppelt so viele Tropfen ausgeschieden wie bei 15 °C. Direkte Sonneneinstrahlung, Besonnungswechsel und Wind wirken sich mindernd auf die Tropffrequenz aus;

bei sehr ruhiger und gleichmäßiger Witterung scheiden die Lachninae am Nachmittag und Abend mehr Honigtautropfen aus. Wenn die Temperatur nachts nur wenig absinkt, produzieren die Tiere noch vor Assimilationsbeginn am Morgen nicht weniger Honigtau als am Tage (Eckloff 1972).

Trotz der für für den Imker als positiv zu bewertenden Abgabe von Honigtau konnte Eckloff (1972) zeigen, dass der Assimilateentzug durch die Lachninae sich bei mittelstarkem bis starkem Befall in einer Zuwachsminderung der Wirtspflanze auswirkt. An 16-jährigen Fichten wies er Zuwachsverluste von bis zu 38 % nach. Dies bestätigt die Befunde von Dixon & Thieme (2007), wonach der Stammzuwachs von *Acer pseudoplatanus* negativ mit der Anzahl der diesen Baum besiedelnden *Drepanosiphum platanoidis* korreliert.

Über die Taxonomie und Biologie der honigtauerzeugenden Blattläuse gibt es eine umfangreiche Literatur (z. B. Braun 1938, Schmutterer 1958, Wille 1962, Scheurer 1963, Kloft et al. 1965, Kloft et al. 1985, Liebig 1987, Weber 2013, Rosenkranz et al. 2020), weshalb der interessierte Leser, die interessierte Leserin auf diese Studien verwiesen wird.

7.1.2 Schaderreger

Das Erkennen der Auswirkungen eines Schaderregers auf seine Wirtspflanze setzt Kenntnisse über die Taxonomie und Ökologie der Organismen voraus. Zweifellos ist dies mit einem mehr oder weniger langsamen Prozess des Gewinns von Erkenntnissen verbunden. Als Beispiel soll nachfolgend die Entwicklung der Forschungsaktivitäten über im Kartoffelanbau schädliche Blattläuse in der jüngeren Geschichte Deutschlands dargestellt werden. Vergleichbare Betrachtungen ließen sich auch über andere Kulturpflanzen, z. B. Getreide, Wein oder Apfel, anstellen.

Zu Beginn des 20. Jahrhunderts dominierte in Deutschland die Auffassung, dass der Kartoffelabbau die Folge einer ungünstigen Wechselwirkung zwischen Pflanze und Standort sei. Diese »Standorttheorien« ignorierten die Ergebnisse holländischer Untersuchungen, die sich mit der Übertragung der Symptome durch Pfropfung beschäftigten.

Noch 1922 wurden Blattläuse in Deutschland ohne Differenzierung der Arten lediglich als schädliche Insekten gewertet, die mehr oder weniger alle Kulturpflanzen der heimgesuchten Gegenden gemeinsam trafen. Ihr Auftreten in Kartoffelfeldern wurde lediglich erwähnt. In der Auflistung der wirtschaftlich bedeutsamen tierischen Schädlinge der Kartoffel fanden Blattläuse bei Wilke (1922) keine Berücksichtigung.

Erst als Köhler an der Biologischen Reichsanstalt den Kartoffelabbau experimentell bearbeitete und den Beitrag der Blattläuse für die Übertragung der den Abbau verursachenden Viruserkrankungen nachwies, änderte sich die Bewertung der Blattläuse. 1938 erwähnt APPEL in der Auflistung der Staudenkrankheiten im Taschenatlas der Kartoffelkrankheiten, dass die Übertragung der Mosaikkrankheit durch Blattläuse angenommen wird.

KÖHLER (1938) berichtete über die Bedeutung der Insekten für den Kartoffelabbau. Nach den Untersuchungen seiner Mitarbeiter HEINZE und PROFFT waren im Wesentlichen vier Blattlausarten regelmäßig auf den Kartoffelfeldern Deutschlands anzutreffen. Nur gelegentlich und offenbar auf bestimmte Örtlichkeiten beschränkt, treten die zwei zuletzt genannten Arten in größerer Häufigkeit auf. Die Benennung der Blattläuse widerspiegelt die zum damaligen Zeitpunkt herrschende Auffassung über die von BÖRNER geprägten verwandtschaftlichen Beziehungen der Blattläuse. Da heutigen »Nichtaphidologen« etliche dieser Namen unbekannt wären, wird zusätzlich die jetzt gültige Bezeichnung angegeben:

Myzus persicae	
Aphis rhamni	(heute gültiger Name: *Aphis nasturtii*)
Macrosiphum gei	(heute gültiger Name: *Macrosiphum euphorbiae*)
Myzus pseudosolani	(heute gültiger Name: *Aulacorthum solani*)
Aphis rumicis	(heute gültiger Name: *Aphis fabae*)
Myzus circumflexus	

Wegen ihrer Rolle bei der Übertragung von Kartoffelblattrollvirus wurde die größte Bedeutung *Myzus persicae* zugeordnet. Als zweitwichtigste Blattlaus wurde *Aphis rhamni* (= *nasturtii*) bezeichnet. Nach den im Jahre 1937 durchgeführten Erhebungen von HEINZE & PROFFT (1938) trat *A. rhamni* überall in Deutschland auf und kam auch in Massen vor.

Die Biologie und Systematik der virusübertragenden Blattläuse bearbeitete HEINZE (1939). Die Bearbeitung der an Kartoffeln gesammelten Blattläuse ergab, dass eine Reihe von Blattläusen diese Pflanze nur gelegentlich aufsucht, dass aber sechs Arten regelmäßig an der Kartoffel zu finden sind:

	deutscher Name	**heutiger Name**
Doralis fabae	Schwarze Rübenlaus	*Aphis fabae*
Doralis rhamni	Kreuzdornlaus	*Aphis nasturtii*
Doralis frangulae	Gurkenlaus	*Aphis frangulae*
Macrosiphon solanifolii	Grünstreifige Kartoffellaus	*Macrosiphum euphorbiae*
Aulacorthum solani	Grünfleckige Kartoffellaus	
Myzodes persicae	Grüne Pfirsichblattlaus	*Myzus persicae*

M. persicae wurde die größte Gefährlichkeit zugeordnet, obwohl jede der genannten Arten Überträger für mehrere Viruserkrankungen ist.

Für die Determination der verbreitetsten Kartoffelblattläuse erarbeiteten Heinze & Profft (1940) einen Bestimmungsschlüssel. Die Angaben über die sonstigen Wirtspflanzen der Blattläuse lassen erkennen, dass Heinze & Profft mitunter Mischungen von Taxonen aus Komplexarten vorlagen. Fehlende Kenntnisse über die Taxonomie der Blattläuse führten bei der Auswertung der Literaturangaben auch dazu, dass eine Art unter verschiedenen Namen erwähnt wird. Erst später wurde ein Bestimmungsschlüssel für Kartoffelblattläuse vorgestellt, der sowohl die an Kartoffel siedelnden Läuse als auch geflügelte Tiere, die nur Probestiche ausführen, behandelt (Thieme & Heimbach 1994).

In Nord-Wales wurde durch Vergleiche des Blattlausauftretens in verschieden stark abbauender Lagen mit Gesundlagen erstmalig untersucht, ob ein örtlicher Zusammenhang zwischen der Häufigkeit des Auftretens von *M. persicae* und dem Grad der Abbauneigung der Kartoffel vorhanden ist. Die Erhebungen zeigten, dass *M. persicae* in den Gesundlagen weniger abundant ist als in den Abbaulagen, und dass diese Art in den Gesundlagen den Gipfel ihrer Massenvermehrung zu einem späteren Zeitpunkt erreicht. Diese Ergebnisse beeinflussten auch die Forschung in Deutschland.

Nach Köhler (1938) ist das Vorhandensein von Überwinterungsmöglichkeiten in der Nähe der Kartoffeln eine wichtige Voraussetzung für das Zustandekommen von Frühinfektionen. Die 1932–1934 durchgeführten Pfirsichbaumzählungen ergaben, dass in Gegenden gehäuften Vorkommens des Pfirsichs die Kartoffel einen besonders starken Abbau erleidet, weshalb diese Gegenden für die Gewinnung von Pflanzgut ungeeignet sind. Als Folgerungen für die Praxis wäre in bewährten Hochzuchtlagen ein allgemeines Verbot des Anpflanzens von Pfirsichbäumen gerechtfertigt (Köhler 1938).

1936 begannen an der Biologischen Reichsanstalt Untersuchungen über den Massenwechsel der Blattläuse und erstreckten sich hauptsächlich auf die sogenannte Abbaulage Dahlem im Berliner Raum und seit 1937 auch auf das Kartoffelhochzuchtgebiet der Dramburger Gegend (heute Westpommern). Heinze & Profft untersuchten dabei auch die Überwinterung von *M. persicae*. Der Vergleich des Massenwechsels dieser Blattlaus in Dahlem und Dramburg zeigte grundsätzliche Unterschiede in der Befallsstärke. Die Betrachtung des Gesamtblattlausbefalls in den Sommermonaten von 1936–1938 führte Heinze (1939) zu der Vermutung, dass der starke Blattlausbefall von 1937 auf die hohen Frühjahrstemperaturen zurückzuführen ist. Als weiteres mögliches Regulativ sah Heinze (1939) die natürlichen Feinde, obwohl die beobachteten Coccinelliden nicht befähigt schienen, die Vermehrung der Blattläuse wesentlich aufzuhalten.

Untersuchungen über den Blattlaus-Massenwechsel an Kartoffeln wurden auch von englischen, holländischen und amerikanischen Autoren angestellt. Besonders hervorzuheben sind Davies & Whitehead (1938), die mithilfe der 100-Blatt-Methode die Populationsschwankungen der Blattläuse in Kartoffelschlägen der Hochzuchtlagen Schottlands und Wales bzw. in den südenglischen Abbaulagen erforschten. Murphy & Loughnane (1937) versuchten einen Zusammenhang zwischen der jährlichen Häufigkeit der Läuse und dem Ablauf von Temperatur und Niederschlägen zu finden. Weed (1927) und De Jong (1929) analysierten im Labor den Einfluss von Temperatur und Feuchte auf die Entwicklungsdauer von *M. persicae*. Diese Studien lieferten Heinze & Profft (1940) die Grundlagen für ihre Untersuchungen über die Blattlausarten an Kartoffeln und ihren Massenwechsel. Heinze & Profft differenzierten die Blattlausarten unter Berücksichtigung biologischer Gesichtspunkte in solche, die regelmäßig an Kartoffelpflanzen gefunden werden und sich auf diesen gut vermehren. Eine weitere Gruppe stellen Blattläuse dar, die nur gelegentlich Kartoffeln besiedeln und sich dort auch vermehren können. Letztlich werden auf den Kartoffelfeldern auch Blattläuse gefunden, die nur kurze Zeit auf den Pflanzen verweilen, ohne Larven absetzen zu können.

Zwischen den Beobachtungsjahren und Untersuchungsorten stellten Heinze & Profft (1940) stark voneinander abweichende Resultate fest. Da die an Kartoffel lebenden Blattläuse vorwiegend an Gehölzen überwintern, die besonders zahlreich in Gärten und Anlagen der Städte zu finden sind, wurde der hohe Befall in Dahlem auf den begünstigenden Einfluss der Großstadtnähe zurückgeführt. Eine weitere nicht zu unterschätzende Rolle spielt nach diesen Autoren der früher einsetzende und länger währende Befall der Kartoffel in Dahlem. Die Variationen des Befalls zwischen den Jahren wurden auf verschiedene Ursachen zurückgeführt. In befallsschwachen Jahren sollen Coccinelliden und Parasitoide den hauptsächlichen Einfluss auf die Blattläuse ausgeübt haben. Für 1937, einem Jahr des Massenvorkommens, sahen Heinze & Profft (1938) andere Faktoren als bedeutsam an: In diesem Untersuchungsjahr kamen die Nützlinge so spät, dass der Zusammenbruch der Blattlauskolonien durch klimatische Ereignisse nahe lag. Die einzelnen biologischen Faktoren und ihre Wirksamkeit bei der Vernichtung von Blattläusen wurden von Heinze & Profft (1940) in Fütterungsversuche mit verschiedenen Coccinellidenarten, Chrysopiden, Hemerobiiden, Syrphiden und räuberischen Wanzen untersucht. Diese Laborversuche lieferten Angaben über die potenziellen Fraßleistungen der Nützlinge, entsprachen aber nicht den Freilandbeobachtungen.

Bei der Untersuchung der Überwinterung kamen bereits Heinze & Profft (1938) zu der Auffassung, dass sich die Stärke des im nächsten Jahr zu erwartenden Zuflugs zur Kartoffel kaum anhand des Anflugs am Winterwirt im Herbst und der Zahl der abgelegten Eier beurteilen lässt, sondern dass vielmehr die Frühjahrsbedingungen eine wichtige Rolle spielen.

Phytopathologische Konsequenzen erwuchsen aus den Bemühungen der Praxis, die Kartoffelerträge durch Zufuhr von zusätzlichen Nährstoffen zu erhöhen. Nach Bode trat durch den Einsatz von chloridhaltigen Kalidüngern eine Zunahme an blattrollkranken Pflanzen im Nachbau auf (Völk & Bode 1954). Für *M. persicae* und *Aphis nasturtii* konnte Völk (1951) keine stärkere Vermehrung in den mit Chlorkali gedüngten Parzellen feststellen. Bei den im Augenstecklingstest geprüften Knollen stellte sich aber heraus, dass der Prozentsatz blattrollkranker Stecklinge in den mit chlorkalihaltigen Düngern behandelten Parzellen wesentlich höher lag als in den anderen. Zur Lösung dieses scheinbaren Widerspruchs trug Moericke bei, der darauf hinwies, dass Völk (1951) bei der Auswertung zwischen der Zahl der Läuse und ihrer Beweglichkeit nicht genügend unterschieden hatte. Zu dieser Zeit hatte Moericke bereits begonnen, sich mit der Fähigkeit der Blattläuse zu beschäftigen, optische Signale (Farben) wahrzunehmen und diese Reaktion für eine Fangmethode einzusetzen. Diese Arbeiten führten zu den bekannten Moericke-Fangschalen (Moericke 1951, 1952).

Die phytopathologische Bedeutung der Blattläuse zog eine verstärkte Bekämpfung mit synthetischen Insektiziden nach sich. 1937 wurde in ersten Versuchen mit nikotinhaltigen Brühen von Heinze in Dahlem erkundet, ob sich durch Bespritzen der Kartoffelbestände etwas gegen die Läuse erreichen lässt. Am aussichtsreichsten waren nach Heinze (1939) Bekämpfungsmaßnahmen, die sich gegen Eier und Larven am Pfirsich richten.

Nach Störmer (1938) sollte die restlose Aufklärung ihrer Biologie die richtigen Wege zur Bekämpfung von *M. persicae* zeigen. Die Winterspritzung sollte zur Abtötung der Eier von *M. persicae* Anwendung finden und letztlich die Beseitigung des Pfirsichbaumes. Heute wissen wir, dass diese Bekämpfungsstrategie das angestrebte Ziel nicht erreicht hätte, weil *M. persicae* befähigt ist, auch andere Pflanzen als Winterwirte zu nutzen.

Störmer (1938) äußerte sich auch zuversichtlich über den Einsatz von Spritzmitteln im Kartoffelanbau. Er lobte neben der toxischen auch die mechanische Wirkung: »Wird mit motorisch angetriebenen Spritzen gearbeitet, ... , dann braust geradezu ein Sturmwind über den Kartoffelschlag.«

Der zunehmende Einsatz von Insektiziden führte aber auch zur Selektion von resistenten Blattläusen. Das Problem der Insektizidresistenz wurde erstmals 1908 in den USA erkannt, als bis dahin erfolgreich zu bekämpfende Schildläuse dem Einsatz von Schwefelkalkbrühe widerstanden (Brown

1960). In Deutschland führte 1971 das Zoologische Institut der Biologischen Bundesanstalt eine Umfrage über die Situation der Blattlausbekämpfung in der Bundesrepublik bei den Pflanzenschutzämtern durch. Sie ergab, dass es unter anderem Schwierigkeiten bei der Bekämpfung von *M. persicae* und *Macrosiphum euphorbiae* gab. Deshalb untersuchte Rassmann (1973) in Berlin-Dahlem die Insektizidempfindlichkeit von *M. persicae*. Der von ihm geprüfte schwer bekämpfbare Stamm von *M. persicae* erwies sich als resistent gegen die drei eingesetzten organischen Phosphorsäureester. Leider fand der daraus resultierende Vorschlag, eine staatliche Kontrollstelle einzurichten, die nach einheitlichen Maßstäben mit Standardmethoden und unter gleichbleibenden Versuchsbedingungen Empfindlichkeitskontrollen durchführt, keine Zustimmung. Da sich die Agrochemieindustrie für diese Fragestellung am meisten interessierte, hat sie eigene Kapazitäten für die Bearbeitung der Insektizidresistenz bereitgestellt bzw. nutzte die Möglichkeiten der Gruppe um den britischen Forscher Devonshire in Rothamsted. Devonshire hat maßgeblich dazu beigetragen, Mechanismen der Insektizidresistenz von *M. persicae* aufzuklären (Devonshire 1975, Devonshire & Sawicki 1979).

Der stärker werdende Einsatz von synthetischen Pflanzenschutzmitteln und die Konzentration auf andere Schwerpunkte führten dazu, dass in der Bundesrepublik Blattläuse auf Kartoffeln nur noch geringe Aufmerksamkeit erfuhren. Ein staatlich geführter Blattlauswarndienst, der auch die Belange des Kartoffelbaus berücksichtigte, wurde hingegen in der DDR aufgebaut (Dubnik 1969).

Da die polyphage *M. persicae* auch für andere Kulturen einen wirtschaftlich bedeutsamen Schaderreger darstellte, konnten Blattläuse aber nicht völlig vernachlässigt werden (z. B. Steudel 1952a, b, Steudel & Burckhardt 1950).

Die Situation änderte sich, als über mehrere Jahre in den Kartoffelbeständen verstärkt Infektionen mit dem Kartoffelvirus Y (PVY) auftraten, die zu hohen Aberkennungen in der Pflanzkartoffelvermehrung führten. Die Ursachen für die hohen PVY-Infektionen werden u. a. in der höheren PVY-Anfälligkeit einiger Kartoffelsorten, im extrem frühen Blattlausflug, als Folge eines milden Winters mit anschließendem milden Frühjahr sowie im Vorhandensein umfangreicher Infektionsquellen gesehen (Wigger 1990). Zur Entscheidungsfindung bei der Bekämpfung von Virusvektoren wurden die Populationsdynamik und das Einwandern von Blattläusen in den Kartoffelbestand erfasst (Dubnik 1969, Rieckmann 1990), aber nur die Blattlausarten berücksichtigt, welche Kartoffel besiedeln und auf ihnen Kolonien gründen (Dubnik 1978, Naton 1976). Neben den eigentlichen Kartoffelblattläusen können aber auch zahlreiche andere Arten während des Probestichs das nichtpersistente PVY übertragen (Kennedy et al. 1962,

Van Hoof 1980, Van Harten 1983, De Bokx & Piron 1984, Harrington & Gibson 1989, Thieme et al., 1996 1997, 1998, Heimbach et al. 1998).

Für die Bewertung der Übertragungseffizienz verschiedener Arten wird *M. persicae* als Vergleichsstandard herangezogen. Blattlausarten, die über eine geringere Effizienz verfügen, werden mitunter nicht berücksichtigt. Wegen ihres häufigen Auftretens können sie aber dennoch eine Gefährdung darstellen. So bildeten in den Untersuchungen von Harrington & Gibson (1989) *M. persicae* lediglich 3,9 % des Gesamtfangs, wohingegen *Sitobion avenae* und *Brachycaudus* (*Brachycaudus*) *helichrysi* mit 21,2 % bzw. 14,2 % im Fang vertreten waren. In den Saugfallenfängen aus Großbritannien, Deutschland, Polen, Frankreich und Italien stellten die Getreideblattläuse die häufigsten Blattlausarten dar, bei deutlicher Dominanz von *Rhopalosiphum padi* (Taylor et al. 1978, Bouchery et al. 1987, Zlotkowski 1987, Coceano 1989, Karl 1992). Diesen Sachverhalt berücksichtigend, integrierte Nemecek (1993) in seinem Modell zur Epidemiologie von PVY in der Schweiz neben den Kartoffel besiedelnden Blattläusen auch andere Arten als Vektoren.

Mit den bisher praktizierten Methoden der Bestandsüberwachung von Kartoffeln (Gelbschalen, 100-Blatt-Methode) werden mit großer Wahrscheinlichkeit Einwanderungen von geflügelten, *Solanum tuberosum* nicht besiedelnden Blattläusen (z. B. *R. padi*) übersehen.

Die Notwendigkeit, eine Rassenbildungen bei Schaderregern zu berücksichtigen, erkannte bereits 1952 Blunck. Er beklagte, dass sich Entomologinnen und Entomologen im Gegensatz zu Bakteriologinnen/Bakteriologen und Mykologinnen/Mykologen bei ihren Arbeitsobjekten nur sehr unzureichend mit dem Auftreten von Biotypen befassen. Dieser Vorwurf hat bis in die Gegenwart Gültigkeit. Der in Naumburg arbeitende Aphidologe Börner lieferte Arbeitsergebnisse, die als klassische Beispiele für die Bedeutung der Kenntnisse über die Existenz von Insektenrassen zu bewerten sind (Börner 1908a, b, 1909, 1910b, 1912, 1924). Er bearbeitete zum damaligen Zeitpunkt das Reblaus-Problem und war bemüht, möglichst viele Rassen einzutragen, um den Genotyp mit der größten Aggressivität zu finden. Viele seiner Zeitgenossen haben ihn dafür ausgelacht; der Verspottete ließ sich jedoch nicht beirren. Nur dieser Beharrlichkeit haben wir es zu verdanken, dass es in Europa heute noch möglich ist, Weinbau zu betreiben.

Auch bei den Kartoffelblattläusen gibt es zahlreiche Arten, die als Komplex von verschiedenen Unterarten und Rassen existieren. Erste Hinweise hierfür hatte bereits Heinze (1939) erhalten, als er habituelle Unterschiede bei den Funden von *Aphis frangulae* registrierte. Er war aber nicht in der Lage, die Beobachtungen entsprechend zu deuten. Bei der Erforschung der Biologie und Taxonomie des *A.-frangulae*-Komplexes leistete in Rostock die

Gruppe um F. P. Müller die entscheidenden Arbeiten. Selbst die allseits bekannte *M. persicae* ist als Komplexart zu verstehen. Unter ihrem Namen wurden lange Zeit unerkannt sogar verschiedene Taxa geführt. Die von Blackman (1987a) zunächst als eigenständige Art beschriebene *M. nicotianae* (die jetzt den Rang einer Unterart von *M. persicae* hat) besitzt auch in Deutschland eine weite Verbreitung und besiedelt unerkannt die Gewächshäuser einschlägiger deutscher Forschungseinrichtungen. Weil Taxonomie gegenwärtig keinen hohen Stellenwert genießt, werden Arbeiten in dieser Richtung – wenn überhaupt – nur sehr zögerlich gefördert. Diese Situation kann sich ändern, wenn die Rolle der Taxa unterhalb des Artniveaus für die Transmission verschiedener Virusstämme akzeptiert wird (Thieme & Heimbach 1998).

7.1.2.1 Direkter Schaden

Zu den für Europa besonders wichtigen Blattläusen gehören nachfolgende Arten.

Acyrthsiphon pisum

Eine sehr häufige und weit verbreitete, ziemlich große (2,2–5,5 mm) Art, wahrscheinlich paläarktischen Ursprungs.

Merkmale zur Identifizierung: Die Stirn hat große seitliche Frontalhöcker mit divergierenden Innenrändern und keinen Medianhöcker. Die länglichen, ungeflügelten, lebendgebärenden Weibchen haben 6-gliedrige Antennen, die gleich lang oder bis zu 1,6-mal länger als der Körper der Blattlaus sind. Der Processus terminalis ist 0,8–1,4-mal länger als ein Siphunculus. Siphonen sind lang und sehr dünn, Durchmesser in der Mitte kleiner als der der hinteren Tibien, etwa 1/4 der Körperlänge, 1,2–1,9-mal so lang wie die Cauda. Die Cauda ist spitz, nur leicht eingeschnürt, mit 7–23 Borsten. Die Farbe der Blattläuse ist variabel: gelblich grün, grün oder gelegentlich rosa. Der Körper ist typischerweise mit einer dünnen Schicht aus wachsartigem Pulver bedeckt, bei den Larven mehr als bei den erwachsenen Tieren. Die Ungeflügelten haben in der Regel keine Pigmentierung auf dem Rücken ihres Hinterleibs, während die Geflügelten kleine Randflecken haben. Sie reagieren sehr empfindlich auf Störungen und lassen sich nach Freisetzung von Alarmpheromonen zu Boden fallen.

Lebenszyklus: Bei dieser Art handelt es sich um einen Komplex von Unterarten und Rassen, die sich in ihrem Wirtspflanzenbereich unterscheiden. Diejenigen, die die Erbse besiedeln, überwintern als Ei auf mehrjährigen Leguminosen (z. B. *Vicia cracca* oder *V. hirsuta*) oder seltener auf Klee.

Aus den im zeitigen Frühjahr schlüpfenden Eiern entwickeln sich Larven, die sich von den Knospen ihrer Wirtspflanze ernähren. Die reifen ungeflügelten Fundatrizen bringen mehrere Generationen hervor. Geflügelte Migranten, die im Frühjahr/Sommer produziert werden, fliegen zu anderen Leguminosen, wo sie sich den Rest der Saison parthenogenetisch fortpflanzen und geflügelte Individuen produzieren, die sich ausbreiten und andere Pflanzen besiedeln. Pro Jahr kann es 7–15 Generationen geben. Im Herbst produziert *A. pisum* geflügelte Männchen und ovipare Weibchen, die ihre Eier an Stängel und Blätter heften. Die lebendgebärende Überwinterung findet vermutlich in warmen Klimazonen statt.

Hauptwirt: *Vicia cracca, V. hirsuta* und Klee.

Sekundärwirt: Viele Leguminosen, darunter viele wirtschaftlich wichtige Pflanzen.

Lebenszyklus: Holozyklisch (fakultativ anholozyklisch).

Schädigung: Die Blattlaus nimmt Phloemsaft auf aus Blättern, Blattstielen, Stängeln und Knospen. Starke Schädigung durch Nahrungsaufnahme führt zu gelben, verwelkten und verkümmerten Pflanzen. Im Sommer befallen die Blattläuse vor allem den Blütenansatz, junge Blätter, junge Triebe und die Spitzen der Stängel. Da die Art sehr sensibel auf entomophage Pilze reagiert, kommt es eher zu Ausbrüchen, wenn es längere Perioden mit kühler und trockener Witterung gibt. Die Blattlaus kann große Schäden anrichten und Kulturpflanzen vernichten. Sie ist ein wichtiger Überträger von mehr als 30 Viruskrankheiten.

Aphis caccivora

Eine sehr häufige und weit verbreitete kleine (1,2–2,3 mm) Art, wahrscheinlich paläarktischen Ursprungs.

Merkmale zur Identifizierung: Das Stirnprofil zeichnet sich durch eine konvexe oder fast gerade Form aus. Die eiförmigen, ungeflügelten, lebendgebärenden Weibchen haben 6-gliedrige Antennen, die 0,5–0,8-mal so lang sind wie der Körper der Blattlaus. Der Processus terminalis ist etwas kürzer als ein Siphunculus. Die Siphonen sind geschuppt und zylindrisch, etwa 1/10–1/5 der Körperlänge, gewöhnlich 1,5-mal so lang wie die Cauda. Die Cauda ist zungenförmig und mit 4–9 Borsten besetzt. Im Gegensatz zu den Larven ist der Körper der erwachsenen Weibchen glänzend schwarz oder dunkelbraun und hat keinen wachsartigen Belag. Der distale Teil der Beine, der Kopf, die Siphonen und die Cauda sind schwarz. Das Dorsum des Abdomens der Ungeflügelten ist in der Regel vollständig pigmentiert, manchmal mit breiten Querstreifen. Die Geflügelten haben dorsale Querstreifen und marginale Sklerite distal der Siphunen.

Lebenszyklus: Diese Art überwintert auf Hülsenfrüchten. Aus den überwinternden Eiern schlüpfen im Frühjahr die Fundatrizen. Die Geflügelten, die im Frühjahr/Sommer – vor allem durch Gedränge der Blattläuse – produziert werden, fliegen auf andere Wirte. Obwohl die Art nicht wirtswechselnd ist, werden auch geflügelte Männchen produziert. Die lebendgebärende Überwinterung ist in warmen Wintern sehr verbreitet.

Wirt (im Winter und Sommer): Viele Gattungen von Leguminosen, darunter viele wirtschaftlich wichtige Pflanzen, und Pflanzen einiger anderer Familien.

Lebenszyklus: Holozyklisch (fakultativ anholozyklisch, ausschließlich anholozyklisch in den Tropen).

Schädigung: Diese Blattlaus befällt vor allem die Wachstumsstellen, Blätter, Blüten und Früchte von Pflanzen. Die Nahrungsaufnahme führt zum Einrollen der Blattspitzen und kann das normale Wachstum und die Blüte der Wirtspflanze verhindern. Die direkte Nahrungsaufnahme dieser Blattlaus kann sehr schädlich sein. Darüber hinaus ist sie ein wichtiger Überträger sowohl persistenter als auch nicht-persistenter Viren von Bohnen, Erbsen, Rüben und Kürbissen.

Aphis fabae

Eine sehr häufige, meist mittelgroße (1,2–3,1 mm) Art, die in den gemäßigten Gebieten der nördlichen Hemisphäre weit verbreitet ist.

Merkmale zur Identifizierung: Die Stirn ist w-förmig (sigmoidal). Die eiförmigen, ungeflügelten, lebendgebärenden Weibchen haben 6-gliedrige Antennen, die kürzer sind (0,5–0,8-mal) als der Körper der Blattlaus. Der Processus terminalis ist etwas länger als ein Siphunculus. Die Siphonen sind geschuppt und zylindrisch, kürzer als 1/5 der Körperlänge, 0,7–1,9-mal so lang wie die Cauda. Die Cauda ist zungenförmig, nicht eingeschnürt, meist mit mehr als 11 (bis zu 27) Borsten. Die Farbe der Blattläuse ist mattschwarz bis dunkelgrün. Ausgewachsene ungeflügelte Weibchen haben gelegentlich wachsartige Streifen auf dem Rücken, während die Nymphen diese weißen Streifen typischerweise haben. Die distalen Teile der Antennensegmente und Beine sind dunkel, Siphonen und Cauda schwarz. Die Ungeflügelten sind in der Regel pigmentiert und haben kleine Querstreifen auf dem Rücken des Hinterleibs, während die Geflügelten in der Regel gut entwickelte Querstreifen haben.

Lebenszyklus: Die Art überwintert als Ei auf *Euonymus europaeus* und je nach Zeitpunkt des Laubfalls auch auf *Viburnum opulus* oder *Philadelphus coronarius*. Aus den Eiern schlüpfen im Frühjahr die Fundatrizen. Im März/April bringen die Fundatrizen Ungeflügelte zur Welt, deren Nachkommenschaft einen zunehmenden Anteil an Geflügelten enthält. Ab Mai besiedeln die geflügelten Lebendgebärenden zahlreiche Sekundärwirtspflanzen und legen ihre Larven auf der Unterseite der Blätter oder an den Stängelspitzen ab. Die Blattlauskolonien nehmen bis Mitte Juni rasch an Größe und Anzahl zu und gehen dann allmählich zurück, was auf die steigende Temperatur, die abnehmende Qualität der Wirtspflanzen und die Wirkung der natürlichen Gegenspieler zurückzuführen ist. Im Herbst werden zwei Arten von Migranten, geflügelte Männchen und Gynoparae, produziert. Letztere bringen nach ihrer Ankunft auf dem Primärwirt die oviparen Weibchen zur Welt. Im Frühjahr werden mehrere Generationen auf *Euonymus* produziert, bevor die Geflügelten auf Sekundärwirtspflanzen migrieren. Mäßige Temperaturen, Windstille und wenig Regen begünstigen einen starken anfänglichen Befall der Sekundärwirte, wo die Zahl der Blattläuse rasch zunimmt. Die Migration ist nicht obligatorisch, gelegentlich kann die Blattlaus das ganze Jahr über auf *Euonymus* leben.

Eine lebendgebärende Überwinterung ist möglich, wenn die Winterbedingungen mild sind.

Primärwirt: *Euonymus europaeus* oder gelegentlich *Viburnum opulus* und *Philadelphus coronarius*.

Sekundärwirt: Sehr viele Pflanzen, darunter viele, die wirtschaftlich wichtig sind.

Lebenszyklus: Holozyklisch (fakultativ anholozyklisch).

Schaden: Ihre Nahrungsaufnahme verursacht eine starke Kräuselung der Blätter des Hauptwirts. Auf Sekundärwirten werden vor allem die Blätter und Blüten besiedelt. Die Blattlaus kann großen Schaden anrichten, indem sie die Blätter anschwellen, einrollen und ihre Entwicklung einstellen lässt und die Blüten durch ihren Speichel zum Absterben bringt. Sie reduzieren auch die Samenproduktion, und auf ihrem Honigtau wachsen Rußtau-Pilze. Diese Art ist ein wichtiger Überträger sowohl von persistenten als auch von nicht-persistenten Viren.

Aphis frangulae

Eine eher kleine bis mittelgroße (0,9–2,4 mm) Art, die als Komplex aus mehreren verschiedenen Unterarten betrachtet wird. Am wichtigsten sind die Unterarten, die gewöhnlich auf Kulturpflanzen vorkommen, z. B. *A. f. frangulae* und *A. f. gossypii*. Diese Unterarten können nur durch einen Wirtspflanzen-Test identifiziert werden, da keine morphologischen Merkmale gefunden wurden, die sie voneinander trennen. Die Art kommt praktisch weltweit vor.

Merkmale zur Identifizierung: Die Stirn ist w-förmig. Die oval geformten ungeflügelten, lebendgebärenden Weibchen haben 5 oder 6-gliedrige Antennen, die kürzer sind (0,5–0,8-mal) als der Körper der Blattlaus. Der Processus terminalis ist etwas länger als ein Siphunculus. Die Siphonen sind geschuppt und zylindrisch, kürzer als 1/5 der Körperlänge, 0,9–2,5-mal so lang wie die Cauda. Die Cauda ist zungenförmig, in der Regel nicht eingeschnürt und mit 4–11 Borsten besetzt. Die Farbe ist sehr variabel: gelblich, grün, blaugrün, grünlich-schwarz oder bräunlich, manchmal mit grünen Flecken. Blattläuse haben gelegentlich weiße Wachsstreifen auf dem Rücken. Kopf, distale Teile der Antennensegmente und Beine dunkel, Siphonen braun oder schwarz, selten blass an der Basis, und Cauda blasser als die Siphonen. Helle Individuen sind tendenziell kleiner und haben weniger Antennensegmente als dunkle Individuen. Die Ungeflügelten haben in der Regel keine Pigmentierung auf dem Rücken ihres Hinterleibs, während die Geflügelten Querstreifen besitzen.

Lebenszyklus: *A. f. frangulae* überwintert als Ei auf *Frangula alnus*, während *A. f. gossypii* meist anholozyklisch ist. Kürzlich wurden Eier dieser Unterart in Europa auf *Catalpa* sowie auf Hibiskus (wie für Nordamerika berichtet) und selten auf Gurke und Chrysantheme gefunden. Ab Mai besiedeln die geflügelten Weibchen zahlreiche Wirtspflanzen. Die Kolonien nehmen bis Mitte Juni rasch zu und gehen dann aufgrund der steigenden Temperatur, der abnehmenden Qualität der Wirtspflanzen und der Einwirkung natürlicher Gegenspieler allmählich zurück. Unter günstigen Bedingungen kann die Fortpflanzung den ganzen Winter über andauern, sodass bis zu 57 Generationen pro Jahr entstehen können. Im Herbst gibt es zwei Arten von Migranten: geflügelte Männchen und Gynoparae. Letztere bringen nach ihrer Ankunft auf dem Primärwirt die oviparen Weibchen zur Welt. Wie bereits erwähnt, ist die vivipare Überwinterung in milden Wintern oder in Wohnungen und Gewächshäusern (!) sehr verbreitet.

Schädigung: Die Nahrungsaufnahme dieser Blattlaus verursacht eine Kräuselung der Blätter des Primärwirts.

Bei den Sekundärwirten werden vor allem die Blätter und Blütenstände besiedelt. Die Blattlaus kann großen Schaden anrichten, da die sich entwickelnden Blätter anschwellen, sich einrollen und nicht mehr weiterwachsen und die Blüten aufgrund des eingeschleusten Speichels absterben, wodurch die Samenproduktion behindert wird. Fällt der Honigtau des späten Blattlausbefalls auf die offene Baumwolle, mindert der sich entwickelnde Rußpilz die Qualität der Baumwolle. Diese Art ist einer der wichtigsten Vektoren sowohl für persistente als auch für verschiedene nicht-persistente Viren.

Aphis spiraecola

Eine sehr häufige, kleine (1,2–2,2 mm) Art mit fast weltweiter Verbreitung, die wahrscheinlich aus dem Fernen Osten stammt.

Merkmale zur Identifizierung: Die Stirn ist fast gerade. Das ovale, ungeflügelte, lebendgebärende Weibchen hat 6-gliedrige Antennen, die etwa halb so lang wie der Körper der Blattlaus sind. Der Processus terminalis ist kürzer als ein Siphunculus. Die Siphonen sind geschuppt und zylindrisch, bis zu 1/4 der Körperlänge, etwas kürzer oder bis zu 1,7-mal länger als die Cauda. Die Cauda ist zungen- oder fingerförmig, eingeschnürt und meist mit 8–12 Borsten besetzt. Die Farbe der Blattläuse ist gelblich grün oder grün. Kopf, Basen und distale Teile der Antennen und Beinsegmente sind dunkel, Siphonen und Cauda schwarz. Die Ungeflügelten haben keine Pigmentierung auf dem Rücken ihres Hinterleibs, während die Geflügelten typischerweise dunkle Flecken marginal und hinter den Siphonen haben. Diese Art ist *Aphis pomi* sehr ähnlich. Sie unterscheidet sich durch die Länge der Rostralsegmente und dadurch, dass *A. spiraecola* in der Regel nur zwei Paar Marginalhöcker besitzt, *A. pomi* dagegen 6 Paare.

Lebenszyklus: Die Art überwintert als Ei meist auf *Spiraea,* wo die Winter streng sind. Im Herbst werden geflügelte Männchen und Gynoparae produziert, die zum Primärwirt zurückfliegen. Die lebendgebärende Überwinterung auf jungen Trieben ist in milden Wintern sehr verbreitet. Im Gegensatz zu anderen Zitruspflanzen besiedelnden Blattläusen ist *A. spiraecola* vom Frühjahr bis zum Herbst aktiv, legt im Sommer keine Diapause ein und produziert im Jahr bis zu 40 Generationen, mit 30–100 Nachkommen je ungeflügeltem Weibchen.

Primärwirt: *Spiraea* und einige andere Rosaceae.

Sekundärwirt: Viele Pflanzen, die zu mehr als 20 Familien gehören (einschließlich kultivierter Arten, wie *Citrus*).

Lebenszyklus: Holozyklisch (fakultativ anholozyklisch in warmen Gebieten wo Zitrusfrüchte angebaut werden)

Schaden: Ihre Nahrungsaufnahme verursacht oft Kräuselungen und starke Verformungen der Blätter. Die Schäden sind schwerwiegend, weil *A. spiraecola* junge Triebe, Knospen, Pfropfreiser und Jungpflanzen besiedelt, deren Entwicklung gehemmt wird. Der Befall im Frühjahr ist am schädlichsten. Bei Befall während der Blüte fallen die Blüten ab. Zusätzlich zu den direkten Schäden und der Produktion von Honigtau, der die Entwicklung von Rußtaupilzen begünstigt, ist diese Art ein potenzieller Überträger von verschiedenen Viren.

Diuraphis noxia

Eine weit verbreitete, häufige und eher kleine (1,4–2,3 mm) Art paläarktischen Ursprungs.

Merkmale zur Identifizierung: Die Stirn ist fast gerade und es fehlen die Antennenhöcker. Die spindelförmigen, ungeflügelten, lebendgebärenden Weibchen haben 6-gliedrige Antennen, die kürzer als die Hälfte der Körperlänge der Blattlaus sind. Der Processus terminalis ist mehr als 2-mal so lang wie ein Siphunculus. Die Siphonen sind kurz und nicht länger als ihr basaler Durchmesser, kürzer als 1/10 der Körperlänge, kürzer als 1/4 der Länge der Cauda. Die Cauda ist dreieckig, mit 4–9 Borsten. Die Farbe der Blattlaus ist blass gelb-grün oder graugrün. Der Körper ist mit einer dünnen Schicht aus weißem, wachsartigem Pulver bedeckt. Die Ungeflügelten haben keine Pigmentierung auf dem Hinterleibsrücken, während die Geflügelten Randflecken aufweisen. Die Art zeichnet sich durch das Vorhandensein eines großen Fortsatzes (supracaudal) direkt über der Cauda aus.

Lebenszyklus: Die Art überwintert als Ei auf Gramineen. Aus den Eiern schlüpfen im Frühjahr die Fundatrizen. Die im Frühjahr/Sommer produzierten Geflügelten fliegen zu anderen Wirten, wo sie sich parthenogenetisch fortpflanzen. Im Herbst werden ungeflügelte Männchen und ovipare Weibchen produziert. Letztere legen die Eier ab. Die Überwinterung als Lebendgebärende erfolgt dort, wo die Winterbedingungen mild sind. Die Art ist kältetolerant und kann Temperaturen unter dem Gefrierpunkt überleben.

Wirtspflanzen: (im Winter und Sommer) Wild- und Kulturgräser.

Lebenszyklus: Holozyklisch (fakultativ anholozyklisch).

Schadbild: Von den Gräsern, die von *D. noxia* befallen werden, sind Weizen und Gerste am sensibelsten; Roggen und Triticale sind in der Regel weniger betroffen, und Hafer scheint kaum oder gar nicht geschädigt zu werden. *D. noxia* befällt weder Mais noch Sorghum. Die sich in charakteristischen weißen, länglichen Streifen auf den Blättern und am Stängel zeigenden Schäden werden durch die Nahrungsaufnahme dieser Blattlaus verursacht. Stark befallene Pflanzen sind verkrüppelt und zeigen manchmal ein abgeflachtes Aussehen mit fast auf dem Boden liegenden Trieben. Gelegentlich entwickeln die Pflanzen eine violette Färbung. Befallene Blätter rollen sich in Längsrichtung ein und bleiben senkrecht stehen, anstatt die typische hängende Haltung einzunehmen. Es ist nicht sicher, ob *D. noxia* das Gerstengelbverzwergungsvirus (BYDV) übertragen kann.

Macrosiphum euphorbiae

Eine sehr häufige und weit verbreitete mittelgroße bis ziemlich große (1,7–4,0 mm) Art, wahrscheinlich nordamerikanischen Ursprungs.

Merkmale zur Identifizierung: Die Stirn ist durch das Vorhandensein von großen seitlichen Stirnhöckern mit unterschiedlichen Innenrändern gekennzeichnet. Die länglichen, ovalen oder birnenförmigen, apterösen, lebendgebärenden Weibchen haben 6-gliedrige Antennen, die genauso lang oder bis zu 1,4-mal länger als der Körper der Blattlaus sind. Der Processus terminalis ist etwas kürzer als ein Siphunculus. Die Siphonen sind lang, etwa 1/3 der Körperlänge, und ungefähr zweimal (1,7–2,2-mal) so lang wie die Cauda. Das distale Ende jedes Siphunculus ist netzförmig. Die Cauda ist lang, eher spitz, normalerweise nicht eingeschnürt und mit 8–12 Borsten besetzt. Diese Blattlaus hat mehrere Farbmorphen, die grün oder rötlich sind. Sie hat einen dunkleren (grünen oder roten) Längsstreifen auf dem Rücken. Die Antennen sind an den Spitzen dunkler, die Beinsegmente in der Regel nicht dunkler, die Siphonen und Cauda sind blass und haben die gleiche Farbe wie der Körper. Ungeflügelte und Geflügelte haben keine Pigmentierung auf dem Dorsum des Abdomens.

Lebenszyklus: Diese Art kann als Ei auf vielen verschiedenen Pflanzen überwintern, aber Eier werden nur selten beobachtet. Aus den Eiern schlüpfen im Frühjahr die Fundatrizen. Die im Frühjahr/Sommer produzierten Geflügelten fliegen zu einem neuen Wirt, wo sie sich für den Rest der Saison parthenogenetisch fortpflanzen. Geflügelte Weibchen entwickeln sich als Reaktion auf eine hohe Koloniedichte (Überbevölkerung), das Absterben der Wirtspflanze und veränderte Umweltbedingungen. Ungeflügelte Weibchen produzieren bis zu 50 Nachkommen. Im Herbst werden geflügelte Männchen und Gynoparae produziert. Letztere gebären die oviparen Weibchen, nachdem sie auf dem Primärwirt angekommen sind. Die lebendgebärende Überwinterung ist in milden Wintern, in Gewächshäusern und anderen geschützten Räumen sehr verbreitet.

Primärwirt: *Rosa* spp. (in Nordamerika) und verschiedene nicht verwandte Pflanzen (in Europa).

Sekundärwirt: Viele krautige Pflanzen, darunter *Solanum tuberosum.*

Lebenszyklus: Holozyklisch und anholozyklisch.

Schaden: Die Nahrungsaufnahme dieser Blattlaus verursacht eine starke Kräuselung der Blätter des Wirts. Infolgedessen werden die Blüten abgeworfen und der Ertrag verringert, neue Triebe werden verkümmert und eingerollt. Stark befallene Pflanzen werden braun und sterben von oben nach unten ab. Wenn die Blattlaus in der gesamten Kulturpflanze in großer Abundanz auftritt, kann es zu erheblichen Schäden kommen. Der Befall ist jedoch selten so stark, dass die Pflanzen absterben. Diese Blattläuse scheiden außerdem eine große Menge Honigtau aus, der die Entwicklung von Rußtau auf Blättern und Früchten fördert. Die Blattlaus kann sehr schädlich sein und ist einer der wichtigsten Vektoren. Sie überträgt mehr als 5 persistente Viren und 40 nicht-persistente Viren (einschließlich der Kartoffel- und Rübenviren).

Myzus persicae

Eine sehr häufige und weit verbreitete mittelgroße (1,2–2,6 mm) Art paläarktischen Ursprungs.

Merkmale zur Identifizierung: Die Stirn ist durch das Vorhandensein von großen seitlichen Stirnhöckern mit konvergierenden Innenrändern gekennzeichnet. Die Antennen sind 6-gliedrig und nicht länger als der Körper der Blattlaus. Der Processus terminalis ist kürzer als ein Siphunculus. Die Siphonen sind lang und leicht geschwollen, etwa 1/4 der Körperlänge, doppelt so lang wie die Cauda. Die Cauda ist länglich dreieckig, meist mit 6 Borsten. Die Farbe dieser Blattlaus ist sehr variabel: gelblich-grün, grün oder blass-gelblich. In Europa wurden rot gefärbte erwachsene Ungeflügelte nur selten (in Norddeutschland) beobachtet. Kolonien mit rosafarbenen oder roten juvenilen Geflügelten treten gelegentlich auf, vor allem im Herbst oder unter kalten Bedingungen. Obwohl den Ungeflügelten die Rückenpigmentierung fehlt, haben die Geflügelten typischerweise einen schwarzen zentralen Pigmentfleck auf dem Hinterleib.

Lebenszyklus: Die Art überwintert als Ei auf Pfirsich, seltener auch auf anderen *Prunus*-Arten. Die Eier schlüpfen im Frühjahr und es werden Klone von Funtarizen gebildet. Geflügelte Migranten fliegen zum Sekundärwirt, wo sie sich für den Rest der Saison parthenogenetisch vermehren. Im Herbst werden zwei Arten von Migranten produziert: Männchen und Gynoparae, die bei ihrer Ankunft auf dem Primärwirt die oviparen Weibchen zur Welt bringen. Die lebendgebärende Überwinterung ist sehr häufig, wenn die Winterbedingungen mild sind oder *Prunus* spp. nicht vorhanden sind. *Myzus (N.) persicae* ist extrem polyphag, ihre Sekundärwirte sind krautige Pflanzen, sowohl Wild- als auch Kulturpflanzen.

Primärwirt: *Prunus persica*, aber manchmal auch andere *Prunus* spp.

Sekundärwirt: Viele verschiedene Pflanzenfamilien, darunter viele Pflanzen, die wirtschaftlich wichtig sind.

Lebenszyklus: Holozyklisch (fakultativ anholozyklisch).

Schaden: Die Nahrungsaufnahme dieser Blattlaus verursacht eine starke Kräuselung der Blattspitzen des Primärwirts. Bei den Sekundärwirten werden vor allem die Blätter besiedelt, insbesondere die Blattscheiden der unteren Blätter. Die Blattlaus kann große Schäden anrichten und ist einer der wichtigsten Virusüberträger, der sowohl persistente (z. B. an Kartoffel, Erbsen, Tabak und Zuckerrübe) als auch mehrere nicht persistente Viren überträgt.

Rhopalosiphum padi

Eine kleine bis mittelgroße (im Sommer 1,1–2,6 mm), sehr häufige und praktisch weltweit verbreitete Art, die wahrscheinlich paläarktischen Ursprungs ist.

Merkmale zur Identifizierung: Die Stirn ist durch schwach ausgeprägte Tuberkel (w-förmig) gekennzeichnet. Die breit eiförmigen ungeflügelten lebendgebärenden Weibchen auf Sekundärwirten haben 6-gliedrige Antennen, die etwa halb so lang sind wie der Körper der Blattlaus. Der Processus terminalis ist 1,5-mal so lang wie ein Siphunculus. Die Siphonen sind eher kurz, fast zylindrisch, leicht geschwollen, gefolgt von einer deutlichen Einschnürung unterhalb des distalen Endes, etwa 1/8 der Körperlänge, fast doppelt so lang wie die Cauda. Die Cauda ist zungenförmig und mit 4–5 Borsten besetzt. Die Farbe dieser auf ihren Sekundärwirten ziemlich glänzenden Blattlaus ist schmutzig grünlich oder bräunlich mit einer rötlichen Färbung an den Basen der Siphunculi. Die gleichmäßig pigmentierten Siphonen sind braun. Der Körper ist leicht mit wachsartigem Pulver bedeckt. Die Ungeflügelten haben in der Regel keine Pigmentierung auf dem Rücken ihres Hinterleibs, während die Geflügelten typischerweise dunkle Stellen am Rand haben.

Lebenszyklus: Die Art überwintert als Ei auf *Prunus padus* und kann im Herbst gelegentlich auch auf anderen *Prunus*-Arten gefunden werden. Aus den Eiern schlüpfen im Frühjahr die Fundatrizen. Die Geflügelten werden in der zweiten Generation in großer Zahl produziert und fliegen zu Sekundärwirten. Bei Mais befallen sie zunächst den Raum zwischen Stängel und Blattansatz, unter den Maishülsen oder auf der Unterseite der Blätter. Nach der Blüte befallen die Blattläuse die Rispen, die oberen Blätter und die Ähren. Im Allgemeinen besiedelt diese Art eher die unteren Teile ihrer Wirtspflanzen, d. h. die Teile, in denen die Temperaturen wahrscheinlich niedriger und die Feuchtigkeit höher ist. Sehr selten kolonisiert die Blattlaus ihren Primärwirt im Frühsommer. Im Herbst werden geflügelte Männchen und Gynoparae gebildet. Letztere bringen die oviparen Weibchen zur Welt. Die Wintereier werden an der Basis von Knospen und an Zweigen abgelegt, bei starkem Befall auch in Spalten in der Rinde des Baumstamms. Eine vivipare Überwinterung ist möglich, wenn die Winterbedingungen mild sind oder *Prunus* spp. fehlen.

Primärwirt: In der Regel *Prunus padus.*

Sekundärwirt: Mehrere Gramineae-Arten (einschließlich Getreide) und Cyperaceae.

Lebenszyklus: Holozyklisch, anholozyklisch.

Schädigung: Die Nahrungsaufnahme durch die Traubenkirschen-Haferblattlaus bewirkt eine starke Längsrollung der Blätter des Primärwirts, die die Kolonien auf der Blattunterseite in einer offenen Galle einschließen. Auf den Sekundärwirten werden vor allem die Blätter, insbesondere die Blattscheiden der unteren Blätter, besiedelt. Durch die Nahrungsaufnahme rollen sich die Blätter ein und bilden eine Spirale. Die Blattlaus kann sehr schädlich sein, da sie sowohl persistente (z. B. bestimmte Stämme des BYDV) als auch mehrere nicht-persistente Viren überträgt.

Schizaphis graminum

Eine kleine (1,3–2,1 mm), weit verbreitete und in Südeuropa, dem Nahen Osten, Asien, Afrika, Nord-, Mittel- und Südamerika sehr häufige Art, die wahrscheinlich aus dem Süden des europäischen Russlands stammt.

Merkmale zur Identifizierung: Die Stirn ist durch ausgeprägte, aber eher niedrige mediane und laterale Tuberkel gekennzeichnet, die auf der ventralen Oberfläche kurze fingerartige Fortsätze tragen. Die eher langgestreckten, ovalen, apteren, lebendgebärenden Weibchen haben 6-gliedrige Antennen, die etwas länger als die Hälfte der Körperlänge der Blattlaus sind. Der Processus terminalis ist bis zu 1,3-mal länger als ein Siphunculus. Die Siphonen sind lang und leicht zylindrisch, etwa 1/8 der Körperlänge lang und bis zu 1,8-mal länger als die Cauda. Die Cauda ist zungenförmig und mit 4 Borsten besetzt. Die Farbe dieser Blattlaus ist blass gelblich bis bläulich grün mit dunkleren grünen Längsstreifen in der Mitte und an den Seiten. Die Cauda ist blass, die Beine und Siphonen sind blass mit dunkleren Spitzen, während die distalen 2/3 der Antennen dunkel sind. Ungeflügelte und Geflügelte haben keine Pigmentierung auf dem Dorsum des Abdomens.

Lebenszyklus: Über die Biologie und die Lebensweise dieser Art herrscht einige Verwirrung, da es mehrere Wirtsrassen oder Unterarten gibt. Der Greenbug überwintert als Ei auf Gräsern, in den nördlichen USA vor allem auf *Poa pratensis.* Aus den Eiern schlüpfen im Frühjahr Fundatrizen, denen bei günstigen Bedingungen mehr als 30 parthenogenetische Generationen folgen. Im Herbst werden geflügelte Männchen und sich paarende Weibchen (Oviparae) produziert. Die lebendgebärende Überwinterung ist überall dort, wo die Winterbedingungen es zulassen, sehr verbreitet.

Wirt: In Winter und Sommer Gramineae (einschließlich wirtschaftlich wichtiger Pflanzen).

Lebenszyklus: Holozyklisch (fakultativ anholozyklisch).

Schaden: Diese Art injiziert ein Toxin in die Pflanze, das Vergilbung und andere phytotoxische Wirkungen verursacht. Mit zunehmender Population vergilbt das gesamte Blatt oder die Pflanze. Je nach Art der Wirtspflanze entwickeln die verfärbten Stellen eine rötliche, braune oder feuerrote Färbung. Im Allgemeinen werden die Pflanzen nur bei starkem Befall vor dem Austrieb geschädigt. Zusätzlich zu den direkten Schäden kann die Blattlaus das Gerstengelbverzwergungsvirus, das Zuckerrohrmosaik und andere Viruskrankheiten übertragen.

Sitobion avenae

Eine mittelgroße bis große (1,3–4,0 mm) Art, die in Europa, dem Mittelmeerraum, dem Nahen Osten, Zentralasien, Indien, Afrika, Nord-, Mittel- und Südamerika weit verbreitet und sehr häufig ist.

Merkmale zur Identifizierung: Die Stirn ist durch das Vorhandensein von eher niedrigen seitlichen Stirnhöckern mit divergierenden Innenrändern und einem kleineren Medianhöcker gekennzeichnet. Die breit spindelförmigen, ungeflügelten, lebendgebärenden Weibchen haben 6-gliedrige Antennen, die etwas kürzer oder bis zu 1,2-mal länger als der Körper der Blattlaus sind. Der Processus terminalis ist bis zu 1,3-mal länger als ein Siphunculus. Die Siphonen sind lang und leicht zylindrisch, bis zu 1/4 der Körperlänge, in der Regel kürzer als 1,5-mal die Länge der Cauda. Bis zu 35 % des distalen Endes jedes Siphunculus sind netzförmig. Die Cauda ist spitz, leicht eingeschnürt und mit bis zu 13 Borsten besetzt. Die Farbe der Blattläuse ist gelblichgrün, schmutzig rotbraun oder fast schwarz. Der Kopf und die Antennen sind mehr oder weniger dunkel, die distalen Enden der Beinsegmente dunkel, die Cauda bräunlich oder gelblich grün, während die Siphonen schwarz sind. Ungeflügelte mit kleinen und Geflügelte mit deutlichen dunklen intersegmentalen Stellen.

Lebenszyklus: Die Art überwintert als Ei auf vielen Getreidearten und Gräsern (z. B. Winterweizen, Wintergerste, Winterroggen, *Poa annua*). Aus den Eiern schlüpfen im Frühjahr Fundatrizen. Diese Blattlaus bevorzugt Blütenstände, falls vorhanden (bei *Poa*), ansonsten (bei Wintergetreide) besiedelt sie die Blätter. Bis zu 80 % der Nachkommen von Fundatrizen können zu Geflügelten werden, die zu einem neuen Wirt fliegen, wo sie sich für den Rest der Saison parthenogenetisch fortpflanzen. Diese Blattlaus befällt in der Regel die obersten Blätter, wandert aber auch auf die Ähren über, sobald diese auftauchen. Bei zunehmender Dichte oder wenn das Getreide reift, entwickeln sich geflügelte Blattläuse, die die noch grünen Wirte verlassen und andere besiedeln. Im Herbst werden geflügelte Männchen und paarungsbereite Weibchen (Oviparae) produziert. Letztere legen ihre Eier an den unteren Teilen der Wirte ab. Die lebendgebärende Überwinterung auf dem Wintergetreide und anderen Gramineae ist in milden Wintern sehr verbreitet.

Wirt: Im Winter und im Sommer verschiedene Arten von Gramineae (darunter viele wirtschaftlich wichtig).

Lebenszyklus: Holozyklisch (fakultativ anholozyklisch).

Schädigung: Die Nahrungsaufnahme der Getreideblattlaus führt zu einer Verringerung der Anzahl der Körner pro Ähre und damit zu einer potenziell großen Ertragsminderung. Große Mengen an Honigtau, der als glänzende und klebrige Schicht auf der Blattoberseite erscheint, fördern Rußtau und verringern die Assimilation. Die Besiedlung der Ähren beeinträchtigt die Menge und die Qualität des Mehls für das Brotbacken, was den Handelswert des Getreides mindert. Die Blattlaus kann bei Getreide großen Schaden anrichten und ist außerdem ein wichtiger Überträger des Gerstengelbverzwergungsvirus sowie des Bohnengelbmosaiks, des Erbsenmosaiks, der Rettichgelbsucht und des Kartoffelvirus Y.

Bei Blattläusen handelt es sich um hochdynamische, sich schnell entwickelnde Systeme. Bestimmte weit verbreitete und wohlbekannte Schädlingsarten könnten in Wirklichkeit eher als Komplexarten aufgefasst werden. So ist *Myzus persicae* zum Beispiel gekennzeichnet durch eine Reihe von Populationen, die eng miteinander verwandt sind und zahlreiche Merkmale gemeinsam haben. Zu der vorhandenen Heterogenität können auch Populationen gehören, die sich genetisch so weit voneinander entfernt haben, dass sie über das Stadium der Wirtsrassen hinausgewachsen sind und einen gewissen Grad an Beständigkeit erreicht haben, sodass sie als beginnende oder geschwisterliche Arten (oder Unterarten) mit eigenen Merkmalen angesehen werden können.

Die Erkennung solcher abweichenden Taxa kann unser Verständnis der Ökologie einer schädlichen Komplexart verbessern und die Möglichkeit zur Entwicklung wirksamer Bekämpfungsmaßnahmen erhöhen. Blattlaus-Taxonomen, die Gruppen sehr eng verwandter Taxa (Komplexarten) untersuchen, haben Unterarten auch auf eine ganz andere Art und Weise verwendet, um Populationen zu definieren, die morphologisch sehr ähnlich sind, bei denen jedoch durch Feldbeobachtungen und/oder experimentelle Studien nachgewiesen wurde, dass sie sich in ihrem Lebenszyklus oder ihren Wirtspflanzenbeziehungen unterscheiden (Müller 1986). Bei diesen Komplexarten fungieren nicht die räumliche Isolierung, sondern Veränderungen im Lebenszyklus und/oder in den Wirtsbeziehungen als primärer Isolierungsmechanismus und Auslöser für die Artbildung (Guldemond & Mackenzie 1994). Rakauskas (2004) hat Müllers (1986) Vorschlag für eine breitere Verwendung der Unterartenkategorie wiederbelebt, um ihre Anwendung auf Blattlaus-Artenkomplexe zu validieren und um der Notwendigkeit gerecht zu werden, Namen bereitzustellen, die intraspezifische Kategorien in Gruppen identifizieren, die Schädlingsarten umfassen. Blackman & Eastop (2017) schlagen vor, eine Blattlaus-Unterart als eine Gruppe von Populationen zu definieren, die erkennbar zu einer bestehenden Art gehört, jedoch eine Reihe von Eigenschaften aufweist, die sie von anderen Populationen innerhalb dieser Art unterscheiden. Die Art sollte hinreichend bekannt sein, um mit hinreichender Sicherheit sagen zu können, dass die beobachtete Variation diskontinuierlich ist, und die Konstanz dieser Diskontinuität sollte durch Proben aus mehr als einer Zeit und einem Ort nachgewiesen werden. Die wahrscheinliche Ursache für die Diskontinuität sollte identifizierbar sein, z. B. ein Unterschied in den Wirt-Pflanzen-Beziehungen, den Eigenschaften des Lebenszyklus oder dem geografischen Standort, und sollte nicht so beschaffen sein, dass sie irreversibel ist (z. B. permanente Parthenogenese). Die Beschreibung einer neuen Unterart sollte eine klare und genaue Beschreibung ihrer morphologischen und biologischen Eigenschaften im Vergleich zu anderen Populationen innerhalb der Art enthalten und die bestmöglichen morphologischen Unterscheidungsmerkmale umfassen.

Die vorgestellten Beispiele bestätigen die lang gehegte Vermutung, dass die meisten großen Blattlausarten eine intraspezifische Aufteilung der Ressourcen aufweisen (Blackman 1990). Es hat den Anschein, dass Artbildungsprozesse, bei denen es sich um assortative Verpaarungen aufgrund unterschiedlicher Selektion unter den potenziellen Wirtspflanzen handelt, (1) sehr schnell voranschreiten können und (2) angesichts des stattfindenden Genflusses zu Situationen führen, in denen Unterarten biologische Unterschiede entwickelt haben, aber nur eine minimale genetische Divergenz von Markern aufweisen, die nicht mit wirtsbezogenen Merkmalen verknüpft sind. Sollte dies zutreffen, ist die taxonomische Bedeutung der aus molekularen Daten berechneten genetischen Distanzparameter möglicherweise neu zu bewerten (Blackman & Eastop 2017).

Neben dem Auftreten von Komplexarten können verschiedene Arten in Abhängigkeit von den sie umgebenden Bedingungen auch durchaus unterschiedliche Schadwirkungen entwickeln. So ist *Rhopalosiphum padi* in Großbritannien vor allem wegen ihrer Fähigkeit gefürchtet, Viruskrankheiten, insbesondere das Gerstengelbverzwergungsvirus (BYDV), zu übertragen. In anderen europäischen Ländern, insbesondere in Skandinavien, wird *R. padi* eher als direkter Schaderreger angesehen und bekämpft. Die Prädator- und Parasitoidenkomplexe in Großbritannien und Finnland waren nach Leather et al. (1989) vergleichbar. Wesentliche Unterschiede fanden die Autoren im Vorkommen des Primärwirts von *R. padi* und in der landwirtschaftlichen Praxis. Die große Verbreitung von *Prunus padus* (Primärwirt) und die Frühjahrspflanzung von Getreide in kälteren Klimazonen wie in Finnland, sind wahrscheinlich die Faktoren, welche die Unterschiede im Schädlingsstatus dieser Blattlaus zwischen Großbritannien und Skandinavien verursachen. Diese auf Gräser spezialisierte Blattlaus hat sich aber in Deutschland und anderen europäischen Ländern als Vektor des Kartoffelvirus Y (PVY) erwiesen. Obwohl die Übertragungseffizienz von *R. padi* für dieses nichtpersistente Virus deutlich geringer ist als bei *M. persicae*, kann aber dieser Nachteil der Getreidelaus bei Auftreten in großen Stückzahl kompensiert werden.

Im Gegensatz dazu ist *Diuraphis noxia* für Getreide ein bedeutsamer Schaderreger, der hauptsächlich direkten Schaden verursacht. Durch das Einspritzen von Toxinen während der Nahrungsaufnahme verursacht *D. noxia* neben der Deformation der Blätter durch Zerstörung der Chloroplastenmembran auffällige streifige Verfärbungen (Robinson 1992). Befallene Blätter rollen sich korkenzieherförmig zusammen, verkräuseln und vertrocknen, befallene Pflanzentriebe verbiegen sich. Die in den eingerollten Blättern siedelnden Blattläuse sind teilweise vor natürlichen Feinden, vor über Kontakt wirkende Pflanzenschutzmittel und vor meteorologischen Ereignissen geschützt. Der Schaden ist am größten, wenn die Blattläuse ihr Populationsmaximum in der Reifephase des Getreides erreichen. Auf der Krim ist die Schädigung der Gerste im Juni am schwersten, während bereits weiter entwickelter Weizen in geringerem Ausmaß geschädigt wird. In stark befallener Gerste wird die Entwicklung des Kornes verzögert, und häufig entfalten sich die zwei oberen Blätter nicht. Ein früher Befall der Gerste kann zu einem Totalverlust der Ernte führen. Später Befall der Gerste und Besiedlung des Weizens können beträchtliche Reduktionen der Erntemenge verursachen. Als Vektor der BYDV hat die Art jedoch keine Bedeutung. Interessanterweise konnte in Laborversuchen nachgewiesen werden, dass diese Getreideblattlaus das den Raps schädigende persistente Virus TuYV übertragen kann.

7.1.2.2 Übertragung von Viren

Im Lebenszyklus eines Virus ist die Transmission von einem Wirt zum anderen ein entscheidender Schritt, der das Überleben von Viren in einer bestimmten Umgebung, die Anzahl der besiedelten Wirtsarten und die Häufigkeit von Viren und damit das Ausmaß, in dem eine Virusart direkt oder indirekt Ökosysteme beeinflusst, bestimmt. Deshalb wird seit vielen Jahren versucht, die Vielfalt der Transmissionsstrategien zu verstehen und die molekularen Mechanismen aufzuklären. In Pflanzen werden die meisten Viren von Wirt zu Wirt durch einen zusätzlichen Organismus übertragen, der in der Lage ist, einen Bruch in der Pflanzenzellwand zu verursachen und sich effizient innerhalb der Wirtsgemeinschaft zu bewegen. Dieser Organismus – oder Vektor – kann ein Pilz, eine Nematode, eine Milbe oder ein Insekt mit beißenden-/kauenden Mundwerkzeugen sein, aber meist sind Vektoren die sich von Pflanzensaft ernährenden hemipteren Insekten.

Frühe Arbeiten zur Virustransmission durch hemiptere Insekten konzentrierten sich auf die Beschreibung von Virus-Vektor-Paarungen und auf quantitative Parameter wie die Zeit, die ein Vektor für die Virusakquisition an einer infizierten Pflanze benötigt, die Zeit, in der das infektiöse Virus zurückgehalten wird, und die Zeit, die für eine effiziente Inokulation in eine neue gesunde Pflanze benötigt wird. Entsprechend wurden drei Kategorien der Vektor-Transmission beschrieben (Abb. 7.1): (a) nicht persistente (Watson & Roberts 1939), (b) persistente (Watson & Roberts 1939) und (c) semipersistente (Sylvester 1956) Transmission. Eine nicht persistente Transmission findet statt, wenn das Virus innerhalb von Sekunden auf einer infizierten Pflanze aufgenommen wird und sofort in einen neuen Wirt inokuliert werden muss, da es nicht länger als ein paar Minuten in infektiöser Form im Vektor gehalten wird (Blanc et al. 2014). Die Bestimmung der Infektiositätsdauer kann aber durch die eingesetzten Methodik beeinflusst werden. So berichteten Proeseler & Weidling (1975), dass einige Blattlausarten das Kartoffelvirus Y (PVY) nur wenige Minuten übertragen können. Bei Aufhängung geflügelter *Myzus persicae* und *Macrosiphum euphorbiae* an einem Golddraht (wodurch die Tiere mit ihrem Rüssel keinen Kontakt zu irgendwelchen Objekten hatten) konnten sie noch nach Stunden PVY übertragen (Thieme unveröff.). Im Gegensatz dazu sind bei der persistenten Transmission die Akquisitions- und Inokulationszeiten wesentlich länger (Stunden bis Tage), die Retentionszeit ist unbestimmt und eine sogenannte Latenzzeit von mehreren Stunden bis Tagen nach der Akquisition ist erforderlich, bevor eine effiziente Inokulation möglich wird. Weitere Analysen, unterstützt durch die Entwicklung der Elektronenmikroskopie, lieferten qualitative Hinweise zur Unterscheidung dieser Transmissionskategorien. Nicht persistente Viren schränkten die Assoziation mit ihren Vektoren auf die Cuticula der Mundwerkzeuge oder des Vorderdarms ein, während persistente Viren über den Darm, die Hämolymphe und die Speicheldrüsen zirkulierten. Die Latenzzeit könnte dann als die Zeit interpretiert werden, die benötigt wird, damit persistente Viren ihren Zyklus innerhalb des Vektorkörpers beenden. Die Begriffe »nicht zirkulativ« und »zirkulativ«

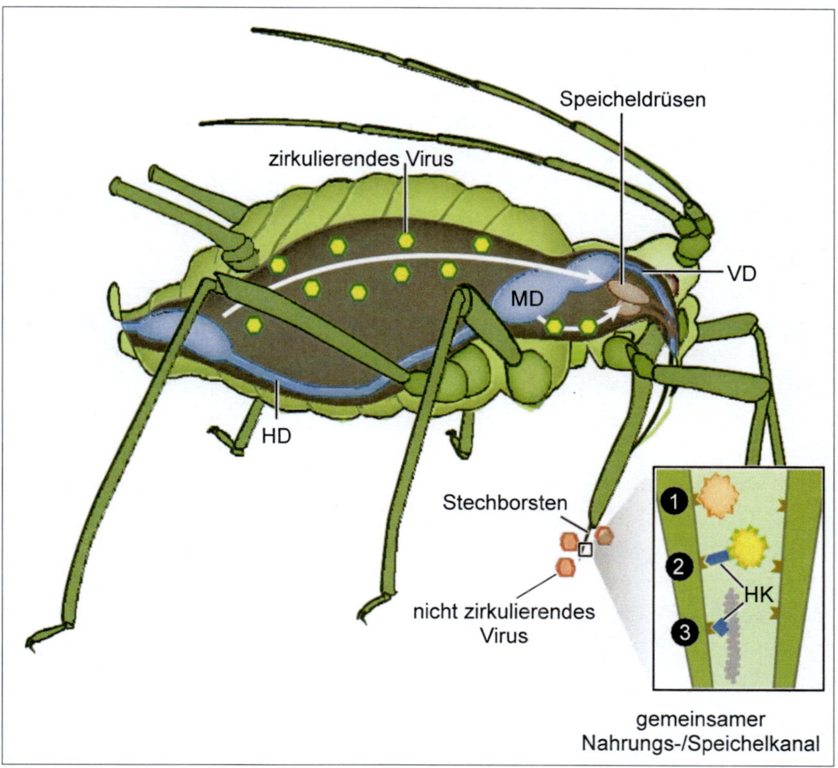

Abb. 7.1: Routen von Pflanzenviren in ihren Blattlausvektoren.
Der Darm ist blau und die Speicheldrüsen und der Speichelgang sind braun dargestellt. Die weißen Pfeile stellen den Kreislauf der zirkulierenden Viren (gelbe Hexagone) über das Darmepithel zur Hämolymphe und/oder anderen Organen und schließlich zu den Speicheldrüsen dar. Nicht zirkulierende (nicht persistente) Viren erscheinen an ihren Anheftungsstellen an der Spitze der Stechborsten als rote Sechsecke.
Abkürzungen: VD Vorderdarm; HD Hinterdarm; MD Mitteldarm.
Die Vergrößerung unten rechts stellt den gemeinsamen Nahrungs-/Speichelkanal dar, der sich an der Spitze der Blattlaus-Maxillarstechborsten befindet. Nicht zirkulierende Viren interagieren mit möglichen Rezeptoren, die in der Stechborstencuticula eingebettet sind.
(1) Bei der Kapsidstrategie binden Viren über eine Domäne ihres Kapsidproteins (z. B. in der Gattung Cucumovirus) direkt an mögliche Rezeptoren.
(2), (3) Bei der Helferstrategie wird die Bindung des Virusrezeptors durch zusätzliche virale Proteine vermittelt, die als »Helferkomponenten« (HK; blau) bezeichnet werden. Die bekanntesten Fälle sind die Gattungen Potyvirus (3, die HK wird als HK-Pro bezeichnet) und Caulimovirus (2, die HK wird als P2 bezeichnet). Abbildung mit Genehmigung von S. Blanc modifiziert.

wurden als Ersatz für »nicht persistent« und »persistent« vorgeschlagen (Kennedy et al. 1962), da sie die tatsächliche Route des Virus innerhalb seines Vektors besser beschreiben (Abb. 7.1). Intermediär semipersistente Viren mit Akquisitions- und Inokulationszeiten von mehreren Minuten bis Stunden und ohne Notwendigkeit einer Latenzzeit vor der Inokulation verbinden sich mit ihrem Vektor von außen auf der die Mundwerkzeuge oder den Vorderdarm auskleidenden Cuticula und werden daher in der Regel der nicht zirkulativen Kategorie zugeordnet (Harris 1977).

Die Titration des Virus im Vektorkörper, der Einbau radioaktiver Isotope in die virale Nukleinsäure und die Quantifizierung von viralen Genomen und/oder Hüllproteinen (HP) zeigten, dass sich einige Pflanzenviren in ihren Insektenvektoren vermehren können (Harris et al. 2001). Im Gegensatz dazu können einige Arten von Pflanzenviren einen Kreislauf durch die Darmzellen in die Hämolymphe und durch die Speicheldrüsenzellen ihrer Vektoren durchlaufen, ohne sich zu replizieren. Hierdurch werden propagative und nicht propagative Viren in zirkulierenden/persistenten Viren unterschieden (Abb. 7.1). Obwohl für Vektoren aus der Gruppe der hemipteren Insekten definiert, gilt diese Klassifizierung auch für andere Virus-Vektor-Paare, die beißende Insekten wie Käfer, Milben und sogar Nematoden enthalten (Bragard et al. 2013).

In den letzten Jahrzehnten hat sich das Interesse für die Wechselwirkungen zwischen Viren und Vektoren erweitert. In dieser Zeit wurden virale Proteine und Komplexe, die für die Virus-Vektor-Kompatibilität verantwortlich sind, identifiziert und biochemisch charakterisiert. Eine neuartige Unterscheidung der Transmissionsmodi wurde durch die Entdeckung definiert, dass einige Viren über ihre Hüllproteine direkt mit Vektoren interagieren können, während andere ein intermediäres virales Protein – eine Helferkomponente (HK) – nutzen, die Viruspartikel mit Bindungsstellen innerhalb von Vektoren verknüpft. Von Pirone & Blanc (1996) wurden daher zwei molekulare virale Strategien, Kapsid- und Helferstrategie, vorgeschlagen, Letztere ausschließlich für nicht zirkulative Viren.

In jüngster Zeit haben sich die Forschungen auf integrativere Ansätze und ökologische Überlegungen konzentriert. Es ist deutlich geworden, dass Viren ihre Vektoren manipulieren können, entweder direkt oder durch Modifikationen, die in der Wirtspflanze induziert werden (Gutiérrez et al. 2013). Eine Virusinfektion kann die Attraktivität oder Ablehnung von Pflanzen verändern (Mauck et al. 2010) und/oder die Fitness bestimmter Vektorarten erhöhen (Kaper 1969). Einmal im Vektor, können Viren auch das Verhalten des Vektors derartig beeinflussen, dass hierdurch die Möglichkeiten der Virusinokulation erhöht werden. Ein Beispiel ist das bemerkenswerte Verhalten der Blattläuse, die das Gerstengelbverzwergungsvirus (BYDV) tragen. Obwohl die Blattläuse anfangs von infizierten Pflanzen angezogen werden (Hu et al. 2013d), wenden sie sich nach Akquisition der Viren einer gesunden Pflanze zu, wodurch die Virusausbreitung in der Gesellschaft der Wirtspflanzen deutlich gefördert wird (Bosque-Perez & Eigenbrode 2011, Ingwell et al. 2012). Die virusinduzierten Veränderungen des Pflanzenstoffwechsels können das Nahrungsverhalten der Blattläuse sehr unterschiedlich beeinflussen, wobei die Auswirkungen von positiv über neutral bis negativ reichen (Eigenbrode et al. 2002, Srinivasan & Alvarez 2007, Fereres & Moreno 2009).

Diese virusbedingten Auswirkungen auf die Insektenvektorpopulationen sind ökologisch relevant (Malmstrom et al. 2011). Über ihren offensichtlichen Einfluss auf Viren-, Insekten- und Pflanzengesellschaften hinaus unterstützen sie eine großflächige biologische Invasion durch vom Virus befallene Insektenarten auf Kosten anderer Arten, deren Fitness bei infizierten Pflanzen nicht zunimmt (Jiu et al. 2007, Pan et al. 2012).

Die Mechanismen der Virus-Vektor-Interaktionen und ihre ökologischen Auswirkungen wurden in den letzten Jahren umfassend untersucht (Blanc 2008, Blanc & Drucker 2011, Blanc et al. 2011, Bragard et al. 2013, Brault et al. 2010, Gutiérrez et al. 2013, Hogenhout et al. 2008, Malmstrom et al. 2011, Stafford et al. 2012, Ziegler-Graff & Brault 2008). Dabei fokussierten sich die Untersuchungen auf die genaue Lokalisierung des Virus innerhalb des Vektors und der Wirtspflanze, da diese Lokalisierungen eine effiziente Akquisition, Retention und Inokulation steuern. Die Ausrichtung auf den Transmissionsschritt wird seit Langem als mögliche Alternative zu klassischen Maßnahmen zur Virenbekämpfung gesehen (Bragard et al. 2013), aber die Entwicklung solcher neuartiger Bekämpfungsstrategien erfordert die Überwindung technischer und konzeptioneller Engpässe. Einerseits ist das Konzept der Blockierung der Interaktion zwischen dem Virus und seinem Rezeptor innerhalb des Vektors einfach (Killiny et al. 2012), aber durch technische Hindernisse sind diese Rezeptormoleküle bis heute nicht eindeutig identifiziert worden. Andererseits ist der Gedanke einschränkend, Virus-Vektor-Interaktionen nur im Vektor zu blockieren. Eine andere Möglichkeit konnte darin gesehen werden, das Virus an Stellen zu blockieren, die für die Aufnahme durch den Vektor nicht optimal sind (Martinière et al. 2013). Hierfür ist die Lokalisierung von Viren innerhalb von Insektenvektoren zu untersuchen. Fortschritte als auch die anhaltenden Einschränkungen bei der Suche nach viralen Rezeptoren diskutieren Blanc et al. (2014). Ein neuartiges Konzept für die Erforschung der Viren stellt die Vektorsensorik durch Viren dar, wodurch eine transiente Positionierung von viral übertragbaren Einheiten innerhalb bestimmter Stellen des Wirts bewirkt und die Akquisition und Transmission erleichtert wird.

Determinanten der Vektortransmission

Virale Proteine (Liganden), die die Spezifität der Vektor-Transmission regulieren, sind von hohem technischen/praktischen Interesse als nützliche Sensoren bei der Suche nach Bindungsstellen und viralen Rezeptoren in Vektoren und letztlich als vermeintliche konkurrierende Substanzen, die in der Lage sind, die Transmission zu beeinträchtigen.

Behüllte Viren

In den Familien Bunyaviridae und Rhabdoviridae finden sich behüllte Viren, die Pflanzen infizieren. Unter den Bunyaviren ist die einzige Gattung mit Arten, die Pflanzen infizieren, das durch Thripse übertragene Tospovirus.

Von den Rhabdoviren existieren zwei Gattungen, die in Pflanzen vorkommen: das Cytorhabdovirus und das Nucleorhabdovirus, die sich im Reifungsort innerhalb infizierter Zellen (Endoplasmatisches Retikulum bzw. Nukleus) unterscheiden (Hogenhout et al. 2008). Obwohl die meisten Pflanzenvirusgattungen mit einer einzigen Gruppe von Insektenvektoren assoziiert sind, ist ein bemerkenswertes Merkmal der pflanzlichen Rhabdoviren, dass verschiedene Arten durch so unterschiedliche Vektoren wie Blattläuse, Zikaden und Milben übertragen werden können. In allen Fällen ist das erste virale Protein, das mit dem Darm des Insektenvektors in Kontakt kommt, wahrscheinlich das Transmembran-Glykoprotein G, das sowohl den Vektor spezifisch erkennt als auch die virale Endozytose und die Membranfusion steuert, was zu einer Zellinfektion führt. Die Transmission von pflanzlichen Rhabdoviren ist nach wie vor schlecht untersucht, und das derzeitige Verständnis der Virus-Vektor-Interaktionen in dieser Gruppe basiert weitgehend auf Daten aus tierischen Systemen (Ammar et al. 2009).

Unbehüllte oder »nackte« Viren: Kapsid-Strategie

Zahlreiche Viren ohne membranöse Hülle können über spezifische Domänen auf ihrem Hüllprotein (HP) direkt mit ihren Insektenvektoren interagieren. Ein einfacher Ansatz, der die künstliche Fütterung von Insektenvektoren durch gestreckte Parafilm-Membranen (Pirone 1964) ausnutzt, ermöglichte eine erfolgreiche Transmission von gereinigten Viruspartikeln, während ein alternativer und komplementärer Ansatz mit synthetischen Varianten, die das Genom eines Stammes (und/oder einer Art) mit dem HP eines anderen einkapseln, zeigte, dass die Vektorart spezifische Transmission durch das HP bestimmt wird (Chen & Francki 1990). So gibt es überzeugende Beweise für die alleinige Beteiligung von HP an der

Transmission einer Reihe von nicht zirkulativen (z. B. Cucumovirus (CHEN & FRANCKI 1990, GERA 1979), und Carlavirus (WEBER & HAMPTON 1980) und zirkulativen Viren (z. B. Luteoviridae (BRAULT et al. 2005, BRAULT et al. 2001, GRAY & GILDOW 2003).

Detaillierte Informationen über die Virus-HP-Subdomains, die sich direkt an den Vektor binden, sind nur für einige wenige Virusarten verfügbar. Die Aufklärung der atomaren Struktur der Partikel des Gurkenmosaikvirus (CMV) hat die an der Oberfläche des Virions freiliegende metallionenbindende Schleife βH-βI ergeben (LIU et al. 2002). Gerichtete Mutagenese an verschiedenen Stellen innerhalb dieser Schleife erzeugte nicht übertragbare Mutanten ohne offensichtliche Strukturveränderung des Teilchens (LIU et al. 2002). Ladungsänderungen in der βH-βI-Schleife dieser Mutanten sollen für die gestörte Interaktion zwischen CMV und seinem Blattlausvektor verantwortlich sein. Bei verschiedenen Arten der Familie Luteoviridae scheinen sowohl das HP als auch eine Erweiterung dieses Proteins, die aus einem bedingten Durchlesen des Stopcodons resultiert, die Kompatibilität zwischen Virus- und Blattlausvektoren zu definieren (BRAULT et al. 2003, BRAULT et al. 1995). Die Aufklärung der jeweiligen Rollen des HP und des Read-Through-Proteins erwies sich als schwierig (BRAULT et al. 2010). Die am besten beschriebene Pflanzenreovirusart ist das durch Zikaden übertragene Reiszwergvirus (RDV) (HOGENHOUT et al. 2008). Das äußere Kapsidprotein P2, das aus der Oberfläche der äußeren Schale von Virionen herausragt, ist für den Erstkontakt und die Infektion des Vektors verantwortlich. Sowohl Mutationen in P2 als auch chemische Behandlungen, die es aus der Virion-Außenhülle entfernen, schließen eine Anheftung und Infektion von Darmzellen aus (HOGENHOUT et al. 2008). Trotz der zunehmenden Zahl von Fällen, in denen das HP (oder eine HP-Komponente) den Vektor direkt erkennt, sind die genauen Proteinmotive, die an vermeintliche Gegenstückrezeptoren in Vektoren binden, nach wie vor extrem schlecht charakterisiert.

Unbehüllte Viren: Helferstrategie

Das Fehlen einer Transmission gereinigter Viruspartikel von verschiedenen Virusarten deutete zunächst darauf hin, dass das Virion selbst für eine erfolgreiche Aufnahme, Retention und Inokulation nicht ausreichend war. Die Tatsache, dass die Transmission von gereinigten Partikeln durch Vorfütterung von Insektenvektoren auf mit dem entsprechenden Virus infizierte Pflanzen gerettet werden konnte, zeigte, dass in infizierten Pflanzen eine virusinduzierte Helferkomponente vorhanden war und dass diese HK effizient vor den Virionen gewonnen werden konnte. Ursprünglich entwickelt in der Arbeit von Govier & Kassanis (1974) zur Untersuchung der Transmission von Potyviren durch Blattläuse, zeigte dieser Ansatz später die Beteiligung von HK an der Transmission von Caulimoviren durch Blattläuse (Lung & Pirone 1974) bzw. von Waika- und Sequiviren durch Zikaden und Blattläuse (Pirone & Blanc 1996).

Vor mehr als sechzig Jahren schlugen Bradley und sein Kollege erstmals vor, dass das Potyvirus Potato-Virus Y (PVY) an der Spitze der Stechborsten seines Blattlausvektors *Myzus persicae* festgehalten wurde. Formalin-Behandlung oder UV-Bestrahlung der distalen 15 μm des Stechborstenbündels verhinderten PVY-Transmission (Bradley & Ganong 1955a, b). Da ein negativer Einfluss dieser Behandlungen auf das Nahrungsverhalten von Blattläusen nicht ausgeschlossen werden konnte, blieben diese Daten mehr als 20 Jahre lang umstritten (Pirone & Harris 1977). Mehrere Studien, die Elektronenmikroskopie, Membranakquisition von radioaktiv markierten Virionen und HK-Pro, Lichtmikroskopie, γ-Zählung und Autoradiographie kombinierten, bestätigten später die Stechborstentlokalisation von Potyviren (Abb. 7.2). Dennoch wurden die Viruspartikel manchmal unregelmäßig über die gesamte Länge der maxillaren Stechborsten (Ammar et al. 1994, Berger & Pirone 1986) verteilt und manchmal bevorzugt an ihrem distalen Ende (Taylor & Robertson 1974) im Nahrungskanal zurückgehalten (Abb. 7.2).

Ein völlig anderer Ansatz (Martin et al. 1997, Powell 2005), der auf Studien über das Nahrungsverhalten von Blattläusen und die Virusimpfung basiert, lieferte überzeugende Beweise dafür, dass die übertragenen PVY- und CMV-Partikel höchstwahrscheinlich an der Spitze der maxillaren Stechborsten, in dem winzigen distalen Bereich, wo der Nahrungs- und Speichelkanal zu einem gemeinsamen Gang verschmelzen (Abb. 7.2), gehalten werden. Die Inokulation des PVY und CMV erfolgt in der ersten Phase des Nahrungsprozesses (Martin et al. 1997), wenn wässriger Speichel in das Zytoplasma einer angestochenen Pflanzenzelle (Powell 2005) injiziert wird. So konnten Potyviren zwar entlang der gesamten maxillaren Stechborsten beobachtet werden, aber nur diejenigen, die im gemeinsamen Kanal verbleiben, können durch wässrigen Speichel ausgespült und inokuliert werden.

Der definitive Nachweis, dass die Rezeptoren der nicht zirkulativen Viren an den Stechborstenspitzen von hemipteren Insekten lokalisiert werden können, gelang durch die Entwicklung eines neuartigen Werkzeugs, das eine In-vitro-Interaktion zwischen Viren und/oder HK-Molekülen und präparierten Stechborsten ermöglicht (Uzest et al. 2007). Die Technik bestand darin, HKs von CaMV (P2) mit grün fluoreszierendem Protein (GFP) zu verschmelzen und die P2-GFP-Fusion mit einzelnen, auf einem Ob-

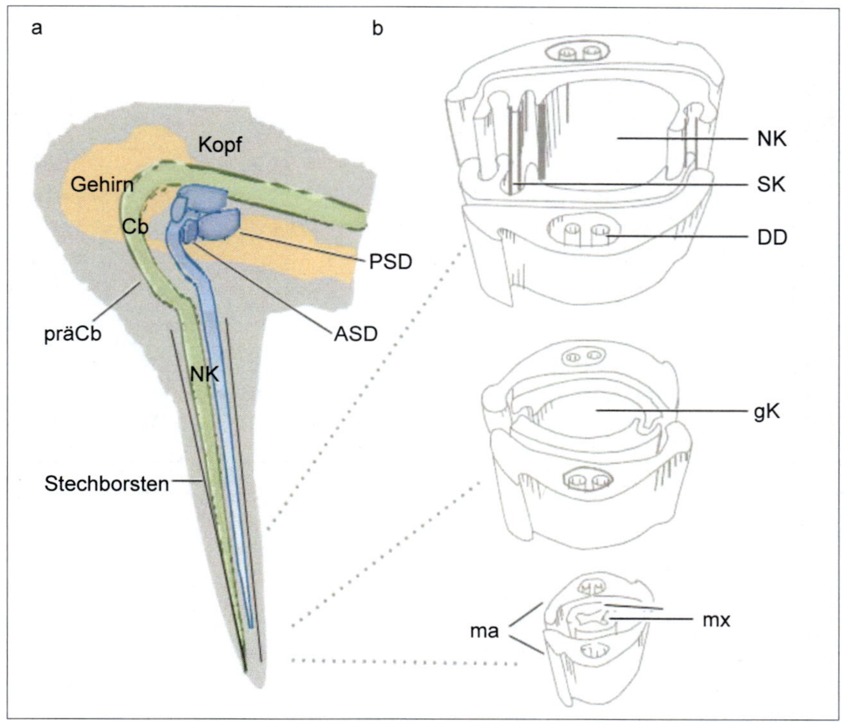

Abb. 7.2: Lokalisierung von nicht zirkulierenden Viren in ihren Insektenvektoren.
(a) Schematische Darstellung des vorderen Verdauungstrakts von Hemiptera: Der Nahrungskanal (NK) in den Stechborsten ist grün, ebenso das Präcibarium (präCb) und das Zibarium (Cb). Der Speichelkanal (SK), die Haupt- (PSD) und akzessorischen (ASD) Speicheldrüsen sind blau gefärbt.
(b) Zwei Mandibularstechborsten (ma) schützen zwei ineinandergreifende Maxillarstechborsten (mx). Nur die Mandibularstechborsten enthalten Dendriten (DD). Die Querschnitte zeigen außerdem den Speichel- (SK) und den gemeinsamen (gK) Kanal. Abbildung mit Genehmigung von S. Blanc modifiziert.

jektträger fixierten Stechborsten zu inkubieren. Die Bindung von P2-GFP konnte mittels Epifluoreszenzmikroskopie beobachtet werden, wobei die ausschließliche Befestigung am Ende der maxillaren Stechborsten, im Bett des gemeinsamen Kanals, sichtbar wurde (Abb. 7.2). Mithilfe von nicht vektoriellen Blattlausarten und nicht funktionellen P2-Mutanten konnten Uzest et. al (2007) die Bindung von CaMV P2 an dieser Stelle mit der erfolgreichen Transmission korrelieren. Weitere Analysen zeigten, dass der entsprechende Rezeptor ein nicht glykosyliertes Protein ist, das tief in das Chitin (Uzest et al. 2007) eingebettet und auf einen Bereich beschränkt ist, der den Grund des gemeinsamen Kanals bildet, wo die Oberfläche der Cuticula in der hochauflösenden Rasterelektronenmikroskopie geschwollen erscheint. Dieses Gebiet wird als Acrostyle bezeichnet und enthält nachweislich cuticulare Proteine mit einem konservierten RR2-Motiv (Uzest et al. 2010), das potenzielle Kandidatenrezeptoren für CaMV darstellt.

Die Vorstellung, dass auch andere nicht zirkulative Viren als CaMV spezifisch an den Acrostyle gebunden sind, ist naheliegend und wird manchmal sogar als bestätigte Tatsache angenommen (Boquel et al. 2013, Pelletier et al. 2012). Nach Blanc et al. (2014) wurde jedoch kein direkter experimenteller Nachweis für die Beteiligung des Acrostyle an der Transmission von Potyviren, Cucumoviren oder anderen nicht zirkulativen Viren als CaMV veröffentlicht.

Mögliche Lokalisierungen von nicht zirkulativen Viren sind neben den Stechborsten auch die Precibarial-Pumpe oder der Vorderdarm, obwohl nur sehr wenige Berichte verfügbar sind. In der Familie der Sequiviridae wurden Viruspartikel des Anthriscus-Gelb-Virus (AYV; Gattung Waikavirus) im Pharynx des Blattlausvektors *Cavariella aegopodii* nachgewiesen, wo sich der Vorderdarm mit der Saugpumpe (Murant et al. 1976) verbindet.

Die erste Barriere für zirkulative Viren ist das Darmepithel. Seine Bedeutung für die Virus-Transmission wurde erstmals in den frühen 1930er Jahren erkannt, als gezeigt wurde, dass eine nicht vektorielle Zikadenart das Maize streak virus (MSV) nur dann übertragen konnte, wenn ihr Darm mit einer Nadel punktiert oder wenn das Virus direkt in das Haemocoel injiziert wurde, also unter künstlicher Umgehung des Darmepithels (Storey 1933). Diese Methode wurde später ausgiebig verwendet, um zu bestätigen, dass das Darmepithel der erste spezifische Kontrollpunkt in fast allen Interaktionen zwischen einem zirkulativen Virus und seinem Insektenvektor ist, was auf die Existenz spezifischer Rezeptoren an dieser Stelle hindeutet.

Für zirkulative nicht propagative Virusarten der Familie Luteoviridae konnte die Internalisierung innerhalb von Blattlausvektoren durch Elektronenmikroskopie untersucht werden (Brault et al. 2003). Bei geeigneten Virus-Vektor-Kombinationen durchquert das Virus das Darmepithel des Hinterdarms oder des hinteren Mitteldarms (Reinbold et al. 2003) über einen Transcytoseprozess, der teilweise durch Clathrin-beschichtete Vesikel (Brault et al. 2003) vermittelt wird. Dabei werden Viruspartikel zunächst am apikalen Plasmalemma in kugelförmige Clathrin-beschichtete Vesikel eingelagert und in das endosomale Kompartiment abgegeben. Röhrenförmige, unbeschichtete Vesikel, die Virionen enthalten, knospen dann vom Endosom und wandern zum basalen Plasmalemma zur Virusfreisetzung (Abb. 7.3). Da Viruspartikel während dieses Prozesses nie mit dem Zellzytoplasma in Kontakt kommen, liegt es nahe, dass Luteoviren keine ihrer Gene in Blattlausvektoren replizieren oder exprimieren.

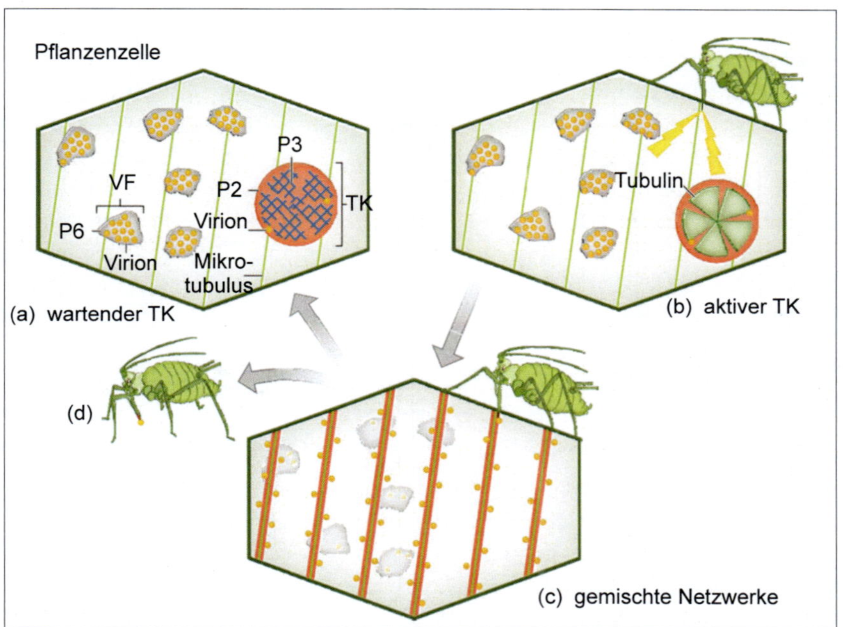

Abb. 7.3: Modell einer Cauliflower-mosaic-virus-Akquisition bei Probestichen durch Blattlaus-Vektoren. **(a)** In einer infizierten Zelle im Wartezustand befinden sich zahlreiche Virusfabriken (VF), die die meisten der replizierten Virionen enthalten (gelbe Kreise), die in einer Matrix aus viralem Protein P6 (grau) eingeschlossen sind. Dazu kommt in der Zelle ein meist einziger Transmissionskörper (TK), der aus einer Matrix besteht, die das gesamte P2 (rot) der Zelle enthält, koaggregiert mit P3 (blau) und einigen Viruspartikeln. Die Mikrotubuli sind grün dargestellt. **(b)** Eine Blattlaus, die auf einer infizierten Pflanze landet, führt ihre Stechborsten in eine Zelle ein, um die Pflanze zu testen. Dies verursacht einen mechanischen Stress (durch Stechborstenbewegung) und/oder einen chemischen Stress (z. B. hervorgerufen durch Speichelbestandteile). Dieser Stress, symbolisiert durch die gelben Blitze, wird von der Pflanze sofort wahrgenommen und kann spätere Abwehrreaktionen auslösen. Das anfängliche Blattlaus-Erkennungssignal wird gleichzeitig in einer TK-Reaktion umgesetzt, die durch ein Influx von Tubulin (grün) in die TK gekennzeichnet ist. **(c)** Im zweiten Schritt zerfällt der TK rasch (innerhalb von Sekunden) und alle P2 sowie zahlreiche Viruspartikel, die von den VFs stammen, relokalisieren als gemischte Netzwerke auf den kortikalen Mikrotubuli (im Vordergrund dargestellt). Übertragungsfähige P2-Virus-Komplexe sind nun homogen in der Zellperipherie verteilt, was die Chancen für eine erfolgreiche Bindung von P2 und Virus an die Stechborsten und damit die Transmission erhöht. **(d)** Nach dem Abgang des Blattlausvektors (beladen mit P2 und Virus) wird ein neuer TK aus den gemischten Netzwerken formiert und ist bereit für eine weitere Transmission.
Abbildung mit Genehmigung von S. Blanc modifiziert.

Die Arten der beiden Familien Geminiviridae und Nanoviridae werden am häufigsten in die Gruppe der zirkulativen nicht propagativen Viren (mit Ausnahme des Tomato yellow leaf curl virus (TYLCV)) eingestuft. Der Zyklus innerhalb ihres Insektenvektors wird hauptsächlich aus dem abgeleitet, was für Luteoviren bekannt ist. Experimentelle Daten darüber, wie sowohl Nano- als auch Geminiviren das Darmepithel tatsächlich durchqueren, liegen nicht vor. Im Gegensatz zu den Luteoviren, bei denen selbst die virale Form durch die Insektenzellen hindurchgeht, sind die Viruspartikel im Inneren des Vektorkörpers nicht eindeutig nachweisbar. Das Nanovirus Banana bunchy top virus (BBTV) wurde durch Immunfluoreszenz (gegen Hüllprotein) in Zellen des vorderen Mitteldarms der Blattlaus *Pentalonia nigronervosa* lokalisiert (Watanabe & Bressan 2013) (Abb. 7.3).

Zirkulierende Viren in der Hämolymphe der Insektenvektoren

Verschiedene virale Wege vom Darm zu den Speicheldrüsen wurden beschrieben, diese unterscheiden sich offensichtlich bei vermehrungsfähigen und nicht vermehrungsfähigen Viren, wobei alle Organe außer den Speicheldrüsen Sackgassen für Letztere darstellen. Einmal aus dem Darm freigesetzt, sollen nicht propagative Luteoviren passiv in die Hämolymphe diffundieren, bis sie auf vermeintliche Rezeptoren stoßen, die sich speziell an der Basallamina der Speicheldrüsenzellen befinden (Brault et al. 2003). In der Hämolymphe deuten mehrere indirekte Beweislinien auf die Beteiligung eines Proteins, Symbionin, das von bakteriellen Endosymbionten produziert wird, die als Begleiter fungieren könnten, um Virionen vor dem Immunsystem der Insekten zu schützen (van den Heuvel et al. 1994). Es wurde gezeigt, dass Symbionin mit dem Potato leafroll virus (PLRV) und BYDV (Filichkin et al. 1997, van den Heuvel et al. 1997) interagiert. Die Rolle von symbioninähnlichen Proteinen bei der Transmission von Luteoviren wurde aus zwei Gründen infrage gestellt: (1) die Assoziation zwischen Symbionin und Viren ist weitgehend unspezifisch und tritt ähnlich bei übertragbaren und nicht übertragbaren Viren auf (Morin et al. 2000) und (2) Symbionin kann nicht von symbiotischen Bakterien in der Hämolymphe des Insekts abgesondert werden, was seine funktionelle Assoziation mit Virionen in vivo infrage stellt (Bouvaine et al. 2011).

Bei den propagativen Viren können die Wege innerhalb des Vektors sehr unterschiedlich sein, je nachdem, welche Organe sie tatsächlich infizieren. Obwohl in vielen Fällen schlecht charakterisiert, können einige Viren in der Hämolymphe freigesetzt werden und verschiedene Organe, einschließlich der Speicheldrüsen, sekundär infizieren, während andere eine sehr geringe Virämie haben und eher durch direkten Kontakt von Organ zu Organ übergehen (Blanc et al. 2014).

Zirkulative Viren, die sich in verschiedenen Organen von Insektenvektoren replizieren

Obwohl sich propagative Viren in ihrem Vektor vermehren, dringen sie nicht gleichermaßen in alle Organe ein. Rhabdoviren können fast alle Gewebe innerhalb des Vektors infizieren, sind aber bevorzugt neurotrop, und ihr Weg vom Darm zu den Speicheldrüsen führt über das Nervensystem (Ammar et al.2009).

Zirkulative Viren in den Speicheldrüsen von Insektenvektoren

Insekten haben zwei Arten von Speicheldrüsen, die Haupt- (PSG) und Zusatzdrüsen (ASG) (Ponsen 1972), und Viren sind in der Regel auf eine Art beschränkt. Zirkulative nicht propagative Luteoviren wurden ausschließlich in ASG gefunden – eine selektivere Barriere als der Darm (Pfeiffer et al. 1997). Viruspartikel werden durch die Speicheldrüsen über einen Transcytosemechanismus transportiert, der dem in Darmzellen ähnlich ist, jedoch in umgekehrter Richtung vom basalen zum apikalen Plasmalemma (Gildow 1999). Andere Viren wie Nanoviren (Watanabe & Bressan 2013, Watanabe et al. 2013) wurden ausschließlich in der PSG gefunden.

Die meisten zirkulativen propagativen Viren dringen in die PSG ein, aber manchmal wurde von einer doppelten Lokalisierung in beiden PSG und ASG berichtet. Zum Beispiel wurde das Maize mosaic virus MMV in verschiedenen Acini (Drüsenbeeren) von ASG und PSG nachgewiesen (Ammar et al. 2009), wo sich Virionen aus der Plasmamembran anreichern und sich in den Interzellularräumen ansammeln, die die Speichelkanäle verbinden (Ammar & Nault 1985).

Wie bei der Transmission nicht zirkulativer Viren sind spezifische Rezeptoren, welche sich am ersten Kontakt zwischen den zirkulativen Viren und Insektenvektoren beteiligen, seit Langem unbekannt. Die Identifizierung solcher Moleküle ist schwierig, da die mit zirkulativen Viren interagierenden Insektenkomponenten nicht nur Rezeptoren sind, sondern auch an anderen Schritten des Viruszyklus innerhalb des Vektors beteiligt sein können. Zahlreiche biochemische (Li et al. 2001, Seddas et al. 2004), proteomische (Cilia et al. 2011) und genetische/genomische (Tamborindeguy et al. 2010, 2013) Untersuchungen wurden auf Virusgruppen wie Luteoviren (Cilia et al. 2011, Li et al. 2001, Seddas et al. 2004, Tamborindeguy et al. 2010, 2013), angewandt. Leider wurde noch kein Rezeptor eines zirkulativen Virus definitiv bestätigt.

Durch Anwendung einer Phagen-Display-Technologie zur Isolierung eines 12-Aminosäure-Peptid gelang es, die Aufnahme von Erbsenenationenmosaik-Virus (PEMV, Luteoviridae) im Mitteldarm seiner Blattlaus-Vektoren (Liu et al. 2010a) zu behindern. Dieses Peptid mit der Bezeichnung GBP3.1 wurde mittels Screening und Isolierung in präparierten Blattlausdärmen nachgewiesen, wo es in der Lage war, die Virusbindung zu unterbinden. Chougule et al. (2013) erwähnten auch eine spezifische Interaktion zwischen GBP3.1 und Alanylaminopeptidase-N (APN) des Blattlausvektors, der einen wahrscheinlichen Rezeptorkandidaten für PEMV darstellt.

Die Lokalisierung von Viren in der Pflanze und Auswirkungen auf die Aufnahme durch den Insektenvektor

Ein wichtiger Punkt ist, dass für eine erfolgreiche Transmission Viren für den Vektor zugänglich sein müssen, die Viruslokalisation in den Wirten also mit den Nahrungsorten des Vektors übereinstimmen muss. Die Frage ist, ob dies nur ein Zufall ist und Viren immer dann aufgenommen werden, wenn sie in von Vektoren aufgenommenen Flüssigkeiten des Wirts vorhanden sind, oder ob es eine echte virale Anpassung gibt, um das Virus zur richtigen Zeit an den richtigen Ort zu bringen (Blanc et al. 2011). Während die Situation für Viren, die durch beißende Vektoren übertragen werden (Gergerich 2001), einfach erscheint, ist sie in den häufigsten Fällen der Virus-Transmission durch sich vom Phloem ernährende Vektoren (Blattläuse, Weiße Fliegen, Zikaden) verschiedenartig. Viren können entweder bei Probestichen in epidermale und parenchymale Zellen, bei der Aufnahme von Phloemsaft oder bei beidem aufgenommen und abgegeben werden. Viele zirkulative, aber auch einige nicht zirkulative Viren haben einen Gewebetropismus und sind ausschließlich auf Phloemgewebe beschränkt und werden nachweislich von ihren Vektoren während längerer Saftaufnahme in Siebröhren aufgenommen (Fereres & Moreno 2009, Stafford et al. 2012). In diesen Fällen ist der Virustiter im Phloemsaft wahrscheinlich der wichtigste Faktor für eine effiziente Akquisition. Viele nicht zirkulative Viren (z. B. Poty-, Cucumo-, Alfamo-, Carlavirus etc.) ohne begrenzten Gewebetropismus werden jedoch nicht bei der Aufnahme von Phloemsaft, sondern bei Probestichen in die Epidermis und das Parenchym aufgenommen (Fereres & Moreno 2009, Martin et al. 1997, Stafford et al. 2012). Dabei nehmen Blattläuse beim Proben winzige Mengen an Zellinhalt auf und lassen die Zelle nach dem Herausziehen der Stechborsten am Leben. Ein derart empfindliches Ernährungsverhalten stellt zudem das Problem der Virusortung auf der intrazellulären Skala dar, wo Viren, die in Einschlusskörpern sequestriert sind, nicht ohne Weiteres für Vektoren überall im Zytosol zugänglich sind (Blanc et al. 2014). Deshalb ist die mögliche Existenz komplizierter viraler Anpassungen fraglich, mit denen die Aufnahme durch den Vektor durch gezielte Positionierung innerhalb der Wirtszelle maximiert wird.

Parasiten kolonisieren nicht einfach den Wirt und warten passiv auf die Transmission. Vielmehr steuern sie die Differenzierung bestimmter übertragbarer Morphen mit spezifischer Lokalisation oder mit verschiedenen außergewöhnlichen Manipulationen des Wirtsverhaltens, um einen höheren Transmissionserfolg zu gewährleisten (Blanc et al. 2014). In Pflanzen können Viren das Vektorverhalten direkt oder indirekt durch Veränderungen der volatilen Düfte, der Farbe und/oder des Nährstoffgehalts der Wirtspflanze verändern (siehe Gutiérrez et al. 2013, Malmstrom et al. 2011). Eine Studie über die Transmission von CaMV hat dieses Konzept verbessert, indem sie gezeigt hat, dass eine Virus-Wirt-Interaktion, die die Transmission des Vektors optimiert, transient und bedingt sein kann und speziell durch die Ankunft eines Insektenvektors auf der Wirtspflanze ausgelöst wird.

CaMV bildet einen als Transmissionskörper (TB) bezeichneten Viruseinschluss, der auf die Transmission durch Vektoren in infizierten Pflanzenzellen spezialisiert ist (Espinoza et al. 1991, Khelifa et al. 2007, Martinière et al. 2009). Der TB ist nicht die vom Blattlausvektor akquirierte Form, sondern reagiert auf den Einstich der Blattlaus in das infizierte Blatt und verbreitet sofort transmissionsspezifische virale Morphen in der Zelle. Martinière et al. (2013) konnten zeigen, dass der TB innerhalb von Sekunden nach dem Vektor-Kontakt dissoziieren kann und seinen Inhalt (im Wesentlichen das virale HK P2; siehe Abb. 7.3) sofort auf Mikrotubuli in der gesamten Zelle verlagert. Gleichzeitig senden die CaMV-Virusfabriken (Orte der Virus-Replikation und Virion-Akkumulation) Viruspartikel in das Zytosol, um sich sofort mit P2 auf den Mikrotubuli zu verbinden (Bak et al. 2013). Es konnte gezeigt werden, dass dieses Phänomen die Aufnahme von CaMV deutlich verbessert und nach Abwanderung der Blattlaus vollständig rückgängig gemacht wird. Da Viren selbst nicht über ein geeignetes sensorisches System verfügen, deuten diese Befunde darauf hin, dass CaMV ein bereits bestehendes Wirtspflanzen-Abwehrsystem gegen Blattlausbefall stört und es für eigene Zwecke missbraucht.

Bis heute ist keine andere vergleichbare Virusreaktion eindeutig identifiziert worden.

Es fällt auf, dass detaillierte molekulare Informationen über die anfänglichen Erkennungsfaktoren in Virus und Wirt auf eine sehr begrenzte Anzahl von Fällen beschränkt sind. Trotz bekannter HK-Moleküle von Poty- und Caulimoviren, HP-Proteine von Cucumo- und Reoviren und Glykoproteine von Rhabdo- und Tospoviren wurden die eigentlichen Peptidsequenzen, die an Vektorrezeptoren binden, und ihre Strukturen nicht aufgeklärt. Weitere Anstrengungen in diese Richtung sind notwendig, da solche Proteinmotive wahrscheinlich die Grundlage für das Design von

Antagonistenmolekülen bilden werden, die in der Lage sind, Viren für die Anheftung an Vektoren auszuschalten.

Die Suche nach der Identität von Pflanzenvirus-Rezeptoren in ihren Insektenvektoren ist zweifellos eine der größten Herausforderungen in diesem Bereich in den kommenden Jahren. Angesichts der zunehmenden genomischen Daten für Blattläuse (Consortium TIAG 2010) und der vielversprechenden Entwicklung von gerichteter RNAi bei mehreren hemipteren Insektenarten (Li et al. 2013) sind jedoch bald Durchbrüche zu erwarten.

Dass ein Virus den Vektor wahrnehmen und durch einen Wechsel zu einer transmissionsunterstützenden Konfiguration reagieren kann, ist ein neues Konzept. Ein überzeugendes Beispiel ist das CaMV (Abb. 7.3), aber es ist wahrscheinlich, dass auch andere Viren die rechtzeitige und effiziente Interaktion mit Vektoren kontrollieren können. Ein mögliches Beispiel hierfür ist eine Studie von Mowry (1995), in der die Akkumulation des zirkulierenden PLRV in mit Blattläusen befallenen Pflanzenblättern untersucht wird. Das Vorhandensein von Blattläusen auf einer infizierten Pflanze erhöhte die Virusakkumulation speziell an der Stelle der Nahrungsaufnahme und damit die Akquisition und Transmission. Mowry vermutet, dass sich das Virus eher in Richtung Nährstoffsenken bewegen würde, die an den Stellen der aggregierten Blattläuse entstehen, als ihre Replikationsrate lokal zu erhöhen.

In Analysen von Viren ist der häufigste Ansatz die Lokalisierung von Viruspartikeln und/oder Stellen, an denen sich das Virus möglicherweise innerhalb seines Vektors vermehrt. Aber es gibt auch andere virale Verbindungen, die eine Schlüsselrolle im Transmissionsprozess spielen können, dazu gehören nicht strukturelle virale Proteine und virale siRNAs. Es hat sich gezeigt, dass siRNAs in den Blattlauskörper eindringen können und ihre Zielgene abschalten (Pitino et al. 2011). Es ist ein interessanter Gedanke, dass sich nicht strukturelle virale Proteine sowie virale siRNA mit Mikrohomologie zu einigen Genen der Insektenvektoren im Phloemsaft anreichern, von Insektenvektoren reichlich aufgenommen werden und ihre Physiologie umgestalten könnten, um die Virustransmission zu erleichtern.

7.1.3 Neozoen und invasive Arten

Ein beliebtes Untersuchungsobjekt der biologischen Forschung ist die Beobachtung des Auftretens und der Ausbreitung von Organismen in bislang nicht besiedelten Gebieten. Dies gilt besonders für Blattläuse, die bei Vorhandensein geeigneter Wirtspflanzen und günstiger klimatischer Bedingungen sehr schnell zur Massenvermehrung neigen. Häufig werden zu-

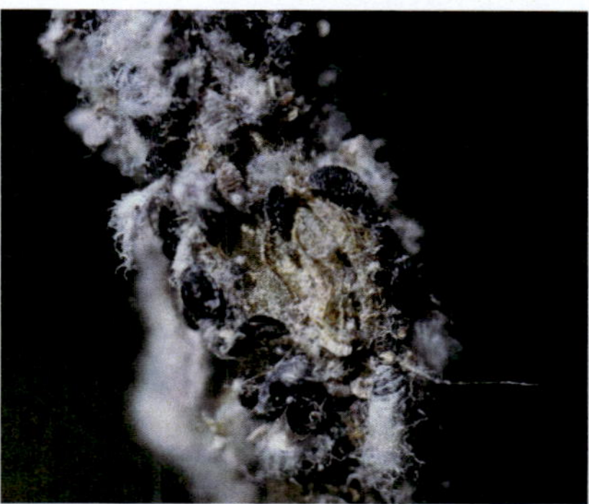

Abb. 7.4/7.5: *Eriosoma lanigerum*, parasitierte Kolonie an *Malus domestica.*

nächst die deutlichen Schadbilder wahrgenommen und dann erst, bei der Suche nach den Ursachen, die Präsenz dieser kleinen Insekten registriert. Bekannte Beispiele sind die Einschleppung der Reblaus, *Daktulosphaira vitifoliae*, die im 19. Jahrhundert aus Nordamerika nach Europa verbracht wurde, wodurch in der Folge der europäische Rebanbau großflächig zeitweise zum Erliegen kam oder die der Blutlaus, *Eriosoma lanigerum*, zum Ende des 18. Jahrhunderts, die sich seither als Schaderreger im Apfelanbau festgesetzt hat. Letztere Art kann gegenwärtig gut mit Parasitoiden bekämpft werden (Abb. 7.4 und 7.5).

Aufgrund ihrer Mobilität ist es möglich, dass Blattläuse sowohl traditionell auf besiedelten Pflanzenteilen als auch passiv über weite Strecken mit modernen Transportmitteln verbreitet werden können. Die Einwanderung kann in Abhängigkeit von den Wirtspflanzen und der Lebensweise ohne negative Auswirkungen auf das Ökosystem sein. Es besteht jedoch die Gefahr, dass die eingewanderten Arten negative Auswirkungen auf die einheimische Fauna haben (Merkmale eines invasiven Taxons) oder zu wirtschaftlich bedeutenden Schädlingen werden.

In der Vergangenheit wurden gebietsfremde Blattlausarten vor allem auf ihren Wirtspflanzen siedelnd in neue Gebiete verschleppt. Dort konnten sie sich festsetzen, wenn sie ihre heimischen Wirtspflanzenarten vorfanden oder sich an neue Wirtspflanzen anpassten. Diese Art des Eindringens soll durch Kontrollen im Rahmen der Pflanzenquarantäne bei der Einfuhr von Pflanzen und Produkten verhindert werden. Infolge der Mobilität der Blattläuse ist ihr Eindringen durch Quarantäneuntersuchungen nur mit mäßigem Erfolg zu verhindern. Die Fähigkeit vieler Arten, geflügelte Formen zu bilden, fördert die Ausbreitung der Blattläuse durch aktiven Flug und/oder durch passive Windverfrachtung. In der Gegenwart ermöglichen die kurzen Reisezeiten moderner Transportmittel, z. B. Flugzeuge, einen

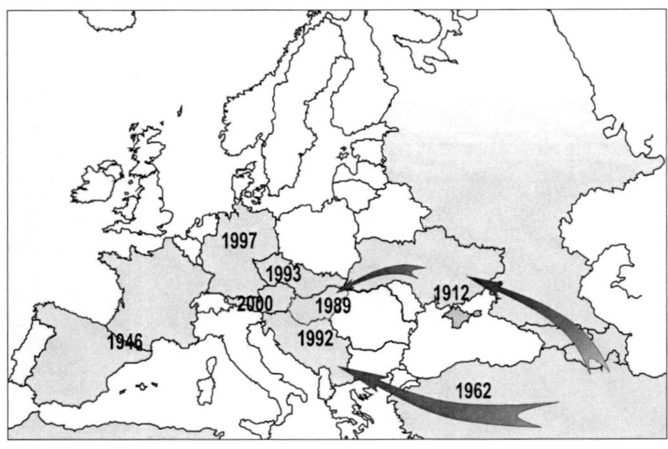

Abb. 7.6: Erstnachweise und Verbreitung von *Diuraphis noxia* in Europa (nach THIEME et al. 2001).

passiven Transport von Blattläusen über große Entfernungen, auch ohne Wirtspflanzen. Wenn sich dann in der Nähe des Flughafens ein Botanischer Garten befindet, erhöhen sich die Chancen der eingeführten Blattlaus, die richtige Wirtspflanze zu finden und eine stabile Population zu gründen. Auf diese Weise eingedrungene Blattläuse werden oft erst dann erkannt, wenn sie sich im Land bereits verbreitet haben. Eine Eliminierung ist in diesen Fällen sehr schwer.

Von den weltweit bekannten 5 000 Blattlausarten (BLACKMAN & EASTOP 2022) wurden in Deutschland bisher nur etwa 800 Arten nachgewiesen (THIEME & EGGERS-SCHUMACHER 2003). Somit ist verstärkt damit zu rechnen, dass bislang nicht vorhandene Arten unser Territorium erreichen und sich dauerhaft ansiedeln. Ob sie dann wirtschaftlichen Schaden verursachen, Eigenschaften einer invasiven Art zeigen, oder ohne negativen Einfluss auf das heimische Ökosystem bleiben, lässt sich gegenwärtig nicht beantworten.

Beispiele für die in jüngerer Vergangenheit in Deutschland neu eingewanderten Blattläuse und ihre bisher erkannten Einflüsse auf unsere Ökosysteme sind die auf Kulturpflanzen siedelnden *Diuraphis noxia, Macrosiphum albifrons* sowie *Aphis spiraecola*.

Die ursprünglich in Zentralasien beheimatete *D. noxia*, drang von Osten und Süd-Osten in Europa ein, seitdem hat sie sich in Europa fest etabliert und fehlt nur in Nordeuropa (Abb. 7.6). In Deutschland wurde diese Art erstmals 1997 nachgewiesen (THIEME et al. 2001).

Die ungeflügelten Weibchen sind hell gelbgrün oder graugrün gefärbt und leicht mit weißem Wachspuder bedeckt. Sie besitzen kurze Antennen (< 0,5-mal so lang wie der Körper), kleine Siphonen (kaum länger als an

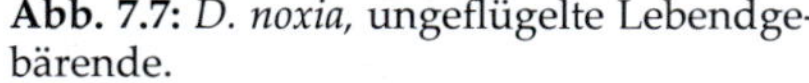

Abb. 7.7: *D. noxia*, ungeflügelte Lebendgebärende.

Abb. 7.8: *Diuraphis noxia*, ovipares Weibchen mit Eiern (Foto: Z. Basky).

der Basis breit) sowie als auffälliges Merkmal einen Supracaudalhöcker (Abb. 7.7). Das Abdomen der geflügelten Weibchen ist hellgrün und sie haben mehr als 3 Rhinarien auf dem 3. Antennenglied.

Wirtspflanzen von *D. noxia* sind Gerste und Weizen, aber auch Hafer, Reis, Mais, *Sorghum*, *Bromus* und andere Gräser. Die holozyklische Art erscheint im Frühjahr auf den Gräsern und lebt in kleinen Kolonien an der Unterseite des Blütenstands oder im Inneren der Blatthülse. Später werden die Kolonien auf den grünen Teilen der Pflanze, den Blütenständen oder im unteren Bereich des Stängels gefunden.

D. noxia ist für Getreide ein bedeutsamer Schaderreger, der hauptsächlich direkten Schaden verursacht. Als Vektor der Gerstengelbverzwergungsviren (BYDV/CYDV) hat sie keine Bedeutung. Während der Nahrungsaufnahme scheiden alle Blattläuse Speichel aus, der artspezifische Enzyme enthält. *D. noxia* verursacht durch Zerstörung der Chloroplastenmembran auffällige streifige Verfärbungen und Deformationen der Blätter (Robinson 1992). Die in den eingerollten Blättern (Pseudogallen) siedelnden Blattläuse sind teilweise vor meteorologischen Ereignissen und Gegenspielern, aber auch vor Kontaktinsektiziden geschützt. Die Schadwirkung ist am stärksten, wenn die Blattläuse ihr Populationsmaximum in der Reifephase des Getreides erreichen. Die Kolonien sind am größten, wenn das Getreide fast ausgewachsen ist, und brechen durch die Abreife des Getreides schnell zusammen. Auf Getreideauswuchs oder auf Wildgräsern überleben kleine Kolonien bis zum Auflaufen des Wintergetreides. In Europa und Asien erscheinen Geschlechtstiere von Anfang Oktober bis zum Auftreten der ersten Fröste (Abb. 7.8). Die Überwinterung erfolgt im Eistadium an verschiedenen Gräsern (Basky 1993).

Da *D. noxia* nunmehr auch in Deutschland seit mehreren Jahren regelmäßig gefunden wurde, ist in Zukunft nicht auszuschließen, dass diese Blattlausart auch bekämpfungswürdiges Schadauftreten haben kann. Dies würde sicher sowohl durch eine weitere Klimaerwärmung (Pike et al. 1991) in unseren Breiten gefördert werden als auch durch die Anpassungsfähigkeit der Blattläuse selbst. Schäden und daher möglicherweise auch notwendige Bekämpfungen dürften wie schon bei den anderen Getreideblattläusen am ehesten im Frühjahr/Sommer beim Winter- und Sommergetreide zu erwarten sein. Weil die Blattläuse durch Besiedlung der Innenseiten der eingerollten Blätter der Wirkung von Kontaktinsektiziden teilweise entzogen sind, wird eine chemische Bekämpfung schwieriger als bei den anderen Getreideblattläusen. Aus umfangreichen Prüfungen auf resistente bzw. tolerante Formen in Gerste und Weizen konnten Formen für eine Resistenzzüchtung selektiert werden (Corcuera 1993, Deol et al. 1995, Porter et al. 1996, Budak et al. 1999, Schroeder et al. 1994, Castro et al. 1998).

Mit zahlreichen Arten ist die Gattung *Lupinus* in Amerika weitverbreitet. Alle Arten enthalten Alkaloide, die einen relativ effektiven Schutz vor herbivoren Organismen bieten. Von den in Nordamerika auf Lupinen vorkommenden Blattläusen gelang bisher nur *Macrosiphum albifrons* die Einwanderung in Europa. Erstmals 1981 im Botanischen Garten Kew bei London nachgewiesen, hat sich diese große, stark mit Wachspuder bedeckte (und dadurch grau erscheinende) Blattlaus immer weiter in West- und Zentraleuropa ausgebreitet. 1983 erreichte sie Deutschland (Eppler & Hinz 1987) und ist gegenwärtig in Europa fest etabliert. Die ungeflügelten Weibchen sind hell bläulich-grün gefärbt und mit Wachspuder bedeckt (Abb. 7.9). Die Antennen und Beine sind hell und nur an den Gelenken dunkel. Die Siphonen sind lang mit dunklen Spitzen, die Cauda ist unpigmentiert. Die geflügelten Weibchen haben einen dunklen Kopf, braunen Thorax, das Abdomen ist blaugrün gefärbt, mit kleinen lateralen Flecken. Die Spitzen der Tarsen und Tibien sind geschwärzt, die Siphonen und Cauda hell.

In Abhängigkeit von den Winterbedingungen, zeigt die Art starke Fluktuationen in ihrer Populationsdynamik. Anholozyklisch überwinternd ist sie in der Lage, mindestens 14 Tage lang –15°C zu überleben. Bisher konnte nur ein einziger Genotyp mit der Fähigkeit zur holozyklischen Überwinterung erfasst werden (Thieme 1997b) wobei nicht bekannt ist, warum er so selten auftritt (Abb. 7.10). Sollte es diesem Genotyp gelingen, sich stärker gegenüber den anderen Genotypen durchzusetzen, wäre eine weitere Ausdehnung des Verbreitungsgebietes und Festsetzung der Lupinenblattlaus in Bereichen mit sehr kalten Wintern wahrscheinlich.

Wirtspflanzen dieser Blattlaus sind meist amerikanische Arten der Gattung *Lupinus*. Die Blattlaus hat ein hohes Vermehrungspotenzial. Sie kann nach dem Erreichen des Erwachsenenstadiums innerhalb der ersten 24 h bis zu 10 Larven absetzen und produziert insgesamt bis zu 80 Larven. Der massi-

Abb. 7.9: *Macrosiphum albifrons,* Kolonie an *Lupinus* spec.

Abb. 7.10: *Macrosiphum albifrons,* ungeflügeltes vivipares Weibchen.

ve Befall führt in kurzer Zeit zu einer beträchtlichen Schädigung der Pflanzen. Obwohl wiederholt berichtet (Emrich 1990, Hinz 1992), zeigt die Art keine Präferenz für Lupinen mit hohem Alkaloidgehalt (Thieme 1997b). Sie ist vielmehr befähigt, sich über eine Konditionierung an den Alkaloidgehalt der Wirtspflanze anzupassen (Abb. 7.11 und 7.12). Bei Besiedelung »bitterer« Lupinen, kann *M. albifrons* Alkaloide in ihrem Körper akkumulieren und dadurch Toxizität gegen Prädatoren erwerben (Wink & Witte 1991, Emrich 1991). Somit besitzt diese Art alle Voraussetzungen, sich bei Ausweitung des Lupinenanbaus zu einem potenziellen Schädling zu entwickeln. Sie kann neben der direkten Schädigung ihrer Wirtspflanzen auch als Virusvektor des *Bean yellow mosaic virus* (Schmidt & Karl 1989) und des *Turnip yellows virus* (Schliephake et al. 2000) wirksam werden.

Die weltweit verbreitete *Aphis spiraecola* (Abb. 7.13) wurde in Deutschland erstmals 2000 nachgewiesen (Thieme et al. 2001). Mit hoher Wahrscheinlichkeit ist diese Art aus dem Süden (Italien?) eingewandert und unerkannt bereits weiter in Deutschland vorgedrungen. Bei der Untersuchung einer Blattprobe aus dem Alten Land wurde festgestellt, dass in Norddeutschland auf Birne neben einer anderen Art auch *A. spiraecola* siedelte. Es ist davon auszugehen, dass sich die Art in Deutschland im Apfelanbau etabliert, sich jedoch nicht zwangsläufig zum Problemschädling entwickelt. Anders ist die Situation in Baumschulen einzuschätzen, wo durch Stauchungen der besiedelten Jungtriebe sehr wohl wirtschaftlicher Schaden verursacht wird.

In Österreich und Südtirol ist *A. spiraecola* als »Zitruslaus« zwar bekannt, sie wird jedoch in den meisten Fällen nicht als bekämpfungswürdig angesehen, da ihr in diesen Ländern keine Schadwirkung im Apfelanbau zugeordnet wird. Wie der deutsche Name dieser Blattlaus erkennen lässt, kann

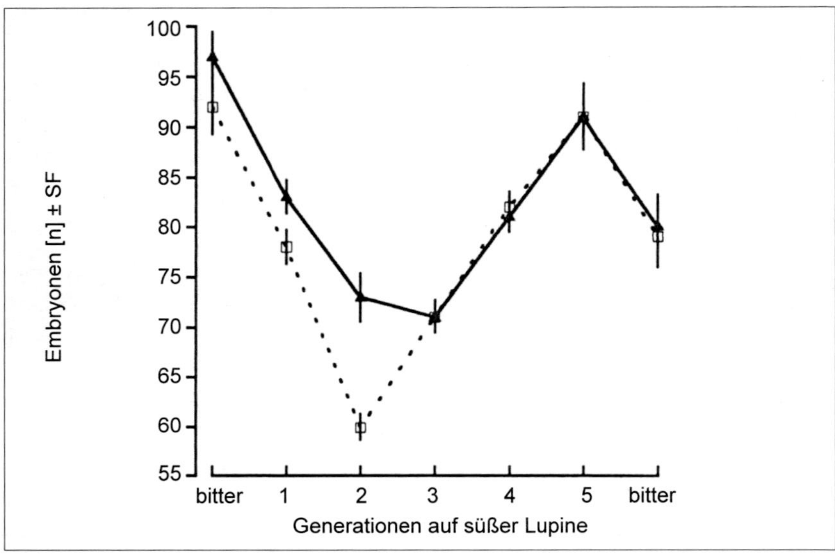

Abb. 7.11: Anzahl der Embryonen nach Erreichen des Imaginalstadiums von lebendgebärenden ungeflügelten Weibchen zweier Herkünfte der *Macrosiphum albifrons* bei Haltung für mehr als 6 Generationen bei 20 °C auf *Lupinus luteus* (bitter) und Überführung auf eine andere Varietät (nach Thieme 1997b).

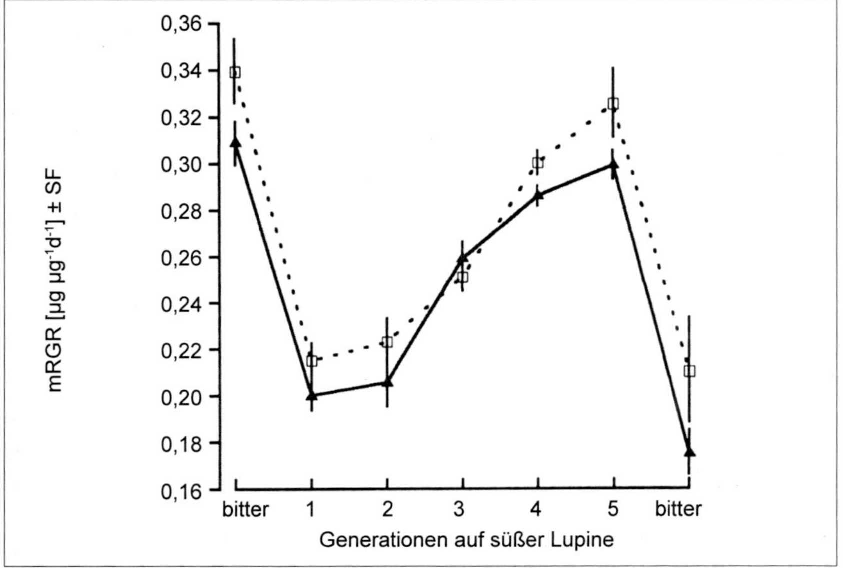

Abb. 7.12: Mittlere Relative Zuwachsrate von lebendgebärenden ungeflügelten Weibchen zweier Herkünfte der *Macrosiphum albifrons* bei Haltung für mehr als 6 Generationen bei 20 °C auf *Lupinus luteus* (bitter) und Überführung auf eine andere Varietät (nach Thieme 1997b).

Abb. 7.13: *Aphis spiraecola,* Kolonie an *Spiraea* spec.

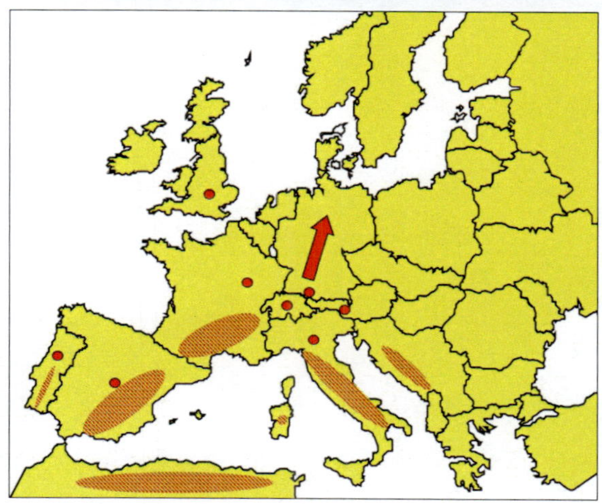

Abb. 7.14: Auftreten von *Aphis spiraecola* in Europa seit 2000 auf Apfel (Punkt) und *Citrus* (schraffierte Fläche).

diese Art auch Zitruspflanzen besiedeln. In Südeuropa wird sie regelmäßig auf *Citrus* angetroffen, wo sie durch Stauchung der Triebe und Ausscheidung großer Mengen von Honigtau wirtschaftlichen Schaden verursacht (Abb. 7.14).

A. spiraecola ist eine kleine, sehr häufig auftretende Art mit ovaler Körperform und besitzt eine 6-gliedrige Antenne, die etwa halb so lang ist wie der Körper. Die Siphonen sind bis zu 0,25-mal so lang wie der Körper und bis 1,7-mal so lang wie die zungenförmige Cauda, auf der sich 8–12 Saetae befinden (Abb. 7.15 und 7.16).

Die Körperfärbung der ungeflügelten Weibchen erscheint gelb-grün oder grün, lediglich der Kopf, die Basis der Antennen und ihre distalen Enden sowie die Enden der Beinglieder sind dunkel. *A. spiraecola* ähnelt in ihrem Aussehen sehr *Aphis pomi,* hat aber ein längeres letztes Rüsselglied, weniger Saetae an der Cauda (*A. pomi* hat 10–21 Saetae an der Cauda) und am

Hinterleib gewöhnlich nur 2 Paar seitliche Höcker (*A. pomi* hat in der Regel 6 Paar Marginaltuberkel) (Tabelle 13). *A. spiraecola* scheint besser an höhere Temperaturen angepasst zu sein und kann Apfelsorten befallen die eine Resistenz gegen *A. pomi* zeigen (Abb. 7.17 und 7.18).

Tab. 13: Morphometrische Merkmale von *Aphis pomi* und *Aphis spiraecola.* Kl Körperlänge, F Antenne, Pt Processus terminalis, B Basis des letzten Antennengliedes, lRgld letztes Rüsselglied, HT2 2. Tarsus des letzten Beinpaares, acc. Saetae accessorische Saetae, MT Marginaltubercel, Si Siphonen, C Cauda, C Saetae Anzahl der Saetae an der Cauda; unterstrichene Werte erlauben Differenzierung der beiden Arten.

Merkmal	*Aphis pomi*	*Aphis spiraecola*
Kl (mm)	1,2–2,4	1,2–2,0
F/Kl	0,6–0,7	0,5–0,6
Pt/B	2,0–2,8	1,9–2,9
lRgld (µm)	> 120	< 120
lRgld/HT2	1,3–1,6	1,0–1,2
lRgld acc. Saetae	2	2
MT	3–10	0–3
Si/Kl	0,16–0,25	0,13–0,25
Si/C	1,2–2,5	0,9–1,7
C Saetae	10–21	8–12

In Gebieten mit strengem Winter überwintert diese Blattlausart im Eistadium an *Spiraea* und z. T. an anderen Rosaceen. Der Eischlupf erfolgt auf dem Primärwirt ab April, im Mai beginnt die Besiedlung der Sekundärwirte. Bisher liegen Fundmeldungen von Pflanzen aus 20 Familien vor.

Der internationale Pflanzenhandel und die rege Reisetätigkeit führen zu einer Ausweitung besonders des Angebots an Zierpflanzen. Mit den eingeführten Pflanzen erhalten Schadorganismen die Möglichkeit, neue Räume zu erobern. Besonders in städtischen Bereichen ist ein starkes Blattlausauftreten auffallend häufig. Dies ist zum einen auf das besondere Angebot von Wirtspflanzen durch Konzentration von Gewächshäusern, botanischen Gärten und Kleingärten und zum anderen auf durch Düngung, Immissionen und Agrochemikalien hervorgerufene biochemische Veränderungen in den Pflanzen zurückzuführen.

Das Angebot an Wirtspflanzen ist in städtischen Bereichen durch eine besonders große Artenzahl ausgezeichnet. Darunter befinden sich zum

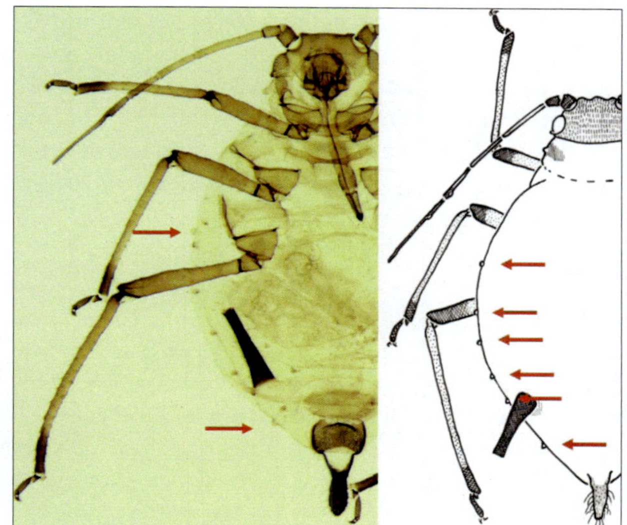

Abb. 7.15/7.16: Marginaltuberkel (Pfeile) der ungeflügelten Lebendgebärenden von *Aphis spiraecola* (links) und *A. pomi* (rechts).

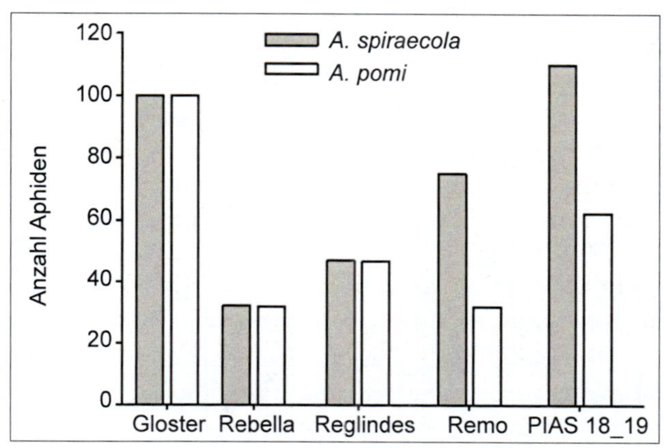

Abb. 7.17: Sensitivität von Apfelsorten gegen *Aphis spiraecola* und *A. pomi*. (Grafik nach Daten von SCHLIEPHAKE, unveröff.).

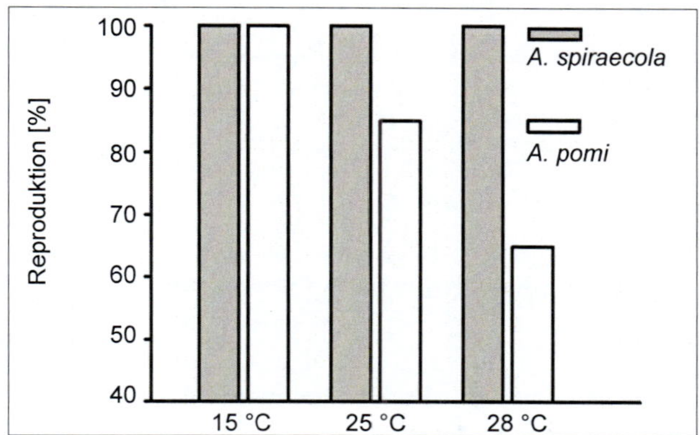

Abb. 7.18: Einfluss der Temperatur auf die Reproduktion von *Aphis spiraecola* und *A. pomi*.

großen Teil Zierpflanzen ausländischer Herkunft, welche die in ihrem ursprünglichen Verbreitungsgebiet von ihnen lebenden Insekten »nachgezogen« haben. Zahlreiche Blattlausarten ausländischer Herkunft wurden in den letzten Jahren erstmals in Deutschland nachgewiesen und sind inzwischen feste Bestandteile unserer Fauna geworden. Einige dieser Blattläuse sind als aktuelle oder potenzielle Schaderreger zu bewerten und sollen beispielhaft vorgestellt werden:

Aphis gerardianae

Eng gebunden ist diese Blattlaus an *Euphorbia seguieriana*, einem Florenelement des pontisch-mediterranen Bereichs. In Osteuropa zuerst gefunden, wanderte diese Art immer weiter westwärts. Die Wirtspflanzen werden an den Stängelenden, in den Blütenständen und gelegentlich auch an Blättern befallen. Alle Tiere sind grauschwarz bis schwarz gefärbt und haben wegen der Bereifung mit Wachspuder keinen glänzenden Körper.

Aphis oenotherae

Wurde bereits im 19. Jahrhundert in Nordamerika als auf Nachtkerzen siedelnde Art erkannt und beschrieben. Sie wurde wahrscheinlich mit dem Flugzeug nach Europa verschleppt, wo sie sich seit 1971 immer mehr ausbreitet. 1972 gelang der Erstnachweis in Deutschland (Berlin). Diese Blattlaus besiedelt hauptsächlich *Oenothera*-Arten, aber auch Zierpflanzen aus anderen Gattungen. Auffällig ist das unterschiedliche Schadbild auf verschiedenen Pflanzen. Während besonders an *Oenothera*, *Clarkia-Hybriden* (syn. *Godetia-Hybriden*), *Gaura lindheimeri* und *Epilobium montanum* der Befall zu Deformationen führt, treten solche Effekte nicht an *Fuchsia*, *Chamaenerion* und den bisher unter *Clarkia* bekannten Sommerblumen auf. An »*Godetia*«, *Epilobium* und *Fuchsia* kann noch eine andere Blattlaus auftreten. Die Differenzierung zwischen beiden Arten setzt aber die Präparation der Tiere voraus und sollte deshalb Spezialistinnen und Spezialisten vorbehalten bleiben. In Europa wird die Überwinterung von *A. oenotherae* nicht im Eistadium erfolgen, obwohl aus Nordamerika zumindest die Existenz von Männchen bekannt ist.

Appendiseta robiniae

Die in Nordamerika beheimatete und im 17. Jahrhundert von dem Hofgärtner Ludwigs XIII nach Frankreich eingeführte Robinie ist in Mitteleuropa als Forst- und Zierbaum sowie auch verwildert weit verbreitet. Die Robinie ist Wirtspflanze der ebenfalls aus Nordamerika stammenden *Appendiseta robiniae*. In Europa erstmals 1978 in Italien nachgewiesen, dringt sie seitdem über Frankreich, Schweiz und Slowakei immer weiter nach

Norden vor und konnte 1996 in Münster beobachtet werden. Die kleine, glänzend gelb gefärbte Blattlaus vollführt ihre gesamte Entwicklung, einschließlich der Überwinterung im Eistadium auf Robinien und kommt in der Vegetationsperiode nur als Geflügelte vor (Abb. 7.19). Sie ist durch die geringe Körpergröße, die kurzen Siphonen und die helle Färbung leicht von den anderen auf ihrer Wirtspflanze anzutreffenden Blattlausarten zu unterscheiden.

Abb. 7.19: *Appendiseta robiniae,* geflügeltes Weibchen an Robinie.

Brachycaudus (Acaudus) jacobi

An den Stängelbasen von *Myosotis arvensis* wurde 1952 in Großbritannien diese Blattlaus gefunden, die erst fünf Jahre später einen wissenschaftlichen Namen erhielt. Nach etwa 20 Jahren erreichte diese Art Deutschland, wo sie verschiedene Arten von *Myosotis* und *Pulmonaria* besiedelt. Die kleinen bis mittelgroßen Blattläuse erscheinen durch die starke Rückenpigmentierung schwarz und sind allseits glänzend, wodurch sie sich leicht von anderen Blattlausarten auf den genannten Wirtspflanzen unterscheiden lassen.

Dysaphis gallica

Kleine, schwarz aussehende Blattlaus. Befällt die häufig an kalkhaltigen Mauern zu findende alte Zierpflanze *Cymbalaria muralis*. Diese Blattlaus ist in Frankreich beheimatet, ihre Existenz erst seit 40 Jahren bekannt. Das bisher bekannte Verbreitungsgebiet erstreckt sich inzwischen über England, Schweiz, Deutschland, Italien und Israel. Obwohl *D. gallica* scheinbar die temperaturbegünstigten Gebiete Europas bevorzugt, konnten dennoch wiederholt Geschlechtstiere im Herbst beobachtet werden. Der Schlupf der Eier wurde bisher nur auf *Sorbus aucuparia* nachgewiesen.

Illinoia azaleae

Dunkelgrüne, mittelgroße, glänzende Blattlaus. Wird häufig an Azaleen in Gärtnereien und Wohnungen gefunden. Ursprünglich in Nordamerika beheimatete. Hat ein so hohes Vermehrungspotenzial, dass an den befallenen Pflanzen in kurzer Zeit Blattfall eintritt. Durch die Massenvermehrung wird verstärkt die Bildung von Geflügelten induziert, die im Sommer auch ins Freie gelangen, wo sie neben *Rhododendron* gelegentlich auch an *Vaccinium uliginosum* sowie an *Viola tricolor* gefunden werden.

Impatientinum asiaticum

Im 19. Jahrhundert wurde die in Asien beheimatete *Impatiens parviflora* nach Europa eingeführt und in den botanischen Gärten vermehrt, aus denen sehr bald der Ausbruch gelang. Dieser Pflanze ist es gelungen, sich immer weiter auszubreiten und heute ein fester Bestandteil der Flora Mitteleuropas zu werden. Damit war der auf diesen Wirt spezialisierten Blattlaus *Impatientinum asiaticum* das Einwandern möglich (Abb. 7.20, 7.21 und 7.22). Die ursprünglich aus dem westlichen Teil des Tienschan stammende, im Eistadium überwinternde Blattlaus, konnte erstmals 1967 in Europa (Moskau) beobachtet werden und erreichte 1971 Deutschland. *I. asiaticum* ist auch an anderen *Impatiens*-Arten zu finden (*I. balfourii, I. balsamina, I. glandulifera*), aber nicht an *Impatiens noli-tangere*. Das Großblütige Springkraut wird von der endemischen Blattlaus *Impatientinum balsamines* besiedelt.

Myzus varians

Obwohl zuerst nordamerikanische Blattlausspezialisten über die Existenz dieser Art informierten, wird sie wahrscheinlich in Asien beheimatet sein. Während von dieser Blattlaus in Kalifornien nur *Clematis* befallen wird, vollführt sie in Asien (China, Japan, Korea und Thailand) einen Wirtswechsel von Pfirsich (auf dem zur Überwinterung Eier abgelegt werden) zu *Clematis*-Arten. Der Erstnachweis für Europa wurde in der Schweiz erbracht. Seitdem hat sich diese Blattlaus immer weiter ausgebreitet und ist zum Beispiel in Österreich ein wichtiger Schädling an Pfirsich. Die mittelgroße Art ist hellgrün bis grün gefärbt und fällt durch die Schwarzfärbung der hinteren Hälfte der Siphonen auf (Abb. 7.23, 7.24, 7.25 und 7.26).

Abb. 7.20: *Impatientinum asiaticum,* Nymphe an *Impatiens parviflora.*

Abb. 7.21: *Impatientinum asiaticum,* ungeflügeltes Weibchen.

Abb. 7.22: *Impatientinum asiaticum, ungeflügeltes Weibchen am Stängel von Impatiens parviflora.*

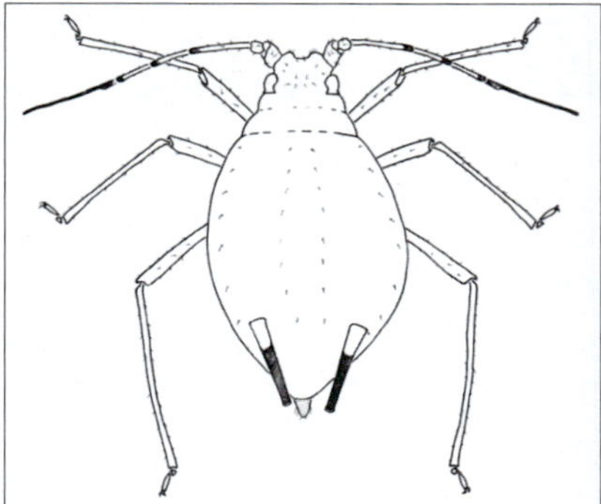

Abb. 7.23: Lebendgebärendes Weibchen von *Myzus varians.*

Abb. 7.24: *Myzus varians,* Schadsymptome an *Prunus persica.*

Abb. 7.25: *Myzus varians,* ungeflügeltes Weibchen an *Clematis* spec.

Abb. 7.26: *Myzus varians,* ovipares Weibchen an *Prunus persica.*

Cavariella konoi

Ebenfalls in Asien (Japan) beheimatet, drang in viele Länder vor und hat heute eine holarktische Verbreitung (Europa, Island, Nordamerika, Mexico). Die kleine, meist grün gefärbte Blattlaus überwintert im Eistadium auf *Salix* und vollführt einen Wirtswechsel zu *Angelica*-Arten, gelegentlich ist sie auch an *Apium*, *Cicuta*, *Myrrhis* sowie *Sium* zu finden.

Therioaphis tenera

Aus Russland stammende Blattlaus, deren ungeschlechtliche Weibchen in der Vegetationsperiode nur geflügelt sind und eine gelblichweiße bis hellgelbe Grundfärbung besitzen (Abb. 7.27). Als Wirtspflanzen dienen nur *Caragana*-Arten, dadurch ist sie leicht von einer nahe verwandten Art zu trennen, die aber nur *Melilotus* besiedeln kann. Während *T. tenera* bis vor 45 Jahren noch nicht außerhalb Russlands auftrat, dehnt sie jetzt ihr Verbreitungsgebiet aus und ist weit verbreitet.

Abb. 7.27: *Therioaphis tenera*, ungeflügeltes Weibchen an *Caragana* spec.

Uroleucon (*Lambersius*) *erigeronense*

Ebenfalls aus Nordamerika stammend, konnte erstmals 1952 in Europa nachgewiesen auf *Conyza canadensis* nachgewiesen werden, eine ursprünglich nordamerikanische Pflanze, die aus Kanada vermutlich zuerst in französische Gärten eingeführt wurde und seit dem 18. Jahrhundert in Mitteleuropa verbreitet ist. Wahrscheinlich mit dem Flugzeug nach Frankreich eingeschleppt, ist diese Blattlaus immer weiter östlich vorgedrungen und konnte erstmals 1962 in Deutschland beobachtet werden. Die mittelgroßen Blattläuse siedeln an den oberen Stängelteilen,

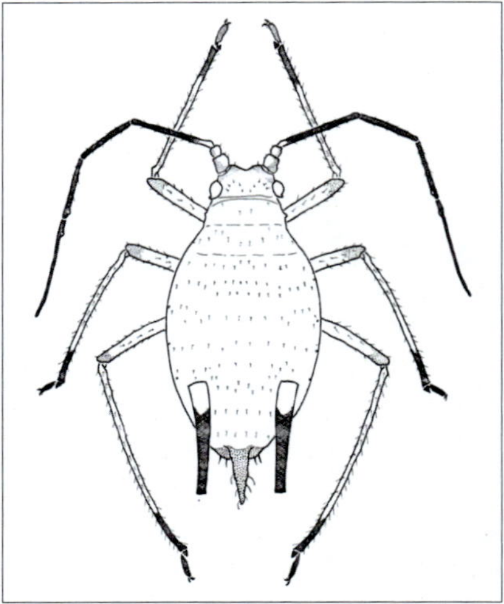

Abb. 7.28: Lebendgebärendes Weibchen von *Uroleucon* (*Lambersius*) *erigeronense*.

einschließlich der Seitentriebe, und unterscheiden sich von allen anderen europäischen *Uroleucon*-Arten durch ihre grüne Farbe (Abb. 7.28).

Uroleucon (Uromelan) doronici

In den Gebirgen Asiens, Europas und Afrikas leben zum größten Teil die Arten des Gattung *Doronicum*. Ihre großen, goldgelben Blüten und die einfache Vermehrung förderten den Anbau einiger Arten als Zierpflanzen. Die weite Verbreitung dieser ursprünglich montanen Pflanzen schuf zugleich günstige Bedingungen für das Vordringen der an *Doronicum* angepassten Blattläuse. 1981 wurde die große, glänzende, dunkelgrün gefärbte *Uroleucon (Uromelan) doronici* am Rand von Rostock an *Doronicum austriacum* gefunden. 1985 erfolgte dann in einem Gartencenter in Norwich der Erstnachweis für Großbritannien. Da *U. doronici* nach unseren Beobachtungen und Versuchen *Doronicum pardalianches* ebenso stark und mit Schadwirkung besiedelt wie *D. austriacum*, ist die Art ein potenzieller Zierpflanzenschädling.

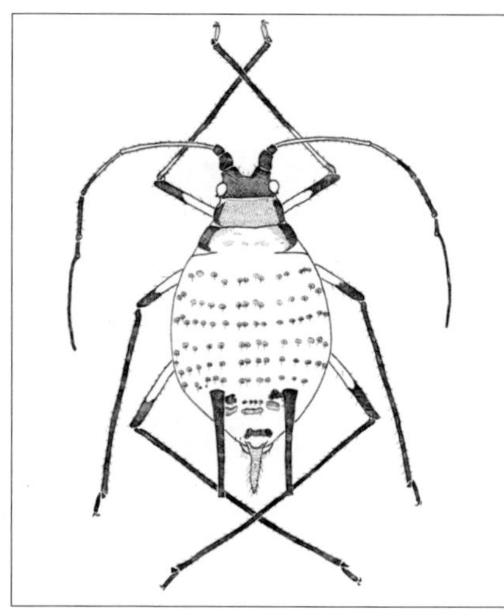

Abb. 7.29: Lebendgebärendes Weibchen von *Uroleucon telekiae*.

Uroleucon telekiae

Die aus Südost-Europa stammende *Telekia speciosa* wurde früher besonders in großen Parkanlagen angepflanzt. Nach ihrer Verwilderung ist sie heute auch auf Waldlichtungen und an Waldrändern anzutreffen, wo sie dichte Bestände bilden kann. Damit waren gute Einwanderungsmöglichkeiten für *Uroleucon telekiae* gegeben. Diese große, schlank birnenförmige, dunkelbraun gefärbte Blattlaus besitzt schwarz gefärbte Siphonen, die deutlich nach außen gebogen sind (Abb. 7.29).

Dysaphis tulipae

Das Eindringen fremdländischer Blattläuse kann sehr leicht durch Verschickung befallener Pflanzen oder Pflanzenteile erfolgen. Ein »gutes« Beispiel stellt *Dysaphis tulipae* dar, die an zahlreichen Arten von Schwertlilien-,

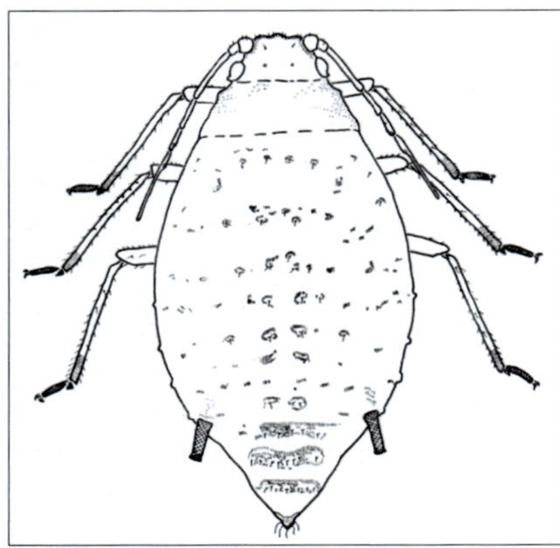

Abb. 7.30: Lebendgebärendes Weibchen von *Dysaphis tulipae.*

Lilien-, Aronstab- und Bananengewächsen siedelt (Abb. 7.30). Während der Ruhezeit ihrer Wirtspflanze verkriecht sich diese Blattlaus gern in den Zwiebeln und wird deshalb sehr oft unerkannt transportiert. Immer häufiger erfolgt aber auch die Verschleppung der Blattläuse durch den internationalen Luftverkehr; die seit Jahrhunderten wirkende geographische Isolation von Arten wird hierdurch innerhalb kurzer Zeit (nicht nur bei Blattläusen) aufgehoben. Unbedingt zu berücksichtigen ist weiterhin die Verfrachtung durch Luftströmungen (Anemochorie). Geflügelte Blattläuse sind ein wesentlicher Bestandteil des Aeroplanktons und können zum Beispiel die Strecke von der mecklenburgischen Ostseeküste bis zur Südküste von Schweden in fünf bis neun Stunden bewältigen.

Aphis fabae fabae, Aphis solanella

Viele Blattläuse finden in urbanen Arealen ein sehr reichhaltiges Angebot an Wirtspflanzen. Sowohl Sekundär- wie Primärwirte stehen in so großer Zahl zur Verfügung, dass permanent Voraussetzungen bestehen für hohe Populationsdichte und Produktion großer Mengen von Geflügelten, die in benachbarte Areale abwandern. *Aphis fabae fabae* findet man in Gärten

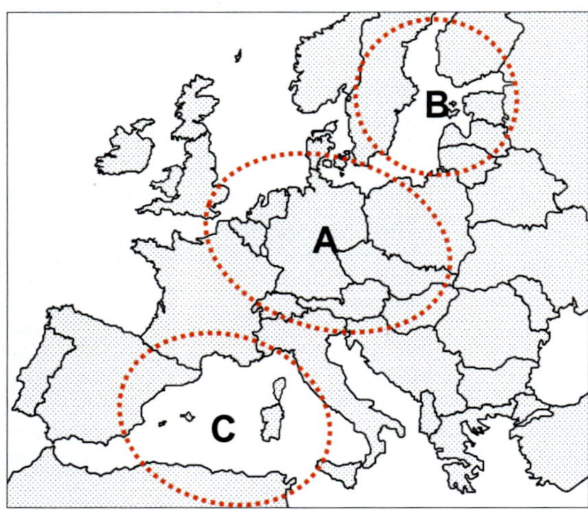

Abb. 7.31: Auftreten von *Aphis fabae* in Europa, A Dominanz von *A. f. fabae,* B Dominanz von *A. f. cirsii-acanthoides,* C Dominanz von *A. f. solanella.*

häufig an Dahlien und Mohn, an Schutt- und Ruderalstellen regelmäßig an *Chenopodium album, Amaranthus retroflexus, Arctium lappa* und *Rumex obtusifolius*. Eine Zwillingsart von *A. f. fabae* ist die zuerst in Afrika gefundene *Aphis solanella*, die neben *Solanum nigrum* und *Rumex obtusifolius* zahlreiche Zierpflanzen besiedelt. Das Verbreitungsgebiet dieser Blattlaus reicht im Norden bis nach Deutschland, wo die Art häufig an dem in städtischen Anlagen angepflanzten *Euonymus europaeus* überwintert (Abb. 7.31). Zwischen den beiden schwarz gefärbten Blattläusen bestehen nur geringfügige Unterschiede im Körperbau, sie lassen sich aber aufgrund der Besiedlung bestimmter Wirtspflanzen gut differenzieren.

Takecallis arundicolens, T. arundinariae und *T. taiwanus*

Die nur an Bambus lebenden asiatischen Blattläuse sind eine Erweiterung der heimischen Fauna (Abb. 7.32, 7.33 und 7.34). Sie erschienen in Europa zuerst im Jahre 1927 und konnten erstmals 1995 in Deutschland nachgewiesen werden. Die viviparen Weibchen sind geflügelt und gelb-grün gefärbt. Auffällig sind die Wachsflocken an den Antennen. Charakteristisch

Abb. 7.32: *Takecallis arundicolens,* lebendgebärendes geflügeltes Weibchen an Bambus.

Abb. 7.33: *Takecallis arundinariae,* lebendgebärendes geflügeltes Weibchen an Bambus (Blattunterseite).

Abb. 7.34: *Takecallis taiwanus,* Larven an Bambus (Blattunterseite).

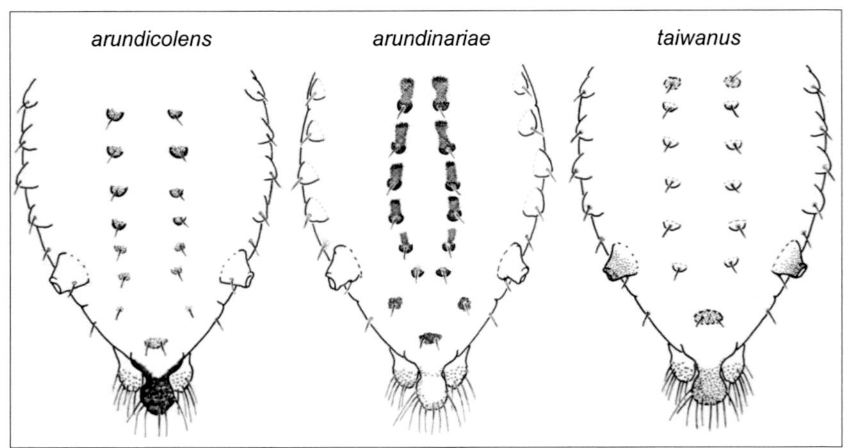

Abb. 7.35: Abdominale Pigmentierung der in Deutschland gefundenen *Takecallis* spp.

für diese Gattung ist ein Tuberkel am Clypeus (Abb. 3.51), die Siphonen sind kurz und hell gefärbt. *T. arundicolens* und *T. arundinae* besitzen dunkle Pigmentierungen auf der Abdomenoberseite (Abb. 7.35). Die Cauda ist artspezifisch dunkel oder hell. Die Blattläuse dieser Gattung vermehren sich in Deutschland permanent anholozyklisch und können daher nur an klimatisch günstigen Orten überwintern. Ihr Vorkommen ist in Deutschland bisher auf verschiedene Bambus-Arten der Gattungen *Phyllostachys* und *Pseudosasa* beschränkt. Nach Blackman & Eastop (1994) ist aber zu erwarten, dass zukünftig auch andere Bambus-Arten besiedelt werden. Obwohl diese Aphiden an ihren Wirtspflanzen sehr zahlreich auftreten, werden sie nicht als Schaderreger betrachtet und kontrolliert.

Uroleucon (Uromelan) solidaginis

Bei den Blattläusen sind genetische Veränderungen durch das vom Menschen veränderte Pflanzenangebot sehr wahrscheinlich und die Selektion bestimmter Genotypen zu erwarten. Ein Beispiel ist die Blattlaus *Uroleucon* (*Uromelan*) *solidaginis* (Abb. 7.36). In Europa weit verbreitet, lebt diese Art an *Solidago virgaurea*. Die aus Nordamerika als Zierpflanze eingeführte und später verwilderte *Solidago canadensis* war in früheren Jahren in Sachsen selten, ist aber heute überall ein lästiges Unkraut auf Ruderalflächen. Die Pflanze wächst an solchen Stellen in großflächigen, dichten Beständen. Dadurch ist ihr Angebot wesentlich größer als das der einheimischen *S. virgaurea*. Die auf der Suche nach Wirtspflanzen befindlichen Geflügelten von *Uromelan solidaginis* treffen somit viel häufiger auf *S. canadensis* als auf die einheimische Pflanzenart, wodurch die Überlebenschancen besonders für

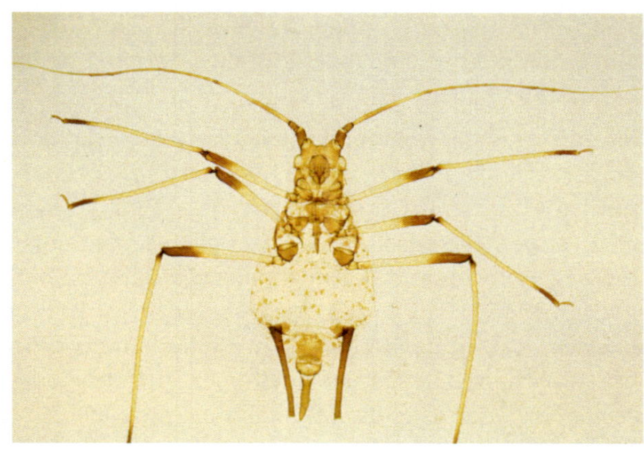

Abb. 7.36: *Uroleucon (Uromelan) solidaginis*, ungeflügeltes lebendgebärendes Weibchen

solche Genotypen günstig sind, die sich auf *S. canadensis* entwickeln können. Somit sind wesentliche Voraussetzungen für eine Selektion geschaffen. Während *S. canadensis* vor 45 Jahren noch nicht als Wirt für *Uroleucon* (*Uromelan*) *soliaginis* festgestellt worden war, werden in Sachsen jetzt wiederholt stark besiedelte *S. canadensis* gefunden. Je größer die Zahl der Blattlausgenerationen, die ihre Entwicklung auf *S. canadensis* durchgemacht haben, desto wahrscheinlicher ist auch die Möglichkeit der Herausbildung von bestens angepassten Blattläusen.

Zukünftige Probleme

Eine weitere Möglichkeit zur Entstehung von Organismen mit neuen Eigenschaften sind Mutationen. Die Fähigkeit zur parthenogenetischen Vermehrung vergrößert die Chance von Mutationen besonders bei den Blattläusen. Während Mutationen in sich nur bisexuell vermehrenden Tierarten schnell ausgemerzt werden, können sich neu entstandene Blattlaus-Genotypen infolge starker Selbstreproduktion besser erhalten. Aus diesem Grund ist gerade bei Blattläusen ständig mit der Herausbildung neuer Rassen, Unterarten und Arten zu rechnen.

Leider wird der Begriff invasiv zunehmend inflationär verwendet. Eingeschleppte Blattlausarten, die nur eingeführte Pflanzenarten besiedeln, sollten nur als Neozoen bezeichnet werden. Zur Bewertung der Schadwirkung und des Einflusses auf die heimische Flora sollte auch stets untersucht werden, ob und wie intensiv einheimische Gegenspieler die eingeschleppte Blattlaus angreifen.

Die angeführten Beispiele zeigen, dass einwandernde Blattläuse von sehr unterschiedlicher Bedeutung sein können. Während einige Arten die Rolle eines landwirtschaftlich bedeutenden Schaderregers mit großer ökonomischer Wirkung einnehmen, besetzen andere durch Besiedlung einer eingeführten Pflanze eine Nische ohne erkennbar negative Beeinflussung der heimischen Fauna.

Da nur wenige Taxonominnen/Taxonomen Aphiden bearbeiten, werden eingewanderte fremde Arten öfter erst spät erfasst. Obwohl der Schwerpunkt der Erkennung neuer Arten beim Pflanzenschutzdienst liegen müsste, ist dieser technisch und personell oft nicht entsprechend ausgestattet. Im Gegensatz zu anderen europäischen Ländern betreibt Deutschland keine zentrale Überwachung des Blattlausflugs. In Frankreich oder England werden z. B. mittels Saugfallen Blattlausflüge analysiert. Diese Auswertungen schaffen die Möglichkeit, neu auftretende Arten zu erkennen, und erlauben damit, gezielte Maßnahmen einzuleiten. Der oft genug beklagte Mangel an fehlender taxonomischer Ausbildung und Arbeitsplätzen wird durch die »abschmelzenden« Ressourcen mittelfristig keine Verbesserung erfahren. Somit wird in Deutschland das Auffinden neuer Blattlausarten auch in Zukunft mit zeitlicher Verzögerung erfolgen.

7.2 Bekämpfung

Pflanzenschutz ist notwendig, um die Ernten abzusichern. Die mechanischen, biologischen und chemischen Pflanzenschutzmaßnahmen sollten immer in Kombination mit vorbeugenden Maßnahmen wie Fruchtfolge, Bodenbearbeitung, Sortenwahl, Düngung und Bestandsführung eingesetzt werden. Dabei ist zu beachten, dass die Kulturpflanzen, der Boden und seine Bodenlebewesen, die Wildpflanzen, die auf ihm wachsen, die Nützlinge und tierischen Schaderreger und Krankheitserreger in ständiger Wechselbeziehung miteinander stehen.

Damit zufriedenstellende Erträge erzielt und gesunde Nahrungsmittel erzeugen werden können, müssen die Kulturpflanzen wirksam geschützt werden. Wichtig sind hierfür u. a. eine abgerundete Fruchtfolge, eine fachgerechte Bodenbearbeitung, eine gut terminierte Aussaat und eine den Pflanzen bedarfsgerecht auf ihren jeweiligen Nährstoffbedarf im jeweiligen Wachstumsstadium verabreichen Düngung.

Beim Pflanzenschutz wird unterschieden zwischen (Abb. 7.37)

- mechanisch-physikalischer Bekämpfung,
- biologischem Pflanzenschutz,
- biotechnischen Pflanzenschutz,
- chemischen Maßnahmen.

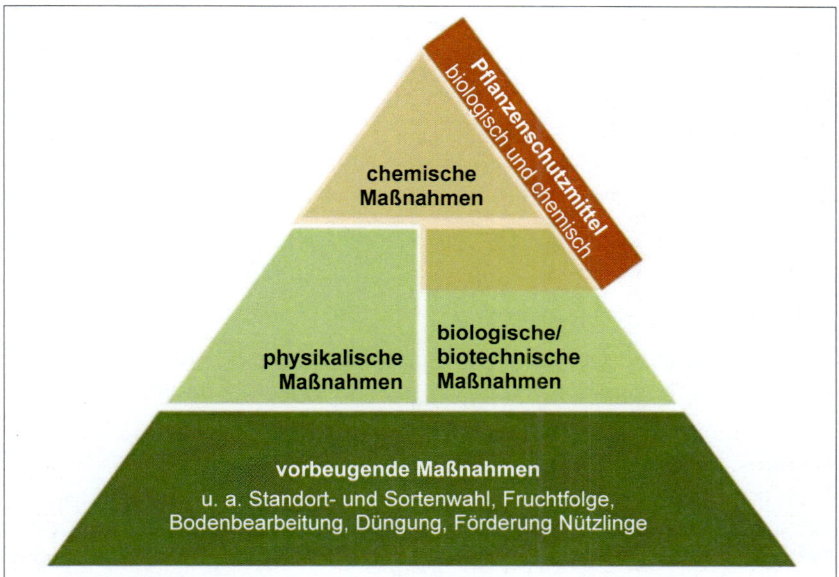

Abb. 7.37: Pyramide des Pflanzenschutzes (Quelle: BLE).

Zu den Pflanzenschutzmittel zählen nicht nur chemische Wirkstoffe, sondern auch biologische Präparate auf der Basis von Mikroorganismen oder Naturstoffen. Die Anwendung von Pflanzenschutzmitteln umfasst deshalb nicht nur die chemischen, sondern in Teilen auch die biologischen Maßnahmen im integrierten Pflanzenschutz.

Da jede dieser Maßnahmen ihre Vor- und Nachteile hat, ist es erst oft die Summe mehrerer Maßnahmen, die den gewünschten Erfolg bringt. So haben viele Schaderreger unserer Kulturpflanzen ihre natürlichen Gegenspieler, die »Nützlinge«. Sie interagieren miteinander, sodass einer großen Population an Nützlingen erst einmal eine Massenvermehrung an Schaderregern, und damit ein hohes Nahrungsangebot vorhergehen muss. Bis aber die Zahl der Nützlinge so angestiegen ist, dass sie einen Massenbefall an Schaderregern wirkungsvoll reduzieren können, ist es für die befallenen Kulturpflanzen oft zu spät. Daher sind nützlingsfördernde Maßnahmen einzubetten in die anderen Pflanzenschutzmethoden.

Der integrierte Pflanzenschutz bezeichnet die aufeinander abgestimmte Nutzung aller biologischen, biotechnischen, züchterischen, anbau- und kulturtechnischen Maßnahmen im Pflanzenbau. Er soll darauf abzielen, den Einsatz chemischer Pflanzenschutzmittel auf das notwendige Maß zu beschränken.

Seit 2009 schreibt die »Europäische Rahmenrichtlinie zum Nachhaltigen Einsatz von Pflanzenschutzmitteln« die allgemeinen Grundsätze des integrierten Pflanzenschutzes verbindlich vor: Dazu gehören unter anderem

- das Vorbeugen durch ackerbauliche Maßnahmen in einer vielfältigen Fruchtfolge,
- das Beobachten (Monitoring),
- das »Schadschwellenprinzip« als Entscheidungsgrundlage,
- der Gewässer- und Anwenderschutz sowie
- das Vermeiden von Resistenzen.

Wie diese Rahmenrichtlinie in Deutschland umgesetzt wird, beschreibt der Nationale Aktionsplan zur nachhaltigen Anwendung von Pflanzenschutzmitteln (NAP; https://www.nap-pflanzenschutz.de).

Gerade der chemische Pflanzenschutz wird wegen seiner ökologischen Nebenwirkungen kritisch betrachtet, so z. B. in Bezug auf Beeinträchtigungen des Grundwassers, die Verarmung bzw. Beeinträchtigung der Artenvielfalt sowie das Bienensterben. Letztendlich geht es in der Landwirtschaft aber immer um eine Abwägung zwischen ökonomischen und ökologischen Interessen bei der Produktion. Dabei stehen nicht allein die finanziellen Interessen der in der Landwirtschaft beteiligten Akteure ökologischen Interessen der Konsumenten gegenüber. Bei Verzicht auf den chemischen Pflanzenschutz, würden die landwirtschaftlichen Erträge geringer ausfallen, was in Form veränderter Lebensmittelpreise auch die ökonomischen Interessen der Konsumenten träfe.

Nachfolgend sollen die oben vorgestellten Verallgemeinerungen auf die Probleme der Blattläuse bezogen werden

7.2.1 Kulturmaßnahmen

Neben den Umweltfaktoren haben auch genetische Merkmale der Kultur einen wichtigen Einfluss auf die Anfälligkeit für Blattlausbefall. Die Beeinflussung der genetischen Variation, einschließlich der Wahl der Pflanzenarten für ein bestimmtes Klima, und die Variation zwischen den Sorten in Bezug auf ihre Blattlausresistenz können als kulturelle Methoden der Blattlausbekämpfung betrachtet werden.

Die Vielfalt von Ansätzen kommt auf zwei Arten zustande. Erstens kann eine Verringerung der Blattlausschäden durch Prozesse erreicht werden, die die Größe der Blattlauspopulationen bestimmen. Zweitens können Aspekte der Blattlausbiologie direkt durch die Anbaupraxis beeinflusst werden.

Die Verwendung von synthetischen Mulchen kann viele Faktoren des Pflanzenwachstums beeinflussen, darunter die Bodentemperatur, den Wasserhaushalt und das Wachstum konkurrierender Begleitvegetation (Brault et al. 2002). Untersuchungen haben gezeigt, dass in vielen Situationen die Fähigkeit der Blattläuse, die Wirtspflanzen zu finden, die wichtigste Auswirkung ist (Kennedy & Booth 1963). Das Reflexionsvermögen der Mulchschicht verändert die visuelle Wahrnehmung der Pflanze durch die Blattläuse und folglich auch die Geschwindigkeit, mit der sie die Wirtspflanzen finden (Kring & Schuster 1992, Brown et al. 1996, Heimbach et al. 1998, Sauke & Döring 2004).

Mehrere kulturelle Bekämpfungsmethoden beinhalten die Beeinflussung der biotischen Umwelt durch Erhöhung der Pflanzenvielfalt. Hierzu gehören Zwischenfruchtanbau, lebende Mulche und Deckfrüchte, Fallenpflanzen, Bereitstellung von Ressourcen für natürliche Feinde und Bereitstellung von Rückzugsgebieten für natürliche Feinde. In ökologischen Gemeinschaften ist eine umgekehrte Beziehung zwischen Herbivorenpopulationen und Pflanzenvielfalt festzustellen (Letourneau et al. 2011). Die verschiedenen Mechanismen, durch die eine Erhöhung der Pflanzenvielfalt die Herbivorenpopulationen reduzieren kann, können direkt durch die Pflanzen selbst oder durch ihre Wirkung auf Prädatoren wirken.

Die Wirksamkeit von Methoden der Blattlausbekämpfung ist keine einfache Beziehung zwischen Blattlauspopulationen und zufriedenstellender Bekämpfung Das Ausmaß, in dem die Populationen unterdrückt werden müssen, um die Schäden auf einem akzeptablen Niveau zu halten, hängt von der Art der Schäden ab. So können zum Beispiel geringe Populationsdichten durch die Übertragung schwerer Pflanzenviruskrankheiten erhebliche Ertragseinbußen verursachen, während der Nährstoffentzug durch Fraß selbst bei hohen Blattlausdichten nur geringe Ertragseinbußen zur Folge haben kann.

Mulchen ist eine Kulturtechnik zur Verbesserung des Ertrags von Gartenbaukulturen, indem sie Wasser sparen (Farias-Larios et al. 1994), das Wachstum der Begleitvegetation hemmen (Brault et al. 2002), die biologische und chemische Zusammensetzung des Bodens verbessern (Lal et al. 1980) und die Bodentemperatur erhöhen (Farias-Larios & Orozco-Santos 1997a). Die Veränderung des Mikroklimas und der Qualität der Wirtspflanzen kann sich auch indirekt auf die Schädigung durch Blattläuse auswirken, indem die Vermehrungsrate und das Überleben von Blattläusen verändert werden. In letzter Zeit hat man sich auf die Abschreckung von Blattläusen durch die Reflexion kurzwelliger Strahlung durch die Mulchoberfläche konzentriert. Dadurch wird die Auffälligkeit von Kulturpflanzen vor dem Hintergrund des nackten Bodens verringert, was zu einer Störung des Wirtspflanzenstandorts durch sich ansiedelnde Blattläuse führt (Sauke & Döring 2004).

In zahlreichen Studien wurden die optischen Eigenschaften verschiedener Mulchmaterialien sowie ihre Auswirkungen auf die Besiedlung durch Blattläuse und das Auftreten von durch Blattläuse übertragenen Viren untersucht (Kring & Schuster 1992, Brown et al. 1996, Farias-Larios & Orozco-Santos 1997a,b, Greer & Dole 2003, Jenni et al. 2003, Saucke & Döring 2004). So wurde beispielsweise festgestellt, dass transparente und aluminiumbeschichtete Kunststoffmulche die Populationen von Blattläusen besser reduzieren als schwarze oder blaue Kunststoffmulche (Kring & Schuster 1992,). Es gibt aber auch Versuche, in denen durch Mulch einige Blattlausarten gefördert und andere gehemmt wurden (Zanic et al. 2013). Die Beobachtung, dass die blattlausabweisende Wirkung weißer Mulche mit der Zeit abnimmt, werten Summers et al. (1995) als Beleg für die Bedeutung des Reflexionsgrads. Polyethylenmulch scheint sich am stärksten auf die Ansiedlung von Blattläusen zu Beginn der Saison auszuwirken (Liotta & di Trapani 1994, Brown et al. 1996). Mit dem Fortschreiten der Saison nahm jedoch die Zahl der Blattläuse zu, was zu einer Zunahme von Viruserkrankungen führte (Brown et al. 1996). Diese Veränderung der Wirksamkeit der Mulche wurde auf eine Abnahme der Intensität des von der Mulchdecke reflektierten kurzwelligen Lichts zurückgeführt, wenn die Pflanzen über die Mulchdecke wuchsen.

Durch die Veränderung des Mikroklimas und des Lebensraums am Boden haben Mulche auch das Potenzial, die Populationen von epigäischen Räubern zu beeinflussen. Die Verwendung von organischem Material wie Stroh und Kompost ist besonders geeignet, um diese Wirkung zu erzielen, und kann sich auch indirekt auf die Qualität der Beute/Wirte auswirken, indem sie Nährstoffe liefert. Bei einigen Kulturen wurden die beobachteten Auswirkungen auf die Blattlauspopulationen eher auf diese Mechanismen als auf die optischen Eigenschaften der Materialien zurückgeführt. In einer Studie, bei der den Getreideparzellen Blattläuse zugesetzt wurden, stellten Schmidt et al. (2004) fest, dass Strohmulch zu einem späteren Zeitpunkt in der Saison zu niedrigeren Blattlauspopulationen führte und Mulchen mit höheren Spinnenpopulationen verbunden war. Wider Erwarten war die Wirkung von Mulch auf Blattläuse jedoch stärker, wenn Bodenräuber ausgeschlossen wurden.

Leichte Reihenabdeckungen aus Polyester oder Polyethylen, die auf der Oberfläche der Kulturpflanzen ruhen, bieten Schutz, indem sie Insekten ausschließen. Reihenabdeckungen konnten die Blattlausdichte und das Auftreten von Viren bei verschiedenen Kulturen reduzieren, indem sie geflügelte Blattläuse abwehrten: Kartoffeln (Harrewijn et al. 1991), Kürbis (Webb & Linda 1992), Paprika (Avilla et al. 1997) und Salat (Rekika et al. 2008).

Das Besprühen von Kulturen mit inerten reflektierenden Materialien (z. B. Tünche) kann die Blattlauspopulationen reduzieren. Durch die Veränderung der visuellen Reize, die den Blattläusen geboten werden, wie dies bei reflektierenden Mulchen der Fall ist, verringern die Sprays die Ansiedlungsrate (Glenn et al. 1999). Die Besprühung führte jedoch zu geringeren Erträgen bei den Kulturen, möglicherweise, weil die Abschattungswirkung der Tünche die Vorteile einer geringeren Virusinfektion aufwiegt.

Technologische Verbesserungen haben zur Entwicklung von Partikelfolien auf der Basis von Kaolin geführt (Glenn & Puterka 2005). Diese wirken durch ihr hohes Reflexionsvermögen als visuelles Abwehrmittel. Während in einigen Laborversuchen gezeigt werden konnte, dass *Tinocallis caryaefoliae* gehemmt wird (Cottrell et al. 2002), zeigten andere keinen signifikanten Einfluss auf das Überleben und die Vermehrung von *Myzus persicae* (Barker et al. 2007).

In Apfel- und Birnenplantagen haben Feldversuche mit Kaolin nur geringe Wirksamkeit gegen Blattläuse erzielt (Knight et al. 2001). Dies könnte auf die Konzentration von Blattläusen an den Wachstumsspitzen zurückzuführen sein, wo die Blätter trotz wiederholter Besprühung ausreichend frei von Partikeln waren, sodass die Behandlung keine signifikante Wirkung hatte. Die Populationen von Spinnen und anderen natürlichen Feinden wurden durch das Besprühen häufig reduziert (Markó et al. 2010), was darauf hindeutet, dass die Blattläuse möglicherweise von einer negativen Wirkung des Partikelfilms auf ihre Prädatoren profitiert haben (Knight et al. 2001).

In saisonalen Klimazonen gibt es natürliche Schwankungen in der Wachstums-, Vermehrungs- und Ausbreitungsrate von Blattläusen und ihren natürlichen Feinden. Indem Landwirtinnen/Landwirte den Zeitpunkt der Aussaat einer Kultur ändern, können sie den Zeitpunkt der Anfälligkeit der Kultur gegenüber diesen Schwankungen steuern. Das Aussaatdatum wirkt sich auch auf die Größe der Pflanzen zum Zeitpunkt der Besiedlung durch Blattläuse aus, was wiederum Auswirkungen auf die Bewegung der Blattläuse zwischen den Pflanzen und die Wahrnehmung der Kultur durch eindringende Blattläuse haben kann. Das Ausmaß, in dem Blattlausschäden auf diese Weise bekämpft werden können, ist natürlich durch die direkten Auswirkungen des Wetters auf das Pflanzenwachstum begrenzt, doch hat sich diese Strategie in einigen Situationen als erfolgreich erwiesen (z. B. McPherson et al. 1993, McGrath & Bale 1990, Malschi et al. 2013).

Das Auftreten von durch Blattläuse übertragenen Virusinfektionen kann unabhängig von den Blattlauspopulationen variieren und auch saisonale

Schwankungen aufweisen. Das Aussaatdatum kann zu Unterschieden im Auftreten von Pflanzenkrankheiten wie dem Gerstengelbverzwergungsvirus (BYDV) führen (SNIDARO & DELOGU 1990). Bei Getreide der gemäßigten Zonen kann eine hohe Blattlausaktivität im Herbst zu einem besonders starken Befall der früh gesäten Kulturen führen. Von diesen Kulturen aus erfolgt dann im darauffolgenden Frühjahr eine verstärkte Virusübertragung auf Jungpflanzen in den spät gesäten Feldern (HUNGER et al. 1992). Eine Studie über *Diuraphis noxia* im Westen der USA kam zu dem Schluss, dass eine Verzögerung der Aussaat um nur 12 Tage ab einem Aussaattermin Anfang September ausreicht, um die von *D. noxia* übertragenen Viruskrankheiten zu reduzieren und den Kornertrag zu steigern (HAMMON et al. 1996). In den mittel- und norddeutschen Anbaugebieten gilt seit vielen Jahren die Regel, dass der Aussaattermin vor dem 20. September ein wichtiger Risikofaktor für BYDV im Getreide ist. Das Auftreten des von Blattläusen übertragenen Kartoffelvirus Y (PVY) bei Kartoffeln nimmt zu, wenn das Stadium der größten Anfälligkeit der Pflanzen mit der Hauptflugzeit der Blattläuse zusammenfällt. Wenn die Bodenverhältnisse eine frühere Aussaat nicht zulassen, können die Kulturen vor der Blattlausaktivität durch Vorkeimen etabliert werden. Bei späten Sorten kann das Vorkeimen allerdings die Virusinfektionsrate erhöhen (SAUCKE & DÖRING 2004).

Die Dichte der Kulturpflanzen zum Zeitpunkt der höchsten Anfälligkeit für Blattläuse beeinflusst das Erscheinungsbild der Kultur, die Ausbreitung der Blattläuse innerhalb der Kultur und die vorherrschenden mikroklimatischen Bedingungen. Die Auswirkungen des Wettbewerbs zwischen den Pflanzen auf die Qualität der Wirtspflanzen können ebenfalls Einfluss auf die Blattläuse haben. Diese Mechanismen können widersprüchliche Auswirkungen auf die Schädigung durch Blattläuse haben.

Hohe Dichten von Blattläusen waren tendenziell mit einer niedrigen Pflanzdichte verbunden (KARUNGI et al. 2000, PARAJULEE et al. 1999, JONES 1993). Dieser Effekt steht im Einklang mit der besseren Sichtbarkeit der Nutzpflanzen vor dem Hintergrund des nackten Bodens in unbepflanzten Reihen und führt somit zu einer leichteren Lokalisierung durch die sich ansiedelnden Blattläuse. Wenn die Ausbreitung der Blattläuse jedoch hauptsächlich durch ungeflügelte Blattläuse erfolgt, wie es in Baumplantagen zu beobachten ist, führte ein größerer Baumabstand in jungen Anpflanzungen zu einem geringeren Befall (FURUTA & ALOO 1994).

Da sich Blattläuse oft bevorzugt von bestimmten Teilen einer Pflanze ernähren, kann das Beschneiden der Kulturpflanzen ein geeignetes Mittel sein, um die Auswirkungen von Blattläusen zu verringern. In den Ländern des globalen Südens können die relativ niedrigen Arbeitskosten Techniken ermöglichen, die in Industrieländern unwirtschaftlich wären. In Zentralafrika führte die Entfernung der Endtriebe von Baumwollpflanzen am Ende der Vegetationsperiode zu einer Reduzierung der Blattlausdichte und des Anteils der befallenen Blätter des am stärksten befallenen Standorts (Deguine et al. 2000). An Standorten mit geringer Blattlausdichte wurde keine Wirkung registriert, wodurch die Honigtau absondernden Blattläuse »klebrige Baumwolle« verursachten. Unter anderen Bedingungen kann das Beschneiden der Wirtspflanze den Befall mit Blattläusen jedoch verschlimmern, da es das Wachstum üppiger neuer Triebe fördert, die von Blattläusen bevorzugt werden.

Bewässerung und Düngung sind wichtige Bewirtschaftungspraktiken in Agrarlandschaften. Diese Praktiken können durch die Erhöhung des N-Gehalts in den Pflanzen tiefgreifende indirekte Auswirkungen auf Blattläuse haben.

Unter Zwischenfruchtanbau versteht man den Anbau mehrerer Kulturen auf einem Feld, die räumlich so integriert sind, dass sich das Umfeld der Pflanzen jeder Kultur im Vergleich zu einer Monokultur verändert. Wenn für Blattläuse anfällige Kulturen mit Nicht-Wirtspflanzen gemischt werden, ist ein Schlüsselaspekt dieses Umfelds die Kombination von Reizen, die den Blattläusen zur Verfügung stehen, wenn sie das Feld erreichen und sich darin bewegen. Die Untersaat einer Nichtkulturart oder die Entwicklung einer Decke aus Begleitvegetation hat eine vergleichbare Wirkung auf die Pflanzenvielfalt wie der Zwischenfruchtanbau. Vermutlich beeinträchtigen Pflanzen, die keine Wirtspflanzen sind, die Fähigkeit von Blattläusen, einen Wirt zu finden (Root 1973). Es wurde wiederholt beobachtet, dass geringere Blattlausdichten in Kulturen mit hoher Diversität eher auf eine langsamere Besiedlung der Wirtspflanzen zurückzuführen sind (Lehmhus et al. 1996, Vidal 1997) als auf Unterschiede in der Vermehrungs- oder Überlebensrate (Lehmhus et al. 1996).

In einem Zwischenfruchtsystem kann der Blattlausbefall an der »primären« Kultur auch durch die Dichte der »sekundären« Kultur beeinflusst werden. Nach Ogenga-Latigo et al. (1992) ließ sich in einem Zwischenfruchtanbau von Mais und Bohnen eine positive Beziehung zwischen der Pflanzendichte und der Population von *A. fabae* teilweise auf die Variation der Menge an nacktem Boden und deren Auswirkungen auf die Reaktionen der Blattläuse zurückführen. Ein wichtigerer Faktor, der das Auftreten von Blattläusen auf den Zwischenfruchtbohnen reduzierte, war jedoch die Störung des Aufenthaltsorts der Blattläuse auf den Wirtspflanzen. Einen weiteren Faktor könnten ungünstige mikroklimatische Bedingungen, insbesondere geringe Lichtverhältnisse, darstellen, die die Ansiedlung der Geflügelten auf den Bohnen hemmten (Ogenga-Latigo et al. 1992).

Da die Besiedlungsrate von Blattläusen (und die Zahl der in gelben Wasserfallen gefangenen geflügelten Blattläuse) positiv mit der Intensität des reflektierten Lichts in den blau-grünen, gelben und orangefarbenen Wellenlängen korreliert (Costello & Altieri 1994), scheint das erhöhte Reflexionsvermögen von gerodeten oder in großen Abständen angebauten Pflanzen für ankommende geflügelte Blattläuse attraktiver zu sein (Costello & Altieri 1994). Herrscht der Mechanismus der visuellen Interferenz vor, könnte jede beliebige Art von Nichtkulturpflanzen oder sogar eine erhöhte Kulturpflanzendichte (derselben oder gemischter Arten) dazu verwendet werden, die Besiedlungsrate von Blattläusen zu verringern.

Eine Erhöhung der Kulturpflanzenvielfalt kann sich indirekt auf die Häufigkeit von Blattläusen auswirken, indem sie die Qualität der Kulturpflanzen verändert. Die Qualität der Kulturpflanze kann durch eine größere Vielfalt verbessert (z. B. durch Zwischenfruchtanbau mit einer Leguminose) oder beeinträchtigt werden (wenn die Nichtkulturpflanze mit der Kulturpflanze um Ressourcen konkurriert), was zu Schwankungen in der Blattlaushäufigkeit führt. Lehmhus et al. (1996) stellten fest, dass die Untersaat von Weißkohl mit Klee zwar die Besiedlung durch *B. brassicae* und *M. persicae* deutlich reduzierte, der natürliche Anstieg der Blattlauszahlen im Laufe der Zeit jedoch durch die Diversifizierung der Kulturen nicht beeinflusst oder sogar verstärkt wurde. Die Pflanzenqualität könnte daher den Standort bzw. die Wahl des Wirts stärker beeinflussen als das Wachstum der Blattlauspopulation.

Einige Arbeiten haben gezeigt, dass das allgemeine Phänomen, dass die Leistung von Herbivoren beim Wechsel von einer Wirtspflanzenart zu einer zweiten Art beeinträchtigt wird, auch wenn beide im allgemein anerkannten Wirtspflanzenbereich des Pflanzenfressers liegen, für die Blattlausbekämpfung genutzt werden kann. *Sitobion-avenae*-Klone aus Weizen schnitten relativ schlecht ab, wenn sie auf Gerstenpflanzen umgesetzt wurden (Gao & Liu 2013). Dies soll darauf hindeuten, dass die Aussaat von Gerste neben Weizen oder der Zwischenfruchtanbau von Weizen und Gerste einen wichtigen Schaderreger im Getreide unterdrücken könnte. Hier wurden aber nicht die Ergebnisse von Sunnucks et al. (1997a) berücksichtigt, wonach *S. avenae* in verschiedenen Genotypen auftritt, die auf verschiedene Wirtspflanzen adaptiert sind. Bei natürlichem Befall würden sich wahrscheinlich die besser an Gerste angepassten Genotypen durchsetzen.

Es ist davon auszugehen, dass viele der im Zusammenhang mit ihrer Wirkung auf Blattläuse dargestellten Mechanismen auch eine analoge Wirkung auf räuberische Arthropoden haben sollten. So sind Feinde, die ihre Beute anhand von Reizen der Wirtspflanze suchen, wahrscheinlich weniger effektiv bei der Lokalisierung von Blattlauspopulationen und somit bei deren Reduzierung in verschiedenen Systemen (Sheehan 1986). Somit ist das Verständnis dieser Interaktionen notwendig, um die Auswirkungen der kulturellen Bekämpfungsmethoden vorhersagen zu können.

Werden für Blattläuse attraktive Nichtkulturpflanzen in der Nähe von Kulturpflanzen angepflanzt, können sie als Senke oder Barriere fungieren, was als »Fallenkultur« bezeichnet wird. Diese Kulturen können entweder dazu dienen, die Schädlinge daran zu hindern, die Zielkultur zu erreichen, oder sie in einem Bereich zu lokalisieren, der eine leichtere Bekämpfung ermöglicht (Hokkanen 1991). Fallenpflanzen können eine andere Art als die Zielkultur sein. Aber eine zeitlich gestaffelte Aussaat kann durch Höhendifferenz einer Barriere besonders wirksam sein, um einen Teil der einwandernden Blattläuse herauszufiltern und am Rand der Hauptkultur zu konzentrieren (Lewis 1965).

Selbst wenn die Fallenkultur nicht als dauerhafte Senke für Schädlinge dient, kann sie die Besiedlung der Zielkultur verlangsamen oder, was noch wichtiger ist, als Senke für durch Blattläuse übertragene Krankheiten dienen (Fereres 2000, Heimbach et al. 1998, Thieme et al. 1996, 1997). Es hat sich gezeigt, dass Fallenpflanzen die Ausbreitung des nicht persistenten Kartoffelvirus Y verringern, entweder, weil sie als Barrieren für die Einwanderung virulenter Blattläuse dienen, oder, weil die Blattläuse ihre Infektiosität verlieren, wenn sie die Nichtkulturpflanze beproben (Hooks & Fereres 2006, Thieme et al. 1998).

Fallenpflanzen können auch als Senke für Aphidophagen dienen. Wenn sie also nicht auch als Quelle fungieren, können sie sich insgesamt negativ auf die biologische Bekämpfung auswirken. In diesem Zusammenhang ist auch die Nutzung von »Blühstreifen« zu betrachten. Die meisten Räuber oder Parasitoiden benötigen andere Nahrungsressourcen als die, die von Blattläusen oder der Zielpflanze bereitgestellt werden, und diese können oft durch die Aussaat blühender Pflanzen zwischen oder neben der Pflanze bereitgestellt werden (z. B. Hickman & Wratten 1996, Baggen & Gurr 1998, Stephens et al. 1998, Wratten et al. 1998). Zucker aus Blüten- und außerblütigen Nektarien kann sich positiv auf Parasitoide auswirken (Heimpel & Jervis 2005). Nektar kann das Erkundungsverhalten von Blattlausparasitoiden fördern (Araj et al. 2011, Varennes et al. 2016), und Pollen kann eine wichtige Proteinquelle für weibliche Räuber (z. B. Schwebfliegen) darstellen, die sich der Geschlechtsreife nähern (Hickman et al. 1995, Irvin et al. 2000). Wenn Blüten zur Erhöhung der Populationen natürlicher Feinde genutzt werden sollen, muss die Blütenarchitektur mit der Fressmorphologie und dem Verhalten des biologischen Schädlings kompatibel sein (Gilbert 1985, Patt et al. 1997a,b).

Natürliche Feinde können auch alternative Wirte oder Beutetiere benötigen, um hohe Populationsdichten aufrechtzuerhalten, bevor sich Schädlingspopulationen etablieren (van Emden 1990, Corbett & Rosenheim 1996, Landis et al. 2000, Langer & Hance 2004, Harwood et al. 2007). Wenn eine Blattlaus in einem bestimmten System kein Schädling ist, können die Blattlaus und ihre Wirtspflanze als »Banker-Pflanzensystem« in ein Gewächshaus eingeführt werden, in dem später eine andere Kultur angebaut werden soll. So dienen *Schizaphis graminum* auf Weizen und die dazugehörigen poly- oder oligophagen Parasitoiden als »Banker-System« für Bohnen im Gewächshaus. Diese Methode »alternativer Wirt und Parasitoide in einem« bietet ein Reservoir an natürlichen Feinden für den Fall, dass die schädliche Blattlaus versehentlich eingeschleppt wird (Starý 1993). Die Ansammlung natürlicher Feinde in der Nähe ressourcenliefernder Pflanzen wurde häufig beobachtet (Root 1973) und kann zu einer höheren Dichte von Räubern und Parasitoiden in Mischkulturen zu Beginn der Saison führen (Horn 1981, Lehmhus et al. 1996, 1999, Vidal 1997), aber diese natürlichen Feinde können sich später in der Saison leicht in Monokulturen ausbreiten (Horn 1981). Es ist jedoch zu beachten, dass eine Zunahme der Prädatoren nicht immer zu einer Verringerung der Blattlausdichte führt (Lehmhus et al. 1996, Goller et al. 1997), insbesondere, wenn die Anzahl der Raubtiere nur als Reaktion auf hohe Blattlauspopulationsdichten und nicht auf Blumen oder andere Ressourcen in Mischkulturen hoch ist. Obwohl die Randbepflanzung mit *Phacelia* die biologische Kontrolle von *Brassica*-Schädlingen durch Schwebfliegen verbesserte, entfernten sich die Fliegen nicht weit von der Pollenquelle (White et al. 1995). Eine erhöhte Diversität kann die Parasitismusrate erhöhen (Letourneau 1987), verringern (Helenius 1993, Costello & Altieri 1995) oder keine Wirkung haben (Letourneau 1990), sodass es schwierig ist, eine allgemeine Wirkung einer erhöhten Diversität auf die natürlichen Feinde der Blattläuse vorherzusagen.

Monokulturelle Kulturen oder die dazugehörigen Feldränder bieten selten einen gleichbleibend günstigen Lebensraum für natürliche Feinde. Im Extremfall sind die Populationen natürlicher Feinde in einjährigen Kulturen wahrscheinlich von einer hohen Sterblichkeit oder einer erzwungenen Ausbreitung zum Zeitpunkt der Ernte betroffen. Viele mehrjährige Kulturen schwanken jedoch auch saisonal. Unabhängig von den Veränderungen in den Kulturen selbst können sich die Anforderungen der natürlichen Feinde im Laufe der Zeit ändern. Die Agrarlandschaft kann so gestaltet werden, dass sie alternative Lebensräume bietet, die natürlichen Feinden in Zeiten, in denen die Kulturen oder das Mikroklima innerhalb des Feldes ungünstig sind, als Zufluchtsort dienen.

Die Anlage von Grünstreifen um oder innerhalb von Feldern kann die Populationen von räuberischen Käfern, Spinnen und Parasitoiden in angrenzenden Kulturen erhöhen, und einige Studien haben gezeigt, dass die Blattlauspopulationen in Verbindung mit solchen »Käferbänken« zurückgehen (van Emden 1990, Langer & Hance 2004, Morandin et al. 2014).

Wenn verschiedene Stadien einer Kultur gleichzeitig vorhanden sind, kann ihre geeignete räumliche Anordnung die Ausbreitung natürlicher Feinde von abgeernteten Flächen auf anfällige Flächen ermöglichen. Diese Technik wird bei der Streifenernte angewandt (Hossain et al. 2002). Strategisch platzierte Kulturen, die einen komplementären Wachstumszyklus haben, können ebenfalls als Zufluchtsorte dienen, ein System, das als »Staffelanbau« bekannt ist (Lin et al. 2003).

Wie bei den natürlichen Feindpopulationen, die durch die Bereitstellung von Nahrungsressourcen oder alternativen Wirten gestärkt werden, kann die Wirkung erhöhter Populationen in Zufluchtsorten begrenzt sein, da entweder die Ausbreitung der Feinde gering ist oder eine schwache Korrelation zwischen der Blattlausmortalität und der Feindpopulation besteht. Nichtsdestotrotz hat sich gezeigt, dass Lebensraummuster auf Landschaftsebene für verschiedene Blattlausräuber und Parasitoide wichtig sind (Thies et al. 2003, 2005). Dennoch reicht eine Verringerung der landwirtschaftlichen Intensität nicht aus, um die Blattlauspopulationen zu reduzieren. Die Vernetzung zwischen diesen Unterschlupfmöglichkeiten und/oder Nahrungsquellen in der nicht landwirtschaftlich genutzten Vegetation ist ein entscheidender Faktor für den Erfolg der Blattlausbekämpfung auf breiterer räumlicher Ebene (Koh et al. 2013).

Ein früher Prädatorendruck ist entscheidend für die Verringerung späterer Blattlausausbrüche. Somit sind Habitatmanipulationen wie Blühstreifen in Anbausystemen oder die Erhaltung naturnaher und/oder natürlicher Gebiete, die Unterschlupf, Pollen, Nektar und alternative Nahrung für natürliche Feindgemeinschaften bieten, wichtige Strategien, um die Kontrolle von Blattlauspopulationen in Agrarlandschaften zu erreichen.

Das Potenzial zur Bekämpfung von Blattlausbefall durch Manipulation der physikalischen und biologischen Umwelt der Kulturpflanzen ist enorm. Ebenso groß ist jedoch das Potenzial, unbeabsichtigte nachteilige Auswirkungen auf die Ernteerträge zu verursachen. Die komplexen Beziehungen zwischen den vielen Komponenten von Agrarökosystemen bedürfen noch weiterer umfangreicher Untersuchungen. Letztlich ist aber die Akzeptanz derjenigen, der die entwickelten/zu entwickelnden Methoden einsetzen sollen, von grundlegender Bedeutung für ein Gelingen. Nur allzu oft wird von den nicht am Produktionsprozess Beteiligten vernachlässigt, dass Landwirtinnen und Landwirte von ihren Produkten auch wirtschaftlich leben müssen.

7.2.2 Einsätze natürlicher Gegenspieler

In den letzten Jahrzehnten hat die Entwicklung neuer Konzepte in der Ökologie unsere Konzepte der Schädlingsbekämpfung verändert. Die Intensivierung der Landwirtschaft hat zu einer starken Vereinfachung der landwirtschaftlichen Systeme und damit auch der damit verbundenen trophischen Systeme geführt, von denen Gewächshäuser, in denen Pflanzen zunehmend hydroponisch angebaut werden – ohne Erde und mit Nährstofflösungen versorgt –, den Extremfall darstellen. Diese vereinfachten Umgebungen sind besonders arm an natürlichen Feinden und anfällig für Schädlinge.

Traditionell werden drei Arten der biologischen Bekämpfung unterschieden (Van Driesche & Bellows 1996): (1) die klassische biologische Schädlingsbekämpfung, bei der ein natürlicher Feind in ein geographisches Gebiet eingeführt wird, (2) die ergänzende biologische Schädlingsbekämpfung, deren Ziel die massenhafte Aufzucht und Freisetzung einheimischer natürlicher Feinde ist, und (3) die »konservierende« biologische Schädlingsbekämpfung, die die Stärkung natürlich vorkommender Populationen natürlicher Feinde durch Habitatmanagement oder Manipulation ihres Verhaltens umfasst. Bale et al. (2008) definieren die moderne biologische Schädlingsbekämpfung als eine Wiederherstellung der Ökosystemfunktion des Pflanzenschutzes.

Natürliche Feinde von Blattläusen gehören zu verschiedenen taxonomischen Gruppen: von entomopathogenen Pilzen bis hin zu Parasitoiden, und umfassen generalistische und spezialisierte Räuber (vgl. Kap. 6.2). Die Spezifität für die Beute oder den Wirt ist eine Schlüsseleigenschaft, die ihre Wirksamkeit bei der biologischen Bekämpfung beeinflusst. Sehr spezifische natürliche Feinde sind eng mit ihrer Beute verbunden und zeigen oft eine starke numerische Reaktion, aber auch eine funktionelle Reaktion, die eine übermäßige Ausbeutung der Wirtspopulation bei geringer Dichte verhindert. Darüber hinaus können spezifische natürliche Feinde ihre Beute bei geringer Dichte lokalisieren. Eine hohe Spezifität führt zu einem geringeren Risiko von Umweltnebenwirkungen bei der Einführung durch Inokulation oder Massenfreisetzung, kann aber auch zur Folge haben, dass nicht zum spezifischen Beutespektrum gehörende Blattläuse nicht angegriffen werden.

Einige natürliche Feinde sind lebensraumspezifisch, so ist z. B. *Aphidius rhopalosiphi* hauptsächlich in Getreidekulturen zu finden, wo sie alle Blattlausarten parasitiert (Stilmant et al. 2008). Andere Feinde besitzen eine strenge Wirtsspezifität, z. B. parasitiert *Aphelinus mali* nur *Eriosoma lanigerum* (Mueller et al. 1992). Die Spezifität kann je nach Art, Gattung oder Familie stark variieren und mit bestimmten Verhaltensmerkmalen zusammenhängen, wie z. B. Erkennung, Akzeptanz, Eignung und Abwehrmechanismen von Wirt und Beute. Generalismus schließt das Vorhandensein besonderer Nahrungspräferenzen auf der Grundlage der Qualität der Beute nicht aus (Desneux et al. 2009). Polyphage Raubtiere greifen eine breite Palette von oft taxonomisch nicht verwandten Beutetieren an und lassen sich unterteilen in solche mit einer kurzen Generationszeit, was die Entwicklung einer numerischen Reaktion ermöglicht (z. B. *Aphidoletes aphidimyza*), und solche mit nur einer Generation pro Jahr oder alle zwei Jahre, sodass sie nicht auf Populationssteigerungen ihrer Beute reagieren können.

Prädatoren haben direkte Auswirkungen auf die Beutetiere, indem sie diese sofort töten und damit physisch aus der Umwelt entfernen. Außerdem benötigen Prädatoren im Allgemeinen mehrere Beutetiere für ihre Entwicklung und die Eiablage. Es besteht ein Zusammenhang zwischen der Anzahl der getöteten Beutetiere und der Fruchtbarkeit. Die Larven der Blattlausparasitoiden töten den Wirt erst am Ende ihrer Entwicklung und die Fruchtbarkeit der Weibchen korreliert mit der Zahl der tatsächlich getöteten Wirte. Da es eine Verzögerung zwischen dem Zeitpunkt der Parasitierung und dem Ausscheiden des Wirts aus der Population gibt, kann ein Weibchen in seiner Umgebung auf bereits parasitierte Wirte treffen.

Parasitoide sind in der biologischen Bekämpfung weit verbreitet und machen den größten Teil der bekannten Erfolge in der klassischen biologischen Bekämpfung aus (van Lenteren 1986, Boivin et al. 2012). Blattlausparasitoide halten ihre Wirte während der Larvenentwicklung am Leben (Boivin et al. 2012). Aufgrund ihrer Lebensweise und kurzen Entwicklungszeit können Parasitoide eine starke regulierende Wirkung auf die Wirtskolonien ausüben, aber unter Feldbedingungen sind die beobachteten Parasitismusraten jedoch relativ gering (Langer et al. 1997, Thies et al. 2005).

Von den mehr als 400 Arten umfassenden Aphidiinae werden einige zur biologischen Bekämpfung von Blattläusen vermarktet (Boivin et al. 2012). Die ebenfalls auf Blattläuse spezialisierten Aphelinidae umfassen fast 1 000 Arten (Starý 1988). Bei den Dipteren umfasst die Gattung *Endaphis* (Cecidomyiidae) sechs Parasitoidenarten, von denen eine zur Bekämpfung von Blattläusen geeignet erscheint (Muratori et al. 2009).

In den Gewächshäusern gehören Blattläuse zu den wichtigsten Schaderregern (Rabasse & van Steenis 1999), die sich durch eine ungleichmäßige Verteilung und ein sehr schnelles Populationswachstum auszeichnen (Dedryver et al. 2010).

Gegenwärtig wird nur eine begrenzte Anzahl von Parasitoidenarten verwendet und in Massenproduktion hergestellt. Angesichts der hohen Vermehrungsfähigkeit der Blattläuse werden Parasitoide meist früh in der Saison eingesetzt, wenn die Blattlauspopulation noch sehr gering ist. Hierdurch soll ihre Wirksamkeit maximiert sowie die Zahl der freigesetzten Parasitoide und damit die Kosten der Behandlung reduziert werden (Salin et al. 2011). Erfolglose Freisetzungen resultieren aus Freisetzungen, wenn die Blattlausdichte bereits hoch ist.

Zur Bekämpfung von *Myzus persicae* oder *Aphis gossypii* empfehlen die Insektenproduzenten die Freisetzung von *Aphidius colemani*. Der Einsatz von *Aphidius ervi* wird dagegen zur Bekämpfung von *Macrosiphum euphorbiae* empfohlen (van Lenteren 2003). *Aphelinus abdominalis* kann auch in Rosen zur Bekämpfung von *M. euphorbiae* eingesetzt werden (Blümel & Hausdorf 1996). Da mehrere Blattlausarten gleichzeitig in einer Kultur vorkommen können, werden zunehmend gemischte Freisetzungen von zwei oder sogar mehr Arten als Cocktail von Parasitoiden empfohlen (Thielemans et al. 2013). Trotz der Gefahr einer Konkurrenz zwischen den Parasitoiden scheinen solche Kombinationen in der Praxis zu funktionieren, was wahrscheinlich auf geringe Unterschiede in den Nischen und Präferenzen zurückzuführen ist.

Schließlich können kombinierte Freisetzungen von Parasitoiden mit Cecidomyiidae oder einem Coccinelliden einen starken Befall unter Kontrolle bringen.

Zur Bekämpfung einer Blattlauszielart schlug Starý (1993b) vor, zunächst eine Nichtzielart an Getreide zusammen mit den dazugehörigen Parasitoiden in Gewächshäusern auszubringen. In diesem Fall (des Bankerpflanzen-Systems) teilen sich mehrere Wirte oder Beutearten dieselben natürlichen Feinde (Holt & Lawton 1994). Ein weiteres Beispiel ist die Einsatz von Töpfen mit Gerste, die von *Rhopalosiphum padi* besiedelt sind und zu Beginn der Ernte mit adulten Tieren von *A. colemani* geimpft wurden, um *A. gossypii* an Margeriten zu bekämpfen (van Driesche et al. 2008). Die Vorteile von Bankerpflanzen-Systemen sind in der hohen Wirksamkeit und den geringeren Kosten als bei Massenfreisetzung zu sehen. Die Nachteile bestehen in der Notwendigkeit der Bewirtschaftung der Bankerpflanzen.

Die Einführung von *Aphelinus mali* zur Bekämpfung von *Eriosoma lanigerum* in französischen Apfelplantagen war eine der ersten Anwendungen der biologischen Schädlingsbekämpfung (Howard 1929). Es folgten mehrere Einführungen in Europa, Australien und Neuseeland (Howard 1929), wo sich *A. mali* etablierte, *E. lanigerum* aber in mehreren Fällen aufgrund von klimatischen Bedingungen, Intragilder Prädation, Beutetierunterständen oder Insektizidbehandlungen nicht zufriedenstellend bekämpfte (STILING 1993).

In ähnlicher Weise wurde *Trioxys pallidus* 1959 aus Frankreich nach Kalifornien eingeführt, um *Chromaphis juglandicola* zu bekämpfen, was nicht gelang (BROWN et al. 1992). Dieser Parasitoid tritt in verschiedenen Biotypen auf, die sich wahrscheinlich nicht kreuzen und unterschiedliche klimatische Nischen besetzen (VAN DEN BOSCH et al. 1970, EDWARDS & HOY 1995). Ein zweiter, aus dem Iran eingeführter Biotyp, konnte die Blattlaus erfolgreich parasitieren. Die biologische Bekämpfung von *C. juglandicola* wurde jedoch in der Folge durch den Einsatz von Insektiziden gegen Lepidopteren in Walnussplantagen stark beeinträchtigt, was häufig zu sekundären Ausbrüchen der Blattlaus führte (EDWARDS & HOY 1995). Weitere Freisetzungen von Parasitoiden liefern Beispiele für erfolgreiche und für weniger erfolgreiche Bekämpfungen von Blattläusen im Freiland.

In Chile wurden in den späten 1970er Jahren zehn Parasitoidenarten aus Frankreich und anderen Teilen Europas zur Bekämpfung von eingeschleppten Getreideblattläusen eingeführt. Sie etablierten sich erfolgreich und kontrollierten die Blattläuse zufriedenstellend, aber wahrscheinlich nur wegen der geringen Größe der Anbauflächen in einem Ökosystem mit hoher Pflanzen- und Lebensraumvielfalt (STARÝ et al. 1993).

Eine weitere Erfolgsgeschichte ereignete sich in den 1980er Jahren in Australien und Neuseeland, wo *A. rhopalosiphi* aus Europa eingeführt wurde, um *Metopolophium dirhodum* und *Sitobion avenae* zu bekämpfen (FARRELL & STUFKENS 1990). Die Ansiedlung führte zwischen 1984 und 1989 zu einer 10- bis 20-fachen Reduzierung der *M.-dirhodum*-Populationen in Gerstenkulturen, die Parasitierung erreichte in einigen Frühjahrsaussaaten 100 % (FARRELL & STUFKENS 1990).

In Nordamerika wurde *S. graminum* erstmals in den frühen 1900er Jahren erfasst, mit jährlichen Verlusten von 10–250 Millionen US-Dollar, je nach Jahr (BREWER & ELLIOTT 2004). Zur Bekämpfung dieser Blattlaus wurden 1968 elf Parasitoidenarten eingeführt. BREWER & ELLIOTT (2004) kamen zu dem Schluss, dass die Einführung von Parasitoiden nur wenig zur Bekämpfung von *S. graminum* in diesen Regionen beigetragen hat. Bei Felduntersuchungen war der einheimische Parasitoid *L. testaceipes* dominant (ARCHER et al. 1974, CARVER 1989), der heute in den USA als eines der wichtigsten biologischen Bekämpfungsmittel von *S. graminum* gilt (FERNANDES et al. 1998).

Nachdem 1989 *Diuraphis noxia* nach Nordamerika eingeschleppt worden war, wurde nach natürlichen Feinden aus dem vermuteten geografischen Ursprung der Blattlaus in Eurasien gesucht und diese eingeführt (TANAGOSHI et al. 1995). Bis 1997 konnten mehr als 11,8 Millionen Individuen von elf Parasitoidenarten (mehr als 80 geografischen Stämme aus 25 Ländern) freigesetzt werden, von denen sich viele etablierten (Tanagoshi et al. 1995, Prokrym et al. 1998, Burd et al. 2001). Eine umfassende wirtschaftliche und biologische Bewertung dieser Freisetzungen war jedoch nach Brewer et al. (2001) nicht möglich, da viele der freigesetzten oder wiedergefundenen Parasitoiden aufgrund der begrenzten Erhebungen vor der Freisetzung nicht eindeutig identifiziert werden konnten.

Obwohl diese biologischen Bekämpfungsversuche eine gewisse Wirkung auf *D. noxia* in den USA hatten, bleibt diese Art ein wichtiger Schädling. Wahrscheinlich ist das Scheitern der Bekämpfungsversuche auf die sehr großen Felder und die in vielen Getreideanbaugebieten vorherrschenden Monokulturen zurückzuführen. Eine Diversifizierung des Anbausystems wird als möglicher Schlüssel zur Verbesserung der biologischen Bekämpfung von Getreideblattläusen gesehen (Burd et al. 2001, Thies et al. 2011).

Die Einschleppung von *Therioaphis trifolii maculata* in die USA und die Suche nach ihren natürlichen Feinden in Europa, dem Nahen Osten, Afrika und Asien führten zur Einfuhr und Freisetzung von drei Parasitoiden (*Praon exsoletum, Trioxys complanatus* und *Aphelinus asychis*) (van den Bosch et al. 1964). Diese Einführung in die USA führte zu einer Verringerung der Blattlausvorkommen und der Ernteschäden. Alle drei eingeführten Parasitoide konnten sich trotz unterschiedlicher klimatischer Anforderungen und Toleranzen erfolgreich etablieren. Es wird vermutet, dass *T. trifolii maculata* in einigen Regionen der Kontrolle entgangen wäre, wenn nur einer oder zwei der drei Parasitoiden eingeführt worden wären (van den Bosch et al. 1964).

Die Einfuhr von Parasitoiden kann auch negative Auswirkungen auf die einheimischen Parasitoidenpopulationen haben. Der Rückgang des einheimischen Parasitoiden *Praon pequodorum* in Luzerne wurde wahrscheinlich durch die Konkurrenz mit der eingeführten *A. ervi* verursacht. Obwohl *P. pequodorum* im Larvenstadium der bessere Konkurrent war, zeigte *A. ervi* das effizientere Suchverhalten, was zu einem höheren Parasitierungsgrad pro Zeiteinheit führte. Folglich begünstigt die regelmäßige Ernte von Luzerne *A. ervi*, deren Suchleistung ein schnelles Populationswachstum unter gestörten Bedingungen ermöglicht (Schellhorn et al. 2002). In Australien wurden zur Bekämpfung der invasiven *T. trifolii maculata* in den 1970er Jahren drei Parasitoide eingeführt, von denen sich *T. complanatus* aus den USA auf breiter Basis etablierte und 85–93 % der Parasitoiden aus den *T.-trifolii-maculata*-Mumien ausmachte. Diese Art gilt als Hauptverantwortlicher für den anschließenden Rückgang der Blattlaus (Hughes et al. 1987), obwohl auch einheimische Arthropoden-Räuber und die Einführung blattlausresistenterer Luzernesorten dazu beitrugen (Carver 1989). Der Erfolg und das Fortbestehen des Parasitoiden wurde auf die Uneinheitlichkeit der bewässerten Luzerneumgebung zurückgeführt (Hughes et al. 1987), insbesondere auf die fehlende Synchronisierung der Luzerneernte, die die Wanderung der Parasitoiden von abgeernteten Feldern zu nahe gelegenen stehenden Kulturen in einem früheren Wachstumsstadium begünstigte. 1989 begann ein neuer Biotyp von *T. trifolii maculata* (Sunnucks et al. 1997b) in Teilen Australiens erhebliche Schäden auf Kleefeldern zu verursachen (Milne 1997). Dieser Biotyp wurde nur gelegentlich von *T. complanatus* parasitiert (Milne 1997). Aber die 1978 und 1979 aus Frankreich zur Bekämpfung der *maculata*-Form freigesetzte *A. asychis* befiel auch den neuen Kleebiotyp (Waterhouse & Sands 2001).

Die Versuche zur Bekämpfung der 2000 in Nordamerika eingeschleppten und Soja schädigenden *Aphis glycines* haben andere Probleme des Einsatzes von Parasitoiden erkennen lassen. Die erste Freisetzung von *Binodoxys communis* aus China begann 2007, aber sie hat sich noch nicht erfolgreich etabliert, was auf das Fehlen eines geeigneten Wirts für die Überwinterung, die Ameisenpräsenz in sekundären Wirten, einen genetischen Engpass oder die schnelle Ausbreitung vom Freisetzungsort zurückzuführen ist (Ragsdale et al. 2011). Dieser Stamm hat wahrscheinlich auch aufgrund wiederholter Quarantäne- und Laboraufzuchtperioden allmählich seine Fähigkeit verloren, in die Diapause zu gehen (Gariepy et al. 2015).

Die biologische Bekämpfung von Blattläusen durch die Einführung von Parasitoiden wurde in zahlreichen Ländern angewandt. In einigen Fällen konnte die Reduzierung des Zielschädlings eindeutig nachgewiesen werden, sodass sich die Höhe der durch diesen Ansatz eingesparten Kosten berechnen ließ (Kimber et al. 2013). Es ist jedoch nicht immer einfach, den tatsächlichen Nutzen der Einführung exotischer Parasitoiden zur Bekämpfung von Blattläusen zu beurteilen. Dies liegt zum Teil an unzureichenden Daten über die Gemeinschaft der einheimischen natürlichen Feinde und deren Fähigkeit, eine exotische Blattlausart zu bekämpfen, sowie an der Schwierigkeit, zwischen der Rolle der einheimischen generalistischen Feinde und der der eingeführten Parasitoiden zu unterscheiden. Hinzu kommt, dass die Etablierung von vielen Faktoren abhängig ist. So können kleine Unterschiede in den biologischen Eigenschaften und thermischen Schwellenwerten zwischen verschiedenen Stämmen eingeführter natürlicher Feinde deren Erfolg erheblich beeinflussen, insbesondere wenn die Freisetzungen ein großes geografisches Gebiet abdecken (Bernal & Gonzalez 1997, Lee & Elliott 1998). Zu berücksichtigen sind auch Effekte der Aufzucht über lange Zeiträume im Labor, welche z. B. den Verlust der Fähigkeit zur Diapause verursachen können, wodurch dem Parasitoiden eine erfolgreiche Überwinterung nicht mehr möglich ist (Gariepy et al. 2015).

Da Prädatoren ihre Beute direkt entfernen, üben sie einen stärkeren direkten Druck auf die Beutepopulation aus als Parasitoide. Außerdem ist die Entwicklungszeit der Räuber im Allgemeinen länger als die der Beutetiere. Bei Coccinelliden ist die Entwicklungszeit vom Ei bis zum erwachsenen Tier um ein Vielfaches länger als bei Blattläusen (Hemptinne et al. 1993). Folglich ist bei der Eiablage nicht nur die Qualität der Blattlauskolonie für die Wahl des Weibchens von Bedeutung, sondern auch ihr zu erwartendes Wachstumspotenzial. Coccinelliden legen daher ihre Eier in jungen Blattlauskolonien mit hohem Wachstumspotenzial ab, um die Larvenentwicklung aufrechtzuerhalten. Das gleiche Verhalten wurde bei Syrphiden nachgewiesen (Hemptinne et al. 1993).

Unter den Blattlausprädatoren stehen die Coccinelliden in der Öffentlichkeit oft für das Bild der biologischen Schädlingsbekämpfung. Sie liefern jedoch nur wenige Beispiele für eine erfolgreiche biologische Bekämpfung. Mehrere Räuber werden vermarktet und zunehmend zur Bekämpfung von Blattläusen eingesetzt, hauptsächlich in Gewächshäusern, während die Verwendung im Freiland nach wie vor selten ist.

Aphdoletes aphidimyza (Diptera, Cecidomyiidae) ist ein wichtiger Prädator, seit 1989 er in mehr als 20 Ländern zur Bekämpfung von Blattläusen eingesetzt wird und dessen Effizienz zahlreiche Studien bestätigt haben (van Lenteren 2012, Markkula & Tiittanen 1985). Jüngere Ansätze betreffen die Verwendung von Banker-Pflanzen-Systemen, um die Effizienz der *A.-aphidimyza*-Freisetzungen zu erhöhen, sowie Verbesserungen bei der Massenaufzucht und der Diapauseninduktion (Frank 2010).

Seit der ersten Massenaufzucht und vermehrten Freisetzung von *A. aphidimyza* in den 1970er Jahren haben viele Berichte das Potenzial dieses Räubers gegen *M. persicae* und *A. gossypii* in Gewächshäusern bestätigt (Markkula & Tiittanen 1985, Bondarenko 1989, Popov & Belousov 1987). Dieser generalistische Räuber wird eher von der Blattlausdichte und dem Standort auf der Pflanze beeinflusst als von der Blattlausart im Beet (Jandricic et al. 2013).

Es wurde auch über Misserfolge berichtet (Hofsvang & Hågvar 1982, Quentin et al. 1995, van Schelt & Mulder 2000). In der Tat haben die Freisetzungsrate, der Zeitpunkt der Freisetzung und die Temperatur erhebliche Auswirkungen auf die Bekämpfung von Blattläusen durch *A. aphidimyza* (Hommes 1992). In einigen Fällen hat die Kombination von *A. aphidimyza* mit anderen Nützlingen vielversprechende Ergebnisse gezeigt, wie z. B. mit Chrysopiden (Hommes 1992) oder Parasitoiden (Hofsvang & Hågvar 1982, Elliot et al. 1987, Bennison & Corless 1993, Navratilova 1999). In jüngerer Zeit wurden jedoch die Auswirkungen von Intragilder Prädation und antagonistischen Interaktionen berichtet (Messelink et al. 2011, Hatami et al. 2012). So sind beispielsweise die Larven von *A. aphidimyza* eine leichte Beute für *Coleomegilla maculata lengi, Chrysoperla rufilabris* und *Episyrphus balteatus* (Lucas et al. 1998). Hatami et al. (2012) wiesen asymmetrische intragilde Prädation zwischen *A. aphidimyza* und *Hippodamia variegata* nach. Gemeinsamer Einsatz von *Orius laevigatus* und *A. aphidimyza* wies eine schwache asymmetrische intragilde Prädation auf, die von der Höhe der N-Düngung abhing, die Wirksamkeit von *A. aphidimyza* war nur bei geringer N-Düngung signifikant (Hosseini et al. 2010). Auch Raubmilben, wie z. B. *Amblyseius swirskii*, können die Bekämpfung von Blattläusen durch *A. aphidimyza* stören (Messelink et al. 2011). Sie ernährt sich von den *A.-aphidimyza*-Eiern, auch wenn es alternative Nahrung gibt. Ein antagonistischer Effekt kann auch auftreten, wenn infektiöse Jungtiere von entomopathogenen Nematoden wie *Heterorhabditis bacteriophora* vorhanden sind (Powell & Webster 2004). Es wurden Versuche zur Entwicklung von Banker-Pflanzen-Systemen zur Förderung von *A. aphidimyza* in Kombination mit oder als Alternative zu Parasitoiden durchgeführt (Mulder et al. 1999).

Aphidoletes aphidimyza wurde als wichtigster Blattlausprädator auf Äpfeln beschrieben (Brown & Lightner 1997), und seit den 1980er Jahren gab es zahlreiche Versuche, die Wirksamkeit der Freisetzung von *A. aphidimyza* auf Apfelplantagen zu verbessern (Bouchard et al. 1988, Grasswitz & Burts 1995, Wyss et al. 1999, Nicolas et al. 2013). Die Freisetzung von *A. aphidimyza* ist zwar vielversprechend bei der Bekämpfung von Apfelblattläusen in Obstplantagen, doch kann es zu Problemen bei der Synchronisation zwischen Räuber und Beute (Morse & Croft 1987) und den negativen Auswirkungen niedriger Temperaturen kommen (Wyss et al. 1999).

Coccinellidae sind wichtige Prädatoren von Blattläusen, darunter viele Arten von wirtschaftlicher Bedeutung (Hodek et al. 2012), und es wurde häufig versucht, Marienkäfer zur Bekämpfung von Blattläusen einzusetzen (Obrycki & Kring 1998). Die Biologie der Marienkäfer und ihr Potenzial für die biologische Schädlingsbekämpfung wurden von verschiedenen Autoren untersucht (Majerus 1994, Obrycki & Kring 1998, Dixon 2000, Hodek et al. 2012, Majerus 2016).

Der Erfolg von Marienkäfern bei der Bekämpfung von Blattläusen wird in der Regel als weniger effizient angesehen als bei Schildläusen (Hodek 1973, Iperti 1999, Dixon 2000). Die Erfolgsquote bei der Bekämpfung von Blattläusen liegt im Durchschnitt bei nur 4,1 % (Hirose 2006). Für das schlechte Abschneiden der aphidophagen Coccinelliden sind mehrere Gründe anzuführen, unter anderem: die viel langsamere Entwicklungsrate der aphidophagen Marienkäfer im Vergleich zu der ihrer Beute; ihre Eiablagestrategien, die die Nutzung einer oft flüchtigen Nahrungsquelle optimieren; ihre größere Mobilität und Ausbreitungsfähigkeit als Erwachsene (Iperti 1999, Dixon 2000) (vgl. Kap. 6.2.1).

Eingeführte Arten werden mit dem Rückgang einiger einheimischer Coccinellidenarten in den USA und anderswo in Verbindung gebracht (Wheeler & Hoebeke 1995, Obrycki & Kring 1998, Dixon 2000, Snyder et al. 2004).

Es wurden nur wenige Versuche zur Bekämpfung von Blattläusen in Gewächshäusern mit Coccinelliden unternommen. In den 1970er Jahren wurden in Finnland Versuche mit *C. septempunctata* und *A. bipunctata* gegen *M. persicae* an Paprika und Chrysanthemen und *M. rosae* an Schnittrosen durchgeführt (Hämäläinen 1980). Es wurden jedoch keine sich selbst erhaltenden Populationen gebildet, sodass wiederholte Freisetzungen von Larven erforderlich waren, was ihren Einsatz unwirtschaftlich machte. Die Ansiedlung in Gewächshäusern ist sehr schwierig, da die erwachsenen Tiere zur Flucht neigen (Ferran et al. 1998, Rabasse & van Steenis 1999). Deshalb wurden Versuche mit natürlichen flugunfähigen Morphen von *A. bipunctata* durchgeführt oder solchen, die durch ein chemisches auf die Männchen angewendetes Mutagen, gefolgt von selektiver Zucht, eine flügellose Form von *H. axyridis* ergaben (Tourniaire et al. 1999). Die Verweildauer und der Anteil der einzelnen *A. bipunctata* auf den Pflanzen ist bei den flugunfähigen Formen deutlich höher als bei den geflügelten, sodass erstere bei der Bekämpfung von *M. persicae* effektiver sind. Dieser Effekt konnte für *Aulacorthum solani* nicht bestätigt werden. Bei der flugunfähigen *H. axyridis*-Mutante verringert die Mutation jedoch die Fortpflanzungsfähigkeit der erwachsenen Tiere (Ferran et al. 1998).

Chrysopidae sind generalistische Prädatoren, die sich von phylogenetisch nicht verwandten Beutetierarten mit wirtschaftlicher Bedeutung ernähren können (Senior & McEwen 2001) Sie haben als potenzielle biologische Bekämpfungsmittel große Aufmerksamkeit erregt.

Bei einem der ersten erfolgreichen Versuche in Gewächshäusern wurden Larven von *Chrysoperla carnea* auf getopften Chrysanthemen ausgesetzt, wo sie die Anzahl von *M. persicae* aufgrund ihrer großen Gefräßigkeit erheblich reduzierten (Scopes 1969). In den 1970er Jahren wurden auch in der ehemaligen UdSSR Versuche durchgeführt, die jedoch sehr arbeitsintensiv und daher oft unwirtschaftlich waren (Beglyarov & Smetnik 1977). Ähnliche Schlussfolgerungen wurden aus Freisetzungen von *C.-carnea*-Eiern in skandinavischen Gewächshäusern gegen verschiedene Blattlausschädlinge an grünem Paprika und Petersilie gezogen. Die vermehrte Freisetzung von Florfliegen wäre erst dann wirtschaftlich, wenn die Methoden der Massenaufzucht verbessert würden (Tulisalo et al. 1977). In diesem System kann die Prädation von Chrysopideneiern durch Ameisen ein ernsthaftes Problem darstellen, das die Anwendung von Ameisenschutzmitteln auf den Karton mit den Eiern erfordert (Tommasini & Mosti 2001).

Die Wirksamkeit von *Chrysoperla*-Larven ist je nach Kultur sehr unterschiedlich und kann von der Blattstruktur und dem Vorhandensein von Trichomen sowie von der Geschwindigkeit der Blattlausvermehrung, den klimatischen Bedingungen, der Bodenbedeckung und den landwirtschaftlichen Praktiken beeinflusst werden (Daane 2001).

Eine verbesserte Massenaufzucht und der Einsatz von Chrysopiden im Feld haben eine steigende Zahl von Versuchen ausgelöst. Die hohe Sterblichkeit der Larven, die Ausbreitung der erwachsenen Tiere und die hohen Kosten werden meist als Haupthindernisse für die Freisetzung von Chrysopiden genannt (Knutson & Tedders 2002). Die Frage ist, ob sich die drastischen Senkungen der Produktionskosten für *C. carnea* und *C. rufilabris* schon in niedrigeren Einzelhandelspreisen niedergeschlagen. Die Verwendung von künstlichem Futter für die Chrysopidenaufzucht kann nach Harambourе et al. (2016) die Produktionskosten auf etwa 85 % senken. Verfügbarkeit und Kosten sind nach wie vor die größten Schwachpunkte bei der Massenfreisetzung von Chrysopiden.

Adulte Chrysopiden eignen sich nicht für Freisetzungen im Freiland und sind aufgrund ihres Ausbreitungsverhaltens sogar im Gewächshaus problematisch (Nordlund et al. 2001, Tommasini & Mosti 2001). Şengonca & Henze (1992) verwendeten jedoch Überwinterungskästen für Chrysopiden, um die überwinternden adulten Tiere in Ackerfeldern in Deutschland zu sammeln und sie dann zeitgleich mit dem Auftreten von Getreideblattläusen wieder in Weizenfeldern auszusetzen. Auf diese Weise wurden Chrysopideneier einen Monat früher als in Kontrollfeldern gefunden, ohne dass dies jedoch eindeutige Auswirkungen auf Blattläuse hatte. Zu den aktuellen Problemen mit der Freisetzung von Chrysopiden gehören die natürliche Prädation von Eiern und jungen Larven (Dreistadt et al. 1986, Daane & Yokota 1997), schlechte Schlupfraten und Kannibalismus nach dem Schlupf (Tommasini & Mosti 2001), intragilde Prädation (Rosenheim et al. 1993) und Konkurrenz mit anderen, natürlich vorkommenden Räubern (Maisonneuve 2001). Ehler et al. (1997) äußerten Bedenken hinsichtlich der Auswirkungen einer längeren kommerziellen Zucht auf die Leistung der Florfliegen.

Wie die Coccinelliden zeichnen sich auch die Syrphidae (Schwebfliegen) durch eine Taktik aus, bei der die Weibchen die Größe der Blattlauskolonien nach ihrem zukünftigen Wachstumspotenzial und nicht nach ihrem unmittelbaren Wert auswählen (Ambrosino et al. 2007). Daher gab es nur wenige Versuche, Schwebfliegen in der klassischen oder ergänzenden biologischen Schädlingsbekämpfung einzusetzen. Stattdessen konzentrierten sich die Versuche, ihre Wirkung auf Schädlinge zu verstärken, auf die Manipulation von Lebensräumen in der Umgebung von Feldfrüchten oder Gewächshäusern, um den adulten Tieren vor der Eiablage blühende Nahrungsressourcen zu bieten, und zwar im Rahmen von Strategien zur biologischen Schädlingsbekämpfung.

Das Potenzial von *E. balteatus* für ergänzende Freisetzungen gegen *D. plantaginea* wurde anhand von Labor- und Feldkäfigversuchen in der Schweiz bewertet (Wyss et al. 1999). Die Freisetzung von Larven zusammen mit Marienkäferlarven auf Apfelsämlingen reduzierte die Blattlausdichte auf 5 % derjenigen auf Kontrollsämlingen.

700 bis 1 000 Arten in etwa 90 Gattungen sind als entomopathogene Pilze bekannt (St Leger et al. 2011, Sandhu et al. 2012). Eine große Herausforderung für die biologische Schädlingsbekämpfung auf der Grundlage entomopathogener Pilze ist ihre Gefährdung von Mensch, Umwelt und Nichtzielorganismen, einschließlich Nutzinsekten. Goettel et al. (2001) und Copping (2004) haben jedoch gezeigt, dass derartige Kollateralschäden minimal sind.

Entomopathogene Pilze haben sich so entwickelt, dass sie die von ihren Wirten zur Verfügung gestellten Ressourcen ausbeuten und diese letztlich töten, und zahlreiche Arten sind obligate Pathogene von Insekten (einschließlich aller Entomophthoraceae). Das Verständnis ihrer variablen Lebenszyklen und ihrer pathogenen Eigenschaften wird dazu beitragen, neue Wege zur Verbesserung der Virulenz von Wildstämmen zu finden und die besten Formulierungen und Anwendungsstrategien für die weitere Vermarktung zu bestimmen (Pell et al. 2010, Khan et al. 2012; Sandhu et al. 2012).

Es ist seit Jahrzehnten bekannt, dass Isolate von *Lecanicillium* spp., *Beauveria bassiana, Metarhizium anisopliae* und *Isaria fumosorosea* gegen Blattlausarten aktiv sind (de Faria & Wraight 2007, Khan et al. 2012). Die meisten kommerziellen Mykopestizide gegen Blattläuse werden aus Hypocreales hergestellt; ihre ungeschlechtlichen Formen lassen sich in vitro leicht in Massen produzieren, und die kleinen infektiösen Sporen können formuliert und zur Vermehrung versprüht werden (Chapple et al. 2000, Hesketh et al. 2008).

Im Gegensatz dazu ist es bei Entomophthoromycotina-Arten schwierig oder sogar unmöglich, eine Massenproduktion in vitro durchzuführen (Freimoser et al. 2001, Shah & Pell 2003). Daher waren diese Arten erfolgreicher bei der Einführung in kleinem Maßstab, bei der inokulativen Vermehrung und in jüngerer Zeit bei der biologischen Schädlingsbekämpfung (Shah & Pell 2003, Pell et al. 2010).

In Gewächshäusern hat *Lecanicillium longisporum* eine gute Wirksamkeit gegen mehrere Blattlausarten gezeigt, darunter *M. persicae* (MILNER 1997, RODITAKIS et al. 2008) und *A. gossypii* (KIM et al. 2007).

In jüngster Zeit wurden weitere *Lecanicillium*-Arten oder -Isolate entdeckt, charakterisiert und identifiziert, die aphizide und andere biozide Eigenschaften aufweisen (GOETTEL 2008, GOETTEL et al. 2008). Drei *Lecanicillium*-Arten zeigten in vitro eine Doppelaktivität gegen drei Blattlausarten und Mehltau (KIM et al. 2007).

Die nachteilige Nebenwirkung einer Formulierung von *Lecanicillium muscarium* wurde für den Parasitoiden *A. colemani* beobachtet, aber nicht für den Coccinelliden *H. axyridis* (AQUEEL & LEATHER 2013). Im Gegensatz dazu zeigten AIUCHI et al. (2012), dass andere Formulierungen von *L. muscarium A. colemani* nicht schädigten.

Für die Bekämpfung von Blattläusen sind auch kommerzielle Produkte auf der Basis von *B. bassiana* erhältlich. Das Potenzial von *Metarhizium* spp. wurde umfassend untersucht, und es wurden kommerzielle oder experimentelle Produkte gegen zahlreiche Insekten hergestellt, insbesondere in Mittel- und Südamerika (DE FARIA & WRAIGHT 2007). In Labor-Bioessays mit 25 *M.-anisopliae*-Stämmen gegen *Pemphigus bursarius* tötete nur ein Isolat die Blattläuse (CHANDLER 1997). Freilandversuche an Salat waren nicht schlüssig (PARKER et al. 2002).

Im Labor haben einige Isolate Virulenz gegen verschiedene, auf Feldkulturen vorkommende Blattlausarten gezeigt (ZAKI 1998, POPRAWSKI et al. 1999, FENG et al. 2004, KIM et al. 2007, SARANYA et al. 2010). Im Freiland werden jedoch nur wenige kommerzielle Produkte empfohlen.

Pilzepizootien werden häufig in Getreide beobachtet, wo die Sterblichkeit von Blattläusen manchmal 60 % übersteigt (STEENBERG & EILENBERG 1995). In Getreide und Leguminosen wurde in Europa mehrfach experimentell versucht, die frühzeitige Ausbreitung von einheimisch vorkommenden *P. neoaphidis* und *Neozygites fresenii* zu fördern (LATTEUR & GODEFROID 1983, WILDING et al. 1990, POPRAWSKI & WRAIGHT 1998). Aber es scheint, dass die künstliche Einführung von *P. neoaphidis* für die Bekämpfung von Getreideblattläusen zu langsam wirkt.

Beziehungen zwischen Blattläusen und Pilzen: Zahlreiche neuere Studien befassen sich mit der Epidemiologie pilzlicher Erreger und ihren Beziehungen zu ihren Blattlauswirten sowie mit dem Verhalten von Blattläusen. Bei der Bewertung der Rolle eines entomopathogenen Pilzes als biologisches Bekämpfungsmittel ist es wichtig, den Lebensraum, die Vermehrung und die Übertragung des Pilzes während des Lebenszyklus der Blattlaus zu verstehen (BAVERSTOCK et al. 2009). BAVERSTOCK et al. (2008) wiesen nach, dass die Anwesenheit von zwei gemeinsam auftretendenr *Aphidius*-Arten und einer als Nahrungskonkurrent erscheinenden *P. neoaphidis* profitierte und seine Übertragung auf die anfällige Wirtsblattlaus *Microlophium carnosum* deutlich verstärkte, was die Bedeutung der Gildenmitglieder in einer Biokontrollstrategie unterstreicht.

Zusammenfassend lässt sich sagen, dass die Beibehaltung von Pflanzen an Feldrändern zur Unterstützung des Überlebens von Pilzen in Wirten, die keine Schädlinge sind, zwischen den Erntezyklen die Vermehrung und Ausbreitung von Blattläusen zu Beginn der Saison verbessern kann.

In den letzten Jahren wurden die Techniken zur biologischen Bekämpfung von Blattläusen stark ausgeweitet, insbesondere im Hinblick auf die ergänzende Biokontrolle, bei der die kommerzielle Verfügbarkeit natürlicher Feinde immer wichtiger wird. Die Biokontrolle betrifft jedoch bisher hauptsächlich geschützte Kulturen (van Lenteren 2012). Die größten Erfolge wurden bisher mit Hymenopteren-Parasitoiden, der Cecidomyiide *A. aphidimyza* und der Syrphide *E. balteatus*, erzielt, die derzeit in mehr als zehn Ländern eingesetzt werden (Cock et al. 2010, van Lenteren 2012). Die Zahl der Einführungen neuer natürlicher Feinde in Ländern, in denen sie zuvor nicht existierten, ist in den letzten Jahren deutlich zurückgegangen. Dies ist vor allem auf das mit der Einführung einer neuen Art verbundene Invasionsrisiko und die möglichen negativen Auswirkungen auf die Umwelt zurückzuführen. Darüber hinaus ist mit dem Übereinkommen über die biologische Vielfalt, das die Rechte der Länder an ihren genetischen Ressourcen regelt, ein neuer Sachzwang entstanden. Das Interesse an der klassischen biologischen Schädlingsbekämpfung hat auch deshalb abgenommen, weil der Schwerpunkt jetzt auf der biologischen Schädlingsbekämpfung zur Erhaltung der Artenvielfalt und dem potenziellen Einsatz von einheimischen natürlichen Feinden liegt. In diesem Zusammenhang kann die ergänzende biologische Schädlingsbekämpfung als ergänzendes Instrument zur Bekämpfung unvorhergesehener Schädlingsausbrüche in Kulturen betrachtet werden, die derzeit mit einem konservierenden biologischen Bekämpfungsansatz behandelt werden. Bei Freilandkulturen gibt es jedoch noch viele Herausforderungen, die hauptsächlich mit der Ausbreitung natürlicher Feinde zusammenhängen. Hier kann der Einsatz von Scheinkonkurrenz und die Bewirtschaftung der Felder mit Grasstreifen in Verbindung mit gelegentlichen korrigierenden Freisetzungen natürlicher Feinde mittelfristig eine elegante und weniger kostspielige Lösung darstellen (Langer & Hance 2004, Levie et al. 2005, Frere et al. 2007). Auch der Einsatz von Semiochemikalien, um natürliche Feinde auf das Feld zu locken (Leroy et al. 2010), und die Konditionierung von Parasitoiden, um ihre Bereitschaft zu erhöhen, dort zu bleiben, wo sie freigesetzt wurden (Dumont et al. 2011), sind vielversprechend für die Zukunft.

Trotz einiger Schwierigkeiten haben entomopathogene Pilze ebenfalls ein großes Potenzial im Rahmen von IPM-Strategien (Shah & Pell 2003). Formulierungstechnologien können die Persistenz verbessern. Eine weitere wichtige Einschränkung sind die extrem hohen Kosten für die Registrierung, vor allem wenn der Zielschädling eine geringwertige Kulturpflanze befällt. Dieses Problem erfordert gesetzgeberische Fortschritte auf der Grundlage wissenschaftlicher Beiträge auf nationaler und internationaler Ebene. Die ökologischen Auswirkungen von Ascomycetenarten mit einem breiten Wirtsspektrum müssen besser verstanden werden, um die Registrierung zu erleichtern (van Lenteren et al. 2003, Wang et al. 2004). Für entomophthorale Pilze bleiben die Herausforderungen der Massenproduktion ein Schwachpunkt.

Große Aufmerksamkeit muss den Wechselwirkungen zwischen den verschiedenen trophischen Ebenen und ihren Auswirkungen auf die Umsetzung der biologischen Schädlingsbekämpfung geschenkt werden. Intragilde Prädation kann die Effizienz der Biokontrolle verbessern (Messelink & Janssen 2014, Northfield et al. 2014) oder verringern (Almohamad & Hance 2014, Frago & Godfray 2014), und Maßnahmen zur Stärkung der Parasitoidenpopulationen kommen auch Hyperparasitoiden zugute. Da mehrere natürliche Gegenspieler mit unterschiedlichen Eigenschaften im selben Gewächshaus oder auf offenen Feldern freigesetzt werden können, wo sie auf bereits vorhandene prädatorische Fauna treffen, muss ihre Funktion auf Gemeinschaftsebene analysiert werden. Schließlich kann der Klimawandel auch die Pflanzenqualität und die Synchronität zwischen Schaderregern und Feinden verändern und eine Zunahme der schädlichen Generationen begünstigen. Temperaturveränderungen können die Diapause, die Frühreife und das Gleichgewicht in den Systemen Pflanze – Insekt – natürliche Feinde beeinflussen (Hance et al. 2007, Jeffs & Lewis 2013, Aguilar-Fenollosa & Jacas 2014).

7.2.3 Chemische Bekämpfung

7.2.3.1 Synthetische Insektizide

Blattläuse sind eine der Hauptzielgruppen für die Entwicklung neuer Insektizide durch die immer kleiner werdende Zahl von Pflanzenschutzmittelherstellern. Ende der 1980er Jahre waren Organophosphate (OPs) und Carbamate, gefolgt von Pyrethroiden, die den Markt für Blattlausbekämpfung dominierenden Insektizide (Schepers 1989, Jeschke et al. 2002). Obwohl die Aphizide in den beiden erstgenannten Gruppen meist systemisch und relativ persistent waren, waren die meisten hochtoxisch, nicht nur für die Zielschädlinge, sondern auch für viele Nutzinsekten. Deshalb wurden viele inzwischen unter dem Aspekt des Umweltschutzes aus dem Markt entfernt, einige wegen Gesundheitsthemen oder wegen Problemen mit Resistenz. In vielen Fällen haben Pyrethroide die OPs ersetzt, aber ihr Mangel an systemischer Aktivität und die Breitbandwirkungen auf viele Nichtzielinsekten machen sie zu weniger geeigneten Kandidaten für Aphizide als viele OPs, auch wenn ihre schnelle Wirkung manchmal eine Primärinfektion mit einigen Viren verhindern kann.

In den vergangenen Jahren hat die Nachfrage nach sichereren Insektiziden die Entwicklung einiger neuer Wirkstoffgruppen angeregt. Einige haben Eigenschaften, die für die Blattlausbekämpfung ideal sind, darunter z. B. die Neonicotinoide, Pymetrozin, Flonicamid und Triazamat (in Europa nicht mehr erhältlich).

Obwohl der Einsatz von Carbamaten und OPs weiter abnimmt, ist Pirimicarb aufgrund seiner Artenspezifität nach wie vor weit verbreitet. Pyrethroide sind nach wie vor ein wichtiger Bestandteil der Blattlausbekämpfung in vielen Kulturen, wobei innerhalb dieser Gruppe eine große Wirkstoffauswahl zur Verfügung steht. Aktuell ist der Wirkstoff Flonicamid stark in Ausbreitung begriffen, da noch keine Resistenzen voliegen, die Umweltwirkung als verträglich beurteilt wird und andere Wirkstoffe ihre Zulassung verloren haben. Unklar ist die Zukunft von Spirotetramat und Sulfloxaflor mit strittigen möglichen Umweltwirkungen.

Carbamate, OPs und Pyrethroide sind die Hauptstützen der Blattlausbekämpfung in vielen Kulturen, wobei die ersteren Gruppen ganz wegzufallen drohen, und dies spiegelt sich (insbesondere bei der letzten Gruppe) in der verfügbaren Auswahl an Wirkstoffen wider. Allerdings waren die Neonicotinoide inzwischen in vielen Ländern der Welt für den Einsatz in immer mehr Kulturen zugelassen, und die Verwendung von Pymetrozin und Flonicamid weitet sich aus.

Den deutschen Landwirtinnen und Landwirten standen fünf der sieben kommerzialisierten Neonicotinoide zur Verfügung (Nauen & Denholm 2005, Bass et al. 2015). Diese waren als Saatgutbehandlung (Imidacloprid, Clothianidin und Thiamethoxam) und/oder für Blattspritzungen erhältlich.

Neonicotinoide wurden in den frühen 1970er Jahren entdeckt, aber sie wurden erst 1991, als Imidacloprid (Elbert et al. 1990, Altmann & Elbert 1992, Shiokawa et al. 1994) als erstes Neonikotinoid der zweiten Generation auf den Markt kam, für den Einsatz in der Landwirtschaft entwickelt (Jeschke et al. 2002). Imidacloprid verfügte über die erforderliche Fotostabilität, insektizide Aktivität und Langlebigkeit, um für ein breites Anwendungsspektrum vermarktet zu werden. In den letzten Jahren hat es sich zum weltweit meistverkauften Insektizid für Pflanzenschutz und

Tiergesundheit entwickelt. Es ist ein Breitspektrum-Insektizid, aber seine ausgezeichnete systemische Wirkung macht es ideal zur Bekämpfung von Blattläusen. Weitere in dieser Gruppe entwickelte Insektizide sind Acetamiprid (Takahashi et al. 1992), Clothianidin (Ohkawara et al. 2002, Jeschke et al. 2003), Dinotefuran (Wakita et al. 2005), Nitenpyram (Kashiwada 1996), Thiacloprid (Elbert et al. 2000, Jeschke et al. 2001) und Thiamethoxam (Senn et al. 1998, Hofer et al. 2001, Maienfisch et al. 2001). Alle haben aphizide Eigenschaften, aber einige sind wirksamer als andere. Mit ähnlichem Wirkmechanismus aber leicht anderer IRAC Klassifizierung gibt es auch Neuentwicklungen wie Spirotetramat und Sulfoxaflor, die aber erst langsam in den Markt kommen und bei denen unklar ist, ob sie im Freiland oder in blühenden Kulturen genutzt werden dürfen.

Pymetrozin wurde erstmals 1992 vorgestellt (Flückiger et al. 1992a). Es ist hochwirksam gegen Blattläuse und Weiße Fliegen in Gemüse, Zierpflanzen, Baumwolle, Feldfrüchten, Obst, oft auch wenn diese Schaderreger eine Resistenz gegen andere Wirkstoffklassen entwickelt haben. Spirotetramat ist das erste kommerzialisierte Molekül einer neuartigen Klasse – die Tetronic- und Tetraminsäurederivate –, das eine verwertbare Aktivität gegen Blattläuse zeigt (Bruck et al. 2009).

Adjuvantien und Synergisten

Die Wirksamkeit einiger Insektizide kann durch den Einsatz von Hilfsstoffen in der Mischung erhöht werden. So erhöht beispielsweise das Adjuvans Ethyl-Fettsäureester (EOP) die Wirksamkeit von Methomyl und Endosulfan gegen Blattläuse auf Mais und von Imidacloprid gegen Blattläuse auf Baumwolle (Killick & Schulteis 1998).

Der Synergist Verbutin soll die Aktivität einiger Insektizide, darunter Pirimicarb, Triazamat und Imidacloprid, um das 2–4-Fache gegen *A. gossypii, Acyrthosiphon pisum* und *R. padi* erhöhen (Szekely et al. 1996). Der bekannte Synergist Piperonylbutoxid (PBO) erhöht nachweislich die Toxizität von Pirimicarb und Neonicotinoiden gegen *M. persicae* und reduziert die Resistenzwirkung gegen diese Wirkstoffe (Bingham et al. 2008). Im Internet (https://de.wikipedia.org/wiki/Piperonylbutoxid, zuletzt abgerufen am 21.09.2023) werden Aussagen getätigt, nach denen PBO keine insektizide Wirkung hat, dies ist aber falsch. Grundsätzlich führt eine relevante Veränderung in der Formulierung eines Mittels dazu, dass es neu zugelassen werden muss. Somit würde die Mischung eines bereits registrierten PSM mit PBO ein neues Zulassungsverfahren erfordern.

Applikation

Die meisten Insektizide wurden in den 80er Jahren zur Bekämpfung von Blattläusen als Spritzmittel eingesetzt, oft nach Erreichen der Schadschwelle (z. B. HULL 1968, GEORGE & GAIR 1979, OAKLEY & WALTERS 1994), manchmal aber auch nach vorgeschriebenen Programmen, z. B. in Kartoffeln zur Bekämpfung von Blattläusen als Vektoren (FOSTER et al. 1994). Einige Insektizide, insbesondere Formulierungen von Carbamaten, wurden als Granulat in den Boden eingebracht (z. B. Aldicarb zur Bekämpfung von *M. persicae* in Zuckerrüben und Kartoffeln). Dies geschah oft prophylaktisch bei der Aussaat, bevor der eigentliche Bedarf an Insektiziden beurteilt werden kann. Die Berücksichtigung einer Schadschwelle ist somit nicht mehr möglich. Allerdings waren Insektzide zur Bekämpfung von Blattläusen im Ackerbau immer billig und der Aufwand zur Bestimmung von Schwellenwerten war teurer als der Mitteleinsatz. Dies führt verbreitet zu prophylaktischer Behandlungen und Beimischungen bei der Ausbringung von Herbiziden oder Fungiziden.

In einigen Fällen stehen auch Prognoseverfahren zur Verfügung, die eine Beratungsfunktion über den Einsatz von Insektiziden enthalten (HARRINGTON et al. 1989, WERKER et al. 1998, QI et al. 2004). Es ist schwer zu beurteilen, wie weit diese von den Landwirte genutzt werden, ist doch der Einsatz von Insektiziden von Jahr zu Jahr tendenziell konstant geblieben, unabhängig vom prognostizierten Befallsniveau (DEWAR & SMITH 1999). Mit dem Aufkommen der Xylem-mobilen Neonicotinoide wurden diese auf prophylaktischer Basis als Saatgutbehandlung eingesetzt, um Unsicherheiten im Anwendungstermin zu vermeiden und ältere Chemikalien mit Resistenzentwicklung zu ersetzen.

Die Insektizide können auf verschiedene Weise appliziert werden (BRANDL 2001): direkt auf das Saatgut als Beize oder Filmschicht (wie bei Raps und Getreide); teilweise verkrustet (wie bei Zuckerrüben in der Türkei); oder auf die Außenseite von pilliertem Saatgut (wie bei Zuckerrüben in den meisten Ländern Westeuropas).

Bei der Saatgutbehandlung von Getreide gilt Vergleichbares, jedoch sind die Vorteile für die Umwelt weniger deutlich. Imidacloprid wird auf Weizen und Gerste mit 1,5 g a.i./kg Saatgut aufgetragen. Wenn das Saatgut mit 150 kg/ha ausgesät wird, sind das 52 g a.i./ha (AHMED et al. 2001, MILES et al. 2001). Die alternative Kontrolle für BYDV sind meist nur zeitlich abgestimmte Spritzungen mit Pyrethroiden (MILES et al. 2001), die mit sehr niedrigen Raten (ca. 10 g a.i./ha) appliziert werden. Pyrethroide sind jedoch sehr schnell wirkende Verbindungen, die bedingt durch die in Deutschland vorliegende Kostenstruktur überall eingesetzt werden und somit auch alle zum Applikationszeitpunkt vorhandenen Nicht-Zielorganismen treffen.

Hinzu kommt, dass eine fehlende Rotation zwischen den Wirkstoffklassen zu einer stärkeren Selektion auf Resistenz führt.

Schwellenwerte für die Bekämpfung

Schwellenwerte für die Bekämpfung von Blattläusen sind hilfreich, um den rationellen Einsatz von Pflanzenschutzmitteln zu fördern und die Prophylaxe zu verhindern. Die Verwendung von Schwellenwerten erfordert jedoch eine sehr aufwendige Erarbeitung in vielen Feldversuchen, ein angemessenes, umfassendes Überwachungssystem und ständiges Nacharbeiten. Problematisch ist, dass eine Schadschwelle durch verschiedene Faktoren beeinflusst werden kann: So wird sie u. a. durch die aktuell angebauten Sorten einer Kulturart beeinflusst und die in den einzelnen Jahren herrschende Marktsituation.

Wirksamkeit

Die Bekämpfung von Blattläusen wird aus zwei Gründen eingeleitet: zur Vermeidung der durch die Nahrungsaufnahme induzierten direkten Schäden und/oder zur Verhinderung oder Reduzierung der Übertragung von pflanzenpathogenen Viren. Viruserkrankungen können durch relativ wenige Blattläuse übertragen werden, weshalb vorbeugende Bekämpfungsmaßnahmen oft frühzeitig angewendet werden müssen. Für den Fall, das Viren nicht von Bedeutung sind, ist die Bekämpfung zur Vermeidung von direkter Schädigung oft am besten, wenn ein Schwellenwert überschritten wird, und nicht, wenn Blattläuse zum ersten Mal gefunden werden. In einigen Kulturen wie Zierpflanzen und Gemüse wird vom Handel grundsätzlich die Anweseneit von Blattläusen oder Honigtau oder dessen Überbleibseln als nicht akzeptabel angesehen. Deshalb wird in diesen Kulturen oft rein prophylaktisch vorgegangen.

Beispiele für Bekämpfungsansätze

Nachfolgend werden Bekämpfungsansätze für Blattläuse in Kartoffel als Beispiele vorgestellt. Da die Probleme in den Weltregionen verschieden sind, unterscheiden sich auch die Strategien. Das gilt für alle Kulturen.

Die wichtigsten Blattlausschädlinge der Kartoffel sind *M. persicae, M. euphorbiae, Aphis nasturtii, Aulacorthum solani* und *Rhopalosiphoninus latysiphon*. In einigen Ländern können auch andere Blattläuse wie *A. gossypii* und *A. fabae* Probleme in dieser Kultur verursachen (Rongai et al. 1998), obwohl dies relativ selten ist. Insektizide zur Bekämpfung von Blattläusen bei Kartoffeln werden am häufigsten angewendet, um Infektionen mit Viren wie dem Kartoffelvirus Y (PVY) oder dem Kartoffelblattrollvirus (PLRV) zu reduzieren. Direkte Schäden durch Nahrungsaufnahme sind relativ selten und treten eher bei spät reifenden Sorten auf. Die Kontrolle von PVY ist bei systemischen Produkten schwierig, da die Vektorläuse das Virus sehr schnell übertragen können (Collar et al. 1997) – noch ehe der kontaminierte Phloemsaft aufgenommen werden kann. Gegen die Ausbreitung von PVY effektiver sind schnell wirkende Insektizide wie Pyrethroide oder Öle, die schon das Probeverhalten stören (Foster et al. 1994, Powell & Hardie 1994).

Eine Verringerung der Häufigkeit des persistenten PLRV ist mit den neueren Neonicotinoiden besser erreichbar, da nur Blattläuse, die schon toxischen Dosen ausgesetzt sind, dieses Virus übertragen. Die Transmission von PLRV war erheblich reduziert bei Pflanzen, bei denen Imidacloprid im Labor auf Kartoffelschalen aufgetragen wurde (Woodford 1992). In anderen Laboruntersuchungen führten Imidacloprid, Thiamethoxam und Pymetrozin zu einer stärkeren Reduktion der PLRV-Übertragung als ältere Insektizide wie Esfenvalerat, Methamidophos oder Oxamyl (Mowry 2005). Die Akquisition der Viren aus infizierten Pflanzen wurde erheblich durch Pymetrozin reduziert. In Feldversuchen ermöglichten Granulat- oder Spritzapplikationen von Pymetrozin die Bekämpfung der Blattlausvektoren von PLRV besser oder gleichwertig wie Aldicarb-Granulat (Meredith & Heatherington 1992, Boiteau et al. 1997, Boiteau & Singh 1999).

Eine ständige Bedrohung für den Kartoffelanbau ist die Insektizidresistenz, insbesondere bei *M. persicae*, weshalb Applikationen von unterschiedlichen MoA erforderlich sind. Lange Zeit haben sich die Neonicotinoide als bemerkenswert stabil gegenüber der Resistenzentwicklung bei Blattläusen erwiesen, auch wenn ihrer Sensitivität bis zu 20-fach variiert (Nauen & Denholm 2005). Inzwischen wurden eine überproduzierte Cytochrom-P450-Monooxygenase gefunden, die eine moderate Resistenz gegen Neonicotinoide verleiht (Puinean et al. 2010). Reduzierter Bekämpfungserfolg bei Feldapplikation von Neonicotinoid gegen *M. persicae* deutete auf einen Mechanismus hin, der eine starke Resistenz verleiht, mit einer möglichen Veränderung der Neonicotinoid-Zielstelle, dem nikotinischen Acetylcholinrezeptor (nAChR). Bei der Sequenzierung von Genen, die für den nAChR kodieren, wurde eine Punktmutation identifiziert, die eine Arginin-Threonin-Substitution (R81T) verursacht (Bass et al. 2011). Die Punktmutation, die zu einem unempfindlichen nAChR führt, kann in einzelnen Blattläusen mithilfe einer PCR (Panini et al. 2014) oder neuerdings mit einem qualitativen Sybr-Green-Echtzeitnachweis von Einzelnukleotidpolymorphismen (Puggioni et al. 2016) identifiziert werden.

Aus lambda-Cyhalothrin- und Imidacloprid-Spritzungen resultierte eine sehr effektive Bekämpfung von *A. gossypii* und *M. persicae*, die in Laborstudien an Pflanzkartoffeln unempfindlich gegen Pirimicarb waren (Rongai et al. 1998). Pymetrozin ergab für 14 Tage über 90 % Kontrolle bei Mischpopulationen von *M. persicae* und *M. euphorbiae* an Kartoffeln in Italien. Im Vergleich dazu betrug die Persistenz von Pirimicarb weniger als 8 Tage (Flückiger et al. 1992a). Eine Öldispersionsformulierung von Thiacloprid verbesserte die Bekämpfung von *M. persicae* und *M. euphorbiae*, einschließlich von Klonen, die gegen andere Klassen von Insektiziden resistent waren (Bardsley & Lankford 2005).

Die Bemühungen zur Bekämpfung der Blattläuse werden so lange andauern müssen, wie diese Schaderreger mit den Menschen um Nahrungsressourcen konkurrieren. Die neue Generation von Neonicotinoiden und anderen Insektiziden mit neuartigen Wirkungsweisen wie Pymetrozin und Flonicamid kann eine wirksamere Bekämpfung ermöglichen, wenn ihr Potenzial in Zukunft in einem breiteren Spektrum von Kulturen untersucht wird. Mit ihrer Anwendung kann zumeist eine geringere Exposition von Nichtzielorganismen und Anwendern gegenüber potenziell gefährlichen Chemikalien erreicht werden, als dies die älteren Insektiziden ermöglichten. Während es gegenwärtig wenig Anlass zum Optimismus für die Verfügbarkeit neuartiger insektizider Wirkstoffe gibt, ist es in Zukunft wahrscheinlich, dass die genetische Veränderung von Pflanzen zur Resistenz gegen tierische Schaderreger, einschließlich Blattläuse, noch mehr Möglichkeiten zur Bekämpfung bieten wird. Auch Ansätze neuer Arten der Kulturführung können die Entwicklungsmöglichkeiten von Blattläusen hemmen, das Besiedelungsverhalten beeinflussen oder das antagonistische Potenzial erhöhen. Es ist zwar heute bereits möglich, nützliche integrierte Schädlingsbekämpfungsprotokolle für Blattläuse zu entwickeln. Solche Protokolle können aber den prophylaktischen Einsatz von Insektiziden erhöhen, wenn ihre Anwendung als Saatgutbehandlung oder bei der Aussaat erfolgt, bevor eine realistische Risikobewertung des Schadpotenzials vorgenommen werden kann.

7.2.3.2 Mineralöle

Die Bekämpfung persistent übertragener Viren durch die Kontrolle von Blattlauspopulationen mit Insektiziden ist im Allgemeinen weitaus wirksamer als die Bekämpfung nichtpersistenter Viren. Von den gemeldeten Erfolgen bei der Bekämpfung der Virusausbreitung mit Insektiziden betrafen von 119 Fällen 79 % persistente und semipersistente Viren, während die meisten Misserfolge, von 48 Fällen 67 %, die nichtpersistenten Viren betrafen (Perring et al. 1999).

Durch die Unterdrückung der Entwicklung von kolonisierenden Blattläusen sind Insektizide das praktischste Mittel zur Unterbrechung der Ausbreitung des persistenten PLRV aus Quellen innerhalb des Feldes. Bei nichtpersistenten Viren wie PVY, bei denen die Zeitspanne für den Erwerb und die Inokulation nur wenige Sekunden betragen kann, ist das Potenzial von Insektiziden zur Begrenzung der Virusübertragung wesentlich geringer (Perring et al. 1999). Um wirksam zu sein, müsste ein Insektizid entweder eine Blattlaus schnell abtöten oder sie mit sofortiger Wirkung an der Nahrungsaufnahme hindern. Während Pyrethroide durch die rasche »Knock-down«-Wirkung die PVY-Übertragung im Labor nachweislich reduzierten, konnte im Feld weniger Erfolg festgestellt werden (Collar et al. 1997, Gibson et al. 1982, Perring et al. 1999).

Es gibt inzwischen mehrere Belege dafür, dass Mineralöle die Übertragung nichtpersistenter Viren im Vergleich zu unbehandelten Kontrollen um 30–60 % reduzieren können (Al Mrabeh et al. 2010). Dabei ist Mineralöl effizienter als Pflanzenöl (Martin-Lopez et al. 2006, Wróbel 2012). Sowohl für PVA als auch für PVY^{N} wurde gezeigt, dass durch Behandlungen auf Ölbasis der Virusbefall deutlich reduziert werden konnte (Dawson et al. 2015). Dabei ist hervorzuheben, dass die tatsächliche Wirkungsweise von Mineralölen bei der Hemmung der Übertragung nichtpersistenter Viren nicht vollständig geklärt ist. Eine Möglichkeit wird darin gesehen, dass das Öl die Wechselwirkung zwischen dem Virus und den Mundwerkzeugen oder dem Verdauungstrakt der Blattlaus beeinflusst (Qiu & Pirone 1989). In vielen Studien mit Mineralöl wurden phytotoxische Wirkungen und daraus resultierende Ertragsminderungen festgestellt, wenn die Anwendungen eine Konzentration von 1 % übersteigen (Al Mrabeh et al. 2010).

PVY ist heute weltweit das wirtschaftlich bedeutendste Kartoffelvirus. Aufgrund der schnellen Übertragung des PVY-Virus haben Insektizide im Allgemeinen nur eine minimale Wirkung bei der Eindämmung der Virusausbreitung, obwohl der schnelle »Knock-down« von Pyrethroid-Insektiziden einen gewissen Schutz bieten kann. Mineralöle werden zunehmend eingesetzt und verringern nachweislich die Übertragungsraten (in der Regel um bis zu 60 %). Zu beachten ist die maximale Beladung der Kartoffel mit PVY, damit sie als Saatkartoffel zugelassen werden kann. In Deutschland werden Chargen mit mehr als 4 % PVY-Befall in der Regel nicht mehr als Saatkartoffel zertifiziert.

Natürliche Feinde können bei der Reduzierung der Abundanz von Blattläusen eine Rolle spielen. Es ist nicht unwahrscheinlich, dass durch den Angriff von natürlichen Gegenspielern die Blattläuse mit Flucht reagieren und dadurch Viren schneller im Bestand verbreiten. Schon längere Zeit gibt es die Beobachtungen in der Praxis, dass nach Applikation von Insektiziden ein stärkerer Virusbefall im Pflanzenbestand auftritt. Dieses Phänomen ließ sich darauf zurückführen, dass in Abhängigkeit von der Temperatur, dem applizierten Insektizid und der Blattlausart vor dem Eintritt des Todes eine Erhöhung der Nahrungsaktivitäten (Anzahl und Dauer der Probestiche) behandelter Blattläuse auftreten kann (Thieme et al. 2009).

7.2.3.3 Integrierte Bekämpfung

Nachdem 1954 aus Europa *Therioaphis trifolii maculata* nach Kalifornien, USA, eingeschleppt wurde, erfolgte bei dieser Blattlaus sehr schnell eine Selektion auf Resistenz gegen OPs. Da die OPs die einheimischen natürlichen Feinde abtöteten, kam es in den späten 1950er Jahren zu massiven Schädigungen der Luzernekulturen in Kalifornien. Zur Lösung des Problems der OP-resistenten *T. t. maculata,* kombinierten die kalifornischen Forscherinnen und Forscher eine reduzierte Dosis eines OP-Insektizids mit der biologischen Kontrolle, die aufgrund der niedrigen Dosis überleben konnte. Der Begriff »Integration« von Stern et al. (1959) bezog sich auf die Integration von Bekämpfungsmethoden. Auf eine Konferenz in Raleigh, North Carolina, geht das »Pest Management« (PM) zurück (Beirne 1970). PM umfasst sowohl einzelne als auch mehrere Bekämpfungsmaßnahmen gegen einen Schädling. Noch später entstand das IPM (Apple & Smith 1976). In ihm wurde das Konzept der Schädlingsbekämpfung so erweitert, dass es alle Klassen von Schaderregern (Krankheitserreger, Insekten, Nematoden und Unkräuter) umfasst und in diesem Zusammenhang allgemein als IPM bezeichnet wird.

Die treibende Kraft hinter PM/IPM waren die mangelhaften Erfolge bei der Schädlingsbekämpfung in den 1940er und 1950er Jahren. Die Verwendung von Semiochemikalien zur Veränderung des Verhaltens von Blattläusen und ihren natürlichen Feinden ist ein neuerer Beitrag, der ein beträchtliches Potenzial für die Berücksichtigung in den IPM-Methoden hat.

Für ein effizientes IPM erstellt van Emden (2002a) unter anderem zwei »Goldene Regeln«: (1) Wenn eine einzelne Methode allein eine ausreichende Kontrolle bietet, besteht die Gefahr, dass ein toleranter Schädlingsstamm in der Genfrequenz zunimmt und keine Möglichkeit besteht, eine zweite Methode zusätzlich einzusetzen. Eine Methode muss also weniger effizient sein (geringere Pestiziddosis, teilweise Resistenz der Wirtspflanze statt Immunität), damit die Einführung einer weiteren Bekämpfungsmethode als Ergänzung sinnvoll ist. (2) Eine Kombination von Methoden lohnt sich zunehmend in dem Maße, in dem die dadurch erzielte Bekämpfung die additive Wirkung der beiden Methoden für sich genommen übersteigt.

Integration von chemischer und biologischer Bekämpfung

Es wird oft argumentiert, dass die meisten Insektizide für natürliche Feinde von Blattläusen giftig sind, ihr Einsatz negative Auswirkung auf die biologische Bekämpfung hat und somit zwangsläufig die biologische Bekämpfung von Blattläusen beeinträchtigt. Wird jedoch davon ausgegangen, dass es keine schädlichen subletalen Wirkungen des Pflanzenschutzmittels auf die überlebenden natürlichen Feinde gibt, wird die biologische Bekämpfung nur dann beeinträchtigt, wenn das Verhältnis von Blattläusen zu natürlichen Feinden nach der Anwendung des PSM zunimmt. Nimmt es ab, besteht das Potenzial für eine verbesserte biologische Kontrolle, obwohl einige oder sogar viele der natürlichen Feinde getötet werden (van Emden & Service, 2004).

Ein bekanntes Beispiel für dieVerwendung eines selektiven Wirkstoffs ist das Carbamat Pirimicarb, gegen das nur die Acetylcholinesterase im Nervensystem von Blattläusen und Diptera empfindlich ist (Silver et al. 1995). Hinzu kommt, dass dieser Wirkstoff die Mobilität der überlebenden Blattläuse reduziert, somit den Coccinelliden ihren Fang erleichtert und die Konsumption von Blattläusen steigert (Cabral et al., 2011).

Natürliche Feinde von Blattläusen sind nicht notwendigerweise anfälliger für Insektizide als ihre Blattlausbeute. In einer Literaturauswertung stellten Croft & Brown (1975) fest, dass von 36 Blattlaus-Coccinelliden-Kombinationen die Coccinelliden in den meisten Fällen toleranter gegenüber Insektiziden waren als die Blattläuse. Acheampong & Stark (2004) konnten zeigen, dass Pymetrozin in einer reduzierten Dosis keine Mortalität bei dem Parasitoiden *Diaeretiella rapae* induzierte, gleichzeitig aber auch die Anzahl der Parasitoiden um 11 % zunahm.

Pflanzenextrakte wie Neem (Khan et al., 2013) und Kräuterextrakte (Ketabi et al. 2014) sind oft sehr viel selektiver als herkömmliche Insektizide, bei denen eine Selektivität eher partiell ist. Da der im Neem enthaltene Wirkstoff Azadirachtin in die Chitin-Biosynthese eingreift, sollte keine Wirkung bei adulten Insekten erwartet werden. Eigene Versuche haben aber gezeigt, dass die Reproduktion der Blattläuse signifikant reduziert wird, wenn sie einer Exposition gegen Neem ausgesetzt waren. Der Grund ist wahrscheinlich in der teleskopischen Generationsfolge bei den Blattläusen zu sehen, wodurch in den adulten Lebendgebärenden bei den enthaltenen Embryonen sehr wohl Prozesse der Chitin-Biosynthese ablaufen. Beim Einsatz von Neem-Produkten ist unbedingt zu berücksichtigen, dass nach Applikation aquatoxische Metabolite gebildet werden. Es sollten also stets sehr unterschiedliche Aspekte der Einflussnahme auf das Ökosystem betrachtet werden.

Heute werden Insektizidkandidaten in der Regel auf ihre Auswirkungen auf die natürlichen Feinde von Blattläusen untersucht (z. B. Bangels et al. 2011, Morita et al. 2014). Bacci et al. (2009) testeten sechs Aphizide auf den Marienkäfer *Cycloneda sanguinea*, einen räuberischen Ameisenkäfer und den Parasitoiden *D. rapae* und stellten eine beträchtliche Spezifität für jegliche Selektivität fest.

Die Auswirkungen auf die natürlichen Blattlausgegenspieler müssen auch für Fungizide und Herbizide überprüft werden.

Die Dosisreduzierung stellt eine weitere Möglichkeit zur Erzielung von Selektivität dar. Im Vergleich zur konventionellen Variante konnten Khan et al. (2012) bei Kartoffeln eine bessere Überlebensrate von Coccinelliden verzeichneten, als sie die Dosis von Thiacloprid um 20 % reduzierten. Einbußen beim Knollenertrag wurden dabei nicht registriert.

Dieses Ergebnis entspricht der Meinung von Plapp (1981), wonach die prozentuale Mortalität von Carnivoren mit abnehmender Insektiziddosis schneller abnimmt als die von Herbivoren. Weit verbreitet ist die Ansicht, dass eine Dosisreduzierung die Selektion von insektizidtoleranten Genotypen fördert. Van Emden (2017) gibt allerdings zu bedenken, dass Prädatoren als Beute nur die Blattläuse zur Verfügung haben, die das Insektizid überlebt haben.

Eine Selektivität im Raum wird auch bei Einsatz von Breitband-Insektiziden gefunden, wenn sie als Bodenbehandlungen oder als systemische Verbindungen angewendet werden. Eine weitere Möglichkeit stellen sogenannte Spot-Behandlungen dar. Mit ihr konnten Choi et al. (2009) Blattläuse auf Paprika in Gewächshäusern bekämpfen. Dabei erfolgte eine Freisetzung von *Aphidius colemani* zusammen mit Spot-Behandlungen von Insektiziden auf begrenzten Flächen mit hoher Blattlausdichte.

Im Rahmen einer zeitlichen Selektivität können frühe Spritzungen die Blattlauspopulationen reduzieren, bevor natürliche Feinde auftreten. Durch die frühe Anwendung eines Insektizids war es Hull & Sterner (1983) möglich, *Dysaphis plantaginea* auf Äpfeln zu bekämpfen, ohne die spätere Prädation durch natürliche Feinde zu beeinträchtigen. Die Anwendung von Imidacloprid auf Salat sollte nach Fagan et al. (2010) auf das zeitige Frühjahr und den Spätsommer beschränkt werden, damit die natürlichen Feinde die Blattläuse zwischen diesen Zeiträumen kontrollieren können. Eine weitere Möglichkeit für eine zeitliche Selektivität kann darin gesehen werden, dass Applikationen erfolgen, wenn sich Nützlinge in einem unempfindlicheren Entwicklungsstadium befinden, z. B. während die Embryonen/Larven der Coccinelliden noch durch die Eihülle geschützt sind (Morse 1989) oder Parasitoidenlarven sich mehrheitlich noch in Mumien befinden (van Emden 2017)

Die Züchtung von Pflanzen mit einer Insektenresistenz (Host-plant Resistance HPR) ermöglicht die Integration mit chemischer Bekämpfung. Meist sind Blattläuse auf resistenten Pflanzen kleiner. Da die Toxizität eines Insektizids eine Funktion des Körpergewichts ist, sollten Blattläuse auf resistenten Pflanzen eine erhöhte Anfälligkeit für Toxine aufweisen. In der ersten Studie über dieses Phänomen analysierten SELANDER et al. (1972) drei Blattlausarten (*Myzus persicae, Aphis gossypii* und *Aulacorthum solani*) auf *Chrysanthemum morifolium*. Sie stellten fest, dass die LD50 von Malathion, Dimethoat und Lindan bei der resistenten Chrysanthemensorte zwischen 50 und 66 % niedriger lag als bei der anfälligen Sorte. Vergleichbare Ergebnisse erzielten NICOL et al. (1993) bei ihrer Testung der Deltamethrintoleranz von *Sitobion avenae* an zwei Weizensorten. Auf der durch hohen DIMBOA-Gehalt resistenten Sorte war Deltamethrin 3-mal so giftig wie auf dem anfälligen Weizen.

Die geringere Größe der Blattläuse allein sollte in der Regel nicht für ihre Anfälligkeit für Insektizide auf resistenten Pflanzen verantwortlich gemacht werden. Auswirkungen der Insektenresistenz auf die Blattläuse, wie möglichweise eine schlechtere Ernährung und ein geringerer Fettgehalt im Körper, scheinen größere Effekte zu bewirken als Unterschiede im Körpergewicht.

Allerdings können Blattläuse auf resistenten Pflanzen manchmal auch das umgekehrte Phänomen zeigen, d. h. eine größere Toleranz gegenüber Insektiziden (AHMAD & SHAKOORI 2001).

Von den 53 in der Literatur aufgeführten Beispielen für das Zusammenwirken von Insektenresistenz und biologischer Schädlingsbekämpfung zeigen 31 einen positiven Synergismus, 8 eine einfache Additivität und 14 eine negative Wechselwirkung. Negative Wechselwirkungen sind typisch für starke HPR (z. B. KERSCH-BECKER & THALER, 2015).

Die Phänomene des positiven Synergismus können in numerische und funktionelle Reaktionen der natürlichen Feinde unterteilt werden:

Numerische Reaktionen:

- Die langsamere Vermehrung von Blattläusen auf resistenten Sorten erhöht das Potenzial der natürlichen Feinde, die Blattlauspopulation einzudämmen (VAN EMDEN & WEARING 1965).
- Blattläuse auf resistenten Sorten weisen in der Regel eine längere Entwicklungszeit auf (z. B. SOTHERTON & LEE 1988).
- Parasitoide können Sortenkonstanz zeigen (VAN EMDEN et al. 2015) und suchen daher weiterhin nach resistenten Sorten, auch wenn die Zahl der Blattläuse reduziert ist.

Sowohl Coccinelliden als auch Parasitoide zeigen manchmal eine kürzere Entwicklungszeit und eine erhöhte Fruchtbarkeit auf blattlausresistenten Sorten. Solche Unterschiede in den Reproduktionsraten können sogar zwischen Pflanzensorten gefunden werden, die keine Insektenresistenz gegen Blattläuse aufweisen (Adabi et al., 2010).

Funktionelle Reaktionen:

- Natürliche Feinde können die Standorte von Blattlauskolonien auf der Pflanze oft durch von der Pflanze ausgestrahlte chemische Hinweise erkennen (Storeck et al., 2000), sodass die Suchzeit durch geringere Schädlingsdichten möglicherweise nicht verlängert wird.
- Prädatoren fressen kleinere Blattläuse (wie sie für resistente Sorten typisch sind) in größerer Zahl, bevor sie gesättigt sind (Hassell et al. 1977).
- Kleinere Blattläuse auf resistenten Sorten sind weniger in der Lage, natürlichen Feinden durch schnelle Fortbewegung oder effektives Treten zu entkommen (Dixon 1985a, b).
- Die Aktivität natürlicher Feinde, die in Blattlauskolonien suchen, stört die Blattläuse und veranlasst sie, von der Pflanze zu fliehen; dieser Effekt ist bei resistenten Sorten wesentlich stärker ausgeprägt (Gowling & van Emden 1994).
- Die Pflanzenstruktur kann mit der biologischen Kontrolle interagieren. Resistente Sorten weisen möglicherweise weniger Deformationen in Form von Blattrollen auf. Natürliche Feinde finden dann leichter Blattläuse (Reed et al. 1992). Geringere Mengen an Blattwachs geben Coccinelliden einen besseren Halt (Eigenbrode et al. 1998). Pflanzenstrukturen können natürliche Feinde vor Parasitierung schützen (Agrawal et al. 2000).

Nimmt man die beiden bereits erwähnten Phänomene zusammen – die Tatsache, dass die Insektiziddosis bei blattlausresistenten Sorten oft reduziert werden kann, und die Tatsache, dass eine Dosisreduzierung wahrscheinlich die Selektivität zugunsten der natürlichen Feinde erhöht –, so scheint eine 3-fache Interaktion möglich zu sein. Der bisher einzige experimentelle Test, der eine 3-fache Integration von chemischer Bekämpfung, HPR und biologischer Bekämpfung in Bezug auf Blattläuse bestätigt, stammt aus Laborarbeiten mit Getreideblattläusen, Parasitoiden und Coccinelliden (Tilahun & van Emden 1997). Sie zeigten sowohl für *A. rhopalosiphi* und Larven von *C. septempunctata* tatsächlich eine größere Toleranz gegenüber Malathion, wenn sie mit *M. dirhodum* von einer teilweise blattlausresistenten Weizensorte aufgezogen wurden, als mit Blattläuse von einer anfälligen Sorte.

Es besteht ein beträchtliches Interesse daran, kulturelle Maßnahmen direkt zur Förderung der biologischen Bekämpfung von Blattläusen einzusetzen; dennoch scheint die Integration von kulturellen Maßnahmen, die in erster Linie der Bekämpfung von Blattläusen dienen, und biologischer Bekämpfung relativ unbeachtet zu sein. Solche Wechselwirkungen bestehen jedoch mit ziemlicher Sicherheit und sollten daher bei der Gestaltung von IPM-Programmen nicht außer Acht gelassen werden. Den Versuch, solche Wechselwirkungen zu analysieren, unternahm UL-HAQ (2003) in Gewächshausversuchen. Er stellte fest, dass »kulturelle Behandlungen«, die die Blattlausgröße verringerten, auch die Größe und Fruchtbarkeit der Parasitoiden reduzierten.

7.2.3.4 Insektizidresistenz

Die Insektizidresistenz stellt einen dynamischen evolutionären Prozess dar, bei dem zufällige Mutationen, die Schutz vor Insektiziden bieten, in behandelten Populationen selektiert werden. In den letzten 30 Jahren wurden bei der Charakterisierung und dem Verständnis solcher Anpassungen große Fortschritte erzielt. Diese haben wichtige Erkenntnisse über die Art der Selektion, ihren Ursprung und die Mikroevolution in landwirtschaftlichen Lebensräumen geliefert.

In der Konsequenz hat die Entwicklung der Insektizidresistenz zu zunehmenden Applikationen von Chemikalien auf Kulturpflanzen beigetragen. 2012 wurden weltweit insektizide Wirkstoffe für rund 16 Milliarden US-Dollar eingesetzt, davon allein in den USA für rund 2,2 Milliarden US-Dollar (ATWOOD & PAISLEY-JONES 2017), was erhebliche Auswirkungen auf die menschliche Gesundheit und die Umwelt hat. In den Jahren von 1995–2017 konnte in Deutschland 2012 der größte Absatz an insektiziden Wirkstoffen erzielt werden. Insgesamt 1 117 Tonnen Wirkstoffe wurden als insektizide und akarizide Sprühmittel für die Anwendung im Freiland abgesetzt. In den Folgejahren waren die Absatzmengen geringer (BVL 2018).

Trotz intensiver Bekämpfung beeinträchtigen resistente Blattläuse weiterhin die landwirtschaftliche Produktivität; deshalb stellt dieses Problem eine große wirtschaftliche Belastung für viele Länder dar. So belaufen sich z. B. die geschätzten jährliche Kosten für die Nutzpflanzen- und Forstproduktion in den USA auf 1,4 Milliarden US-Dollar (PIMENTEL 2005). Es erweist sich als unmöglich, die Insektizidresistenz dadurch zu bekämpfen, dass sich der Mensch auf ein chemisches Wettrüsten mit den Insekten einlässt. Die Entwicklung und Zulassung eines neuen Insektizids dauert etwa 8–12 Jahre und kostet 250 Millionen US-Dollar. Die Wahrscheinlichkeit nimmt ab, dass neue insektizide Moleküle entdeckt werden, die von den derzeitigen Resistenzmechanismen unbeeinflusst bleiben. Nur durch

Charakterisierung, Überwachung, und Vorhersage des Auftretens und der Ausbreitung von Resistenzen ist es möglich, die vorhandenen chemischen Mittel nachhaltig zu nutzen.

Unter den zahlreichen weltweit vorkommenden Blattlausarten, sind nur wenige, die eine Resistenz gegen Insektizide entwickelt haben. Einige davon gehören jedoch zu den problematischsten Schaderregern weltweit (Tabelle 14). Die wenigsten Arten sind sehr polyphag, während andere praktisch auf eine einzige Kulturart beschränkt sind. Sie schädigen landwirtschaftliche und gärtnerische Kulturen nicht nur durch direkte Nahrungsaufnahme und durch die Beeinträchtigung des ästhetischen Wertes von Pflanzen (durch Ablagerung von Honigtau oder einfach durch Anwesenheit), sondern besonders durch die Übertragung von Pflanzenviren. Dies hat dazu geführt, dass die Blattläuse einer intensiven Selektion durch Insektizide unterzogen wurden, was zur Entwicklung unterschiedlicher Resistenzmechanismen beitrug.

Tab. 14: Insektizid-resistente Blattlausarten, besonders wichtige Arten unterstrichen (nach Foster et al. 2017).

Art	Erstnachweis der Resistenz	betroffener Wirkstoff	Region
Myzus persicae	Anthon 1955	BPH, C, Nic, OC, OP, Py	Europa, Asien, USA, Südamerika, Australien
Aphis gossypii	Ghong et al. 1964	C, OC, OP, Py	Europa, Asien, USA, Afrika, Australien
Schizaphis graminum	Peters et al. 1975	OP	Asien, USA, Afrika
Phorodon humuli	Dicker 1965	C, OP, Py	Europa
Nasonovia ribisnigri	Rufingier et al. 1997	C, OC, OP	Europa
Dysaphis plantaginea	Wiesmann 1955	C, OP, Py	Europa
Macrosiphum euphorbiae	Foster et al. 2002d	C, OP, Py	Europa
Aphis craccivora	Smirnova & Ivanova 1974	Nic, OC, OP, Py	Asien
Aphis fabae	Boness & Unterstenhofer 1974	C, OP	Europa
Aphis nasturtii	Laska 1981	C	Europa
Lipaphis pseudobrassicae	Tang et al. 1988	OP, Py	Asien
Rhopalosiphum padi	Anonymous 1974	OP	Europa, Asien
Therioaphis trifolii maculata	Stern & Reynolds1958	C, OP	USA, Australien

[a] BPH: Benzoylphenylharnstoffe (IRAC 15[b]), C: Carbamate (IRAC 1A), Nic: Nicotin/Neonicotinoide (IRAC 4A), OC: Organochlorine (IRAC 2A), OP: Organophosphate (IRAC 1B), Py: Pyrethroide (IRAC 3A)

[b] IRAC (Insecticide Resistance Action Committee), Mode of Action classification scheme, Version 10.3, June 2022

Diagnose der Resistenz bei Blattläusen

Es wurden viele Labormethoden zum Nachweis und zur Charakterisierung von Resistenzen entwickelt. Dennoch beschränken sich die meisten von ihnen auf die Definition von Phänotypen und liefern wenig oder gar keine Informationen über die zugrunde liegenden Gene oder Mechanismen. Trotzdem bleiben Bioessays ein wichtiges Element der meisten Programme zur Überwachung der Resistenz. Sie sind die Grundlage für die Aufklärung des Resistenzmechanismus und somit unerlässlich für die Entwicklung alternativer Diagnoseverfahren.

Die phänotypische Ausprägung von Resistenzen wird in Bioessays bewertet, in denen Blattläuse unterschiedlichen Anwendungen von Insektiziden ausgesetzt werden (Devonshire & Rice 1988). Wenn möglich, wird die Reaktion potenziell insektizidresistenter Formen mit bekannten insektizidsensitiven Standards verglichen. Um wirklich sicher zu sein, dass eine Population sensibel ist, muss eine gefunden werden, die bisher keinem insektiziden Selektionsdruck ausgesetzt war. Da solche Populationen von Schaderregerarten extrem selten sein können, ist die Sensitivität eher ein relativer als ein absoluter Begriff. Darüber hinaus kann selbst die natürliche, nicht selektierte Variabilität zwischen verschiedenen Populationen einer Art zu unterschiedlichen Reaktionen auf Insektizide führen. Deshalb schlagen Foster et al. (2017) vor, eine weitere subjektive Unterscheidung zu treffen zwischen »Resistenz« als selektive Mutation, die einen wesentlichen Schutz vor Insektiziden bietet, und »Toleranz«, die ohne Selektionsdruck auftreten kann.

Neben der Quantifizierung der Resistenz per se in Bioessays ist es wichtig festzustellen, ob die auf diese Weise quantifizierte Resistenz im Feld von praktischer Bedeutung ist. Dies lässt sich z. B. dadurch erreichen, dass Insektizide in realitätsnäherer Weise unter Feld- und Halbfreilandbedingungen angewendet werden, z. B. durch den Einsatz von Feldkäfigen (ffrench-Constant et al. 1987) und »Feldsimulatoren« (Foster et al. 2002b). Diese erweiterten Ansätze stellen sicher, dass die Bioessays mit den potenziellen Problemen der Bekämpfung im Feld korreliert sind. Durch die Ermöglichung eines »natürlichen« Insektenverhaltens unter realistischen Feldbedingungen (z. B. an ganzen Pflanzen, deren Architektur insektizidfreie Refugien bereitstellen) wird die tatsächliche Exposition des Schaderregers gegenüber einem Insektizid, das als Spritzmittel oder zur Saatgutbehandlung eingesetzt wird, besser erreicht.

In Feldexperimenten und Feldsimulatorexperimenten konnten die relativen Leistungen verschiedener Insektizide untersucht werden, die in empfohlenen Feldraten gegen *Myzus persicae* mit Kombinationen verschiedener Resistenzmechanismen appliziert wurden (Dewar et al. 1998, Foster & Devonshire 1999, Foster et al. 2002b). Diese Studien nutzten Klone, deren Resistenzmechanismen mit biochemischen und molekularen Methoden charakterisiert werden können. Die Ergebnisse der beiden Ansätze zeigten, dass die Wirksamkeit verschiedener Insektizide stark von den vorhandenen Resistenzmechanismen abhängt. Die Experimente haben auch gezeigt, wie verschiedene Behandlungssysteme den Aufbau von metabolischer (Esterase) Resistenz in Freiland- und gekäfigten Populationen beeinflussen (ffrench-Constant et al. 1987, 1988a,b). Mit zunehmender Häufung von Resistenzmechanismen verlieren immer mehr Insektizide ihre Wirkung, was zu einer Reduzierung der Möglichkeiten einer chemischen Bekämpfung führt.

Feldsimulatorexperimente haben die Auswirkungen einer leichten Variation der Sensitivität gegen Neonicotinoide auf die Leistung von Imidacloprid unter Expositionsbedingungen untersucht, die wahrscheinlich im Feld auftreten (Foster et al. 2003a). Während selbst Imidacloprid-tolerante Formen durch das in der Feldrate applizierte Imidacloprid gut bekämpft wurden, förderten reduzierte Aufwandmengen das Überleben und die Abundanz der Blattläuse. Somit werden durch Exposition gegen subletale Dosierungen tolerante Formen begünstigt. Solche Bedingungen können sich aus dem natürlichen Abbau des Insektizids mit der Zeit oder der Anwendung reduzierter Dosierungen ergeben, entweder, um Kosten zu senken, oder um andere Schaderreger als Blattläuse zu bekämpfen. In Nordeuropa kann Letzteres durch den zunehmenden Anbau von Raps mit Saatgut geschehen, dass zur frühen Bekämpfung von *Psylloides chrysocephala* nur mit einem Teil der zur Blattlausbekämpfung bei Zuckerrüben empfohlenen Dosis Imidacloprid behandelt wird. Neben der reduzierten Abtötung dieser toleranten Varianten wurden weitere Konsequenzen in Form einer reduzierten Hemmung der Nahrungsaufnahme und einer stärkeren Reproduktion bei Exposition gegenüber extrem niedrigen Dosen von Neonicotinoiden festgestellt (Devine et al. 1996). Solche Studien zeigen, wie die Variation der Empfindlichkeit der erste evolutionäre Schritt in Richtung Resistenz gegen die Neonicotinoide sein kann. Problematisch erscheinen auch die Vorgaben der Handelsketten, dass die von ihnen bezogenen landwirtschaftlichen Produkte nur eine begrenzte Anzahl von Wirkstoffen (darin eingeschlossen Herbizide, Fungizide und Insektizide) enthalten dürfen – und diese auch nur in deutlich geringeren Rückständen als vom Gesetzgeber zugelassen. Dies bedeutet, dass die Landwirtin, der Landwirt nur im begrenzten Umfang Insektizide verwenden kann und somit eine zur Vermeidung von Resistenzen erforderliche Wirkstoffrotation nicht mehr praktizieren wird. Hinzu kommt, dass sie zur Einhaltung der vom Handel vorgegebenen Rückstandsregelungen veranlasst werden, subletale Dosierungen zu applizieren, die wiederum eine verstärkte Selektion auf Resistenzen bewirken.

Biochemie und molekulare Grundlagen der Resistenz

Durch den Einsatz von klein- und feldmaßstäblichen Bioessaytechniken können Informationen von wesentlicher Bedeutung bereitgestellt werden. Der Fokus wird jedoch zunehmend auf die Entwicklung einer präziseren Diagnostik gerichtet, die nicht nur eine höhere Präzision und einen höheren Durchsatz bietet, sondern auch den spezifischen Mechanismus des resistenten Insekts identifiziert. Solche Informationen über das Vorhandensein bestimmter Mechanismen ermöglichen die Identifizierung wirksamer Insektizide zur Bekämpfung der Blattlauspopulationen. Dies wird durch die Forschung an der extrem polyphagen Blattlaus *M. persicae* verdeutlicht. Bei dieser wirtschaftlich bedeutsamen Art haben erhebliche Erkenntnisfortschritte zu schnellen und präzisen Methoden zum Nachweis verschiedener Resistenzmechanismen bei einzelnen Tieren geführt.

Zur Identifizierung der verschiedenen Resistenzmechanismen bei *Myzus persicae* wurden mehrere Ansätze gewählt, darunter der elektrophoretische oder immunologische Nachweis von resistenzverursachenden Enzymen, kinetische und Endpunktessays zur Quantifizierung der Aktivität von Enzymen oder deren Hemmung durch Insektizide sowie die DNA-basierte Diagnose von Mutanten-Resistenzallelen (Foster et al. 2017). Einer der Vorteile der Verwendung von *M. persicae* als Modellinsekt besteht darin, dass sie im Labor in klonalen Linien leicht anholozyklisch zu halten ist. Dies ermöglicht eine präzisere Analyse der Resistenz als bei obligaten holozyklischen Arten, die daher überwiegend sexuell und genetisch heterogen sind. Es gibt jedoch Hinweise aus Karyotyp-Studien mit subtelomeren Sonden (Monti et al. 2011, 2012) auf eine erhebliche intraklonale Variation dieser Art, insbesondere in den Chromosomen (1 und 3), die mit der Esterase-Genamplifikation assoziiert sind (Blackman et al. 1978).

In Nordeuropa verfügt *M. persicae* über mindestens sechs bekannte koexistierende Resistenzmechanismen: (1) eine Überproduktion von Carboxylesterase, die Resistenz gegen Organophosphate (OP) und Carbamate (Devonshire & Moores 1982) verleiht; (2) eine veränderte Acetylcholinesterase (AChE), die MACE(modifizierte Acetylcholinesterase)-Resistenz gegen bestimmte Carbamate verleiht (Moores et al. 1994a,b); (3) Zielort (kdr und super-kdr)-Resistenz gegen Pyrethroide (Martinez-Torres et al. 1997, Eleftherianos et al. 2008); (4) eine Überproduktion von P450, das eine moderate Resistenz gegen Neonicotinoide verleiht (Puinean et al. 2010); (5)

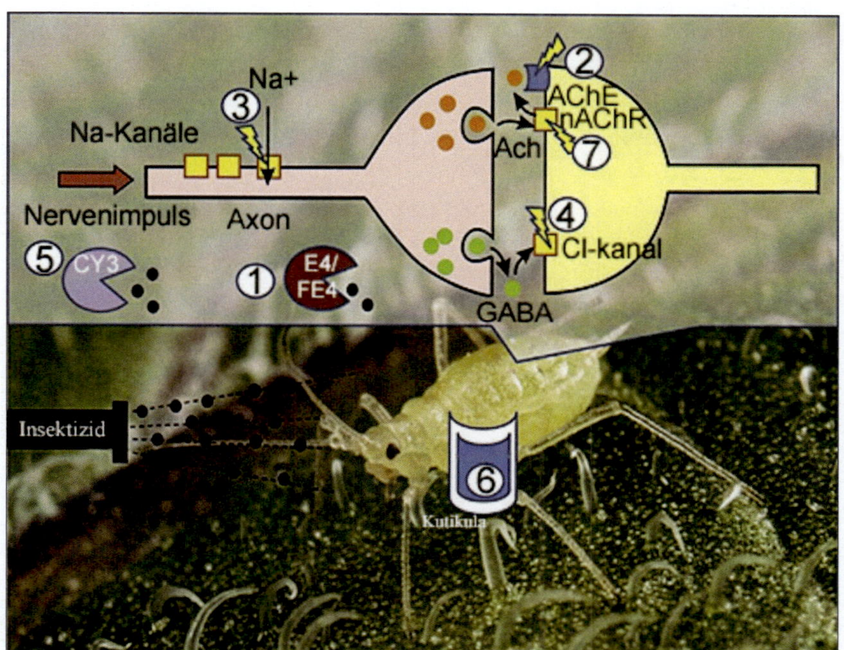

Abb. 7.38: Resistenzmechanismen in *M. persicae*. 1. Verstärkte Expression von E4/ FE4-Esterasen: OPs, Carb. & P. (Maskierung und Metabolisierung dieser Insektizide vor Erreichen des Nervensystems); 2. Mutation (S431F) des Enzyms Acetylcholinesterase (MACE): Carb.; 3. Mutation (L1014F, M918T, M918L) des spannungsabhängigen Na-Kanals (kdr): P.; 4. Mutation (A302G) des GABA-abhängigen Chlorid-Kanals: Cyclodiene; 5. Verstärkte Expression des Cytochrom P450-Gens: Nikotine & Neonicotinoide; 6. Reduzierte Penetration durch die Cuticula: Neonicotinoide; 7. Mutation (R81T) des Nikotin Acetylcholin-Rezeptors (nAChR): Neonicotinoide (nach Bass et al. 2014).

Zielort(Nic-R^{++})-Resistenz gegen Neonicotinoide (Bass et al. 2011) und (6) Zielort(Rdl)-Resistenz gegen Organochlorine (Anthony et al. 1998).

Diese Mechanismen verleihen Blattläusen gemeinsam eine starke Resistenz gegen praktisch alle verfügbaren Insektizide (Tab. 15, Abb. 7.38). Es ist nun möglich, all diese Mechanismen bei einzelnen Blattläusen mit molekularen Werkzeugen zu diagnostizieren. Der Einsatz dieser Techniken bei Feldpopulationen liefert Informationen über das Auftreten dieser Mechanismen und dient dazu, den Landwirtinnen und Landwirten Hinweise auf mögliche Bekämpfungsprobleme mit bestimmten Insektiziden zu geben (Foster et al. 1998, 2000, 2002d).

Resistenzmechanismen bei anderen Blattlausarten

Neben *M. persicae* kommt in der Resistenzliteratur eine Reihe von Blattlausarten häufiger vor. Bei ihnen tritt die Resistenz in verschiedenen Gegenden auf und reduziert die Wirkung verschiedener PSM. Beispiele dafür sind *Aphis frangulae gossypii, Phorodon humuli* und *Sitobion avenae.*

Obwohl *Sitobion avenae* eine weit verbreitete und häufig vorkommende Blattlausart ist, ist ihr Status als Schaderreger meist moderat. Pirimicarb-Resistenz wurde in chinesischen Populationen registriert. Nach der Selektion über 20 Generationen mit Pirimicarb (Chen et al. 2007) zeigten die Tiere der untersuchten Linie eine 160-fache Resistenz gegen Omethoat und Monocrotophos, aber nur geringe Resistenz gegen Deltamethrin oder Thiodicarb. Erhöhte Esterase-Aktivität schien eine schwache Resistenz über alle getesteten Verbindungen hinweg zu bewirken, ergänzt durch AChE, die unempfindlich gegen Pirimicarb und OPs ist. Die Sequenzierung der beiden AChE-Gene, ace1 und ace2, ergab in jedem einzelnen eine neuartige Mutation, die durchgängig in resistenten Individuen auftrat: L436S in ace1 und W516R in ace2.

Foster et al. (2014) identifizierten die klassische kdr-Punktmutation (L1014F) im Natriumkanal britischer *S. avenae,* die nach beobachteter Minderwirkung von Pyrethroiden Getreidekulturen entnommen wurden, bei denen die Wirksamkeit der Pyrethroidapplikationen reduziert war. Exposition von *S.-avenae*-Klonen mit bzw. ohne kdr in mit l-Cyhalothrin beschichteten Gläschen zeigten, dass die Blattläuse mit dieser Mutation eine höhere Resistenz (fast 40-fach) gegen dieses Pyrethroid hatten. Dies entspricht dem bei anderen Blattlausarten beobachtetem Einfluss dieser Mutation auf die Pyrethroidsensitivität. Durch die nachfolgenden Analysen konservierter Blattlausproben aus dem britischen Saugfallenprogramm konnte gezeigt werden, dass *S. avenae* mit kdr bereits 2009 in Großbritannien vorhanden waren, wobei ihre Häufigkeit in den Folgejahren an einigen Fangplätzen auf über 50 % stieg. Bemerkenswert ist, dass alle bisher getesteten kdr-Blattläuse Heterozygote (SR) waren. Foster et al. (2017) vermuten die Ursachen darin, dass kdr in einem oder wenigen asexuellen Klonen gefunden wurde oder dass kdr-Homozygote erhebliche Fitnesskosten erleiden. Eigene Untersuchungen an kdr-Blattläusen aus Deutschland (die dort erstmalig 2010 gefunden wurden) und Belgien (einer 2013 in Flämisch-Brabant eingetragenen Feldprobe entnommen) ergaben allerdings, dass alle Herkünfte zum vollständigen Abschluss des Holozyklus befähigt waren (Tabelle 15). Reduzierte Fitness (gemessen als Entwicklungsgeschwindigkeit, Gewichtszuwachs und Reproduktion) ließ sich für die kdr-Tiere nur bei höheren Temperaturen nachweisen (Abb. 7.39).

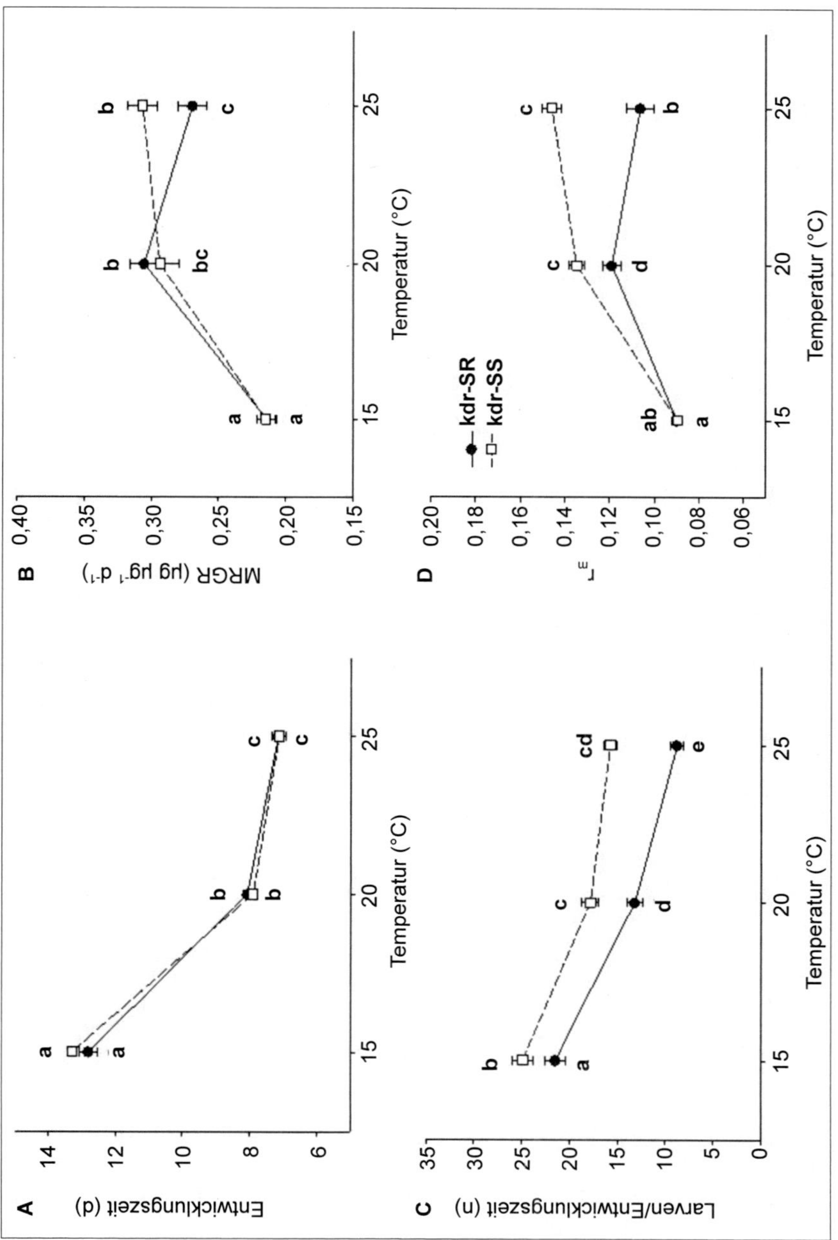

Abb. 7.39: Fitnessparameter (Mittelwerte ± S.E.) A Entwicklungszeit (D), B mittl. relative Zuwachsrate (MRGR), C Larvenproduktion/D und D potenzielles Populationswachstums (r_m) zweier multiklonaler, holozyklischer Linien von *S. avenae* auf Gerste (kdr-SR heterozygote kdr, kdr-SS sensitiver Wildtyp ohne kdr).

Tab. 15: Nachweise einer Minderwirkung von Pyrethroiden gegen *S. avenae* aus Belgien (B), Deutschland (D), Dänemark (DK) und Großbritannien (GB)

Jahr	B[1]	D[1]	DK[2]	GB[2]
2010		+[b*] (hol)		+[c]
2011		+[b*] (hol)		+[a, b, c]
2012		-	+	+[a, b, c]
2013		+[b**] (hol)		+[a, b, c]
2014		+[b, c***] (hol)		+[a, b, c]
2015	+[b, c] (hol)	+[b, c****] (hol)		+[a, b, c] (hol)
2016	+[b, c]	+[b, c*****] (hol)		+[a, b, c]

[1] Thieme (unveröffent.), [2] Dewar (pers. Mitt.)

[a] im Feld beobachtet, [b] im Bioessay, [c] molekularbiologisch (kdr), (hol) Induktion des Holozyklus erfolgreich

[*] S-H (Schleswig-Holstein), [**] S-H, M-V (Mecklenburg-Vorpommern), [***] S-H, M-V, NS (Niedersachsen), [****] S-H, M-V, NS, BB (Brandenburg), [*****] M-V

Blattläuse, bei denen Resistenz eine geringe oder potenzielle Bedrohung darstellt

Eine Reihe von Blattlausarten kommt in der Resistenzliteratur nur sporadisch vor. Bei ihnen scheint die Resistenz auf eine bestimmte Region oder Kulturpflanze oder auf einen bestimmten Zeitpunkt beschränkt zu sein. Bislang ist unklar, ob es sich dabei um unter sehr ungewöhnlichen Umständen entwickelte Anpassungen von temporärer Bedeutung handelt, oder ob sie ein reales Resistenzrisiko darstellen, das sich eines Tages als ein echtes wirtschaftliches Problem erweisen könnte. Beispiele dafür sind *Aphis nasturtii, A. fabae, A. craccivora* und *A. spiraecola*.

Welche Faktoren beeinflussen die die Dynamik der Insektizidresistenz im Feld?

Selektionsdrücke

Während in Deutschland das Monitoring von Insektizidresistenzen im Wesentlichen von der Privatwirtschaft betrieben wird, fördern in Großbritannien verschiedene Projektträger umfassende Untersuchungen zu dieser Problematik.

Die intensivsten Studien zur Resistenzdynamik wurden in Rothamsted (Großbritannien) an *M. persicae* Populationen durchgeführt. Während vor dreißig Jahren die Esteraseformen R2 und R3 nur in Gewächshäusern nachgewiesen werden konnten, treten diese inzwischen häufiger auch im Feld auf. Das jährliche Blattlausmonitoring bei einer Reihe von Kulturen und in Saugfallenproben hat jedoch die anhaltende Dominanz von S- und R1-Läusen gezeigt (Muggleton et al. 1996, Foster et al. 2002c). Temporär kann die Esteraseresistenz jedoch stark zunehmen. So enthielten die 1996 aus einer Reihe von Kulturen entnommenen Proben hohe Anteile an R2- und R3-Blattläusen (Foster et al. 2002c). Zusätzlich besaßen viele dieser Blattläuse von Kartoffeln und Rosenkohl auch MACE und kdr. Diese Kombination führte zu erheblichen Bekämpfungsproblemen in den befallenen Kulturen (Forster et al. 1998). Die Gründe für diesen schnellen und dramatischen Anstieg der Resistenz sind nicht sicher aufgeklärt. Vermutet wird aber ein Zusammenhang mit der frühen Anwendung von Pyrethroiden in der Vorsaison zur Bekämpfung der starken Einwanderung eines Schadschmetterlings (*Autographa gamma*). Hierdurch könnten versehentlich die natürlichen Blattlausgegenspieler (Prädatoren und Parasitoide) drastisch reduziert worden sein, wodurch *M. persicae* in der Folgezeit ungestört ihr Reproduktionspotential realisieren konnte. In einigen Gebieten nutzten dann die Landwirtinnen und Landwirte wiederholt eine Vielzahl von Insektiziden und selektierten somit wahrscheinlich stark auf die Esterase-, MACE- und kdr-Mechanismen. In den Folgejahren ergaben die Analysen der Feldproben verschiedener Kulturen wieder einen fortschreitenden Rückgang der Frequenzen von hoher Esterase und MACE-Formen (Foster et al. 2002c). Diese Fluktuation widerspiegelte wahrscheinlich die allmähliche Selektion über die damit verbundenen Fitnesskosten (Crow 1957). Hinzu kommt die Reaktion der Landwirtinnen und Landwirte auf aktuelle Empfehlungen der Beratung zum Resistenzmanagement. In den letzten Jahren sind wieder hohe Esterasen und insbesondere MACE-Formen in britischen Feldproben häufiger anzutreffen.

Ökologische Faktoren

Angesichts der Breite und Vielfalt der bekannten Resistenzmechanismen kann davon ausgegangen werden, dass kein Insektizid, so neuartig es auch sein mag, nicht durch das Auftreten von resistenzbildenden Genen bedroht ist. Die Wahrscheinlichkeit, dass diese im Feld eine nachweisbare Wirkungsreduktion verursachen, ist von einer Reihe von ökologischen und genetischen Faktoren abhängig und wie diese mit dem Insektizideinsatz interagieren (McKenzie 1996, Denholm et al. 1998). Folglich kann ein und dasselbe Produkt bei verschiedenen Schädlingsarten und sogar innerhalb derselben Art in verschiedenen Anbausystemen sehr unterschiedlichen Resistenzrisiken ausgesetzt sein.

Die Häufigkeit der Resistenz gegen etablierte Wirkstoffklassen (OPs, Carbamate und Pyrethroide) unter den schädlichen Blattläusen ist ein Beispiel dafür. Die drei Blattlausarten, die sich in der Vergangenheit in der Landwirtschaft und dem Gartenbau in Großbritannien als am problematischsten erwiesen haben, sind *M. persicae, A. gossypii* und *P. humuli.* Ihre Fähigkeit, Resistenz zu entwickeln, kann in Bezug auf unterschiedliche Lebensgeschichten und die von ihnen bewohnten Kultursysteme bis zu einem gewissen Grad verdeutlicht werden.

Myzus persicae ist ein Gewächshausschädling, befällt aber auch eine Reihe von Feldkulturen wie Kartoffeln, Brassicaceen, Salat und Zuckerrüben, die zur Blattlausbekämpfung alle mit Insektiziden behandelt werden. Die Exposition von *M. persicae* gegenüber denselben Chemikalien in Gewächshäusern und im Freiland förderte die Selektion einer Reihe von Mechanismen, welche die meisten Insektizide gemeinsam bedrohen (Foster et al. 2002a, 2003a). *Aphis gossypii* ist in Großbritannien auf Gewächshäuser beschränkt, wo der Selektionsdruck im Allgemeinen viel stärker ist als im Freiland (Denholm et al. 1998).

Die im Sommer auf wilden und kultivierten Hopfen beschränkte *P. humuli* wird hauptsächlich mit Insektiziden bekämpft. In Deutschland wird Wildhopfen in der Region mit Hopfenanbau möglichst ausgerottet (um Fremdbestäubung auszuschließen, evtl. auch zur Reduktion von Pilzkrankheiten). Wenn die Insektizidresistenz von *P. humuli* auf Wildhopfen und Primärwirten (*Prunus* spp.) gering wäre (Lewis & Madge 1984, Furk & Baxter 1988), könnte die Einwanderung sensitiver Blattläuse in kommerzielle Kulturen helfen, die Selektion auf Resistenz zu reduzieren. Dies war weder in Großbritannien noch in der Tschechoslowakei der Fall, wo auch *P.-humuli*-Populationen aus unbehandeltem »wildem« Hopfen insektizidresistent waren (Hrdy 1975, Hrdy et al. 1986). Die in verschiedenen *P.-humuli*-Populationen gefundenen Unterschiede im Resistenzprofil gegen OPs, Pyrethroide und Carbamate deuten darauf hin, dass sich die Resistenz an verschiedenen geografischen Orten entwickelt hat und sich dann über die ausgedehnten Bereiche von Hopfenfeldern und Wildwirten ausbreitete. Die genetische Heterogenität der mit der Insektizidresistenz verbundenen Esterasen in von Primär- und Sekundärwirten gesammelten *P.-humuli*-Populationen wurden von Loxdale et al. (1998) untersucht. Diese Autoren kamen zu dem Schluss, dass die Migration innerhalb einer 30-km-Region eingeschränkt war. *P. humuli* neigt also dazu, relativ standorttreu zu bleiben, eine schnelle Verbreitung über weite Gebiete ist in Großbritannien deshalb unwahrscheinlich. Bei dieser Art ist davon auszugehen, dass unbehandelte »Refugien« nur einen sehr geringen Einfluss auf die Entwicklung der Resistenz haben.

Es ist fraglich, warum bei anderen Arten keine Resistenz aufgetreten ist. So hat zum Beispiel *Metopolophium dirhodum* trotz einer langen Exposition gegen Insektiziden in Bioessays tendenziell die Sensitivität beibehalten (z. B. Furk et al. 1983, Stribley et al. 1983). Es gibt bei dieser Art nur wenige Berichte über durch Bioessays nachgewiesene Resistenzen (Anonymous, 1974, Wei et al. 1988, Sekun et al. 1990), jedoch keinen Nachweis einer Feldresistenz.

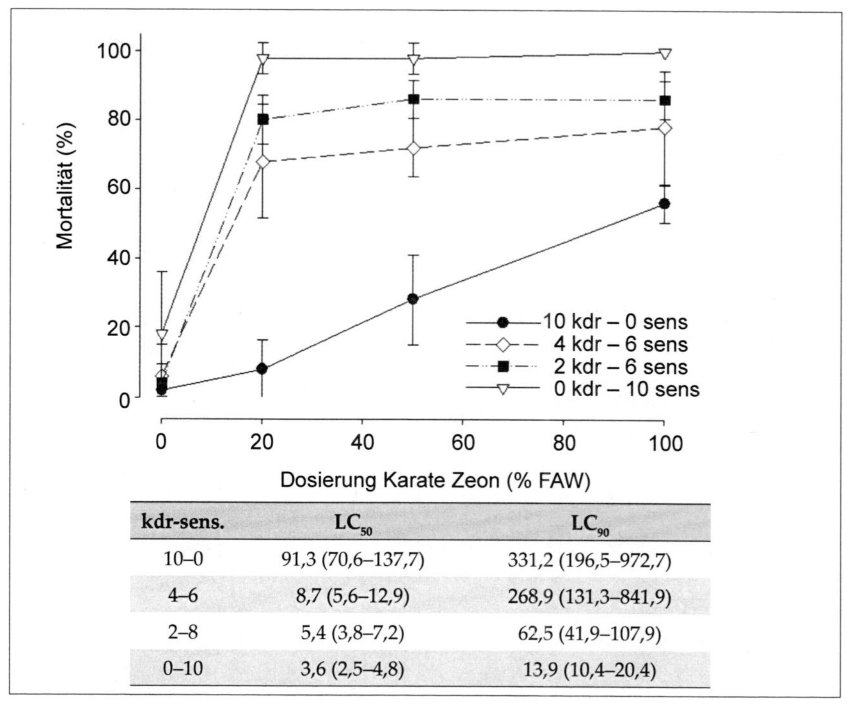

kdr-sens.	LC_{50}	LC_{90}
10–0	91,3 (70,6–137,7)	331,2 (196,5–972,7)
4–6	8,7 (5,6–12,9)	268,9 (131,3–841,9)
2–8	5,4 (3,8–7,2)	62,5 (41,9–107,9)
0–10	3,6 (2,5–4,8)	13,9 (10,4–20,4)

Abb. 7.40: Sensitivität von *Sitobion-avenae*-Gruppen mit unterschiedlichen Anteilen an kdr-Mutanten nach 24 h Exposition gegen Karate Zeon. LC-Werte in % Feldaufwandmenge (FAW).

Eine Resistenz gegen Insektizide kann unterschiedlich definiert werden. Die IRAC setzt sie mit einer Feldresistenz gleich und definiert sie als »eine vererbbare Veränderung der Empfindlichkeit einer Schädlingspopulation, die sich darin äußert, dass ein Produkt wiederholt nicht das erwartete Bekämpfungsniveau erreicht, wenn es entsprechend der Empfehlung für diese Schädlingsart eingesetzt wird« (IRAC 2022). Diese Definition unterscheidet sich geringfügig von anderen in der Literatur, aber der IRAC ist der Ansicht, dass sie die genaueste praktische Definition darstellt, die für Landwirte von Bedeutung ist. Eine Frage ist allerdings, mit welcher Häufigkeit resistente Individuen in einer Population auftreten müssen, damit das Vorliegen einer Feldresistenz erkannt wird. Bioessays mit Blattläusen, deren Versuchsgruppen unterschiedliche Anteile sensitiver und resistenter Tiere enthielten, ergaben, dass mindestens 20 % der Mitglieder einer Population resistent sein müssen, um die Resistenz zu erkennen (Abb. 7.40). Bei einem geringeren Anteil resistenter Tiere wird eher eine »biologische Variabilität in der Sensitivität« vermutet. So wurde auch das Auftreten von *S. avenae* mit kdr erst erkannt, als eine Feldresistenz vorlag. Analysen älterer Proben aus dem Saugfallenprogramm in Großbritannien zeigten, dass dieser Resistenz schon längere Zeit vorher in britischen *S.-avenae*-Populationen auftrat (Tabelle 15).

Im Vergleich zu *M. persicae, A. gossypii* und *P. humuli* liegt bei *M. dirhodum* eine andere Situation vor, in der die Migration zwischen behandelten Kulturen und ausgedehnten Gebieten von Wildgräsern offenbar eine Erhöhung der Häufigkeit von Resistenzgenen verhinderte. Das Fehlen von Resistenzen bei dieser Art widerspiegelt vielleicht einen geringeren Selektionsdruck durch Insektizide, vermutlich als Folge ihrer Ökologie und der meist holozyklischen Überwinterung. Ein großer Teil der auf unbehandelten Kulturen und Gräsern vorkommenden Getreideblattläuse ist keiner Selektion ausgesetzt, und sehr viele dieser Arten wandert über Migration durch die Luft ein (Dewar et al. 1984). Deshalb kann nach Foster et al. (2017) vermutet werden, dass der Genfluss zwischen den Populationen sehr hoch ist und der Verringerung beginnender Resistenzen dient. Möglich für den Mangel an Resistenz wäre auch bei einigen Arten das Fehlen von Populationsengpässen in mit Insektiziden behandelten Kulturen, niedrigere Mutationsraten oder höhere Fitnesskosten bei resistenten Blattläusen. In einigen Gebieten Europas tritt ein großer Teil der *N.-ribisnigri*-Populationen an Salat auf und wird stark von Insektiziden selektiert. Das Auftreten von Resistenzen wurde jedoch mindestens 20 Jahre später erkannt (Rufingier et al. 1997, Barber et al. 1999) als bei *P. humuli*. Es kann sein, dass der an anderen Orten auf anderen unbehandelten Wirten existierende Teil der *N.-ribisnigri*-Population dazu beigetragen hat, den Selektionsdruck zu verringern. *P. humuli* ist im Gegensatz dazu weitgehend auf eine einzige Art intensiv behandelter Pflanzen beschränkt.

Es ist klar, dass Resistenzrisiken nur schwer zu prognostizieren sind. Einige Blattlausarten zeigen, dass ein Zusammenhang zwischen ökologischen Faktoren und der Entwicklung von Resistenzen nicht leicht darzustellen ist. So haben beispielsweise *Macrosiphum euphorbiae* und *M. persicae* eine vergleichbare Ökologie. Beide besiedeln Kulturen in Gewächshäusern und im Feld, dennoch ist die Resistenz bei *M. euphorbiae* gering und scheint sich wesentlich später entwickelt zu haben (Foster et al. 2002d).

Pleiotropische Auswirkungen der Resistenz

Eine grundlegende Annahme des Resistenzmanagements ist, dass resistente Formen bei fehlenden Insektizidapplikationen weniger fit sind als der »normale« sensitive Genotyp. Sonst würden sie vor der Selektion durch Insektizide wahrscheinlich mit höheren Abundanzen auftreten. Dem Selektionsdruck durch synthetische Insektizide sind die Blattläuse erst seit 50 Jahren ausgesetzt, aber die Intensität der Insektizidanwendungen hat in einigen Kulturen bereits zu einer extrem starken Selektion geführt. Dennoch bestehen anfällige Formen weiterhin und nehmen innerhalb einer Population oft zu, wenn der Selektionsdruck von Insektiziden nachlässt, z. B. in Wintermonaten, in denen viele Wirtspflanzen entweder nicht verfügbar oder unbehandelt sind. Die Fitness resistenter Blattläuse in Abwesenheit von Insektiziden wurde bisher nur bei einer begrenzten Anzahl von Arten untersucht. Die Ergebnisse sind manchmal widersprüchlich, mitunter wird das Identifizieren von Fitnessdefiziten durch methodische Probleme erschwert.

Einige gute Beispiele für pleiotropische Effekte von Resistenzgenen lieferten Arbeiten an *M. persicae,* für die Feld- und Laborstudien die Existenz einer nachteiligen Selektion in Form von reduzierter Überwinterungsfähigkeit, fehlangepasstem Verhalten und verminderter reproduktiver Fitness nahe legen, die vor allem in Zeiten von Stress auftraten.

Reduzierte Überwinterungsfähigkeit

Das Monitoring der britischen *M.-persicae*-Populationen in den späten 1980er Jahren zeigte eine erkennbare Reduzierung der Abundanzen hoher (R2 und R3) Esterase-Formen in den Wintermonaten (Furk et al. 1990), wahrscheinlich hervorgerufen durch eine gegenläufige Selektion bei fehlendem Insektiziddruck. Diese Vermutung fand Bestätigung durch eine geringere Häufigkeit der hohen Esteraseresistenz unter den geflügelten Blattläusen, die in den Frühjahr/Sommer-Migrationen von 1993 gefangen wurden. Unter den Blattläusen aus dem vorangegangenen Herbst traten R2- und R3-Formen häufiger auf. Im nachfolgenden Winter untersuchte *M. persicae* zeigten, dass Blattläuse – mit einer höheren Esteraseresistenz – bei kälteren, feuchteren und windigeren Wetterbedingungen eine höhere Sterblichkeitsrate haben als die Blattläuse mit niedrigerer Esterase (Foster et al. 1996). Diese Fitnesskosten können die Dynamik der Esteraseresistenz beeinflussen, wie es bei *M. persicae* in Großbritannien über eine Reihe von Jahren beobachtet wurde, wo der Verzicht auf OP-Anwendungen zum Verlust eines selektiven Vorteils für Blattläuse mit höheren Esterasewerten geführt hat.

Gleiches lässt sich auch bei einer Haltung von resistenten *M. persicae* im Labor nachweisen. Während die Analyse der im Feld gesammelten Blattläuse eine hohe Expression von Esterase zeigt, wird diese bei Haltung über mehr als 50 Tage ohne Insektizideinfluss (also bei fehlendem Selektionsdruck) deutlich reduziert (Tabelle 16). Die für diesen metabolischen Resistenzmechanismus erforderlichen Investitionen fehlen den Blattläusen in anderen Lebensprozessen, weshalb sie ihn bei fehlendem Selektionsdruck herunterregulieren.

Tab. 16: Reduzierung der Esterase-Expression von zwei multiklonalen *Myzus-persicae*-Linien bei fehlendem Selektionsdruck (Thieme, unveröff.).

Linie	Haltung nach 1. Test	getestete Tiere (n)	Phänotyp			
			S	R1	R2	R3
8	0 d	20		3	14	3
	58 d	20	1	16	3	
9	0 d	10		6	14	
	56 d	20		20		

Fehlanpassendes Verhalten

Zur Bewahrung einer hohen Fitness ist die Bewegung der Blattläuse von alternden zu jüngeren Blättern ein wichtiger Aspekt, da die Individuen, die bis zum Blattabfall verharren, während der Suche nach einer anderen Wirtspflanze zumindest hungern bzw. im Extremfall sogar verhungern (Harrington & Taylor 1990). Unter kalten und nassen Bedingungen, wenn die Bewegung stark eingeschränkt wird, nimmt diese Gefahr drastisch zu. Blattläuse stehen daher unter hohem Selektionsdruck, um die mit der Blattseneszenz verbundenen Hinweise zu erkennen und entsprechend zu reagieren. Studien, die bei niedrigen Temperaturen (ca. 5 °C) im Labor und auf dem Feld mit *M.-persicae*-Klonen durchgeführt wurden, zeigten, dass die Mobilität der Blattläuse negativ mit der Esteraseresistenz verbunden ist (Foster et al. 1996, 1997). Blattläuse mit einer höheren Esteraseresistenz verharren demzufolge länger auf sich verschlechternden Blättern. Somit gehen diese Formen wahrscheinlich ein größeres Risiko ein, bei Blattfall von ihren Wirtspflanzen getrennt zu werden.

Ein anderer wichtiger Bestandteil der Blattlausfitness ist die Flucht bei Bedrohung, also die Reaktion auf das Alarmpheromon (E)-β-Farnesen. Jede Verringerung dieser Reaktion könnte negative Folgen haben, da sie als wichtige Verhaltensanpassung zur Vermeidung eines Angriffs durch natürliche Gegenspieler angesehen wird (Pickett et al. 1992). Reaktionsstudien mit *M.-persicae*-Klonen, die verschiedene Kombinationen von kdr-

und Esteraseresistenz trugen, haben gezeigt, dass eine reduzierte Reaktion auf Alarmpheromone mit beiden Mechanismen verknüpft ist (Foster et al. 1999, 2003b). Homozygote kdr-Blattläuse reagierten weniger empfindlich als Blattläuse ohne kdr, kdr-Heterozygote zeigten eine intermediäre Reaktion. Es gab auch eine signifikante negative Korrelation zwischen dem Resistenzniveau der Esterase und der Reaktion von Blattläusen ohne kdr. Untersuchungen von sensitiven und insektizidresistenten *M. persicae* erlauben das Studium der Wechselwirkungen mit der dritten trophischen Ebene (Prädatoren und Parasitoide) und deren hemmende Rolle bei der Entwicklung adaptiver Merkmale auf der zweiten trophischen Ebene. Dies wird ermöglicht durch einen Fitnesskompromiss zwischen Resistenz gegen Insektizide und Vermeidung von Parasitismus durch Alarmverteidigungsverhalten. Foster et al. (2007) testeten dies mit verschiedenen Esterase- und kdr-Genotypen von *M. persicae*. Im Vergleich zu Blattläusen mit einer geringen Alarmreaktion (insektizidresistente Formen) zeigten Blattläuse mit einer konstant hohen Alarmreaktion (insektizidsensitive Wildtyp-Formen) eine Reihe von Verhaltensweisen während und nach einem parasitären Angriff, die mit einer höheren Fitness (Vermeidung von Parasitierung) verbunden waren. Dies führte dazu, dass insektizidresistente Blattläuse einen deutlich höheren Mumifizierungsgrad aufwiesen. Diese Untersuchungen von Foster et al. (2007) liefern nicht nur wichtige Belege dafür, dass die normale starke Alarmreaktion der Blattläuse die Anfälligkeit für Parasitoidangriffe reduziert, sondern ist auch ein Beispiel für Insektizidresistenzgene mit negativen pleiotropen Auswirkungen auf die Fitness, indem sie ein fehlangepasstes Verhalten im Rahmen der Selektion auf einer höheren trophischen Ebene erzeugen. Dies bedeutet, dass Parasitoide und wahrscheinlich auch andere natürliche Gegenspieler die Entwicklung und Dynamik der Insektizidresistenz beeinflussen können.

Sowohl heterozygote als auch homozygote kdr-Blattläuse waren weitaus weniger reaktionsschnell als Blattläuse ohne kdr. Außerdem gab es eine signifikante inverse Wechselbeziehung zwischen Esteraseresistenzniveau und der Reaktion von nicht-kdr-Blattläusen. Anders sieht es jedoch bei *M. persicae* mit MACE aus. Bei diesen Blattläusen wurde eine verstärkte Reaktion auf Alarmpheromone festgestellt (Foster et al. 2003b). Bislang unbekannt ist der Einfluss des Besitzes mehrerer Resistenzmechanismen (wie z. B. kdr plus MACE) in einer Blattlaus auf ihre Pheromonreaktion.

Reduzierter Fortpflanzungserfolg

Im Labor wurden für verschiedene, auf abgeschnittenen Chinakohlblättern aufgezogenen *M.-persicae*-Klone Entwicklungszeit und Fruchtbarkeit bestimmt (Foster et al. 2000). Gemessen an der intrinsischen Wachstumsrate (Wyatt & Weiss 1977) zeigten hohe Esteraseformen eine reduzierte reproduktive Fitness, verglichen mit den signifikant höheren Raten von Blattläusen, die niedrigere Werte an Esteraseresistenz aufweisen. Dieses Ergebnis konnte auch für Blattläuse bestätigt werden, die an getopften Chinakohlpflanzen gehalten wurden. Es zeigte sich, dass der reduzierte Reproduktionserfolg auf *M. persicae* beschränkt ist, welche die höchsten Esterasekonzentrationen (R3) produzierten.

Weniger umfassende Studien über Fitnesskosten im Zusammenhang mit Resistenzen wurden auch bei *S. graminum* und *P. humuli* durchgeführt. Die Ergebnisse dieser Studien liefern widersprüchliche Aussagen über die möglichen Fitnesskosten der Resistenz.

Für *P. humuli* fand eine Studie keine konsistenten Unterschiede zwischen den Reproduktionsraten oder irgendeinen Zusammenhang zwischen ihrer Reproduktionsfähigkeit und der Körpergröße zwischen OP-resistenten und sensitiven Klonen (Hampson & Madge 1986). Eine andere stellte fest, dass Erwachsene aus einer resistenten Linie größer sind und höhere Fortpflanzungsraten und eine höhere Gesamtfruchtbarkeit aufweisen als sensitive Erwachsene (Lorriman & Llewellyn 1983).

Der anhaltende Kampf gegen die Resistenz entspricht einer Koevolution und zeigt, wie solche Prozesse biologische Vielfalt erzeugen. In den letzten Jahrzehnten hat die Wissenschaft erhebliche Fortschritte bei der Überwachung und Charakterisierung der Insektizidresistenz und beim Verständnis verschiedener genetischer, ökologischer und operativer Faktoren gemacht, welche die Geschwindigkeit ihrer Entwicklung beeinflussen, besonders bei der Untersuchung von Blattläusen. Hierdurch wurden wertvolle Einblicke in die Evolutionsbiologie und Genetik, in die Entstehung und Art von Anpassungen und in das Verständnis genetischer Reaktionen auf Veränderungen in der Umwelt gewonnen. Es ist klar, dass der Wettlauf zwischen der Evolution der Insekten und menschlichem Einfallsreichtum auch zukünftig große Herausforderungen darstellen wird. Dies wird umso bedeutungsvoller, wenn die von der EU verabschiedeten Rechtsvorschriften zunehmen, wie beispielsweise das zum Schutz der Bienen erlassene Verbot des Einsatzes von Neonicotinoiden bei der Beizung des Saatgutes in bestimmten Kulturpflanzen. Es ist notwendig, ein besseres Verständnis für die Prozesse zu gewinnen, welche die Entwicklung von Resistenzen vermitteln. Insbesondere besteht Bedarf an Untersuchungen über die Mechanismen, die Resistenz gegen neuartige chemische Gruppen verleihen, und ein Verständnis der Breite der Resistenz, die diese Mechanismen verleihen. Zunehmend großer Bedarf besteht an der Erforschung der ökologischen Faktoren, welche die

Resistenzentwicklung vermitteln. Diese Forschungen helfen, Modelle zu entwickeln, die das »Resistenzrisiko« realistisch einschätzen und damit die zukünftige Risikominderungsstrategie stärken.

7.2.4 Resistenzzüchtung

Wirtspflanzenresistenz

Die weltweite Zunahme der Bevölkerung und des Lebensstandards wird in den nächsten Jahrzehnten einen dramatischen Anstieg der Nahrungsmittelproduktion erforderlich machen; nach einer Schätzung wird bis 2050 eine Verdoppelung der Nahrungsmittelproduktion erforderlich sein, um die globale Nachfrage zu decken (Parry & Hawkesford 2010). Die Verluste durch schädliche Arthropoden sind in allen Kulturen signifikant und können in einigen Kulturen über 15 % jährlich betragen (Oerke 2006). Die Landwirtschaft begann vor etwa 10 000 Jahren, nicht nur an einem Ort, sondern unabhängig voneinander in verschiedenen Regionen Asiens, Afrikas und Amerikas, wo bestimmte Wildpflanzen domestiziert wurden, mit der Zeit zu lokal angepassten Landrassen. Während dieser Entwicklung verbesserten traditionelle Landwirtinnen und Landwirte auf der ganzen Welt ihre Landrassen durch Pflanzenauswahl von einer Generation zur nächsten und verbesserten dadurch viele Pflanzeneigenschaften, darunter die Pflanzenresistenz gegen wichtige Schaderreger und Krankheiten (Herrera 2012). Der wahrscheinlich früheste dokumentierte Bericht über Pflanzenresistenz wurde im 19. Jahrhundert veröffentlicht, Havens (1801) begann einfache Experimente zur Biologie der hessischen Fliegen, die von einer Beobachtung eines Bauern inspiriert waren, und berichtete, dass sich die Insektenschäden zwischen den Weizensorten unterschieden. Dieses beobachtete Phänomen wurde aber noch nicht als Pflanzenresistenz bezeichnet.

1831 veröffentlichte Lindley einen Leitfaden für die Gartenpflege, in dem die Apfelsorte Winter Majetin als unempfindlich gegen ein Insekt bezeichnet wurde, welches heute als die Apfelblutlaus *Eriosoma lanigerum* bekannt ist.

Ein weiteres klassisches Beispiel von Howard (1930) und Brader (1987) ist die Reblaus, die während des französisch-preußischen Krieges von 1870 rund 1,2 Millionen Hektar verwüstet hat. Die ersten beschädigten Felder wurden 1863 gefunden und 14 Jahre später waren die meisten Weinfelder in Europa verschwunden. Es wird vermutet, dass dieses Insekt in der zweiten Hälfte des 19. Jahrhunderts in Europa eingeführt wurde, als englische Botaniker wilde *Vitis*-Arten in Nordamerika sammelten und diese nach Europa brachten. Das Problem dieses verheerenden Schädlings wurde gelöst, indem europäische *Vitis-vinifera*-Sorten auf blattlausresistente, in Amerika heimische *Vitis*-Arten aufgepfropft wurden, eine Lösung, die nach wie vor im Einsatz ist, um diesen Schädling zu bekämpfen.

Aus all diesen früheren Beobachtungen von Landwirtinnen/Landwirten und Wissenschaftlerinnen/Wissenschaftlern wurde die Pflanzenresistenz zu einem wichtigen Thema in der angewandten Entomologie (Ortman & Peters 1980). Eine Übersicht über den Stand des Wissens über die Resistenz von Pflanzen gegen Insekten wurde von Snelling (1941) veröffentlicht. Er nannte 567 Referenzen, von denen nur 37 zwischen 1792 und 1920 veröffentlicht wurden. In den nächsten 20 Jahren wurden 530 Berichte veröffentlicht, die eine starke Zunahme der Resistenzforschung zeigen. Die erste umfassende Darstellung über die Prinzipien der Pflanzenresistenz gegen Insekten wurde von Painter (1941) veröffentlicht. Er wies darauf hin, dass die Insektenresistenz auf drei Mechanismen beruht (Nicht-Präferenz, Antibiose und Toleranz) und dass die Pflanzenresistenz zwar ein wichtiges Instrument im Pflanzenbau sein könnte, aber keine Allheilmittel ist, da sie nur bei der Bekämpfung bestimmter Insekten in bestimmten Kulturen hilft.

Trotz des wachsenden Interesses an Insektenresistenz im 19. und 20. Jahrhundert wurde die Bedeutung der Pflanzenresistenz als Insektenbekämpfungsmethode durch neue Erkenntnisse zur chemischen Bekämpfung von Insekten in der Zeit nach dem Zweiten Weltkrieg übertroffen. Die chemische Kontrolle zeigte spektakuläre Ergebnisse in der Bekämpfung von Insekten und den von ihnen übertragenen Pathogenen. Deshalb verlagerten sich die Forschungsstrategien rasch vom Standpunkt der Insekten-Wirt-Interaktionen auf diesen neuen Ansatz, der später zu ernsthaften Problemen in der Umwelt führte und letztlich die Selektion auf Resistenz der Insekten gegen Insektizide erhöhte. Gegenwärtig ist die chemische Kontrolle die am weitesten verbreitete Methode zur Bekämpfung der biotischen Einschränkungen bei der Nahrungsmittelproduktion. Der Einsatz von Pflanzenschutzmitteln ist jedoch mit einer Reihe von Problemen verbunden, wie z. B. Nebenwirkungen auf Menschen und Nützlinge, Wiederauftreten und Auftreten von Sekundärschaderregern, hohe Kosten für Wirkstoffe und Anwendung sowie die Entwicklung von Resistenzen gegen Pflanzenschutzmitteln durch Zielschaderreger (Ekstrom & Ekbom 2011). Es liegt auf der Hand, dass die Entwicklung vielfältiger, kostengünstiger und nachhaltiger Programme zur Bekämpfung von schädlichen Arthropoden in den kommenden Jahrzehnten eine entscheidende Komponente für die Steigerung der Nahrungsmittelproduktion sein wird.

Managementprogramme für schädliche Arthropoden beinhalten als unvermeidliches Element eine Interaktion zwischen einem Herbivoren (dem Schaderreger) und einer Pflanze (der Kulturpflanze). Denn es ist diese Interaktion in all ihren verschiedenen Aspekten, die durch die Schädlingsbekämpfungsprogramme so manipuliert werden soll, dass die Auswirkungen des Arthropodenschädlings auf den Ertrag oder die Qualität der Kultur verringert werden. Daraus folgt, dass die Entwicklung eines geeigneten Konzepts zur Erforschung und zum Verständnis der Wechselwirkungen zwischen Pflanzen und Insekten enorme praktische Auswirkungen auf die Entwicklung von Schädlingsbekämpfungsprogrammen hat. Im Laufe des letzten halben Jahrhunderts haben sich zwei Bereiche entwickelt, die einen solchen Rahmen bieten könnten (KOGAN 1986):

Der erste dieser Bereiche umfasst die Grundlagenforschung über die Wechselwirkungen zwischen Pflanzen und Insekten, die in erster Linie auf das Verständnis der Ökologie und der Evolution dieser Wechselwirkungen abzielt. Der Ansatz dieser Arbeiten unterstreicht die Bedeutung von sekundären Pflanzenmetaboliten als Vermittler wechselseitiger evolutionärer Beziehungen zwischen Pflanzen und sich von Pflanzen ernährenden Arthropoden (FRAENKEL 1959, EHRLICH & RAVEN 1964, BERENBAUM & ZANGERL 2008). Demnach ist ein »koevolutionäres Wettrüsten« mit der Entwicklung neuartiger Abwehrmechanismen durch Pflanzen und Gegenmaßnahmen durch die Herbivoren für Variationsmuster in der Pflanzenabwehr verantwortlich und hat sowohl bei den Herbivoren als auch bei ihren Pflanzenwirten als Anstoß zur Spezialisierung und Diversifizierung gedient. Obwohl verschiedene Aspekte dieses Ansatzes gelegentlich infrage gestellt wurden (z. B. die Priorität biochemischer Merkmale gegenüber physikalischen, architektonischen und morphologischen Merkmalen, CARMONA et al. 2011), hat es sich insgesamt als sehr brauchbares Paradigma erwiesen. Insbesondere in den letzten Jahrzehnten hat die Ausrichtung dieser Forschungsarbeiten auf die Mechanismen der Pflanzenabwehr zu wichtigen Fortschritten in unserem Verständnis der Prozesse geführt, durch die bestimmte Eigenschaften von Pflanzen die Physiologie, das Verhalten und die Fitness von Herbivoren und assoziierten Organismen sowohl auf individueller als auch auf Populationsebene beeinflussen und wie andere Eigenschaften der Pflanzen die Auswirkungen von Pflanzenschädigungen auf die Fitness der Pflanzen reduzieren.

Der zweite, stärker angewandte Bereich wird häufiger im Zusammenhang mit der Schädlingsbekämpfung betrachtet (PEDIGO & RICE 2006) und konzentriert sich stärker auf die Entwicklung, Charakterisierung und Nutzung von Pflanzenarten, die gegen Herbivoren resistent sind. Dieses Studiengebiet wird als Wirtspflanzenresistenz bezeichnet (KOGAN 1986). Die wegweisende Arbeit zur Etablierung der Wirtspflanzenresistenz als eigenständige Disziplin war REGINALD PAINTERS Insect Resistance in Crop Plants, die erstmals 1951 veröffentlicht wurde.

37 Jahre nach der Klassifizierung von PAINTER haben KOGAN & ORTMAN (1978) den Begriff »Antixenose« eingeführt, um das insektenorientierte »Nicht-Präferenz-Konzept« zu ersetzen, sodass sich alle drei Begriffe auf Eigenschaften der resistenten Pflanze beziehen.

Eine kritische Evaluation der Resistenzforschung von Wirtspflanzen veröffentlichte STOUT (2013). Er erhebt die Forderung, dass der konzeptionelle Rahmen für die Untersuchung der Resistenz von Wirtspflanzen angesichts der Fortschritte in der Literatur über die Wechselwirkungen zwischen Pflanzen und Insekten überarbeitet werden muss. Weiterhin soll die Berücksichtigung der Ergebnisse der Grundlagenforschung in der angewandten Forschung über Pflanzenresistenz die Entwicklung neuer Taktiken zur Einbeziehung von Pflanzenresistenzen in Schädlingsbekämpfungsprogramme erleichtern.

Die Komplexität der Wechselwirkungen zwischen Pflanzen und Insekten

Die Wechselwirkungen zwischen Pflanzen und ihren herbivoren Arthropoden sind äußerst komplex und vielfältig, auch wenn sie in den vereinheitlichten Lebensräumen der modernen Landwirtschaft stattfinden. Pflanzen-Arthropoden-Interaktionen werden aus heuristischen Gründen oft in mehrere Phasen unterteilt (SCHOONHOVEN et al. 1998).

Der allgemeine Wirtsortungsprozess bei Insekten umfasst die folgenden Phasen: (1) Suchen (Orientierung), (2) Erkennen (Landen und Sondieren) und (3) Akzeptieren (Nahrungsaufnahme und Reproduktion). POWELL et al. (2006) haben eine Sequenz von Verhaltensweisen für den Wirtsauswahlprozess bei Blattläusen definiert, die aus sechs Phasen besteht: (1) Voralarmierungsverhalten, (2) erster Pflanzenkontakt und Bewertung der Oberflächenreize vor dem Einsetzen der Stechborsten, (3) Beprobung der Epidermis, (4) Stechborstenpfad-Aktivität, (5) Punktion der Siebelemente und Speichelabsonderung sowie (6) Phloem-Akzeptanz und anhaltende Aufnahme von Phloemsaft. Für die Suche nach neuen Wirtspflanzen sind hauptsächlich geflügelte Blattläuse verantwortlich. Diese verfügen allerdings über geringe Fähigkeiten für den gerichteten Flug, sodass sie nur bei geringen Windgeschwindigkeiten gegen den Wind fliegen können. Sie können aber lange Zeit in der Luft bleiben und somit durch Luftbewegungen über weite Strecken transportiert werden (PETTERSSON et al. 2007). Bei Blattläusen basiert die Wirtsauswahl hauptsächlich auf chemischen Signalen (POWELL & HARDIE 2001), aber auch visuelle Signale können eine Rolle spielen (DOERING & CHITTKA 2007).

Basierend auf dem Wissen um die Wechselwirkungen zwischen Pflanzen und Schaderregern in verschiedenen Kulturpflanzen, die es damals gab,

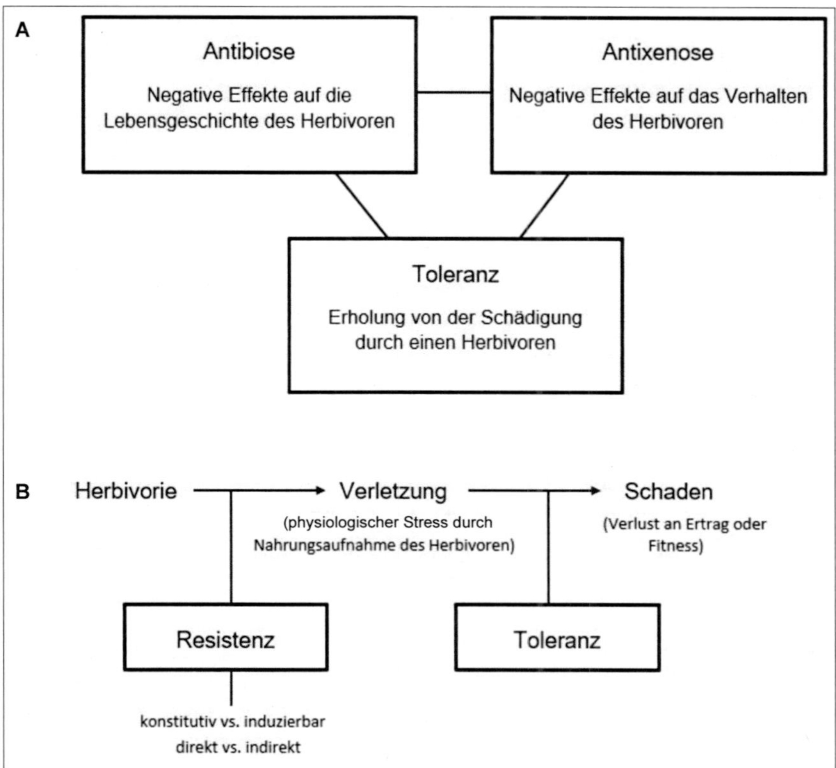

Abb. 7.41: Vergleich des trichotomen Schemas nach Painter (A) und des dichotomen Schemas nach Stout (B) zur Kategorisierung der Pflanzenresistenz für angewandte Studien (modifiziert nach Stout 2013).

definierte Painter (1951) die Resistenz als »die relative Menge der vererbbaren Eigenschaften der Pflanze, die den endgültigen Grad der Schädigung durch das Insekt beeinflussen«. Wichtig ist, dass er das Phänomen der Resistenz, das sich aus komplexen Pflanzen-Arthropoden-Interaktionen ergibt, in drei »Mechanismen« oder »Basen« unterteilt hat. In Painters ursprünglichem Schema (Abb. 7.41 A) wurde der Begriff »Antibiose« verwendet, um negative Auswirkungen von resistenten Pflanzen auf die Physiologie und die Lebensgeschichte der Herbivoren wie vermindertes Wachstum, Überleben und Fruchtbarkeit zu beschreiben. Die zweite Kategorie, »Nicht-Präferenz« (= »Antixenose«), umfasste jene Pflanzenmerkmale, die das Verhalten von Herbivoren in einer Weise beeinflussen, die die Kolonisierung oder Akzeptanz einer Pflanze als Wirt reduzierte. Schließlich wurde »Toleranz« definiert als die Fähigkeit einer Pflanze, einer Verletzung durch Herbivoren standzuhalten, sodass agronomische Erträge oder Qualität in geringerem Maße reduziert werden als bei einer weniger toleranten Pflanze, die einem gleichwertigen Angriff ausgesetzt ist. Nach Horber (1980) stellte Painters Trichotomie der »funktionalen Kategorien« einen »tragfähigen Kompromiss« zwischen »bloßer Kategorisierung von Phänomenen« und »grundlegender Untersuchung von ursächlichen Faktoren oder Prozessen« dar. Painter verzichtete explizit auf einen Ansatz, der sich auf die Aufklärung von Mechanismen konzentriert.

Die konzeptionellen Grundlagen der Wirtspflanzenresistenzforschung haben sich seit Painter wenig verändert. Beeinflusst durch das vorherrschende Paradigma in der Pflanzen-Insekten-Literatur, versuchen die meisten modernen Diskussionen über die Resistenz von Wirtspflanzen koevolutionäre Ideen einzubeziehen. Dies ist etwas problematisch, weil das Ausmaß der Wechselwirkungen zwischen domestizierten Pflanzen und Arthropoden in vereinfachten landwirtschaftlichen Umgebungen nicht vollständig verstanden wird. Darüber hinaus ist das Grundschema zur Untersuchung der Wirtspflanzenresistenz aber noch erkennbar das von Painter. So definierte z. B. Smith (2005) Pflanzenresistenz als die »Summe der konstitutiven, genetisch vererbten Eigenschaften, die dazu führen, dass eine Sorte oder Art weniger geschädigt wird als eine anfällige Pflanze ohne diese Eigenschaften«, und auch die Definitionen von Antibiose, Antixenose und Toleranz von Painter sind weitgehend unverändert.

Das von Painter geschaffene Konzept für die Untersuchung der Resistenz von Wirtspflanzen war äußerst einflussreich. Im Jahr 2011 beispielsweise benutzte etwa die Hälfte der Artikel im Abschnitt »Host-Plant Resistance« des Journal of Economic Entomology (ohne die Artikel, die sich hauptsächlich mit *Bt*-exprimierenden Nutzpflanzen befassen) die Begriffe Antibiose, Antixenose oder Toleranz, um die untersuchten Pflanzengenotypen zu charakterisieren (Stout 2013). Darüber hinaus hat dieser Rahmen für einige spektakuläre Erfolge bei der Entwicklung und dem Einsatz resistenter Pflanzensorten gesorgt (Wiseman 1999). Seit Painter wurden zahlreiche widerstandsfähige Linien entwickelt oder charakterisiert, mit erheblichen wirtschaftlichen Vorteilen (Smith & Clement 2012).

Trotz dieser spektakulären Erfolge weist der von Painter geschaffene Rahmen einige gravierende Schwächen auf, die mit zunehmendem Verständnis der Mechanismen der Pflanzenresistenz immer deutlicher werden.

Ein Problem, das den Bereich der Wirtspflanzenresistenz von Anfang an störte, war die Ungenauigkeit der von Painter eingeführten Terminologie und des konzeptionellen Rahmens. Obwohl dieses Problem von den in diesem Bereich Beschäftigten erkannt wurde (Kogan & Ortman 1978, Horber 1980, Wiseman 1994, Smith 2005), konnten sie es nie vollständig lösen. Es gibt vor allem Unklarheiten darüber, was die Begriffe Antibiose, Nonpräferenz (Antixenose) und Toleranz bedeuten. Bei der Einführung dieser Begriffe in die Literatur bezeichnete PAINTER sie als »Grundlagen« oder »Mechanismen« der Resistenz. Wie SMITH (2005) jedoch betont, bezeichnen diese Begriffe, insbesondere Antibiose und Antixenose, nicht Prozesse oder Eigenschaften, die für die Resistenz verantwortlich sind, sondern sind Kategorien oder Typen einer Wirkung (Resistenz). Diese Begriffe werden daher eher als »funktionelle Kategorien« (HORBER 1980) oder einfach als »Kategorien« (SMITH 2005) der Resistenz angesehen, wobei die Begriffe»„Mechanismus« oder »Basis« für die pflanzlichen Eigenschaften und physiologischen Prozesse, die dem Widerstand zugrunde liegen (Ursache), vorbehalten bleiben. Dennoch ist es immer noch üblich, dass Forschungsarbeiten und sogar Lehrbücher (PEDIGO & RICE 2006) veröffentlicht werden, in denen Antixenose, Antibiose und Toleranz als »Mechanismen« der Resistenz bezeichnet werden.

Eine potenziell folgenreichere Zweideutigkeit betrifft das Spektrum der Phänomene, die von den Resistenzkategorien Antibiose und Antixenose erfasst werden. Die Kategorien Antibiose und Nonpräferenz (Antixenose) betrachtete PAINTER als »in ihrer Wirkung zusammenhängend«, aber zumindest theoretisch trennbar, da sie typischerweise aus »getrennten genetischen Merkmalen« resultierten (PAINTER 1951). PAINTERS Vorstellung von Antibiose und Antixenose als trennbare Phänomene wurde wahrscheinlich durch seine Betonung bei der Beschreibung von Antixenose auf Pflanzeneigenschaften beeinflusst, die das Wirtssuchverhalten vermitteln (d. h. Faktoren, die wirken, bevor der Herbivore mit einem potenziellen Wirt in Kontakt kommt). In Anlehnung an den damaligen Wissensstand stellte PAINTER eine erweiterte Diskussion über die Rolle von Geruch und Farbe bei der Wirtspflanzenfindung vor, widmete aber den Faktoren und Verhaltensweisen, die bei der Akzeptanz oder Ablehnung einer Pflanze während der Kontaktbewertungsphase eine Rolle spielen, relativ wenig Aufmerksamkeit – und noch weniger den Faktoren und Verhaltensweisen, die die Nahrungsaufnahme während der Nutzungsphase des Wirts beeinflussen. Neuere Untersuchungen der Pflanzenresistenz scheinen die Definition von Antixenose zu erweitern, da SMITH (2005) und SMITH & CLEMENT (2012) Antixenose einfach als »negative Auswirkungen auf das Insektenverhalten« definieren. Sogar in jüngeren Diskussionen über Pflanzenresistenz werden die Auswirkungen auf die Wirtssuche und -akzeptanz hervorgehoben und die Auswirkungen auf das postingestionale Verhalten heruntergespielt. SMITH & CLEMENT (2012) charakterisieren die Auswirkungen der Antixenose als »die zu einer verzögerten Akzeptanz und möglichen völligen Abstoßung einer Pflanze als Wirt führen«, während VAN EMDEN (2002b) erklärte, die Antixenose »ist der erste Schritt in der Begegnung zwischen Schädling und Pflanze«.

Wenn Antixenose eng definiert ist, um nur oder hauptsächlich Auswirkungen auf die Wirtspflanzensuche durch die Herbivoren zu bezeichnen, ist die Abgrenzung zwischen Antixenose und Antibiose relativ klar (obwohl es selbst bei dieser engen Definition einige Pflanzenmerkmale gibt, die sowohl das Wirtssuchverhalten als auch das postingestionale Verhalten oder die Physiologie beeinflussen). In dem Maße, in dem die Antixenose im engeren Sinne betrachtet wird, ist jedoch eine Reihe wichtiger Verhaltenseffekte ausgeschlossen, insbesondere diejenigen, die an der Aufrechterhaltung der Nahrungsaufnahme oder der Bestimmung von Rate, Dauer und Häufigkeit von Nahrungsereignissen beteiligt sind. Solche Auswirkungen auf das Nahrungsverhalten wurden bei vielen Pflanzeigenschaften festgestellt und können einen wichtigen Beitrag zur allgemeinen Pflanzenresistenz leisten. Als Beispiele wären zu nennen Blattzähigkeit (Clissold et al. 2009), Gerbsäure (Simpson & Raubenheimer 2001) und Glucosinolate (Blau et al. 1978).

Wird dagegen die Antixenose breit gefasst, um alle Auswirkungen auf das Insektenverhalten zu erfassen, wie es bei den Untersuchungen der Pflanzenresistenz von Smith (2005) und Smith & Clement (2012) der Fall zu sein scheint, dann entstehen Schwierigkeiten bei der Trennung von Antixenose und Antibiose. Diese Schwierigkeit wird typischerweise in Diskussionen über Pflanzenresistenz dadurch anerkannt, dass Antibiose und Antixenose »überlappend«, »ineinander greifend« oder »in Kombination« vorliegen (Wiseman 1994, Smith 2005). Ein Grund für die Überschneidung von Antibiose und Antixenose ist die Koexistenz der meisten, wenn nicht aller resistenten Pflanzen mit abstoßenden, abschreckenden, toxischen oder antinutritiven Eigenschaften (Mithofer & Boland 2012).

Ein weiterer Grund für die Überschneidung von Antibiose und Antixenose (vor allem, wenn die Letztere breiter definiert wird) ist, dass sowohl antixenotische als auch antibiotische Eigenschaften in ein und demselben chemischen oder pflanzlichen Merkmal enthalten sein können. Daraus ergeben sich tiefgreifende Probleme bei der Abgrenzung der beiden Kategorien. Viele Arten von Pflanzenchemikalien sind in der Lage, sowohl mit Zielen im peripheren Nervensystem von Arthropoden als auch mit Zielen im Insektendarm oder im eigentlichen Insektenkörper zu interagieren. Deshalb ist es nicht verwunderlich, dass viele sekundäre Metaboliten sowohl antixenotische als auch antibiotische Wirkungen zeigen. Tatsächlich ist ein hohes Maß an Übereinstimmung zwischen Abschreckung und Toxizität die Erwartung einer einfachen evolutionären Analyse, da sowohl Insekten, die nicht durch eine toxische Chemikalie abgeschreckt werden, als auch Insekten, die durch eine ungiftige Chemikalie abgeschreckt werden, einen selektiven Nachteil zu haben scheinen (Berenbaum 1986). Diese Erwartung ist nicht immer zutreffend, Bernays (1990) zum Beispiel berichtete, dass mehrere gängige sekundäre Chemikalien die Nahrungsaufnahme durch Wanderheuschrecken abschreckten, aber keine toxischen oder wachstumsmindernden Wirkungen auf dasselbe Insekt hatten. Die Beziehung zwischen Abschreckung und Toxizität von sekundären Metaboliten bedarf zusätzlicher Studien (Berenbaum 1986). Dennoch ist klar, dass viele sekundäre Verbindungen sowohl antixenotische als auch antibiotische Eigenschaften besitzen. Es gibt also Unklarheiten in der Literatur über das Spektrum der Phänomene in der Kategorie Antixenose, obwohl der Trend in vielen Studien zur Pflanzenresistenzen darin bestand, die Antixenose breiter zu definieren und alle Auswirkungen auf das Arthropodenverhalten einzubeziehen. Diese weit gefasste Definition von Antixenose ist jedoch problematisch, da sorgfältige experimentelle Arbeiten zu den verhaltens- und physiologischen Wirkungen von pflanzlichen Sekundärmetaboliten und anderen resistenzbedingten Merkmalen im letzten halben Jahrhundert die Behauptung von Painter, dass Antixenose (allgemein definiert) und Antibiose bei resistenten Pflanzen wahrscheinlich trennbar sind, nicht unterstützt haben. Vielmehr besitzen resistente Pflanzen eine Reihe von sekundären Metaboliten und resistenzbedingte strukturelle oder morphologische Merkmale, von denen einige antibiotische, einige antixenotische und einige beide Eigenschaften aufweisen. Deshalb sind Antibiose und Antixenose bei vielen resistenten Pflanzen nicht nur schwer zu trennen, sondern untrennbar miteinander verbunden. Somit haben Pflanzenresistenzen wahrscheinlich immer antibiotische und antixenotische Komponenten.

Die Bezeichnung der Begriffe Antibiose, Antixenose, Toleranz als Mechanismen mag in einer Zeit angebracht gewesen sein, in der die Aufklärung tatsächlicher Mechanismen der Pflanzenresistenz aufgrund technischer Einschränkungen bei der Isolierung, Quantifizierung und Manipulation von resistenzbedingten Merkmalen in Pflanzen nicht möglich war. Heute hat sich jedoch die Fähigkeit, Pflanzeneigenschaften zu isolieren, zu charakterisieren und zu quantifizieren, die Expression von Pflanzeneigenschaften durch Molekulargenetik zu manipulieren und die Auswirkungen von Pflanzeneigenschaften auf Arthropoden im gesamten Organismus, auf zellulärer und molekularer Ebene zu charakterisieren, stark erweitert, was zu einem vertieften Verständnis der Ursachen von Pflanzenresistenz geführt hat (Zheng & Dicke 2008).

Eine andere Schwäche von Painters trichotomischem Konzept besteht darin, dass es nicht alle bekannten Arten von Resistenzen umfasst. Interessanterweise enthielt PAINTER in seiner Diskussion über Resistenzmechanismen einen Abschnitt über »unklassifizierte« Resistenzmechanismen – Mechanismen, die seiner Ansicht nach von seinem trichotomen Schema nicht berücksichtigt wurden (PAINTER 1951). Diese Mechanismen bestanden meist aus pflanzenphysikalischen oder morphologischen Merkmalen, die eine Barriere gegen Verletzungen durch die Herbivoren bildeten, einschließlich der langen Schalen einiger Maissorten, die als Barriere für den Reiskäfer dienten, und der dicken Rinde auf den Ästen einiger Sträucher, die verhinderten, dass die Stechborsten von Blattläusen das Phloem erreichten (FOCKE & THIEME 1989).

Die nach PAINTER durchgeführte Forschung hat zusätzliche Arten oder Mechanismen der Resistenz aufgedeckt, die nicht ganz im Einklang mit den Definitionen von Antibiose, Antixenose oder Toleranz von PAINTER stehen. Die wohl wichtigsten Beispiele sind jene Pflanzenmerkmale, die in der Regel erst nach der Nahrungsaufnahme von Herbivoren zum Ausdruck kommen und die die Wirkung von Prädatoren und Parasitoiden von herbivoren Insekten erleichtern. Diese Abwehr wird als »indirekte Abwehr« bezeichnet, weil sie nicht direkt die Fitness von Herbivoren beeinflusst, sondern ihre Wirkung auf die Herbivoren durch die Handlungen der dritten trophischen Ebene vermittelt wird und davon abhängt (CHEN 2008, ZHENG & DICKE 2008). Die indirekte Abwehr funktioniert sogar im Untergrund: Die Freisetzung des Sesquiterpens Caryophyllen durch die Wurzeln einiger Getreidesorten nach der Nahrungsaufnahme durch tierische Schaderreger zieht stark natürliche Gegenspieler an (RASMANN et al. 2005). Eine andere Form der indirekten Abwehr ist die Induktion extrafloraler Nektarien durch die Nahrungsaufnahme von Arthropoden, die wiederum den natürlichen Feinden des Herbivoren durch die Bereitstellung einer alternativen Nahrungsquelle zugutekommen.

Die indirekte Pflanzenabwehr ist das auffälligste Beispiel für einen Mechanismus der Pflanzenresistenz, der nicht von PAINTERS Trichotomie erfasst wird. Ein weiteres Beispiel sind Mechanismen, die es Pflanzen ermöglichen, rechtzeitig aus der Herbivorie auszubrechen. PAINTER erkannte das Potenzial dieses Mechanismus an, betrachtete aber Fälle von zeitlicher Flucht eher als die Unfälle bestimmter Umweltbedingungen als eine genetisch begründete Strategie. Architektonische und strukturelle Pflanzeneigenschaften können auch Auswirkungen haben, die nicht einfach in PAINTERS Schema einzuordnen sind.

Die Forschung nach PAINTER hat in erster Linie die bemerkenswerte Vielfalt der Pflanzeneigenschaften hervorgehoben, die in der Lage sind, Wechselwirkungen zwischen Pflanzen und Herbivoren zu beeinflussen und somit als Grundlage der Pflanzenresistenz zu dienen. Tatsächlich ist jedes Pflanzenmerkmal, das von Pflanze zu Pflanze variiert und das den einen oder anderen Aspekt der Interaktion eines Herbivoren mit seiner Wirtspflanze oder mit anderen Organismen beeinflusst, möglicherweise eine Grundlage für Unterschiede zwischen den Pflanzen hinsichtlich des Ausmaßes der durch den Herbivoren verursachten Verletzungen oder Schäden. Painter konnte in dem von ihm entwickelten Konzept nicht die gesamte Bandbreite der Pflanzeneigenschaften berücksichtigen, da viele Zusammenhänge erst später aufgeklärt wurden. Wichtig ist, dass viele dieser Mechanismen, die von Painters Trichotomie nicht berücksichtigt werden, potenzielle Anwendungen in der Landwirtschaft haben.

Im Gegensatz zur angewandten Wirtspflanzenresistenzliteratur ist in der Grundlagenforschung kein mehr oder weniger formales Kategorisierungsschema vergleichbar mit der Trichotomie von Painter etabliert. In den letzten Jahrzehnten hat sich jedoch als Reaktion auf die Fortschritte im Verständnis der Mechanismen, mit denen Pflanzen die Wirkung von Herbivoren verringern, ein im Wesentlichen zweigeteiltes Schema herausgebildet. Stout (2013) schlägt vor, eine modifizierte Version dieses Schemas an die Untersuchung der Resistenz von Wirtspflanzen anzupassen. In dem vorgeschlagenen Schema wird der Begriff »Resistenz« allgemein verwendet, um jene Pflanzenmerkmale zu verstehen, die das Ausmaß der Verletzung einer Pflanze durch einen Herbivoren verringern, wobei die Verletzung in dem von Peterson & Higley (2001) vorgeschlagenen Sinne als ein Stimulus verstanden wird, der eine anormale Veränderung in einem pflanzenphysiologischen Prozess bewirkt. Eine Verletzung in diesem Sinne ist die direkte Folge der Verwendung einer Pflanze als Wirt durch einen Herbivoren (z. B. Entnahme von Photosynthesematerial, Reduzierung der Nährstoffaufnahme durch Wurzelfraß). Der Begriff »Toleranz« umfasst dagegen jene Pflanzenmerkmale oder physiologischen Prozesse, die den Schaden je Verletzungseinheit vermindern, wobei unter »Schaden« vor allem die Pflanzenfitness oder der Ertragsverlust zu verstehen ist.

Zudem lässt sich die Resistenzkategorie in »konstitutiv« oder »induzierbar« und »direkt« oder »indirekt« unterteilen (Chen 2008, Mithoffer & Boland 2012). Diese beiden Unterteilungen widerspiegeln die beiden Hauptschwerpunkte der jüngeren Literatur über die Wechselwirkungen zwischen Pflanzen und Insekten. Konstitutiver Pflanzenresistenz ist eine Resistenz, die unabhängig von der Vorgeschichte der Pflanze ausgedrückt wird, während induzierbare Resistenz eine Resistenz ist, die erst nach einer vorherigen Verletzung exprimiert wird (d. h., die Expression induzierbarer Abwehrkräfte ist von einem vorherigen Angriff abhängig, während konstitutive Abwehrkräfte nicht exprimiert werden). Direkte Pflanzenresistenz bezieht sich auf diejenigen Pflanzenmerkmale, die direkte (unmittelbare)

Auswirkungen auf das Herbivorenverhalten oder die Biologie haben. Die indirekte Pflanzenresistenz hingegen hängt von der oben beschriebenen Wirkung auf die Aktionen der natürlichen Feinde ab.

Dieses dichotome Schema ähnelt der von KENNEDY & BARBOUR (1992) verwendeten Konfrontations-/Unterkunftsdichotomie, obwohl die Kategorie »Konfrontation« von KENNEDY & BARBOUR keine phänologische Flucht von Pflanzen aus der Herbivorie enthielt. Als Nebenprodukt dieses ersten Vorteils vermeidet dieses Kategorisierungsschema die künstliche Unterscheidung zwischen Antibiose und Antixenose.

Zum anderen trägt dieses Kategorisierungsschema der großen Vielfalt an Mechanismen Rechnung, die heute als Grundlage für die Pflanzenresistenz bekannt sind. Die Kategorie »Resistenz« ist so breit, dass sie Mechanismen wie phänologische Flucht, indirekte Abwehr und strukturelle Barrieren nicht ausschließt, da diese Mechanismen letztendlich alle den Effekt haben, dass die Menge der von einem Herbivoren verursachten Schäden an der Pflanze reduziert wird. Durch die Unterteilung der Resistenz in induzierte/konstitutive und direkte/indirekte Subkategorien berücksichtigt dieses Schema explizit die jüngsten Fortschritte in der Literatur der Pflanzen-Insekten-Interaktionen. Es ist jedoch anzumerken, dass auch noch andere Methoden zur Kategorisierung von Resistenzphänomenen vorgeschlagen wurden. Zum Beispiel unterteilte CHEN (2008) die direkte Abwehr in zwei Kategorien, die er »Antinutrition« und »Toxizität« nannte. Es kann deshalb notwendig werden, die Resistenzklasse zu überarbeiten oder weiter zu unterteilen, wenn neue Erkenntnisse über Resistenzmechanismen gewonnen werden.

Schließlich kann eine umfassendere Integration der Grundlagen- und angewandten Forschung dazu dienen, die Aufmerksamkeit in der Wirtspflanzenresistenzforschung auf die Mechanismen der Resistenz zu lenken. Fortschritte bei den analytischen und molekulargenetischen Werkzeugen haben es heute wesentlich einfacher gemacht, Mechanismen oder Resistenzen aufzuklären, die Kaskadeneffekte resistenzbedingter Eigenschaften auf Populationen und Gemeinschaften von Pflanzen-assoziierten Organismen zu untersuchen (ZHENG & DICKE 2008) und Ziele für die traditionelle und molekulare Züchtung zu identifizieren. Ebenso haben Techniken zur Genmanipulation und molekularen Züchtung (z. B. markergestützte Selektion und Pflanzentransformation) die Veränderung von Pflanzenphänotypen zu einem viel schnelleren und effizienteren Prozess gemacht. Ein mechanistischer Ansatz zur Untersuchung der Pflanzenresistenz ist somit der sicherste und effizienteste Weg zu einer stärkeren Integration der Pflanzenresistenz in das Schädlingsbekämpfungsprogramm.

Bestimmung der Resistenz/Toleranz

Der Test zur Bestimmung einer konstitutiven Resistenz basiert im Wesentlichen auf der Messung der Attraktivität eines Pflanzengenotyps für Insekten. Er misst die unterschiedliche Reaktion der Insekten auf einen Pflanzengenotyp relativ zu einem anderen. Diese kann ausgedrückt werden als die Anzahl der Individuen oder die Größe der Nahrungsaufnahme oder Vermehrung pro Pflanze oder Pflanzenteil.

Die häufigste Form des Tests auf konstitutive Resistenz mit Blattläusen ist der Free-Choice-Test, bei dem die einzelnen Pflanzen aus einer Reihe von Genotypen in gleicher Entfernung in einem kreisförmigen Muster am Rande eines Topfes gepflanzt werden. Dann werden im Zentrum des Kreises Blattläuse freigelassen und 24 bzw. 48 Stunden später auf den Pflanzen gezählt (z. B. Flinn et al. 2001, Hesler et al. 1999, Hesler 2005, Lage et al. 2003, Webster et al. 1994). Webster & Inayatullah (1988) gaben jedoch an, dass Pflanzen, die flächig in einem komplett randomisierten Design gesät wurden, eine höhere Genauigkeit bei den Resistenzwirkungen von Pflanzen im Vergleich zur kreisförmigen Anordnung bieten. Eine Variante dieses Free-Choice Tests ist der von Webster et al. (1994), bei dem Blattabschnitte aus verschiedenen Pflanzengenotypen in Glasfläschchen mit destilliertem Wasser platziert und in einer Testplattform gehalten werden. Wie bereits erwähnt, werden die Blätter verschiedener Genotypen kreisförmig angeordnet und den Blattläusen ausgesetzt, wobei die Zählung 48 Stunden nach der Freisetzung der Blattläuse erfolgt. Als diese Testvariante jedoch mit *S. graminum* durchgeführt wurde, zeigte sie im Vergleich zum Test mit intakten Pflanzen kontrastierende Ergebnisse, jedoch konsistente Ergebnisse für die gelbe Zuckerrohrlaus (*Sipha flava*) (Webster et al. 1994). Zu beachten ist bei diesen Tests, dass die Lichtorientierung richtig geregelt werden muss, da Blattläuse von Lichtquellen angezogen werden, was zu falschen Resistenz-/Empfindlichkeitsergebnissen führen kann.

Konstitutive Resistenz mit verminderter Attraktivität eines Wirts wird als eine wichtige Komponente der Resistenz angesehen, da sie den anfänglichen Befall reduzieren kann (Webster & Inayatullah 1988). In der gegenwärtigen landwirtschaftlichen Praxis, in der die Monokultur vorherrscht, könnte diese Resistenz jedoch eine unzureichende Verteidigung für Pflanzen sein, da Insekten, die ihres bevorzugten Wirtes beraubt sind, letztendlich einen weniger bevorzugten Wirt akzeptieren könnten.

Die wichtigsten Resistenzeigenschaften sind pflanzliche Allelochemikalien, die von Pflanzen produziert werden, die die Biologie oder das Verhalten einer anderen Spezies beeinflussen. Allelochemikalien können konstitutiv oder induziert sein. Solche Verbindungen können in niedrigen

Konzentrationen (z. B. die Hydroxaminsäuren DIMBOA, DIBOA) oder in einer quantitativeren Form (z. B. Apymasin, Chlorogensäure und Maysin) aktiv sein (Smith 2005).

Die Resistenzwirkung spiegelt sich in der Physiologie des Insekts wider. Verfahren zur Identifizierung solcher Effekte sind aufwendiger als Tests der konstitutiven Resistenz mit verminderter Attraktivität eines Wirts, da sie Aufschluss über die Entwicklung, Fortpflanzung und/oder Mortalität der Insekten geben müssen. Eine Möglichkeit besteht darin, Lebenstabellen zu erstellen, die Daten über die Lebensdauer von Insekten, die Mortalität und den Nachwuchs pro Weibchen und Zeiteinheit auf einem bestimmten Pflanzengenotyp enthalten. Daraus lässt sich die intrinsische Steigerungsrate (r_m) berechnen. Theoretisch kann r_m Werte von –1 bis 1 annehmen, was in der Praxis bedeutet, dass z. B. eine Insektenpopulation mit einem r_m= 0,145 von einem Zeitpunkt zum anderen (z. B. von einem Tag zum nächsten) um 14,5 % zunimmt – unter den Bedingungen, unter denen das Experiment durchgeführt wird (Krebs 2009). Obwohl r_m zuerst für demographische Schätzungen entwickelt wurde, kann es als Maß für die Resistenz verwendet werden, denn je niedriger der Wert, desto höher ist die Resistenz.

Diese Methode ist jedoch zeitaufwendig, weshalb alternative Verfahren für das Blattlausscreening vorgestellt wurden. Da das Gewicht der weiblichen Blattlaus stark mit der Anzahl der Nachkommen korreliert (Dewar 1977), haben andere Forscherinnen und Forscher die mittlere relative Zuwachsrate (Mean Relative Growth Rate, MRGR) als Parameter zur Feststellung einer der Resistenz vorgeschlagen (Leather & Dixon 1984, Hu et al. 2014, Luo et al. 2015). Diese Methode wurde zuerst von Blackman (1919) entwickelt und später von Fisher (1921) und Radford (1967) überarbeitet. MRGR wird in einer logarithmischen Skala berechnet, wobei vom finalen Blattlausgewicht (meist Gewicht der adulten Blattläuse) das anfängliche Blattlausgewicht (meist Gewicht der Larven innerhalb von 24 h nach der Geburt) abgezogen und durch die Anzahl der Tage der Versuchsdauer des Experiments dividiert wird.

Es hat sich gezeigt, dass die MRGR von *R. padi* im Vergleich mit dem r_m-Parameter und der Fruchtbarkeit an verschiedenen Gräsern hoch korreliert (Leather & Dixon 1984) und ein nützliches Werkzeug darstellt, welches ohne jegliche Annahme der Form der Wachstumskurve (linear, exponentiell etc.) angewendet werden kann und für den Vergleich von Daten aus verschiedenen Experimenten und/oder Behandlungen des gleichen Experiments geeignet ist (Radford 1967).

Viele Autorinnen und Autoren klassifizieren Toleranz als einen Mechanismus, der sich von der Resistenz unterscheidet (z. B. Leimu & Koricheva

2006, Mauricio et al. 1997, Stowe et al. 2000, Strauss & Agrawa 1999, Tiffin 2000). Dabei wird argumentiert, dass Toleranz keine Pflanzen-Insekten-Wechselwirkungen per se beinhaltet und die evolutionären Mechanismen unterschiedlich sind, da Insekten durch »Resistenz« eine selektive Wirkung erfahren, durch Toleranz aber nicht (Stowe et al. 2000).

Im Gegensatz zu diesem aus Insektensicht gesehenen Toleranzkonzept schließen die Evolution und Genetik der Toleranz die anderen Mechanismen der Resistenz nicht aus, da die natürliche Selektion theoretisch gleichzeitig mehrere Mechanismen begünstigen könnte (Rosenthal & Kotanen 1994). Auch wenn es keinen Selektionsdruck von Pflanzen auf Insekten mittels Toleranz gibt, werden Pflanzen von bestimmten Pflanzenfressern ausgewählt und diejenigen, die eine Insektenschädigung überstehen, werden sich erfolgreich vermehren.

Toleranz ist ohne Zweifel eine komplexe Kategorie der Resistenz von Pflanzen. Sie wird durch die genetischen Eigenschaften bestimmt, die es Pflanzen ermöglichen, nach und/oder während einer Insektenschädigung weiter zu wachsen oder sich zu erholen (Smith 2005). Tolerante Pflanzen neigen dazu, mehr Biomasse zu produzieren als anfällige, daher sind an der Biomasseproduktion beteiligte Pflanzeneigenschaften mit dieser Kategorie verknüpft (Smith 2005). Eigenschaften wie der Chlorophyllgehalt können je nach Blattlausart variieren, da die Blattläuse die Chemie der Wirtspflanzen verändern können. Die Kompensation, die als Nachwachsen betrachtet wird, ist dabei nur eine von mehreren pflanzlichen Reaktionen, wie Speicherkapazität, Photosyntheserate, Allokationsmuster und Nährstoffaufnahme, die je nach extrinsischen (Umwelt, Art der Herbivorie, räumliche Verteilung) und intrinsischen (Pflanzengenetik) Faktoren variieren (Rosenthal & Kotanen 1994).

Die Fähigkeit von Pflanzen, Insektenschäden zu tolerieren, ist weit verbreitet, und es ist bekannt, dass sie häufig mit den anderen Mechanismen der Resistenz interagieren. Beispielsweise wurde bei Weizen und seinen Verwandten von mehreren Autoren über die Toleranz gegenüber *S. graminum, R. padi, S. avenae* und *D. noxia* berichtet (Boina et al. 2005, Zhu et al. 2004, Flinn et al. 2001, Hesler 2005, Hesler et al. 1999, Lage et al. 2003, 2004, Ma et al. 1998, Smith & Starkey 2003, Zhu et al. 2005).

Tests auf physiologische Reaktionen bei empfindlichen Pflanzen und Pflanzen mit *D.-noxia*-Resistenzgen Dn1 (verleiht Resistenz) und Dn2 (Toleranz) haben gezeigt, dass Pflanzen, die das Toleranzgen Dn2 tragen, im Vergleich zu Dn1 und empfindlichen Pflanzen weniger Chlorophyllverluste aufweisen (Heng-Moss et al. 2003). Andere physiologische Beobachtungen von befallenen und nicht befallenen Pflanzen mit *D. noxia* und *R. padi* zeigten einen langsameren Rückgang der photosynthetischen Kapazität von Pflanzen, die mit *D. noxia* befallen sind (Franzen et al. 2008). Obwohl *R. padi* normalerweise keine sichtbaren Symptome bei Pflanzen verursacht, beeinflusst es den Gasaustausch und die Chlorophyllfluoreszenz (Franzen et al. 2008).

Da die Toleranz mit der Reaktion der Pflanzen auf Insektenschäden zusammenhängt, hängt ihre Messung stark von der zu untersuchenden Blattlausart ab. Während bei *D. noxia* und *S. graminum* die Toleranz durch Abschätzung des Chlorophyllverlustes gemessen werden kann (Lage et al. 2003, 2004, Sotelo et al. 2009), ist es bei *R. padi* und *S. avenae* nicht möglich, solche Kriterien anzuwenden, da diese Blattlausarten keine signifikanten Chlorophyllverluste verursachen und keine sichtbaren Symptome in den Pflanzen gezeigt werden. Daher sind Pflanzenwachstums- und Biomassemessungen erforderlich (Dunn et al. 2007, Hesler 2005, Hesler et al. 1999).

Dunn et al. (2007) schlugen eine 14-tägige Expositionsmethode vor, um relativ große Keimplasmasammlungen auf Toleranz gegen die *R. padi* zu untersuchen, indem sie die Trieb- und Wurzelbiomasse in 3 Wochen alten Winterweizenkeimlingen bestimmten. Nach ihrem Protokoll erfolgt die Blattlausinokulation eine Woche nach der Keimung, indem befallene Blätter direkt aus der Blattlausaufzucht mit einer durchschnittlichen Dichte von 10–15 Blattläusen pro Versuchspflanze platziert werden. Nach 2 Wochen werden die Blattläuse entfernt, Triebe und Wurzeln für 48 h bei 65 °C getrocknet und gewogen. Das Experiment wird zweimal wiederholt, jeweils mit fünf Replikaten von befallenen und nicht befallenen Pflanzen pro Genotyp. Die statistische Analyse erfolgt durch den Vergleich von befallenen und nicht befallenen Pflanzen desselben Genotyps.

Lage et al. (2003) messen die Toleranz gegenüber *S. graminum* durch Quantifizierung von Biomasse- und Chlorophyllverlusten. Die Quantifizierung der Biomasse erfolgte durch Einsatz eines Topfkeimlings pro zylindrischem Käfig (40–50 cm x 10 cm). Eine Woche nach der Keimung wurden täglich 20 Blattläuse in die zylindrischen Käfige gegeben, bis die empfindliche Kontrolle dem Tode nahe war. Die Biomasse einer bestimmten Pflanze wurde mit einer nicht befallenen Pflanze mit ähnlicher Ausgangshöhe und neun Replikaten verglichen. Chlorophyllmessungen wurden mit einem tragbaren Gerät durchgeführt, das auch als SPAD-Messgerät bekannt ist und die Rot- und Infrarotdurchlässigkeit misst, um einen Wert zu berechnen, der dem Chlorophyllgehalt entspricht. Es wurden Aufnahmen an der Nahrungsstelle von 30 in einem Clip-Käfig gehaltenen Blattläusen gemacht, fünf befallene wurden mit fünf nicht befallenen Pflanzen verglichen. Das Pflanzengewebe war 4 Tage lang Blattläusen ausgesetzt.

7.2.5 Biotechnologische Methoden

Da der Einsatz von Insektiziden im Rahmen der integrierten Schädlingsbekämpfung eingeschränkt ist und Blattläuse Resistenzen gegen sie entwickeln können, wird nach neuen Methoden zu ihrer Bekämpfung gesucht und diese in biotechnologischen Ansätzen erhofft. Die Nutzung gentechnisch veränderter (GV) Pflanzen zur Bekämpfung von Schadinsekten (Estruch et al. 1997, Kumar et al. 2008) sowie von pilzlichen Pflanzenpathogenen (Rahnamaeian et al. 2009) ist seit mehr als 20 Jahren etabliert, wobei die meisten kommerziellen insektenresistenten GV-Pflanzen *Bacillus thuringiensis* (B.t.) Toxine exprimieren. Diese Toxine sind starke und spezifische Wirkstoffe gegen Coleoptera und Lepidoptera (Kumar et al. 2008), sie sollen Blattläuse aber nicht beeinflussen (Raps et al. 2001). Deshalb wird nach alternativen Strategien für Phloemnutzer gesucht, einschließlich der Expression von Protease-Inhibitoren, RNA-Interferenz (RNAi), antimikrobiellen Peptiden und Repellentien (Abb. 7.41). Das gemeinsame Ziel ist es, die Akzeptanz der Wirtspflanze durch Blattläuse zu stören und ihre Fähigkeit zur Nahrungsaufnahme von Pflanzen zu unterbrechen, wodurch die Auswirkungen eines Befalls reduziert werden. Ein idealer Ansatz für die Kontrolle von Blattlausresistenzgenen wäre die Kombination funktioneller Elemente von wundinduzierbaren Promotoren und phloemspezifischen Promotoren (Will & Vilcinskas 2013). Dies würde die Entwicklung von GV-Pflanzen mit Abwehrmechanismen ermöglichen, die nur durch phloemnutzende Insekten, wie z. B. Blattläusen, ausgelöst werden. Die Ergebnisse verschiedener Studien deuten darauf hin, dass biotechnologische Ansätze eine vielversprechende Strategie zur Bekämpfung von Blattläusen bieten.

Zukunftsperspektiven für GV-Pflanzen

Die ersten GV-Pflanzen wurden 1983 produziert (Fraley et al. 1983). Sie enthielt antibiotische Resistenzgene ohne spezifische Verwendung in der Landwirtschaft, aber die nachfolgende Entwicklung konzentrierte sich auf Herbizidresistenz und Schädlingsresistenz. Obwohl solche GV-Pflanzen der ersten Generation mit veränderten Inputmerkmalen nach wie vor am häufigsten angebaut werden, umfassen die neueren Entwicklungen GV-Pflanzen, die für Outputmerkmale modifiziert wurden, z. B. die Produktion von b-Carotin im Goldenen Reis (Ye et al. 2000), und GV-Pflanzen, die Verbindungen mit Mehrwert wie Impfstoffe und Antikörper produzieren (Ahmad et al. 2012). Zu den neuen Ansätzen in der Agrobiotechnologie gehören RNAi, die Expression antimikrobieller Peptide und die Herstellung von Repellentien zur Bekämpfung von Blattläusen. Die Grundlage dieser neuen Generation von GV-Pflanzen ist die Verfügbarkeit von mehr biologischen Informationen und Genomsequenzen von einer höheren Anzahl von Schädlingsorganismen, um die Zielauswahl zu erleichtern. Da sich diese neuen Ansätze mit physiologischen Prozessen und grundlegenden Arten intraspezifischer und interspezifischer Interaktionen zwischen Schadorganismen, ihren Symbionten und ihren Wirten befassen, erscheint die Entwicklung resistenter oder toleranter Schaderregerpopulationen unwahrscheinlich. Auf dieser Basis entsteht ein neuer Trend zur Entwicklung maßgeschneiderter GV-Pflanzen, die einem oder mehreren ausgewählten, prominenten Schaderregern in einem bestimmten Lebensraum widerstehen können.

Um solche Ansätze an die spezifischen Eigenschaften dieses Schaderregers anzupassen, ist ein breites Verständnis der Biologie der Blattläuse sowie der Wechselwirkungen zwischen Blattläusen und Pflanzen erforderlich. Selbst wenn die Suche nach den alternativen Strategien in der Erzeugung geeigneter Pflanzen mündet, bleibt es fraglich, ob diese in den nächsten Jahrzehnten auf Akzeptanz bei den Landwirten und Verbrauchern stoßen werden.

2016 wurden GV-Pflanzen weltweit auf 185,1 Millionen Hektar angebaut. Das entspricht 12,3 % des weltweit nutzbaren Ackerlandes (laut FAO-Definition 1,5 Milliarden Hektar) (FAO 2015) bzw. etwa dem 10-Fachen der gesamten deutschen Landwirtschaftsfläche (18,4 Millionen Hektar) (ANONYM 2015). Die fünf wichtigsten Länder für die Produktion von GV-Kulturen sind die USA, Brasilien, Argentinien, Indien und Kanada, und die drei wichtigsten Kulturen sind Soja, Mais, und Baumwolle.

Die Einstellung der Verbraucherinnen und Verbraucher gegenüber der GV-Landwirtschaft ist von Land zu Land unterschiedlich, mit hoher Akzeptanz in den USA und Asien und einer verbreiteten Ablehnung in Europa. Zwischen den USA und der EU gibt es Unterschiede bei der Regulierung der Grünen Gentechnik. Die unterschiedlichen Erklärungsansätze werden seit Jahren diskutiert, es besteht jedoch kein wissenschaftlicher Konsens über die Ursachen für die Unterschiede (SWINNEN & VANDEMOORTELE 2010). Als problematisch erweisen sich neue Verfahren der Pflanzenzüchtung, die seit der Etablierung der ersten Regulierungsmaßnahmen von GV-Pflanzen entwickelt wurden. Sie stellen eine regulatorische Herausforderung dar, weil der Status der aus ihnen hervorgehenden Pflanzen häufig unklar ist. Ein Vergleich zwischen Argentinien, Australien, der EU, Japan, Kanada, Südafrika und den USA zeigt, dass sich Begriffe, Gesetze und Regulierungsvorschriften zwischen den Ländern stark unterscheiden. Entscheidungen werden häufig auf der Basis unterschiedlicher Techniken oder sogar auf Einzelfallbasis getroffen. Es ist davon auszugehen, dass dieselbe oder eine sehr ähnliche Züchtungsmethode in verschiedenen Ländern als GVO oder nicht-GVO eingestuft werden wird. Dies hat bereits zu asynchronen Zulassungen geführt, welche störenden Einfluss auf den internationalen Handel haben können (Lusser & Davies 2013). Die Ankündigung der britischen Regierung, nach dem Austritt aus der EU das Verbot bestimmter gentechnischer Methoden (Gen-Editing) zu kassieren, sorgte für Verwirrung und veranlasste Politikerinnen und Politiker in der EU, ihre Einstellung zu diesem Thema zu überdenken. So sind wahrscheinlich auch Erklärungen der Partei der »Bündnis 90/Die Grünen« in Deutschland zu verstehen, die keine grundsätzlich ablehnende Einstellung zu GVO in der Landwirtschaft mehr einnehmen wollen.

8 Artbestimmung

Nachfolgend soll ein kurzer Überblick über die Methoden zum Sammeln, Konservieren und Präparieren von Blattläusen gegeben werden. Diese sind die Grundlage für eine erfolgreiche Artbestimmung. Ausführlichere Techniken zur Untersuchung von Blattläusen sind bei van Emden (1972), Minks & Harrewijn (1988), Müller (1962, 1970) oder Quednau (1954) zu finden.

8.1 Sammlung

Blattläuse an Bäumen und Sträuchern können durch Keschern oder Klopfen oder einfach durch vorsichtiges Absuchen geeigneter Pflanzenteile eingesammelt werden. Das Aufklopfen auf ein Tablett oder eine Pappe, die unter den Ast gehalten wird, kann für freilebende Blattläuse auf Blättern und Trieben von Bäumen oder Sträuchern nützlich sein, insbesondere für Lachninae auf Nadelbäumen. Diese Methode ist jedoch nicht sehr effizient für aktive, geflügelte Blattläuse vieler Calaphidinae, von denen die Adulten bei Störung abfliegen, sodass nur die juvenilen und beschädigten Erwachsenen auf das Klopftablett fallen. Das Klopfen kann nicht zum Sammeln von Blattläusen verwendet werden, die in Wachsfäden eingehüllt leben, wie z. B. Adelgidae. Es kann auch nicht verwendet werden für gallenbewohnende Blattläuse und solche, die an Bäumen Stämme oder große Äste besiedeln.

Wenn möglich, sollte die ganze Pflanze sorgfältig untersucht und die Blattläuse direkt im Freiland entnommen werden. Dies ermöglicht das Eintragen einer repräsentativen Stichprobe aller verfügbaren Morphen und Entwicklungsstadien und liefert Informationen über den Ort der Besiedelung, die Größe und das Aussehen im Leben der Kolonie. Vorsicht ist geboten beim Vorfinden einzelner Individuen, die häufig von anderen Pflanzen abgefallen oder durch Wind verfrachtet sein können (wodurch die tatsächliche Wirtspflanzenbeziehung nicht mehr zu erkennen ist). Von Ameisen betreute Blattläuse, wie Thelaxinae, Chaitophorinae und viele Lachninae, können oft erkannt werden, indem man Ameisen beobachtet, die sich am Baumstamm nach oben bewegen. Ansammlungen aktiver Dipteren und Hymenopteren können ebenfalls die Anwesenheit der honigtauproduzierenden Blattläuse verraten.

Das Sammeln von Blattläusen an krautigen Pflanzen erfordert eine sorgfältige Untersuchung aller Pflanzenteile, wobei auch die Unterseite der Blätter und die Blütenstände nicht vernachlässigt werden dürfen. Die basale Pflanzenteile oder Wurzeln besiedelnden Blattläuse sind oft durch die Anwesenheit von betreuenden Ameisen zu erkennen. Häufig werden sie an der Pflanzenbasis durch die Ameisen auch mit Erdpartikeln abgedeckt. Einige Blattläuse neigen dazu, sich auf vergeilten Stängeln oder Ausläufern anzusiedeln, die im Dunkeln unter Steinen wachsen. Einige sind sehr kryptisch und können nur mithilfe eines Klopftabletts entdeckt werden. Das Klopfen kann auch die Methode sein, um Blattläuse zu fangen, die sich bei geringster Störung von der Pflanze herunterfallen lassen. Das Abkeschern krautiger Vegetation ist nicht zu empfehlen, da mit einem Kescherschlag meist die Blattläuse mehrerer Pflanzenarten gefangen werden und die tatsächliche Wirtspflanzenbeziehung nicht mehr zu erkennen ist.

Beste Ergebnisse werden erzielt, wenn die Blattläuse lebend auf einem Wirtspflanzenteil in das Labor überführt und nicht gleich im Konservierungsmittel gesammelt werden. Dabei ist auf die Entfernung aller Prädatoren zu achten. Geeignete Sammelgefäße sind große, mit Watte verschlossene Behältnisse oder Polyäthylenbeutel. Um überschüssiges Kondenswasser aufzusaugen, sollte jedem Gefäß ein Stück Papier (z. B. Küchenrolle) beigefügt werden. Bei Verwendung eines Polyäthylenbeutels sollte vor dem Verschnüren viel Luft eingeschlossen werden. Niemals sollten die Sammelgefäße direkter Sonneneinstrahlung (auch im Auto) ausgesetzt werden. Vorzuziehen ist die Aufbewahrung der Proben in einem isolierten Kühlbeutel oder einer isolierten Kühlbox mit Kühlakkus. Hierdurch werden nicht nur die Blattläuse am Leben erhalten, sondern juvenilen Stadien wird auch das Erreichen des Erwachsenenstadiums ermöglicht, wenn die Lagerung einige Tage dauert. Um ihre vollständige Pigmentierung entwickeln zu können, sollten adulte Tiere nach Erreichen des Erwachsenenstadiums ein bis zwei Tage am Leben gelassen werden. Hierdurch lassen sich auch vorhandene Parasitoide aufziehen.

Um baumbesiedelnde Blattläuse zu sammeln, empfehlen Blackman & Eastop (2020) noch eine andere Methode: Diese besteht darin, die Blattlauseier im Spätsommer oder im zeitigen Frühjahr an den Zweigen, Ästen oder am Stamm zu suchen. Günstig sei ein sonniger Tag, da viele Blattlauseier schwarz glänzend und im Sonnenlicht viel auffälliger sind. Alle Zweige, an denen sich Eier befinden, können abgeschnitten, ins Labor gebracht und ins Wasser gestellt werden. Die aus den Eiern schlüpfenden Fundatrizen können oft an den anschwellenden und aufbrechenden Knospen und jungen Trieben zu adulten Tieren aufgezogen werden.

Es ist sehr wichtig, zum Zeitpunkt der Entnahme der Blattläuse möglichst vollständige Sammeldaten zu notieren: Ort und Datum, Wirtspflanze, biologische Informationen wie Vitalfärbung und Wachsbedeckung der Blattläuse (sowohl der Larven als auch der Erwachsenen), wo die Pflanze besiedelt wird, ob die Blattläuse zerstreut oder in einer großen Kolonie auftreten und ob Ameisen anwesend sind oder nicht. Bewährt hat sich das Führen eines Feldnotizbuchs. Darin kann auch für jede Probe eine Sammelnummer vergeben werden, die auf einen Zettel geschrieben in den Behälter mit den Tieren gelegt wird. Für die Artbestimmung der eingetragenen Blattläuse ist es essenziell, die genaue Identität ihrer Wirtspflanzen zu kennen. Wenn die Artzugehörigkeit der Pflanze unbekannt oder unsicher ist, sollten für die Untersuchung durch eine Botanikerin, einen Botaniker Pflanzenteile (Blätter, Blüten oder Früchte) entnommen werden. Dabei sollten auch Notizen über die Wuchsform der Pflanze und bei Bäumen über die Form und Beschaffenheit der Rinde gemacht werden.

Zur guten Feldausrüstung gehören für den Umgang mit Blattläusen ein feiner Pinsel, eine gute Handlinse und eine kleine Gartenschere.

Wenn möglich, sollten die Blattläuse vor der Überführung in die Konservierungsflüssigkeit einige Minuten in einem leeren Glasgefäß umherlaufen können. Hierdurch können sie den kontrahierten Rüssel wieder ausdehnen und erleichtern somit die Präparation.

8.2 Präparation

Um Blattläuse richtig zu identifizieren, ist es oft notwendig, sie sorgfältig unter dem Mikroskop zu untersuchen. Dies gilt insbesondere für Blattläuse, die zu schwierigen oder großen Gattungen wie *Aphis* und *Pemphigus* gehören, bei denen die diagnostischen Merkmale sehr klein sind. Eine bis zu 500-fache Vergrößerung ist in der Regel ausreichend, wobei eine phasenkontrastreiche Beleuchtung von Vorteil ist.

Für die Untersuchung unter dem Mikroskop müssen die Blattläuse sorgfältig auf Objektträgern eingebettet werden. Versuche, Zeit zu sparen, können zu Präparaten führen, die für eine spätere Verwendung ungeeignet oder weniger nützlich sind, weil die Tiere verzerrt wurden. Steht wenig Zeit zur Verfügung bzw. fehlt es an Erfahrung oder technischer Ausstattung, um gute Präparate herzustellen, und wird die Hilfe einer Spezialistin, eines

Spezialisten benötigt, sollte das fragliche Tier unpräpariert eingesandt werden. Das Auflösen und Umbetten schlecht präparierter oder beschädigter Blattläuse ist zeitaufwendig und die meisten Spezialistinnen bzw. Spezialisten sind nicht bereit dies zu tun.

Im Prinzip gibt es verschiedene Techniken, um Blattläuse auf Objektträgern zu befestigen, aber die folgenden können zur schnellen Identifizierung verwendet werden. Die Blattläuse werden auf einem Objektträger so ausgerichtet, dass alle Merkmale, die zur Identifizierung untersucht werden müssen, sichtbar sind. Daher wird zunächst ein Tier mit der ventralen Seite nach oben aufgelegt. Dies ist das Primärpräparat. Liegen mehrere Exemplare vor, ist es günstig, ein Exemplar auf die Seite und ein drittes mit der dorsalen Seite nach oben zu präparieren. Es ist wichtig, die Antennen, Beine und Flügel der Primärprobe zu spreizen. Es sollte darauf geachtet werden, diese Exemplare so auszurichten, dass die Tarsen sichtbar sind und die Flügel flach liegen. Wenn das Rostrum kurz und der Thorax sehr dunkel ist, wie bei Geflügelten oft der Fall, sollte das Rostrum nach einer Seite verschoben werden, sodass das letzte Rostralsegment (R IV+V) nicht durch den Thorax verdeckt wird. Ist das Rostrum hingegen lang oder der Thorax blass, wird das Rostrum am besten ventral entlang der Mittellinie platziert, sodass seine Länge und die Form von R IV+V leicht bestimmt werden kann.

Die Montage ist einfacher und die Qualität der Präparate ist besser, wenn die Blattläuse zuerst in 80–90%igem Ethanol (Alkohol) gelagert werden. Dies schont die Läuse und dehnt ihre Flügel, Beine und alle intersegmentalen Membranen aus.

Für morphologische Untersuchungen werden die Blattläuse in dicht verschlossenen Röhrchen aufbewahrt, die mit 80–90%igem Ethanol gefüllt sind. Bei längerer Lagerung kann man nach einigen Tagen das Konservierungsmedium zu 1/3 mit 75 Gewichts-% Milchsäure auffüllen, die Röhren mit Watte verschließen und unter Alkohol in einem luftdicht verschlossenen Glasgefäß aufbewahren.

Die Mazeration zur Entfernung des weichen Gewebes der Tiere vor dem Einbetten erfolgt am besten mit den Probenröhrchen über dem Bunsenbrenner (Vorsicht vor einem Siedeverzug), in einem Wasserbad nahe dem Siedepunkt oder auf einem Trockenblockheizer. Dazu empfehlen Blackman & Eastop (2020) die folgenden Schritte:

1. Die Probe 5 Min. lang in 95%igem Ethanol erhitzen.

2. Die Probe in 50%igem Ethanol in ein Uhrglas überführen, die Probe für die Einbettung sortieren und die Abdomen mit einer feinen entomologischen Nadel einstechen.

3. Dekantieren oder Abpipettieren des Ethanols, Zugabe von 10%iger KOH-Lösung, diese 3–5 Min. erhitzen. Prüfen, ob der Körperinhalt durchsichtig geworden ist; falls nicht, weitere 2–3 Min. stehen lassen oder, falls nötig, einen Teil des Körperinhalts durch leichtes Zusammendrücken des Abdomens mit einer Pinzette herausdrücken. Die Erhitzung der Blattläuse in der Lösung muss beendet werden, sobald Beine oder Flügel sich zu strecken beginnen oder die Lösung zu kochen beginnt.

4. KOH-Lösung dekantieren oder abpipettieren und die Proben durch 5–6-maliges Wechseln von destilliertem oder deionisiertem Wasser von KOH reinigen (dabei jedes Mal mindestens 5 Min. einweichen lassen). Es ist wichtig, dass der Blattlauskörper nach der Mazeration und dem Waschen vollständig mit Flüssigkeit gefüllt ist. Andernfalls kollabiert das Tier und es wird schwierig, die Merkmale zu unterscheiden (z. B. um die Platten oder Borsten auf der Ober- und Unterseite zu trennen).

Nun können die Exemplare direkt in ein flüssiges (wasserbasiertes) Faure-Berlese-Einbettungsmedium überführt werden. Dieses besteht aus 12 g reinem Gummiarabikum, 6,5 ml reinem Glyzerin, 20 g Chloralhydrat und 20 ml destilliertem Wasser. Oft werden aber Balsameinbettungsmedien wegen ihrer Dauerhaftigkeit und Beständigkeit gegen eine Vielzahl von klimatischen Bedingungen empfohlen. Die mazerierten Exemplare müssen hierfür vor dem Einbetten in Kanadabalsam vollständig dehydriert und gereinigt werden. Dies kann am einfachsten mit der Methode von Martin (1983) durchgeführt werden. Nach Durchführung der oben vorgestellten Arbeitsschritte 1–4 wird folgendermaßen weiter verfahren:

5. Entfernung des destillierten Wassers und Zugabe von Eisessig. Nach 2–3 Min. erfolgt das Abpipettieren der alten und Zugabe von frischer Eisessigsäure, danach Entfernung der Eisessigsäure.

6. Als Reinigungsmittel wird Nelkenöl zugegeben, in dem die Tiere dann schwimmen. Etwa 10–20 Min. stehen lassen, bis die Probe klar ist.

7. Auf einen sauberen Objektträger wird ein Tropfen dünnen Kanadabalsams gegeben und darauf werden 1–2 Blattläuse schnell und mit unverdrehtem Körper aufgelegt und ausgerichtet (Rückenseite nach oben und Körperanhänge ausgebreitet). Die Merkmale der im mütterlichen Körper enthaltenen Embryonen, insbesondere die Anzahl, Größe und Anordnung der Dorsalborsten, werden häufig zur Artbestimmung verwendet, z. B. bei den aus den Gallen stammenden Geflügelten der Eriosomatinae und Hormaphidinae sowie bei bestimmten Calaphidinae. Diese Merkmale können bei gut präparierten Exemplaren durch die mütterliche Cuticula beobachtet werden. Sie lassen sich aber besser erkennen, wenn durch eine kleine Öffnung im Abdomen Embryonen ausgedrückt und vorsichtig in das Einbettungsmedium überführt werden.

Abb. 8.1: Beschriftetes Präparat.

8. Ein sauberes Deckglas wird in Xylol getaucht und sofort vorsichtig auf die im Tropfen befindlichen Blattläuse gelegt. Dabei ist darauf zu achten, das Einbettungsmedium gleichmäßig zu verteilen und keine Luftblasen einzuschließen.

9. Etwa 1 Woche lang Trocknung des Objektträgers (in horizontaler Position) in einem Ofen bei 50 °C.

Steht ein Ofen nicht zur Verfügung, muss der Objektträger einen Monat lang in horizontaler Lage gelagert werden. Nach dieser Behandlung sollte das Deckglas jedes Objektträgers mit Lack (oder Nagellack) umrandet werden.

Objektträger werden in speziellen Kästen in dunkler und trockener Umgebung bei Raumtemperatur gelagert. Bei dieser Lagerung haben die Objektträger eine Haltbarkeit von 20–30 Jahren.

Für eine ausführlichere Darstellung der Einbettungsverfahren für Blattläuse und andere kleine Insekten sowie für Ratschläge zum Wiederinstandsetzen von sich verschlechternden Blattläusepräparaten siehe Brown & De Boise (2004).

Eine präparierte Blattlaus ist nur wertvoll, wenn sie etikettiert ist. Die Informationen auf dem Etikett sollten wie in Abb. 8.1 angegeben sein. Um das Auffinden der Exemplare auf den Objektträgern zu erleichtern, insbesondere von kleinen und blassen Blattläusen, sollten diese in der Mitte des Objektträgers montiert werden. Dies ist mithilfe einer Schablone leicht möglich. Hierfür wird ein Objektträger verwendet, der auf der Unterseite in der Mitte markiert ist. Diese Markierung wird zur Ausrichtung der Tiere genutzt. Die Markierung sollte so ausgefüllt werden, dass der Kopf der Blattlaus dem Präparator zugewandt ist, damit die Blattlaus bei der Betrachtung unter einem Mikroskop richtig orientiert ist.

Nach den praktischen Erfahrungen vieler Aphidologinnen und Aphidologen ist es günstig, dicke Pappetiketten auf die Objektträger zu kleben. Diese tragen dazu bei, das Präparat zu schützen, und ermöglichen, dass die Objektträger vertikal gestapelt werden können, wodurch man Platz spart.

8.3 Bestimmung

Eine geringe Körpergröße und hochgradige Ähnlichkeit, die zwischen Blattlausarten mit sehr unterschiedlicher Biologie und wirtschaftlicher Bedeutung besteht, erschweren die Artbestimmung beträchtlich. Der größere Teil der zur Bestimmung genutzten Literatur stützt sich auf solche Merkmale, die erst in einem mikroskopischen Präparat guter Qualität erkennbar werden. Zur Herstellung solcher Präparate benötigt man aber technische Voraussetzungen und praktische Erfahrungen. Börner (1949b) und Quednau (1954) verwenden in Bestimmungstabellen u. a. Merkmale wie die Zahl der Borsten am 1. Tarsenglied oder die Anordnung der Borsten auf dem Rücken der Larven des 1. Stadiums. Sie ist deshalb nicht für Benutzerinnen und Benutzer geeignet, die ohne Spezialkenntnisse und ohne komplizierte Untersuchungstechnik Blattläuse bestimmen müssen. Die richtig und schnell zu treffende Diagnose der Art ist jedoch die Grundlage für Entscheidungen über die Behandlung umfangreicher Pflanzenbestände oder sonstige einzuleitende Maßnahmen.

Die zur »Schnelldiagnose« heranzuziehenden Kennzeichen beschränken sich auf solche, die mit einer 10-fach vergrößernden Lupe am lebenden Tier oder bei Betrachtung der in 75%igem Alkohol aufbewahrten Tiere unter einem Stereomikroskop, in besonderen Fällen mittels eines Durchlichtmikroskops bei schwacher Vergrößerung ohne weitere Präparation gut sichtbar sind. Erleichtert wird die Bestimmung, wenn die Wirtspflanze bekannt ist. Sie wird erschwert, wenn Blattläuse ohne Kenntnis der Wirtspflanze, z. B. Fallenfänge, untersucht werden müssen und komplizierte Merkmale zur Gattungsdiagnose existieren (Müller 1966b). Schwierigkeiten bereitet auch, dass die verschiedenen Morphen, die jahreszeitlich im Verlauf des Generationswechsels der Heterogonie auftreten, sich morphologisch unterscheiden können.

Artbestimmung bei bekannter Wirtspflanze

Bei Kenntnis der Wirtspflanze kann weitgehend auf die Verwendung schwer erkennbarer Gattungs- und Artmerkmale verzichtet werden. Hierfür konnten Schlüssel erstellt werden, für deren Benutzung nur eine

10-fach vergrößernde Lupe benötigt wird. Der Habitus der lebenden Tiere sollte dabei an erster Stelle registriert werden. Dies betrifft die nicht immer gleichmäßige Grundfärbung, die Beschaffenheit der Oberfläche (stark glänzend, glänzend, matt, bereift, bepudert, mit grobem Wachsmehl oder mit fädiger Wachsbedeckung), Unterschiede im Aussehen zwischen Adulten und Larven sowie das Befallsbild. Solche Bestimmungswerke basieren auf der Untersuchung der an die Wirtspflanze gebundenen Ungeflügelten, wobei aber das Aussehen der Geflügelten möglichst mitzuerwähnen ist. Sie gestatten die Trennung sehr ähnlich aussehender, monophag an verschiedenen Nahrungspflanzen lebender Arten. Allerdings versagen sie, wenn derartige Arten einen Wirtswechsel durchführen und, wie Gruppen in der Gattung *Aphis,* einen gemeinsamen Primärwirt besitzen und die Fundatrizen oder Fundatrigenien identifiziert werden sollen. Da auch die polyphagen und oligophagen Blattläuse, bei denen die jeweilige Wirtspflanze keine oder nur wenige Hinweise auf die Artzugehörigkeit ermöglicht, bestimmungstechnisch mit berücksichtigt werden müssen, sind in größerem Umfang außer den oben genannten Merkmalen auch solche wie die Pigmentierung, das Stirnprofil und die relative Länge der Körperanhänge mit heranzuziehen. Solche Bestimmungstabellen für Blattläuse sind in Stresemanns Exkursionsfauna (Thieme & Müller 2000) enthalten. Auch der von Müller (1964) für Gramineen-Blattläuse erstellte Bestimmungsschlüssel beruht auf dem gleichen Prinzip. Stroyan (1952) hat einen Schlüssel zur Identifizierung der ungeflügelten Virgines von Blattläusen mit wirtschaftlicher Bedeutung veröffentlicht. Dieser Schlüssel führt unmittelbar zu einer von 16 ausgewählten Gattungen und benutzt vorwiegend einfache Merkmale. Er ist illustriert mit Detailzeichnungen von Köpfen, Siphonen und Cauda sowie mit mehreren Mikrofotos. Bei den Gattungen befinden sich Angaben über Wirtspflanzen, sodass eine Bestätigung des unter Nutzung morphometrischer Kriterien gewonnenen Bestimmungsergebnisses ermöglicht wird.

Die Schlüssel zu den Blattläusen von Fennoskandia und Dänemark (Heie 1980, 1982, 1986, 1992, 1994, 1995) berücksichtigen auch die in Norddeutschland gefundenen Blattläuse und werden wahrscheinlich noch für einige Zeit das Standardwerk der europäischen Aphidologinnen und Aphidologen bleiben. Für den größten Teil Nordeuropas existieren Schlüssel für Blattläuse (Hille Ris Lambers 1938, 1939, 1947, 1949, 1953, Shaposhnikov 1964, Stroyan 1977, 1984), für die Laubbäume Großbritanniens (Dixon & Thieme 2007) und für die Nutzpflanzen, Bäume, krautige Pflanzen und Sträucher der Welt (Blackman & Eastop 1984, 1994, 2006). Blackman & Eastop haben die Inhalte ihrer Bücher zusammengefasst und auf einer Webseite (www.aphidsonworldsplants.info) kostenlos zugänglich gemacht.

Für wirtschaftlich bedeutende Kulturpflanzen in Deutschland, wie Getreide, Kartoffel, Beta-Rüben und Leguminosen, erstellten THIEME & HEIMBACH (1992, 1993, 1994, 1996) Schlüssel zur Bestimmung der Blattläuse.

Artidentifizierung ohne Kenntnis der Wirtspflanze

Bestimmungsschlüssel, die ausschließlich auf morphometrischen Merkmalen aufgebaut sind, können zwei Orientierungen haben. Sie können entweder die ungeflügelten und geflügelten lebendgebärenden Weibchen, möglichst auch andere Morphen in sich aufnehmen, oder sich nur auf die Geflügelten beziehen. Häufig liegt nur Alkoholmaterial vor, bei dem Informationen über das Aussehen der lebenden Tiere fehlen.

Nur wenn alle taxonomisch verwertbaren Kennzeichen mit berücksichtigt werden, sind Tabellen sowohl für Ungeflügelte wie für Geflügelte brauchbar. Viele solcher Merkmale erkennt man erst im mikroskopischen Präparat. Als Beispiel sei die von MÜLLER (1973) vorgestellte Unterscheidung der Gattung *Aphis* gegenüber *Rhopalosiphum, Schizaphis, Hyalopterus* und *Longiunguis* dargestellt. Alle Arten dieser Gattungen haben Gemeinsamkeiten im äußeren Habitus. Als Unterscheidungsmerkmal dient die Stellung des Marginaltuberkels (mt in Abb. 3.35) des VII. Abdominalsegments. Dieser Tuberkel befindet sich bei *Aphis* ventral vom Stigma, bei der *Rhopalosiphum*-Gruppe dagegen hinter dem Stigma des VII. Hinterleibssegments. Er ist bei vielen *Aphis*-Arten verhältnismäßig groß und oft schon mit einer 10-fach-Lupe sichtbar; bei der *Rhopalosiphum*-Gruppe ist er dagegen oft nur im mikroskopischen Präparat zu erkennen. Dieses wichtige Merkmal weist die natürliche Verwandtschaft der in den Gattungen zusammengefassten Arten aus. Die Arten der *Rhopalosiphum*-Gruppe sind nämlich sämtlich Bewohner von monocotyledonen Pflanzen (fünf wirtswechselnde Arten benutzen außerdem als Winterwirte einige Rosaceen), während die *Aphis*-Arten auf dicotyledonen Pflanzen leben (Ausnahmen *Aphis liliago* auf *Anthericum liliago* und gelegentliches Vorkommen von *Aphis fabae* an Mais). STROYAN (1977, 1984) hat dieses schwer erkennbare Merkmal in Hinblick auf seine taxonomische Wichtigkeit in seinem für die Praxis bestimmten Bestimmungsschlüssel mit verwendet.

Es existieren Merkmale, zu deren Betrachtung Lupe und Stereomikroskop nicht mehr ausreichen, die aber ohne spezielle Präparation im Durchlichtmikroskop erkannt werden: die Beschaffenheit der Cuticula des Kopfes, der Feinbau der Antennen und Siphonen sowie die Behaarung der Cauda und der übrigen Körperanhänge.

Die Cuticula des Kopfes kann vollkommen glatt sein (Abb. 8.2 A), sie kann aber auch zahlreiche Höcker oder Dörnchen aufweisen (Abb. 8.2 C).

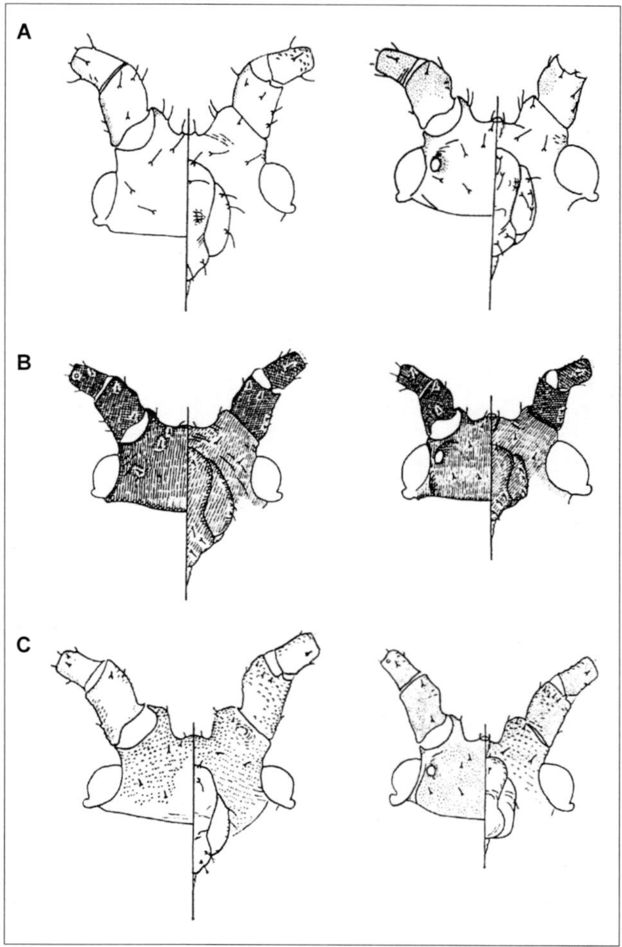

Abb. 8.2: Kopf des ungeflügelten (links) und des geflügelten (rechts) lebendgebärenden Weibchens von *Macrosiphum euphorbiae* (A), *Sitobion avenae* (B), *Aulacorthum solani* (C) (nach Müller 1973a).

Merkmale des Antennenfeinbaus betreffen vor allem die Rhinarien, die als primäre und sekundäre Rhinarien ausgebildet sind. Die primären Rhinarien sind immer vorhanden, und zwar an jeder Antenne zwei. Das eine befindet sich unmittelbar vor dem distalen Ende des vorletzten Antennengliedes, während durch das andere das letzte Antennenglied in eine Basis und in einen dünneren Processus terminalis geteilt wird, dessen relative Länge im Vergleich zur Basis oder mit dem III. Antennenglied ein oft genutztes Bestimmungsmerkmal ist. Sekundäre Rhinarien sind bei den ungeflügelten lebendgebärenden Weibchen meist auf das III. Antennenglied beschränkt (Abb. 8.3), oder sie fehlen in dieser Morphe völlig (Abb. 8.4 B). Regelmäßig und in größerer Zahl können die sekundären Rhinarien an den

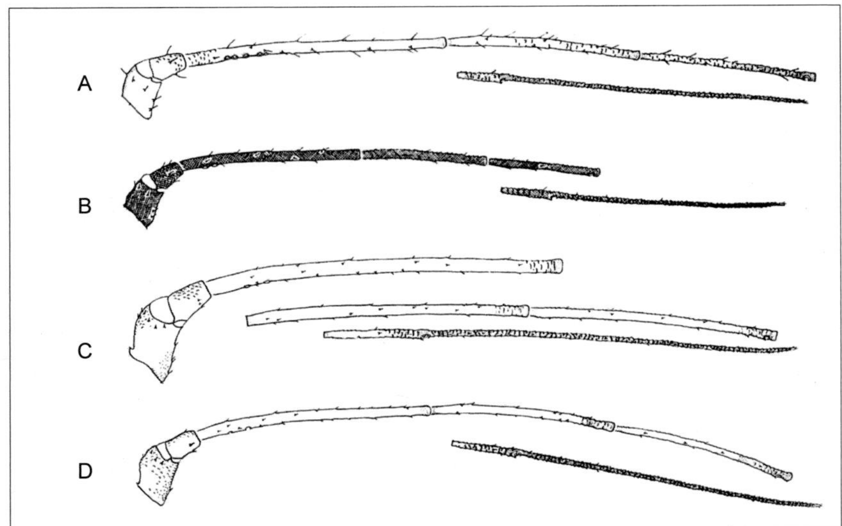

Abb. 8.3: Antenne des ungeflügelten viviparen Weibchens von *Macrosiphum euphorbiae* (A), *Sitobion avenae* (B), *Acyrthosiphon pisum* (C), *Aulacorthum solani* (D) (nach MÜLLER 1973a).

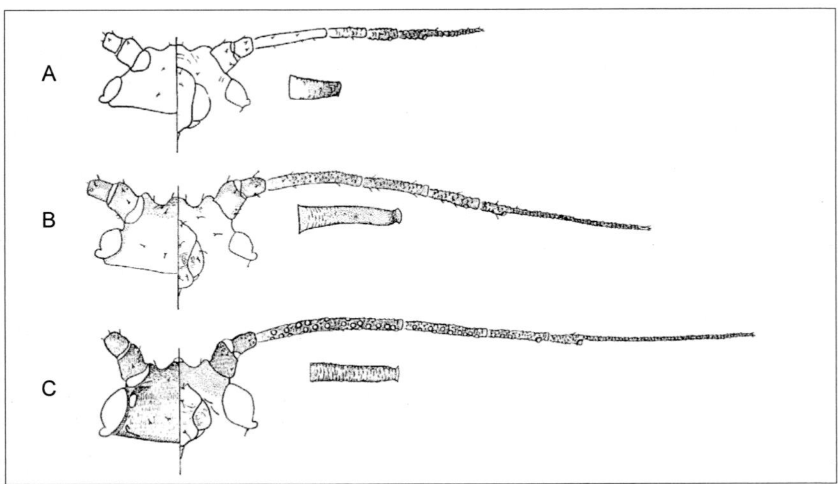

Abb. 8.4: Kopf, Antenne und Sipho der Fundatrix (A), des ungeflügelten (B) und des geflügelten (C) viviparen Weibchens von *Rhopalosiphum padi* (nach MÜLLER 1973a).

Antennen der Geflügelten gefunden werden. Bei dieser Morphe sind sie mitunter auch auf anderen Antennengliedern zu finden.

Gestalt und relative Länge der Siphonen gehören zu den wichtigsten Bestimmungsmerkmalen der Blattläuse und lassen sich gut mit einer Lupe betrachten. Zur Untersuchung des Feinbaus ist jedoch ein Mikroskop er-

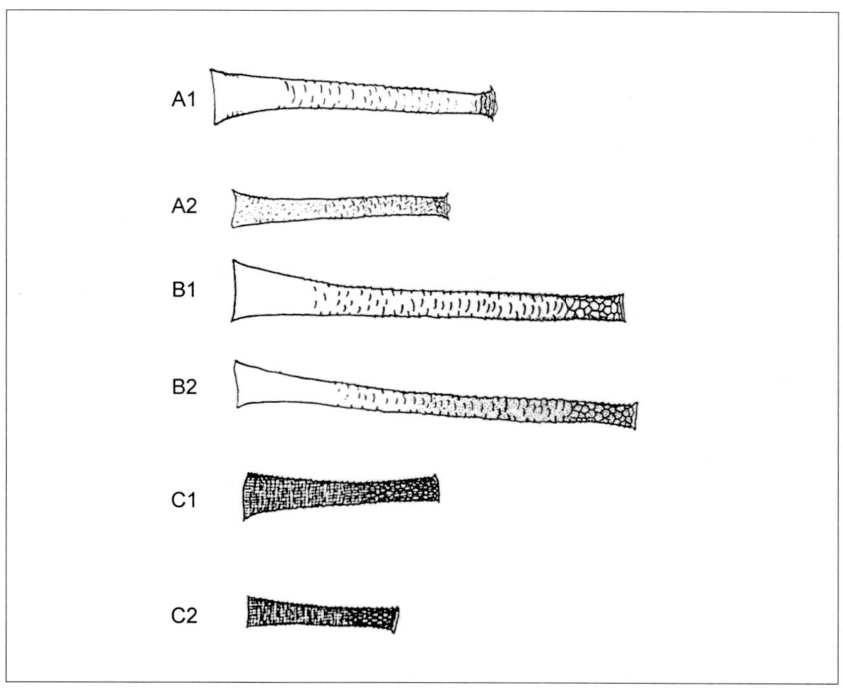

Abb. 8.5: Sipho des ungeflügelten (1) und des geflügelten (2) viviparen Weibchens von *Aulacorthum solani* (A), *Macrosiphum euphorbiae* (B), *Sitobion avenae* (C) (nach Müller 1973a).

forderlich. Mit seiner Hilfe lassen sich Merkmale erkennen, die zur Art-, in einigen Fällen sogar zur Gattungsdiagnose von Bedeutung sind. An ihrem distalen Ende ist ein Flansch sehr deutlich (Abb. 8.5 A) oder nur undeutlich ausgebildet (Abb. 8.5 B, C). Unter dem Flansch kann sich eine Einschnürung befinden (Abb. 8.4 B, C). Große Bedeutung hat auch die Chitinskulptur der Siphonen. Ihre Oberfläche kann glatt, »geschuppt« oder granuliert sein. Einige Gattungen sind dadurch charakterisiert, dass das distale Ende der Siphonen eine retikulierte Zone (Netzskulptur) aufweist (Abb. 8.5 B, C); dieses Merkmal ist jedoch bei den Larven nicht ausgebildet.

Die Blattläusesystematik stützt sich u. a. auf die Chaetotaxie (Behaarung). Viele der dabei zu nutzenden Merkmale werden erst an mazerierten Tieren im mikroskopischen Präparat gesehen, z. B. die Zahl der Setae am ersten Tarsenglied, am letzten Rüsselglied oder auf dem Dorsum. Andere Behaarungsmerkmale kann man unter einem gewöhnlichen Mikroskop ohne besondere Präparation sehen, z. B. die Borsten der Cauda, der Antennen und der Beine, bei Tieren mit langen und steifen Rückenborsten sogar deren Anordnung auf dem Tergum. Gut zu erkennen ist besonders die Länge der Setae an den Antennen: ob diese länger oder kürzer oder so lang wie der Durchmesser des III. Fühlergliedes sind. Die Länge dieser Setae spielt eine wichtige Rolle zur Bestimmung von *Aphis*-Arten ohne Kenntnis der Wirtspflanze. Ein weiteres Beispiel zeigt die Abb. 8.3. Die längsten Antennenborsten der grünstreifigen Kartoffelblattlaus *Macrosiphum euphorbiae* sind bei den Ungeflügelten etwa so lang wie der mittlere Durchmesser des III. Antennengliedes (Abb. 8.3 A) (bei den Geflügelten nur wenig kürzer). Dagegen sind die entsprechenden Borsten der Getreideblattlaus *Sitobion avenae* nur etwa halb so lang (Abb. 8.3 B). Die traditionelle Mazerierung der zu präparierenden Tiere hat dazu beigetragen, dass sich spezielle Strukturen (z. B. aus Proteinen gebildete Sensillen) auflösten und lange Zeit unerkannt blieben. Gegenwärtig werden diese Strukturen »zerstörungsfrei« mittels REM-Aufnahmen untersucht (z. B. von Kanturski et al. 2018, 2020).

Seit vielen Jahren wird die Populationsdynamik wirtschaftlich bedeutender Blattläuse durch Gelbschalenfänge der Geflügelten überwacht. In diesen wassergefüllten, innen gelb gefärbten Schalen können geflügelte Blattläuse in Massen erbeuten werden. Einige der wirtschaftlich wichtigen Arten müssen von ähnlich aussehenden, aber wirtschaftlich unbedeutenden, unterschieden werden. Für die Identifizierung speziell von geflügelten Blattläusen gibt es nur wenige Bestimmungsschlüssel. Der von Müller (1966) für europäische Verhältnisse geschaffene Schlüssel basiert auf Körperproportionen und Pigmentzeichnung. Die Illustrationen sind deshalb Fotos von ganzen Tieren. An einigen Stellen, welche die Unterscheidung sehr ähnlicher Arten zum Ziel haben, mussten auch leicht feststellbare Merkmale des Feinbaus mit verwendet werden. Medler & Ghosh (1969) haben in ihrem für Nordamerika geltenden Geflügelten-Bestimmungsschlüssel in größerem Maße Merkmale des morphometrischen Feinbaus aufgenommen und für die Illustrationen hauptsächlich Mikrofotos von Körperteilen und -bezirken präparierter Geflügelter benutzt. Für die Bestimmung der in Saugfallen gefangenen Blattläuse aus Großbritannien und Westeuropa stellten Taylor et al. (1984) einen Schlüssel vor, der auf den Merkmalen präparierter Tieren unter dem Stereomikroskop (16- bis 80-fache Vergrößerung) basiert und Zeichnungen nutzt.

Arterkennung mit Berücksichtigung aller Morphen

Tabellen zur Bestimmung von Blattläusen basieren im Allgemeinen auf Merkmalen der Morphometrie ungeflügelter und/oder geflügelter Lebendgebärender. Die Berücksichtigung der übrigen Morphen (Fundatrizen und Sexuales) bereitet Schwierigkeiten, weil diese bei manchen Arten noch nicht oder nur unvollständig bekannt sind – oder sie sind dermaßen abweichend gebaut, dass sie im Schlüsselschema schwer unterzubringen sind. Dies ist insbesondere zutreffend für die Unterfamilie Pemphiginae und die Gattung *Anoecia*. Diese besitzen zwerghafte Sexuales. Da mehrere Arten beim Wirtswechsel den gleichen Primärwirt benutzen, müssten zur Analyse ihrer artspezifischen Merkmale die Sexuales in Isolierzuchten gewonnen werden. Bei den übrigen Aphidina weichen die Sexuales weniger von den Lebendgebärenden ab. Dennoch sind die Unterschiede so groß, dass es sich empfiehlt, innerhalb der Gattungen Schlüssel getrennt nach Morphen aufzustellen. So hat Szelegiewicz (1961) für die Gattung *Chaitophorus* einen Schlüssel vorgestellt, in dem alle fünf Morphen für sich dargestellt sind.

Abb. 3.7 zeigt die Fundatrix, die Fundatrigenie und die Geflügelten der Salatwurzellaus *Pemphigus bursarius*. Hier sind die erheblichen Unterschiede auffallend, die im Feinbau der Antennen zwischen den Emigrantes (das sind die im Frühsommer von den Primärwirten *Populus nigra* einschließlich f. *pyramidalis* abwandernden Geflügelten) und den Sexuparae bestehen. Vergleichbare Unterschiede zeigen Emigrantes und Sexuparae bei der von denselben Primärwirten zu den Wurzeln von Möhren migrierenden Art *Pemphigus phenax* (Abb. 3.7).

Als Beispiel für die Unterschiede zwischen den Morphen einer wirtswechselnden Art der Aphidinae soll *Ceruraphis eriophori* dienen. *C. eriophori* überwintert im Eistadium am Primärwirt *Viburnum*. In Norddeutschland ist *Viburnum opulus* fast regelmäßig und am stärksten, *V. lantana* viel schwächer und oft, sogar in der unmittelbaren Nachbarschaft stark besiedelter *V.-opulus*-Sträucher, überhaupt nicht befallen. Die *Viburnum*-Blätter werden im Frühjahr stark gerollt und gekräuselt. An ihrer nach innen gerollten Unterseite leben die auf dem Rücken schwarz glänzenden Fundatrizen und deren Nachkommenschaft. Die erste auf die Fundatrix folgende Generation ist zu 100 % geflügelt und wandert zu den Sekundärwirten in der Familie der Cyperaceae (*Carex, Cyperus, Eriophorum, Luzula, Typha*) ab. Die Exsules (alle Morphen am Sekundärwirt) werden häufig an der Basis der Blätter von *Eriophorum angustifolium* gefunden. In den Zuchten konnte Müller (1973) Sommergeflügelte (Immigrantes) nicht finden. Zuchthaltung auf *E. angustifolium*, im Anschluss daran auf *Viburnum opulus* und *V. lantana*, ergab Gynopare, ovipare ♀♀ und ♂♂.

9 Kurzbeschreibung der in Deutschland festgestellten Blattlausgattungen

1 *Acanthochermes* **(Phylloxeridae, Phylloxerinae, Acanthochermesini)**

Eine Gattung mit 2 paläarktischen Arten, mit Stigmen auf den Abdominalsegmenten 2–5 wie in *Phylloxera* und *Daktulosphaira,* aber gekennzeichnet durch die eigentümlichen sternförmigen Warzen, die von Imagines getragen werden. Der Lebenszyklus ist bemerkenswert, da er nur zwei Generationen pro Jahr hat: Fundatrizen und Sexuales. Die erwachsenen Fundatrices tragen kleine spiculöse Höcker auf Kopf, Thorax und Abdomen. Die Gattung ist in Deutschland mit 1 Art vertreten.

2 *Acaudinum* **(Aphididae, Aphidinae, Macrosiphini)**

Die Gattung umfasst 5 paläarktische Arten mit einer breit gerundeten Cauda, die ohne Wirtswechsel auf Centaurea leben. Sie werden durch Ameisen betreut. Die Gattung ist in Deutschland mit 1 Art vertreten.

3 *Acyrthosiphon* **(Aphididae, Aphidinae, Macrosiphini)**

Eine Gattung mit etwa 80 Arten weltweit, die ohne Wirtswechsel auf verschiedenen Dikotylen leben, insbesondere Fabaceae, Rosaceae und Euphorbiaceae.

Sie sind ziemlich groß, breit spindelförmig, kurzborstig und besitzen lange Antennen, Beinen, Siphonen und Cauda. Sie sind meist grün, aber manchmal bräunlich, rot oder gelb gefärbt. Die Antennenhöcker sind gut entwickelt, meist glatt mit divergierenden Innenseiten. Der mittlere Stirnhöcker ist sehr klein oder fehlt. Die Antennen sind etwa so lang wie der Körper oder länger. Die Siphonen sind zylindrisch oder konisch, gelegentlich mit 1–3 Reihen hexagonaler Zellen unterhalb des ausgeprägten Flansches. Die Cauda ist zungen- oder fingerförmig, oft leicht verengt. Die Gattung ist in Deutschland mit 12 Arten vertreten.

4 *Adelges* **(Adelgidae, Adelginae)**

Eine Gattung mit etwa 30 Arten weltweit. Sie sind gekennzeichnet durch fünf Paare von abdominalen Atemlöchern, während bei den Angehörigen der anderen Gattung der Adelgidae, *Pineus,* nur vier Paar existieren. Diese Blattläuse sind sehr klein und nur mikroskopisch unterscheidbar. Sie sind oft an der Form der zapfenartigen Gallen auf dem Primärwirt (*Picea*) zu erkennen. Morphen auf dem Sekundärwirt produzieren oft reichlich Wachs.

Der Primärwirt der Arten mit einem sexuellen Stadium in ihrem Lebenszyklus ist *Picea,* und die Sekundärwirte sind *Abies, Larix* und andere Koniferen (aber keine Kiefer). Der gesamte Lebenszyklus dieser Arten dauert zwei Jahre. Mehrere Arten haben die sexuelle Fortpflanzung und den Wirtswechsel verloren und leben stattdessen das ganze Jahr über von Fichten oder dem (ursprünglichen) Sekundärwirt. Die Gattung ist in Deutschland mit 10 Arten vertreten.

5 ***Ammiaphis* (Aphididae, Aphidinae, Macrosiphini)**

Eine Gattung mit 1 paläarktischen Art auf Apiaceae, mit gut entwickelten Marginaltuberkeln auf den abdominalen Tergiten 1–(3–)5 und Ungeflügelte mit sekundären Rhinarien, die auch in Deutschland auftritt.

Ungeflügelte *Ammiaphis sii* sind hellgrün oder gelbgrün, leicht wachsbeschichtet, mit schwarzen Siphonen; die Körperlänge ist 1,9–2,1 mm. Auf *Falcaria vulgaris*, in Sommerkolonien an Stängeln und in Blattscheiden, was zu Schwellungen der Scheide und zum Drehen und Kräuseln der Blätter führt, und im Frühjahr und Herbst an den Stängelbasen und an jungen Trieben. Mittel- und Osteuropa, Südwest- und Zentralasien. Monözisch holocyclisch nach Börner (1952).

6 ***Amphorophora* (Aphididae, Aphidinae, Macrosiphini)**

Eine Gattung mit etwa 27 Arten, mittelgroßer bis großer, eher blassgrüner Blattläuse. Erwachsene Lebendgebärende können geflügelt oder ungeflügelt sein. Der Körper ist länglich oder oval, mit langen Beinen und Antennen, letztere länger als der Körper. Die Antennenhöcker sind gut entwickelt, die nahezu geraden Innenseiten deutlich divergent. Der mittlere Stirnhöcker ist weniger gut entwickelt. Die Siphonen sind lang, deutlich, aber meist nur leicht geschwollen auf der apikalen Hälfte, mit einem deutlichen apikalen Flansch und ohne retikulierte Zone vor der Spitze. Die Cauda ist nicht sehr lang, an der Spitze etwas stumpf. Die Arten kommen hauptsächlich in Nordamerika, aber auch in Europa und Asien vor. Etwa die Hälfte lebt an *Rubus* (Rosaceae) und einige an Farnen. Sie sind anholozyklisch, führen keinen Wirtswechsel durch und werden nicht von Ameisen betreut. Die Gattung ist in Deutschland mit 5 Arten vertreten.

7 ***Amphorosiphon* (Aphididae, Aphidinae, Macrosiphini)**

Eine Gattung mit 1 europäischen Art, die mit *Amphorophora* verwandt ist, aber ausgestattet ist mit ante- und post-siphonalen Skleriten und einem langen, sehr beborsteten Rostrum und auch in Deutschland auftritt.

Die Ungeflügelten von *Amphorosiphon pulmonariae* sind hell- bis dunkelgrün mit schwarzem Siphon und hinteren dorsalen Abdominalzeichnungen; die Körperlänge ist 2,5–3,0 mm. Auf den Unterseiten der Blätter und Stiele von *Pulmonaria* spp. in Europa. Monözisch holozyklisch mit ungeflügelten Männchen (Hille Ris Lambers 1949).

8 ***Anoecia* (Aphididae, Anoeciinae)**

Eine Gattung mit etwa 24 Arten, von denen einige wirtswechselnd sind, mit *Cornus* (Cornaceae) als Primärwirt und Poaceae als Sekundärwirt. Die Oviparae legen ihre Eier auf die Rinde des Stammes. Andere Arten leben ganzjährig an den Wurzeln der Gräser (Poaceae) oder Seggen (Cyperaceae).

Die mittelgroßen Blattläuse können geflügelt oder ungeflügelt sein. Ungeflügelte Erwachsene sind grünlich-grau oder grau mit einer dunklen sklerotischen dorsalen Bauchplatte. Die geflügelte Morphe hat einen charakteristischen dunklen posteriodorsalen Abdominalfleck, einen weißen Fleck und einen großen schwarzen pterostigmalen Punkt auf dem Vorderflügel. Junge Larven sind weiß oder cremefarben. Die Gattung ist in Deutschland mit 9 Arten vertreten.

9 ***Anuraphis* (Aphididae, Aphidinae, Macrosiphini)**

Es gibt 9 Arten in dieser Gattung, von denen einige wirtswechselnd sind, mit *Pyrus* als Primärwirt. Auf ihm ernähren sich die Fundatritzen und ihre Nachkommen an den Unterseiten der Blätter, die sich entlang der Mittelrippe nach unten wölben, so dass sich die beiden Hälften berühren und eine »Pseudo-Galle« bilden. Die Blattläuse sind braun oder grün, mit schwarzen, kegelförmigen Siphonen, die enge Querreihen mit feinen Spinules und gut entwickelten Flanschen aufweisen. Die Gattung ist in Deutschland mit 4 Arten vertreten.

10 ***Aphanostigma* (Phylloxeridae, Phylloxerinae, Phylloxerini)**

Eine Gattung, die sich von *Phylloxera* durch das Fehlen von Stigmen auf den Abdominalsegmenten 2–5 unterscheidet. 2 Arten werden von *Pyrus* beschrieben und sind von wirtschaftlicher Bedeutung (Blackman & Eastop 2000). Die Gattung ist in Deutschland mit 1 Art vertreten.

11 ***Aphis* (Aphididae, Aphidinae, Aphidini)**

Dies ist eine große Gattung, mit weltweit mehr als 400 Arten. Die morphologischen Unterschiede zwischen den Arten sind gering, aber sie unterscheiden sich stark in ihren Wirtspflanzen und Überwinterungsstrategien. Einige Gruppen von eng verwandten Arten sind mit bestimmten Pflanzenfamilien assoziiert, während andere von entfernt verwandten Pflanzen leben. Einige Arten sind wirtswechselnd, andere nicht. Eine Reihe von Arten sind in der Lage, sich Jahr für Jahr parthenogenetisch zu vermehren (anholozyklisch), während die meisten holozyklisch sind. Die meisten Arten leben auf einer Pflanzenart (monophag), wie *A. pomi,* oder auf einer Pflanzengattung. Andere sind oligophag, wie *A. sambuci* und einige wenige Arten können Pflanzen verschiedener Familien (polyphag) besiedeln, wie *A. fabae*. Die meisten Blattläuse sind klein bis mittelgroß, oft grün, können aber in der Farbe von hell- bis dunkelolivgrün, manchmal schwarz, braun, rot oder gelb variieren.

Erwachsene Lebendgebärende können geflügelt oder ungeflügelt sein. Der Körper ist breitoval, nie sehr länglich. Die dorsale Cuticula ist membranartig mit einer unterschiedlichen Anzahl von dunklen sklerotischen Markierungen. Die Siphonen sind mehr oder weniger zylindrisch oder konisch, nie deutlich geschwollen. Die Cauda ist in der Regel mehr oder weniger länglich. Die Beine sind variabel pigmentiert, aber selten ganz dunkel. Die Gattung ist in Deutschland mit 118 Arten vertreten. Darunter auch Tiere der Untergattung *Toxoptera*. Von dieser Untergattung gibt es etwa 4 Arten weltweit an verschiedenen Bäumen und Sträuchern. Die Arten sind überall anholozyklisch. Sie sind ostasiatischen Ursprungs, aber 2 Arten sind heute weit verbreitet auf Zitrusfrüchten und verschiedenen Sträuchern. Kleine bis mittlere Blattläuse. Der Mittelhöcker an der Stirn ist etwas niedriger als die Antennenhöcker. Die dorsale Cuticula ist blass und membranartig, abgesehen von einem schmalen, dunkel gefärbten Querstreifen auf Tergit 8. In der Regel sind Marginaltuberkel vorhanden. Die Siphonen sind kurz, dunkel und etwas länger als die Cauda. Diese ist fingerförmig, stumpf, dunkel und auf etwa einem Drittel ihrer Länge leicht verengt. Die Blattlaus hat einen Stridulationsapparat, der aus Rillen auf dem Abdomen und zapfenartigen Borsten an den Hinterschienen besteht.

12 ***Aploneura* (Aphididae, Eriosomatinae, Fordini)**

In dieser Gattung gibt es nur 3 Arten. Die Blattläuse sind mittelgroß, ihre Ungeflügelten haben sehr kurze 4- oder 5-gliedrige Antennen. Im Gegensatz zu den meisten Wurzellausarten produzieren *Aploneura* reichlich weißes Wachs und werden daher wahrscheinlich nicht von Ameisen besucht. Die Geflügelten haben sehr kurze 6-gliedrige Antennen, deren drittes und viertes Segment jeweils ein einziges großes sekundäres Rhinarium auf der distalen Hälfte tragen. Die Flügel werden im Ruhezustand flach gegen das Abdomen gehalten.

Sie sind wirtswechseln zwischen den Gallen auf Pistazie und den Wurzeln von Gräsern und Wein. Die Gattung ist in Deutschland mit 1 Art vertreten.

13 *Appendiseta* **(Aphididae, Calaphidinae, Panaphidini)**

Eine Gattung mit einer nordamerikanischen Art, die mit *Pterocallis* verwandt ist, aber mit zwei Paaren anteriorer prothorakaler Marginalborsten und einer kleinen Borste, die aus dem Siphon auf der ventralen Seite nahe seiner Basis hervorgeht (Richards 1965). Sie tritt auch in Deutschland auf. Die Lebendgebährenden von *Appendiseta robiniae* sind alle geflügelt, hellgelbgrün mit spinopleuralen und marginalen Längsreihen von blassen, pudrigen Flecken; die Körperlänge ist 1,6–1.9 mm. Auf der Unterseite der Blätter von *Robinia pseudacacia* und *R. neomexicana* und auch an *Sophora japonica* (Forbes & Chan 1989). Sexuales (geflügelte Männchen und ungeflügelte Oviparae) treten im September-November auf (Palmer 1952). Die Art ist weit verbreitet in Nordamerika und wurde in Chile, Argentinien (Pagnone et al. 1993), Europa und im Mittleren Osten eingeschleppt.

14 *Aspidaphis* **(Aphididae, Aphidinae, Macrosiphini)**

Eine Gattung mit 2 Arten, die beide in Deutschland auftreten. Sie besitzen 5-gliedrige Antennen, reduzierte Siphonen (sowohl bei Ungeflügelte als auch bei Geflügelte), sehr kurze Borsten und ein abdominales Tergit 8, das einen großen kuppelartigen Supracaudalhöcker bildet. Juvenile haben spinulöse Hintertibien.

Die Ungeflügelten von *Aspidaphis adjuvans* sind gelblich, bräunlich gelb oder hellbläulich grün; die Körperlänge ist 1,3–2,0 mm. Sie leben kryptisch auf *Polygonum aviculare*, oft am Straßenrand oder auf Wegen in Europa, Südwest- und Zentralasien, Pakistan und Nordamerika. Monözisch holozyklisch mit ungeflügelten Männchen. Mit Karyotypvariation (2n = 12, 14 und 16), deren Bedeutung unbekannt ist.

Die Ungeflügelten von *Aspidaphis porosiphon* sind matt, hellgrün; die Körperlänge ist ca. 1,7–1,9 mm. Sie leben einzeln auf Blättern von *Festuca rubra*, die in üppigem Kraut wachsen in Europa. Monözisch holozyklisch mit Oviparen und ungeflügelten Männchen im Oktober (Stroyan 1966).

15 *Atheroides* **(Aphididae, Chaitophorinae, Siphini)**

Eine Gattung mit 6 paläarktischen und einer nearktischen Art, sehr langgestreckter, Gräser besiedelnden Blattläusen, mit kurzen Antennen und Beinen, einem sklerotischen Tergum, mit verschmolzenem Kopf und Pronotum und oft verschmolzenen abdominalen Tergiten 2–7. Die Cauda und Analplatte sind breit gerundet, wobei die Cauda meist in dorsaler Sicht von Abdominaltergit 8 verdeckt wird, dessen Borsten sehr lang und dick sind. Geflügelte sind selten und sexuelle Morphen einiger Arten sind unbekannt. Die Gattung ist in Deutschland mit 3 Arten vertreten.

16 *Aulacorthum* **(Aphididae, Aphidinae, Macrosiphini)**

Eine Gattung mit etwa 48 Arten an sehr vielen Wirten. Einige Arten sind wirtsspezifisch, aber viele sind sehr polyphag und wichtige Pflanzenschädlinge. Sie haben keinen Wirtswechsel und werden nicht von Ameisen betreut. Es sind mittelgroße Blattläuse, deren adulte Lebendgebärende geflügelt oder ungeflügelt sein können. Der Körper ist birnenförmig. Sie können gelblich, grün, rötlich oder braun sein und haben oft einen Fleck von unterschiedlicher Farbe an der Basis jedes Siphons. Die Antennenhöcker sind gut entwickelt mit nahezu parallelen Innenseiten. Die Antennen sind in der Regel länger als der Körper. Die Siphonen sind zylindrisch oder leicht geschwollen und die Cauda ist meist zungenförmig. Die Gattung ist in Deutschland mit 9 Arten vertreten.

17 ***Baizongia*** **(Aphididae, Eriosomatinae, Fordini)**

Die Gattung enthält nur 1 Art, die auch in Deutschland auftritt. Sie ist mit *Aploneura* und *Slavum* verwandt, aber mit einer normaleren Verteilung der Rhinaria auf den Antennen der Geflügelte, die ihre Flügel in Ruhe dachartig falten. Die großen charakteristischen hornförmigen Gallen können auf mehreren Arten von Pistazien gebildet werden.

Baizongia pistaceae produziert große, längliche, hornförmige Gallen von 15–22 cm Länge auf *Pistacia* spp. im Mittelmeerraum, aber auch in Indien. Große Mengen von Geflügelte, die Körperlänge ist 1,8–2,0 mm, treten im September–November auf und fliegen zu Wurzeln von Poaceae (z. B. *Agrostis, Avena, Dactylis, Festuca, Poa, Triticum*). Ungeflügelte an Graswurzeln sind weißlich oder hellgelb und produzieren Wachsfäden; die Körperlänge ist 1,6–2,3 mm. Sie werden immer von Ameisen besucht und können in Ameisennestern überwintern. Der Holozyklus dauert zwei Jahre. Anholozyklische Populationen treten an Graswurzeln in Europa, im Nahen Osten, in Afrika und auf dem indischen Subkontinent häufiger auf.

18 ***Betulaphis*** **(Aphididae, Calaphidinae, Calaphidini)**

Es gibt weniger als 10 Arten in dieser Gattung. Sie besiedeln *Betula* und werden in der Regel nicht von Ameisen betreut. Sie sind klein, ziemlich flach und oval, mit kurzen 6-gliedrigen Antennen, der Processus terminalis ist etwa so lang wie die Basis des letzten Antennensegments. Lebendgebärende Weibchen haben eine kurze, konische Cauda und eine zweilappige Analplatte. Die Gattung ist in Deutschland mit 2 Arten vertreten.

19 ***Boernerina*** **(Aphididae, Calaphidinae, Calaphidini)**

Eine Gattung von 4–5 Arten, die mit *Alnus* assoziiert sind. Die Ungeflügelte sind dorso-ventral abgeflacht, ziemlich länglich oval und schmiegen sich eng an die Blattoberfläche an. Sie haben paarige anterior gerichtete rechteckige Vorsprünge am Kopf, seitliche Abdominalborsten, die auf asymmetrischen Höckern stehen, die dem Abdominalrand ein abgestuftes Aussehen verleihen, und typischerweise 5-gliedrige Antennen. Die Geflügelte sind eher normal aussehende Calaphidini. 1 Art (*occidentalis*) unterscheidet sich dadurch, dass die Ungeflügelte oft 6-gliedrige Antennen haben, die Stirnvorsprünge nur schwach entwickelt sind und der Abdominalrand mehr eingerückt als gestuft ist. Die Gattung ist in Deutschland mit 1 Art vertreten.

20 ***Brachycaudus*** **(Aphididae, Aphidinae, Macrosiphini)**

Eine Gattung mit 50 Arten, die hauptsächlich in der Paläarktis zu finden sind. Etwa 14 Arten haben *Prunus* spp. als Primärwirt. Es gibt Artengruppen, die mit verschiedenen Sekundärwirten assoziiert sind, zwei der häufigsten Arten nutzen Asteraceae. Andere Arten haben keinen Wirtswechsel und leben das ganze Jahr über von einer Vielzahl von Pflanzenarten. Nur einige Arten haben noch einen Holozyklus. Blattläuse von *Brachycaudus* können von Ameisen betreut werden. Eher kleine bis mittelgroße ovale Blattläuse, deren erwachsene Lebendgebärende geflügelt oder ungeflügelt sein können. Sie haben kleine seitliche Fortsätze und die Antennen sind kürzer als der Körper. Das abdominale Dorsum der Ungeflügelten ist variabel sklerotisiert und nicht bepudert oder mit Wachs bedeckt. Die Siphonen sind kurz bis mäßig lang und die Cauda ist sehr kurz und oft halbkreisförmig. Die Gattung ist in Deutschland mit 21 Arten vertreten.

21 ***Brachycolus*** **(Aphididae, Aphidinae, Macrosiphini)**

Eine Gattung mit 4 oder 5 Arten mit sehr kurzen, an der Basis breiten, konischen oder tonnenförmigen, ungeflanschten, asymetrischen Siphonen und dreieckiger Cauda, die mit Caryophyllaceae assoziiert sind. Die Gattung ist in Deutschland mit 2 Arten vertreten.

22 ***Brachycorynella* (Aphididae, Aphidinae, Macrosiphini)**

Eine Gattung mit 2 paläarktische Arten mit unterschiedlichen Biologien, sie ähneln *Brachycolus*, aber mit kürzerer Antenne und Processus terminalis, und sehr kurzen konischen Siphonen.

Brachycorynella asparagi tritt in Deutschland auf. Die Ungeflügelten sind grün, bedeckt mit grauem Wachsmehl; die Körperlänge ist 1,2–1,8 mm. Auf *Asparagus* spp., wodurch es zu einer Verkümmerung der Triebe und »Rosettierung« der Blätter kommt, die blaugrün werden. In Europa, Nordafrika, Zentralasien, China und in Nordamerika eingeführt. Monözisch holozyklisch mit alaten Männchen.

23 ***Brachysiphum* (Aphididae, Aphidinae, Aphidini)**

Eine Gattung mit 2 Arten, die aufgrund der morphologischen Ähnlichkeit von vielen Autoren als Synonym von *Aphis* angesehen wird. Sie weichen aber in der Biologie und den Enzymmustern von den Arten der Gattung *Aphis* ab. Die Blattläuse haben sehr kurze Siphonen, die breiter als lang sind. Die zungenförmige, manchmal eher dreieckige Cauda ist kurz, an der Bais breiter und endet zugespitzt. Die Gattung ist in Deutschland mit 2 Arten vertreten.

24 ***Brevicoryne* (Aphididae, Aphidinae, Macrosiphini)**

Die Gattung hat etwa 9 Arten, die sich hauptsächlich von verschiedenen Arten der Brassicaceae ernähren, aber einige Arten auch von anderen Pflanzen wie *Chenopodium* (Amaranthaceae) und *Lonicera* (Caprifoliaceae). Sie sind holozyklisch, aber ohne Wirtswechsel und werden nicht von Ameisen besucht.

Mittelgroße Blattläuse, die grau oder grün sind und einen dunklen Kopf haben. Erwachsene Lebendgebärende können geflügelt oder ungeflügelt sein. Die Antennenhöcker sind nicht entwickelt. Der Körper ist mit grau-weißem Wachsmehl bedeckt. Die Antennen sind in der Regel etwa halb so lang wie der Körper. Die Siphonen sind dunkel, tonnenförmig mit einem kleinen Flansch und meist etwas kürzer als die Cauda. Die kurze Cauda ist breit und dreieckig. Die Gattung ist in Deutschland mit 1 Art vertreten.

25 ***Calaphis* (Aphididdae, Calaphidinae, Calaphidini)**

Dies ist eine Gattung mit mehr als 10 Arten. Die meisten besiedeln *Betula* und werden in der Regel nicht von Ameisen betreut. Sie sind fragil mit langen dünnen Beinen und gut entwickelten Antennenhöckern. Die Antennen sind länger als der Körper und der Processus terminalis ist länger als die Basis des letzten Antennensegments. Lebendgebärende Weibchen haben eine leicht verengte Cauda und eine zweilappige Analplatte. Die Gattung ist in Deutschland mit 3 Arten vertreten.

26 ***Callipterinella* (Aphididdae, Calaphidinae, Calaphidini)**

Diese Gattung umfasst 3 Arten, die alle an Birken leben. Sie werden in der Regel von Ameisen betreut. Der Körper ist dorsal mit langen, kräftigen, spitzen oder stumpfen Borsten bedeckt. Die Antennen sind kürzer als der Körper und der Processus terminalis ist länger als die Basis des letzten Antennensegments. Lebendgebärende Weibchen haben eine verengte, geknöpfte Cauda, kurze dunkle und kegelförmige Siphonen mit Reihen von winzigen Spinules. Die Gattung ist in Deutschland mit 3 Arten vertreten.

27 ***Capitophorus*** **(Aphididae, Aphidinae, Macrosiphini)**

Weltweit gibt es in der Gattung etwa 30 Arten. Einige sind wirtswechselnd von Elaeagnaceae zu Asteraceae und Polygonaceae, während andere das ganze Jahr über auf dem Sekundärwirt leben.

Blasse oder fast durchscheinende schlanke Blattläuse mit länglichen Beinen und Antennen. Ungeflügelte Lebendgebären haben lange geknöpfte Borsten, zumindest am Kopf und an den hinteren Abdominalsegmenten. Geflügelte Lebendgebärende haben nur kurze Borsten und einen dunklen dorsales Abdominalfleck. Die Gattung ist in Deutschland mit 7 Arten vertreten.

28 ***Caricosipha*** **(Aphididae, Chaitophorinae, Siphini)**

Eine Gattung mit 1 Art in Europa, die auch in Deutschland vertreten ist. Sie zeichnet sich durch ihre gestielten Augen und langen Borsten mit schwarzer Spitze aus.

Ungeflügelte *Caricosipha paniculatae* sind gelblich oder rötlich mit braunen sklerotischen Flecken bis ganz schwarz dorsal, mit bleichen Antennen, Beinen und Siphonen; die Körperlänge ist 1,5–2,4 mm. Auf Blättern von *Carex* spp., weit verbreitet in Europa. Monözisch holozyklisch mit ungeflügelten Männchen. Die Blattläuse sind sehr aktiv und bei Störungen sehr mobil.

29 ***Cavariella*** **(Aphididae, Aphidinae, Macrosiphini)**

Es gibt 31 Arten in dieser Gattung. Die meisten sind wirtswechselnd, mit *Salix* spp. als Primärwirt und verschiedenen Apiaceae als Sekundärwirt. Sie werden nicht von Ameisen betreut. Die Gattung zeichnet sich durch das Vorhandensein von zwei dicht beieinander liegenden Borsten auf einem hervorstehenden Tuberkel, dem Supracaudalhöcker, aus, der bei geflügelten Blattläusen auf eine eher kleine Warze reduziert ist. Die Antennen sind kürzer als der Körper und der Processus terminalis kann länger oder kürzer als die Basis des letzten Antennensegments sein. Lebendgebärende Weibchen haben eine zungenförmige Cauda und zylindrische oder geschwollene Siphonen. Die Gattung ist in Deutschland mit 7 Arten vertreten.

30 ***Cerataphis*** **(Aphididae, Hormaphidinae, Cerataphidini)**

Eine Gattung mit 8 südostasiatischen Arten, von denen mindestens 3 einen Wirtswechsel durchführen zwischen den Gallen auf *Styrax* und monokotylen Sekundärwirten (Araceae, Bambusse, Orchidaceae, Palmaceae, Pandanaceae). Mehrere Arten wurden durch den Handel auf ihren Sekundärewirten verbreitet. Die meisten Arten haben ungewöhnliche hefeartige extrazelluläre Symbionten, die auch in *Tuberaphis* und *Glyphinaphis* vorkommen. Ungeflügelte auf Sekundärwirten sind dunkel, rund, schuppenförmig, mit einem marginalen Wachsring. Geflügelte haben eine einmal verzweigte Media (Diskoidalader) und 5-gliedrige Antennen. Die Gattung ist in Deutschland mit 1 Art vertreten.

31 ***Ceruraphis*** **(Aphididae, Aphidinae, Macrosiphini)**

Eine kleine Gattung mit nur 4 Arten. Sie sind holozyklisch und wechseln zwischen *Viburnum* (Adoxaceae) als Primärwirt und Seggen (Cyperaceae) als Sekundärwirt. Sie werden nicht von Ameisen besucht.

Kleine bis mittelgroße dunkle Blattläuse, deren adulte Lebendgebärende geflügelt oder ungeflügelt sein können. Die Antennenhöcker fehlen oder sind sehr schwach entwickelt und ragen in der dorsalen Ansicht nicht über den konvexen Mittelteil der Stirn des Kopfes hinaus. Die Siphonen sind durchgehend dunkel. Die Gattung ist in Deutschland mit 1 Art vertreten.

32 ***Chaetosiphella* (Aphididae, Chaitophorinae, Siphini)**

Gattung mit 5 oder 6 Arten dunkler, lang gestreckter Blattläuse an Gräsern, die eng mit *Atheroides* verwandt sind, aber, ungewöhnlich für Gräser besiedelnde Arten, ein stilettförmiges R IV+V haben. Die Gattung ist in Deutschland mit 3 Arten vertreten. *Chaetosiphella berlesei* Ungeflügelte erscheinen matt dunkelgrau bis schwarz, leicht wachsbestäubt; die Körperlänge ist 1,7–2,0 mm. Besiedeln die Oberseiten von Gräserblättern (*Aira, Corynephorus, Deschampsia, Festuca*), hauptsächlich in trockenen, sandigen Lebensräumen, fallen bei Störungen von der Pflanze herunter und laufen. In Europa und Westsibirien. Ohne Wirtsechsel holozyklisch mit ungeflügelten Männchen.

Chaetosiphella stipae Ungeflügelte sind dunkelgrau oder schwarzbraun bis mattschwarz; die Körperlänge ist 1,5–2,1 mm. Auf *Stipa* spp. in Europa, Westsibirien, Zentralasien und der Mongolei.

Chaetosiphella tshernavini Ungeflügelte sind schwarzgrau; die Körperlänge ist 1,3–1,8 mm. Auf Blättern von *Corynephorus canescens, Festuca* spp. und *Stipa capillata* in Osteuropa und Westsibirien. Geschlechtstiere sind unbekannt.

33 ***Chaetosiphon* (Aphididae, Aphidinae, Macrosiphini)**

Die Gattung hat weltweit etwa 17 Arten, die an Rosaceae leben. Sie haben keinen Wirtswechsel und werden nicht von Ameisen besucht. Die Männchen können geflügelt oder ungeflügelt sein.

Diese Blattläuse sind eher klein, blassgelb bis grün und spindelförmig. Der Kopf hat gut entwickelte Antennenhöcker und einen ziemlich großen Medianhöcker. Der Processus terminalis ist in der Regel recht lang. Die dorsalen Borsten der Ungeflügelten sind geknöpft und entspringen meist aus Höckern. Das Rostrum ist ziemlich lang. Ihre dorsale Cuticula ist dicht mit kleinen Warzen bedeckt. Ihre Siphonen sind blass und zylindrisch. Die Cauda ist länglich dreieckig und viel kürzer als die Siphonen. Die Geflügelten haben einen dunklen Kopf und Thorax, viel kürzere, nichtgeknöpfte Borsten, einen großen dunklen dorsalen Abdominalfleck und schwarze Flügeladern. Die Gattung ist in Deutschland mit 4 Arten vertreten.

34 ***Chaitophorus* (Aphididae, Chaitophorinae, Chaitophorini)**

Es gibt etwa 90 Arten in dieser Gattung, die sich alle von Salicaceae ernähren, einige von *Populus* und andere von *Salix*, und die oft ein hohes Maß an Wirtsspezifität aufweisen. Das Dorsum ist meist mehr oder weniger vollständig sklerotisiert und weist oft Knötchen, Dentikel oder feine Dornen auf, die manchmal ein retikuläres Muster bilden. Die Cauda ist bei den meisten Arten geknöpft und die Analplatte vollständig. Die Siphonen sind kurz, kegelstumpfförmig und retikuliert, zumindest apikal. Sie haben keinen Wirtswechsel und können von Ameisen betreut werden. Die Gattung ist in Deutschland mit 14 Arten vertreten.

35 ***Chromaphis* (Aphididae, Calaphidinae, Panaphidini)**

Es gibt 2 Arten in dieser Gattung und beide sind mit *Juglans* assoziiert. Alle lebendgebärenden Weibchen sind geflügelt. Die Antennen sind kürzer als der Körper. Die Cauda ist geknöpft und die Analplatte ist leicht eingekerbt. Die Siphonen sind kurz, stumpf und ohne Flansch. Sie haben keinen Wirtswechsel und werden nicht von Ameisen betreut. Die Gattung ist in Deutschland mit 1 Art vertreten.

36 *Cinara* **(Aphididae, Lachninae, Eulachnini)**

Diese Gattung ist mit ca. 200 Arten sehr groß, die manchmal einer eigenen Unterfamilie zugeordnet wird, mit Arten auf Nadelbäumen der Familien Pinaceae und Cupressaceae. 150 Arten sind in Nordamerika heimisch, aber es gibt auch 55 Arten in Europa und Asien. Die Blattläuse der Gattung *Cinara* sind nicht wirtswechselnd, sondern bleiben das ganze Jahr über auf den von ihnen ausgewählten Wirtsarten. Sie können sich von den Wurzeln, Ästen oder Blättern ernähren und werden oft von Ameisen betreut. Diese Blattläuse sind in der Regel groß (Länge der Ungeflügelten bis zu 5–6 mm) und können geflügelt oder ungeflügelt sein. Sie sind häufig mit Wachspulver beschichtet und dicht beborstet. Die Antennen sind kürzer als die Hälfte der Körperlänge. Das Rostrum ist relativ lang und reicht bis hinter die hinteren Coxae. Der apikale Teil des Rostrums ist schlank, spitz und sehr lang, 2–5-mal so lang wie an seiner Basis breit und besteht aus zwei Segmenten, die als RIV und RV bezeichnet werden. Das Dorsum weist abdominal 6 oder mehr Längsreihen von kleinen, dunkelbraunen intersegmentalen Muskelskleriten auf. Die Siphonen sind porenartig und befinden sich auf breiten, oft pigmentierten, beborsteten Kegeln. Die Cauda ist immer breiter als lang, entweder rund oder dreieckig. Männchen können je nach Art geflügelt oder ungeflügelt sein. Die oviparen Weibchen unterscheiden sich oft von den Lebendgebärenden durch das Vorhandensein eines Perianalringes aus Wachs. Die Gattung ist in Deutschland mit 26 Arten vertreten.

37 *Clethrobius* **(Aphididae, Calaphidinae, Calaphidini)**

In dieser Gattung gibt es 3 Arten, die an jungen Ästen oder Zweigen der Birke oder Erle leben. Alle lebendgebärenden Weibchen sind geflügelt. Die Antennen sind kürzer als der Körper, die Cauda ist geknöpft. Die Siphonen sind kurz und abgestumpft. Sie haben keinen Wirtswechsel und können von Ameisen betreut werden. Die Gattung ist in Deutschland mit 1 Art vertreten.

38 *Colopha* **(Aphididae, Eriosomatinae, Eriosomatini)**

In dieser Gattung gibt es 6 Arten auf der Nordhalbkugel, 3 Arten wandern von hahnenkammartigen Gallen auf *Ulmus* zu Gräsern oder Seggen, wo sie Kolonien mit reichlich Wachs an den Luftteilen und/oder Wurzeln bilden. Die Arten dieser Gattung sind mit *Kaltenbachiella* verwandt, aber die Geflügelten haben eine verzweigte Media im Vorderflügel und eine abgeschrägte Ader im Hinterflügel. Die Gattung ist in Deutschland mit 1 Art vertreten.

39 *Coloradoa* **(Aphididae, Aphidinae, Macrosiphini)**

Die Gattung hat weltweit 29 Arten. Sie ernähren sich ohne Wirtswechsel von Pflanzen der Anthemideae aus der Familie der Asteraceae. Die Männchen sind in der Regel sehr klein und ungeflügelt.

Die Blattläuse sind klein, grün oder rötlich und kugelförmig. Sie haben ein konvexes Stirnprofil und kaum entwickelte laterale Höcker. Ihre 5- oder 6-gliedrigen Antennen sind immer kürzer als der Körper, und der Prozessus terminals ist immer länger als die Basis des letzten Antennensegments. Die dorsalen Borsten sind kurz oder sehr kurz und an der Spitze erweitert. Das apikale Rüsselsegment ist spitz zulaufend mit konkaven Seiten. Die Siphonen variieren in Größe und Form. Die Gattung ist in Deutschland mit 10 Arten vertreten.

40 *Corylobium* **(Aphididae, Aphidinae, Macrosiphini)**

Es gibt nur 1 Art in dieser Gattung, die auch in Deutschland vertreten ist. Sie lebt an *Corylus*. Die ungeflügelten Weibchen zeichnen sich dadurch aus, dass sie auf Warzen stehende geknöpfte Borsten haben. Die Antennen sind länger als der Körper und die Innenränder der Antennenhöcker sind divergierend. Die Siphonen sind lang und dünn und die Cauda ist sehr kurz und dreieckig. Sie haben keinen Wirtswechsel und werden nicht von Ameisen betreut.

41 ***Cryptaphis* (Aphididae, Aphidinae, Macrosiphini)**

Zu dieser Gattung gehören eine paläarktische und eine nearktische Art, die versteckt an den Basalteilen der Poaceae leben und *Metopolophium* ähneln, mit Ausnahme ihrer langen, geknöpften Borsten. Die anderen 5 asiatischen Arten von Lamiaceae und Geraniaceae, die derzeit in dieser Gattung platziert sind, ähneln im Allgemeinen Gras besiedelnden Arten, haben aber spinulose Köpfe und sind vielleicht näher mit *Aulacorthum* (*Perillaphis*) verwandt.

Die Gattung ist in Deutschland mit *Cryptaphis poae* vertreten. Ungeflügelte sind sehr glänzend, grün meliert mit roten oder gelblich mit braunen Flecken, bis bräunlich schwarz; die Körperlänge ist 1,3–2,0 mm. Geflügelte haben breite dunkle dorsale Abdominal- und teilweise verschmolzene Querbänder. Sie leben in kleinen Kolonien an den Basen verschiedener Gräser (z. B. *Festuca, Holcus, Poa*) knapp unter dem Bodenniveau oder unter Steinen, meist in schattigen, feuchten Lagen. Weit verbreitet in Europa. Monözisch holozyklisch, mit Oviparae und ungeflügelten Männchen im Oktober.

42 ***Cryptomyzus* (Aphididae, Aphidinae, Macrosiphini)**

Die Gattung hat weltweit 13 Arten. Meist ist *Cryptomyzus* holozyklisch und führt einen Wirtswechsel durch, von *Ribes* (Grossularicaceae), wo sie Blattdeformationen induziert, zu verschiedenen Arten von Lamiaceae. Einige leben jedoch kontinuierlich auf *Ribes* oder *Lamium*.

Die Blattläuse sind zerbrechlich, blass, weißlich, strohfarben oder sehr hellgrün, deren erwachsene Lebendgebärende geflügelt oder ungeflügelt sein können. Der Körper hat zahlreiche geknöpfte Borsten. Die dorsale Cuticula der ungeflügelten Morphe ist glatt, farblos und membranartig. Geflügelte haben vor den Siphonen einen schwärzlichen Rückenfleck, der durch farblose Linien oder Flecken durchbrochen werden kann. Die Siphonen sind schlank, distal leicht verbreitert und länger als die Cauda, welche ziemlich stumpf ist. Die Gattung ist in Deutschland mit 8 Arten vertreten.

43 ***Cryptosiphum* (Aphididae, Aphidinae, Macrosiphini)**

Eine Gattung mit 8 oder 9 eher kleinen, breitovalen Blattläusen mit kurzen Anhängen, die an Blätter von *Artemisia* Gallen induzieren. Diese Eigenschaft führte zu einer Reduzierung der Körperanhänge und anderer Merkmale, wodurch die taxonomischen Verwandtschaftsbeziehungen unsicher sind, weshalb sie von verschiedenen Autorinnen, Autoren entweder in Aphidini oder Macrosiphini platziert wurden. Während die normalerweise sicheren Merkmale für Aphidini, wie z. B. die Marginaltuberkel auf den abdominalen Tergiten 1 und 7, fehlen, hat *C. artemisiae* einen für *Aphis* typischen 2n=8 Karyotyp (Blackman & Eastop 2020). Die Revision von Kadyrbekov (2002) platziert *Cryptosiphum* jedoch in Macrosiphini, was durch molekulare Studien bestätigt wurde (Kim & Lee 2008). Die Gattung erstreckt sich von Westeuropa bis Ostasien und von Sibirien bis Südindien und Burma, wobei die meisten Arten in Nordasien vorkommen.

Die Taxonomie ist schwierig und, wie bei einer anderen mit Xerophyten assoziierten Gattung mit kurzen Anhängseln, *Brachyunguis*, ist die Identität mehrerer Arten zweifelhaft. Die Antennen der Geflügelten sind deutlich länger als die der Ungeflügelte, aber es treten ungeflügelte Exemplare mit Antennen mittlerer Länge auf. Die kurzen Anhängsel liegen in Objektträgerpräparaten nicht flach, wodurch Messfehler vergrößert werden. Die Populationen in Mittel- und Westeuropa sind leicht in zwei wirtsspezifische Arten (*artemisiae* und *brevipilosum*) zu unterteilen, aber Ungeflügelte dieser Gruppe aus Asien sind häufig intermediär in den Merkmalen, die europäische Ungeflügelte unterscheiden, obwohl Geflügelte immer die niedrigere Anzahl von sekundären Rhinarien aufweisen, die für *C. brevipilosum* charakteristisch ist. Die Gattung ist in Deutschland mit 2 Arten vertreten.

44 ***Crypturaphis* (Aphididae, Calaphidinae, Calaphidini)**

In dieser Gattung gibt es nur 1 Art, die auch in Deutschland vertreten ist. Sie lebt an *Alnus cordata*. Die Weibchen zeichnen sich dadurch aus, dass sie auffällige Projektionen auf Kopf und Prothorax haben.

Die ungeflügelten Weibchen sind dorsoventral abgeflacht, die Antennen sind kürzer als der Körper. Während die Ungeflügelten eher Cocciden als Blattläusen ähneln, erscheinen die Geflügelten eher als typische Blattläuse. Sie haben keinen Wirtswechsel und werden nicht von Ameisen betreut.

45 ***Ctenocallis* (Aphididae, Calaphidinae, Panaphidini)**

Eine Gattung aus 3 Arten an Leguminosen/Fabaceae. Der Körper der Ungeflügelten trägt lange fingerartige, marginale, rückwärts gerichtete Fortsätze. Diese Fortsätze sind in stark reduzierter Form auch bei Geflügelten vorhanden. Die Gattung ist in Deutschland mit einer Art vertreten. Ungeflügelte von *Ctenocallis setosa* sind gelblich mit braunen dorsalen Skleriten; die Körperlänge ist 1,5–1,6 mm. Die Nahrungsaufnahme erfolgt auf den Oberseiten der Blätter von *Cytisus scoparius* und *C. villosus*, flach gegen die Mittelrippen gedrückt. Sie ist weit verbreitet in Europa und Nordamerika. Oviparae und geflügelte Männchen treten im September auf.

46 ***Daktulosphaira* (Phylloxeridae, Phylloxerinae, Phylloxerini)**

Eine Gattung für die Reblaus, die auch in Deutschland vertreten ist und die sich von *Phylloxera* durch Geflügelte unterscheidet, bei denen das distale Sensorium auf der Antenne nicht stark vergrößert ist. Die generische Klassifizierung der Phylloxeridae wird wahrscheinlich unbefriedigend bleiben, bis die 34 Arten der *Phylloxera*, die von *Carya* in Nordamerika beschrieben wurden, besser untersucht sind (Blackman & Eastop 2020).

Die Ungeflügelten der Reblaus *Daktulosphaira vitifoliae* sind gelb; die Körperlänge ist 0,7–1,4 mm. In behaarten, schorfigen Gallen an der Unterseite von Weinblättern (die sich aber an der Oberseite des Blattes öffnen); oder an den Wurzeln von Weinstöcken, Vogelkopf-ähnliche Schwellung und Schwärzung verursachen. Sie ist nordamerikanischer Herkunft, heute in Europa, im Mittelmeerraum, im Mittleren Osten, in Afrika, Korea, China, Australien, Neuseeland sowie in Mittel- und Südamerika. Der Holozyklus dauert zwei Jahre und beinhaltet eine sexuelle Phase sowie Phasen der Nahrungsaufnahme an Blättern und Wurzeln an amerikanischen Weinreben, aber an europäischen Weinreben (*Vitis vinifera*) ist sie normalerweise an den Wurzeln anholozyklisch. Blattgallen kommen in Europa auf Sorten vor, die aus Hybriden zwischen *vinifera* und amerikanischen Rebsorten gewonnen werden.

47 ***Decorosiphon* (Aphididae, Aphidinae, Macrosiphini)**

Eine Gattung mit einer charakteristischen, Moos besiedelnden Art, die auch in Deutschland vertreten ist. Sie hat lange steife Borsten an den Anhängseln, einen spinulosen Kopf und geschwollene Siphone, sowie einen spitzen Processus terminalis und eine charakteristisch geformte Cauda.

Ungeflügelte von *Decorosiphon corynothrix* sind bräunlichgrün bis bräunlichgelb; die Körperlänge ist 1,4–1,9 mm. Sie siedelt an den Basalteilen von *Polytrichum* spp. und anderen Moosen der Familie Polytrichaceae, die in feuchten, schattigen Lagen wachsen. Sie wurde auch an *Rhytidiadelphus squarrosus* gefunden. In Europa und im Osten Nordamerikas. Anholozyklisch; sexuelle Morphen sind nicht bekannt.

48 ***Defractosiphon*** **(Aphididae, Aphidinae, Macrosiphini)**

In dieser Gattung sind 2 paläarktische Arten an Apiaceae. Sie ist verwandt mit *Hyadaphis,* aber mit charakteristischer siphonaler Morphologie.

Ungeflügelte *Defractosiphon franzi* sind glänzend grün auf dem dorsalen Abdomen, vorne gelblichbraun: die Körperlänge ist 1,8–2,8 mm. Von *Seseli austriacum* beschrieben und später auf *Peucedanum* spp. gefunden, in Reihen auf den Oberseiten von Blättern mit Köpfen, die auf die Stiele gerichtet sind (Müller 1973c, als *D. rugosus*). Die befallenen Blätter werden gelb. Monözischer Holozyklus auf *Peucedanum,* mit Oviparae und geflügelten Männchen im Oktober. Die Gattung ist in Deutschland mit 1 Art vertreten.

49 ***Delphiniobium*** **(Aphididae, Aphidinae, Macrosiphini)**

In dieser Gattung sind 11 Arten beschrieben worden, die hauptsächlich in Ostasien vorkommen. 1 Art, *Delphiniobium junackianum,* hat eine größere Verbreitung von Nordwest- und Mitteleuropa bis Westsibirien. Sie besiedelt *Aconitum* und *Delphinium* und produziert im Herbst sexuelle Morphen.

Die Siphonen sind in der Regel zumindest distal dunkel, oft mit einem geschwollenen Abschnitt etwa in der Mitte. Sie sind 0,15–0,26-mal so lang wie die Körperlänge. Die Cauda ist ebenfalls dunkel. Die thorakalen Stigmenporen sind wesentlich größer als die abdominalen. Die großen Blattläuse neigen dazu, eine aposematische Färbung zu zeigen, weil sie Toxine aus der Wirtspflanze *Aconitum* aufnehmen. Hierdurch genießen die Blattläuse einen Schutz vor Prädatoren. Sie werden nicht von Ameisen betreut. Die Gattung ist in Deutschland mit 1 Art vertreten.

50 ***Diuraphis*** **(Aphididae, Aphidinae, Macrosiphini)**

Zu dieser Gattung gehören 10 Arten von schmalem Wuchs, die mit Wachspuder bedeckt sind, sehr kurze Siphonen besitzen und ohne Wirtswechsel auf Gramineae/Poaceae leben. Gewöhnlich rollen oder verformen und verfärben sich die befallenen Blätter. Sie sind möglicherweise vollständig paläarktischen Ursprungs, waren aber wenig bekannt, bis 1911 *D. tritici* aus Colorado, USA, beschrieben wurde, und es 1912 in Russland schwere Ausbrüche von *D. noxia* auf Gerste gab.

Wirtschaftlich bedeutsam ist die Russische Weizenlaus, *Diuraphis noxia*. Deren Ungeflügelte sind hellgelb-grün oder graugrün, leicht mit weißem Wachspulver bepudert; die Körperlänge ist 1,4–2,3 mm. Auf *Agropyron, Anisantha, Andropogon, Bromus, Elymus, Hordeum, Phleum, Triticum*. Sie verursacht Schäden an Weizen und Gerste; befallene Blätter werden gerollt und vertrocknen, und befallene Ähren werden gebogen. Paläarktischen Ursprungs, heute weit verbreitet. Liu et al. (2010b) lieferten DNA-Nachweise für mindestens zwei separate Einführungen in die USA. Monözisch holozyklisch mit ungeflügelten Männchen in kalten gemäßigten Teilen Asiens, wahrscheinlich überwiegend oder vollständig anholozyklisch in wärmeren Regionen, aber einige eingeführte Populationen können sich sexuell vermehren, wenn die Umweltbedingungen es zulassen. Längere Kälteperioden im Winter führten zu einer hohen Sterblichkeit der anholozyklischen Populationen. Die Gattung ist in Deutschland mit 6 Arten vertreten.

51 ***Drepanosiphum*** **(Aphididae, Drepanosiphinae)**

Es gibt 8 Arten in dieser Gattung und sie sind alle mit *Acer* assoziiert. Alle lebendgebärenden Weibchen sind geflügelt und leben an den Unterseiten der Blätter. Obwohl sie oft in großer Zahl vorhanden sind, bilden sie nie dichte Kolonien. Die Antennen sind länger als der Körper. Die Cauda ist geknöpft, mit einer mehr oder weniger ausgeprägten Verengung und die Analplatte ist fast halbkreisförmig. Die Siphonen sind lang, leicht angeschwollen oder fast zylindrisch, glatt und haben eine ringförmige Verengung unter dem Flansch. Sie haben keinen Wirtswechsel und werden nicht von Ameisen betreut. Die Gattung ist in Deutschland mit 5 Arten vertreten.

52 *Dysaphis* **(Aphididae, Aphidinae, Macrosiphini)**

Dies ist eine große Gattung mit mehr als 100 Arten weltweit. Die Gattung ist in 3 Untergattungen unterteilt, von denen 2 in Deutschland vorkommen. Die meisten Arten sind holozyklisch und wirtswechselnd, mit Pomaceae-Arten als Primärwirte und verschiedenen krautigen Pflanzen als Sekundärwirte. Einige der nicht wirtswechselnden Arten besiedeln entweder Pomaceae oder krautige Pflanzen. Einige der nicht wirtswechselnden Arten haben auch die Fähigkeit verloren, ovipare Weibchen und Männchen zu produzieren und leben anholozyklisch an krautigen Pflanzen. Die meisten Arten werden von Ameisen besucht. Auf dem Primärwirt sind die meisten Erwachsenen ziemlich rundlich und mit pulverförmigem Wachs bedeckt. Im Frühjahr verursachen sie, dass sich die Blätter kräuseln oder verschiedenfarbige Gallen produzieren. Charakteristisch für diese Gattung sind eine kurze dreieckige oder fünfeckige Cauda und das Vorhandensein von Spinaltuberkeln am Kopf und am Abdominalsegment 8. Die morphologischen Unterschiede zwischen den Arten sind gering, und häufig kommt es zu Überschneidungen in der Variation dieser Unterschiede. Die Gattung ist in Deutschland mit 22 Arten vertreten.

53 *Elatobium* **(Aphididae, Aphidinae, Macrosiphini)**

Diese Gattung umfasst nur 6 Arten, die an *Picea* spp. und *Abies* spp. leben. Die Blattläuse sind kleine, länglich-oval, die adulten Lebendgebärenden können geflügelt oder ungeflügelt sein. Die Siphonen sind zylindrisch, lang, dünn und blass, mit einem gut entwickelten apikalen Flansch. Die Cauda ist spitz.

Sie sind bei der Nahrungsaufnahme kryptisch. Einige Arten (und einige Populationen innerhalb der Arten) haben eine sexuelle Phase im Lebenszyklus beibehalten, während andere sie verloren haben. Sie haben keinen Wirtswechsel und werden nicht von Ameisen betreut. Die Gattung ist in Deutschland mit 1 Art vertreten.

54 *Ericaphis* **(Aphididae, Aphidinae, Macrosiphini)**

Welteit gibt es 9 Arten in dieser Gattung, von denen 3 in Europa und 6 in Amerika heimisch sind. Einige der amerikanischen Arten wurden nach Europa eingeschleppt. *Ericaphis* ist assoziiert mit Ericaceae, Rosaceae und Liliaceae.

Die Blattläuse sind eher kleine, blassgrüne oder braune, oft glänzende Tiere. Die Antennen- und Medianhöcker an der Stirn sind unterschiedlich entwickelt und die Antennen sind kürzer als der Körper. Die Ungeflügelten haben keine sekundären Rhinarien an den Antennen, während die Geflügelten einige wenige auf dem III. Segment haben. Die dorsalen Borsten sind kurz und stumpf. Die dorsale Cuticula der Ungeflügelten ist runzlig oder gewellt. Den Ungeflügelten fehlen dunkle dorsale Zeichnungen, aber die Geflügelten haben einen dunklen dorsalen Abdominalfleck. Die Siphonen sind von mäßiger Länge, zylindrisch oder konisch, und am Ende oft leicht nach außen gebogen. Die Cauda ist finger- oder zungenförmig. Sie haben keinen Wirtswechsel und werden nicht von Ameisen betreut. Die Gattung ist in Deutschland mit 3 Arten vertreten.

55 *Eriosoma* **(Eriosomatidae, Eriosomatinae, Eriosomatini)**

Es gibt etwa 35 Arten in dieser Gattung, von denen die meisten wirtswechselnd sind. An *Ulmus* besiedeln die noch jungen Fundatritzen wachsende Triebe, wodurch sich die Blätter distal zur Nahrungsstelle wölben. Diese Blattgallen werden dann von den Fundatrizen besiedelt. Ungeflügelte und geflügelte Blattläuse zeichnen sich dadurch aus, dass sie auffällige Siphonalporen mit teilweise chitinisierten Rändern besitzen, die von einem Ring von Borsten umgeben sind. Die Media im Vorderflügel verzweigt sich nur einmal. Sie werden nicht von Ameisen betreut. Die Gattung ist in Deutschland mit 6 Arten vertreten.

56 ***Eucallipterus* (Aphididae, Calaphidinae, Calaphidini)**

Dies ist eine Gattung mit 2 Arten. Sie ernähren sich an den Blattunterseiten von *Tilia* spp. und werden normalerweise nicht von Ameisen besucht. Sie sind fragil mit langen, dünnen Beinen und alle lebendgebärenden Weibchen sind geflügelt. Die Antennen sind etwa so lang wie der Körper. Lebendgebärende Weibchen haben kegelförmige Siphonen, eine geknöpfte Cauda und eine zweilappige Analplatte. Die Gattung ist in Deutschland mit 1 Art vertreten.

57 ***Eucarazzia* (Aphididae, Aphidinae, Macrosiphini)**

Eine Gattung mit einer charakteristischen Art, die mit Lamiaceae assoziiert ist und auch in Deutschland vorkommt.

Ungeflügelte *Eucarazzia elegans* sind hellgrün; die Körperlänge ist 1,4–2,1 mm. Sie siedeln auf den Unterseiten der Blätter, Triebe und Blüten von *Mentha* spp. und verschiedenen anderen Lamiaceae (*Salvia, Coleus, Lavandula, Melissa, Nepeta, Origanum* etc.). Geflügelte haben ausgedehnte und auffällige schwarze dorsale Abdominalzeichnungen, Siphonen mit geschwollenem Teil dunkel und dem zylindrischen basalen Teil blasser, sowie Flügel mit dunklen dreieckigen Flecken an den Enden aller Adern. Die Art wurde nachgewiesen im Mittelmeerraum, auf Madeira, im Mittleren Osten, in Zentralasien, in Pakistan, im Norden Indiens und jetzt auch in Australien, in Afrika südlich der Sahara, im Westen der USA und in Südamerika. Monözisch holozyklisch im Iran; sexuelle Morphen wurden dort auf *Nepeta* im November gefunden, wobei die Männchen ungeflügelt waren, und Fundatritzen im April auf demselben Wirt gefunden wurden.

58 ***Euceraphis* (Aphididae, Calaphidinae, Calaphidini)**

Dies ist eine Gattung mit etwa 6 Arten, die von *Betula* spp. und *Alnus* spp. leben. Sie werden nicht von Ameisen betreut. Die Blattläuse sind groß und fragil mit langen, dünnen Beinen. Alle lebendgebärenden Weibchen sind geflügelt und leben an jungen Trieben oder an der Unterseite der Blätter. Obwohl sie oft in großen Stückzahlen vorkommen, aggregieren sie sich nicht und bilden keine dichten Kolonien. Die Antennen sind in der Regel länger als der Körper. Die Cauda ist geknöpft und die Analplatte abgerundet. Die Gattung ist in Deutschland mit 2 Arten vertreten.

59 ***Eulachnus* (Aphididae, Lachninae, Eulachnini)**

Die Gattung umfasst etwa 17 Arten, die alle an Nadeln von *Pinus* spp. leben. Die Blattläuse sind klein, schlank und länglich, grünlich bis olivbraun mit langen Gliedmaßen. Die Siphonen sind leicht erhöhte, randartige Strukturen. Die Antennen sind 6-gliedrig. Die Blattläuse sind bei der Nahrungsaufnahme kryptisch, aber bei Störungen sehr aktiv. Die bekanntesten Arten zeigen Präferenzen für bestimmte *Pinus* spp., aber keine ist streng auf 1 Art beschränkt. Sie sind holozyklisch, haben keinen Wirtswechsel und werden nicht von Ameisen besucht. Die Gattung ist in Deutschland mit 4 Arten vertreten.

60 ***Forda* (Aphididae, Eriosomatinae, Fordini)**

Die Gattung umfasste etwa 10 Arten, die im Mittelmeerraum und Südwestasien einen Wirtswechsel von *Pistacia* zu den Wurzeln von Gräsern und Getreide durchführen. Außerhalb des Pistazienbereichs sind mehrere Arten nur von ihren Sekundärwirten bekannt. Sie werden von Ameisen auf dem Sekundärwirt betreut und leben oft in Ameisennestern. Die Blattläuse sind mittelgroß. Auf dem Primärwirt leben sie in Gallen. Die Fundatrix bildet zunächst eine kleine temporäre Galle in der Nähe der Blattspitze, aber ihre Nachkommen bewegen sich zum Blattrand, wo sie durch Falten und Rollen der Blattränder charakteristische Blattrandgallen bilden. Die Emigranten haben einen dunklen Kopf und Thorax und einen blassen Körper. Ungeflügelte auf dem Sekundärwirt sind oft gelblich-weiß, von plumper Körperform und nicht von Wachs bedeckt. Die Gattung ist in Deutschland mit 2 Arten vertreten.

61 ***Geoica* (Aphididae, Eriosomatinae, Fordini)**

Eine Gattung in Europa, Asien und Afrika mit etwa 10 Arten, die meist zwischen den Gallen auf *Pistacia* und den Wurzeln der Poaceae und manchmal auch Cyperaceae wechseln, der Lebenszyklus dauert zwei Jahre. 1 Art (*mimeuri*) besiedelt monözisch *Pistacia*. Die Taxonomie ist schwierig, insbesondere für *G. utricularia*. Ungeflügelte Exules und Sexuparae haben den Anus dorsal verschoben und eine vergrößerte Analplatte, die als trophobiotisches Organ dient, um Honigtau für die Sammlung durch Ameisen zu speichern. Geflügelte Emigranten haben jedoch eine ganz andere Modifikation des Analbereichs, wobei sich die Analplatte und die Cauda seitlich erstrecken, um sich zu vereinen und einen sklerotisierten Perianalring bilden, der einen membranösen Bereich mit der Analöffnung in der Mitte umschließt. Es ist unbekannt, warum in dieser Morphe eine andere Struktur, vermutlich mit der gleichen Funktion, entwickelt wurde. Die Wurzeln besiedelnden Generationen sind in Nord-, Mittel- und Südeuropa bzw. in Indien vertreten. Die Gattung ist in Deutschland mit 2 Arten vertreten.

62 ***Glyphina* (Aphididae, Thelaxinae)**

In dieser Gattung gibt es 5 Arten, die sich von *Alnus* oder *Betula* ernähren. Die 3 paläarktischen Arten besiedeln oberirdische Triebe, während die beiden nordamerikanischen Arten sich offenbar unter der Erde ernähren. Sie sind holozyklisch, aber sie führen keinen Wirtswechsel durch und werden meistens von Ameisen besucht. Eher kleine Blattläuse (Körperlänge ca. 2 mm). Das Dorsum ist pigmentiert, meist grünlich oder schwärzlich mit vielen auffälligen Borsten. Die Antennen sind sehr kurz. Die Siphonen sind als Poren vorhanden. Die Gattung ist in Deutschland mit 2 Arten vertreten.

63 ***Hamamelistes* (Aphididae, Hormaphidinae, Hormaphidini)**

Eine Gattung mit 5 Arten in Nordamerika und Ostasien. Die meisten Arten machen einen Wirtswechsel zwischen *Hamamelis* und *Betula* spp., während andere das ganze Jahr über auf *Betula* bleiben. Diese Variation kann geografisch innerhalb einer Art auftreten. Der Lebenszyklus von wirtswechselnden Arten dauert zwei Jahre mit einem Holozyklus auf *Hamamelis*. Die Blattläuse sind klein, mit Wachs bedeckt und leben in einer Galle oder einer Pseudogalle auf der Unter- oder Oberseite des Blattes. Die ungeflügelten Lebendgebährenden haben sehr kurze 3- oder 4-gliedrige Antennen und besitzen keine Siphonen. Die Geflügelten werden charakterisiert durch zwei schräge Adern im Hinterflügel und Siphonalporen. Die Gattung ist in Deutschland mit 2 Arten vertreten.

64 ***Hayhurstia* (Aphididae, Aphidinae, Macrosiphini)**

Eine Gattung mit 2 Arten, von denen eine, *Hayhurstia cucubali*, von Blackman & Estop (2020) in den Genus *Brachycolus* gestellt wird. Die Blattläuse der Gattung *Hayhurstia* besiedeln Blattgallen an krautigen Pflanzen, sind mittelgroß und mit Wachspuder bedeckt. Die sehr kleinen, leicht geschwollenen, symetrischen Siphonen haben einen kleinen Flansch und sind deutlich kürzer als die fingerförmige Cauda. Die Arten sind holozyklisch ohne Wirtswechsel und überwintert als Ei. Sie werden nicht von Ameisen betreut. Die Gattung ist in Deutschland mit 2 Arten vertreten.

65 ***Hoplocallis* (Aphididae, Calaphidinae, Panaphidini)**

Eine Gattung mit 4 Arten in Europa und Asien, die sich alle von *Quercus* ernähren. Die kleinen Blattläuse sind mit *Myzocallis* verwandt. Alle erwachsenen Lebendgebärenden sind geflügelt. Im Gegensatz zur Gattung *Myzocallis* ist der Processus terminalis immer kürzer als die Basis des sechsten Antennensegments. Der Kopf und der Prothorax haben einen blassen Längsstreifen, der sich vom mittleren Ocellus nach hinten zwischen den Pigmentstreifen erstreckt. Das Pronotum hat vordere und hintere spinale und marginale Cluster mit kleinen Borsten. Das Abdomen hat paarige dunkle Spinalsklerite, die posterior über die Mittellinie auf einigen oder allen Tergiten fusioniert sind. Die Gattung ist in Deutschland mit 2 Arten vertreten.

66 ***Hormaphis* (Aphididae, Hormaphidinae, Hormaphidini)**

Eine Gattung mit 3 Arten, zwei nearktische und eine paläarktische, die einen Wirtswechsel zwischen *Hamamelis* und *Betula* durchführt oder monözisch an *Hamamelis* leben. Auf *Hamamelis* werden konische Beutelgallen, die von den Oberseiten der Blätter vorstehen, produziert, aber die ungeflügelten Morphen auf *Betula* sind aleyrodiform mit einem Rand aus weißem Wachs und leben frei auf den Blättern. Die Antennen der Geflügelte sind entweder 3-gliedrig (nordamerikanische Arten) oder 5-gliedrig (paläarktische Arten). im Hinterflügel gibt es eine einzelne schräge Ader.

In Deutschland ist die Gattung mit *Hormaphis betulae* vertreten. Dies sind kleine, abgeflachte, subkreisförmige gelblichgrüne oder gelblichbraune Blattläuse mit einem Rand aus ausstrahlenden Wachsfäden, die auf der Unterseite der Birkenblätter verteilt sind und keine Blattverformung verursachen. Beine und Antennen sind stark reduziert. Geflügelte, die auf *Betula* produziert werden, haben 5-gliedrige Antennen, unterscheiden sich aber von denen der anderen in Europa *Betula* besiedelnden Art, *Hamamelistes betulinus*, durch das Fehlen von Siphonen und meist nur einer schrägen Hinterflügelader. In Europa und Asien ist *H. betulae* anholozyklisch auf *Betula* spp. in Nord- und Mitteleuropa und wahrscheinlich in Sibirien und Zentralasien. Es wird vermutet, dass die Überwinterung in einem Larvenstadium im Boden oder im Moos durchgeführt wird und die aleyrodiformen Generationen nur drei Larvenstadien haben (siehe Heie 1980b).

67 ***Hyadaphis* (Aphididae, Aphidinae, Macrosiphini)**

In dieser Gattung gibt es etwa 19 Arten. Einige Arten haben einen Wirtswechsel zwischen Caprifoliaceae als Primärwirt und Apiaceae als Sekundärwirt, während andere monözisch sind und ihren gesamten Lebenszyklus entweder auf Caprifoliaceae oder auf Apiaceae abschließen. Die Blattläuse sind mittelgroß, länglich-oval. Die Antennen sind kürzer als der Körper. Die Siphonen sind 0,6- bis 1,4-mal so lang wie die Cauda und meist im mittleren oder distalen Teil leicht geschwollen, mit einem apikalen Flansch. Die Cauda ist dunkel oder hell und zungen- oder fingerförmig, mindestens 1,4-mal so lang wie an der Basis breit. Sie werden nicht von Ameisen betreut. Die Gattung ist in Deutschland mit 4 Arten vertreten.

68 ***Hyalopteroides* (Aphididae, Aphidinae, Macrosiphini)**

Gattung mit 1 Art, die in ganz Europa, Iran, Kasachstan, in den USA und Südamerika, aber auch in Deutschland vertreten ist. Sie besitzt die morphologischen Anpassungen, die oft mit der Nahrungsaufnahme an Gras verbunden sind; länglicher Körper, kurzer stumpfer RIV+V und kurze Anhänge, sowie sehr kurze, flanschlose Siphonen.

Ungeflügelte *H. humilis* sind hellgelblich, mit blassen Anhängseln; die Körperlänge ist 2,3–3,0 mm. Sie besiedeln die Oberseiten der Blätter von *Dactylis glomerata*, deren Blätter durch starke Angriffe braun werden. Normalerweise spezifisch für diesen Wirt, gibt es nur einzelnen Beobachtungen an anderen Grasarten (*Bromus, Holcus, Muhlenbergia, Tridens*). Monözisch holozyklisch mit Oviparae und geflügelten Männchen im Oktober.

69 *Hyalopterus* **(Aphididae, Aphidinae, Rhopalosiphini)**

Eine kleine Gattung mit nur 3 Arten. Sie wechseln zwischen *Prunus* spp. im Winter/Frühling und *Phragmites* im Sommer, oder sie können das ganze Jahr über auf beiden Wirten leben. Sie werden nicht von Ameisen besucht.

Kleine bis mittelgroße längliche Blattläuse, deren erwachsene Lebendgebärende geflügelt oder ungeflügelt sein können. Sie sind in der Regel hellgrün gefleckt mit dunklerem Grün und die meisten sind mit weißem Wachspuder bedeckt. Einige Blattläuse auf dem Sekundärwirt können eher dunkelrosa als grün sein. Die Antennen sind kürzer als der Körper, und die Siphonen sind sehr kurz, dicker und dunkler zu ihren Spitzen hin. Die Cauda ist deutlich länger als die Siphonen. Die Gattung ist in Deutschland mit 3 Arten vertreten.

70 ***Hydaphias* (Aphididae, Aphidinae, Macrosiphini)**

Paläarktische Gattung mit 5 Arten auf *Galium* und verwandten Rubiaceae, gekennzeichnet durch die dünnen, oft nach innen gekrümmten, ungeflanschten Siphonen. Die Gattung ist in Deutschland mit 3 Arten vertreten.

Ungeflügelte *Hydaphias carpaticae* sind schmutzig gelb mit hellgrünem Wirbelsäulenstreifen; die Körperlänge ist ca. 1,9–2,0 mm. Geflügelte haben etwa 26–28 sekundäre Rhinaria auf dem Antennenglied III und etwa 5–6 auf IV, während Geflügelte anderer beschriebener Arten 10–20 auf III und 0–4 auf IV haben.

Ungeflügelte *Hydaphias molluginis* sind schmutzig grün oder grünlich gelb mit dunklen Fortsätzen; die Körperlänge ist 1,4–2,0 mm. In bodennahen Kolonien, an Trieben und Blütenstielen, die sich verformen und verkümmern. Beschrieben von *Galium mollugo* in Deutschland. Blattläuse von *H. molluginis* kommen in ganz Europa und in ganz Asien bis Ostsibirien, Korea und China vor. Oviparae treten im September auf.

Ungeflügelte *Hydaphias mosana* sind stumpf, blassgelbgrün bis dunkelgrün mit dunklen Anhängseln; die Körperlänge ist 1,0–1,6 mm. Auf unterirdischen Teilen von *G. mollugo* und *G. verum*, begleitet von Ameisen. In ganz Europa, darunter England und Spanien, östlich in die Türkei, nach Russland und Kasachstan. Oviparae und ungeflügelte Männchen treten im September auf.

71 ***Hyperomyzus* (Aphididae, Aphidinae, Macrosiphini)**

Es gibt 18 Arten, von denen einige zwischen *Ribes* spp. als Primärwirt und verschiedene Asteraceae und Scrophulariaceae als Sekundärwirte wechseln. Andere bleiben in diesen Familien auf einem einzigen Wirt. Alle Arten überwintern als Eier. Sie werden nicht von Ameisen betreut. Es sind mittelgroße Blattläuse, deren erwachsene Lebendgebärende geflügelt oder ungeflügelt sein können. Die Stirnregion des Kopfes ist glatt. Das Dorsum des Abdomens ist nicht sklerotisch und pigmentiert. Die Siphonen sind geschwollen. Die Gattung ist in Deutschland mit 7 Arten vertreten.

72 ***Idiopterus* (Aphididae, Aphidinae, Macrosiphini)**

Gattung mit einer Art, die auch in Deutschland vertreten ist. Sie ist wahrscheinlich neotropischen Ursprungs, heute fast kosmopolitisch, beschränkt sich aber auf Gewächshäuser und Höhlen in nördlichen gemäßigten Regionen. Anscheinend völlig anholozyklisch. Ungeflügelte *Idiopterus nephrelepidis* sind schwarz mit blassen Beinen, blassen Antennen mit schwarzen Ringen. Die Siphonen sind basal schwarz und distal blass, die Cauda ist schwarz; die Körperlänge ist 1,2–1,6 mm. Geflügelte haben breit schwarz umrandete Vorderflügeladern und einen großen weißen Fleck auf dem Pterostigma. Die Art besiedelt viele Gattungen und Arten von Farnen (*Acrostichum, Adiantum, Asplenium, Anemia, Blechnum, Blotiella, Ceropteris, Dicranopteris, Dryopteris, Gymnocarpium, Nephrolepis, Pityrogramma, Polypodium, Polystichum, Pteridium, Pteris*).

73 ***Illinoia* (Aphididae, Aphidinae, Macrosiphini)**

In der Gattung gibt es etwa 45 meist nordamerikanische Arten, von denen einige in andere Teile der Welt, einschließlich Europa, eingeführt wurden. Die meisten Arten sind holozyklisch, aber es gibt keine Wirtswechsel. Viele Arten in den beiden wichtigsten Untergattungen sind mit den Ericaceae assoziiert, aber andere ernähren sich von taxonomisch unterschiedlichen Pflanzen. Sie werden nicht von Ameisen besucht. Die Blattläuse sind mittelgroß, ihre erwachsenen Lebendgebärenden können geflügelt oder ungeflügelt sein. Die Antennenhöcker sind gut entwickelt, ihre Innenflächen sind divergent. Auch der mittlere Höcker ist häufig gut entwickelt. Die Siphonen sind im distalen Teil leicht geschwollen und verengen sich zum retikulierten subapikalen Teil (mindestens 3–4 Reihen von ziemlich großen polygonalen Zellen). Die Cauda ist kürzer als die Siphonen, schlank und fingerförmig. Die Gattung ist in Deutschland mit 2 Arten vertreten.

74 ***Impatientinum* (Aphididae, Aphidinae, Macrosiphini)**

Eine Gattung mit etwa 9 Arten, die möglicherweise eine Wirtswechselbeziehung zwischen *Smilax* und *Impatiens* in Asien hat, obwohl dies einer weiteren Bestätigung bedarf; die beiden Arten, die sich nach Europa ausgebreitet haben, produzieren ihre sexuellen Morphen auf *Impatiens*. Die Gattung ist in Deutschland mit 2 Arten vertreten.

75 ***Iziphya* (Aphididae, Saltusaphidinae, Saltusaphidini)**

Eine Gattung mit 12 Arten, 6 sind nearktisch, 5 paläarktisch und eine holarktisch. Die gedrungenen Blattläuse sind charakteristisch gezeichnet, besiedeln Seggen und springen bei Störungen vom Wirt. Geflügelte haben gebänderte Flügeladern. Die Taxonomie von *Iziphya* ist schwierig aufgrund des saisonalen Polymorphismus und der umweltbedingten Variation wichtiger diagnostischer Merkmale (Körperpigmentierung, Antennenlänge, Form der dorsalen Borsten). Die Gattung ist in Deutschland mit 3 Arten vertreten.

76 ***Jacksonia* (Aphididae, Aphidinae, Macrosiphini)**

Die Gattung hat 4 Arten, die mit *Myzus* verwandt sind, aber charakteristische Siphonen besitzen. Die Gattung ist in Deutschland mit einer Art, *Jacksonia papillata*, vertreten. Diese Art besiedelt verschiedene Gräser (*Dactylis, Deschampsia, Festuca, Poa*), an denen sie kryptisch an farblosen Basalteilen der Pflanzen lebt und nicht von Ameisen besucht wird. Sie wurde häufig aus Moosproben gewonnen, was angesichts ihres Lebensraums nicht verwunderlich ist, aber es wird vermutet, dass sie sich manchmal von Moosen ernährt (Müller 1973b), oder auch an Kartoffeln, *Lysimachia* und *Veronica* siedelt (Heie 1994c). Sie tritt in Regionen mit gemäßigtem ozeanischem Klima auf der ganzen Welt auf. Die Art ist vermutlich anholozyklisch; Oviparae wurden nie gefunden. Die Ungeflügelten sind bräunlichgrün, olivgrün, matt grünlich gelb oder rötlich, an der Unterseite leicht wachsbepudert, mit braunem Kopf, Antennen und Beinen, an der Spitze dunkelen Siphonen und dunkler Cauda; die Körperlänge ist 1,5–1,9 mm. Geflügelte sind selten; sie sind dunkelgrün mit einer ausgedehnten dunklen sklerotischen Mustererung und sekundären Rhinarien, an III 20–32, IV 7–18, V 1–6.

77 ***Juncobia* (Aphididae, Saltusaphidinae, Saltusaphidini)**

Eine Gattung mit 1 Art, die mit *Juncus* assoziiert, eng mit *Iziphya* verwandt und auch in Deutschland vertreten ist. Sie besiedelt in Europa, der Türkei und Kasachstan Blätter von *Juncus* spp. in feuchten Lagen und wird von Ameisen betreut. Sie ist monözisch holozyklisch; Oviparae und ungeflügelte Männchen wurden Ende August in Schweden gefunden. Der Prozessus terminals ist sehr kurz, und die dorsalen Borsten sind alle fächerförmig und ohne höckrige Basen. Ungeflügelte *Juncobia leegei* sind gelblich mit schwarzgrauen Zeichnungen; die Körperlänge ist 1,6–1,9 mm. Geflügelte haben umsäumte Flügeladern mit dunklen Flecken an den Spitzen.

78 ***Kaltenbachiella* (Aphididae, Eriosomatinae, Eriosomatini)**

Diese Gattung umfasst 8 Arten, die hauptsächlich mit *Ulmus* assoziiert sind. Wie die Arten der verwandten Gattung *Colopha* induzieren sie auch Gallen, in diesem Fall aber auf der Mittelrippe nahe der Blattbasis. Die Gattung ist in Deutschland mit 1 Art vertreten.

79 ***Lachnus* (Aphididae, Lachninae, Lachnini)**

Es gibt 22 Arten in dieser Gattung. Sie sind meist mit Laubbäumen, hauptsächlich Fagaceae, assoziiert und werden meist von Ameisen besucht. Sie sind mittelgroß bis groß, mit 6-gliedrigen Antennen. Mehr als die Hälfte des Bereichs der Vorderflügel ist mit dunklem Pigment bedeckt und die mediale Ader gabelt sich zweimal. Cauda und Analplatte sind abgerundet. Sie haben in der Regel markante, kegelförmige Siphonen. Die Gattung ist in Deutschland mit 4 Arten vertreten.

80 ***Laingia* (Aphididae, Chaitophorinae, Siphini)**

Eine Gattung mit 1 Art, die auch in Deutschland vertreten ist. Sie unterscheidet sich von *Atheroides* durch die Position der Siphonen (auf Abdominaltergit 6, im Gegensatz zu Abdominaltergit 5 in *Atheroides*) und durch das Fehlen einer dorsalen Sklerotisierung. Sie treten typischerweise in Blütenständen von *Ammophila arenaria* in Sanddünen auf, aber auch auf *Calamagrostis epigeios* an mehr inländischen Standorten, und werden auch in Schweden von *Elymus, Calamagrositis arundinacea* und *Deschampsia caespitosa* (Heie 1982) und auf der iberischen Halbinsel von *Carex acutiformis* registriert. Manchmal werden sie von Ameisen betreut. Weit verbreitet in Europa und über Asien bis Ostsibirien. Monözisch holozyklisch mit ungeflügelten Männchen und Oviparae.

Ungeflügelte *Laingia psammae* sind schlank, schmutzig strohfarbig bis graugrün; die Körperlänge ist 1,6–2,8 mm. Geflügelte haben dunkle Querbänder auf dem dorsalen Abdomen.

81 ***Linosiphon* (Aphididae, Aphidinae, Macrosiphini)**

Diese Gattung mit 3 paläarktischen und einer nearktischen Art, ähnelt *Illinoia* darin, dass die Siphonen in der Nähe der subapikalen, retikulierten Zone geschwollen sind, aber der Grad der Schwellung variiert innerhalb der Arten erheblich. Die Gattung ist in Deutschland mit 3 Arten vertreten.

Ungeflügelte *Linosiphon asperulophagum* sind grün oder rosafarben mit glänzendem braunschwarzem Dorsum, Kopf- und basalen Antennengelenken sowie dunklen Siphonen; die Körperlänge ist 1,7–2,3 mm. Sie siedeln auf den Unterseiten der Blätter und den oberen Teilen der Stängel von *Asperula odorata*. Oviparae und geflügelte Männchen treten im Oktober auf.

Ungeflügelte *Linosiphon galii* sind leuchtend grün oder braun mit variabel entwickelter schwarzer Pigmentierung des Dorsums und mit dunkelbraunen Siphonen mit dunklen Spitzen; die Körperlänge ist 1,7–2,0 mm. Geflügelte haben unvollständige dunkle dorsale Abdomenquerstreifen und große marginale und postsiphunkulierte Sklerite. Sie siedeln auf der Unterseite der Blätter von *Galium* spp. und *Asperula odorata*. Diese Art wurde mit *L. asperulophagum* verwechselt, hat aber ein kürzeres R IV+V und einen längeren HT II, wobei das Verhältnis zwischen diesen beiden ein zuverlässiger Diskriminator ist.

Ungeflügelte *Linosiphon galiophagum* sind leuchtend grün, ihr Siphonen blass mit dunklen Spitzen; die Körperlänge ist 1,7–2,5 mm. Geflügelte haben dunkle marginale abdominale und intersegmenale Pleuralsklerite, aber keine dunklen Querbänder. Sie siedeln auf *Galium* spp., an den Unterseiten der Blätter entlang der Adern und an jungen Trieben. Oviparae treten im Oktober auf.

82 ***Liosomaphis* (Aphididae, Aphidinae, Macrosiphini)**

Es gibt 5 Arten in dieser Gattung, die alle an *Berberis* oder *Mahonia* (Berberidaceae) leben. Sie sind holozyklisch, führen keinen Wirtswechsel durch und werden nicht von Ameisen betreut. Die mittelgroßen Blattläuse, können als erwachsene Lebendgebärende geflügelt oder ungeflügelt sein. Der Kopf ist glatt, die Antennenhöcker sind schwach entwickelt. Das Dorsum ist bei lebendgebärenden Weibchen unpigmentiert, aber mit einigen Pigmentierungen in geflügelten Morphen. Die Siphonen sind deutlich gekeult und angeschwollen, wobei die maximale Breite des geschwollenen Teils breiter ist als die Basis. Die Cauda ist zungenförmig und länger als an der Basis breit. Die Gattung ist in Deutschland mit 1 Art vertreten.

83 ***Lipaphis* (Aphididae, Aphidinae, Macrosiphini)**

Eine Gattung mit etwa 12 meist westlich paläarktischen Arten, die mit Brassicaceae assoziiert sind. Sie sind mit *Brevicoryne* verwandt und gekennzeichnet durch schwach entwickelte Antennenhöcker. Ungeflügelte haben eher kurze Antennen, die fast immer ohne sekundäre Rhinarien sind, ein sklerotisches, aber oft schwach pigmentiertes Tergum und schwach geschwollene Siphonen. Die Untergattung *Lipaphidiella* zeichnet sich durch das Vorhandensein eines konischen, eher schorfigen, Supracaudalhöckers aus. Die Gattung ist in Deutschland mit 6 Arten vertreten.

84 ***Longicaudus* (Aphididae, Aphidinae, Macrosiphini)**

Es gibt 9 Arten in dieser Gattung, die meisten führen einen Wirtswechsel zwischen *Rosa* und Mitgliedern der Ranunculaceae durch. Die Ungeflügelten sind im Allgemeinen klein bis mittelgroß und hell gefärbt. Die Siphonen sind kegelförmig oder zylindrisch. Mit einer Ausnahme (*Longicaudus naumanni*) sind die Siphonen kürzer als die Cauda, oft viel kürzer (<0,5-fach). Die Siphonen können in Fundatrizen fehlen. Die Cauda ist finger- oder zungenförmig. Die Gattung ist in Deutschland mit 1 Art vertreten.

85 ***Macrosiphoniella* (Aphididae, Aphidinae, Macrosiphini)**

Es gibt etwa 157 Arten in dieser Gattung. Sie leben von *Chrysanthemum, Tanacetum* und anderen Mitgliedern der Anthemideen oder Asteroideen in den Asteraceae, meist an den Stängeln. Sie sind holozyklisch, führen keinen Wirtswechsel durch und sind immer ohne Ameisenbesuch. Die Blattläuse sind grüne bis dunkelbraun, oft mit Wachs bepuderte. Die erwachsenen Lebendgebärenden können geflügelt oder ungeflügelt sein. Das Dorsum ist nicht sklerotisiert, wenn es pigmentiert ist, dann nur in kleinen lokal begrenzten borstentragenden Skleriten. Die Siphonen sind lang, ungeflanscht und mehr oder weniger zylindrisch, oder mit einer leichten Verjüngung von der Basis bis zum Apex. Die retikulierte Zone bedeckt etwa ein Viertel der Länge der Siphonen. Die Gattung ist in Deutschland mit 27 Arten vertreten.

86 ***Macrosiphum* (Aphididae, Aphidinae, Macrosiphini)**

Eine Gattung mit etwa 120 Arten von denen etwa 60 in Nordamerika beheimatet sind, ca. 24 in Zentral- und Ostasien und 36 in Europa. Die bekanntesten Arten sind assoziiert mit *Rosa* (Rosaceae) und vielen anderen Wirten, darunter Dipsacaceae, Apiaceae, Valerianaceae und Ranunculaceae. Sie führen meist keinen Wirtswechsel durch und werden nicht von Ameisen betreut. Die Blattläuse sind groß, spindelförmig, rosa oder grün gefärbt und besitzen lange Beine und Antennen, letztere sind meist länger als der Körper. Die erwachsenen Lebendgebärenden können geflügelt oder ungeflügelt sein. Die Antennenhöcker sind ziemlich hoch, glatt und divergierend. Die Siphonen sind lang, geflanscht und nicht geschwollen, mit einer retikulierten Zone (polygonaler Netzstrukturen), die apikal ein Zehntel bis ein Sechstel der Länge des Sipho bedecken. Die Cauda ist immer blass und sehr länglich. Die Gattung ist in Deutschland mit 17 Arten vertreten.

87 ***Maculolachnus* (Aphididae, Lachninae, Lachnini)**

Eine Gattung mit 4 Arten, von denen sich 3 von Rosaceae ernähren (die Biologie von *Maculolachnus paiki* ist unbekannt). Sie sind holozyklisch, haben keinen Wirtswechsel und werden von Ameisen betreut. Es sind mittelgroße Blattläuse, deren erwachsene Lebendgebärende geflügelt oder ungeflügelt sein können. Sie haben keine ausgeprägte Pigmentierung an den Vorderflügeln, sondern einen schwarzen Fleck an der Basis des Pterostigma. Dorsalborsten entspringen häufig dunklen Skleroiten. Die kegelförmigen Siphonen sind niedrig und beborstet. Die Gattung ist in Deutschland mit 1 Art vertreten.

88 ***Megoura* (Aphididae, Aphidinae, Macrosiphini)**

Eine Gattung mit etwa 7 Arten, die sich von Fabaceae ernähren. Sie sind holozyklisch und überwintern als Eier, führen aber keinen Wirtswechsel durch. Sie werden nicht von Ameisen besucht. Die mittelgroßen bis großen Blattläuse können als erwachsene Lebendgebärende geflügelt oder ungeflügelt sein. Der Kopf hat gut entwickelte Antennenhöcker, deren Innenflächen glatt und breit divergent sind. Die Siphonen sind in der Mitte etwas geschwollen, und entweder ganz schwarz oder dunkel mit schwarzen Spitzen. Die Gattung ist in Deutschland mit 2 Arten vertreten.

89 ***Megourella* (Aphididae, Aphidinae, Macrosiphini)**

Die Gattung umfasst 2 Arten, die mit *Megoura* verwandt sind, aber längere Siphonen haben. Ungeflügelte und Geflügelte besitzen ein dorsales Muster aus dunklen spinalen, pleuralen und marginalen Skleriten. Die Gattung ist in Deutschland mit 2 Arten vertreten.

Ungeflügelte *M. purpurea* sind schmutzig rötlichviolett, rosa oder grünlich, mit schwarzen dorsalen Flecken; die Körperlänge ist 2,1–2,9 mm. Sie besiedeln *Lathyrus pratensis* an basalen Teilen im oder nahe dem Boden in Nordwest-, Nord-, Mittel- und Südeuropa. Die Art ist monözisch holozyklisch; Oviparae und apterous Männchen wurden im Oktober in den Niederlanden gefunden.

Ungeflügelte *M. tribulis* sind dunkelgrün bis schwarz mit schwarzen Antennen, Beinen, Siphonen und Cauda; die Körperlänge ist 2,4–3,0 mm. Sie besiedeln *Vicia sepium* an der Basis des Stängels auf oder in der Nähe des Bodens in Nordwest-, Nord- und Mitteleuropa. Die Art ist monözisch holozyklisch; sexuelle Morphen wurden Ende September–Oktober gefunden.

90 ***Melanaphis* (Aphididae, Aphidinae, Rhopalosiphini)**

In der Gattung gibt es etwa 25 Arten. Die 3 europäischen Arten sind mit Rosaceae und Poaceae assoziiert. Es sind kleine bis mittelgroße bis längliche ovale oder birnenförmige Blattläuse, die eng mit *Rhopalosiphum* verwandt sind. Die Siphonen sind kürzer als die Cauda. Das Abdomen hat dunkle dorsale Zeichnungen. Die geflügelten Morphen haben an den Vorderflügeln dunkle Flügeladern, wobei die Media doppelt verzweigt ist. Die Gattung ist in Deutschland mit 2 Arten vertreten.

91 ***Metopeurum* (Aphididae, Aphidinae, Macrosiphini)**

Es gibt 11 Arten in dieser Gattung, die hauptsächlich von *Tanacetum* spp. leben. Sie sind holozyklisch und überwintern als Eier, führen aber keinen Wirtswechsel durch. Sie können von Ameisen besucht werden. Die mittelgroßen Blattläuse können als erwachsene Lebendgebärende geflügelt oder ungeflügelt sein. Die Antennenhöcker sind sehr schwach entwickelt. Die Siphonen sind dünn, dunkel oder dunkel über mindestens die Hälfte der Länge, mit retikulierter Zone, die sich distal meist über mehr als 20 % der Länge erstreckt. Die Cauda kann sich verjüngen, dreieckig, oder weniger als 1,5-mal länger als an der Basis breit sein. Die Gattung ist in Deutschland mit 2 Arten vertreten.

92 ***Metopolophium* (Aphididae, Aphidinae, Macrosiphini)**

Eine Gattung mit etwa 18 Arten. Einige Arten führen einen Wirtswechsel durch zwischen *Rosa* und vielen Arten der Poaceae. Sie haben häufig einen Holozyklus und überwintern als Eier. Einige Arten verbringen jedoch das ganze Jahr über auf Gräsern und überwintern lebendgebärend. Die mittelgroßen bis großen Blattläuse können als erwachsene Lebendgebärende geflügelt oder ungeflügelt sein. Ungeflügelte Erwachsene haben gut entwickelte, ziemlich divergierende Antennenhöcker und einen ausgeprägten, aber niedrigeren Medianhöcker. Die Siphonen sind zylindrisch, an der Basis etwas erweitert; blass, apikal ohne retikulierte Zone sowie mit einem kleinen bis mittleren apikalen Flansch. Die Cauda ist länglich, ziemlich stumpf. Ungeflügelte Morphen sind in der Regel nicht pigmentiert, aber geflügelte Morphen können es sein. Die Gattung ist in Deutschland mit 5 Arten vertreten.

93 ***Microlophium* (Aphididae, Aphidinae, Macrosiphini)**

In dieser Gattung gibt es nur 4 Arten, die hauptsächlich von *Urtica* (Urticaceae) leben. Sie sind holozyklisch und überwintern als Eier. Sie werden nicht von Ameisen besucht, im Gegensatz zu den anderen häufigen Arten auf Brennnesseln (*Metopeurum urticae*), die fast immer von Ameisen betreut werden. Die großen spindelförmigen Blattläuse (Körperlänge mehr als 3 mm) können als erwachsene Lebendgebärende geflügelt oder ungeflügelt sein. Die Antennen sind viel länger als der Körper, die Antennenhöcker sind glatt, mit divergierenden Innenseiten. Die Siphonen sind lang, 2,3–3,1-mal so lang wie die Cauda und verjüngen sich mit einem großen Flansch. Die Gattung ist in Deutschland mit 2 Arten vertreten.

94 ***Microsiphum* (Aphididae, Aphidinae, Macrosiphini)**

Eine Gattung mit etwa 10 paläarktischen Arten, die an den Stielen von Compositae von Ameisen betreute Kolonien bilden, verwandt mit *Macrosiphoniella*, aber mit stark reduzierten Siphonen (die noch eine polygonale Retikulation aufweisen) und einer dreieckigen Cauda mit breiter Basis. Die Arten scheinen alle streng monophag zu sein. Die Gattung ist in Deutschland mit 2 Arten vertreten.

95 ***Mimeuria* (Aphididae, Eriosomatinae, Pemphigini)**

Eine Gattung mit 1 paläarktischen Art, die auch in Deutschland vertreten ist. Sie ist mit *Paraprociphilus* verwandt, aber die Ungeflügelten auf dem Sekundärwirt haben eingliedrige Tarsen und eine ganz andere Verbindung mit der Wirtspflanze.

Von *Mimeuria ulmiphila* werden endständige Blattnester auf *Acer* spp., insbesondere *A. campestre*, durch Hemmung des Sprosswachstums, Verdrehen und Falten der Blätter gebildet. Die Fundatrizen sind olivgrün-grau, mit weißer Wachswolle belegt; die Körperlänge ist 3,5–4,5 mm. Aus ihnen entstehen zahlreiche dunkelbraune Geflügelte (die Körperlänge ist 2,6–3,3 mm), die über einen längeren Zeitraum (Juni–November) fliegen. Ungeflügelte Exules leben hauptsächlich an Wurzeln von *Ulmus*; sie sind gelb, dick wachsbepudert, die Körperlänge ist 1,3–2,3 mm, einzeln in braune Mykorrhiza-Zysten eingeschlossen (Krzywiec 1964). Solche Zysten wurden auch an Wurzeln von *Rubus* in der Nähe von *Ulmus* gefunden (Vernon 1957). Sexuparae werden im Herbst produziert und kehren zu *Acer* zurück, aber Anholozyklie an *Ulmus*-Wurzeln scheint vor allem in Westeuropa oft zu dominieren. Nach Krzywiec (1964) sollte es auch an der Rinde von *Acer* eine anholozyklischen Überwinterung von Larven geben.

96 ***Mindarus*** **(Aphididae, Mindarinae)**

In dieser Gattung gibt es weltweit 8 oder mehr Arten, die sich von den wachsenden Trieben und jungen Zapfen von *Picea* oder *Abies* ernähren. Sie sind holozyklisch, haben keinen Wirtswechsel und werden nicht von Ameisen besucht. Bei den ungeflügelten Morphen und Larven ist die Oberseite des Kopfes mit dem Rückenschild des 1. Brustsegments verschmolzen, die Augen deshalb scheinbar in der Mitte der Seitenlinie des Kopfes. Die Wachsdrüsen sind gut entwickelt und bilden eine Wachsbedeckung. Die Antennen sind kurz. Die Siphonen sind porenartig und die Cauda ist stumpf dreieckig. Geflügelte haben Vorderflügel mit einem länglichen Pterostigma, das sich bis zu einem Punkt an der Flügelspitze verjüngt. Oviparae und Männchen sind ungeflügelt, in ihrer Größe reduziert. Die Gattung ist in Deutschland mit 2 Arten vertreten.

97 ***Monaphis*** **(Aphididae, Calaphidinae, Calaphidini)**

Es gibt nur 1 Art in dieser Gattung, die auch in Deutschland vertreten ist. Die Blattläuse von *Monaphis antennata* sind groß und alle lebendgebärenden Weibchen sind geflügelt. Diese holozyklische Art siedelt hauptsächlich an *Betula pendula,* auf Zweigen oder der Oberseite von Blättern, oft in der Nähe der Verbindungsstelle zwischen Mittelrippe und Stiel. Lebendgebärende Weibchen sind grün, mit Antennen, die außer an der Basis schwarz sind. Die Antennen sind länger als der Körper und der Processus terminalis ist 9-mal länger als die Basis des letzte Antennensegments. Auf dem 3. Antennensegment der geflügelten Weibchen befinden sich etwa 40 sekundäre Rhinarien. Die Siphonen sind sehr kurz, mit einem Flansch. Die Cauda ist zungenförmig, nicht verengt und die Analplatte zweilappig. Diese Blattlaus ist extrem selten und es gibt in der Regel nur eine Blattlaus auf einem Blatt. Nymphen drücken sich in der Regel dicht an die Mittelrippe und reagieren nicht auf Störungen. Sie haben keinen Wirtswechsel und werden nicht von Ameisen betreut.

98 ***Muscaphis*** **(Aphididae, Aphidinae, Macrosiphini)**

Diese Gattung umfasst 9 Arten, die einen Wirtswechsel durchführen zwischen Rosaceae und Moosen, oder nur vom Primär- oder Sekundärwirt bekannt sind. Die Blattläuse ähneln *Myzus* und stehen vielleicht *Nearctaphis* am nächsten; die Fundatrizen sind dicht behaart und produzieren in der zweiten Generation Geflügelte, die unregelmäßige dorsale Abdominalzeichnungen haben und Vorderflügel, die entweder einmal verzweigen oder einen zweiten Ast in der Nähe der Flügelspitze haben. Die Hintertibien einiger Arten haben eine Reihe von Stridulationsstiften die *Toxoptera* ähneln. Der Wirtswechsel wurde experimentell für 2 Arten bestätigt, *M. mexicana* (Remaudière & Muñoz Viveros 1985b) und *M. escherichi* (Stekolshchikov & Shaposhnikov 1993). Die meisten Versuche, andere Arten von Rosaceae auf Moose zu übertragen, waren bisher erfolglos. Primäre Wirtsgenerationen auf Rosaceae unterscheiden sich stark von den sehr kleinen Blattläusen auf Moosen und wurden zuvor als *Toxopterella* beschrieben. Die Gattung ist in Deutschland mit 3 Arten vertreten.

99 ***Myzaphis*** **(Aphididae, Aphidinae, Macrosiphini)**

Eine Gattung mit 9 Arten auf Rosaceae (*Rosa, Potentilla*). Ungeflügelte sind eher länglich oval und dorsoventral flach, mit kurzen Anhängen, und dorsaler Cuticula, die charakteristisch mit zahlreichen kleinen, abgerundeten Vertiefungen ausgestattet ist. Sie haben 5 Borsten auf den ersten Tarsalsegmenten, die Geflügelten haben einen dunklen dorsalen Abdominalfleck. Die Gattung ist in Deutschland mit 1 Art vertreten.

100 ***Myzocallis*** **(Aphididae, Calaphidinae, Panaphidini)**

Es gibt 44 Arten in dieser Gattung. Die Wirte sind Laubbäume und Sträucher verschiedener Familien. Alle lebendgebärenden Weibchen sind geflügelt, mit Ausnahme weniger Arten. Der Radialsektor im Vorderflügel ist bei einigen, aber nicht bei allen

Arten reduziert. Die Antennen sind so lang wie der Körper oder kürzer. Die Cauda ist geknöpft und die Analplatte ist zweilappig. Die Siphonen sind kurz, kegelförmig und ohne Flansch. Sie werden nicht durch Ameisen betreut. Die Gattung ist in Deutschland mit 6 Arten vertreten.

101 ***Myzodium*** **(Aphididae, Aphidinae, Macrosiphini)**

Die Gattung umfasst 3 Arten Moos besiedelnder Blattläuse. Sie haben abgerundete Antennen- und Mittelhöcker, Antennen sind 6-gliedrig und kürzer als die Körperlänge, mit einem charakteristisch geformten Processus terminalis und einer Cauda. Die Siphonen sind relativ lang, zylindrisch oder leicht geschwollen, die Cauda ist kurz, zungenförmig, mit schmalem, eher spitzem apikalem Teil. Die Gattung ist in Deutschland mit einer Art vertreten. Ungeflügelte *Myzodium modestum* sind rotbraun bis dunkelbraun oder olivgrün, manchmal grünlich posterior, das Dorsum ist glänzend, Antennen und Beine braun, Siphonen schwärzlich; die Körperlänge ist 1,2–1,9 mm. Geflügelte haben sekundäre Rhinaria an III 21–45, IV 7–13, V 0–4, und einen großen dunklen dorsalen Abdominalfleck. Die Blattlaus besiedelt verschiedene Moose, z. B. *Atrichum* und *Polytrichum* (Polytrichaceae), *Pohlia* (Bryaceae) und *Racomitrium* (Grimmiaceae). Es ist auch die einzige Art, die auf *Sphagnum* (Sphagnaceae) nachgewiesen wurde. Sie wird nicht von Ameisen besucht. In Europa einschließlich Island, Jan Mayen Island, Grönland und Nordamerika. Nach Müller (1973b) ist sie in Deutschland anholozyklisch, aber in der Schweiz wurden inzwischen Oviparae und geflügelte Männchen gefunden (Pérez Hidalgo et al. 2016). Dies ist der erste Nachweis dafür, dass eine Blattlaus ihren Lebenszyklus an Moosen abschließen kann.

102 ***Myzosiphon*** **(Aphididae, Aphidinae, Macrosiphini)**

Die Gattung umfasst 4 Arten auf der Welt und ist in Deutschland mit 3 Arten vertreten. Die Gattung *Myzosiphon* ähnelt *Rhopalosiphoninus* und *Pseudorhopalosiphoninus* und wird von anderen Autoren als synonym zu *Rhopalosiphoninus* gesehen. Sie hat aber weniger stark geschwollene Siphonen, die eine streifiger Struktur oder nur Spuren einer Retikulation besitzen und deren schmales basales Drittel nicht ganz zylindrisch ist, der schmale apikale Teil des Antennensegment III ist schuppig und wird zur Basis hin schmaler (Heie 1994c). *Myzosiphon staphyleae* und *tulipaellum*, werden von einigen Autoren als Unterarten angesehen. Heie (1994c) folgend, werden sie hier als Arten behandelt, zum einen, weil *tulipaellum* sich primär parthenogenetisch vermehrt, und auf krautigen Wirten nur selten Geschlechtstiere produziert, wodurch ein Genaustausch normalerweise ausgeschlossen ist, zum anderen, weil die Männchen von *staphyleae* geflügelt und die von *tulipaellum* ungeflügelt sind. Die holozyklisch ohne Wirtswechsel an *Ribes* lebende *Myzosiphon ribesinum* hat ebenfalls ungeflügelte Männchen.

103 ***Myzus*** **(Aphididae, Aphidinae, Macrosiphini)**

Dies ist eine große Gattung mit etwa 55 Arten. Die morphologischen Unterschiede zwischen den Arten sind gering, aber sie unterscheiden sich stark in ihren Wirtspflanzen. Die Primärwirte der wirtsabwechselnden Arten sind hauptsächlich Arten von *Prunus*, aber die Sekundärwirte gehören verschiedenen Familien an. Die meisten sind klein bis mittelgroß, mit konvergierenden Antennenhöckern. Geflügelte Weibchen haben dunkle dorsale Querbänder, die bei den meisten Arten auf den Segmenten 3–5 fusioniert sind. Die Siphonen sind zylindrisch oder die distale Hälfte ist leicht geschwollen und bei den meisten Arten mit einem gut entwickelten Flansch. Die Cauda ist eher kurz, dreieckig, fünfeckig oder zungenförmig. Die Gattung ist in Deutschland mit 14 Arten vertreten.

104 *Nasonovia* **(Aphididae, Aphidinae, Macrosiphini)**

In dieser Gattung gibt es weltweit etwa 45 Arten, von denen viele abwechselnd Grossulariaceae und verschiedene Asteraceae besiedeln, darunter *Lactuca, Crepis* und verschiedene Arten von *Hieracium*. Sie werden nicht von Ameisen besucht. Die eher glänzenden und mittelgroßen Blattläuse sind grün oder rötlich, mit einem deutlichen dorsalen sklerotischen Muster aus pigmentierten, paarigen intersegmentären Muskelplatten. Erwachsene Lebendgebärende können geflügelt oder ungeflügelt sein. Sie haben ausgeprägte Antennen- und Medianhöcker und relativ langs Antennen. Bei den geflügelten Morphen gibt es häufig dunkle segmentale Streifen, die die Muskelplatten an den Abdominalsegmenten 3–5 verbinden. Die Siphonen sind relativ lang, zylindrisch, mit kleiner oder gar keiner apikalen retikulierten Zone. Die Cauda ist länglich und relativ stumpf fingerförmig. Die Gattung ist in Deutschland mit 4 Arten vertreten.

105 *Nearctaphis* **(Aphididae, Aphidinae, Macrosiphini)**

Eine Gattung mit etwa 12 nordamerikanischen Arten mit kurzen Siphonen, die mit eng beieinander liegenden Reihen kleiner Stacheln oder Knötchen und einer kurzen, meist dreieckigen Cauda ausgestattet sind. Wahrscheinlich wechseln die meisten von ihnen zwischen Pomoideae als Primärwirte und Leguminosae oder Orobanchaceae als Sekundärwirte, aber die Wirtswechsel wurden nur durch experimentelle Transfers für 2 Arten bestätigt. Die meisten Arten sind wenig bekannt; es ist sehr wahrscheinlich, dass diejenigen *Nearctaphis*-Arten, die von einer Art des Primärwirtes nachgewiesen wurden, auch andere Arten oder Gattungen von Pomoideae nutzen können. Die Gattung ist in Deutschland mit einer Art vertreten. In Nordamerika werden von *Nearctaphis bakeri* im Fühjahr Kolonien an Spitzen von Zweigen, jungen Blättern und Blütenknospen von holzigen Pomoideae (*Crataegus, Cydonia, Malus, Pyrus*) gebildet. Die Ungeflügelten sind in Frühjahrspopulationen blassgrün bis gelbgrün, manchmal im vorderen Bereich rosa; die Körperlänge ist 1,4–2,3 mm. Die Geflügelten haben einen schwarzen dorsalen Abdominalfleck. Die Art ist heterözisch holozyklisch, produziert reichlich Geflügelte in der dritten und nachfolgenden Generation, die zu Leguminosen wandern (z. B. *Medicago, Melilotus, Trifolium, Trigonella*), und manchmal zu Pflanzen in anderen Familien (*Capsella, Castilleja, Valeriana, Veronica*). Ungeflügelte auf Sekundärwirten sind dunkelgrün bis lachsfarben mit unterschiedlich entwickelten dorsalen dunklen Flecken oder Flecken. In Europa, dem Mittleren Osten, Zentralasien, Indien und Japan eingeschleppte Populationen scheinen alle auf den Sekundärwirten anholozyklisch zu sein.

106 *Neomyzus* **(Aphididae, Aphidinae, Macrosiphini)**

Eine Gattung mit etwa 8 asiatischen Arten, darunter eine, die heute kosmopolitisch ist. Die mittelgroßen Blattläuse besitzen markante schwarze Rückenzeichnungen. Die seitlichen Stirnhöcker haben konvergierende Innenseiten. Die Geflügelten haben sekundäre Rhinarien auf dem Antennensegment IV. Sie wurden früher als Untergattung von *Aulacorthum* angesehen, unterscheiden sich aber in mehreren morphologischen Merkmalen, die sie näher an die Gattung *Myzus* stellen. Die Gattung ist in Deutschland mit 1 Art vertreten.

107 *Neopterocomma* **(Aphididae, Aphidinae, Macrosiphini)**

Eine wenig bekannte Gattung mit 3 Arten, 2 von basalen und unterirdischen Teilen von *Salix* in Europa, eine dritte von *Populus* in China. Bisher sind keine Geflügelten bekannt, und in dem einen Fall, in dem Sexuales gefunden wurden, scheinen die Männchen pädogenetisch zu sein. Die Gattung ist in Deutschland mit einer Art vertreten. Ungeflügelte *Neopterocomma asiphum* sind rötlich gefärbt, wahrscheinlich wachsüberzogen; die Körperlänge ist 2,5–3,1 mm. In Mittel- und Osteuropa weit verbreitet besiedeln sie verschiedene *Salix* spp. im unteren Teil des Stammes und werden von Ameisen betreut.

108 ***Neotoxoptera* (Aphididae, Aphidinae, Macrosiphini)**

In dieser Gattung gibt es 7 Arten (Favret 2020). Blackman & Eastop (2020) konnten aufgrund der veröffentlichten Beschreibungen *N. oliveri* nicht von *N. sungkangensis* trennen, weshalb sie 6 Arten auflisten. 3 Arten haben keinen Wirtswechsel, sondern verbringen ihren gesamten Lebenszyklus an Allioideae, Caryophyllaceae oder Violaceae. Sie sind anholozyklisch und vermehren sich das ganze Jahr über parthenogenetisch. Die anderen Arten führen einen Wirtswechsel durch und besiedeln als Primärwirte Caprifoliaceae. Die mittelgroßen Blattläuse sehen eher wie einige *Myzus*-Arten aus. Die erwachsenen Lebendgebärenden können geflügelt oder ungeflügelt sein. Die Siphonen sind geschwollen und die Flügeladern sind dunkel umrandet. Die Gattung ist in Deutschland mit 1 Art vertreten.

109 ***Ossiannilssonia* (Aphididae, Aphidinae, Macrosiphini)**

Eine Gattung mit 1 paläarktischen Art, die auch in Deutschland vertreten ist. Diese besiedelt *Galium boreale*, insbesondere in sonnigen Lagen, in Schweden, Finnland und Deutschland. Die Art ist monözisch holozyklisch, mit Oviparae und geflügelten Männchen Ende August–September. Die Blattläuse haben paarige spinale Vorsprünge auf den abdominalen Tergiten 3–5 und unpaarige Cauda-ähnliche Höcker auf den abdominalen Tergiten 6, 7 und 8. Die Siphonen sind kurz, gekrümmt und ungeflanscht wie in einigen anderen Gattungen, die mit *Galium* assoziiert sind. Ungeflügelte *Ossiannilssonia oelandica* sind grünlich bis zitronengelb mit überwiegend hellen Fortsätzen; die Körperlänge ist 1,7–2,0 mm.

110 ***Ovatomyzus* (Aphididae, Aphidinae, Macrosiphini)**

Eine Gattung mit weltweit 3 Arten. Diese sind anholozyklisch und ernähren sich das ganze Jahr über von Pflanzen der Familien Lamiaceae und Boraginaceae. Es sind sehr kleine, blasse Blattläuse, deren erwachsene Lebendgebärende geflügelt oder ungeflügelt sein können. Die Merkmale der Gattung liegen zwischen *Ovatus* und *Myzus*. Die Ungeflügelten haben gut entwickelte Antennenhöcker mit leicht divergierenden (bei *O. boraginacearum* konvergierenden) Innenseiten. Die Antennen sind so lang wie der Körper oder länger mit einem sehr langen Processus terminalis. Die Siphonen sind lang, schlank, zylindrisch oder leicht geschwollen. Die Cauda ist zungenförmig, leicht verengt in der Nähe der Basis. Die Gattung ist in Deutschland mit 2 Arten vertreten.

111 ***Ovatus* (Aphididae, Aphidinae, Macrosiphini)**

Es gibt 11 Arten in dieser Gattung. Sie ähneln morphologisch *Myzus*, aber die geflügelten Weibchen haben keinen zentralen schwarzen Fleck auf dem Rücken ihres Abdomens. Einige Arten wechseln zwischen *Crataegus* oder anderen holzigen Pomaceae und krautigen Lamiaceae, während andere nicht wirtswechselnd sind und mit Kräutern aus verschiedenen Familien assoziiert werden. Die beiden Arten *Ovatus crataegarius* und *Ovatus insitus* haben unterschiedliche Sekundärwirtspflanzen, treffen sich aber auf demselben Primärwirt. Die Hybridisierung wird durch artspezifische Anziehung der Männchen zu ihren oviparen Weibchen verhindert. Die meisten Blattläuse sind klein bis mittelgroß, mit gut entwickelten Antennenhöckern mit runden Fortsätzen am Innenrand. Die Siphonen sind zylindrisch, oft leicht gebogen, mit einem deutlichen Flansch. Die Cauda ist eher kurz, dreieckig, fünfeckig oder zungenförmig. Sie werden nicht von Ameisen betreut. Die Gattung ist in Deutschland mit 5 Arten vertreten.

112 ***Pachypappa* (Aphididae, Eriosomatinae, Pemphigini)**

Es gibt etwa 14 Arten in dieser Gattung, von denen die meisten wirtswechselnd sind. Sie überwintern auf *Populus* und besiedeln nach dem Wirtswechsel die Wurzeln von *Picea*. Diese Gattung zeichnet sich durch Fundatritzen ohne Wachsdrüsen und geflügelte Frühlingsmigranten mit Vorderflügeln aus, in denen die Media nur einmal verzweigt ist. Die Gattung ist in Deutschland mit 7 Arten vertreten.

113 ***Paczoskia* (Aphididae, Aphidinae, Macrosiphini)**

Eine Gattung mit etwa 9 ziemlich großen, glänzend braunen Arten und Unterarten, die hauptsächlich in Osteuropa und Westasien vorkommen und hauptsächlich mit *Echinops* assoziiert sind. Sie sind verwandt mit *Macrosiphoniella* und besitzen gut entwickelte prä- und postsiphonale Sklerite. Die *Echinops*-Besiedler haben ein langes keilförmiges R IV+V. Die Gattung ist in Deutschland mit 3 Arten vertreten.

114 ***Panaphis* (Aphididae, Calaphidinae, Panaphidini)**

Die 3 Arten dieser Gattung sind alle mit *Juglans* assoziiert. Typischerweise besiedeln sie die Oberseite der Blätter entlang der Mittelrippe. Alle lebendgebärenden Weibchen sind geflügelt. Die Antennen sind kürzer als der Körper. Die Cauda ist geknöpft und die Analplatte ist leicht eingekerbt. Die Siphonen sind kurz, kegelförmig und haben keinen Flansch. Sie haben keinen Wirtswechsel und werden nicht von Ameisen betreut. Die Gattung ist in Deutschland mit 1 Art vertreten.

115 ***Paracletus* (Aphididae Eriosomatinae, Fordini)**

Eine Gattung mit etwa 4 Arten, die *Forda* ähneln, mit Ausnahme des längeren Außenrandes der hinteren Coxae. Nur *P. cimiciformis* ist dafür bekannt, den Holozyklus mit Gallen auf *Pistacia* zu vollenden; Sexuparae von *P. donisthorpei* wurden von *P. terebinthus* (Roberti 1939, Nieto Nafría et al. 2002) gemeldet, aber die in Gallen lebenden Generationen dieser Art sind entweder unbekannt oder mit denen von *P. cimiciformis* verwechselt. Molekulare Studien deuten auf eine enge Beziehung zwischen *Paracletus* und *Forda* im Vergleich zu anderen Gattungen von Fordini hin (Ortiz-Rivas et al. 2009). Die Gattung ist in Deutschland mit 1 Art vertreten.

116 ***Paramyzus* (Aphididae, Aphidinae, Macrosiphini)**

Eine Gattung mit 3 paläarktischen Arten, eine auf Rosaceae und 2 auf Apiaceae, die *Myzus* ähneln, aber deren Ungeflügelte sekundäre Rhinarien auf ANT III besitzen. Die Gattung ist in Deutschland mit einer Art vertreten. Ungeflügelte *Paramyzus heraclei* sind weiß oder gelb, glänzend, hell bis auf Tarsi; die Körperlänge ist 1,3–1,9 mm. Auf der Unterseite der Basalblätter von *Heracleum* spp., wo sie viele kleine gelbe Flecken und eine leichte Wölbung der Blätter induzieren. Monözisch holozyklisch on *Heracleum* in Deutschland, mit geflügelte Männchen. Die Art ist weitverbreitet in Europa (nicht aus Skandinavien gemeldet), der Türkei sowie in Ostsibirien und Japan.

117 ***Patchiella* (Aphididae, Eriosomatinae, Pemphigini)**

Es gibt nur eine große Art in dieser Gattung, die auch in Deutschland vertreten ist. *Patchiella reaumuri* ist eine holozyklische Art, die zwischen dem Primärwirt *Tilia* und ihren Sekundärwirten (Araceae, in D *Arum* spp.) wechselt. Die Fundatrizen und ihre Nachkommen sind in großen Blattnestgallen zu finden, die durch das Drehen und Verkümmern des terminalen Wachstums junger Triebe verursacht werden. Diese Blattnester werden von Ameisen besucht. Alle Blattläuse der zweiten Generation sind geflügelt und migrieren. Die Fundatrizen sind kugelförmig und grünlich bis gelblich braun gefärbt.

118 ***Pemphigus* (Aphididae, Eriosomatinae, Pemphigini)**

Dies ist eine große Gattung, die aus mehr als 70 Arten besteht. Viele der Arten sind wirtswechselnd und induzieren Gallen an Blättern, Stielen oder Zweigen des Primärwirts *Populus*. Der Sekundärwirt ist eine krautige Pflanze, an der Kolonien an den Wurzeln oder in einer wolligen Wachsmasse über dem Boden gebildet werden. Die morphologischen Unterschiede zwischen den Arten sind gering, sie unterscheiden sich aber stark in ihren biologischen Eigenschaften. Die meisten sind klein bis mittelgroß.

Fundatrizen haben spinale, pleurale und marginale Wachsdrüsen auf den meisten Körpersegmenten. Die geflügelten lebendgebärenden Weibchen, die aus den Gallen hervorgehen, haben einen schwarzen Kopf und Thorax und ein längliches, gelb- oder graugrünes Abdomen, das mit Wachs bedeckt ist, und sie haben keine Wachsdrüsen auf dem Kopf und Mesonotum. Auf dem Primärwirt werden diese Blattläuse nicht von Ameisen betreut. Die Gattung ist in Deutschland mit 10 Arten vertreten.

119 ***Pentalonia*** **(Aphididae, Aphidinae, Macrosiphini)**

Eine Gattung mit 4 Arten von kleinen bräunlichen Blattläusen mit symmetrisch geschwollenen Siphonen, deren Geflügelte breite dunkelfarbige Vorderflügel mit sehr charakteristischen Äderungen besitzen, deren Radius stark gekrümmt ist und die sich auf einem Teil ihrer Länge fast berühren oder mit der Media verschmelzen und eine geschlossene oder fast geschlossene Zelle bilden. Die Gattung ist in Deutschland mit einer Art vertreten. Ungeflügelte *Pentalonia nigronervosa* sind rotbraun bis fast schwarz, mit schwarzer Spitze an der Antenne und blassen Beinen, mit Ausnahme der distalen Teile der Femora; die Körperlänge ist 1,2–1,9 mm. *P. nigronervosa* ernährt sich speziell von Musaceae, wo sie oft unter den alten Blattbasen leben und meist von Ameisen betreut werden. Die Art ist ein wichtiger Vektor des Bananen-Bunchy-Top-Virus. *P. nigronervosa* ist in allen tropischen und subtropischen Teilen der Welt sowie in Treibhäusern in Europa und Nordamerika weit verbreitet. Wahrscheinlich ist sie fast überall anholozyklisch.

120 ***Periphyllus*** **(Aphididae, Chaitophorinae, Chaitophorini)**

Es gibt etwa 42 Arten in dieser Gattung, von denen die meisten mit *Acer* und einige mit *Aesculus* assoziiert sind. Die Verbindung zu ihren Wirtspflanzen ist sehr stark. Im Sommer, wenn die Blätter reif sind, überleben einige Arten nur noch als kleine Aestivales. Bei einigen Arten sind diese Larven flach und mit dorsalen sklerotischen Platten versehen. Blattförmige Borsten sind am Kopf und Körper, an Teilen der Beine und Antennen vorhanden. Bei anderen Arten sind diese Larven mit sehr langen Borsten bedeckt. Einige wenige Arten produzieren keine Aestivales, während andere im Sommer sowohl Aestivales als auch normale Larven produzieren. Die Kolonien sind in der Regel von Ameisen betreut. Die Blattläuse sind mittelgroß, länglich, oval oder birnenförmig. Das Dorsum der Ungeflügelten ist meist unsklerotisiert mit haartragenden kleinen Plättchen. Die Borsten auf den Antennen sind auffällig und in der Regel lang, die Cauda ist entweder breit gerundet, leicht geknöpft oder zungenförmig, mit einer mehr oder weniger deutlichen Verengung. Die Siphonen sind kegelförmig, meist mit polygonaler Retikulation unterhalb des ausgeprägten Flansches. Die Gattung ist in Deutschland mit 10 Arten vertreten.

121 ***Phloeomyzus*** **(Aphididae, Phloeomyzinae)**

Diese Gattung umfasst vielleicht nur 1 Art, die in Europa, Nordafrika, Südwest-, Zentral- und Ostasien; USA und Südamerika auftritt und die auch in Deutschland vertreten ist. Die Blattläuse sind einzigartig in der Morphologie und dadurch, dass Geflügelte Sexuales sind. Parthenogenetische Formen sind alle ungeflügelt, mit verschmolzenem Kopf und Prothorax und 3-facettigen Augen.

Ungeflügelte *Phloeomyzus passerinii* sind grün, mit schmutziger weißer Wachswatte bedeckt; die Körperlänge ist 1,2–2,2 mm. Sie siedeln auf der Rinde und in Spalten auf Stämmen von *Populus* spp., am stärksten an 6–8 Jahre alten Bäumen. Die Art macht keinen Wirtswechsel. Auf der Nordhalbkugel werden Oviparae und Männchen im September–Oktober produziert, die Oviparіae legen jeweils zwei Eier. Anholozyklische Überwinterung durch ungeflügelte Viviparae ist ebenfalls üblich und kann überwiegen; die Fundatrix wurden bisher nicht beschrieben.

122 ***Phorodon* (Aphididae, Aphidinae, Macrosiphini)**

Eine kleine Gattung mit 4 Arten in Europa, Nordafrika und Südwestasien, die nach Nordamerika und Neuseeland eingeschleppt wurden. Sie sind holozyklisch und wechseln zwischen den Primärwirten Schlehe und Pflaume (Prunaceae) und dem Hopfen (Cannabaceae) als Sekundärwirt. Sie werden nicht von Ameisen betreut. Erwachsene Blattläuse sind blassgrün bis gelblichgrün mit dunkelgrünen Längsstreifen. Die erwachsenen Lebendgebärenden können geflügelt oder ungeflügelt sein. Die Blattläuse sind auf Primärwirten im Winter mittelgroß (2,0–2,6 mm lang), aber klein im Sommer auf Sekundärwirten. Sie haben charakteristische spitze Vorsprünge auf der Innenseite der Antennenhöcker. Die Siphonen sind blass, mittellang, an der Basis dicker und an den Spitzen leicht nach außen gebogen. Die Cauda ist kurz, blass und stumpf. Die geflügelten Morphen haben einen schwarzen Fleck mit verschmolzenen Querbalken auf der Oberseite des Abdomens. Die Gattung ist in Deutschland mit 2 Arten vertreten.

123 ***Phyllaphis* (Aphididae, Phyllaphidinae)**

Eine Gattung mit 3 Arten, die auf *Fagus* leben. Die Gattungszugehörigkeit einer vierten von Favret (2020) gelisteten Art ist fraglich: *P. nigra*, Biologie unbekannt. Charakteristisch für diese Arten sind Abdominalsegmente, die je ein Spinal-, ein Pleural- und ein Marginalpaar wabenartiger Wachsdrüsen tragen und einen Processus terminalis, der deutlich kürzer ist als die Basis des letzten Antennensegments. Die Cauda ist geknöpft und die Siphonen sind nur porenförmig. Beide Arten haben keinen Wirtswechsel und werden nicht von Ameisen betreut. Die Gattung ist in Deutschland mit 1 Art vertreten.

124 ***Phylloxera* (Phylloxeridae, Phylloxerinae, Phylloxerini)**

Eine Gattung, die nominal etwa 60 kleine birnenförmige Arten enthält, die auf Juglandaceae und/oder Fagaceae leben. Mehr als die Hälfte der nominalen Arten wurde aus Gallen auf *Carya* in Nordamerika beschrieben. Lediglich die Pekannuss besiedelnden wurden seit Pergandes Studien taxonomisch bearbeitet, weshalb der Status vieler anderer Galleninduzierer an *Carya* eher ungewiss ist. Während viele Arten entweder auf *Carya* oder Fagaceae eindeutig monözisch sind, konnte für mindestens 2 Arten ein Wirtswechsel nachgewiesen werden. Aus Europa und Nordamerika liegen Berichte über *Quercus* und *Castanea* besiedelnde Arten vor. Arten die sich an Fagaceae ernähren und früher der Gattung *Moritziella* angehörten, sind nun in der Gattung *Phylloxera* enthalten. Die Gattung ist in Deutschland mit 4 Arten vertreten.

125 ***Phylloxerina* (Phylloxeridae, Phylloxerininae)**

Eine Gattung mit etwa 9 Arten, die meist ohne Wirtswechsel auf Salicaceae lebt, mit einer auf *Nyssa* (Cornaceae). Ungeflügelte sind gelblich oder bräunlich gefärbt, in der Regel mit dichtem weißem Wachs bedeckt. Es wurden bisher keine Geflügelten in dieser Gattung nachgewiesen. Die Gattung ist in Deutschland mit 2 Arten vertreten.

126 ***Pineus* (Adelgidae)**

Eine Gattung mit ca. 23 Arten in Europa, Asien und Nordamerika. Arten mit einem sexuellen Stadium in ihrem Lebenszyklus nutzen *Picea* als Primärwirt und *Pinus* als Sekundärwirt. Die Gallen auf *Picea* befinden sich meist an den Triebspitzen und sind weniger kompakt als die von *Adelges*. Mehrere Arten haben die sexuelle Fortpflanzung und den Wirtswechsel verloren und leben stattdessen das ganze Jahr über an *Picea* oder *Pinus*. Blattläuse dieser Gattung besitzen nur noch vier Paare von abdominalen Atemlöchern. Ungeflügelte Adulte auf Sekundärwirten sind birnen- oder kugelförmig, ihr Kopf und Prothorax sind verschmolzen und pigmentiert. Sie scheiden in der Regel weiße Wachswolle aus. Die Gattung ist in Deutschland mit 5 Arten vertreten.

127 ***Pleotrichophorus*** **(Aphididae, Aphidinae, Macrosiphini)**

Die Gattung umfasst ca. 60 Arten. Während die Mehrzahl (49 Arten) amerikanischer Herkunft ist, sind 7 europäische und nur 3 zentralasiatische und eine ostasiatische Arten bekannt. Die überwiegend blassgrünen bis gelben Blattläuse tragen zahlreiche geknöpfte Borsten und schlanke, oft längliche Fortsätze. Bis auf wenige Ausnahmen leben die Arten auf Compositae, meist auf Anthemideae und Astereae, mit wenigen Arten auf Inuleae. Sie sind auf Pflanzen mit dichten Drüsenhaaren spezialisiert. Die Gattung ist in Deutschland mit 5 Arten vertreten.

128 ***Plocamaphis*** **(Aphididae, Aphidinae, Macrosiphini)**

Dies ist eine kleine Gattung mit nur 6 holarktischen Arten, die alle auf *Salix* leben. Sie sind mit *Pterocomma* verwandt, unterscheiden sich aber dadurch, dass sie weniger behaart sind. Die Siphonen sind keulenförmig, mit einem dünnen basalen Teil und einer eher kleinen ungeflanschten Öffnung in der Mitte der runden Spitze des geschwollenen distalen Teils. Sie sondern Wachs in Flocken ab und werden nicht von Ameisen betreut. Die Gattung ist in Deutschland mit 2 Arten vertreten.

129 ***Prociphilus*** **(Aphididae, Eriosomatinae, Pemphigini)**

Es gibt 46 Arten in dieser Gattung. Im Gegensatz zu den anderen Gattungen der Unterfamilie Pemphiginae sind ihre Primärwirte nicht *Populus,* sondern Angehörige der Rosaceae, Caprifoliaceae und Oleaceae. Die Sekundärwirte sind meist Nadelbäume. Arten dieser Gattung haben Wachsdrüsen am Kopf, Thorax und Abdomen, ebenfalls die Fundatrizen. Die Media auf dem Vorderflügel ist unverzweigt und es fehlen die Siphonen. Die Gattung ist in Deutschland mit 4 Arten vertreten.

130 ***Protaphis*** **(Aphididae, Aphidinae, Aphidini)**

Eine Gattung mit etwa 50 nominalen Arten, die eng mit *Aphis* verwandt sind. Sie besitzen aber kurze Anhänge und andere morphologische Merkmale, die der Anpassung zur Nahrungsaufnahme an der Basis oder an Wurzeln von Pflanzen in enger Verbindung mit Ameisen dienen. Die meisten Arten besiedeln Compositae/Asteraceae. Es handelt sich um eine taxonomisch schwierige Gruppe, bei der viele sehr ähnliche Arten beschrieben wurden. Es ist nicht auszuschließen, dass die morphologische Ähnlichkeit auf die Konvergenz im Zusammenhang mit dem Ort der Nahrungsaufnahme und der Betreuung durch Ameisen zurückzuführen ist. Die meisten nominellen Arten stammen aus Europa und Zentralasien, 6 aus Nordamerika und 3 aus Afrika. Die nordamerikanischen und eurasisch/afrikanischen Arten zeigen einige Unterschiede, aber molekulare Analysen zeigen, dass es sich um Schwestergruppen handeln könnte, die sich von *Aphis* getrennt gruppieren (Lagos et al. 2014). Dadurch erscheint es gerechtfertigt, *Protaphis* als eigenständige Gattung einzuordnen. Die Gattung ist in Deutschland mit 3 Arten vertreten.

131 ***Protrama*** **(Aphididae, Lachninae, Tramini)**

Eine Gattung mit 5 paläarktischen Arten, die meist unterirdische Teile der Asteraceae oder der Ranunculaceae besiedeln. Wie die Gattungen *Neotrama* und *Trama* haben sie keine Bäume als einzigen Wirt. Die Blattläuse der Gattung *Protrama* sind mittelgroß bis groß. Ihre Ungeflügelten haben sehr häufig Rückenzeichnung aus segmentalen Querbändern, manchmal außerdem Seitenflecken. Die behaarten Siphonen sind nicht oder nur wenig erhoben, bei Ungeflügelten und Geflügelten in je einen Pigmentfleck eingeschlossen. Die Antennen sind etwa halb so lang wie der Körper. Der Hintertarsus ist 0,5–0,9-mal so lang wie die Hintertibia. Die Antennen sind etwa halb so lang wie der Körper und die Cauda ist abgerundet. Die Gattung ist in Deutschland mit 3 Arten vertreten.

132 ***Pseudacaudella* (Aphididae, Aphidinae, Macrosiphini)**

Eine Gattung mit einer Moos besiedelnden Art, die in Europa, Kasachstan, Marokko, und USA, Panama auftritt und auch in Deutschland vertreten ist. Sie ähnelt *Myzodium*, besitzt aber niedrigere und weniger schorfige Antennenhöckern. Ungeflügelte *Pseudacaudella rubida* sind glänzend olivgrün bis braun mit rostigen Flecken an der Basis von Siphonen; die Körperlänge ist 0,7–1,0 mm. Geflügelte haben sekundäre Rhinaria verteilt auf III 7–15, IV 3–7, V 0–2. Sie besiedeln Moose in verschiedenen Gattungen (*Acrocladium, Climacium, Dicranum, Hylocomium, Plagiomnium, Pleurozium, Polytrichum, Pseudoscleropodium, Thuidium*). Sie scheint sowohl in trockenen als auch in feuchten Lebensräumen überlebensfähig zu sein und ist an anholozyklische Bedingungen angepasst, wobei eine spezialisierte überwinternde Larve (L2) eine dunkle sklerotische Cuticula und eine Wachsschicht aufweist. Geflügelte wurden in Neuseeland gefangen. Möglicherweise gibt es einen Wirtswechsel von *Sorbus* in der Ukraine (Bozhko 1976).

133 ***Pseudobrevicoryne* (Aphididae, Aphidinae, Macrosiphini)**

Die Gattung umfasst 3 paläarktische Arten, die mit *Brevicoryne* verwandt sind, sich aber durch sehr kurze Siphonen, erste Tarsalsegmente mit 3,3,2 Borsten und Ungeflügelte mit sekundären Rhinarien unterscheidet. Sie rollen die Blätter der Brassicaceae. Eine vierte Art, die in China eine nicht identifizierte Crucifere besiedelt, gehört ebenfalls zu dieser Gattung. Die Gattung ist in Deutschland mit einer Art vertreten. Ungeflügelte *Pseudobrevicoryne buhri* sind gelblich bis olivbraun, mit grauem Wachs gepudert; die Körperlänge ist 1,5–2,3 mm. Geflügelte haben sekundäre Rhinarien verteilt auf III 35–56, IV 5–11, V 3–6. Kolonien werden gebildet an den Oberseiten der Blätter von *Barbarea* spp., die in Längsrichtung nach oben gerollt werden. Sie wurde auch an *Brassica rapa* (Shaposhnikov 1964) gefunden. *P. buhri* tritt auf in Nordeuropa, einschließlich Großbritannien, Skandinavien, Norddeutschland und Polen, und südöstlich bis zu den Karpaten und der Ukraine. Sie ist monözisch holozyklisch; Fundatrizen wurden Mitte Mai in Südengland gefunden, aber sexuelle Morphen wurden nicht beschrieben.

134 ***Pterocallis* (Aphididae, Calaphidinae, Panaphidini)**

Es gibt 14 Arten in dieser Gattung, die alle mit Betulaceae assoziiert sind, insbesondere *Alnus* und *Corylus*. Die Blattläuse sind klein, blass und leben meist verstreut auf den Unterseiten der Blätter. Die Antennen sind so lang wie der Körper oder kürzer, mit einem kurzen Processus terminalis. Die Siphonen sind kurz und abgestumpft. Bei den erwachsenen Lebendgebährenden ist die Cauda geknöpft und die Analplatte zweilappig. Sie werden meist nicht von Ameisen betreut. Die Gattung ist in Deutschland mit 3 Arten vertreten.

135 ***Pterocomma* (Aphididae, Aphidinae, Macrosiphini)**

Die etwa 40 Arten dieser Gattung sind mit Salicaceae assoziiert. Sie sind oft dunkel gefärbt mit kontrastreich leuchtenden Siphonen. Sie leben in Kolonien auf den Ästen und Zweigen und werden von Ameisen betreut. Der konvexe Körper hat eine flache Unterseite und ist mit Wachs gepudert, insbesondere an den Rändern der Segmente. Körper, Antennen und Beine sind dicht mit langen spitzen Borsten bedeckt. Die Antennen sind 6-gliedrig, etwa halb so lang wie der Körper. Die Siphonen sind länger als breit, zylindrisch oder geschwollen und haben einen Flansch. Die Gattung ist in Deutschland mit 7 Arten vertreten.

136 ***Rhodobium*** **(Aphididae, Aphidinae, Macrosiphini)**

Zu dieser Gattung gehört nur 1 Art, die auch in Deutschland vertreten ist. Sie unterscheidet sich von *Acyrthosiphon* und *Metopolophium* in den schuppigen Antennenhöckern und von *Aulacorthum* durch sekundäre Rhinarien auf der gesamten Länge von ANT III und fehlender dorsaler Pigmentierung in Geflügelten. Ungeflügelte *Rhodobium porosum* sind gelb bis gelbgrün, ziemlich glänzend, mit braunem Kopf; die Körperlänge ist 1,2–2,5 mm. Geflügelte haben ein hellgrünes Abdomen ohne dorsale Zeichnungen. Die Art besiedelt *Rosa* spp., insbesondere Kultursorten, und *Fragaria* spp., wahrscheinlich nordamerikanischen Ursprungs, ist sie heute weit verbreitet. Sie ist monözisch holozyklisch in Nordamerika, mit Oviparen und geflügelten Männchen, die sowohl an *Rosa* als auch an *Fragaria* vorkommen (MacGillivray 1963a), aber eine gelbe Form an *Fragaria* in Nordamerika ist möglicherweise eine eigene Art. *R. porosum* ist auch holozyklisch an *Rosa* in Teilen Europas (Müller & Steiner 1988b), aber generell anholozyklisch an kultivierten Rosen in Gewächshäusern oder außerhalb in wärmeren Klimazonen.

137 ***Rhopalomyzus*** **(Aphididae, Aphidinae, Macrosiphini)**

In dieser Gattung gibt es 9 Arten, die einen Wirtswechsel von *Lonicera* zu Gräsern durchführen. Sie sind holozyklisch und überwintern als Eier auf *Lonicera*. Die mittelgroßen gelblich bis schwarze Blattläuse, können als erwachsene Lebendgebärende geflügelt oder ungeflügelt sein. Der Kopf trägt gut entwickelte Antennenhöcker. An den Prothorax- und Abdominalsegmenten 2–6 sind häufig Marginaltuberkel vorhanden. Die Siphonen sind geschwollen und unter einem kleinen, aber gut entwickelten Flansch leicht verengt. Die Cauda ist zungenförmig und kürzer als der Siphon. Die geflügelten Morphen haben auf dem Kopf-, Thorax- und dorsal auf dem Abdomen Querstreifen oder einen großen dorsalen Abdominalfleck. Die Gattung ist in Deutschland mit 2 Arten vertreten.

138 ***Rhopalosiphoninus*** **(Aphididae, Aphidinae, Macrosiphini)**

Die Gattung umfasst etwa 18 Arten, die von einer großen Vielfalt von Pflanzen leben, darunter Lamiaceae, Rosaceae, Iridaceae, Araliaceae und Grossulariaceae. Sie leben oft in verborgenen Habitaten in Bodennähe. Einige Arten sind wirtswechselnd, andere hingegen bleiben auf einem Wirt. Die Blattläuse sind mittelgroß, sie tragen entweder kleine Spinules in der Stirnregion des Kopfes, oder ihr Abdomen ist dorsal mehr oder weniger sklerotisch und pigmentiert. Abgesehen von einer Verengung in der Nähe des Endes sind die apikalen zwei Drittel der Siphonen stark und scharf geschwollen, der apikale Teil vor dem Flansch besitzt eine retikulierte Zone. Die Cauda ist kurz und dreieckig. Die Gattung ist in Deutschland mit 4 Arten vertreten.

139 ***Rhopalosiphum*** **(Aphididae, Aphidinae, Aphidini)**

Es gibt etwa 17 Arten in dieser Gattung, von denen alle zwischen *Prunus* oder anderen Rosaceae als Primärwirte und Cyperaceae, Gramineae und selten anderen Pflanzen als Sekundärwirte wechseln. Auf der Stirn befinden sich schwach entwickelte Höcker. Die Antennen sind 5- oder 6-gliedrig, kürzer als der Körper, und der Processus terminalis ist länger als die Basis des letzten Antennensegments. Die Siphonen sind länger als die Cauda, oft leicht geschwollen und unterhalb des gut entwickelten Flansches deutlich verengt. Eine dorsale cuticulare Skulpturierung ist meist gut entwickelt und hat die Form einer polygonalen Retikulation. Die lebendgebärenden Weibchen haben entweder eine finger- oder zungenförmige Cauda. Die Gattung ist in Deutschland mit 5 Arten vertreten.

140 ***Roepkea* (Aphididae, Aphidinae, Macrosiphini)**

Diese Gattung umfasst eine paläarktische Art, die *Nearctaphis* ähnelt, aber keine marginalen Abdominalhöcker hat, und als Primärwirt *Prunus* nutzt. Die Gattung ist in Deutschland mit einer Art vertreten. Ungeflügelte *Roepkea marchali* auf *Prunus* sind schmutzig gelblich-grün bis fast schwarz, je nach Grad der dorsalen Sklerotisierung; die Körperlänge ist 1,5–2,3 mm. Sie besiedeln im Frühjahr die Unterseiten der Blätter von *Prunus mahaleb*, die zu breiten Schläuchen gerollt, aufgeblasen und vergilbt werden. Geflügelte haben einen schwarzen dorsalen Abdominalfleck und Antennen mit zahlreichen sekundären Rhinarien, am III 56–76, IV 17–30, V (0–)2–6. In Südeuropa (Frankreich, Italien) bleiben die Populationen den ganzen Sommer über auf *P. mahaleb* und produzieren Oviparae ohne Wirtswechsel, aber zumindest in Italien gibt es eine Teilmigration, da auf *Galeopsis angustifolia* Sommerkolonien gefunden wurden, die spät Gynoparae und Männchen produzierten, welche nach *Prunus* zurück wanderten (Barbagallo & Patti 1998). In Osteuropa und Südwestasien scheint der Wirtswechsel zu Lamiaceae (*Stachys, Phlomis*) regelmäßiger zu sein. Diese östliche Form, die aus der Krim, Georgien, Israel, Iran, Libanon und der Türkei stammt, hat einen kürzeren Processus terminalis, und die Ungeflügelten auf *Prunus* haben im Allgemeinen dunkle dorsale Querbänder und kein vollständig sklerotisches Tergum. Ungeflügelte auf Sekundärwirten sind kleiner, schmutzig gelbgrün (moosfarben), mit unterschiedlich entwickelten olivgrünen Rückenmarkierungen und haben die Körperlänge ist 1,2–1,7 mm.

141 ***Saltusaphis* (Aphididae, Saltusaphidinae, Saltusaphidini)**

Eine Gattung für 2 oder 3 Arten, die mit *Iziphya* verwandt sind, aber dies sind längere Blattläuse mit weiter hinten liegenden Siphonen. Die Dorsalborsten sind meist fächerförmig, aber auf Abdominaltergit 8 gibt es ein Paar rückwärts gerichteter Höcker mit langen stabförmigen Borsten. Die Gattung ist in Deutschland einer Art vertreten. *Saltusaphis scirpus* besiedelt verschiedene Cyperaceae (*Carex, Cyperus, Scirpus*). Sie tritt auf in Europa (nicht Großbritannien), Asien, weit verbreitet in Afrika und jetzt auch in Argentinien. Aus den USA wurde ein Fund gemeldet. Die Art ist monözisch holozyklisch; Oviparae und ungeflügelte Männchen treten im September–Oktober auf. Ungeflügelte sind länglich, graugelb bis grünlich gelb, mit dunklen Zeichnungen, die häufig Längsbänder bilden, wobei das Dorsum mit einer sehr dünnen Schicht aus grauweißem Wachs gepudert wird; die Körperlänge ist 2,3–2,5 mm. Geflügelte haben breite dunkle dorsale Querstreifen auf dem Abdomen und dunkel umrandete Flügeladern mit Flecken an ihren Spitzen und Antennen mit 10–21 Rhinaria auf III.

142 ***Sarucallis* (Aphididae, Calaphidinae, Panaphidini)**

Diese Gattung hat nur 1 Art ostasiatischen Ursprungs und ist mit *Tinocallis* verwandt. Die lebendgebärenden Weibchen von *S. kahawaluokalani* besitzen alle Flügel, die in Ruhe fast flach über den Körper gefaltet sind. Die Weibchen sind breit gebaut, blassgelb oder gelbgrün mit dunkelbrauner Zeichnung (dunkle Längsstreifen auf Kopf und Prothorax, dunkelbrauner Pterothorax, Querflecken auf den Abdominaltergiten 1 und 2, die paarige Tuberkel tragen). Die Art ist monözisch holozyklisch und besiedelt Blattunterseiten von *Lagerstroemia* spp., ist weit verbreitet in Ost- und Südostasien; nach Amerika, Afrika sowie Europa eingeschleppt. Ovipare Weibchen und geflügelte Männchen treten im September-Oktober auf. *S. kahawaluokalani* wird nicht von Ameisen betreut und wurde in Deutschland nachgewiesen.

143 ***Schizaphis*** **(Aphididae, Aphidinae, Aphidini)**

Zu dieser Gattung gehören etwa 36 paläarktische und 6 nearktische Arten, die *Rhopalosiphum* ähneln, aber sich verjüngende Siphonen und eine nur einmal verzweigte Media des Vorderflügels besitzen. Wahrscheinlich lebt etwa die Hälfte der Arten das ganze Jahr über auf Poaceae, und die meisten anderen (Untergattung *Paraschizaphis*) auf Cyperaceae und Typhaceae. Jedoch überwintern einige wenige hauptsächlich asiatische Arten als Eier auf *Pyrus* oder *Malus*. Mehr als die Hälfte der Arten sind Europäer, die anderen kommen im Mittleren Osten, in Zentralasien, Ostasien, Afrika und Nordamerika vor. Die *S.-graminum*-Gruppe umfasst mehrere eng verwandte und morphologisch sehr ähnliche Arten oder Unterarten, von denen einige nur durch ihre Assoziationen mit verschiedenen Grasgattungen oder Arten oder durch andere biologische Unterschiede zuverlässig identifiziert werden können. Die Taxonomie und der Lebenszyklus der *Pyrus* besiedelnden Arten bedürfen ebenfalls weiterer Untersuchungen.

Ungeflügelte *Schizaphis graminum* haben Kopf und Prothorax gelblich oder grünlich strohgelb gefärbt, der restliche Thorax und Bauch ist gelblichgrün bis bläulichgrün mit einem dunkleren Spinalstreifen; die Körperlänge ist 1,3–2,1 mm. Geflügelte haben sekundäre Rhinaria verteilt an ANT III 4–10, IV 0–4, V 0–1. Die Art besiedelt Blätter von sehr vielen Gattungen und Arten von Poaceae, wodurch oft Vergilbung und andere phytotoxische Effekte verursacht werden. Sie wird manchmal von Ameisen betreut (Orlob 1963). Es wird angenommen, dass die Nachweise an Gräsern in Westeuropa für andere eng verwandte Arten oder Unterarten mit spezifischeren Wirtsbindungen (*agrostis, borealis, dubia, holci, jaroslavi, phlei, thunebergi*) gelten, die alle sehr schwer voneinander zu unterscheiden sind (z. B. Pettersson 1971). *S. graminum* ist paläarktischen Ursprungs, aber heute weit verbreitet und tritt in Südeuropa, Mittlerer Osten, Zentralasien, Afrika, Indien, Nepal, Pakistan, Thailand, Korea, China, Taiwan, Japan, Nord-, Mittel- und Südamerika auf. Die nordamerikanischen »Biotypen« wurden durch die mtDNA-Analyse in drei Kladen mit unterschiedlichen Wirtsbeziehungen unterteilt, deren Ausprägung bereits vor der modernen Landwirtschaft begann (Shufran et al. 2000), was durch die Analyse von Kernsequenzen unterstützt wird (Shufran 2011). *S. graminum* ist monözisch holozyklisch, mit geflügelten Männchen in kalten gemäßigten Klimazonen, z. B. im Norden der USA, wo die Überwinterung im Eistadium überwiegend auf *Poa pratensis* durchgeführt wird. Wenn die Winterbedingungen es zulassen ist *S. graminum* anholozyklisch. Die Gattung ist in Deutschland mit 10 Arten vertreten.

144 ***Schizolachnus*** **(Aphididae, Lachninae, Eulachnini)**

Diese Gattung umfasst 7 Arten (4 nearktische und 3 paläarktische), die sich alle von *Pinus* ernähren. Sie sind als kleine, dicht gedrängte Kolonien entlang einer Nadel zu finden. Trotz des etwas anderen Aussehens der Blattläuse hat es den Anschein, dass *Schizolachnus* eng mit *Eulachnus* verwandt ist. Eine molekularphylogenetische Studie, die sowohl Kern- als auch mitochondriale Daten kombinierte, platzierte jedoch die 2 untersuchten Arten von *Schizolachnus* innerhalb von *Cinara* und schlug vor, sie als Untergattung dieser Gattung zu behandelt (Chen et al. 2016), und dies wurde durch die Arbeit von Havelka et al. (2020) unterstützt. Allerdings wird hierdurch *Cinara* paraphyletisch, in Übereinstimmung mit den phylogenetischen Analysen von Nováková et al. (2013) und Meseguer et al. (2015). Die Arten sind holozyklisch, haben keinen Wirtswechsel und werden nicht von Ameisen betreut. Die eher kleinen, ovalen, behaarten Blattläuse können geflügelt oder ungeflügelt sein. Der Körper ist graugrün und immer mit Wachspuder, oft mit Wachsflocken bedeckt. Die kegelförmigen Siphonen sind klein und blass. Die Gattung ist in Deutschland mit 2 Arten vertreten.

145 ***Semiaphis*** **(Aphididae, Aphidinae, Macrosiphini)**

Eine Gattung mit etwa 16 paläarktischen Arten, die *Hyadaphis* ähneln, aber sehr kurze Siphonen besitzen. Sie sind meist heterözisch zwischen *Lonicera* und Apiaceae oder leben ohne Wirtswechsel auf der einen oder anderen dieser Wirtspflanzengruppen. Einige wenige Arten kommen an anderen Pflanzen vor, darunter zwei an *Impatiens*. Die Gattung ist biologisch nicht sehr gut charakterisiert und die Lebenszyklen vieler Arten sind nicht vollständig bekannt. Die Populationen auf *Lonicera* sind besonders schwer den Arten zuzuordnen. Die Gattung ist in Deutschland mit 5 Arten vertreten.

146 ***Sipha*** **(Aphididae, Chaitophorinae, Siphini)**

Diese Gattung umfasst 11 Arten von stacheligen, ovalen, Gras besiedelnden Blattläusen mit stumpf-förmigen Siphonen, 5-gliedrigen Antennen und einem sklerotischen Tergum. Die 4 Arten der *Sipha* s.str. haben eine geknöpfte Cauda; 2 sind nearktisch mit einem glatten Tergum und 2 paläarktisch mit einem spinulosen Tergum. Die 8 Arten der Untergattung *Rungsia* haben eine breit gerundete Cauda und ein glattes Tergum. Die Gattung ist in Deutschland mit 4 Arten vertreten.

147 ***Sitobion*** **(Aphididae, Aphidinae, Macrosiphini)**

Eine große Gattung mit mehr als 80 Arten weltweit. Einige wenige Arten wechseln von Rosaceae zu Gräsern, aber die Mehrheit der Arten bleibt das ganze Jahr über auf Poaceae. Sie können holozyklisch oder anholozyklisch auf Gräsern leben. Auch innerhalb einer Art können Klone im Herbst Männchen und ovipare Weibchen produzieren oder nur parthenogenetische Weibchen. Sie werden nicht von Ameisen besucht. Die mittelgroßen grünen, gelben, bräunlich-grünen oder rotbraunen Blattläuse haben sehr dunkle Antennen. Die adulten Lebendgebärenden können geflügelt oder ungeflügelt sein. Sie haben meist ein intersegmentäres sklerotisches Muster, aber einige Arten können ein mehr oder weniger vollständig bräunliches sklerotisches Tergum aufweisen. Die Siphonen sind ziemlich lang, schwärzlich und sklerotisch, mit einer retikulierten Zone im apikalen Teil und einem kleinen, aber deutlichen Flansch. Die Cauda ist blass, länglich und fingerförmig, etwa halb bis neun Zehntel so lang wie die Siphonen. Die Gattung ist in Deutschland mit 6 Arten vertreten.

148 ***Smiela*** **(Aphididae, Aphidinae, Macrosiphini)**

Die Gattung umfasst 4 paläarktische Arten, die Kreuzblütler besiedeln und mit *Brevicoryne* verwandt sind. Sie besitzen breite, dunkle, kegelförmige Siphonen und eine kurze Cauda. Die Ungeflügelten haben meist Rhinarien auf ANT III. Die Gattung ist in Deutschland mit einer Art vertreten. Ungeflügelte *Smiela fusca* sind graubraun, wachsbepudert; die Körperlänge ist 1,4–1,8 mm. Sie besiedeln *Berteroa* spp. und induzieren eine Verformung der Blätter und Blütenknospen (Müller 1975a). Die Art wurde jetzt auch an *Armoracia rusticana* gefunden und tritt in Osteuropa auf. Ovipare Weibchen werden im Oktober gefunden.

149 ***Sminthuraphis*** **(Aphididae, Saltusaphidinae, Saltusaphidini)**

Eine Gattung mit 1 Art, die mit *Iziphya* verwandt ist, aber ein sehr unterschiedliches Muster der dorsalen Sklerotisierung aufweist, wobei alle Tergite zahlreiche Wachsdrüsen tragen. Die Gattung ist auch in Deutschland vertreten. Ungeflügelte *Sminthuraphis ulrichi* sind plump gebaut und mit bläulich weißem Wachs überzogen, die Körperlänge ist ca. 1,5–1,6 mm. Sie leben bodennah an den Stängeln von *Carex ligerica* in Deutschland und wurden ebenfalls von *Carex* spp. in Frankreich, Polen, Ungarn und der Tschechischen Republik sowie im Osten von Kasachstan erfasst. Geflügelte haben eine ähnliche dorsale Sklerotisierung und Wachsdrüsenverteilung wie Ungeflügelte, umrandete Flügeladern mit dunklen Flecken an den Enden und sekundäre Rhinarien, die an III 9–11, IV 1–3 verteilt sind. Sexuales wurden im Oktober in Frankreich gesammelt.

150 ***Smynthurodes*** **(Aphididae, Eriosomatinae, Fordini)**

Diese Gattung hat nur 1 Art, die durch das verlängerte zweite Antennensegment und die dicken sklerotischen Ränder der primären Rhinarien auf den letzten beiden Segmenten gekennzeichnet ist. Sie ist auch in Deutschland vertreten.

Die Gallen von *Smynthurodes betae* auf der *Pistacia* spp. sind gelbgrün oder rot, spindelförmig, etwa 20 mm lang, gebildet durch Rollen des Blattrandes in der Nähe ihrer Basis. Dies sind sekundäre Gallen, welche induziert werden von den Nachkommen der Fundatrix, die in einer kleinen roten Mittelrippengalle lebt (Burstein & Wool 1991). Die Art ist wirtswechselnd, mit einem zweijährigen Zyklus; Geflügelte (die Körperlänge ist 1,3–1,6 mm) entstehen im September–November und wandern zu den Wurzeln zahlreicher, meist zweikeimblättriger Pflanzen. Sekundärwirte sind insbesondere Compositae/Asteraceae (*Artemisia, Arctium*), Leguminosae/Fabaceae (*Phaseolus, Vicia, Trifolium*) und Solanaceae (*Solanum tuberosum, S. nigrum, Lycopersicon esculentum*); manchmal auch auf *Beta, Brassica, Capsella, Gossypium, Heliotropum, Rumex*, etc. Nur selten kommt sie auf Monokotylen (Poaceae, Cyperaceae) vor. Ungeflügelte an den Wurzeln der Sekundärwirte sind schmutzig gelblichweiß, wachsbestäubt, mit hellbraunem Kopf, Prothorax, Antennen und Beinen; die Körperlänge ist 1,6–2,7 mm. Der Holozyklus wird im gesamten Verbreitungsgebiet der Primärwirte, in Algerien, Marokko, Israel, Syrien, Iran, Südkrim, Transkaukasus und Pakistan registriert (Blackman & Eastop 2020). Anholozyklische Populationen treten häufig auf Sekundärwirten in anderen Teilen der Welt auf.

151 ***Spatulophorus*** **(Aphididae, Aphidinae, Macrosiphini)**

Gattung mit 2 Arten in Europa, die mit der nordamerikanischen *Landisaphis* verwandt sind, aber mit 2 Borsten (keine Sinneszapfen) auf dem 1. Hintertarsus, und ohne die Entwicklung der Spinalsklerite auf den abdominalen Tergiten 6–8 zu runzeligen konischen Fortsätzen. Die Gattung ist in Deutschland mit einer Art, *Spatulophorus incanae*, vertreten. Deren Ungeflügelte sind blassgrün bis gelblichgrün oder graugrün, die Körperlänge ist 1,5–1,9 mm. Die in Osteuropa auftretende Art ist monözisch holozyklisch auf *Berteroa*, mit ungeflügelten Männchen. Sie lebt unauffällig auf Blütenstielen und in Blütenständen der *Berteroa incana* und nach der Blüte an der Unterseite der Blätter. Außerdem wurde sie an *Capsella bursa-pastoris* gefunden.

152 ***Staegeriella*** **(Aphididae, Aphidinae, Macrosiphini)**

Eine Gattung mit 2 paläarktischen Arten auf *Galium* und verwandten Rubiaceae, die sich von *Hydaphias* in der Form der Siphonen unterscheiden. Die Gattung ist in Deutschland mit einer Art vertreten. Ungeflügelte *Staegeriella necopinata* sind plump gebaut, dunkelgraugrün bis bleifarben, ventral mit grauem Wachs bepudert; die Körperlänge ist 1,3–2,2 mm. Auf *Galium* spp. und wahrscheinlich auch *Asperula* spp., wo sie die Stängel und Blütenköpfe besiedeln, was zu einer Verkürzung und Verdrehung des Neuwuchses führt. Sie wurde aus ganz Europa gemeldet, aber auch aus Westsibirien, Kasachstan und Tunesien. Oviparae und geflügelte Männchen wurden im Oktober gesammelt.

153 ***Staticobium* (Aphididae, Aphidinae, Macrosiphini)**

Die Gattung ist holarktisch verbreitet und umfasst 14 Arten. Die Blattläuse dieser Gattung ähneln morphologisch denen der Gattung *Macrosiphoniella,* aber die antesiphonalen Sklerite fehlen. Sie ähneln auch *Sitobion,* aber das Dorsum ist nicht vollständig sklerotisch, pleurospinale Sklerite fehlen den Geflügelten und die retikulierte Zone auf den Siphonen ist größer als bei *Sitobion.*

Die mittelgroßen bis großen Blattläuse dieser Gattung besiedeln Plumbaginaceae und werden nicht von Ameisen betreut. Die erwachsenen Lebendgebärenden können geflügelt oder ungeflügelt sein. Sowohl bei Ungeflügelten als auch bei Geflügelten sind die seitlichen Stirnhöcker breit, niedrig und glatt. Ihre Antennen haben einen relativ langen Processus terminalis mit einigen Rhinarien auf dem Segment III. Die Atemlöcher sind mit höckerartigen Opercula bedeckt, einer Anpassung an das regelmäßige Eintauchen in Wasser. Die Siphonen sind mehr oder weniger zylindrisch, verjüngt, sklerotisch und pigmentiert mit retikulierter Zone unter einem kleinen Flansch. Die Gattung ist in Deutschland mit 2 Arten vertreten.

154 ***Stomaphis* (Aphididae, Lachninae, Stomaphidini)**

In dieser Gattung gibt es 25 Arten, alle sind sehr groß und ernähren sich vom Stamm oder den Wurzeln ihrer Wirtspflanzen. Während die Weibchen charakteristisch ein sehr langes Rostrum haben, fehlen den kleinen Männchen die Mundwerkzeuge (arostrat) und es gibt eine reduzierte Anzahl von Larvenstadien. Das lange Rostrum der weiblichen Blattläuse ermöglicht es ihnen, in die dicke Rinde einzudringen und das Phloem der Stämme von Laubbäumen zu erreichen. Die Siphonen bestehen aus Poren auf niedrigen, behaarten Kegeln. Die Antennen sind 6-gliedrig und dicht mit Borsten bedeckt. Sie werden immer von Ameisen betreut, die die Eier dieser Blattläuse im Winter in ihren Nestern aufbewahren. Die Gattung ist in Deutschland mit 3 Arten vertreten.

155 ***Subacyrthosiphon* (Aphididae, Aphidinae, Macrosiphini)**

Eine Gattung mit 1 Art, die in Nordwesteuropa auf *Trifolium* lebt und auch in Deutschland vertreten ist und deren Merkmalen zwischen *Acyrthosiphon* und *Aulacorthum* liegen. Charakteristische Merkmale sind der besondere Lebensraum, das Vorhandensein von antisiphonalen Skleriten bei den Ungeflügelten und die ungewöhnliche Antennensensorik der Geflügelte mit 2–14 Rhinaria, die in der Regel auf die basale Hälfte von ANT III beschränkt sind.

Ungeflügelte *Subacyrthosiphon cryptobium* sind hellolivgrün mit gelegentlich schwach rötlichem Kopf; die Körperlänge ist 1,6–2,3 mm. Sie leben versteckt auf älteren Teilen der Stängel von *Trifolium repens* und lassen sich fallen, wenn sie gestört werden, sodass sie selten beobachtet oder gesammelt werden. Zudem zeigt die besiedelte Pflanze keine Reaktionen. Die Art ist monözisch holozyklisch, mit ungeflügelten Männchen. Sie wurde in Nordamerika eingeschleppt.

156 ***Subsaltusaphis* (Drepanosiphidae, Saltusaphidinae, Thripsaphidini)**

Eine Gattung mit etwa 13 *Carex* besiedelnden Arten. Die langgestreckten Blattläuse sind ausgestattet mit spatelförmigen Empodialborsten und mit dorsalen Borsten, die meist sehr kurz und pilzförmig sind. Den Ungeflügelten fehlen sekundäre Rhinarien. Geflügelte haben einen dunklen zentralen Abdominalfleck auf den Tergiten 3–5, der intersegmental eingeschnitten ist. Die Gattung ist in Deutschland mit 6 Arten vertreten.

157 ***Symydobius* (Aphididae, Calaphidinae, Calaphidini)**

Die 7 oder 8 Arten dieser Gattung leben entweder auf *Betula* oder *Alnus*. Sie sind mittelgroß bis groß und leuchtend braun. Ungeflügelte und geflügelte Weibchen haben ähnliche Muster der Sklerotisierung und Pigmentierung. Die Siphonen (falls vorhanden) sind klein und gestutzt. Die Antennen sind dunkel oder an der basalen Hälfte des 4. und 5. Segments deutlich blasser. Die Geflügelten haben die Flügeladern bräunlich umrandet und zeigen meist breite dunkle Querbänder auf jedem Tergit. Die Männchen sind ungeflügelt, und bei den Oviparen sind die hinteren Abdominalsegmente in einer ovipositorartigen Struktur verlängert. Sie leben an Ästen und Zweigen und werden von Ameisen betreut. Die Gattung ist in Deutschland mit 1 Art vertreten.

158 ***Taiwanomyzus*** **(Aphididae, Aphidinae, Macrosiphini)**

Eine Gattung mit etwa 6 paläarktischen Arten, die hauptsächlich Saxifragaceae oder Farne besiedeln. Sie sind vielleicht verwandt mit *Utamphorophora,* besitzen aber dorsale Stacheln auf dem Kopf. Ungeflügelte haben normalerweise sekundäre Rhinarien, die sich in einer Reihe entlang von ANT III erstrecken. Die Gattung ist in Deutschland mit einer Art, *Taiwanomyzus alpicola,* vertreten. Deren Ungeflügelte sind glänzend schwarz mit meist schwarzen Antennen und Femur, sowie dunklen Siphonen und Cauda; die Körperlänge ist 1,1 Hälfte des 4. und 5. Segments deutlich blasser. Die Geflügelten haben die Flügeladern 1,7 mm. Sie besiedeln Farne (*Asplenium, Athyrium, Blechnum, Cystopteris, Dryopteris, Gymnocarpium, Polypodium*), insbesondere solche, die in schattigen Lagen wachsen (Müller 1987). Diese in Mittel- und Osteuropa verbreitete Art ist monözisch holozyklisch mit Oviparen und ungeflügelten Männchen im September.

159 ***Takecallis*** **(Aphididae, Calaphidinae, Panaphidini)**

Diese Gattung asiatischen Ursprungs umfasst 7 Arten, die mit Bambuseae assoziiert sind. Mehrere Arten sind inzwischen weit verbreitet. Die kleinen, zarten und schmalen Blattläuse besitzen eine geknöpfte Cauda. Der Clypeus trägt einen nach vorne gerichteten Höcker. Das Verhältnis der Länge des Processus terminalis zur Länge der Basis des letzten Antennensegments beträgt etwa 1. In der Regel sind alle erwachsenen Lebendgebärenden geflügelt. Die Gattung ist in Deutschland mit 4 Arten vertreten.

160 ***Tetraneura*** **(Aphididae, Eriosomatinae, Eriosomatini)**

Die 35 Arten dieser Gattung sind hauptsächlich mit *Ulmus* assoziiert. Einige Arten führen einen Wirtswechsel durch und besiedeln die Wurzeln von Poaceae. Alle Beine der ungeflügelten Weibchen haben nur ein Tarsalsegment. Die geflügelten Weibchen haben Vorderflügel mit unverzweigter Media. Wachsplatten können entweder vorhanden sein oder fehlen. Sie werden nicht von Ameisen betreut. Die Gattung ist in Deutschland mit 3 Arten vertreten.

161 ***Thecabius*** **(Aphididae, Eriosomatinae, Pemphigini)**

Es gibt etwa 19 Arten in dieser Gattung, von denen die meisten wirtswechselnd sind und Gallen auf Blättern, Stielen oder Zweigen von *Populus,* dem Primärwirt, induzieren. Die morphologischen Unterschiede zwischen den Arten sind sehr gering und ähneln in ihrem Erscheinungsbild sehr stark dem von *Pemphigus.* Obwohl morphologisch sehr ähnlich, unterscheiden sich die Arten in ihren biologischen Eigenschaften stärker. Alle Morphen haben Wachsdrüsen. Die Media im Vorderflügel ist unverzweigt. Sie werden nicht von Ameisen betreut. Die Gattung ist in Deutschland mit 2 Arten vertreten.

162 ***Thelaxes*** **(Aphididae, Thelaxinae)**

Die 4 Arten dieser Gattung leben alle auf *Quercus.* Sie haben charakteristischerweise ein langes und fast nadelförmiges letztes Rostralsegment. Die Cauda ist geknöpft, die Siphonen sind annähernd porenförmig und die Analplatte ist vollständig. Die ungeflügelten Weibchen haben keine Komplexaugen. Die geflügelten Weibchen, die Anfang des Jahres produziert werden, bringen die Männchen und Geschlechtsweibchen zur Welt, die den Sommer als sehr kleine Nymphen verbringen und erst im Herbst ihre Entwicklung wieder aufnehmen und abschließen. Die Gattung ist in Deutschland mit 1 Art vertreten.

163 ***Therioaphis* (Aphididae, Calaphidinae, Panaphidini)**

Eine Gattung mit etwa 30 gefleckten Arten mit einer geknöpften Cauda, die auf Fabaceae der Tribus Trifolieae, Loteae und Galegeae leben. Die Hälfte der Arten ist nur aus Südosteuropa und dem Mittleren Osten bekannt, 4 sind bis nach Nordwesteuropa verbreitet und 4 oder 5 bis über Russland, eine bis nach Japan. Die Gattung ist in Deutschland mit 7 Arten vertreten.

164 ***Thripsaphis* (Aphididae, Saltusaphidinae, Thripsaphidini)**

Eine Gattung mit etwa 8 langgestreckten, mit *Carex* assoziierten Arten, die mit *Subsaltusaphis* verwandt sind, die aber spitze dorsale Borsten und oft Wachsporen aufweisen. Die Empodialborsten sind spatelförmig. Ungeflügelte haben oft Rhinaria auf ANT III, und Geflügelte haben normalerweise ausgedehnte dunkle dorsale Querbänder, die manchmal zu einem massiven Fleck verschmelzen. Die Gattung ist in Deutschland mit 6 Arten vertreten.

165 ***Tinocallis* (Aphididae, Calaphidinae, Panaphidini)**

Die 22 Arten dieser Gattung sind mit Ulmaceae assoziiert, obwohl auch Arten von Lythraceae und anderen Familien beschrieben wurden. Die lebendgebärenden Weibchen sind alle geflügelt und zeigen große saisonale Unterschiede in der Pigmentierung. Sie haben charakteristisch sowohl dorsale als auch marginale Höcker auf dem Abdomen. Die Antennen können entweder so lang wie der Körper oder kürzer sein. Die Cauda ist geknöpft, die Siphonen sind kegelförmig mit einer breiten Basis und die Analplatte ist zweilappig. Wenn sie gestört werden, entkommen sie durch Springen, möglicherweise durch den Einsatz der Muskeln in den stark vergrößerten Coxen des ersten Beinpaares. Sie haben keinen Wirtswechsel und werden nicht von Ameisen betreut. Die Gattung ist in Deutschland mit 3 Arten vertreten.

166 ***Titanosiphon* (Aphididae, Aphidinae, Macrosiphini)**

Eine Gattung mit 4–5 paläarktischen Arten, die hauptsächlich auf *Artemisia* vorkommen, ähnlich wie *Uroleucon*, aber mit sehr langen, robusten Siphonen, die keine retikulierte Zone aufweisen. Die Gattung ist in Deutschland mit einer Art vertreten.

Ungeflügelte *Titanosiphon artemisiae* sind sehr dunkelgrün bis schwarz; die Körperlänge ist 1,7–2,5 mm. Sie siedeln an dünnen Stängeln von *Artemisia* spp., insbesondere *campestris* und sind in Kontinentaleuropa weit verbreitet. Da diese Art mit *T. minkiewiczi* verwechselt wurde, ist es nicht möglich, alle Ortsangaben auf die richtigen Arten anzuwenden. Wahrscheinlich ist sie monözisch holozyklisch.

167 ***Toxopterina* (Aphididae, Aphidinae, Aphidini)**

Die Gattung umfasst nur 1 Art, die auch in Deutschland vertreten ist. Sie ähnelt *Aphis*, unterscheidet sich aber dadurch, dass die Media des Vorderflügels nur eine Gabelung hat, der Processus terminalis selten kürzer ist als 4,5 x basaler Teil des letzten Antennensegments und die Cauda dreieckig ist.

Ungeflügelte *Toxopterina vandergooti* sind dunkelblau-grün oder manchmal gelb; die Körperlänge ist 1,4–2,0 mm. Geflügelte haben 3–7 sekundäre Rhinarien auf ANT III. Sie siedeln in Ameisennestern an Wurzeln, Stielen und Basalblattstielen von Anthemideae (z. B. *Achillea, Matricaria, Tanacetum*). Weit verbreitet in Europa, wurden sie auch in Kasachstan und in China gefunden. Die Art ist monözisch holozyklisch, mit ungeflügelten Männchen.

168 ***Trama* (Aphididae, Lachninae, Tramini)**

Es gibt in dieser Gattung weltweit 21 Arten, die meist an den Wurzeln der Asteraceae leben, wo sie von Ameisen besucht werden. Die Blattläuse sind mittelgroß bis groß, weißlich und dicht beborstet, mit kleinen zusammengesetzten Augen. Die Antennen sind etwa 0,5-mal so lang wie die Körperlänge, während der Processus terminalis weniger als das 0,25-fache der Länge der Basis des Antennensegments 6 beträgt. Der Hintertarsus ist 0,60- bis 0,92-mal so lang wie die Hintertibia. Blattläuse dieser Gattung haben keine Siphonen oder Siphonalporen und ihre Cauda ist rund. Die Gattung ist in Deutschland mit 5 Arten vertreten.

169 ***Trichosiphonaphis* (Aphididae, Aphidinae, Macrosiphini)**

Eine Gattung mit etwa 10 paläarktischen, hauptsächlich ostasiatischen Arten, die *Myzus* ähneln aber Borsten auf den Siphonen haben. Die Arten haben meist einen Wirtswechsel zwischen *Lonicera* und *Polygonum*. In der Untergattung *Trichosiphonaphis* haben die Siphonen einen ausgeprägten apikalen Flansch, während in der Untergattung *Xenomyzus* die Siphonen ungeflanscht sind. Die Gattung ist in Deutschland mit einer Art vertreten.

Ungeflügelte *Trichosiphonaphis* (*Xenomyzus*) *corticis* sind schmutzig grünlichbraun; die Körperlänge ist 1,80–2,50 mm. Sie leben in von Ameisen betreuten Kolonien auf Zweigen von *Lonicera* spp. in Nordost- und Mitteleuropa, aber auch in Ostsibirien. Im Oktober wurden auf *L. xylosteum* ungeflügelte Männchen und Ovipare gefunden.

170 ***Tubaphis* (Aphididae, Aphidinae, Macrosiphini)**

Eine Gattung mit 2 paläarktischen Arten, die mit Ranunculaceae assoziiert sind und *Myzus* ähneln, aber eine ausgeprägte Verengung an der Basis der Cauda aufweisen. Geflügelte haben keinen dunklen dorsalen Abdominalfleck und besitzen zahlreiche sekundäre Rhinarien auf ANT III, sowie einige in einer Reihe auf IV oder IV–V. Die Gattung ist in Deutschland mit einer Art vertreten.

Ungeflügelte *Tubaphis ranunculina* sind gelblich mit blassen Anhängen; die Körperlänge ist 1,2–1,9 mm. Geflügelte haben sekundäre Rhinaria verteilt an III 23–38, IV 0–10, V 0–6. Die Blattläuse besiedeln die Unterseite der Blätter von *Ranunculus* spp. in ganz Europa und wurden auch in West- und Ostsibirien, Indien und Japan gefunden. Die Art ist monözisch holozyklisch, sexuelle Morphen treten im Oktober auf.

171 ***Tuberculatus* (Aphididae, Calaphidinae, Panaphidini)**

Es gibt etwa 60 Arten in dieser Gattung, die alle auf *Quercus* oder *Castanea* leben. Die lebendgebärenden Weibchen sind immer geflügelt und haben charakteristische Spinalhöcker auf dem Abdomen. Die Antennen sind so lang wie der Körper oder länger. Die Cauda ist geknöpft, die Siphonen sind kurz, abgestumpft und glatt, die Analplatte ist zweilappig. Sie haben keinen Wirtswechsel und werden nicht von Ameisen betreut. Die Gattung ist in Deutschland mit 4 Arten vertreten.

172 ***Tuberolachnus* (Aphididae, Lachninae, Lachnini)**

Es gibt nur 3 Arten in dieser Gattung und alle haben charakteristischerweise einen großen konischen Spinalhöcker oder Fortsatz auf dem Rücken des 4. Abdominalsegments. Die Siphonen sind große dunkle Kegel. Die Antennen sind so halb lang wie der Körper. Die in Europa auftretende Art besiedelt *Salix*. Sie haben keinen Wirtswechsel und können von Ameisen betreut werden. Die Gattung ist in Deutschland mit 1 Art vertreten.

173 ***Uroleucon* (Aphididae, Aphidinae, Macrosiphini)**

Eine große Gattung mit etwa 190 (Blackman & Eastop 2020) bis 239 (Favret 2020) Arten, von denen viele mit Asteraceae und Campanulaceae assoziiert sind. Die Unterteilung der Gattung in 5–6 Untergattungen bedarf einer Bearbeitung. Die Arten haben keinen Wirtswechsel, sind aber in der Regel holozyklisch. Nur einige Arten werden möglicherweise von Ameisen betreut. Die Blattläuse sind mittelgroß bis ziemlich groß, erwachsene Lebendgebärende können geflügelte oder ungeflügelte Tiere sein. Die Siphonen sind lang und besitzen eine retikulierten Zone, die subapikal 10–40 % der Siphonenlänge einnimmt. Die dorsalen Abdominalborsten sind nicht dick und entspringen meist pigmentierten Flecken (Skleroiten). Die Cauda ist fingerförmig, lang, eher spitz auslaufend und trägt 5–30 asymmetrisch angeordnete Borsten. Viele Arten sind dunkel bronzefarben oder fast schwarz und leben an den Stielen ihrer Wirtspflanzen, einige leben unter den Rosettenblättern. Die Männchen vieler Arten sind grün, ebenso wie die Oviparae. Von etwa 1935 bis 1975 wurde die Gattung allgemein als *Dactynotus* bezeichnet. Die Gattung ist in Deutschland mit 31 Arten vertreten.

174 ***Vesiculaphis* (Aphididae, Aphidinae, Macrosiphini)**

Eine Gattung mit etwa 15 paläarktische Arten, die mit Ericaceae und/oder Cyperaceae assoziiert sind, gekennzeichnet durch Ungeflügelte, deren Stirn über und vor den Antennenbasen nach vorne ragt, entweder als Vorsprung oder als drei Lappen. Die Gattung ist in Deutschland mit einer Art vertreten.

Ungeflügelte *Vesiculaphis theobaldi* sind farblich variabel, gelblich-grün, hell- bis mittelgrün oder bräunlichgrün bis fast schwarz; die Körperlänge ist 1,7–2,1 mm. Geflügelte haben sekundäre Rhinaria, die auf ANT III 20–35, IV 8–17, V 4–11 verteilt ist. Sie siedeln auf der Unterseite der Blätter von *Carex* spp., von Ameisen betreut, hauptsächlich in schattiger und feuchter Umgebung. Die Art wurde ebenfalls nachgewiesen an *Eriophorum vaginatum* und *Scirpus maritimus*. Sie ist weit verbreitet in Europa und ostwärts bis Westsibirien. *Vesiculaphis theobaldi* ist monözisch holozyklisch an *Carex*, hat aber geflügelte Männchen. Lebendgebärende Weibchen sind während der Wintermonate in England zu finden.

175 ***Volutaphis* (Aphididae, Aphidinae, Macrosiphini)**

Eine Gattung mit 4 westlich paläarktischen Arten, die mit *Silene* assoziiert und die eng mit *Aphidura* verwandt sind, aber keine mesosternalen Tuberkel haben. Die Ungeflügelten von 3 Arten haben sekundäre Rhinaria im distalen Teil von ANT III, oder III und IV. Die Gattung ist in Deutschland mit 2 Arten vertreten.

Ungeflügelte *Volutaphis centaureae* sind hellgrün; die Körperlänge ist ca. 1,7–1,8 mm. Die Art wurde ursprünglich an *Centaurea* siedelnd beschrieben, aber die eigentlichen Wirte sind Caryophyllaceae (*Lychnis, Silene, Viscaria*), an denen sie sich von unteren und Rosettenblättern ernährt, die sich dann nach oben drehen und verfärben. In Europa verbreitet.

Ungeflügelte *Volutaphis schusteri* sind gelblich bis gelbgrün; die Körperlänge ist 1,7–2,4 mm. Sie besiedelt *Silene* spp. (*latifolia, multiflora*), was zu einer Vergilbung der Blattadern führt. Weit verbreitet in Kontinentaleuropa bis nach Kasachstan. Die Art ist monözisch holozyklisch, aber das Männchen ist anscheinend noch nicht beschrieben.

176 ***Wahlgreniella* (Aphididae, Macrosiphinae)**

Eine kleine Gattung mit nur 6 Arten auf der Welt, die meist mit Ericaceae assoziiert sind, aber eine nordamerikanische Art siedelt an *Rosa*. Sie haben keinen Wirtswechsel, außer vielleicht *Wahlgreniella nervata*, die *Arbutus* als Sekundärwirt nutzen und auf *Rosa* wechseln kann. Sie werden nicht von Ameisen betreut. Die Blattläuse sind ziemlich groß, ähneln in vielerlei Hinsicht *Amphorophora*, haben aber weniger (meist 5, seltener 6) Borsten an der zungenförmigen Cauda. Erwachsene Lebendgebärende können geflügelte oder ungeflügelt sein. Die Antennenhöcker sind gut entwickelt mit divergierenden oder parallelen Innenseiten. Ihre Antennen sind ziemlich lang und dünn. Ungeflügelte haben oft keine Rhinarien auf ANT III. Die Siphonen sind lang und geschwollen, ohne retikulierte Zone und haben einen deutlichen Flansch. Die Gattung ist in Deutschland mit 2 Arten vertreten.

16 Literaturverzeichnis

A

Abbot, P. & T. Capman (2017): Sociality in aphids and thrips. – In: Rubenstein, D.R. & P. Abbot (eds.): Comparative social evolution. Cambridge, UK: 124–153.

Abe, H., Ohnishi, J., Narusaka, M., Seo, S., Narusaka, Y., Tsuda, S. & M. Kobayashi (2008): Function of jasmonate in response and tolerance of Arabidopsis to thrip feeding. – Plant and Cell Physiology 49: 68–80.

Acheampong, S. & J.D. Stark (2004): Effects of the agricultural adjuvant Sylgard 309 and the insecticide pymetrozine on demographic parameters of the aphid parasitoid, *Diaeretiella rapae*. – Biological Control 31: 133–137.

Adabi, S.T., Talebi, A.A., Fathipour, Y. & A. A. Zamani (2010): Life history and demographic parameters of *Aphis fabae* (Hemiptera: Aphididae) and its parasitoid, *Aphidius matricariae* (Hymenoptera: Aphidiidae) on four sugar beet cultivars. – Acta Entomologica Serbica 15: 61–73.

Addicott, J.F. (1978): Niche relationships among species of aphids feeding on fireweed. – Canadian Journal of Zoology 56: 1837–1841.

Addicott, J.F. (1979): A multispecies aphid–ant association: density dependence and species specific effects. – Canadian Journal of Zoology 57: 558–569.

Agarwala, B.K. & A.F.G. Dixon (1992): Laboratory study of cannibalism and interspecific predation in ladybirds. – Ecol Entomol 17: 303–309.

Agarwala, B.K. & A.F.G. Dixon (1993): Why do lady-birds lay eggs in clusters? Functional Ecology 7: 541–548.

Agerbirk, N., De Vos, M., Kim, J. & G. Jander (2009): Indole glucosinolate breakdown and its biological effects. – Phytochemistry Reviews 8: 101–120.

Agrawal, A.A., Karban, R. & R.G. Colfer (2000): How leaf domatia and induced plant resistance affect herbivores, natural enemies and plant performance. – Oikos 89: 70–80.

Aguilar-Fenollosa, E. & Jacas J.A. (2014): Can we forecast the effects of climate change on entomophagous biological control agents? – Pest Management Science 70: 853–859.

Ahmad, M. & A.R. Shakoori (2001): Integration of chemical control and host plant resistance in winter planted rapeseed and mustard against aphid *Brevicoryne brassicae* L. – Proceedings of the 21st Pakistan Congress of Zoology, Faisalabad, March 2001. – Zoological Society of Pakistan: 53–60.

Ahmad, P., Ashraf, M., Younis, M., Hu, X., Kumar, A., Akram, N.A. & F. Al-Qurainy (2012): Role of transgenic plants in agriculture and biopharming. – Biotech Adv 30: 624–640.

Ahman, I., Weibull, J. & Pettersson, J. (1985): The role of plant size and plant density for host finding in *Rhopalosiphum padi* (L.) (Hem.: Aphididae). Swedish Journal of Agricultural Research 15(1), 19–24.

Ainsworth, E. A. & A. Rogers (2007): The response of photosynthesis and stomatal conductance to rising (CO_2): mechanisms and environmental interactions. – Plant Cell Environ. 30: 258–270.

Ainsworth, E. A. & S.P. Long (2005): What have we learned from 15 years of free–air CO_2 enrichment (FACE)? A meta–analytic review of the responses of photosynthesis, canopy properties and plant production to rising CO_2. – New Phytol. 165: 351–372.

Ainsworth, E.A. (2008): Rice production in a changing climate: a meta-analysis of responses to elevated carbon dioxide and elevated ozone concentration. – Glob. Chang. Biol. 14: 1642–1650.

Aiuchi, D., Saito, Y., Tone, J., Kanazawa, M., Tani, M. & M. Koike (2012): The effect of entomopathogenic *Lecanicillium* spp. (Hypocreales: Cordycipitaceae) on the aphid parasitoid *Aphidius colemani* (Hymenoptera: Aphidiinae). – Applied Entomology and Zoology 47: 351–357.

Akimoto, S. (1983): A revision of the genus *Eriosoma* and its allied genera in Japan (Homoptera: Aphidoidea). Insecta Matsumurana, New Series 27: 37–106.

Akimoto, S. (1985): Taxonomic study on gall aphids, *Colopha, Paracolopha* and *Kaltenbachiella* in East Asia, with special reference to their origins and distributional patterns. – Insecta Matsumurana, New Series 31: 1–79.

Akimoto, S. (1988): Competition and niche relationships among *Eriosoma* aphids occurring on the Japanese elm. – Oecologia (Berlin) 75: 44–53.

Akimoto, S. (1992): Shift in life–history strategy from reproduction to defense with colony age in the galling aphid *Hemipodaphis persimilis* producing defensive first–instar larvae. – Res Popul Ecol 34: 359–372.

Akimoto, S. (1996): Ecological factors promoting the evolution of colony defense in aphids: computer simulations. – Insectes Soc 43: 1–15.

Al Mrabeh, A., Anderson, E., Torrance, L., Evans, A. & B. Fenton (2010): A Literature Review of Insecticide and Mineral Oil Use in Preventing the Spread of Non–persistent Viruses in Potato Crops. – Agriculture and Horticulture Development Board, Kenilworth, UK. Available at: http://potatoes.ahdb.org.uk/publications/ r449–effectiveness–mineral–oils (Zugriff Februar 2018).

Alexander, R.D. (1974): The evolution of social behavior. – Annu Rev Ecol Syst 5: 325–383.

Almohamad, R. & T. Hance (2014): Encounters with aphid predators or their residues impede searching and oviposition by the aphid parasitoid *Aphidius ervi* (Hymenoptera: Aphidiinae). – Insect Science 21: 181–188.

Alosi, M.C., Melroy, D.L. & R.B. Park (1988): The regulation of gelation of phloem exudate from cucurbita fruit by dilution, glutathione, and glutathione reductase. – Plant Physiology 86: 1089–1094.

Altmann, R. & A. Elbert (1992): Imidacloprid – ein neues Insektizid für die Saatgutbehandlung in Zuckerrüben, Getreide und Mais. – Mitteilungen der Deutschen Gesellschaft für Allgemeine und Angewandte Entomologie 8: 212–221.

Ambrosino, M.D., Jepson, P.C. & J.M. Luna (2007): Hoverfly oviposition response to aphids in broccoli fields. – Entomologia Experimentalis et Applicata 122: 99–107.

Ameixa, O.M.C.C. & P. Kindlmann (2012): Effect of synthetic and plant–extracted aphid pheromones on the behaviour of *Aphidius colemani*. – Journal of Applied Entomology, 136: 292–301.

Ameixa, O.M.C.C. (2010): Chapter 2. Aphids in a Changing World. – In: Kindlmann, P., Dixon, A.F.G. & J.P. Michaud (eds.): Aphid Biodiversity under Environmental Change – Patterns and Processes. Springer Dordrecht Heidelberg London New York: 21–40. doi 10.1007/978–90–481–8601–3.

Amiressami, M. & H. Petzold (1976): Licht- und elektronenmikroskopische Untersuchungen über das Verhalten der Mycetomsymbionten bei insektizidresistenten und normal-sensiblen Pfirsichblattläusen *Myzus persicae* Sulz. – Zeitschrift für Angewandte Zoologie 63: 273–289.

Amiressami, M. (1980): Investigation of the light microscopical and ultrastructure of the demeton–s–methyl resistance aphids under consideration of the mycetome symbionts of the *Phorodon humuli* Schrank. – In: Schwemmler, W. & H.E.A. Schenk (eds.): Endocytobiology Endosymbiosis and Cell Biology, Vol. 1. Berlin: 425–443.

Ammar, E.D. & L.R. Nault (1985): Assembly and accumulation sites of maize mosaic virus in its planthopper vector. – Intervirology 24: 33–41.

Ammar, E.D., Alessandro, R., Shatters, Jr., R.G. & D.G. Hall (2013): Behavioral, ultrastructural and chemical studies on the honeydew and waxy secretions by nymphs and adults of the Asian citrus psyllid *Diaphorina citri* (Hemiptera: Psyllidae). – PlosOne 8(6): e64938.

Ammar, E.D., Alessandro, R.T. & D.G. Hall (2013): Ultrastructural and chemical studies on waxy secretions and wax–producing structures on the integument of the woolly oak aphid *Stegophylla brevirostris* Quednau (Hemiptera: Aphididae). – J. Microsc. Ultrastruct. 1: 43–50.

Ammar, E.D., Järlfors, U. & T.P. Pirone (1994): Association of potyvirus helper component protein with virions and the cuticule lining the maxillary food canal and foregut of an aphid vector. – Phytopathology 84: 1054–1060.

Ammar, E.D., Tsai, C.W., Whitfield, A.E., Redinbaugh, M.G. & S.A. Hogenhout (2009): Cellular and molecular aspects of rhabdovirus interactions with insect and plant hosts. – Annu. Rev. Entomol. 54: 447–468.

An, G.H. (1996): Characterization of yellow mutants isolated from the red yeast *Phaffia rhodozyma* (*Xanthophyllomyces dendrorhous*). – Journal of Microbiology and Biotechnology 6: 110–115.

Anderson, J.M & R.H.E. Bradley (1963): Attempts to obtain electrophysiological activity from aphid stylets – Canadian Journal of Zoology 41: 705–709. doi.org/10.1139/z63–041

Anderson, R.M., Gordon, D.M., Crawley, M.J. & M.P. Hassell (1982): Variability in the abundance of animal and plant species. – Nature 296: 245–248.

Andrewes, A.G., Kjøsen, H., Liaaen–Jensen, S., Weisgraber, K.H., Lousberg, R. & U. Weiss (1971): Carotenes of two colour variants of the aphid *Macrosiphum liriodendri*. – Identification of natural γ, γ–Carotene. – Acta Chemica Scandinavica 25: 3878–3880.

Anonym (2015): Statistische Ämter des Bundes und der Länder: Flächennutzung 2015. Abgerufen am 25. März 2018.

Anonym (1974) zitiert in Georghiou, G.P. & A. Lagunes–Tejeda (1991) The Occurrence of Resistance to Pesticides in Arthropods: An Index of Cases Reported through 1989. FAO, Italy, 318 S.

Anthony, N., Unruh, T., Ganser, D. & R. ffrench–Constant (1998): Duplication of the RdI GABA receptor subunit gene in an insecticide–resistant aphid, *Myzus persicae*. – Molecular and General Genetics 260: 165–175.

Antignus, Y., Mor, N., Joseph, R.B., Lapidot, M. & S. Cohen (1996): Ultraviolet–absorbing plastic sheets protect crops from insect pests and from virus diseases vectored by insects. – Environmental Entomology 25: 919–924.

Antolin, M.F. & J.F. Addicott (1988): Habitat selection and colony survival of *Macrosiphum valeriani* Clarke (Homoptera: Aphididae). – Annals of the Entomological Society of America 81: 245–251.

AOKI, S. & M. MIYAZAKI (1978): Notes on the pseudoscorpion–like larvae of *Pseudoregma alexanderi* (Homoptera: Aphidoidea). Kontyû 46: 433–438.

AOKI, S. & S. MAKINO (1982): Gall usurpation and lethal fighting among fundatrices of the aphid *Epipemphigus niisimae* (Homoptera, Pemphigidae). – Kontyû 50: 365–376.

AOKI, S. & U. KUROSU (1985): An aphid species doing handstand: butting behaviour of *Astegoteryx bambucifoliae* (Homoptera: Aphidoidea). – J. Ethol. 3: 83–87.

AOKI, S. & U. KUROSU (1989): Two kinds of soldier in the tribe Cerataphidini (Homoptera: Aphidoidea). – J Aphidol 3: 1–7.

AOKI, S. (1977a): A new species of *Colophina* (Homoptera, Aphidoidea) with soldiers. Kontyû 45: 333–337.

AOKI, S. (1977b): On the biters of *Astegopteryx styracicola* (Homoptera, Aphidoidea). Kontyû 45: 563–570.

AOKI, S. (1978): Two pemphigids with first–instar larvae attacking predatory intruders (Homoptera, Aphidoidea). – New Entom 27: 7–12.

AOKI, S. (1979): Dimorphic first instar larvae produced by the fundatrix of *Pachypappa marsupialis* (Homoptera; Aphidoidea). Kontyû 47: 390–398.

AOKI, S. (1980a): Life cycles of the *Colophina* aphids (Homoptera: Aphidoidea) producing soldiers. – Kontyû 48: 464–476.

AOKI, S. (1980b): Occurrence of a simple labor in a gall aphid, *Pemphigus dorocola* (Homoptera, Pemphigidae). – Kontyû 48: 71–73.

AOKI, S. (1982a): Soldiers and altruistic dispersal in aphids. – In: BREED, M.D., MICHENER, C.D. & H.E. EVANS (eds.): The biology of social insects. Westview Press, Boulder: 154–158.

AOKI, S. (1982b): Pseudoscorpion–like second instar larvae of *Pseudoregma shitosanensis* (Homoptera: Aphidoidea) found on its primary host. – Kontyû 50: 445–453.

AOKI, S. (1982b): Soldiers and altruistic dispersal in aphids. – In: M.D. BREED, C.D. MICHENER and H.E. EVANS (eds.): The biology of Social Insects. Proceedings of the 9th Congress of the International Union for the Study of Social Insects, Boulder, CO: 154–158.

AOKI, S. (1983): A new Taiwanese species of *Colophina* (Homoptera: Aphidoidea) producing large soldiers. – Kontyû 51: 282–288.

AOKI, S. (1987): Evolution of sterile soldiers in aphids. – In: ITO, Y., BROWN, J.L. & J. KIKKAWA (eds.): Animal societies: Theories and facts. Tokyo, Japan: Japan Scientific Societies Press: 53–65.

AOKI, S., & U. KUROSU (2010): A review of the biology of Cerataphidini (Hemiptera, Aphididae, Hormaphidinae), focusing mainly on their life cycles, gall formation, and soldiers. – Psyche 2010, 1–34. doi: 10.1155/2010/380351

AOKI, S., KUROSU, U. & S. USUBA (1984): First instar larvae of the sugar–cane wooly aphid, *Ceratovacuna lanigera* (Homoptera: Aphidoidea), attack its predators. – Kontyû 51: 458–460.

AOKI, S., KUROSU, U., BURANAPANICHPAN, S., BÄNZIGER, H. & T. FUKATSU (2002): Discovery of the gall generation of the tropical bamboo aphid *Pseudoregma carolinensis* (Hemiptera) from northern Thailand. – Entomol Sci 5: 55–61.

APPEL, O. (1937): Taschenatlas der Kartoffelkrankheiten. II. Teil Staudenkrankheiten, Berlin: 50 S.

APPLE, J.L. & R.F. SMITH (1976): Integrated Pest Management. – Plenum, New York: 200 S.

AQUEEL, M.A. & S.R. LEATHER (2013): Virulence of *Verticillium lecanii* (Z.) against cereal aphids; does timing of infection affect the performance of parasitoids and predators? – Pest Management Science 69: 493–498.

ARAJ, S.E., WRATTEN, S.D., LISTER, A., BUCKLEY, H. & I. GHABEISH (2011): Searching behavior of an aphid parasitoid and its hyperparasitoid with and without floral nectar. – Biological Control 57: 79–84.

ARAKAKI, N. (1989): Flight periodicity and effect of weather conditions on the take–off *Ceratovacuna lanigera* (Homoptera: Aphididae). – Applied Entomology and Zoology 24: 264–272.

ARCHER, T.L., CATE, R.H., EIKENBARY, R.D. & K.J. STARKS (1974): Parasitoids collected from greenbugs and corn leaf aphids in Oklahoma in 1972. – Annals of the Entomological Society of America 67: 11–14.

ARMSTRONG, G.A. & J.E. HEARST (1996): Genetics and molecular biology of carotenoid pigment biosynthesis. – The FASEB Journal 10: 228– 237.

ARRHENIUS, S. (1896): On the Influence of Carbonic Acid in the Air upon the Temperature of the Ground. – Philosophical Magazine and Journal of Science 5 (41): 237–276.

ASHFORD, D.A., SMITH, W.A. & A.E. DOUGLAS (2000): Living on a high sugar diet: the fate of sucrose ingested by a phloem–feeding insect, the pea aphid *Acyrthosiphon pisum*. – J. Insect Physiol. 46: 335–341.

ASKARY, H., BENHAMOU, N. & J. BRODEUR (1999): Ultrastructural and cytochemical characterization of aphid invasion by the hyphomycete *Verticillium lecanii*. – Journal of Invertebrate Pathology 74: 1–13.

ASPLEN, M.K., BANO, N., BRADY, C.M., DESNEUX, N., HOPPER, K.R., MALOUINES, C., OLIVER, K.M., WHITE, J.A. & G.E. HEIMPEL (2014): Specialisation of bacterial endosymbionts that protect aphids from parasitoids. – Ecological Entomology 39: 736–739.

ATWOOD D. & C. PAISLEY–JONES (2017): Pesticides industry sales and usage 2008–2012 market estimates. EPA (https://www.epa.gov/sites/production/files/2017–01/documents/pesticides–industry–sales–usage–2016_0.pdf). Zugriff: März 2018.

AUCLAIR, J.L. (1965): Feeding and nutrition of the pea aphid, *Acyrthosiphon pisum* (Homoptera: Aphididae), on chemically defined diets of various ph and nutrient levels. – Annals of the Entomological Society of America 58: 855–875.

AVILLA, C., COLLAR, J.L., DUQUE, M., PEREZ, P. & A. FERERES (1997): Impact of floating rowcovers on bell pepper yield and virus incidence. – Hortscience 32: 882–883.

AWMACK, C.M. & R. HARRINGTON (2000): Elevated CO_2 affects the interactions between aphid pests and host plant flowering. – Agric For Entomol 2: 57–61.

AWMACK, C.S. & S.R. LEATHER (2002): Host plant quality and fecundity in herbivorous insects. – Annual Review of Entomology 47: 817–844.

AWMACK, C.S., HARRINGTON, R. & R.L. LINDROTH (2004): Aphid individual performance may not predict population responses to elevated CO_2 or O_3. – Glob Chang Biol 10: 1414–1423.

AWMACK, C.S., HARRINGTON, R. & S.R. LEATHER (1997): Host plant effects on the performance of the aphid *Aulacorthum solani* (Kalt.) (Homoptera: Aphididae) at ambient and elevated CO_2. – Glob Chang Biol 3: 545–549.

AYAL, Y., & R.F. GREEN (1993): Optimal egg distribution among host patches for parasitoids subject to attack by hyperparasitoids. – Am Nat 141:120–138.

AZZOUZ, H., CAMPAN, E.D.M., CHERQUI, A., SAGUEZ, J., COUTY, A., JOUANIN, L., GIORDANENGO, P. & L. KAISER (2005): Potential effects of plant protease inhibitors, oryzacystatin I and soybean Bowman–Birk inhibitor, on the aphid parasitoid *Aphidius ervi* Haliday (Hymenoptera, Braconidae). – J Insect Physiol 51: 941–951.

B

BACCI, L., PICANCO, M.C., ROSADO, J.F., SILVA, G.A., CRESPO, A.L.B., et al. (2009): Conservation of natural enemies in brassica crops: comparative selectivity of insecticides in the management of *Brevicoryne brassicae* (Hemiptera: Sternorrhyncha: Aphididae). – Applied Entomology and Zoology 44:103–113.

BACKUS, E.A. & D.L. MCLEAN (1985): Behavioral evidence that the precibarial sensilla of leafhoppers are chemosensory and function in host discrimination. – Entomologia Experimentalis et Applicata 37: 219–228.

BACKUS, E.A. (1988): Sensory systems and behaviours which mediate hemipteran plant feeding: a taxonomic overview. – J Insect Physiol 34: 151–165.

BACON, J.S.D. & B. DICKINSON (1957): The origin of melezitose: a biochemical relationship between the lime tree (*Tilia* spp.) and an aphid (*Eucallipterus tiliae* L.). – Biochemical Journal, 66: 289–299.

BAGGEN, L.R. & G.M. GURR (1998): The influence of food on *Copidosoma koehleri*, and the use of flowering plants as a habitat management tool to enhance biological control of potato moth, *Phthorimaea operculella*. – Biological Control 11: 9–17.

BAHLAI, C.A., WELSMAN, J.A., MACLEOD, E.C., SCHAAFSMA, A.W., HALLETT, R.H. & M.K. SEARS (2008): Role of visual and olfactory cues from agricultural hedgerows in the orientation behavior of multicolored Asian lady beetle (Coleoptera: Coccinellidae). – Environmental Entomology 37: 973–979.

BAI, B. & M. MACKAUER (1990): Oviposition and host–feeding patterns in *Aphelinus asychis* (Hymenoptera: Aphelinidae) at different aphid densities. – Ecological Entomology 15: 9–16.

BAI, X.D., ZHANG, W., ORANTES, L., JUN, T.H., MITTAPALLI, O. et al. (2010): Combing next–generation sequencing strategies for rapid molecular resource development from an invasive aphid species, *Aphis glycines*. – PLoS ONE (online) 5, e11370.

BAILEY, S.M., IRWIN, M.E., KAMPMEIER, G.E., EASTMAN, C.E. & A.D. HEWINGS (1995): Physical and biological perturbations: their effect on the movement of apterous *Rhopalosiphum padi* (Homoptera: Aphididae) and localized spread of barley yellow dwarf virus. – Environmental Entomology 24: 24–33.

BAK, A., GARGANI, D., MACIA, J.L., MALOUVET, E., VERNEREY, M.S., BLANC, S. & M. DRUCKE (2013). Virus factories of *Cauliflower mosaic virus* are virion reservoirs that engage actively in vector transmission. – J. Virol. 87: 12207–12215.

BAKER, A.C. (1915): The woolly apple aphis. Report, United States Department of Agriculture 101: 1–55.

BAKER, A.C. (1917): Some sensory structures in Aphididae. – Canadian Entomologist 49: 378–384.

BAKER, A.C. (1920): Generic classification of the hemipterous family Aphididae. – US.Dept. Agr. Bull. 826: 93 S., 16 Pl.

BALCH, R.E. (1952): Studies of *Adelges piceae* (Ratz.) (Homoptera: Phylloxeridae) and its effects on *Abies balsamea* (L.) Mill. Canadian Department of Agriculure, Publication 867: 1–76.

BALDINI, F., GABRIELI, P., ROGERS, D.W. & F. CATTERUCCIA (2012): Function and composition of male accessory gland secretions in *Anopheles gambiae*: a comparison with other insect vectors of infectious diseases. – Pathogens and Global Health 106(2): 82–93. doi 10.1179/2047773212Y.0000000016.

BALE, J.S., HARRINGTON, R. & M.S. CLOUGH (1988): Low temperature mortality of the peach potato aphid *Myzus persicae*. – Ecological Entomology 13: 121–129.

BALE, J.S., VAN LENTEREN, J.C. & F. BIGLER (2008): Biological control and sustainable food production. Philosophical Translation of the Royal Society B 363: 761–776.

BÁLINT, J., BENEDEK, K., LOXDALE, H.D., KOVÁCS, ÁBRAHÁM, B. & A. BALOG (2018): How host plants and predators influence pea aphid (*Acyrthosiphon pisum* Harris) populations in a complex habitat. – North–Western Journal of Zoology 14: 149–158.

BALL, B.V. & L. BAILEY (1978): The symbiotes of *Myzus persicae* (Sulz.) in strains resistant and susceptible to demeton-s-methyl. – Pesticide Science 9: 522–524.

BALLARÉ, C.L., SCOPEL, A.L., STAPLETON, A.E. & M.J. YANOVSKY (1996): Solar ultraviolet–B radiation affects seedling emergence, DNA integrity, plant morphology, growth rate, and attractiveness to herbivore insects in *Datura ferox*. – Plant Physiology 112: 161–170.

Ban, L., Sun, Y., Wang, Y., Tu, X., Zhang, S., Zhang, Y., Wu, Y. & Z. Zjang (2015): Ultrastructure of antennal sensilla of the peach aphid *Myzus persicae* Sulzer, 1776. – J. Morphol. 276: 219–227. doi: 10.1002/jmor.20335

Banks, C.J. (1957): The behaviour of individual coccinellid larvae on plants. – British Journal of Animal Behaviour 5: 12–24.

Banks, C.J. (1958): Effects of the ant, *Lasius niger* (L.), on the behaviour and reproduction of the black bean aphid, *Aphis fabae* Scop. – Bulletin of Entomological Research 49: 701–714.

Banks, C.J. (1962): Effects of the ant, *Lasius niger* (L.), on insects preying on small populations of *Aphis fabae* Scop. on bean plants. – Annals of Applied Biology 50: 669–679.

Barbagallo, S. & I. Patti (1998): Acquisizioni bio-ecologiche sugli Afidi del territorio centro-orientale italiano. – Boll. Zool. agr. Bachic. 30: 223-310.

Barber, M.D, Moores, G.D. Tatchell, G.M., Vice, W.E. & I. Denholm (1999): Insecticide resistance in the currant–lettuce aphid, *Nasonovia ribisnigri* (Hemiptera: Aphididae) in the UK. – Bulletin of Entomological Research 89: 17–23.

Bardsley, E. & B. Lankford (2005): The development of a new aphicide for use in potatoes. In: G. Champion, Dale, M.F.B., Jaggard, K., Parker, W.E., Pickup, J. & M. Stevens (eds.): Production and Protection of Sugar Beet and Potatoes. – Aspects of Applied Biology 76: 175–180.

Bargen, H., Sudhoff, K. & H.M. Poehling (1998): Prey finding by larvae and adult females of *Episyrphus balteatus*. – Entomologia Experimentalis et Applicata 87: 245–254.

Barjadze, S., Halbert, S., Matile, D. & R. Ben-Shlomo (2018): A new genus of gall-forming aphids of tribe Fordini Baker, 1920 (Hemiptera: Aphididae: Eriosomatinae) from Near East. – Annales de la Société entomologique de France (N.S.) 54 (6): 511–521. doi: 0.1080/00379271.2018.1532814.

Barker, J.E., Holaschke, M., Fulton, A., Evans, K.A. & G. Powell (2007): Effects of kaolin particle film on *Myzus persicae* (Hemiptera: Aphididae) behaviour and performance. – Bulletin of Entomological Research 97: 455–460.

Barlow, N.D. & A.F.G. Dixon (1980): Simulation of Lime Aphid Population Dynamics. – Centre for Agricultural Publishing and Documentation, Wageningen (4 +) 165 S.

Barnes, P.W., Ballaré, C.L. & M.M. Caldwell (1996): Photomorphogenic effects of UV–B radiation on plants, consequences for light competition. – J. Plant Physiol. 148: 15–20.

Barrette, M., Boivin, G., Brodeur, J. & D.L.–A. Giraldeau (2010): Travel time affects optimal diets in depleting patches. – Behavioural Ecology and Sociobiology 64: 593–598.

Barthlott, W. & C. Neinhuis (1997): Purity of the sacred lotus, or escape from contamination in biological surfaces. – Planta 202: 1–8. doi: 10.1007/s004250050096

Basky, Z. & K.R. Hopper (2000): Impact of plant density and natural enemy exclosure on abundance of *Diuraphis noxia* (Kurdjumov) and *Rhopalosiphum padi* (L.) (Homoptera: Aphididae) in Hungary. – Journal of Applied Entomology 124: 99–103.

Basky, Z. (1993): Incidence and population fluctuation of *Diuraphis noxia* in Hungary. – Crop Protection 12: 605–610.

Basky, Z. (2003): Predators and parasitoids on different cereal aphid species under caged and no caged conditions in Hungary. – In: Soares, A.O., Ventura M.A., Garcia V., & J.-L. Hemptinne (eds.): Proceedings of the 8th international symposium on ecology of aphidophaga: biology, ecology and behaviour of aphidophagous insects. Arquipélago – Life and Marine Science, Supplement 5, Ponta Delgada, Azores, Portugal: 112 S.

Bass, C., Denholm, I., Williamson, M.S. & R. Nauen (2015): The global status of insect resistance to neonicotinoid insecticides. – Pesticide Biochemistry and Physiology 121: 78–87.

Bass, C., Puinean, A.M., Andrews, M.C., Culter, P., Daniels, M, Elias, J., Paul, V.L., Crossthwaite, A.J., Denholm, I., Field, L.M., Foster, S.P., Lind, R., Williamson, M.S. & R. Slater (2011): Mutation of a nicotinic acetylcholine receptor β subunit is associated with resistance to neonicotinoid insecticides in the aphid *Myzus persicae*. – BMC Neuroscience (online) 12: 51.

Bass, C., Puinean, M., Zimmer, C.T., Field, L.M., Foster, S., Gutbrod, O., Nauen, R., Slater, R. M.S. Williamson (2014): The evolution of insecticide resistance in the peach–potato aphid, *Myzus persicae*. – Insect Biochemistry and Molecular Biology 51: 41–51.

Battaglia, D., Pennacchio, F., Marincola, G. & A. Tranfaglia (1993): Cornicle secretion of *Acyrthosiphon pisum* (Homoptera, Aphididae) as a contact kairomone for the parasitoid *Aphidius ervi* (Hymenoptera, Braconidae). – European Journal of Entomology 90: 423–428.

Bauer, A.F. (1958): Agrarmeteorologischer Monatsbericht für den Stadt- und Landkreis Rostock, herausgegeben vom Institut für Meliorationswesen der Universität Rostock, 4. Jg. Nr. 8–12.

Baumann, P. (2005): Biology of bacteriocyte–associated endosymbionts of plant sup–sucking insects. – Annual Review of Microbiology 59(1): 155–189. doi 10.1146/annurev.micro.59.030804.121041.

Baverstock, J., Baverstock, K.E., Clark, S.J. & J.K. Pell (2008): Transmission of *Pandora neoaphidis* in the presence of co–occurring arthropods. – Journal of Invertebrate Pathology 98: 356–359.

Baverstock, J., Clark, S.J., Alderson, P.G. & J.K. Pell (2009): Intraguild interactions between the entomopathogenic fungus *Pandora neoaphidis* and an aphid predator and parasitoid at the population scale. – Journal of Invertebrate Pathology 102: 167–172.

Baverstock, J., Roy, H.E., Clark, S.J., Alderson, P.G. & J.K. Pell (2006) Effect of fungal infection on the reproductive potential of aphids and their progeny. – Journal of Invertebrate Pathology 91: 136–139.

Bayly, N.J. (2007): Extreme fattening by sedge warblers, *Acrocephalus schoenobaenus*, is not triggered by food availability alone. – Animal Behaviour 74: 471–479.

Beglyarov, G.A. & A.I. Smetnik (1977): Seasonal colonization of entomophages in the USSR. – In: Ridgeway, R.L. & S.B. Vinson (eds.): Biological Control by Augmentation of Natural Enemies. Plenum, New York: 283–328.

Behmer, S.T. (2009): Insect herbivore nutrient regulation. – Annual Review of Entomology 54: 165–187.

Behrendt, K. (1966a): Population dynamics of *Aphis fabae* Scop. and the influences of Coccinellidae. – In: Hodek, I. (ed.): Ecology of Aphidphagous lnsects, Prague: Academia: 259–262.

Behrendt, K. (1966b): Über die Eidiapause von *Aphis fabae* Scop. (Homoptera, Aphididae). – Zoologische Jahrbücher, Physiologie 70: 309–398.

Behrendt, K. (1969): Über langjährige Massenwechselbeobachtung an der Schwarzen Bohnenblattlaus, *Aphis fabae* Scopoli (Homoptera Aphididae). – Bericht über die 10. Wanderversammlung Deutscher. Entomologen, 1965: 335–354.

Behrendt, K. (1971): Zur Bedeutung der Dispersion für die Abundanzdynamik von *Aphis fabae* Scop. (Homoptera: Aphididae) auf Zuckerrübenbeständen. – Zoologische Jahrbücher Abteilung Systematik Oekologie Geographie Tiere 98: 418–454.

Beirne, B.P. (1970): The practical feasibility of pest management systems. – In: Rabb, R.L. & F.E. Guthrie (eds.): Concepts of Pest Management. North Carolina State University, Raleigh, North Carolina: 158–169.

Bejer-Petersen, B. (1962): Peak years and regulation of numbers in the aphid *Neomyzaphis abietina* Walker. – Oikos 13: 155–168.

Bell, J.R., Alderson, L., Izera, D., Kruger, T., Parker, S., Pickup, J., Shortall, C.R., Taylor, M.S., Verrier, P. & R. Harrington (2015): Long–term phenological trends, species accumulation rates, aphid traits and climate: Five decades of change in migrating aphids. – Journal of Animal Ecology 84(1): 21–34. doi.org/10.1111/1365–2656.12282

Bennison, J.A. & Corless, S.P. (1993): Biological control of aphids on cucumbers: further development of open rearing units or 'banker plants' to aid establishment of aphid natural enemies. – Bulletin IOBC/WPRS 16: 5–8.

Benton, T.G. & W.A. Foster (1992): Altruistic housekeeping in a social aphid. – Proc R Soc Lond B 247: 199–202.

Berenbaum, M. (1986): Post-ingestive effects of phytochemicals on insects: on Paracelsus and plant products. – In: Miller, T.A. & J. Miller (eds.): InsectPlant Interactions, New York: 121–152.

Berenbaum, M.R. & A.R. Zangerl (2008): Facing the future of plant–insect interaction research: Le retour a la »Raison d'Etre«. – Plant Physiology 146: 804–811.

Berger, P.H. & T.P. Pirone (1986): The effect of helper–component on the uptake and localization of potyviruses in *Myzus persicae*. – Virology 153: 256–261.

Bergvinson, D., Arnason, J., Hamilton, R., Tachibana, S. & G. Towers (1994): Putative role of photodimerized phenolic acids in maize resistance to *Ostrinia nubilalis* (Lepidoptera: Pyralidae). – Environmental Entomology 23: 1516–1523.

Bernal, J.S. & D. Gonzalez, (1997): Reproduction of *Diaeretiella rapae* on Russian wheat aphid hosts at different temperatures. – Entomologia Experimentalis et Applicata 82: 159–166.

Bernays, E.A. (1990): Plant secondary compounds deterrent but not toxic to the grass specialist acridid *Locusta migratoria*: implications for the evolution of graminivory. – Entomologia Experimentalis et Applicata 54: 53–56.

Berry, R.E. (1969): Effects of temperatures and light on takeoff of *Rhopalosiphum maidis* and *Schizaphis graminum* in the field (Homoptera: Aphididae). – Annals of the Entomological Society of America 62: 1176–1184.

Berryman, A.A. & P. Kindlmann (2008): Population systems: a general introduction. Dordrecht: 222 S.

Berryman, A.A. (1991): Stabilisation or regulation: what it all means! – Oecologia (Berlin) 86: 140–143.

Berzonsky, W.A., Ding, H., Haley, S.D., Harris, M.O., Lamb, R.J., McKenzie, R.I.H., Ohm, H.W., Patterson, F.L., Peairs, F.B., Porter, D.R., Ratcliffe, R.H. & Shanower, T.G. (2003): Breeding wheat for resistance to insects. – Plant Breeding Reviews 22: 221–296.

Bevan, D. & C.I. Carter (1980): Frost proofed aphids. – Antenna 4(1): 6–8.

Bezemer, T.M., Jones, T.H. & K.J. Knight (1998): Long–term effects of elevated CO_2 and temperature on populations of the peach potato aphid *Myzus persicae* and its parasitoid *Aphidius matricariae*. – Oecologia 116: 128–135.

Bibby, C. J. & R.E. Green (1981): Autumn migration strategies of reed and sedge Warblers. – Ornis Scand. 12: 1–12.

Bibby, C. J. & R.E. Green (1983): Food and fattening of migrating warblers in some French marshlands. – Ringing & Migration 4(3): 175–184.

Bibby, C.J., Green, R.E., Pepler, G.R. M. & P.A. Pepler (1976): Sedge warbler migration and reed aphids. – British Birds 69: 384–399.

Bickel, R.D., Cleveland, H.C., Barkas, J., Jeschke, C.C., Raz, A.A., Stern, D.L. & G.K. Davis (2013):

The pea aphid uses a version of the terminal system during oviparous, but not viviparous, development. – EvoDevo 4(1): 10. doi 10.1186/2041–9139–4–10.

Biddle, P.G. & T.W. Tinsley (1967): The potential importance of virus diseases in forest trees. – Rep. Forest Res. Commonw. For. Inst. Oxford 1967: 156–159.

Bingham, G., Gunning, R.V., Delogu, G., Borzatta, V., Field, L.M. & G.D. Moores (2008): Temporal synergism can enhance carbamate and neonicotinoid insecticidal activity against resistant crop pests. – Pest Management Science 64: 81–85.

Birkett, M.A. & J.A. Pickett (2003): Aphid sex pheromones: From discovery to commercial production. – Phytochemistry 62: 651–656. doi:10.1016/S0031–9422(02)00568–X.

Birkett, M.A., Campbell, C.A.M., Chamberlain, K., Guerrieri, E., Hick, A.J., Martin, J.L., Matthes, M., Napier, J.A., Pettersson, J., Pickett, J.A., Poppy, G.M., Pow, E.M., Pye, B.J., Smart, L.E., Wadhams, G.H., Wadhams, L.J. & Woodcock, C.M. (2000): New roles for cis–jasmone as an insect semiochemical and in plant defense. – Proceedings of the National Academy of Sciences of the United States of America 97(16): 9329–9334.

Bischoff, J.F., Rehner, S.A. & R.A. Humber (2009): A multilocus phylogeny of the *Metarhizium anisopliae* lineage. – Mycologia 101: 512–530.

Bissel, T.L. (1969): The subcoxa of the aphid hind leg (Homoptera: Aphididae). – Proceedings of the Entomological Society of Washington 71: 133–140.

Blackman, R.L. (1972): The inheritance of life-cycle differences in *Myzus persicae* (Sulz.) (Hem., Aphididae) – Bulletin of Entomological Research 62(2): 281–294. doi.org/10.1017/S0007485300047726

Blackman, R.L. & V.F. Eastop (2006): Aphids on the World's Herbaceous Plants and Shrubs, Vol. 1–2. Wiley, Chichester, UK: 1439 S.

Blackman, R.L. (2010): Hemiptera: Aphids – Aphidinae (Macrosiphini). – Handbooks for the Identification of British Insects 2(7): 414 S.

Blackman, R.L. & D.F. Hales (1986): Behaviour of the X chromosomes during growth and maturation of parthenogenetic eggs of *Amphorophora tuberculata* (Homoptera, Aphididae), in relation to sex determination. – Chromosoma 94: 58–64.

Blackman, R.L. & V.F. Eastop (1984): Aphids on the world's crops. An identification and information Guide, Chichester, UK: 413 S. & 50 Pl.

Blackman, R.L. & V.F. Eastop (1994): Aphids on the World's Trees. – CAB International, Wallingford, 987 S. + 16 Pl.

Blackman, R.L. & V.F. Eastop (2000): Aphids on the World's Crops: An Identification and Information Guide, 2nd edn. Chichester, UK: 466 S.

Blackman, R.L. & V.F. Eastop (2007): Taxonomic Issues. – In: van Emden, H.F. et al. (eds.): Aphids as Crop Pests. CABI, Wallingford, Oxfordshire: 1–29.

Blackman, R.L. & V.F. Eastop (2017): 1 Taxonomic Issues. – In: Aphids as Crop Pests 2nd Edition. van Emden, H.F. & R. Harrington (eds.): CABI, Wallingford, Oxfordshire, 1–36.

Blackman, R.L. & V.F. Eastop (2020): Aphids on the World's Plants. An online Information and Identification Guide. http://www.aphidsonworldsplants.info (Zugriff September 2020).

Blackman, R.L. (1974a): Invertebrate Types – Aphids. – London: 175 S.

Blackman, R.L. (1974b): Life-cycle variation in *Myzus persicae* (Sulz.) (Hom., Aphididae) in different parts of the world, in relation to genotype and environment. Bulletin of Entomologial Research 63: 595–607.

Blackman, R.L. (1978): Early development of the parthenogenetic egg in three species of aphids (Homoptera: Aphididae). – International Journal of Insect Morphology and Embryology 7(1): 33–44. doi 10.1016/S0020–7322(78)80013–0.

Blackman, R.L. (1980a): Chromosome numbers in the Aphididae and their taxonomic significance. – Systematic Entomology 5: 7–25.

Blackman, R.L. (1980b): Chromosomes and parthenogenesis in aphids. – In: Blackman, R.L., Hewitt, G.M. & M. Ashburner (eds.): Insect Cytogenetics, 10th Symposium of the Royal Entomological Society of London, Oxford: 133–148.

Blackmann, R.L. (1987a): Morphological discrimination of a tobacco–feeding form from *Myzus persicae* (Sulzer) (Hemiptera: Aphididae), and a key to New World *Myzus* (*Nectarosiphon*) species. – Bulletin of entomological Research 77: 713–730.

Blackman, R.L. (1987b): Reproduction, cytogenetics and development. – In: Minks, A.K. & P. Harrewijn (eds.): Aphids. Their Biology, Natural Enemies and Control. Vol. A. Amsterdam: 163–195.

Blackman, R.L. (1990): Specificity in aphid/plant genetic interactions, with particular attention to the role of the alate colonizer. – In: Campbell, R.K. & R.D. Eikenbary (eds.): Aphid-Plant Genotype Interactions, Amsterdam: 251–274.

Blackman, R.L. (2010): Aphids–Aphidinae (Macrosiphini). – Handbooks for the Identification of British insects. St Albans: Royal Entomological Society. 414 S.

Blackman, R.L., Takada, H. & K. Kawakami (1978): Chromosomal rearrangement involved in insecticide resistance of *Myzus persicae*. – Nature, London 271: 450–452.

Blackman, V.H. (1919): The Compound Interest Law and Plant Growth. – Annals of Botany 33(3): 353–360.

Blakley, N. (1982): Biotic unpredictability and sexual reproduction: Do aphid genotypic–host genotype interactions favour aphid sexuality? – Oecologia (Berlin) 52: 396–399.

Blanc, S. & M. Drucker (2011): Functions of virus and host factors during vector–mediated transmission. – In: Caranta, C., Aranda, M.A., Tepfer, M. & J.J. Lopez–Moya (eds.): Recent Advances in Plant Virology, Caister, UK: 103–120.

BLANC, S. (2008): Vector transmission of plant viruses. – In: MAHY B.W.J. & M.H.V. VAN REGENMORTEL (eds.): Encyclopadia of Virology, New York: 274–282.

BLANC, S., CERUTTI, M., USMANY, M., VLAK, J.M. & R. HULL (1993): Biological activity of cauliflower mosaic virus aphid transmission factor expressed in a heterologous system. – Virology 192: 643–650.

BLANC, S., DRUCKER, M. & M. UZEST (2014): Localizing Viruses in Their Insect Vectors. – Annu. Rev. Phytopathol. 52: 403–425.

BLANC, S., UZEST, M. & M. DRUCKER (2011): New research horizons in vector–transmission of plant viruses. - Curr. Opin. Microbiol. 14: 483–491.

BLANDE, J.D., PICKETT, J.A. & G.M. POPPY (2008): Host foraging for differentially adapted Brassica–feeding aphids by the braconid parasitoid *Diaeretiella rapae*. – Plant Signal. Behav. 3: 580–582.

BLAU, P.A., FEENY, P. & L. CONTARDO (1978): Allylglucosinolate and herbivorous caterpillars: a contrast in toxicity and tolerance. – Science 200: 1296–1298.

BLOCHMANN, F. (1887): Über die Geschlechtsgeneration von *Chermes abietis* L. – Biol. Centralbl. 7: 417–420.

BLOCHMANN, F. (1888): Über den Entwicklungskreis von *Chermes abietis* L. – Verh. Naturw. – Med. Ver. Heidelberg 4: 1–11.

BLOCHMANN, F. (1889): Über die regelmäßigen Wanderungen der Blattläuse, speziell über den Generationszyklus von *Chermes abietis*. – Biol. Centralbl. 9: 271–284.

BLOCHMANN, F. (1900): Wanderungen der Blattläuse. Jahresh. Ver. vaterl. Naturk. Württemberg Jg. 56: LV.

BLUM, M.S. (1969): Alarm pheromones. – Annual Review of Entomology 14: 57–80.

BLÜMEL, S. & H. HAUSDORF (1996): Greenhouse trials for the control of aphids on cutroses with the chalcid *Aphelinus abdominalis* Dalm. (Aphelinidae, Hymen.). – Anzeiger für Schädlingskunde, Pflanzenschutz, Umweltschutz 69: 64–69.

BLÜTHGEN, N. & K. FIEDLER (2004): Preferences for sugars and amino acids and their conditionality in a diverse nectar–feeding ant community. – J. Anim. Ecol. 73: 155–166.

BOCK, C. (1987): A simple, rapid method of preparing tissues for scanning electron–microscopy using carnoy fixation and hexamethyldisilazane. – Beitr. Elektronenmikr. Direktabb. Oberfl. 20: 209–214.

BODENHEIMER, R.S. & E. SWIRSKI (1957): The Aphididea of the Middle East. The Weismann Science Press of Israel, Jerusalem, 378 S.

BOECKH, J., KAISSLING, K.–E. & D. SCHNEIDER (1965): Insect olfactory receptors. – Cold Spring Harbour Symposium in Quantitative Biology 30: 263–280.

BOINA, D., PRABHAKAR, S., SMITH, C.M., STARKEY, S., ZHU, L., BOYKO, E. & REESE, J.C. (2005): Categories of resistance to biotype I greenbugs (Homoptera: Aphididae) in wheat lines containing the greenbug resistance genes Gbx and Gby. – Journal of the Kansas Entomological Society 78(3): 252–260.

BOITEAU, G. & R.P. SINGH (1999): Field assessment of imidacloprid to reduce the spread of PVY and PLRV in potato. – American Journal of Potato Research 76: 31–36.

BOITEAU, G., OSBORN, W.P.L. & M.E. DREW (1997): Residual activity of imidacloprid controlling Colorado potato beetle (Coleoptera: Chrysomelidae) and three species of potato colonizing aphids (Homoptera: Aphididae). – Journal of Economic Entomology 90: 309–319.

BOIVIN, G., HANCE, T. & J. BRODEUR (2012): Aphid parasitoids in biological control. – Canadian Journal of Plant Science 92: 1–12.

BOKX, J.A. DE & P.G.M. PIRON (1984): Aphid trapping in potato fields in the Netherlands in relation to transmission of PVY^N. – Mededelingen van de Faculteit Landbouwwetenschappen Rijksuniversiteit Gent 49: 443–452.

BONDARENKO, N.V. (1989): Observations on rearing and use of the predatory gall midge *Aphidoletes aphidimyza* (Diptera, Cecidomyiidae): against aphids in greenhouses. – Acta Entomologica Fennica 53: 7–10.

BONESS, M. & G. UNTERSTENHOFER (1974): Insecticide resistance in aphids. – Zeitschrift für Angewandte Entomologie 77: 1–19.

BONNEMAISON, L. (1951): Contribution a l'etude des facteurs provoquant l'apparition des formes ailees et sexuees chez les Aphidinae. – Annales des Epiphyties, 2: 1–380.

BONNET, C. (1745): Traite d'Insectologie au observations sur les Pucerons. – Paris: 232 S.

BONNET, C. (1779): Oeuvres d'Histoire Naturelle et de Philosophie, vol. 1. – Fauche, Neuchatel: 362 S.

BOO, K. S., CHOI, M. Y., CHUNG, I. B., EASTOP, V. F., PICKETT, J. A., WADHAMS, L. J. & WOODCOCK, C. M. (2000): Sex pheromone of the peach aphid, *Tuberocephalus momonis* and optimal blends for trapping males and females in the field. – J. Chem. Ecol. 26: 601–609.

BOQUEL, S., GIGUÈRE, M., CLARK, C., NANAYAKKARA, U., ZHANG, J. & Y. PELLETIER (2013): Effect of mineral oil on *Potato virus Y* acquisition by *Rhopalosiphum padi*. – Entomol. Exp. Appl. 148: 48–55.

BORGES, I., SOARES, A.O., MAGRO, A. & J.–L. HEMPTINNE (2011): Prey availability in time and space is a driving force in life history evolution of predatory insects. – Evolutionary Ecology 25: 1307–1319.

BÖRNER, C. & K. HEINZE (1957): Aphidina – Aphidoidea. – In SORAUER, P. (ed.): Handbuch der Pflanzenkrankheiten, V. 2. Teil, 4. Lief. Homoptera II, Berlin: 1–402.

BÖRNER, C. (1908a): Beobachtungen und Versuche über die Biologie der Reblaus. – Mitteilungen der Kaiserlichen Biologischen Anstalt 6: 31–36.

BÖRNER, C. (1908b): Eine monographische Studie über die Chermiden. – Arbeiten aus der Kaiserlichen Biologischen Anstalt für Land- und Forstwirtschaft 6(2): 82–320.

Börner, C. (1909): Untersuchungen über die Phylloxerinen (Reblaus und verwandte Formen). – Mitteilungen der Kaiserlichen Biologischen Anstalt 8: 60–72.

Börner, C. (1911): Untersuchungen über Phylloxeriden. Phylloxerinen (Reblaus und verwandte Formen) – Mitteilungen der Kaiserlichen Biologischen Anstalt 11: 38–45.

Börner, C. (1910a): Die Flügeladerung der Aphidina und Psyllina. – Zoologischer Anzeiger 36: 16–24.

Börner, C. (1910b): Die deutsche Reblaus, eine durch Anpassung an die Europäerrebe entstandene Varietät. – Meistertzheim: Metz. 4 S.

Börner, C. (1912): Untersuchungen über die Reblaus. – Mitteilungen der Kaiserlichen Biologischen Anstalt 12: 39–43.

Börner, C. (1913): Aphidoiden: Aphididen, Blattläuse. – In: Sorauer, Handb. d. Pflanzenkrankh. 1. Aufl. 3: 654–683.

Börner, C. (1921): Über die Umwandlung von Wurzelrebläusen zu Blattrebläusen. – Mitt. Biol. Reichsanst. Land- Forstwirtsch. 16: 42–43.

Börner, C. (1924): Neue Untersuchungen zur Reblausrassenfrage. – Angewandte Botanik 6: 160–168.

Börner, C. (1930): Beiträge zu einem neuen System der Blattläuse. – Arch. klass. u. phyl. Ent. 1: 115–180.

Börner, C. (1938): Neuer Beitrag zur Systematik und Stammesgeschichte der Blattläuse. – Abhandlungen des Naturwissenschaftlichen Vereins Bremen 30: 167–179.

Börner, C. (1949a): Kleine Beiträge zur Monographie der europäischen Blattläuse. – Beitr. taxon. Zool. 1: 44–62.

Börner, C. (1949b): Aphidoidea. In: Brohmer, P. (ed.): Fauna von Deutschland, Leipzig: 206–220.

Börner, C. (1952, 1953): Europae centralis Aphides. – Mitt. Thuring. bot. Ges. 4: 1-484 (1952); 485-488 (1953).

Bosque–Perez, N.A. & S.D. Eigenbrode (2011): The influence of virus–induced changes in plants on aphid vectors: insights from luteovirus pathosystems. – Virus Res. 159: 201–205.

Bottenberg, H. & M.E. Irwin (1991): Influence of wind speed on residence time of *Uroleucon ambrosiae* alatae (Homoptera: Aphididae) on bean plants in bean monocultures and bean–maize mixtures. – Environmental Entomology 20: 1375–1380.

Bouchard, D., Hill, S.B. & J.G. Pilon (1988): Control of green apple aphid populations in an orchard achieved by releasing adults of *Aphidoletes aphidimyza* Rondani (Diptera, Cecidomyiidae). – In: Niemczyk, E. & A.F.G. Dixon (eds.): Ecology and Effectiveness of Aphidophaga. SPB Academic Publishing, The Hague: 257–260.

Bouchard, Y. & C. Cloutier (1984): Honeydew as a source of host–searching kairomones for the aphid parasitoid *Aphidius nigripes* (Hymenoptera, Aphidiidae). – Canadian Journal of Zoology 62: 1513–1520.

Bouchery, Y., Coceano, P.G., Derron, J., Häni, A. & M. Renoust (1987): Comparaison de captures d`aphides par pieges a succion de 12 m autour du massif alpin en 1983. – In: Aphid migration and forecasting `Euraphid` systems in European Community countries. Luxembourg: 123–131.

Bouvaine, S., Boonham, N. & A.E. Douglas (2011): Interactions between a luteovirus and the GroEL chaperonin protein of the symbiotic bacterium *Buchnera aphidicola* of aphids. – J. Gen. Virol. 92: 1467–1474.

Bouzerdoum, A. (1993): Elementary movement detection mechanism in insect vision. – Philosophical Transactions of the Royal Society of London Series B–Biological Sciences 339(1290): 375–384.

Bowde, J. & Johnson C.G. (1976): Migrating and other terrestrial insects at sea. – In: Cheng L. (ed.): Marine Insects, Amsterdam: 97–117.

Bowers, W., Nishino, C., Montgomery, M., Nault, L. & M. Nielson (1977): Sesquiterpene progenitor, germacrene a: an alarm pheromone in aphids. – Science 196: 680–681. doi: 10.1126/science.558651.

Bowers, W.S., Nault, L.R., Webb, R.E. & S.R. Dutky (1972): Aphid alarm pheromone: isolation, identification, synthesis. – Science 177: 1121–1122. doi: 10.1126/science.177.4054.1121.

Bowie, J.H., Cameron, D.W., Findlay, J.A. & J.A.K. Quartey (1966): Haemolymph pigments of aphids. Nature 210: 395–397.

Boyer de Fonscolombe, M. (1841): Descriptions des pucerons qui ce trouvent aux environs d'Aix. – Ann. Soc. Ent. France 10: 157–198.

Boyko, E., Starkey, S. & Smith, M. (2004): Molecular genetic mapping of Gby, a new greenbug resistance gene in bread wheat. – TAG Theoretical and Applied Genetics 109(6): 1230–1236.

Bozhko, M.P. (1976): [Aphids of cultivated plants.] Izdatelskoe Obedinente "Vishtsha Shkola" Izdatel'stvo Kharkovskom Gosudarstvennom Universitete, Kharkov, 135 S.

Brader, L. (1987): Plant protection and land transformation. – In: Wolman, M.G., et al. (eds.): Land transformation in agriculture. – Chichester, UK: 227–248.

Bradley, G.A. & Hinks, J.D. (1968): Ants, aphids, and jack pine in Manitoba. – Canadian Entomologist 100: 40–50.

Bradley, R.H. & R.Y. Ganong (1955a): Evidence that potato virus Y is carried near the tip of the stylets of the aphid vector *Myzus persicae* (sulz.). – Can. J. Microbiol. 1: 775–782.

Bradley, R.H. & R.Y. Ganong (1955b): Some effects of formaldehyde on potato virus Y in vitro, and ability of aphids to transmit the virus when their stylets are treated with formaldehyde. – Can. J. Microbiol. 1: 783–793.

Bradley, R.H.E. (1952): Studies on the aphid transmission of a strain of henbane mosaic virus. – Annals of Applied Biology 39: 78–97.

BRADLEY, R.H.E. (1960): Effect of amputating Stylets of Mature Apterous Viviparæ of *Myzus persicae*. – Nature 188: 337–338. doi.org/10.1038/188337a0.

BRADLEY, R.H.E. (1962): Response of the aphid *Myzus persicae* (Sulz.) to some fluids applied to the mouthparts. – Canadian Entomologist 94: 707–722. doi.org/10.4039/Ent94707–7.

BRADY, C.M. & J.A. WHITE (2013): Cowpea aphid (*Aphis craccivora*) associated with different host plants has different facultative endosymbionts. – Ecological Entomology 38: 433–437.

BRADY, C.M., ASPLEN, M.K., DESNEUX, N., HEIMPEL, G.E., HOPPER, K.R., LINNEN, C.R., OLIVER, K.M., WULFF, J.A. & J.A. WHITE (2014): Worldwide populations of the aphid *Aphis craccivora* are infected with diverse facultative bacterial symbionts. – Microbial Ecology 67: 195–204.

BRAENDLE, C., DAVIS, G., BRISSON, J. & D.L. STERN (2006): Wing dimorphism in aphids. – Heredity 97: 192–199. doi: 10.1038/sj. hdy.6800863.

BRAGARD, C., CACIAGLI, P., LEMAIRE, O., LOPEZ–MOYA, J.J., MACFARLANE, S., PETERS, D., SUSI, P. & L. TORRANCE (2013): Status and prospects of plant virus control through interference with vector transmission. – Annu. Rev. Phytopathol. 51: 177–201.

BRAMSTEDT, F. (1948). Über die Verdauungsphysiologie der Aphiden. – Z. Naturf. 3: 14–24.

BRAULT, D., STEWART, K.A. & S. JENNI (2002): Optical properties of paper and polyethylene mulches used for weed control in lettuce. – Hortscience 37: 87–91.

BRAULT, V., BERGDOLL, M., MUTTERER, J., PRASAD, V., PFEFFER, S., ERDINGER, M., RICHARDS, K.E. & V. ZIEGLER–GRAFF (2003): Effects of point mutations in the major capsid protein of beet western yellows virus on capsid formation, virus accumulation, and aphid transmission. – J. Virol. 77: 3247–3256.

BRAULT, V., PERIGON, S., REINBOLD, C., ERDINGER, M., SCHEIDECKER, D., HERRBACH, E., RICHARDS, K. & V. ZIEGLER–GRAFF (2005): The polerovirus minor capsid protein determines vector specificity and intestinal tropism in the aphid. – J. Virol. 79: 9685–9693.

BRAULT, V., UZEST, M., MONSION, B., JACQUOT, E. & S. BLANC (2010): Aphids as transport devices for plant viruses. – C. R. Biol. 333: 524–538.

BRAULT, V., VAN DEN HEUVEL, J.F., VERBEEK, M., ZIEGLER–GRAFF, V., REUTENAUER, A., HERRBACH, E., GARAUD, J.C., GUILLEY, H., RICHARDS, K. & G. JONARD (1995): Aphid transmission of beet western yellows luteovirus requires the minor capsid read–through protein P74. – EMBO J. 14: 650–659.

BRAULT, V., ZIEGLER–GRAFF, V. & K.E. RICHARDS (2001): Viral determinants involved in luteovirus–aphid interactions. – In: K.F. HARRIS, O.P. SMITH & J.E. DUFFUS (eds.): Virus-Insect-Plant Interactions, San Diego, CA: 207–232.

BRAUN, R., (1938): Honigtaufrage und die honigtauliefernden Kienläuse (Cinarini C.B.). – Zeitschrift für Angewandte Entomologie 24: 461–510.

BREIDER, H. (1952): Beiträge zur Morphologie und Biologie der Reblaus, *Dactylosphaera vitifolii* Shim. – Zeitschrift für Angewandte Entomologie 33: 517–543.

BRETON, L.M. & J.F. ADDICOTT (1992): Density-dependent mutualism in an aphid-ant interaction. – Ecology 73: 2175–2180.

BREWER, M.J. & N.C. ELLIOTT (2004): Biological control of cereal aphids in North America and mediating effects of host plant and habitat manipulations. – Annual Review of Entomology 49: 219–242.

BREWER, M.J., NELSON, D.J., AHERN, R.G., DONAHUE, J.D. & D.R. PROKRYM (2001): Recovery and range of expansion of parasitoids (Hymenoptera: Aphelinidae and Braconidae) released for biological control of *Diuraphis noxia* (Homoptera: Aphididae) in Wyoming. – Environmental Entomology 30: 578–588.

BRIDGES, M., JONES, A.M.E., BONES, A.M., HODGSON, C., COLE, R., BARTLET, E., WALLSGROVE, R., KARAPAPA, V., WATTS, N. & J.T. ROSSITER (2002): Spatial organization of the glucosinolate–myrosinase system in brassica specialist aphids is similar to that of the host plant. – Proceedings of the Royal Society of London B, 269: 187–191.

BRISTOW, C.M. (1991): Why are so few aphids ant–tended? – In: HUXLEY C.R. & D.F. CUTLER (eds.): Ant-Plant Interactions, Oxford: 104–119.

BROADBENT, L. & M. HOLLINGS (1951): The influence of heat on some aphids. – Annals of Applied Biology 38: 577–581.

BROADBENT, L. (1951a): Aphid excretion. – Proceedings of the Royal Entomological Society of London (A) 26: 97–103.

BROADBENT, L. (1951b): The influence of heat on some aphids. – Ann. Appl. Biol. 38: 577–581.

BROBYN, P.J., CLARK, S.J. & N. WILDING (1998): The effect of fungus infection of *Metopolophium dirhodum* (Hom.: Aphididae) in the oviposition behaviour of the aphid parasitoid *Aphidius rhopalosiphi* (Hym.: Aphidiidae). – Entomophaga 33: 333–338.

BRODEUR, A.E. HAJEK, G.E. HEIMPEL, J.J. SLOGGETT, M. MACKAUER, J.K. PELL & W. VÖLKL (2017): Predators, Parasitoids and Pathogens. – In: VAN EMDEN, H.F. & R. HARRINGTON (eds.): Aphids as crop pests, Second Edition – CABI, Wallingford, UK, Boston, MA: 225–261.

BRODEUR, J. & J.A. ROSENHEIM (2000): Intraguild inter-actions in aphid parasitoids. – Entomologia Experimentalis et Applicata 97: 93–108.

BRODEUR, J. & J.N. MCNEIL (1992): Host behaviour modification by the endoparasitoid *Aphidius nigripes*: a strategy to reduce hyperparasitism. – Ecological Entomology 17: 97–104.

BRODEUR, J. (2000): Host specificity and trophic relationships of hyperparasitoids. – In: HOCHBERG, M.E. & A.R. IVES (eds.): Parasitoid Population Biology, New Jersey: 163–183.

BRODEUR, J., HAJEK, A.E., HEIMPEL, G.E., SLOGGETT, J.J., MACKAUER, M., PELL, J.K. & W. VÖLKL (2017):

Predators, Parasitoids and Pathogens. – In: van Emden, H.F. & R. Harrington (eds.): Aphids as crop pests, Second Edition – CABI, Wallingford, UK, Boston, MA: 225–261.

Bromley, A.K. & M. Anderson (1982): An electrophysiological study of olfaction in the aphid *Nasonovia ribis–nigri*. – Entomol. Exp. Appl. 32: 101–110.

Bromley, A.K., Dunn, J.A. & M. Anderson (1979): Ultrastructure of the antennal sensilla of aphids. I. Coeloconic and placoid sensilla. – Cell and Tissue Research 203: 427–442. doi: 10.1007/BF00233272.

Bromley, A.K., Dunn, J.A. & M. Anderson (1980): Ultrastructure of the antennal sensilla of aphids. II. Trichoid, chordotonal and campaniform sensilla. – Cell and Tissue Research 205: 493–551. doi: 10.1007/BF00232289.

Brooks, D.R. & D.A. McLennan (1991): Phylogeny, Ecology and Behaviour, Chicago: 441 S.

Brown, A.W.A., (1960): Mechanism of resistance against insecticides. – Annual Review of Entomology 5: 301–326.

Brown, E.J., Cave, F.E. & M.A. Hoy (1992): Mode of inheritance of azinphosmethyl resistance in a laboratory–selected strain of *Trioxys pallidus*. – Entomologia Experimentalis et Applicata 63: 229–236.

Brown, J.E., Yates, R.P., Stevens, C., Khan, V.A. & J.B. Witt (1996): Reflective mulches increase yields, reduce aphids and delay infection of mosaic viruses in summer squash. – Journal of Vegetable Crop Production 2: 55–60.

Brown, M.W. & G.W. Lightner (1997): Recommendations on minimum experimental plot size and succession of Aphidophaga in West Virginia, USA, apple orchards. – Entomophaga 42: 257–267.

Brown, M.W., Hogmire, H.W. & J.J. Schmitt (1995): Competitive displacement of apple aphid by spirea aphid (Homoptera: Aphididae) on apple as mediated by human activities. – Environmental Entomology, 24: 1581–1591.

Brown, P.A. & E. De Boise (2004): Procedures for the preparation of whole insects as permanent microscope slides and for the remounting of deteriorating aphid slides within the Natural History Museum, London. – NatSCA News 3: 15–19.

Bruce, T.J.A., Martin, J.L., Pickett, J.A., Pye, B.J., Smart, L.E. & Wadhams, L.J. (2003): cis–Jasmone treatment induces resistance in wheat plants against the grain aphid, *Sitobion avenae* (Fabricius) (Homoptera: Aphididae). – Pest Management Science 59(9): 1031–1036.

Bruce, T.J.A., Wadhams, L.J. & Woodcock, C.M. (2005): Insect host location: a volatile situation. – Trends in Plant Science 10(6): 269–274.

Bruck, E., Elbert, A., Fischer, R., Krueger, S., Kuhnhold, J., et al. (2009) Movento®, an innovative ambimobile insecticide for sucking insect pest control in agriculture: biological profile and field performance. – Crop Protection 28: 838–844.

Bruno, D., Grossi, G., Salvia, R., Scala, A., Farina, D., Grimaldi, A., Zhou, J.–J., Bufo, S.A., Vogel, H., Grosse–Wilde, E., Hansson, B.S. & P. Falabella (2018): Sensilla morphology and complex expression pattern of odorant binding proteins in the vetch aphid *Megoura viciae* (Hemiptera: Aphididae). – Frontiers in Physiology 9: 777. doi: 10.3389/fphys.2018.00777.

Buchner, P (1965): Endosymbiosis of Animals with Plant Microorganisms. – New York: 909 S.

Buck, J.B. (1953): Physical properties and chemical composition of insect blood. – In Roeder, K.D. (ed.): Insect physiology, New York: 147–190.

Buckton, G.B. (1875): Monograph of the British Aphides. Vol. I – Ray Society, London, 193 S. + 38 Pl.

Buckton, G.B. (1876): Monograph of British Aphids. London: 1–180.

Budak, S., Quisenberry, S.S. & X. Ni (1999): Comparison of *Diuraphis noxia* resistance in wheat isolines and plant introduction lines. – Entomologia Experimentalis et Applicata 92: 157–164.

Budenberg, W.J. (1990): Honeydew as a contact kairomone for aphid parasitoids. – Entomologia Experimentalis et Applicata 55: 139–147.

Buitenhuis, R., McNeil, J.N., Boivin, G. & J. Brodeur (2004): The role of honeydew in host searching of aphid hyperparasitoids. – J. Chem. Ecol. 30: 273–285.

Bulmer, M.G. (1982): Cyclical parthenogenesis and the cost of sex. – Journal of Theoretical Biology 94: 197–207.

Büning, J. (1985): Morphology, ultrastructure, and germ cell cluster formation in ovarioles of aphids. – Journal of Morphology 186(2): 209–221. doi 10.1002/jmor.1051860206.

Büning, J. (1994): The insect ovary: ultrastructure, previtellogenic growth and evolution. First Edition. London: 400 S.

Burd, J.D. & Porter, D.R. (2006): Biotypic diversity in greenbug (Hemiptera: Aphididae): characterizing new virulence and host associations. – Journal of Economic Entomology 99(3): 959–965.

Burd, J.D., Porter, D.R., Puterka, G.J., Haley, S.D. & Peairs, F.B. (2006): Biotypic variation among north American Russian wheat aphid (Homoptera: Aphididae) populations. – Journal of Economic Entomology 99(5): 1862–1866.

Burd, J.D., Shufran, K.A., Elliott, N.C., French, B.W. & D.A. Prokrym (2001): Recovery of imported hymenopterous parasitoids released to control Russian wheat aphids (Homoptera: Aphididae) in Colorado. – Southwestern Entomologist 26: 23–31.

Burstein, M. & Wool, D. (1991): A galling aphid with extra life-cycle complexity: Population ecology and evolutionary considerations. – Res. Popul. Ecol. 33: 307-322.

Burstein, M. & D. Wool (1993): Gall aphids do not select optimal galling sites (*Smynthurodes betae*; Pemphigidae). – Ecological Entomology 18: 155–164.

Büsgen, M. (1891): Der Honigtau. Biologische Studien an Pflanzen und Pflanzenläusen – Abdruck Jenaische Z. Naturwiss. 25: 339–428.

Bush, G.L. (1975): Sympatric speciation in phytophagous parasite insects. – In: Price, P.W. (ed.): Evolutionary Strategies of Parasitic Insects and Mites, S. 187–206. New York: Plenum.

Butlin, R.K. (1990): Divergence in emergence time of host races due to differential gene flow. – Heredity 65: 47–50.

Butlin, R.K. (1995): Reinforcement: an idea evolving. – Trends in Ecology and Evolution 10(11): 432–434.

Butt, T.M., Beckett, A. & N. Wilding (1990): A histological study of the invasive and developmental process of the aphid pathogen *Erynia neoaphidis* (Zygomycetes: Entomophthorales) in the pea aphid *Acyrthosiphon pisum*. – Canadian Journal of Botany 68: 2153–2163.

BVL (2018): Absatz an Pflanzenschutzmitteln in der Bundesrepublik Deutschland Ergebnisse der Meldungen gemäß § 64 Pflanzenschutzgesetz für das Jahr 2017: 21 S.

C

Cabral, S., Soares, A.O. & P. Garcia (2011): Voracity of *Coccinella undecimpunctata*: effects of insecticides when foraging in a prey/plant system. – Journal of Pest Science 84: 373–379.

Caillaud, C.M., Dedryver, C.A., DiPietro, J.P., Simon, J.C., Fima, F. & Chaubet, B. (1995): Clonal variability in the response of *Sitobion avenae* (Homoptera: Aphididae) to resistant and susceptible wheat. – Bulletin of Entomological Research 85(2): 189–195.

Caldwell, M.M., Ballaré, C.L., Bornman, J.F., Flint, S.D., Björn, L.O., Teramura, A.H., Kulandaivelu, G. & M. Tevini (2003): Terrestrial ecosystems, increased solar ultraviolet radiation and interactions with other climatic change factors. – Photochemical & Photobiological Sciences 2: 29–38.

Caldwell, M.M., Bornman, J.F., Ballaré, C.L., Flint, S.D. & G. Kulandaivelu (2007): Terrestrial ecosystems, increased solar ultraviolet radiation, and interactions with other climate change factors. – Photochemical & Photobiological Sciences 6: 252–266.

Callendar, G.S. (1938): The artificial production of carbon dioxide and its influence on temperature. – Quarterly Journal of the Royal Meteorological Society 64: 223–240.

Campbell, B.C. & W.D. Nes (1983): A reappraisal of sterol biosynthesis and metabolism in aphids. – Journal of Insect Physiology 29: 149–156.

Campbell, C.A.M. & E. Tregidga (2005): Photoperiodic determination of gynoparae and males of damson-hop aphid *Phorodon humuli*. – Physiological Entomology 30: 189–194.

Campbell, C.A.M., Dawson, G.W., Griffiths, D.C., Pettersson, J., Pickett, J.A., et al. (1990): Sex attractant pheromone of damson–hop aphid *Phorodon humuli* (Homoptera: Aphididae). – J. Chem. Ecol. 16: 3455–3465.

Canard, M., Semeria, Y. & T.R. New (eds.): (1984): Biology of Chrysopidae. Series Entomologica, Volume 27. W. Junk, The Hague: 294 S.

Cangialosi, K.R. (1990): Social spider defense against kleptoparasitism. – Behav Ecol Sociobiol 27: 49–54.

Cao, H.H., Wu, J., Zhang, Z. F. & T.-X. Liu (2018): Phloem nutrition of detached cabbage leaves varies with leaf age and influences performance of the green peach aphid, *Myzus persicae*. – Entomologia Experimentalis et Applicata 166: 452– 459.

Caputo, C. & A.J. Barneix (1999): The relationship between sugar and amino acid export to the phloem in young wheat plants. – Annals of Botany 84: 33–38.

Caputo, C., Rutitzky, M. & C.L. Ballaré (2006): Solar ultraviolet-B radiation alters the attractiveness of *Arabidopsis* plants to diamondback moths (*Plutella xylostella* L.): impacts on oviposition and involvement of the jasmonic acid pathway. – Oecologia 149: 81–90.

Cardinale B.J., Harvey C.T., Gross, K. & A.R. Ives (2003): Biodiversity and biocontrol: emergent impacts of a multienemy assemblage on pest suppression and crop yield in an agroecosystems. – Ecol Lett 6: 857–865.

Carmona, D., Lajeunesse, M.J. & M.T.J. Johnson (2011): Plant traits that predict resistance to herbivores. – Functional Ecology 25: 358–367.

Carson, R. (1962): The silent spring. 4th. ed. New York, USA: 404 S.

Carter, C.I. (1972): Winter temperatures and survival of the green spruce aphid. – Forest. Commission Forest Record 84: 1–10.

Carter, C.I. (1982): Susceptibility of *Tilia* species to the aphid *Eucallupterus tiliae*. – In Proceedings of the 5th International Symposium on Insect-Plant Relationships, Wageningen: 421–423.

Carter, M.C. & A.F.G. Dixon (1984): Honeydew: an arrestant stimulus for coccinellids. – Ecological Entomology 9: 383–387.

Carver, M. & D.F. Hales (1974): A new species of *Sensoriaphis* Cottier, 1953 (Homoptera: Aphididae) from New South Wales. – J. Ent. (B) 42: 113–125.

Carver, M. (1971): New species of *Anomalaphis* Baker, 1920 and *Neophyllaphis* Takahashi, 1920 (Homoptera: Aphidoidea). – Journal of Entomology (B), 40: 31–42.

Carver, M. (1989): Biological control of aphids. – In: Minks, A.K. & P. Harrewijn (eds.), Aphids. Their Biology, Natural Enemies and Control, Volume 2C, Amsterdam: 141–165.

Castro, A.M., Clua, A.A., Gimenez, D.O., Tocho, E., Tacaliti, M.S., Collado, M., Worland, A., Bottini, R. & Snape, J.W. (2007): Genetic resistance to greenbug is expressed with higher contents of proteins and non-structural carbohydrates in wheat substitution lines. – In: Buck, H.T., Nisi, J.E. & N. Salomon (eds.): Wheat Production in Stressed Environments, vol 12. Springer, Dordrecht: 139–147.

Castro, A.M., Vasicek, A., Ramos, S., Martin, A., Martin, L.M. & A.F.G. Dixon (1998): Resistance against greenbug, *Schizaphis graminum* Rond., and Russian wheat aphid, *Diuraphis noxia* Mordvilko, in tritordeum amphiploids. – Plant Breed. 117: 515–522.

Castro, V., Isard, S.A. & M.E. Irwin (1991): The microclimate of maize and bean crops in tropical America: a comparison between monocultures and polycultures planted at high and low density. – Agricultural and Forest Meteorology 57: 49–67.

Cazal, P. (1948): Les glandes endocrines rétro–cérébrales des insects. – Bulletin Biologique de France et de Belgique, Supplément 32: 1–227.

Ceryngier, P., Roy, H.E. & R.L. Poland (2012): Natural enemies of ladybird beetles. In: Hodek, I., van Emden, H.F. & A. Honěk (eds.), Ecology and Behaviour of the Ladybird Beetles (Coccinellidae), Chichester, UK: 375–443.

Chambers, R.J. (1988): Syrphidae. – In: Minks, A.K. & P. Harrewijn (eds.), Aphids. Their Biology, Natural Enemies and Control, Volume 2B, Amsterdam: 259–270.

Chambers, R.J., Sunderland, K.D., Wyatt, I.J., & G.P. Vickerman (1983): The effects of predator exclusion and caging on cereal aphids in winter wheat. – J Appl Ecol 20: 209–224.

Chambers, R.J., Wellings, P.W. & A.F.G. Dixon (1985): Sycamore aphid numbers and population density. II. Some Processes. – Journal of Animal Ecology 54: 425–442.

Chandler, D. (1997): Selection of an isolate of the insect pathogenic fungus Metarhizium anisopliae virulent to the lettuce root aphid *Pemphigus bursarius*. – Biocontrol Science and Technology 7: 95–104.

Chandler, S.M., Wilkinson, T.L. & A.E. Douglas (2008): Impact of plant nutrients on the relationship between a herbivorous insect and its symbiotic bacteria. – Proceedings of the Royal Society of London Series B: Biological Sciences 275: 565–570.

Chang, C.C., Lee, W.C., Cook, C.E., Lin, G.W. & T. Chang (2006): Germ-plasm specification and germline development in the parthenogenetic pea aphid *Acyrthosiphon pisum*: Vasa and nanos as markers. – International Journal of Developmental Biology 50: 413–421.

Chang, C.C., Lin, G.W., Cook, C.E., Horng, S.B., Lee, H.J. & T.Y. Huang (2007): Apvasa marks germ-cell migration in the parthenogenetic pea aphid *Acyrthosiphon pisum* (Hemiptera: Aphidoidea). – Development Genes and Evolution 217: 275–287.

Chaplin–Kramer, R. & C. Kremen (2012): Pest control experiments show benefits of complexity at land-scape and local scales. – Ecological Applications 22: 1936–1948.

Chapple, A.C., Downer, R.A. & R.P. Bateman (2000): Theory and practice of microbial insecticide application. – In: Lacey, L.A. & H.K. Kaya (eds.), Field Manual of Techniques in Invertebrate Pathology: Application and Evaluation of Pathogens for Control of Insects and Other Invertebrate Pests, Dordrecht: 5–37.

Charnov, E. & J.R. Krebs (1975): The evolution of alarm calls: altruism or manipulation? – The American Naturalist 109: 107–112.

Chau, A. & M. Mackauer (2000): Host–instar selection in the aphid parasitoid Monoctonus paulensis (Hymenoptera, Braconidae, Aphidiinae): a preference for small pea aphids. – European Journal of Entomology 97: 347–353.

Chau, A. & M. Mackauer (2001): Hostinstar selection in the aphid parasitoid Monoctonus paulensis (Hymenoptera, Braconidae, Aphidiinae): assessing costs and benefits. – Canadian Entomologist 133: 549–564.

Chaudhary, R., Atamian, H.S., Shen, Z., Briggs, S.P. & I. Kaloshian (2014): GroEL from the endosymbiont *Buchnera aphidicola* betrays the aphid by triggering plant defense. – Proc. Natl. Acad. Sci. USA 111: 8919–8924.

Chaudhary, R., Atamian, H.S., Shen, Z., Briggs, S.P. & I. Kaloshian (2015): Potato aphid salivary proteome: enhanced salivation using resorcinol and identification of aphid phosphoproteins. – J. Proteome Res. 14: 1762–1778.

Chen, R., Favret, C., Jiang, L., Wang, Z. & G. Qiao (2016): An aphid lineage maintains a bark-feeding niche while switching to and diversifying on conifers. – Cladistics 32: 555-572.

Chen, B. & R.I.B. Francki (1990): Cucumovirus transmission by the aphid *Myzus persicae* is determined solely by the viral coat protein. – J. Gen. Virol. 71: 939–944.

Chen, C. & M.–G. Feng (2006): Probability model for the postflight fecundity of viviparous alatae infected preflight by the aphid pathogen *Pandora neoaphidis*. – Biological Control 39: 26–31.

Chen, D.Q. & A.H. Purcell (1997): Occurrence and transmission of facultative endosymbionts in aphids. – Current Microbiology 34: 220–225.

Chen, D.-Q., Campbell, B.C. & A.H. Purcell (1996): A new rickettsia from a herbivorous insect, the pea aphid *Acyrthosiphon pisum* (Harris). – Current Microbiology 33: 123–128.

Chen, D.Q., Montllor, C.B. & A.H. Purcell (2000): Fitness effects of two facultative endosymbiotic bacteria on the pea aphid, *Acyrthosiphon pisum,* and the blue alfalfa aphid *A. kondoi*. – Entomologia Experimentalis et Applicata 95: 315–323.

Chen, F.J., Ge, F. & M.N. Parajulee (2005): Impact of elevated CO_2 on tri–trophic interaction of *Gossypium hirsutum*, *Aphis gossypii*, and *Leis axyridis*. – Environ. Entomol. 34: 37–46.

Chen, F.J., Wu, G. & F. Ge (2004): Impacts of elevated CO_2 on the population abundance and reproductive activity of aphid *Sitobion avenae* Fabricius feeding on spring wheat. – J. Appl. Entomol. 128: 723–730.

CHEN, J., WANG, Y., JIANG, L. & G. QIAO (2017): Mitochondrial genome sequences effectively reveal deep branching events in aphids (Insecta: Hemiptera: Aphididae). – Zoologica Scripta 46: 706–717.

CHEN, M.–H., HAN, Z.–J., QIAO, X.–F. & M.–J. QU (2007): Mutations in acetylcholinesterase genes of *Rhopalosiphum padi* resistant to organophosphate and carbamates insecticides. – Genome 50: 172–179.

CHEN, M.S. (2008): Inducible direct plant defense against insect herbivores: a review. – Insect Science 15: 101–114.

CHEN, S.X., PETERSEN, B.L., OLSEN, C.E., SCHULZ, A. & B.A. HALKIER (2001): Long–distance phloem transport of glucosinolates in *Arabidopsis*. – Plant Physiology 127: 194–201.

CHERIX, D (1987): Relation between diet and polyethism in *Formica* colonies. – Experientia Suppl. 54: 93–115.

CHERNETSOV, N. & A. MANUKYAN (1999): Feeding strategy of reed warblers (*Acrocephalus scirpaceus*) on migration. – Avian Ecol. Behav. 3: 59–68.

CHERNETSOV, N. & A. MANUKYAN (2000): Foraging strategy of the sedge warbler (*Acrocephalus schoenobaenus*) on migration. – Die Vogelwarte 40: 189–197.

CHERNETSOV, N. (1998): Habitat distribution during the post–breeding and post–fledging period in the Reed Warbler *Acrocephalus scirpaceus* and Sedge Warbler *Acrocephalus schoenobaenus* depends on food abundance. – Ornis Svecica 8: 77–82.

CHMYR P.G. & D.A. KOLESOVA (1988): Photoperiodic responses of pea aphid *Acyrthosiphon pisum* (Homoptera: Aphididae) from different host plants. – Zool. Zh. 67: 466–470. [russ.]

CHOI, M.Y., KIM, J.H., KIM, H.Y., BYEON, Y.W. & Y.H. LEE (2009): Biological control based IPM of insect pests on sweet pepper in greenhouse in the summer. – Korean Journal of Applied Entomology 48: 503–508 [korean].

CHOI, M.Y., ROITBERG, B.D., SHANI, A., RAWORTH, D.A. & G.H. LEE (2004): Olfactory response by the aphidophagous gall midge, *Aphidoletes aphidimyza* to honeydew from green peach aphid, *Myzus persicae*. – Entomol. Exp. Appl. 111: 37–45.

CHOLODKOVSKY, N. (1888): Über einige *Chermes*–Arten. – Zool. Anz. 11: 45–48.

CHOLODKOVSKY, N. (1889a): Noch einiges zur Biologie der Gattung *Chermes* L. – Zool. Anz. 12: 60–64.

CHOLODKOVSKY, N. (1889b): Weiteres zur Kenntnis der *Chermes*–Arten. – Zool. Anz. 12: 218–223.

CHOLODKOVSKY, N. (1889c): Neue Mitteilungen zur Lebensgeschichte der Gattung *Chermes*. – Zool. Anz. 12: 387–391.

CHOLODKOVSKY, N. (1889d): Zur Biologie und Systematik der Gattung *Chermes* L. – Hor. Soc. Ent. Ross. 24: 386–420.

CHOLODKOVSKY, N. (1914): Weiteres zur Kenntnis der Chermiden der Schweiz. – Schweiz. Z. Forstwes. 65: 207–211.

CHOLODKOVSKY; N. (1908): Zur Frage über die biologischen Arten. – Biologisches Zentralblatt 28: 769–782.

CHOUGULE, N.P., LI, H., LIU, S., LINZ, L.B., NARVA, K.E., MEADE, T. & B.C. BONNING (2013): Retargeting of the *Bacillus thuringiensis* toxin Cyt2Aa against hemipteran insect pests. – Proc. Natl. Acad. Sci. USA 110: 8465–8470.

CHOW, F.J. & M. MACKAUER (1986): Host discrimination and larval competition in the aphid parasite *Ephedrus californicus*. – Entomologia Experimentalis et Applicata 41: 243–254.

CHYZIK, R., DOBRININ, S. & Y. ANTIGNUS (2003): Effect of a UV–deficient environment on the biology and flight activity of *Myzus persicae* and its hymenopterous parasite *Aphidius matricariae*. – Phytoparasitica 31: 467–477.

CIEPIELA, A.P. & SEMPRUCH, C. (1999): Effect of L–3,4–dihydroxyphenylalanine, ornithine and γ–aminobutyric acid on winter wheat resistance to grain aphid. – Journal of Applied Entomology 123: 285–288.

CILIA, M., TAMBORINDEGUY, C., FISH, T., HOWE, K., THANNHAUSER, T.W. & S. GRAY (2011): Genetics coupled to quantitative intact proteomics links heritable aphid and endosymbiont protein expression to circulative polerovirus transmission. – J. Virol. 85: 2148–2166.

CLAPHAM, A.R., TUTIN, T.G. & E.F.WARBURG (1952): Flora of the British Isles, Cambridge: 1591 S.

CLARK, T.L. & F.J. MESSINA (1998): Plant architecture and the foraging success of ladybird beetles attacking the Russian wheat aphid. – Entomologia Experimentalis et Applicata 86: 153–161.

CLELAND, C.F (1974): Isolation of flower–inducing and flower inhibiting factors from aphid honeydew. – Plant Physiol. 54: 899–903.

CLELAND, C.F. & A. AJAMI (1974): Identification of the flower–inducing factor isolated from aphid honeydew as being salicylic acid. – Plant Physiol. 54: 904–906.

CLISSOLD, F.J., SANSON, G.D., READ, J. & S.J. SIMPSON (2009): Gross versus net income – how plant toughness affects performance of an insect herbivore. – Ecology 90: 3393–3405.

CLOSE, D.C. & C. MCARTHUR (2002): Rethinking the role of many plant phenolics – protection from photodamage not herbivores? – Oikos 99: 166–172.

COCEANO, P.G. (1989): Resultats de six ans de piegeage aphidien dans le Nord–Est de l'Italie. – In: `Euraphid` network: trapping and aphid prognosis, Luxembourg: 41–46.

COCK, M.J.W., VAN LENTEREN, J.C., BRODEUR, J., BARRATT, B.I.P., BIGLER, F., et al. (2010): Do new access and benefit sharing procedures under the convention on biological diversity threaten the future of biological control? – BioControl 55: 199–218.

COCKBAIN, A. J. (1961): Fuel utilization and duration of tethered flight in *Aphis fabae* Scop. – Journal of Experimental Biology 38: 163–174.

COCROFT, R.B. & R.L. RODRIGUEZ (2005): The behavioral ecology of insect vibrational communication. – BioScience 55: 323–334.

COCROFT, R.B. (2002): Maternal defense as a limited resource: unequal predation risk in broods of a subsocial insect. – Behav Ecol 13: 125–133.

COLLAR, J.L, AVILLA, C., DUQUE, M. & A. FERERES (1997): Behavioural response and virus vector ability of *Myzes persicae* (Homoptera: Aphididae) probing on pepper plants treated with aphicides. – Journal of Economic Entomology 90: 1628–1634.

COMES, H.P. & J.W. KADEREIT (1999): The effect of Quaternary climatic changes on plant distribution and evolution. – Trends Plant Sci 3: 432–438.

COMSTOCK, J.H. (1918): The wings of insects. Chapter XVI, The wings of Homoptera, Ithaca, NY: 269–291.

CONSORTIUM TIAG. 2010. Genome sequence of the pea aphid *Acyrthosiphon pisum*. – PLoS Biol. 8:e1000313.

COOPE, G.R. (1995): Insect faunas in ice age environments: why so little extinction? – In: LAWTON, J.H. & R.M. MAY (eds.) Extinction rates, Oxford: 55–74.

COPPING, L.G. (ed.): (2004): The Manual of Biocontrol Agents. British Crop Protection Council, Alton, UK: 702 S.

CORBETT, A. & J.A. ROSENHEIM (1996): Impact of a natural enemy overwintering refuge and its interaction with the surrounding landscape. – Ecological Entomology 21: 155–164.

CORBITT, T.S. & J. HARDIE (1985): Juvenile hormone effects on polymorphism in the pea aphid, *Acyrthosiphon pisum*. – Entomologia Experimentalis et Applicata, 38: 131–135.

CORCUERA, L.J. (1993): Biochemical basis for the resistance of barley to aphids. – Phytochemistry 33: 741–747.

CORNELIUS, M.L., GRACE, J.K. & J.R. YATES (1996): III. Acceptability of different sugars and oils to three tropical ant species (Hymen., Formicidae). – Anz. Schädlingskunde, Pflanzenschutz, Umweltschutz 69: 41–43.

CORNU, M.M. (1879): Études sur le *Phylloxera vastatrix*. – Mem. Ac. Sci. Inst. Nat. Fr. 26: 357 S., 24 Pl.

COSTA, H.S. & K.L. ROBB (1999): Effects of ultraviolet–absorbing greenhouse plastic films on flight behaviour of *Bemisia argentifolii* (Homoptera: Aleyrodidae) and *Frankliniella occidentalis* (Thysanoptera: Thripidae). – Journal of Economic Entomology 92: 557–562.

COSTA, H.S., ROBB, K.L. & C.A. WILEN (2002): Field trials measuring the effects of ultraviolet- absorbing greenhouse plastic films on insect populations. – Journal of Economic Entomology 95: 113–120.

COSTAMAGNA, A.C. & D.A. LANDIS (2007): Quantifying predation on soybean aphid through direct field observations. – Biol Control 42:16–24.

COSTELLO, M.J. & ALTIERI M.A. (1994): Living mulches suppress aphids in broccoli. – California Agriculture 48: 24–28.

COSTELLO, M.J. & M.A. ALTIERI (1995): Abundance, growth rate and parasitism of *Brevicoryne brassicae* and *Myzus persicae* (Homoptera: Aphididae) on broccoli grown in living mulches. – Agriculture, Ecosystems & Environment 52: 187–196.

COSTOPOULOS, K., KOVACS, J.L., KAMINS, A. & N.M. GERARDO (2014): Aphid facultative symbionts reduce survival of the predatory lady beetle *Hippodamia convergens*. BMC Ecology 14: 5.

COTTRELL, T.D., WOOD, B.W. & C.C. REILLY (2002): Particle film affects black pecan aphid (Homoptera: Aphididae) on pecan. – Journal of Economic Entomology 95: 782–788.

COUCHMAN, J.R. & P.E. KING (1979): Germarial structure and oogenesis in *Brevicoryne brassicae* (L.) (Hemiptera: Aphididae). – International Journal of Insect Morphology and Embryology 8(1): 1–10.

COUCHMAN, J.R. & P.E. KING (1980): Ovariole Sheath Structure and Its Relationship With Developing Embryos in a Parthenogenetic Viviparous Aphid. – Acta zool. (Stockh.) 61(3): 147–155.

COVIELLA, C. E. & J.T. TRUMBLE (1999): Effects of elevated atmospheric carbon dioxide on insect-plant interactions. – Conserv. Biol. 13: 700–712.

CRAWLEY, M.J. (1983): Herbivory, the dynamics of animal-plant interaction. – Blackwell Scientific Publications, Oxford: 437 S.

CRESPO-HERRERA, L.A. (2012): Resistance to aphids in Wheat - From a plant breeding perspective. – Introductory Paper at the Faculty of Landscape Planning, Horticulture and Agricultural Science 2012: 6. Swedish University of Agricultural Sciences, Alnarp: 36 S.

CRISP, D.J. (1963): Waterproofing mechanisms in animals and plants. – In: MOILLIET, J.L. (ed.): Waterproofing and water-repellency, Amsterdam: 416–481.

CROCK, J., WILDUNG, M. & R. CROTEAU (1997): Isolation and bacterial expression of a sesquiterpene synthase cDNA clone from peppermint (*Mentha x piperita*, L.) that produces the aphid alarm pheromone (E)–β–farnesene. – Proceedings of the National Academy of Sciences of the United States of America 94: 12833–12838.

CROFT, B.A. & A.W.A. BROWN (1975): Responses of arthropod natural enemies to insecticides. – Annual Review of Entomology 20: 285–335.

CROMARTIE, R.I.T. (1959): Insect pigments. – Annual Review of Entomology 4: 59–76.

CROOKS, K.R. (2002): Relative sensitivities of mammalian carnivores to habitat fragmentation. – Conserv Biol 16: 488–502.

CROSSLEY, M.S., SMITH, O.M., DAVIS, T.S., EIGENBRODE, S.D., HARTMAN, G.L., LAGOS-KUTZ, D., HALBERT, S.E., VOEGTLIN, D.J., MORAN, M.D. & W.E. SNYDER (2021): Complex life histories predispose aphids to recent abundance declines. – Global Change Biology 27: 4283–4293. doi.org/10.1111/gcb.15739.

Crow, J.F. (1957): Genetics of insect resistance to chemicals. – Annuals Review of Entomology 2: 227–246.

Cui, Y., Xie, Q., Hua, J.M., Dang, K., Zhou, J.F., Liu, X.G., Wang, G., Yu, X. & W.J. Bu (2013): Phylogenomics of Hemiptera (Insecta: Paraneoptera) based on mitochondrial genomes. – Syst. Entomol. 38: 233–245.

Cull, D. & H.F. van Emden (1977): The effect on *Aphis fabae* of diet changes in their food quality. – Physiological Entomology 2: 109–115.

Curtis, B.C., Schlehuber, A. & Wood Jr, E. (1960): Genetics of greenbug (*Toxoptera graminum* (Rond.)) resistance in two strains of common wheat. Agron. J 52: 599–602.

Cushman, J.H (1991): Host plant mediation of insect mutualism: variable outcomes in herbivore-ant interactions. – Oikos 61: 138–144.

Cushman, J.H. & J.F. Addicott (1989): Intra- and interspecific competition for mutualists: ants as a limited and limiting resource for aphids. – Oecologia (Berlin), 79: 315–321.

Czeczuga, B. (1976): Investigations of the carotenoids in nineteen species of aphids and their host plants. – Zoologica Poloniae 25: 27– 45.

D

Daane, K.M. & G.Y. Yokota (1997): Release strategies affect survival and distribution of green lacewings (Neuroptera: Chrysopidae) in augmentation programs. – Environmental Entomology 26: 455–464.

Daane, K.M. (2001): Ecological studies of released lacewings in crops. – In: McEwen, P.K., New, T.R. & A.E. Whittington (eds.): Lacewings in the Crop Environment, Cambridge, UK: 338–350.

Dáder, B., Fereres, A., Moreno, A. & P. Trębicki (2016): Elevated CO_2 impacts bell pepper growth with consequences to *Myzus persicae* life history, feeding behaviour and virus transmission ability. – Scientific Reports 6: 19120. doi: 10.1038/srep19120.

Dáder, B., Gwynn-Jones, D., Moreno, A., Winters, A. & A. Fereres (2014): Impact of UV-A radiation on the performance of aphids and whiteflies and on the leaf chemistry of their host plants. – J Photochem Photobiol B. 138: 307–316. doi:10.1016/j.jphotobiol.2014.06.009. PubMed PMID: 25022465.

Dagg, J.L. & S. Scheurer (1998): Observations on some patterns of the males' sexual behavior of certain aphid species. – In: Nieto Nafria, J.M. & A.F.G. Dixon (eds.) Aphids in Natural and Managed Ecosystems. León: Universidad de León, Secretariado de publicaciones: 167–171.

Dagg, J.L. (2000): Why sex? A parody on the paradox. – Oikos 89: 188–190.

Dagg, J.L. (2002): Strategies of Sexual Reproduction in Aphids. – Diss. G.–A.–Universität Göttingen: 63 S.

Dagg, J.L. (2003): Copula duration and sperm economy in the large thistle aphid *Uroleucon cirsii* (L.). – European Journal of Entomology 100(1): 201–204. doi:10.14411/eje.2003.032.

Dagg, J.L. (2004): Post–copula guarding and sex ratios in aphids. – In: Simon, J.C., Dedryver, C.A., Rispe, C. & M. Hulle (eds.): Aphids in a new millennium, Proc. 6th Int. Symp. Aphids 2001. Rennes, France: 33–37.

Dahl, M.L. (1968): Biologische und morphologische Untersuchungen bei dem Formenkreis der schwarzen Kirschenlaus *Myzus cerasi* F. (Homoptera: Aphididae). – Deutsche Entomologische Zeitschrift, NF 15: 281–312.

Dahl, M.L. (1971): Über einen Schreckstoff bei Aphiden. – Deutsche Entomologische Zeitschrift, NF 18: 121–127. doi: 10.1002/mmnd.19710180107.

Damsteegt, V.D., Gildow, F.E., Hewings, A.D. & Carroll, T.W. (1992): A clone of the Russian wheat aphid (*Diuraphis noxia*) as a vector of the barley yellow dwarf, barley stripe mosaic and brome mosaic viruses. – Plant Disease 76(11): 1155–1160.

Daniels, N.E. (1960): Evidence of the oversummering of the greenbug (*Toxoptera graminum*) in the Texas Panhandle. – Journal of Economic Entomology 53: 454–455.

Danilevski, A.S. (1961): Photoperiodism and Seasonal Development of Insects. Second Japanese edition translated by T. Hidaka & S. Masaki, 1972. Tokyo: 293 S.

Danscher, G. (1981): Light and electron microscopic localization of silver in biological tissue. – Histochemistry 71: 177e186. doi: 10.1007/BF00507822.

Darby, A. & A. Douglas (2003): Elucidation of the transmission patterns of an insect-borne bacterium. – Applied and Environmental Microbiology 69: 4403–4407.

David, C. T. & J. Hardie (1988): The visual responses of free–flying summer and autumn forms of the black bean aphid, *Aphis fabae*, in an automated flight chamber. – Physiological Entomology 13: 277–284.

Davidson, J. (1913a): Memoirs: The structure and biology of *Schizoneura lanigera*, Hausmann or woolly aphis of the apple tree. Part I.–The apterous viviparous female. – Quarterly Journal of Microscopic Science 58: 653–702.

Davidson, J. (1913b): The host plants and habits of *Aphis rumicis* L. – Ann. Appl. Biol. 1: 118–141.

Davidson, J. (1914): On the mouthparts and mechanism of suction in *Schizoneuraphis lanigera* Hausmann. – Journal of the Linnean Society of London, Zoology 32: 307–330, pls 24–25.

Davidson, J. (1925): A List of British Aphides (including Notes on their Synonymy, their recorded Distribution and Food Plants in Britain, and a Food–Plant index). – London, XI & 176 S.

Davies, W.M. & T. Whitehead (1938): Studies on aphids, infesting the potato crop. VI. Aphis infestation of isolated plants. – Annals of Applied Biology 25: 122–142.

Davis, J.J. (1908): A secondary sexual character of the Aphididae. – Canadian Entomologist 40: 283–285.

Dawson, G. W., Griffiths, D. C., Merrin, L. A., Mudd, A., Pickett, J. A. et al. (1990): Aphid semiochemicals – a review, and recent advances on the sex pheromone. – J. Chem. Ecol. 16: 3019–3030.

Dawson, G., Anderson, E., Bain, R., Lacomme C., McCreath, M., et al. (2015): Effectiveness of mineral and vegetable oils in minimizing the spread of nonpersistent viruses – In: Potato Seed Crops in Great Britain. Potato Council Project R449 Final Report. Agriculture and Horticulture Development Board, Kenilworth, UK. Available at: http://potatoes.ahdb.org. uk/publications/r449–e (Zugriff Januar 2017).

Dawson, G.W., Griffiths, D.C., Janes, N.F., Mudd, A., Pickett, J.A., et al. (1987a): Identification of an aphid sex pheromone. – Nature 325: 614–616.

Dawson, G.W., Griffiths, D.C., Merritt, L.A., Mudd, A., Pickett, J.A., et al. (1988): The sex pheromone of the greenbug, *Schizaphis graminum*. – Entomol. Exp. Appl. 48: 91–93.

Dawson, G.W., Griffiths, D.C., Pickett, J.A. et al. (1983): Decreased response to alarm pheromone by insecticide–resistant aphids. – Naturwissenschaften 70: 254–255. doi.org/10.1007/BF00405448.

Dawson, G.W., Griffiths, D.C., Pickett, J.A., Wadhams, L.J. & C.M. Woodcock (1987b): Plant-derived synergists of alarm pheromone from tumip aphid, *Lipaphis* (*Hyadaphis*) *erysimi* (Homoptera, Aphididae). – J. Chem. Ecol. 13: 1663–1671.

Dawson, G.W., Mudd, A., Pickett, J.A., Slawin, A.M.Z., Wadhams, L.J. & D.J. Williams (1989): The aphid sex pheromone. – Pure Appl. Chem. 61: 555–558.

De Biasio, F., Riviello, L., Bruno, D., Grimaldi, A., Congiu, T., Sun, Y.F. & P. Falabella (2015): Expression pattern analysis of odorant–binding proteins in the pea aphid *Acyrthosiphon pisum*. – Insect Science 22: 220–234. doi: 10.1111/1744–7917.12118.

de Faria, M.R. & S.P. Wraight (2007): Mycoinsecticides and mycoacaricides: a comprehensive list with worldwide coverage and international classification of formulation types. – Biological Control 43: 237–256.

De Jong, J.K. (1929): Enkele resultaten van het onderzoek naar de biologie van de Tabaksluis, *Myzus persicae* Sulzer. – Bulletin Deli Proefstation Medan–Sumatra 28.

De Réaumur, R.A.F. (1740). Mémoires pour servir à l'histoire des insectes. Vol. 5. Imprimerie royale.

Dedryver, C., Le Gallic, J., Gauthier, J. & J. Simon (1998): Life cycle of the cereal aphid *Sitobion avenae* F.: polymorphism and comparison of life history traits associated with sexuality. – Ecological Entomology 23(2): 123–132.

Dedryver, C.A., Hullé, M., Le Gallic, J.F., Caillaud, M.C. & J.C. Simon (2001): Coexistence in space and time of sexual and asexual populations of the cereal aphid *Sitobion avenae*. – Oecologia 128: 379–388.

Dedryver, C.A., Le Ralec, A. & F. Fabre (2010): The conflicting relationships between aphids and men: a review of aphid damage and control strategies. – Comptes Rendus Biologies 333: 539–553.

Deguine, J.P., Gozé, E. & F. Leclant (2000): The consequences of late outbreaks of the aphid Aphis gossypii in cotton growing in central Africa: towards a possible method for the prevention of cotton stickiness. – International Journal of Pest Management 46: 85–89.

del Guercio, G. (1900): Prospetto dell' Afidofauna Italica. – Nuove Rel. R. Staz. Ent. Agr. Firenze 2: 1–236.

del Guercio, G. (1902): Chermesinae. – Nuove Rel. R. Staz. Ent. Agr. Firenze 4: 367 ff.

del Guercio, G. (1903): Intorno a due vecchie e ad una nuova specie di Afidi importati in Italia. – Nuove Rel. R. Staz. Ent. Agr. Firenze 6: 367 ff.

del Guercio, G. (1911): Intorno ad alcuni afididi della penisola Iberica edi altre localita, raccolti da J. S. Tavares. – Redia 7: 296–333.

del Guercio, G. (1917): Contribuzione alla conoscenza degli Afidi. – Redia 12: 197–277.

Delmotte, F., Leterme, N., Gauthier, J.P., Rispe, C. & J.C. Simon (2002): Genetic architecture of sexual and asexual populations of the aphid *Rhopalosiphum padi* based on allozyme and microsatellite markers. – Molecular Ecology 11: 711–723.

Delmotte, F., Sabater–Muñoz, B., Prunier–Leterme, N., Latorre, A., Sunnucks, P., Rispe, C. & Simon, J.C. (2003): Phylogenetic evidence for hybrid origins of asexual lineages in an aphid species. – Evolution 57(6): 1291–1303.

Delp, G., Gradin, T., Ahman, I. & Jonsson, L.M.V. (2009): Microarray analysis of the interaction between the aphid *Rhopalosiphum padi* and host plants reveals both differences and similarities between susceptible and partially resistant barley lines. – Molecular Genetics and Genomics 281(3): 233–248.

Dempster, J.P. (1983): The natural control of populations of butterflies and moths. – Biological Reviews 58: 461–481.

Denholm, I., Horowitz, A.R., Cahill, M. & I. Ishaaya (1998): Management of resistance to novel insecticides. – In: Ishaaya, I. & D. Degheele (eds.): Insecticides with Novel Modes of Action: Mechanism and Application. – Berlin: 260–282.

Deol, G.S., Wilde, G.E. & B.S. Gill (1995): Host plant resistance in some wild wheats to the Russian wheat aphid, *Diuraphis noxia* (Mordvilko) (Homoptera: Aphididae). – Plant Breed. 114: 545–546.

Depa, Ł. & E. Mróz (2012): Description of fundatrix morph of *Stomaphis wojciechowskii* Depa 2012 (Aphidoidea: Lachnidae) – Genus 23: 425–428

Depa, Ł. (2011): Abundance of *Stomaphis graffii* Cholod. (Hemiptera) on maple trees in Poland. – Cen Eur J Biol 7: 284–287

DEPA, Ł., KANTURSKI, M., JUNKIERT, Ł. & K. WIECZOREK (2015): Giant females vs dwarfish males of the genus *Stomaphis* Walker (Hemiptera: Aphididae) – an aphid example of the ongoing course to permanent parthenogenesis? – Arthropod Systematics & Phylogeny 73 (1): 19–40.

DEPA, Ł., Mro´z, E. & J. BROZEK (2013): Description of the oviparous female and new information on the biology of the rare aphid *Stomaphis radicicola* Hille Ris Lambers 1947 (Hemiptera, Aphidoidea). – Entomol Fennica 24: 107–112.

DESNEUX, N., BARTA, R.J., HOELMER, K.A., HOPPER, K.R. & G.R. HEIMPEL (2009): Multifaceted determinants of host specificity in an aphid parasitoid. – Oecologia 160: 387–398.

DETRAIN, C., VERHEGGEN, F.J., DIEZ, L., WATHELET, B. & E. HAUBRUGE (2010): Aphid-ant mutualism: how honeydew sugars influence the behavior of ant scouts. – Physiol. Entomol. 35: 168–174.

DEVINE, G.J., HARLING, Z.K., SCARR, A.W. & A.L. DEVONSHIRE (1996): Lethal and sublethal effects of imidacloprid on nicontine-tolerant *Myzus nicotianae* and *Myzus persicae*. – Pesticide Science 48: 57–62.

DEVONSHIRE, A.L. & A.D. RICE (1988): Aphid bioassay techniques. In: MINKS, A.K. & P. HARREWIJN (eds.): Aphids. Their Biology, Natural Enemies and Control, Volume 2B. – Amsterdam: 119–128.

DEVONSHIRE, A.L. & G.D. MOORES (1982): A caboxylesterase with broad substrate specificity causes organophosphorus, carbamate and pyrethroid resistance in peach–potato aphids (*Myzus persicae*). – Pesticide Biochemistry and Physiology 18: 235–246.

DEVONSHIRE, A.L. & R.M. SAWICKI (1979): Insecticide-resistant *Myzus persicae* as an example of evolution by gene duplication. – Nature, London 280: 140–141.

DEVONSHIRE, A.L. (1975): Studies of the carboxylesterases of *Myzus persicae* resistant and susceptible to organophosphorus insecticides. – Proceedings of the 8th British Insecticide and Fungicide Conference 1975, 1: 67–74.

DEVONSHIRE, A.L. (1989): Resistance of aphids to insecticides. – In: MINKS, A.K. & P. HARREWIJN (eds.): Aphids. Their Biology, Natural Enemies and Control, Volume 2C. – Amsterdam: 123–139.

DEWAR, A. (1977): Assessment of methods for testing varietal resistance to aphids in cereals. – Annals of Applied Biology 87(2): 183–190.

DEWAR, A.M. & CARTER, N. (1984): Decision trees to assess the risk of cereal aphid outbreaks in summer in England. – Bulletin of Entomological Research, 74: 387–398.

DEWAR, A.M. & H.G. SMITH (1999): Forty years of forecasting virus yellows incidence in sugar beet. – In: SMITH, H.G. & H. BARKER (eds.): The Luteoviridae. CAB International, Wallingford, UK: 228–243.

DEWAR, A.M. & L.A. READ (1990): Evaluation of an insecticidal seed treatment, imidacloprid, for controlling aphids on sugar beet. – Proceedings of the Brighton Crop Protection Conference, Pests, and Diseases, November 1990 (2): 721–726.

DEWAR, A.M., HAYLOCK, L.A., BEAN, K.M., GARNER, B.H. & R.J.N. SANDS (2001): Novel seed treatments to control aphids and virus yellows in sugar beet. – In: Seed Treatment: Challenges and Opportunities. Proceedings of the 2001 British Crop Council Protection Symposium 76. British Crop Protection Council, Farnham, UK: 33–40.

DEWAR, A.M., HAYLOCK, L.A., CAMPELL, J., HARLING, Z.K., FOSTER, S.P. & A.L. DEVONSHIRE (1998): Control on sugarbeet of *Myzus persicae* with different insecticide–resistance mechanisms. – In: DALE, M.F.B., DEWAR, A.M., FISHER, S.J., HAYDOCK, P.P.J., JAGGARD, K.W., MAY, M.J., SMITH, H.G., STOREY, R.M. & J.J.J. WILTSHIRE (eds.): Protection and Production of Sugar Beet and Potatoes. – Aspects of Applied Biology 52: 407–417.

DEWAR, A.M., HAYLOCK, L.A., GARNER, B.H., BAKER, P. & R.J.N. SANDS (2002): The effect of clothianidin on aphids and virus yellows in sugar beet. – Proceedings of the British Crop Protection Council Conference, Pests and Diseases, Brighton, November 2002 (2): 647–652.

DEWAR, A.M., TATCHELL, G.M. & L.A.D. TURL (1984): A comparison of cereal-aphid migrations over Britain in the summers of 1979 and 1982. – Crop Protection 3: 379–389.

DEWAR, A.M., WOIWOD I. & E.C. DE JANVRY (1980): Aerial migrations of the rose–grain aphid, *Metopolophium dirhodum* (Wlk.), over Europe in 1979. – Plant Pathology 29: 101–109.

DHAMI, M.K., GARDNER-GEE, R., VAN HOUTTE, J., VILLAS-BÔAS, S.G. & J.R. BEGGS (2011): Species-specific chemical signatures in scale insect honeydew. – J. Chem. Ecol. 37: 1231–1241.

DHINGRA, S. (1993): Development of resistance in the bean aphid, *Aphis craccivora* Koch, to various synthetic pyrethroids with special reference to change in susceptibility of some important aphid species during the last one and a quarter decades. – Journal of Entomological Research 17: 247–250.

DHINGRA, S. (1994): Development of resistance in the bean aphid, *Aphis craccivora* Koch, to various insecticides used for nearly a quarter century. – Journal of Entomological Research 18: 105–108.

DI PIETRO, J.P., CAILLAUD, C.M., CHAUBET, B., PIERRE, J.S. & TROTTET, M. (1998): Variation in resistance to the grain aphid, *Sitobion avenae* (Sternorhynca: Aphididae), among diploid wheat genotypes: Multivariate analysis of agronomic data. – Plant Breeding 117(5): 407–412.

DÍAZ, B.M., BIURRÚN, R., MORENO, A., NEBREDA, M. & A. FERERES (2006): Impact of ultraviolet-blocking plastic films on insect vectors of virus diseases infesting crisp lettuce. – Hort Science 41: 711–716.

DÍAZ, S., FRASER, L.H., GRIME, J.P. & V. FALCZUK (1998): The impact of elevated CO_2 on plant-herbivore interactions: experimental evidence of moderating effects at the community level. – Oecologia 117: 177–186.

DIGHTON, J (1978): Effects of synthetic lime aphid honeydew on populations of soil organisms. – Soil Biol. Biochem. 10: 369–376.

DILL, W. (1937): Der Entwicklungsgang der mehligen Pflaumenblattlaus *Hyalopterus arundinis* Fabr. im schweizerischen Mittelland. – Dissertation, ETH Zürich. Mitteilungen der Aargauischen naturforschenden Gesellschaft, Heft 20: 158–240. doi.org/10.3929/ethz-a-000133874.

DINANT, S., BONNEMAIN, J.L., GIROUSSE, C. & J. KEHR (2010): Phloem sap intricacy and interplay with aphid feeding. – Comptes Rendus Biologies, 333: 504–515.

DINGLE, H. (1996): Migration. The Biology of Life on the Move. – Oxford, UK: 474 S.

DIXON, A.F.G. (1998): Aphid ecology: an optimization approach. 2nd edition –London: 300 S.

DIXON, A.F.G. (1959): An experimental study of the searching behaviour of the predatory coccinellid beetle *Adalia decempunctata* (L.). – The Journal of Animal Ecology 28: 259–281.

DIXON, A.F.G. & D.M. GLEN (1971): Morph determination in the bird cherry–oat aphid, *Rhopalosiphum padi* L. – Annals of Applied Biology 68: 11–21.

DIXON, A.F.G. & D.R. MERCER (1983): Flight behaviour in the sycamore aphid: Factors affecting take-off. – Entomologia Experimentalis et Applicata 33: 43–49.

DIXON, A.F.G. & P. KINDLMANN (1990): Role of plant abundance in determining the abundance of herbivorous insects. – Oecologia (Berlin) 83: 281–283.

DIXON, A.F.G. & P. KINDLMANN (1999): Cost of flight apparatus and optimum body size of aphid migrants. – Ecology 80: 1678–1690.

DIXON, A.F.G. & R.J. RUSSEL (1972): The effectiveness of *Anthocoris nemorum* and *A. confusus* (Hemiptera: Anthocoridae) as predators of the sycamore aphid, *Drepanosiphum platanoides* II. Searching behaviour and the incidence of predation in the field. – Entomologia Experimentalis et Applicata 15: 35–50.

DIXON, A.F.G. & S. MCKAY (1970): Aggregation in the sycamore aphid *Drepanosiphum platanoides* (Schr.) (Hemiptera: Aphididae) and its relevance to the regulation of population growth. – Journal of Animal Ecology 39: 439–454.

DIXON, A.F.G. & S.D. WRATTEN (1971): Laboratory studies on aggregation, size and fecundity in the black bean aphid, Aphis fabae Scop. – Bulletin of Entomological Research 61: 97–111.

DIXON, A.F.G. & T. THIEME (2007): Aphids on deciduous trees. – Richmond Publishing Company Ltd. Slough: 138 S.

DIXON, A.F.G. (1958): Escape responses shown by certain aphids to the presence of the coccinellid, *Adalia decempunctata* (L.). – Transactions of the Royal Entomological Society of London 10: 319–334.

DIXON, A.F.G. (1966): The effect of population density and nutritive status of the host on the summer reproductive activity of the sycamore aphid, *Drepanosiphum platanoides* (Schr.). – Journal of Animal Ecology 35: 105–112.

DIXON, A.F.G. (1970a): Quality and availability of food for a sycamore aphid population. – In: WATON, A. (ed.): Animal Populations in Relation to their Food Resources – Oxford: 271–287.

DIXON, A.F.G. (1970b): Stabilization of aphid populations by an aphid induced plant factor. – Nature 227: 1368–1369.

DIXON, A.F.G. (1971a): The life–cycle and host preferences of the bird cherry–oat aphid, Rho*palosiphum padi* L., and their bearing on the theories of host alternation in aphids. – Annals of Applied Biology 68: 135–147.

DIXON, A.F.G. (1971b): The role of intra-specific mechanisms and predation in regulating the numbers of the lime aphid *Eucallipterus tiliae* L. – Oecologia (Berlin) 8: 179–193.

DIXON, A.F.G. (1971c): The role of aphids in wood formation. I. The effect of the sycamore aphid *Drepanosiphum plantanoides* (Schr.): (Aphididae) on the growth of sycamore, *Acer pseudoplatanus* (L.). – J. appl. Ecol. 8: 165–179.

DIXON, A.F.G. (1971d): The role of aphids in wood formation. II. The effect of the Lime aphid, *Eucallipterus tiliae* L. (Aphididae) on the growth of lime *Tilia ×vulgaris* Hayne. – J. appl. Ecol. 8: 393–399.

DIXON, A.F.G. (1972): Control and significance of the seasonal development of colour forms in sycamore aphid, *Drepanosiphum platanoides* (Schr.). – Journal of Animal Ecology 41: 689–697.

DIXON, A.F.G. (1975a) Aphids and translocation. – In: ZIMMERMANN, M.H. & J.A. MILBUM (eds.) Transport in plants. I. Phloem transport. – Berlin: 154–170.

DIXON, A.F.G. (1975b): Function of the siphunculi in aphids with particular reference to the sycamore aphid, *Drepanosiphum platanoides*. – Journal of Zoology 175: 279–289.

DIXON, A.F.G. (1976): Biologie der Blattläuse. Deutsche Ausgabe übersetzt und mit einem Anhang über Schulversuche erweitert von Prof. Dehn, M. – Stuttgart: 82 S.

DIXON, A.F.G. (1977): Aphid ecology: life cycles, polymorphism and population regulation. – Annual Review of Ecology and Systematics 8: 329–353.

DIXON, A.F.G. (1979): Sycamore aphid numbers: the rote of weather, host and aphid. – In: ANDERSON, R.M., TURNER, B.D. & L.R. TAYLOR (eds.): Population Dynamics – Oxford: 105–121.

DIXON, A.F.G. (1983): Insect-induced phytoxemias: damage, tumors and galls. – In: HARRIS, K.F. (ed.): Current Topics in Vector Research, Vol. I. – New York: 297–314.

DIXON, A.F.G. (1985a): Aphid Ecology. Blackie, Glasgow, UK: 157 S.

DIXON, A.F.G. (1985b): Structure of aphid populations. – Annual Review of Entomology 30: 155–174.

DIXON, A.F.G. (1987): Aphid reproductive tactics. – In: HOLMAN J., PELIKAN J., DIXON, A.F.G. & L. WEISMANN (eds.): Population Structure, Genetics and Taxonomy of Aphids and Thysanoptera – The Hague: 3–18.

DIXON, A.F.G. (1988): The way of life of aphids: host specificity, speciation and distribution. – In: MINKS, A.K. & P. HARREWIJN (eds.): Aphids: Their Biology, Natural Enemies and Control, 2B. – Amsterdam: 197–207.

DIXON, A.F.G. (1990): Population dynamics and abundance of deciduous tree–dwelling aphids. – In: HUNTER, M. & N. KIDD (eds.): Population Dynamics of Forest Insects – Andover: 11–23.

DIXON, A.F.G. (1992): Constraints on the rate of parthenogenetic reproduction and pest status of aphids. – Invertebr Reprod Dev 22: 159–163.

DIXON, A.F.G. (1994): Individuals, populations and patterns. In LEATHER, S.R., WATT, A.D., MILLS W.J. & K.F.A. WALTERS (eds.): Individuals, Populations and Patterns in Ecology – Andover: 449–476.

DIXON, A.F.G. (1998): Aphid ecology. 2nd edition. – London, 300 S.

DIXON, A.F.G. (2000): Insect Predator–Prey Dynamics: Ladybird Beetles and Biological Control. – Cambridge, UK: 257 S.

DIXON, A.F.G. (2005): Insect herbivore-host dynamics: tree-dwelling aphids – Cambridge: 199 S.

DIXON, A.F.G., AGARWALA, B., HEMPTINNE, J.-L., HONĚK, A. & V. JAROŠÍK (2011): Fast-slow continuum in the life history parameters of ladybirds revisited. – European Journal of Environmental Sciences 1: 61–66.

DIXON, A.F.G., CROGHAN P.C. & R.P. GOWING (1990): The mechanism by which aphids adhere to smooth surfaces. – J. Exp. Biol. 152: 243–253.

DIXON, A.F.G., HEMPTINNE, J.-L. & P. KINDLMANN (1995): The ladybird fantasy – prospects and limits to their use in the biological control of aphids. – Züchtungsforschung 1: 395–397.

DIXON, A.F.G., HEMPTINNE, J.-L. & P. KINDLMANN (1997): Effectiveness of ladybirds as biological control agents: patterns and processes. – Entomophaga 42: 71–83.

DIXON, A.F.G., HORTH, S. & P. KINDLMANN (1993): Migration in insects: cost and strategies. – Journal of Animal Ecology 62: 182–190.

DIXON, A.F.G., KINDLMANN, P. & R. SEQUEIRA (1996): Population regulation in aphids. – In: FLOYD, R.B., SHEPPARD, A.W. & P.J.D. BARRO (eds.): Frontiers of Population Biology. – Melbourne: 77–88.

DIXON, A.F.G., KINDLMANN, P., LEPS, J. & J. HOLMAN (1987): Why are there so few species of aphids, especially in the tropics? – American Naturalist 29: 580–592.

DIXON, A.F.G., WELLINGS, P.W., CARTER, C. & J.F.A. NICHOLS (1993): The role of food quality and competition in shaping the seasonal cycle in the reproductive activity of the sycamore aphid. – Oecologia (Berlin) 95: 89–92.

DOBZHANSKY, T. (1940): Speciation as a stage in evolutionary divergence. – American Naturalist 74: 312–321.

DOBZHANSKY, T. (1951): Genetics and the Origin of Species, 3rd edn. New York: 364 S.

DOHERTY, H.M. & D. HALES (2002): Mating success and mating behaviour of the aphid, *Myzus persicae* (Hemiptera: Ahididae). – Europ. J. Entomol. 99: 23–27.

DÖRING, T.F. & CHITTKA, L. (2007): Visual ecology of aphids – a critical review on the role of colours in host finding. – Arthropod-Plant Interactions 1(1): 3–16.

DÖRING, T.F. & J. SPAETHE (2009): Messungen der Augengröße und Sehschärfe bei Blattläusen (Hemiptera: Aphididae). – Entomol Gener 32(2): 77–84.

DOUGLAS, A.E (1989): Mycetocyte symbiosis in insects. – Biol. Rev. 64: 409–434.

DOUGLAS, A.E (2006): Phloem-sap feeding by animals: problems and solutions. – J. Exp. Bot. 57: 747–754.

DOUGLAS, A.E. & A.F.G. DIXON (1987): The mycetocyte symbiosis of aphids: variation with age and morph in virginoparae of *Megoura viciae* and *Acyrthosiphon pisum*. – Journal of Insect Physiology 33: 109–113.

DOUGLAS, A.E. & W.A. PROSSER (1992): Synthesis of the essential amino acid tryptophan in the pea aphid (*Acyrthosiphon pisum*) symbiosis. – Journal of Insect Physiology 38: 565–568.

DOUGLAS, A.E. (1988a): On the source of sterols in the green peach aphid, *Myzus persicae*, reared on holidic diets. – Journal of Insect Physiology 34: 403–408.

DOUGLAS, A.E. (1988b): Sulphate utilisation in an aphid symbiosis. – Insect Biochemistry 18: 599–605.

DOUGLAS, A.E. (1989): Mycetocyte symbiosis in insects. – Biological Reviews 64: 409–434.

DOUGLAS, A.E. (1992): Requirements of pea aphids (*Acyrthosiphon pisum*) for their symbiotic bacteria. – Entomologia Experimentalis and Applicata 65: 195–198.

DOUGLAS, A.E. (1993): The nutritional quality of phloem sap utilized by natural aphid populations. – Ecological Entomology 18: 31–38.

DOUGLAS, A.E. (2006): Phloem-sap feeding by animals: problems and solutions. – Journal of Experimental Botany 57: 747–754.

DOUGLAS, A.E. (2009): The microbial dimension in insect nutritional ecology. – Functional Ecology 23: 38–47.

DOUMBIA, M., HEMPTINNE, J.-L. & A.F.G. DIXON (1998): Assessment of patch quality by ladybirds: the role of larval tracks. – Oecologia 113: 197–202.

DOWNING, N. (1978): Measurements of the osmotic concentrations of stylet sap, haemolymph and honeydew from an aphid under osmotic stress. – Journal of Experimental Biology 77: 247–250.

DREISTADT, S.H., HAGEN, K.S. & D.L. DAHLSTEN (1986): Predation by *Iridomyrmex humulis* (Hym.:

Formicidae) on eggs of *Chrysoperla carnea* (Neu.: Chrysopidae) released for inundative control of *Illinoia liriodendri* (Hom.: Aphididae) infesting *Liriodendron tulipifera*. – Entomophaga 31: 397–400.

Dreyfus, L. (1889): Neue Beobachtungen bei den Gattungen *Chermes* L. und *Phylloxera* Boyer de Fonsc. – Zoologischer Anzeiger 12: 65-73.

Dreyfus, L. (1894): Zu J. Krassilstschik's Mitteilungen über die vergleichende Anatomie und Systematik der Phytophthires mit besonderer Bezugnahme auf die Phylloxeriden. – Zoologischer Anzeiger 17: 205–208, 221–235.

Drinnan, I.N. (2005): The search for fragmentation thresholds in a Southern Sydney suburb. – Ecol Model 124: 339–349.

Dry, W.W. & L.R. Taylor (1970): Light and temperature thresholds for take-off by aphids. – Journal of Animal Ecology 39: 493–504.

Du, Y.J., Poppy, G.M., Powell, W., Pickett, J.A., Wadhams, L.J. & C.M. Woodcock (1998): Identification of semiochemicals released during aphid feeding that attract parasitoid *Aphidius ervi*. – Journal of Chemical Ecology 24: 1355–1368.

Dubnik, H. (1969): Aufbau und Arbeitsweise des Blattlaus-Warndienstes und das Auftreten der Virusvektoren im Jahre 1969. – Saat- und Pflanzgut 12: 217–220.

Dubnik, H. (1978): Einschätzung der Befallsintensität bei Kartoffelblattläusen an Hand der Ergebnisse der Gelbschalenfänge 1970 bis 1977. – Nachrichtenblatt für den Pflanzenschutz in der DDR 4: 79–82.

Duewell, H., Human, J.P.E., Johnson, A.W. & S.F. McDonald (1948): Colouring matters of the Aphididae. – Nature 162: 759–761.

Dufour, L. (1833): Recherches anatomiques et physiologiques sur les Hémiptères (Aphidiens). – Mém. Acad. France 4: 241, 359, 369, 387, 418.

Dumont, V.-A., Trigaux, A., Moreau, A. & T. Hance (2011): Study of two conditioning methods of parasitoids used in biological control prior to inundative releases in apple orchards. – European Journal of Environmental Sciences 1: 51–56.

Dunn, B., Porter, D., Baker, C. & Carver, B. (2011): Screening USDA-ARS Wheat Germplasm for Bird Cherry-Oat Aphid Tolerance. – Journal of Crop Improvement 25(2): 176–182.

Dunn, B.L., Carver, B.F., Baker, C.A. & Porter, D.R. (2007): Rapid phenotypic assessment of bird cherry-oat aphid resistance in winter wheat. – Plant Breeding 126(3): 240–243.

Dunn, J.A. (1978): Antennal sensilla of vegetable aphids. – Entomologia Experimentalis et Applicata 24(3): 148–149. doi: 10.1111/j.1570–7458.1978.tb02792.x.

Duvauchelle, S. Dubois, L. & N. Nguyen (1997a): Aphids and viruses on ware potatoes in France particularly in 1995 and 1996. Mededelingen Faculteit Landbouwkundige en Toegepaste. – Biologische Wetenschappen Universiteit Gent 62: 545–546.

Duvauchelle, S., Trouve, C., Delorme, R., Dubois, L., Chudzicki, A.M. & C. Ducatillon (1997b): Recent problems for the control of aphids n potato crops in France and Belgium. – Annales de la 4e ANPP Conférence Internationale sur les Ravageurs en Agriculture, Montpellier, January 1997 3: 895–902.

Dykstra, H.R., Weldon, S.R., Martinez, A.J., White, J.A., Hopper, K.R., Heimpel, G.E., Asplen, M.K. & K.M. Oliver (2014): Factors limiting the spread of the protective symbiont *Hamiltonella defensa* in *Aphis craccivora* aphids. – Applied and Environmental Microbiology 80: 5818–5827.

E

Easterbrook, D.J. (1999): Surface processes and landforms. – New Jersey: 546 S.

Eastop, V.F. (1954): The males of *Rhopalosiphum maidis* (Fitch) and a discussion on the uses of males in aphid taxonomy. – Royal Entomological Society of London. Proceedings (A) 29: 84–86.

Eastop, V.F. & D. Hille Ris Lambers (1976): Survey of the World's Aphids. – Dr. W Junk b.v. Pub., The Hague: 573 S.

Eastop, V.F. (1972a): Deductions from the present day host plants of aphids and related insects. – In: Insect/Plant Relationships 6: 157–178. London: Symposium of the Royal Entomological Society.

Eastop, V.F. (1972b): A taxonomic review of the species of *Cinara curtis* occurring in Britain (Hemiptera: Aphididae). – Bulletin of the British Museum (Natural History) (Entomology), London 27: 101–186.

Eastop, V.F. & H.F. van Emden (1972): The insect material. – In: van Emden, H.F. (ed.): Aphid technology. London: 1–45.

Eastop, V.F. (1952): A sound producing mechanism in the aphididae and the generic position of the species posessing it. – Entomologist 85: 57–61.

Eastop, V.F. (1954a): Notes on East African aphids. V. Aphids of Citrus, coffee and tea. – East Afric. Agric. Journ. 19: 193.

Eastop, V.F. (1954b) Notes on East African aphids. VI. Cereal and grass root–feeding species. – East Afric. Agric. Journ. 20: 129–132.

Eastop, V.F. (1955a) Notes on East African aphids. VII. Grass and cereal stem– and leaf–feeding species. – East Afric. Agric. Journ. 20: 209–212.

Eastop, V.F. (1955b) New East African aphids (Hem.: Aphididae). – Entomologist's mon. Mag. 91: 154–160.

Eastop, V.F. (1956) New East African aphids (Hem.: Aphididae). – The Entomologist 89: 9–12.

Eastop, V.F. (1958) A Study of the Aphididae of East Africa. – Colonial Research Publication, H.M.S.O. London, 126 S.

Eastop, V.F. (1959) New African Sitobion (Aphididae: Homoptera). – The Entomologist 92: 96–105.

Eastop, V.F. (1961) A Study of the Aphididae of West Africa. – British Museum (Natural History), London, 93 S.

EASTOP, V.F. (1962–1963, 1965): Additions to the wild fauna and flora of the Royal Botanic Gardens, Kew. XXV. A contribution to the aphid fauna. – Kew Bull., 16: 139–146, XXVI. A second contribution to the aphid fauna. – Kew Bull., 19: 391–397.

EASTOP, V.F. (1973): Biotypes of aphids. – In: LOWE, A.D. (ed.): Perspectives in Aphid Biology. – The Entomological Society of New Zealand, Bulletin no. 2: 40–51.

EBERHARD, W.G. (1998): Female roles in sperm competition. – In: BIRKHEAD T.R. & A.P. MØLLER (eds.): Sperm competition and sexual selection. – San Diego: 91–116.

ECKLOFF, W. (1972): Beitrag zur Ökologie und forstlichen Bedeutung bienenwirtschaftlich wichtiger Rindenläuse. – Zeitschrift für Angewandte Entomologie, 70(1–4): 134–157. doi.org/10.1111/j.1439–0418.1972.tb02161.x

EDDY, J.A. & H. OESCHGER (eds.) (1993): Global changes in the perspective of the past. – Wiley, Chichester: 383 S.

EDSON, J.L. (1985): The influences of predation and resource subdivision on the coexistence of goldenrod aphids. – Ecology, 66: 1736–1743.

EDWARDS, J.S. (1966): Defence by smear: supercooling in the cornicle wax of aphids. – Nature 211: 73–74.

EDWARDS, O.R. & M.A. HOY (1995): Monitoring laboratory and field biotypes of the walnut aphid parasite, *Trioxys pallidus*, in population cages using RAPDPCR. – Biocontrol Science and Technology 5: 313–327.

EHLER, L.E., LONG, R.F., KINSEY, M.G. & S.K. KELLEY (1997): Potential for augmentative biological control of black bean aphid in California sugarbeet. – Entomophaga 42: 241–256.

EHLERS, K., KNOBLAUCH, M. & A.J.E. VAN BEL (2000): Ultrastructural features of well-preserved and injured sieve elements: minute clamps keep the phloem transport conduits free for mass flow. – Protoplasma 214: 80–92.

EHRLICH P.R. & P.H. RAVEN (1964): Butterflies and plants: a study in coevolution. – Evolution 18: 586–608.

EIGENBRODE, S.D., DING, H., SHIEL, P. & P.H. BERGER (2002): Volatiles from potato plants infected with Potato leafroll virus attract and arrest the virus vector, *Myzus persicae* (Homoptera: Aphididae). – Proceedings of the Royal Society of London, Series B: Biological Sciences 269: 455–460.

EIGENBRODE, S.D., WHITE, C., RHODE, M. & C.J. SIMON (1998): Behavior and effectiveness of adult *Hippodamia convergens* (Coleoptera: Coccinellidae) as a predator of *Acyrthosiphon pisum* (Homoptera: Aphididae) on a wax mutant of *Pisum sativum*. – Environmental Entomology 27: 902–909.

EI-SAYED, A.M., FRASER, H.M. & R.M. TRIMBLE (2001): Modification of the sex-pheromone communication system associated with organophosphorus-insecticide resistance in the obliquebanded leafroller (Lepidoptera: Torticidae). – Canadian Entomologist 133: 867–881.

EISENBACH, J. & T.E. MITTLER (1980): An aphid circadian rhythm: factors affecting the release of sex pheromone by oviparae of the greenbug, *Schizaphis graminum*. – J. Insect Physiol. 26: 511–515.

EISENBACH, J. & T.E. MITTLER (1987a): Effects of photoperiod and mating on sex pheromone production and release by oviparae of the aphid *Schizaphis graminum*. – Physiol. Entomol. 12: 293–296.

EISENBACH, J. & T.E. MITTLER (1987b): Sex pheromone discrimination by male aphids of a biotype of *Schizaphis graminum*. – Entomol. Exp. Appl. 43: 181–182.

EKSTROM, G. & B. EKBOM (2011): Pest control in agro-ecosystems: an ecological approach. – Critical Reviews in Plant Science 30: 74–94.

EL ZIADY, S. & J.S. KENNEDY (1956): Beneficial effects of the common garden ant, *Lasius niger* L., on the black bean aphid *Aphis fabae Sopoli*. – Proc Roy entomol Soc London 31: 61–65.

ELBERT, A., ERDELEN, C., KUHNHOLD, J., NAUEN, R., SCHMIDT, H.W. & Y. HATTORI (2000): Thiacloprid, a novel neonicotinoid insecticide for foliar application. – Proceedings of the British Crop Protection Council Conference, Pests and Diseases, Brighton, November 2000, (1): 21–26.

ELBERT, A., OVERBECK, H., IWAYA, K. & S. TSUBOI (1990): Imidacloprid, a novel systemic nitromethylene analogue insecticide for crop protection. – Proceedings of the Brighton Crop Protection Conference, Pests and Diseases, November 1990 (1): 21–28.

ELEFTHERIANOS, I., FOSTER, S.P., WILLIAMSON, M.S. & I. DENHOLM (2008): Characterization of the M918T sodium channel gene mutation associated with strong resistance to pyrethroid insecticides in the peach-potato aphid, *Myzus persicae* (Sulzer). – Bulletin of Entomological Research 98: 183–191.

ELLIOT, D., GILLESPIE, D. & L.A. GILKSON (1987): The development of greenhouse biological control in Western Canada vegetable greenhouses and plantscapes. – Bulletin SROP/WPRS 10(2): 52–56.

ELLIOTT, N.C. & R.W. KIECKHEFER (2000): Response by coccinellids to spatial variation in cereal aphid density. – Popul Ecol 42: 81–90.

ELTON, C. S. (1925): The dispersal of insects to Spitsbergen. – Transactions of the Entomological Society of London: 289–299.

EL-WAKEIL, N.E., VOLKMAR, C. & SALLAM, A.A. (2010): Jasmonic acid induces resistance to economically important insect pests in winter wheat. – Pest Management Science 66(5): 549–554.

EMLEN, D.J. & H.F. NIJOUT (1999): Hormonal control of male horn length dimorphism in the dung beetle *Onthophagus taurus* (Coleoptera: Scarabaeidae). – Journal of Insect Physiology, 45: 45–53.

EMRICH, B. (1990): Host-modulated biological characters of the lupin aphid *Macrosiphum albi-*

frons ESSIG (Homoptera: Aphididae). – Med. Fac. Landbouww. – Rijksuniv. Gent 55: 463–470.

EMRICH, B. (1991): Acquired toxicity of the lupin aphid, *Macrosiphum albifrons*, and its influence on the aphidophagous predators *Coccinella septempunctata, Episyrphus balteatus*, and *Chrysoperla carnea*. – Z. Pflanzenk. Pflanzenschutz 98: 398–404.

ENDO, S. & T. ITINO (2013): Myrmecophilous aphids produce cuticular hydrocarbons that resemble those of their tending ants. – Popul. Ecol. 55: 27–34.

ENTWISTLE, J.C. & A.F.G. DIXON (1987): Short-term forecasting of wheat yield lass caused by the grain aphid (*Sitobion avenae*) in summer. – Annals of Applied Biology 111: 489–508.

EPPLER, A. & U. HINZ (1987): The lupin aphid, *Macrosiphum albifrons* ESSIG, a new insect pest and virus vector in Germany. – J. Appl. Ent. 104: 510–518.

ESPINOZA, A.M., MEDINA, V., HULL, R. & P.G. MARKHAM (1991): Cauliflower mosaic virus gene II product forms distinct inclusion bodies in infected plant cells. – Virology 185: 337–344.

ESSIG, E.O. & F. ABERNATHY (1952): The Aphid Genus *Periphyllus*. – University of California Press, Berkeley and Los Angeles, CA: vii + 166 S.

ESTER, A. & N.B.M. BRANTJES (1999): Pelleting the seed of iceberg lettuce (*Lactuca sativa* L.) and butterhead lettuce (*Lactuca sativa* L. var. *capitata* L.) with imidacloprid to control aphids. – Mededelingen Faculteit Landbouwkundige en Toegepasta Biologische Wetenschappen Universiteit Gent 63: 563–570.

ESTRUCH, J.J., CAROZZI, N.B., DESAI, N., DUCK, N.B., WARREN, G.W. & M.G. KOZIEL (1997): Transgenic plants: an emerging approach to pest control. – Nature Biotech 15: 137–141.

EVANS, E.W. & D.I. GUNTHER (2005): The link between food and reproduction in aphidophagous predators: a case study with *Harmonia axyridis* (Coleoptera: Coccinellidae). – Eur. J. Entomol. 102: 423–430.

EVANS, E.W. & S. ENGLAND (1996): Indirect actions in biological control of insects: pests and natural enemies in alfalfa. – Ecol. Appl. 6: 920–930.

EVANS, E.W., SOARES, A.O. & H. YASUDA (2011): Invasions by ladybugs, ladybirds, and other predatory beetles. – BioControl 56: 597–611.

EVANS, G.A., POLASZEK, A. & F.D. BENNETT (1995): The taxonomy of the *Encarsia flavoscutellum* species-group (Hymenoptera: Aphelinidae), parasitoids of Hormaphididae (Homoptera, Aphidoidea). – Oriental Insects 29: 33–45.

EVANS, M.R. (1989): Population changes, body mass dynamics and feeding ecology of reed warblers *Acrocephalus scirpaceus* at Llangorse lake, South Powys. – Ringing & Migration 10(2): 99–107. doi: 0.1080/03078698.1989.9673947.

F

FABRICIUS, J.C. (1775): Systerna Entomo1ogiae, sistens Insectorurn Classes, Ordines, Genera, Species, adjectis Synonymis, Locis, Descriptionibus, Observationibus. Flensburgi et Lipsiae. XXVIII + 832 S. Aphis, Chermes 753–742. Spec. nov. Aphidarum: aparines, arundinis, avenae, capreae, cerasi, corni, evonyrni, dauci, mali, picridis.

FABRICIUS, J.C. (1781): Species Insectorum exhibentes eorum Differentias specificas, Synonyma Auctorum, Loca naturalia, Metamorphosin, adjectis Observationibus, Descriptionibus. Hamburgi et Kiliae. 2 vol. Aphis, Chermes 2: 384–392. Spec. nov. Aphidarum: ligustici, pineti, solidaginis, viciae.

FABRICIUS, J.C. (1803): Systema Rhyngotorum secundum Ordines, Genera, Species, adjectis Synonymis, Locis, Observationibus, Descriptionibus. Brunsvigae. Aphis, Chermes 294–317. Spec. nov. nullae. – Edit. alt. 1822.

FAGAN, L.L., MCLACHLAN, A., TILL, C.M. & M.K. WALKER (2010): Synergy between chemical and biological control in the IPM of currant-lettuce aphid (*Nasonovia ribisnigri*) in Canterbury, New Zealand. – Bulletin of Entomological Research 100: 217–223.

FAHNESTOCK, J.T., POVIRK, K.L. & J.M. WELKER (2000): Ecological significance of litter redistribution by wind and snow in arctic landscapes. – Ecography 23: 623–631.

FAJER, E.D., BOWERS, M. & F.A. BAZZAZ (1989): The effects of enriched carbon dioxide atmospheres on plant-insect herbivore interactions. – Science 243: 1198–1200.

FALK, U. (1958): *Aphis craccivora* – eine Doppelgängerin der Schwarzen Bohnenlaus. – Nachrbl. Deutsch. Pflanzenschutzd. 12: 187–189.

FAO (2010): FAOSTAT database. In: http://faostat.fao.org/.

FAO (2015): Statistical Pocketbook 2015. accessed 25 March 2018.

FARIAS-LARIOS, J. & M. OROZCO-SANTOS (1997a): Color polyethylene mulches increase fruit quality and yield in watermelon and reduce insect pest populations in dry tropics. – Gartenbauwissenschaft 62: 255–260.

FARIAS-LARIOS, J. & M. OROZCO-SANTOS (1997b): Effect of polyethylene mulch colour on aphid populations, soil temperature, fruit quality, and yield of watermelon under tropical conditions. – New Zealand Journal of Crop and Horticultural Science 25: 369–374.

FARIAS-LARIOS, J., OROZCO-SANTOS, M., GUZMAN, S. & S. AGUILAR (1994): Soil temperature and moisture under different plastic mulches and their relation to growth and cucumber yield in a tropical region. – Gartenbauwissenschaft 59: 249–252.

FARIS, J., FRIEBE, B. & GILL, B. (2002): Wheat genomics: exploring the polyploid model. – Current Genomics 3(6): 577–591.

FARRELL, J.A. & M.W. STUFKENS (1990): The impact of *Aphidius rhopalosiphi* (Hymenoptera: Aphidiidae) on populations of the rose-grain aphid (*Metopolophium dirhodum*) (Hemiptera: Aphididae) on cereals in Canterbury, New Zealand. – Bulletin of Entomological Research 80: 377–383.

Favret, C. (2022): Aphid Species File. – Version 5.0/5.0. (accessed 10.01.2022). http://Aphid.SpeciesFile.org

Fenchel, T. (1974): Intrinsic rate of natural increase: the relationship with body size. – Oecologia (Berlin) 14: 317–326.

Feng, M.G., Chen, C. & B. Chen (2004): Wide dispersal of aphid-pathogenic Entomophthorales among aphids relies upon migratory alates. – Environmental Microbiology 6: 510–516.

Fenton, B., Woodford, J.A.T. & G. Malloch (1998): Analysis of clonal diversity of the peach-potato aphid, *Myzus persicae* (Sulzer), in Scotland, UK and evidence for existence of a predominant clone. – Molecular Ecology 7: 1475–1487.

Fereres, A. & A. Moreno (2009): Behavioural aspects influencing plant virus transmission by homopteran insects. – Virus Research 141: 158–168.

Fereres, A. (2000): Barrier crops as a cultural control measure of non-persistently transmitted aphid-borne viruses. – Virus Research 71: 221–231.

Fereres, A., Irwin, M.E. & G.E. Kampmeier (2017): Aphid Movement: Process and Consequences. – In: van Emden, H.F. & R. Harrington (eds.): Aphids as crop pests, 196–224. doi./10.1079/9781 780647098.0196.

Fernandes, O.A., Wright, R.J. & Z.B. Mayo (1998): Parasitism of greenbugs (Homoptera: Aphididae) by *Lysiphlebus testaceipes* (Hymenoptera: Braconidae) in grain sorghum: implications for augmentative biological control. – Journal of Economic Entomology 91: 1315–1319.

Ferran, A., Giuge, L., Tourniaire, R., Gambier, J. & D. Fournier (1998): An artificial non-flying mutation to improve the efficiency of the ladybird *Harmonia axyridis* in biological control of aphids. – BioControl 43: 53–64.

Ferrari, J., Darby, A.C., Daniell, T.J., Godfray, H.C.J. & A.E. Douglas (2004): Linking the bacterial community in pea aphids with host–plant use and natural enemy resistance. – Ecological Entomology 29: 60–65.

Ferrari, J., West, J.A., Via, S. & H.C.J. Godfray (2012): Population genetic structure and secondary symbionts in host-associated populations of the pea aphid complex. – Evolution 66: 375–390.

Ferrari, P.M. (1872): Aphididae Liguriae. – Ann. Mus. Civ. Stor. Nat. Genova 2: 49–85.

ffrench-Constant, R.H., Anthony, N.M. & D. Andrew (1996): Single versus multiple origins of insecticide resistance: inferences from the cyclodiene resistance gene *Rdl*. In: Brown, T.M. (ed.): Molecular Genetics and Evolution of Pesticide Resistance. – ACS Symposium Series No 645: American Chemical Society, Washington, DC.: 106–116.

ffrench-Constant, R.H., Devonshire, A.L. & S.J. Clark (1987): Differential rate of selection for resistance by carbamate, organophosphorus and combined pyrethroid insecticides in *Myzus persicae* (Sulzer) (Hemiptera: Aphididae). – Bulletin of Entomological Research 77: 227-238.

ffrench-Constant, R.H., Clark, S.J. & A.L. Devonshire (1988a): Effect of repeated applications of insecticides to potatoes on numbers of *Myzus persicae* (Sulzer) (Hemiptera: Aphididae) and on the frequencies of insecticide resistant variants. – Crop Protection 7: 55–61.

ffrench-Constant, R.H., Harrington, R. & A.L. Devonshire (1988b): Effect of decline of insecticide residues on the selection for insecticide resistance in *Myzus persicae* (Sulzer) (Hemiptera: Aphididae). – Bulletin of Entomological Research 78: 19–29.

Field, L.M., Pickett, J.A. & L.J. Wadhams (2000): Molecular studies in insect olfaction. – Insect Mol. Biol. 9: 545–551. doi: 10.1046/j.1365–2583.2000.00221.x.

Filichkin, S.A., Brumfield, S., Filichkin, T.P. & M.J. Young (1997): In vitro interactions of the aphid endosymbiotic SymL chaperonin with barley yellow dwarf virus. – J. Virol. 71: 569–577.

Fink, U. & W. Völkl (1995): The effect of abiotic factors on foraging and oviposition success of the aphid parasitoid, *Aphidius rosae*. – Oecologia 103: 371–378.

Fischer, M.K. & A.R. Shingleton (2001): Host plant and ants influence the honeydew sugar composition of aphids. – Funct. Ecol. 15: 544–550.

Fischer, M.K., Hoffmann, K.H. & W. Völkl (2001): Competition for mutualists in ant-homopteran interaction mediated by hierarchies of ant attendance. – Oikos 92: 531–541.

Fischer, M.K., Völkl, W. & K.H. Hoffmann (2005): Honeydew production and honeydew sugar composition of polyphagous black bean aphid, *Aphis fabae* (Hemiptera: Aphididae) on various host plants and implications for ant-attendance. – Eur. J. Entomol. 102: 155–160.

Fischer, M.K., Völkl, W., Schopf, R. & K.H. Hoffmann (2002): Age-specific patterns in honeydew production and honeydew composition in the aphid *Metopeurum fuscoviride*: implications for ant-attendance. – J. Insect Physiol. 48: 319–326.

Fisher, D.B (1978): An evaluation of the Munch hypothesis for phloem transport in soybean. – Planta 139: 25–28.

Fisher, D.B., Wright, J.P. & T.E. Mittler (1984): Osmoregulation by the aphid *Myzus persicae*: a physiological role for honeydew oligosaccharides. – Journal of lnsect Physiology 30: 387–.

Fisher, R.A. (1921): Some remarks on the methods formulated in a recent article on "the quantitative analysis of plant growth". – Annals of Applied Biology 7(4): 367–372.

Fisher, R.A. (1930): The Genetical Theory of Natural Selection. Oxford: 272 S.

Flinn, M., Smith, C.M., Reese, J.C. & Gill, B. (2001): Categories of resistance to greenbug (Homoptera: Aphididae) biotype I in *Aegilops tauschii* germplasm. – Journal of Economic Entomology 94(2): 558–563.

Flögel, J.H.L. (1905): Monographie der Johannisbeeren–Blattlaus, *Aphis ribis* L. – Zeitschrift für wissenschaftliche Insektenbiologie 1: 49–63, 97–106, 145–155, 209–215, 233–237.

Flynn, D.F.B., Sudderth, E.A. & F.A. Bazzaz (2006): Effects of aphid herbivory on biomass and leaf-level physiology of *Solanum dulcamara* under elevated temperature and CO_2. – Environ. Exp. Bot. 56: 10–18.

Focke, U. & T. Thieme (1989): Über die Eignung von *Viburnum opulus* L. als Primärwirt von *Aphis fabae* SCOP. (Homoptera: Aphididae). – Archiv Freunde Naturgeschichte Mecklenburgs XXIX: 24–29.

Forbes, A.R. (1964): The morphology, histology, and fine structure of the gut of the green peach aphid, *Myzus persicae* (Sulzer) (Homoptera: Aphididae). – Memoirs of the Entomological Society of Canada 36: 1–74.

Forbes, A.R. (1966): Electron microscope evidence for nerves in the mandibular stylets of the green peach aphid. – Nature 212: 726.

Forbes, A.R. (1969): The stylets of the green peach aphid, *Myzus persicae* (Homoptera: Aphididae). – Canadian Entomologist 101: 31–41.

Forbes, A.R. (1977): The mouthparts and feeding mechanism of aphids. – In: K.F. Harris & K. Maramorosch (eds.): Aphids as virus vectors. – Academic Press, New York, NY: 83–103.

Forbes, A.R. & C.K. Chan (1989): Aphids of British Columbia. – Vancouver BC, Tech. Bull. 1E: 260 S.

Forrest, J.M.S. (1970): The effect of maternal and larval experience on morph determination in *Dysaphis devecta*. – Journal of Insect Physiology 16: 2281–2292.

Foster, G.N., Pallett, D. & J.A.T. Woodford (1994): Suppression of spread of potato leaf roll virus and potato virus Y by aphicide spray. – Proceedings of the Brighton Crop Protection Conference, Pest and diseases, November 1994 (1): 223–228.

Foster, S.P. & A.L. Devonshire (1999): Field simulator study of insecticide resistance conferred by esterase-, MACE- and *kdr*-based mechanisms in the peach-potato aphid, *Myzus persicae* (Sulzer). – Pesticide Science 55: 810–814.

Foster, S.P., Paul, V.L., Slater, R., Warren, A., Denholm, I., et al. (2014): A mutation (L1014F) in the voltage-gated sodium channel of the Grain aphid, *Sitobion avenae*, associated with resistance to pyrethroid insecticides. – Pest Management Science 70: 1249–1253.

Foster, S.P., Denholm, I. & A.L. Devonshire (2000): The ups and downs of insecticide resistance in peach-potato aphids (*Myzus persicae*) in the UK. – Crop Protection 19: 873–879.

Foster, S.P., Denholm, I. & A.L. Devonshire (2002a): Field-simulator studies of insecticide resistance to dimethyl-carbamates and pyrethroids conferred by metabolic- and target site-based mechanisms in peach-potato aphids, *Myzus persicae* (Hemiptera: Aphididae). – Pest Management Science 58: 811–816.

Foster, S.P., Denholm, I. & R. Thompson (2002b): Bioassay and field-simulator studies of the efficacy of pymetrozine against peach-potato aphids, *Myzus persicae* (Hemiptera: Aphididae), possessing different mechanisms of insecticide resistance. – Pest Management Science 58: 805–810.

Foster, S.P., Denholm, I. & R. Thompson (2003a): Variation in response to neonicotinoid insecticides in peach-potato aphids, *Myzus persicae* (Hemiptera: Aphididae). – Pest Management Science 59: 166–173.

Foster, S.P., Denholm, I., Harling, Z.K., Moores, G.D. & A.L. Devonshire (1998): Intensification of insecticide resistance in UK field populations of the peach-potato aphid, *Myzus persicae* (Hemiptera: Aphididae) in 1996. – Bulletin of Entomological Research 88: 127–130.

Foster, S.P., Denholm, I., Rison, J–L., Portillo, H.E., Margaritopoulis, J. & R. Slater (2012): Susceptibility of standard clones and European field populations of the green peach aphid, *Myzus persicae*, and the cotton aphid, *Aphis gossypii*, to the novel anthranillic diamide insecticide cynantraniliprole. – Pest Management Science 68: 629–633.

Foster, S.P., Devine, G. & A.L. Devonshire (2007): Insecticide resistances in aphids. In: Van Emden, H.F. & R. Harrington (eds.): Aphids as Crop Pests. – CAB International, Wallingford, UK: 261–285.

Foster, S.P., Devine, G. & A.L. Devonshire (2017): 19 Insecticide resistance. In: van Emden, H.F. & R. Harrington (eds.): Aphids as Crop Pests, 2nd ed. – CAB International, Wallingford, UK: 426–447.

Foster, S.P., Hackett, B., Mason, N., Moores, G.D., Cox, D.M. et al. (2002c): Resistance for carbamate, organophosphate and pyrethroid insecticides in the potato aphid (*Macrosiphum euphorbiae*). – Proceedings of the British Crop Protection Council Conference, Pests and Diseases, Brighton, November 2002 2: 811–816.

Foster, S.P., Harrington, R., Devonshire, A.L., Denholm, I., Clark, S.J. & M.A. Mugglestone (1997): Evidence for a possible fitness trade-off between insecticide resistance and the low temperature movement that is essential for survival of UK populations of *Myzus persicae* (Hemiptera: Aphididae). – Bulletin of Entomological Research 87: 573–579.

Foster, S.P., Harrington, R., Devonshire, A.L., Denholm, I., Devine, G.J., Kenward, M.G. & J.S. Bale (1996): Comparative survival of insecticide-susceptible and resistant peach-potato aphid, *Myzus persicae* (Sulzer) (Hemiptera: Aphididae), in low temperature field trials. – Bulletin of Entomological Research 86: 17–27.

Foster, S.P., Harrington, R., Dewar, A.M., Denholm, I. & A.L. Devonshire (2002d): Temporal and spatial dynamics of insecticide resistance in

Myzus persicae (Hemiptera: Aphididae). – Pest Management Science 58: 895–907.

Foster, S.P., Woodcock, C.M., Williamson, S., Devonshire, A.L., Denholm, I. & R. Thompson (1999): Reduced alarm response for peach-potato aphids (*Myzus persicae*) with knock-down resistance to insecticides (*kdr*) may impose a fitness cost through increased vulnerability to natural enemies. – Bulletin of Entomological Research 89: 133–138.

Foster, S.P., Young, S., Williamson, M.S., Duce, I., Denholm, I. & G.J. Devine (2003b): Analogous pleiotrophic effects of insecticide resistance genotypes in peach-potato aphids and houseflies. – Heredity 91: 98–106.

Foster, W.A. & J. E. Treherne (1976): The effects of tidal submergence on an intertidal aphid, *Pemphigus trehernei* Foster. – J. Animal Ecol. 45, 291–301.

Foster, W.A. & P.A. Northcott (1994): Galls and the evolution of social behaviour in aphids. – In: Williams M.A.J. (ed.): Plant galls: organisms, interactions, populations. – Clarendon Press, Oxford: 161–182.

Foster, W.A. & P.K. Rhoden (1998): Soldiers effectively defend aphid colonies against predators in the field. – Anim Behav 55: 761–765.

Foster, W.A. & T.G. Benton (1992): Sex ratio, local mate competition and mating behaviour in the aphid *Pemphigus spyrothecae*. – Behav. Ecol. Sociobiol. 30: 297–307.

Foster, W.A. (1990): Experimental evidence for effective and altruistic colony defence against natural predators by soldiers of the gall-forming aphid *Pemphigus spyrothecae* (Hemiptera: Pemphigidae). – Behav Ecol Sociobiol 27: 421–430.

Fourier, J. (1824): Remarques générales sur les températures du globe terrestre et des espaces planétaires, – Ann. Chim. Phys. (Paris) 2nd ser., 27: 136–167.

Fournier, V. & J. Brodeur (2000): Dose-response sus-ceptibility of pest aphids (Homoptera: Aphididae) and their control on hydroponically grown lettuce with the entomopathogenic fungus *Verticillium lecanii*, azadirachtin, and insecticidal soap. – Environmental Entomology 29: 568–578.

Fraenkel, G.S. (1959): The raison d'être of secondary plant substances. – Science 129: 1466–1470.

Frago, E. & H.C.J. Godfray (2014): Avoidance of intraguild predation leads to a long-term positive traitmediated indirect effect in an insect community. – Oecologia 174: 943–952.

Fraley, R.T., Rogers S.G., Horsch, R.B., Sanders, P.R., Flick, J.S., Adams, S.P., Bittner, M.L., Brand, L.A., Fink, C.L., Fry, J.S., Galluppi, G.R., Goldberg, S.B., Hoffmann, N.L. & S.C. Woo (1983): Expression of bacterial genes in plant cells. – Proc Natl Acad Sci USA 80: 4803–4807.

Francis, F., Haubruge, E. & C. Gaspar (2000): Influence of host plants on specialist/generalist aphids and on the development of *Adalia bipunctata* (Coleoptera : Coccinellidae). – European Journal of Entomology 97: 481–485.

Francis, F., Lognay, G. & E. Haubruge (2004): Olfactory responses to aphid and host plant volatile releases: (E)-β-farnesene an effective kairomone for the predator *Adalia bipunctata*. – Journal of Chemical Ecology 30: 741–755.

Francischetti, I.M.B., Mather, T.N. & J.M.C. Ribeiro (2003): Cloning of a salivary gland metalloprotease and characterization of gelatinase and fibrin(ogen)lytic activities in the saliva of the Lyme Disease tick vector *Ixodes scapularis*. – Biochem. Biophys. Res. Commun. 305: 869–875.

Frank, S.D. (2010): Biological control of arthropod pests using banker plant systems: past progress and future directions. – Biological Control 52: 8–16.

Frantz, A., Plantegenest, M. & J.C. Simon (2006): Temporal habitat variability and the maintenance of sex in host populations of the pea aphid. – Proceedings of the Royal Society (B: Biological Sciences) 273: 2887–2891.

Franzen, L.D., Gutsche, A.R., Heng-Moss, T.M., Higley, L.G. & Macedo, T.B. (2008): Physiological responses of wheat and barley to Russian wheat aphid, *Diuraphis noxia* (Mordvilko) and bird cherry-oat aphid, *Rhopalosiphum padi* (L.) (Hemiptera: Aphididae): – Arthropod-Plant Interactions 2(4): 227–235.

Frazer, B.D. & N. Gilbert (1976): Coccinellids and aphids: a quantitative study of the impact of adult ladybirds (Coleoptera: Coccinellidae) preying on field populations of pea aphids (Homoptera: Aphididae). – J Entomol Soc B C 73: 33–56.

Frazer, B.D., Gilbert, N., Ives, P.M. & D.A. Raworth (1981): Predator reproduction and the overall predator-prey relationship. – Can Entomol 113: 1015–1024.

Freimoser, F.M., Jensen, A.B., Tuor, U., Aebi, M. & J. Eilenberg (2001): Isolation and in vitro cultivation of the aphid pathogenic fungus *Entomophthora planchoniana*. – Canadian Journal of Microbiology 47: 1082–1087.

Frengova, G., Simova, E. & D. Beshkova (1997): Caroteno-protein and exopolysaccharide production by co-cultures of *Rhodotorula glutinis* and *Lactobacillus helveticus*. – Journal of Industrial Microbiology and Biotechnology 18: 272–277.

Frenzel, B., Pécsi, M. & A.A. Velichko (1992): Atlas of paleoclimates and paleoenvironments of the Northern Hemisphere. Late Pleistocene-Holocene. – Stuttgart: 79 S.

Frere, I., Fabry, J. & T. Hance (2007): Apparent competition or apparent mutualism? An analysis of the influence of rose bush strip management on aphid population in wheat field. – Journal of Applied Entomology 131: 275–283.

Friebe, B., Jiang, J., Raupp, W.J., McIntosh, R.A. & Gill, B.S. (1996): Characterization of wheat-alien translocations conferring resistance to diseases and pests: Current status. – Euphytica 91(1): 59–87.

FRÖHLICH, G. (1962): Das Verhalten der Grünen Erbsenlaus *Acyrthosiphon pisum* (Harris) gegenüber verschiedenen Wirtspflanzen und Temperaturveränderungen. – Zeitschrift für Angewandte Entomologie 51: 55–68.

FU, X., YE, L., KANG, L. & F. GE (2010): Elevated CO_2 shifts the focus of tobacco plant defences from cucumber mosaic virus to the green peach aphid. – Plant Cell Environ. 33: 2056–2064.

FUKATSU, T. & H. ISHIKAWA (1992a): Soldier and male of an eusocial aphid *Colophina arma* Jack endosymbiont: implications for physiological and evolutionary interaction between host and symbiont. – Journal of Insect Physiology 38: 1033–1042.

FUKATSU, T. & H. ISHIKAWA (1992b): Synthesis and localisation of symbionin, an aphid endosymbiont protein. – Insect Biochemistry and Molecular Biology 22: 167–174.

FUKATSU, T. & H. ISHIKAWA (1993): Occurence of Chaperonin 60 and Chaperonin 10 in primary and secondary bacterial symbionts of aphids: implications for the evolution of an endosymbiotic system in aphids. – Journal of Molecular Evolution 36: 568–577.

FUKATSU, T. (1994): Endosymbiosis of aphids with microorganisms: a model case of dynamic endosymbiotic evolution. – Plant Species Biology 9: 145–154.

FUKATSU, T., AOKI, S., KUROSU, U. & H. ISHIKAWA (1994): Phylogeny of Cerataphidini aphids revealed by their symbiotic microorganisms and basic structure of their galls: implications for host-symbiont coevolution and evolution of sterile soldier castes. – Zoological Science 11: 613–623.

FURK, C. & C. BAXTER (1988): Monitoring for pyrethroid resistance in the damson-hop aphid, *Phorodon humuli*. – Bulletin IOBC/WPRS 11: 10–21.

FURK, C., COTTON, J. & H.J. GOULD (1983): Monitoring for insecticide resistance in aphid pests of field crops in England and Wales. – Proceedings of the British Crop Protection Council Conference, Pests and Diseases, Brighton, November 1983 2: 637.

FURK, C., HINES, C.M. SMITH, C.D.J. & A.L. DEVONSHIRE (1990): Seasonal variation of susceptible and resistant variants of *Myzus persicae*. – Proceedings of the British Crop Protection Council Conference, Pest and Diseases, Brighton, November 1990 3: 1207–1212.

FURUTA, K. & I.K. ALOO (1994): Between tree distance and spread of the Sakhalin fir aphid (*Cinara todocola* Inouye) (Hom., Aphididae) within a plantation. – Journal of Applied Entomology 117: 64–71.

FUTUYMA, D.J. & G. MORENO (1988): The evolution of ecological specialisation. – Annual Review of Ecological Systems 19: 207–233.

G

GABRYS, B. J., GADOMSKI, H. J., KLUKOWSKI, Z., PICKETT, J. A., SOBOTA, G. T., WADHAMS, L. J. & C.M. WOODCOCK (1997): Sex pheromone of cabbage aphid *Brevicoryne brassicae*: identification and field trapping of male aphids and parasitoids. – J. Chem. Ecol. 23: 1881–1890.

GAGE, S.H., ISARD, S.A. & M. COLUNGA (1999): Ecological scaling of aerobiological dispersal processes. – Agricultural and Forest Meteorology 97: 249–261.

GAGNON, A.-È.. & J. BRODEUR (2014): Impact of plant architecture and extraguild prey density on intraguild predation in an agroecosystem. – Entomologia Experimentalis et Applicata 152: 165–173.

GAGNON, A.-È., DOYON, J., HEIMPEL, G.E. & J. BRODEUR (2011b): Prey DNA detection success following digestion by intraguild predators: influence of prey and predator species. – Molecular Ecology Resources 11: 1022–1032.

GAGNON, A.-È., HEIMPEL, G.E. & J. BRODEUR (2011a): The ubiquity of intraguild predation among predatory arthropods. – PLos ONE (online) 6, e28061.

GALECKA, B. (1966): The role of predators in the reduction of two species of potato aphids, *Aphis nasturtii* Kalt. and *A. frangulae* Kalt. – Ekologia Polska 14: 245–274.

GALECKA, B. (1977): Effect of aphid feeding on the water uptake by plants and on their biomass. – Ekologia Polska 25: 531–537.

GALLI, E. (1998): Mating behaviour in *Tetraneura nigriabdominalis* Sasaki (= *akinire* Sasaki) (Hemiptera, Pemphiginae). – Invert. Reprod. Develop. 34: 173–176.

GAO, F., ZHU, S.R., SUN, Y.C., DU, L., PARAJULEE, M., KANG, L. & F. GE (2008): Interactive effects of elevated CO_2 and cotton cultivar on tri-trophic interaction of *Gossypium hirsutu*, *Aphis gossypii*, and *Propylaea japonica*. – Environ. Entomol. 37: 29–37.

GAO, J.R. & K.Y. ZHU (2001): An acetylcholinesterase purified from the greenbug (*Schizaphis graminum*) with some unique enzymological and pharmacological characteristics. – Insect Biochemistry and Molecular Biology 31: 1095–1104.

GAO, J.R. & K.Y. ZHU (2002): Biochemical and molecular analyses of acetylcholinesterase conferring organophospate resistance in the greenbug, *Schizaphis graminum* (Homoptera: Aphididae). – Abstracts of Papers of the American Chemical Society 223: 009–AGRO.

GAO, J.R. & K.Y. ZHU (2000): Comparative toxicity of selected organophosphate insecticides against resistant and susceptible clones of the greenbug, *Schizaphis graminum* (Homoptera: Aphididae). – J. Agric. Food Chem 48(10): 4717–4722.

GAO, N. & J. HARDIE (1997): Melatonin and pea aphid, *Acyrthosiphon pisum*. – Journal of Insect Physiology 43: 615–620.

GAO, N., VON SCHANTZ, M., FOSTER, R.G. & J. HARDIE (1999): The putative brain photoperiodic photoreceptors in the vetch aphid, *Megoura viciae*. – Journal of Insect Physiology 45: 1011–1019.

GAO, S.X. & D.G. LIU (2013): Differential performance of *Sitobion avenae* (Hemiptera: Aphididae) clones from wheat and barley with implications for its management through alternative cultural practices. – Journal of Economic Entomology 106: 1294–1301.

GARBER, M. (2013): Morphologie und Chemie der abdominalen Wehrdrüsen von *Aphis pomi* (Homoptera, Aphididae) – Masterarb. Graz, Univ.: 45 S.

GARDINER, M.M., LANDIS, D.A., GRATTON, C., DIFONZO, C.D., O'NEAL, M., CHACON, J.M., WAYO, M.T., SCHMIDT, N.P., MUELLER, E.E. & G.E. HEIMPEL (2009): Landscape diversity enhances biological control of an introduced crop pest in the north-central USA. – Ecol Appl 19: 143–154.

GARIEPY, V., BOIVIN, G. & J. BRODEUR (2015): Why two species of parasitoids showed promise in the laboratory but failed to control the soybean aphid under field conditions. – Biological Control 80: 1–7.

GATTOLIN, S., NEWBURY, H.J., BALE, J.S., TSENG, H.M., BARRETT, D.A. & J. PRITCHARD (2008): A diurnal component to the variation in sieve tube amino acid content in wheat. – Plant Physiology 147: 912–921.

GAUTAM, D.C. (1994): Reproductive system of parthenogenetic and sexual morphs of woody apple aphid. – Journal of Animal Morphology and Physiology 4: 43–45.

GAUTHIER, J.-P., OUTREMAN, Y., MIEUZET, L. & J.-C. SIMON (2015): Bacterial communities associated with host-adapted populations of pea aphids revealed by deep sequencing of 16S ribosomal DNA. – PLoS One 10: e0120664.

GEER, C. DE (1755): Observations sur les Éphéméres, sur les Pucerons, et sur des Galles Résineuses. – Mémoires Math. Phys., prés. l'Académie R. Sci. Paris 2: 461–476.

GEER, C. de (1752–1778): Mémoires pour servir à l'Histoire des Insectes. Stockholm. Vol. 1–7. Aphiden: T. 3 (1773): 27–77, 7 Pl. 565–629. – Deutsch von Götze, Nürnberg 1780. Bd. III : 12–84 (Aphis); 85–101 (Chermes).

GEHRER, L. & C. VORBURGER (2012): Parasitoids as vectors of facultative bacterial endosymbionts in aphids. – Biology Letters 8: 613–615.

GEOFFROY, E.L. (1762): Histoire abrégée des insectes des environs de Paris. T. 1: 489–498 (Aphis); 498–509 (Chermes). Unveränderte Neuausgabe 1764.

GEORG, H.S. & R. GAIR (1979): Crop loss assessment on winter wheat attacked by the grain aphid, *Sitobion avenae*. – Plant Pathology 28: 143–149.

GERA, A., LOEBENSTEIN, G. & B. RACCAH (1979): Protein coats of two strains of cucumber mosaic virus affect transmission of *Aphis gossypii*. – Phytopathology 69: 369–399.

GERGERICH, R.C. (2001): Elucidation of transmission mechanisms: mechanism of virus transmission by leaf feeding beetles. In: HARRIS, K.F., SMITH, O.P. & J.E. DUFFUS (eds.): Virus-Insect-Plant Interactions. San Diego, CA: 133–140.

GERLING, D., ROITBERG, B.D. & M. MACKAUER (1990): Instar–specific defense of the pea aphid, *Acyrthosiphon pisum*: Influence on oviposition success of the parasite *Aphelinus asychis* (Hymenoptera: Aphelmidae). – J Insect Behav 3: 501–514.

GIANOLI, E. (2000): Competition in cereal aphids (Homoptera: Aphididae) on wheat plants. – Environ. Entomol. 29: 213–219.

GIBSON, R.W., RICE, A.D. & R.M. SAWICKI (1982): Effects of the pyrethroid deltamethrin on the acquisition and inoculation of viruses by *Myzus persicae*. – Annals of Applied Biology 100: 49–54.

GILBERT, F. & J. OWEN (1990): Size, shape, competition, and community structure in hoverflies (Diptera: Syrphidae). – Journal of Animal Ecology 59: 21–39.

GILBERT, F. (2005): Syrphid aphidophagous predators in a food-web context. – Eur J Entomol 102: 325–333.

GILBERT, F.S. (1985): Ecomorphological relationships in hoverflies (Diptera: Syrphidae). – Proceedings of the Royal Society of London B 224: 91–95.

GILDOW, F. (1999): Luteovirus transmission mechanisms regulating vector specificity. In: SMITH, H.G. & H. BARKER (eds.): The Luteoviridae. Wallingford, UK: 88–111.

GILLETTE, C.P. (1907a): Chermes of Colorado Conifers. – Proc. Acad. Sci. Philadelphia 1907: 3–22, 11 Tab.

GILLETTE, C.P. (1907b): New Species of Colorado Aphididae, with notes upon their life-habits. – Can. Ent. 39: 389–396.

GILLETTE, C.P. (1908): New Species of Colorado Aphididae, with notes upon their life-habits. – Can. Ent. 40: 17–20, 61–68.

GILLETTE, C.P. (1911): A new Genus and four new Species of Aphididae (Rhynch.). Ent. News 22: 440–444, 1 pl.

GILLOT, C. (2005): Entomology. Dordrecht: 832 S.

GIORGI, J.A., VANDENBERG, N.J., MCHUGH, J.V., FORRESTER, J.A., ŚLIPIŃSKI, S.A., et al. (2009): The evolution of food preferences in Coccinellidae. – Biological Control 51: 215–231.

GIVOVICH, A. & NIEMEYER, H.M. (1996): Role of hydroxamic acids in the resistance of wheat to the Russian wheat aphid, *Diuraphis noxia* (Mordvilko) (Hom, Aphididae). – Journal of Applied Entomology 120(9): 537–539.

GIVOVICH, A., SANDSTROM, J., NIEMEYER, H.M. & PETTERSSON, J. (1994): Presence of hydroxamic acid glucoside in wheat phloem sap, and its consequences for performance of *Rhopalosiphum padi* (L.) (Homoptera: Aphididae). – Journal of Chemical Ecology 20(8): 1923–1930.

GLENN, D.M. & G.J. PUTERKA (2005): Particle films: a new technology for agriculture. – In: JANICK, J. (ed.): Horticultural Reviews, Volume 31. Hoboken, New Jersey: 1–44.

GLENN, D.M., PUTERKA, G.J., VANDERZWET, T., BYERS, R.E. & C. FELDHAKE (1999): Hydrophobic particle films: a new paradigm for suppression of arthropod pests and plant diseases. – Journal of Economic Entomology 92: 759–771.

GLINWOOD, R.T., DU, Y.-J. & W. POWELL (1999): Responses to aphid sex pheromones by the pea aphid parasitoids *Aphidius ervi* and *Aphidius eadyi*. – Entomologia Experimentalis et Applicata 92: 227–232.

GŁOWACKA, E., KLIMASZEWSKI, S.M., SZELEGIEWICZ, H. & W. WOJCIECHOWSKI (1974a): Über den Bau des männlichen Fortpflanzungssystems der Lachniden (Homoptera, Aphidoidea). – Annales Zoologici 32: 39–49.

GŁOWACKA, E., KLIMASZEWSKI, S.M., SZELEGIEWICZ, H. & W. WOJCIECHOWSKI (1974b): Über den Bau des männlichen Fortpflanzungssystems der Aphiden (Homoptera, Aphidoidea). – Annales Universitatis Mariae Curie–Skłodowska Sectio C 29: 133–138.

GLUTZ VON BLOTZHEIM, U.N. (2004): Die Bedeutung der Blattlaus *Rhopalosiphum padi* (L., 1758) und der Traubenkirsche *Prunus padus* L., 1753 für Vögel. – Der Ornithologische Beobachter 101: 89 – 98.

GLUTZ VON BLOTZHEIM, U.N. (2010): Die Bedeutung der Traubenkirschen–Hafer–Blattlaus *Rhopalosiphum padi* (L., 1758) und der Traubenkirsche *Prunus padus* L., 1753 für Vögel. – Anzeiger des Vereins Thüringer Ornithologen 7: 29–48.

GLUTZ VON BLOTZHEIM, U.N. (2019): Jahrweise und regionale Unterschiede im Verzehr von Traubenkirschen-Hafer-Blattläusen *Rhopalosiphum padi* (L., 1758) durch Vögel und deren mögliche Ursachen. – Ornithol. Anz. 57: 164–185.

GOETTEL, M.S. (2008): Are entomopathogenic fungi only entomopathogens? A preamble. – Journal of Invertebrate Pathology 98: 255.

GOETTEL, M.S., HAJEK, A.E., SIEGEL, J.P. & H.C. EVANS, (2001): Safety of fungal biocontrol agents. – In: BUTT, T., JACKSON, C. & N. MAGAN (eds.): Fungi as Biocontrol Agents: Progress, Problems and Potential. – CAB International, Wallingford, UK: 347–376.

GOFF, A.M. & L.R. NAULT (1974): Aphid cornicle secretions ineffective against attack by parasitoid wasps. – Environ. Entomol. 3: 565–566. doi: 10.1093/ee/3.3. 565.

GOGGIN, F.L. (2007): Plant-aphid interactions: molecular and ecological perspectives. – Current Opinion in Plant Biology 10: 399–408.

GOLDANSAZ, S. H., DEWHIRST, S., BIRKETT, M. A., HOOPER, A. M., SMILEY, D. W. M., PICKETT, J. A., WADHAMS, L. AND MCNEIL, J. N. (2004): Identification of two sex pheromone components of the potato aphid, *Macrosiphum euphorbiae* (Thomas). – J. Chem. Ecol. 30: 819–834.

GOLLER, E., NUNNENMACHER, L. & H.E. GOLDBACH (1997): Faba beans as a cover crop in organically grown hops: influence on aphids and aphid antagonists. – Biological Agriculture and Horticulture 15: 279–284.

GOMEZ, S.K., OOSTERHUIS, D.M., HENDRIX, D.L., JOHNSON, D.R. & D.C. STEINKRAUS (2006): Diurnal pattern of aphid feeding and its effect on cotton leaf physiology. – Environmental and Experimental Botany 55: 77–86.

GOOT, P. VAN DER (1912): Über einige wahrscheinlich neue Blattlausarten aus der Sammlung des Naturhistorischen Museums in Hamburg. – Mitt. Naturhist. Mus. Hamburg. 29: 273–284.

GOOT, P. VAN DER (1913): Zur Systematik der Aphiden. – Tijdschr. Ent. 56: 69–155.

GOOT, P. VAN DER (1915): Beiträge zur Kenntnis der holländischen Blattläuse. – Haarlem und Berlin: 600 S., 8 Pl.

GOULD, N., MINCH, P.E.H. & M.R. THORPE (2004): Direct measurements of sieve element hydrostatic pressure reveal strong regulation after pathway blockage. – Funct. Plant Biol. 31: 987–993.

GOUSSAIN, M.M., PRADO, E. & MORAES, J.C. (2005): Effect of silicon applied to wheat plants on the biology and probing behaviour of the greenbug *Schizaphis graminum* (Rond.) (Hemiptera : Aphididae). – Neotropical Entomology 34(5): 807–813.

GOVIER, D.A. & B. KASSANIS (1974): A virus induced component of plant sap needed when aphids acquire potato virus Y from purified preparations. – Virology 61: 420–426.

GOWLING, G.R. & H.F. VAN EMDEN (1994): Falling aphids enhance impact of biological control by parasitoids on partially aphid-resistant plant varieties. – Annals of Applied Biology 125: 233–242.

GRANT-PETERSSON, J. & J.A.A. RENWICK (1996): Effects of ultraviolet-B exposure of *Arabidopsis thaliana* on herbivory by two crucifer-feeding insects (Lepidoptera). – Environmental Entomology 25: 135–142.

GRASS, I., LEHMANN, K., THIES, C. & T. TSCHARNTKE (2017): Insectivorous birds disrupt biological control of cereal aphids. – Ecology 98: 1583–1590.

GRASSI, B. (1912): Contributo alla Conoscenza delle Fillosserine ed in particulare della Fillossera della vite (con 19 tavole) – Roma. 456 S.

GRASSWITZ, T.R. & E.C. BURTS (1995): Effect of native natural enemies and augmentative releases of *Chrysoperla rufilabris* Burmeister and *Aphidoletes aphidimyza* (Rondani) on the population dynamics of the green apple aphid *Aphis pomi* DeGeer. – International Journal of Pest Management 41: 176–183.

GRASSWITZ, T.R. & T.D. PAINE (1992): Kairomonal effect of an aphid cornicle secretion on *Lysiphlebus testaceipes* (Cresson) (Hymenoptera, Aphidiidae). – Journal of Insect Behavior 5: 447–457.

GRASSWITZ, T.R. (1998): Contact kairomones mediating the foraging behavior of the aphid hyperparasitoid *Alloxysta victrix* (Westwood) (Hymenoptera: Charipidae). – Journal of Insect Behavior 11: 539–548.

GRAY, S. & F.E. GILDOW (2003): Luteovirus–aphid interactions. – Annu. Rev. Phytopathol. 41: 539–566.

GREER, L. & J.M. DOLE (2003): Aluminum foil, aluminumpainted, plastic, and degradable mulches increase yields and decrease insect-vectored viral diseases of vegetables. – HortTechnology 13: 276–284.

GRENIER, A.M., NARDON, C. & Y. RAHBE (1994): Observations on the micro-organisms occurring in the gut of the pea aphid *Acyrthosiphon pisum*. – Entomol. Exp. Appl. 70: 91–96.

GRIGORESCU, A.S., RENOZ, F., SABRI ,A., FORAY, V., HANCE, T. & P. THONART (2018): Accessing the Hidden Microbial Diversity of Aphids: an Illustration of How Culture–Dependent Methods Can Be Used to Decipher the Insect Microbiota. – Microb. Ecol. 75: 1035–1048.

GRIM T. & M. HONZA (1996): Effect of habitat on the diet of reed warbler (*Acrocephalus scirpaceus*) nestlings. – Folia Zoologica, Praha 45(1): 31–34.

GRIM, T. (2006): The evolution of nestling discrimination by hosts of parasitic birds: why is rejection so rare? – Evolutionary Ecology Research, 8(5): 785–802.

GRIMALDI, D.A. & M.S. ENGEL. (2005): Evolution of the Insects. Cambridge University Press, Cambridge UK, New York: 772 S.

GROSS, P. (1993): Insect behavioural and morphological defences against parasitoids. – Ann Rev Entomol 38: 251–273.

GROSSHEIM, N.A. (1914): The barley aphid, *Brachycolus noxius* Mordwilko. (in Russisch) – Memoirs of the Natural History Museum of Zemstwo Province Tavaria 3: 35–78.

GROVE, A.J. (1909): The anatomy of *Siphonophora rosarum* Walk., the green-fly pest of the rose tree. I. The apterous viviparous stage. – Parasitology 2: 1–28, 1 pl.

GROVE, A.J. (1909): The anatomy of *Siphonophora rosarum* Walk., the green-fly pest of the rose tree. II. The winged viviparous stage compared with the apterous viviparous stage. – Parasitology 3: 1–16, 2 Pl.

GROVE, A.J. (1910): The Anatomy of *Siphonophora rosarum* Walk., the „Green-fly" pest of the Rosetree. Part. II. The Winged Viviparous Stage compared with the Apterous Viviparous Stage. – Parasitology 3: 1–16, 2 pls.

GRUPPE, A. (1988): Elektrophoretische Untersuchungen zur Unterscheidung der Subspecies von *Myzus cerasi* F. (Hom., Aphididae). – Zeitschrift für Angewandte Entomologie 105: 460–465.

GULDEMOND, J.A. (1990a): On aphids, their host plants and speciation: a biosystematic study of the genus *Cryptomyzus*. – PhD thesis. Wageningen, Agric. Univ. Wageningen: 157 S.

GULDEMOND, J.A. (1990b): Choice of host plant as a factor in reproductive isolation of the aphid genus *Cryptomyzus* (Homoptera, Aphididae). – Ecological Entomology 15: 43–51.

GULDEMOND, J.A. (1990c): Evolutionary genetics of the aphid *Cryptomyzus*, with a preliminary analysis of the inheritance of host preference, reproductive performance and host–alternation. – Entomologia Experimentalis et Applicata 57: 65–76.

GULDEMOND, J.A. & A. MACKENZIE (1994): Sympatric speciation in aphids I. Host race formation by escape from gene flow. – In: LEATHER, S.R., WATT, A.D., MILLS, N.J. & K.F.A. WALTERS (eds.): Individuals, Populations and Patterns in Ecology. – Intercept, Andover, UK: 367–378.

GULDEMOND, J.A. & A.F.G. DIXON (1994): Specificity and daily cycle of release of sex pheromones in aphids: a case of reinforcement? – Biological Journal of the Linnean Society 52: 287–303.

GULDEMOND, J.A. (1991a): Biosystematic and morphometric study of the *Cryptomyzus galeopsidis alboapicalis* complex (Homoptera, Aphididae), with a key to and notes on the *Cryptomyzus* species of Europe. – Netherlands Journal of Zoology, 41: 1–31.

GULDEMOND, J.A. (1991b): Host plant relationships and life cycles in the aphid genus *Cryptomyzus*. – Entomologia Experimentalis et Applicata 58: 21–30.

GULDEMOND, J.A., DIXON, A.F.G. & W.T. TIGGES (1994): Mate recognition in *Cryptomyzus* aphids: copulation and insemination. – Entomologia Experimentalis et Applicata 73: 67–75.

GULDEMOND, J.A., DIXON, A.F.G., PICKETT, J.A., WADHAMS, L.J. & C.M. WOODCOCK (1993): Specificity of sex pheromones and the role of host plant odour in the olfactory attraction of males and mate recognition in the aphid *Cryptomyzus*. – Physiological Entomology 18: 137–143.

GÜNDÜZ, E.A. & A.E. DOUGLAS (2009): Symbiotic bacteria enable insects to use a nutritionally inadequate diet. – Proc. R. Soc. Lond. B Biol. Sci. 276: 987–991.

GUO, H., SUN, Y., LI, Y., LIU, X., ZHANG, W. & F. GE (2014): Elevated CO_2 decreases the response of the ethylene signaling pathway in *Medicago truncatula* and increases the abundance of the pea aphid. – New Phytol. 201: 279–291.

GUO, H., SUN, Y., LI, Y., TONG, B., HARRIS, M., ZHU-SALZMAN, K. & F. GE (2013): Pea aphid promotes amino acid metabolism in *Medicago truncatula* and bacteriocytes to favour aphid population growth under elevated CO_2. – Glob. Chang. Biol. 19: 3210–3223.

GUTIÉRREZ, S., MICHALAKIS, Y., VAN MUNSTER, M. & S. BLANC (2013): Plant feeding by insect vectors can affect life cycle, population genetics, and evolution of plant viruses. – Funct. Ecol. 27: 610–622.

H

HAACK, L., SIMON, J.C., GAUTHIER, J.P., PLANTEGENEST, M. & C.A. DEDRYVER (2000): Evidence for predominant clones in a cyclically parthenogenetic organism provided by combined demographic and genetic analyses. – Molecular Ecology 9: 2055–2066.

Haemig, P.D. (1996): Interference from ants alters foraging ecology of great tits. – Behavioral Ecology and Sociobiology 38(1): 25–29.

Haenke, S., Scheid, B., Schaefer, M., Tscharntke, T. & C. Thies (2009): Increasing syrphid fly diversity and density in sown flower strips within simple vs. complex landscapes. – Journal of Applied Ecology 46: 1106–1114.

Hagen, K.S. & R. van den Bosch (1968): Impact of pathogens, parasites and predators of aphids. – Annual Review of Entomology 13: 325–384.

Hagen, K.S., Mills, N.J., Gordh, G. & J.A. McMurtry (1999): Terrestrial arthropod predators of insect and mite pests. – In: Bellows, T.S., Fisher, T.W., Caltagirone, L.E., Dahlsten, D.L., Gordh, G. & C.B. Huffaker (eds.): Handbook of Biological Control: Principles and Applications of Biological Control. Amsterdam: 383–503.

Hagen, K.S., Tassan, R.L. & E.F. Sawall, Jr (1971): The use of food sprays to increase effectiveness of entomophagous insects. – Proc. Tall Timbers Conf. Ecol. Anim. Control Habitat Manag. 3: 59–81.

Haine, E. (1955): Aphid take-off in controlled wind speeds. – Nature, London 175: 474–475.

Hajek, A.E. & D.L. Dahlsten (1986): Coexistence of three species of leaf-feeding aphids (Homoptera) on *Betula pendula*. – Oecologia 68: 380–386.

Hajek, A.E. (1986): Aphid host preference used to detect a previously unrecognized birch in California. – Environ. Entomol. 15: 771–774.

Hales, D.F. & M. Carver (1976): A study of *Schoutedenia lutea* (van der Goot 1917) (Homoptera: Aphididae). – Austr. Zool. 19: 85–94.

Hales, D.F. & T.E. Mittler (1983): Precocene causes male determination in the aphid *Myzus persicae*. – Journal of Insect Physiology, 29: 819–823.

Hales, D.F. (1976): Juvenile hormone and aphid polymorphism. – In: Lüscher, M. (ed.): Phase and Caste Determination in Insects. –Oxford: 105–115.

Hales, D.F., Tomiuk, J., Wöhrmann, K. & P. Sunnucks (1997): Evolutionary and genetic aspects of aphid biology: A review. – European Journal of Entomology 94: 1–55.

Haley, S.D., Peairs, F.B., Walker, C.B., Rudolph, J.B. & T.L. Randolph (2004): Occurrence of a new Russian wheat aphid biotype in Colorado. – Crop Science 44(5): 1589–1592.

Halgren, L.A. (1970): Flight behavior of the greenbug, *Schizaphis graminum* (Homoptera: Aphididae), in the laboratory. – Annals of the Entomological Society of America 63: 712–715.

Hämäläinen, M. (1980): Evaluation of two native coccinellids for aphid control in glasshouses. – Bulletin IOBC/ WPRS 3: 59–64.

Hamilton, P.A. (1973): The biology of *Aphelinus flavus* (Hym. Aphelinidae), a parasite of the sycamore aphid *Drepanosiphum platanoidis* (Hemipt. Aphididae). – Entomophaga 18: 449–462.

Hamilton, P.A. (1974): The biology of *Monoctonus pseudoplatani*, *Trioxys cirsii* and *Dyscritulus planiceps*, with notes on their effectiveness as parasites of the sycamore aphid, *Drepanosiphum platanoidis*. – Ann Soc Entomol Fr 10: 821–840.

Hamilton, W.D. (1964): The genetical evolution of social behaviour I and II. – J Theor Biol 7: 1–52.

Hamilton, W.D. (1967): Extraordinary sex ratios. – Science 156: 477–488.

Hammon, R.W., Pearson, C.H. & F.B. Peairs (1996): Winter wheat planting date effect on Russian wheat aphid (Homoptera: Aphididae) and a plant virus complex. – Journal of the Kansas Entomological Society 69: 302–309.

Hampson, M.J. & D.S. Madge (1986): Morphometric variation between clones of the damson-hop aphid, *Phorodon humuli* (Schrank) (Hemiptera: Aphididae). – Agriculture, Ecosystems and the Environment 16: 255–264.

Hampson, M.J. & D.S. Madge (1987): Reproduction rates of insecticide-resistant and susceptible strains of the damson-hop aphid, *Phorodon humuli* (Hemiptera: Aphididae). – Acta Entomologica Bohemoslovaca 84: 181–184.

Han, B.Y., Wang, M.X., Zheng, Y.C. *et al.* (2014): Sex pheromone of the tea aphid, *Toxoptera aurantii* (Boyer de Fonscolombe) (Hemiptera: Aphididae). – Chemoecology 24: 179–187. doi.org/10.1007/s00049-014-0161-6.

Hance, T., van Baaren, J., Vernon, P. & G. Boivin (2007): Impact of extreme temperatures on parasitoids in a climate change perspective. – Annual Review of Entomology 52: 107–126.

Hand, L.F. & A.J. Keaster (1967): The environment of an insect field cage. – J Econ Entomol 60: 910–915.

Hanski, I. (1980): Spatial patterns and movements in coprophagous beetles. – Oikos 34: 293–310.

Hanski, I. (1982): On patterns of temporal and spatial variation in animal populations. – Annales Zoologie Fennici 19: 21–37.

Hanson, A.A. & R.L. Koch (2018): Interactions of host–plant resistance and foliar insecticides for soybean aphid management. – Crop Protection 112: 232–238. doi: 10.1016/j.cropro.2018.06.008.

Happ, G.M. (1984): Structure and development of male accessory glands in insects. – In: King, R.C. & H. Akai (eds.): Insect Ultrastructure. Boston: 365–396.

Harada, H. & H. Ishikawa (1993): Gut microbe of aphid closely related to its intracellular symbiont. – Bio Systems 31: 185–191.

Haramboure, M., Mirande, L. & M.I. Schneider (2016): Improvement of the mass rearing of larvae of the neotropical lacewing *Chrysoperla externa* through the incorporation of a new semiliquid artificial diet. – BioControl 61: 69–78.

Harborne, J.B. & C.A. Williams (2000): Advances in flavonoid research since 1992. – Phytochemistry 55: 481–504.

Hardie, J., Nottingham, S.F., Powell, W. & L.J. Wadhams (1991): Synthetic aphid sex-pheromone lures female parasitoids. - Entomologia Experimentalis et Applicata 61: 97–99.

HARDIE, J. & A.D. LEES (1985): The induction of normal and teratoid viviparae by a juvenile hormone and kinoprene in two species of aphids. – Physiological Entomology 10: 65–74.

HARDIE, J. & G.M. TATCHELL (1989): A method for separating summer and autumn migrants of host-alternating aphids. Entomologia Experimentalis et Applicata 52: 451–458.

HARDIE, J. (1981): Juvenile hormone and photoperiodically controlled polymorphism in *Aphis fabae*: prenatal effects on presumptive oviparae. – Journal of Insect Physiology 27: 257–265.

HARDIE, J. (1987a): 2.4 Nervous system. – In: MINKS, A.K. & P. HARREWIJN (eds.): Aphids, their biology, natural enemies and control, Vol. A. Amsterdam: 131-138.

HARDIE, J. (1987b). The corpus allatum, neurosecretion and photoperiodically controlled polymorphism in an aphid. – Journal of Insect Physiology 33: 201–205.

HARDIE, J. (1990): The photoperiodic counter, quantitative day-length effects and scotophase timing in the vetch aphid *Megoura viciae*. – Journal of Insect Physiology 36: 939–949.

HARDIE, J. (1991): Contribution of sex pheromone to mate location and reproductive isolation in aphid species (Homoptera: Aphidinae). – Entomologia Generalis 16: 249–256.

HARDIE, J. (1993): Flight behavior in migrating insects. – Journal of Agricultural Entomology 10: 239–245.

HARDIE, J., BAKER, F.C., JAMIESON, G.C., LEES, A.D. & D.A. SCHOOLEY (1985): The identification of an aphid juvenile hormone, and its titre in relation to photoperiod. – Physiological Entomology 10: 297–302.

HARDIE, J., HOLYOAK, M., NICHOLAS, J., NOTTINGHAM, S.F., PICKETT, J.A. et al. (1990): Aphid sex pheromone components: age dependent release by females and species–specific male response. – Chemoecology 1: 63–68.

HARDIE, J., HICK, A.J., HÖLLER, C., MANN, J., MERRITT, L. et al. (1994a): The responses of *Praon* spp. parasitoids to aphid sex pheromone components in the field. – Entomologia Experimentalis et Applicata 71: 95–99.

HARDIE, J., ISAACS, R., PICKETT, J.A., WADHAMS, L.J. & C.M. WOODCOCK (1994b): Methyl salicylate and (–)–(1RS,5S)–Myrtenal are plant-derived repellents for black bean aphid, *Aphis fabe* Scop. (Homoptera, Aphididae): – Journal of Chemical Ecology 20(11): 2847–2855.

HARDIE, J., STORER, J.R., NOTTINGHAM, S.F., PEACE, K., HARRINGTON, R., MERRITT, L.A., WADHAMS, L.J. & D.K. WOOD (1994c): The interaction of sex pheromone and plant volatiles for field attraction of male bird–cherry aphid, *Rhopalosiphum padi*. – Brighton Crop Protection Conference: 1223–1230.

HARDIE, J., LEES, A.D. & S. YOUNG (1981): Light transmission through the head capsule of an aphid, *Megoura viciae*. – Journal of Insect Physiology 27: 773–775.

HARDIE, J., NOTTINGHAM, S.F., POWELL, W. & L.J. WADHAMS (1991): Synthetic aphid sex-pheromone lures female parasitoids. – Entomologia Experimentalis et Applicata 61: 97–99.

HARDIE, J., PEACE, L., PICKETT, J.A., SMILEY, D.W. M., STORER, J.R. & L.J. WADHAMS (1997): Sex pheromone stereochemistry and purity affect field catches of male aphids. – J. Chem. Ecol. 23: 2547–2554.

HARDY, A.C. & L. CHENG (1986): Studies in the distribution of insects by aerial currents. III. Insect drift over the sea. – Ecological Entomology 11: 283–290.

HARMON, J.P., LOSEY, J.E. & A.R. IVES (1998): The role of vision and color in the close proximity foraging behavior of four coccinellid species. – Oecologia 115: 287–292.

HARREWIJN, P., DEN OUDEN, H. & P.G.M. PIRON (1991): Polymer webs to prevent virus transmission by aphids in seed potatoes. – Entomologia Experimentalis et Applicata 58: 101–107.

HARRINGTON, R. & L.R. TAYLOR (1990): Migration for survival: fine scale population redistribution in an aphid, *Myzus persicae*. – Journal of Animal Ecology 59: 1177–1193.

HARRINGTON, R. & R. W. GIBSON (1989): Transmission of potato virus Y by aphids trapped in potato crops in southern England. – Potato Research 32: 167–174.

HARRINGTON, R. (1985): A comparison of the external morphology of 'scent plaques' on the hind tibiae of oviparous aphids (Homoptera: Aphididae). – Sys. Entomol. 10 (2): 135–144.

HARRINGTON, R., DEWAR, A.M. & B. GEORGE (1989): Forecasting the incidence of virus yellows in sugar beet in England. – Annals of Applied Biology 114: 459–469.

HARRIS, K.F., SMITH, O.P. & J.E. DUFFUS (eds.) (2001): Virus-Insect-Plant Interactions. San Diego, CA: 376 S.

HARRIS, K.M. (1973): Aphidophagous Cecidomyiidae (Diptera): taxonomy, biology and assessment of field populations. – Bulletin of Entomological Research 63: 305–325.

HARTBAUER, M. (2010): Collective defense of *Aphis nerii* and *Uroleucon hypochoeridis* (Homoptera, Aphididae) against natural enemies. – PLoS ONE 5(4): e10417. doi:10.1371/journal.pone.0010417.

HARTEN, A. VAN (1983): The relation between aphid flights and the spread of potato virus Y^N (PVY^N) in the Netherlands. – Potato Research 26: 1–15.

HARWOOD, J.D., DESNEUX, N., YOO, H.J., ROWLEY, D.L., GREENSTONE, M.H., et al. (2007): Tracking the role of alternative prey in soybean aphid predation by *Orius insidiosus*: a molecular approach. – Molecular Ecology 16: 4390–4400.

HASSELL, M.P., LAWTON, J.H. & J.R. BEDDINGTON (1977): Sigmoid functional responses by invertebrate predators and parasitoids. – Journal of Animal Ecology 46: 249–262.

Hatami, N., Allahyari, H. & M.Hosseini (2012): Simultaneous use of *Hippodomia variegata* and *Aphidoletes aphidimyza* on cotton aphid, *Aphis gossypii*. – Biological Control of Pests and Plant Diseases 2: 87–94.

Hatano, E., Baverstock, J., Kunert, G., Pell, J.K. & W.W. Weisser (2012): Entomopathogenic fungi stimulate transgenerational wing induction in pea aphids, *Acyrthosiphon pisum* (Hemiptera: Aphididae). – Ecological Entomology 37: 75–82.

Hatano, E., Kunert, G., Bartram, S., Boland, W., Gershenzon, J. & W.W. Weisser (2008a) Do aphid colonies amplify their emission of alarm pheromone? – Journal of Chemical Ecology 34: 1149–1152.

Hatano, E., Kunert, G., Michaud, J.P. & W.W. Weisser (2008b) Chemical cues mediating aphid location by natural enemies. – European Journal of Entomology 105: 797–806.

Hatcher, P.E. & N.D. Paul (1994): The effect of elevated UV–B radiation on herbivory of pea by *Autographa gamma*. – Entomologia Experimentalis et Applicata 71: 227–233.

Haukioja, E. (1991): Cyclic fluctuations in density: interactions between a defoliator and its host tree. – Acta Oecologia 12: 77–88.

Hautier, L., Grégoire, J.-C., Schauwers, J. de, San Martin, G., Callier, P., et al. (2008) Intraguild predation by *Harmonia axyridis* on coccinellids revealed by exogenous alkaloid sequestration. – Chemoecology 18: 191–196.

Havelka, J. & R. Zemek (1999): Life-table parameters and oviposition dynamics of various populations of the predacious gallmidge *Aphidoletes aphidimyza*. – Entomologia Experimentalis et Applicata 91: 481–484.

Havelka, J., Danilov, J. & R. Rakauskas (2020): Ecological and molecular diversity of *Eulachnini aphids* (Hemiptera: Aphididae: Lachninae) on coniferous plants in Lithuania. – Eur. J. Entomol. 117: 199–209. doi: 10.14411/eje.2020.021

Havens, J.N. (1801): Observations on the hessian fly. In: Charles, R. et al. (eds.): Transactions of the society for the promotion of agriculture, arts and manufactures. 2nd ed. New York: 71–86.

Havlickova, H. (1993): Level and nature of the resistance to the cereal aphid, *Sitobion avenae* (F.), in thirteen winter wheat cultivars. – Journal of Agronomy and Crop Science 171(2): 133–137.

Havlickova, H. (1997): Differences in level of tolerance to cereal aphids in five winter wheat cultivars. – Rostlinna Vyroba 43(12): 593–596.

Havlickova, H. (2001): Screening of productive Czech winter wheat cultivars on resistance to aphids. – Rostlinna Vyroba 47(7): 326–329.

Hawley, C.J., Peairs, F.B. & Randolph, T.L. (2003): Categories of resistance at different growth stages in Halt, a winter wheat resistant to the Russian wheat aphid (Homoptera: Aphididae). – Journal of Economic Entomology 96(1): 214–219.

Hayashi, H. & M. Chino (1986): Collection of pure phloem sap from wheat and its chemical composition. – Plant and Cell Physiology 27: 1387–1393.

He, C.G. & X.G. Zhang (2006): Field evaluation of lucerne (*Medicago sativa* L.) for resistance to aphids in northern China. – Crop Pasture Sci. 57: 471–475. doi: 10.1071/AR05255.

Heie, O.E. & E.M. Pike (1992): New aphids in Cretaceous amber from Alberta (Insecta, Homoptera). – The Canadian Entomologist 124, 1027–1053.

Heie, O.E. & E.M. Pike (1996): Reassessment of the taxonomic position of the fossil aphid family Canadaphididae based on two additional specimens of *Canadaphis carpenteri* (Hemiptera, Aphidinea). – Eur J Entomol 93: 617–622.

Heie, O.E. & P. Wegierek (2009): A classification of the Aphidomorpha (Hemiptera: Sternorrhyncha) under consideration of the fossil taxa. – Redia 92: 69–77.

Heie, O.E. & P. Wegierek (2011): A list of fossil aphids (Hemiptera, Sternorrhyncha, Aphidomorpha). – Monographs of the Upper Silesian Museum 6: 1–82.

Heie, O.E. (1961): A list of danish aphids. – 2. Entomologiske Meddelelser 31: 77–96.

Heie, O.E. (1967): Studies on fossil aphids (Homoptera: Aphidoidea), especially in the Copenhagen collection of fossils in Baltic amber. – Spolia Zool. Musei Hauniensis 26: 1–274.

Heie, O.E. (1980): The Aphidoidea (Hemiptera) of Fennoscandia and Denmark. I. The General Part. The Families Mindaridae, Hormaphididae, Theelaxidae, Anoeciidae, and Pemphigidae. – Scandinavian Science Press, Klampenborg: 236 S.

Heie, O.E. (1982): The Aphidoidea (Hemiptera) of Fennoscandia and Denmark. II. The Family Drepanosiphidae. – Fauna Entomologica Scandinavica 11, Klampenborg: 176 S.

Heie, O.E. (1986): The Aphidoidea (Hemiptera) of Fennoscandia and Denmark. III Family Aphididae: subfamily Pterocommatinae & tribe Aphidini of subfamily Aphidinae. – Fauna Entomologica Scandinavica 17: 314 S.

Heie, O.E. (1987a): Palaeontology and phylogeny. – In: Minks, A.K. & P. Harrewijn (eds.): Aphids, their Biology, Natural Enemies and Control, Vol. 2A – Amsterdam: 367–391.

Heie, O.E. (1987b): Morphological structures and adaptation. – In: Minks, A.K. & P. Harrewijn (eds.): Aphids, their Biology, Natural Enemies and Control, Vol. 2A. – Amsterdam: 393–400.

Heie, O.E. (1989): Fossil aphids (Insecta, Homoptera) from the Tertiary deposits of Bolshaya Svetlovodnaya, the U.S.S.R. – Entomologica Scandinavica 19: 475–488.

Heie, O.E. (1992): The Aphidoidea (Hemiptera) of Fennoscandia and Denmark: IV. Family Aphididae: Part I of tribe Macrosiphini of subfamily Aphidinae. – Fauna Entomologica Scandinavica 25: 188 S.

Heie, O.E. (1994a): Aphid ecology in the past and a new view on the evolution of Macrosiphini. – In: Leather, S.R., Watt, A.D., Mills, N.J. & K.F.A. Walters (eds.): Individuals, Populations and Patterns in Ecology, Andover: 409–418.

Heie, O.E. (1994b): Why are there so few aphid species in the temperate areas of the southern hemisphere. – Eur. J. Entomol. 91: 127–133.

Heie, O.E. (1994c): The Aphidoidea (Hemiptera) of Fennoscandia and Denmark. V Family Aphididae: Part 2 of tribe Macrosiphini of subfamily Aphidinae, and family Lachnidae. – Fauna Entomologica Scandinavica 28: 239 S.

Heie, O.E. (1995): The Aphidoidea (Hemiptera) of Fennoscandia and Denmark. VI Family Aphididae: Part 3 of tribe Macrosiphini of subfamily Aphidinae, and family Lachnidae. – Fauna Entomologica Scandinavica 31: 217 S.

Heie, O.E. (1996): The evolutionary history of aphids and a hypothesis on the coevolution of aphids and plants. – Bollettino di Zoologia Agraria e di Bachicoltura 28: 149–155.

Heie, O.E. (2008): Insects in Baltic amber, and a new species of aphid. – Antenna, 32: 99–101.

Heie, O.E. (2015): A theory about the evolutionary history of Lachnidae and comments on the results of some molecular phylogenetic studies of aphids (Hemiptera: Aphidoidea). – Polish Journal of Entomology 84 (4): 275–287. doi: 10.1515/pjen–2015–0024.

Heimbach, U., Thieme T., Weidemann H.-L. & R. Thieme (1998): Transmission of potato virus Y by aphid species which do not colonise potatoes. – In: Nieto Nafria, J.M. & A.F.G. Dixon (eds.): Aphids in natural and managed ecosystems, Universidad de Leon: 555–559.

Heimpel, G.E. & M.A. Jervis (2005): Does floral nectar improve biological control by parasitoids? – In: Wäckers, F.L., van Rijn, P.C.J. & J. Bruin (eds.): Plant-Provided Food and Herbivore-Carnivore Interactions. Cambridge University Press, Cambridge: 267–304.

Heimpel, G.E., Frelich, L.E., Landis, D.A., Hopper, K.R., Hoelmer, K.A. et al. (2010): European buckthorn and Asian soybean aphid as components of an extensive invasional meltdown in North America. – Biological Invasions 12: 2913–2931.

Hein, G.L. (1992): Influence of plant growth on Russian wheat aphid, *Diuraphis noxia* (Homoptera: Aphididae), reproduction and damage symptom expression. – Journal of the Kansas Entomological Society 65(4): 369–376.

Heinze, K. & J. Proft (1938): Zur Lebensgeschichte und Verbreitung der Blattlaus *Myzus persicae* (Sulzer) in Deutschland und ihre Bedeutung für die Verbreitung von Kartoffelvirosen. – Landwirtschaftliches Jahrbuch 86: 483–500.

Heinze, K. & J. Proft (1940): Über die an der Kartoffel lebenden Blattlausarten und ihren Massenwechsel im Zusammenhang mit dem Auftreten von Kartoffelvirosen. – Mitteilungen aus der Biologischen Reichsanstalt für Land- und Forstwirtschaft 60: 164 S.

Heinze, K. (1939): Zur Biologie und Systematik der virusübertragenden Blattläuse. – Virusforschung und Viruskrankheiten, Berlin: 35–48.

Heinze, K. (1951): Die Überträger pflanzlicher Viruskrankheiten. – Mitteilungen aus der Biologischen Zentralanstalt für Land- und Forstwirtschaft 71: 126 S.

Heinze, K. (1960): Systematik der mitteleuropäischen Myzinae mit besonderer Berücksichtigung der im Deutschen Entomologischen Institut befindlichen Sammlung Carl Börner. – Beitr. Entomol. 10: 744–842.

Helenius, J. (1993): Incidence of specialist natural enemies of *Rhopalosiphum padi* (L.) (Hom., Aphididae) on oats in monocrops and mixed intercrops with faba bean. – Journal of Applied Entomology 109: 136–143.

Hemmati, F., Pell, J.K., McCartney, H.A. & M.L Deadman (2001): Airborne concentrations of conidia of *Erynia neoaphidis* above cereal fields. – Mycological Research 105: 485–489.

Hemptinne, J.-L. & A.F.G. Dixon (1991): Why ladybirds have generally been so ineffective in biological control? – In: Polgár, L., Chambers, R.J., Dixon, A.F.G. & I. Hodek (eds.): Behaviour and Impact of Aphidophaga. – SPB Academic Publishing, The Hague: 149–157.

Hemptinne, J.-L. & A.F.G. Dixon (1997): Are aphidophagous ladybirds (Coccinellidae) prudent predators? – Biological Agriculture and Horticulture 15: 151–159.

Hemptinne, J.-L., Dixon, A.F.G. & J. Coffin (1992): Attack strategy of ladybird beetles (Coccinellidae): factors shaping their numerical response. – Oecologia 90: 238–245.

Hemptinne, J.-L., Dixon, A.F.G., Doucet, J.-L. & J.-E. Petersen (1993): Optimal foraging by hoverflies (Diptera: Syrphidae) and ladybirds (Coleoptera: Coccinellidae): mechanisms. – European Journal of Entomology 90: 451–455.

Hemptinne, J.-L., Gaudin, M., Dixon, A.F.G. & G. Lognay (2000): Social feeding in ladybird beetles: adaptive significance and mechanism. – Chemoecology 10: 149–152.

Hemptinne, J.-L., Lognay, G, Doumbia, M. & A.F.G. Dixon (2001): Chemical nature and persistence of the oviposition deterring pheromone in the tracks of the larvae of the two spot ladybird, *Adalia bipunctata* (Coleoptera: Coccinellidae). – Chemoecology 11: 43–47.

Heng-Moss, T., Ni, X., Macedo, T., Markwell, J.P., Baxendale, F.P., Quisenberry, S. & Tolmay, V. (2003): Comparison of chlorophyll and carotenoid concentrations among Russian wheat aphid (Homoptera: Aphididae)-infested wheat isolines. – Journal of Economic Entomology 96(2): 475–481.

Henry, L.M., Maiden, M.C., Ferrari, J. & H.C. Godfray (2015): Insect life history and the evolution of bacterial mutualism. – Ecology Letters 18: 516–525.

Henry, L.M., Peccoud, J., Simon, J.-C., Hadfield, J.D., Maiden, M.J., Ferrari, J. & H.C. Godfray (2013): Horizontally transmitted symbionts and host colonization of ecological niches. – Current Biology 23: 1713–1717.

Hentley, W.T., Vanbergen, A.J., Hails, R.S., Jones, T.H. & S.N. Johnson (2014): Elevated atmospheric CO_2 impairs aphid escape responses to predators and conspecific alarm signals. – J. Chem. Ecol. 40: 1110–1114.

Hernandez, D., Mansanet, V. & J.M. Puiggros Jove (1999): Use of Confidor(R) 200 SL in vegetable cultivation in Spain. – Pflanzenschutz-Nachrichten Bayer 52: 374–385.

Hesketh, H., Alderson, P.G., Pye, B.J. & J.K. Pell, (2008): The development and multiple uses of a standardised bioassay method to select hypocrealean fungi for biological control of aphids. – Biological Control 46: 242–255.

Hesler, L.S. & Tharp, C.I. (2005): Antibiosis and antixenosis to *Rhopalosiphum padi* among triticale accessions. – Euphytica 143(1–2): 153–160.

Hesler, L.S. (2005): Resistance to *Rhopalosiphum padi* (Homoptera : Aphididae) in three triticale accessions. – Journal of Economic Entomology 98(2): 603–610.

Hesler, L.S., Haley, S.D., Nkongolo, K.K. & Peairs, F.B. (2007): Resistance to *Rhopalosiphum padi* (Homoptera : Aphididae) in triticale and triticale-derived wheat lines resistant to *Diuraphis noxia* (Homoptera : Aphididae). – Journal of Entomological Science 42(2): 217–227.

Hesler, L.S., Riedell, W.E., Kieckhefer, R.W., Haley, S.D. & Collins, R.D. (1999): Resistance to *Rhopalosiphum padi* (Homoptera : Aphididae) in wheat germplasm accessions. – Journal of Economic Entomology 92(5): 1234–1238.

Heuskin, S., Lorge, S., Godin, B., Leroy, P., Frère, I., Verheggen, F.J. et al. (2011): Optimisation of a semiochemical slow-release alginate formulation attractive towards *Aphidius ervi* Haliday parasitoids. – Pest Management Science 68: 127–136.

Hewer, A., T. Will & A.J.E. van Bel (2010): Plant cues for aphid navigation in vascular tissues. – J Exp Biol 213: 4030–4042.

Hewitt, G.M. (1996): Some genetic consequences of ice ages, and their role in divergence and speciation. – Biol J Linn Soc 58: 247–276.

Hickman, J.M. & S.D. Wratten (1996): Use of *Phacelia tanacetifolia* strips to enhance biological control of aphids by hoverfly larvae in cereal fields. – Journal of Economic Entomology 89: 832–840.

Hickman, J.M., Lövei, G.L. & S.D. Wratten (1995): Pollen feeding by adults of the hoverfly *Melanostoma fasciatum* (Diptera: Syrphidae). – New Zealand Journal of Zoology 22: 387–392.

Higuchi, H. (1972): A taxonomic study of the subfamily Callipterinae in Japan (Homoptera: Aphididae). – Insecta Matsumurana 35: 19–126.

Hile Ris Lambers, D. (1950): Host plant and aphid classification. – Transactions of the VIII International Congress of Entomology, Stockholm: 141–144.

Hille Ris Lambers, D. & R. Takahashi (1959): Some species of *Thoracaphis* and of nearly related genera from Java (Homoptera, Aphiphididae). – Tijdschr. Entom. 102: 1–16.

Hille Ris Lambers, D. (1931a): Contribution to the knowledge of the Aphididae (Hom.) I. – Tijdschr. Entom. 54: 169–183.

Hille Ris Lambers, D. (1931b): A list of the Aphididae of Venezia Tridentina. – Mem. Mus. Stor. Nat. Vernezia Trident. I: Part. I.: 25–28, Part. II.: 39–43.

Hille Ris Lambers, D. (1935): New Central European Aphididae. – Arb. morph. taxon. Ent. 2: 52–55.

Hille Ris Lambers, D. (1938): Contributions to a monograph of the Aphididae of Europe. I. – Temminckia 3: 1–44.

Hille Ris Lambers, D. (1939): Contributions to a monograph of the Aphididae of Europe. II. – Temminckia 4: 1–134.

Hille Ris Lambers, D. (1947a): Contributions to a monograph of the Aphididae of Europe III. Temminckia 7: 179–319, pls. 12–18.

Hille Ris Lambers, D. (1947b): On some mainly western European Aphids. – Zool. Mededelingen 28: 291–333.

Hille Ris Lambers, D. (1947c): Notes on the genus *Periphyllus* v. d. Hoeven (Hom., Aph.). – Tijdschrift voor Entomolgie 88: 225–242.

Hille Ris Lambers, D. (1949): Contributions to a monograph of the Aphididae of Europe. IV. – Temminckia 8: 182–323.

Hille Ris Lambers, D. (1953): Contributions to a monograph of the Aphididae of Europe. V. – Temminckia 9: 1–176.

Hille Ris Lambers, D. (1955a): Hemiptera 2. Aphididae. – Zoology of Iceland 3(52a): 1–29.

Hille Ris Lambers, D. (1955b): Two new species of *Sappaphis*. Mats. (Homopt., Aphid.). – Entomologischen Berichten 15: 304–309.

Hille Ris Lambers, D. (1960): Some notes on morph determination in aphids. – Entomologischen Berichten 20: 110–113.

Hille Ris Lambers, D. (1966): Polymorphism in Aphididae. – Annual Review of Entomology 11: 47–78.

Hille Ris Lambers, D. (1967): On the genus *Neophyllaphis* Takahashi, 1920 (Homoptera, Aphididae) with descriptions of two new species. – Zoologische Mededelingen 42: 55–66.

Hille Ris Lambers, D. (1979): Aphids as botanists. – Symp. Bot. Uppsala 22: 114–19.

Himanen, S.J., Nissinen, A., Dong, W.-X., Nerg, A.-M., Stewart jr., C.N., Poppy, G.M. & J.K. Holopainen (2008): Interactions of elevated carbon dioxide and temperature with aphid feeding on transgenic oilseed rape: Are *Bacillus thuringiensis* (Bt) plants more susceptible to nontarget herbivores in future climate? – Glob. Chang. Biol. 14: 1–18.

Hindayana, D., Meyhöfer, R., Scholz, D. & H.M. Poehling (2001): Intraguild predation among the hover fly *Episyrphus balteatus* de Geer (Diptera: Syrphidae) and other aphidophagous predators. – Biological Control 20: 236–246.

Hinz, B. (1992): Versuche zur Schadensbewertung der Lupinenblattlaus (*Macrosiphum albifrons* ESSIG) an Kulturpflanzen. – J. Appl. Entomol. 113: 214–216.

Hironori, Y. & S. Katsuhiro (1997): Cannibalism and interspecific predation in two predatory ladybird beetles in relation to prey abundance in the field. – Entomophaga 42:153–163.

Hirose, Y. (2006): Biological control of aphids and coccids: a comparative analysis. – Population Ecology 48: 307–315.

Hodek, I. & E.W. Evans (2012): Food relationships. – In: Hodek, I., van Emden, H.F. & A. Honěk (eds.): Ecology and Behaviour of the Ladybird Beetles (Coccinellidae). Chichester, UK: 141–274.

Hodek, I. (1973): Biology of Coccinellidae. – Prague: 260 S.

Hodek, I., van Emden, H.F. & A. Honek (eds.) (2012): Ecology and Behaviour of the Ladybird Beetles (Coccinellidae). – Chichester, UK: 561 S.

Hodge, S., Ward, J.L., Beale, M.H., Bennett, M., Mansfield, J.W. & G. Powell (2013): Aphid-induced accumulation of trehalose in *Arabidopsis thaliana* is systemic and dependent upon aphid density. – Planta 237: 1057–1064.

Hofer, D., Brandl, F., Druebbisch, B., Doppmann, F. & L. Zang (2001): Thiamehtoxam (CGA 293'343) – a novel insecticide for seed delivered insect control. – In: Seed Treatment: Challenges and Opportunities. Proceedings of the 2001 British Crop Council Protection Symposium 76. British Crop Protection Council, Farnham, UK: 41–46.

Hoffmann, K.H. (2016): Aphid Honeydew: Rubbish or Signaler. – In: Vilcinskas, A. (ed.): Chemical Ecology of Aphids (Hemiptera: Aphididae). – Boca Raton: 199-220.

Hofsvang, T. & E.B. Hågvar (1982): Comparison between the parasitoid *Ephedrus cerasicola* Starý and the predator *Aphidoletes aphidimyza* (Rondani) in the control of *Myzus persicae* (Sulzer). – Zeitschrift für Angewandte Entomologie 94: 412–419.

Hofsvang, T. (1988): Mechanisms of host discrimination and intraspecific competition in the aphid parasitoid *Ephedrus cerasicola*. – Entomologia Experimentalis et Applicata 48: 233–239.

Hogenhout, S.A., Ammar, E.-D., Whitfield, A.E. & M.G. Redinbaugh (2008): Insect vector interactions with persistently transmitted viruses. – Annu. Rev. Phytopathol. 46: 327–359.

Hogenhout, S.A., van der Hoorn, R.A.L., Terauchi, R. & S. Kamoun (2009): Emerging concepts in effector biology of plant–associated organisms. – Mol. Plant Microbe Interact. 22: 115–122.

Hogervorst, P.A.M., Wäckers, F.L. & J. Romeis (2007): Effects of honeydew sugar composition on the longevity of *Aphidius ervi*. – Entomol. Exp. Appl. 122: 223–232.

Hogervorst, P.A.M., Wäckers, F.L., Carette, A.C. & J. Romeis (2008): The importance of honeydew as food for larvae of *Chrysoperla carnea* in the presence of aphids. – J. Appl. Entomol. 132: 18–25.

Hogervorst, P.A.M., Wäckers, F.L., Woodring, J. & J. Romeis (2009): Snowdrop lectin (*Galanthus nivalis* agglutinin) in aphid honeydew negatively affects survival of a honeydew-consuming parasitoid. – Agric. Forest Entomol. 11: 161–173.

Hokkanen, H.M.T. (1991): Trap cropping in pest management. – Annual Review of Entomology 36: 119–138.

Holland, J.M., Thomas, S.R. & A. Hewitt (1996): Some effects of polyphagous predators on an outbreak of cereal aphid (*Sitobion avenae* F.) and orange wheat blossom midge (*Sitodoplosis mosellana* Gehin). – Agric Ecosyst Environ 59: 181–190.

Holler, C., Borgemeister, C., Haardt, H. & W. Powell (1993): The relationship between primary parasitoids and hyperparasitoids of cereal aphids: an analysis of field data. – J Anim Ecol 62: 12–21.

Holman, J. (1974): Los afidos de Cuba. – Institute del Libro, La Habana, 304 S.

Holman, J. (1994): Possible sound producing structures present in some Macrosiphini (Homoptera: Aphididae). – Eur. J. Entomol. 91: 97–101.

Holman, J. (2009): Host Plant Catalog of Aphids. Palaearctic Region. – Springer: 1216 S.

Holopainen, J.K. (2002): Aphid response to elevated ozone and CO_2. – Entomol Exp Appl 104: 137–142.

Holt, R.D. & J.H. Lawton (1994): The ecological consequences of shared natural enemies. – Annual Review of Ecology and Systematics 25: 495–520.

Holtfreter, J. (1980): Versuche zur Analyse des Ansiedelungsverhaltens von drei Aphidenarten mit verschiedenem Befallsmuster. – Diss. Univ. Rostock: 142 S.

Hommes, M. (1992): Biological control of aphids on *Capsicum*. – Bulletin OEPP 22: 421–427.

Hong, Y., Zhang, Z., Guo, X., & O.E. Heie (2009): A new species representing the oldest aphid (Hemiptera, Aphidomorpha) from the Middle Triassic of China. – Journal of Paleontology 83(5): 826–831. doi:10.1666/07–135.1.

Hoof, H.A. van (1980): Aphid vectors of potato virus Y^N. – Netherlands Journal of Plant Pathology 86: 159–162.

Hoof, H.A. van (1957): An investigation of the biological transmission of a non-persistent virus. – Mededelingen van het Instituut voor Plantenziektekundig Onderzoek, (Wageningen) 161: 1–96.

Hooks, C.R.R. & A. Fereres (2006): Protecting crops from non-persistently aphid-transmitted viruses: A review on the use of barrier plants as a management tool. – Virus Research 120: 1–16.

Hoover, J.K. & J.A. Newman (2004): Tritrophic interactions in the context of climate change: a model of grasses, cereal aphids and their parasitoids. – Glob Chang Biol 10: 1197–1208.

Hopkins, R.J., Ekbom, B. & L. Henkow (1998): Glucosinolate content and susceptibility for insect attack of three populations of *Sinapis alba*. – Journal of Chemical Ecology 24: 1203–1216.

Hopkins, R.J., van Dam, N.M. & J.J.A. van Loon (2009): Role of glucosinolates in insect-plant relationships and multitrophic interactions. – Annual Review of Entomology 54: 57–83.

Horber, E. (1980): Types and classification of resistance. – In: Maxwell, F.G. & P.R. Jennings (eds.), Breeding Plants Resistant to Insects, New York: 15–21.

Horn, D.J. (1981): Effect of weedy backgrounds on colonization of collards by green peach aphid, *Myzus persicae*, and its major predators. – Environmental Entomology 10: 285–289.

Hossain, Z., Gurr, G.M., Wratten, S.D. & A. Raman (2002): Habitat manipulation in lucerne (*Medicago sativa* L.): arthropod population dynamics in harvested and 'refuge' crop strips. – Journal of Applied Ecology 39: 445–454.

Hosseini, M., Ashouri, A., Enkegaard, A., Weisser, W.W., Goldansaz, S.H., et al. (2010): Plant quality effects on intraguild predation between *Orius laevigatus* and *Aphidoletes aphidimyza*. – Entomologia Experimentalis et Applicata 135: 208–216.

Hottes, F.C. (1928): Concerning the structure, function, and origin of the cornicles of the family Aphididae. – Proceedings of the Biological Society of Washington 41: 71–84, pls. 4–10.

Hottes, F.C. (1954): Some observations of the rostrum of *Cinara puerca* Hottes (Aphididae). – Great Basin Naturalist 14: 83–86.

Houk, E.J. & G.W. Griffiths (1980): Intracellular symbiotes of the Homoptera. – Annual Review of Entomology 25: 161–187.

Howard, L.O. (1929): *Aphelinus mali* and its travels. – Annals of the Entomological Society of America 22: 341–368.

Howard, L.O. (1930): A History of Applied Entomology (Somewhat Anecdotal). – The Smithsonian Institution, Washinton, USA: 564 S.

Howe, G.A. & G. Jander (2008): Plant immunity to insect herbivores. – Annu. Rev. Plant Biol. 59: 41–66.

Hrdy, I. (1975): Insecticide resistance in aphids. – Proceedings of the British Crop Protection Council Conference, Pests and Diseases, Brighton, November 1975 3: 737–749.

Hrdy, I. Kremheller, H.T., Kuldova, J., Luders, W. & J. Sula (1986): Resistance to insecticides of the hop aphid, *Phorodon humuli*, in Bohemian, Bavarian and Baden-Württenbergian hop growing areas. – Acta Entomologica Bohemoslovaca 83: 1–9.

Hu, Z., Zhao H., & T. Thieme (2013a): Comparison of the potential rate of population increase of brown and green color morphs of *Sitobion avenae* (Homoptera: Aphididae) on barley infected and uninfected with Barley yellow dwarf virus. – Insect Sci. 2013 Nov 13. doi: 10.1111/1744–7917.12084.

Hu, Z.Q., Zhao, H.Y. & T. Thieme (2013b): The effects of enhanced ultraviolet-B radiation on the biology of green and brown morphs of *Sitobion avenae* (Hemiptera: Aphididae). – Environ Entomol. 42(3): 578–585. doi: 10.1603/EN12136.

Hu, Z.Q., Zhao, H.Y. & T. Thieme (2013c): Probing behaviours of *Sitobion avenae* (Hemiptera: Aphididae) on enhanced UV-B irradiated plants. – Arch. Biol. Sci., Belgrade, 65 (1): 247–254. doi:10.2298/ABS1301247H.

Hu, Z., Zhao, H. & T. Thieme (2013d): Modification of non-vector aphid feeding behavior on virus-infected host plant. – Journal of Insect Science 13: 28. doi: 10.1673/031.013.2801.

Hughes, L. & F.A. Bazzaz (2001): Effects of elevated CO_2 on five plant–aphid interactions. – Entomol. Exp. Appl. 99: 87–96.

Hughes, R.D., Woolcock, L.T., Roberts, J.A. & M.A. Hughes (1987): Biological control of the spotted alfalfa aphid *Therioaphis trifolii* f. maculata on lucerne crops in Australia by the introduced parasitic hymenopteran *Trioxys complanatus*. – Journal of Applied Ecology 24: 515–538.

Hull, L.A. & V.R. Sterner (1983): Effectiveness of insecticide applications timed to correspond with the development of rosy apple aphid on apple. – Journal of Economic Entomology 76: 594–598.

Hull, R. (1968): The effect of infection with beet yellows virus on the growth of sugar beet. – Journal of the American Society of sugar Beet Technologies 15: 192–199.

Hunger, R.M., Sherwood, J.L., Evans, C.K. & J.R. Montana (1992): Effects of planting date and inoculation date on severity of wheat streak mosaic in hard red winter wheat cultivars. – Plant Disease 76: 1056–1060.

Huntley, B. & H.J.B. Birks (1983): An atlas of past and present pollen maps of Europe: 0–13,000 years ago. – Cambridge University Press, Cambridge: 667 S.

Husník, F., Chrudimský, T. & V. Hypša (2011): Multiple origins of endosymbiosis within the Enterobacteriaceae (γ-Proteobacteria): convergence of complex phylogenetic approaches. – BMC Biol 9, 87. https://doi.org/10.1186/1741–7007–9–87.

Hussain, A., Forrest, J.M. S. & A.F.G. Dixon (1974): Sugar, organic acid, phenolic acid and plant growth regulator content of extracts of honeydew of the aphids, *Myzus persicae* and its host plant, *Raphanus sativus*. – Annals of Applied Biology 78: 65–73.

I

Iaizumi, M. (1980): Studies on the life-cycle and polymorphism of *Aphis gossypii* Glover (Homoptera, Aphididea). – Special Bulletin of the College of Agriculture, Utsunomiya University 37 (Japanese with English summary): 1–132.

Ibbotson, A. & J.S. Kennedy (1950): The distribution of aphid infestation in relation to leaf age II. The progress of *Aphis fabae* Scop. infestations on sugar beet in pots. – Annals of Applied Biology 37: 680–696.

Idrissi, H.R., Lefebvre, G. & B. Poulin (2004): Diet of Reed Warblers *Acrocephalus scirpaceus* at two stopover sites in Morocco during autumn migration. – Revue d'Ecologie, Terre et Vie 59(3): 491–502.

Inbar, M. & D. Wool (1995): Phloem-feeding specialists sharing a host tree: resource partitioning minimizes interference competition among galling aphid species. – Oikos 73: 109–119.

Inbar, M. (1998): Competition, territoriality and maternal defense in a gall–forming aphid. – Ethol Ecol Evol 10: 159–170.

Ingwell, L.L., Eigenbrode, S.D. & N.A. Bosque-Perez (2012): Plant viruses alter insect behavior to enhance their spread. – Sci. Rep. 2: 578. https://doi.org/10.1038/srep00578.

International Aphid Genomics Consortium (2010): Genome sequence of the pea aphid *Acyrthosiphon pisum*. – PLoS biology.

Ioannidis, P. (2000): Resiostance of *Aphis fabae* and *Myzus persicae* to insecticides in sugarbeets. In: Proceedings of the 63rd Congress of the International Institute for Beet Research, Interlaken, February 2000. International Institute for Beet Research, Brussels: 497–504.

IPCC (2014): Climate Change 2014: Synthesis Report (Pachauri, R.K. & L.A. Meyer eds.): IPCC, Geneva, Switzerland, 151 S.

Iperti, G. (1999): Biodiversity of predaceous Coccinellidae in relation to bioindication and economic importance. – Agriculture, Ecosystems and Environment 74: 323–342.

Irvin, N.A., Wratten, S.D. & C.M. Frampton (2000): Understorey management for the enhancement of the leafroller parasitoid *Dolichogenidea tasmanica* (Cameron) in orchards at Canterbury, New Zealand. – In: Austin, A.D. & M. Dowton (eds.): Hymenoptera: Evolution, Biodiversity and Biological Control. Collingwood: 396–403.

Irwin, M.E. & J.M. Thresh (1988): Long-range aerial dispersal of cereal aphids as virus vectors in North America. – Proceedings of the Royal Society of London B 321: 421–446.

Irwin, M.E. & L.K. Hendrie (1985): The aphids are coming. – Illinois Research 27: 11.

Irwin, M.E. (1999): Implications of movement in developing and deploying integrated pest management strategies. – Agricultural and Forest Meteorology 97: 235–248.

Irwin, M.E., Ruesink, W.G., Isard, S.A. & G.E. Kampmeier (2000): Mitigating epidemics caused by nonpersistently transmitted aphid-borne viruses: the role of the pliant environment. – Virus Research 71: 185–211.

Isard, S.A. & M.E. Irwin (1993): A strategy for studying the long–distance aerial movement of insects. – Journal of Agricultural Entomology 10: 283–297.

Isard, S.A. & M.E. Irwin (1996): Formulating and evaluating hypotheses on the ascent phase of aphid movement and dispersal. – In: Proceedings of the Twelfth Conference on Biometeorology and Aerobiology. American Meteorological Society, Boston: 430–433.

Isard, S.A. & S.H. Gage (2001): Flow of Life in the Atmosphere: An Airscape Approach to Understanding Invasive Organisms. – Michigan State University Press, East Lansing, Michigan: 240 S.

Isard, S.A., Irwin, M.E., Carter, M. & T.O. Holtzer (1994): Temperature stratification and insect layer concentrations: a preliminary analysis of atmospheric measurements and concurrent aerial insect collections from northeastern Colorado and East Central Illinois. – In: Preprint volume of the 21st Conference on Agricultural and Forest Meteorology and the 11th Conference on Biometeorology and Aerobiology, March 1994, San Diego. The American Meteorological Society, Boston, Massachusetts: 407–410.

Ishikawa, A., Ogawa, K., Gotoh, H., Walsh, T.K., Tagu, D., Brisson, J.A, Rispe, C., Jaubert-Possamai, S., Kanbe, T., Tsubota, T., Shiotsuki, T. & T. Miura (2012): Juvenile hormone titre and related gene expression during the change of reproductive modes in the pea aphid. – Insect Molecular Biology 21: 49–60.

Ishikawa, H. (1984): Molecular aspects of intracellular symbiosis in the aphid mycetocyte. – Zoological Science 1: 509–522.

Itô, Y. (1994): A new epoch in joint studies of social evolution: molecular and behavioural ecology of aphid soldiers. – Trends in Ecology and Evolution 9: 363–365.

Itô, Y., Tanaka, S., Yukawa, J. & K. Tsuji (1995): Factors affecting the proportion of soldiers in eusocial bamboo aphid, *Pseudoregma bambucicola*, colonies. – Ethol Ecol Evol 7: 335–345.

Izaguirre, M.M., Mazza, C.A., Svatoš, A., Baldwin, I.T. & C.L. Ballaré (2007): Solar ultraviolet-B radiation and insect herbivory trigger partially overlapping phenolic responses in *Nicotiana attenuata* and *Nicotiana longiflora*. – Annals of Botany 99: 103–109.

J

Jackson, D.L. & A.F.G. Dixon (1996): Factors determining the distribution of the green spruce aphid, *Elatobium abietinum*, on young and mature needles of spruce. – Ecological Entomology 21: 358–364.

Jacob, F.H. (1949): A study of *Aphis sambuci* L. (Hemiptera: Aphididae) and a discussion of its bearing upon the study of the "black aphids". Part I and II. – Proc. R. ent. Soc. London (B)14: 291–366.

JACOB, H.S. & E.W. EVANS (1998): Effects of sugar spray and aphid honeydew on field populations of the parasitoid *Bathyplectes curculionis* (Hymenoptera: Ichneumonidae). – Environm. Entomol. 27: 1563–1568.

JAHN, B., MERBACH, N. & T. WETZEL (1985): Wechselbeziehungen zwischen der Getreideblattlaus (*Macrosiphum avenae* Fabr.) und dem N-Stoffwechsel des Weizens. – Wiss. Z. päd. Hochsch. Güstrow 23: 107–110.

JANDRICIC, S.E., WRAIGHT, S.P., GILLESPIE, D.R. & J.P. SANDERSON (2013): Oviposition behavior of the biological control agent *Aphidoletes aphidimyza* (Diptera: Cecidomyiidae) in environments with multiple pest aphid species (Hemiptera: Aphididae). – Biological Control 65: 235–245.

JAOUANNET, M., RODRIGUEZ, P.A., THORPE, P., LENOIR, C.J.G., MACLEOD, R., ESCUDERO–MARTINEZ, C. & J.I.B. BOS (2014): Plant immunity in plant-aphid interactions. – Front. Plant Sci. 5: 663.

JASON, R.C. & J.M. URBAN (2012): Higher-level phylogeny of the insect order Hemiptera: is Auchenorrhyncha really paraphyletic? – Systematic Entomology Volume 37(1): 7–21. doi:10.1111/j.1365–3113.2011.00611.x.

JEFFS, C.T. & O.T. LEWIS (2013): Effects of climate warming on host-parasitoid interactions. – Ecological Entomology 38: 209–218.

JEKAT, S.B., ERNST, A.M., VON BOHL, A., ZIELONKA, S., TWYMAN, R.M., NOLL, G.A. & D. PRÜFER (2013): P-proteins in *Arabidopsis* are heteromeric structures involved in rapid sieve tube sealing. – Front Plant Sci. 4: 225. doi: 10.3389/fpls.2013.00225.

JENKINS, G.I. & B.A. BROWN (2007): UV-B perception and signal transduction. – In: WHITELAM, G.C. & K.J. HALLIDAY (eds.): Light and plant development. Oxford: 155–182.

JENKINS, R.L. (1991): Colour and symbionts of aphids. PhD Thesis, University of East Anglia: https://ethos.bl.uk/OrderDetails.do?uin=uk.bl.ethos.294089

JENKINS, R.L., LOXDALE, H.D., BROOKES, C.P. & A.F.G. DIXON (1999): The major carotenoid pigments of the grain aphid, *Sitobion avenae* (F.) (Hemiptera: Aphididae). – Physiological Entomology 24: 171–178.

JENSEN, R.E. & J.R. WALLIN (1965): Weather and Aphids: A Review. – United States Department of Commerce Tech. Note, 5–AGMET–1: 19 S.

JEON, H., HAN, K.S. & K.S. BOO (2003): Sex Pheromone of *Aphis spiraecola* (Homoptera: Aphididae): Composition and Circadian Rhythm in Release. – Journal of Asia–Pacific Entomology 6(2): 159–165. https://doi.org/10.1016/S1226–8615(08)60181–8.

JERMY, T. (1985): Is there competition between phytophagous insects? – Z. zool. Syst. Evolut.-forsch. 23: 275–285.

JESCHKE, P, MORIYA, K, LANTZSCH, R., SEIFERT, H., LINDNER, W., JELICH, K., GOHRT, A., BECK, M.E. & W. ETZEL (2001): Thiacloprid (Bay YRC 2894) a new member of the chloronicotinyl insecticide (CNI) family. – Pflanzenschutz–Nachrichten Bayer 54: 147–160.

JESCHKE, P., SCHINDLER, M. & M.E. BECK (2002): Neonicotinoid insecticides – retrospective consideration and prospects. – Proceedings of the British Crop Protection Council Conference, Pests, and Diseases, Brighton, November 2002 (1): 137–144.

JESCHKE, P., UNEME, H., BENET-BUCHHOLZ, J., STÖLTING, J., SIRGES, W., BECK, M.E. & W. ETZEL (2003): Clothianidin (TI-435) – the third member of the chloronicotinyl insecticide (CNI™) family. – Pflanzenschutz–Nachrichten Bayer 56: 5–25.

JHA, S., ALLEN, D., LIERE, H., PERFECTO, I. & J. VANDERMEER (2012): Mutualisms and population regulation: mechanism matters. – PlosOne 7(8): e43510.

JIANG, Y.X. & G.P. WALKER (2007): Identification of phloem sieve elements as the site of resistance to silverleaf whitefly in resistant alfalfa genotypes. – Entomol. Exp. Appl. 125: 307–320.

JIU, M., ZHOU, X.-P., TONG, L., XU, J., YANG, X., WAN, F.-H. & S.-S. LIU (2007): Vector-virus mutualism accelerates population increase of an invasive whitefly. – PLoS ONE 2:e182.

JOACHIM, C. & W.W. WEISSER (2015): Does the aphid alarm pheromone (E)-β-farnesene act as a kairomone under field conditions? – Journal of Chemical Ecology 41: 267–275.

JOACHIM, C., HATANO, E., DAVID, A., KUNERT, M., LINSE, C. & W.W. WEISSER (2013): Modulation of aphid alarm pheromone emission of pea aphid prey by predators. – Journal of Chemical Ecology 39: 773–782.

JOACHIM, C., VOSTEEN, I. & W.W. WEISSER (2015): The aphid alarm pheromone (E)-β-farnesene does not act as a cue for predators searching on a plant. – Chemoecology 25: 105–113.

JOHNSON, B. & P.R. BIRKS (1960): Studies on wing polymorphism in aphids I. The developmental process involved in the production of the different forms. – Entomologia Experimentalis et Applicata 32: 327–339. doi:10.1111/j.1570–7458.1960.tb00461.x.

JOHNSON, B. (1962): Neurosecretion and the transport of secretory material from the corpora cardiaca in aphids. – Nature 196: 1338–1339.

JOHNSON, B. (1963): A histological study of neurosecretion in aphids. – Journal of Insect Physiology 9: 72–739.

JOHNSON, B. (1966): Wing polymorphism in aphids. IV. The effect of temperature and photoperiod. – Entomologia Experimentalis et Applicata 9: 301–313.

JOHNSON, C.G. & L.R. TAYLOR (1957): Periodism and energy summation with special reference to flight rhythms in aphids. – Journal of Experimental Biology 34: 209–221.

JOHNSON, C.G. (1969): Migration and dispersal of insects by flight. Methuen & Co. Ltd, London: 766 S.

JOHNSON, P.C.D., WHITFIELD, J.A., FOSTER, W.A. & W. AMOS (2002): Clonal mixing in the soldier-producing aphid *Pemphigus spyrothecae* (Hemiptera: Aphididae). – Mol Ecol 11: 1525–1531.

Johnson, S.N., Ryalls, J.M. W. & A.J. Karley (2014): Global climate change and crop resistance to aphids: contrasting responses of lucerne genotypes to elevated atmospheric carbon dioxide. – Ann. Appl. Biol. 165: 62–72.

Jones, E.A.C. & M.J. Barbetti (2012): Influence of climate change on plant disease infections and epidemics caused by viruses and bacteria. – CAB Rev. 7: 1–33.

Jones, M.G. (1944): The structure of the antenna of *Aphis (Doralis) fabae* Scopoli, and of *Melanoxantherium salicis* L. (Hemiptera), and some experiments on olfactory responses. – Proceedings of the Royal Entomological Society of London (A) 19: 13–22.

Jones, R.A.C. (1993): Effects of cereal borders, admixture with cereals and plant density on the spread of bean yellow mosaic potyvirus into narrow–leafed lupins (*Lupinus angustifolius*). – Annals of Applied Biology 122: 501–518.

Joppa, L. & N. Williams (1982): Registration of Largo, a greenbug resistant hexaploid wheat. – Crop Sci 22: 901–902.

K

Kadyrbekov, R.K. (2002): Revision of the aphid genus *Cryptosiphum* Buckton, 1879 (Homoptera , Aphidinae). – Tethys Entomol. Res. 6: 39–48.

Kaltenbach, J.H. (1843): Monographie der Familien der Pflanzenläuse (Phytophtires) I. Theil. Die Blatt- und Erdläuse (Aphidina et Hyponomeutes). Aachen: XLIII u. 223 S., 1 Pl.

Kaltenbach, J.H. (1874): Die Pflanzenfeinde aus der Klasse der Insekten. Stuttgart 848 S., 2. Aufl. der Schrift aus 1856–1869. *Aphis* n. sp.: *amenticola*: 586; *graminis*: 756.

Kan, E. & M. Sasakawa (1986): Assessment of the maple aphid colony by the hoverfly, *Episyrphus balteatus* (De Geer) (Diptera, Syrphidae) I*. – Journal of Ethology 4: 121–127.

Kan, E. (1988): Assesement of aphid colonies by hover-flies. I. Maple aphids and *Episyrphus balteatus* (DeGeer) (Diptera: Syrphidae). – Journal of Ethology 6: 39–48.

Kanbe, T. & S.I. Akimoto (2009): Allelic and genotypic diversity in long-term asexual populations of the pea aphid, *Acyrthosiphon pisum* in comparison with sexual populations. – Molecular Ecology 18: 801–816.

Kanturski, M., Akbar, S.A. & C. Favret (2017): Morphology and sensilla of the enigmatic Bhutan pine aphid *Pseudessigella brachychaeta* Hille Ris Lambers (Hemiptera: Aphididae) – A SEM study. – Zoologischer Anzeiger 266: 1–13. doi:10.1016/j.jcz.2016.10.007.

Kanturski, M., Karcz, J. & K. Wieczorek (2015): Morphology of the European species of the genus *Eulachnus* (Hemiptera: Aphididae: Lachninae) – A SEM comparative and integrative study. – Micron 76: 23–36. doi: 10.1016/j. micron.2015.05.004.

Kanturski, M., Lee, Y., Choi, J. & S. Lee (2018): DNA barcoding and a precise morphological comparison revealed a cryptic species in the *Nippolachnus piri* complex (Hemiptera: Aphididae Lachninae). – Scientific Reports 8: 8998. doi: 10.1038/ s41598–018–27218–2.

Kanturski, M., Świątek, P., Trela, J., Borowiak-Sobkowiak, B. & K. Wieczorek (2020): Micromorphology of the model species pea aphid *Acyrthosiphon pisum* (Hemiptera, Aphididae) with special emphasis on the sensilla structure. – The European Zoological Journal 87(1): 336–356, doi:10.1080/24750263.2020.1779827.

Kaper, J.M. (1969): Reversible dissociation of cucumber mosaic virus (strain S). – Virology 37: 134–139.

Kareiva, P. (1990): Population dynamics in spatially complex environments: theory and data. – Philos Trans R Soc Lond B 330: 175–190.

Karg, G. & M. Suckling (1999): Applied aspects of insect olfaction. – In: Hansson, B.S. (ed.): Insect Olfaction. Berlin: 351–377. doi: 10.1007/978–3–662–07911–9_13.

Karl, E. (1992): Artenspektrum der Blattläuse (Homoptera, Aphidina), die mit einer Saugfalle in Aschersleben (Land Sachsen–Anhalt) in den Jahren 1985 bis 1990 gefangen wurden. – Archiv für Phytopathologie und Pflanzenschutz 28: 69–74.

Karley, A., Douglas, A. & W. Parker (2002): Amino acid composition and nutritional quality of potato leaf phloem sap for aphids. – Journal of Experimental Biology 205: 3009–3018.

Karsch, A. (1883): Die Insektenwelt Deutschlands. Leipzig. Aphiden: 657–668.

Karungi, J., Adipala, E., Ogenga-Latigo, M.W., Kyamanywa, S. & N. Oyobo (2000): Pest management in cowpea. Part 1. Influence of planting time and plant density on cowpea field pests infestation in eastern Uganda. – Crop Protection 19: 231–236.

Kashiwada, Y. (1996): Bestguard (R) (nitenpyram, TI–304) – a new systemic insecticide. – Agrochemicals Japan 68: 18–19.

Katayama, N., Tsuchida, T., Hojo, M.K. & T. Ohgushi (2013): Aphid genotype determines intensity of ant attendance: do endosymbionts and honeydew composition matter? – Ann. Entomol. Soc. Amer. 106: 761–770.

Kauss, H (1986): Ca^{2+} dependence of callose synthesis and the role of polyamines in the activation of 1,3-β-glucan synthase by Ca^{2+}. – In: Trewavas, A.J. (ed.): Molecular and Cellular Aspects of Calcium in Plant Development. Volume 4, NATO ASI Subseries A, New York: 131–137.

Kazana E., Pope T.W., Tibbles L., Bridges M., Pickett J.A., Bones A.M., Powell G., Rossiter J.T. (2007): The cabbage aphid: a walking mustard oil bomb. – Proceedings of the Royal Society B, 274: 2271–2277.

Kazemi, M.H. & H.F. van Emden (1992): Partial antibiosis to *Rhopalosiphum padi* in wheat and some phytochemical correlations. – Annals of Applied Biology 121(1): 1–9.

Kehr, J. (2006): Phloem sap proteins: their identities and potential roles in the interaction between plants and phloem-feeding insects. – Journal of Experimental Botany 57: 767–774.

Keller, S. (2006): Species of Entomophthorales attacking aphids with a description of two new species. – Sydowia 58: 38–74.

Kennedy, G.G. & J.D. Barbour (1992): Resistance variation in natural and managed systems. Plant Resistance to Herbivores and Pathogens: Ecology, Evolution, and Genteics (eds. R.S. Fritz & E.L. Simms). – The University of Chicago Press, Chicago: 13–41.

Kennedy, J. S., Day M. F. & V. F. Eastop (1962): A conspectus of aphids as vectors of plant viruses. – C.I.E. London: 114 S.

Kennedy, J.S. & C.O. Booth (1951): Host alternation in *Aphis fabae* Scop. I. Feeding preferences and fecundity in relation to age and kind or leaves. – Annals of Applied Biology 38: 25–64.

Kennedy, J.S. & C.O. Booth (1954): Host alternation in *Aphis fabae* Scop. II. Changes in the aphids. – Annals of Applied Biology 41: 88–106.

Kennedy, J.S. & C.O. Booth (1963a): Free flight of aphids in the laboratory. – Journal of Experimental Biology 40: 67–85.

Kennedy, J.S. & C.O. Booth (1963b): Co-ordination of successive activities in an aphid. The effect of flight on the settling responses. – Journal of Experimental Biology 40: 351–369.

Kennedy, J.S. (1985): Migration, behavioral and ecological? In: Rankin, M.A. (ed.): Migration: Mechanisms and Adaptive Significance. – Contributions to Marine Science 27 (supplement): 5–26.

Kennedy, J.S. (1990): Behavioural post-inhibitory rebound in aphids taking flight after exposure to wind. – Animal Behaviour 39: 1078–1088.

Kennedy, J.S., Booth, C.O. & W.J.S. Kershaw (1961): Host finding by aphids in the field. III. Visual attraction. – Annals of Applied Biology 49: 1–21.

Kennedy, J.S., Booth, C.O. & W.J.S. Kershaw (1959): Host finding by aphids in the field. I. Gynoparae of *Myzus persicae* (Sulzer). – Annals of Applied Biology 47: 410–23.

Kennedy, J.S., Day, M.F. & V.F. Eastop (1962): A Conspectus of Aphids as Vectors of Plant Viruses. – Commonwealth Inst. Entomol. London: 114 S.

Kennedy, J.S., Ibbotson, A. & C.O. Booth (1950): The distribution of aphid infestation in relation to leaf age. I. *Myzus persicae* (Sulz.) and *Aphis fabae* Scop. on spindle trees and sugarbeet plants. – Annals of Applied Biology 37: 651–679.

Kenten, J.B. (1955): The effect of photoperiod and temperature on reproduction in *Acyrthosiphon pisum* (Harris) and on the forms produced. – Bulletin of Entomological Research 46: 599–624.

Kersch-Becker, M.F. & J.S. Thaler (2015): Plant resistance reduces the strength of consumptive and nonconsumptive effects of predators on aphids. – Journal of Animal Ecology 84: 1222–1232.

Ketabi, L., Jalalaizand, A. & M.R. Bagheri (2014): A study about toxicity of some herbal insecticides on cotton aphid (*Aphis gossypii*) and its natural enemy (*Aphidius colemani*) in laboratory and greenhouse. – Advances in Environmental Biology 8: 2855–2858.

Keymanesh, K., Soltani, S. & S. Sardari (2009): Application of antimicrobial peptides in agriculture and food industry. – World J Microbiol Biotechnol 25: 933–944.

Khan, M.A., Saljoqi, A., Khan, I.A., Zeb, Q., Sajid, M., et al. (2012): Toxicity of foliar insecticides to ladybird beetle predator of green peach aphid, *Myzus persicae* (Sulzer) on potato varieties. – Sarhad Journal of Agriculture 28: 283–290.

Khan, S., Guo, H., Shi, H., Mijit, M. & D. Qiu (2012): Bioassay and enzymatic comparison of six entomopathogenic fungal isolates for virulence or toxicity against green peach aphids *Myzus persicae*. – African Journal of Biotechnology 11: 14193–14203.

Khelifa, M., Journou, S., Krishnan, K., Gargani, D., Espérandieu, P., Blanc, S. & M. Drucker (2007): Electron-lucent inclusion bodies are structures specialized for aphid transmission of cauliflower mosaic virus. – J. Gen. Virol. 88: 2872–2880.

Kieckhefer, R. & Kantack, B. (1980): Losses in yield in spring wheat in South Dakota caused by cereal aphids. – Journal of Economic Entomology 73(4): 582–585.

Kieckhefer, R.W. & Gellner, J.L. (1992): Yield losses in winter-wheat caused by low-density cereal aphid populations. – Agronomy Journal 84(2): 180–183.

Kieckhefer, R.W., Dickmann, D.A. & Miller, E.L. (1976): Color responses of cereal aphids. – Annals of the Entomological Society of America 69(4): 721–724.

Kielty, J.P., Allen-Williams, L.J., Underwood, N. & E.A. Eastwood (1996): Behavioral responses of three species of ground beetle (Coleoptera: Carabidae) to olfactory cues associated with prey and habitat. – Journal of Insect Behavior, 9: 237–250.

Killick, R.W & D.T. Schulteis (1998): The toxicity response from insecticides with an ethyl fatty esterbased adjuvant. – Proceedings of the Brighton Crop Protection Conference, Pests and Diseases, November 1998 (1): 115–120.

Killiny, N., Rashed, A. & R.P. Almeida (2012): Disrupting the transmission of a vector-borne plant pathogen. – Appl. Environ. Microbiol. 78: 638–643.

Kim, H. & S. Lee (2008): A molecular phylogeny of the tribe Aphidini (Insecta: Hemiptera: Aphididae) based on the mitochondrial tRNA/COII, 12S/16S and the nuclear EF1α genes. – Systematic Entomology 33: 711–721.

Kim, H., Lee, W. & S. Lee (2010): Morphometric relationship, phylogenetic correlation, and character evolution in the species-rich genus *Aphis* (Hemiptera: Aphididae). – PLoS One 5: e11608.

Kim, J.H. & G. Jander (2007): *Myzus persicae* (green peach aphid) feeding on *Arabidopsis* induces the formation of a deterrent indole glucosinolate. – Plant Journal 49: 1008–1019.

Kim, J.H., Lee, B.W., Schroeder, F.C. & G. Jander (2008): Identification of indole glucosinolate breakdown products with antifeedant effects on *Myzus persicae* (green peach aphid). – Plant Journal 54: 1015–1026.

Kim, J.J. & D.W. Roberts (2012): The relationship between conidial dose, moulting and insect develop-mental stage on the susceptibility of cotton aphid, *Aphis gossypii*, to conidia of *Lecanicillium attenuatum*, an entomopathogenic fungus. – Biocontrol Science and Technology 22: 319–331.

Kim, J.J., Goettel, M.S. & Gillespie, D.R. (2007): Potential of *Lecanicillium* species for dual microbial control of aphids and the cucumber powdery mildew fungus, *Sphaerotheca fuliginea*. – Biological Control 40: 327–332.

Kim, J.J., Kim, K.C. & D.W. Roberts (2005): Impact of the entomopathogenic fungus *Verticillium leucanii* on development of an aphid parasitoid, *Aphidius colemani*. – Journal of Invertebrate Pathology 88: 254–256.

Kim, W., Johnson, J.W., Baenziger, P.S., Lukaszewski, A.J. & Gaines, C.S. (2004): Agronomic effect of wheat-rye translocation carrying rye chromatin (1R) from different sources. – Crop Science 44(4): 1254–1258.

Kim, Y.H. & S.K. Lee (2013): Which acetylcholinesterase functions as the main catalytic enzyme in the Class Insecta? – Insect Biochemistry and Molecular Biology 43: 47–53.

Kimball, B.A., Kobayashi, K. & M. Bindi (2002): Responses of agricultural crops to Free-Air CO_2 Enrichment. – Adv. Agron. 77: 293–368.

Kimber, W., Glatz, R. & S. Shaw (2013): Introduction of the Wasp *Diaeretus essigellae*, for Biological Control of Monterey Pine Aphid *Essigella californica*, in Australia. – Final Report, Project No PNC063–0607, Forest and Wood Products Australia, Melbourne: 67 S.

Kindlmann, P. & A.F.G. Dixon (1989): Role of population density in determining the sex ratios of species that show local mate competition, with aphids as a model group. – Functional Ecology 3: 311–314.

Kindlmann, P. & A.F.G. Dixon (1993): Optimal foraging in ladybird beetles (Coleoptera: Coccinellidae) and its consequences for their use in biological control. – European Journal of Entomology 90: 443–450.

Kindlmann, P. & A.F.G. Dixon (1994): Evolution of host range in aphids. – European Journal of Entomology 91: 91–96.

Kindlmann, P. & A.F.G. Dixon (1996): Population dynamics of a tree-dwelling aphid: individuals to populations. – Ecological Modelling 89: 23–30.

Kindlmann, P. & A.F.G. Dixon (1999): Generation time ratios – determinants of prey abundance in insect predator-prey interactions. – Biol Control 16: 133–138.

Kindlmann, P. & A.F.G. Dixon (2001): When and why top-down regulation fails in arthropod predator-prey systems. – Basic Appl Ecol 2: 333–340.

Kindlmann, P. & A.F.G. Dixon (2010): Chapter 1 Modelling Population Dynamics of Aphids and Their Natural Enemies. – In: Kindlmann, P., Dixon, A.F.G. & J.P. Michaud (eds.): Aphid Biodiversity under Environmental Change – Patterns and Processes. Dordrecht Heidelberg London New York: 1–20. doi 10.1007/978–90–481–8601–3.

Kindlmann, P., Dixon, A.F.G. & L.J. Gross (1992): The relationship between individual and population growth rates in multicellular organisms. – Journal of Theoretical Biology 157: 535–542.

Kindlmann, P., Hullé, M. & B. Stadler (2007): Timing of dispersal: effect of ants on aphids. – Oecologia 152: 625–631.

Kindlmann, P., Yasuda, H., Kajita Y. & A.F.G. Dixon (2005): Field test of the effectiveness of ladybirds in controlling aphids. – In: Hoddle, M.S. (ed.): International symposium on biological control of arthropods, September 12–16, 2005. USDA Forest Service, FHTET–2005–08, Davos, Switzerland: 441–447.

King, J.B. (1959): The life cycle of the melon aphid, *Aphis gossypii* Glover, an example of facultative migration. – Annals of Entomological Society of America 52: 284–286.

Kirchner, S.M., Doering, T.F. & Saucke, H. (2005): Evidence for trichromacy in the green peach aphid, *Myzus persicae* (Sulz.) (Hemiptera : Aphididae). – Journal of Insect Physiology 51(11): 1255–1260.

Kirk, D.A., Evenden, M.D. & P. Mineau (1996): Past and current attempts to evaluate the role of birds as predators of insect pests in temperate agriculture. – Current Ornithology, Boston: 175–269.

Kislow, C. & L.J. Edwards (1972): Repellent odour in aphids. – Nature 235: 108–109. doi: 10.1038/235108a0

Klaiber, J., Najar-Rodriguez, A.J., Piskorski, R. & S. Dorn (2013): Plant acclimation to elevated CO_2 affects important plant functional traits, and concomitantly reduces plant colonization rates by an herbivorous insect. – Planta 237: 29–42.

Klimaszewski, S.M. & W. Wojciechowski (1979): The construction of alimentary canal in amphigonic female of *Stomaphis quercus* (L.) (Homoptera: Lachnidae). – Acta Biol 7(297): 59–65.

Klimaszewski, S.M., Szelegiewicz, H. & W. Wojciechowski (1973): Über den Bau des männlichen Fortpflanzungssystems von *Drepanosiphum platanoidis* (Schr.) (Homoptera, Aphidoidea). – Bulletin de L'Academie Polonaise des Sciences Serie des Sciences Biologiques Cl II 21(10): 671–674.

Klingauf, F. & C. Sengonca (1970): Koloniebildung von Röhrenblattläusen (*Aphididae*) unter Feindeinwirkung. – Entomophaga 15(4): 359–377.

Klingauf, F. (1967): Abwehr- und Meideraektionen von Blattläusen (Aphididae) bei Bedrohung durch Räuber und Parasiten. – Zeitschrift für Angewandte Entomologie 59: 266–317.

Klingauf, F. (1971): Die Wirkung des Glucosids Phlorizin auf das Wirtswahlverhalten von *Rhopalosiphum insertum* (Walk.) und *Aphis pomi* De Geer (Homoptera: Aphididae). – Zeitschrift für Angewandte Entomologie 68: 41–55.

Klingauf, F., Sengonca, C. & H. Bennewitz (1972): Einfluß von Sinigrin auf die Nahrungsaufnahme polyphager und oligophager Blattlausarten (Aphididae). – Oecologia 9: 53–57.

Kloft, W. (1959): Versuche einer Analyse der trophobiotischen Beziehungen zwischen Ameisen und Aphiden. – Biologisches Zentralblatt 78: 863–870.

Kloft, W., Fossel, A. & J. Schels (1965): Die Honigtau-Erzeuger des Waldes. – In: Kloft W., Maurizio A. & W. Kaeser (eds.): Das Waldhonigbuch. München: 320 S.

Kloft, W.J. (1977): Radioisotopes in aphid research. – In: Harris, K.F. & K. Maramorosch (eds.): Aphids as Virus Vectors. New York: 291–310.

Kloft, W.J., Maurizio, A. & W. Kaeser (1985): Waldtracht und Waldhonig in der Imkerei. Herkunft, Gewinnung und Eigenschaften des Waldhonigs. Hrsg. von Kloft, W.J. & H. Kunkel. München: Ehrenwirth 335 S.

Kloft, W.R. & H. Kunkel (1969): Die Bedeutung des Ortes der Nahrungsaufnahme pflanzensaugender Insekten für die Anwendbarkeit von Insektiziden mit systemischer Wirkung. – Zeitschrift Pflanzenkrankheiten und Pflanzenschutz 76: 1–8.

Knäbe, S. (1994): Untersuchungen zur Ökologie von *Acyrthosiphon pisum* (Harris). – Diplomarbeit, Universität Rostock: 55 S.

Knäbe, S. (1999): The ecology of the subspecies of the pea aphid. – PhD Thesis, University of East Anglia: 137 S.

Knight, A.L., Christianson, B.A., Unruh, T.R., Puterka, G. & D.M. Glenn (2001): Impacts of seasonal kaolin particle films on apple pest management. – Canadian Entomologist 133: 413–428.

Knight, J.D., Bale, J.S., Franks, F., Mathias, S.F. & J.G. Baust (1986): Insect cold hardiness: supercooling points and pre-freeze mortality. – Cyro–Letters, 1: 194–203.

Knoblauch, M. & A.J.E. van Bel (1998): Sieve tubes in action. – The Plant Cell 10: 35–50.

Knowlton, G.F. (1925): The digestive tract *of Longistigma caryae* (Harris). – Ohio J. Sci. 25: 244–252.

Knutson, A.E. & L. Tedders (2002): Augmentation of green lacewing, *Chrysoperla rufilabris*, in cotton in Texas. – Southwestern Entomologist 27: 231–239.

Kobayashi, M. & H. Ishikawa (1993): Breakdown of indirect flight muscles of alate aphids (*Acyrthosiphon pisum*) in relation to their flight, feeding and reproductive behavior. – Journal of Insect Physiology 39: 549–554.

Koch, L.L. (1854–57): Die Pflanzenläuse Aphiden, getreu nach dem Leben abgebildet und beschrieben. Nürnberg 1857 (Ausgabe u. Register). 1. Lieferung 1854: VIII u. 1–134, 2. Lief. 1855: 135–236, 3. Lief. 1856: 237–334; 54 tbl.

Koch, R.L., Hodgson, E.W., Knodel, J.J., Varenhorst, A.J. & B.D. Potter (2018): Management of insecticide-resistant soybean aphids in the upper midwest of the United States. – J. Integr. Pest Manage. 9: 1–7. doi: 10.1093/jipm/pmy014.

Koga, R., Tsuchida, T. & T. Fukatsu (2003): Changing partners in an obligate symbiosis: a facultative endosymbiont can compensate for loss of the essential endosymbiont *Buchnera* in an aphid. – Proceedings of the Royal Society of London Series B: Biological Sciences 270: 2543–2550.

Kogan, M. & Ortman, E.F. (1978): Antixenosis – A new term proposed to define Painter´s "non–preference" modality of resistance. – Bulletin of the Entomological Society of America 24(2): 175–176.

Kogan, M. (1986): Plant defense strategies and host-plant resistance. Ecological Theory and Integrated Pest Management Practice (ed. M. Kogan). New York: 83–134.

Koh, I., Rowe, H.I. & J.D. Holland (2013): Graph and circuit theory connectivity models of conservation biological control agents. – Ecological Applications 23: 1554–1573.

Köhler, E. (1938): Die Bedeutung der Insekten für den Kartoffelabbau. – Vorträge der Pflanzenschutztagung der Biologischen Reichsanstalt am 10. Februar 1938, Berlin: 29–36.

Körner, C. (2000): Biosphere responses to CO_2 enrichment. – Ecol Appl 10: 1590–1619.

Körner, C. (2003): Ecological impacts of atmospheric CO_2 enrichment on terrestrial ecosystems. – R Soc Lond Trans A 361: 2023–2041.

Koskimies, P. & P. Saurola (1985): Autumn migration strategies of the Sedge Warbler *Acrocephalus schoenobaenus* in Finland : a preliminary report. – Ornis Fennica 62: 145–152.

Kot, M. (2012): Ovariole structure in viviparous and oviparous generations of *Glyphina betulae* (Insecta, Hemiptera, Aphidinea: Thelaxidae). – Aphids and Other Hemipterous Insects 18: 13–20.

Kozlowski, M.W. (1991): Mating behaviour and high level polygamy in the aphids, *Periphillus acericola* and *Drepanosiphum platanoidis* (Homoptera Drepanosiphidae). – Ethol. Ecol. Evol. 3: 285–294.

Krassilstschik, von J. (1893): Zur vergleichenden Anatomie und Systematik der Phytopthires. – Zoologischer Anzeiger 16: 85–92, 97–102.

Krauter, P.C., Sansone, C.G. & K.M. Heinz (2001): Assessment of Gaucho (R) seed treatment effects on beneficial insect abundance in sorghum. – Southwestern Entomologist 26: 143–146.

Krebs, C.J. (2009): Ecology: The Experimental Analysis of Distribution and Abundance. 6th. ed. San Francisco, USA: Pearson Education. 645 S.

Kring, J.B. & D.J. Schuster (1992): Management of insects on pepper and tomato with UV-reflective mulches. – Florida Entomologist 75: 119–129.

Kring, J.B. (1977): Structure of the eyes of the pea aphid, *Acyrthosiphon pisum*. – Annals of the Entomological Society of America 70(6): 855–860. doi: 10.1093/aesa/70.6.855.

Krzywiec, D. (1964): Morphology and biology of *Mimeuria ulmiphila (Del Guercio) (Homoptera, Aphidae)*, Part II. – Bull. Soc. Amis Sci. Lett. Poznan (D) 5: 3-29.

Kryzwiec-Rajska, D. (1969): Neue unbekannte Sinnesorgane der Blattläuse (Homoptera: Aphidoidea). – Bulletin de l'Academic Polonaise des Sciences, Class II, Series des Sciences Biologiques 16: 765–771.

Kubota, S. (1985): Rubbing behaviours in some aphids. – Konty 58: 595–603.

Kuhlmann, F. & C. Müller (2009a): Development-dependent effects of UV radiation exposure on broccoli plants and interactions with herbivorous insects. – Environmental and Experimental Botany 66: 61–68.

Kuhlmann, F. & C. Müller (2009b): Independent responses to ultraviolet radiation and herbivore attack in broccoli. – Journal of Experimental Botany 60(12): 3467–3475.

Kuhlmann, F. & C. Müller (2010): UV-B impact on aphid performance mediated by plant quality and plant changes induced by aphids. – Plant Biology 12: 676–684. doi:10.1111/j.1438-8677.2009.00257.x

Kuhlmann, F. & C. Müller (2011): Impacts of ultraviolet radiation on interactions between plants and herbivorous insects, a chemo-ecological perspective. – In Lüttge, U. (ed.): Progress in Botany 72, Berlin Heidelberg: 305–347.

Kuhlmann, F. (2009): The influence of ultraviolet radiation on plant–insect interactions. – Dissertation, Julius-Maximilians-Universität Würzburg: 119 S.

Kumar, R. & A.K. Dikshit (2001): Effect of imidacloprid against aphids and leafhoppers on cotton. – Annals of Plant Protection Sciences 7: 248–250.

Kumar, S., Chandra, A. & K.C. Pandey (2008): *Bacillus thuringiensis* (Bt) transgenic crop: An environment friendly insect-pest management strategy. – J Environ Biol 29: 641–653.

Kundu, R. & A.F.G. Dixon (1994): Feeding on the primary host by the return migrants of the host-alternating aphid, *Cavariella aegopodii*. – Ecological Entomology 19: 83–86.

Kundu, R. & A.F.G. Dixon (1995): Evolution of complex life cycles. – Journal of Animal Ecology 64: 245–255.

Kunkel, H. & W. Kloft (1977): Fortschritte auf dem Gebiet der Honigtau-Forschung. Apidologie 8: 369–391.

Kunkel, H. (1966): Ernährungsphysiologische Beziehungen der Stenorrhynchen zur Wirtspflanze unter besonderer Berücksichtigung der Coccina und Aphidina. – Dissertation, Universität Bonn: 172 S.

Kunkel, H. (1969): Über das Verhalten der Aphiden und verwandter Honigtauerzeuger bei der Abgabe von Honigtau. Apimondia. – Der XII. Internationale BienenzüchterKongreß München 1969. Bukarest: 477–481.

Kunkel, H. (1972): Die Kotabgabe bei Aphiden (Aphidina, Hemiptera). – Bonn. Zool. Beitr. 23 (2): 161–178.

Kunkel, H. (1973): Die Kotabgabe der Aphiden (Aphidina, Hemiptera) unter Einfluß von Ameisen. – Bonn. Zool. Beitr. 24 (1/2): 105–121.

Kurosu U. & S. Aoki (1988): First-instar aphids produced late by the fundatrix of *Ceratovacuna nekoashi* (Homoptera) defend their closed gall outside. – J Ethol 6: 99–104.

Kurosu, U. & S. Aoki (1991): Gall cleaning by the aphid *Hormaphis betulae*. – J Ethol 9: 51–55.

Kurosu, U. & S. Aoki (2009): Extremely long-closed galls of a social aphid. – Psyche: A Journal of Entomology 2009: 9 S. doi.org/ 10.1155/2009/159478.

Kurosu, U., Aoki, S. & T. Fukatsu (2003): Self-sacrificing gall repair by aphid nymphs. – Proc R Soc Lond B (Suppl) 270: S12–S14

Kurosu, U., Buranapanichpan, S. & S. Aoki (2006a): *Astegopteryx spinocephala* (Hemiptera: Aphididae), a new aphid species producing sterile soldiers that guard eggs laid in their gall. – Entomol Sci 9: 181–190.

Kurosu, U., Narukawa, J., Buranapanichpan, S. & S. Aoki (2006b): Head–plug defense in a gall aphid. – Insectes Soc 53: 86–91.

Kurosu, U., Stern, D.L. & S. Aoki (1990): Agonistic interactions between ants and gall–living soldier aphids. – J. Ethol. 8: 139–141. doi: 10.1007/BF02350284.

Kusnierczyk, A., Tran, D.H.T., Winge, P., Jørstad, T.S., Reese, J.C., Troczynska, J. & A.M. Bones (2011): Testing the importance of jasmonate signalling in induction of plant defences upon cabbage aphid (*Brevicoryne brassicae*) attack. – BMC Genomics 12: 423.

Kutsukake, M., Meng, X.Y., Katayama, N., Nikoh, N., Shibao, H. & T. Fukatsu (2012): An insect-induced novel plant phenotype for sustaining social life in a closed system. – Nat. Commun. 3: 1187. doi: 10.1038/ncomms2187

Kutsukake, M., Moriyama, M., Shigenobu, S., Meng, X.Y., Nikoh, N., Noda, C. et al. (2019): Exaggeration and co–option of innate immunity for social defense. – Proc. Natl. Acad. Sci. USA 116: 8950–8959. doi: 10.1073/ pnas.1900917116.

Kutsukake, M., Shibao, H., Uematsu, K. & T. Fukatsu (2009): Scab formation and wound healing of plant tissue by soldier aphid. – Proc. R. Soc. B 276: 1555–1563. doi: 10.1098/rspb.2008.1628.

L

LAGE, J., SKOVMAND, B. & ANDERSEN, S. (2004): Resistance categories of synthetic hexaploid wheats resistant to the Russian wheat aphid (*Diuraphis noxia*). – Euphytica 136(3): 291–296.

LAGE, J., SKOVMAND, B. & ANDERSEN, S.B. (2003): Characterization of greenbug (Homoptera : Aphididae) resistance in synthetic hexaploid wheats. – Journal of Economic Entomology 96(6): 1922–1928.

LAGOS, D.M., VOEGTLIN, D.J., COEUR D'ACIER, A. & R. GIORDANO (2014): Aphis (Hemiptera: Aphididae) species groups found in the midwestern United States and their contribution to the phylogenetic knowledge of the genus. – Insect Sci. 21: 374-391. doi:10.1111/1744-7917.12089.

LAI, C.-Y., BAUMANN, L. & P. BAUMANN (1994): Amplification of trpEG: Adaptation of *Buchnera aphidicola* to an endosymbiotic association with aphids. – Proceedings of the National Academy of Science USA 91: 3819–3823.

LAI, C.-Y., BAUMANN, P. & N.A. MORAN (1995): Genetics of the tryptophan biosynthetic pathway of the prokaryotic endosymbiont (Buchnera) of the aphid *Schlechtendalia chinensis*. – Insect Molecular Biology 4: 47–59.

LAL, R., DE VLEESCHAUVER, D. & R. MALAFA-NGANJE (1980): Changes in properties of a newly cleared tropical alfisol as affected by mulching. – Soil Science Society of America Journal 44: 827–833.

LAMB, K.B (1959): Composition of the honeydew of the aphid *Brevicoryne brassicae* (L.) feeding on swedes (*Brassica napobrassica* DC.). – J. Insect Physiol. 3: 1–13.

LAMB, R.J. & P.A. MACKAY (1995): Tolerance of antibiotic and susceptible cereal seedlings to the aphids *Metopolophium dirhodum* and *Rhopalosiphum padi*. – Annals of Applied Biology 127(3): 573–583.

LAMB, R.J. & P.J. POINTING (1972): Sexual morph determination in the aphid, *Acyrthosiphon pisum*. – Journal of Insect Physiology 18: 2029–2042.

LAMELAS, A., JOSE GOSALBES, M., MANZANO-MARIN, A., PERETO, J., MOYA, A. & A. LATORRE (2011): *Serratia symbiotica* from the aphid *Cinara cedri*: a missing link from facultative to obligate insect endosymbiont. – PLoS Genet 7: e1002357.

LAMPEL, G. (1968): Die Biologie des Blattlaus-Generationswechsels, mit besonderer Berücksichtigung terminologischer Aspekte. – Jena: 264 S., 33 Pl.

LAMPEL, G. (1969): Untersuchungen zur Morphenfolge von *Pemphigus spirothecae* Pass. 1860 (Homoptera, Aphidoidea). – Bulletin der Naturforschenden Gesellschaft Freiburg 58: 56–71.

LAMPEL, G. (1974, 1975): Die Blattläuse (Aphidina) des Botanischen Gartens Freiburg/ Schweiz. – Bull. Soc. Frib. Sc. Nat. 63: 59–137, 64: 125–184.

LAMPEL, G. (1977): Aphidina als Honigtauerzeuger in Gärten und Parks Mitteleuropas mit besonderer Berücksichtigung des Botanischen Gartens Freiburg/Schweiz. – Apidologie 8(4): 437–449.

LANDIS, D.A., WRATTEN, S.D. & G.M. GURR (2000): Habitat management to conserve natural enemies of arthropod pests in agriculture. – Annual Review of Entomology 45: 175–201.

LANGER, A. & T. HANCE (2004): Enhancing parasitism of wheat aphids through apparent competition: a tool for biological control. – Agriculture, Ecosystems and Environment 102: 205–212.

LANGER, A., STILMANT, D., VERBOIS, D. & TH. HANCE (1997): Activity and distribution of cereal aphid parasitoids in Belgium. – Entomophaga 42: 187–193.

LANTEIGNE, M.-P., BRODEUR, J. & G. BOIVIN (2015): Patch experience changes host selection behaviour of the aphid parasitoid *Aphidius ervi*. – Journal of Insect Behavior 28: 436–446.

LAPITAN, N.L.V., PENG, J. & SHARMA, V. (2007): A high-density map and PCR markers for Russian wheat aphid resistance gene Dn7 on chromosome 1RS/1BL. – Crop Science 47(2): 811–820.

LASKA, P. (1978): Current knowledge of feeding specialization of different species of aphidophagous larvae of syrphidae. – Annales des Zoologie Écologie Animale 10: 395–397.

LASKA, P. (1981): Low pirimicarb-susceptibility of buckthorn-potato aphid, *Aphis nasturtii* (Homoptera: Aphididae). – Acta Entomologica Bohemoslovaca 78: 61–62.

LATTANZIO, V., ARPAIA, S., CARDINALI, A., DI VENERE, D. & V. LINSALATA (2000): Role of endogenous flavonoids in resistance mechanism of Vigna to aphids. – Journal of Agricultural and Food Chemistry 48: 5316–5320.

LATTEUR, G. & J. GODEFROID (1983): Trial of field treatments against cereal aphids with mycelium of *Erynia neoaphidis* (Entomophthorales) produced in vitro. – In: CAVALLORO, R. (ed.): Aphid Antagonists. Rotterdam: 2–10.

LAUBERTIE, E., MARTINI, X., CADENA, C., TREILHOU, M., DIXON, A.F.G. & J.-L. HEMPTINNE (2006): The immediate source of the oviposition-deterring pheromone produced by larvae of *Adalia bipunctata* (L.) (Coleoptera, Coccinellidae). – Journal of Insect Behavior 19: 231–240.

LAUE, M. (2000): Immunolocalization of general odorant-binding protein in antennal sensilla of moth caterpillars. – Arthropod Struct. Dev. 29: 57–73. doi: 10.1016/S1467–8039(00)00013–X.

LAUGHTON, A.M., FAN, M.H. & N.M. GERARDO (2014): The combined effects of bacterial symbionts and aging on life history traits in the pea aphid, *Acyrthosiphon pisum*. – Appl. Environ. Microbiol. 80(2): 470–477.

LAWLER, I.R., FOLEY, W.J., WOODROW, I.E. & S.J. CORK (1997): The effects of elevated CO_2 atmospheres on the nutritional quality of Eucalyptus foliage and its interaction with soil nutrient and light availability. – Oecologia 109: 59–68.

LAWSON, S.P., LEGAN, A.W., GRAHAM, C. & P. ABBOT (2014): Comparative phenotyping across a social transition in aphids. – Anim. Behav. 96: 117–125. doi: 10.1016/j.anbehav.2014.08.003.

Le Lann, C., Roux, O., Serain, N., van Alphen, J.J.M., Vernon, P. & J. van Baaren (2011): Thermal tolerance of sympatric hymenopteran parasitoid species: does it match their seasonal activities? – Physiological Entomology 36: 21–28.

Le Trionnaire, G., Hardie, J., Jaubert-Possamai, S., Simon, J.C. & D. Tahu (2008): Shifting from clonal to sexual reproduction in aphids: physiological and developmental aspects. – Biology of the Cell 100: 441–451.

Leather, S. R, Walters, K.F.A. & A.F.G. Dixon (1989): Factors determining the pest status of the bird cherry-oat aphid, *Rhopalosiphum padi* (L.) (Hemiptera: Aphididae), in Europe: a study and review. – Bull. ent. Res. 79: 345–360.

Leather, S.R. & A.F.G. Dixon (1984): Aphid growth and reproduction rates. – Entomologia Experimentalis et Applicata 35: 137–140.

Leather, S.R. & P.W. Wellings (1981): Ovariole number and fecundity in aphids. – Entomologia Experimentalis et Applicata 30: 128–133.

Leather, S.R. (2015): Onwards and upwards aphid flight trends follow climate change. – Journal of Animal Ecology 84(1): 1–3. doi. org/10.1111/1365–2656.12314.

Leather, S.R., Wellings, P.W. & K.F.A. Walters (1988): Variation in ovariole number within the Aphidoidea. – Journal of Natural History 22(2): 381–393. doi 10.1080/00222938800770271.

Lecourieux, D., Ranjeva, R. & A. Pugin (2006): Calcium in plant defence–signalling pathways. – New Phytol. 171: 249–269.

Lee, J.H. & N.C. Elliott (1998): Temperature effects on development in *Aphelinus albipodus* (Hymenoptera: Aphelinidae) from two geographic regions. – Great Lakes Entomologist 31: 173–179.

Lees, A.D. (1959): The role of photoperiod and temperature in the determination of parthenogenetic and sexual forms in the aphid *Megoura viciae* Buckton. I. The influence of these factors on apterous virginoparae and their progeny. – Journal of Insect Physiology 3: 92–117.

Lees, A.D. (1960): The role or photoperiod and temperature in the determination of parthenogenetic and sexual forms in the aphid *Megoura viciae* Buckton. II. The operation of 'interval timer' in young clones. – Journal of Insect Physiology 4: 154–175.

Lees, A.D. (1961): Clonal polymorphism in aphids. In: Kennedy, J.S. (ed.): Insect Polymorphism. Symposia of the Royal Entomological Society of London, 1: 68–79.

Lees, A.D. (1964): The location of the photoperiodic receptors in the aphid *Megoura viciae* Buckton. – Journal of Experimental Biology 41: 119–133.

Lees, A.D. (1966): The control of polymorphism in aphids. – Advances in Insect Physiology 3: 207–277.

Lees, A.D. (1967): The production of the apterous and alate forms in the aphid *Megoura viciae* Buckton, with special reference to the role of crowding. – Journal of Insect Physiology 13. 289–318.

Lees, A.D. (1973): Photoperiodic time measurement in the aphid *Megoura viciae*. – Journal of Insect Physiology 19: 2279–2316.

Lees, A.D. (1984): Parturition and alate morph determination in the aphid *Megoura viciae*. – Entomol. Exp. Appl. 35: 93–100.

Leeuwenhoek, A. van (1696): Ondekte onsigtbaarheeden. Leiden, Tome 4: 87–293.

Lehmhus, J., Hommes, M. & S. Vidal (1999): The impact of different intercropping systems on herbivorous pest insects in plots of white cabbage. – Bulletin OILB/SROP 22: 163–169.

Lehmhus, J., Vidal, S. & M. Hommes (1996): Population dynamics of herbivorous and beneficial insects found in plots of white cabbage undersown with clover. – Bulletin OILB/SROP 19: 115–121.

Leimu, R. & Koricheva, J. (2006): A meta-analysis of trade-offs between plant tolerance and resistance to herbivores: combining the evidence from ecological and agricultural studies. – Oikos 112(1): 1–9.

Leineweber, K., Schulz, A. & G.A. Thompson (2000): Dynamic transitions in the translocated phloem filament protein. – Aust. J. Plant Physiol. 27: 733–741.

Leite, O. de C., Brandl, F., Hofer, D., Aramaki, P., Gehmann, K. & J. Weissenberg (2001): Seed treatment – an emerging technology in agriculture in Latin America demonstrated by the development of thiamethoxam. In: Seed Treatment: Challenges and Opportunities. – Proceedings of the 2001 British Crop Council Protection Symposium 76. British Crop Protection Council, Farnham: 209–214.

Leonardo, T.E. & G.T. Muiru (2003): Facultative symbionts are associated with host plant specialization in pea aphid populations. – Proceedings of the Royal Society of London Series B: Biological Sciences, 270: 209–212.

Leonhardt, H. (1940): Beiträge zur Kenntnis der Lachniden, der wichtigsten Tannenhonigtauerzeuger. – Z. angew. Ent. 27: 208–272.

Leroy, P.D., Almohamad, R., Attia, S., Capella, Q., Verheggen, F.J., Haubruge, E. & F. Francis (2014): Aphid honeydew: an arrestant and a contact kairomone for *Episyrphus balteatus* (Diptera: Syrphidae) larvae and adults. – Eur. J. Entomol. 111: 237–242.

Leroy, P.D., Verheggen, F.J., Capella, Q., Francis, F. & E. Haubruge (2010): An introduction device for the aphidophagous hoverfly *Episyrphus balteatus* (De Geer) (Diptera: Syrphidae). – Biological Control 54: 181–188.

Leroy, P.D., Wathelet, B., Sabri, A., Francis, F., Verheggen, F.J., Capella, Q., Thonart, P. & E. Haubruge (2011): Aphid-host plant interactions: does aphid honeydew exactly reflect the host plant amino acid composition? – Arthropod Plant Interact. 5: 193–199.

Letourneau, D.H., Armbrecht, I., Rivera, B.S., Lerma, J.M., Carmona, E.J., et al. (2011): Does plant diversity benefit agroecosystems? A synthetic review. – Ecological Applications 21: 9–21.

LETOURNEAU, D.K. (1987): The enemies hypothesis: tritrophic interaction and vegetational diversity in tropical agroecosystems. – Ecology 68: 1616–1622.

LETOURNEAU, D.K. (1990): Abundance patterns of leafhopper enemies in pure and mixed stands. – Environmental Entomology 19: 505–509.

LEVIE, A., LEGRAND, M.A., DOGOT, P., PELS, C., BARET, P.V. & T. HANCE (2005): Mass releases of *Aphidius rhopalosiphi* (Hymenoptera: Aphidiinae), and strip management to control of wheat aphids. – Agriculture, Ecosystems and Environment 105: 17–21.

LEVIN, D.M. & M.E. IRWIN (1995): Barley yellow dwarf luteovirus effects on tethered flight duration, wingbeat frequency, and age of maiden flight in *Rhopalosiphum padi* (Homoptera: Aphididae). – Environmental Entomology 24: 306–312.

LEVY, M., WANG, Q.M., KASPI, R., PARRELLA, M.P. & S. ABEL (2005): *Arabidopsis* IQD1, a novel calmodulin-binding nuclear protein, stimulates glucosinolate accumulation and plant defense. – Plant Journal 43: 79–96.

LEWIS, G.A. & D.S. MADGE (1984): Esterase activity and associated insecticide resistance in the damson-hop aphid, *Phorodon humuli* (Schrank) (Hemiptera: Aphididae). – Bulletin of Entomological Research 74: 227–238.

LEWIS, T. (1965): The effects of shelter on the distribution of insect pests. – Scientific Horticulture 17: 74–84.

LI, C., COX-FOSTER, D., GRAY, S.M. & F. GILDOW (2001): Vector specificity of barley yellow dwarf virus (BYDV) transmission: identification of potential cellular receptors binding BYDV–MAV in the aphid, *Sitobion avenae*. – Virology 286: 125–133.

LI, C., ROITBERG, B.D. & M. MACKAUER (1992): The search pattern of a parasitoid wasp, Aphelinus asychis. – Oikos 65: 207–212.

LI, J., WANG, X.P., WANG, M.Q., MA, W.H. & H.X. HUA (2013): Advances in the use of the RNA interference technique in Hemiptera. – Insect Sci. 20: 31–39.

LI, S., FALABELLA, P., GIANNANTONIO, S., FANTI, P., BATTAGLIA, D., DIGILIO, M.C., VÖLKL, W., SLOGGETT, J.J., WEISSER, W. & F. PENNACCHIO (2002): Pea aphid clonal resistance to the endophagous parasitoid *Aphidius ervi*. – Journal of Insect Physiology 48: 971–980.

LI, X.Y., JIANG, L.Y. & G.X. QIAO (2014): Is the subfamily Eriosomatinae (Hemiptera: Aphididae) monophyletic? – Turkish Journal of Zoology 38, 285–297.

LI, Z.Q., ZHANG, S., CAI, X.M., LUO, J.Y., DONG, S.L., CUI, J.J. & Z.M. CHEN (2017): Three odorant binding proteins may regulate the behavioural response of *Chrysopa pallens* to plant volatiles and the aphid alarm pheromone (E)-β-farnesene. – Insect Mol. Bio. 26: 255–265. doi: 10.1111/imb.12295.

LIADOUZE, I., FEBUAY, G., GUILLAUD, J. & G. BONNOT (1995): Effect of diet on the free amino acid pools of symbiotic and aposymbiotic pea aphids, *Acyrthosiphon pisum*. – Journal of Insect Physiology 41: 33–40.

LIEBIG, G. (1987): Der Massenwechsel der grünen Tannenhoniglaus *Cinara pectinatae* in verschieden stark erkrankten Tannenbeständen 1977–1985. – Apidologie 18(2): 147–162.

LILLEY, R. & J. HARDIE (1996): Cereal aphid responses to sex pheromones and host-plant odours in the laboratory. – Physiol. Entomol. 21: 304–308.

LILLEY, R., HARDIE, J., MERRITT, L. A., PICKETT, J. A., WADHAMS, L. J. AND WOODCOCK, C. M. (1995): The sex pheromone of the grain aphid, *Sitobion avenae* (Fab.) (Homoptera, Aphididae). – Chemoecology 6: 43–46.

LIN, R., LIANG, H., ZHANG, R., TIAN, C. & Y. MA (2003): Impact of alfalfa/cotton intercropping and management on some aphid predators in China. – Journal of Applied Entomology 127: 33–36.

LINDAUER, M. (1952): Ein Beitrag zur Frage der Arbeitsteilung im Bienenstaat. – Z Vergl Physiol 34: 1432–1351.

LINDLEY, G. (1831): A guide to the orchard and kitchen garden. London, UK: 636 S.

LINDROTH, R.L., HOFMAN, R.W., CAMPBELL, B.D., MCNABB, W.C. & D.Y. HUNT (2000): Population differences in *Trifolium repens* L. response to ultraviolet–B radiation: foliar chemistry and consequences for two lepidopteran herbivores. – Oecologia 122: 20–28.

LINNÉ, C. (LINNAEUS) (1746–61): Fauna suecica sistens Animalia Sveciae Regni. Quadrupedia, Aves, Amphibia, Pisces, Insecta, Vermes. Distributa per Classes et Ordines, Genera et Species. Lugd. Batav. Aphis, Chermes: 214–218, 387. – Ed. altera, Stockholmiae (1761): 258–264. – Editio tertia vide Villers. 1758–59. Systema Naturae per Regna tria Naturae secundum Classes, Ordines, Genera, Species, cum Characteribus, Differentiis, Synonymis, Locis. Ed. X, reformata. Holmiae, 2 Vol. I Regnum animale (1758) Aphis u. Chermes: 451–455.

LINSEY, K.L. (1969): Cronicle of the pea aphid, *Acyrthosiphon pisum*; their structure and function. A light and electron microscope study. – Annals of the Entomological Society of America 62: 1015–1020.

LIOTTA, G. & L. DI TRAPANI (1994): Influenza della pacciamatura e della concimazione minerale sulle infestazioni afidiche del melone. – Phytophaga, Palermo 4: 69–92.

LIQUIDO, N.J. & M.E. IRWIN (1986): Longevity, fecundity, change in degree of gravidity and lipid content with adult age, and lipid utilisation during tethered flight of alates of the corn leaf aphid, *Rhopalosiphum maidis*. – Annals of Applied Biology 108: 449–459.

LITTERST, M. & T. THIEME (2001): Die Zitruslaus – erstmaliger Nachweis im Apfelanbau. – Obstbau 2: 67.

LIU, S., HE, X., PARK, G., JOSEFSSON, C. & K.L. PERRY (2002): A conserved capsid protein surface domain of *Cucumber mosaic virus* is essential for efficient aphid vector transmission. – J. Virol. 76: 9756–9762.

Liu, S., Sivakumar, S., Sparks, W.O., Miller, W.A. & B.C. Bonning (2010a): A peptide that binds the pea aphid gut impedes entry of Pea enation mosaic virus into the aphid hemocoel. – Virology 401: 107–116.

Liu, X., Marshall, J.L., Starý, P., Edwards, O., Puterka, G. et al. (2010b): Global phylogenetics of *Diuraphis noxia* (Hemiptera: Aphididae) an invasive aphid species: evidence for multiple invasions into North America. – J. econ. Ent. 103: 958-965.

Liu, X., Yang, X., Wang, C., Wang, Y., Zhang, H. & Ji, W. (2011): Molecular mapping of resistance gene to English grain aphid (*Sitobion avenae* F.) in *Triticum durum* wheat line C273. – Theoretical and Applied Genetics 124(2): 287–293.

Liu, X.D., Zhai, B.P., Zhang, X.X. & H.N. Gu (2008): Variability and genetic basis for migratory behaviour in a spring population of the aphid, *Aphis gossypii* Glover in the Yangtze River Valley of China. – Bulletin of Entomological Research 98: 491–497.

Liu, X.M., Smith, C.M. & Gill, B.S. (2002): Identification of microsatellite markers linked to Russian wheat aphid resistance genes Dn4 and Dn6. – Theoretical and Applied Genetics 104(6–7): 1042–1048.

Liu, X.M., Smith, C.M., Gill, B.S. & Tolmay, V. (2001): Microsatellite markers linked to six Russian wheat aphid resistance genes in wheat. – Theoretical and Applied Genetics 102(4): 504–510.

Liu, Y.J., Yan, S., Shen, Z.J, Li, Z., Zhang, X.F, Liu, X.M., Zhang, Q.W. & X.X. Liu (2018): The expression of three opsin genes and phototactic behavior of *Spodoptera exigua* (Lepidoptera: Noctuidae): evidence for visual function of opsin in phototaxis. – Insect Biochemistry and Molecular Biology 96: 27–35.

Lizen, E., Latteur, G. & R. Oger (1985): Sensibilité à infection par l'Entomophthorale *Erynia neoaphidis* Remaud. et Henn. du puceron *Acyrthosiphon pisum* (Harris) selon sa forme, son stade et son age. – Parasitica 41: 163–170.

Llewellyn, M., Rashid, R. & P. Leckstein (1974): Tue ecological energetics of the willow aphid *Tuberolachnus salignus* (Gmelin): honeydew production. – Journal of Animal Ecology 43: 19–29.

Long, L.M., Patel, H.P., Cory, W.C. & A.E. Stapleton (2003): The maize epicuticular wax layer provides UV protection. – Functional Plant Biology 30: 75–81.

Lorriman, F. & M. Llewellyn (1983): The growth and reproduction of hop aphid (*Phorodon humuli*) biotypes resistant and susceptible to insecticides. – Acta Entomologica Bohemoslovaca 80: 87–95.

Lösel, P. M., Lindemann, M., Scherkenbeck, J., Maier, J., Engelhard, B., Campbell, C. A. M., Hardie, J., Pickett, J. A., Wadhams, L. J., Elbert, A. et al. (1996): The potential of semiochemicals for control of *Phorodon humuli* (Homoptera: Aphididae). – Pestic. Sci. 48: 293–303.

Losey, J.E. & R.F. Denno (1998): The escape response of pea aphids to foliar-foraging predators: factors affecting dropping behaviour. – Ecological Entomology 23: 53–61.

Lowe, H.J.B. (1981): Resistance and susceptibility to colour forms of the aphid *Sitobion avenae* in spring and winter wheats (*Triticum aestivum*). – Annals of Applied Biology 99(1): 87–98.

Lowe, H.J.B. (1973): Variation in *Myzus persicae* (Sulz) (Hemiptera, Aphididae) reared on different host–plants. – Bulletin of Entomological Research 62: 549–556.

Lowe, H.J.B. (1984): Characteristics of resistance to grain aphid *Sitobion avenae* in winter wheat. – Annals of Applied Biology 105(3): 529–538.

Lowles, A. (1995): A quick method for distinguishing between the two autumn winged female morphs of the aphid *Rhopalosiphum padi*. – Entomologia Experimentalis et Applicata 74: 95–99. doi:10.1111/j.1570-7458.1995.tb01879.x.

Loxdale, H.D. (2018): Aspects, including pitfalls, of temporal sampling of flying insects, with special reference to aphids. – Insects 9(4): 153. doi.org/10.3390/insects9040153.

Loxdale, H.D & G. Lushai (1999): Slaves of the environment: the movement of herbivorous insects in relation to their ecology and genotype. Philosophical Transactions: – Biological Sciences 354: 1479–1495.

Loxdale, H.D. & A. Balog (2018): Aphid specialism as an example of ecological-evolutionary divergence. – Biological Reviews 93: 642–657.

Loxdale, H.D., Brookes, C.O., Wynne, I.R. & S.J. Clark (1998): Genetic variability within and between English populations of the damson-hop aphid, *Phorodon humuli* (Hemiptera: Aphididae), with special reference to esterase associated with insecticide resistance. – Bulletin of Entomological Research 88: 513–526.

Loxdale, H.D., Hardie, J., Halbert, S., Foottit, R., Kidd, N.A.C. & C.I. Carter (1993): The relative importance of short- and long-range movement of flying aphids. – Biological Reviews of the Cambridge Philosophical Society 68: 291–311.

Loxdale, H.D., Lushai, G. & J.A. Harvey (2011a): The evolutionary improbability of 'generalism' in nature, with special reference to insects. – Biological Journal of the Linnean Society 103: 1–18.

Loxdale, H.D., Massonnet, B., Schöfl, G. & W.W. Weisser (2011b): Evidence for a quiet revolution: seasonal variation in colonies of the specialist tansy aphid, *Macrosiphoniella tanacetaria* (Kaltenbach) (Homoptera, Aphididae) studied using microsatellite markers. – Bulletin of Entomological Research 101: 221–239.

Lu, H., Rudd, J.C., Burd, J.D. & Weng, Y. (2010): Molecular mapping of greenbug resistance genes Gb2 and Gb6 in T1AL.1RS wheat-rye translocations. – Plant Breeding 129(5): 472–476.

Lucas, E. & J. Brodeur (1999): Oviposition site selection by the predatory midge *Aphidoletes aphidimyza* (Diptera: Cecidomyiidae). – Environmental Entomology 28: 622–627.

Lucas, E. & J.A. Rosenheim (2011): Influence of extraguild prey density on intraguild predation by heteropteran predators: a review of the evidence and a case study. – Biological Control 59: 61–67.

Lucas, E. (2005): Intraguild predation among aphidophagous predators. – European Journal of Entomology 102: 351–364.

Lucas, E., Coderre, D. & J. Brodeur (1997): Instar-specific defense of *Coleomegilla maculata lengi* (Col. Coccinellidae): influence on attack success of the intraguild predator *Chrysoperla rufilabris* (Neu. Chrysopidae). – Entomophaga 42: 3–12.

Lucas, E., Coderre, D. & J. Brodeur (1998): Intraguild predation among aphid predators: characterization and influence of extraguild prey. – Ecology 79: 1084–1092.

Luck, J., Spackman, M., Freeman, A., Trebicki, P., Griffiths, W., Finlay, K. & S. Chakraborty (2011): Climate change and diseases of food crops. – Plant Pathol. 60: 113–121.

Luck, R.F., Shepard, B.M. & P.E. Kenmore (1988): Experimental methods for evaluating arthropod natural enemies. – Ann Rev Entomol 33: 367–391.

Lukasik, P., Dawid, M.A., Ferrari, J. & H.C.J. Godfray (2013a): The diversity and fitness effects of infection with facultative endosymbionts in the grain aphid, *Sitobion avenae*. – Oecologia 173: 985–996.

Lukasik, P., Guo, H., van Asch, M., Ferrari, J. & H.C. Godfray (2013b): Protection against a fungal pathogen conferred by the aphid facultative endosymbionts *Rickettsia* and *Spiroplasma* is expressed in multiple host genotypes and species and is not influenced by co-infection with another symbiont. – Journal of Evolutionary Biology 26: 2654–2661.

Lukasik, P., van Asch, M., Guo, H., Ferrari, J. & H.C.J. Godfray (2013c): Unrelated facultative endosymbionts protect aphids against a fungal pathogen. – Ecology Letters 16: 214–218.

Lung, M.C.Y. & T.P. Pirone (1974): Acquisition factor required for aphid transmission of purified cauliflower mosaic virus. – Virology 60: 260–264.

Luo, C., Luo, K., Hu, Z.-Q., Tao, Y.-Y. & H.-Y. Zhao (2016): The infection frequencies and dynamics of three secondary endosymbionts in the laboratory environments on *Sitobion avenae* (Fabricius) as determined by long PCR. – Journal of Asia-Pacific Entomology 19: 473–476.

Luo, K., Thieme, T., Hu, Z., Hu, X., Zhang, G. & H. Zhao (2015): Previous infestation with *Psammotettix alienus* on spring wheat seedlings decreased the fitness of *Sitobion avenae* in a subsequent infestation. – Agricultural and Forest Entomology (2015), doi: 10.1111/afe.12136.

Lusser, M. & H.V. Davies (2013): Comparative regulatory approaches for groups of new plant breeding techniques. – New Biotechnology. 30 (5): 437–446. doi: 10.1016/j.nbt.2013.02.004.

M

Ma, R., Reese, J.C., Black IV, W.C. & P. Bramel-Cox (1990): Detection of pectinesterase and polygalacturonase from salivary secretions of living greenbugs, *Schizaphis graminum* (Homoptera: Aphididae). – J. Insect Physiol. 36: 507–512.

Ma, Z.Q., Saidi, A., Quick, J.S. & Lapitan, N.L.V. (1998): Genetic mapping of Russian wheat aphid resistance genes Dn2 and Dn4 in wheat. – Genome 41(2): 303–306.

Macchiati, L. (1879a): Primo contributo alla Fauna degli Afidi di Sardegna. Giorn. – Lab. ent. e crittogam. Sard. 1879: 6.

Macchiati, L. (1879b): Contributo alla fauna degli Afidi di Sardegna. – Lab. ent. e crittogam. Sard: 42.

Macchiati, L. (1880a): Gli Afidi del pesco. – Memoria publ. a parte.

Macchiati, L. (1880b): Altro contributo agli Afidi di Sardegna colla descrizione di tre specie nuove. – Riv. sci.–industr. Firenze 12: 354–360. 1 Pl.

Macchiati, L. (1881a): Altro contributo agli Afidi di Sardegna colla descrizione di una specie nuova. – Riv. sci.–industr. Firenze 12: 513–516.

Macchiati, L. (1881b): Osservationi sulla Fillossera del Leccio in Sardegna. – Bull. Soc. Ent. Ital. 13: 188–190.

Macchiati, L. (1882): Aggiunta agli Afidi di Sardegna. – Bull. Soc. Ent. Ital. 14: 243–249.

MacGillivray, M.E. (1963): The yellow rose aphid, *Rhodobium porosum*, on strawberry. – Canad. Ent. 95: 892-896.

Mackauer, M. & M.J. Way (1976): *Myzus persicae* Sulz. an aphid of world importance. In: Delucchi, V.L. (ed.): Studies in biological control. – Cambridge University Press, Cambridge: 51–119.

Mackauer, M. & P. Starý (1967): World Aphidiidae: Hym. Ichneumonoidea, Index of Entomophagous Insects, Volume 2. Paris: 195 S.

Mackauer, M. & S. Kambhampati (1988): Parasitism of aphid embryos by *Aphidius smithi*: some effects of extremely small host size. – Entomologia Experimentalis et Applicata 49: 167–173.

Mackauer, M. & W. Völkl (2002): Brood-size and sex-ratio variation in field populations of three species of solitary aphid parasitoids (Hymenoptera: Braconidae, Aphidiinae). – Oecologia 131: 296–305.

Mackauer, M. (1965): Parasitological data as an aid in aphid classification. – Can Entomol. 97: 1016–1024.

Mackauer, M. (1973): Host selection and host suitability in *Aphidius smithi*. – In: Lowe, A.D. (ed.): Perspectives in Aphid Biology, Vol. 2: 20–29.

Mackauer, M. (1982): Fecundity and host utilization of the aphid parasitoid *Aphelinus semiflavus* (Hymenoptera: Aphelinidae) at two host densities. – Canadian Entomologist 114: 721–726.

MACKAUER, M. (1990): Host discrimination and larval competition in solitary endoparasitoids. – In: MACKAUER, M., EHLER, L.E. & J. ROLAND (eds.): Critical Issues in Biological Control. Andover: 41–62.

MACKAUER, M., & W. VÖLKL (1993): Regulation of aphid populations by aphidiid wasps: does parasitoid foraging behaviour or hyperparasitism limit impact? – Oecologia 94: 339–350.

MACKAUER, M., MICHAUD, J.P. & W. VÖLKL (1996): Host choice by aphidiid parasitoids (Hymenoptera: Aphidiidae): host recognition, host quality and host value. – Canadian Entomologist 128: 959–980.

MACKENZIE, A. & A.F.G. DIXON (1990): Host alternation in aphids: constraint versus optimization. – American Naturalist 136: 132–134.

MACKENZIE, A. & J.A. GULDEMOND (1994): Sympatric speciation in aphids. II. Host race formation in the face of gene flow. – In: LEATHER, S.R., WATT, A.D., MILLS W.J. & K.F.A. WALTERS (eds.): Individuals, Populations and Patterns in Ecology. Andover: 379–396.

MACKENZIE, A. (1992): The evolutionary significance of host-mediated conditioning. – Antenna, 16: 141–150.

MACKENZIE, A. (1996): A trade-off for host plant utilization in the black bean aphid, *Aphis fabae*. – Evolution, 50: 155–162.

MADHUSUDHAN, V.V. & P.W. MILES (1998): Mobility of salivary components as a possible reason for differences in the responses of alfalfa to the spotted alfalfa aphid and pea aphid. – Entomol. Exp. Appl. 86: 25–39.

MAIENFISCH, P., ANGST, M., BRANDL, F., FISCHER, W., HOFER, D. KAYSER, H., KOBEL, W., RINDLISBACHER, A., SENN, R., STEINEMANN, A. & H. WIDMER (2001): Chemistry and biology of thiamethoxam: a second generation neonicotinoid. – Pest Management Science 57: 906–913.

MAISONNEUVE, J.C. (2001): Biological control with *Chrysoperla lucasina* against *Aphis fabae* on artichoke in Brittany (France). – In: MCEWEN, P.K., NEW, T.R. & A.E. WHITTINGTON (eds.): Lacewings in the Crop Environment. Cambridge University Press, Cambridge: 513–517.

MAJERUS, M.E.N. & G.D.D. HURST (1997): Ladybirds as a model system for the study of male-killing symbionts. – Entomophaga 42: 13–20.

MAJERUS, M.E.N. (1994): Ladybirds. London: 367 S.

MAJERUS, M.E.N. (2016): A Natural History of Ladybird Beetles. Cambridge: 397 S.

MALMSTROM, C.M. & C.B. FIELD (1997): Virus-induced differences in the response of oat plants to elevated carbon dioxide. – Plant Cell Environ. 20: 178–88.

MALMSTROM, C.M., MELCHER, U. & N.A. BOSQUE-PEREZ (2011): The expanding field of plant virus ecology: historical foundations, knowledge gaps, and research directions. – Virus Res. 159: 84–94.

MALSCHI, D., IVAS, A.D. & R. KADAR (2013): Integrated management of wheat aphids and leafhoppers – suitable control methods in Transylvania. – Romanian Agricultural Research 30: 317–328.

MANDRIOLI, M., ZANETTI, E., NARDELLI, A. & G.C. MANICARDI (2018): Potential role of the heat shock protein 90 (hsp90) in buffering mutations to favour cyclical parthenogenesis in the peach potato aphid *Myzus persicae* (Aphididae, Hemiptera). – Bulletin of Entomological Research, doi:0.1017/S0007485318000688.

MANFRINO, R.G., ZUMOFFEN, L., SALTO, C.E. & C.C. LOPEZ LASTRA (2013): Potential plant-aphid-fungal associations aiding conservation biological control of cereal aphids in Argentina. – International Journal of Pest Management 59: 314–318.

MANSOUR, M.H. (1975): The role of plants as a factor affecting oviposition by *Aphidoletes aphidimyza* (Dipt.: Cecidomyiidae). – Entomologia Experimentalis et Applicata 18: 173–179.

MANSOUR, M.H. (1976): Some factors influencing egg laying and site of oviposition by *Aphidoletes aphidimyza* (Dipt.: Cecidomyiidae). – Entomophaga 21: 281–288.

MARAIS, G.F., HORN, M. & DUTOIT, F. (1994): Intergeneric transfer (rye to wheat) of a gene(s) for Russian wheat aphid resistance. – Plant Breeding 113(4): 265–271.

MARCHAL, P. (1928): Étude biologique et morphologique du puceron lanigére du pommier (*Eriosoma lanigerum* (Hausmann)). – Annales des Epiphyties, Sér. 1, 14: 1–106.

MARCOVITCH, S. (1923): Plant lice and light exposure. – Science 58: 537–538.

MARCOVITCH, S. (1924): The migration of the aphididae and the appearance of the sexual forms as affected by the relative length of daily light exposure. – Journal of Agricultural Research 27: 513–522.

MARGARITOPOULOS, J.T. & J.A. TSITSIPIS (2002): Production of sexual morphs by apterous virginoparae of *Myzus persicae* (Hemiptera: Aphididae) in relation to pre- and postnatal exposure to short day conditions. – Bulletin of Entomological Research 92: 321–330.

MARGULIS, L. (1970): Origin of Eukaryotic Cells. New Haven: 349 S.

MARGULIS, L. (1981): Symbiosis in Cell Evolution. San Francisco: 479 S.

MARKKULA, M. & J. RAUTAPÄÄ (1967): The effect of light and temperature on the colour of the English grain aphid, *Macrosiphum avenae* (F.) (Hom., Aphididae). – Annales Entomologici Fennici 33: 1–13.

MARKKULA, M. & K. ROUKKA (1970): Resistance of plants to the pea aphid *Acyrthosiphon pisum* Harris (Hom., Aphididae). – Annales Agriculture Fenniae 9: 127–132.

MARKKULA, M. & K.TIITTANEN (1985): Biology of the midge *Aphidoletes aphidimyza* and its potential for biological control. – In: HUSSEY, N.W. & N.E.A.

Scopes (eds.): Biological Pest Control. The Glasshouse Experience. Poole, UK: 74–81.

Markó, V., Bogya, S., Kondorosy, E. & L.H.M. Blommers (2010): Side effects of kaolin particle films on apple orchard bug, beetle and spider communities. – International Journal of Pest Management 56: 189–199.

Marsh, D. (1972): Sex pheromone in the aphid *Megoura viciae*. – Nature 238: 31–32.

Marsh, D. (1975): Responses of male aphids to the female sex pheromone in *Megoura viciae* Buckton. – J. Entomol. Ser. A 50: 43–64.

Marshall, K.L., Moran, C., Chen, Y. & G.A. Herron (2012): Detection of kdr pyrethroid resistance in the cotton aphid, *Aphis gossypii* (Hemioptera: Aphididae). Using a PCR–RFLP assay. – Journal of Pesticide Science 37: 169–172.

Martin, B., Collar, J.L., Tjallingii, W.F. & A. Fereres (1997):Intracellular ingestion and salivation by aphids may cause the acquisition and inoculation of non–persistently transmitted plant viruses. – J Gen Virol 78:2701–2705

Martin, J.H. (1983): The identification of common aphid pests of tropical agriculture. – Trop. Pest Management 29: 395–411.

Martin, T.J., Harvey, T.L. & Hatchett, H.J. (1982): Registration of greenbug and hessian fly resistant wheat germplasm. – Crop Sci 22: 1089.

Martinez, A.J., Ritter, S.G., Doremus, M.R., Russell, J.A. & K.M. Oliver (2014): Aphid-encoded variability in susceptibility to a parasitoid. – BMC Evolutionary Biology, 14: 127.

Martinez-Torres, D., Devonshire, A.L. & M.S. Williamson (1997): Molecular studies of knockdown resistance to pyrethroids: cloning of domain II sodium channel gene sequences from insects. – Pesticide Science 51: 265–270.

Martinière, A., Bak, A., Macia, J.L., Lautredou, N., Gargani, D., Doumayrou, J., Garzo, E., Moreno, A., Fereres, A., Blanc, S. & M. Drucker (2013): A virus responds instantly to the presence of the vector on the host and forms transmission morphs. – Elife 2:e00183.

Martinière, A., Gargani, D., Uzest, M., Lautredou, N., Blanc, S. & M. Drucker (2009): A role for plant microtubules in the formation of transmission-specific inclusion bodies of *Cauliflower mosaic virus*. – Plant J. 58: 135–146.

Martin-Lopez, B., Varela, I., Marnotes, S. & C. Cabaleiro (2006): Use of oils combined with low doses of insecticide for the control of *Myzus persicae* and PVY epidemics. – Pest Management Science 62: 372–378.

Masaki, M. (1980): Summer diapause. – Annual Review of Entomology 25: 1–25.

Mashall, K.L., Moran, C., Chen, Y. & G.A., Herron (2012): Detection of *kdr* pyrethroid resistance in the cotton aphid, *Aphis gossypii* (Hemiptera: Aphididae), using a PCR–RFLP assay. – Journal of Pesticide Science 37: 169–172.

Mater, Y., Baenziger, S., Gill, K., Graybosch, R., Whitcher, L., Baker, C., Specht, J. & Dweikat, I. (2004): Linkage mapping of powdery mildew and greenbug resistance genes on recombinant IRS from 'Amigol and 'Kavkaz' wheat-rye translocations of chromosome 1RS.1AL. – Genome 47(2): 292–298.

Matros, A., Amme, S., Kettig, B., Buck-Sorlin, G., Sonnewald, U. & H.-P. Mock (2006): Growth at elevated CO_2 concentrations leads to modified profiles of secondary metabolites in tobacco cv. SamsunNN and to increased resistance against infection with potato virus Y. – Plant Cell Environ. 29: 126–137.

Matsuka, M. & T.E. Mittler (1979): Production of males and gynoparae by apterous viviparae of *Myzus persicae* continuously exposed to different scotoperiods. – Journal of Insect Physiology 25: 587–593.

Mauck, K.E., De Moraes, C.M. & M.C. Mescher (2010): Deceptive chemical signals induced by a plant virus attract insect vectors to inferior hosts. – Proc. Natl. Acad. Sci. USA 107: 3600–3605.

Maudsley, M.J. (1993): Regional differences in the abundance of cereal aphids. – PhD Thesis, University of East Anglia: 168 S.

Mauricio, R., Rausher, M.D. & Burdick, D.S. (1997): Variation in the defense strategies of plants: Are resistance and tolerance mutually exclusive? – Ecology 78(5): 1301–1311.

Maxwell, F.G. & R. Palinter, (1959): Factors affecting rate of honeydew deposition by *Therioaphis maculata* (Buck.) and *Toxoptera graminum* (Rond.). – Journal of Economic Entomology 52: 368–373.

Maxwell, K. & Johnson, G.N. (2000): Chlorophyll fluorescence – a practical guide. – Journal of Experimental Botany 51(345): 659–668.

May, R.M. & J. Seger (1985): Sex ratios in wasps and aphids. – Nature 318: 408–409.

Maynard–Smith, J. (1978): The Evolution of Sex. Cambridge: 236 S.

Mayo & Starks (1972): Sexuality of the Greenbug *Schizaphis graminum*, in Oklahoma. – Annals of the Entomological Society of America 65(3): 671–675. doi.org/10.1093.

Mazza, C.A., Izaguirre, M.M., Zavala, J., Scopel, A.L. & C.L. Ballaré (2002): Insect perception of ambient ultraviolet-B radiation. – Ecology Letters 5: 722–726.

Mazza, C.A., Zavala, J., Scopel, A.L. & C.L. Ballaré (1999): Perception of solar UVB radiation by phytophagous insects: Behavioral responses and ecosystem implications. – Proceedings of the National Academy of Sciences 96: 980–985.

McAllister, M.K. & B.D. Roitberg (1987): Adaptive suicidal behaviour in pea aphids. – Nature 328: 797–799.

McCloud, E.S. & M. Berenbaum (1999): Effects of enhanced UV-B radiation on a weedy forb (*Plantago lanceolata*) and its interactions with a generalist and specialist herbivore. – Entomologia Experimentalis et Applicata 93: 233–246.

McConnell, J.A. & T.J. Kring (1990): Predation and dislodgement of *Schizaphis graminum* (Homoptera: Aphididae), by adult *Coccinella septempunctata* (Coleoptera: Coccinellidae). – Environ Entomol 19: 1798–1802.

McDonald, B.A. & Linde, C. (2002): Pathogen population genetics, evolutionary potential, and durable resistance. – Annual Review of Phytopathology 40: 349–379.

McGrath, P.F. & J.S. Bale (1990): The effects of sowing date and choice of insecticide on cereal aphids and barley yellow dwarf virus epidemiology in northern England. – Annals of Applied Biology 117: 31–43.

McIntosh, R.A., Yamazaki, Y., Dubcovsky, J., Rogers, J., Morris, C., Somers, D.J., Appels, R. & Devos, K.M. (2010): Catalogue of Gene Symbols for Wheat. In: http://www.shigen.nig.ac.jp/wheat/komugi/. 16

McKenzie, J.A. (1996): Ecological and Evolutionary Aspects of Insecticide Resistance. – London: 185 S.

McKenzie, R.L., Aucamp, P.J., Bais, A.F., Björn, L.O. & M. Ilyas (2007): Changes in biologically-active ultraviolet radiation reaching the Earth's surface. – Photochemical & Photobiological Sciences 6: 218–231.

McLean, A., van Asch, M., Ferrari, J. & H. Godfray (2011): Effects of bacterial secondary symbionts on host plant use in pea aphids. – Proceedings of the Royal Society of London Series B: Biological Sciences 278: 760.

McLean, D.L. & M.G. Kinsey (1964): A technique for electronically recording aphid feeding and salivation. – Nature 202: 1358–1359.

McLean, D.L. & M.G. Kinsey (1984): The precibarial value and its rale in the feeding behaviour of the pea aphid, *Acyrthosiphon pisum*. – Bulletin of the Entomological Society of America 30: 26–31.

McNeil, J.N. & J. Brodeur (1995): Pheromone-mediated mating in the aphid parasitoid, *Aphidius nigripes* (Hymenoptera, Aphidiidae). – Journal of Chemical Ecology 21: 959–972.

McPherson, R.M., Bondari, K., Stephenson, M.G., Severson, R.F. & D.M. Jackson (1993): Influence of planting date on the seasonal abundance of tobacco budworms (Lepidoptera: Noctuidae) and tobacco aphids (Homoptera: Aphididae) on Georgia flue-cured tobacco. – Journal of Entomological Science 28: 156–167.

Medina-Ortega, K.J. & G.P. Walker (2015): Faba bean forisomes can function in defense against generalist aphids. – Plant Cell Environ. 38: 1167–1177.

Medler, J.T. & A.K. Ghosh (1969): Keys to species of alate aphids collected by suction, wind and yellow pan water traps in the north central States, Oklahoma and Texas. – Res. Bull. exp. Stn Univ. Wis. 277: 1–99.

Mehrparvar, M., Zytynska, S.E. & W.W. Weisser (2013): Multiple cues for winged morph production in an aphid metacommunity. – PloS One 8, e58323. doi:10.1371/journal.pone.0058323.

Meredith, R.H. & P.J. Heatherington (1992): Aphid control in potatoes from imidacloprid, a new systemic insecticide for application to seed tubers or in furrow at planting. – Proceedings of the Brighton Crop Protection Conference, Pests and Diseases, November 1992 (2): 551–556.

Meredith, S.J. & D.B. Morris (2003): Clothianidin on sugar beet: field trial results from Northern Europe. – Pflanzenschutz-Nachrichten Bayer 56: 111–126.

Merivee, E., Must, A., Tooming, E., Williams, I. & I. Sibul (2012): Sensitivity of antennal gustatory receptor neurons to aphid honeydew sugars in the carabid *Anchomenus dorsalis*. – Physiol. Entomol. 37: 369–378.

Meseguer, A.S., Coeur d'acier, A., Genson, G. & E. Jousselin (2015): Unravelling the historical biogeography and diversification dynamics of a highly diverse conifer-feeding aphid genus. – J. Biogeog. 42: 1482–1492.

Messelink, G.J. & A. Janssen (2014): Increased control of thrips and aphids in greenhouses with two species of generalist predatory bugs involved in intraguild predation. – Biological Control 79: 1–7.

Messelink, G.J., Bloemhard, C.M.J., Cortes, J.A., Sabelis, M.W. & A. Janssen (2011): Hyperpredation by generalist predatory mites disrupts biological control of aphids by the aphidophagous gall midge *Aphidoletes aphidimyza*. – Biological Control 57: 246–252.

Messner, B. & J. Adis (1994): Funktionsmorphologische Untersuchungen an den Plastronstrukturen der Arthropoden. – Verh. Westd. Entom. Tag 1993: 51–56.

Messner, B. & J. Adis (2000): Morphologische Strukturen und vergleichende Biologie plastronatmender Arthropoden. – Drosera: 113–124.

Messner, B. (1985): Die Plastronstrukturen kurzzeitig und permanent submers lebender Blattläuse (Insecta, Aphidina). – Zool. Jb. Anat. 113: 171–183.

Messner, B. (1988): Vorschlag für die Neufassung des Begriffes „Plastron" bei den Arthropoden. – Dtsch. ent. Z., N. F. 35: 379–381.

Metschnikow, E. (1866): Embryologische Studien an Insekten. Die Entwicklung der viviparen Aphiden. – Zeitschrift für wissenschaftliche Zoologie 16: 49–80.

Meuti, M.E. & S.M. Short (2019): Physiological and environmental factors affecting the composition of the ejaculate in mosquitoes and other insects. – Insects 10(3): 74. doi 10.3390/insects10030074.

Meyer zu Brickwedde, W. (1995): Verbesserung der Getreideblattlausprognose und der Prognose des Gelbverzwergungsvirus der Gerste mit Hilfe von Saugfallen. – Abschlussbericht Forschungsvorhaben: 90 HS 028, Institut für Pflanzenpathologie und Pflanzenschutz, Universität Göttingen: 112 S.

Micha, S.G. & U. Wyss (1996): Aphid alarm pheromone (E)-(β)-farnesene: a host finding kairomone for the aphid primary parasitoid *Aphidius uzbekistanicus* (Hymenoptera: Aphidiinae). – Chemoecology 7: 132–139.

Michalik, A. (2010): Ovary structure and transovarial transmission of endosymbiotic microorganisms in *Clethrobius comes, Myzocallis walshii* and *Sipha maydis* (Hemiptera, Aphididae, Drepanosiphinae). – Aphids and Other Hemipterous Insects 16: 5–12.

Michalik, A., Szklarzewicz, T., Wegierek, P. & K. Wieczorek (2013): The ovaries of aphids (Hemiptera, Sternorrhyncha, Aphidoidea): morphology and phylogenetic implications. – Invertebrate Biology 132(3): 226–240. doi 10.1111/ivb.12026.

Michaud, J.P. & M. Mackauer (1995): The use of visual cues in host evaluation by aphidiid wasps. II. Comparison between *Ephedrus californicus, Monoctonus paulensis* and *Praon pequodorum*. – Entomologia Experimentalis et Applicata 74: 267–275.

Michaud, J.P. (2001): Evaluation of green lacewings, *Chrysoperla plorabunda* (Fitch) (Neuropt., Chrysopidae), for augmentative release against *Toxoptera citricida* (Hom., Aphididae) in citrus. – Journal of Applied Entomology 125: 383–388.

Michaud, J.P. (2012): Coccinellids in biological control. – In: Hodek, I., van Emden, H.F. & A. Honěk (eds.): Ecology and Behaviour of the Ladybird Beetles (Coccinellidae). Chichester, UK: 488–519.

Michel, E. (1942): Beiträge zur Kenntnis von *Lachnus (Pterochlorus) roboris* L., einer wichtigen Honigtauerzeugerin an der Eiche. – Z. angew. Ent. 29: 243–281.

Michels, G.J., Elliott, N.C., Romero, R.A., Owings, D.A. & J.B. Bible (2001): Impact of indigenous coccinellids on Russian wheat aphids and greenbugs (Homoptera: Aphididae) infesting winter wheat in the Texas Panhandle. – Southwest Entomol 26: 97–114.

Migui, S.M. & Lamb, R.J. (2003): Patterns of resistance to three cereal aphids among wheats in the genus *Triticum* (Poaceae). – Bulletin of Entomological Research 93(4): 323–333.

Migui, S.M. & Lamb, R.J. (2004): Seedling and adult plant resistance to *Sitobion avenae* (Hemiptera: Aphididae) in *Triticum monococcum* (Poaceae), an ancestor of wheat. – Bulletin of Entomological Research 94(1): 35–46.

Miles, P.W. (1987): Feeding processes of Aphidoidea in relation to effects on their food plants. – In: Minks, A.K. & P. Harrewijn (eds.), Aphids, their biology, natural enemies and control, vol. A. Amsterdam: 321–339.

Mills, N.J. (1982): Voracity, cannibalism and coccinellid predation. – Annals of Applied Biology 101: 144–148.

Millstein, J.A. Brown, G.C. & G.L. Nordin (1983): Microclimatic moisture and conidial production in *Erynia* sp. (Entomopthorales: Entomopthoraceae): in vivo moisture balance and conidiation phenology. – Environmental Entomology 12: 1339–1343.

Milne, W.M. (1997): Studies on the host-finding ability of the aphid parasitoid, *Trioxys complanatus* (Hym.: Braconidae), in lucerne and clover. – Entomophaga 42: 173–183.

Milner, R.J. (1997): Prospects for biopesticides for aphid control. – Entomophaga 42: 227–239.

Milner, R.J., Holdom, D.G. & T.R. Glare (1984): Diurnal patterns of mortality in aphids infected by entomophthoralean fungi. – Entomologia Experimentalis et Applicata 36: 37–42.

Minks, A.K. & P. Harrewijn (eds.) (1988): Aphids, their Biology, Natural Enemies and Control, World Crop Pests 2B, Amsterdam: 364 S.

Misawa, N. & H. Shimada (1998): Metabolic engineering for the production of carotenoids in non-carotogenic bacteria and yeasts. – Journal of Biotechnology 59: 169–181.

Misof, B., Liu, S., Meusemann, K., Peters, R.S. et al. (2014): Phylogenomics resolves the timing and pattern of insect evolution. – Science 346: 763–767.

Mithofer, A. & W. Boland (2012): Plant defense against herbivores: chemical aspects. – Annual Review of Plant Biology 63: 431–450.

Mittler, T.E. (1958): Studies on the feeding and nutrition of *Tuberolachnus salignus* (Gmelin) (Homoptera: Aphididae). III. The nitrogen economy. – Journal of Experimental Biology 35: 626–638.

Mittler, T.E. (1971): Some effects on the aphid *Myzus persicae* of ingesting antibiotics incorporated into artificial diets. – Journal of Insect Phsyiology 17: 1333–1347.

Mittler, T.E., Eisenbach, J., Searle, J.B, Matsuka, M. & S.G. Nassar (1979): Inhibition by kinoprene of photoperiod-induced male production by apterous and alate viviparae of the aphid *Myzus persicae*. – Journal of Insect Physiology 25: 219–226.

Mittler, T.E., Nassar, S.G. & G.B. Staal (1976): Wing development and parthenogenesis induced in progenies of kinoprene-treated gynoparae of *Aphis fabae* and *Myzus persicae*. – Journal of Insect Physiology 22: 1717–1725.

Miura, T., Braendle, C., Shingleton, A., Sisk, G., Kambhampati, S. & D.L. Stern (2003): A comparison of parthenogenetic and sexual embryogenesis of the pea aphid *Acyrthosiphon pisum* (Hemiptera: Aphidoidea). – Journal of Experimental Zoology 295B(1): 59–81. doi 10.1002/jez.b.3.

Miyazaki, M. (1971): A revison of the trible Macrosiphini of Japan (Homoptera, Aphididae, Aphidinae). – Insecta Matsumurana 34: 1–247.

Miyazaki, M. (1972): Discovery of the fundatrix of *Macromyzus woodwardiae* (Takahashi) (Homoptera: Aphididae), with biological notes. – Kontyû 40: 36–39.

Miyazaki, M. (1985): The life-cycle of *Rhopalosphonius tiliae* (Matsumura), with notes on its bearing on evolutionary theories of aphids' life-cycles. – Proceedings of the International Aphidological Symposium at Jablonna, 1981, Zaklad Narodowy, Wroclaw: 489–492.

Miyazaki, M. (1987): 1.2 Forms and morphs of aphids. – In: Minks, A.K. & P. Harrewljn (eds.): Aphids, Their Biology, Natural Enemies and Control. Amsterdam: 27–50.

Moericke, V. & T.E. Mittler (1966): Oesophageal and stomach inclusions of aphids feeding on various Cruciferae. – Entomologia experimentalis et applicata 9: 287–297.

Moericke, V. (1951): Eine Farbfalle zur Kontrolle des Fluges von Blattläusen, insbesondere der Pfirsichblattlaus (*Myzodes persicae* (Sulzer). – Nachrichtenblatt des Deutschen Pflanzenschutzdienstes (Braunschweig) 3: 23–24.

Moericke, V. (1952): Wie finden geflügelte Blattläuse ihre Wirtspflanze? – Mitteilungen aus der Biologischen Zentralanstalt für Land- und Forstwirtschaft 75: 90–97.

Mölck, G., Micha, S.G. & U. Wyss (1999): Attraction to odour of infested plants and learning behaviour in the aphid parasitoid *Aphelinus abdominalis*. – Zeitschrift für Pflanzenkrankheiten und Pflanzenschutz 106: 557–567.

Möller, F.W. (1970): Die erste gelungene bisexuelle Fortpflanzung mit europäischen Herkünften von *Macrosiphum euphorbiae* (Thomas) (Homoptera: Aphididae). – Zool. Anz. 184, H 1/2: 107–119.

Möller, F.W. (1972): Überwinterung des Artenkomplexes der grünstreifigen Kartoffelblattlaus *Macrosiphum euphorbiae* (Thomas) und Polyözie der Fundatrizen. – Arch. Pflanzensch. 8: 305–312.

Mondor, E.B., Baird, D.S., Slessor, K.N. & B.D. Roitberg (2000): Ontogeny of alarm pheromone secretion in pea aphid, *Acyrthosiphon pisum*. – Journal of Chemical Ecology 26: 2875–2882.

Montagno, L. & C. Favret (2016): The distribution of campaniform sensilla on the appendages of *Mindarus* species (Hemiptera, Aphididae). – Entomological News 126(3): 196–203. doi: 10.3157/021.126.0305.

Monti, V., Lombardo, G., Loxdale, H.D., Manicardi, G.C. & M. Mandrioli (2012): Continuous occurrence of intra-individual chromosome rearrangements in the peach potato aphid, *Myzus persicae* (Sulzer) (Hemiptera: Aphididae). – Genetica 140: 93–103.

Monti, V., Mandrioli, M., Rive, M. & G.C. Manicardi (2011): The vanishing clone: karyotypic evidence for extensive intraclonal genetic variation in the peach potato aphid, *Myzus persicae* (Hemiptera: Aphididae). – Biological Journal of the Linnean Society 105: 253–358.

Montllor, C.B., Maxmen, A. & A.H. Purcell (2002): Facultative bacterial endosymbionts benefit pea aphids *Acyrthosiphon pisum* under heat stress. – Ecol Ent 27: 189–195.

Mook, J.H. & J. Wiegers (1999): Distribution of the aphid *Hyalopterus pruni* Geoffr. within and between habitats of common reed *Phragmites australis* (Cav.) Trin. ex Steudel as a result of migration and population growth. – Ornis Fennica 29: 64–70.

Moon, M.S. (1967): Phagostimulation of a monophagous aphid. – Oikos 18: 96–101.

Mooney, K.A. & A.A. Agarwal (2008): Plant genotype shapes ant–aphid interactions: implications for community structure and indirect plant defense. – Am. Nat. 171(6): E195–E205. doi: 10.1086/587758.

Moores, G.D., Devine, G.J. & A.L. Devonshire (1994a): Insecticide-insensitive acetylcholinesterase can enhance esterase-based resistance in *Myzus persicea* and *Myzus nicotiana*. – Pesticide Biochemistry and Physiology 49: 114–120.

Moores, G.D., Devine, G.J. & A.L. Devonshire (1994b): Insecticide resistance due to insensitive acetylcholinesterase in *Myzus persicae* and *Myzus nicotianae*. – Proceedings of the British Crop Protection Council Conference, Pests and Diseases, Brighton, November 1994 1: 413–418.

Moores, G.D., Gao, X.W., Denholm, I. & A.L. Devonshire (1996): Characterisation of insensitive acetylcholinesterase in insecticide–resistant cotton aphids, *Aphis gossypii* Glover (Homoptera: Ahididae). – Pesticide Biochemistry and Physiology 56: 102–110.

Mooring, M.S. & B.L. Hart (1992): Animal grouping for protection from parasites: Selfish herd and encounter-dilution effects. – Behaviour 123: 173–193.

Moran, N.A. & H.E. Dunbar (2006): Sexual acquisition of beneficial symbionts in aphids. – Proceedings of the National Academy of Sciences of the United States of America 103(34): 12803–12806. doi 10.1073/pnas.0605772103.

Moran, N.A. & P. Baumann (1994): Phylogenetics of cytoplasmically inherited microorganisms of arthropods. – Trends in Ecology and Evolution 9: 15–20.

Moran, N.A. (1983): Seasonal shifts in host usage in *Uroleucon gravicorne* (Homoptera: Aphididae) and implications for the evolution of host alternation in aphids. – Ecological Entomology 8: 371–382.

Moran, N.A. (1987): Evolutionary determinants of host specificity. – In Holman, J., Pelikan, J., Dixon, A.F.G. & L. Weisman (eds.): Population Structure, Genetics and Taxonomy of Aphids and Thysanoptera. The Hague: 29–38.

Moran, N.A. (1988): The evolution of host–plant alternation in aphids: evidence for specialization as a dead end. – American Naturalist 132: 681–706.

Moran, N.A. (1992): The evolution of aphid life cycles. – Annual Review of Entomology 37: 321–348.

Moran, N.A., Baumann, P. & C.D. von Dohlen (1994): Use of rDNA sequences to reconstruct the history of the association between members of the Sternorrhyncha (Homoptera) and their bacterial endosymbionts. – European Journal of Entomology 91: 79–83.

Moran, N.A., Munson, M.A., Baumann, P. & H. Ishikawa (1993): A molecular clock in endosymbiotic bacteria is calibrated using the insect hosts. – Proceedings of the Royal Society of London B. 253: 167–171.

Morandin, L.A., Long, R.F. & C. Kremen (2014): Hedgerows enhance beneficial insects on adjacent tomato fields in an intensive agricultural landscape. – Agriculture, Ecosystems & Environment 189: 164–170.

Mordvilko, A.K. (1935): Aphids: their generation cycles and evolution. – Priroda 11: 35–44.

Mordvilko, A. (1894–1895a): Zur Fauna und Anatomie der Familie Aphidae. (in Russisch) – Trav. Lab. Zool. Kab. Univ. Varsov. (Warschauer Universitätsberichte). I (1894): 6–220, 267–274; II (1895): 221–267.

Mordvilko, A. (1895a): Zur Anatomie der Pflanzenläuse, Aphiden. (Gattung *Trama* und *Lachnus* Illiger). – Zoologischer Anzeiger 18: 345–364.

Mordvilko, A. (1895b): Zur Biologie und Systematik der Baumläuse (Lachninae Pass. part.) des Weichselgebietes. – Zool. Anz. 18: 73–85, 93–104.

Mordvilko, A. (1895c): Zur Anatomie der Pflanzenläuse, Aphidae (*Trama* Heyden und *Lachnus* Illiger). – Zool. Anz. 18: 345–364.

Mordvilko, A. (1896a): Zur Biologie einiger Aphiden (Fam. Aphididae Pass.). (in Russisch) – Trav. Lab. Zool. Cab. Univ. Varsovie. (1896): 23–146. Auszug Zool. Centralbl. 4: 251–254.

Mordvilko, A. (1896b): Reproductive biology of some species of aphids (Fam. Aphididae Pass.). – Research Zoological Laboratory Warsaw University 23–146.

Mordvilko, A. (1899): Über Migrationen und einige andere Erscheinungen im Leben der Blattläuse. (in Russisch) – Trav. Lab. Zool. Kab. Univ. Varsov. Livr. 2: 1–20.

Mordvilko, A. (1901): Zur Biologie und Morphologie der Blattläuse (Fam. Aphididae Pass.). (in Russisch) – Teil II. Trav. Lab. Zool. Kab. Univ. Varsov 1899, 947 S.

Mordvilko, A. (1907–09): Beiträge zur Biologie der Pflanzenläuse, Aphididae Pass. Die zyklische Fortpflanzung der Pflanzenläuse. I. Die Heterogonie im allgemeinen und bei den Pflanzenläusen im speziellen. – Biol. Centralbl. 27 (1907): 529–550, 561–575. II. Die Migrationen der Pflanzenläuse, ihre Ursachen und ihre Entstehung. – Biol. Centralbl. 27 (1907): 747–767, 769–816; – Biol. Centralbl. 28 (1908): 631–639, 649–662; – Biol. Centralbl. 29 (1909): 82–96, 97–118, 147–160,164–182.

Mordvilko, A. (1924): On the theory of plant lice migrations. – C. R. Acad. Sc. Russie 1924 (A): 141–144

Mordvilko, A. (1928): The evolution of cycles and the origin of heteroecy (migrations) in plant-lice. – Annals and Magazine Natural History (Series 10), 2: 570–582.

Mordvilko, A. (1929): Food Plant Catalogue of the Aphididae of URSS. (in Russisch) – Works of Appl. Ent. 14: 1–101.

Mordvilko, A. (1934): On the evolution of aphids. – Archiv für Naturgeschichte, Neue Folge 3 (1): 1–60.

Morgan, T.H. (1908): The Production of two Kinds of Spermatozoa in Phylloxerans Functional „Female Producing" and Rudimentary Spermatozoa. – Proc. Soc. exper. Biol. Med. 5: 56–57.

Morgan, T.H. (1910): The Chromosomes in the Parthenogenetic and Sexual eggs of Phylloxerans and Aphids. – Proc. Soc. exper. Biol. Med. 7: 161–162.

Morin, S., Ghanim, M., Sobol, I. & H. Czosnek (2000): The GroEL protein of the whitefly *Bemisia tabaci* interacts with the coat protein of transmissible and nontransmissible begomoviruses in the yeast twohybrid system. – Virology 276: 404–416.

Morita, M., Yoneda, T. & N. Akiyoshi (2014): Research and development of a novel insecticide, flonicamid. – Journal of Pesticide Science 39: 179–180.

Morren, M.C. (1836): Mémoire sur l`émigration du puceron du pêcher (*Aphis persicae*), et sur les charactères et l`anatomie de cette espéce. – Annales des Sciences Naturelles, Zoologie 6: 65–93.

Morse, J.G. & B.A. Croft (1987): Biological control of Aphis pomi (Hom.: Aphididae) of Aphidoletes aphidimyza (Dip.: Cecidomyiidae): a predator-prey model. – Entomophaga 32: 339–356.

Morse, S. (1989): The integration of partial plant resistance with biological control by an indigenous natural enemy complex in affecting populations of cowpea aphid (*Aphis craccivora* Koch). – PhD thesis. The University of Reading: http://ethos.bl.uk/OrderDetails.do?uin=uk.bl.ethos.237839

Mosbacher, G.C. (1963): Über die Nahrungswahl bei *Dactynotus* Raf. (Aphididae) I. Die Wirtsspektren der Gruppe *D. jaceae* (L.) s. lat. und *D. cichorii* (Koch) s. lat. – Zeitschrift für Angewandte Entomologie 51: 378–428.

Moscatiello, R., Mariani, P., Sanders, D. & F.J. Maathuis (2006): Transcriptional analysis of calcium-dependent and calcium-independent signalling pathways induced by oligogalacturonides. – J. Exp. Bot. 57: 2847–2865.

Mosley, O. (1841): Aphides. – Gard. Chronicle 1: 628, 684, 747, 748.

Mowry, T.M. (1994): Russian wheat aphid (Homoptera: Aphididae) survival and fecundity on Barley Yellow Dwarf Virus–infected wheat resistant and susceptible to the aphid. – Environmental Entomology 23(2): 326–330.

Mowry, T.M. (1995): Within-plant accumulation of Potato leafroll virus by aggregated green peach aphid feeding. – Phytopathology 85: 859–863.

Mowry, T.M. (2005): Insecticidal reduction of potato leaf roll virus transmission by *Myzus persicae*. – Annals of Applied Biology 146: 81–88.

Mróz, E., Kertowska, D., Nowińska, A., Baran, B. Węgierek, P. & Ł. Depa (2016): Morphological description of the alimentary tract of *Geoica utricularia* (Passerini, 1856) (Insecta, Hemiptera,

Eriosomatinae). – Zoomorphology. doi 10.1007/s00435–016–0313–z.

Mueller, T.F., Blommers, L.H.M. & P.J.M. Mols (1992): Woolly apple aphid (*Eriosoma lanigerum* Hausm., Hom., Aphididae) parasitism by *Aphelinus mali* Hal. (Hym., Aphelinidae) in relation to host stage and host colony size, shape and location. – Journal of Applied Entomology 114: 143–154.

Muggleton, J., Hockland, S., Thind, B.B., Lane, A. & A.L. Devonshire (1996): Long-term stability in the frequency of insecticide resistance in the peach–potato aphid, *Myzus perisicae,* in England. – Proceedings of the British Crop Protection Council Conference, Pests and diseases, Brighton, November 1996 2: 739–744.

Mujeeb-Kazi, A. & Wang, R.R.-C. (1995): Perennial and annual wheat relatives in the triticeae. D. F., Mexico: CIMMYT. (Utilizing wild grass biodiversity in wheat improvement: 15 years of wide cross research at CIMMYT; CIMMYT Research Report No. 2).

Mujeeb-Kazi, A. (1995): Interspecific crosses: Hybrid production and utilization. D.F., Mexico CIMMYT. (Utilizing wild grass biodiversity in wheat improvement: 15 years of wide cross research at CIMMYT; CIMMYT Research Report No. 2).

Mulder, S., Hoogerbrugge, H., Altena, K. & K. Bolckmans (1999): Biological pest control in cucumbers in The Netherlands. – Bulletin IOBC/WPRS 22: 177–180.

Müller, C. & H.C.J. Godfray (1999): Predators and mutualists influence the exclusion of aphid species from natural communities. – Oecologia 119: 120–125.

Müller, C. & M. Riederer (2005): Plant surface properties in chemical ecology. – Journal of Chemical Ecology 31: 2621–2651.

Müller, C. (2008): Resistance at the plant cuticle. – In: Schaller, A. (ed.): Induced plant resistance to herbivory. Berlin: 107–129.

Müller, C. (2009): Interactions between glucosinolate- and myrosinase-containing plants and the sawfly *Athalia rosae.* – Phytochemistry Reviews 8: 121–134.

Müller, C.B., Williams, I.S. & J. Hardie (2001): The role of nutrition, crowding and interspecific interactions in the development of winged aphids. – Ecological Entomology 26: 330–340.

Müller, F.P (1988): Flugverhalten und Aktivitäten geflügelter Aphiden speziell im Ostseeraum. – Arch. Freunde Naturg. Mecklenburg, Rostock, 27: 1–9.

Müller, F.P. & F.W. Möller (1968): Ein bemerkenswertes Massenauftreten von *Myzus ascalonicus* Doncaster (Homoptera: Aphididae) im Freiland. – Arch. Freunde Naturg. Mecklenb. 14: 44–55.

Müller, F.P. & F.W. Möller (1973): Möglichkeiten der parthenogenetischen Überwinterung von Aphiden unter den klimatischen Bedingungen des Bezirkes Rostock. – Wiss. Z. Univ. Rostock 22, Math.-naturw. Reihe Heft 6/7, Teil II: 799–804.

Müller, F.P. & H. Steiner (1985): Das Problem *Acyrthosiphon pisum* (Homoptera: Aphididae). – Zeitschrift für Angewandte Zoologie 72: 317–334.

Müller, F.P. & H. Steiner (1988): Occurrence of the aphid *Rhodobium porosum* in central Europe (Homoptera: Aphidinea: Aphididae). – Ent. Gener. 13: 255-260.

Müller, F.P. & H. Steiner (1991): Mutual influences between aphids on a joint host plant. – Beitr. Ent. Berlin 41 (1): 265–270.

Müller, F.P. (1954): Prognose des Massenauftretens von Blattläusen bei Berücksichtigung des Wirtswechsels. – Nachrbl. Deutsch. Pflanzenschutzd. N. F. 8206–8209.

Müller. F.P. (1955): Blattläuse, Biologie, wirtschaftliche Bedeutung und Bekämpfung. – Die Neue Brehm–Bücherei, Heft 149. Wittenberg: 144 S.

Müller, F.P. (1958): Bionomische Rassen der Grünen Pfirsichblattlaus *Myzus persicae* (Sulz.). – Arch. Freunde Nat. Meckl. 4: 200–233.

Müller, F.P. (1959): Die Männchen einiger Blattlausarten mit vorwiegend permanenter Parthenogenese. – Deutsch. Ent. Z. 6: 51–54.

Müller, F.P. (1960a): Die Wirtspflanzenwahl phytophager Insekten in Beziehung zur Artenbildung. – Biolog. Ges. der DDR, Arbeitstagung zu Fragen der Evolution 1959 in Jena, Jena: 159–165.

Müller. F.P. (1960b): Auswirkungen des Dürresommers 1959 auf das Auftreten von Blattläusen. – Mitteilungsblatt f. Insektenkunde 4 (2/3): 30–32.

Müller, F.P. (1961a): Der fakultative Wirtswechsel der Blattläuse (Homoptera: Aphididae). – Proceedings of the 11th International Congress of Entomology 2, Vienna: 100–102.

Müller, F.P. (1961b): Stabilität und Veränderlichkeit der Farbgebung bei Blattläusen. – Archiv der Freunde der Naturgeschichte in Mecklenburg 7: 228–239.

Müller, F.P. (1961c): Über das Auftreten von Gynandern in Zuchten der grünen Pfirsichblattlaus *Myzus persicae* (Sulz.). – Zeitschrift für Angewandte Entomologie 48: 294–300.

Müller, F.P. (1962): Biotypen und Unterarten der "Erbsenlaus" *Acyrthosiphon pisum* Harris. – Zeitschrift für Pflanzenkrankheiten 69: 129–136.

Müller, F.P. (1964): Merkmale der in Mitteleuropa an Gramineen lebenden Blattläuse. – Wissenschaftliche Zeitschrift der Universität Rostock, 13, Math.-naturw. Reihe Heft 2/3: 269–278.

Müller, F.P. (1966a): Formen des Wirtswechsels der Blattläuse. – Forschung und Fortschritt 40: 353–357.

Müller, F.P. (1966b): Geflügelte Blattläuse in Gelbschalen. – Wissenschaftliche Zeitschrift der Universität Rostock, 15, Math.-naturw. Reihe Heft 2: 295–313.

Müller, F.P. (1969): Ein besonderes ungeflügeltes vivpares Weibchen in Adultenstadium als Überwinterungsmorphe bei *Ovatomyzus calaminthae* (Macchiati, 1885) (Homopters: Aphididae). – Entomologische Nachrichten 13 (3): 25–32.

Müller, F.P. (1970): Einschlussmittel für die Herstellung von mikroskopischen Präparaten. – Amt für Erfindungs- und Patentwesen der DDR. Patentschrift 73677 (WP451) 134935. Ausgabetag: 05.06.1970: 2 S.

Müller, F.P. (1971a): Bisher unbekannte Überwinterungsformen bei anholozyklischen Aphiden. – Wissenschaftliche Zeitschrift der Universität Rostock, Mathematische-Naturwissenschaftliche Reihe 20: 91–96.

Müller, F.P. (1971b): Isolationsmechanismen zwischen sympatrischen bionomischen Rassen am Beispiel der Erbsenblattlaus *Acyrthosiphon pisum* (Harris) (Homoptera, Aphididae). – Zoologische Jahrbücher Abteilungen Systematik, Oecologie und Geographie der Tiere 98: 131–152.

Müller, F.P. (1973a): Zur Morphologie von Blattläusen (Aphiden). – Wissenschaftliche Zeitschrift der Universität Rostock, 22, Math.-naturw. Reihe Heft 6/7, Teil II: 805–813.

Müller, F.P. (1973b): Aphiden an Moosen. – Entomol. Abh. Mus. Tierk. Dresden 39: 205–242.

Müller, F.P. (1973c): *Defractosiphon rugosus* n. sp. (Homoptera: Aphididae) von *Peucedanum officinale* L. – Mitt. Zool. Mus. Berlin 49(1): 69–79.

Müller, F.P. (1975): Weitere Ergänzungen und ökologische Untersuchungen zur Blattlausfauna von Mitteleuropa. – Faun. Abh. Mus. Tierk, Dresden 5: 265–287.

Müller, F.P. (1976): Host and non-host in subspecies of *Aulacorthum solani* (Kaltenbach) and intraspecific hybridisations (Homoptera; Aphididae). – Symposium Biologia Hungarica 16: 187–190.

Müller, F.P. (1977a): Überwinterung und Fundatrix der Getreideblattlaus *Macrosiphum* (*Sitobion*) *avenae* (F.) – Archiv für Phytopathologie und Pflanzenschutz 13: 347–353.

Müller, F.P. (1977b): Vergleich einer tropischen mit einer mitteleuropäischen Population von *Aphis craccivora* Koch (Homoptera: Aphididae). – Dtsch. Ent. Z., N. F. 24 (I–III): 251–260.

Müller, F.P. (1977c): Verbreitung und Biologie der submersen Blattlaus *Aspidaphium cuspidati* Stroyan, 1955, und anderer Wasserpflanzen-Aphiden. – Verh. des Sechsten Int. Symp. über Entomofaunistik in Mitteleuropa Lunz 1975. Den Haag: 47–53.

Müller, F.P. (1979): Eine gelbe Mutante der Schwarzen Blattlaus *Aphis fabae cirsiiacanthoides* Scopoli und Bastardierungsversuche. – Biologisches Zentralblatt 98: 449–457.

Müller, F.P. (1980): Wirtspflanzen, Generationsfolge und reproduktive Isolation intraspezifischer Formen von *Acyrthosiphum pisum*. – Entomologica Experimentalis et Applicata 28: 145–157.

Müller, F.P. (1982): Das Problem *Aphis fabae*. – Zeitschrift für Angewandte Entomologie 94: 432–446.

Müller, F.P. (1983): Untersuchungen zur Blattläuse der Gruppe *Acyrthosiphon pelargonii* im Freiland–Insektarium. – Zeitschrift für Angewandte Zoologie 70: 351–367.

Müller, F.P. (1985a): Das Problem *Acyrthosiphon pisum* (Homoptera: Aphididae). – Zeitschrift für Angewandte Zoologie 72: 317–334.

Müller, F.P. (1985b): Genetic and evolutionary aspects of host choice in phytophagous insects, especially aphids. – Biologische Zentralblatt 104: 225–237.

Müller, F.P. (1986): The rôle of subspecies in aphids for affairs of applied entomology. – Journal of Applied Entomology 101: 295–303.

Müller, F.P. (1987): Die Arten der Gattung *Aphis* an Dipsacaceae. – Ent. Abhandl. St. Mus. Tierkd. Dresden 51: 17-24.

Müller, H.J. (1964): The relation of recombination to mutational advance. – Mutation Research 1: 2–9.

Munson, M.A. & P. Baumann (1993): Molecular cloning and nucleotide sequence of a putative trpDC(F)BA operon in *Buchnera aphidicola* (Endosymbiont of the aphid *Schizaphis graminum*). – Journal of Bacteriology 175: 6426–6432.

Munson, M.A., Baumann, P. & M.G. Kinsey (1991a): *Buchneria* gen nov. and *Buchneria aphidicola* sp nov., a taxon consisting of the mycetocyte-associated, primary endosymbionts of aphids. – International Journal of Systematics and Bacteriology 41: 566–568.

Munson, M.A., Baumann, P., Clark, M.A., Baumann, L., Moran, N.A., Voegtlin, D.J. & B.C. Campell (1991b): Evidence for the establishment of aphid-eubacterium endosymbiosis in an ancestor of four aphid families. – J. Bacteriol. 173: 6321–6324.

Murano, K., Ogawa, K, Kaji, T. & T. Miura (2018): Pheromone gland development and monoterpenoid synthesis specific to oviparous females in the pea aphid. – Zoological Letters 4: 9. doi: 10.1186/s40851–018–0092–0.

Murant, A.F., Roberts, I.M. & S. Elnagar (1976): Association of virus-like particles with the foregut of the aphid *Cavariella aegpodii* transmitting the semipersistent viruses anthriscus yellows and parnish yellow fleck. – J. Gen. Virol. 31: 47–57.

Muratori, F.B., Gagne, R.J. & R.H. Messing (2009): Ecological traits of a new aphid parasitoid, *Endaphis fugitiva* (Diptera: Cecidomyiidae), and its potential for biological control of the banana aphid, *Pentalonia nigronervosa* (Hemiptera: Aphididae). – Biological Control 50: 185–193.

Murdie, G. (1969a): Some causes of size variation in the pea aphid, *Acyrthosiphon pisum* Harris. – Transactions of the Royal Entomological Society of London 121: 423–442.

Murdie, G. (1969b): The biological consequences of decreased size caused by crowding or rearing temperatures in apterae of the pea aphid, *Acyrthosiphon pisum* Harris. – Transactions of the Royal Entomological Society of London 121: 443–455.

MURPHY, P.A. & J.B. LOUGHAME, (1937): A ten years experiment on the spread of leaf roll in the field. – Scientific Proceedings Royal Dublin Society 21: 567–579.

MUTTI, N.S., LOUIS, J. PAPPAN, L.K., PAPPAN, K., BEGUM, K., CHEN, M.S., PARK, Y., DITTMER, N., MARSHALL, J., REESE, J.C. & G.R. REECK (2008): A protein from the salivary glands of the pea aphid, *Acyrtosiphon pisum*, is essential in feeding on a host plant. – Proc Nat Acad Sci USA 105: 9965–9969.

N

NAKAMUTA, K. (1984a): Visual orientation of a ladybeetle, *Coccinella septempunctata*, L. (Coleoptera: Coccinellidae), toward its prey. – Applied Entomology and Zoology 19: 82–86.

NAKAMUTA, K. (1984b): Aphid bodily fluid stimulates feeding of a predatory ladybeetle, *Coccinella septempunctata*, L. (Coleoptera: Coccinellidae). – Applied Entomology and Zoology 19: 123–125.

NAKASHIMA, Y., BIRKETT, M.A., PYE, B.J., PICKETT, J.A. & G. POWELL (2004): The role of semiochemicals in the avoidance of the seven–spot ladybird, *Coccinella septempunctata*, by the aphid parasitoid, *Aphidius ervi*. – Journal of Chemical Ecology 30: 1103–1116.

NALAM, V., ISAACS, T., MOH, S., KANSMAN, J., FINKE, D., ALBRECHT, T. & P. NACHAPPA (2021): Diurnal feeding as a potential mechanism of osmoregulation in aphids. – Insect Science 28: 521–532.

NANCARROW, N., CONSTABLE, F.E., FINLAY, K.J., FREEMAN, A.J., RODONI, B.C., TREBICKI, P., VASSILIADIS, S., YEN. A.L. & J.E. LUCK (2014): The effect of elevated temperature on *Barley yellow dwarf virus*–PAV in wheat. – Vir. Res. 186: 97–103.

NARANJO, T., ROCA, A., GOICOECHEA, P.G. & GIRALDEZ, R. (1987): Arm homoeology of wheat and rye chromosomes. – Genome 29(6): 873–882.

NATON, E. (1976): Die wichtigsten Blattläuse im Hackfruchtbau. – Pflanzenschutzinformationen, Bayer. Landesanst. Bodenkult. Pflanzenbau 44: 20 S.

NAUEN, R. & I. DENHOLM (2005): Resistance of insect pests to neonicotinoid insecticides: current status and future prospects. – Archives of Insect Biochemistry and Physiology 58: 200–215.

NAUEN, R., TIETJEN, K., WAGNER, K. & A. ELBERT (1998): Efficacy of plant metabolites of imidacloprid against *Myzus persicae* and *Aphis gossypii* (Homoptera: Aphididae). – Pesticide Science 52: 53–57.

NAULT, L. R. & W.S. BOWERS (1974): Multiple alarm pheromones in aphids. – Entomol. Exp. Appl. 17: 455–457. doi: 10.1007/BF00334995.

NAULT, L.R. & M.E. MONTGOMERY (1977): Aphid pheromones. – In HARRIS, K.F. & K. MARAMOROSCH (eds.) Aphids as Virus Vectors. New York/ San Francisco/London: 527–545.

NAULT, L.R., EDWARDS, L.J. & W.E. STYER (1973): Aphid alarm pheromones: secretion and reception. – Environ. Entomol. 2: 101–105. doi: 10.1093/ ee/2.1.101.

NAVABI, Z., SHIRAN, B. & M.T. ASSAD (2004): Microsatellite mapping of a Russian wheat aphid resistance gene on chromosome 7B of an Iranian tetraploid wheat line: preliminary results. – Cereal Research Communications 32(4): 451–457.

NAVRATILOVA, M. (1999): Results of the efficacy evaluation of biological control agents in glasshouses in the Czech Republic. – Bulletin OEPP 29: 69–72.

NAZZI, F., POWELL, W., WADHAMS, L.J. & C.M. WOODCOCK (1996): Sex pheromone of the aphid parasitoid *Praon volucre* (Hymenoptera, Braconidae). – Journal of Chemical Ecology 22: 1169–1175.

NEDVĚD, O. & A. HONĚK (2012): Life history and development. In: HODEK, I., VAN EMDEN, H.F. & A. HONĚK (eds.): Ecology and Behaviour of the Ladybird Beetles (Coccinellidae). Chichester, UK: 54–109.

NEMECEK, T. (1993): The role of aphid behaviour in the epidemiology of potato virus Y: a simulation study. – Dissertation ETH No. 10086: 232 S.

NEVES, F.D., FAGUNDES, M., SPERBER, C.F. & G.W. FERNANDES (2011): Tri-trophic level interactions affect host plant development and abundance of insect herbivores. – Arthropod Plant Interact. 5: 351–357.

NEW, T.R. (1988): Neuroptera. In: MINKS, A.K. & P. HARREWIJN (eds.): Aphids. Their Biology, Natural Enemies and Control, Volume 2B. Amsterdam: 249–258.

NEWMAN, J.A., GIBSON, D.J., HICKAM, E., LORENZ, M., ADAMS, E., BYBEE, L. & R. THOMPSON (1999): Elevated carbon dioxide results in smaller populations of the bird cherry-oat aphid *Rhopalosiphum padi*. – Ecol Entomol 24: 486–489.

NEWMAN, J.A., GIBSON, D.J., PARSONS, A.J. & J.H.M. THORNEY (2003): How predictable are aphid population responses to elevated CO_2? – J. Anim. Ecol. 72: 556–566.

NEWTON, C. & A.F.G. DIXON (1988): A preliminary study of variation and inheritance of life history traits and the occurrence of hybrid vigour in *Sitobion avenae* (F.) (Hemiptera: Aphididae). – Bulletin of Entomological Research 78: 75–83.

NG, J.C.K. & B.W. FALK (2006): Virus-vector interactions mediating nonpersistent and semipersistent transmission of plant viruses. – Ann. Rev. Phytopathol. 44: 183–212.

NG, J.C.K. & K.L. PERRY (2004): Transmission of plant viruses by aphid vectors. – Mol. Plant Pathol. 5: 505–511.

NI, X. & QUISENBERRY, S.S. (2000): Comparison of DIMBOA concentrations among wheat isolines and corresponding plant introduction lines. – Entomologia Experimentalis et Applicata 96(3): 275–279.

NI, X. & S.S. QUISENBERRY (1997): Effect of wheat leaf epicuticular structure on host selection and probing rhythm of Russian wheat aphid (Homoptera: Aphididae). – Journal of Economic Entomology 90: 1400–1407.

Ni, X., Quisenberry, S.S., Pornkulwat, S., Figarola, J.L., Skoda, S.R. & J. E. Foster (2000): Hydrolase and Oxido-Reductase Activities in *Diuraphis noxia* and *Rhopalosiphum padi* (Hemiptera: Aphididae). – Ann. Entomol. Soc. Am. 93(3): 595–601.

Nicholson, A.J. (1954): An outline of the dynamics of animal populations. – Australian Journal of Zoology 2: 9–65.

Nicol, D., Wratten, S.D., Eaton, N. & S.V. Copaja (1993): Effects of DIMBOA levels in wheat on the susceptibility of the grain aphid (*Sitobion avenae*) to deltamethrin. – Annals of Applied Biology 122: 427–433.

Nicolas, A., Dagbert, T., Le Goff, G. & T. Hance (2013): La Lutte Biologique Contre le Puceron Cendré du Pommier par des Lâchers d'Auxiliaires en Verger de Pommier. – Earth and Life Institute, Louvain-la-neuve, Belgium: 30 S.

Nielsen, Ch., Agrawal, A.A. & A.E. Hajek (2010): Ants defend aphids against lethal disease. – Biol. Lett. 6: 205–208.

Nieto Nafría, J.M. & M.P. Mier Durante (1998): Fauna ibérica. Vol. 11. Hemiptera, Aphididae I. – Consejo Superior de Investigaciones Cientificas, Madrid: 424 S.

Nieto Nafría, J.M., Mier Durante, M.P., Binazzi, A. & N.P. Hidalgo (2002): Fauna ibérica. Vol. 28. Hemiptera: Aphididae II. – Consejo Superior de Investigaciones Cientificas, Madrid: 350 S.

Nieto Nafría, J.M., Mier Durante, M.P., Prieto, F.G. & N.P. Hidalgo (2005): Fauna ibérica. Vol. 28. Hemiptera: Aphididae III. – Consejo Superior de Investigaciones Cientificas, Madrid: 362 S.

Nijveldt, W. (1988): Cecidomyiidae. In: Minks, A.K. & P. Harrewijn (eds.): Aphids. Their Biology, Natural Enemies and Control, Volume 2B. Amsterdam: 271–277.

Nishino, C., Bowers, W.S., Montgomery, M.E., Nault, L.R. & M.W. Nielson (1977): Alarm pheromone of the spotted alfalfa aphid, *Therioaphis maculata* Buckton (Homoptera: Aphididae). – J. Chem. Ecol. 3: 349–357. doi: 10.1007/ BF00988450.

Nkongolo, K.K., Quick, J.S., Limin, A.E. & Fowler, D.B. (1991): Sources and inheritance of resistance to Russian wheat aphid in *Triticum* species amphiploids and *Triticum tauschii*. – Canadian Journal of Plant Science 71(3): 703–708.

Nordlund, D.A., Cohen, A.C. & R.A. Smith (2001): Mass-rearing, release techniques, and augmentation. – In: McEwen, P.K., New, T.R. & A.E. Whittington (eds.): Lacewings in the Crop Environment. Cambridge University Press, Cambridge, UK: 303–319.

Normark, B.B. & N.A. Moran (2000): Testing for the accumulation of deleterious mutations in asexual eukaryote genomes using molecular sequence. – Journal of Natural History 34: 1719–1729.

Normark, B.B. (2000): Molecular systematics and evolution of the aphid family Lachnidae. – Molecular Phylogenetics and Evolution 14: 131–140.

Northfield, T.D., Crowder, D.W., Takizawa, T. & W.E. Snyder (2014): Pairwise interactions between functional groups improve biological control. – Biological Control 78: 49–54.

Nottingham, S.F. & J. Hardie (1989): Migration and targeted flight in seasonal forms of the black bean aphid, *Aphis fabae*. – Physiological Entomology 14: 451–458.

Nottingham, S.F. & J. Hardie (1993): Flight behaviour of the black bean aphid, *Aphis fabae*, and the cabbage aphid, *Brevicoryne brassicae*, in host and non-host plant odour. – Physiological Entomology 18: 389–394.

Nottingham, S.F., Hardie, J., Dawson, G.W., Hick, A.J., Pickett, J.A., Wadhams, L.J. & C.M. Woodcock (1991): Behavioural and electrophysiological responses of aphids to host and non-host plant volatiles. – Journal of Chemical Ecology 17: 1231–1242.

Nottingham, S.F., Hardy, J. & G.M. Tatchell (1991): Flight behaviour of the bird cherry aphid, *Rhopalosiphum padi*. – Physiological Entomology 16: 223–229.

Novàkovà, E., Hypša, V., Klein, J., Foottit, R.G., von Dohlen, C.D. & N.A. Moran (2013): Reconstructing the phylogeny of aphids (Hemiptera: Aphididae) using DNA of the obligate symbiont *Buchnera aphidicola*. – Molecular Phylogenetics and Evolution 68: 42–54.

Novgorodova, T.A (2004): The symbiotic relationships between ants and aphids. – Zhurn. Obsh. Biol. 65: 153–166.

Nowińska, A., Mróz, E. & Ł. Depa (2017): Sexual morphs of *Pterocomma tremulae* Börner, 1940 (Aphididae, Aphidinae) with description of male reproductive system. – ZooKeys 686(1): 125–136. doi 10.3897/zookeys.686.14493.

Nyabuga, F.N., Outreman, Y., Simon, J.-C., Heckel, D.G. & W.W. Weisser (2010): Effects of pea aphid secondary endosymbionts on aphid resistance and development of the aphid parasitoid *Aphidius ervi*: a correlative study. – Entomologia Experimentalis et Applicata 136: 243–253.

Nyabuga, F.N., Völkl, W., Schwörer, U., Weisser, W.W. & M. Mackauer (2012): Mating strategies in solitary aphid parasitoids: effect of patch residence time and ant attendance. – Journal of Insect Behavior 25: 80–95.

O

Oakley, J.N. & K.F.A. Walters (1994): A field evaluation of different criteria for determining the need to treat winter wheat against the grain aphid *Sitobion avenae* and the rose-grain aphid *Metopolophium dirhodum*. – Annals of Applied Biology 124: 195–211.

Obrycki, J.J. & T.J. Kring (1998): Predaceous Coccinellidae in biological control. – Annual Review of Entomology 43: 295–321.

Obrycki, J.J., Harwood, J.D., Kring, T.J. & R.J. O'Neil (2009): Aphidophagy by Coccinellidae: application of biological control in agroecosystems. – Biological Control 51: 244–254.

Oehme, V., Hogy, P., Franzaring, J., Zebitz, C.P. & A. Fangmeier (2011): Response of spring crops and associated aphids to elevated atmospheric CO_2 concentrations. – J. Appl. Bot. Food Qual. 84: 151–157.

Oehme, V., Hogy, P., Zebitz, C.P.W. & A. Fangmeier (2013): Effects of elevated atmospheric CO_2 concentrations on phloem sap composition of spring crops and aphid performance. – J. Plant Interact. 8: 74–84.

Oerke, E.C. (2006): Crop losses to pests. – Journal of Agricultural Science 144: 31–43.

Ogawa, K. & T. Miura (2014): Aphid polyphenisms: Trans-generational developmental regulation through viviparity. – Frontiers in Physiology 5: 1. doi:10.3389/fphys.2014.00001

Ogenga-Latigo, M.W., Ampofo, J.K.O. & C.W. Baliddawa (1992): Influence of maize row spacing on infestation and damage of intercropped beans by the bean aphid (*Aphis fabae* Scop.). I. Incidence of aphids. – Field Crops Research 30: 111–121.

Ohkawara, Y, Akayama, A. Matsuda, K. & W. Andersch (2002): Clothianidin: a novel broad-spectrum neonicotinoid insecticide. – Proceedings of the British Crop Protection Council Conference, Pests, and Diseases, Brighton, November 2002 (1): 5–58.

Oliver, K.M. Moran, N.A. & M.S. Hunter (2005): Variation in resistance to parasitism in aphids is due to symbionts not host type. – Proc. Natl. Acad. Sci. USA 102: 12795–12800.

Oliver, K.M., Moran, N.A. & M.S. Hunter (2006): Costs and benefits of a superinfection of facultative symbionts in aphids. Proceedings of the Royal Society of London Series B: Biological Sciences 273: 1273–1280.

Oliver, K.M., Russell, J.A., Moran, N.A. & M.S. Hunter (2003): Facultative bacterial symbionts in aphids confer resistance to parasitic wasps. – Proc Nat Acad Sci USA 100: 1803–1807.

Oliver, K.M., Smith, A.H. & J.A. Russell (2014): Defensive symbiosis in the real world – advancing ecological studies of heritable, protective bacteria in aphids and beyond. – Functional Ecology 28: 341–355.

Ono, M., Richman, J.S. & B.D. Siegfried (1994a): Characterization of general esterases of the greenbug (Homoptera: Aphididae). – Journal of Economic Entomology 87: 1430–1436.

Ono, M., Richman, J.S., & B.D. Siegfried (1994b): In vitro metabolism of parathion in susceptible and parathion–resistant strains of the greenbug, *Schizaphis graminum* (Rondani) (Homoptera: Aphididae). – Pesticide Biochemistry and Physiology 49: 191–197.

Ono, M., Swanson, J.J., Field, L.M., Devonshire, A.L. & B.D. Siegfried (1999): Amplification and methylation of an esterase gene associated with insecticide resistance in greenbugs, *Schizaphis graminum* (Rondani) (Homoptera: Aphididae). – Insect Biochemistry and Molecular Biology 29: 1065–1073.

Orlando, E. & M. Mari (1968): Formazione e differenziasione della gonade femminile di *Megoura viciae* Buckt. (Homoptera, Aphididae). – Atti della Societa dei Naturalisti e Matematici di Modena 99: 196–213.

Orlando, E. (1965): Pue tipi di ovari partenogenetici in *Aphis fabae* Scop. – Bolletino di Zoologia 32: 27–31.

Orlando, E. (1972): On the determination of the reproductive category of females of *Megoura viciae* (Homoptera, Aphididae). – Bolletino di Zoologia 39: 53–61.

Orlando, E. (1974): Sex determination in *Megoura viciae* Buckton (Homoptera, Aphididae). – Monitore Zoologica Italiana (NS) 8: 61–70.

Orlob, G.B. (1963): The role of ants in the epidemiology of barley yellow dwarf virus. – Entomologia Experimentalis et Applicata6: 95–106.

Ortiz-Rivas, B., Martínez-Torres, D. & N. Pérez Hidalgo (2009): Molecular phylogeny of Iberian Fordini (Aphididae: Eriosomatinae): Implications for the taxonomy of genera *Forda* and *Paracletus*. – Syst. Ent. 34: 293-306.

Ortiz-Rivas, B. & D. Martinez-Torres (2010): Combination of molecular data support the existence of three main lineages in the phylogeny of aphids (Hemiptera: Aphididae) and the basal position of the subfamily Lachninae. – Molecular Phylogenetics and Evolution 55: 305–317.

Ortiz-Rivas, B., Moya, A. & D. Martinez-Torres (2004): Molecular systematics of aphids (Homoptera: Aphididae): new insights from the long-wavelength opsin gene. – Molecular Phylogenetics and Evolution 30: 24–37.

Ortman, E.E. & Peters, D.C. (1980): Introduction: historical overview. – In: Maxwell, F.G. et al. (eds.): Breeding plant resistant to insects. Toronto, Canada: 3–14.

Osawa, N. (1992): The effect of shoot growth of *Spiraea thunbergii* (Rosaceae) on colonisation of *Aphis spiraecola* (Homoptera: Aphididae). – Applied Entomology and Zoology 27: 557–563.

Osawa, N. (1993): Population field studies of the aphidophagous ladybird beetle *Harmonia axyridis* (Coleoptera: Coccinellidae): life tables and key factor analysis. – Res Popul Ecol 35: 335–348.

Ouvrard, D., Campbell, B.C., Bourgoin T. & K.L. Chan. (2000): 18S rRNA secondary structure and phylogenetic position of Peloridiidae (Insecta, Hemiptera). – Molecular Phylogenetics and Evolution 16: 403–417.

P

Paeeish, W.B. (1967): The origin, morphology, and innervation of aphid stylets (Homoptera). – Annals of the Entomological Society of America 60: 273–276.

PAGLIAI, A.M. (1965): A new category of females in the life cycle of *Brevicoryne brassicae* (L.): the ambiphasic females. – Experientia 21: 283.

PAGNONE, T.C., MARTINEZ, A.N., LA ROSSA, F.R. & S.L BONIVARDO (1993): *Appendiseta robiniae* (Gillette, 1907) (Homoptera: Aphidoidea), a new species on *Robinia pseudoacacia* L. in Argentina. – Revta Soc. ent. Arg. 52: 13–16.

PAINTER, R.H. (1941): The economic Value and biologic Significance of Insect Resistance in Plants. – Journal of Economic Entomology 34(3): 358–367.

PAINTER, R.H. (1951): Insect Resistance in Crop Plants. – The University Press of Kansas, Lawrence: 25–28.

PAL, R. (1950): The wetting of insect cuticle. – Bull. ent. Res. 41: 121–129.

PALMER, M.A. (1952): Aphids of the Rocky Mountain Region. – Thomas Say Foundation, 5: 452 S.

PAMILO, P. (1984): Genetic relatedness and evolution of insect sociality. – Behav Ecology Sociobiol 15: 241–248.

PAN, H., CHU, D., YAN, W., SU, Q., LIU, B., WANG, S., WU, Q., XIE, W., JIAO, X., LI, R., YANG, N., YANG, X., XU, B., BROWN, K.J., ZHOU, X. & Y. ZHANG (2012): Rapid spread of *Tomato yellow leaf curl virus* in China is aided differentially by two invasive whiteflies. – PLoS ONE 7:e34817.

PAPANIKOLAOU, N.E., MILONAS, P.G., KONTODIMAS, D.C., DEMIRIS, N. & Y.G. MATSINOS (2013): Temperature-dependent development, survival, longevity, and fecundity of *Propylea quatuordecimpunctata* (Coleoptera: Coccinellidae). – Annals of the Entomological Society of America 106: 228–234.

PAPP, M. & MESTERHAZY, A. (1993): Resistance to bird cherry-oat aphid (*Rhopalosiphum padi* L.) in winter wheat varieties. – Euphytica 67(1–2): 49–57.

PAPP, M. & MESTERHAZY, A. (1996): Resistance of winter wheat to corn leaf beetle (Coleoptera: Chrysomellidae) and bird cherry-oat aphid (*Rhopalosiphum padi* L.). – Journal of Economic Entomology 89: 1649–1657.

PARAJULEE, M.N., SLOSSER, J.E. & D.G. BORDOVSKY (1999): Cultural practices affecting the abundance of cotton aphids and beet armyworms in dryland cotton. – In: Proceedings Beltwide Cotton Conferences, Orlando, January 1999, Volume 2. National Cotton Council, Memphis, Tennessee: 1014–1016.

PARKER, G.A. & R.A. STUART (1976): Animal behaviour as a strategy optimizer. – Am. Nat. 110: 1055–1076.

PARKER, W.E., COLLIER, R.H., ELLIS, P.R., MEAD, A., CHANDLER, D., et al. (2002): Matching control options to a pest complex: the integrated pest management of aphids in sequentially-planted crops of outdoor lettuce. – Crop Protection 21: 235–248.

PARKIN, I.A., KOH, C., TANG, H., ROBINSON, S.J., KAGALE, S., CLARKE, W.E., TOWN, C.D., NIXON, J., KRISHNAKUMAR, V., BIDWELL, S.L., et al. (2014): Transcriptome and methylome profiling reveals relics of genome dominance in the mesopolyploid *Brassica oleracea*. – Genome Biol. 15: R77.

PARRISH, W.B., 1967. The origin, morphology, and innervation of aphid stylets (Homoptera). – Annals of the entomological Society of America 60: 273–276.

PARRISH, W.E.G. & J.S. BALE (1991): Effect of low temperatures on the intracellular symbionts of the grain aphid, *Sitobion avenae* (F.) (Hom., Aphididae). – Journal of Insect Physiology 37: 339–345.

PARRY, M.A.J. & M.J. HAWKESFORD (2010): Food security: increasing yield and improving resource use efficiency. – Proceedings of the Nutrition Society 69: 592–600.

PARRY, W.E. (1829): Narrative of an attempt to reach the North Pole, in boats fitted for the purpose, and attached to HMS Hecla in the year 1827: London: 201.

PARRY, W.H. (1979a): Factors affecting low temperature survival of *Cinara pilicornis* eggs on Sitka spruce. – International Journal of Biometeorology 23: 185–193.

PARRY, W.H. (1979b): Acclimatization in the green spruce aphid, *Elatobium abietinum*. – Annals of Applied Biology 92: 299–306.

PARRY, W.H. (1985): The overwintering of *Euceraphis punctipennis* eggs on birch in NE Scotland. – Cryo–Letters 6: 5–12.

PASSERINI, G. (1863): Flora degli Afidi Italiani. – Bol. Soc. Ent. Ital. 3: 144–160, 244–260, 333–346.

PATCH, E.M. (1909): Homologies of the wing veins of the Aphididae, Psyllidae, Aleurodidae, and Coccidae. – Annals of the Entomological Society of America 2: 101–129, pls. 16–21.

PATCH, E.M. (1938): Food-Plant Catalogue of the Aphids of the World. Including the Phylloxeridae. – Maine agr. Exp. St. Bull. 393: 35–430.

PATERSON, H.E H. (1985): The recognition concept of species. – In: VRBA, E.S. (ed.): Species and Speciation. Transvaal Museum Monograph, Pretoria 4: 21–29.

PATT, J.M., HAMILTON, G.C. & J.H. LASHOMB (1997a): Foraging success of parasitoid wasps on flowers: interplay of insect morphology, floral architecture and searching behavior. – Entomologia Experimentalis et Applicata 83: 21–30.

PATT, J.M., HAMILTON, G.C. & J.H. LASHOMB (1997b): Impact of strip-insectary intercropping with flowers on conservation biological control of the Colorado potato beetle. – Advances in Horticultural Science 11: 175–181.

PAUL, N.D. & D. GWYNN-JONES (2003): Ecological roles of solar UV radiation: towards an integrated approach. – Trends in Ecology and Evolution 18: 48–55.

PEDIGO, L.P. & M.E. RICE (2006): Entomology and Pest Management. 5th edition – Prentice Hall, Upper Saddle River, New Jersey: 435–469.

PELL, J.K., EILENBERG, J., HAJEK, A.E. & D.S. STEINKRAUS (2001): Biology, ecology and pest management potential of Entomophthorales. – In: BUTT, T.M., JACKSON, C. & N. MAGAN (eds.): Fungi as

Biocontrol Agents: Progress, Problems and Potential. CAB International, Wallingford, UK: 71–154.

Pell, J.K., Hannam, J.J. & D.C. Steinkraus (2010): Conservation biological control using fungal entomopathogens. – BioControl 55: 187–198.

Pell, J.K., Pluke, R., Clark, S.J., Kenward, M.G. & P.G. Alderson (1997): Interactions between two aphid natural enemies, the entomopathogenic fungus, *Erynia neoaphidis* and the predatory beetle, *Coccinella septempunctata*. – Journal of Invertebrate Pathology 69: 261–268.

Pelletier, Y., Nie, X., Giguere, M.A., Nanayakkara, U., Maw, E. & R. Foottit (2012): A new approach for the identification of aphid vectors (Hemiptera: Aphididae) of Potato virus Y. – J. Econ. Entomol. 105: 1909–1914.

Pelton, J.Z. (1838): The alimentary canal of the aphid *Prociphilus tesselata* Fitch. – Ohio Journal of Science 38: 164–169.

Peng, X., Qiao, X. & M. Chen (2017): Responses of holocyclic and anholocyclic *Rhopalosiphum padi* populations to low-temperature and short-photoperiod induction. – Ecology and Evolution 7: 1030–1042.

Percy, K.E., Awmack, C.S., Lindroth, R.L., Kubiske, M.E., Kopper, B.J., Sebrands, J.G.I., Pregitzer, K.S., Hendrey, G.R., Dickson, R.E., Zak, D.R., Oksanen, E., Sober, J., Harrington, R. & D.F. Karnosky (2002): Altered performance of forest pests under atmospheres enriched by CO_2 and O_3. – Nature 420: 403–407.

Pereira, R.R.C., Moraes, J.C., Prado, E. & R.R. Dacosta (2010): Resistance inducing agents on the biology and probing behaviour of the greenbug in wheat. – Scientia Agricola 67(4): 430–434.

Pérez-Brocal, V., Gil, R., Ramos, S., Lamelas, A., Postigo, M., Michelena, J.M., Silva, F.J., Moya, A. & A. Latorre (2006): A small microbial genome: the end of a long symbiotic relationship? – Science 314: 312–313.

Pérez Hidalgo, N., Vandegehuchte, M.L., Schütz, M. & A.C. Risch (2016): Description of the sexuales of *Myzodium modestum* (Hottes) (Hemiptera: Aphididae) discovered in the Swiss Alps. – Zootaxa 4196(4): 589. doi: 10.11646/zootaxa.4196.4.8

Pergande, T. (1900): Aphididae of the Expedition. – Washingt. Acad. Sci. Proc. 2: 513–517.

Pergande, T. (1901): The life cycle history of two species of plant-lice, inhabiting both the witch-hazel and birch. – U.S. Department of Agriculture, Division of Entomology, Technical Series 9: 1–44.

Pergande, T. (1904a): North American Phylloxerinae affecting Hicory (Carya) and other Trees. – Proc. Davenp. Ac. Nat. Sci. 9: 185–271, 21 pl.

Pergande, T. (1904b): On Aphids, affecting grains and grasses. – Proc. Davenp. Ac. Nat. Sci. 44: 5–23.

Pergande, T. (1912): The life history of the alder blight aphis. – US Department of Agriculture Bureau Entomology Technical Series 24: 1–28.

Perring, T.M., Gruenhagen, N.M. & C.A. Farrar (1999): Management of plant viral diseases through chemical control of insect vectors. – Annual Review of Entomology 44: 457–481.

Perrone, M. (1980): Factors affecting the incidence of distress calls in passerines. – Wilson Bulletin 92: 404–408.

Perry, J. N., Woiwood, I. P. & Hanski, I. (1993): Using response-surface methodology to detect chaos in ecological time series. – Oikos 68: 329–339.

Pesson, P. (1951): Ordre des Homoptères. In: P.P. Grassé (ed.): Traité de Zoologie, Anatomic, Systématique, Biologie. – Masson Paris Vol 10: 1390–1556.

Peters, D., Wood, E. & Starks, K. (1975): Insecticide resistance in selections of the greenbug. – Journal of Economic – Entomology 68(3): 339–340.

Peterson, R.D. & L.G. Higley (2001): Illuminating the black box: the relationship between injury and yield. – Biotic Stress and Yield Loss (eds. R.D. Peterson & L.G. Higley), Boca Raton: 1–12.

Petterson, J. (1970): Studies on *Rhopalosiphum padi* (L.) I. Laboratory studies on olfactometric responses to the winter host *Prunus padus* L. – Lantbrukshögskolans Annaler 36: 381–389.

Petterson, J. (1994): The bird cherry-oat aphid, *Rhopalosiphum padi* (Hom.: Aphi.), and odours. In: Leather, S. R., Wyatt, A., Kidd, N. A. C. & K. F. A. Walters (eds.): Individuals, Populations and Patterns in Ecology. – Intercept, Andover: 3–12.

Pettersson, J. (1968): Preliminary report on ethological observations of the copulatory act among *Schizaphis dubia* Huc. and *Schizaphis borealis* Tambs-Lyche (Hom. Aph.). – Opuscula Entomologica 33: 359–361.

Pettersson, J. (1970a): An aphid sex attractant. I. Biological studies. – Entomol. Scand. 1: 63–73.

Pettersson, J. (1970b): Studies on *Rhopalosiphum padi* (L.). I. Laboratory studies on olfactometric responses to the winter host *Prunus padus* L. – Lantbrukhoegsk. Ann. 36: 381–399.

Pettersson, J. (1971a): An aphid sex attractant. II. Histological, ethological and comparative studies. – Entomologica Scandinavica 2: 81–93.

Pettersson, J. (1971b): Studies on four grass-inhabiting species of *Schizaphis* (Homoptera, Aphidae). II. Morphological descriptions of populations of *Schizaphis dubia* Huc., *Schizaphis arrhenatheri* n. sp., *Schizaphis rufula* (Walk) and *Schizaphis longicaudata* HRL. – Swedish J. agric. Res. 1: 115-132.

Pettersson, J. (1973): Olfactory reactions of *Brevicoryne brassicae* (L.) (Hom.: Aph.). – Swed. J. Agric. Res. 3: 95–103.

Pettersson, J., Ninkovic, V., Glinwood, R., Al Abassi, S., Birkett, M., Pickett, J. & L. Wadhams (2008): Chemical stimuli supporting foraging behavior of *Coccinella septempunctata* L. (Coleoptera: Coccinellidae): volatiles and allelobiosis. – Appl. Entomol. Zool. 43: 315–321.

Pettersson, J., Pickett, J., Pye, B., Quiroz, A., Smart, L., Wadhams, L. & C. Woodcock (1994): Winter host component reduces colonization by bird-cherry-oat aphid, *Rhopalosiphum padi* (L.) (Homoptera, Aphididae), and other aphids in cereal fields. – Journal of Chemical Ecology 20(10): 2565–2574.

Pettersson, J., Tjallingii, W.F. & J. Hardie (2007): Host-plant Selection and Feeding. – In: van Emden, H.F. et al. (eds.): Aphids as Crop Pests. Wallingford, UK: 87–113.

Pfeiffer, D.G., Brown, M.W. & M.W. Varn (1989): Incidence of spirea aphid (Homoptera: Aphididae) in apple orchards in Virginia, West Virginia and Maryland. – Journal Entomological Society 24: 145–149.

Pfeiffer, M.L., Gildow, F.E. & S.M. Gray (1997): Two distinct mechanisms regulate luteovirus transmission efficiency and specificity at the aphid salivary gland. – J. Gen. Virol. 78: 495–503.

Pflugfelder, O. (1936): Vergleichend-anatomische, experimentelle und embryologische Untersuchungen über das Nervensystem und die Sinnesorgane der Rhynchoten. – Zoologica 93: 1–102.

Pündel, E.E., Agati, G. & Z.G. Cerovic (2006): Optical properties of plant surfaces. – In: Riederer M. & C. Müller (eds.): Biology of the Plant Cuticle. London: 216–249.

Pickett, J.A. & R.T. Glinwood (2007): Cemical Ecology. In: vanEmden, H.F. & R. Harrington (eds.): Aphids as Crop Pests. Wallingford, UK: 235–260.

Pickett, J.A., Wadhams, L.J. & C.M. Woodcock (1994): Attempts to control aphid pests by integrated use of semiochemicals. – Brighton Crop Protection Conference – Pests and Diseases: 1239–1246.

Pickett, J.A., Wadhams, L.J., Woodcock, C.M. & J. Hardie (1992): The chemical ecology of aphids. – Annual Review of Entomology 37: 67–90.

Pike, K.S., Allison, D., Tanigoshi, L.K., Harwood, R.F., Clement, S.L., Halbert, S.E., Smith, C.M., Johnson, J.B., Reed, G.L. & P.K. Zwer (1991): Russian wheat aphid. Biology, damage and management. – Pacific Northwest Extension Publ. PNW 371: 23 S.

Pike, N. & W.A. Foster (2004): Fortress repair in the social aphid species, *Pemphigus spyrothecae*. – Anim Behav 67: 909–914.

Pike, N. & W.A. Foster (2008): The Ecology of Altruism in a Clonal Insect. Chapter 2. – In: Korb, J. & J. Heinze (eds.): Ecology of Social Evolution. Berlin Heidelberg: 37-56.

Pike, N., Richard, D., Foster, W.A. & L. Mahadevan (2002): How aphids lose their marbles. – Proc R Soc Lond B 269: 1211–1215.

Pimentel, D. (2005): Environmental and economic costs of the application of pesticides primarily in the United States. – Environment, Development and Sustainability 7: 229–252.

Pirone T.P. & K.F. Harris (1977): Nonpersistent transmission of plant viruses by aphids. – Annu. Rev. Phytopathol. 15: 55–73.

Pirone, T.P. & S. Blanc (1996): Helper-dependent vector transmission of plant viruses. – Annu. Rev. Phytopathol. 34: 227–247.

Pirone, T.P. (1964): Aphid transmission of a purified stylet-borne virus acquired through membrane. – Virology 23: 107–108.

Pitino, M. & S.A. Hogenhout (2013): Aphid protein effectors promote aphid colonization in a plant species– specific manner. – Mol. Plant Microbe Interact. 26: 130–139.

Pitino, M., Coleman, A.D., Maffei, M.E., Ridout, C.J. & S.A. Hogenhout (2011): Silencing of aphid genes by dsRNA feeding from plants. – PLoS ONE 6(10): e25709. doi: 10.1371/journal.pone.0025709.

Plapp, F.W. Jr (1981): Ways and means of avoiding or ameliorating resistance to insecticides. – Proceedings of the 9th International Congress of Plant Protection, Washington, D.C., August 1979. International Association for Plant Protection Sciences 2: 244–249.

Podsiadlowski, L. (2016): Phylogeny of the Aphids. – In: Vilcinskas, A. (ed.): Biology and Ecology of Aphids. Boca Raton. doi.org/10.1201/b19967.

Poehling, M. (1985): Einfluß von *Aphis fabae* Scop. (Homoptera, Aphididae) auf den Protein- und Aminosäurestoffwechsel von *Vicia faba*. – Mitt. Deutsch. Ges. allg. angew. Ent. 4: 366–369.

Poinar, G. jr. & A.E. Brown (2005): New Aphidoidea (Hemiptera; Sternorrhyncha) in Burmese amber. – Proc. Entomol. Soc. Wash. 107 (4): 835–845.

Poland, J.A., Balint-Kurti, P.J., Wisser, R.J., Pratt, R.C. & Nelson, R.J. (2009): Shades of gray: the world of quantitative disease resistance. – Trends in Plant Science 14(1): 21–29.

Polaszek, A. (1987a): Comparative anatomy of the male aphid reproductive system. – PhD. thesis. Imperial College, London: 270 S.

Polaszek, A. (1987b): Studies on the comparative anatomy of aphid reproductive systems. In: Holman, J., Pelikan, A., Dixon, A.F.G. & L. Weismann (eds.): Population Structure, Genetics and Taxonomy of Aphids and Thysanoptera. The Hague: 261–266.

Pollard, D.G. (1973): Plant penetration by feeding aphids (Hemiptera, Aphidoidea): a review. – Bulletin of Entomological Research 62: 631–714.

Pompon, J., Quiring, D., Giordanengo, P. & Y. Pelletier (2010): Role of xylem consumption on osmoregulation in *Macrosiphum euphorbiae* (Thomas). – Journal of Insect Physiology 56: 610–615.

Pompon, J., Quiring, D., Goyer, C., Giordanengo, P. & Y. Pelletier (2011): A phloem-sap feeder mixes phloem and xylem sap to regulate osmotic potential. – Journal of Insect Physiology 57: 1317–1322.

Ponsen M.B. (1972): The site of potato leafroll virus multiplication in its vector, *Myzus persicae:* an anatomical study. – Mededelingen Landbouwhogeschool, Wageningen 72–16: 1–147.

Ponsen, M.B. (1977a): Anatomy of an aphid vector: *Myzus persicae*. – In: Harris, K.F. & K. Mara-

MOROSCH (eds.) Aphids as virus vectors. Academic Press, New York: 63–82.

PONSEN, M.B. (1977b): The gut of the red currant blister aphid, *Cryptomyzus ribis* (Homoptera: Aphididae). – Mededelingen Landbouwhogeschool, Wageningen 77–11: 1–11.

PONSEN, M.B. (1979): The digestive system of *Subsaltusaphis ornata* (Homoptera: Aphididae). – Mededelingen Landbouwhogeschool, Wageningen 79–17: 1–30.

PONSEN, M.B. (1981): The digestive system of *Eulachnus brevipilosus* Bomer (Homoptera: Aphididae). – Mededelingen Landbouwhogeschool Wageningen 81–3: 1–14.

PONSEN, M.B. (1982a): The digestive system of *Phloeomyzus passerinii* (Signoret) (Homoptera: Aphidoidea). – Mededelingen Landbouwhogeschool, Wageningen 82–10: 1–6.

PONSEN, M.B. (1982b): The digestive system of *Glyphina* and *Thelaxes* (Homoptera: Aphidoidea). – Mededelingen Landbouwhogeschool, Wageningen 82–9: 1–10.

PONSEN, M.B. (1987): Alimentary tract. – In: MINKS, A.K. & P. HARREWIJN (eds.): Aphids: their biology, natural enemies and control. Volume A. Amsterdam: 79–97.

PONSEN, M.B. (1990): Phylogenetic implications of the structure of the alimentary tract of the Aphidoidea. I. Greenidea, Israelaphis and Neophyllaphis. II. The *Aphis*-group. Wageningen Agricultural University Papers 90–4: 1–52.

PONSEN, M.B. (1991): Structure of the digestive system of aphids, in particular *Hyalopterus* and *Coloradoa*, and its bearing on the evolution of filter chambers in the Aphidoidea. – Wageningen Agricultural University Papers 91–5: 1–61.

PONSEN, M.B. (2006): A histological description of the alimentary tract and related organs of Adelgidae (Homoptera, Aphidoidea). – Wageningen Agricultural University Papers 6–1: 1–102.

PONSEN, M.B. (2015): A histological description of the salivary gland system of some aphid species of the Adelgidae and Aphididae. – Wageningen Agricultural University Papers 06.1 Suppl: 64.

PONTIN, A.J. (1960): Observations of the keeping of aphid eggs by ants of the genus *Lasius*. – Entomologists' Monthly 'Magazine 96: 198–199.

PONTIN, A.J. (1978): The numbers and distribution of subterranean aphids and their exploitation by the ant *Lasius flavus* (Fabr.). – Ecological Entomology 3: 203–207.

POPE, R.D. (1983): Some aphid waxes, their form and function (Homoptera: Aphididae). – Journal of Natural History 17: 489–506.

POPOV, N.A. & Y.V. BELOUSOV (1987): Optimisation of the mass propagation of *Aphidoletes aphidimyza*. – Zashchita Rastenii 11: 38–39.

POPRAWSKI, T.J. & S.P. WRAIGHT (1998): Fungal pathogens of Russian wheat aphid (Homoptera: Aphididae). – In: QUISENBERRY, S.S. & F.B. PEAIRS (eds.): Response Model for an Introduced Pest – the Russian Wheat Aphid. Thomas Say Publications in Entomology, Entomological Society of America, Lanham, Maryland: 209–233.

POPRAWSKI, T.J., PARKER, P.E. & J.H. TSAI (1999): Laboratory and field evaluation of hyphomycete insect pathogenic fungi for control of brown citrus aphid (Homoptera: Aphididae). – Environmental Entomology 28: 315–321.

PORTER, D.R., BURD, J.D., SHUFRAN, K.A. & J.A. WEBSTER (2000): Efficacy of pyramiding greenbug (Homoptera: Aphididae) resistance genes in wheat. – Journal of Economic Entomology 93(4): 1315–1318.

PORTER, D.R., BURD, J.D., SHUFRAN, K.A., WEBSTER, J.A. & G.L. TEETES (1997): Greenbug (Homoptera: Aphididae) biotypes: selected by resistant cultivars or preadapted opportunists? – Journal of Economic Entomology 90(5): 1055–1065.

PORTER, D.R., HARRIS, M.O., HESLER, L.S. & PUTERKA, G.J. (2009): Insects which challenge global wheat production. – In: CARVER, B.F. (ed.): Wheat Science and Trade. Iowa, USA: 189–201.

PORTER, D.R., WEBSTER, J.A., BURTON, R.L., PUTERKA, G.J. & E.L. SMITH (1991): New sources of resistance to greenbug in wheat. – Crop Science 31: 1502–1504.

POTTING, R., VERMEULEN, N. & D. CONLONG (1999): Active defence of herbivorous hosts against parasitism: Adult parasitoid mortality risk involved in attacking a concealed stemboring host. – Entomologia Experimentalis et Applicata 91: 143–148.

POUPOULIDOU, D., MARGARITOPOULOS, J.T., KEPHALOGIANNI, T.E, ZARPAS, K.D. & J.A. TSITSIPIS (2006): Effect of temperature and photoperiod on the life cycle in lineages of *Myzus persicae nicotianae* and *Myzus persicae* s.str. (Hemiptera: Aphididae). – European Journal of Entomology 103: 337–346.

POWELL, G & J. HARDIE (1994): Effects of mineral oil applications on aphid behaviour and transmission of potato virus Y. – Proceedings of the Brighton Crop Protection Conference, Pests and Diseases, November 1994 (1): 229–234.

POWELL, G. & HARDIE, J. (2001): The chemical ecology of aphid host alternation: How do return migrants find the primary host plant? – Applied Entomology and Zoology 36(3): 259–267.

POWELL, G. (2005): Intracellular salivation is the aphid activity associated with inoculation of non-persistently transmitted viruses. – J Gen Virol 86: 469–472. doi:10.1099/vir.0.80632–0.

POWELL, G., HODGE, S. & G.A. THOMPSON (2005): Priming phloem-based resistance to aphids. – Comp Biochem Physiol A Mol Integr Physiol 141: 228

POWELL, G., TOSH, C.R. & J. HARDIE (2006): Host plant selection by aphids: behavioral, evolutionary and applied perspectives. – Annu Rev Entomol 51: 309–330.

POWELL, J.R. & J. WEBSTER (2004): Target host finding by *Steinernema feltia* and *Heterorhabditis bacteriophora* in the presence of a non-target insect host. – Journal of Nematology 36: 285–289.

Powell, W. & W.H. Parry (1976): Effects of temperature on overwintering populations of the green spruce aphid *Elatobium abietinum*. – Annals of Applied Biology 82: 209–219.

Powell, W. (1974): Supercooling and the low-temperature survival of the green spruce aphid *Elatobium abietinum*. – Annals of Applied Biology 78(1): 27–37

Prado, E. & W.F. Tjallingii (1994): Aphid activities during sieve element punctures. – Entomologia Experimentalis et Applicata 72: 157–165.

Price, D., Karley, A., Ashford, D., Isaacs, H., Pownall, M., Wilkinson, H., *et al.* (2007): Molecular characterisation of a candidate gut sucrase in the pea aphid, *Acyrthosiphon pisum*. – Insect Biochemistry and Molecular Biology 37: 307–317.

Price, P.W., Fernandes, G.W. & G.L. Waring (1987): Adaptive nature of insect galls. – Environ Entomol 16: 15–24.

Pringle, E.G., Novo, A., Ableson, I., Barbehenn, R.V. & R.L. Vannette (2014): Plant-derived differences in the composition of aphid honeydew and their effects on colonies of aphid-tending ants. – Ecol. Evol. 4: 4065–4079.

Pringle, J.W.S. (1937): Proprioceptions in insects II. The action of the campaniform sensilla on the legs. – Journal of the Experimental Biology 15: 114–131.

Proeseler, G. & H. Weidling (1975): Die Retentionszeit von Stämmen des Kartoffel-Y-Virus in verschiedenen Aphidenarten und Einfluß der Temperatur. – Arch. Phytopathol. u. Pflanzenschutz, Berlin 11(5): 335–345.

Proft, M., de Ryckel, B., de Ducat, N., Pigeon, O. & A. Bernes (1999): Seed treatment with thiamethoxam for the protection of sugar beet, maize and cereals against insect pests. – Mededelingen Faculteit Lanbouwkundige en Toegepaste Biologische Wetenschappen Universiteit Gent 64: 327–341.

Prokopy, R.J. & E.D. Owens (1983): Visual detection of plants by herbivorous insects. – Annual Review of Entomology 28: 337–364.

Prokrym, D.R., Pike, K.S. & D.J. Nelson (1998): Biological control of *Diuraphis noxia* (Homoptera: Aphididae): implementation and evaluation of natural enemies. – In: Quisenberry, S.S. & F.B. Peairs (eds.): Response Model for an Introduced Pest: the Russian Wheat Aphid. Thomas Say Publications in Entomology, Entomological Society of America, Lanham, Maryland: 183–208.

Puinean, A.M., Foster, S.P., Oliphant, L., Denholm, I., Field, L.M. et al. (2010): Amplification of a cytochrome P450 gene is associated with resistance to neonicotinoid insecticides in the aphid *Myzus persicae*. – PLoS Genetics (online) 6: e1000999.

Puterka, G., Black, W., Steiner, W. & R. Burton (1993): Genetic variation and phylogenetic relationships among worldwide collections of the Russian wheat aphid, *Diuraphis noxia* (Mordvilko), inferred from allozyme and RAPD–PCR markers. – Heredity 70: 604–604.

Puterka, G.J. & D.C. Peters (1989): Inheritance of greenbug, *Schizaphis graminum* (Rondani), virulence to Gb2 and Gb3 resistance genes in wheat. – Genome 32(1): 109–114.

Pyka-Fościak, G. & T. Szklarzewicz (2008): Germ cell cluster formation and ovariole structure in viviparous and oviparous generations of the aphid *Stomaphis quercus*. – International Journal of Developmental Biology 52(2–3): 259–265. doi 10.1387/ijdb.072338gp.

Q

Qi, A., Dewar, A.M. & R. Harrington (2004): Decision making in controlling virus yellows of sugar beet in the UK. – Pest Management Science 60: 727–732.

Qiao, G., Zhang, G. & T. Zhong (2005): Fauna Sinica. Insecta Vol. 41, Homoptera: Drepanosiphidae. Beijing.

Qiu, J.Y. & T.P. Pirone (1989): Assessment of the effect of oil on the potyvirus aphid transmission process. – Journal of Phytopathology 127: 221–226.

Quednau, F.W. (1973): Taxonomic notes on aphids from Nepal and India with descriptions of a new genus and two new species (Homoptera: Aphididae). – Can. Ent. 105(2): 217–230.

Quednau, F.W. (1979): A list of drepanosiphine aphids from the Democratic People's Republic of Korea with taxonomic notes and descriptions of new species (Homoptera). – Ann. Zoologici 34(19): 501–525.

Quednau, F.W. (1990): Two new genera and three new species of drepanosiphine aphids from the Nearctic and neotropical regions (Homoptera: Aphididae). – Can. Ent. 122(9–10): 907–919.

Quednau, F.W. (1999): Atlas of the drepanosiphine aphids of the world. Part I: Panaphidini Oestlund, 1922 – Myzocallidina Börner, 1942 (1930) (Hemiptera: Aphididae: Calaphidinae). – Contributions of the American Entomological Institute 31: 1–281.

Quednau, F.W. (2010): Atlas of the drepanosiphine aphids of the world. Part III: Mindarinae Tullgren, 1909 to Saltusaphidinae Baker, 1920 (Hemiptera: Sternorrhyncha, Aphididae). – Memoirs of the American Entomological Institute 83: 1–361.

Quednau; W. (1954): Monographie der mitteleuropäischen Callaphididae (Zierläuse: Homoptera, Aphidina) unter besonderer Berücksichtigung des ersten Jugendstadiums: I. Die Junglarven des ersten Stadiums der mitteleuropäischen Callaphididae. – Mitt. Biol. Zentralanst. Heft 78: 55 S. doi:10.5073/20210622-080812.

Queller, D.C. & J.E. Strassmann (1998): Kin selection and social insects. – Bioscience 48: 165–175.

Quentin, U., Hommes, M. & T. Basedow (1995): Studies on the biological control of aphids (Hom., Aphididae) on lettuce in greenhouses. – Journal of Applied Entomology 119: 227–232.

R

Rabasse, J.-M. & M.J. van Steenis (1999): Biological control of aphids. – In: Albajes, E., Lodovica-Gullino, M., van Lenteren, J.C. & Y. Elad (eds.): Integrated Pest and Disease Managment in Greenhouse Crops. Dordrecht: 235–243.

Rabinovich, S.V. (1998): Importance of wheat-rye translocations for breeding modern cultivars of *Triticum aestivum* L. (Reprinted from Wheat: Prospects for global improvement, 1998). – Euphytica 100(1–3): 323–340.

Raboudi, F., Fattouch, S., Makni, H. & M. Makni (2012): Biochemical and molecular analysis of the primicarb effect on acetylcholinesterase resistance in Tunisian populations of potato aphid *Macrosiphum euphorbiae* (Hemiptera: Aphididae). – Pesticide Biochemistry and Physiology 104: 262–266.

Radford, P.J. (1967): Growth analysis formulae – Their use and abuse. – Crop Science 7(3): 171–175.

Ragsdale, D.W., Landis, D.A., Brodeur, J., Heimpel, G.E. & N. Desneux (2011): Ecology and management of the soybean aphid in North America. – Annual Review of Entomology 56: 375–399.

Rahbé, Y., Delobel, B., Febvay, G., Nardon, C. & P. Nardon (1993): Are aphid bacterial symbionts involved in the biosynthesis of aphid peculiar triglyceriders? – Proceedings 5. International colloque on endocytobiology and symbiosis, 1993. Kyoto.

Rahnamaeian, M., Langen, G., Imani, J., Khalifa, W., Altincicek, B., von Wettstein, D., Kogel, K.–H. & A. Vilcinskas (2009): Insect peptide metchnikowin confers on barley a selective capacity for resistance to fungal ascomycetes pathogens. – J Exp Bot 60: 4105–4114.

Rakauskas, R. (2004): What is the (aphid) subspecies? In: Simon, J.–C., Dedryver, C.A., Rispe, C. & M. Hullé (eds.): Aphids in the New Millennium. Paris: 165–170.

Ramdohr, K.A. (1811): Abhandlung über die Verdauungswerkzeuge der Insekten. Halle, 221 S.

Randolph, T.L., Peairs, F.B., Kroening, M.K., Armstrong, J.S., Hammon, R.W., Walker, C.B. & J.S. Quick (2003): Plant damage and yield response to the Russian wheat aphid (Homoptera : Aphididae) on susceptible and resistant winter wheats in Colorado. – Journal of Economic Entomology 96(2): 352–360.

Raps, A., Kehr, J., Gugerli, P., Moar, W.J., Bigler, F. & A. Hilbeck (2001): Immunological analysis of phloem sap of *Bacillus thuringiensis* corn and of the non-target herbivore *Rhopalosiphum padi* (Homoptera: Aphididae) for the presence of Cry1Ab. – Mol Ecol 10: 525–533.

Rassmann, W. (1973): Insektizid-Resistenz bei Blattläusen. – Mitteilungen aus der Biologischen Bundesanstalt für Land- und Forstwirtschaft 149: 76 S.

Raychaudhuri, D.N. (1980): Aphids of North-east India and Bhutan. – Zoological Society, Calcutta: 521 S.

Raymond, L., Plantegenest, M. & A. Vialatte (2013): Migration and dispersal may drive to high genetic variation and significant genetic mixing: the case of two agriculturally important, continental hoverflies (*Episyrphus balteatus* and *Sphaerophoria scripta*). – Molecular Ecology 22: 5329–5339.

Razmjou, J., Vorburger, C., Moharramipour, S., Mirhoseini, S.Z. & Y. Fathipour (2010): Host-associated differentiation and evidence for sexual reproduction in Iranian populations of the cotton aphid, *Aphis gossypii*. – Entomologia Experimentalis et Applicata 134: 191–199.

Reed, D.K., Kindler, S.D. & T.L. Springer (1992): Interactions of Russian wheat aphid, a hymenopterous parasitoid and resistant and susceptible slender wheatgrasses. – Entomologia Experimentalis et Applicata 64: 239–246.

Rehman, A. & W. Powell (2010): Host selection behavior of aphid parasitoids (Aphidiidae: Hymenoptera). – J. Plant Breed. Crop Sci. 2: 299–311.

Rehner, S.A. & E. Buckley (2005): A Beauveria phylogeny inferred from nuclear ITS and EF1–α sequences: evidence for cryptic diversification and links to Cordyceps teleomorphs. – Mycologia 97: 84–98.

Reichmuth, W. & G. Klink (1961a): Über die Licht- und Temperaturabhängigkeit der Ausbildung eines photolabilen Farbstoffes sowie Beziehungen zwischen Farbstoffgehalt und Insektizidverträglichkeit bei *Dorialis fabae* Scop. – Biol. Zentrallbl. 80: 281–299.

Reichmuth, W. & G. Klink (1961b): Beeinträchtigung der DDT–Verträglichkeit der Blattlaus *Doralis fabae* Scop. mit verschiedenen auf die Entwicklung einwirkenden Beleuchtungsstärken und Zuchttemperaturen. – Biol. Zentrallbl. 80: 167–178.

Reifenrath, K. & C. Müller (2007): Species-specific and leaf-age dependent effects of ultraviolet radiation on two Brassicaceae. – Phytochemistry 68: 875–885.

Reifenrath, K. & C. Müller (2009): Larval performance of the mustard leaf beetle (*Phaedon cochleariae*, Coleoptera, Chrysomelidae) on white mustard (*Sinapis alba*) and watercress (*Nasturtium officinale*) leaves in dependence of plant exposure to ultraviolet radiation. – Environmental Pollution 157: 2053–2060.

Reinbold, C., Herrbach, E. & V. Brault (2003): Posterior midgut and hindgut are both sites of acquisition of Cucurbit aphid-borne yellows virus in *Myzus persicae* and *Aphis gossypii*. – J. Gen. Virol. 84: 3473–3484.

Rekika, D., Stewart, K.A., Boivin, G. & S. Jenni (2008): Row covers reduce insect populations and damage and improve early season crisphead lettuce production. – International Journal of Vegetable Science 15: 71–82.

Remaudière, G. & A.L. Muñoz Viveros (1985): Pucerons nouveaux et peu connus du Mexique. 6è note. Biologie et taxonomie du genre *Muscaphis* et description de *M. mexicana*, sp. n. (Hom. Aphididae) – Annales de la Societe Entomologique de France (NS) 21: 433–447.

Remaudière, G. & M. Remaudière (1997): Catalogue des Aphididae du Monde. Homoptera Aphidoidea; Catalogue of the world's Aphididae. – Paris: 473 S.

Remaudiere, G. & N.L.G. Stroyan (1984): Un *Tamalia* nouveau de Californie (USA) discussion sur les Tamaliinae subfam. Nov. (Horn. Aphididae). – Annales de la Societe Entomologique de France (NS) 20: 93–103.

Remaudière, G. (1985a): Reconnaissance des principaux pucerons de la région éthiopienne. In: Remaudière, G. & A. Autrique (eds.): Contribution a l'écologie des aphides africains: 141–173.

Remaudière, G. (1985b): Description des Aphididae nouveaux découverts au Burundi. In: Remaudière, G. & A. Autrique (eds.): Contribution a l'écologie des aphides africains: 175–206.

Reynolds, A.M. & D.R. Reynolds (2009): Aphid aerial density profiles are consistent with turbulent advection amplifying flight behaviours: abandoning the epithet 'passive'. – Proceedings of the Royal Society B-Biological Sciences 276: 137–143.

Rhoden, P.K. & W.A. Foster (2002): Soldier behaviour and division of labour in the aphid genus *Pemphigus* (Hemiptera: Aphididae). – Insects Sociaux 49: 257–263.

Rhodes, J.D., Croghan P.C. & A.F.G. Dixon (1997): Dietary sucrose and oligosaccharide synthesis in relation to osmoregulation in the pea aphid, *Acyrthosiphon pisum*. – Physiol Entomol 22: 373–379.

Rhodes, J.D., Croghan, P.C. & A.F.G. Dixon (1996): Uptake, excretion and respiration of sucrose and aminoacids in the pea aphid *Acyrthosiphon pisum*. – Journal of Experimental Biology 199: 1269–1276.

Richards, O.W. (1961): An introduction to the study of polymorphism in insects. – In: Kennedy, J.S. (ed.): Insect Polymorphism. Symposia of the Royal Entomological Society of London 1: 1–10.

Richards, W.R. (1963): The Myzaphidini of Canada (Homoptera: Aphididae). – Canadian Entomologist 95: 680–704.

Richards, W.R. (1965): The Callaphidini of Canada (Homoptera: Aphididae). – Memoirs of the Entomological Society of Canada 44: 1–49.

Richards, W.R. (1966): Fossil aphids from Canadian amber. – Canadian Entomologist 95: 746–760.

Richards, W.R. (1971): A synopsis of the world fauna of the Saltusaphidinae, or sedge aphid (Homoptera: Aphididae). – Memoirs of the Entomological Society of Canada 80: 1–97.

Richards, W.R. (1972): The Chaitophoridae of Canada (Homoptera: Aphididae). – Memoirs of the Entomological Society of Canada 87: 1–109.

Rider, S.D. & G.E. Wilde (1998): Variation in fecundity and sexual morph production among insecticide-resistant clones of the aphid *Schizaphis graminum* (Homoptera: Aphididae). – Journal of Economic Entomology 91: 388–391.

Rider, S.D., Wilde, G.E. & S. Kambhampati (1998): Genetics of esterase-mediated insecticide resistance in the aphid *Schizaphis graminum*. – Heredity 81: 14–19.

Rieckmann, W. (1990): Auftreten und Bekämpfung von Vektoren im Pflanzkartoffelbau. – Kartoffelbau 5: 176–178.

Riedell, W.E., Kieckhefer, R.W., Langham, M.A.C. & Hesler, L.S. (2003): Root and shoot responses to bird cherry-oat aphids and barley yellow dwarf virus in spring wheat. – Crop Science 43(4): 1380–1386.

Rietschel, P. (1952): Über Beinautomie bei der Blattlaus *Drepanosiphum*. – Biologisches Zentralblatt 71: 544–550.

Rilling, G. (1960): Das Skelettmuskelsystem der ungeflügelten Reblaus *(Dactylosphaera vitifolii* Shimer). – Vitis 2: 222–240.

Rispe, C. & J.S. Pierre (1998): Coexistence between cyclical parthenogens, obligate parthenogens, and intermediates in a fluctuating environment. – Journal of Theoretical Biology 195: 97–110.

Rispe, C., Pierre, J.S. & P.H. Gouyon (1998): Models of sexual and asexual coexistence in aphids based on constraints. – Journal of Evolutionary Biology 11: 685–701.

Robert, Y. (1987): Aphids and their environment. – In: Minks, A.K. & P. Harrewijn (eds.): Aphids. Their Biology, Natural Enemies, and Control, Volume 2A. Amsterdam: 299–313.

Roberti, D. (1939): Contributi alla conoscenza degli afidi d'Italia III. Fordini. – Bollettino del Laboratorio di Entomologia Agraria "Filippo Silvestri" Portici 3: 34–105.

Roberti, D. (1946): Monografia dell' *Aphis (Doralis) frangulae* Koch. I. – Morfologia, Anatomia, Istologia. – Bolletino Laboratorio di Entomologia, Agraria di Portici: 127–312.

Roberts, J.J. & Foster, J.E. (1983): Effect of leaf pubescence in wheat on the bird cherry-oat aphid (Homoptera: Aphididae). – Journal of Economic Entomology 76(6): 1320–1322.

Robinson, J. (1992): Russian wheat aphid – a growing problem for small farmers. – Outlook Agric. 21: 57–62.

Roditakis, E., Couzin, I.D., Franks, N.R. & A.K. Charnley (2008): Effects of *Lecanicillium longisporum* infection on the behaviour of the green peach aphid *Myzus persicae*. – Journal of Insect Physiology 54: 128–136.

Rongai, D., Cerato, C., Martelli, R. & R. Ghedini (1998): Aspects of insecticide resistance and reproductive biology of *Aphis gossypii* Glover on seed potatoes. – Potato Research 41: 29–37.

Root, R.B. (1973): Organization of a plant-arthropod association in simple and diverse habitats: the fauna of collards (*Brassica oleracea*). – Ecological Monographs 43: 94–125.

Rosenheim, J.A. (1998): Higher-order predators and the regulation of insect herbivore populations. – Annual Review of Entomology 43: 421–447.

Rosenheim, J.A., Kaya, H.K., Ehler, L.E., Marois, J.J. & B.A. Jaffee (1995): Intraguild predation among biological agents: theory and evidence. – Biological Control 5: 303–335.

Rosenheim, J.A., Wilhoit, L.R. & C.A. Armer (1993): Influence of intraguild predation among generalist insect predators on the suppression of an herbivore population. – Oecologia 96: 439–449.

Rosenkranz, P. D. P., Schroeder, A., Wallner, K. et al. (2020): Bericht der Landesanstalt für Bienenkunde der Universität Hohenheim für das Jahr 2020.

Rosenthal, J. & Kotanen, P. (1994): Terrestrial plant tolerance to herbivory. – Trends in Ecology & Evolution 9(4): 145–148.

Rossiter, J.T., Jones, A.M. & A.M. Bones (2003): A novel myrosinase–glucosinolate defense system in Cruciferous specialist aphids. – Recent Adv. Phytochem. 38: 127–142.

Rotheray, G.E. (1989): Aphid Predators. Cambridge Naturalists' Handbooks No 7. Cambridge University Press, Cambridge, UK: 86 S.

Rothschild, M.J., von Euw, J. & T. Riechstein (1970): Cardiac lycosides in the oleander aphid, *Aphis nerii*. – J Insect Pyhsiol 16: 1141–1145.

Rousseaux, M.C., Ballaré, C.L., Scopel, A.L., Searles, P.S. & M.M. Caldwell (1998): Solar ultraviolet-B radiation affects plant-insect interactions in a natural ecosystem of Tierra del Fuego (southern Argentina). – Oecologia 116: 528–535.

Rousseaux, M.C., Julkunen-Tiitto, R., Searles, P.S., Scopel, A.L., Aphalo, P.J. & C.L. Ballaré (2004): Solar UV-B radiation affects leaf quality and insect herbivory in the southern beech tree *Nothofagus antarctica*. – Oecologia 138: 505–512.

Roy, H.E., Pell, J.K., Clark, S.J. & P.G. Alderson (1998): Implications of predator foraging on aphid pathogen dynamics. – Journal of Invertebrate Pathology 71: 236–247.

Roy, H.E., Steinkraus, D.C., Eilenberg, J., Hajek, A.E. & J.K. Pell (2006): Bizarre interactions and endgames: entomopathogenic fungi and their arthropod hosts. – Annual Review of Entomology 51: 331–357.

Royama, T. (1977): Population persistence and density dependence. – Ecological Monographs 47: 1–35.

Royama, T. (1981): Fundamental concepts and methodology for the analysis of animal population dynamics, with particular reference to univoltine species. – Ecological Monographs,51: 473–493.

Royama, T. (1992): Analytical Population Dynamics. London: 371 S.

Royer, T.A., Giles, K.L., Nyamanzi, T., Hunger, R.M., Krenzer, E.G, Elliott, N.C., Kindler, S.D. & M. Payton (2005): Economic evaluation of the effects of planting date and application rate of imidacloprid for management of cereal aphids and barley yellow dwarf virus in winter wheat. – Journal of Economic Entomology 98: 95–102.

Rufingier, C. Schoen, L., Martin, C. & N. Pasteur (1997): Resistance of *Nasonovia ribisnigri* (Homoptera: Aphididae) to five insecticides. – Journal of Economic Entomology 90: 1445–1449.

Ruppert, V. & J. Molthan (1991): Augmentation of aphid antagonists by field margins rich in flowering plants. – In: Polgár, L.A., Chambers, R., Dixon, A.F.G. & I. Hodek (eds.): Behaviour and Impact of Aphidophaga. – SPB Academic Publishing, The Hague: 243–247.

Russell, J., Latorre, A., Sabater-Muñoz, B., Moya, A. & N. Moran (2003): Side-stepping secondary symbionts: widespread horizontal transfer across and beyond the Aphidoidea. – Molecular Ecology 12: 1061–1075.

Russell, J.A. & N.A. Moran (2006): Costs and benefits of symbiont infection in aphids: variation among symbionts and across temperatures. – Proc R Soc Lond B 273: 603–610.

Russell, J.A., Weldon, S., Smith, A.H., Kim, K.L., Hu, Y., Łukasik, P., Doll, S., Anastopoulos, I., Novin, M. & K.M. Oliver (2013): Uncovering symbiont-driven genetic diversity across North American pea aphids. – Molecular Ecology 22: 2045–2059.

Ružička, Z. & J. Havelka (1998): Effects of oviposition deterring pheromone and allomones in *Aphidoletes aphidimyza* (Diptera: Cecidomyiidae). – European Journal of Entomology 95: 211–216.

Ružička, Z. (1996): Oviposition–deterring pheromone in chrysopids: intra and interspecific effects. – European Journal of Entomology 93: 161–166.

Ružička, Z. (1997): Recognition of oviposition–deterring allomones by aphidophagous predators (Neuroptera: Chrysopidae, Coleoptera: Coccinellidae). – European Journal of Entomology 94: 431–434.

Ryalls, J.M.W., Riegler, M., Moore, B.D., Lopaticki, G. & S.N. Johnson (2013): Effects of elevated temperature and CO_2 on aboveground belowground systems: a case study with plants, their mutualistic bacteria and root/shoot herbivores. – Front. Plant Sci. 4: 445.

Ryan, G.D., Emiljanowicz, L., Harri, S.A. & J.A. Newman (2014a): Aphid and host-plant genotype × genotype interactions under elevated CO_2. – Ecol. Entomol. 39: 309–315.

Ryan, G.D., Rasmussen, S., Xue, H., Parsons, A.J. & J.A. Newman (2014b): Metabolite analysis of the effects of elevated CO_2 and nitrogen fertilization on the association between tall fescue (*Schedonorus arundinaceus*) and its fungal symbiont *Neotyphodium coenophialum*. – Plant Cell Environ. 37: 204–212.

Ryan, J.D., Dorschner, K.W., Girma, M., Johnson, R.C. & Eikenbary, R.D. (1987): Feeding behavior, fecundity, and honeydew production of two biotypes of greenbug (Homoptera: Aphididae) on resistant and susceptible wheat. – Environmental Entomology 16(3): 757–763.

Ryan, J.D., Morgham, A.T., Richardson, P.E., Johnson, R.C., Mort, A.J. & Eikenbary, R. (1990): Greenbugs and wheat: a model system for the study of phytotoxic Homoptera. In: Campbell, R.K. & R.D. Eikenbary (eds.): Aphid-Plant Genotype Interactions. Amsterdam: 171–186.

S

Sabater-Muñoz, B., Legeai, F., Rispe, C., Bonhomme, J., Dearden, P., Dossat, C., Duclert, A., Gauthier, J.P., Ducray, D.G., Hunter, W., Dang, P., Kambhampati, S., Martinez–Torres, D., Cortes, T., Moya, A., Nakabachi, A., Philippe, C., Prunier-Leterme, N., Rahbé, Y., Simon, J.C., Stern, D.L., Wincker, P. & D. Tagu (2006): Large scale gene discovery in the pea aphid *Acyrthosiphon pisum* (Hemiptera). – Genome Biology 7: R21.

Sabri, A., Vandermoten, S., Leroy, P.D., Haubruge, E., Hance, T., Thonart, P., De Pauw, E. & F. Francis (2013): Proteomic investigation of aphid honeydew reveals an unexpected diversity of proteins. – PlosOne 8(9): e74656.

Sadeghi, H. & F. Gilbert (2000): Oviposition preferences by aphidophagous hoverflies. – Ecological Entomology 25: 91–100.

Sakata, H. (1994): How an ant decides to prey on or attend aphids. – Researches on Population Ecology 36: 45–51.

Sakata, K., Itô, Y., Yukawa, J. & S. Yamane (1991): Ratio of sterile soldiers in the Bamboo Aphid, *Pseudoregma bambucicola* (Homoptera: Aphididae), colonies in relation to social and habitat conditions. – Appl Entomol Zool 26: 463–468.

Salazar, A., Fürstenau, B., Quero, C., Pérez-Hidalgo, N., Carazo, P., Font, E.& D. Martínez-Torres (2015): Aggressive mimicry coexists with mutualism in an aphid. – PNAS 112(4): 1101–1106.

Salin, C., Dagbert, T. & T. Hance (2011): Lutte biologique contre les pucerons des fraisiers. – Phytoma – La Défense des Végétaux 644: 54–57.

Salt, D.T., Fenwick, P. & J.B. Whittaker (1996): Interspecific herbivore interactions in a high-CO_2 environment: root and shoot aphids feeding on Cardamine. – Oikos 77: 326–330.

Salt, D.T., Moody, S.A., Whittaker, J.B. & ND. Paul (1998): Effects of enhanced UVB on populations of the phloem feeding insect *Strophingia ericae* (Homoptera: Psylloidea) on heather (*Calluna vulgaris*). – Global Change Biology 4: 91–96.

Salt, R.W. (1961): Principles of insect cold-hardiness. – Annual Review of Entomology, 6: 55–74.

Salyk, R.P. & D.J. Sullivan (1982): Comparative feeding behaviour of two aphid species: bean aphid (*Aphis fabae* Scopoli) and pea aphid (*Acyrthosiphon pisum* (Harris)) (Homoptera: Aphididae). – Journal of the New York Entomological Society 90: 87–93.

Samu, F., Sunderland, K.D., Topping, C.J. & J.S. Fenlon (1996): A spider population in flux: selection and abandonment of artificial web-sites and the importance of intraspecific interactions in *Lepthyphantes tenuis* (Araneae: Linyphiidae). – Oecologia 106: 228–239.

Sandhu, S.S., Sharma, A.K., Beniwal, V., Goel, G., Batra, P., et al. (2012): Myco-biocontrol of insect pests: factors involved, mechanism, and regulation. – Journal of Pathogens (online) 2012. doi:10.1155/2012/12681.

Sandrock, C., Razmjou. J. & C. Vorburger (2011): Climate effects on life cycle variation and population genetic architecture of the black bean aphid, *Aphis fabae*. – Molecular Ecology 20: 4165–4181.

Sandström, J.P., Russell, J.A., White, J.P. & N.A. Moran (2001): Independent origins and horizontal transfer of bacterial symbionts of aphids. – Molecular Ecology 10: 217–228.

Sano, M. & S.-I. Akimoto (2011): Morphological phylogeny of gall-forming aphids of the tribe Eriosomatini (Aphididae: Eriosomatinae). – Systematic Entomology 36: 607–627.

Santhosh, H.T. & M.S. Krishna (2013): Relationship between male age, accessory gland, sperm transferred, and fitness traits in *Drosophila bipectinata*. – Journal of Insect Science 13(159): 1–14. doi 10.1673/031.013.15901.

Saranya, S., Ushakumari, R., Jacob, S. & B.M. Philip (2010): Efficacy of different entomopathogenic fungi against cowpea aphid, *Aphis craccivora* (Koch). – Journal of Biopesticides 138: 138–142.

Sasaki, T. & H. Ishikawa (1993): Nitrogen recycling in the endosymbiotic system of the pea aphid, *Acyrthosiphon pisum*. – Zoological Science 10: 779–785.

Sasaki, T., Aoki, T., Hayashi, H. & H. Ishikawa (1990): Amino acid composition of the honeydew of symbiotic and aposymbiotic pea aphids *Acyrthosiphon pisum*. – J. Insect Physiol. 36: 35–40.

Sasaki, T., Fukuchi, N. & H. Ishikawa (1993): Amino acid flow through aphid and its symbiont: studies with N-labelled glutamine. – Zoological Science 10: 787–791.

Sasaki, T., Hayashi, H. & H. Ishikawa (1991): Growth and reproduction of the symbiotic and aposymbiotic pea aphid, *Acyrthosiphon pisum* maintained on artificial diets. – Journal of Insect Physiology 37: 749–756.

Saucke, H. & T.F. Döring (2004): Potato virus Y reduction by straw mulch in organic potatoes. – Annals of Applied Biology 144: 347–355.

Saunders, D.S. (1981): Insect photoperiodism - the clock and the count: A review. – Physiological Entomology 6: 99–116.

Saxena, P.N. & H.L. Chada (1971a): The greenbug, *Schizaphis graminum*. 1. Mouth parts and feeding habits. – Annals of the Entomological Society of Amerika 64: 897–904.

Saxena, P.N. & H.L. Chada (1971b): The greenbug, *Schizaphis graminum* 2. The salivary gland complex. – Annals of the Entomological Society of America 64: 904–912.

Saxena, P.N. & H.L. Chada (1971c): The greenbug, *Schizaphis graminum*. 3. Digestive system. – Annales of the Entomological Society of America 64: 1031–1038.

Saxena, P.N. & H.L. Chada (1971d): The greenbug, *Schizaphis graminum*. 4. Central and stomatogastric nervous systems. – Annals of the Entomological Society of America 64: 1038–1044.

Scarborough, C.L., Ferrari, J. & H. Godfray (2005): Aphid protected from pathogen by endosymbiont. – Science 310: 1781.

Schäller, G. (1968): Biochemische Analyse des Aphidenspeichels und seine Bedeutung für die Gallenbildung. – Zoologisches Jahrblatt Physiologie 74: 54–87.

Schellhorn, N.A. & D.A. Andow (1999): Mortality of coccinellid larvae and pupae when prey become scarce. – Environmental Entomology 28: 1092–1100.

Schellhorn, N.A., Kuhman, T.R., Olson, A.C. & A.R. Ives (2002): Competition between native and introduced parasitoids of aphids: nontarget effects and biological control. – Ecology 83: 2745–2757.

Schepers, A. (1989): Control of aphids. – In: Minks, A.K. & P. Harrewijn (eds.): Aphids. Their Biology, Natural Enemies and Control, Volume 2C. Amsterdam: 89–122.

Scheurer, S. (1963). Zur Biologie einiger Fichten bewohnender Lachnidenarten (Homoptera, Aphidina). – Zeitschrift für angewandte Entomologie 53(1-4): 153–178.

Schliephake, E., Graichen, K. & F. Rabenstein (2000): Investigations on the vector transmission of the *Beet mild yellowing virus* (BMYV) and the *Turnip yellows virus* (TuYV). – Z Pflanzenkr. Pflanzensch. 107: 81–87.

Schmeer, H.E., Bluett, D.J., Meredith, R. & P.J. Heatherington (1990): Field evaluation of imidacloprid as an insecticidal seed treatment in sugar beet and cereals with particular reference to virus vector control. – Proceedings in the Brighton Crop Protection Conference, Pests and Diseases, November 1990 (1): 29–36.

Schmidt, H. & E. Karl (1989): Transmission of the *Bean yellow mosaic virus* by the lupin aphid (*Macrosiphon albifrons* ESSIG). – Arch. Phytopath. Pflanzenschutz 25: 513–515.

Schmidt, H.B. (1959): Beiträge zur Kenntnis der Übertragung pflanzlicher Viren durch Aphiden. – Biologisches Zentralblatt 78: 889–936.

Schmidt, M.H., Lauer, A., Purtauf, T., Thies, C., Schaefer, M. & T. Tscharntke (2003): Relative importance of predators and parasitoids for cereal aphid control. – Proc R Soc Lond B 270: 1905–1909.

Schmidt, M.H., Thewes, U., Thies, C. & T. Tscharntke (2004): Aphid suppression by natural enemies in mulched cereals. – Entomologia Experimentalis et Applicata 113: 87–93.

Schmidt, N.P., O'Neal, M.E., Anderson, P.F., Lagos, D., Voegtlin, D., Bailey, W., Caragea, P., Cullen, E., DiFonzo, C., Elliott, K., Gratton, C., Johnson, D., Krupke, C.H., McCornack, B., O'Neil, R., Ragsdale, D.W., Tilmon, K.J. & J. Whitworth (2012): Spatial distribution of *Aphis glycines* (Hemiptera: Aphididae): A summary of the Suction Trap Network. – Journal of Economic Entomology 105(1): 259–271. doi.org/10.1603/ec11126.

Schmidtberg, H. & A. Vilcinskas (2016): The ontogenesis of the pea aphid *Acyrthosiphon pisum*. – In: Vilcinskas, A. (ed.): Biology and Ecology of Aphids. Boca Raton, London, New York: 14–51.

Schmitz, A., C. Anselme, M. Ravallec, C. Rebuf, J.-C. Simon, J.-L. Gatti & M. Poirié (2012): The cellular immune response of the pea aphid to foreign intrusion and symbiotic challenge. – PLoS One 7(7): e42114.

Schmutterer, H. (1958): Die Honigtauerzeuger Mitteleuropas. – Z. angew. Entomol. 42: 409– 419.

Schneider, A., Molnar, I. & M. Molnar-Lang (2008): Utilisation of *Aegilops* (goatgrass) species to widen the genetic diversity of cultivated wheat. – Euphytica 163(1): 1–19.

Schoonhoven, L.M., Jermy, T. & J.J.A. van Loon (1998): Insect-Plant Biology: From Physiology to Evolution. Chapman & Hall, London: 409 S.

Schowalter, T.D. (2000): Insect ecology: an ecosystem approach. –San Diego: 483 S.

Schrank, F.v.P. (1798–1804): Fauna Boica. 3 Bände, je 2 Teile. – Aphiden 2 (1801): 102–139.

Schroeder, S., Zemetra, R.S., Schotzko, D.J., Smith, C.M. & M. Rafi (1994): Monosomic analysis of Russian wheat aphid (*Diuraphis noxia*) resistance in *Triticum aestivum* line PI137739. – Euphytica 74: 117–120.

Schütze, M. & U. Maschwitz (1991): Enemy recognition and defence within trophobiotic associations with ants by the soldier caste of *Pseudoregma sundanica* (Homoptera: Aphidoidea). – Entomol Gener 16: 1–12.

Schwartzberg, E.G. & J.H. Tumlinson (2014): Aphid honeydew alters plant defence responses. – Functional Ecology 28: 386–394.

Scopes, N.E.A. (1969): The potential of Chrysopa carnea as a biological control agent of *Myzus persicae* on glasshouse chrysanthemums. – Annals of Applied Biology 64: 433–439.

Scopoli, J.A. (1763): Entomologia Carniolica exhibens Insecta Carnioliae indigena et distributa in ordines, genera, species, varietates. Methodo Linnaeana. Vindobonae. – Aphis, Chermes: 136–140.

Scott, R.W. & G.L. Achtemeier (1987): Estimating pathways of migrating insects carried in atmospheric winds. – Environmental Entomology 16: 1244–1254.

Seagraves, M.P. (2009): Lady beetle oviposition behavior in response to the trophic environment. – Biological Control 51(2): 313–322.

Sebesta, E. & Wood, E. (1978): Transfer of greenbug resistance from rye to wheat with X-rays. – Agronomy abstracts 70: 61–62.

Seddas, P., Boissinot, S., Strub, J.M., Van Dorsselaer, A., van Regenmortel, M.H. & F. Pattus (2004): Rack-1, GAPDH3, and actin: proteins of *Myzus persicae* potentially involved in the transcytosis of beet western yellows virus particles in the aphid. – Virology 325: 399–412.

Seeger, J. & J. Filser (2008): Bottom-up down from the top: honeydew as a carbon source for soil organisms. – Eur. J. Soil Biol. 44: 483–490.

Sekun, N.P., Kudel, K.A., Satsyuk, O.S., Mel'nikova, G.L., Zil'bermints, I.V. & L.M. Zhuravleva (1990): A study on potential resistance of cereal aphids to insecticides. (in Russisch) – Zashchita Rastenii, Kiev 37: 49–53.

Selander, J.M., Markkula, M. & K. Tiittanen (1972): Resistance of the aphids *Myzus persicae* (Sulz.), *Aulacorthum solani* (Kalt.) and *Aphis gossypii* Glov. to insecticides and the influence of the host plant on this resistance. – Annales Agriculturae Fenniae 11: 141–145.

Sengonca, C. & M. Henze (1992): Conservation and enhancement of *Chrysoperla carnea* (Stephens) (Neuroptera, Chrysopidae) in the field by providing hibernation shelters. – Journal of Applied Entomology 114: 497–501.

Senior, L.J. & P.K. McEwen (2001): The use of lacewings in biological control. – In: McEwen, P.K., New, T.R. & A.E. Whittington (eds.): Lacewings in the Crop Environment. – Cambridge, UK: 296–302.

Senn, R., Hofer, D., Hoppe, T., Angst, M., Wyss, P., Brandl, F., Maienfisch, P., Zang, L. & S. White (1998): CGA 293'343: a novel broad-spectrum insecticide supporting sustainable agriculture worldwide. – Proceedings of the Brighton Crop Protection Conference, Pests and Diseases, November 1998, 1: 27–36.

Sentis, A., Hemptinne, J.-L. & J. Brodeur (2013): How functional response and productivity modulate intraguild predation. – Ecosphere (online) 4(4): 46.

Sentis, A., Hemptinne, J.-L. & J. Brodeur (2014): Toward a mechanistic understanding of temperature and productivity effects on species interaction strength, omnivory and food-web structure. – Ecology Letters 17: 785–793.

Sentis, A., Ramon-Portugal, F., Brodeur, J. & J.L. Hemptinne (2015): The smell of change: warming affects species interactions mediated by chemical information. – Global Change Biology 21: 3586–3594.

Sequeira, R. & A.F.G. Dixon (1996): Life history responses to host quality changes and competition in the Turkey-oak aphid, *Myzocallis boerneri* (Hemiptera: Sternorrhyncha: Callaphididae). – European Journal of Entomology 93: 53–58.

Sequeira, R. & A.F.G. Dixon (1997): Population dynamics of tree-dwelling aphids: the importance of seasonality and time scale. – Ecology 78(8): 2603–2610.

Setzer, R.W. (1980): Intervall migration in the aphid genus *Pemphigus*. – Annals of the Entomological Society of America 73: 327–331.

Shah, M.A. (1982): The influence of plant surfaces on the searching behaviour of coccinellid larvae. – Entomologia Experimentalis et Applicata 31: 377–380.

Shah, P.A., Aebi, M. & U. Tuor (1998): Method to immobilise the aphid-pathogenic fungus *Erynia neoaphidis* in an alginate matrix for biocontrol. – Applied and Environmental Microbiology 64: 4260–4263.

Shah, P.A., Clark, S.J. & J.K. Pell (2004): Determination of *Pandora neoaphidis* host range using a tiered evaluation process. – Biological Control 29: 90–99.

Shakesby, A.J., Wallace, I.S., Isaacs H.V., Pritchard J., Roberts, D.M. & A.E. Douglas (2009): A water-specific aquaporin involved in aphid osmoregulation. – Insect Biochem Mol Biol 39: 1–10.

Shambaugh, G.F., Frazier, J.L., Castell, A.E.M. & L.B. Coons (1978): Antennal sensilla of seventeen aphid species (Homoptera: Aphidinae). – Int. J. Insect Morphol. Embryol. 7: 389–404. doi: 10.1016/S0020-7322(78)80001-4.

Shaposhnikov, G. K. (1964): Suborder Aphidinae – plant lice. In: Bei-Benko, G.Y. (ed.): Keys to the Insects of the European USSR, Moscow and Leningrad: 616–799.

Shaposhnikov, G.C. & A.V. Stekolshchikov (1998): Progress of Aphidology in Twentieth Century. – In: Nieto Nafria, J.M. & A.F.G. Dixon (eds.): Aphids in natural and managed ecosystems, Leon, Universidad, Secretariado de Publicaciones: 27–35.

Shaposhnikov, G.C. (1987a): Organization (Structure) of Populations and Species, and Speciation. – In Minks A.K. & P. Harrewijn (eds.): Aphids, their Biology, Natural Enemies and Control, Vol. 2A. Amsterdam: 415–430.

Shaposhnikov, G.C. (1987b): Evolution of aphids in relation to evolution of plants. – In: Minks, A.K. & P. Harrewijn (eds.): Aphids, their Biology, Natural Enemies and Control, Vol. 2A. Amsterdam: 409–414.

Shaposhnikov, G.K. (1977): The trend of evolution. – Zhurnal Obshchei Biologii 38: 649–655.

Shaposhnikov, G.K. (1985): The main features of the evolution of aphids. In: Szelegiewicz, H. (ed.): Evolution and Biosystematics of Aphids. – Proceedings of the International Aphidological Symposium at Jablonna, 1981. Polska Akademia Nauk, Warsaw: 19–99.

Shearer, J.W. (1976a): Effect of aggregations of aphids (*Periphyllus* spp.) on their size. – Entomologia Experimentalis et Applicata: 179–182.

Shearer, J.W. (1976b): Polymorphism and population ecology of European maple aphid, *Periphyl-*

lus testudinaceus (Fernie). – PhD Thesis, University of Glasgow: 135 S.

Sheehan, W. (1986): Response by specialist and generalist natural enemies to agroecosystem diversification: a selective review. – Environmental Entomology 15: 456–461.

Sheppard, L.W., Bell, J.R., Harrington, R. & D.C. Reuman (2016). Changes in large-scale climate alter spatial synchrony of aphid pests. – Nature Climate Change 6(6): 610–613. doi.org/10.1038/nclimate2881.

Shibao, H. (1998): Social structure and the defensive role of soldiers in a eusocial bamboo aphid, *Pseudoregma bambucicola* (Homoptera: Aphididae): a test of the defence-optimization hypothesis. – Res Popul Ecol 40: 325–333.

Shibao, H. (1999): Reproductive schedule and factors affecting soldier production in the eusocial bamboo aphid, *Pseudoregma bambucicola* (Homoptera: Aphididae). – Insectes Soc 46: 378–386.

Shibao, H., Kutsukake, M., Lee, J.-M. & T. Fukatsu (2002): Maintenance of soldier-producing aphids on an artificial diet. – J Insect Physiol 48: 495–505.

Shibao, H., Lee, J., Kutsukake, M. & T. Fukatsu (2003): Aphid soldier differentiation: density acts on both embryos and newborn nymphs. – Naturwissenschaften 90: 501–504.

Shibao, H., Lee, J., Kutsukake, M. & T. Fukatsu (2004a): Density triggers soldier production in a social aphid. – Proc R Soc Lond B (Suppl) 271: S71–S74.

Shibao, H., Lee, J., Kutsukake, M. & T. Fukatsu (2004b): Density-dependent induction and suppression of soldier differentiation in an aphid social system. – J Insect Physiol 50: 995–1000.

Shingleton, A.W. & W.A. Foster (2000): Ant tending influences soldier production in a social aphid. – Proceedings of the Royal Society B: Biol Sci 267: 1863–1868.

Shingleton, A.W. & W.A. Foster (2001): Behaviour, morphology and the division of labour in two soldier-producing aphids. – Anim Behav 62: 671–679.

Shiokawa, K., Tsuboi, S., Iwaaya, K. & K. Moriya (1994): Development of chloronicotinyl insecticide, imidacloprid (in Japanese). – Journal of Pesticide Science 19: 329–332.

Shufran, R.A., Wilde, G.E. & P.E. Sloderbeck (1997a): Response of three greenbug (Homoptera: Aphididae) strains to five organophosphorous and two carbamate insecticides. – Journal of Economic Entomology 90: 283–286.

Shufran, R.A., Wilde, G.E. & P.E. Sloderbeck (1997b): Life history study of insecticide resistant and susceptible greenbug (Homoptera: Aphididae) strains. – Journal of Economic Entomology 90: 1577–1583.

Shufran, K.A. (2011): Host race evolution in *Schizaphis graminum* (Hemiptera: Aphididae): nuclear DNA sequences. – Environ. Ent. 40: 1317–1322.

Shufran, K.A., Burd, J.D., Anstead, J.A. & G. Lushai (2000): Mitochondrial DNA sequence divergence among greenbug biotypes: evidence for host-adapted races. – Insect Mol. Biol. 9: 179-184.

Shull, A.F. (1925): The life cycle of *Macrosiphum solanifolii* with special reference to the genetics of colour. – American Naturalist 59: 298–310.

Siegfried, B.D. & A.J. Zera (1994): Partial purification and characterization of a greenbug (Homoptera: Aphididae) esterase associated with resistance to parathion. – Pesticide Biochemistry and Physiology 49: 132–137.

Siegfried, B.D. & M. Ono (1995): Insecticide resistance mechanisms of the greenbug, *Schizaphis graminum* (Homoptera: Aphididae). – Resistant Pest Management 7: 33–34.

Siegfried, B.D., Swanson, J.J., & A.L. Devonshire (1997): Immunological detection of greenbug (*Schizaphis graminum*) esterase associated with resistance to organophosphate insecticides. – Pesticide Biochemistry and Physiology 57: 165–170.

Silver, A.R.J., van Emden, H.F. & M. Battersby (1995): A biochemical mechanism of resistance to pirimicarb in two glasshouse clones of *Aphis gossypii*. – Pesticide Science 43: 21–29.

Simon, J., Blackman, R. & Le Gallic, J. (1991): Local variability in the life cycle of the bird cherry-oat aphid, *Rhopalosiphum padi* (Homoptera: Aphididae) in western France. – Bulletin of Entomological Research 81(3): 315–322.

Simon, J.-C., Carre, S., Boutin, M., Prunier-Leterme, N., Sabater-Muñoz, B., Latorre, A. & R. Bournoville (2003): Host-based divergence in populations of the pea aphid: insights from nuclear markers and the prevalence of facultative symbionts. – Proceedings of the Royal Society of London Series B: Biological Sciences 270: 1703–1712.

Simon, J.C., Dedryver, C.A. & J.S. Pierre (1991): Identifying bird cherry-oat aphid *Rhopalosiphum padi* emigrants, alate exules and gynoparae: application of multivariate methods to morphometric and anatomical features. – Entomologia Experimentalis et Applicata 59(3): 267–277. doi.org/10.1111/j.1570–7458.1991.tb01510.x.

Simon, J.C., Martinez-Torres, D., Latorre, A., Moya, A. & P.D.N. Hebert (1996): Molecular characterization of cyclic and obligate parthenogens in the aphid *Rhopalosiphum padi* (L.). – Proceedings of the Royal Society of London Series B–Biological Sciences 263: 481–486.

Simon, J.C., Rispe, C. & P. Sunnucks (2002): Ecology and evolution of sex in aphids. – Trends in Ecology and Evolution 17: 34–39.

Simpson, S.J. & D. Raubenheimer (2001): The geometric analysis of nutrient-allelochemical interaction: a case study with locusts. – Ecology 82: 422–439.

Singh, R. & S. Pandey (1997): Offspring sex ratio in Aphidiinae (Hymenoptera: Braconidae): a review and bibliography. – Journal of Aphidology 11: 61–82.

Singh, R.P. & Trethowan, R. (2007): Breeding spring bread wheat for irrigated and rainfed production systems of the developing world. – In: Kang, M.S. et al. (eds.): Breeding major food staples. Iowa, USA: 107–140.

Singh, R.P., Rajaram, S., Miranda, A., Huerta-Espino, J. & Autrique, E. (1998): Comparison of two crossing and four selection schemes for yield, yield traits, and slow rusting resistance to leaf rust in wheat (Reprinted from Wheat: Prospects for global improvement, 1998). – Euphytica 100(1–3): 35–43.

Skaljac, M. (2016) 5 Bacterial Symbionts of Aphids (Hemiptera: Aphididae). – In: Vilcinskas, A. (ed.): Biology and Ecology of Aphids: 100–125.

Slifer, E.H., Sekhom, S.S. & A.D. Lees (1964): The sense organs on the antennal flagellum of aphids (Homoptera), with special reference to the plate organs. – Quarterly Journal of Microscopic Science 105: 21–29.

Sloderbeck, P.E., Chowdhury, M.A., Depew, L.J. & L.L. Buschman (1991): Greenbug (Homoptera: Aphididae) resistance to parathion and chlorpyrifosmethyl. – Journal of the Kansas Entomological Society 64: 1–4.

Sloggett, J.J. (2008a): Weighty matters: body size, diet and specialization in aphidophagous ladybird beetles (Coleoptera: Coccinellidae). – European Journal of Entomology 105: 381–389.

Sloggett, J.J. (2008b): Habitat and dietary specificity in aphidophagous ladybirds (Coleoptera: Coccinellidae): explaining specialization. – Proceedings of the Netherlands Entomological Society Meeting 19: 95–113.

Sloggett, J.J., Zeilstra, I. & J.J. Obrycki (2008): Patch residence by aphidophagous ladybird beetles: do specialists stay longer? – Biological Control 47: 199–206.

Smirnova, A.A. & G.P. Ivanova (1974): zitiert in Georgiou, G.P. & Lagunes–Tejeda (1991): The Occurrence of Resistance to Pesticides in Arthropodes: An Index of Cases Reported Through 1989. – FAO, Italy: 318 S.

Smith, A.H., Lukasik, P., O'Connor, M.P., Lee, A., Mayo, G., Drott, M.T., Tuttle, R., Disciullo, R.A., Messina, A., Oliver. K.M. & J.A. Russell (2015): Patterns, causes and consequences of defensive microbiome dynamics across multiple scales. – Molecular Ecology 24: 1135–1149.

Smith, C.F. & C.S. Parron (1978): An annotated list of Aphididae (Homoptera) of North America. – North Carolina Agricultural Experiment Station Technical Bulletin 255: VIII + 428 S.

Smith, C.F. (1939): The digestive system of *Macrosiphum solanifolii* (Ash.) (Aphididae: Homoptera). – Ohio Journal of Science 39: 57–59.

Smith, C.M. & E.V. Boyko (2007): The molecular bases of plant resistance and defense responses to aphid feeding: current status. – Entomologia Experimentalis et Applicata 122(1): 1–16.

Smith, C.M. & S.L. Clement (2012): Molecular bases of plant resistance to arthropods. – Annual Review of Entomology 57: 309–328.

Smith, C.M. & WS. Starkey (2003): Resistance to greenbug (Heteroptera : Aphididae) biotype I in *Aegilops tauschii* synthetic wheats. – Journal of Economic Entomology 96(5): 1571–1576.

Smith, C.M. (2005): Plant Resistance to Arthropods: Molecular and Conventional Approaches. Dordrecht: 423 S.

Smith, C.M., Belay, T., Stauffer, C., Stary, P., Kubeckova, I. & S. Starkey (2004a): Identification of Russian wheat aphid (Homoptera: Aphididae) populations virulent to the Dn4 resistance gene. – Journal of Economic Entomology 97(3): 1112–1117.

Smith, C.M., Havlickova, H., Starkey, S., Gill, B.S. & V. Holubec (2004b): Identification of *Aegilops* germplasm with multiple aphid resistance. – Euphytica 135(3): 265–273.

Smith, C.M., Liu, X., Wang, L.J., Chen, M.S., Starkey, S. & J. Bai (2010): Aphid feeding activates expression of a transcriptome of oxylipin-based defense signals in wheat involved in resistance to herbivory. – Journal of Chemical Ecology 36(3): 260–276.

Smith, C.M., Schotzko, D., Zemetra, R.S., Souza, E.J. & S. Schroederteeter (1991): Identification of Russian wheat aphid (Homoptera: Aphididae) resistance in wheat. – Journal of Economic Entomology 84(1): 328–332.

Smith, H. (1996): The effects of elevated CO_2 on aphids. – Antenna 20: 109–111.

Smith, L.M. (1936): Biology of the mealy plum aphid, *Hyalopterus pruni* (Geoffroy). – Hilgardia 10: 167–209.

Smith, M.A.H. & P.A. MacKay (1990): Latitudinal variation in the photoperiodic responses of populations of pea aphid (Homoptera: Aphididae). – Environmental Entomology 19: 618–624.

Snelling, R.O. (1941): Resistance of Plants to Insect Attack. – Botanical Review 7(10): 543–586.

Snidaro, M. & G. Delogu (1990): Agronomic techniques for preventing barley yellow dwarf damage in winter cereals. – In: Burnett, P.A. (ed.): World Perspectives on Barley Yellow Dwarf. CIMMYT, Texcoco: 457–463.

Snodgrass, R.E. (1909): The Thorax of Insects and the articulation of the wings. – Proceed. U. St. National Museum 36: 511–545.

Snyder, W.E., Clevenger, G.M. & S.D. Eigenbrode (2004): Intraguild predation and successful invasion by introduced ladybird beetles. – Oecologia 140: 559–565.

Sokolev, N.P. (1937): Der Einfluß von Temperatur und farbiger Beleuchtung auf Entwicklung und morphologische Eigenschaften der Blattlaus *Lipaphis erysimi* Kalt. – Z. angew. Entom. 23: 294–302.

Soliman, L.B. (1927): A comparative study of the structural characters used in the classification of the genus *Macrosiphum* of the family Aphididae, with special reference to the species found in California. – University of California, Publications in Entomology 4: 89–158.

Sömme, L. (1969): Mannitol and glycerol in overwintering aphid eggs. – Norsk Entomologisk Tidsskrift 16: 107–111.

Song L., Wang, X., Liu, Y., Sun, Y. & L. Ban (2020): Characterization of Antennal Sensilla and Immunolocalization of Odorant-Binding Proteins on Spotted Alfalfa Aphid, *Therioaphis trifolii* (Monell). – Frontiers in Physiology 11: 606575. doi: 10.3389/fphys.2020.606575.

Song, L.M., Gao, Y.G., Li, J.D. & L.P. Ban (2018): iTRAQ-based comparative proteomic analysis reveals molecular mechanisms underlying wing dimorphism of the pea aphid, *Acyrthosiphon pisum*. – Front. Physiol. 9: 1016. doi: 10.3389/fphys.2018.01016.

Song, N., Liang, A.P. & C.P. Bu (2012): A molecular phylogeny of Hemiptera inferred from mitochondrial genome sequences. – Plos One 7: e48778.

Song, S.S., Oh, H.K. & N. Motoyama (1995): Insecticide resistance mechanism in the spiraea aphid, *Aphis citricola* (van der Goot). – Korean Journal of Applied Entomology 34: 89–94.

Sorensen, J.T., Campell, B.C., Gill, R.J. & J.D. Steffen-Campbell (1995): Non-monophyly of Auchenorrhyncha ("Homoptera"), based upon 18S rDNA phylogeny: eco-evolutionary and cladistic implications within pre-Heteropterodea Hemiptera (*S. L.*) and a proposal for new monophyletic suborders. – Pan-Pacific Entomol. 71: 31–60.

Sorin, M. (1958): Life cycles of 2 aphids causing galls on *Distylium racemosum*. (in Japanese) – Akitu 7: 89–92.

Sorin, M. (1965): Three new species of the genus *Stomaphis* in Japan, with a redescription of *S. yanois* Takahashi (Aphididae, Homoptera). – Bulletin of University of Osaka Prefecture (B) 16: 81–88.

Sorin, M. (1966): Physiological and morphological studies on the suction mechanism of plant juice by aphids. (in Japanese with English summary) – Bulletin of the Osaka Prefectural University, Agronomy and Biology 18: 95–137.

Sorin, M. (1970): *Longiunguis* of Stroyan, H.L.G., 1949. Japan. – Insecta Matsumurana, Supplement 8: 5–17.

Sotelo, P., Starkey, S., Voothuluru, P., Wilde, G.E. & Smith, C.M. (2009): Resistance to Russian wheat aphid biotype 2 in CIMMYT synthetic hexaploid wheat lines. – Journal of Economic Entomology 102(3): 1255–1261.

Sotherton, N.W. & G. Lee (1988): Field assessments of resistance to the aphids *Sitobion avenae* and *Metopolophium dirhodum* in old and modern springsown wheats. – Annals of Applied Biology 112: 239–248.

Southwood, T.R.E. (1977): Habitat, the templet for ecological strategies. – Journal of Animal Ecology 46: 337–345.

Srinivasan, D.G., Abdelhady, A. & D.L. Stern (2014): Gene expression analysis of parthenogenetic embryonic development of the pea aphid, *Acyrthosiphon pisum*, suggests that aphid parthenogenesis evolved from meiotic oogenesis. – PLoS ONE 9(12): e115099.

Srinivasan, R. & J.M. Alvarez (2007): Effect of mixed viral infections (Potato virus Y-Potato leafroll virus) on biology and preference of vectors *Myzus persicae* and *Macrosiphum euphorbiae* (Hemiptera: Aphididae). – Journal of Economic Entomology 100: 646–655.

Srivastava, P.N. & J.L. Auclair (1963): Characteristics and nature of proteases from the alimentary canal of the pea aphid, *Acyrthosiphon pisum* (Harr.) (Homoptera: Aphididae). – Journal of Insect Physiology 9: 469–474.

St Leger, R.J., Wang, C. & W. Fang (2011): New perspectives on insect pathogens. – Fungal Biology Reviews 25: 84–88.

Stacey, D.A. & M.D.E. Fellowes (2002): Influence of elevated CO_2 on interspecific interactions at higher trophic levels. – Glob. Chang. Biol. 8: 668–678.

Stadler, B. & A.F.G. Dixon (2005): Ecology and evolution of aphid-ant interactions. – Annu. Rev. Ecol. Evol. Syst. 36: 345–372.

Stadler, B. & T. Müller (1996): Aphid honeydew and its effect on the phyllosphere microflora of *Picea abies* (L.) Karst. – Oecologia 108: 771–776.

Stadler, B., Fiedler, K., Kawecki, T.J. & W.W. Weisser (2001): Costs and benefits for phytophagous myrmecophiles: when ants are not always available. – Oikos 92: 467–478.

Stafford, C.A., Walker, G.P. & D.E. Ullman (2012): Hitching a ride: vector feeding and virus transmission. – Commun. Integr. Biol. 5: 43–49.

Stam, P. (1983): The evolution of reproductive isolation in closely adjacent plant populations through differential flowering time. – Heredity 50: 105–118.

Stamp, N.E. (1982): Behavioral Interactions of Parasitoids and Baltimore Checkerspot Caterpillars (*Euphydryas phaeton*). – Environ Entomol 11: 100–104.

Starý, P (1970): Biology of aphid parasitoids (Hymenoptera: Aphidiidae) with respect to integrated control. – Ser. Entomol. 6: 1–643.

Starý, P. (1988): Aphidiidae. – In: Minks, A.K. & P. Harrewijn (eds.): Aphids. Their Biology, Natural Enemies and Control, Volume 2B. Amsterdam: 171–184.

Starý, P. (1993): Alternative host and parasitoid in first method in aphid pest management in glasshouses. – Journal of Applied Entomology 116: 187–191.

Starý, P., Gerding, M., Norambuena, H. & G. Remaudière (1993): Environmental research on aphid parasitoid biocontrol agents in Chile (Hym., Aphidiidae, Hom., Aphidoidea). – Journal of Applied Entomology 115: 192–306.

Steel, C.G.H. & A.D. Lees (1977): The role of neurosecretion in the photoperiodic control of polymorphism in the aphid *Megoura viciae*. – The Journal of experimental biology 67: 117–135.

STEEL, C.G.H. (1977): The neurosecretory system in the aphid *Megoura viciae*, with reference to unusual features associated with long distance transport of neurosecretion. – General and Comparative Endocrinology 31: 307–322.

STEEL, C.G.H. (1978). Some functions of identified neurosecretory cells in the brain of the aphid, *Megoura viciae*. – General and Comparative Endocrinology 34: 219–228.

STEENBERG, T. & J. EILENBERG (1995): Natural occurrence of entomopathogenic fungi on an agricultural field site. – Czech Mycology 48: 89–96.

STEFFAN, A.W. (1983): Zur pheromonalem Kommunikation bei der Geschlechterfindung von Blattläusen (Homoptera: Aphidinea). – Verhandlungen der Deutschen Zoologischen Gesellschaft 76: 168.

STEFFAN, A.W. (1987): Fern- und Nahorientierung geflügelter Gynoparae und Sexualis-Männchen bei Blattläusen (Homoptera: Aphidinea: Aphididae). – Entomologia Generalis 12: 235–258.

STEFFAN, A.W. (1990): Courtship behaviour and possible pheromone spread by hind leg raising in sexual females of aphids (Homoptera: Aphididae). – Entomologia Generalis 15: 33–49.

STEINBRECHT, R.A. (1984): Arthropoda: chemo-, thermos-, and hygro-receptors. – In: BEREITER-HAHN, J., MATOLSTY, A.G. & K.S. RICHARDS (eds.): Biology of the Integument, Berlin: 523–553. doi: 10.1007/978-3-642-51593-4_28.

STEINBRECHT, R.A., LAUE, M. & G. ZIEGELBERGER (1995): Immunolocalization of pheromone-binding protein and general odorant-binding protein in olfactory sensilla of the silk moths *Antheraea* and *Bombyx*. – Cell Tissue Res. 282: 203–217. doi: 10.1007/s004410050473.

STEINBRECHT, R.A., OZAKI, M. & G. ZIEGELBERGER (1992): Immunocytochemical localization of pheromone-binding protein in moth antennae. – Cell Tissue Res. 270: 287–302. doi: 10.1007/BF00328015.

STEINKRAUS, D.C. (2006): Factors affecting transmission of fungal pathogens of aphids. – Journal of Invertebrate Pathology 92: 125–131.

STEINKRAUS, D.C., BOYS, G.O. & P.H. SLAYMAKER (1993): Culture, storage, and incubation period of *Neozygites fresenii* (Entomophthorales: Neozygitaceae), a pathogen of the cotton aphid. – Southwestern Entomologist 18: 197–202.

STEINMÜLLER, D. & M. TEVINI (1985): Action of ultraviolet radiation (UV–B) upon cuticular waxes in some crop plants. – Planta 164: 557–564.

STEKOLSHCHIKOV, A.V. & G.KH. SHAPOSHNIKOV (1993): Revision of the genus *Muscaphis* (Homoptera, Aphididae). – Ent. Obozr. 72: 333–344.

STEPHENS, D.W. & J.R. KREBS (1986): Foraging theory. Princeton: 262 S.

STEPHENS, M.J., FRANCE, C.M., WRATTEN, S.D. & C. FRAMPTON (1998): Enhancing biological control of leafrollers (Lepidoptera: Tortricidae) by sowing buckwheat (*Fagopyrum esculentum*) in an orchard. – Biocontrol Science and Technology 8: 547–558.

STERN, D.L. & W.A. FOSTER (1996): The evolution of soldiers in aphids. – Biol Rev Camb Philos Soc 71: 27–79.

STERN, D.L. & W.A. FOSTER (1997): The evolution of sociality in aphids: a clone's-eye view. – In: CHOE, J.C. & B.J. CRESPI (eds.): Social behaviour in insects and arachnids. Cambridge University Press, Cambridge: 150–165.

STERN, D.L., AOKI, S. & U. KUROSU (1994): A test of geometric hypotheses for soldier investment patterns in the gall producing tropical aphid *Cerataphis fransseni* (Homoptera, Hormaphididae). – Insectes Soc 41: 457–460.

STERN, V.M., SMITH, R.F., VAN DEN BOSCH, R. & K. S. HAGEN (1959): The integrated control concept. – Hilgardia 29: 81–101.

STEUDEL, W. & F. BURCKHARDT (1950): Zur Überwinterung der grünen Pfirsichblattlaus in westdeutschen Futterrübenmieten. – Nachrichtenblatt des Deutschen Pflanzenschutzdienstes (Braunschweig) 2: 137–138.

STEUDEL, W. (1952a): Untersuchungen zur anholocyklischen Überwinterung der grünen Pfirsichlaus (*Myzodes persicae* Sulz.) an Brassicaceen. – Mitteilungen aus der Biologischen Zentralanstalt für Land- und Forstwirtschaft 73: 32 S.

STEUDEL, W. (1952b): Zur Frage der Bekämpfung der Vergilbungskrankheit der Beta-Rüben durch Überträgerabtötung mit chemischen Mitteln. I. Die Wirkung des Präparates „Systox" auf die Blattlauspopulation der Beta-Rüben. – Zeitschrift für Pflanzenkrankheiten (Pflanzenpathologie) und Pflanzenschutz 59(11/12): 418–430.

STEVENS, M. & HALLSWORTH, P.B. & H.G. SMITH (2004): The effects of Beet mild yellowing virus and Beet chlorosis virus on the yield of UK field grown sugar beet in 1997, 1999 and 2000. – Annals of Applied Biology 144: 113–119.

STEWART-JONES, A., DEWHIRST, S.Y., DURRANT, L., FITZGERALD, J.D., et al. (2007): Structure, ratios and patterns of release in the sex pheromone of an aphid, *Dysaphis plantaginea*. – J Exp Biol 210(24): 4335–4344. doi.org/10.1242/jeb.009944.

STILING, P. (1987): The frequency of density dependence in insect host-parasitoid systems. – Ecology 68: 844–856.

STILING, P. (1988): Density-dependent processes and key factors in insect populations. – Journal of Animal Ecology 57: 581–593.

STILING, P. (1993): Why do natural enemies fail in classical biological control programs? – American Entomologist 39: 31–37.

STILING, P., MOON, D., ROSSI, A., FORKNER, R., HUNGATE, B.A., DAY, F.P., SCHROEDER, R.E. & B. DRAKE (2013): Direct and legacy effects of long-term elevated CO_2 on fine root growth and plant-insect interactions. – New Phytol. 200: 788–795.

STILMANT, D., VAN BELLINGHEN, C., HANCE, T. & G. BOIVIN (2008): Host specialization in habitat specialists and generalists. – Oecologia 156: 905–912.

Stoetzel, M.B. (1987): Information on and identification of *Diuraphis noxia* (Homoptera: Aphididae) and other aphid species colonizing leaves of wheat and barley in the United States. – Journal of Economic Entomology 80(3), 696–704.

Stone, B.S. Shuffran, R.A. & G.E. Wilde (2000): Life history study of multiple clones of insecticide resistant and susceptible greenbug *Schizaphis graminum* (Homoptera: Aphididae). – Journal of Economic Entomology 93: 971–974.

Storeck, A., Poppy, G.M., van Emden, H.F. & W. Powell (2000): The role of plant chemical cues in determining host preference in the generalist aphid parasitoid *Aphidius colemani*. – Entomologia Experimentalis et Applicata 97: 41–46.

Storey, H.H. (1933): Investigations of the mechanisms of transmission of plant viruses by insect vectors. – Proc. R. Soc. B 113: 463–485.

Störmer, R. (1938): Die praktische Bekämpfung der Viruskrankheiten bei der Kartoffel. – Vorträge der Pflanzenschutztagung der Biologischen Reichsanstalt am 10. Februar 1938. Berlin: 37–46.

Stout, M.J. (2013): Reevaluating the conceptual framework for applied research on host-plant resistance. – Insect Science 20: 263–272, doi 10.1111/1744–7917.12011.

Stowe, K.A., Marquis, R.J., Hochwender, C.G. & Simms, E.L. (2000): The evolutionary ecology of tolerance to consumer damage. – Annual Review of Ecology and Systematics 31: 565–595.

Strathdee, A.T., Bale, J.S., Strathdee, F.C., Block, W.C., Coulson, J.C., Webb, N.R. & I.D. Hodkinson (1995b): Climatic severity and the response to temperature elevation of arctic aphids. – Global Change Biology 1: 23–28.

Strathdee, A.T., Howling, G.G. & J.S. Bale (1995a): Cold hardiness of overwintering aphid eggs. – Journal of Insect Physiology 41: 653–657.

Stratmann, J. (2003): Ultraviolet-B radiation coopts defense signaling pathways. – Trends in Plant Science 8: 526–533.

Strauss, S.Y. & Agrawal, A.A. (1999): The ecology and evolution of plant tolerance to herbivory. – Trends in Ecology & Evolution 14(5): 179–185.

Stribley, M.F., Moores, G.D., Devonshire, A.L. & R.M. Sawicki (1983): Application of the FAO-recommended method for detecting insecticide resistance in *Aphis fabae* Scopoli, *Sitobion avenae* (F.), *Metopolophium dirhodum* (Walker) and *Rhopalosiphum padi* (L.) (Hemiptera: Aphididae). – Bulletin of Entomological Research 73: 107–115.

Strong, D.R., Lawton, J.N. & T.R.E. Southwood (1984): Insects on Plants. Oxford: 313 S.

Strong, F.E. (1967): Observations on aphid cornicle secretions. – Annals of the Entomological Society of America 60: 668–673.

Stroyan, H.L.G. (1949): The occurrence and dimorphism in Britain of Metopeurum fuscoviride nom. N. (Pharalis tanaceti auctt. nec L.) (Aphididae, Homoptera). – Proceedings of the Royal Entomological Society of London (A) 27(7/9): 79–82.

Stroyan, H.L.G. (1952): The identification of aphids of economic importance. – Pl. Path. 1: 9–14, 42–48, 92–99, 123–129.

Stroyan, H.L.G. (1960): Three new subspecies of aphids from Iceland (Hem., Hom.). – Entomologiske Meddelelser 29: 250–265.

Stroyan, H.L.G. (1966): Notes on aphid species new to the British fauna. – Proc. R. Ent. Soc. London (B) 35: 111-118.

Stroyan, H.L.G. (1977): Homoptera Aphidoidea (part), Chaitophoridae and Callaphididae. – Handbooks for the Identification of British Insects. Royal Entomological Society of London, Vol. 2 (4a): viii + 130 S.

Stroyan, H.L.G. (1984): Aphids – Pterocommatinae and Aphididnae (Aphidini), Homoptera, Aphidididae. – Handbooks for the Identification of British Insects. Royal Entomological Society of London, Vol. 2 (6): 232 S.

Sudd, J.H. (1967): An Introduction to the Behaviour of Ants. – Edward Arnold, London: 200 S.

Sullivan, D.J. & W. Völkl (1999): Hyperparasitism: multitrophic ecology and behavior. – Annual Review of Entomology 44: 291–315.

Summers, C.G., Stapleton, J.J., Newton, A.S., Duncan, R.A. & D. Hart (1995): Comparison of sprayable and film mulches in delaying the onset of aphid–transmitted virus diseases in zucchini squash. – Plant Disease 79: 1126–1131.

Sun, Y. Guo, H., Yuan, L., Wei, J., Zhang, W. & F. Ge (2015): Plant stomatal closure improves aphid feeding under elevated CO_2. – Glob. Chang. Biol. 21: 2739–2748.

Sun, Y., Zhao, L., Sun, L., Zhang, S. & L. Ban (2013a): Immunolocalization of odorant-binding proteins on antennal chemosensilla of the peach aphid *Myzus persicae* (Sulzer). – Chem. Senses 38: 129–136. doi: 10.1093/chemse/bjs093.Sun, Y., Guo, H., Zhu-Salzman, K. & F. Ge (2013b): Elevated CO_2 increases the abundance of the peach aphid on *Arabidopsis* by reducing jasmonic acid defenses. – Plant Sci. 210: 128–140.

Sun, Y.C., Jing, B.B. & F. Ge (2009a): Response of amino acid changes in *Aphis gossypii* (Glover) to elevated CO_2 levels. – J. Appl. Entomol. 133: 189–197.

Sun, Y.C., Chen, F. J. & F. Ge (2009b): Elevated CO_2 changes interspecific competition among three species of wheat aphids: *Sitobion avenae*, *Rhopalosiphum padi*, and *Schizaphis graminum*. – Environ. Entomol. 38: 26–34.

Sun, Y.C., Yin, J., Chen, F.J., Wu, G. & F. Ge (2011): How does atmospheric elevated CO_2 affect crop pests and their natural enemies? Case histories from China. – Insect Sci. 18: 393–400.

Sun, Y.-P., Zhao, L.-J., Sun, L., Zhang, S.-G. & L.-P. Ban (2012): Immunolocalization of Odorant-Binding Proteins on Antennal Chemosensilla of the Peach Aphid *Myzus persicae* (Sulzer). – Chemical Senses. doi: 10.1093/chemse/bjs093.

Sunderland, K.D., Fraser, A.M. & A.F.G. Dixon (1986): Field and laboratory studies on money spiders (Linyphiidae) as predators of cereal aphids. – Journal of Applied Ecology 23: 433–447.

Sunnucks, P., De Barro, P.J., Lushai, G., MacLean, N. & D. Hales (1997a): Genetic structure of an aphid studied using microsatellites: cyclic parthenogenesis, differentiated lineages and host specialization. – Molecular ecology 6(11): 1059–1073.

Sunnucks, P., Driver, F., Brown, W.V., Carver, M., Hales, D.F. & W.M. Milne (1997b): Biological and genetic characterization of morphologically similar *Therioaphis trifolii* (Hemiptera: Aphididae) with different host utilization. – Bulletin of Entomological Research 87: 425–436.

Sunose, T., Tsuda, K. & S. Ohseko (1982): Seasonal change in ratios of soldier in a population of the bamboo aphid, *Psuedoregma bambucicola*. – Bull Soc Popul Ecol 35: 59–61.

Sutcliffe, J.F. (1994): Sensory bases of attractancy: morphology of mosquito olfactory sensilla – a review. – J. Am. Mosq. Control Assoc. 10: 309–315.

Sutherland, J.P., Sullivan, M.S. & G.M. Poppy (2001): Oviposition behaviour and host colony size discrimination in *Episyrphus balteatus* (Diptera : Syrphidae). – Bulletin of Entomological Research 91: 411–417.

Sutherland, O.R.W. (1968): Dormancy and lipid storage in the Pemphigine aphid *Thecabius affinis*. – Entomological Experimentalis et Applicata 11: 348–354.

Suzuki, Y. & M. Hori (2014): Diurnal locomotion and feeding activities of two rice-ear bugs, *Trigonotylus caelestialium* and *Stenotus rubrovittatus* (Hemiptera: Heteroptera: Miridae). – Applied Entomology and Zoology 49: 149–157.

Swinnen, J.F.M. & T. Vandemoortele (2010): Policy Gridlock or Future Change? The Political Economy Dynamics of EU Biotechnology Regulation. – AgBioForum. Band 13(4): 291–296.

Sylvester, E.S. (1956): Beet yellows virus transmission by the green peach aphid. – J. Econ. Entomol. 49: 789–800.

Szekely, I., Pap, L. & B. Bertok (1996): MB–599, a new synergist in pest control. – Proceedings of the Brighton Crop Protection Conference, Pest and Diseases, November 1996 (2): 473–480.

Szelegiewicz, H. & W. Wojciechowski (1985): The male internal reproductive system of aphids. – In: Szelegiewicz, H. (ed.): Evolution and Biosystematics of Aphids. Wrocław: Zakład Narodowy im. Ossolińskich: 239–244.

Szelegiewicz, H. (1961): Die polnischen Arten der Gattung *Chaitophorus* Koch s. lat. – Annls zool., Warsz. 19: 229–352.

Szelegiewicz, H. (1965): Studies on the tribe Pterocommatini. Part I. Phylogeny and generic classification. – Annales Zoologici 23(10): 251–301.

Szelegiewicz, H. (1971): Autapomorphous wing characters in the recent subgroups of Sternorrhyncha (Hemiptera) and their significance in the interpretation of the Palaeozoic members of the group. – Annales Zoologici 29(2): 1–62.

Szelegiewicz, H. (1978): Roznodomnsc (heteroecja) u mszyc, jej pochodzenie i ewolucja. – Zeszyty Problemowe Postep6w Nauk Rolniczych 208: 19–31.

Szklarzewicz, T. & A. Michalik (2017): Transovarial transmission of symbionts in insects. – In: Kloc, M. (ed.): Oocytes, Results and Problems in Cell Differentiation. Vol. 63. Cham: 43–67.

T

Taberlet, P., Fumagalli, L., Wust-Saucy, A.-G. & J.-F. Cosson (1998): Comparative phylogeography and postglacial colonization routes in Europe. – Mol Ecol 7: 453–464.

Tagu, D., Sabater-Muñoz, B. & J.C. Simon (2005): Deciphering reproductive polyphenism in aphids. – Invertebrate Reproduction and Development 48: 71–80.

Takada, H. (1979): Characteristics of forms of *Myzus persicae* (Sulzer) (Homoptera: Aphididae) distinguished by colour and esterase differences and their occurence in populations on different host plants in Japan. – Applied Entomology and Zoology 14: 370–375.

Takada, H. (1981): Inheritance of body colour in *Myzus persicae* (Sulzer) (Homoptera: Aphididae). – Applied Entomology and Zoology 16: 242–246.

Takada, H., Blackman, R. & M. Miyazaki (1978): Cytological, morphological and biological studies on a laboratory-reared triploid clone of *Myzus persicae* (Sulzer). – Kontyû 46: 557–573.

Takahashi, J., Mitsui, J., Takakusa, N., Matsuda, M., Yoneda, H. et al. (1992): NI-25, a new type of systemic and broad spectrum insecticide. – Proceedings of the Brighton Crop Protection Conference, Pests, and Diseases, November 1992, 1: 89–96.

Takahashi, R. (1918): Description of a new aphid producing the alate oviparous female in summer. (in Japanese) – Zoological Magazine 30: 458–461.

Takahashi, R. (1920): A new genus and species of aphid from Japan (Hem.). – Canadian Entomologists 52: 19–20.

Takahashi, R. (1930): List of the Aphid Genera proposed as new in recent years. – Proc. Ent. Soc. Wash. 32: 1–24.

Takahashi, R. (1931): Aphididae of Formosa. Part. 6. – Agr. Exp. St. Formosa. Rep. 53: 127 S.

Takahashi, R. (1938): List of the Aphid Genera proposed in recent years (Hemiptera). – Tenthredo Acta Ent. 2: 1–18.

Takahashi, R. (1939): Some Aphididae from Hokkaido (Hemipt.). – Insect. Matsumarana. 13: 114–128.

Takahashi, R. (1959): On the aphid, *Matsumuraja rubifoliae* Takahashi (Homoptera: Aphididae). – Transactions of the Shikoku Entomological Society 6(4): 55–58.

Takahashi, R. (1960): *Kurisakia* and *Aiceona* of Japan (Homoptera: Aphididae). – Insecta Matsumurana 23: 1–10.

Takahashi, R. (1962): Key to genera and species of Greenideini of Japan, with descriptions of a new genus and three new species (Homoptera: Aphididae). – Transactions of the Shikoku Entomological Society 7(3): 65–73.

Takahashi, R. (1964): *Macrosiphum* of Japan (Aphididae). – Kontyû 32: 353–359.

Takahashi, R. (1966): Description of some new and little known species of aphids of Japan, with key to species. – Transactions of the American Entomological Society 92: 519–556, pls. 24–25.

Takaoka, L. (1969): Studies on the morphology and histology of the digestive system, nervous system and endocrine organ of the green peach aphid, *Myzus persicae* (Sulzer), (Aphididae: Homoptera). – Bulletin of the Hatano Tabocco Experimental Station 65: 93–124.

Takemoto, H., Uefune, M., Ozawa, R., Arimura, G.I. & J. Takabayashi (2013): Previous infestation of pea aphids *Acyrthosiphon pisum* on broad bean plants resulted in the increased performance of conspecific nymphs on the plants. – J. Plant Interact. 4. doi: 10.1080/17429145.2013.786792.

Tamaki, G. & W.W. Allen (1969): Competition and other factors influencing the population dynamics of *Aphis gossypii* and *Macrosiphoniella sanborni* on greenhouse chrysanthemums. – Hilgardia 39 (17): 447–505.

Tamborindeguy, C., Bereman, M.S., DeBlasio, S., Igwe, D., Smith, D.M., White, F., MacCoss, M.J., Stewart M. Gray, S.M. & M. Cilia (2013): Genomic and proteomic analysis of *Schizaphis graminum* reveals cyclophilin proteins are involved in the transmission of Cereal yellow dwarf virus. – PLoS ONE 8:e71620.

Tamborindeguy, C., Monsion, B., Brault, V., Hunnicutt, L., Ju, H.J., Nakabachi, A. & E. Van Fleet (2010): A genomic analysis of transcytosis in the pea aphid, *Acyrthosiphon pisum*, a mechanism involved in virus transmission. – Insect Mol. Biol. 19: 259–272.

Tanagoshi, L.K., Pike, K.S., Miller, R.H., Miller, T.D. & D. Allison (1995): Search for, and release of, parasitoids for the biological control of Russian wheat aphid in Washington State (USA). – Agriculture, Ecosystems and Environment 52: 25–30.

Tang, Q.L., Ma, K.S., Hou, Y.M. & X.W. Gao (2017): Monitoring insecticide resistance and diagnostics of resistance mechanisms in the green peach aphid, *Myzus persicae* (Sulzer) (Hemiptera: Aphididae). – Pestic. Biochem. Physiol. 143: 39–47. doi: 10.1016/j.pestbp.2017.09.013.

Tang, Z.H. (1992): Insecticide resistance and countermeasures for cotton pests in China. – Resistant Pest Management 4: 9–12.

Tanguy, S. & Dedryver, C.A. (2009): Reduced BYDV-PAV transmission by the grain aphid in a *Triticum monococcum* line. – European Journal of Plant Pathology 123(3): 281–289.

Tashev, D. & E. Markova (1982): Morphofunktionelle Grundlagen der Fruchtbarkeit bei den Blattläusen (Aphidina, Viviovipara). I. Anzahl der Eiröhren. – Godishnik Na Sofiiskiya Universitet Kliment Okhridski Biologicheski Fakultet (Zoologiya) 70: 19–28.

Tatchell, G.M. & S.J. Parker (1990): Host plant selection by migrant *Rhopalosiphum padi* in autumn and the occurrence of an intermediate morph. – Entomologia Experimentalis et Applicata 54: 237–244. doi: 10.1111/j.1570–7458.1990.tb01334.x

Tatchell, G.M., Plumb, R.T. & N. Carter (1988): Migration of alate morphs of the bird cherry aphid (*Rhopalosiphum padi*) and implications for the epidemiology of barley yellow dwarf virus. – Annals of Applied Biology 112(1): 1–11. doi.org/10.1111/j.1744–7348.1988.tb02035.x.

Taub, D.R. & X.Z. Wang (2008): Why are nitrogen concentrations in plant tissues lower under elevated CO_2? A critical examination of the hypotheses. – J. Integrat. Plant Biol. 50: 1365–1374.

Taylor, C.E. & W.M. Robertson (1974): Electron microscopy evidence for the association of tobacco severe etch virus with the maxillae of *Myzus persicae* (Sulzer). – Phytopathol. Z. 80: 257–266.

Taylor, J.E., Hatcher, P.E. & N.D. Paul (2004): Crosstalk between plant responses to pathogens and herbivores: a view from the outside in. – J. Exp. Bot. 55: 159–168.

Taylor, L.R. & R.A.J. Taylor (1978): The dynamics of spatial behaviour. – In: Ebling, F.J. & D.M. Stoddart (eds.): Population Control by Social Behaviour. London: Institute of Biology: 181–212.

Taylor, L.R. & R.A.J. Taylor (1983): Insect migration as a paradigm for survival by movement. In: Swingland I.R. & P.J. Greenwood (eds.): The Ecology of Animal Movement. Oxford: 181–214.

Taylor, L.R. (1958): Aphid dispersal and diurnal periodicity. – Proceedings of the Linnean Society of London 169: 67–73.

Taylor, L.R. (1960): Mortality and viability of insect migrants high in the air. – Nature (London) 186: 410.

Taylor, L.R. (1965): Flight behaviour and aphid migration. – Proceedings of the north central branch of the American Association of Economic Entomology 20: 9–19.

Taylor, L.R. (1973): Monitor surveying for migrant insect pests. – Outlook on Agriculture 7: 109–116.

Taylor, L.R. (1977): Migration and the spatial dynamics of an aphid, *Myzus persicae*. – Journal of Animal Ecology 46: 411–423.

Taylor, L.R., French, R.A., Woiwood I.P. & J. Cole (1978): Aphid surveying. Aphid occurence. – Report Rothamsted Experimental Station for 1977, Part I: 90–91.

Taylor, L.R., Palmer, J.M.P., Dupuch, M.J., Cole, J. & M.S. Taylor (1984): A handbook for the rapid identification of alatae aphids of Great Britain and Europe. Revised 2nd edition, 171 S.

Taylor, M.S., Tatchell, G.M. & S.J. Clark (1994): Morph identification in natural populations of alate female bird cherry aphids, *Rhopalosiphum padi* L., by multivariate methods. – Annals of Applied Biology 125: 1–11. doi: 10.1111/j.1744-7348.1994.tb04941.x.

Taylor, S., Parker, W. & A. Douglas (2012): Patterns in aphid honeydew production parallel diurnal shifts in phloem sap composition. – Entomologia Experimentalis et Applicata 142: 121–129.

Teetes, G., Schaefer, C., Gipson, J., McIntyre, R. & Latham, E. (1975): Greenbug resistance to organophosphorous insecticides on the Texas High Plains. – Journal of Economic Entomology 68(2): 214–216.

Tegelaar, K. & O. Leimar (2014): Alate production in an aphid in relation to ant tending and alarm pheromone. – Ecological Entomology 39: 664–666.

Tegelaar, K., Hagman, M., Glinwood, R., Pettersson, J. & O. Leimar (2012): Ant-aphid mutualism. The influence of ants on the aphid summer cycle. – Oikos 121: 61–66.

Telang, A., Sandström, J., Dyreson, E. & Moran, N.A. (1999): Feeding damage by *Diuraphis noxia* results in a nutritionally enhanced phloem diet. – Entomologia Experimentalis et Applicata 91(3): 403–412.

Tenhumberg, B. & H.M. Poehling (1995): Syrphids as natural enemies of cereal aphids in Germany: aspects of their biology and efficacy in different years and regions. – Agriculture, Ecosystems and Environment 52: 39–43.

Tentelier, C., Desouhant, E. & X. Fauvergue (2006): Habitat assessment by parasitoids: mechanisms for patch use behavior. – Behavioral Ecology 17: 515–521.

Tevini, M. & D. Steinmüller (1987): Influence of light, UV-B radiation, and herbicides on wax biosynthesis of cucumber seedlings. – J. Plant Physiol. 131: 111–121.

Textor, S. & J. Gershenzon (2009): Herbivore induction of the glucosinolates-myrosinase defense system: major trends, biochemical basis and ecological significance. – Phytochemistry Reviews 8: 149–170.

Thacker, J. I., Thieme, T. & A.F.G. Dixon (1997): Forecasting of periodic fluctuations in annual abundance of the bean aphid: the role of density dependence and weather. – Journal of Applied Entomology 121: 137–145.

IAGC (The International Aphid Genomics Consortium) (2010a): Genome sequence of the pea aphid *Acyrthosiphon pisum*. – PLoS Biology 8(2): e1000313. doi: 10.1371/journal.pbio.1000313.

IAGC (The International Aphid Genomics Consortium) (2010b): Aphid Genomics White Paper II: Proposal to complete development of the aphid model. – http://www.aphidbase.com/aphidbase/news/aphid_white_paper_ii

Theobald, F.V. (1926–1929): The Plantlice or Aphididae of Great Britain. – London. Part I 1926: 1–372, II 1927: 1–411, III 1929: 1–164.

Theurillat, P. & A. Guisan (2001): Potential impact of climate change on vegetation in the European Alps: a review. – Climatic Change 50: 77–109.

Thielemans, T., Dassonville, N., Gosset, V. & V. Rosemeyer (2013): FresaProtect and BerryProtect: control of aphids through constant presence of complementary parasitoids. – Bulletin IOBC–WPRS 91: 31–35.

Thieme, T., Heimbach, U. & H.-L. Weidemann (1996): Die Übertragung von PVY durch Blattläuse, die nicht an Kartoffeln siedeln. – Mitt. Biol. Bundesanst. Land-Forstwirtsch., Berlin-Dahlem, H. 321: 241.

Thieme, T., Heimbach, U., Thieme, R. & H.-L. Weidemann (1998): Introduction of a method for preventing transmission of potato virus Y (PVY) in Northern Germany. – Aspects of applied Biology 52: 25–29.

Thieme, T. & A.F.G. Dixon (1996): Mate recognition in the *Aphis fabae* complex: daily rhythm of release and specificity of sex pheromones. – Entomologia Experimentalis et Applicata 79: 85–89.

Thieme, T. & A.F.G. Dixon (2004): The case for *Aphis solanella* being a good species. – In: Simon, J.C., Dedryver, C.A., Hullé, M. & C. Rispe (eds.): Aphids in a new millennium Proceedings of the Sixth International Symposium on Aphids, September, 2001, Rennes, France: 189–194.

Thieme, T. & A.F.G. Dixon (2009): Do plants affect the population dynamics of aphids? – Redia 92: 179–181.

Thieme, T. & A.F.G. Dixon (2015): Is the response of aphids to alarm pheromone stable? – J. Appl. Entomol. 139: 741–746. doi: 10.1111/jen.12262.

Thieme, T. & F.P. Müller (2000): Unterordnung Aphidina – Blattläuse, Aphiden. In: Hannemann, H.-J., Klausnitzer, B. & K. Senglaub (eds.). – Exkursionsfauna von Deutschland, Band 2, Wirbellose: Insekten. Spektrum Akademischer Verlag, Jena: 169-237.

Thieme, T. & H. Eggers-Schumacher (2003): Verzeichnis der Blattläuse (Aphidina) Deutschlands. – In: Klausnitzer, B. (ed.): Entomofauna Germanica, Band 6. – Entomologische Nachrichten und Berichte, Beiheft 8, Dresden: 167–193.

Thieme, T. & I. Jennerjahn (1988): Morphologische Unterschiede der oviparen Weibchen im *Aphis fabae*-Komplex (Homoptera: Aphididae). – Archiv der Freunde der Naturgeschichte in Mecklenburg 28: 100–107.

Thieme, T. & S. Nozon (1998): The effect of aphids on host plant metabolism. – In: Nieto Nafria, J.M. & A.F.G. Dixon (eds.): Aphids in natural and managed ecosystems. Universidad de Leon (Secretariado de Publicaciones). Leon: 623–627.

Thieme, T. & U. Heimbach (1992): Bildschlüssel zur Bestimmung von Blattläusen im Getreide. – Nachrichtenbl. Deut. Pflanzenschutzd. 44: 201–208.

Thieme, T. & U. Heimbach (1993): Bildschlüssel zur Bestimmung von Blattläusen an Betarüben.

– Nachrichtenbl. Deut. Pflanzenschutzd. 45: 144–150.

Thieme, T. & U. Heimbach (1994): Bildschlüssel zur Bestimmung von Blattläusen an Kartoffeln. – Nachrichtenbl. Deut. Pflanzenschutzd., 46: 161–169.

Thieme, T. & U. Heimbach (1996): Bildschlüssel zur Bestimmung von Blattläusen an ackerbaulich genutzten Leguminosen. – Nachrichtenbl. Deut. Pflanzenschutzd. 48: 161–172.

Thieme, T. & U. Heimbach (1998): Blattlausforschung – Suche nach den Vektoren. – Mitt. Biol. Bundesanst. Land-Forstwirtsch., Berlin-Dahlem 335: 115–128.

Thieme, T. (1987a): Members of the complex of *Aphis fabae* Scop. – In: Holman, J., Pelikan, J., Dixon A.F.G. & L. Weismann (eds.): Population Structure, Genetics and Taxonomy of Aphids and Thysanoptera. SPB Academic Publishing, The Hague: 314–323.

Thieme, T. (1987b): Morphologische Unterschiede der Fundatrizen des Komplexes der Schwarzen Bohnenblattlaus *Aphis fabae* (Homoptera: Aphididae). – Entomologische Nachrichten und Berichte 31(6): 271–274.

Thieme, T. (1988): Zur Biologie von *Aphis fabae mordvilkowi* Börner und Janisch 1922 (Hom., Aphididae). – Zeitschrift für Angewandte Entomologie 105: 510–515.

Thieme, T. (1997a): Adaptive significance of brown coloration in *Sitobion avenae*. – IOBC Bulletin, Vol. 21 (8): 7–13.

Thieme, T. (1997b): Anpassung von Blattläusen an die biochemische Verteidigung von *Lupinus* spp. – Mitt. Dtsch. Ges. Allg. Angew. Ent. 11: 739–742.

Thieme, T., Heimbach, U. & E. Schliephake (2001): Nachweis der „Russischen Weizenlaus", *Diuraphis noxia* (Kurdjumov), in Deutschland. – Nachrichtenbl. Deut. Pflanzenschutzd. 52: 35–40.

Thieme, T., Heimbach, U. & H.-L. Weidemann (1997): Die Übertragung von Kartoffel-Y-Virus durch Blattläuse, die nicht auf Kartoffeln siedeln. – Phytomedizin 27/2: 47.

Thieme, T., Heimbach, U., & H.-L. Weidemann (1996): Die Übertragung von PVY durch Blattläuse, die nicht an Kartoffeln siedeln. – Mitt. Biol. Bundesanst. Land-Forstwirtsch., Berlin-Dahlem 321: 241.

Thieme, T. & U. Heimbach (1998): Einfluß von Getreidesorten auf Blattläuse. – Getreide 4: 100–102.

Thieme, T., Heimbach, U., Thieme R. & H.-L. Weidemann (1998): Introduction of a method for preventing transmission of potato virus Y (PVY) in Northern Germany. – Aspects of applied Biology 52: 25–29.

Thieme, T., Hoffmann, U. & U. Heimbach (1994): Untersuchungen zur Blattlausresistenz von Winterweizen. – Mitteilungen aus der Biologischen Bundesanstalt für Land- und Forstwirtschaft Berlin-Dahlem 301: 78.

Thieme, T., Hoffmann, U. & U. Heimbach (2009): Efficacy of plant protection substances against virus transmission by aphids infesting potato. – Journal für Kulturpflanzen 61(1): 21.

Thies, C., Haenke, S., Scherber, C., Bengtsson, J., Bommarco, R., et al. (2011): The relationship between agricultural intensification and biological control: experimental tests across Europe. – Ecological Applications 21: 2187–2196.

Thies, C., Roschewitz, I. & T. Tscharntke (2005): The landscape context of cereal aphid-parasitoid interactions. – Proceedings of the Royal Society B 272: 203–210.

Thies, C., Steffan-Dewenter, I. & T. Tscharntke (2003): Effects of landscape context on herbivory and parasitism at different spatial scales. – Oikos 101: 18–25.

Thomas, K.H. (1968): Die Blattläuse aus der engeren Verwandtschaft von *Aphis gossypii* Glover und *A. frangulae* Kaltenbach unter besonderer Berücksichtigung ihres Vorkommens an Kartoffel. – Entomologische Abhandlung des staatlichen Museum für Tierkunde in Dresden 35: 337–389.

Thompson, G.A. & F.L. Goggin (2006): Transcriptomics and functional genomics of plant defence induction by phloem-feeding insects. – Journal of Experimental Botany 57: 755–766.

Thompson, K.F. (1963): Resistance to the cabbage aphid (*Brevicoryne brassicae*) in *Brassica* plants. – Nature 4876: 209.

Thompson, M.C., Feng, H., Wuchty, S. & A.C.C. Wilson (2019): The green peach aphid gut contains host plant microRNAs identified by comprehensive annotation of *Brassica oleracea* small RNA data. – Sci Rep 9: 18904. doi.org/10.1038/s41598–019–54488–1.

Tiffin, P. (2000): Are tolerance, avoidance, and antibiosis evolutionarily and ecologically equivalent responses of plants to herbivores? – American Naturalist 155(1): 128–138.

Tilahun, D.A. & H.F. van Emden (1997): The susceptibility of rose grain aphid (Homoptera: Aphididae) and its parasitoid (Hymenoptera: Aphidiidae) and predator (Coleoptera: Coccinellidae) to malathion on aphid susceptible and resistant wheat cultivars. – Annales de la 4e ANPP Conférence Internationale sur les Ravageurs en Agriculture, Montpellier, January 1997, 1137–1148.

Tizado, E.J., Tinaut, A. & M.P. Mier Durante (1993): Effect of the plant structure in the associations of ants with aphids (Hym., Formicidae; Hom., Aphididae). – In: Kindlmann, P. & A.F.G. Dixon (eds.): Critical Issues in Aphid Biology. University of South Bohemia, Ceske Budejovice: 132–136.

Tjallingii, W.F (1985): Membrane potentials as an indication for plant cell penetrations by aphid stylets. – Entomologia Experimentalis et Applicata 38: 187–193.

Tjallingii, W.F. & T. Hogen Esch (1993): Fine structure of aphid stylet routes in plant tissues in correlation with EPG signals. – Physiol. Entomol. 18: 317–328.

Tjallingii, W.F. (1978a): Mechanoreceptors of the aphid labium. – Entomologia Experimentalis et Applicata 24: 731–737.

Tjallingii, W.F. (1978b): Electronic recording of penetration behaviour by aphids. – Entomologia Experimentalis et Applicata 24: 721–730.

Tjallingii, W.F. (1986): Wire effects on aphids during electrical recording of stylet penetration. – Entomologia Experimentalis et Applicata 40: 89–98.

Tjallingii, W.F. (1988): Electrical recording of stylet penetration activities. – In: Minks, A.K. & P.J. Harrewijn (eds.): Aphids, their biology, natural enemies and control, Vol. 2B. Amsterdam: 95–108.

Tjallingii, W.F. (2006): Salivary secretions by aphids interacting with proteins of phloem wound responses. – J Exp Bot 57: 739–745.

Tokunaga, E. & N. Suzuki (2008): Colony growth and dispersal in the ant-tended aphid, *Aphis craccivora* Koch, and the non-ant-tended aphid, *Acyrthosiphon pisum* Harris, under the absence of predators and ants. – Population Ecology 50: 45–52.

Tommasini, M.G. & M. Mosti (2001): Control of aphids by *Chrysoperla carnea* on strawberry in Italy. – In: McEwen, P.K., New, T.R. & A.E. Whittington (eds.): Lacewings in the Crop Environment. Cambridge: 481–486.

Tóth, L. (1933): Über die frühembryonale Entwicklung der viviparen Aphiden. – Zeitschrift für Morphologie und Ökologie der Tiere 27: 692–731.

Tóth, L. (1937): Entwicklungszyklus und Symbiose von *Pemphigus spirothecae* Pass. (Aphidina). – Zeitschrift für Morphologie und Ökologie der Tiere 33: 412–437.

Tóth, L. (1940): The protein metabolism of the aphids. – Annales du Musee d'histoire naturelle part Zoologie 33: 167–171.

Tourniaire, R., Ferran, A., Gambier, J., Guige, L. & F. Bouffault (1999): Locomotor behaviour of flightless Harmonia axyridis Pallas (Col., Coccinellidae). – Journal of Insect Behavior 12: 545–558.

Trager, W. (1970): Symbiosis. New York: 100 S.

Trebicki, P., Nancarrow, N., Cole, E., Bosque-Pérez, N.A., Constable, F.E., Freeman, A.J., Rodoni, B., Yen, A.L., Luck, J.E. & G.J. Fitzgerald (2015): Virus disease in wheat predicted to increase with a changing climate. – Glob. Chang. Biol. 21: 3511–3519.

Trela, J., Junkiert, Ł. & K Wieczorek (2020): Sexual morphs of the three native Nearctic species of the genus *Periphyllus* van der Hoeven, 1863 (Insecta: Hemiptera: Aphididae), with identification keys including introduced species. – Bonn Zoological Bulletin 69 (1): 95–103. doi.org/10.20363/BZB–2020.69.1.095.

Tremblay, C., Cloutier, C. & Comeau, A. (1989): Resistance to the bird cherry-oat aphid, *Rhopalosiphum padi* L. (Homoptera: Aphididae), in perennial Gramineae and wheat x perennial Gramineae hybrids. – Environmental Entomology 18(6), 921–923.

Treutter, D. (2005): Significance of flavonoids in plant resistance and enhancement of their biosynthesis. – Plant Biology 7: 581–591.

Trivers, R. (1985): Social Evolution. – Melno Park: 479 S.

Tscharntke, T. (1989): Mass attack of *Phragmites australis* by *Hyalopterus pruni* (Homoptera, Aphididae): significance of habitat size, edge infestation, and parasitization. – Zoologische Jahrbücher, Abteilung für Systematik, Ökologie und Geographie der Tiere 116(4): 329–332.

Tsuchida, T., Koga, R. & T. Fukatsu (2004): Host plant specialization governed by facultative symbiont. – Science 303: 1989.

Tsuchida, T., Koga, R., Sakurai, M. & T. Fukatsu (2006): Facultative bacterial endosymbionts of three aphid species, *Aphis craccivora, Megoura crassicauda* and *Acyrthosiphon pisum*, sympatrically found on the same host plants. – Applied Entomology and Zoology 41: 129–137.

Tsuchida, T., Koga, R., Shibao, H., Matsumoto, T. & T. Fukatsu (2002): Diversity and geographic distribution of secondary endosymbiotic bacteria in natural populations of the pea aphid, *Acyrthosiphon pisum*. – Molecular Ecology 11: 2123–2135.

Tulisalo, U., Tuovinen, T. & S. Kurppa (1977): Biological control of aphids with *Chrysopa carnea* on parsley and green pepper in the greenhouse. – Annales Entomologici Fennici 43: 97–100.

Tullgren, A. (1909): Aphidologische Studien I. – Arkiv. Zool. 5: 190 S.

Turchin, P. & A.D. Taylor (1992): Complex dynamics in ecological time series. – Ecology 73: 289–305.

Turchin, P. (1990): Rarity of density dependence or population regulation with lags? – Nature 344: 660–663.

Turgeon, R. & S. Wolf (2009): Phloem transport: cellular pathways and molecular trafficking. – Annual Review of Plant Biology 60: 207–221.

Tyler, J.M., Webster, J.A. & Smith, E.L. (1985): Biotype E greenbug resistance in WSMV resistant wheat germplasm lines. – Crop Science 25(4): 686–688.

U

Ueda, N. & H. Takada (1977): Differential relative abundance of green-yellow and red forms of *Myzus persicae* (Sulzer) (Homoptera: Aphididae) according to host plant and seasons. – Applied Entomology and Zoology 12: 124–133.

Uematsu, K., Kutsukake, M. & T. Fukatsu (2018): Water-repellent plant surface structure induced by gall-forming insects for waste management. – Biol. Lett. 14(10): 20180470. doi: 10.1098/rsbl.2018.0470.

Uichanco, L.B. (1924): Studies on the embryology and postnatal development of the Aphididae with special reference to the history of the 'symbiotic organ' or 'mycetome'. – Philippine Journal of Science 24: 143–247.

Ul-Haq, E. (2003): Interaction between Biological Control and Cultural Control of *Metopolophium dirhodum* (Walker) on Wheat. – Pakistan Journal of Biological Sciences 6: 1009–1020. http://dx.doi.org/10.3923/pjbs.2003.1009.1020

Unterman, B.M., Baumann, P. & D.L. McLean (1989): Pea aphid symbiont relationships established by analysis of 16S rRNA. – Journal of Bacteriology 171: 2970–2974.

Urbanska, A. & S. Niraz (1990): The phenol detoxifying enzymes of the grain aphid. – Symposium Biologia Hungarica 39: 545–547.

Uzest, M., Gargani, D., Dombrovsky, A., Cazevieille, C., Cot, D. & S. Blanc (2010): The "Acrostyle": a newly described anatomical structure in aphid stylets. – Arthropod Struct Dev 39: 221–229.

Uzest, M., Gargani, D., Drucker, M., Hébrard, E., Garzo, E., Candresse, T., Fereres, A. & S. Blanc (2007): A protein key to plant virus transmission at the tip of the insect vector stylet. – Proc. Natl. Acad. Sci. USA 104: 17959–17964.

V

Valenzuela, I. & A.A. Hoffmann (2015): Effects of aphid feeding and associated virus injury on grain crops in Australia: Economic loss of grains by aphids. – Austral Entomology 54: 292–305.

van Bel, A.J.E. (2003): The phloem, a miracle of ingenuity. – Plant Cell Environ. 26: 125–149.

van Dam, N.M., Tytgat, T.O.G. & J.A. Kirkegaard (2009): Root and shoot glucosinolates: a comparison of their diversity, function and interactions in natural and managed ecosystems. – Phytochemistry Reviews 8: 171–186.

van den Bosch, R., Frazer, R.D., Davis, C.S., Messenger, P.S. & R. Hom (1970): *Trioxys pallidus*. An effective new walnut aphid parasite from Iran. – California Agriculture 24: 8–10.

van den Bosch, R., Schlinger, E.I., Dietrick, E.J., Hall, J.C. & B. Puttler (1964): Studies on succession, distribution, and phenology of imported parasites of *Therioaphis trifolii* (Monell) in southern California. – Ecology 45: 602–621.

van den Heuvel, J., Verbeek, M. & F. van der Wilk (1994): Endosymbiotic bacteria associated with circulative transmission of potato leafroll virus by *Myzus persicae*. – Journal of General Virology 15: 2559–2565.

van den Heuvel, J.F., Bruyère, A., Hogenhout, S.A., Ziegler-Graff, V., Brault, V., Verbeek, M., van der Wilk, F. & K. Richards (1997): The N-terminal region of the luteovirus readthrough domain determines virus binding to *Buchnera* GroEL and is essential for virus persistence in the aphid. – J. Virol. 71: 7258–7265.

Van Driesche, R.G. & T.S. Bellows (1996): Biological Control. – New York: 539 S.

Van Driesche, R.G., Lyon, S., Sanderson, J.P., Bennett, K.C., Stanek, E.J. III & R. Zhang (2008): Greenhouse trials of *Aphidius colemani* (Hymenoptera: Braconidae) banker plants for control of aphids (Hemiptera: Aphididae) in greenhouse spring floral crops. – Florida Entomologist 91: 583–591.

van Emden, H.F. & R. Harrington (2017): Aphids as crop pests. – 2nd ed. CABI: 1603 S.

van Emden, H.F., Douloumpaka, S., Vamvatsikos, P. & J. Hardie (2015): Does the aphid parasitoid *Aphidius colemani* immunise its eggs against the toxic plant allelochemicals that they are likely to encounter in their aphid host? – Antenna (Special Edition – 10th European Congress of Entomology, York, 3–8 August, 2014): 51–52.

van Emden, H.F. & M.A. Bashford (1971): The performance of *Brevicoryne brassicae* and *Myzus persicae* in relation to plant age and leaf amino acids. – Entomologia experimentalis et applicata 14(3): 349–360.

van Emden, H.F. & C.H. Wearing (1965): The role of the aphid host plant in delaying economic damage levels in crops. – Annals of Applied Biology 56: 323–324.

van Emden, H.F. & K.S. Hagen (1976): Olfactory reactions of the green lacewing, Chrysopa carnea, to tryptophan and certain breakdown products. – Environmental Entomology 5: 469–473.

van Emden, H.F. (2002a): Integrated pest management. – In: Pimentel, D. (ed.): Encyclopedia of Pest Management. New York: 413–415.

van Emden, H.F. (2002b): Mechanisms of resistance: antibiosis, antixenosis, tolerance, nutrition. – In: Pimentel, D. (ed.) Encyclopedia of Pest Management, Boca Raton: 483–485.

van Emden, H.F. & M.W. Service (2004): Pest and Vector Control. – Cambridge: 349 S.

van Emden, H.F. & R. Harrington (2007): Aphids as crop pests. –Wallingford: 717 S.

van Emden, H.F. (1990): Plant diversity and natural enemy efficiency in agroecosystems. – In: Mackauer, M., Ehler, L.E. & J. Roland (eds.): Critical Issues in Biological Control. Andover: 63–80.

van Emden, H.F. (2017): Integrated Pest Management and Introduction to IPM Case Studies. – In: van Emden, H.F. & R. Harrington (eds.): Aphids on Crop pests. 2nd Edition. Wallingford: 545–556.

van Emden, H.F. (ed.) (1972): Aphid Technology. – New York: 344 S.

van Emden, H.F., Eastop, V.F., Hughes, R.D. & M.J. Way (1969): The ecology of *Myzus persicae*. – Annual Review of Entomology 14: 197–270.

van Lenteren, J.C. (1986): Parasitoids in the greenhouse: successes with seasonal inoculative release systems. – In: Waage, J. & D. Greathead (eds.): Insect Parasitoids. – Proceedings of the Royal Entomological Society of London Symposium No 13. London: 341–374.

van Lenteren, J.C. (2003): Commercial availability of biological control agents. – In: van Lenteren, J.C. (ed.): Quality Control and Production of Biological Control Agents: Theory and Testing Procedures. Wallingford: 167–179.

van Lenteren, J.C. (2012): The state of commercial augmentative biological control: plenty of natural enemies, but a frustrating lack of uptake. – BioControl 57: 1–20.

van Lenteren, J.C., Babendreier, D., Bigler, F., Burgio, G., Hokkanen, H.M.T., et al. (2003): Environmental risk assessment of exotic natural enemies used in inundative biological control. – BioControl 48: 3–38.

van Schelt, J. & S. Mulder (2000): Improved methods of testing and release of *Aphidoletes aphidimyza* (Diptera: Cecidomyiidae) for aphid control in glasshouses. – European Journal of Entomology 97: 511–515.

Vantaux, A., Parmentier, T., Billen, J. & T. Wenseleers (2012): Do *Lasius niger* ants push low-quality black bean aphid mutualists? – Anim. Behav. 83: 257–262.

Vantaux, A., Schillewaert, S., Parmentier, T., Van den Ende, W., Billen, J. & T. Wenseleers (2015): The cost of ant attendance and melezotose secretion in the black bean aphid *Aphis fabae*. – Ecol. Entomol. 40: 511–517.

Vantaux, A., Van den Ende, W., Billen, J. & T. Wenseleers (2011): Large interclone differences in melezitose secretion in the facultatively ant-tended black bean aphid *Aphis fabae*. – J. Insect Physiol. 57: 1614–1621.

Varennes, Y.-D., González-Chang, M., Boyer, S. & S.D. Wratten (2016): Nectar feeding increases exploratory behaviour in the aphid parasitoid Diaeretiella rapae (McIntosh). – Journal of Applied Entomology 140: 479–483.

Varley, G.C., Gradwell, G.R. & M.P. Hassell (1973): Insect Population Ecology: An Analytical Approach. – Oxford: 212 S.

Vehrs, S.L.C., Walker, G.P. & M.P. Parrella (1992): Comparison of population growth rate and within-plant distribution between *Aphis gossypii* and *Myzus persicae* (Homoptera: Aphididae) reared on potted chrysanthemums. – Journal of Economic Entomology 85: 799–807.

Vernon, J.D.R. (1957): *Mimeuria ulmiphila* Del Gu. on raspberry roots. – Pl. Path. 6: 15.

Verbeek, M. & J.F.J.M. van den Heuvel (1994): Localisation of symbionin, a protein abundantly produced by the primary endosymbiont of *Myzus persicae*. – Proceedings of Experimental and Applied Entomology 5: 91–92.

Vereshchagina, A.B. (1980): Dynamics of proteolytic enzyme activity in the intestines of the grape phylloxera *Viteus vitifolii* and bean aphid *Aphis fabae* and peach aphid *Myzus persice* in the course of a day. (in Russisch) – Izvestiya Akademii Nauk Moldavskoi SSR, Seriya Biologicheskikh i Khimicheskikh Nauk 4: 41–47.

Verheggen, F.J., Arnaud, L., Bartram, S., Gohy, M. & E. Haubruge (2008): Aphid and plant volatiles induce oviposition in an aphidophagous hoverfly. – Journal of Chemical Ecology 34: 301–307.

Verheggen, F.J., Fagel, Q., Heuskin, S., Lognay, G., Francis, F. & E. Haubruge (2007): Electrophysiological and behavioral responses of the multicolored Asian lady beetle, *Harmonia axyridis* Pallas, to sesquiterpene semiochemicals. – Journal of Chemical Ecology 33: 2148–2155.

Verheggen, F.J., Haubruge, E. & M.C. Mescher (2010): Alarm pheromones-chemical signaling in response to danger. – Vitamins and Hormones: Pheromones 83: 215–239.

Verheggen, F.J., Haubruge, E., De Moraes, C.M. & M.C. Mescher (2009): Social environment influences aphid production of alarm pheromone. – Behav Ecol 20: 283–288.

Vet, L.E.M. & M. Dicke (1992): Ecology of infochemical use by natural enemies in a tritrophic context. – Annual Review of Entomology 37: 141–172.

Via, S. (1991): The genetic Structure of host plant adaptation in a spatial patchwork: Demographie variability among reciprocally transplanted pea aphid clones. – Evolution 45: 827–852.

Vidal, S. (1997): Factors influencing the population dynamics of *Brevicoryne brassicae* in undersown Brussels sprouts. – Biological Agriculture and Horticulture 15: 285–295.

Vilcinskas, A. (2016): Biology and Ecology of Aphids. – Boca Raton: 282 S. doi.org/10.1201/b19967.

Villareal, R., Toro, E., Rajaram, S. & Mujeeb-Kazi, A. (1996): The effect of chromosome 1AL/1RS translocation on agronomic performance of 85 F2-derived F6 lines from three *Triticum aestivum* L. crosses. – Euphytica 89(3): 363–369.

Visser, J.H. & J.W. Taanman (1987): Odour-conditioned anemotaxis of apterous aphids (*Cryptomyzus korschelti*) in response to host plants. – Physiological Entomology 12: 473–479.

Vitale, D.G.M. & R. Viscuso (2015): Ultrastructural organization of the genital tracts in amphigonic females of *Euceraphis betulae* Koch (Aphididae: Calaphidinae). – Acta Zoologica (Stockholm) 96(1): 82–90. doi 10.1111/azo.12053.

Vitale, D.G.M., Brundo, M.V. & R. Viscuso (2011): Morphological and ultrastructural organization of the male genital apparatus of some Aphididae (Insecta, Homoptera). – Tissue and Cell 43(5): 271–282. doi 10.1016/j.tice.2011.05.002.

Vitale, D.G.M., Brundo, M.V., Sottile, L., Viscuso, R. & S. Barbagallo (2009): Morphological and ultrastructural investigations of the male reproductive system in aphids: observations on *Tuberculatus* (*Tuberculoides*) *eggleri* Börner (Hemiptera Aphidoidea). – Redia 92: 195–197.

Voegtlin, D.J. & S.E. Halbert (1990): Life cycle and hosts of *Rhopalosiphum cerasifoliae* (Homoptera: Aphididae). – Ann. Ent. Soc. Am. 83(1): 43–45.

Völk, J. (1951): Beobachtungen über das Auftreten virusübertragender Blattläuse an Kartoffelpflanzen in Abhängigkeit von der Düngung. – Mitteilungen aus der Biologischen Zentralanstalt für Land- und Forstwirtschaft 70: 69–72.

Völk, J. (1953): Bericht über die in den Jahren 1950 und 1951 gemeinsam mit den Pflanzenschutzämtern in Nordwestdeutschland durchgeführten Blattlauszählungen. – Mitteilungen aus der Biologischen Zentralanstalt für Land- und Forstwirtschaft 76: 32 S.

Völk, J. & O. Bode (1954). Weitere Untersuchungen zur Frage eines Zusammenhanges zwischen Düngung, Blattlausbesatz und Krankheitsausbreitung in Kartoffelbeständen. – Zeitschrift für Pflanzenkrankheiten (Pflanzenpathologie) und Pflanzenschutz 62(2): 49–70.

Völkl, W. & M. Mackauer (1990): Age-specific pattern of host discrimination by the aphid parasitoid *Ephedrus californicus* Baker (Hymenoptera: Aphidiidae). – Canadian Entomologist 122: 349–361.

Völkl, W. (1989): Resource partitioning in a guild of aphids species associated with creeping thistle *Cirsium arvense*. – Entomologia Experimentalis et Applicata 51: 41–47.

Völkl, W. (1994): Searching at different spatial scales: the foraging behaviour of the aphid parasitoid *Aphidius rosae* in rose bushes. – Oecologia 100: 177–183.

Völkl, W. (1997): Interactions between ants and aphid parasitoids: patterns and consequences for resource utilization. – Ecological Studies 130: 225–240.

Völkl, W. (2000): Foraging behaviour and sequential multisensory orientation in the aphid parasitoid, *Pauesia picta* (Hymenoptera, Aphidiidae) at different spatial scales. – Journal of Applied Entomology 124: 307–314.

Völkl, W., Woodring, J., Fischer, M., Lorenz, M.W. & K.H. Hoffmann (1999): Ant-aphid mutualisms: the impact of honeydew production and honeydew sugar composition on ant preferences. – Oecologia 118: 483–491.

von Burg, S., Ferrari, J., Mueller, C.B. & C. Vorburger (2008): Genetic variation and covariation of susceptibility to parasitoids in the aphid *Myzus persicae*: no evidence for trade-offs. – Proceedings of the Royal Society of London Series B: Biological Sciences 275: 1089–1094.

von Dohlen, C.D. & D.A.J. Teulon (2003): Phylogeny and historical biogeography of New Zealand indigenous aphidini aphids (Hemiptera, Aphididae): An hypothesis. – Annals of the Entomological Society of America 96: 107–116.

von Dohlen, C.D. & N.A. Moran (1995): Molecular phylogeny of the Homoptera – a paraphyletic taxon. – J. Mol. Evol. 41: 211–223.

von Dohlen, C.D. & N.A. Moran (2000): Molecular data support a rapid radiation of aphids in the Cretaceous and multiple origins of host alternation. – Biological Journal of the Linnean Society 71, 689–717.

von Gabriel, C.D. (1965): Neurosecretion bei Aphiden. – Wissenschaftliche Zeitschrift der Universität Rostock 14: 619–631.

Vorburger, C. & A. Gouskov (2011): Only helpful when required: a longevity cost of harbouring defensive symbionts. – Journal of Evolutionary Biology 24: 1611–1617.

Vorburger, C., Ganesanandamoorthy, P. & M. Kwiatkowski (2013): Comparing constitutive and induced costs of symbiont-conferred resistance to parasitoids in aphids. – Ecology and Evolution 3: 706–713.

Vorburger, C., Gehrer, L. & P. Rodriguez (2010): A strain of the bacterial symbiont *Regiella insecticola* protects aphids against parasitoids. – Biology Letters 6: 109–111.

Vorburger, C., Sandrock, C., Gouskov, A., Castañeda, L.E. & J. Ferrari (2009): Genotypic variation and the role of defensive endosymbionts in an all-parthenogenic host-parasitoid interaction. – Evolution 63: 1439–1450.

Voss, T.S., Kieckhefer, R.W., Fuller, B.W., McLeod, M.J. & D.A. Beck (1997): Yield losses in maturing spring wheat caused by cereal aphids (Homoptera: Aphididae) under laboratory conditions. – Journal of Economic Entomology 90(5): 1346–1350.

Vosteen, I., Weisser, W.W. & G. Kunert (2016): Is there any evidence that aphid alarm pheromones work as prey and host finding kairomones for natural enemies? – Ecological Entomology 41: 1–12.

W

Wachendorff, U. & G. Zoebelein (1988): Diagnosis of insecticide resistance in *Phorodon humuli* (Homoptera: Aphidiae). – Entomologia Generalis 13: 145–155.

Wäckers, F.L (2000): Do oligosaccharides reduce the suitability of honeydew for predators and parasitoids? A further facet to the function of insect-synthesized honeydew sugars. – Oikos 90: 197–201.

Wäckers, F.L (2005): Suitability of (extra-) floral nectar, pollen, and honeydew as insect food sources. – In: Wäckers, F.L., van Rijn, P.C.J. & J. Bruin (eds.): Plant-Provided Food for Carnivorous Insects: A Protective Mutualism and its Applications. Cambridge: 17–74.

Wäckers, F.L., van Rijn, P.C.J. & G.E. Heimpel (2008): Honeydew as a food source for natural enemies: making the best of a bad meal? – Biol. Contr. 45: 172–175.

Wadhams, L.J. (1990): The use of coupled gas chromatography: electrophysiological techniques in the identification of insect pheromones. – In: McCaffery, A.R. & I.D. Wilson (eds.): Chromatography and Isolation of Insect Hormones and Pheromones. New York/London: Plenum See Ref. 90a: 289–298.

Wakita, T., Yasui, N., Yamada, E. & D. Kishi (2005): Development of a novel insecticide, dinoteфuran. – Journal of Pesticide Science 30: 122–123.

WALKER, F. (1848a): Descriptions of Aphides. – Ann. et Mag. Nat. Hist. 1: 249–260, 328–345, 443–454, 2: 43–48, 95–109, 190–203, 421–431; (1849): 3: 43–53, 295–304, 4: 41–48, 195–202; (1850): 5: 14–28, 269–281, 388–395, 6: 41–48, 118–122.

WALKER, F. (1848b): Remarks on the migration of Aphides. – Annals and Magazine of Natural History 1: 372–373.

WALKER, G.P. & K.J. MEDINA-ORTEGA (2012): Penetration of faba bean sieve elements by pea aphid does not trigger forisome dispersal. – Entomologia Experimentalis et Applicata 144: 326–335.

WALL, R.E. (1933): A study of color and color-variation in *Aphis gossypii* Glover. – Annals of Entomological Society of America 26: 425–463.

WALLING, L.L. (2000): The myriad plant responses to herbivores. – J. Plant Growth Regul. 19: 195–216.

WALTERS, F.S. & C.A. MULLIN (1988): Sucrose dependent increase in oligosaccharide production and associated glycosidase activities in the potato aphid *Macrosiphum euphorbiae* (Thomas). – Archives of Insect Biochemistry and Physiology 9: 35–46.

WALTERS, K.F.A. & A.F.G. DIXON (1984): The effect of temperature and wind on the flight activity of cereal aphids. – Annals of Applied Biology 104: 17–26.

WALTERS, K.F.A., DIXON, A.F.G. & G. EAGLES (1984): Non-feeding by adult gynoparae of *Rhopalosiphum padi* and its bearing on the limiting resource in the production of sexual females in host alternating aphids. – Entomologia experimentalis et applicata 36: 9–12.

WANG, C., FAN, M., LI, Z. & BUTT (2004): Molecular monitoring and evaluation of the application of the insect-pathogenic fungus *Beauveria bassiana* in southeast China. – Journal of Applied Microbiology 96: 861–870.

WANG, J., SINGH, R.P., BRAUN, H.-J. & PFEIFFER, W.H. (2009): Investigating the efficiency of the single backcrossing breeding strategy through computer simulation. – Theoretical and Applied Genetics 118(4): 683–694.

WANG, P., SU, J., OUYANG, F. & F. GE (2015): Orientation behavior of *Propylaea japonica* toward visual and olfactory cues from its prey-host plant combination. – Entomologia Experimentalis et Applicata 155: 162–166.

WANG, Q., ZHOU, J.-J., LIU, J.-T., HUANG, G.-Z., XU, W.-Y., ZHANG, Q., CHEN, J.-L., ZHANG, Y.-J., LI, X.-C. & S.-H. GU (2019): Integrative transcriptomic and genomic analysis of odorant binding proteins and chemosensory proteins in aphids. – Insect Molecular Biology 28(1):1–22. doi: 10.1111/imb.12513.

WARD, S.A. (1987a): Cyclical parthenogenesis and the evolution of host range in aphids. – In: HOLMAN, J., PELIKAN, J., DIXON, A.F.G. & L. WEISMAN (eds.): Population Structure, Genetics and Taxonomy of Aphids and Thysanoptera, The Hague: 39–44.

WARD, S.A. & P.W. WELLINGS (1994): Deadlines and delays as factors in aphid sex allocation. – European Journal of Entomology 91: 29–36.

WARD, S.A. (1987b): Optimal habitat selection in time-limited dispersers. – American Naturalist 129: 568–579.

WARD, S.A. (1991a): Reproduction and host selection by aphids: the importance of 'rendezvous' hosts. – In: BAILEY, W. & J. RIDSILL-SMITH (eds.): Reproductive Behaviour in Insects, London: 202–226.

WARD, S.A. (1991b): Theoretical perspectives on sympatric speciation in aphids (Homoptera: Aphidinea: Aphididae). – Entomologia Generalis, 16: 177–192.

WARD, S.A., LEATHER, S.R. & A.F.G. DIXON (1984): Temperature prediction and the timing of sex in aphids. – Oecologia (Berlin) 62: 230–233.

WARD, S.A., LEATHER, S.R., PICKUP, J. & R. HARRINGTON (1998): Mortality during dispersal and the cost of host-specificity in parasites: how many aphids find hosts? – Journal of Animal Ecology 67: 763–773.

WATANABE, H., KATAYAMA, N., YANO, E., SUGIYAMA, R., NISHIKAWA, S., ENDOU, T., WATANABE, K., TAKABAYASHI, J. & R. OZAWA (2014): Effects of aphid honeydew sugars on the longevity and fecundity of the aphidophagous gall midge *Aphidoletes aphidimyza*. – Biol. Contr. 78: 55–60.

WATANABE, S. & A. BRESSAN (2013): Tropism, compartmentalization and retention of *Banana bunchy top virus* (Nanoviridae) in the aphid vector *Pentalonia nigronervosa*. – J. Gen. Virol. 94: 209–219.

WATANABE, S., GREENWELL, A.M. & A. BRESSAN (2013): Localization, concentration, and transmission efficiency of Banana bunchy top virus in four asexual lineages of *Pentalonia* aphids. – Viruses 5: 758–776.

WATASE, A. (1961a): Studies on the visual organs of the aphids. Part I. On the structure and development of the compound eye. (jap., engl. summary). – Journal of Agriculture Sciences, Tokyo Agricultural University 6: 398–410, Pl. 4–6.

WATASE, A. (1961b): Studies on the visual organs of the aphids. Part II. On the outer structure of the compound eyes of hatching larvae. (jap., engl. summary). – Japanese Journal of Applied Entomology and Zoology 5: 230–234, Pl. 1–2.

WATASE, A. (1962): Studies on the visual organs of the aphids. Part III. On the morphology of the compound eye of *Lachnus tropicalis* Van der Goot. (jap., engl. summary). – Journal of Agricultural Sciences, Tokyo Agricultural University 7: 123–130.

WATERHOUSE, D.F. & D.P.A. SANDS (2001): Classical biological control of arthropods in Australia. – ACIAR Monograph 77: 560 S.

WATSON, M.A. & F.M. ROBERTS (1939): A comparative study of the transmission of *Hyocyamus* virus 3, potato virus Y and cucumber virus by the vector *Myzus persicae* (Sulz), *M. circumflexus* (Buckton) and *Macrosiphum gei* (Koch). – Proc. R. Soc. B 127: 543–576.

Watson, M.A., Heathcote, G.D., Lauckner, F.B. & P.A. Sowray (1975): The use of weather data and counts of aphids in the field to predict the incidence of yellowing viruses of sugar-beet crops in England in relation to the use of insecticides. – Annals of Applied Biology 81: 181–198.

Watson, S.J. (1983): Effects of weather on the numbers of cereal aphids. – PhD Thesis, University of East Anglia.

Watt, A. (1979): The effect of cereal growth stages on the reproductive activity of *Sitobion avenae* and *Metopolophium dirhodum*. – Annals of Applied Biology 91(2): 147–157.

Watt, A.D. & Wratten, S.D. (1984): The effects of growth stage in wheat on yield reductions caused by the rose-grain aphid *Metopolophium dirhodum*. – Annals of Applied Biology 104(2): 393–397.

Way, M.J (1963): Mutualism between ants and honeydew-producing Homoptera. – Annu. Rev. Entomol. 8: 307–344.

Way, M.J. & C.J. Banks (1967): Intraspecific mechanisms in relation to the natural regulation of numbers of *Aphis fabae* Scop. – Annals of Applied Biology 59: 189–205.

Way, M.J. & C.J. Banks (1968): Population studies on the active stages of the black bean aphid, *Aphis fabae* Scop., on its winter host *Euonymus europaeus* L. – Annals of Applied Biology 62: 177–197.

Way, M.J. & G.D. Heathcote (1966): Interactions of crop density of field beans, abundance of *Aphis fabae* Scop., virus incidence and aphid control by chemicals. – Annals of Applied Biology 57: 409–423.

Way, M.J., & M.E. Cammell (1982). The distribution and abundance of the spindle tree, *Euonymus europaeus*, in southern England with particular reference to forecasting infestations of the black bean aphid, *Aphis fabae*. – Journal of Applied Ecology 19(3): 929–940.

Way, M.J., Cammell, M.E., Taylor, L.R. & I.P. Woiwood (1981): The use of egg counts and suction trap samples to forecast the infestation of spring-sown field beans, *Vicia faba*, by the black bean aphid, *Aphis fabae*. – Annals of Applied Biology 98: 21–34.

Webb, S.E. & S.B. Linda (1992): Evaluation of spunbonded polyethylene row covers as a method of excluding insects and viruses affecting fall-grown squash in Florida. – Journal of Economic Entomology 85: 2344–2352.

Weber, H. (1928): Skelett, Muskulatur und Darm der schwarzen Blattlaus *Aphis fabae* Scop. – Zoologica (Stuttgart) 76: 1–120, Pl. 1–12.

Weber H. (1930): Biologie der Hemipteren: Eine Naturgeschichte der Schnabelkerfe. – In: Schoenichen, W. (ed.): Biologische Studienbücher, 11. Berlin, Heidelberg: 543 S.

Weber, D.C. & J.G. Lundgren (2009): Assessing the trophic ecology of the Coccinellidae: their roles as predators and as prey. – Biological Control 51(2): 199–214.

Weber, G. (1985): On the ecological genetics of *Metopolophium dirhodum* (Walker) (Hemiptera, Aphididae). – Zeitschrift für Angewandte Entomologie 100 (1–5): 451–458.

Weber, K.A. & R.O. Hampton (1980): Transmission of two purified carlaviruses by the pea aphid. – Phypathology 70: 631–633.

Weber, S. (2013): Waldameisen – Lachniden – Trophobiose und Qualität des Honigtaus von Fichtenrindenläusen (Sternorrhyncha, Lachnidae) – Dissertation, Technische Universität München: 273 S.

Webster, J. & Inayatullah, C. (1988): Assessment of Experimental Designs for Green bug (Homoptera: Aphididae) Antixenosis Tests. – Journal of Economic Entomology 81(4): 1246–1250.

Webster, J. & Kenkel, P. (1999): Benefits of Managing Small-Grain Pests with Plant Resistance. – In: Wiseman, B.R., et al. (eds.): Economic, environmental, and social benefits of resistance in field crops. Entomol. Soc. Am.: 87–114.

Webster, J., Inayatullah, C., Hamissou, M. & Mirkes, K. (1994): Leaf pubescence effects in wheat on yellow sugarcane aphids and greenbugs (Homoptera: Aphididae). – Journal of Economic Entomology 87(1): 231–240.

Webster, J.A. & Porter, D.R. (2000): Plant resistance components of two greenbug (Homoptera : Aphididae) resistant wheats. – Journal of Economic Entomology 93(3): 1000–1004.

Wedell, N., Gage, M.J.G. & G.A. Parker (2002): Sperm competition, male prudence and sperm-limited females. – Trends Ecol. Evol. 17: 313–320.

Weed, A. (1927): Metamorphosis and reproduction in apterous forms of *Myzus persicae* Sulzer as influenced by temperature and humidity. – Journal of Economic Entomology 20: 150–157.

Weed, C.L (1896): The hibernation of aphides. – Psyche 7: 351–362.

Wei, C., Huang, S.N., Fan, X.L., Sun, X.P., Wang, W.L., Liu, Z.W. & G.O. Chen (1988): A study on the resistance of grain aphid, *Sitobion avenae* Fab. to pesticides. – Acta Entomologica Sinica 31: 148–156.

Weiland, A.A., Peairs, F.B., Ranpolph, T.L., Rudolph, J.B., Haley, S.D. & Puterka, G.J. (2008): Biotypic diversity in Colorado Russian wheat aphid (Hemiptera: Aphididae) populations. – Journal of Economic Entomology 101(2): 569–574.

Weisser, W.W. (1995): Within-patch foraging behaviour of the aphid parasitoid *Aphidius funebris*: plant architecture, host behaviour, and individual variation. – Entomologia Experimentalis et Applicata 76: 133–141.

Weisser, W.W., Völkl, W. & M.P. Hassell (1997): The importance of adverse weather conditions for behaviour and population ecology of an aphid parasitoid. – Journal of Animal Ecology 66: 386–400.

Weldon, S., Strand, M. & K. Oliver (2013): Phage loss and the breakdown of a defensive symbiosis in aphids. – Proceedings of the Royal Society of London Series B: Biological Sciences 280: https://doi.org/10.1098/rspb.2012.2103

Wellings, P.W. & A.F.G. Dixon (1987): Sycamore aphid numbers and population density. III. The role of aphid-induced changes in plant quality. – Journal of Animal Ecology 56: 161–170.

Wellings, P.W. (1981): The effect of temperature on the growth and reproduction of two closely related aphid species on sycamore. – Ecological Entomology 6: 209–214.

Wellings, P.W., Leather, S.R. & A.F.G. Dixon (1980): Seasonal variation in reproductive potential: a programmed feature of aphid life cycles. – Journal of Animal Ecology 49: 975–985.

Wells, P.M., Baverstock, J., Majerus, M.E.N., Jiggins, F.M., Roy, H.E. & J.K. Pell (2011): The effect of the coccinellid *Harmonia axyridis* (Coleoptera: Coccinellidae) on transmission of the fungal pathogen *Pandora neoaphidis* (Entomophthorales: Entomophthoraceae). – European Journal of Entomology 108: 87–90.

Wellso, S.G. (1973): Cereal leaf beetle: larval feeding, orientation, development, and survival on four small-grain cultivars in the laboratory. – Annals of the Entomological Society of America 66(6): 1201–1208.

Wellso, S.G. (1979): Cereal leaf beetle: Interaction with and ovipositional adaptation to a resistant wheat. – Environmental Entomology 8(3): 454–457.

Weng, Y. & Lazar, M. (2002): Amplified fragment length polymorphism and simple sequence repeat based molecular tagging and mapping of greenbug resistance gene Gb3 in wheat. – Plant Breeding 121(3): 218–223.

Weng, Y., Li, W., Devkota, R.N. & Rudd, J.C. (2005): Microsatellite markers associated with two *Aegilops tauschii*-derived greenbug resistance loci in wheat. – Theoretical and Applied Genetics 110(3): 462–469.

Weng, Y., Perumal, A., Burd, J.D. & Rudd, J.C. (2010): Biotypic Diversity in Greenbug (Hemiptera: Aphididae): Microsatellite-Based Regional Divergence and Host-Adapted Differentiation. – Journal of Economic Entomology 103(4): 1454–1463.

Wenks, P. (1981): Bionomics of adult blackflies. – In: Laird, M. (ed.): Blackflies: The Future for Biological Methods in Integrated Control. New York: 259–276.

Wensler, R.J.D. (1962): Mode of host selection by an aphid. – Nature 195: 830–831.

Wensler, R.J.D. (1974): Sensory innervation monitoring movement and position in the mandibular stylets of the aphid, *Brevicoryne brassicae*. – Journal of Morphology 143: 349–364.

Werker, A.R., Dewar, A.M. & R. Harrington (1998): Analysis of virus yellows incidence in sugar beet in relation to migrations of the vector, *Myzus persicae*. – Journal of Applied Ecology 35: 811–818.

Wheeler, A.G. & E.R. Hoebeke (1995): *Coccinella novemnotata* in northeastern North America: historical occurrence and current status (Coleoptera: Coccinellidae). – Proceedings of the Entomological Society of Washington 97: 701–716.

Wheeler, D.A. & M.B. Isman (2001): Antifeedant and toxic activity of *Trichilia americana* extract against the larvae of *Spodoptera litura*. – Entomologia Experimentalis et Applicata 98: 9–16.

Whitaker, M.R.L., Katayama, N. & T. Ohgushi (2014): Plant-rhizoba interactions alter aphid honeydew composition. – Arthropod Plant Interact. 8: 213–220.

White, A.J., Wratten, S.D., Berry, N.A. & U. Weigmann (1995): Habitat manipulation to enhance biological control of Brassica pests by hover flies (Diptera: Syrphidae). – Journal of Economic Entomology 88: 1171–1176.

White, D. & M. Carver (1971): Adhesive vesicles in some species of *Neophyllaphis* Takahashi, 1920 (Homoptera: Aphididae). – Journal of the Australian Entomological Society 10: 281–284.

Whitehead, L.F., Wilkinson, T.L. & A.E. Douglas (1992): Nitrogen recycling in the pea aphid (*Acythosiphon pisum*) symbiosis. – Proceedings of the Royal Society of London B, 250: 115–117.

Whitham, T.G. (1978): Habitat selection by *Pemphigus* aphids in response to resource limitation and competition. – Ecology 59: 1164–1176.

Whitham, T.G. (1979): Territorial defense in a gall aphid. – Nature 279 (5711): 324–325.

Whitham, T.G. (1983): Host manipulation of parasites: within plant variation as a defense against rapidly evolving pests. – In: Denno, R.F. & M.S. McClure (eds.): Variable Plants and Herbivores in Natural and Managed Systems. New York: 15–41.

Whittaker, J.B. (1999): Impacts and responses at population level of herbivorous insects to elevated CO_2. – European Journal of Entomology 96: 149–156.

Wieczorek K. & D. Chłond (2019): The first detection of the alien species: green-peach aphid *Myzus* (*Nectarosiphon*) *persicae* (Insecta, Hemiptera, Aphididae) in the Svalbard archipelago. – Polar Biology 42(10):1947–1951 doi 10.1007/s00300–019–02562–9.

Wieczorek, K. & P. Świątek (2008): Morphology and ultrastructure of the male reproductive system of the woolly beech aphid *Phyllaphis fagi* (Hemiptera: Aphididae: Phyllaphidinae). – European Journal of Entomology 105(4): 707–712. doi 10.14411/eje.2008.096.

Wieczorek, K. & P. Świątek (2009): Comparative study of the structure of the reproductive system of dwarfish males of *Glyphina betulae* (Linnaeus, 1758) and *Anoecia* (*Anoecia*) *corni* (Fabricius, 1775) (Hemiptera, Aphididae). – Zoologischer Anzeiger – A Journal of Comparative Zoology 248(3): 153–159. doi 10.1016/j.jcz.2009.04.001.

Wieczorek, K. & W. Wojciechowski (2004): The systematic position of Chaitophorinae (Hemiptera, Aphidoidea) in the light of anatomy research. – Insect Systematics & Evolution 35(3): 317–327. doi 10.1163/187631204788920158.

Wieczorek, K. & W. Wojciechowski (2005): Developmental trends of Aphididae (Hemiptera, Aphidoidea) in the light of anatomy research. – Aphids and Other Homopterous Insects 11: 197–211.

Wieczorek, K. (2006): Anatomical investigations of the male reproductive system of five species of Calaphidinae (Hemiptera, Aphidoidea). – Insect Systematics & Evolution 37(4): 457–465. doi 10.1163/187631206788831434.

Wieczorek, K. (2008a): Structure of the male reproductive system of *Anoecia* (*Anoecia*) *corni* Fabricius, 1775 (Hemiptera, Aphidoidea), a representative of the family Anoeciidae. – Acta Zoologica (Stockholm) 89(2): 163–167. doi 10.1111/j.1463–6395.2007.00305.x.

Wieczorek, K. (2008b): Anatomical investigations of the male reproductive system of selected species of Macrosiphini. – Bulletin of Insectology 61(1): 179.

Wieczorek, K. (2010): A monograph of Siphini Mordvilko, 1928 (Hemiptera, Aphidoidea: Chaitophorinae). – Wydawnictwo Uniwersytetu Śląskiego, Katowice: 297 S.

Wieczorek, K., Chłond, D., Junkiert, Ł. & P. Świątek (2020): Structure of the reproductive system of the sexual generation of the endemic Arctic species *Acyrthosiphon svalbardicum* and its temperate counterpart *Acyrthosiphon pisum* (Hemiptera, Aphididae). – Biology of Reproduction 103(5): 1043–1053. doi.org/10.1093/biolre/ioaa147.

Wieczorek, K., Kanturski, M., Sempruch, C. & P. Świątek (2019): The reproductive system of the male and oviparous female of a model organism – the pea aphid, *Acyrthosiphon pisum* (Hemiptera, Aphididae). – PeerJ 7:e7573. doi 10.7717/peerj.7573.

Wieczorek, K., Lachowska-Cierlik, D., Kajtoch, Ł. & M. Kanturski (2017): The relationships within the Chaitophorinae and Drepanosiphinae (Hemiptera, Aphididae) inferred from molecular-based phylogeny and comprehensive morphological data. – PLoS ONE 12(3): e0173608.

Wieczorek, K., Płachno, B. & P. Świątek (2011): Comparative morphology of the male genitalia of Aphididae (Insecta, Hemiptera): part 1. – Zoomorphology 130 (4): 289–303. doi: 10.1007/s00435–011–0134–z.

Wieczorek, K., Płachno, B. & P. Świątek (2012): Comparative morphology of the male genitalia of Aphididae (Insecta, Hemiptera): part 2. – Zoomorphology 131 (4): 303–324. doi: 10.1007/s00435–012–0163–2.

Wigger, E.-A. (1990): Zur Virussituation niedersächsischer Pflanzkartoffeln. – Kartoffelbau 5: 172–176.

Wiktelius, S. (1981): Diurnal flight periodicities and temperature thresholds for flight for different migrant forms of *Rhopalosiphum padi* L. (Hom., Aphididae). – Zeitschrift für Angewandte Entomologie 92: 449–457.

Wiktelius, S. (1987): The role of grassland in the yearly life-cycle of *Rhopalosiphum padi* (Homoptera: Aphididae) in Sweden. – Annals of Applied Biology 110: 9–15.

Wilbert, H. (1967): Mechanische und physiologische Abwehrreaktionen einiger Blattlausarten (Aphididae) gegen Schlupfwespen (Hymenoptera). – Biocontrol 12: 127–137.

Wilcove, D.S., Rothstein, D., Dubow, J., Phillips, A. & E. Losos (1998): Quantifying threats to imperilled species in the United States. – BioScience 48: 607–615.

Wilding, N., Mardell, S.K., Brobyn, P.J., Wratten, S.D. & J. Lomas (1990): The effect of introducing the aphidpathogenic fungus *Erynia neoaphidis* into populations of cereal aphids. – Annals of Applied Biology 117: 683–691.

Wilke, G. (1926): Wichtige Krankheiten und Schädigungen. C) Insekten. – In: Werth, E. (ed.): Krankheiten und Beschädigungen der Kulturpflanzen in den Jahren 1922–1924. Berlin: 30–40.

Wilkinson, T.L., Ashford, D.A., Pritchard, J. & A.E. Douglas (1997): Honeydew sugars and osmoregulation in the pea aphid *Acyrthosiphon pisum*. – J. Exp. Biol. 200: 2137–2143.

Will, T. & A. Vilcinskas (2013): Aphid-Proof Plants: Biotechnology-Based Ansätze for Aphid Control. – Adv Biochem Eng Biotechnol 136: 179–203. doi: 10.1007/10_2013_211.

Will, T. & A. Vilcinskas (2015): The structural sheath protein of aphids is required for phloem feeding. – Insect Biochem. Mol. Biol. 57: 34–40.

Will, T. & A.J.E. Van Bel (2006): Physical and chemical interactions between aphids and plants. – J. Exp. Bot. 57: 729–737.

Will, T., Hewer, A. & A.J.E. van Bel (2008): A novel perfusion system shows that aphid feeding behaviour is altered by decrease of sieve-tube pressure. – Entomol. Exp. Appl. 127: 237–245.

Will, T., Kornemann, S.R., Furch, A.C.U., Tjallingii, W.F. & A.J.E. van Bel (2009): Aphid watery saliva counteracts sieve-tube occlusion: a universal phenomenon? – J. Exp. Biol. 212: 3305–3312.

Will, T., Steckbauer, K., Hardt, M. & A.J.E. van Bel (2012): Aphid gel saliva: sheath structure, protein composition and secretors dependence on stylet–tip milieu. – PLoS ONE 7(10): e46903. doi:10.1371/journal.pone.0046903.

Will, T., Tjallingii, W.F., Thonnessen, A. & A.J.E. van Bel (2007): Molecular sabotage of plant defense by aphid saliva. – Proceedings of the National Academy of Sciences of the United States of America 104: 10536–10541.

Wille, H. (1962): Le probleme des miellats de foret. – J. Suisse apic., 59: 13–17, 40–48, 72–80, 100–104, 139–144.

Williams, C.T. (1995): Effects of plant age, leaf age and virus yellows infection on the population dynamics of *Myzus persicae* (Homoptera: Aphididae) on sugarbeet in field plots. – Bulletin of Entomological Research 85(4): 557–567.

Williams, G.C. (1975): Sex and Evolution. Princeton: 210 S.

Williams, R.S., Lincoln, D.E. & R.J. Norby (2003): Development of gypsy moth larvae feeding on red maple saplings at elevated CO2 and temperature. – Oecologia 137: 114–122.

Wilson, A.C.C., Sunnucks, P. & D.F. Hales (1999): Microevolution, low clonal diversity and genetic affinities of parthenogenetic Sitobion aphids in New Zealand. Molecular Ecology 8: 1655–1666.

Wilson, H.F. & M.A. Vickery (1918): A species list of the Aphididae of the world and their recorded food plants. – Trans. Wis. Acad. Sci. Arts Lett.19: 22–355.

Wink, M. & L. Witte (1991): Storage of quinolizidine alcaloids in *Macrosiphum albifrons* and *Aphis genistae* (Homoptera, Aphididae). – Entomol. Gen. 15: 237–254.

Winter, H., Lohaus, G. & H.W. Heldt (1992): Phloem transport of amino acids in relation to their cytosolic levels in barley leaves. – Plant Physiology 99: 996–1004.

Wiseman, B.R. (1994): Plant resistance to insects in integrated pest management. – Plant Disease 78: 927–932.

Wiseman, B.R. (1999): Successes in plant resistance to insects. – In: Wiseman, B.R. & J.A. Webster (eds.): Economic, Environmental, and Social Benefits of Resistance in Field Crops. Thomas Say Publications in Entomology, Entomological Society of America, Lanham: 3–16.

Witlaczil E. (1982): Zur Anatomie der Aphiden. – Arbeiten aus den Zoologischen Instituten der Universität Wien 4: 397–441, pls. 31–33.

Witlaczil E. (1984): Entwicklungsgeschichte der Aphiden. – Zeitschrift für Wissenschaftliche Zoologie 40: 559–696.

Woiwood, I.P. & I. Hanski (1992): Patterns of density dependence in moths and aphids. – Journal of Animal Ecology 61: 619–629.

Wojciechowski, W. (1977): Procesy oligomeryzacji w budowie męskiego układu rozrodczego miodownic (Homoptera, Lachnidae). – Prace Naukowe UŚl (Katowice) 3: 140–164.

Wojciechowski, W. (1992): Studies on the Systematic System of Aphids (Homoptera, Aphidinea). – Katowice: Uniwersytet Slaski: 75 S.

Woodford, J.A.T. (1992): Effects of systematic applications of imidacloprid on the feeding behaviour and survival of *Myzus persicae* on potatoes and on transmission of potato leafroll virus. – Pflanzenschutz-Nachrichten Bayer 45: 527–546.

Woodring, J., Wiedemann, R., Fischer, M.K., Hoffmann, K.H. & W. Völkl (2004): Honeydew amino acids in relation to sugars and their role in the establishment of ant-attendance hierarchy in eight species of aphids feeding on tansy (*Tanacetum vulgare*). – Physiol. Entomol. 29: 311–319.

Woodring, J., Wiedemann, R., Völkl, W. & K.H. Hoffmann (2007): Oligosaccharide synthesis regulates gut osmolality in the ant-attended aphid *Metopeurum fuscoviride* but not in the unattended aphid *Macrosiphoniella tanacetaria*. – J. Appl. Entomol. 131: 1–7.

Wool, D. (1977): Genetic and environmental components of morphological variation in gall-forming aphids (Homoptera, Aphididae, Fordinae) in relation to climate. – Journal of Animal Ecology, 46: 875–889.

Wool, D. (2005): Gall-inducing aphids: biology, ecology, and evolution. – In: Raman, A., Schaefer, C.W. & T.M. Withers (eds.): Biology, ecology, and evolution of gall-inducing arthropods. Enfield: 73–132.

Wool, D., Hendrix, D.L. & O. Shukry (2006): Seasonal variation in honeydew sugar content of galling aphids (Aphidoidea: Pemphigidae: Fordinae) feeding on *Pistacia*: Host ecology and aphid physiology. – Basic Appl. Ecol. 7: 141–151.

Woorward, F.I., Thomson, G.B. & I.F. McKee (1991): How plants respond to climate change: migration rates, individualism and the consequences for plant communities. – Ann. Bot. 67: 23–38.

Wratten, S.D., van Emden, H.F. & M.B. Thomas (1998): Within-field and border refugia for the enhancement of natural enemies. – In: Pickett, C.H. & R.L. Bugg (eds.): Enhancing Biological Control: Habitat Management to Promote Natural Enemies of Agricultural Pests. Berkeley: 375–404.

Wróbel, S. (2012): Comparison of mineral oil and rapeseed oil used for the protection of seed potatoes against PVY and PVM infections. – Potato Research 55: 83–96.

Wu, Z.S. & G.E. Heimpel (2007): Dynamic egg maturation strategies in an aphid parasitoid. – Physiological Entomology 32: 143–149.

Wyatt, I.J. & P.F. White (1977): Simple estimation of intrinsic increase rates for aphids and tetranychid mites. – Journal of Applied Ecology 14: 757–766.

Wynn, G.G. & H.B. Boudreaux (1972): Structure and function of aphid cornicles. – Annals of the Entomological Society of America 65: 157–166.

Wyss, E., Niggli, U. & W. Nentwig (1995): The impact of spiders on aphid populations in a strip-managed orchard. – Journal of Applied Entomology 119: 473–478.

Wyss, E., Villiger, M., Hemptinne, J.L. & H. Muller-Scharer (1999): Effects of augmentative releases of eggs and larvae of the ladybird beetle, *Adalia bipunctata*, on the abundance of the rosy apple aphid, *Dysaphis plantaginea*, in organic apple orchards. – Entomologia Experimentalis et Applicata 90: 167–173.

X

Xie, A., Zhao, L., Wang, W., Wang, Z., Ni, X., Cai, W. & K. He (2014): Changes in life history parameters of *Rhopalosiphum maidis* (Homoptera: Aphididae) under four different elevated temperature and CO_2 combinations. – J. Econ. Entomol. 107: 1411–1418.

Xie, B., Wang, X., Zhu, M., Zhang, Z. & Z. Hong (2011): CalS7 encodes a callose synthase responsible for callose deposition in the phloem. – Plant J. 65: 1–14.

Xie, Q., Tian, Y., Zheng L. & W. Bu (2008): 18S rRNA hyper-elongation and the phylogeny of Euhemiptera (Insecta: Hemiptera). – Mol. Phylogenet. Evol. 47(2): 463–471.

Xu, Z.H., Chen, J.L., Cheng, D.F., Sun, J.R., Liu, Y. & Francis, F. (2011): Discovery of English grain aphid (Hemiptera: Aphididae) biotypes in China. – Journal of Economic Entomology 104(3): 1080–1086.

Y

Yamaguchi, Y. (1985): Sex ratios of an aphid subject to local mate competition with variable maternal condition. – Nature 318: 460–462.

Yan, S., Ni, H., Li, H., Zhang, J., Liu, X. & Q. Zhang (2013): Molecular cloning, characterization, and mRNA expression of two cryptochrome genes in *Helicoverpa armigera* (Lepidoptera: Noctuidae). – Journal of Economic Entomology 106: 450–462.

Yan, S., Wang, W. & J. Shen (2020): Reproductive polyphenism and its advantages in aphids: Switching between sexual and asexual reproduction. – Journal of Integrative Agriculture 19(6): 1447–1457.

Yang, Z.-X., Chen, X.-M., Feng, Y. & H. Chen (2009): Morphology of the antennal sensilla of Rhus gall aphids (Hemiptera: Aphidoidea: Pemphiginae): A comparative analysis of five genera. – Zootaxa 2204: 48–54. doi: 10.11646/zootaxa.2204.1.4.

Yao, I. (2014): Costs and constraints in aphid-ant mutualism. – Ecol. Res. 29: 383–391.

Yao, I. (2012a): Ant attendance reduces flight muscle and wing size in the aphid *Tuberculatus quercicola*. – Biology Letters 8: 624–627.

Yao, I. (2012b): Seasonal changes in the flight apparatus of winged females and sexual males of the aphid *Tuberculatus quercicola* (Hemiptera: Aphididae). – Applied Entomology and Zoology 47: 143–148.

Ye, X., Al-Babili, S., Klöti, A., Zhang, J., Lucca, P., Beyer, P. & I. Potrykus (2000): Engineering the provitamin A (β-carotene) biosynthetic pathway into (carotenoid-free) rice endosperm. – Science 287: 303–305.

Yoshizawa, J., Yamauchi, K. & K. Tsuchida (2011): Decision-making conditions for intra- or inter-nest mating of winged males in the male-dimorphic ant *Cardiocondyla minutior*. – Insectes. Soc. 58: 531–538. doi: 10.1007/s00040–011–0175–9.

Young, J.P.W. (1981): Sib competition can favour sex in two ways. – Journal of Theoretical Biology 88: 755–756.

Yusuf, S.W. & G.G. Collins (1998): Effect of soil sulphur levels on feeding preference of *Brevicoryne brassicae* on brussels sprouts. – Journal of Chemical Ecology 24: 417–424.

Z

Zaki, F.N. (1998): Efficiency of the entomopathogenic fungus, *Beauveria bassiana* (Bals), against *Aphis crassivora* Koch and *Bemesia tabaci*, Gennandius. – Journal of Applied Entomology 122: 397–399.

Zang, L., Ngo, N. & B. Minto (1999): Adage TM (thiamethoxam) seed treatment for cotton. – Proceedings Beltwide Cotton Conference Orlando, January 1999, Volume 2. National Cotton Council, Memphis, Tennessee: 1104–1106.

Zanic, K., Ban, D., Gotlin Culjak, T., Goreta Ban, S., Dumicic, G., et al. (2013): Aphid populations (Hemiptera: Aphidoidea) depend of mulching in watermelon production in the Mediterranean region of Croatia. – Spanish Journal of Agricultural Research 11: 1120–1128.

Zarate, S.I., Kempema, L.A. & L.L. Walling (2007): Silverleaf whitefly induces salicylic acid defenses and suppresses effectual jasmonic acid defenses. – Plant Physiology 143: 866–875.

Zavala, J.A., Scopel, A.L. & Ballaré, C.L. (2001): Effects of ambient UV-B radiation on soybean crops: Impact on leaf herbivory by *Anticarsia gemmatalis*. – Plant Ecology 156: 121–130.

Zehavi, A. & D. Rosen (1987): Population trends of the spirea aphid, *Aphis citricola* van der Goot, in a citrus grove in Israel. – Journal of Applied Entomology 104: 271–277.

Zera, A.J. & R.F. Denno (1997): Physiology and ecology of dispersal polymorphism in insects. – Annual Review of Entomology 42: 207–230.

Zhang, F. & Z.N. Zhang (2000): Comparative study on the antennal sensilla of various forms of *Myzus persicae*. – Acta Entomologica Sinica 143: 131–137.

Zhang, G. & X. Chen (1999): Study on the phylogeny of Pemphigidae (Homoptera: Aphidinea). – Acta Entomologica Sinica 42, 176–183.

Zhang, G., Qiao, G., Zhong, T. & W. Zhang (1999): Fauna Sinica, Insecta Vol. 14, Homoptera: Mindaridae and Pemphigidae. Beijing: 380 S.

Zhang, G.X. & T.S. Zhong (1983): Economic Insect Fauna of China. Fasc. 25. Homoptera: Aphidinea, Part I. Beijing: 387 S.

Zhang, G.X. & T.S. Zhong (1990): Experimental studies on some aphid life-cycle patterns and the hybridisation of two sibling species. – In: Campbell, R.K. & R.D. Eikenbary (eds.): Aphid-Plant Genotype Interactions. Amsterdam: 37–50.

Zhang, H.C. & G.X. Qiao (2008): Molecular phylogeny of Pemphiginae (Hemiptera: Aphididae) inferred from nuclear gene EF-1a sequences. – Bulletin of Entomological Research 98: 499–507.

Zhang, S., Li, X., Sun, Z., Shao, S., Hu, L., Ye, M., Zhou, Y., Xia, X., Yu, J. & K. Shi (2015): Antagonism between phytohormone signalling underlies the variation in disease susceptibility of tomato plants under elevated CO_2. – J. Exp. Bot. 66: 1951–1963.

Zhang, S.G., Maida, R. & R.A. Steinbrecht (2001): Immunolocalization of odorant-binding proteins in noctuid moths (insecta, lepidoptera). – Chem. Senses 26: 885–896. doi: 10.1093/chemse/26.7.885

Zhang, Y., Wang, L.M., Wu, K.M., Wyckhuys, K.A.G. & G.E. Heimpel (2008): Flight performance of the soybean aphid, *Aphis glycines* (Hemiptera: Aphididae) under different temperature and humidity regimens. – Environmental Entomology 37: 301–306.

Zhang, Y.L., Fu, X.B., Cui, H.C., Zhan, L., Yu, J.Z. & H.L. Li (2018): Functional characteristics, electrophysiological and antennal immunolocalization of general odorant-binding protein 2 in tea geometrid, *Ectropis obliqua*. – Int. J. Mol. Sci. 19: 875–890. doi: 10.3390/ijms19030875.

Zhao, L.Y., Chen, J.L., Cheng, D.F., Sun, J.R., Liu, Y. & Tian, Z. (2009): Biochemical and molecular characterizations of *Sitobion avenae*-induced wheat defense responses. – Crop Protection 28(5): 435–442.

Zheng, S.J. & M. Dicke (2008): Ecological genomics of plant-insect interactions: from gene to community. – Plant Physiology 146: 812–817.

Zhu, J. & K.C. Park (2005): Methyl salicylate, a soybean aphid-induced plant volatile attractive to the predator *Coccinella septempunctata*. – Journal of Chemical Ecology 31: 1733–1746.

Zhu, J., Ban, L., Song, L., Liu, Y., Pelosi, P. & G. Wang (2016): General odorant-binding proteins and sex pheromone guide larvae of *Plutella xylostella* to better food. – Insect Biochem. Mol. 72: 10–19. doi: 10.1016/j.ibmb.2016. 03.005.

Zhu, J., Cosse, A.A., Obrycki, J.J., Boo, K.-S. & T.C. Baker (1999): Olfactory reactions of the twelve-spotted lady beetle *Coleomegilla maculata* and the green lacewing *Chrysoperla carnea* to semiochemicals released from their prey and host plant: electroantennogram and behavioral responses. – Journal of Chemical Ecology 25: 1163–1177.

Zhu, K., Gao, J. & S.R. Starkey (2000): Organophosphate resistance mediated by alteration of acetylcholinesterase in a resistant clone of the greenbug, *Schizaphis graminum* (Homopera: Aphididae). – Pesticide Biochemistry and Physiology 68: 138–147.

Zhu, K.Y. & F.Q. He (2000): Elevated esterase exhibiting arylesterase-like characteristics in an organophosphate-resistant clone of the greenbug, *Schizaphis graminum* (Homoptera: Aphididae). – Pesticide Biochemistry and Physiology 67: 155–167.

Zhu, L.C., Reese, J.C., Louis, J., Campbell, L. & M.S. Chen (2011): Electrical penetration graph analysis of the feeding behavior of soybean aphids on cultivars with antibiosis. – J. Econ. Entomol. 104: 2068–2072.

Zhu, L.C., Smith, C.M., Fritz, A., Boyko, E., Voothuluru, P. & Gill, B.S. (2005): Inheritance and molecular mapping of new greenbug resistance genes in wheat germplasms derived from *Aegilops tauschii*. – Theoretical and Applied Genetics 111(5): 831–837.

Zhu, L.C., Smith, C.M., Fritz, A., Boyko, E.V. & Flinn, M.B. (2004): Genetic analysis and molecular mapping of a wheat gene conferring tolerance to the greenbug (*Schizaphis graminum* Rondani). – Theoretical and Applied Genetics 109(2), 289–293.

Ziegler-Graff, V. & V. Brault (2008): Role of vector-transmission proteins. – Methods Mol. Biol. 451: 81–96.

Ziska, L.H. (2008): Rising atmospheric carbon dioxide and plant biology: The overlooked paradigm. – DNA Cell Biol. 27: 165–172.

Zlotkowski, J. (1987): Migracje mszyc uskrzydlonch, szkodnikow wazniejszych roslin uprawnych w okolicy Poznania w latach 1976–1980. – Prace Naukowe Instytut Ochrody Roslin 29: 63–74.

Zúñiga, E. (1985): Efecto de la lluvia en la abundancia de afidos y afidos momificados en trigo (Homoptera: Aphidae). – Revista Chilena de Entomología 12: 205–208.

Zwiebel, L.J. & W. Takken (2004): Olfactory regulation of mosquito-host interactions. – Insect. Biochem. Mol. Biol. 34: 645–652.

Zwölfer, H. (1957): Zur Systematik, Biologie und Oekologie unterirdischer lebender Aphiden (Homoptera, Aphididae). Teil I. Anoeciinae. – Zeitschrift für Angewandte Entomologie 40: 182–221.

Zwölfer, H. (1958): Zur Systematik, Biologie und Oekologie unterirdisch lebender Aphiden. – Zeitschrift für Angewandte Entomologie 42: 129–172.

Zyła, D., Lagoderov, V. & P. Wegierek (2014): Juraphididae, a new family of aphids and its significance in aphid evolution. – Systematic Entomology 39: 506–517.

Zytynska, S.E. & W.W. Weisser (2016): The natural occurrence of secondary bacterial symbionts in aphids. – Ecol. Entomol. 41: 13–26. doi: 10.1111/een.12281

Zytynska, S.E., Meyer, S.T., Sturm, S., Ullmann, W., Mehrparvar, M., & W.W. Weisser (2015): Secondary bacterial symbiont community in aphids responds to plant diversity. – Oecologia, doi 10.1007/s00442–015–3488–y.

Register – allgemein

Register – Aphiden

R

S

Register – Pflanzen

Danksagung

Eine monographische Bearbeitung der Blattläuse wäre nicht ohne die Hilfe und Unterstützung zahlreicher Kolleginnen und Kollegen möglich gewesen. Sie hier alle zu nennen, würde den Rahmen des vorliegenden Bandes sprengen.

Deshalb möchte ich hiermit allen danken, die durch Kommentare, Kritiken und Hinweise die Arbeiten an den Blattläusen und die Fertigstellung des Bandes immer wieder beflügelten. Natürlich gilt mein Dank zunächst Prof. Fritz P. Müller (Rostock), der mich in die Welt der Blattläuse und deren Beziehungen zu Wirtspflanzen einführte. Seine Mitarbeiterinnen Hanna Steiner, Ingrid Jennerjahn und Ilse Clauser unterstützten mich tatkräftig bei den praktischen Arbeiten. Großen Dank schulde ich Dr. Albert Pintera (Prag), Dr. Jaroslav Holman (České Budějovice), Prof. Ole E. Heie (Kopenhagen) und Dr. Roger Blackman (London) für die vielen wertvollen Hinweise und die Möglichkeit, ihre umfangreichen Präparate- und Literatursammlungen zu sichten. Hervorzuheben ist ganz besonders Prof. Tony Dixon (Norwich), der mir in mehreren gemeinsamen Projekten und in vielen Diskussionen seine Sicht auf die Interaktionen zwischen Blattläusen sowie diversen abiotischen und biotischen Faktoren nahebrachte.

Unvergessen bleiben das Engagement bei der Arbeit und die Hilfe bei der Bestätigung der Bestimmung problematischer Arten mittels biochemischer Methoden durch Dr. Heinrich A. Eggers-Schumacher (Tübingen). Hervorzuheben ist die lange Zusammenarbeit mit Dr. Udo Heimbach (Braunschweig), der mir in verschiedenen Projekten ein wichtiger Partner war. Ein besonderer Dank geht an Herrn Klaus Schrameyer (Öhringen), der immer half, interessante Blattläuse im Feld zu finden, viele Informationen über deren Leben gesammelt und hervorragende Fotos beigesteuert hat.

Hervorzuheben ist auch Frau Dr. Dagmar Voigt (Dresden), die für gemeinsame Projekte und auch für diesen Band eine Fülle an wertvollen Ideen und ausgezeichnete REM-Scans zur Verfügung gestellt hat.

Mein Dank gilt auch Prof. Holger H. Dathe und Dr. Stephan Blank für die Leihgabe der Carl-Börner-Sammlung des Senckenberg Deutschen Entomologischen Institutes (SDEI, Müncheberg).

Großen Dank schulde ich den BTL-Mitarbeitern, die mir durch ihren Einsatz die Arbeit an diesem Band ermöglichten.

Schließlich möchte ich auch meiner Familie danken für das jederzeit entgegengebrachte Verständnis während der Arbeiten an dem vorliegenden Band. Besonders hervorheben möchte ich die Zusammenarbeit mit meiner Frau, Dr. Ramona Thieme, die mich nicht nur durch spannende Fragestellungen über Phytophagen- und Virus-Resistenzen im Genus Solanum fesselte.

Abschließend sei auch den Mitarbeitern der Militzke Verlags GmbH, insbesondere Herrn Michael Wolf, für vielseitige, v. a. technische Unterstützung und Betreuung des Buchprojektes gedankt.